FANUC工业机器人应用技术全集

龚仲华◎编著

人民邮电出版社
北京

图书在版编目（CIP）数据

FANUC工业机器人应用技术全集 / 龚仲华编著. -- 北京 : 人民邮电出版社, 2021.11(2023.7重印)
ISBN 978-7-115-56825-0

Ⅰ. ①F… Ⅱ. ①龚… Ⅲ. ①工业机器人一基本知识 Ⅳ. ①TP242.2

中国版本图书馆CIP数据核字(2021)第129394号

内容提要

本书对 FANUC 工业机器人的应用技术进行了全面描述，内容涵盖机器人常识、机械结构原理、程序编制、操作使用以及安装调试、故障处理、日常维护等。

全书以工业机器人应用为主旨，在介绍工业机器人产生、发展、应用分类、组成特点、性能参数的基础上，对工业机器人本体、谐波减速器、RV 减速器、变位器等关键部件的结构原理、安装维护要求进行了深入阐述；对程序结构、编制方法及指令格式进行了全面介绍；对手动与示教操作、程序输入与编辑、程序调整与变换、控制系统参数设定的方法进行了详尽说明；对机器人安装连接、调整校准、程序调试、系统监控、系统备份以及故障诊断与维修、日常维护等调试维修技术进行了系统阐述。

本书内容全面、选材典型、案例丰富，可供工业机器人使用、维修人员及高等学校师生参考。

◆ 编　著　龚仲华
责任编辑　黄汉兵
责任印制　陈　犇

◆ 人民邮电出版社出版发行　北京市丰台区成寿寺路 11 号
邮编 100164　电子邮件 315@ptpress.com.cn
网址 https://www.ptpress.com.cn
北京七彩京通数码快印有限公司印刷

◆ 开本：787×1092　1/16
印张：38.75　2021 年 11 月第 1 版
字数：1060 千字　2023 年 7 月北京第 2 次印刷

定价：169.80 元

读者服务热线：(010)81055493　印装质量热线：(010)81055316
反盗版热线：(010)81055315
广告经营许可证：京东市监广登字 20170147 号

PREFACE 前言

工业机器人是集机械、电子、控制、计算机、传感器、人工智能等多学科先进技术于一体的机电一体化设备，被称为工业自动化的三大支柱之一。随着社会的进步和劳动力成本的增加，工业机器人在我国的应用已越来越广。

本书包含了工业机器人入门到 FANUC 产品应用的全部知识。全书在介绍工业机器人产生、发展、分类及组成、特点、技术参数等入门知识的基础上，针对工业机器人设计、调试、使用、维修人员的需求，对工业机器人本体、谐波减速器、RV 减速器、变位器等关键部件的结构原理、安装维护要求进行了深入阐述；对程序结构、编制方法及指令格式进行了全面介绍；对手动与示教操作、程序输入与编辑、程序调整与变换、控制系统参数设定的方法进行了详尽说明；对机器人安装连接、调整校准、程序调试、系统监控、系统备份以及故障诊断与维修、日常维护等调试维修技术进行了系统阐述。

第 1～2 章为基础篇，介绍了机器人的产生、发展、分类及产品与应用情况；对工业机器人的组成特点、结构形态、技术参数及 FANUC 工业机器人产品进行了具体说明。

第 3～5 章为结构篇，详细叙述了工业机器人本体及谐波减速器、RV 减速器等核心部件的结构原理；对减速器选型、安装维护要求等进行了重点说明。

第 6～7 章为编程篇，对 FANUC 工业机器人的运动组、坐标系、姿态定义方法，以及程序结构、基本指令、附加命令、控制指令的编程方法进行了全面说明。

第 8～10 章为操作篇，对 FANUC 工业机器人的操作部件以及手动、示教、指令输入、程序编辑、系统设定的方法和步骤进行了系统阐述。

第 10～13 章为调试维修篇，对 FANUC 工业机器人的安装连接、调整校准、程序调试、系统监控、系统备份，以及故障分析与诊断、部件检查、报警处理、日常维护等调试维修技术进行了具体介绍。

本书编写参阅了 FANUC、Harmonic Drive System、Nabtesco Corporation、安川等公司的技术资料，并得到了相关公司的大力支持与帮助，在此表示衷心的感谢！

由于编著者水平有限，书中难免存在疏漏和缺点、错误，殷切期望广大读者提出批评、指正，以便进一步提高本书的质量。

编著者

2021 年 5 月

CONTENTS 目录

第1章 概述......1

1.1 机器人的产生及发展......1
1.1.1 机器人的产生与定义......1
1.1.2 机器人的发展......4
1.2 机器人的分类......8
1.2.1 机器人的分类......8
1.2.2 工业机器人......10
1.2.3 服务机器人......12
1.3 工业机器人的应用......14
1.3.1 技术发展与产品应用......14
1.3.2 主要生产企业......16

第2章 工业机器人的组成与性能......21

2.1 工业机器人的组成及特点......21
2.1.1 工业机器人的组成......21
2.1.2 工业机器人的特点......26
2.2 工业机器人的结构形态......29
2.2.1 垂直串联机器人......29
2.2.2 水平串联机器人......31
2.2.3 并联机器人......33
2.3 工业机器人的技术性能......36
2.3.1 主要技术参数......36
2.3.2 工作范围与承载能力......38
2.3.3 自由度、速度及精度......40
2.4 FANUC工业机器人......42
2.4.1 通用型垂直串联机器人......42
2.4.2 专用型垂直串联机器人......45
2.4.3 其他结构机器人......48
2.4.4 运动平台及变位器......51

第3章 工业机器人的机械结构......53

3.1 工业机器人的本体结构......53
3.1.1 垂直串联结构......53
3.1.2 垂直串联手腕结构......57
3.1.3 SCARA、Delta结构......60
3.2 关键零部件结构......62
3.2.1 变位器......63
3.2.2 减速器与CRB轴承......66
3.3 典型结构剖析......69
3.3.1 机身结构剖析......69
3.3.2 手腕结构剖析......71

第4章 谐波减速器及维护......74

4.1 变速原理与产品......74
4.1.1 谐波齿轮变速原理......74
4.1.2 产品与结构......78
4.2 主要技术参数与选择......81
4.2.1 主要技术参数......81
4.2.2 谐波减速器的选择......85
4.3 哈默纳科谐波减速器......88
4.3.1 产品概况......88
4.3.2 部件型减速器......91
4.3.3 单元型减速器......96
4.3.4 简易单元型减速器......101
4.4 谐波减速器的安装维护......103

4.4.1 部件型谐波减速器 103
4.4.2 单元型谐波减速器 109
4.4.3 简易单元型谐波减速器 112

第5章 RV减速器及维护 115

5.1 变速原理与产品 115
5.1.1 RV齿轮变速原理 115
5.1.2 产品与结构 121
5.2 主要技术参数与选择 124
5.2.1 主要技术参数 124
5.2.2 RV减速器选择 131
5.3 常用产品的结构与性能 133
5.3.1 基本型减速器 133
5.3.2 标准单元型减速器 135
5.3.3 紧凑单元型减速器 137
5.3.4 中空单元型减速器 139
5.4 RV减速器的安装维护 140
5.4.1 基本安装要求 140
5.4.2 基本型减速器安装维护 143
5.4.3 单元型减速器的安装维护 147

第6章 工业机器人编程基础 151

6.1 运动组与坐标系 151
6.1.1 控制基准与运动组 151
6.1.2 机器人本体坐标系 155
6.1.3 机器人作业坐标系 157
6.1.4 FANUC机器人坐标系 160
6.2 机器人与工具姿态 161
6.2.1 机身姿态定义 161
6.2.2 区间及工具姿态 164
6.3 移动要素及定义 166
6.3.1 机器人移动要素 166
6.3.2 目标位置定义 167
6.3.3 到位区间定义 169
6.3.4 移动速度定义 171
6.4 程序结构与指令 173
6.4.1 程序与编程 173
6.4.2 程序结构 174
6.4.3 程序标题 177
6.4.4 FANUC机器人指令总表 178
6.5 操作数及定义 182
6.5.1 操作数分类 182
6.5.2 暂存器编程 184
6.5.3 简单表达式编程 187
6.5.4 复合运算式编程 189
6.5.5 内部继电器、标志、执行条件编程 ... 192

第7章 FANUC机器人程序编制 194

7.1 基本移动指令编程 194
7.1.1 指令格式与功能 194
7.1.2 程序点与定位类型 198
7.2 附加命令编程 201
7.2.1 命令与功能 201
7.2.2 提前/延迟处理与跳步 204
7.2.3 程序点偏移与增量移动 206
7.2.4 连续回转与速度调整 209
7.2.5 直线轨迹与拐角控制 212
7.2.6 码垛（叠栈）指令编程 214
7.3 输入/输出指令编程 217
7.3.1 I/O信号分类 217
7.3.2 I/O指令与编程 220
7.4 程序控制指令编程 223
7.4.1 程序执行控制指令 223
7.4.2 注释与位置变量锁定 226
7.4.3 程序转移指令 227
7.4.4 宏程序与调用 229
7.4.5 远程运行与运动组控制 231
7.5 条件设定与定时器编程 234
7.5.1 运行条件设定指令 234
7.5.2 负载与碰撞保护设定 236
7.6 系统控制指令编程 239
7.6.1 定时器与显示控制指令 239

7.6.2 电机转矩限制指令......241
7.6.3 伺服软浮动控制指令......243
7.7 中断与故障处理程序编制......245
7.7.1 程序中断与故障处理......245
7.7.2 状态监视（中断）程序编制......247
7.7.3 故障处理程序编制......249

第8章 机器人基本操作......253

8.1 控制面板与示教器......253
8.1.1 控制面板......253
8.1.2 示教器......255
8.1.3 操作菜单......258
8.2 系统启动与手动操作......264
8.2.1 冷启动、热启动及重启......264
8.2.2 初始化启动与控制启动......265
8.2.3 机器人手动操作......268
8.3 程序创建与程序管理......274
8.3.1 程序创建......274
8.3.2 标题设定与文件保存......278
8.4 程序管理......281
8.4.1 程序删除、复制与属性显示......281
8.4.2 程序后台编辑......283
8.4.3 快捷操作设定......288

第9章 程序输入与程序编辑......291

9.1 指令输入......291
9.1.1 移动指令输入......291
9.1.2 附加命令输入......293
9.1.3 暂存器与表达式输入......295
9.1.4 I/O指令输入......297
9.1.5 其他指令输入......299
9.2 指令编辑......301
9.2.1 移动指令编辑......301
9.2.2 程序点编辑......305
9.2.3 暂存器及附加命令编辑......307
9.2.4 其他指令编辑......308
9.3 程序编辑......310
9.3.1 指令插入与删除......310
9.3.2 指令复制与粘贴......312
9.3.3 检索、替换与编辑撤销......314
9.3.4 程序点排列与注释隐藏......318
9.4 暂存器编辑......320
9.4.1 数值暂存器编辑......320
9.4.2 位置暂存器编辑......321
9.4.3 码垛与字符串暂存器编辑......323
9.5 码垛指令编辑与示教......325
9.5.1 指令输入与基本数据......325
9.5.2 码垛路线定义......328
9.5.3 码垛形状定义......330
9.5.4 工具姿态和层式样定义......332
9.5.5 接近、离开路线定义......334
9.5.6 基本设定与形状示教......337
9.5.7 接近、离开路线示教......340
9.5.8 指令编辑及间隔堆叠......344
9.6 程序调整与变换......345
9.6.1 实用程序编辑功能......345
9.6.2 程序调整......348
9.6.3 程序点平移与旋转变换......350
9.6.4 程序点镜像与旋转变换......355
9.6.5 程序点旋转变换......356
9.6.6 工具、用户坐标系变换......359
9.6.7 软极限自动设定......361

第10章 控制系统参数设定......364

10.1 机器人参数设定......364
10.1.1 机器人设定内容......364
10.1.2 机器人一般设定......366
10.1.3 工具坐标系设定......367
10.1.4 用户坐标系设定......374
10.1.5 JOG坐标系设定......377
10.1.6 作业基准点设定......380
10.2 后台程序及宏程序设定......382

10.2.1 后台程序设定 382
10.2.2 宏程序创建.................................. 383
10.2.3 宏指令设定.................................. 384
10.2.4 宏指令手动.................................. 386
10.3 远程RSR/PNS运行设定 389
10.3.1 远程运行与控制 389
10.3.2 RSR/PNS设定操作 394
10.4 机器人运动保护设定.......................... 398
10.4.1 J1/E1轴运动范围设定 398
10.4.2 机器人干涉保护区设定 400
10.4.3 机器人碰撞保护设定....................... 402
10.5 机器人控制参数设定 405
10.5.1 软浮动控制设定.............................. 405
10.5.2 连续回转控制设定 408
10.5.3 运动组信号输出设定....................... 409
10.6 机器人操作参数设定 411
10.6.1 用户报警文本设定 411
10.6.2 报警等级变更及存储器配置.............. 412
10.6.3 用户密码设定 416
10.6.4 机器人通信设定.............................. 422
10.7 系统基本参数设定............................... 424
10.7.1 时间及常用功能设定....................... 424
10.7.2 系统其他参数设定 428
10.7.3 软极限设定与超程急停解除.............. 430

第11章 机器人安装与调整...............433

11.1 机器人安装与连接............................... 433
11.1.1 产品安全使用标识 433
11.1.2 机器人搬运与安装 435
11.1.3 工具及控制部件安装....................... 438
11.1.4 机器人及工具连接 440
11.2 机器人零点设定及校准........................ 441
11.2.1 机器人零点与设定 441
11.2.2 机器人零点校准.............................. 444
11.2.3 机器人零点设定操作....................... 447
11.3 机械限位调整与快速校准 448
11.3.1 轴运动范围与保护........................... 448
11.3.2 机械限位挡块安装与调整 451
11.3.3 机器人快速校准操作....................... 453
11.4 机器人负载设定与校准 455
11.4.1 机器人负载及显示........................... 455
11.4.2 手动数据输入设定........................... 457
11.4.3 工具负载自动测定........................... 459
11.4.4 重力补偿设定.................................. 461
11.4.5 手腕负载校准.................................. 462
11.5 控制系统I/O配置 464
11.5.1 I/O连接与设定 464
11.5.2 I/O-LINK网络配置 467
11.5.3 通用I/O设定.................................. 469
11.5.4 专用I/O设定.................................. 473
11.5.5 I/O连接及速度输出设定 476
11.5.6 内部继电器设定及I/O仿真.............. 479
11.5.7 标志及程序执行条件设定 481
11.6 系统附加轴配置................................. 483
11.6.1 附加轴及网络配置........................... 483
11.6.2 机器人变位器配置........................... 487
11.6.3 扩展轴配置..................................... 493
11.6.4 独立轴配置 495

第12章 程序调试、系统监控与备份...498

12.1 程序测试与自动运行............................ 498
12.1.1 程序试运行设定 498
12.1.2 程序试运行 501
12.1.3 程序自动运行.................................. 503
12.2 程序运行停止与重启............................ 507
12.2.1 程序暂停、结束与急停..................... 507
12.2.2 系统报警显示与运行停止 510
12.2.3 程序暂停的检查与重启..................... 513
12.2.4 停止点返回与原轨迹重启 515
12.3 控制系统监控 517
12.3.1 系统配置及存储器检查..................... 517
12.3.2 定时器与程序执行记录..................... 520

12.3.3　伺服运行状态监控......523
12.3.4　伺服诊断与安全信号监控......528
12.4　系统文件保存与安装......530
12.4.1　文件类型与存储设备......530
12.4.2　存储器与文件管理......533
12.4.3　文件保存与安装......537
12.5　系统备份与恢复......540
12.5.1　系统自动备份及设定......540
12.5.2　控制启动备份与恢复......544
12.6　镜像备份与系统还原......546
12.6.1　文件操作镜像备份与还原......546
12.6.2　引导系统操作备份与还原......548

第13章　故障处理与日常维护......551

13.1　机器人故障分析与处理......551
13.1.1　故障分析与报警显示......551
13.1.2　机器人常见故障与急停冲击......553
13.1.3　编码器计数出错与处理......555
13.2　作业故障自动处理与恢复......557
13.2.1　功能使用与基本设定......557
13.2.2　故障恢复功能设定......560
13.2.3　自动处理报警登录......563
13.2.4　故障处理程序手动执行......565
13.3　控制系统连接与部件检查......568
13.3.1　系统部件安装与连接......568
13.3.2　电源、面板连接模块检查......570
13.3.3　CPU模块状态指示与报警......573
13.4　系统连接与伺服报警及处理......577
13.4.1　驱动器结构原理与状态检查......577
13.4.2　系统急停报警及处理......581
13.4.3　SV ON/OFF及急停异常报警及处理......585
13.4.4　驱动器及风机报警与处理......588
13.4.5　电机过载及过流报警与处理......591
13.4.6　位置/速度/转矩报警与处理......593
13.5　机器人检修与维护......596
13.5.1　日常检修与定期维护......596
13.5.2　后备电池与润滑脂更换......598

附录A　程序指令索引表......602

附录B　控制系统常用参数......605

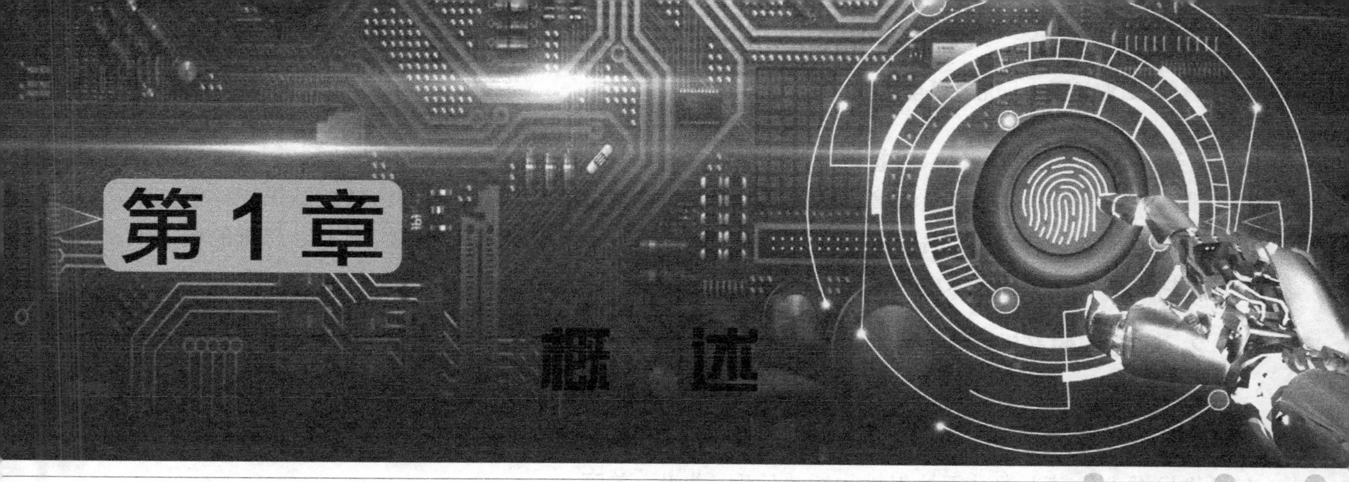

第1章 概述

1.1 机器人的产生及发展

1.1.1 机器人的产生与定义

1. 概念的出现

机器人（Robot）自从 1959 年问世以来，由于它能够协助、代替人类完成那些重复、频繁、单调、长时间的工作，或进行危险、恶劣环境下的作业，因此其发展较迅速。随着人们对机器人研究的不断深入，已逐步形成了 Robotics（机器人学）这一新兴的综合性学科，有人将机器人技术与数控技术、PLC 技术并称为工业自动化的三大支持技术。

机器人（Robot）一词源自于捷克著名剧作家 Karel Čapek（卡雷尔·恰佩克）1921 年创作的剧本 *Rossumovi univerzální roboti*（罗萨姆的万能机器人，简称 R.U.R），由于 R.U.R 剧中的人造机器被取名为 Robota（捷克语，即奴隶、苦力），因此，英文 Robot 一词开始代表机器人。

机器人概念一经出现，首先引起了科幻小说家的广泛关注。自 20 世纪 20 年代起，机器人成为很多科幻小说、电影的主人公，如星球大战中的 C3P 等。科幻小说家的想象力是无限的。为了预防机器人可能引发的人类灾难，1942 年，美国科幻小说家 Isaac Asimov（艾萨克·阿西莫夫）在 *I, Robot* 的第 4 个短篇 *Runaround* 中，首次提出了“机器人学三原则”，它被称为“现代机器人学的基石”，这也是“机器人学（Robotics）”这个名词在人类历史上的首度亮相。

机器人学三原则的主要内容如下。

原则 1：机器人不能伤害人类，或因其不作为而使人类受到伤害。

原则 2：机器人必须执行人类的命令，除非这些命令与原则 1 相抵触。

原则 3：在不违背原则 1、原则 2 的前提下，机器人应保护自身不受伤害。

到了 1985 年，Isaac Asimov 在机器人系列最后作品 *Robots and Empire* 中，又补充了凌驾于“机器人学三原则”之上的“0 原则”，即：

原则 0：机器人必须保护人类的整体利益不受伤害，其他 3 条原则都必须在这一前提下才能成立。

继 Isaac Asimov 之后，其他科幻作家还不断提出了对“机器人学三原则”的补充、修正意见，但是，这些大都是科幻小说家对想象中机器人所施加的限制；实际上，“人类整体利益”等概念本身就是模糊的，甚至连人类自己都搞不明白，更不要说机器人了。因此，目前人类的认识和科学技术，实际上还远未达到制造科幻片中的机器人的水平；制造出具有类似人类智慧、感情、思维的机器人，仍属于科学家的梦想和追求。

2. 机器人的产生

现代机器人的研究起源于20世纪中叶的美国，它从工业机器人的研究开始。

二战期间（1938—1945），由于军事、核工业的发展需要，在原子能实验室的恶劣环境下，需要有操作机械来代替人类进行放射性物质的处理。为此，美国的Argonne National Laboratory（阿尔贡国家实验室）开发了一种遥控机械手（Teleoperator）。接着，在1947年，又开发出了一种伺服控制的主-从机械手（Master-Slave Manipulator），这些都是工业机器人的雏形。

工业机器人的概念由美国发明家George Devol（乔治·德沃尔）最早提出，他在1954年申请了专利，并在1961年获得授权。1958年，美国著名的机器人专家Joseph F·Engelberger（约瑟夫·恩盖尔柏格）建立了Unimation公司，并利用George Devol的专利，于1959年研制出了图1-1所示的世界上第一台真正意义上的工业机器人Unimate，开创了机器人发展的新纪元。

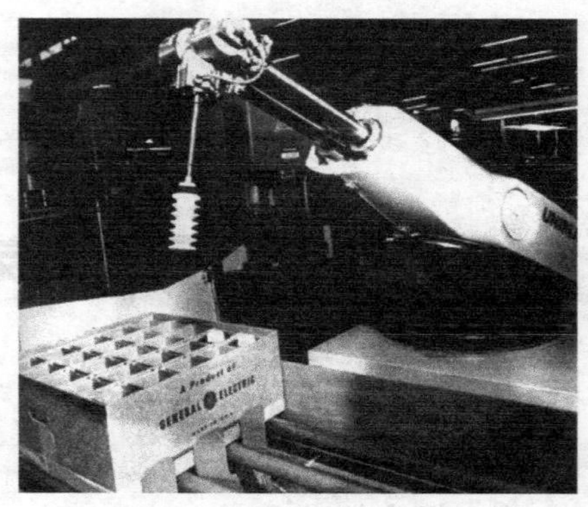

图1-1 工业机器人Unimate

Joseph F·Engelberger对世界机器人工业的发展作出了杰出的贡献，被人们称为“机器人之父”。1983年，就在工业机器人销售日渐增长的情况下，他又毅然地将Unimation公司出让给了美国Westinghouse Electric Corporation公司（西屋电气，又译威斯汀豪斯），并创建了TRC公司，前瞻性地开始了服务机器人的研发工作。

从1968年起，Unimation公司先后将机器人的制造技术转让给了日本KAWASAKI（川崎）和英国GKN公司，机器人开始在日本和欧洲得到了快速发展。据有关方面的统计，目前世界上至少有48个国家在发展机器人，其中的25个国家已在进行智能机器人开发，美国、日本、德国、法国等都是机器人的研发和制造大国，无论在基础研究或是产品研发、制造方面都居世界领先水平。

3. 国际标准化组织

随着机器人技术的快速发展，在发达国家，机器人及其零部件的生产已逐步形成产业，为了能够宣传、规范和引导机器人产业的发展，世界各国相继成立了相应的行业协会。目前，世界主要机器人生产与使用国的机器人行业协会如下。

① International Federation of Robotics（IFR，国际机器人联合会）：该联合会成立于1987年，是世界公认的机器人行业代表性组织，已被联合国列为非政府正式组织。

② Japan Robot Association（JRA，日本机器人协会）：该协会原名Japan Robot Industrial Robot Association（JIRA，日本工业机器人协会），也是全世界最早的机器人行业协会。JIRA成立于1971年3月，最初称“工业机器人恳谈会”；1972年10月更名为Japan Robot Industrial Robot Association（JIRA）；1973年10月成为正式法人团体；1994年更名为Japan Robot Association（JRA）。

③ Robotics Industries Association（RIA，美国机器人协会）：该协会成立于1974年，是美国机

器人行业的专门协会。

④ Verband Deutscher Maschinen Und Anlagebau（VDMA，德国机械设备制造业联合会）：VDMA 是拥有 3100 多家会员企业、400 余名专家的大型行业协会，它下设有 37 个专业协会和一系列跨专业的技术论坛、委员会及工作组，是欧洲目前最大的工业联合会，以及工业投资品领域中最大、最重要的组织机构。自 2000 年起，VDMA 设立了专业协会 Deutschen Gesellschaft Association für Robotik（DGR，德国机器人协会），专门进行机器人产业的规划和发展等相关工作。

⑤ French Research Group in Robotics（FRGR，法国机器人协会）：该协会原名 Association Francaise de Robotique Industrielle（AFR，法国工业机器人协会），后来随着服务机器人的发展，在 2007 年更为现名。

⑥ Korea Association of Robotics（KAR，韩国机器人协会）：是亚洲较早的机器人协会之一，成立于 1999 年。

4．机器人的定义

由于机器人的应用领域众多、发展速度快，加上它又涉及与人类有关的概念，因此，对于机器人，世界各国标准化机构，甚至同一国家的不同标准化机构，至今尚未形成一个统一、准确、世所公认的严格定义。

例如，欧美国家一般认为，机器人是一种“由计算机控制、可通过编程改变动作的多功能、自动化机械”。而日本作为机器人生产的大国，则将机器人分为“能够执行人体上肢（手和臂）类似动作”的工业机器人和“具有感觉和识别能力、并能够控制自身行为”的智能机器人两大类。

客观地说，欧美国家的机器人定义侧重其控制方式和功能，其定义和现行的工业机器人较接近；而日本的机器人定义，关注的是机器人的结构和行为特性，且已经考虑到了现代智能机器人的发展需要，其定义更为准确。

作为参考，目前在相关资料中使用较多的机器人定义主要有以下几种。

① International Organization for Standardization（ISO，国际标准化组织）定义：机器人是一种“自动的、位置可控的、具有编程能力的多功能机械手，这种机械手具有几个轴，能够借助可编程序操作来处理各种材料、零件、工具和专用装置，执行各种任务”。

② Japan Robot Association（JRA，日本机器人协会）将机器人分为了工业机器人和智能机器人两大类，工业机器人是一种“能够执行人体上肢（手和臂）类似动作的多功能机器”；智能机器人是一种“具有感觉和识别能力，并能够控制自身行为的机器”。

③ NBS（美国国家标准局）定义：机器人是一种“能够进行编程，并在自动控制下执行某些操作和移动作业任务的机械装置”。

④ Robotics Industries Association（RIA，美国机器人协会）定义：机器人是一种“用于移动各种材料、零件、工具或专用装置的，通过可编程的动作来执行各种任务的，具有编程能力的多功能机械手”。

⑤ 我国 GB/T12643 标准定义：工业机器人是一种“能够自动定位控制，可重复编程的，多功能的、多自由度的操作机，能搬运材料、零件或操持工具，用于完成各种作业”。

由于以上标准化机构及专门组织对机器人的定义，都是在特定时间所得出的结论，多偏重于工业机器人。但科学技术对未来是无限开放的，当代智能机器人无论在外观，还是功能、智能化程度等方面，都已超出了传统工业机器人的范畴。机器人正在源源不断地向人类活动的各个领域渗透，它所涵盖的内容越来越丰富，其应用领域和发展空间正在不断延伸和扩大，这也是机器人与其他自动化设备的重要区别。

可以想象，未来的机器人不但可接受人类指挥、运行预先编制的程序；而且也可根据人工智能技术所制定的原则纲领，选择自身的行动；甚至可能像科幻片所描述的那样，脱离人们的意志而自行其是。

1.1.2 机器人的发展

1. 技术发展水平

机器人最早用于工业领域，它主要用来协助人类完成重复、频繁、单调、长时间的工作，或进行高温、粉尘、有毒、辐射、易燃、易爆等恶劣、危险环境下的作业。但是，随着社会进步、科学技术发展和智能化技术研究的深入，各式各样具有感知、决策、行动和交互能力，可适应不同领域特殊要求的智能机器人相继被研发，机器人已开始进入人们生产、生活的各个领域，并在某些领域逐步取代人类，独立从事相关作业。

根据机器人现有的技术水平，人们一般将机器人产品分为如下三代。

① 第一代机器人。第一代机器人一般是指能通过离线编程或示教操作生成程序，并再现动作的机器人。第一代机器人所使用的技术和数控机床十分相似，它既可通过离线编制的程序控制机器人的运动；也可通过手动示教操作（数控机床称为Teach in操作），记录运动过程并生成程序，并进行再现运行。

图 1-2　第一代机器人

第一代机器人的全部行为完全由人控制，它没有分析和推理能力，不能改变程序动作，无智能性，其控制以示教、再现为主，故又称示教再现机器人。第一代机器人现已实用和普及，图 1-2 所示的工业机器人属于第一代。

② 第二代机器人。第二代机器人装备有一定数量的传感器，它能获取作业环境、操作对象等的简单信息，并通过计算机的分析与处理，做出简单的推理，并适当调整自身的动作和行为。

例如，在图 1-3（a）所示的探测机器人上，可通过所安装的摄像头及视觉传感系统，识别图像、判断和规划探测车的运动轨迹，它对外部环境具有了一定的适应能力。在图 1-3（b）所示的人机协同作业机器人上，安装有触觉传感系统，以防止人体碰撞，它可取消第一代机器人作业区间的安全栅栏，实现安全的人机协同作业。

第二代机器人已具备一定的感知和简单推理等能力，有一定程度上的智能，故又称感知机器人或低级智能机器人，当前使用的大多数服务机器人或多或少都已经具备第二代机器人的特征。

（a）探测机器人

（b）人机协同作业机器人

图 1-3　第二代机器人

③ 第三代机器人。第三代机器人应具有高度的自适应能力，它有多种感知机能，可通过复杂的推理，作出判断和决策，自主决定机器人的行为，具有相当程度的智能，故称为智能机器人。第三代机器人目前主要用于家庭、个人服务及军事、航天等行业，总体尚处于实验和研究阶段，目前还只有美国、日本、德国等少数发达国家能掌握和应用。

例如，日本 HONDA（本田）公司最新研发的图 1-4（a）所示的 Asimo 机器人，不仅能实现跑步、爬楼梯、跳舞等动作，且还能进行踢球、倒饮料、打手语等简单智能动作。日本 Riken Institute（理化学研究所）最新研发的图 1-4（b）所示的 Robear 护理机器人，其肩部、关节等部位都安装有测力感应系统，可模拟人的怀抱感，它能够像人一样，柔和地能将卧床者从床上扶起，或将坐着的人抱起，其样子亲切可爱、充满活力。

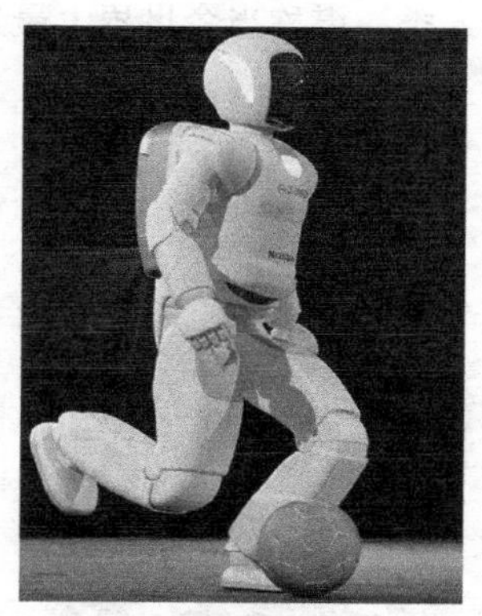

（a）Asimo 机器人

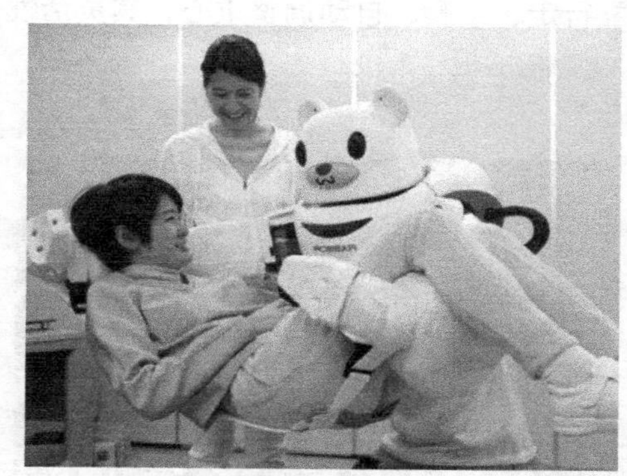

（b）Robear 护理机器人

图 1-4　第三代机器人

2．主要生产国及产品水平

机器人问世以来，得到了世界各国的广泛重视，美国、日本和德国为机器人研究、制造和应用大国，英国、法国、意大利、瑞士等国的机器人研发水平也居世界前列。目前，世界主要机器人生产制造国的研发、应用情况如下。

（1）美国

美国是机器人的发源地，其机器人研究领域广泛、产品技术先进，机器人的研究实力和产品水平均领先于世界，Adept Technology、American Robot、Emerson Industrial Automation、S-T Robotics、iRobot、Remotec 等都是美国著名的机器人生产企业。

美国的机器人研究从最初的工业机器人开始，但目前已更多地转向军用、医疗、家用服务及军事、场地等高层次智能机器人的研发。据统计，美国的智能机器人占据了全球约 60%的市场，iRobot、Remotec 等都是全球著名的服务机器人生产企业。

美国的军事机器人（Military Robot）更是遥遥领先于其他国家，无论在基础技术研究、系统开发、生产配套方面，或是在技术转化、实战应用方面等都具有强大的优势，其产品研发与应用已涵盖陆、海、空、天等诸多兵种，它是目前全世界唯一具有综合开发、试验和实战应用能力的国家。Boston Dynamics（波士顿动力，现已被 Google 并购）、Lockheed Martin（洛克希德马丁）等公司均为世界闻名的军事机器人研发制造企业。

美国现有的军事机器人产品包括无人驾驶飞行器、无人地面车、机器人武装战车及多功能后勤保障机器人、机器人战士等多种。

图 1-5（a）所示为 Boston Dynamics（波士顿动力）研制的多功能后勤保障机器人。其中，BigDog（大狗）系列机器人的军用产品 LS3（Legged Squad Support Systems，又名阿尔法狗），重达 1250 磅（约 570kg），它可在搭载 400 磅（约 181kg）重物情况下，连续行走 20 英里（约 32km），并能穿过复杂地形、应答士官指令；图 1-5（b）所示为 WildCat（野猫）机器人，它能在各种地形上，以超过 25km/h 的速度奔跑和跳跃。

此外，为了避免战争中人员的牺牲，Boston Dynamics 还研制出了类似科幻片中的“机器人战士”。如“哨兵”机器人已经能够自动识别声音、烟雾、风速、火等环境数据，而且还可说 300 多单词，向可疑目标发出口令，一旦目标不能正确回答，便可迅速、准确地瞄准和加以射击。该公司最新研发的、图 1-5（c）所示的 Atlas（阿特拉斯）机器人，高 1.88m、重 150kg，其四肢共拥有 28 个自由度，能够直立行走、攀爬、自动调整重心，其灵活性已接近于人类，堪称当今世界上最先进的机器人战士。

（a）BigDog-LS3

（b）WildCat

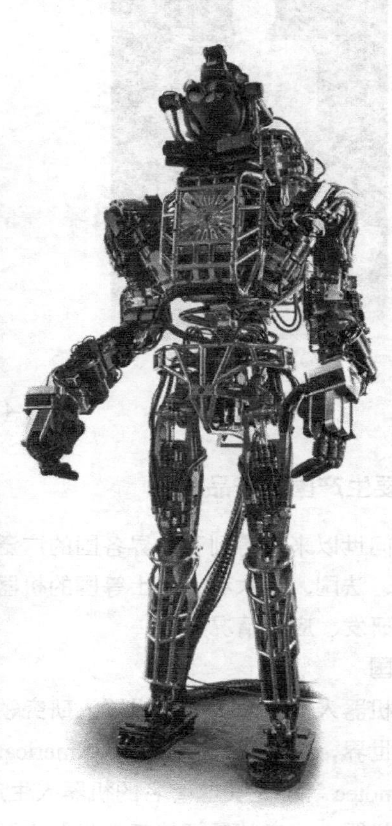

（c）Atlas

图 1-5　Boston Dynamics 研发的军事机器人

美国的场地机器人（Field Robots）研究水平同样令其他各国望尘莫及，其研究领域遍及空间、陆地、水下，并已经用于月球、火星等天体的探测。

早在 1967 年，National Aeronautics and Space Administration（NASA，美国宇航局）所发射的“海盗”号火星探测器已着落火星，并对土壤等进行了采集和分析，以寻找生命迹象；同年，还发射了“观察者”3 号月球探测器，对月球土壤进行了分析和处理。到了 2003 年，NASA 又接连发射了 Spirit，MER-A 和 Opportunity 两个火星探测器，并于 2004 年 1 月先后着陆火星表面，它们可在地面的遥控下，在火星上自由行走，通过它们对火星岩石和土壤的分析，收集到了表明火星上曾经有水流动的强有力证据，发现了形成于酸性湖泊的岩石、陨石等。2011 年 11 月，又成功发射了图 1-6（a）所示的 Curiosity（好奇号）核动力驱动的火星探测器，并于 2012 年 8 月 6 日安全着落火星，开启了人类探寻火星生命元素的历程；图 1-6（b）所示是 Google 公司最新研发的 Andy（安迪号）月球车。

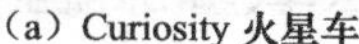

（a）Curiosity 火星车

（b）Andy 月球车

图 1-6　美国的场地机器人

（2）日本

日本是目前全球产量最大的机器人研发、生产和使用国，在工业机器人及家用服务、护理机、医疗等智能机器人的研发上具有世界领先水平。

日本在工业机器人的生产和应用居世界领先地位。20 世纪 90 年代，日本就开始普及第一代和第二代工业机器人，截至目前，它仍保持工业机器人产量、安装数量世界第一的地位。据统计，日本的工业机器人产量约占全球的 50%；安装数量约占全球的 23%。

日本在工业机器人的主要零部件供给、研究等方面同样居世界领先地位，其主要零部件（精密减速机、伺服电机、传感器等）占全球市场的 90%以上。日本的 Harmonic Drive System（哈默纳科）是全球最早生产谐波减速器的企业和目前全球最大、最著名的谐波减速器生产企业，其产品规格齐全、产量占全世界总量的 15%左右。日本的 Nabtesco Corporation（纳博特斯克公司）是全球最大、技术最领先的 RV 减速器生产企业，其产品占据了全球 60%以上的工业机器人 RV 减速器市场及日本 80%以上的数控机床自动换刀（ATC）装置 RV 减速器市场。世界著名的工业机器人几乎都使用 Harmonic Drive System 生产的谐波减速器和 Nabtesco Corporation 生产的 RV 减速器。

日本在发展第 3 代智能机器人上，同样取得了举世瞩目的成就。为了攻克智能机器人的关键技术，自 2006 年起，政府每年都投入巨资用于服务机器人的研发，如前述的 HONDA 公司 Asimo 机器人、Riken Institute 的 Robear 护理机器人等家用服务机器人的技术水平均居世界前列。

（3）德国

德国的机器人研发稍晚于日本，但其发展十分迅速。在 20 世纪 70 年代中后期，德国政府在“改善劳动条件计划”中，强制规定了部分有危险、有毒、有害的工作岗位必须用机器人来代替人工的要求，它为机器人的应用开辟了广大的市场。据 VDMA（德国机械设备制造业联合会）统计，目前德国的工业机器人密度已在法国的 2 倍和英国的 4 倍以上，它是目前欧洲最大的工业机器人生产和使用国。

德国的工业机器人以及军事机器人中的地面无人作战平台、水下无人航行体的研究和应用水平，居世界领先地位。德国的 KUKA（库卡）、REIS（徕斯，现为 KUKA 成员）、Carl-Cloos（卡尔-克鲁斯）等都是全球著名的工业机器人生产企业；德国宇航中心、德国机器人技术商业集团、karcher 公司、Fraunhofer Institute for Manufacturing Engineering and Automatic（弗劳恩霍夫制造技术和自动化研究所）及 STN 公司、HDW 公司等是有名的服务机器人及军事机器人研发企业。

德国在智能服务机器人的研究和应用上，同样具有世界公认的领先水平。例如，弗劳恩霍夫制造技术和自动化研究所最新研发的服务机器人 Care-O-Bot4，不但能够识别日常的生活用品，且还能听懂语音命令和看懂手势命令、按声控或手势的要求进行自我学习。

（4）中国

由于国家政策导向等多方面的原因，近年来，中国已成为全世界工业机器人增长最快、销量最大的市场，总销量已经连续多年位居全球第一。2013 年，工业机器人销量近 3.7 万台，占全球总销售量（17.7 万台）的 20.9%；2014 年的销量为 5.7 万台，占全球总销售量（22.5 万台）的 25.3%；2015 年的销量为 6.6 万台，占全球总销售量（24.7 万台）的 26.7%；2016 年的销量为 8.7 万台，占全球总销售量（29.4 万台）的 29.6%；2017 年的销量为 14.1 万台，占全球总销售量（38 万台）的 37.1%。

我国的机器人研发起始于 20 世纪 70 年代初期，到了 20 世纪 90 年代，先后研制出了点焊、弧焊、装配、喷漆、切割、搬运、包装码垛等工业机器人，在工业机器人及零部件研发等方面取得了一定的成绩。上海交通大学、哈尔滨工业大学、天津大学、南开大学、北京航空航天大学等高校都设立了机器人研究所或实验室，进行工业机器人和服务机器人的基础研究；广州数控、南京埃斯顿、沈阳新松等企业也开发了部分机器人产品。但是，总体而言，我国的机器人研发目前还处于初级阶段，和先进国家的差距依旧十分明显，产品以低档工业机器人为主，核心技术尚未掌握，关键部件几乎完全依赖进口，国产机器人的市场占有率十分有限，目前还没有真正意义上的完全自主机器人生产商。

高端装备制造产业是国家重点支持的战略新兴产业，工业机器人作为高端装备制造业的重要组成部分，有望在此今后得到快速发展。

1.2 机器人的分类

1.2.1 机器人的分类

机器人的分类方法很多，但由于人们观察问题的角度有所不同，直到今天，还没有一种分类方法能够满意地对机器人进行世所公认的分类。总体而言，通常的机器人分类方法主要有专业分类法和应用分类法两种，简介如下。

1．专业分类法

专业分类法一般是机器人设计、制造和使用厂家技术人员所使用的分类方法，其专业性较强，业外较少使用。目前，专业分类又可按机器人控制系统的技术水平、机械机构形态和运动控制方式 3 种方式进行分类。

① 按控制系统水平分类。根据机器人目前的控制系统技术水平，一般可分为前述的示教再现机器人（第一代）、感知机器人（第二代）、智能机器人（第三代）三类。第一代机器人已实用和普及，绝大多数工业机器人都属于第一代机器人；第二代机器人的技术已部分实用化；第三代机器人尚处于实验和研究阶段。

② 按机械结构形态分类。根据机器人现有的机械结构形态，有人将其分为圆柱坐标（Cylindrical Coordinate）、球坐标（Polar Coordinate）、直角坐标（Cartesian Coordinate）及关节型（Articulated）、并联型（Parallel）等，以关节型机器人为常用。不同形态的机器人在外观、机械结构、控制要求、工

作空间等方面均有较大的区别。例如，关节型机器人的动作类似人类手臂；而直角坐标及并联型机器人的外形和结构，则与数控机床十分类似等。有关工业机器人的结构形态，将在第 2 章进行详细阐述。

③ 按运动控制方式分类。根据机器人的控制方式，有人将其分为顺序控制型、轨迹控制型、远程控制型、智能控制型等。顺序控制型又称点位控制型，这种机器人只需要按照规定的次序和移动速度，运动到指定点进行定位，而不需要控制移动过程中的运动轨迹，它可以用于物品搬运等。轨迹控制型机器人需要同时控制移动轨迹、移动速度和运动终点，它可用于焊接、喷漆等连续移动作业。远程控制型机器人可实现无线遥控，故多用于特定的行业，如军事机器人、空间机器人、水下机器人等。智能控制型机器人就是前述的第三代机器人，多用于军事、场地、医疗等专门行业，智能型工业机器人目前尚未有实用化的产品。

2. 应用分类

应用分类是根据机器人应用环境（用途）进行分类的大众化分类方法，其定义通俗，易为公众所接受。例如，日本分为工业机器人和智能机器人两类；我国则分为工业机器人和特种机器人两类等。然而，由于对机器人的智能性判别尚缺乏严格、科学的标准；工业机器人和特种机器人的界限也较难划分。因此，本书参照国际机器人联合会（IFR）的相关定义，根据机器人的应用环境，将机器人分为工业机器人和服务机器人两类；前者用于环境已知的工业领域；后者用于环境未知的服务领域。如进一步细分，目前常用的机器人，基本上可分为图 1-7 所示的几类。

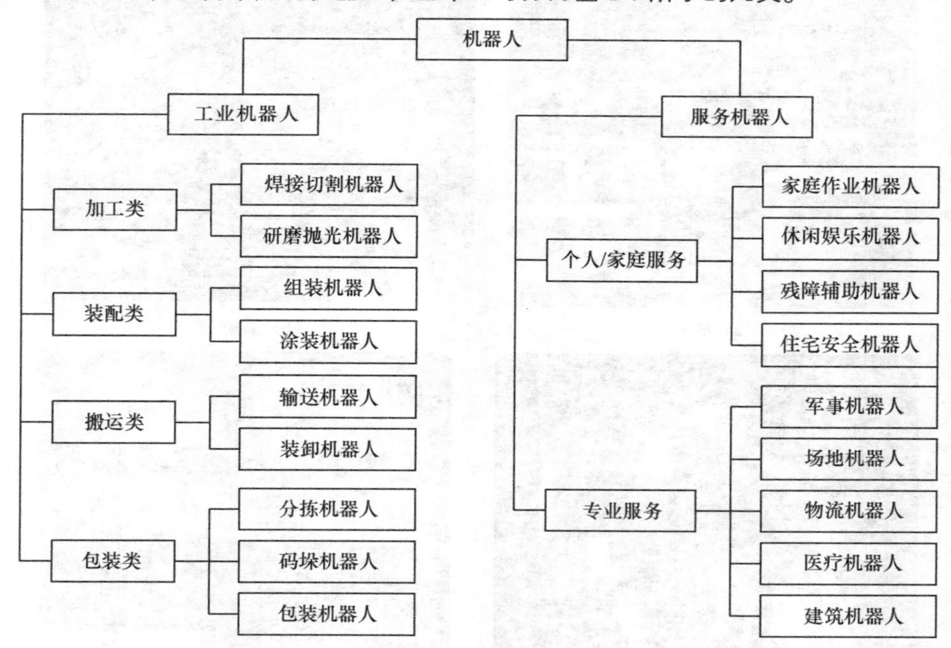

图 1-7　机器人的分类

① 工业机器人。工业机器人（Industrial Robot，IR）是指在工业环境下应用的机器人，它是一种可编程的、多用途自动化设备。当前实用化的工业机器人以第一代示教再现机器人居多，但部分工业机器人（如焊接、装配等）已能通过图像的识别、判断，来规划或探测途径，对外部环境具有了一定的适应能力，初步具备了第二代感知机器人的一些功能。

工业机器人可根据其用途和功能，分为加工、装配、搬运、包装 4 大类；在此基础上，还可对每类进行细分。

② 服务机器人。服务机器人（Personal Robot，PR）是服务于人类非生产性活动的机器人总称，它在机器人中的比例高达95%以上。根据IFR（国际机器人联合会）的定义，服务机器人是一种半自主或全自主工作的机械设备，它能完成有益于人类的服务工作，但不直接从事工业产品生产。

服务机器人的涵盖范围非常广，简言之，除工业生产用的机器人外，其他所有的机器人均属于服务机器人的范畴。因此，人们根据其用途，将服务机器人分为个人/家庭服务机器人（Personal/Domestic Robots）和专业服务机器人（Professional Service Robots）两类，在此基础上还可对每类进行细分。

以上两类产品研发、应用的简要情况如下。

1.2.2 工业机器人

工业机器人（Industrial Robot，IR）是用于工业生产环境的机器人总称。用工业机器人替代人工操作，不仅可以保障人身安全、改善劳动环境、减轻劳动强度、提高劳动生产率，而且还能够起到提高产品质量、节约原材料消耗及降低生产成本等多方面作用，因而，它在工业生产各领域的应用也越来越广泛。

工业机器人自1959年问世以来，经过五十多年的发展，在性能和用途等方面都有了很大的变化；现代工业机器人的结构越来越合理、控制越来越先进、功能越来越强大。根据工业机器人的功能与用途，其主要产品大致可分为图1-8所示的加工、装配、搬运、包装4大类。

（a）加工　（b）装配　（c）搬运　（d）包装

图1-8　工业机器人的分类

1．加工机器人

加工机器人是直接用于工业产品加工作业的工业机器人，常用的有金属材料焊接、切割、折弯、冲压、研磨、抛光等；此外，也有部分用于建筑、木材、石材、玻璃等行业的非金属材料切割、研磨、雕刻、抛光等加工作业。

焊接、切割、研磨、雕刻、抛光加工的环境通常较恶劣，加工时所产生的强弧光、高温、烟尘、飞溅、电磁干扰等都有害于人体健康。这些行业采用机器人自动作业，不仅可以改善工作环境，避免人体伤害；而且还可自动连续工作，提高工作效率和改善加工质量。

焊接机器人（Welding Robot）是目前工业机器人中产量最大、应用最广的产品，被广泛用于汽车、铁路、航空航天、军工、冶金、电器等行业。自 1969 年美国 GM 公司（通用汽车）在美国 Lordstown 汽车组装生产线上装备首台汽车点焊机器人以来，机器人焊接技术已日臻成熟，通过机器人的自动化焊接作业，可提高生产率、确保焊接质量、改善劳动环境，它是当前工业机器人应用的重要方向之一。

材料切割是工业生产不可缺少的加工方式，从传统的金属材料火焰切割、等离子切割、到可用于多种材料的激光切割加工都可通过机器人完成。目前，薄板类材料的切割大多采用数控火焰切割机、数控等离子切割机和数控激光切割机等数控机床加工；但异形、大型材料或船舶、车辆等大型废旧设备的切割已开始逐步使用工业机器人。

研磨、雕刻、抛光机器人主要用于汽车、摩托车、工程机械、家具建材、电子电气、陶瓷卫浴等行业的表面处理。使用研磨、雕刻、抛光机器人不仅能使操作者远离高温、粉尘、有毒、易燃、易爆的工作环境，而且能够提高加工质量和生产效率。

2. 装配机器人

装配机器人（Assembly Robot）是将不同的零件或材料组合成组件或成品的工业机器人，常用的有组装和涂装 2 大类。

计算机（Computer）、通信（Communication）和消费性电子（Consumer Electronic）行业（简称 3C 行业）是目前组装机器人最大的应用市场。3C 行业是典型的劳动密集型产业，采用人工装配，不仅需要使用大量的员工，而且操作工人的工作高度重复、频繁，劳动强度极大，致使人工难以承受；此外，随着电子产品不断向轻薄化、精细化方向发展，产品对零部件装配的精细程度在日益提高，部分作业已是人工无法完成。

涂装类机器人用于部件或成品的油漆、喷涂等表面处理，这类处理通常含有影响人体健康的有害、有毒气体，采用机器人自动作业后，不仅可以改善工作环境，避免有害、有毒气体的危害；而且还可自动连续工作，提高工作效率和改善加工质量。

3. 搬运机器人

搬运机器人是从事物体移动作业的工业机器人的总称，常用的主要有输送机器人（Transfer Robot）和装卸机器人（Handling Robot）两大类。

工业输送机器人以无人搬运车（Automated Guided Vehicle，AGV）为主。AGV 具有自身的控制系统和路径识别传感器，能够自动行走和定位停止，可广泛应用于机械、电子、纺织、卷烟、医疗、食品、造纸等行业的物品搬运和输送。在机械加工行业，AGV 大多用于无人化工厂、柔性制造系统（Flexible Manufacturing System，FMS）的工件、刀具搬运、输送，它通常需要与自动化仓库、刀具中心及数控加工设备、柔性加工单元（Flexible Manufacturing Cell，FMC）的控制系统互连，以构成无人化工厂、柔性制造系统的自动化物流系统。从产品功能上说，AGV 实际上也可归属于服务机器人中的场地机器人。

装卸机器人多用于机械加工设备的工件装卸（上下料），它通常和数控机床等自动化加工设备组合，构成柔性加工单元（FMC），成为无人化工厂、柔性制造系统（FMS）的一部分。装卸机器人还经常用于冲剪、锻压、铸造等设备的上下料，以替代人工完成高风险、高温等恶劣环境下的危险作业或繁重作业。

4．包装机器人

包装机器人（Packaging Robot）是用于物品分类、成品包装、码垛的工业机器人，常用的主要有分拣、包装和码垛 3 类。

计算机、通信和消费性电子行业（3C 行业）和化工、食品、饮料、药品工业是包装机器人的主要应用领域。3C 行业的产品产量大、周转速度快，成品包装任务繁重；化工、食品、饮料、药品包装由于行业特殊性，人工作业涉及安全、卫生、清洁、防水、防菌等方面的问题；因此，都需要利用装配机器人，来完成物品的分拣、包装和码垛作业。

1.2.3 服务机器人

1．基本情况

服务机器人是服务于人类非生产性活动的机器人总称。从控制要求、功能、特点等方面看，服务机器人与工业机器人的本质区别在于：工业机器人所处的工作环境在大多数情况下是已知的，因此，利用第一代机器人技术已可满足其要求；然而，服务机器人的工作环境在绝大多数场合是未知的，故都需要使用第二代、第三代机器人技术。从行为方式上看，服务机器人一般没有固定的活动范围和规定的动作行为，它需要有良好的自主感知、自主规划、自主行动和自主协同等方面的能力，因此，服务机器人较多地采用仿人或生物、车辆等结构形态。

早在 1967 年，在日本举办的第一届机器人学术会议上，人们就提出了两种描述服务机器人特点的代表性意见。一种意见认为服务机器人是一种“具有自动性、个体性、智能性、通用性、半机械半人性、移动性、作业性、信息性、柔性、有限性等特征的自动化机器”；另一种意见认为具备如下 3 个条件的机器，可称为服务机器人：

① 具有类似人类的脑、手、脚等功能要素；

② 具有非接触和接触传感器；

③ 具有平衡觉和固有觉的传感器。

当然，鉴于当时的情况，以上定义都强调了服务机器人的“类人”含义，突出了由“脑”统一指挥、靠“手”进行作业、靠“脚”实现移动；通过非接触传感器和接触传感器，使机器人识别外界环境；利用平衡觉和固有觉等传感器感知本身状态等基本属性，但它对服务机器人的研发仍具有参考价值。

服务机器人的出现虽然晚于工业机器人，但由于它与人类进步、社会发展、公共安全等诸多重大问题息息相关，应用领域众多，市场广阔，因此，其发展非常迅速、潜力巨大。有国外专家预测，在不久的将来，服务机器人产业可能成为继汽车、计算机后的另一新兴产业。据国际机器人联合会（IFR）2013 年世界服务机器人统计报告等有关统计资料显示，目前已有 20 多个国家在进行服务型机器人的研发，有四十余种服务型机器人已进入商业化应用或试用阶段。2012 年全球服务机器人的总销量约为 301.6 万台，约为工业机器人（15.9 万台）的 20 倍；其中，个人/家用服务机器人的销量约为 300 万台，销售额约为 12 亿美元；专业服务机器人的销量为 1.6 万台，销售额为 34.2 亿美元。

在服务机器人中，个人/家用服务机器人（Personal/Domestic Robots）为大众化、低价位产品，其市场最大。在专业服务机器人中，则以涉及公共安全的军事机器人（Military Robot）、场地机器人

（Field Robots）、医疗机器人的应用较广。

在服务机器人的研发领域，美国不但在军事、场地、医疗等高科技专业服务机器人的研究上遥遥领先于其他国家；而且，在个人/家用服务机器人的研发上，同样占有显著的优势，其服务机器人总量约占全球服务机器人市场的 60%。此外，日本的个人/家用服务机器人产量约占全球市场的 50%；欧洲的德国、法国也是服务机器人的研发和使用大国。我国在服务机器人领域的研发起步较晚，直到 2005 年才开始初具市场规模，总体水平与发达国家相比存在很大的差距；目前，我国的个人/家用服务机器人主要有吸尘、教育娱乐、保安、智能玩具等；专用服务机器人主要有医疗及部分军事、场地机器人等。

2．个人/家用机器人

个人/家用服务机器人（Personal/Domestic Robots）泛指为人们日常生活服务的机器人，包括家庭作业、娱乐休闲、残障辅助、住宅安全等。个人/家用服务机器人是被人们普遍看好的未来最具发展潜力的新兴产业之一。

在个人/家用服务机器人中，以家庭作业和娱乐休闲机器人的产量为最大，两者占个人/家用服务机器人总量的 90%以上；残障辅助、住宅安全机器人的普及率目前还较低，但市场前景被人们普遍看好。

家用清洁机器人是家庭作业机器人中最早被实用化和最成熟的产品之一。早在 20 世纪 80 年代，美国已经开始进行吸尘机器人的研究，iRobot 等公司是目前家用服务机器人行业公认的领先企业，其产品技术先进、市场占有率为全球最大；德国的 Karcher 公司也是著名的家庭作业机器人生产商，它在 2006 年研发的 Rc3000 家用清洁机器人是世界上第一台能够自行完成所有家庭地面清洁工作的家用清洁机器人。此外，美国的 Neato、Mint，日本的 SHINK、PANASONIC（松下），韩国的 LG、三星等公司也都是全球较著名的家用清洁机器人研发、制造企业。

在我国，由于家庭经济条件和发达国家的差距巨大，加上传统文化的影响，绝大多数家庭的作业服务目前还是由自己或家政服务人员承担，所使用的设备以传统工具和普通吸尘器、洗碗机等简单设备为主，家庭作业服务机器人的使用率非常低。

3．专业服务机器人

专业服务机器人（Professional Service Robots）的涵盖范围非常广，简言之，除工业生产用的工业机器人和为人们日常生活服务的个人/家用机器人外，其他所有的机器人均属于专业服务机器人。在专业服务机器人中，军事、场地和医疗机器人是应用最广的产品，3 类产品的概况如下。

（1）军事机器人

军事机器人（Military Robot）是为了军事目的而研制的自主、半自主式或遥控的智能化装备，它可用来帮助或替代军人，完成特定的战术或战略任务。军事机器人具备全方位、全天候的作战能力和极强的战场生存能力，可在超过人类承受能力的恶劣环境，或在遭到毒气、冲击波、热辐射等袭击时，继续进行工作；加上军事机器人也不存在人类的恐惧心理，可严格地服从命令、听从指挥，有利于指挥者对战局的掌控；在未来战争中，机器人战士完全可能成为军事行动中的主力军。

军事机器人的研发早在 20 世纪 60 年代就已经开始，产品已从第一代的遥控操作器，发展到了现在的第三代智能机器人。目前，世界各国的军用机器人已达上百个品种，其应用涵盖侦察、排雷、防化、进攻、防御及后勤保障等各个方面。用于监视、勘察、获取危险领域信息的无人驾驶飞行器（UAV）和地面车（UGV）、具有强大运输功能和精密侦查设备的机器人武装战车（ARV）、在战斗中担任补充作战物资的多功能后勤保障机器人（MULE）是当前军事机器人的主要产品。

目前，美国是世界唯一具有综合开发、试验和实战应用各类军事机器人的国家，其军事机器人的应用已涵盖陆、海、空、天等诸兵种。据报道，美军已装配了超过7500架的无人机和15000个的地面机器人，现阶段正在大量研制和应用无人作战系统、智能机器人集成作战系统等，以全面提升陆、海、空军事实力。此外，德国的智能地面无人作战平台、反水雷及反潜水下无人航行体的研究和应用；英国的战斗工程牵引车（CET）、工程坦克（FET）、排爆机器人的研究和应用；法国的警戒机器人和低空防御机器人、无人侦察车、野外快速巡逻机器人的研究和应用；以色列的机器人自主导航车、"守护者（Guardium）"监视与巡逻系统、步兵城市作战用的手携式机器人的研究和应用等，也具有世界领先水平。

（2）场地机器人

场地机器人（Field Robots）是除军事机器人外，其他可进行大范围作业的服务机器人的总称。场地机器人多用于科学研究和公共事业服务，如太空探测、水下作业、危险作业、消防救援、园林作业等。

美国的场地机器人研究始于20世纪60年代，其产品已遍及空间、陆地和水下，从1967年的海盗号火星探测器，到2003年的Spirit MER-A（勇气号）和Opportunity（机遇号）火星探测器、2011年的Curiosity（好奇号）核动力驱动的火星探测器，都无一例外地代表了全球空间机器人研究的最高水平。此外，俄罗斯和欧盟在太空探测机器人等方面的研究和应用也居世界领先水平，如早期的空间站飞行器对接、燃料加注机器人等；德国于1993年研制、由哥伦比亚号航天飞机携带升空的ROTEX远距离遥控机器人等，也都代表了当时的空间机器人技术水平；我国在探月、水下机器人方面的研究也取得了较大的进展。

（3）医疗机器人

医疗机器人是今后专业服务机器人的重点发展领域之一。医疗机器人主要用于伤病员的手术、救援、转运和康复，它包括诊断机器人、外科手术或手术辅助机器人、康复机器人等。例如，通过外科手术机器人，医生可利用其精准性和微创性，大面积减小手术伤口、迅速恢复正常生活等。据统计，目前全世界已有30个国家、近千家医院成功开展了数十万例机器人手术，手术种类涵盖泌尿外科、妇产科、心脏外科、胸外科、肝胆外科、胃肠外科、耳鼻喉科等学科。

当前，医疗机器人的研发与应用大部分都集中于美国、日本等发达国家及欧洲，发展中国家的普及率还很低。美国的Intuitive Surgical（直觉外科）公司是全球领先的医疗机器人研发、制造企业，该公司研发的达芬奇机器人是目前世界上最先进的手术机器人系统，它可模仿外科医生的手部动作，进行微创手术，目前已经成功用于普通外科、胸外科、泌尿外科、妇产科、头颈外科及心脏等手术。

1.3 工业机器人的应用

1.3.1 技术发展与产品应用

1．技术发展简史

工业机器人自1959年问世以来，经过五十多年的发展，在性能和用途等方面都有了很大的变化；现代工业机器人的结构越来越合理、控制越来越先进、功能越来越强大、应用越来越广泛。世界工业机器人的简要发展历程、重大事件和重要产品研制的简况如下。

1959年：Joseph F·Engelberger（约瑟夫·恩盖尔柏格）利用George Devol（乔治·德沃尔）的专利技术，研制出了世界上第一台真正意义上的工业机器人Unimate。该机器人具有水平回转、上下摆动和手臂伸缩3个自由度，可用于点对点搬运。

1961 年：美国 GM 公司（通用汽车）首次将 Unimate 工业机器人应用于生产线，机器人承担了压铸件叠放等部分工序。

1968 年：美国斯坦福大学研制出了首台具有感知功能的第二代机器人 Shakey。同年，Unimation 公司将机器人的制造技术转让给了日本 KAWASAKI（川崎）公司，日本开始研制、生产机器人。次年，瑞典的 ASEA 公司（阿西亚，现为 ABB 集团）研制了首台喷涂机器人，并在挪威投入使用。

1972 年：日本 KAWASAKI（川崎）公司研制出了日本首台工业机器人“Kawasaki -Unimate 2000”。次年，日本 HITACHI（日立）公司研制出了世界首台装备有动态视觉传感器的工业机器人；而德国 KUKA（库卡）公司则研制出了世界首台 6 轴工业机器人 Famulus。

1974 年：美国 Cincinnati Milacron（辛辛那提·米拉克隆，著名的数控机床生产企业）公司研制出了首台微机控制的商用工业机器人 Tomorrow Tool（T3）；瑞典 ASEA 公司（阿西亚，现为 ABB 集团）研制出了世界首台微机控制、全电气驱动的 5 轴涂装机器人 IRB6；全球最著名的数控系统（CNC）生产商、日本 FANUC 公司（发那科）开始研发、制造工业机器人。

1977 年：日本 YASKAWA（安川）公司开始工业机器人研发生产，并研制出了日本首台采用全电气驱动的机器人 MOTOMAN-L10（MOTOMAN 1 号）。次年，美国 Unimate 公司和 GM 公司（通用汽车）联合研制出了用于汽车生产线的垂直串联型（Vertical Series）可编程通用装配操作机器人 PUMA（Programmable Universal Manipulator for Assembly）；日本山梨大学研制出了水平串联型（Horizontal Series）自动选料、装配机器人 SCARA（Selective Compliance Assembly Robot Arm）；德国 REIS（徕斯，现为 KUKA 成员）公司研制出了世界首台具有独立控制系统、用于压铸生产线的工件装卸的 6 轴机器人 RE15。

1983 年：日本 DAIHEN（大阪变压器集团 Osaka Transformer Co.，Ltd 所属，国内称 OTC 或欧希地）公司研发了世界首台具有示教编程功能的焊接机器人。次年，美国 Adept Technology 公司（娴熟技术）研制出了世界首台电机直接驱动、无传动齿轮和铰链的 SCARA 机器人 Adept One。

1985 年：德国 KUKA（库卡）公司研制出了世界首台具有 3 个平移自由度和 3 个转动自由度的 Z 型 6 自由度机器人。

1992 年：瑞士 Demaurex 公司研制出了世界首台采用 3 轴并联结构（Parallel）的包装机器人 Delta。

2005 年：日本 YASKAWA（安川）公司推出了新一代、双腕 7 轴工业机器人。次年，意大利 COMAU（柯马，菲亚特成员、著名的数控机床生产企业）公司推出了首款 WiTP 无线示教器。

2008 年：日本 FANUC（发那科）公司、YASKAWA（安川）公司的工业机器人累计销量相继突破 20 万台，成为全球工业机器人累计销量最大的企业。次年，ABB 公司研制出全球精度最高、速度最快 6 轴小型机器人 IRB 120。

2013 年：谷歌公司开始大规模并购机器人公司，至今已相继并购了 Autofuss、Boston Dynamics（波士顿动力）、Bot & Dolly、DeepMind（英）、Holomni、Industrial Perception、Meka、Redwood Robotics、Schaft（日）、Nest Labs、Spree、Savioke 等多家公司。

2014 年：ABB 公司研制出世界上首台真正实现人机协作的机器人 YuMi。同年，德国 REIS（徕斯）公司并入 KUKA（库卡）公司。

2．典型应用

根据国际机器人联合会（IFR）等部门的最新统计，当前工业机器人的应用行业分布情况大致如图

1-9 所示。其中，汽车制造业、电子电气工业、金属制品及加工业是目前工业机器人的主要应用领域。

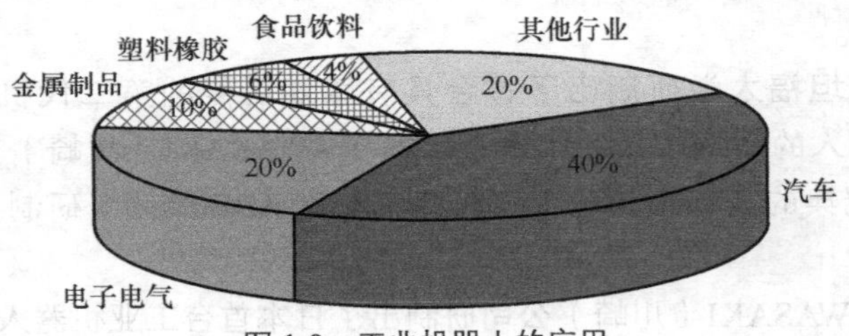

图 1-9 工业机器人的应用

汽车及汽车零部件制造业历来是工业机器人用量最大的行业，其使用量长期保持在工业机器人总量的 40%以上，使用的产品以加工、装配类机器人为主，是焊接、研磨、抛光及装配、涂装机器人的主要应用领域。

电子电气（包括计算机、通信、家电、仪器仪表等）是工业机器人应用的另一主要行业，其使用量也保持在工业机器人总量的 20%以上，使用的主要产品为装配、包装类机器人。

金属制品及加工业的机器人用量大致在工业机器人总量的 10%左右，使用的产品主要为搬运类的输送机器人和装卸机器人。

建筑、化工、橡胶、塑料以及食品、饮料、药品等其他行业的机器人用量都在工业机器人总量的 10%以下，橡胶、塑料、化工、建筑行业使用的机器人种类较多；食品、饮料、药品行业使用的机器人通常以加工、包装类为主。

1.3.2 主要生产企业

目前，全球工业机器人的生产厂家主要集中于东亚和欧洲，例如，日本的 FANUC（发那科）、YASKAWA（安川）、KAWASAKI（川崎）、NACHI（不二越）、DAIHEN（OTC 或欧希地）、PANASONIC（松下）及韩国的 HYUDAI（现代）；瑞士与瑞典的 ABB，德国的 KUKA（库卡，现已被美的控股）、REIS（徕斯，现为 KUKA 成员）及意大利的 COMAU（柯马），奥地利的 IGM（艾捷默）等。

以上企业从事工业机器人研发的时间基本可分为图 1-10 所示的 20 世纪 60 年代末、70 年代中、70 年代末 3 个时期，FANUC、YASKAWA、ABB、KUKA 是当前工业机器人产销量最大的代表性企业；KAWASAKI、NACHI 公司是全球最早从事工业机器人研发生产的企业；DAIHEN 焊接机器人是国际名牌，以上企业的产品在我国应用最为广泛，简介如下，FANUC 机器人的产品将在第 2 章详述。

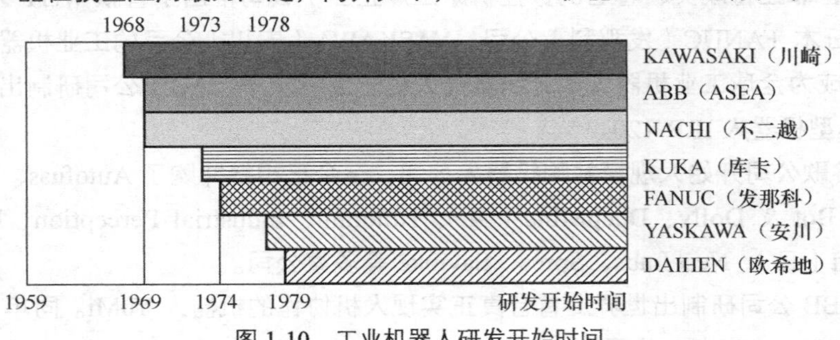

图 1-10 工业机器人研发开始时间

1. YASKAWA（安川）

YASKAWA（安川）公司成立于 1915 年，是全球著名的伺服电机及驱动器、变频器和工业机器人生产厂家，2003—2008 年的工业机器人产销量为全球第一，目前仅次于 FANUC 位居第二。

YASKAWA 的工业机器人研发始于 1977 年，随后创立了 MOTOMAN 工业机器人品牌，1990 年正式成立 MOTOMAN 机器人中心，1996 年成立北京工业机器人合资公司、成为首家进入中国的工业机器人企业。

YASKAWA 工业机器人产品主要有图 1-11 所示的垂直串联通用及专用（弧焊、涂装、食品药品等）工业机器人、并联 Delta 结构机器人、水平串联 SCARA 结构机器人和机器人变位器等。

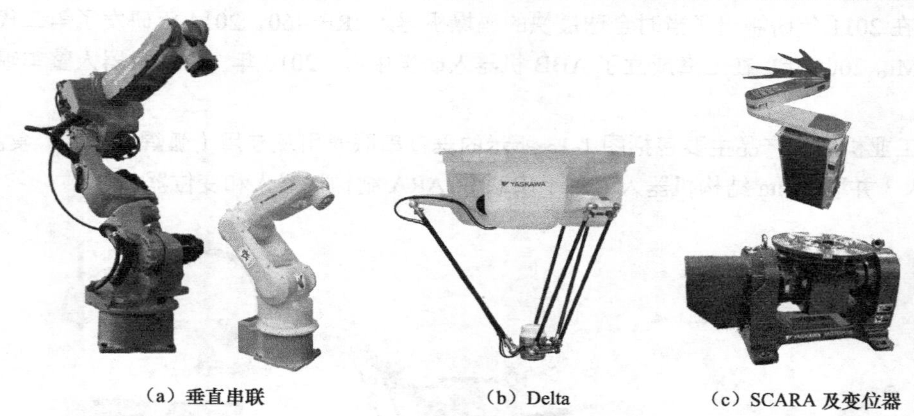

（a）垂直串联　（b）Delta　（c）SCARA 及变位器

图 1-11　YASKAWA 工业机器人产品

图 1-12 所示的手臂型机器人（Arm Robot）是 YASKAWA 近年研发的第二代智能工业机器人产品。手臂型机器人同样带有触觉传感器等智能检测器件，可感知人体接触并安全停止，实现人机协同安全作业。

安川手臂型机器人采用的是 7 轴垂直串联、类人手臂结构，其运动灵活、几乎不存在作业死区。安川手臂型机器人目前有图 1-12 所示的 SIA 系列 7 轴单臂（Single-arm）、SDA 系列 15 轴（2×7 单臂+基座回转）双臂（Dual-arm）两类，机器人可用于 3C、食品、药品等行业的人机协同作业。

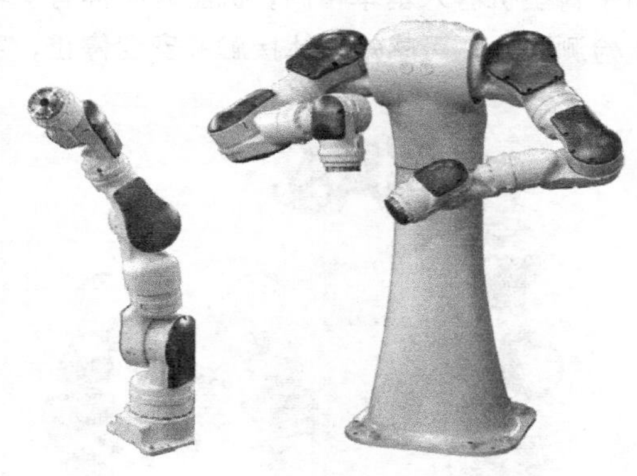

图 1-12　安川手臂型机器人

2．ABB

ABB（Asea Brown Boveri）集团公司是由 ASEA（阿西亚，总部位于瑞典）和 Brown. Boveri & Co.

Ltd（布朗勃法瑞、简称BBC，总部位于瑞士）两个具有百年历史的著名电气公司于1988年合并而成，集团总部现在位于瑞士苏黎世。

ASEA公司成立于1890年，是世界著名的电力设备制造企业，BBC公司成立于1891年，是世界著名的电力设备、低压电器、电气传动设备生产企业，产品遍及工商业、民用建筑配电、各类自动化设备和大型基础设施工程。ASEA公司在1969年研发出了全球第一台喷涂机器人，并开始进入工业机器人的研发制造领域，在1974年，又研发出了世界首台微机控制、全电气驱动的5轴涂装机器人IRB6。组建ABB后，在2009年研制出了当时全球精度最高、速度最快的6轴小型工业机器人IRB 120，在2011年研制出了当时全球最快的码垛机器人IRB 460，2014年研发了第二代人机协作机器人YuMi。2005年，在上海成立了ABB机器人研发中心，2010年，中国机器人整车喷涂实验中心建成。

ABB工业机器人产品主要包括图1-13所示的垂直串联通用及专用（弧焊、涂装、食品药品等）工业机器人、并联Delta结构机器人、水平串联SCARA结构机器人和变位器等。

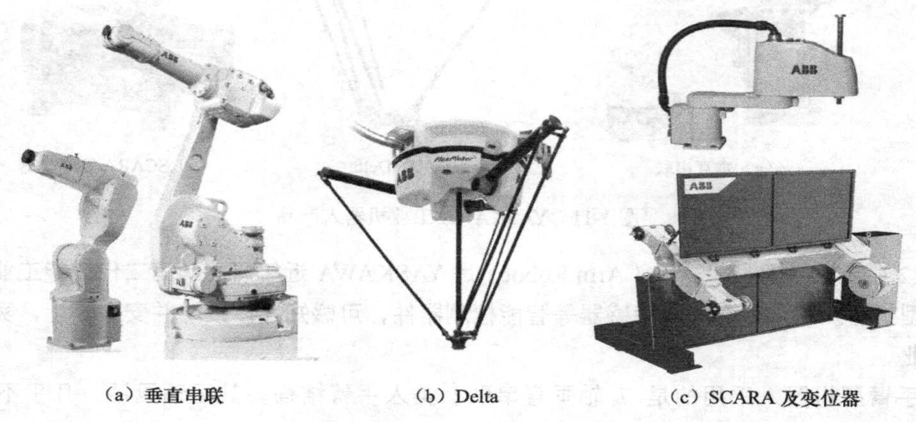

（a）垂直串联　（b）Delta　（c）SCARA及变位器

图1-13　ABB工业机器人产品

ABB公司第二代智能工业机器人的代表性产品为图1-14所示的YuMi协作型机器人。YuMi协作型机器人的结构和安川手臂型机器人基本相同，机器人同样有7轴单臂和15轴双臂两种，机器人带有触觉传感器等智能检测器件，可感知人体接触并安全停止，实现人机协同安全作业。

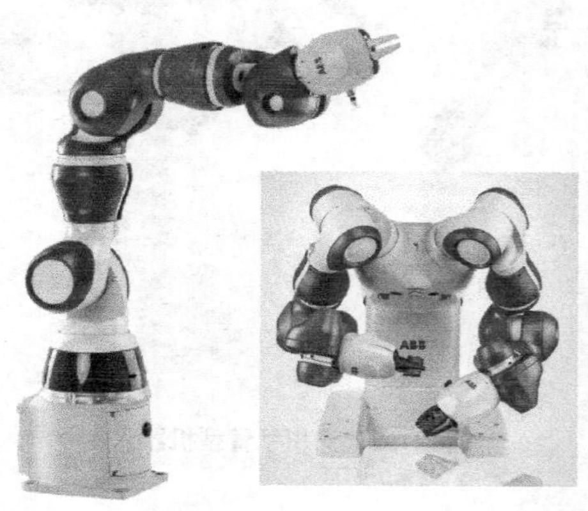

图1-14　YuMi协作型机器人

3. KUKA

KUKA 公司的创始人为 Johann Josef Keller 和 Jakob Knappich，公司于 1898 年在德国巴伐利亚州的奥格斯堡（Augsburg）正式成立，取名为“Keller und Knappich Augsburg”，简称 KUKA（库卡）。KUKA 公司最初的主要业务为室内及城市照明，后开始从事焊接设备、大型容器、市政车辆的研发生产，1966 年成为欧洲市政车辆的主要生产商。

KUKA 公司的工业机器人研发始于 1973 年，1995 年 KUKA 机器人有限公司正式成立。2014 年 KUKA 并购了德国另一家著名机器人制造商 REIS（徕斯）公司，2016 年被中国美的集团收购。

KUKA 公司在 1973 年研发出了世界首台 6 轴工业机器人 FAMULUS；1985 年研发出了世界首台具有 3 平移、3 回转的 6 自由度 Z 型机器人，2007 年研发的 KUKA titan 工业机器人被收入吉尼斯纪录，2013 年研发的概念机器人车 moiros（见图 1-15）获 2013 年汉诺威工业展机器人应用方案冠军和 Robotics Award 大奖。

图 1-15　KUKA 概念机器人车

KUKA 公司工业机器人产品主要包括图 1-16 所示的垂直串联通用及专用（弧焊、码垛等）工业机器人、并联 Delta 结构机器人、水平串联 SCARA 结构机器人和变位器等。

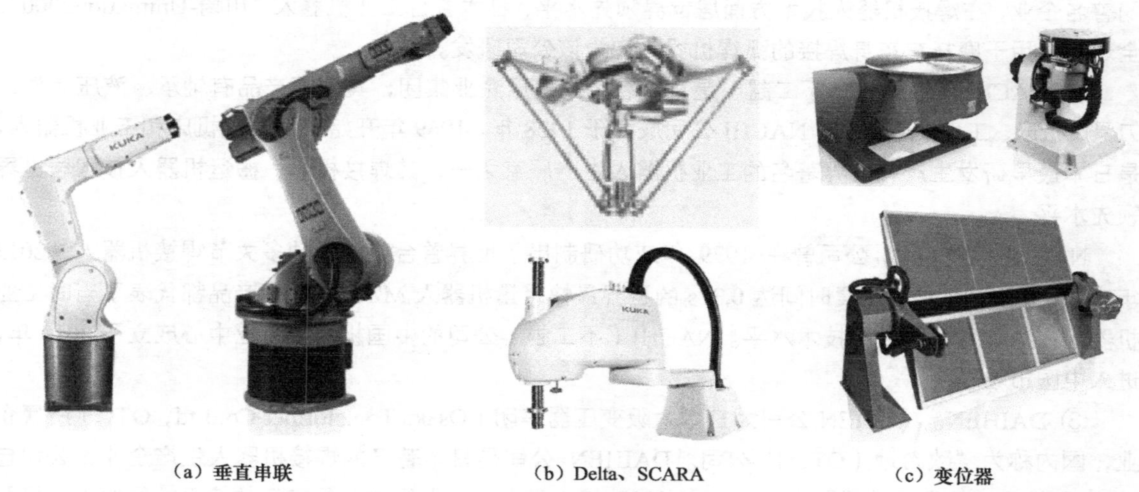

（a）垂直串联　（b）Delta、SCARA　（c）变位器

图 1-16　KUKA 公司工业机器人产品

KUKA 公司第二代智能工业机器人的代表性产品为图 1-17 所示的 LBR 协作型机器人，机器人带有触觉传感器，可感知人体接触并安全停止，实现人机协同作业。LBR 协作型机器人目前有 LBR iiwa、LBR Med 两类，LBR iiwa 称为智能制造助手（intelligent industrial work assistants，iiwa），可用于一般工业生产场合；LBR Med 为医用（Medical）机器人，产品符合 IEC 60601-1 医疗设备安全标准。LBR 机器人为单臂、7 轴垂直串联结构，机器人运动灵活、结构紧凑、作业死区小、安全性好，可用于 3C、食品、药品等行业的人机协同作业。

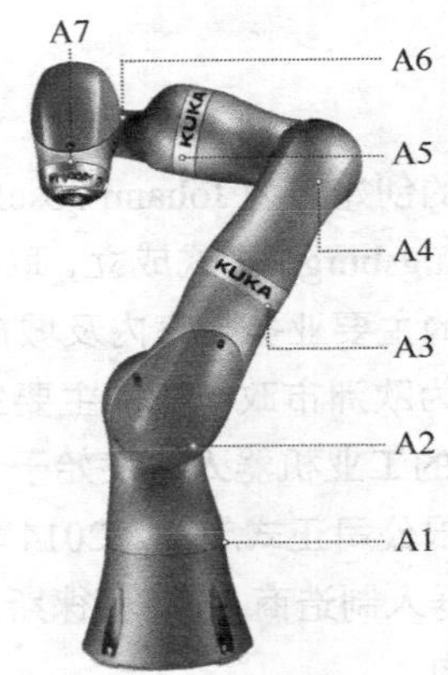

图 1-17　LBR 协作型机器人

4．其他

① KAWASAKI。KAWASAKI（川崎）公司成立于 1878 年，是具有悠久历史的日本著名大型企业集团，业务范围涵盖航空、航天、军事、电力、铁路、造船、工程机械、钢结构、发动机、摩托车、机器人等众多领域。KAWASAKI 主要生产大型装备，是日本仅次于三菱重工的著名军工企业、日本自卫队飞机和潜艇的主要生产商和世界著名的摩托车、体育运动器材生产厂家，其产品代表了日本科技的先进水平。

KAWASAKI（川崎）公司的工业机器人研发始于 1968 年，是日本最早研发、生产工业机器人的著名企业，在焊接机器人技术方面居世界领先水平，日本首台工业机器人“川崎-Unimation2000”、全球首台用于摩托车车身焊接的弧焊机器人均为该公司研发。

② NACHI。NACHI（不二越）是日本著名的机床企业集团，其主要产品有轴承、液压元件、刀具、机床、工业机器人等。NACHI 公司成立于 1928 年，1969 年开始研发生产机床和工业机器人，是日本最早研发生产和世界著名的工业机器人生产厂家之一，其焊接机器、搬运机器人技术居世界领先水平。

NACHI（不二越）公司曾在 1979 年成功研制出了世界首台电机驱动多关节焊接机器人，2013 年成功研制出 300mm 往复时间达 0.31s 的世界最快轻量机器人 MZ07，这些产品都代表了当时工业机器人在某一方面的最高技术水平。NACHI（不二越）公司的中国机器人商业中心成立于 2010 年，进入中国市场较晚。

③ DAIHEN。DAIHEN 公司为日本大阪变压器集团（Osaka Transformer Co. Ltd，OTC）所属企业，国内称为“欧希地（OTC）”公司。DAIHEN 公司是日本著名的焊接机器人生产企业，公司自 1979 年起开始从事焊接机器人生产，在 1983 年，研发了全世界首台具有示教编程功能的焊接机器人，在 1991 年，研发了全世界首个协同作业机器人焊接系统，这些产品的研发，都对工业机器人的技术进步和行业发展起到了重大的促进作用。

DAIHEN 公司自 2001 年起开始和 NACHI（不二越）合作研发工业机器人。自 2002 年起，先后在我国成立了欧希地机电（上海）有限公司、欧希地机电（青岛）有限公司及欧希地机电（上海）有限公司广州、重庆、天津分公司，进行工业机器人产品的生产和销售。

第2章 工业机器人的组成与性能

2.1 工业机器人的组成及特点

2.1.1 工业机器人的组成

1. 工业机器人系统的组成

工业机器人是一种功能完整、可独立运行的典型机电一体化设备，它有自身的控制器、驱动系统和操作界面，可对其进行手动、自动操作及编程，它能依靠自身的控制能力来实现所需要的功能。广义上的工业机器人是由如图 2-1 所示的机器人及相关附加设备组成的完整系统，它总体可分为机械部件和电气控制系统两大部分。

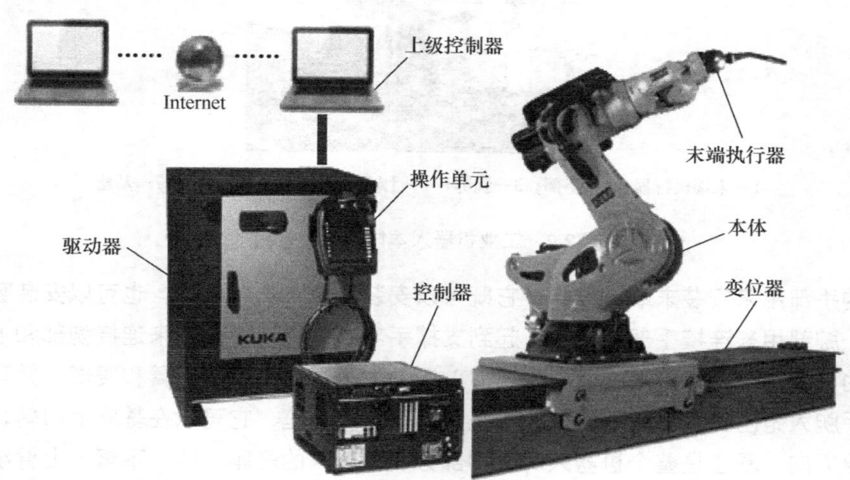

图 2-1 工业机器人系统的组成

工业机器人（以下简称机器人）系统的机械部件包括机器人本体、末端执行器、变位器等，控制系统主要包括控制器、驱动器、操作单元、上级控制器等。其中，机器人本体、末端执行器以及控制器、驱动器、操作单元是机器人必需的基本组成部件，所有机器人都必须配备。

末端执行器又称工具，它是机器人的作业机构，与作业对象和要求有关，其种类繁多，它一般需要由机器人制造厂和用户共同设计、制造与集成。变位器是用于机器人或工件的整体移动或进行系统协同作业的附加装置，可根据需要选配。

在控制系统中，上级控制器是用于机器人系统协同控制、管理的附加设备，既可用于机器人与机器人、机器人与变位器的协同作业控制，也可用于机器人和数控机床、机器人和自动生产线等其他机电一体化设备的集中控制，此外，还可用于机器人的操作、编程与调试。上级控制器同样可根据实际系统的需要选配，在柔性加工单元（FMC）、自动生产线等自动化设备上，上级控制器的功能也可直接由数控机床所配套的数控系统（CNC）、生产线控制用的 PLC 等承担。

2. 机器人本体

机器人本体又称操作机，它是用来完成各种作业的执行机构，包括机械部件及安装在机械部件上的驱动电机、传感器等。

机器人本体的形态各异，但绝大多数是由若干关节（Joint）和连杆（Link）连接而成的。以常用的 6 轴垂直串联型（Vertical Articulated）工业机器人为例，其运动主要包括整体回转（腰关节）、下臂摆动（肩关节）、上臂摆动（肘关节）、腕回转和弯曲（腕关节）等，其本体的典型结构如图 2-2 所示，其主要组成部件包括手部、腕部、上臂、下臂、腰部、基座等。

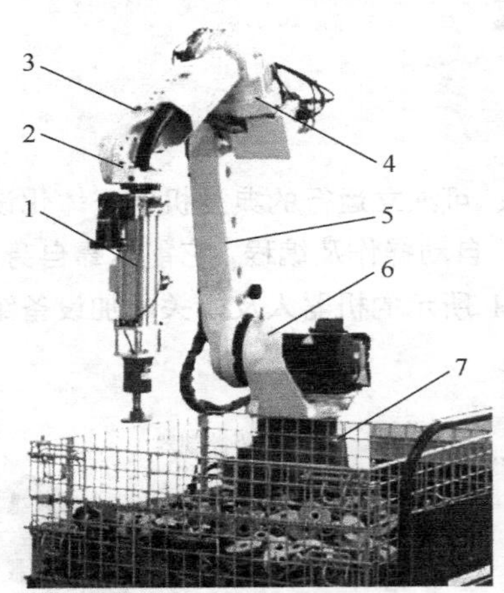

1—末端执行器；2—手部；3—腕部；4—上臂；5—下臂；6—腰部；7—基座

图 2-2　工业机器人本体的典型结构

机器人的手部用来安装末端执行器，它既可以安装类似人类的手爪，也可以安装吸盘或其他各种作业工具；腕部用来连接手部和手臂，起到支撑手部的作用；上臂用来连接腕部和下臂。上臂可回绕下臂摆动，实现手腕大范围的上下（俯仰）运动；下臂用来连接上臂和腰部，并可回绕腰部摆动，以实现手腕大范围的前后运动；腰部用来连接下臂和基座，它可以在基座上回转，以改变整个机器人的作业方向；基座是整个机器人的支持部分。机器人的基座、腰、下臂、上臂统称机身；机器人的腕部和手部统称手腕。

机器人的末端执行器又称工具，它是安装在机器人手腕上的作业机构。末端执行器与机器人的作业要求、作业对象密切相关，一般需要由机器人制造厂和用户共同设计与制造。例如，用于装配、搬运、包装的机器人则需要配置吸盘、手爪等用来抓取零件、物品的夹持器；而加工类机器人需要配置用于焊接、切割、打磨等加工的焊枪、割枪、铣头、磨头等各种工具或刀具等。

3. 变位器

变位器是工业机器人的主要配套附件，其作用和功能如图 2-3 所示。通过变位器，可增加机器人的自由度、扩大作业空间、提高作业效率，实现作业对象或多机器人的协同运动，提升机器人系统的整体性能和自动化程度。

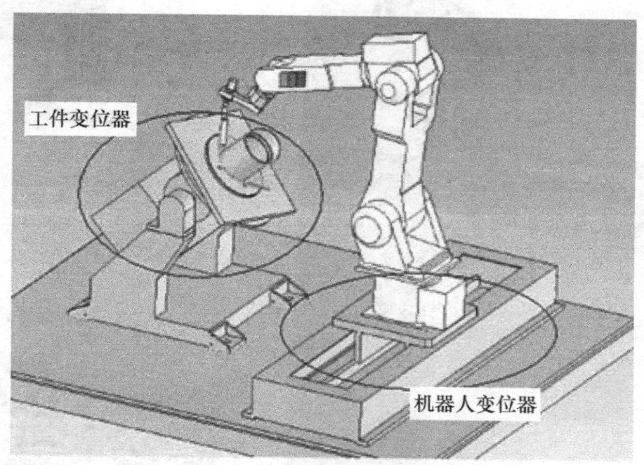

图 2-3 变位器的作用和功能

从用途上说，工业机器人的变位器主要有工件变位器、机器人变位器两大类。

工件变位器如图 2-4 所示，它主要用于工件的作业面调整与工件的交换，以减少工件装夹次数，缩短工件装卸等辅助时间，提高机器人的作业效率。

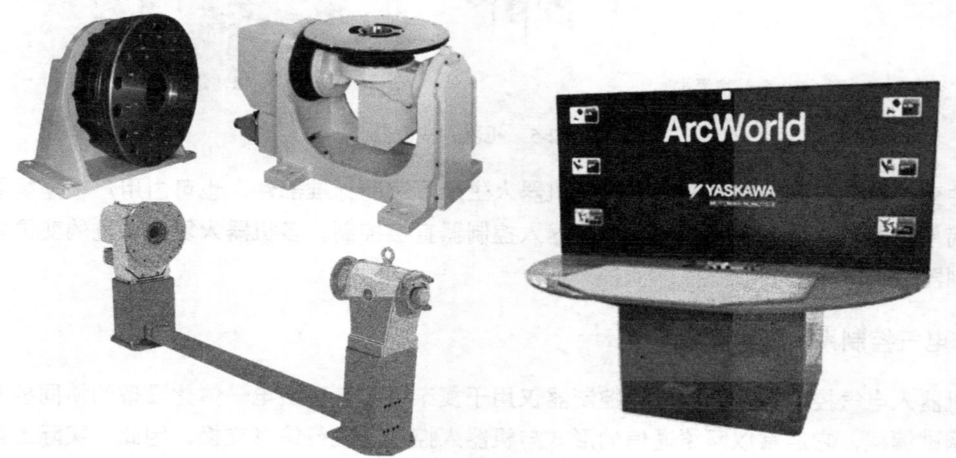

图 2-4 工件变位器

在结构上，工件变位器以回转变位器居多。通过工件的回转，可在机器人位置保持不变的情况下，改变工件的作业面，以完成工件的多面作业，避免多次装夹。此外，还可通过工装的 180° 整体回转运动，实现作业区与装卸区的工件自动交换，使得工件的装卸和作业可同时进行，从而大大缩短工件装卸时间。

机器人变位器通常采用图 2-5 所示的轨道式、摇臂式、横梁式、龙门式等结构。轨道式变位器通常采用可接长的齿轮/齿条驱动，其行程一般不受限制；摇臂式、横梁式、龙门式变位器主要用于倒置式机器人的平面（摇臂式）、直线（横梁式）、空间（龙门式）变位。利用变位器，可实现机器人整体的大范围运动，扩大机器人的作业范围，实现大型工件、多工件的作业；或者，通过机器人的运动，实现作业区与装卸区的交换，以缩短工件装卸时间，提高机器人的作业效率。

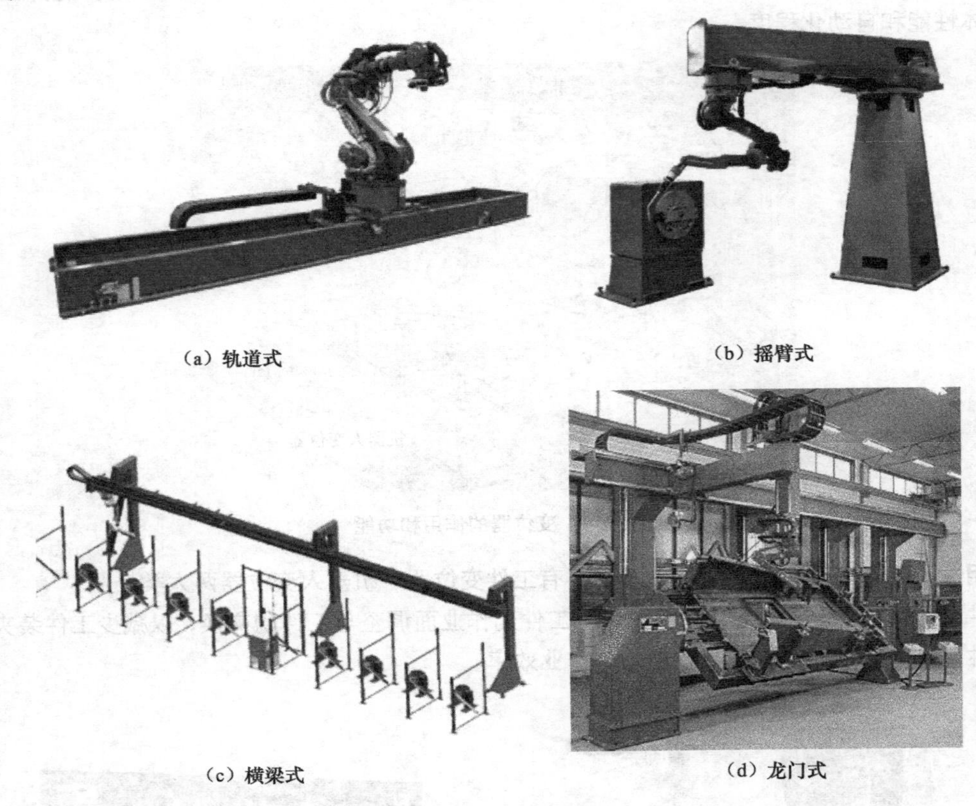

（a）轨道式　（b）摇臂式　（c）横梁式　（d）龙门式

图 2-5　机器人变位器

工件变位器、机器人变位器既可选配机器人生产厂家的标准部件，也可由用户根据需要设计、制作。简单机器人系统的变位器一般由机器人控制器直接控制，多机器人复杂系统的变位器需要由上级控制器进行集中控制。

4. 电气控制系统

在机器人电气控制系统中，上级控制器仅用于复杂系统各种机电一体化设备的协同控制、运行管理和调试编程，它通常以网络通信的形式与机器人控制器进行信息交换，因此，实际上属于机器人电气控制系统的外部设备；而机器人控制器、操作单元、伺服驱动器及辅助控制电路，则是机器人控制必不可少的系统部件。

① 机器人控制器。机器人控制器是用于机器人坐标轴位置和运动轨迹控制的装置，输出运动轴的插补脉冲，其功能与数控装置（CNC）非常类似，控制器的常用结构有工业 PC 机型和 PLC 型 2 种。

工业计算机（又称工业 PC 机）型机器人控制器的主机和通用计算机并无本质的区别，但机器人控制器需要增加传感器、驱动器接口等硬件，这种控制器的兼容性好、软件安装方便、网络通信容易。PLC（可编程序控制器）型控制器以类似 PLC 的 CPU 模块作为中央处理器，然后通过选配各种 PLC 功能模块，如测量模块、轴控制模块等，来实现对机器人的控制，这种控制器的配置灵活，模块通用性好、可靠性高。

② 操作单元。工业机器人的现场编程一般通过示教操作实现，它对操作单元的移动性能和手动性能的要求较高，但其显示功能一般不及数控系统，因此，机器人的操作单元以手持式为主，习惯上称之为示教器。

传统的示教器由显示器和按键组成，操作者可通过按键直接输入命令和进行所需的操作。目前常用的示教器为菜单式，它由显示器和操作菜单键组成，操作者可通过操作菜单选择需要的操作。先进的示教器使用了目前智能手机同样的触摸屏和图标界面，这种示教器的最大优点是可直接通过 WiFi 连接控制器和网络，从而省略了示教器和控制器之间的连接电缆；智能手机型操作单元使用灵活、方便，是适合网络环境下使用的新型操作单元。

③ 驱动器。驱动器实际上是用于控制器的插补脉冲功率放大的装置，实现驱动电机位置、速度、转矩控制，驱动器通常安装在控制柜内。驱动器的形式决定于驱动电机的类型，伺服电机需要配套伺服驱动器，步进电机则需要使用步进驱动器。机器人目前常用的驱动器以交流伺服驱动器为主，它有集成式、模块式和独立型 3 种基本结构形式。

集成式驱动器的全部驱动模块集成于一体，电源模块可以独立或集成，这种驱动器的结构紧凑、生产成本低，是目前使用较为广泛的结构形式。模块式驱动器的电源模块为公用，驱动模块独立，驱动器需要统一安装。集成式、模块式驱动器不同控制轴间的关联性强，调试、维修和更换相对比较麻烦。独立型驱动器的电源和驱动电路集成一体，每一轴的驱动器可独立安装和使用，因此，其安装使用灵活、通用性好，其调试、维修和更换也较方便。

④ 辅助控制电路。辅助电路主要用于控制器、驱动器电源的通断控制和接口信号的转换。由于工业机器人的控制要求类似，接口信号的类型基本统一，为了缩小体积、降低成本、方便安装，辅助控制电路常被制成标准的控制模块。

尽管机器人的用途、规格有所不同，但电气控制系统的组成部件和功能类似，因此，机器人生产厂家一般将电气控制系统统一设计成图 2-6 所示的控制箱型或控制柜型。

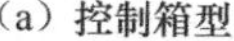

（a）控制箱型

（b）控制柜型

图 2-6　电气控制系统结构

在以上控制箱、控制柜中，示教器是用于工业机器人操作、编程及数据输入/显示的人机界面，为了方便使用，一般为可移动式悬挂部件；驱动器一般为集成式交流伺服驱动器；控制器则以 PLC 型为主。另外，在采用工业计算机型机器人控制器的系统中，控制器有时也可独立安装，系统的其他控制部件通常统一安装在控制柜内。

2.1.2 工业机器人的特点

1．基本特点

工业机器人是集机械、电子、控制、检测、计算机、人工智能等多学科先进技术于一体的典型机电一体化设备，其主要技术特点如下。

① 拟人。在结构形态上，大多数工业机器人的本体有类似人类的腰转、大臂、小臂、手腕、手爪等部件，并接受控制器的控制。在智能工业机器人上，还安装有模拟人类等生物的传感器，如：模拟感官的接触传感器、力传感器、负载传感器、光传感器；模拟视觉的图像识别传感器；模拟听觉的声传感器、语音传感器等。这样的工业机器人具有类似人类的环境自适应能力。

② 柔性。工业机器人有完整、独立的控制系统，它可以通过编程来改变动作和行为，此外，还可通过安装不同的末端执行器，来满足不同的应用要求，因此，它具有适应对象变化的柔性。

③ 通用。除了部分专用工业机器人外，大多数工业机器人都可通过更换工业机器人手部的末端操作器，如更换手爪、夹具、工具等，来完成不同的作业。因此，它具有一定的、执行不同作业任务的通用性。

工业机器人、数控机床、机械手三者在结构组成、控制方式、行为动作等方面有许多相似之处，以至于非专业人士很难区分，有时引起误解。以下通过三者的比较，来介绍相互间的区别。

2．工业机器人与数控机床

世界首台数控机床出现于1952年，它由美国麻省理工学院率先研发，其诞生比工业机器人早7年，因此，工业机器人的很多技术都来自于数控机床。

George Devol（乔治·德沃尔）最初设想的机器人实际就是工业机器人，他所申请的专利就是利用数控机床的伺服轴驱动连杆机构，然后通过操纵、控制器对伺服轴的控制，来实现机器人的功能。按照相关标准的定义，工业机器人是“具有自动定位控制、可重复编程的多功能、多自由度的操作机”，这点也与数控机床十分类似。

因此，工业机器人和数控机床的控制系统类似，它们都有控制面板、控制器、伺服驱动等基本部件，操作者可利用控制面板对它们进行手动操作或进行程序自动运行、程序输入与编辑等操作控制。但是，由于工业机器人和数控机床的研发目的有着本质的区别，因此，其地位、用途、结构、性能等各方面均存在较大的差异。图2-7是数控机床和工业机器人的功能比较图，总体而言，两者的区别主要有以下几点。

① 作用和地位。机床是用来加工机器零件的设备，是制造机器的机器，故称为工作母机。没有机床就几乎不能制造机器，没有机器就不能生产工业产品。因此，机床被称为国民经济基础的基础，在现有的制造模式中，它仍处于制造业的核心地位。工业机器人尽管发展速度很快，但目前绝大多数还只是用于零件搬运、装卸、包装、装配的生产辅助设备，或是进行焊接、切割、打磨、抛光等简单粗加工的生产设备，它在机械加工自动生产线上（焊接、涂装生产线除外）所占的价值一般还只有15%左右。

因此，除非现有的制造模式发生颠覆性变革，否则，工业机器人的体量很难超越机床；所以，那些认为“随着自动化大趋势的发展，机器人将取代机床成为新一代工业生产的基础”的观点，至少在目前看来是不正确的。

图 2-7　数控机床和工业机器人的功能比较

② 目的和用途。研发数控机床的根本目的是解决轮廓加工的刀具运动轨迹控制问题；而研发工业机器人的根本目的是用来协助或代替人类完成那些单调、重复、频繁或长时间、繁重的工作或进行高温、粉尘、有毒、易燃、易爆等危险环境下的作业。由于两者研发目的不同，因此，其用途也有根本的区别。简言之，数控机床是直接用来加工零件的生产设备；而大部分工业机器人则是用来替代或部分替代操作者进行零件搬运、装卸、装配、包装等作业的生产辅助设备，两者目前尚无法相互完全替代。

③ 结构形态。工业机器人需要模拟人的动作和行为，在结构上以回转摆动轴为主、直线轴为辅（可能无直线轴），多关节串联、并联轴是其常见的形态；部分机器人（如无人搬运车等）的作业空间也是开放的。数控机床的结构以直线轴为主、回转摆动轴为辅（可能无回转摆动轴），绝大多数都采用直角坐标结构；其作业空间（加工范围）局限于设备本身。

但是，随着技术的发展，两者的结构形态也在逐步融合，如机器人有时也采用直角坐标结构；采用并联虚拟轴结构的数控机床也已有实用化的产品等。

④ 技术性能。数控机床是用来加工零件的精密加工设备，其轮廓加工能力、定位精度和加工精度等是衡量数控机床性能最重要的技术指标。高精度数控机床的定位精度和加工精度通常需要达到 0.01mm 或 0.001mm 的数量级，甚至更高，且其精度检测和计算标准的要求高于机器人。数控机床的轮廓加工能力决定于工件要求和机床结构，通常而言，能同时控制 5 轴（5 轴联动）的机床，就可满足几乎所有零件的轮廓加工要求。

工业机器人是用于零件搬运、装卸、码垛、装配的生产辅助设备，或是进行焊接、切割、打磨、抛光等粗加工的设备，强调的是动作灵活性、作业空间、承载能力和感知能力。因此，除少数用于精密加工或装配的机器人外，其余大多数工业机器人对定位精度和轨迹精度的要求并不高，通常只需要达到 0.1～1mm 的数量级便可满足要求，且精度检测和计算标准等低于数控机床。但是，工业机器人的控制轴数将直接决定自由度、动作灵活性等关键指标，其要求很高；从理论上讲，需要工业机器人有 6 个自由度（6 轴控制），才能完全描述一个物体在三维空间的位置，如需要避障，还需要有更多的自由度。此外，智能工业机器人还需要有一定的感知能力，故需要配备位置、触觉、视觉、听觉等多种传感器；而数控机床一般只需要检测速度与位置，因此，工业机器人对检测技术的要求高于数控机床。

3. 工业机器人和机械手

用于零件搬运、装卸、码垛、装配的工业机器人功能和自动化生产设备中的辅助机械手类似。例如，国际标准化组织（ISO）将工业机器人定义为“自动的、位置可控的、具有编程能力的多功能机械手”；日本机器人协会（JRA）将工业机器人定义为“能够执行人体上肢（手和臂）类似动作的多功能机器”，表明两者的功能存在很大的相似之处。但是，工业机器人与生产设备中的辅助机械手的控制系统、操作编程、驱动系统均有明显的不同。图 2-8 是工业机器人和机械手的比较图，两者的主要区别如下。

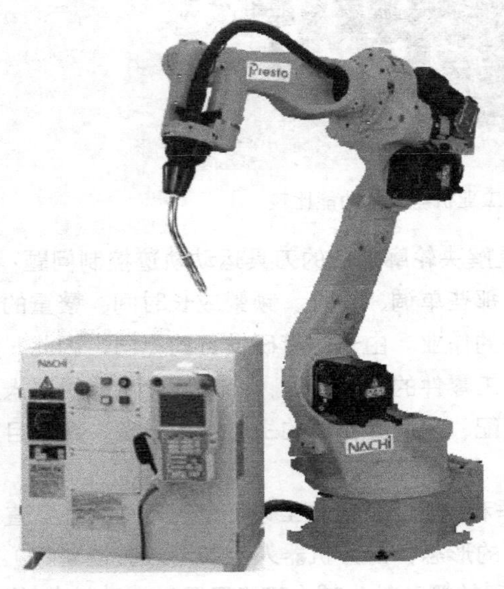

（a）工业机器人

（b）机械手

图 2-8　工业机器人和机械手的比较

① 控制系统。工业机器人需要有独立的控制器、驱动系统、操作界面等，可对其进行手动、自动操作和编程，因此，它是一种可独立运行的完整设备，能依靠自身的控制能力来实现所需要的功能。机械手只是用来实现换刀或工件装卸等操作的辅助装置，其控制一般需要通过设备的控制器（如 CNC、PLC 等）实现，它没有自身的控制系统和操作界面，故不能独立运行。

② 操作编程。工业机器人具有适应动作和对象变化的柔性，其动作是随时可变的，如需要，最终用户可随时通过手动操作或编程来改变其动作，现代工业机器人还可根据人工智能技术所制定的原则纲领自主行动。但是，辅助机械手的动作和对象是固定，其控制程序通常由设备生产厂家编制；即使在调整和维修时，用户通常也只能按照设备生产厂的规定进行操作，而不能改变其动作的位置与次序。

③ 驱动系统。工业机器人需要灵活改变位姿，绝大多数运动轴都需要有任意位置定位功能，需要使用伺服驱动系统；在无人搬运车（Automated Guided Vehicle，AGV）等输送机器人上，还需要配备相应的行走机构及相应的驱动系统。而辅助机械手的安装位置、定位点和动作次序样板都是固定不变的，大多数运动部件只需要控制起点和终点，故较多地采用气动、液压驱动系统。

2.2 工业机器人的结构形态

2.2.1 垂直串联机器人

从运动学原理上说，绝大多数机器人的本体都是由若干关节（Joint）和连杆（Link）组成的运动链。根据关节间的连接形式，多关节工业机器人的典型结构主要有垂直串联、水平串联（或 SCARA）和并联 3 大类。

垂直串联（Vertical Articulated）是工业机器人最常见的结构形式，机器人的本体部分一般由 5～7 个关节在垂直方向依次串联而成，它可以模拟人类从腰部到手腕的运动，用于加工、搬运、装配、包装等各种场合。

1．6 轴串联结构

图 2-9 所示的 6 轴串联是垂直串联机器人的典型结构。机器人的 6 个运动轴分别为腰部回转轴 S（Swing，亦称 J1 轴）、下臂摆动轴 L（Lower Arm Wiggle，亦称 J2 轴）、上臂摆动轴 U（Upper Arm Wiggle，亦称 J3 轴）、腕回转轴 R（Wrist Rotation，亦称 J4 轴）、腕弯曲摆动轴 B（Wrist Bending，亦称 J5 轴）、手回转轴 T（Turning，亦称 J6 轴）；其中，图中用实线表示的腰部回转轴 S（J1）、腕回转轴 R（J4）、手回转轴 T（J6）为可在 4 象限进行 360° 或接近 360° 回转，称为回转轴（Roll）；用虚线表示的下臂摆动轴 L（J2）、上臂摆动轴 U（J3）、腕弯曲轴 B（J5）一般只能在 3 象限内进行小于 270° 回转，称摆动轴（Bend）。

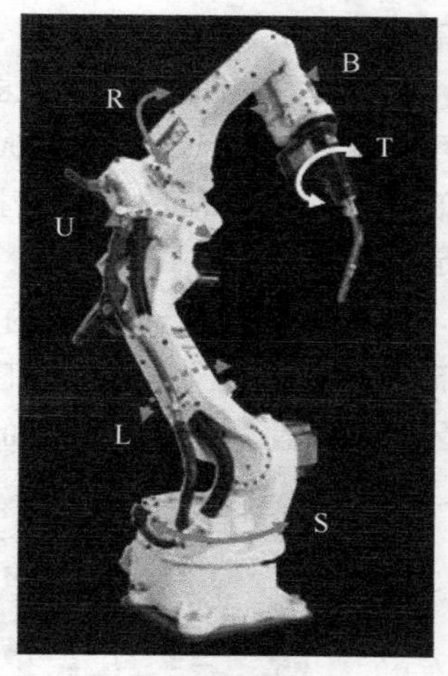

图 2-9 6 轴垂直串联结构

6 轴垂直串联结构机器人的末端执行器作业点的运动，由手臂和手腕、手的运动合成，另外的腰、下臂、上臂 3 个关节，可用来改变手腕基准点的位置，称为定位机构。通过腰回转轴 S 的运动，机器人可绕基座的垂直轴线回转，以改变机器人的作业面方向；通过下臂摆动轴 L 的运动，可使机器人的大部进行垂直方向的偏摆，实现手腕参考点的前后运动；通过上臂摆动轴 U 的运动，可使机器人的上部进行水平方向的偏摆，实现手腕参考点的上下运动（俯仰）。

手腕部分的腕回转、弯曲摆动和手回转 3 个关节，可用来改变末端执行器的姿态，称为定向机构。回转轴 R 可整体改变手腕方向，调整末端执行器的作业面向；腕弯曲轴 B 可用来实现末端执行器的上下或前后、左右摆动，调整末端执行器的作业点；手回转轴 T 用于末端执行器回转控制，它可以改变末端执行器的作业方向。

6 轴垂直串联结构机器人通过以上定位机构和定向机构的串联，较好地实现了三维空间内的任意位置和姿态控制，它对于各种作业都有良好的适应性，因此，可用于加工、搬运、装配、包装等各种场合。

但是，6 轴垂直串联结构机器人也存在以下固有的缺点。

首先，末端执行器在笛卡儿坐标系上的三维运动（X、Y、Z 轴），需要通过多个回转、摆动轴的运动合成，且运动轨迹不具备唯一性，X、Y、Z 轴的坐标计算和运动控制比较复杂，加上 X、Y、Z 轴的位置无法通过传感器进行直接检测，要实现高精度的闭环位置控制非常困难。这是采用关节和连杆结构的工业机器人所存在的固有缺陷，它也是目前工业机器人大多需要采用示教编程，以及其位置控制精度不及数控机床的主要原因所在。

第二，由于结构所限，6 轴垂直串联结构机器人存在运动干涉区域，在上部或正面运动受限时，进行下部、反向作业非常困难。

第三，在典型结构上，所有轴的运动驱动机构都安装在相应的关节部位，机器人上部的质量大、重心高，高速运动时的稳定性较差，其承载能力通常较低等。

为了解决以上问题，垂直串联工业机器人有时采用如下变形结构。

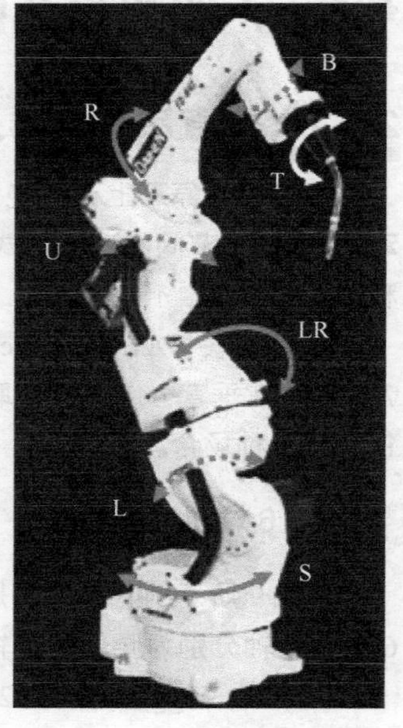

图 2-10　7 轴垂直串联结构

2．7 轴串联结构

为解决 6 轴垂直串联结构存在的下部、反向作业干涉问题，先进的工业机器人有时也采用图 2-10 所示的 7 轴垂直串联结构。

7 轴垂直串联结构的机器人在 6 轴机器人的基础上，增加了下臂回转轴 LR（Lower Arm Rotation，J7 轴），使定位机构扩大到腰回转、下臂摆动、下臂回转、上臂摆动 4 个关节，手腕基准点（参考点）的定位更加灵活。

例如，当机器人上部的运动受到限制时，它仍然能够通过下臂的回转，避让上部的干涉区，从而完成图 2-11（a）所示的下部作业；在正面运动受到限制时，则通过下臂的回转，避让正面的干涉区，进行图 2-11（b）所示的反向作业。

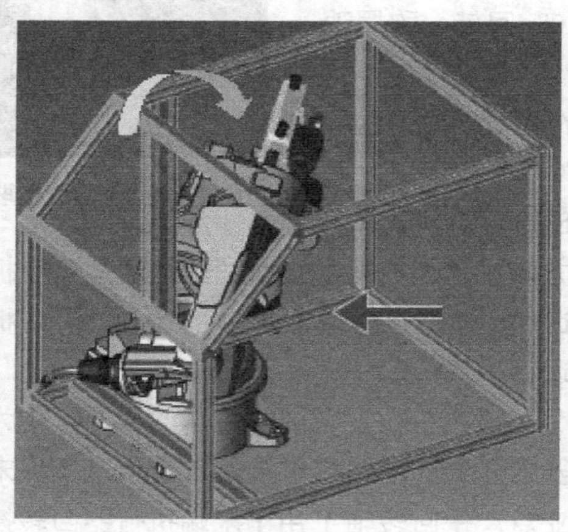
（a）上部避让

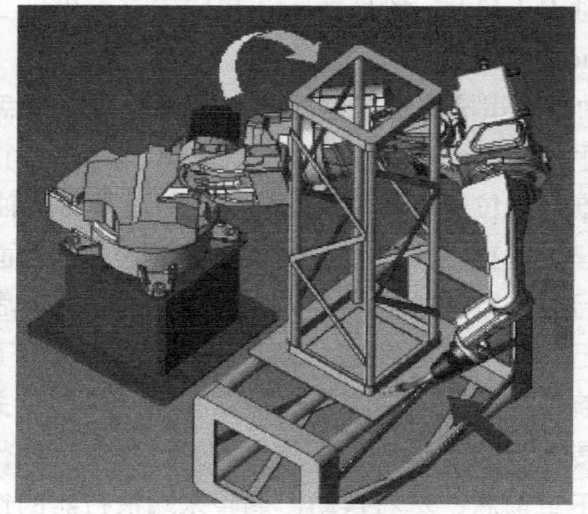
（b）反向作业

图 2-11　7 轴机器人的应用

3．其他结构

机器人末端执行器的姿态与作业要求有关，在部分作业场合，有时可以省略 1～2 个运动轴，简化为图 2-12 所示的 4 轴、5 轴垂直串联结构的机器人。

例如，对于以水平面作业为主的搬运、包装机器人，可省略手腕回转轴 R，有时采用图 2-12（a）

所示的 5 轴串联结构；对于大型平面搬运作业的机器人，有时采用图 2-12（b）所示的 4 轴结构，省略手腕回转轴 R、摆动轴 B，以简化结构、增加刚性等。

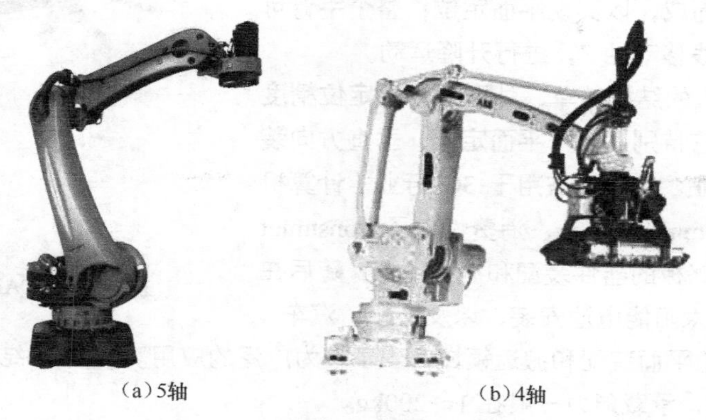

（a）5轴　　（b）4轴

图 2-12　4 轴、5 轴简化结构

为了减轻 6 轴垂直串联典型结构的机器人的上部质量，降低机器人重心，提高运动稳定性和承载能力，大型、重载的搬运、码垛机器人也经常采用图 2-13 所示的平行四边形连杆驱动机构，来实现上臂和腕弯曲的摆动运动。采用平行四边形连杆机构驱动，不仅可加长力臂，放大电机驱动力矩、提高负载能力，而且，还可将驱动机构的安装位置移至腰部，以降低机器人的重心，增加运动稳定性。平行四边形连杆机构驱动的机器人结构刚性高、负载能力强，它是大型、重载搬运机器人的常用结构形式。

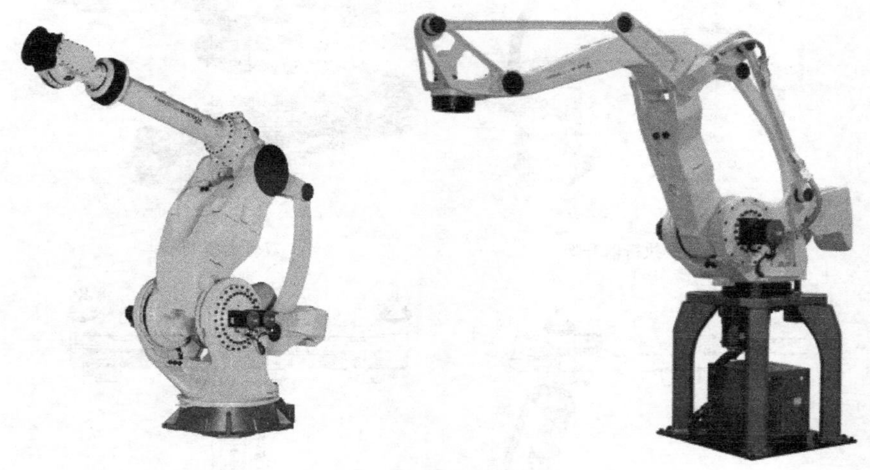

图 2-13　平行四边形连杆驱动机构

2.2.2　水平串联机器人

1．基本结构

水平串联（Horizontal Articulated）结构是日本山梨大学在 1978 年发明的、一种建立在圆柱坐标上的特殊机器人结构形式，又称 SCARA（Selective Compliance Assembly Robot Arm，选择顺应性装配机器手臂）结构。

SCARA 机器人的基本结构如图 2-14 所示。这种机器人的手臂由 2～3 个轴线相互平行的水平旋转关节 C1、C2、C3 串联而成，以实现平面定位；整个手臂可通过垂直方向的直线移动轴 Z，进行升降运动。

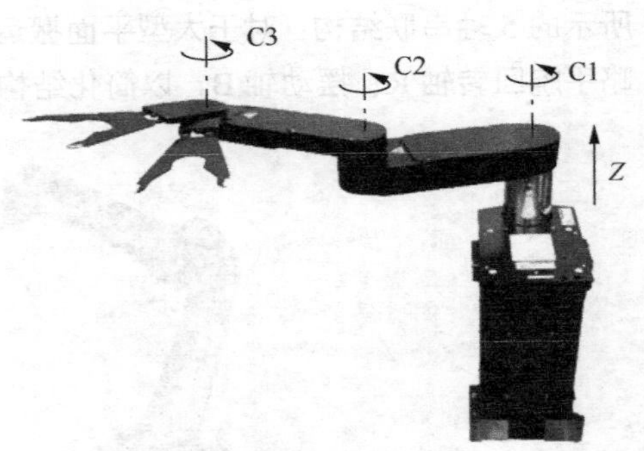

图 2-14　SCARA 机器人的基本结构

SCARA 机器人的结构简单、外形轻巧、定位精度高、运动速度快，它特别适合于平面定位、垂直方向装卸的搬运和装配作业，故首先被用于 3C 行业（计算机 Computer、通信 Communication、消费性电子 Consumer Electronic）印制电路板的器件装配和搬运作业；随后在光伏行业的 LED、太阳能电池安装，以及塑料、汽车、药品、食品等行业的平面装配和搬运领域得到了较为广泛的应用。SCARA 结构机器人的工作半径通常为 100～1000mm，承载能力一般在 1～200kg。

2. 变形结构

采用 SCARA 基本结构的机器人结构紧凑、动作灵巧，但水平旋转关节 C1、C2、C3 的驱动电机均需要安装在基座侧，其传动链长、传动系统结构较为复杂；此外，垂直轴 Z 需要控制 3 个手臂的整体升降，其运动部件质量较大、承载能力较低、升降行程通常较小，因此，实际使用时经常采用图 2-15 所示的变形结构。

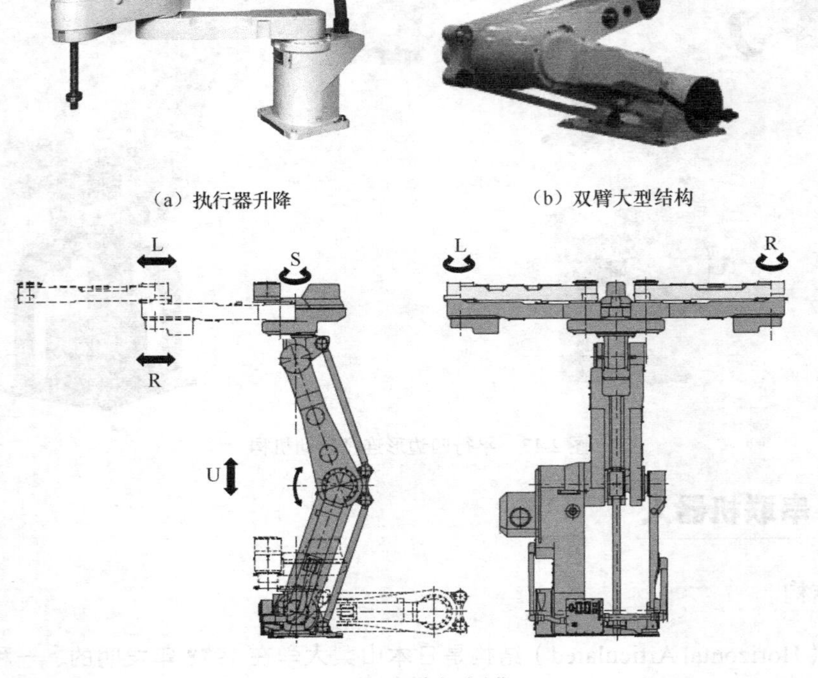

（a）执行器升降　（b）双臂大型结构

（c）双臂大型动作

图 2-15　SCARA 变形结构

① 执行器升降结构。执行器升降 SCARA 机器人如图 2-15（a）所示。采用执行器升降结构的 SCARA 机器人不但可扩大 Z 轴升降行程、减轻升降部件的重量、提高手臂刚性和负载能力，同时，还可将 C2、C3 轴的驱动电机安装位置前移，以缩短传动链、简化传动系统结构。但是，这种结构的机器人回转臂的体积大、结构不及基本型紧凑，因此，多用于垂直方向运动不受限制的平面搬运和部件装配作业。

② 双臂大型结构。双臂大型 SCARA 机器人如图 2-15（b）所示。这种机器人有 1 个升降轴 U、2 个对称手臂回转轴（L、R）、1 个整体回转轴 S；升降轴 U 可同步控制上、下臂的折叠，实现升降；回转轴 S 可控制 2 个手臂的整体回转；回转轴 L、R 可分别控制 2 个对称手臂的水平方向伸缩。双臂大型 SCARA 机器人的结构刚性好、承载能力强、作业范围大，故可用于太阳能电池板安装、清洗房物品升降等大型平面搬运和部件装配作业。

2.2.3 并联机器人

1. 基本结构

并联机器人（Parallel Robot）的结构设计源自于 1965 年英国科学家 Stewart 在《A Platform with Six Degrees of Freedom》文中提出的 6 自由度飞行模拟器，即 Stewart 平台结构。Stewart 平台的标准结构如图 2-16 所示。

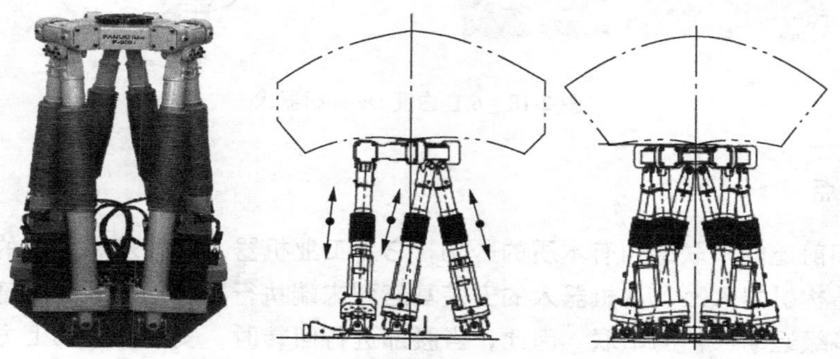

图 2-16　Stewart 平台的标准结构

Stewart 运动平台通过空间均布的 6 根并联连杆支撑。当控制 6 根连杆伸缩运动时，便可实现平台在三维空间的前后、左右、升降及倾斜、回转、偏摆等运动。Stewart 平台具有 6 个自由度，可满足机器人的控制要求，在 1978 年，它被澳大利亚学者 Hunt 首次引入到机器人的运动控制。

Stewart 平台的运动需要通过 6 根连杆轴的同步控制实现，其结构较为复杂、控制难度很大。1985 年，瑞士洛桑联邦理工学院（Swiss federal Institute of Technology in lausanne，EPFL）的 clavel 博士，发明了一种图 2-17 所示的简化结构，它采用悬挂式布置，可通过 3 根并联连杆轴的摆动，实现三维空间的平移运动，这一结构称之为 Delta 结构。

Delta 结构可通过运动平台上安装图 2-18 所示的回转轴，增加回转自由度，方便地实现 4、5、6 自由度的控制，以满足不同机器人的控制要求，采用了 Delta 结构的机器人称为 Delta 机器人或 Delta 机械手。

Delta 机器人具有结构简单、控制容易、运动快捷、安装方便等优点，因而成为了目前并联机器人的基本结构，被广泛用于食品、药品、电子、电工等行业的物品分拣、装配、搬运，它是高速、轻载并联机器人最为常用的结构形式。

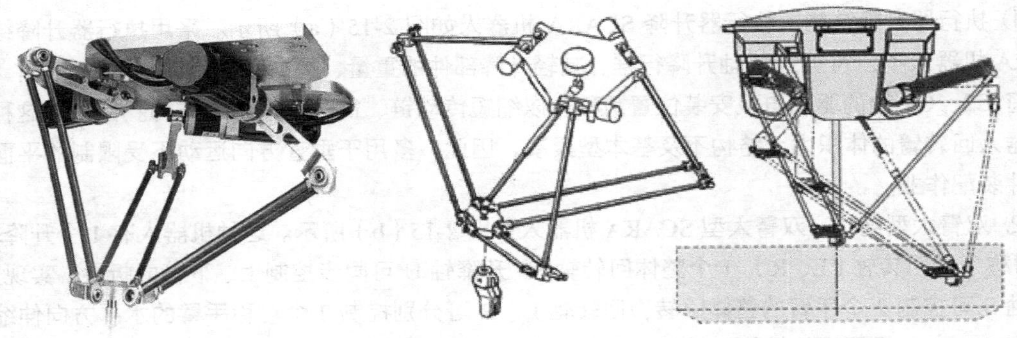

图 2-17　简化结构

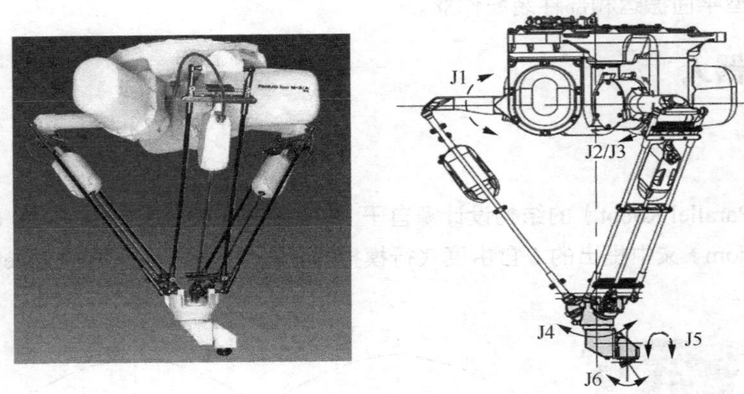

图 2-18　6 自由度 Delta 机器人

2. 结构特点

并联结构和前述的串联结构有本质的区别，它是工业机器人结构发展史上的一次重大变革。在传统的串联结构机器人上，从机器人的安装基座到末端执行器，需要经过腰部、下臂、上臂、手腕、手部等多级运动部件的串联。因此，当腰部进行回转时，安装在腰部上方的下臂、上臂、手腕、手部等都必须随之进行相应的空间运动；当下臂进行摆动运动时，安装在下臂上的上臂、手腕、手部等也必须随之进行相应的空间移动等。这就是说，串联结构的机器人的后置部件必然随同前置轴一起运动，这无疑增加了前置轴运动部件的重量；前置轴设计时，必须有足够的结构刚性。

另一方面，在机器人作业时，执行器上所受的反力也将从手部、手腕依次传递到上臂、下臂、腰部、基座上，即：末端执行器的受力也将串联传递至前端。因此，前端构件在设计时不但要考虑负担后端构件的重力，而且还要承受作业反力，为了保证刚性和精度，每部分的构件都得有足够体积和质量。

由此可见，串联结构的机器人，必然存在移动部件质量大、系统刚度低等固有缺陷。

并联结构的机器人手腕和基座采用的是 3 根并联连杆连接，手部受力可由 3 根连杆均匀分摊，每根连杆只承受拉力或压力，不承受弯矩或扭矩，因此，这种结构理论上具有刚度高、重量轻、结构简单、制造方便等特点。

3. 直线驱动结构

采用连杆摆动结构的 Delta 机器人具有结构紧凑、安装简单、运动速度快等优点，但其承载能力通常较小（通常在 10kg 以内），故多用于电子、食品、药品等行业的轻量物品的分拣、搬运等。

为了增强结构刚性，使之能够适应大型物品的搬运、分拣等要求，大型并联机器人经常采用图 2-19 所示的直线驱动结构，这种机器人以伺服电机和滚珠丝杠驱动的连杆拉伸直线运动代替了摆动，不但提高了机器人的结构刚性和承载能力，而且，还可以提高定位精度、简化结构设计，其最大承载能力可达 1000kg 以上。直线驱动的并联机器人若安装高速主轴，便可成为一台可进行切削加工、类似于数控机床的加工机器人。

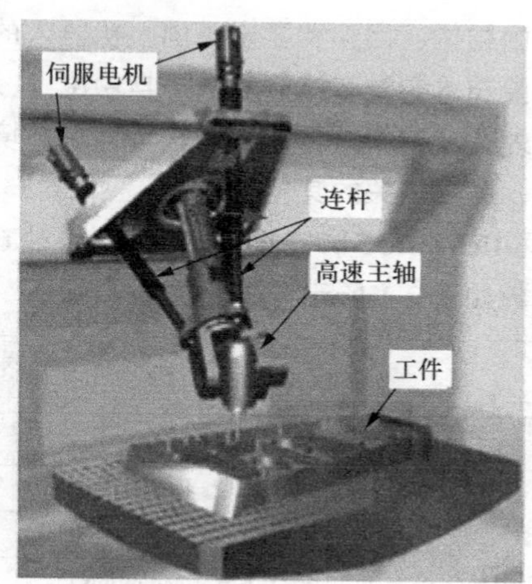

图 2-19　直线驱动并联机器人

并联结构同样在数控机床上得到应用，实用型产品在 1994 年的美国芝加哥世界制造技术博览会（IMTS94）上展出后，一度成为机床行业的研究热点，目前已有多家机床生产厂家推出了实用化的产品。由于数控机床对结构刚性、位置控制精度、切削能力的要求高，因此，一般需要采用图 2-20 所示的 Stewart 平台结构或直线驱动的 Delta 结构，以提高机床的结构刚性和位置精度。

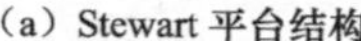
(a) Stewart 平台结构

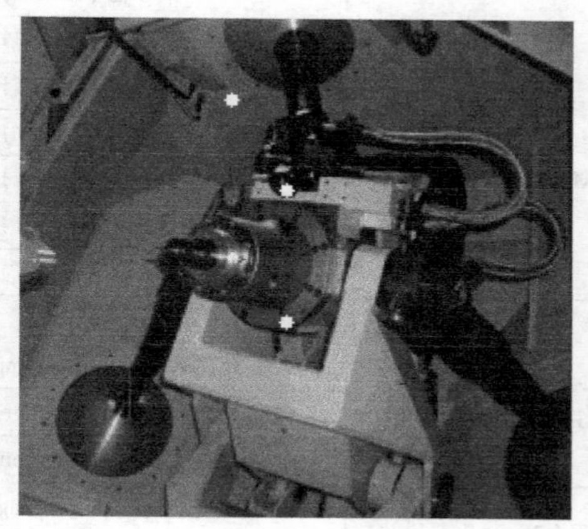

(b) Delta 结构

图 2-20　并联轴数控机床

并联结构的数控机床同样具有刚度高、重量轻、结构简单、制造方便等特点，但是，由于数控机床对位置和轨迹控制的要求高，采用并联结构时，其笛卡儿坐标系的位置检测和控制还存在相当的技术难度，因此，目前尚不具备大范围普及和推广的条件。

2.3 工业机器人的技术性能

2.3.1 主要技术参数

1．基本参数

由于机器人的结构、用途和要求不同，机器人的性能也有所不同。一般而言，机器人样本和说明书中所给的主要技术参数有控制轴数（自由度）、承载能力、工作范围（作业空间）、运动速度、位置精度等；此外，还有安装方式、防护等级、环境要求、供电电源要求、机器人外形尺寸与重量等与使用、安装、运输相关的其他参数。

以 ABB 公司 IRB 140T 和安川公司 MH6 两种 6 轴通用型机器人为例，产品样本和说明书所提供的主要技术参数如表 2-1 所示。

表 2-1　6 轴通用机器人主要技术参数

机器人型号		IRB 140T	MH6
规格（Specification）	承载能力（Payload）	6 kg	6 kg
	控制轴数（Number of axes）	6	
	安装方式（Mounting）	地面/壁挂/框架/倾斜/倒置	
工作范围（Working range）	第 1 轴（Axis 1）	360°	−170° ～+170°
	第 2 轴（Axis 2）	200°	−90° ～+155°
	第 3 轴（Axis 3）	−280°	−175° ～+250°
	第 4 轴（Axis 4）	不限	−180° ～+180°
	第 5 轴（Axis 5）	230°	−45° ～+225°
	第 6 轴（Axis 6）	不限	−360° ～+360°
最大速度（Maximum Speed）	第 1 轴（Axis 1）	250° /s	220° /s
	第 2 轴（Axis 2）	250° /s	200° /s
	第 3 轴（Axis 3）	260° /s	220° /s
	第 4 轴（Axis 4）	360° /s	410° /s
	第 5 轴（Axis 5）	360° /s	410° /s
	第 6 轴（Axis 6）	450° /s	610° /s
重复定位精度 RP（Position repeatability）		0.03mm/ISO 9238	± 0.08/JISB8432
工作环境（Ambient）	工作温度（Operation temperature）	5～45℃	0～+45℃
	储运温度（Transportation temperature）	−25～55℃	−25～55℃
	相对湿度（Relative humidity）	≤95%RH	20%～80%RH
电源（Power Supply）	电压（Supply voltage）	200～600V/50～60Hz	200～400V/50～60Hz
	容量（Power consumption）	4.5kV · A	1.5kV · A
外形（Dimensions）	长/宽/高（Width/Depth/Height）	800 × 620 × 950	640 × 387 × 1219
重量（Weight）		98 kg	130 kg

机器人的安装方式与规格、结构形态等有关。一般而言，大中型机器人通常需要采用底面（Floor）安装；并联机器人则多数为倒置安装；水平串联（SCARA）和小型垂直串联机器人则可采用底面

（Floor）、壁挂（Wall）、倒置（Inverted）、框架（Shelf）、倾斜（Tilted）等多种方式安装。

2．作业空间

由于垂直串联等结构的机器人工作范围是三维空间的不规则球体，为了便于说明，产品样本中一般需要提供图 2-21 所示的手腕中心点（WCP）运动范围图。

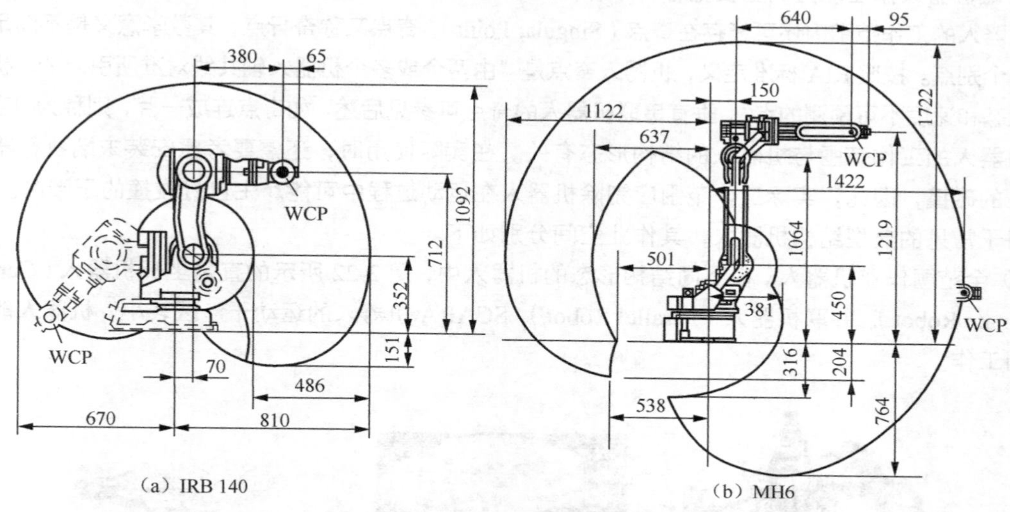

（a）IRB 140
（b）MH6

图 2-21　IRB 140 和 MH6 的作业空间

在垂直串联机器人上，从机器人安装底面中心至手臂前伸极限位置的距离，通常称为机器人的作业半径。例如，图 2-21（a）所示的 IRB 140 作业半径为 810mm（或 0.8m），图 2-21（b）所示的 MH6 作业半径为 1422mm（或 1.44m）等。

3．分类性能

工业机器人的性能与机器人的用途、作业要求、结构形态等有关。大致而言，对于不同用途的机器人，其常见的结构形态以及对控制轴数（自由度）、承载能力、重复定位精度等主要技术指标的要求如表 2-2 所示。

表 2-2　各类机器人的主要技术指标要求

类　别		常见形态	控制轴数	承载能力	重复定位精度
加工类	弧焊、切割	垂直串联	6～7	3～20 kg	0.05～0.1mm
	点焊	垂直串联	6～7	50～350kg	0.2～0.3 mm
装配类	通用装配	垂直串联	4～6	2～20kg	0.05～0.1 mm
	电子装配	SCARA	4～5	1～5kg	0.05～0.1 mm
	涂装	垂直串联	6～7	5～30kg	0.2～0.5 mm
搬运类	装卸	垂直串联	4～6	5～200kg	0.1～0.3 mm
	输送	AGV	—	5～6500kg	0.2～0.5 mm
包装类	分拣、包装	垂直串联、并联	4～6	2～20kg	0.05～0.1 mm
	码垛	垂直串联	4～6	50～1500 kg	0.5～1 mm

2.3.2 工作范围与承载能力

1．工作范围

工作范围（Working Range）又称作业空间，它是指机器人手腕中心点所能到达的空间。工作范围是衡量机器人作业能力的重要指标，工作范围越大，机器人的作业区域也就越大。

机器人的工作范围内还可能存在奇点（Singular Point）。奇点又称奇异点，其数学意义是不满足整体性质的个别点。按照 RIA 标准定义，机器人奇点是"由两个或多个机器人轴共线对准所引起的、机器人运动状态和速度不可预测的点"。垂直串联机器人的奇点可参见后述，如奇点连成一片，则称为"空穴"。

机器人的工作范围与机器人的结构形态有关。在实际使用时，还需要考虑安装末端执行器后可能产生的碰撞，因此，实际工作范围应剔除机器人在运动过程中可能产生自身碰撞的干涉区。

对于常见的典型结构机器人，其作业空间分别如下。

① 全范围作业机器人。在不同结构形态的机器人中，图 2-22 所示的直角坐标机器人（Cartesian Coordinate Robot）、并联机器人（Parallel Robot）、SCARA 机器人的运动干涉区较小，机器人能接近全范围工作。

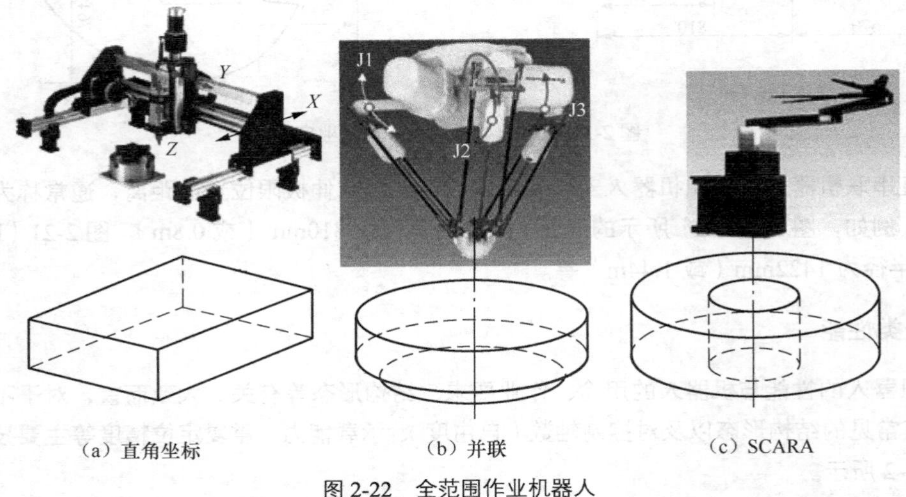

图 2-22　全范围作业机器人

直角坐标的机器人手腕中心点定位通过三维直线运动实现，其作业空间为图 2-22（a）所示的实心立方体；并联机器人的手腕中心点定位通过 3 个并联轴的摆动实现，其作业范围为图 2-22（b）所示的三维空间的锥底圆柱体；SCARA 机器人的手腕中心点定位通过 3 轴摆动和垂直升降实现，其作业范围为图 2-22（c）所示的三维空间的中空圆柱体。

② 部分范围作业机器人。圆柱坐标（Cylindrical Coordinate Robot）、球坐标（Polar Coordinate Robot）和垂直串联（Articulated Robot）机器人的运动干涉区较大，工作范围需要去除干涉区，故只能进行图 2-23 所示的部分空间作业。

圆柱坐标机器人的手腕中心点定位通过 2 轴直线加 1 轴回转摆动实现，由于摆动轴存在运动死区，其作业范围通常为图 2-23（a）所示的三维空间的部分圆柱体。球坐标型机器人的手腕中心点定位通过 1 轴直线加 2 轴回转摆动实现，其摆动轴和回转轴均存在运动死区，作业范围为图 2-23（b）所示的三维空间的部分球体。垂直串联关节型机器人的手腕中心点定位通过腰、下臂、上臂 3 个关节的回转和摆动实现，摆动轴存在运动死区，其作业范围为图 2-23（c）所示的三维空间的不规则球体。

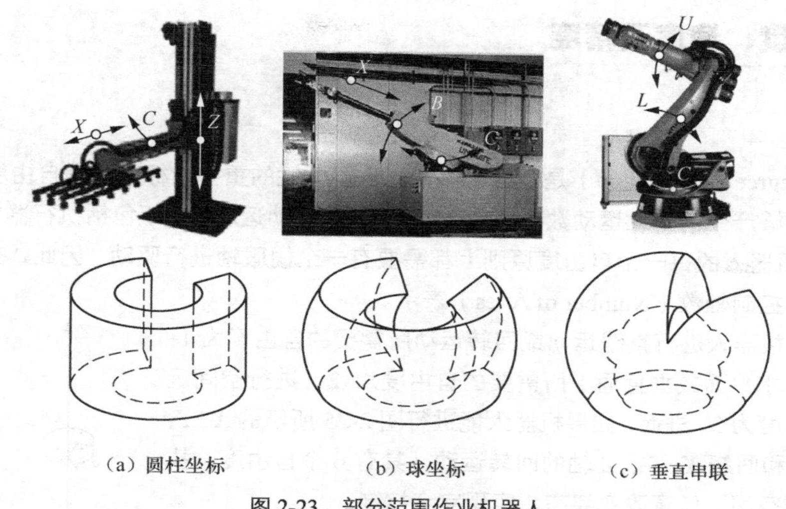

（a）圆柱坐标　（b）球坐标　（c）垂直串联

图 2-23　部分范围作业机器人

2. 承载能力

承载能力（Payload）是指机器人在作业空间内所能承受的最大负载，它一般用质量、力、转矩等技术参数表示。

搬运、装配、包装类机器人的承载能力是指机器人能抓取的物品质量，产品样本所提供的承载能力是指负载重心位于指定基准点（不同产品的位置有所不同）时，机器人高速运动可抓取的物品重量。

焊接、切割等加工机器人无须抓取物品，因此，所谓承载能力是指机器人所能安装的末端执行器质量。切削加工类机器人需要承担切削力，其承载能力通常是指切削加工时所能够承受的最大切削进给力。

为了能够表示准确反映负载重心的变化情况，机器人承载能力有时也可用转矩（Allowable moment）的形式表示，或者通过机器人承载能力随负载重心位置变化图，来详细表示承载能力参数。

图 2-24 是承载能力为 6kg 的安川公司 MH6 垂直串联结构工业机器人和 ABB 公司 IRB 140 的承载能力图，其他同类结构机器人的情况与此类似。

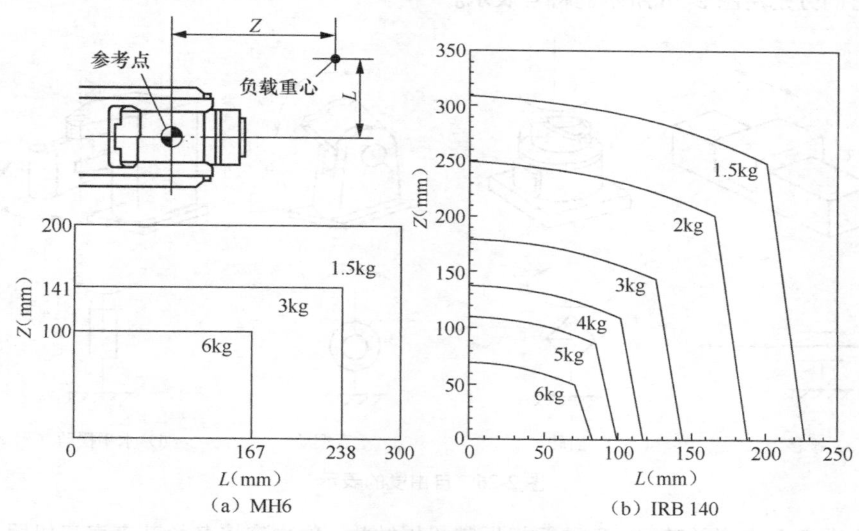

（a）MH6　（b）IRB 140

图 2-24　重心位置变化时的承载能力

2.3.3 自由度、速度及精度

1. 自由度

自由度（Degree of Freedom）是衡量机器人动作灵活性的重要指标。所谓自由度，就是整个机器人运动链所能够产生的独立运动数，包括直线、回转、摆动运动，但不包括执行器本身的运动（如刀具旋转等）。机器人的每一个自由度原则上都需要有一个伺服轴进行驱动，因此，在产品样本和说明书中，通常以控制轴数（Number of Axes）表示。

一般而言，机器人进行直线运动或回转运动所需要的自由度为 1；进行平面运动（水平面或垂直面）所需要的自由度为 2；进行空间运动所需要的自由度为 3。进而，如果机器人能进行图 2-25 所示的 *X*、*Y*、*Z* 方向直线运动和回绕 *X*、*Y*、*Z* 轴的回转运动，具有 6 个自由度，执行器就可在三维空间上任意改变姿态，实现完全控制。

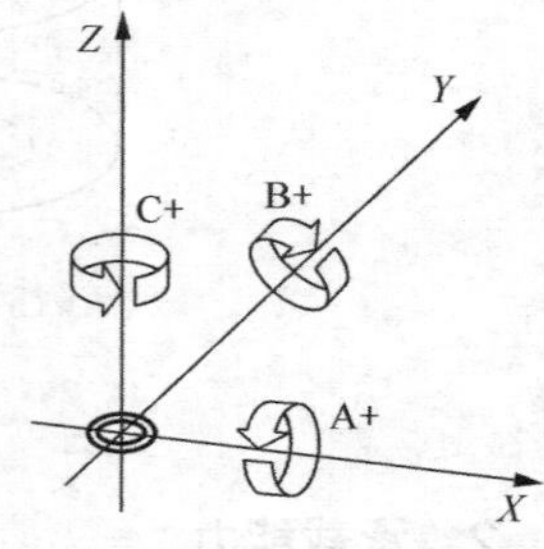

图 2-25　空间的自由度

如果机器人的自由度超过 6 个，多余的自由度称为冗余自由度（Redundant Degree of Freedom），冗余自由度一般用来回避障碍物。

在三维空间作业的多自由度机器人上，由第 1～3 轴驱动的 3 个自由度，通常用于手腕基准点的空间定位；第 4～6 轴则用来改变末端执行器姿态。但是，当机器人实际工作时，定位和定向动作往往是同时进行的，因此，需要多轴同时运动。

机器人的自由度与作业要求有关。自由度越多，执行器的动作就越灵活，适应性也就越强，但其结构和控制也就越复杂。因此，对于作业要求不变的批量作业机器人来说，运行速度、可靠性是其最重要的技术指标，自由度则可在满足作业要求的前提下适当减少；而对于多品种、小批量作业的机器人来说，通用性、灵活性指标显得更加重要，这样的机器人就需要有较多的自由度。

2. 自由度的表示

通常而言，机器人的每一个关节都可驱动执行器产生 1 个主动运动，这一自由度称为主动自由度。主动自由度一般有平移、回转、绕水平轴线的垂直摆动、绕垂直轴线的水平摆动 4 种，在结构示意图中，它们分别用图 2-26 所示的符号表示。

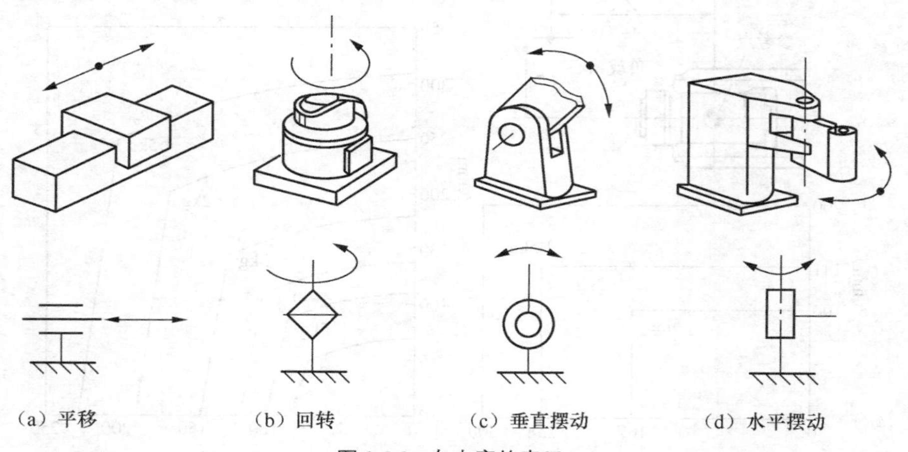

图 2-26　自由度的表示

当机器人有多个串联关节时，只需要根据其机械结构，依次连接各关节来表示机器人的自由度。

例如，图 2-27 为常见的 6 轴垂直串联和 3 轴水平串联机器人的自由度的表示方法，其他结构形态机器人的自由度表示方法类似。

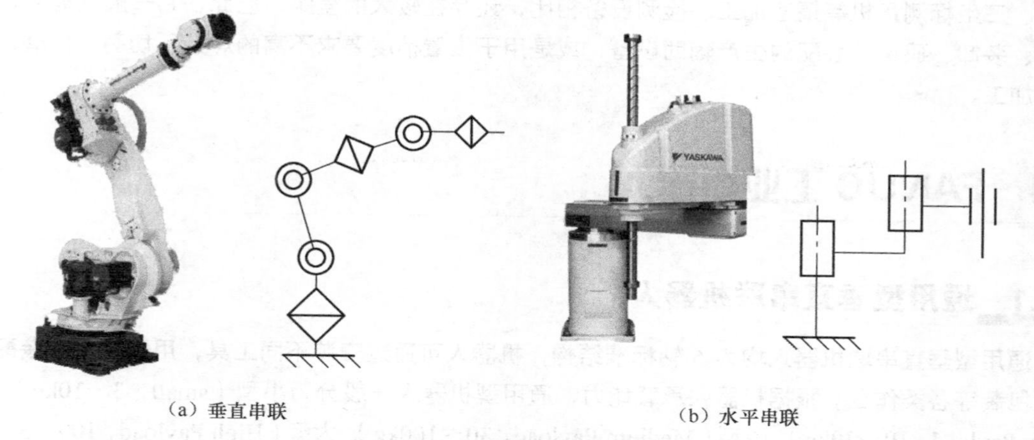

（a）垂直串联　　（b）水平串联

图 2-27　多关节串联的自由度表示

3. 运动速度

运动速度决定了机器人的工作效率，它是反映机器人性能水平的重要参数。样本和说明书中所提供的运动速度，一般是指机器人在空载、稳态运动时所能够达到的最大运动速度（Maximum Speed）。

机器人运动速度用参考点在单位时间内能够移动的距离（mm/s）、转过的角度或弧度（° /s 或 rad/s）表示，它按运动轴分别进行标注。当机器人进行多轴同时运动时，其空间运动速度应是所有参与运动轴的速度合成。

机器人的实际运动速度与机器人的结构刚性、运动部件的质量和惯量、驱动电机的功率、实际负载的大小等因素有关。对于多关节串联结构的机器人，越靠近末端执行器的运动轴，运动部件的质量、惯量就越小，因此，能够达到的运动速度和加速度也越大；而越靠近安装基座的运动轴，对结构部件的刚性要求就越高，运动部件的质量、惯量就越大，能够达到的运动速度和加速度也越小。

4. 定位精度

机器人的定位精度是指机器人定位时，执行器实际到达的位置和目标位置间的误差值，它是衡量机器人作业性能的重要技术指标。机器人样本和说明书中所提供的定位精度一般是各坐标轴的重复定位精度 RP（Position Repeatability），在部分产品上，有时还提供了轨迹重复精度 RT（Path Repeatability）。

由于绝大多数机器人的定位需要通过关节的旋转和摆动实现，其空间位置的控制和检测，远比以直线运动为主的数控机床困难得多，因此，机器人的位置测量方法和精度计算标准都与数控机床不同。目前，工业机器人的位置精度检测和计算标准一般采用 ISO 9283-1998《Manipulating industrial robots; performance criteria and related test methods（操纵型工业机器人，性能规范和试验方法）》或 JIS B8432（日本）等；而数控机床则普遍使用 ISO 230-2、VDI/DGQ 3441（德国）、JIS B6336（日本）、NMTBA（美国）或 GB10931（国标）等，两者的测量要求和精度计算方法都不相同，数控机床的标准要求高于机器人。

机器人的定位需要通过运动学模型来确定末端执行器的位置，其理论位置和实际位置之间本身就存在误差；加上结构刚性、传动部件间隙、位置控制和检测等多方面的原因，其定位精度与数控机床、三坐标测量机等精密加工、检测设备相比，还存在较大的差距，因此，它一般只能用作零件搬运、装卸、码垛、装配的生产辅助设备，或是用于位置精度要求不高的焊接、切割、打磨、抛光等粗加工。

2.4 FANUC工业机器人

2.4.1 通用型垂直串联机器人

通用型垂直串联机器人均为6轴标准结构，机器人可通过安装不同工具，用于加工、装配、搬运、包装等各类作业。根据机器人承载能力，通用型机器人一般分为小型（small，3～10kg）、轻量（Low Payload，10～30kg）、中型（Medium Payload，30～100kg）、大型（High Payload，100～300kg）、重型（Heavy Payload，300～1300kg）5大类，FANUC工业机器人所对应的产品如下。

1. 小型、轻量通用机器人

目前常用的FANUC-i系列小型、轻量通用工业机器人，主要有图2-28所示的LR Mate200i、M-10i、M-20i三系列产品。

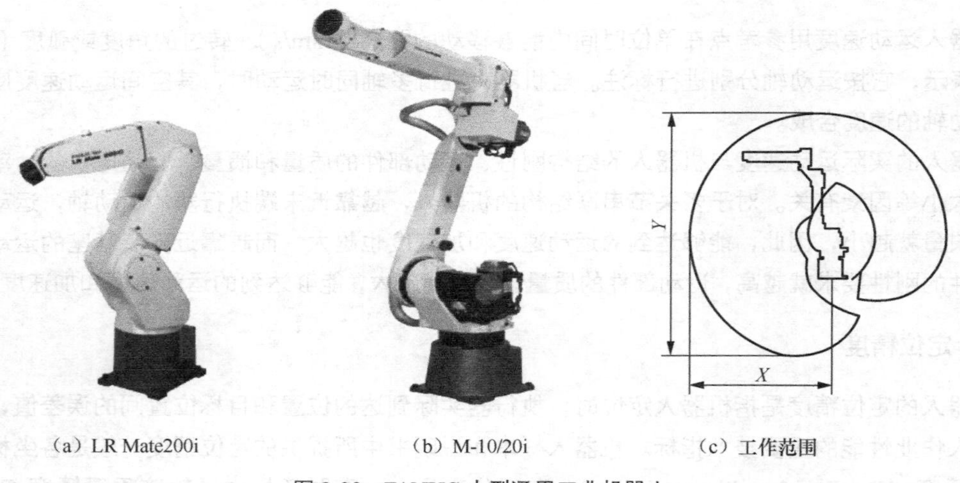

（a）LR Mate200i （b）M-10/20i （c）工作范围

图2-28 FANUC小型通用工业机器人

LR Mate200i 系列通用工业机器人采用了图2-28（a）所示的驱动电机内置式6轴垂直串联结构，其外形简洁、防护性能好。机器人的承载能力有4kg、7kg两种规格；产品作业半径在1m以内，作业高度在1.7m以下，重复定位精度可达±0.02mm。

M-10i系列产品采用的是6轴垂直串联电机外置式标准结构，其承载能力为7～12kg，产品作业半径为1.4～2m，作业高度为2.5～4m，重复定位精度为±0.08mm。

M-20i系列产品的承载能力为12～35kg。其中，承载能力为25kg的M-20iB采用驱动电机内置式标准结构，产品作业半径为1.8m，作业高度为3.3m，重复定位精度为±0.06mm；其他规格产品均采用6轴垂直串联电机外置式标准结构，产品作业半径为1.8～2m，作业高度为3.3～3.6m，重复

定位精度为 ± 0.08mm。

以上产品的主要技术参数如表 2-3 所示，表中工作范围参数 *X*、*Y* 的含义如图 2-28（c）所示（下同）。

表 2-3　FANUC 小型通用机器人主要技术参数

产品系列		LR Mate200i			M-10i				M-20i			M-20iB
参考型号		/4S	—	/7L	/7L	/8L	/10M	/12	/12L	/20M	/35M	/25
承载能力（kg）		4	7	7	7	8	10	12	12	20	35	25
工作范围	X（mm）	550	717	911	1632	2028	1422	1420	2009	1813	1813	1853
	Y（mm）	970	1274	1643	2930	3709	2508	2504	3672	3287	3287	3345
重复定位精度（±mm）		0.02	0.02	0.03	0.08	0.08	0.08	0.08	0.08	0.08	0.08	0.06
控制轴数		6			6				6			6
控制系统		R-30i Mate			R-30i Mate/ R-30i							

2．中型工业机器人

目前常用的 FANUC-i 系列中型通用工业机器人，主要有图 2-29 所示的 M-710i 和 R-1000i 两系列产品，机器人均采用 6 轴垂直串联后驱标准结构。

（a）M-710i

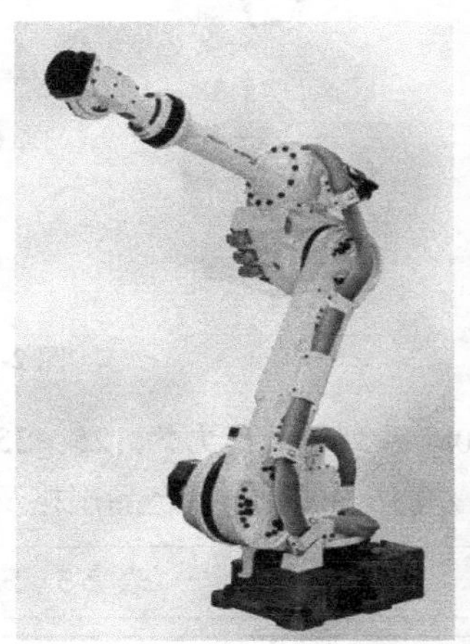

（b）R-1000i

图 2-29　FANUC 中型通用工业机器人

M-710i 系列通用工业机器人有标准型、紧凑型、加长型 3 种不同的结构。标准型产品的承载能力为 45～70kg，作业半径为 2～2.6m，作业高度为 3.5～4.5m，重复定位精度为 ± 0.07～0.1mm；紧凑型产品承载能力为 50kg，作业半径为 1.4m，作业高度为 2m，重复定位精度为 ± 0.07mm；加长型的承载能力为 12～20kg，作业半径可达 3.1m，作业高度可达 5.6m，重复定位精度为 ± 0.15mm。

R-1000i 系列通用工业机器人的承载能力有 80kg、100kg 两种规格，作业半径为 2.2m，作业高度为 3.7m，重复定位精度为 ± 0.2mm。

M-710i、R-1000i 系列通用工业机器人的主要技术参数如表 2-4 所示。

表 2-4　FANUC 中型通用机器人主要技术参数

产品系列		M-710i						R-1000i	
结构形式		标准			紧凑	加长		标准	
参考型号		/45M	/50	/70	/70S	/12L	/20L	/80F	/100F
承载能力（kg）		45	50	70	50	12	20	80	100
工作范围	X（mm）	2606	2050	2050	1359	3123	3110	2230	2230
	Y（mm）	4575	3545	3545	2043	5609	5583	3738	3738
重复定位精度（±mm）		0.1	0.07	0.07	0.07	0.15	0.15	0.2	0.2
控制轴数		6			6	6		6	
控制系统		R-30i Mate/ R-30i							

3．大型工业机器人

目前常用的 FANUC-i 系列大型通用工业机器人，主要为图 2-30 所示的 R-2000i 系列产品。机器人采用 6 轴垂直串联后驱标准结构，可根据需要选择地面、框架、上置安装，产品的规格较多。

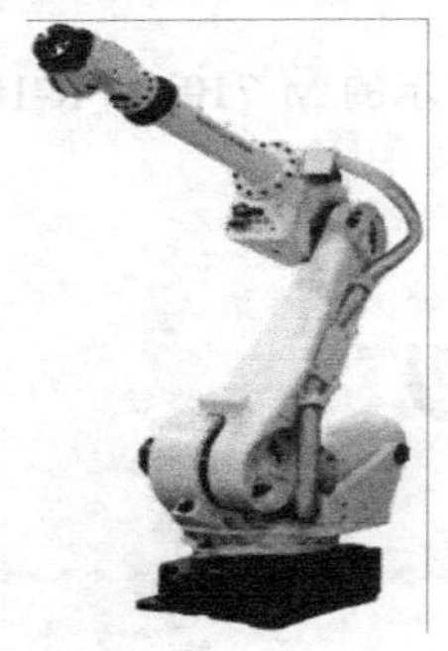

图 2-30　FANUC 大型通用工业机器人

R-2000i 系列承载能力为 125～250kg，作业半径为 1.5～3.1m，作业高度为 2.2～4.3m，重复定位精度为 ± 0.15～0.3mm，产品规格及主要技术参数如表 2-5 所示。

表 2-5　FANUC 大型通用机器人主要技术参数

产品系列		R-2000i							
参考型号		/125L	/165F	/170CF	/175L	/185L	/210F	/210FS	/250F
承载能力（kg）		125	165	170	175	185	210	210	250
工作范围	X（mm）	3100	2655	1520	2852	3060	2655	2605	2655
	Y（mm）	4304	3414	2279	3809	4225	3414	3316	3414
重复定位精度（±mm）		0.2	0.2	0.15	0.3	0.3	0.2	0.3	0.3
控制轴数		6							
控制系统		R-30i							

4．重型工业机器人

目前常用的 FANUC-i 系列重型通用工业机器人，主要有图 2-31 所示的 M-900i、M-2000i 两系列产品。

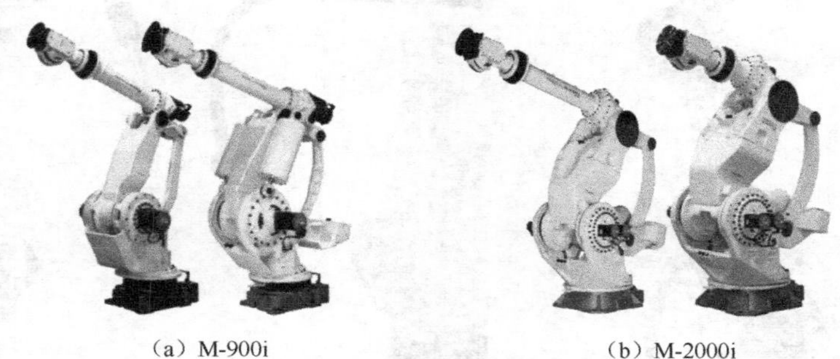

（a）M-900i　　　　（b）M-2000i

图 2-31　FANUC 重型通用工业机器人

M-900i、M-2000i 系列重型通用工业机器人采用 6 轴垂直串联、平行四边形连杆驱动结构。M-900i 系列的承载能力为 280～700kg，作业半径为 2.6～3.7m，作业高度为 3.3～4.2m，重复定位精度为 ± 0.3～0.4mm；M-2000i 系列的承载能力为 900～2300kg，作业半径为 3.7～4.7m，作业高度为 4.6～6.2m，重复定位精度为 ± 0.3～0.5mm。

M-900i、M-2000i 系列通用工业机器人的主要技术参数如表 2-6 所示。

表 2-6　FANUC 大型通用机器人主要技术参数

产品系列		M-900i					M-2000i			
参考型号		/280	/280L	/360	/400L	/700	/900L	/1200	/1700L	/2300
承载能力（kg）		280	280	360	400	700	900	1200	1700	2300
工作范围	X（mm）	2655	3103	2655	3704	2832	4683	3734	4683	3734
	Y（mm）	3308	4200	3308	4621	3288	6209	4683	6209	4683
重复定位精度（±mm）		0.3	0.3	0.3	0.5	0.3	0.5	0.3	0.5	0.3
控制轴数		6					6			
控制系统		R-30i					R-30i			

2.4.2 专用型垂直串联机器人

专用型工业机器人为特定的作业需要设计，FANUC-i 系列工业机器人主要有弧焊、搬运及涂装等产品，其常用规格及主要技术性能如下。

1. 弧焊机器人

弧焊机器人（Arc Welding）是工业机器人中用量最大的产品之一，机器人对作业空间和运动灵活性的要求较高，但焊枪质量相对较轻，因此，一般采用小型 6 轴垂直串联结构。

在机器人本体结构上，为了获得更大的作业范围，机器人下臂（J3 或 A3）及手腕（J5 或 A5）的摆动范围，比同规格的通用机器人更大。此外，为了安装焊枪连接电缆、保护气体管线，机器人手腕通常设计成中空结构。

FANUC 目前常用的 i 系列弧焊机器人，主要有图 2-32 所示的 ARC Mate 0i、ARC Mate 50i、ARC Mate 100i、ARC Mate 120i 4 种型号。

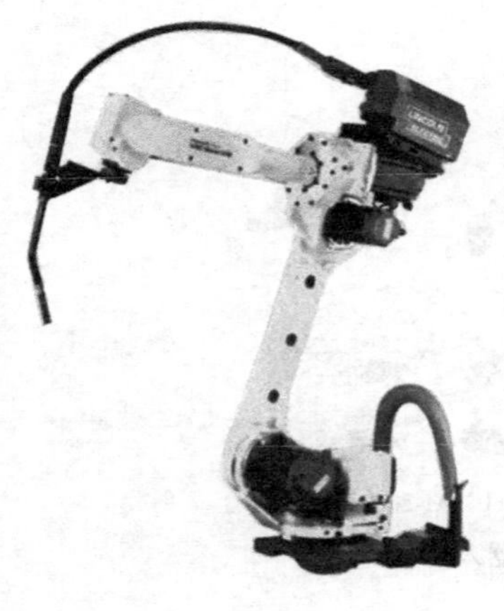

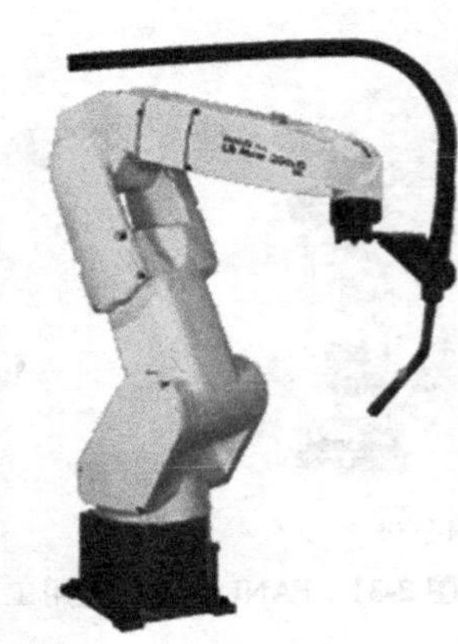

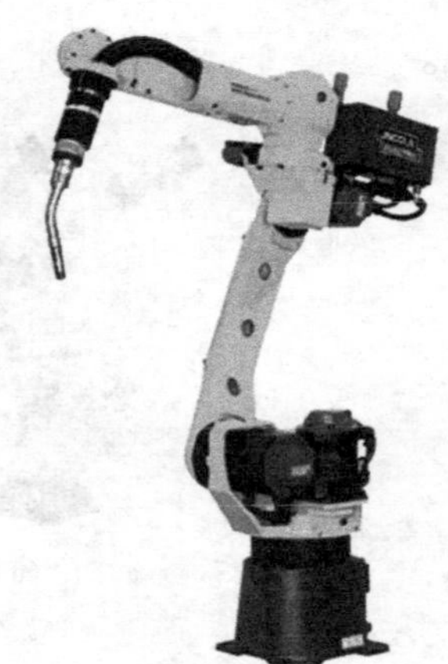

（a）ARC Mate 0i　　（b）ARC Mate 50i　　（c）ARC Mate 100i/120i

图 2-32　FANUC 弧焊机器人

ARC Mate 0i、ARC Mate 50i 弧焊机器人需要配套外置式焊枪。ARC Mate 0i 承载能力为 3kg，作业半径为 1.4m，作业高度为 2.5m，重复定位精度为 ±0.08mm；ARC Mate 50i 承载能力为 6kg，作业半径为 0.7～0.9m，作业高度为 1.2～1.6m，重复定位精度为 ±0.02～0.03mm。

ARC Mate 100i、ARC Mate 120i 弧焊机器人可配套内置式焊枪。ARC Mate 100i 的承载能力为 7～12kg，作业半径为 1.8～3.7m，作业高度为 2.5m，重复定位精度为 ±0.05～0.08mm；ARC Mate 120i 的承载能力为 12～20kg，作业半径为 1.8～2m，作业高度为 3.2～3.6m，重复定位精度为 ±0.08mm。

ARC Mate 0i、ARC Mate 50i、ARC Mate 100i、ARC Mate 120i 系列弧焊机器人的主要技术参数如表 2-7 所示。

表 2-7　FANUC 弧焊机器人主要技术参数

产品系列 ARC Mate		0iB	50iD		100iC				120iC	
参考型号		—	—	/7L	/7L	/8L	/12S	/12	/12L	—
承载能力（kg）		3	6	6	7	8	12	12	12	20
工作范围	X（mm）	1437	717	911	1632	2028	1098	1420	2009	1811
	Y（mm）	2537	1274	1643	2930	3709	1872	2504	3672	3275
重复定位精度（±mm）		0.08	0.02	0.03	0.08	0.08	0.05	0.08	0.08	0.08
控制轴数		6	6		6				6	
控制系统		R-30i Mate								

2．搬运机器人

搬运工业机器人是专门用于物品移载的中大型、重型机器人，产品一般采用 6 轴垂直串联标准结构或平行四边形连杆驱动的 4 轴、5 轴变形结构。

目前常用的 FANUC-i 系列搬运专用机器人，主要有图 2-33 所示的 R-1000i/80H、R-2000i、M900i、M410i 等系列产品。

R-1000i/80H 系列中型搬运机器人采用地面安装、5 轴垂直串联变形结构（无手回转轴 J6），其承载能力为 80kg，作业半径约 2.2m，作业高度约 3.5m，重复定位精度为 ±0.2mm。

（a）R-1000i/80H

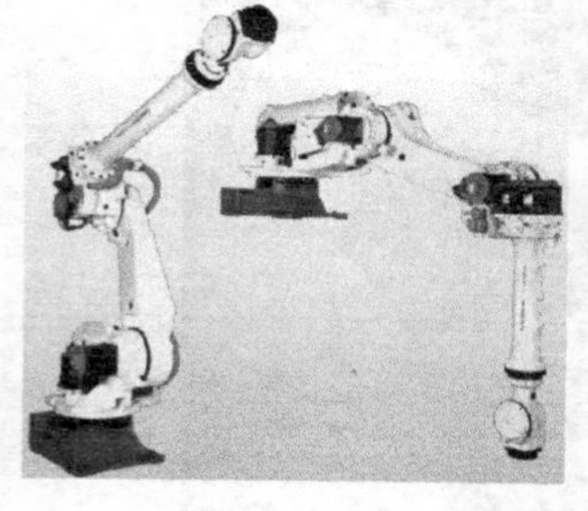

（b）R-2000i

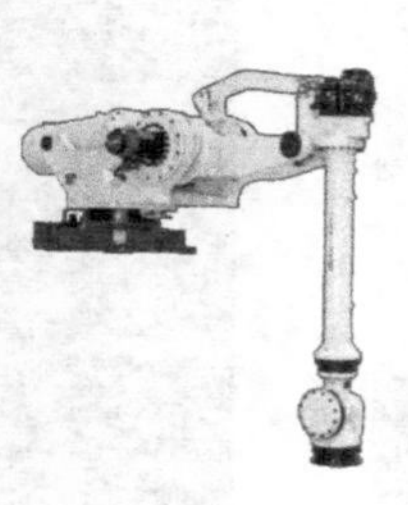

（c）M-900i

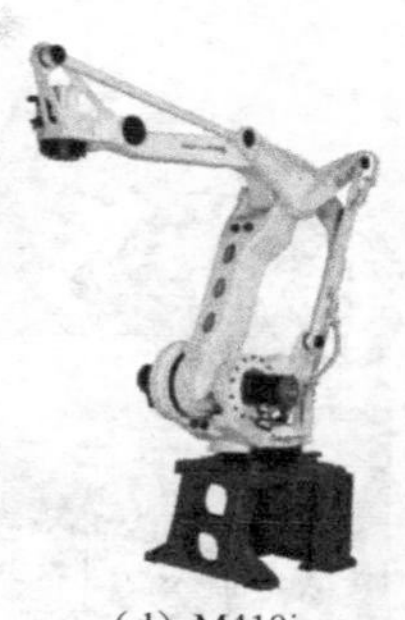

（d）M410i

图 2-33　FANUC 搬运机器人

R-2000i 系列中型搬运机器人有 6 轴垂直串联框架安装 R-2000i/100P、地面安装垂直串联 5 轴变形（无手回转轴 J6）R-2000i/100H 两种结构形式，其承载能力均为 100kg。R-2000i/100P 的作业半径约 3.5m，作业高度约 5.5m，重复定位精度为 ± 0.3mm；R-2000i/100H 的作业半径约 2.7m，作业高度约 3.4m，重复定位精度为 ± 0.2mm。

M900i 系列大型搬运机器人采用 6 轴垂直串联框架安装结构，其承载能力为 150～200kg。作业半径约 3.5m，作业高度约 3.9m，重复定位精度为 ± 0.3mm。

M410i 系列大型、重型搬运机器人采用平行四边形连杆驱动 4 轴垂直串联变形结构，机器人无手腕回转轴 J4、摆动轴 J5；机器人的承载能力为 140～700kg。作业半径为 2.8～3.1m，作业高度为 3～3.5m，重复定位精度为 ± 0.2～0.5mm。

FANUC-i 系列搬运专用机器人的主要技术参数如表 2-8 所示。

表 2-8　FANUC-i 系列搬运机器人主要技术参数

产品系列		R-1000i	R-2000i		M-900i		M-410i				
参考型号		/80H	/100P	/100H	/150P	/200P	/140H	/185	/315	/500	/700
承载能力（kg）		80	100	100	150	200	140	185	315	500	700
工作范围	X（mm）	2230	3500	2655	3507	3507	2850	3143			
	Y（mm）	3465	5459	3414	3876	3876	3546	2958			
重复定位精度（± mm）		0.2	0.3	0.2	0.3	0.3	0.2	0.5			
控制轴数		5	6	5	6	6	4				
安装方式		地面	框架	地面	框架		地面				
控制系统		R-30i									

3．特殊用途机器人

食品、药品对作业机械的安全、卫生、防护有特殊要求，机器人的外露件通常需要使用不锈钢等材料，可能与物品接触的手腕等部位，需要采用密封、无润滑结构。用于油漆、喷涂的涂装类机器人，由于作业现场存在易燃易爆或腐蚀性气体，对机器人的密封和防爆性能要求很高。因此，以上特殊机器人一般都需要采用图 2-34（a）所示的 3R（3 回转轴）或 2R（2 回转轴）中空密封结构，将管线布置在手腕内腔。

FANUC-i 系列目前主要有图 2-34（b）所示的食品、药品行业用 M-430i 系列，以及图 2-34（c）所示的油漆、喷涂用 P-250i 两类产品。

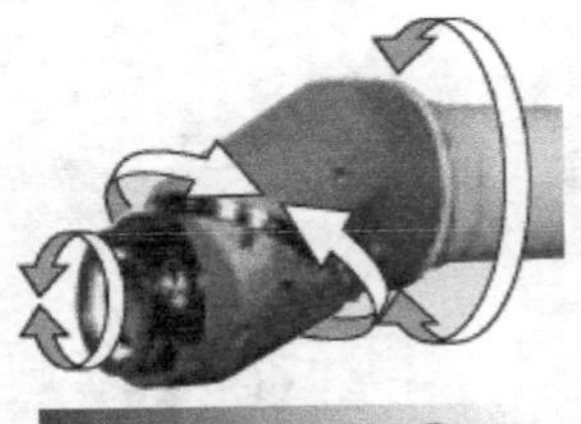
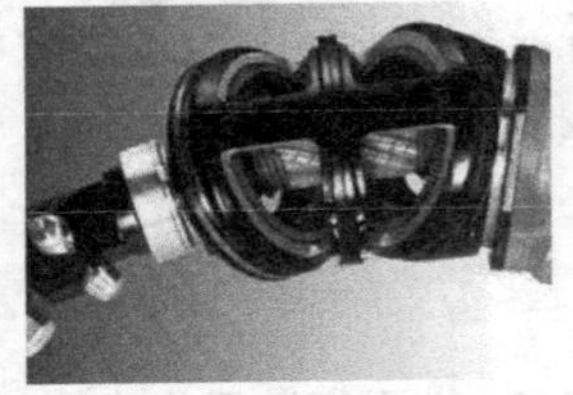
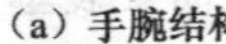
（a）手腕结构

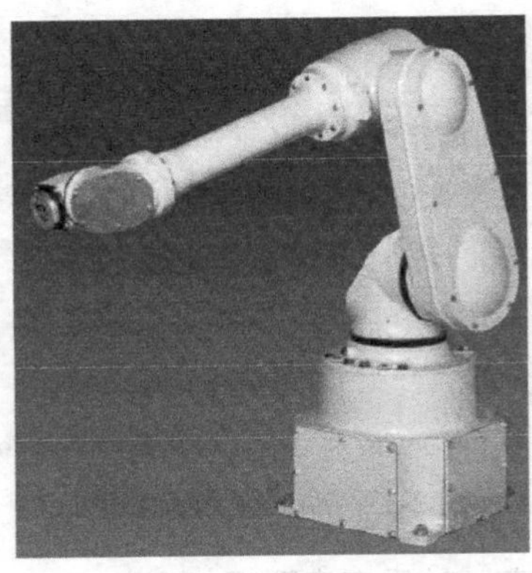
（b）M-430i

（c）P-250i

图 2-34　FANUC 特殊用途机器人

食品、药品机器人的作业对象质量较轻，作业范围通常较小，产品以小型为主。FANUC 食品、药品用机器人（M-430i 系列）有 6 轴垂直串联 3R 手腕和 5 轴垂直串联 2R 手腕 2 种结构，产品承载能力为 2～4kg，作业半径为 0.7～0.9m，作业高度为 1.2～1.6m，重复定位精度为 ± 0.5mm。

油漆、喷涂工业机器人的作业范围较大、工具质量较重，产品以中小型为主，FANUC 公司目前有 P-50i、P-250i、P-350i、P-500i、P-700i、P-1000i 等不同产品，其中，P-350i 的承载能力可达 45kg，其他产品的承载能力均为 15kg，但安装方式、作业范围有所区别。FANUC 涂装工业机器人以 P-250i 为常用，产品承载能力为 15kg，作业半径为 2.8m，作业高度约 5.3m，重复定位精度为 ± 0.2mm。

FANUC-i 系列食品、药品、油漆、喷涂机器人的主要技术参数如表 2-9 所示。

表 2-9　FANUC 特殊用途机器人主要技术参数

产品系列		M-430i				P-250i
参考型号		/2F、/2FH	/4FH	/2P	/2PH	--
承载能力（kg）		2	4	2	2	15
工作范围	X（mm）	900	900	700	900	2800
	Y（mm）	1598	1598	1251	1598	5272
重复定位精度（±mm）		0.5	0.5	0.5	0.5	0.2
控制轴数		5		6		6
控制系统		R-30i				

2.4.3　其他结构机器人

1．Delta 机器人

并联 Delta 结构的工业机器人多用于输送线物品的拾取与移动（分拣），它在食品、药品、3C 行业的使用较为广泛。

3C 部件、食品、药品的质量较轻，运动以空间三维直线移动为主，但物品在输送线上的运动速度较快，因此，它对机器人承载能力、工作范围、动作灵活性的要求相对较低，但对快速性的要求较高。此外，由于输送线多为敞开式结构，故而，采用顶挂式安装的并联 Delta 结构机器人是较为理想的选择。

FANUC 目前常用的 FANUC-i 系列并联结构分拣机器人，主要有图 2-35 所示的 M-1i/2i/3i 三系列产品，产品承载能力为 0.5～12kg，作业直径为 0.8～1.35m，作业高度约 0.1～0.5m，重复定位精度为 ± 0.02～0.1mm。产品主要技术参数如表 2-10 所示，工作范围参数 *X*、*Y* 的含义见图 2-36（c）。

表 2-10　FANUC 并联机器人主要技术参数

产品系列	M-1i					
参考型号	/0.5A	/0.5S	/1H	/0.5AL	/0.5SL	/1HL
承载能力（kg）	0.5	0.5	1	0.5	0.5	1
工作范围 X（mm）	Φ280			Φ420		
工作范围 Y（mm）	100			150		
重复定位精度（±mm）	0.02			0.03		
控制轴数	6	4	3	6	4	3
控制系统	R-30i Mate					

产品系列	M-2i						M-3i		
参考型号	/3A	/3S	/3H	/3AL	/3SL	/3HL	/6A	/6S	/12H
承载能力（kg）	3	3	6	3	3	6	6	6	12
工作范围 X（mm）	Φ800			Φ1130			Φ1350		
工作范围 Y（mm）	300			400			500		
重复定位精度（±mm）	0.1			0.1			0.1		
控制轴数	6	4	3	6	4	3	6	4	3
控制系统	R-30i Mate/ R-30i								

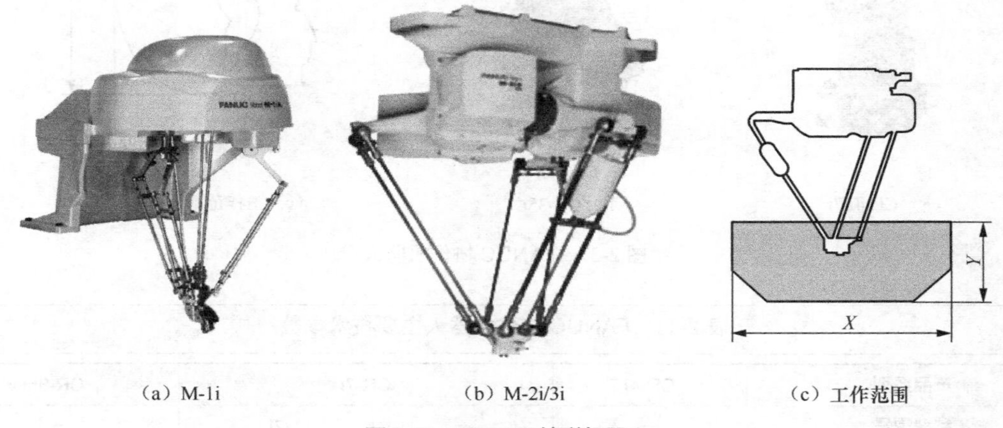

（a）M-1i　　（b）M-2i/3i　　（c）工作范围

图 2-35　FANUC 并联机器人

2．协作型机器人

协作型机器人（Collaborative Robot）可用于人机协同安全作业，属于第二代工业机器人产品。

协作型机器人和第一代普通工业机器人的主要区别在于作业安全性。普通工业机器人无触觉传感器，作业时如果与操作人员发生碰撞，机器人不能自动停止，因此，其作业场所需要设置图 2-36

（a）所示的防护栅栏等安全保护措施。协作工业机器人带有触觉传感器，它可感知人体接触并安全停止，因此，可实现图 2-36（b）所示的人机协同作业。

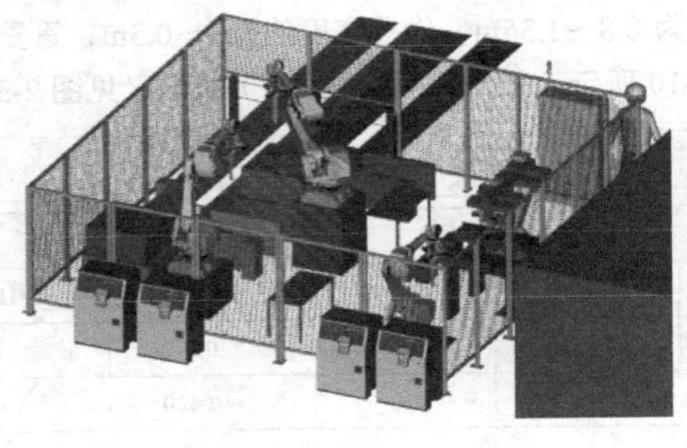

（a）普通型

（b）协作型

图 2-36　普通型和协作型工业机器人

图 2-37 所示的 CR 系列协作型机器人是 FANUC 近期推出的最新产品，机器人采用 6 轴垂直串联标准结构，可用于装配、搬运、包装类作业，但不能用于焊接（点焊和弧焊）、切割等加工作业。

CR 系列协作型机器人目前只有承载能力 4～35kg 的中小型产品，其主要技术参数如表 2-11 所示，表中工作范围参数 *X*、*Y* 的含义如图 2-37（c）所示。

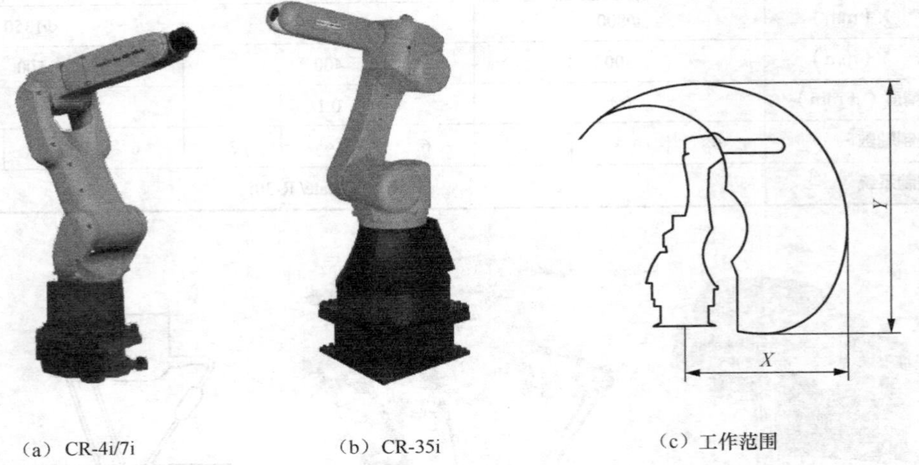

（a）CR-4i/7i　　（b）CR-35i　　（c）工作范围

图 2-37　FANUC 协作机器人

表 2-11　FANUC 协作机器人主要技术参数

产品系列		CR-4i	CR-7i		CR-35i
参考型号		—	—	/7L	—
承载能力（kg）		4	7	7	35
工作范围	*X*（mm）	550	717	911	1813
	Y（mm）	818	1061	1395	2931
重复定位精度（±mm）		0.02	0.02	0.03	0.08
控制轴数		6	6	6	6
控制系统		R-30i Mate			R-30i

2.4.4 运动平台及变位器

1. 多轴运动平台

运动平台用于大型工件的夹紧、升降或回转、移动，FANUC-i 系列多轴运动平台有图 2-38 所示的 F100i、F200i 两系列产品。

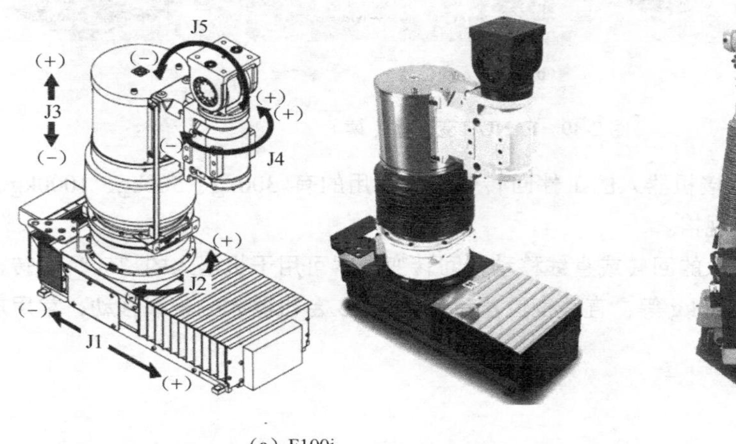

（a）F100i　　（b）F200i

图 2-38　FANUC 多轴运动平台

F100i 运动平台一般需要多个组合使用，可用于大型工件的夹紧、升降或回转、移动。运动平台的控制轴数可为 4 轴或 5 轴，J1 轴平移行程有 250mm、500mm 两种规格，J3 轴升降行程为 250mm，平台承载能力为 158kg，重复定位精度可达 0.07mm。

F200i 采用 6 轴 Stewart 平台标准结构，可采用地面或倒置式吊装安装，平台既可用来安装作业工具，也可用于工件运动。F200i 的运动范围为不规则形状，作业范围大致为 $\Phi1000 \times 450$，承载能力为 100kg，重复定位精度可达 ±0.1mm。

2. 变位器

FANUC-i 系列工业机器人有图 2-39 所示的工件变位器、机器人变位器两类，两类变位器均采用伺服电机驱动，并可通过机器人控制器直接控制。

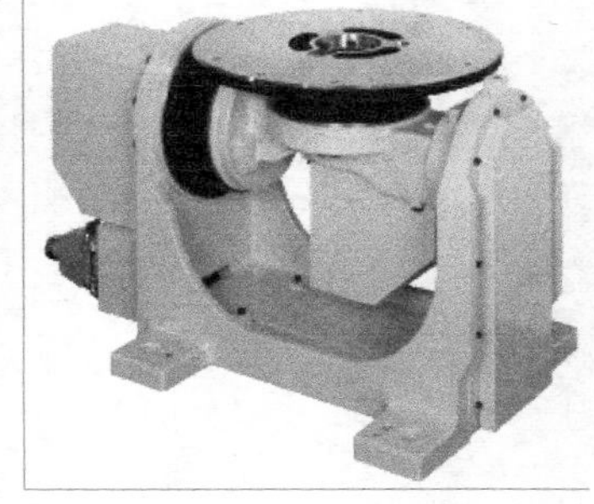

（a）工件变位器

图 2-39　FANUC 变位器

（b）机器人变位器

图 2-39　FANUC 变位器（续）

工件变位器通常用于焊接机器人的工件回转变位，常用的有 300kg、500kg、1000kg、1500kg 单轴型和 500kg 双轴型 5 种规格。

机器人变位器用于机器人的回转或直线移动，回转变位器可用于机器人的 360° 回转，常用规格的承载能力为 4000kg、9000kg 等；直线变位器可用于 1～3 台机器人的直线移动，常用规格的最大行程为 7m、8m、9.5m 等。

3.1 工业机器人的本体结构

3.1.1 垂直串联结构

虽然，工业机器人的形式有垂直串联、水平串联、并联等，但是，总体而言，它都是由关节和连杆，按一定规律连接而成，每一关节都由一台伺服电机通过减速器进行驱动。因此，如将机器人进一步分解，它便是由若干伺服电机经减速器减速后，驱动运动部件的机械运动机构的叠加和组合，不同结构形态的机器人，实质只是机械运动机构的叠加和组合形式上的不同。

垂直串联是工业机器人最常见的形态，它被广泛用于加工、搬运、装配、包装等场合。垂直串联机器人的结构与承载能力有关，机器人本体的常用结构有以下几种。

1. 电机内置前驱结构

小规格、轻量级 6 轴垂直串联机器人经常采用图 3-1 所示的电机内置前驱基本结构。这种机器人的外形简洁、防护性能好，传动系统结构简单、传动链短、传动精度高，它是小型机器人常用的结构。

6 轴垂直串联机器人的运动主要包括腰回转轴 S（j1）、下臂摆动轴 L（j2）、上臂摆动轴 U（j3）及手腕回转轴 R（j4）、腕摆动轴 B（j5）、手回转轴 T（j6）；每一运动轴都需要有相应的电机驱动。交流伺服电机是目前最常用的驱动电机，它具有恒转矩输出特性，其最高转速一般为 3000～6000r/min，额定输出转矩通常在 30Nm 以下。由于机器人关节回转和摆动的负载惯量大、回转速度低（通常 25～100r/min），加减速时的最大转矩需要达到数百甚至数万 Nm。为此，机器人的所有回转轴，原则上都需要配套结构紧凑、承载能力强、传动精度高的大比例减速器，以降低转速、提高输出转矩。RV 减速器、谐波减速器是目前工业机器人最常用的两种减速器，它是工业机器人最为关键的机械核心部件，本书后述的内容中，将对其进行详细阐述。

在图 3-1 所示的基本结构中，机器人的所有驱动电机均布置在机器人罩壳内部，故称为电机内置结构。而手腕回转、腕摆动、手回转的驱动电机均安装在位于手臂前端，故称为前驱结构。

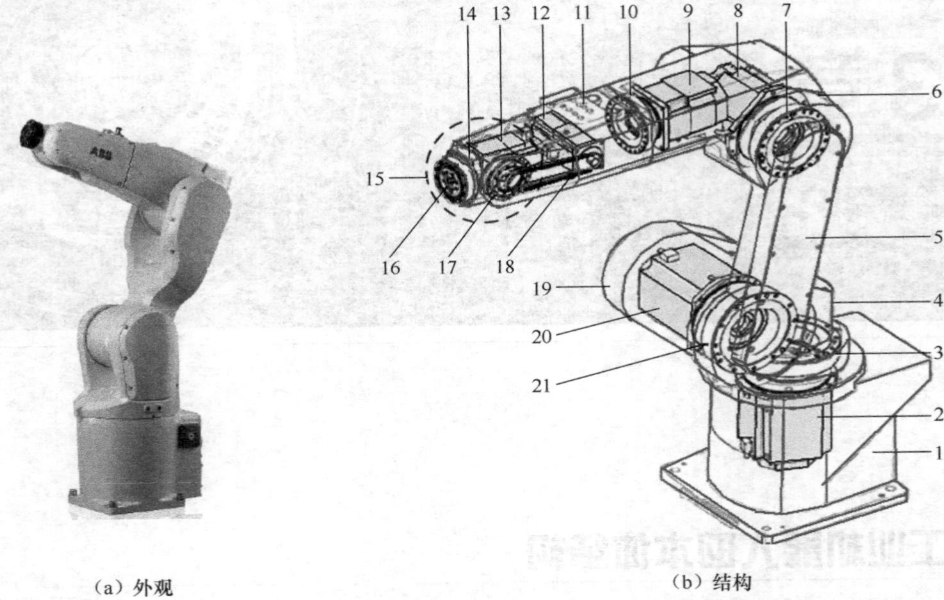

（a）外观　　（b）结构

1—基座；4—腰；5—下臂；6—肘；11—上臂；15—腕；16—工具安装法兰；18—同步皮带；19—肩；

2、8、9、12、13、20—伺服电机；3、7、10、14、17、21—减速器

图 3-1　电机内置前驱结构

2. 电机外置前驱结构

采用电机内置结构的机器人具有结构紧凑、外观整洁、运动灵活等特点，但驱动电机的安装空间受限、散热条件差、维修维护不便。此外，由于手回转轴的驱动电机直接安装在腕摆动体上，虽然传动直接、结构简单，但它会增加手腕部件的体积和质量、影响手运动灵活性。因此，通常只用于 6kg 以下小规格、轻量级机器人。

机器人的腰回转、上下臂摆动及手腕回转轴的惯量大、负载重，对驱动电机的输出转矩要求高，需要大规格电机驱动。为了保证驱动电机以足够的安装、散热空间，方便维修维护，承载能力大于 6kg 的中小型机器人，通常需要采用图 3-2 所示的电机外置前驱结构。

在图 3-2 所示的机器人上，机器人的腰回转、上下臂摆动及手腕回转轴驱动电机均安装在机身外部，其安装、散热空间不受限制，故可提高机器人的承载能力，方便维修维护。

电机外置前驱结构的腕摆动轴 B（j5）、手回转轴 T（j6）的驱动电机同样安装在手腕前端（前驱），但是，其手回转轴 T（j6）的驱动电机，也被移至上臂内腔，电机通过同步带、伞齿轮等传动部件，将驱动力矩传送至手回转减速器上，从而减小了手腕部件的体积和质量。因此，它是中小型垂直串联机器人应用最广的基本结构，本书将在后述的内容中，对其内部结构进行详细剖析。

图 3-2　电机外置前驱结构

3. 手腕后驱结构

大中型工业机器人对作业范围、承载能力有较高的要求，其上臂的长度、结构刚度、体积和质

量均大于小型机器人，此时，如采用腕摆动、手回转轴驱动电机安装在手腕前端的前驱结构，不仅限制了驱动电机的安装散热空间，而且，手臂前端的质量将大幅度增大，上臂摆动轴的重心将远离摆动中心，导致机器人重心偏高、运动稳定较差。为此，大中型垂直串联工业机器人通常采用图 3-3 所示的腕摆动、手回转轴驱动电机后置的后驱结构。

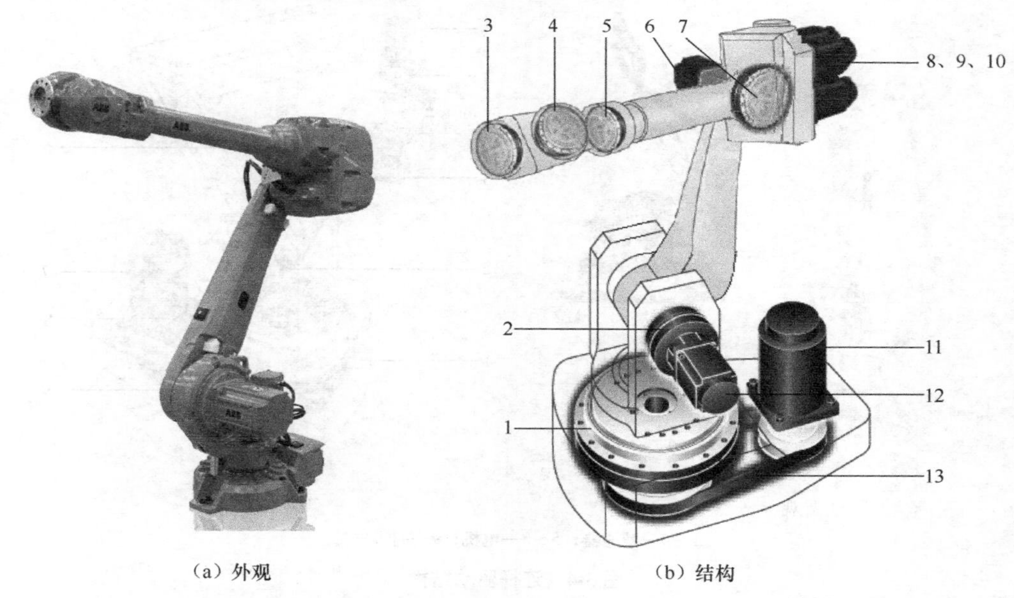

（a）外观　　（b）结构

1、2、3、4、5、7—减速器；6、8、9、10、11、12—电机；13—同步皮带

图 3-3　后驱结构

在后驱结构的机器人上，手腕回转轴 R（j4）、弯曲轴 B（j5）及手回转轴 T（j6）的驱动电机 8、9、10 并列布置在上臂后端，它不仅可增加驱动电机的安装和散热空间、便于大规格电机安装，而且，还可大幅度降低上臂体积和前端质量，使上臂重心后移，从而起到平衡上臂重力、降低机器人重心、提高机器人运动稳定性的作用。

后驱垂直串联机器人的腰回转、上下臂摆动轴结构，一般采用与电机外置前驱机器人相同的结构，驱动电机均安装在机身外部，因此，这是一种驱动电机完全外置的垂直串联机器人典型结构，在大中型工业机器人上应用广泛。

在图 3-3 所示的机器人上，腰回转轴 S（j1）的驱动电机采用的是侧置结构，电机通过同步皮带与减速器连接，这种结构可增加腰回转轴的减速比、提高驱动转矩，并方便内部管线布置。为了简化腰回转轴传动系统结构，实际机器人也经常采用驱动电机和腰回转同轴布置、直接传动的结构形式，有关内容可参见后述。

手腕后驱结构的机器人，需要通过上臂内部的传动轴，将腕弯曲、手回转轴的驱动力传递到手腕前端，其传动系统复杂、传动链较长、传动精度相对较低。

4．连杆驱动结构

大型、重型工业机器人多用于大宗物品的搬运、码垛等平面作业，其手腕通常无须回转，但对机器人承载能力、结构刚度的要求非常高，如果采用通常的电机与减速器直接驱动结构，就需要使用大型驱动电机和减速器，从而大大增加机器人的上部质量，机器人重心高、运动稳定性差。为此，需要采用图 3-4 所示的平行四边形连杆驱动结构。

采用连杆驱动结构的机器人腰回转驱动电机以侧置的居多，电机和减速器间采用同步皮带连接；机器人的下臂摆动轴 L（j2）、上臂摆动轴 U（j3）或手腕弯曲轴 B（j5）的驱动电机及减速器，安装在机器人腰身上；然后，通过 2 对平行四边形连杆机构，驱动下臂、上臂摆动或手腕弯曲运动。

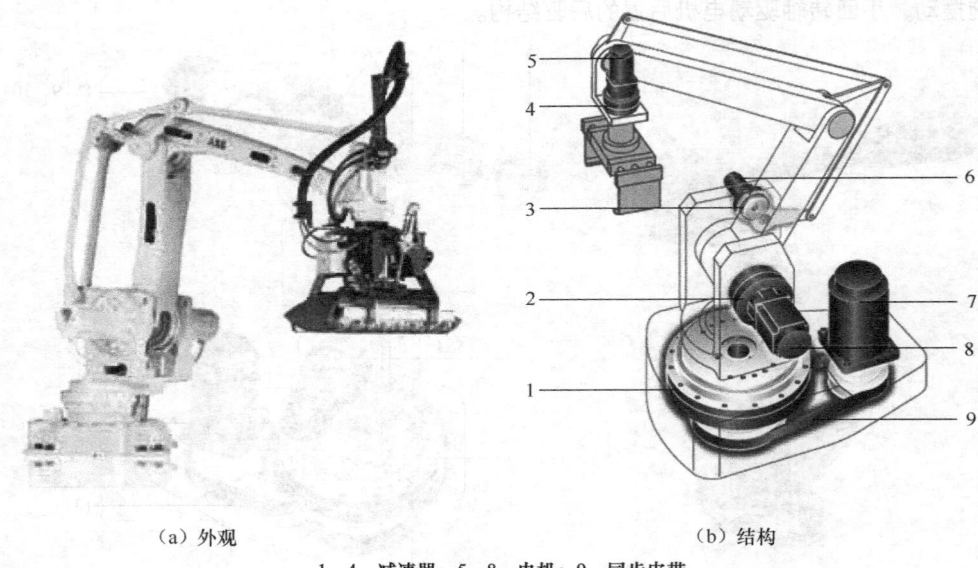

（a）外观　　（b）结构

1～4—减速器；5～8—电机；9—同步皮带

图 3-4　连杆驱动结构

采用平行四边形连杆驱动的机器人，不仅可加长上臂摆动、手腕弯曲轴的驱动力臂，放大驱动电机转矩、提高负载能力，而且，还可将上臂摆动、手腕弯曲轴的驱动电机、减速器的安装位置下移至腰部，从而大幅度减轻机器人上部质量、降低重心、增加运动稳定性。但是，由于结构限制，上臂摆动、手腕弯曲轴同时采用平行四边形连杆驱动的机器人，其手腕的回转运动（R 轴回转）将无法实现，因此，通常只能采用无手腕回转的 5 轴垂直串联结构。部分大型、重型搬运、码垛作业的机器人，甚至同时取消手腕回转轴 R（j4）、手回转轴 T（j6），成为只有腰回转和上下臂、手腕摆动的 4 轴结构。

采用 4 轴、5 轴简化结构的机器人，其作业灵活性必然受到影响。为此，对于需要有 6 轴运动的大型、重型机器人，有时也采用图 3-5 所示的、仅上臂摆动采用平行四边形连杆驱动的单连杆驱动结构。

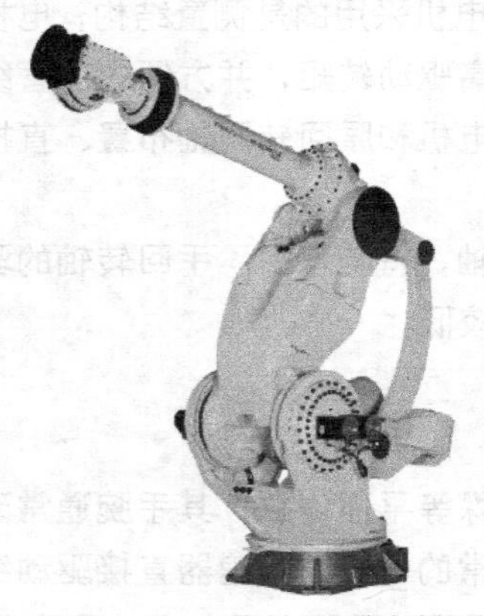

（a）无平衡气缸

（b）带平衡气缸

图 3-5　单连杆驱动结构

仅上臂摆动采用平行四边形连杆驱动的机器人，具有通常 6 轴垂直串联机器人同样的运动灵活性。但是，由于大型、重型工业机器人的负载质量大，为了平衡上臂负载，平行四边形连杆机构需要有较长的力臂，从而导致下臂、连杆所占的空间较大，影响机器人的作业范围和运动灵活性。为此，大型、重型机器人有时也采用图 3-5（b）所示的、带重力平衡气缸的连杆驱动结构，以减小下臂、连杆的安装空间，增加作业范围和运动灵活性。

3.1.2 垂直串联手腕结构

1．手腕基本形式

工业机器人的手腕主要用来改变末端执行器的姿态（Working Pose），进行工具作业点的定位，它是决定机器人作业灵活性的关键部件。

垂直串联机器人的手腕一般由腕部和手部组成。腕部用来连接上臂和手部；手部用来安装执行器（作业工具）。由于手腕的回转部件通常如图 3-6 所示，与上臂同轴安装、同时摆动，因此，它也可视为上臂的延伸部件。

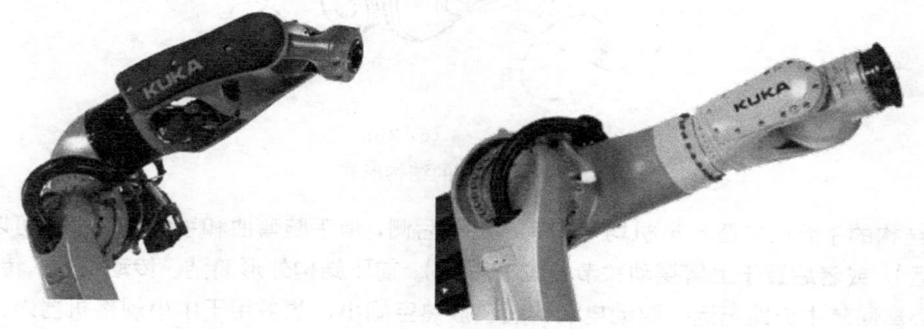

图 3-6　手腕外观与安装

为了能对末端执行器的姿态进行 6 自由度的完全控制，机器人的手腕通常需要有 3 个回转（Roll）或摆动（Bend）自由度。具有回转（Roll）自由度的关节，能在 4 象限、进行接近 360°或大于等于 360°回转，称 R 型轴；具有摆动（Bend）自由度的关节，一般只能在 3 象限以下进行小于 270°的回转，称 B 型轴。这 3 个自由度可根据机器人不同的作业要求，进行图 3-7 所示的组合。

图 3-7（a）是由 3 个回转关节组成的手腕，称为 3R（RRR）结构。3R 结构的手腕一般采用伞齿轮传动，3 个回转轴的回转范围通常不受限制，这种手腕的结构紧凑、动作灵活、密封性好，但由于手腕上 3 个回转轴的中心线相互不垂直，其控制难度较大，因此，多用于油漆、喷涂等恶劣环境作业，对密封、防护性能有特殊要求的中小型涂装机器人，通用型工业机器人较少使用。

图 3-7（b）为“摆动+回转+回转”或“摆动+摆动+回转”关节组成的手腕，称为 BRR 或 BBR 结构。BRR 和 BBR 结构的手腕回转中心线相互垂直，并和 3 维空间的坐标轴一一对应，其操作简单、控制容易，而且密封、防护容易，因此，多用于大中型涂装机器人、重载的工业机器人。BRR 和 BBR 结构手腕的外形较大、结构相对松散，在机器人作业要求固定时，也可被简化为 BR 结构的 2 自由度手腕。

图 3-7（c）为“回转+摆动+回转”关节组成的手腕，称为 RBR 结构。RBR 结构的手腕回转中心线同样相互垂直，并和三维空间的坐标轴一一对应，其操作简单、控制容易，且结构紧凑、动作灵活，它是目前工业机器人最为常用的手腕结构形式。

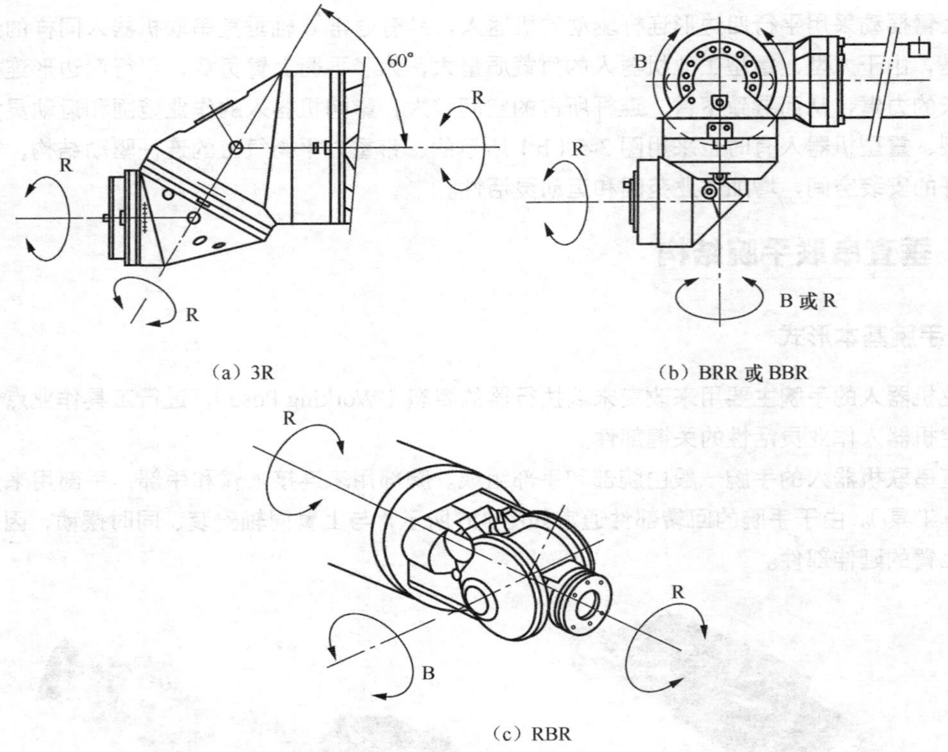

（a）3R

（b）BRR 或 BBR

（c）RBR

图 3-7 手腕的结构形式

RBR 结构的手腕回转驱动电机均可安装在上臂后侧，但手腕弯曲和手回转的电机可以置于上臂内腔（前驱），或者后置于上臂摆动关节部位（后驱）。前驱结构外形简洁、传动链短、传动精度高，但上臂重心离回转中心距离远、驱动电机安装及散热空间小，故多用于中小规格机器人；后驱结构的机器人结构稳定、驱动电机安装及散热空间大，但传动链长、传动精度相对较低，故多用于中大规格机器人。

2. 前驱 RBR 手腕

小型垂直串联机器人的手腕承载要求低、驱动电机的体积小、重量轻，为了缩短传动链、简化结构、便于控制，它通常采用图 3-8 所示的前驱 RBR 结构。

前驱 RBR 结构手腕有手腕回转轴 R（j4）、腕摆动轴 B（j5）和手回转轴 T（j6）3 个运动轴。其中，R 轴通常利用上臂延伸段的回转实现，其驱动电机和主要传动部件均安装在上臂后端；B 轴、T 轴驱动电机直接布置于上臂前端内腔，驱动电机和手腕间通过同步皮带连接，3 轴传动系统都有大比例的减速器进行减速。

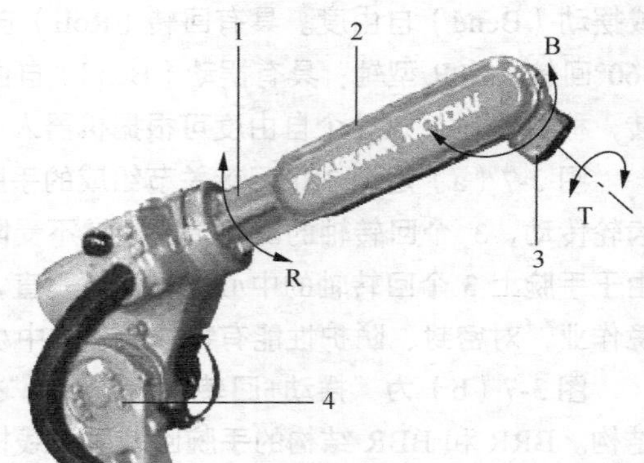

1—上臂；2—B/T 轴电机位置；3—摆动体；4—下臂

图 3-8 前驱手腕结构

3. 后驱 RBR 手腕

大中型工业机器人需要有较大的输出转矩和承载能力，B（j5）、T（j6）轴驱动电机的体积大、重量重。为保证电机有足够的安装空间和良好的散热，同时，能减小上臂的体积和重量、平衡重力、提高运动稳定性，机器人通常采用图 3-9 所示的后驱 RBR 结构，将手腕 R、B、T 轴的驱动电机均布置在上臂后端。然后，通过上臂内腔的传动轴，将动力传递到前端的手腕单元上，通过手腕单元实现 R、B、T 轴回转与摆动。

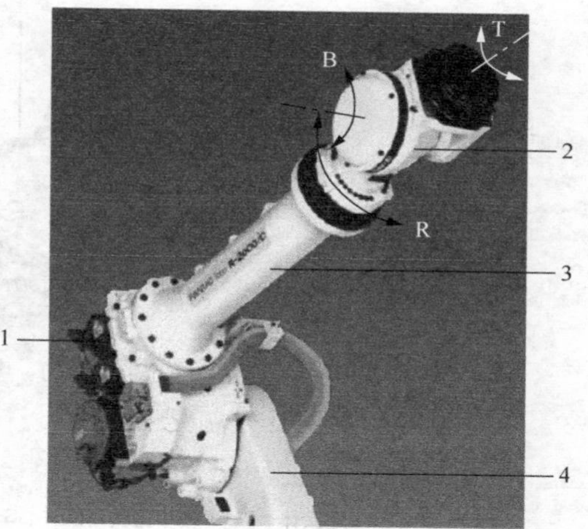

1—R/B/T 电机；2—手腕单元；3—上臂；4—下臂

图 3-9 后驱手腕结构

后驱结构不仅可解决前驱结构存在的 B、T 轴驱动电机安装空间小、散热差，检测、维修困难等问题，而且，还可使上臂结构紧凑、重心后移，提高机器人的作业灵活性和重力平衡性。由于后驱结构 R 轴的回转关节后，已无其他电气线缆，理论上 R 轴可无限回转。

后驱机器人的手腕驱动轴 R/B/T 电机均安装在上臂后部，因此，需要通过上臂内腔的传动轴，将动力传递至前端的手腕单元。手腕单元则需要将传动轴的输出转成 B、T 轴回转驱动力，其机械传动系统结构较复杂、传动链较长，B、T 轴传动精度不及前驱手腕。

后驱结构机器人的上臂结构通常采用图 3-10 所示的中空圆柱结构，臂内腔用来安装 R、B、T 传动轴。

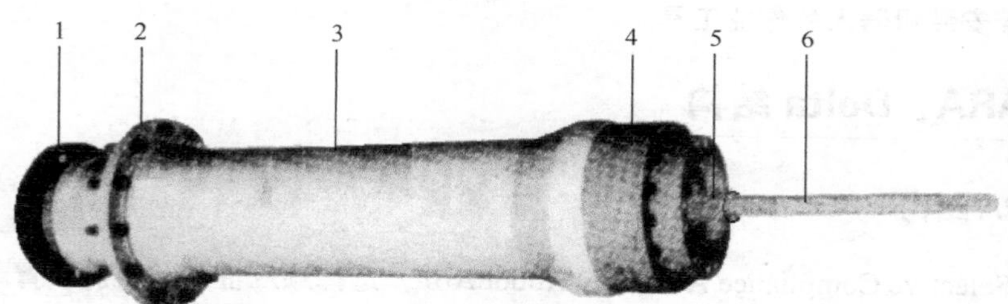

1—同步带轮；2—安装法兰；3—上臂体；4—R 轴减速器；5—B 轴；6—T 轴

图 3-10 上臂结构

上臂的后端为 R、B、T 轴同步带轮输入组件 1，前端安装手腕回转的 R 轴减速器 4，上臂体 3 可通过安装法兰 2 与上臂摆动体连接。R 轴减速器应为中空结构，减速器壳体固定在上臂体 3 上，输出轴用来连接手腕单元，B 轴 5 和 T 轴 6 布置在减速器的中空内腔里。

后驱机器人的手腕单元结构一般如图 3-11 所示，它通常由 B/T 传动轴、B 轴减速摆动、T 轴中间传动、T 轴减速输出 4 个组件及连接体、摆动体等部件组成，其内部传动系统结构较复杂。

连接体 1 是手腕单元的安装部件，它与上臂前端的 R 轴减速器输出轴连接后，可带动整个手腕单元实现 R 轴回转运动。连接体为中空结构，B/T 传动轴组件安装在连接体内部。B/T 传动轴组件的后端可用来连接上臂的 B/T 轴输入，前端安装有驱动 B、T 轴运动和进行转向变换的伞齿轮。

摆动体 4 是一个带固定臂和螺钉连接辅助臂的 U 形箱体，它可在 B 轴减速器的驱动下，在连接体 1 上摆动。

B 轴减速摆动组件 5 是实现手腕摆动的部件，其内部安装有 B 轴减速器及伞齿轮等传动件。手腕摆动时，B 轴减速器的输出轴可带动摆动体 4 及安装在摆动体上的 T 轴中间传动组件 2、T 轴减速输出组件 3 进行 B 轴摆动运动。

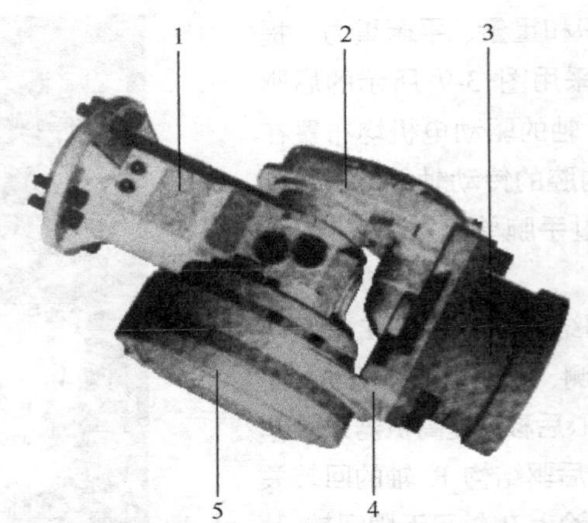

1—连接体；2—T 轴中间传动组件；3—T 轴减速输出组件；4—摆动体；5—B 轴减速摆动组件

图 3-11　手腕单元组成

T 轴中间传动组件 2 是将连接体 1 的 T 轴驱动力，传递到 T 轴减速输出部件的中间传动装置，它可随 B 轴摆动。T 轴中间传动组件由 2 组采用同步皮带连接、结构相同的过渡轴部件组成。过渡轴部件分别安装在连接体 1 和摆动体 2 上，并通过两对伞齿轮完成转向变换。

T 轴减速输出组件直接安装在摆动体上，组件的内部结构和前驱手腕类似，传动系统主要有 T 轴谐波减速器、工具安装法兰等部件。工具安装法兰上设计有标准中心孔、定位法兰和定位孔、固定螺孔，可直接安装机器人的作业工具。

3.1.3　SCARA、Delta 结构

1. SCARA 结构

SCARA（Selective Compliance Assembly Robot Arm，选择顺应性装配机器手臂）结构是日本山梨大学在 1978 年发明的、一种建立在圆柱坐标上的特殊机器人结构形式。SCARA 机器人的结构简单、外形轻巧、定位精度高、运动速度快，它特别适合于 3C 行业印制电路板制作等平面定位、垂直装配作业。

SCARA 机器人以小型居多，上下臂折叠式升降的大型双臂 SCARA 机器人通常只用于清洁房、太阳能电池板安装等特殊场合。小型 SCARA 机器人通过 2～3 个水平回转关节实现平面定位，结构类似于水平放置的垂直串联机器人，手臂为沿水平方向串联延伸、轴线相互平行的回转关节。驱动转臂回转的伺服电机可前置在关节部位（前驱），也可统一后置在基座部位（后驱）。

前驱 SCARA 机器人的典型结构如图 3-12 所示，机器人机身主要由基座 1、后臂 11、前臂 5、升降丝杠 7 等部件组成。后臂 11 安装在基座 1 上，它可在 C1 轴驱动电机 2、减速器 3 的驱动下水平回转。前臂 5 安装在后臂 11 的前端，它可在 C2 轴驱动电机 10、减速器 4 的驱动下水平回转。

前驱 SCARA 机器人的执行器垂直升降通过滚珠丝杠 7 实现，丝杠安装在前臂的前端，它可在升降电机 9 的驱动下进行垂直上下运动；机器人使用的滚珠丝杠导程通常较大，而驱动电机的转速较高，因此，升降系统一般也需要使用减速器 6 进行减速。此外，为了减轻前臂的前端的质量和体积、提高运动稳定性、降低前臂驱动转矩，执行器升降电机 9 通常安装在前臂回转关节部位，电机和减速器 6 间通过同步皮带 8 连接。

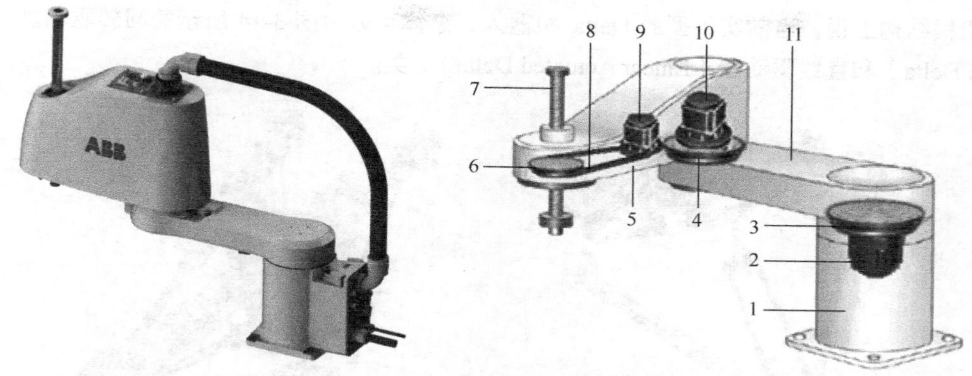

1—基座；2—C1 轴电机；3—C1 轴减速器；4—C2 轴减速器；5—前臂；6—升降减速器；
7—升降丝杠；8—同步皮带；9—升降电机；10—C2 轴电机；11—后臂

图 3-12　前驱 SCARA 机器人的典型结构

前驱 SCARA 机器人的机械传动系统结构简单、层次清晰、装配方便、维修容易，它通常用于上部作业空间不受限制的平面装配、搬运和电气焊接等作业，但其转臂外形、体积、质量等均较大，结构相对松散，加上转臂的悬伸负载较重，对臂的结构刚性有一定的要求，因此，在多数情况下只有 2 个水平回转轴。

后驱 SCARA 机器人的结构如图 3-13 所示。这种机器人的悬伸转臂均为平板状薄壁，其结构非常紧凑。

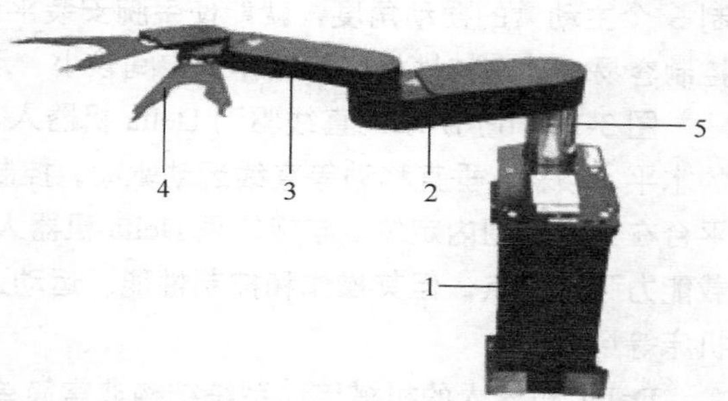

1—基座；2—后臂；3—前臂；4—工具；5—升降套

图 3-13　后驱 SCARA 机器人的结构

后驱 SCARA 机器人前后转臂及工具回转的驱动电机均安装在升降套 5 上。升降套 5 可通过基座 1 内的滚珠丝杠（或气动、液压）升降机构升降。转臂回转减速的减速器均安装在回转关节上。安装在升降套 5 上的驱动电机，可通过转臂内的同步皮带连接减速器，以驱动前后转臂及工具的回转。

由于后驱 SCARA 机器人的结构非常紧凑，负载很轻、运动速度很快，为此，回转关节多采用结构简单、厚度小、重量轻的超薄型减速器进行减速。

后驱 SCARA 机器人结构轻巧、定位精度高、运动速度快，它除了作业区域外，几乎不需要额外的安装空间，故可在上部空间受限的情况下，进行平面装配、搬运和电气焊接等作业，因此，多用于 3C 行业的印制电路板器件装配和搬运。

2. Delta 结构

并联机器人是机器人研究的热点之一，它有多种不同的结构形式。但是，由于并联机器人大都属于多参数耦合的非线性系统，其控制十分困难，正向求解等理论问题尚未完全解决。加上机器人通常只能倒置式安装，其作业空间较小等原因，因此，绝大多数并联机构都还处于理论或实验研究阶段，尚不能在实际工业生产中应用和推广。

目前，实际产品中所使用的并联机器人结构以 Clavel 发明的 Delta 机器人为主。Delta 结构克服了其他并联机构的诸多缺点，它具有承载能力强、运动耦合弱、力控制容易、驱动简单等优点，因而，在电子电工、食品药品等行业的装配、包装、搬运等场合，得到了较广泛的应用。

从机械结构上说，当前实用型的 Delta 机器人，总体可分为图 3-14 所示的回转驱动型（Rotary Actuated Delta）和直线驱动型（Linear Actuated Delta）2 类。

（a）回转驱动

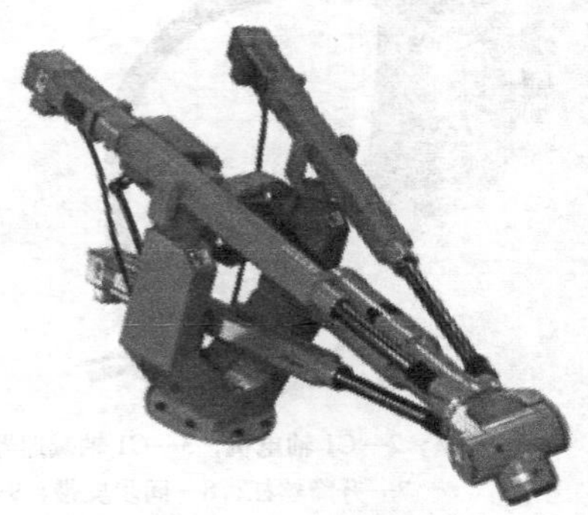

（b）直线驱动

图 3-14　Delta 机器人的结构

图 3-14（a）所示的回转驱动 Delta 机器人，其手腕安装平台的运动通过主动臂的摆动驱动，控制 3 个主动臂的摆动角度，就能使手腕安装平台在一定范围内运动与定位。旋转型 Delta 机器人的控制容易、动态特性好，但其作业空间较小、承载能力较低，故多用于高速、轻载的场合。

图 3-14（b）所示的直线驱动 Delta 机器人，其手腕安装平台的运动通过主动臂的伸缩或悬挂点的水平、倾斜、垂直移动等直线运动驱动，控制 3（或 4）个主动臂的伸缩距离，同样可使手腕安装平台在一定范围内定位。与旋转型 Delta 机器人比较，直线驱动型 Delta 机器人具有作业空间大、承载能力强等特点，但其操作和控制性能、运动速度等不及旋转型 Delta 机器人，故多用于并联数控机床等场合。

Delta 机器人的机械传动系统结构非常简单。例如，回转驱动型机器人的传动系统是 3 组完全相同的摆动臂，摆动臂可由驱动电机经减速器减速后驱动，无须其他中间传动部件，故只需要采用类似前述垂直串联机器人机身、前驱 SCARA 机器人转臂等减速摆动机构便可实现。如果选配齿轮箱型谐波减速器，则只需进行谐波减速箱的安装和输出连接，无须其他任何传动部件。对于直线驱动型机器人，则只需要 3 组结构完全相同的直线运动伸缩臂，伸缩臂可直接采用传统的滚珠丝杠驱动，其传动系统结构与数控机床进给轴类似。本书不再对其进行介绍。

3.2　关键零部件结构

从机械设计及使用、维修方面考虑，工业机器人的基座、手臂体、手腕体等部件，只是用来支撑、连接机械传动部件的普通结构件，它们仅对机器人的外形、结构刚性等有一定的影响。但是，这些零件的结构简单、刚性好、加工制造容易，且在机器人正常使用过程中不存在运动和磨损，部件损坏的可能性较小，故很少需要进行维护和修理。

在工业机器人的机械部件中，变位器、减速器（RV 减速器、谐波减速器）、CRB 轴承以及同步皮带、滚珠丝杠、直线导轨等传动部件是直接决定机器人运动速度、定位精度、承载能力等关键技术指标的核心部件。这些部件的结构复杂、加工制造难度大，加上部件存在运动和磨损，因此，它们是工业机器人机械维护、修理的主要对象。

变位器、减速器、CRB 轴承、同步皮带、滚珠丝杠、直线导轨的制造，需要有特殊的工艺和加工、检测设备，它们一般由专业生产厂家生产，机器人生产厂家和用户只需要根据要求，选购标准产品。如果使用过程中出现损坏，就需要对其进行整体更换、并重新进行安装及调整。

鉴于同步皮带、滚珠丝杠、直线导轨等直线传动部件通常只用于变位器或特殊结构的工业机器人，且属于机电一体化设备、特别是数控机床的通用部件，相关书籍对此都有详细的介绍，本书不再对此进行专门介绍。工业机器人用变位器、减速器、CRB 轴承的主要结构与功能如下。

3.2.1 变位器

从生产制造的角度看工业机器人系统配套的变位器有通用型和专用型两类。专用型变位器一般由机器人用户根据实际使用要求专门设计、制造，其结构各异、种类较多，难以尽述。通用型变位器通常由机器人生产厂家作为附件生产，用户可直接选用。

不同生产厂家生产的通用型变位器结构类似，主要分回转变位器和直线变位器两大类，每类产品又可分单轴、双轴、3 轴多种。由于工业机器人对定位精度的要求低于数控机床等高精度加工设备，因此，在结构上与数控机床的直线轴、回转轴有所区别，简介如下。

1. 回转变位器

通用型回转变位器类似于数控机床的回转工作台，变位器有单轴、双轴、3 轴及复合型等结构。

单轴变位器有立式与卧式两种（见图 3-15），回转轴线垂直于水平面、台面可进行水平回转的变位器称为立式，回转轴线平行水平面、台面可进行垂直偏摆（或回转）的变位器称为卧式。立式单轴变位器又称 C 型变位器。卧式单轴变位器则常与尾架、框架设计成一体，并称之为 L 型变位器。配置单轴变位器后，机器人系统可以增加 1 个自由度。

（a）立式（C 型）

（b）卧式

（c）L 型

图 3-15　单轴回转变位器

双轴变位器一般采用图 3-16 所示的、台面 360° 水平回转与垂直摆动（翻转）的立卧复合结构，变位器的回转轴、翻转轴及框架设计成一体，并称之为 A 型结构。配置双轴变位器后，机器人系统可以增加 2 个自由度。

3 轴变位器有图 3-17 所示的 K 型和 R 型两种常见结构。K 型变位器由 1 个卧式主回转轴、2 个卧式副回转轴及框架组成，卧式副回转轴通常采用 L 型结构。R 型变位器由 1 个立式主回转轴、2 个卧式副回转轴及框架组成，卧式副回转轴同样通常采用 L 型结构。K 型、R 型变位器可用于回转类工件的多方位焊接及工件的自动交换。

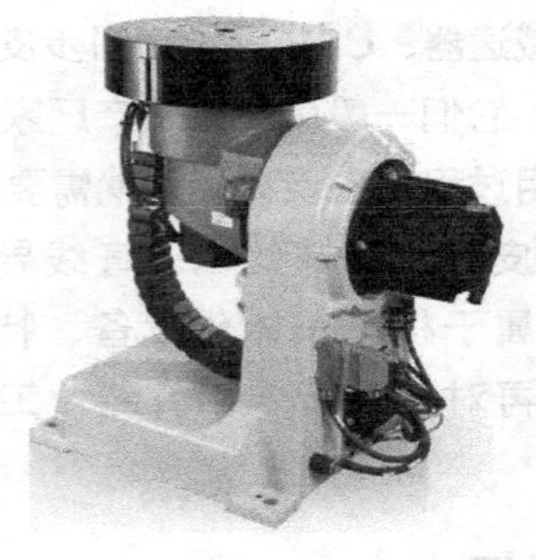

图 3-16　双轴 A 型变位器

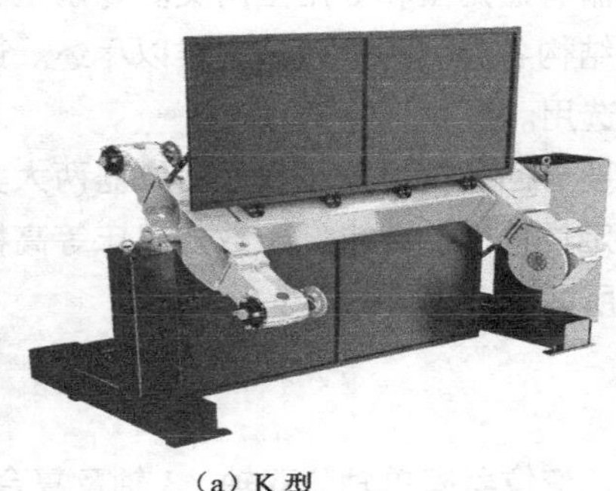

（a）K 型

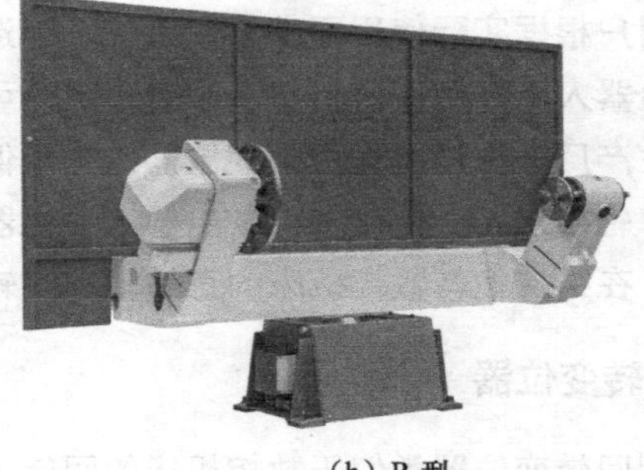

（b）R 型

图 3-17　3 轴回转变位器

复合变位器是具有工件变位与工件交换功能的变位器，它主要有图 3-18 所示的 B 型和 D 型两种常见结构。B 型变位器由 1 个立式主回转轴（C 型变位器）、2 个 A 型变位器及框架等部件组成，其中立式主回转轴通常用于工件的 180° 回转交换，A 型变位器用于工件的变位，因此，它实际上是一种带有工件自动交换功能的 A 型变位器。D 型变位器由 1 个立式主回转轴（C 型变位器）、2 个 L 型变位器及框架等部件组成，其中立式主回转轴通常用于工件的 180° 回转交换，L 型变位器用于工件变位，因此，它实际上是一种带有工件自动交换功能的 L 型变位器。

（a）B 型

（b）D 型

图 3-18　复合型回转变位器

工业机器人对位置精度要求较低，通常只需要达到弧分级（arc min，$1' \approx 2.9 \times 10^{-4}$rad），远低于数控机床等高速、高精度加工设备的弧秒级（arc sec，$1'' \approx 4.85 \times 10^{-6}$rad）要求，但对回转速度的要求较高。为了简化结构，工业机器人的回转变位器通常采用图 3-19 所示的 RV 减速器直接驱动结构，以代替精密蜗轮蜗杆减速装置。

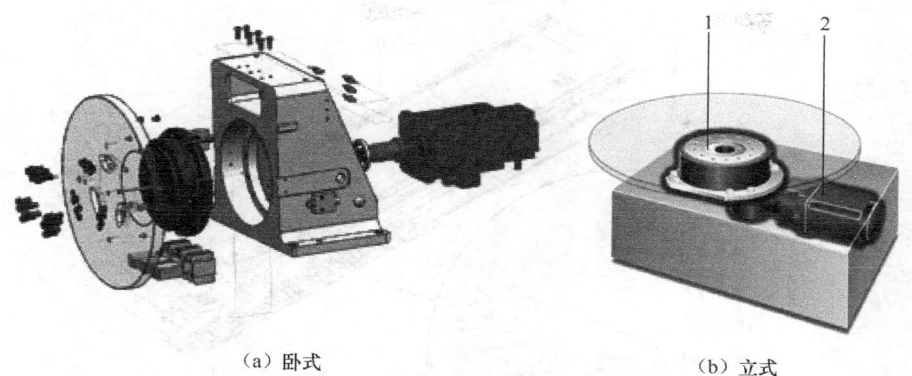

（a）卧式　　（b）立式

1—RV 减速器；2—驱动电机

图 3-19　减速器直接驱动回转变位器

2. 直线变位器

通用型直线变位器用于工件或机器人的直线移动，有图 3-20 所示的单轴、3 轴等基本结构形式。

（a）单轴　　（b）3 轴

图 3-20　直线移动变位器

直线变位器类似于数控机床的移动工作台，但其运动速度快（通常为 120m/min）、而精度要求较低；直线滚动导轨的使用简单、安装方便，它是工业机器人直线运动部件常用的导向部件。小规格、短距离（1m 以内）运动的直线变位器较多采用图 3-21 所示的大导程滚珠丝杠驱动结构，电机和滚珠丝杠间有时安装有减速器、同步皮带等传动部件。大规格、长距离运动的直线变位器，则多采用图 3-22 所示的齿轮齿条驱动。

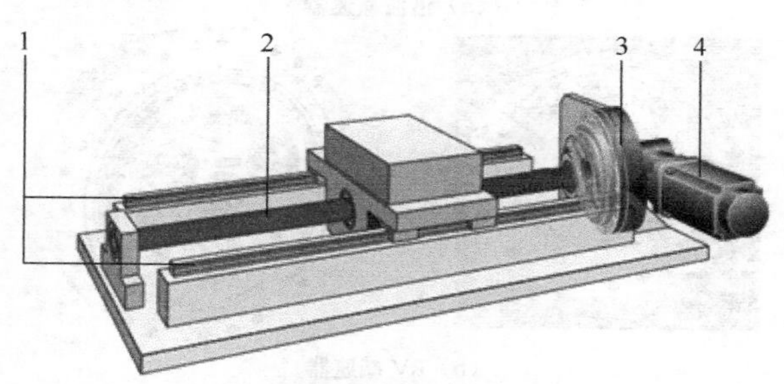

1—直线导轨；2—滚珠丝杠；3—减速器；4—电机

图 3-21　丝杠驱动的直线变位器

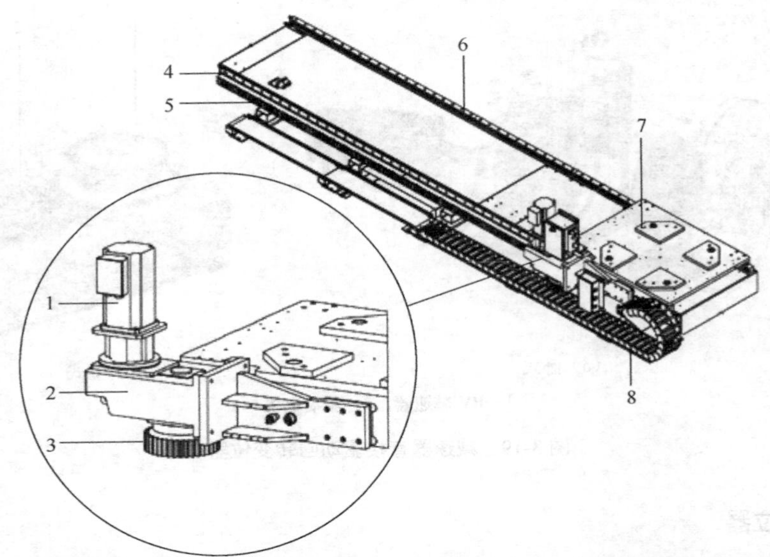

1—电机；2—减速器；3—齿轮；4、6—直线导轨；5—齿条；7—机器人安装座；8—拖链

图 3-22 齿轮齿条驱动的直线变位器

3.2.2 减速器与 CRB 轴承

1. 减速器

减速器是工业机器人本体及变位器等回转运动都必须使用的关键部件。基本上说，减速器的输出转速、传动精度、输出转矩和刚性，实际上就决定了工业机器人对应运动轴的运动速度、定位精度、承载能力。因此，工业机器人对减速器的要求很高，传统的普通齿轮减速器、行星齿轮减速器、摆线针轮减速器等都不能满足工业机器人高精度、大比例减速的要求；为此，它需要使用专门的减速器。

目前，工业机器人常用的减速器有图 3-23 所示的谐波减速器和 RV 减速器 2 大类。

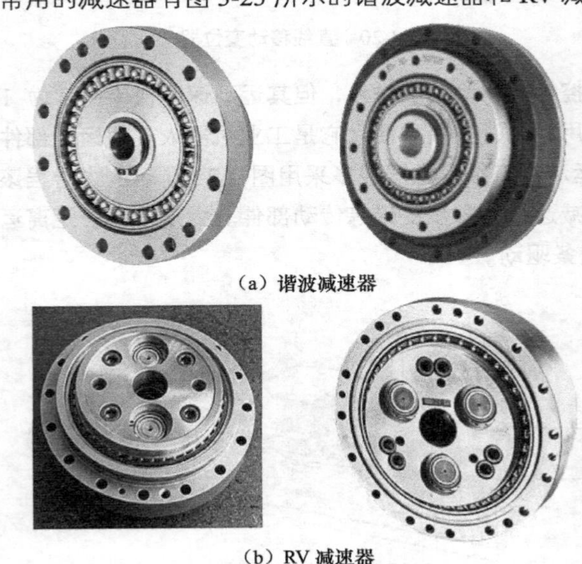

（a）谐波减速器

（b）RV 减速器

图 3-23 工业机器人常用的减速器

① 谐波减速器。谐波减速器(Harmonic speed reducer)是谐波齿轮传动装置(Harmonic gear drive)

的简称，这种减速器的传动精度高、结构简单、使用方便，但其结构刚性不及 RV 减速器，故多用于机器人的手腕驱动。

日本 Harmonic Drive System（哈默纳科）是全球最早研发生产谐波减速器的企业，同时也是目前全球最大、最著名的谐波减速器生产企业，其产量占全世界总量的 15%左右，世界著名的工业机器人几乎都使用 Harmonic Drive System 生产的谐波减速器。本书第 4 章将对其产品的结构原理以及性能特点、安装维护要求进行全面介绍。

② RV 减速器。RV 减速器（Rotary Vector speed reducer）是由行星齿轮减速和摆线针轮减速组合而成的减速装置，减速器的结构刚性好、输出转矩大，但其内部结构比谐波减速器复杂、制造成本高、传动精度略低于谐波减速器，故多用于机器人的机身驱动。

日本 Nabtesco Corporation（纳博特斯克公司）既是 RV 减速器的发明者，又是目前全球最大、技术最领先的 RV 减速器生产企业，其产品占据了全球 60%以上的工业机器人 RV 减速器市场，以及日本 80%以上的数控机床自动换刀（ATC）装置的 RV 减速器市场，世界著名的工业机器人几乎都使用 Nabtesco Corporation 的 RV 减速器。本书第 5 章将对其结构原理及性能特点、安装维护要求进行全面介绍。

2. CRB 轴承

CRB 轴承是交叉滚子轴承英文 Cross Roller Bearing 的简称，这是一种滚珠呈 90° 交叉排列、内圈或外圈分割的特殊结构轴承，它与一般轴承相比，具有体积小、精度高、刚性好、可同时承受径向和双向轴向载荷等优点，而且安装简单、调整方便，因此，特别适合于工业机器人、谐波减速器、数控机床回转工作台等设备或部件，它是工业机器人使用最广泛的基础传动部件。

图 3-24 为 CRB 轴承与传统的球轴承（深沟、角接触）、滚子轴承（圆柱、圆锥）的结构原理比较图。

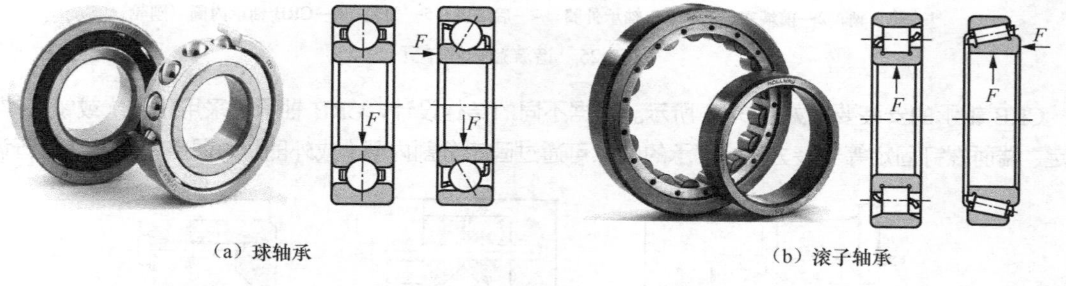

（a）球轴承　　（b）滚子轴承

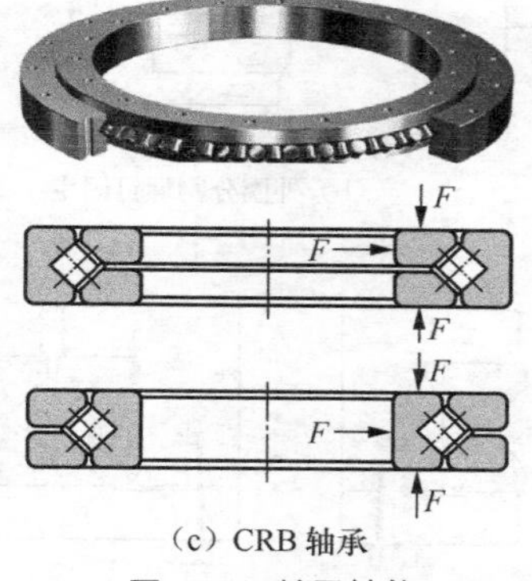

（c）CRB 轴承

图 3-24　轴承结构原理

由轴承的结构原理可见，深沟球轴承、圆柱滚子轴承等向心轴承一般只能承受径向载荷。角接触球轴承、圆锥滚子轴承等推力轴承，可承受径向载荷和单方向的轴向载荷，因此，在需要承受双向轴向载荷的场合，通常要由多个轴承进行配对、组合后使用。

CRB 轴承的滚子为间隔交叉地成直角方式排列，因此，即使使用单个轴承，也能同时承受径向和双向轴向载荷。此外，CRB 轴承的滚子与滚道表面为线接触，在承载后的弹性变形很小，故其刚性和承载能力也比传统的球轴承、滚子轴承更高；其内外圈尺寸可以被最大限度地小型化，并接近极限尺寸。再者，由于 CRB 轴承内圈或外圈采用分割构造，滚柱和保持器通过轴环固定，轴承不仅安装简单，且间隙调整和预载都非常方便。

总之，CRB 轴承不仅具有体积小、结构刚性好、安装简单、调整方便等诸多优点，而且在单元型结构的谐波减速器上，其内圈内侧还可直接加工成减速器的刚轮齿，组成图 3-25 所示的谐波减速器单元，以最大限度地减小减速器体积。

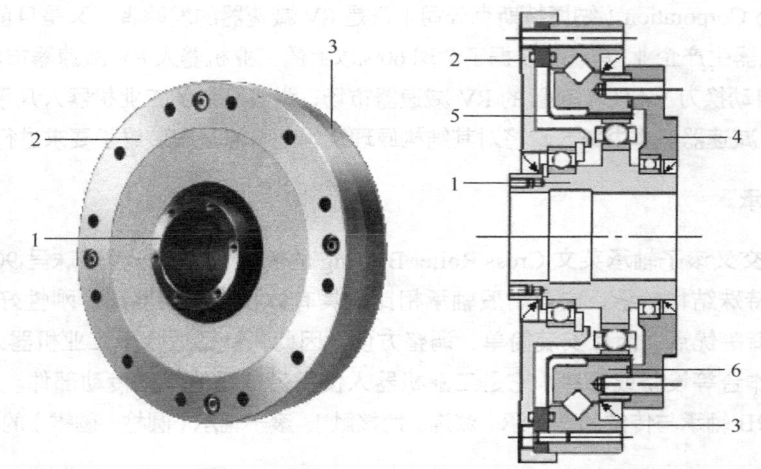

1—输入轴；2—前端盖；3—CRB 轴承外圈；4—后端盖；5—柔轮；6—CRB 轴承内圈（刚轮）

图 3-25　谐波减速器单元

CRB 轴承的安装要求如图 3-26 所示。根据不同的结构设计，CRB 轴承可采用压圈（或锁紧螺母）固定、端面螺钉固定等安装方式，轴承的间隙可通过固定分割内圈（或外圈）的调整垫或压圈进行调整。

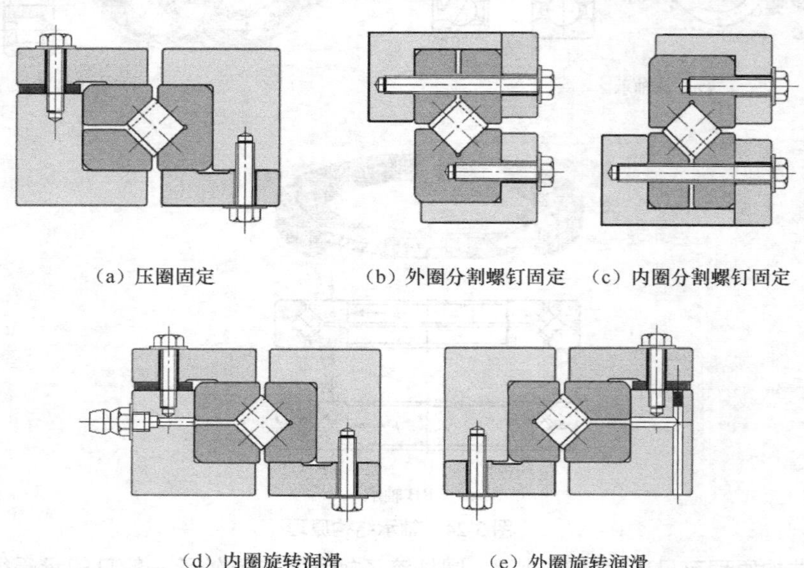

（a）压圈固定　（b）外圈分割螺钉固定　（c）内圈分割螺钉固定

（d）内圈旋转润滑　（e）外圈旋转润滑

图 3-26　CRB 轴承的安装要求

CRB 轴承可采用油润滑或脂润滑。脂润滑不需要供油管路和润滑系统，无漏油问题，一次加注可使用 1000 小时以上，加上工业机器人的结构简单，运动速度与定位精度的要求并不高，因此，为了简化结构、降低成本，多使用脂润滑。结构设计时，可针对 CRB 轴承的不同结构和安装形式，在分割外圈（或内圈）的固定件上，加工图 3-26（d）、（e）所示的润滑脂充填孔。

表 3-1 是常用的进口和国产轴承的精度等级比较表。在轴承精度等级中，ISO0492 的 0 级（旧国标 G 级）为最低，然后，从 6 到 2 精度依次增高，2 级（旧国标 B 级）为最高。

表 3-1　轴承精度等级对照

国别	标准号	精度等级对照				
国际	ISO0492	0	6	5	4	2
德国	DIN 620/2	P0	P6	P5	P4	P2
日本	JISB1514	JIS0	JIS6	JIS5	JIS4	JIS2
美国	ANSI B3.14	ABEC1	ABEC3	ABEC5	ABEC7	ABEC9
中国	GB307	0（G）	6（E）	5（D）	4（C）	2（B）

3.3 典型结构剖析

3.3.1 机身结构剖析

6 轴垂直串联是工业机器人使用最广、最典型的结构形式，典型机器人的机身典型结构剖析如下。

1. 基座及腰

基座用于机器人的安装、固定，也是机器人的线缆、管路的输入部位。垂直串联机器人基座的典型结构如图 3-27 所示。

基座的底部为机器人安装固定板，内侧上方的凸台用来固定腰回转 S（j1）轴的 RV 减速器壳体（针轮），减速器输出轴连接腰体。基座后侧为机器人线缆、管路连接用的管线盒，管线盒正面布置有电线电缆插座、气管油管接头。

腰回转轴 S 的 RV 减速器一般采用针轮（壳体）固定、输出轴回转的安装方式，由于驱动电机安装在输出轴上，电机将随同腰体回转。

腰是机器人的关键部件，其结构刚性、回转范围、定位精度等都直接决定了机器人的技术性能。

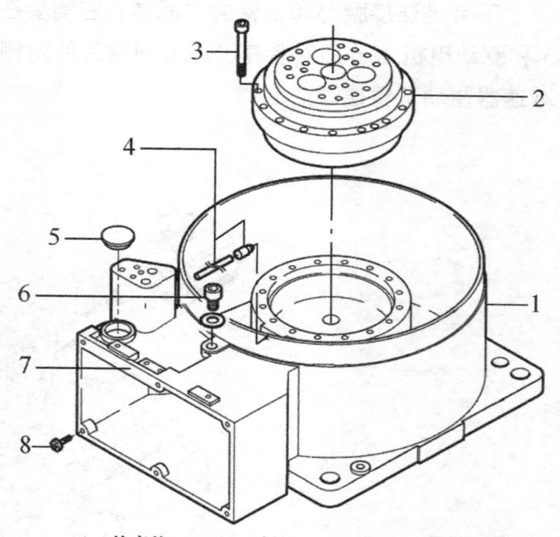

1—基座体；2—RV 减速器；3、6、8—螺钉；4—润滑管；5—盖；7—管线盒

图 3-27　基座结构

机器人腰部的典型结构如图 3-28 所示。腰回转驱动电机 1 的输出轴与 RV 减速器的芯轴 2（输入）连接。电机座 4 和腰体 6 安装在 RV 减速器的输出轴上，当电机旋转时，减速器输出轴将带动腰体、电机在基座上回转。腰体 6 的上部有一个突耳 5，其左右两侧用来安装下臂及其驱动电机。

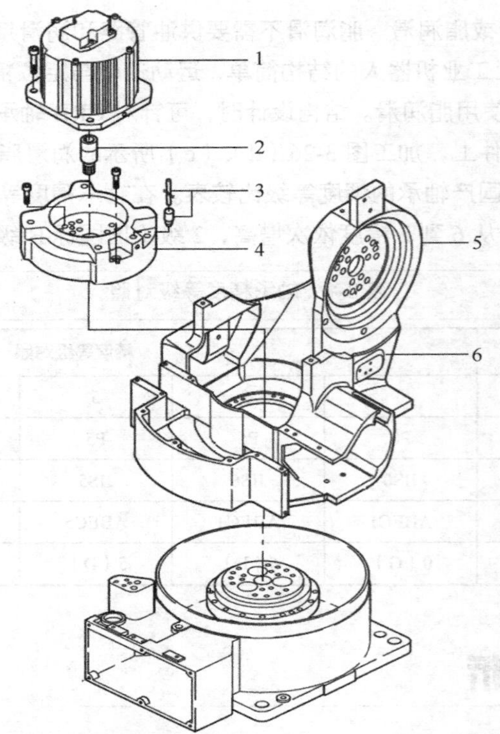

1—驱动电机；2—减速器芯轴；3—润滑管；4—电机座；5—突耳；6—腰体

图 3-28　机器人腰部的典型结构

2．上/下臂

下臂是连接腰部和上臂的中间体，它需要在腰上摆动，下臂的典型结构如图 3-29 所示。下臂体 5 和驱动电机 1 分别安装在腰体上部突耳的两侧，RV 减速器安装在腰体上，伺服电机 1 可通过 RV 减速器驱动下臂摆动。

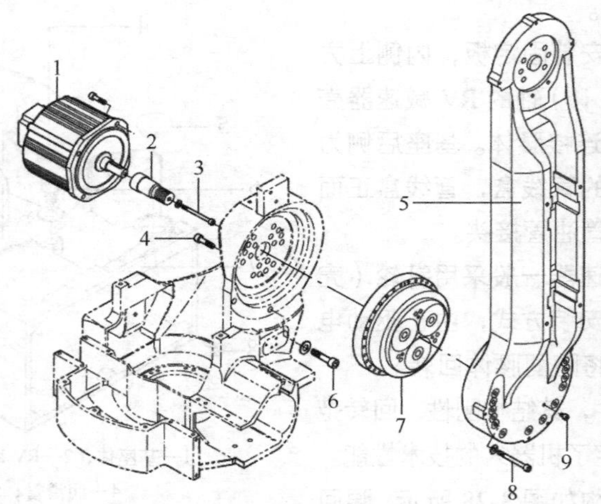

1—驱动电机；2—减速器芯轴；3、4、6、8、9—螺钉；5—下臂体；7—RV 减速器

图 3-29　下臂的典型结构

下臂摆动的 RV 减速器通常采用输出轴固定、针轮（壳体）回转的安装方式。驱动电机 1 安装

在腰体突耳的左侧，电机轴与 RV 减速器 7 的芯轴 2 连接。RV 减速器输出轴通过螺钉 4 固定在腰体上，针轮（壳体）通过螺钉 8 连接下臂体 5。电机旋转时，针轮将带动下臂在腰体上摆动。

上臂连接下臂和手腕的中间体，它可连同手腕摆动，上臂的典型结构如图 3-30 所示。上臂 6 的后上方设计成箱体，内腔用来安装手腕回转轴 R 的驱动电机及减速器。上臂回转轴 U 的驱动电机 1 安装在臂左下方，电机轴与 RV 减速器 7 的芯轴 3 连接。RV 减速器 7 安装在上臂右下侧，减速器针轮（壳体）利用连接螺钉 5（或 8）连接上臂，输出轴通过螺钉 10 连接下臂 9。电机旋转时，上臂将连同驱动电机绕下臂摆动。

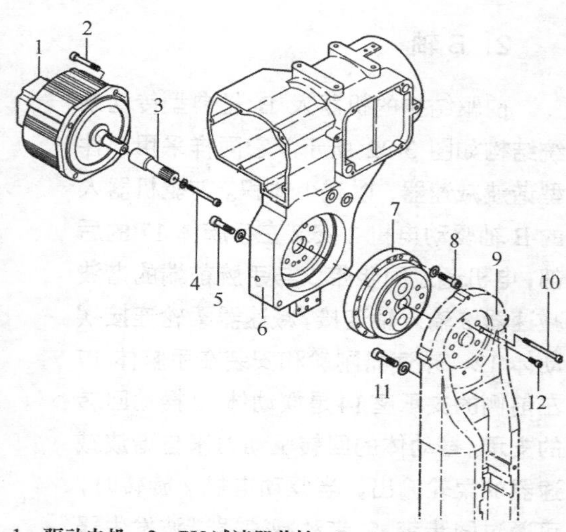

1—驱动电机；3—RV 减速器芯轴；2、4、5、8、10、11、12—螺钉；6—上臂；7—减速器；9—下臂

图 3-30 上臂的典型结构

3.3.2 手腕结构剖析

1. R 轴

垂直串联机器人的手腕回转轴 R 一般采用结构紧凑的部件型谐波减速器。R 轴驱动电机、减速器、过渡轴等传动部件均安装在上臂的内腔，手腕回转体安装在上臂的前端。减速器输出和手腕回转体之间，通过过渡轴连接。手腕回转体可起到延长上臂的作用，故 R 轴有时可视为上臂回转轴。

前驱结构的机器人 R 轴典型传动系统如图 3-31 所示。

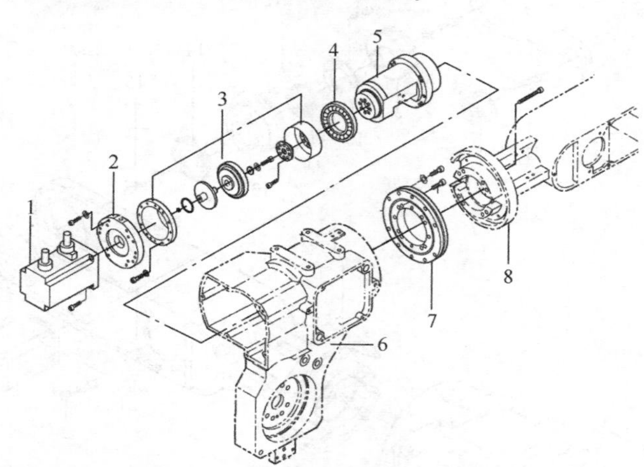

1—电机；2—电机座；3—减速器；4—轴承；5—过渡轴；6—上臂；7—CRB 轴承；8—手腕回转体

图 3-31 R 轴传动系统结构

R 轴谐波减速器 3 的刚轮和电机座 2 固定在上臂内壁，R 轴驱动电机 1 的输出轴和减速器的谐波发生器连接，谐波减速器的柔轮输出和过渡轴 5 连接。过渡轴 5 是连接谐波减速器和手腕回转体 8 的中间轴，它安装在上臂内部，可在上臂内回转。过渡轴的前端面安装有可同时承受径向和轴向载荷的交叉滚子轴承（CRB）7，后端面与谐波减速器柔轮连接。过渡轴的后支承为径向轴承 4，轴承外圈安装于上臂内侧，内圈与过渡轴 5、手腕回转体 8 连接，它们可在减速器输出的驱动下回转。

2．B轴

前驱结构的机器人 B 轴典型传动系统结构如图 3-32 所示。它同样采用部件型谐波减速器，以减小体积。前驱机器人的 B 轴驱动电机 2 安装在手腕体 17 的后部，电机通过同步带 5 与手腕前端的谐波减速器 8 输入轴连接，减速器柔轮连接摆动体 12，减速器刚轮和安装在手腕体 17 左前侧的支承座 14 是摆动体 12 摆动回转的支承。摆动体的回转驱动力来自谐波减速器的柔轮输出，当驱动电机 2 旋转时，可通过同步带 5 带动减速器谐波发生器旋转，柔轮输出将带动摆动体 12 摆动。

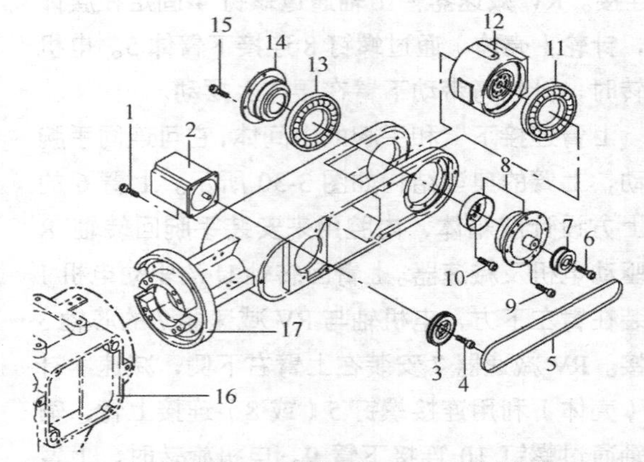

1、4、6、9、10、15—螺钉；2—驱动电机；3、7—同步带轮；5—同步带；8—谐波减速器；11、13—轴承；12—摆动体；14—支承座；16—上臂；17—手腕体

图 3-32 B 轴典型传动系统结构

3．T轴

采用前驱结构的机器人 T 轴机械传动系统由中间传动部件和回转减速部件组成，其传统系统典型结构分别如下。

① T 轴中间传动部件。T 轴中间传动部件典型结构如图 3-33 所示。

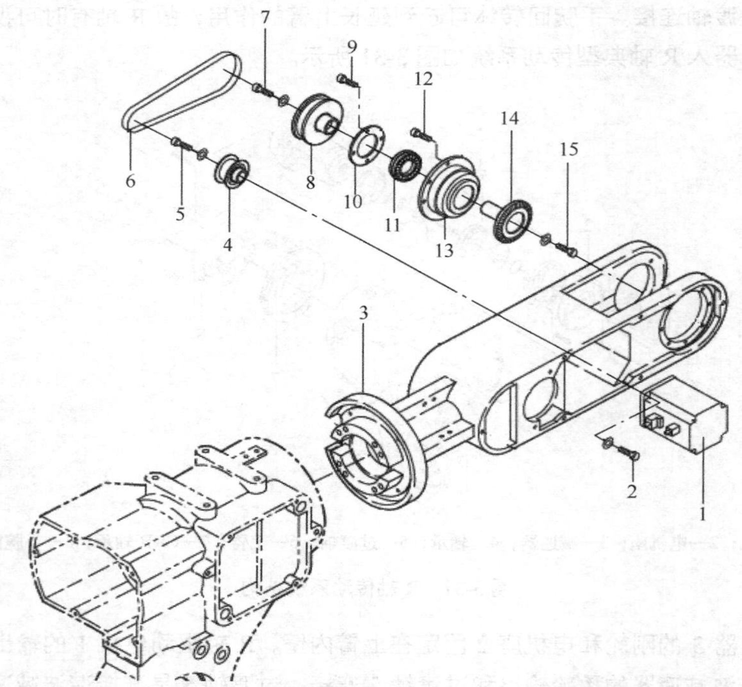

1—驱动电机；2、5、7、9、12、15—螺钉；3—手腕体；4、8—同步带轮；6—同步带；10—端盖；11—轴承；13—支承座；14—伞齿轮

图 3-33 T 轴中间传动系统结构

T 轴驱动电机 1 安装在手腕体 3 的中部，电机通过同步带将动力传递至手腕回转体左前侧。安装在手腕体左前侧的支承座 13 为中空结构，其外圈作为腕弯曲摆动轴 B 的辅助支承，内部安装有手回转轴 T 的中间传动轴。中间传动轴外侧安装有与电机连接的同步带轮 8，内侧安装有 45° 伞齿轮 14。伞齿轮 14 和摆动体上的 45° 伞齿轮啮合，实现传动方向变换、将动力传递到手腕摆动体。

② T 轴回转减速部件。机器人手 T 轴回转的机械传动系统典型结构如图 3-34 所示。

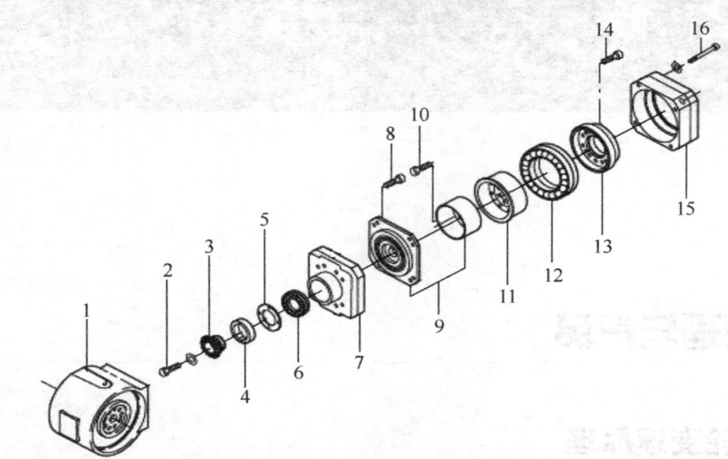

1—摆动体；2、8、10、14、16—螺钉；3—伞齿轮；4—锁紧螺母；5—垫；6、12—轴承；7—壳体；9—谐波减速器；11—轴套；13—安装法兰；15—密封端盖

图 3-34　T 轴回转减速传动系统结构

T 轴同样采用部件型谐波减速器，主要传动部件安装在壳体 7、密封端盖 15 组成的封闭空间内，壳体 7 安装在摆动体 1 上。T 轴谐波减速器 9 的谐波发生器通过伞齿轮 3 与中间传动轴上的伞齿轮啮合，柔轮通过轴套 11，连接 CRB 轴承 12 内圈及工具安装法兰 13，刚轮、CRB 轴承外圈固定在壳体 7 上。谐波减速器、轴套、CRB 轴承、工具安装法兰的外部通过密封端盖 15 封闭，并和摆动体 1 连为一体。

第 4 章 谐波减速器及维护

4.1 变速原理与产品

4.1.1 谐波齿轮变速原理

1．基本结构

谐波减速器是谐波齿轮传动装置（Harmonic gear drive）的俗称。谐波齿轮传动装置实际上既可用于减速、也可用于升速，但由于其传动比很大（通常为 30～320），因此，在工业机器人、数控机床等机电产品上应用时，多用于减速，故习惯上称谐波减速器。

谐波齿轮传动装置是美国发明家 C.W.Musser（马瑟，1909—1998），在 1955 年发明的一种特殊齿轮传动装置，最初称变形波发生器（Strain wave gearing）。1960 年，美国 United Shoe Machinery 公司（USM）率先研制出样机。1964 年，日本的株式会社长谷川齿车（Hasegawa Gear Works, Ltd.）和 USM 合作成立了 Harmonic Drive（哈默纳科，现名 Harmonic Drive System Co.Ltd）公司，开始对其进行产业化研究和生产，并将产品定名为谐波齿轮传动装置（Harmonic gear drive）。因此，Harmonic Drive System（哈默纳科）既是全球最早研发生产谐波减速器的企业，也是目前全球最大、最著名的谐波减速器生产企业，世界著名的工业机器人几乎都使用 Harmonic Drive System 谐波减速器。

谐波减速器的基本结构如图 4-1 所示。减速器主要由刚轮（Circular Spline）、柔轮（Flex Spline）、谐波发生器（Wave Generator）3 个基本部件构成。刚轮、柔轮、谐波发生器可任意固定其中 1 个，其余 2 个部件一个连接输入（主动），另一个即可作为输出（从动），以实现减速或增速。

1—谐波发生器；2—柔轮；3—刚轮

图 4-1　谐波减速器的基本结构

① 刚轮。刚轮（Circular Spline）是一个加工有连接孔的刚性内齿圈，其齿数比柔轮略多（一般多 2 或 4 齿）。刚轮通常用于减速器安

装和固定，在超薄型或微型减速器上，刚轮一般与交叉滚子轴承（Cross Roller Bearing，CRB）设计成一体，构成减速器单元。

② 柔轮。柔轮（Flex Spline）是一个可产生较大变形的薄壁金属弹性体，弹性体与刚轮啮合的部位为薄壁外齿圈，它通常用来连接输出轴。柔轮有水杯、礼帽、薄饼等形状。

③ 谐波发生器。谐波发生器（Wave Generator）又称波发生器，其内侧是一个椭圆形的凸轮，凸轮外圆套有一个能弹性变形的柔性滚动轴承（Flexible rolling bearing），轴承外圈与柔轮外齿圈的内侧接触。凸轮装入轴承内圈后，轴承、柔轮均将变成椭圆形，并使椭圆长轴附近的柔轮齿与刚轮齿完全啮合，短轴附近的柔轮齿与刚轮齿完全脱开。凸轮通常与输入轴连接，它旋转时可使柔轮齿与刚轮齿的啮合位置不断改变。

2．变速原理

谐波减速器的变速原理如图 4-2 所示。

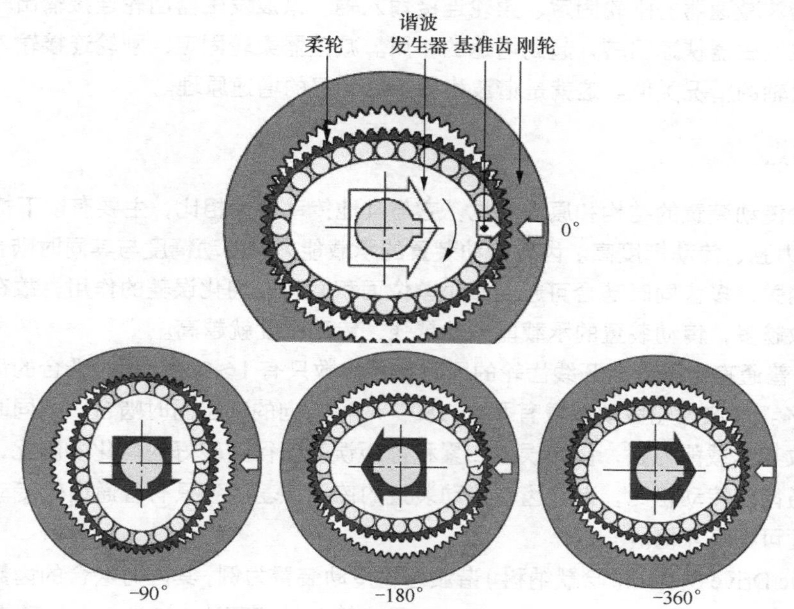

图 4-2　谐波减速器的变速原理

假设减速器的刚轮固定、谐波发生器凸轮连接输入轴、柔轮连接输出轴；图 4-2 所示的、谐波发生器椭圆凸轮长轴位于 0° 的位置为起始位置。当谐波发生器顺时针旋转时，由于柔轮的齿形和刚轮相同、但齿数少于刚轮（如 2 齿），因此，当椭圆长轴到达刚轮−90° 位置时，柔轮所转过的齿数必须与刚轮相同，故转过的角度将大于 90° 。例如，对于齿差为 2 的减速器，柔轮转过的角度将为“90° +0.5 齿”，即柔轮基准齿逆时针偏离刚轮 0° 位置 0.5 个齿。

进而，当谐波发生器椭圆长轴到达刚轮-180° 位置时，柔轮转过的角度将为“90° +1 齿”，即柔轮基准齿将逆时针偏离刚轮 0° 位置 1 个齿。如椭圆长轴绕刚轮回转一周，柔轮转过的角度将为“90° +2 齿”，柔轮的基准齿将逆时针偏离刚轮 0° 位置一个齿差（2 个齿）。

因此，当刚轮固定、谐波发生器凸轮连接输入轴、柔轮连接输出轴时，输入轴顺时针旋转 1 转（−360° ），输出轴将相对于固定的刚轮逆时针转过一个齿差（2 个齿）。假设柔轮齿数为 Z_f、刚轮齿数为 Z_c；输出/输入的转速比为：

$$i_1 = \frac{Z_c - Z_f}{Z_f}$$

对应的传动比（输入/输出转速比，即减速比）为 $Z_f/(Z_c-Z_f)$。

同样，如谐波减速器柔轮固定、刚轮旋转，当输入轴顺时针旋转 1 转（–360°）时，将使刚轮的基准齿顺时针偏离柔轮一个齿差，其偏移的角度为：

$$\theta = \frac{Z_c - Z_f}{Z_c} \times 360^\circ$$

其输出/输入的转速比为：

$$i_2 = \frac{Z_c - Z_f}{Z_c}$$

对应的传动比（输入/输出转速比，即减速比）为 $Z_c/(Z_c-Z_f)$。

这就是谐波齿轮传动装置的减速原理。

反之，如谐波减速器的刚轮固定、柔轮连接输入轴、谐波发生器凸轮连接输出轴，则柔轮旋转时，将迫使谐波发生器快速回转，起到增速的作用。减速器柔轮固定、刚轮连接输入轴、谐波发生器凸轮连接输出轴的情况类似。这就是谐波齿轮传动装置的增速原理。

3．技术特点

由谐波齿轮传动装置的结构和原理可见，它与其他传动装置相比，主要有以下特点。

① 承载能力强、传动精度高。齿轮传动装置的承载能力、传动精度与其同时啮合的齿数（称重叠系数）密切相关，多齿同时啮合可起到减小单位面积载荷、均化误差的作用，故在同等条件下，同时啮合的齿数越多，传动装置的承载能力就越强、传动精度就越高。

一般而言，普通直齿圆柱渐开线齿轮的同时啮合齿数只有 1～2 对、同时啮合的齿数通常只占总齿数的 2%～7%。谐波齿轮传动装置有两个 180° 对称方向的部位同时啮合，其同时啮合齿数远多于齿轮传动，故其承载能力强，齿距误差和累积齿距误差可得到较好的均化。因此，它与部件制造精度相同的普通齿轮传动相比，谐波齿轮传动装置的传动误差大致只有普通齿轮传动装置的 1/4 左右，即传动精度可提高 4 倍。

以 Harmonic Drive System（哈默纳科）谐波齿轮传动装置为例，其同时啮合的齿数最大可达 30%以上，最大转矩（Peak Torque）可达 4470N·m，最高输入转速可达 14000r/min，角传动精度（Angle transmission accuracy）可达 1.5×10^{-4}rad，滞后误差（Hysteresis loss）可达 2.9×10^{-4}rad。这些指标基本上代表了当今世界谐波减速器的最高水准。

需要说明的是：虽然，谐波减速器的传动精度比其他减速器要高很多，但目前它还只能达到弧分级（arc min，$1'\approx2.9\times10^{-4}$rad），它与数控机床回转轴所要求的弧秒级（arc sec，$1''\approx4.85\times10^{-6}$rad）定位精度比较，仍存在很大差距，这也是目前工业机器人的定位精度普遍低于数控机床的主要原因之一。因此，谐波减速器一般不能直接用于数控机床的回转轴驱动和定位。

② 传动比大、传动效率较高。在传统的单级传动装置上，普通齿轮传动的推荐传动比一般为 8～10、传动效率为 0.9～0.98；行星齿轮传动的推荐传动比 2.8～12.5、齿差为 1 的行星齿轮传动效率为 0.85～0.9；蜗轮蜗杆传动装置的推荐传动比为 8～80、传动效率为 0.4～0.95；摆线针轮传动的推荐传动比 11～87、传动效率为 0.9～0.95。而谐波齿轮传动的推荐传动比为 50～160、可选择 30～320；正常传动效率为 0.65～0.96（与减速比、负载、温度等有关），高于传动比相似的蜗轮蜗杆减速。

③ 结构简单，体积小，重量轻、使用寿命长。谐波齿轮传动装置只有 3 个基本部件，它与达到

同样传动比的普通齿轮减速箱比较，其零件数可减少 50%左右，体积、重量大约只有 1/3。此外，在传动过程中，由于谐波齿轮传动装置的柔轮齿进行的是均匀径向移动，齿间的相对滑移速度一般只有普通渐开线齿轮传动的百分之一；加上同时啮合的齿数多、轮齿单位面积的载荷小、运动无冲击，因此，齿的磨损较小，传动装置使用寿命可长达 7000～10000 小时。

④ 传动平稳，无冲击、噪声小。谐波齿轮传动装置可通过特殊的齿形设计，使得柔轮和刚轮的啮合、退出过程实现连续渐进、渐出，啮合时的齿面滑移速度小，且无突变，因此，其传动平稳，啮合无冲击，运行噪声小。

⑤ 安装调整方便。谐波齿轮传动装置只有刚轮、柔轮、谐波发生器 3 个基本构件，三者为同轴安装，刚轮、柔轮、谐波发生器可按部件提供（称部件型谐波减速器），由用户根据自己的需要，自由选择变速方式和安装方式，并直接在整机装配现场组装，其安装十分灵活、方便。此外，谐波齿轮传动装置的柔轮和刚轮啮合间隙，可通过微量改变谐波发生器的外径调整，甚至可以做到无侧隙啮合，因此，其传动间隙通常非常小。

但是，谐波齿轮传动装置需要使用高强度、高弹性的特种材料制作，特别是柔轮、谐波发生器的轴承，它们不但需要在承受较大交变载荷的情况下不断变形，而且，为了减小磨损，材料还必须要有很高的硬度，因而，它对材料的材质、抗疲劳强度及加工精度、热处理的要求均很高，制造工艺较为复杂。截至目前，除了 Harmonic Drive System 外，全球能够真正产业化生产谐波减速器的厂家还不多。

4．变速比

谐波减速器的输出/输入速比与减速器的安装方式有关，如用正、负号代表转向，并定义谐波传动装置的基本减速比 R 为：

$$R=\frac{Z_f}{Z_c-Z_f}$$

式中　R——谐波减速器基本减速比；

Z_f——减速器柔轮齿数；

Z_c——减速器刚轮齿数。

这样，通过不同形式的安装，谐波齿轮传动装置将有表 4-1 所示的 6 种不同用途和不同输出/输入速比。速比为负值时，代表输出轴转向和输入轴相反。

表 4-1　谐波齿轮传动装置的安装形式与速比

序号	安装形式	安装示意图	用途	输出/输入速比
1	刚轮固定，谐波发生器输入、柔轮输出	固定 输出 输入	减速，输入、输出轴转向相反	$-\frac{1}{R}$
2	柔轮固定，谐波发生器输入、刚轮输出	输出 固定 输入	减速，输入、输出轴转向相同	$\frac{1}{R+1}$

续表

序号	安装形式	安装示意图	用途	输出/输入速比
3	谐波发生器固定，柔轮输入、刚轮输出	输出 输入 固定	减速，输入、输出轴转向相同	$\frac{R}{R+1}$
4	谐波发生器固定，刚轮输入、柔轮输出	输入 输出 固定	增速，输入、输出轴转向相同	$\frac{R+1}{R}$
5	刚轮固定，柔轮输入、谐波发生器输出	固定 输入 输出	增速，输入、输出轴转向相反	$-R$
6	柔轮固定，刚轮输入、谐波发生器输出	输入 固定 输出	增速，输入、输出轴转向相同	$R+1$

4.1.2 产品与结构

1. 结构类型与输入连接

① 结构类型。Harmonic Drive System（哈默纳科）谐波减速器的结构类型分为部件型（Component type）、单元型（Unit type）、简易单元型（Simple unit type）、齿轮箱型（Gear head type）、微型（Mini type 及 Supermini type）5 大类，柔轮形状分为水杯形（Cup type）、礼帽形（Silk hat type）和薄饼形（Pancake type）3 大类，减速器轴向长度分为标准型（Standard）和超薄型（Super Fllat）2 类，用户可以根据自己的需要选用。其中，部件型、单元型、简易单元型是工业机器人最为常用的谐波减速器产品（见下述）。

我国现行的 GB/T 30819-2014 标准，目前只规定了部件（Component）、整机（Unit）2 种结构；柔轮形状上也只规定了杯形（Cup）和中空礼帽形（Hollow）2 种，轴向长度分为标准型（Standard）和短筒型（Dwarf）2 类。国标中所谓的“整机”结构，实际就是哈默纳科的单元型减速器，所谓“短筒型”就是哈默纳科的超薄型。

② 输入连接。谐波减速器用于大比例减速时，谐波发生器凸轮需要连接输入轴，两者的连接形式有刚性连接和柔性连接 2 类。

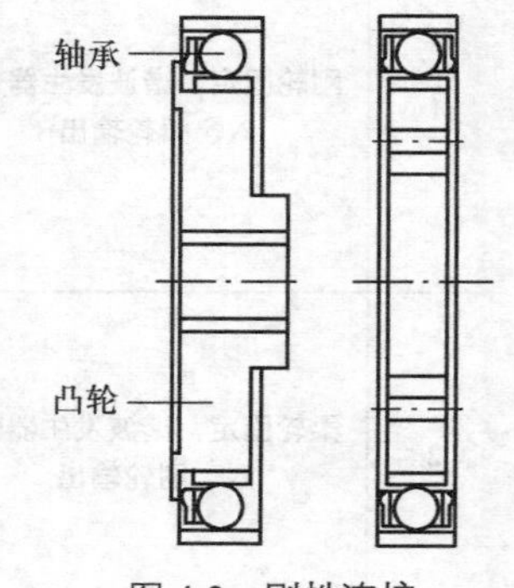

图 4-3 刚性连接

刚性连接的谐波发生器凸轮和输入轴，直接采用图 4-3 所示的轴孔、平键或法兰、螺钉等方式连接。刚性连接的减速器输入传动部件结构简单、外形紧凑，并且可以做到无间隙传动，但是，它对输入轴和减速器的同轴度要求较高，故多用于薄饼型、超薄型、中空型谐波减速器。

柔性连接的谐波减速器，其谐波发生器凸轮和输入轴间采用图 4-4 所示的奥尔德姆联轴器(Oldman's Coupling，俗称十字滑块联轴节）连接。联轴器滑块可十字滑动，自动调整输入轴与输出轴的偏心，降低输入轴和输出轴的同轴度要求。但是，由于滑块存在间隙，减速器不能做到无间隙传动。

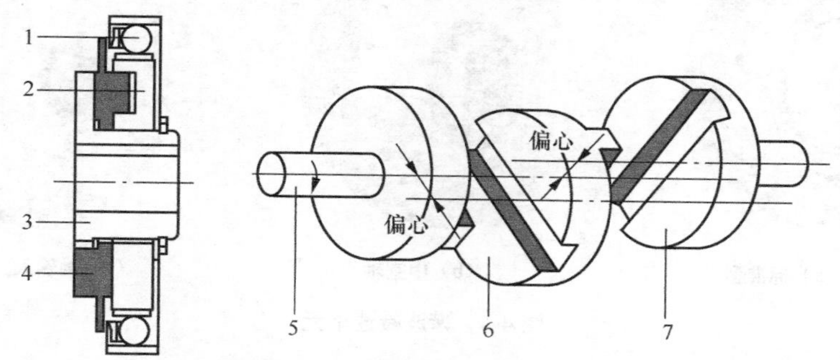

1—轴承；2、7—输出轴（凸轮）；3、5—输入轴（轴套）；4、7—滑块

图 4-4　柔性连接与联轴器原理

2. 部件型减速器

部件型（Component type）谐波减速器只提供刚轮、柔轮、谐波发生器 3 个基本部件，用户可根据自己的要求，自由选择变速方式和安装方式。哈默纳科部件型减速器规格齐全、产品的使用灵活、安装方便、价格低，是目前工业机器人广泛使用的产品。

根据柔轮形状，部件型谐波减速器又分为图 4-5 所示的水杯形(Cup type)、礼帽形(Silk hat type)、薄饼形（Pancake）3 大类，并有通用、高转矩、超薄等不同系列。

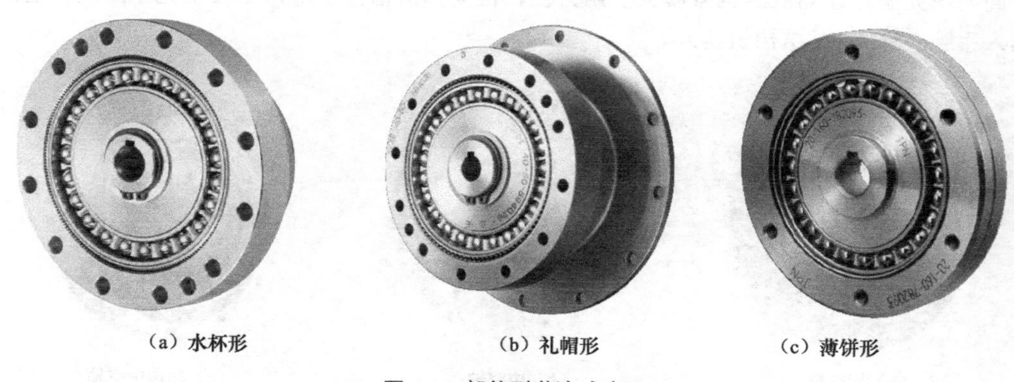

（a）水杯形　　（b）礼帽形　　（c）薄饼形

图 4-5　部件型谐波减速器

部件型谐波减速器采用的是刚轮、柔轮、谐波发生器分离型结构，无论是工业机器人生产厂家的产品制造，还是机器人使用厂家维修，都需要进行谐波减速器和传动零件的分离和安装，其装配调试的要求较高。

3. 单元型减速器

单元型（Unit type）谐波减速器又称谐波减速单元，它带有外壳和 CRB 输出轴承，其刚轮、柔轮、谐波发生器、壳体、CRB 轴承被整体设计成统一的单元，带有输入/输出连接法兰或连接轴，输出采用高刚性、精密 CRB 轴承支承，可直接驱动负载。

哈默纳科单元型谐波减速器有图 4-6 所示的标准型、中空轴、轴输入 3 种基本结构形式，其柔轮形状有水杯形和礼帽形 2 类，并有轻量、密封等系列。

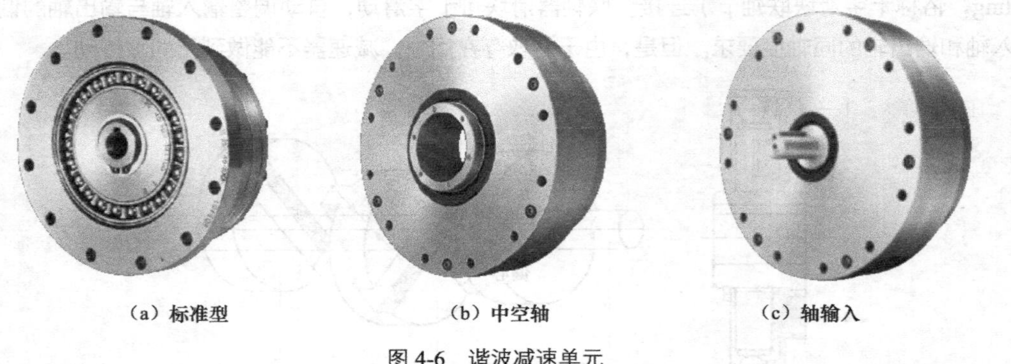
（a）标准型　（b）中空轴　（c）轴输入

图 4-6　谐波减速单元

谐波减速单元虽然价格高于部件型，但是，由于减速器的安装在生产厂家已完成，产品的使用简单、安装方便、传动精度高、使用寿命长，无论工业机器人生产厂家的产品制造或机器人使用厂家的维修更换，都无须分离谐波减速器和传动部件，因此，它同样是目前工业机器人常用的产品之一。

4．简易单元型减速器

简易单元型（Simple unit type）谐波减速器是单元型谐波减速器的简化结构，它将谐波减速器的刚轮、柔轮、谐波发生器 3 个基本部件和 CRB 轴承整体设计成统一的单元，但无壳体和输入/输出连接法兰或轴。

哈默纳科简易谐波减速单元的基本结构有图 4-7 所示的标准型、中空轴 2 类，柔轮形状均为礼帽形。简易单元型减速器的结构紧凑、使用方便，性能和价格介于部件型和单元型之间，它经常用于机器人手腕、SCARA 结构机器人。

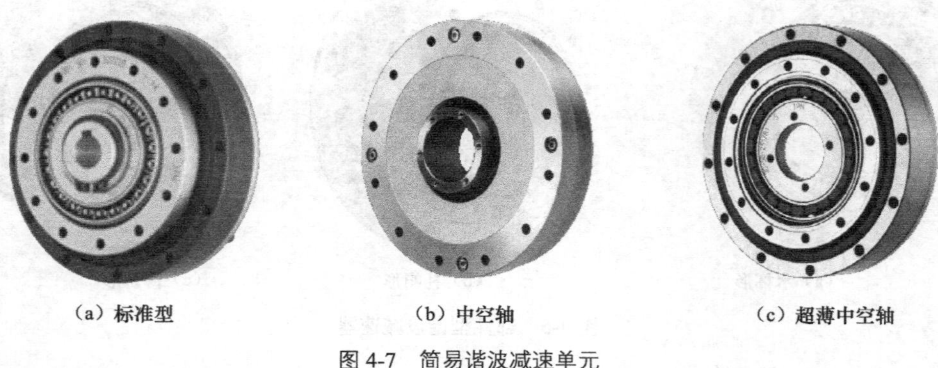
（a）标准型　（b）中空轴　（c）超薄中空轴

图 4-7　简易谐波减速单元

5．齿轮箱型减速器

齿轮箱型（Gear head type）谐波减速器又称谐波减速箱，它可以像齿轮减速箱一样，直接安装驱动电机，以实现减速器和驱动电机的结构整体化。

哈默纳科谐波减速箱的基本结构有图 4-8 所示的连接法兰输出和连接轴输出 2 类，其谐波减速器的柔轮形状均为水杯形，并有通用系列、高转矩系列产品。齿轮箱型减速器特别适合于电机的轴向安装尺寸不受限制的 Delta 结构机器人。

（a）法兰输出

（b）轴输出

图 4-8　谐波减速箱

6．微型和超微型

微型（mini）和超微型（supermini）谐波减速器是专门用于小型、轻量工业机器人的特殊产品，它实际上就是微型化的单元型、齿轮箱型谐波减速器，常用于 3C 行业电子产品、食品、药品等小规格搬运、装配、包装工业机器人。

哈默纳科微型减速器有图 4-9 所示的单元型（微型谐波减速单元）、齿轮箱型（微型谐波减速箱）2 种基本结构，微型谐波减速箱也有连接法兰输出和连接轴输出 2 类。超微型减速器实际上只是对微型系列产品的补充，其结构、安装使用要求均和微型相同。

（a）减速单元

（b）法兰输出减速箱

（c）轴输出减速箱

图 4-9　微型谐波减速器

4.2　主要技术参数与选择

4.2.1　主要技术参数

1．规格代号

谐波减速器规格代号以柔轮节圆直径（单位：0.1in）表示，常用规格代号与柔轮节圆直径的对照如表 4-2 所示。

表 4-2　规格代号与柔轮节圆直径对照

规格代号	8	11	14	17	20	25	32	40	45	50	58	65
节圆直径（mm）	20.32	27.94	35.56	43.18	50.80	63.5	81.28	101.6	114.3	127	147.32	165.1

2．输出转矩

谐波减速器的输出转矩主要有额定输出转矩、启制动峰值转矩、瞬间最大转矩等，额定输出转矩、启制动峰值转矩、瞬间最大转矩的含义如图 4-10 所示。

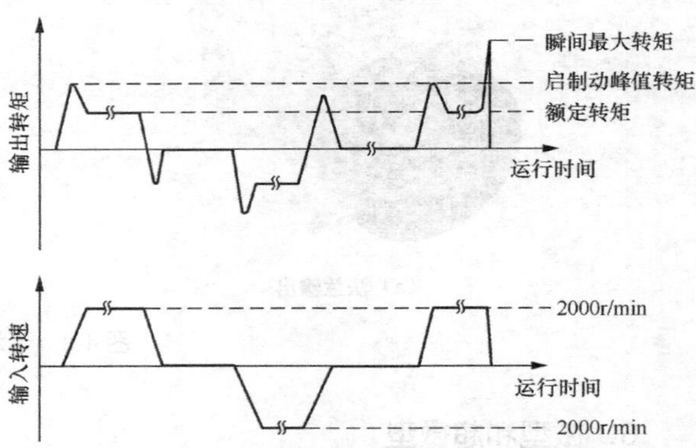

图 4-10　输出转矩、启制动峰值转矩与瞬间最大转矩

额定转矩（Rated Torque）：谐波减速器在输入转速为 2000r/min 情况下连续工作时，减速器输出侧允许的最大负载转矩。

起制动峰值转矩（Peak Torque for start and stop）：谐波减速器在正常启制动时，短时间允许的最大负载转矩。

瞬间最大转矩（Maximum Momentary Torque）：谐波减速器工作出现异常时（如机器人冲击、碰撞），为保证减速器不损坏，瞬间允许的负载转矩极限值。

最大平均转矩和最高平均转速：最大平均转矩（Permlssible max.value of average load torque）和最高平均转速（Permlssible average input rotational speed）是谐波减速器连续工作时所允许的最大等效负载转矩和最高等效输入转速的理论计算值。

谐波减速器实际工作时的等效负载转矩、等效输入转速，可根据减速器的实际运行状态计算得到，对于图 4-11 所示的减速器运行，其计算式如下。

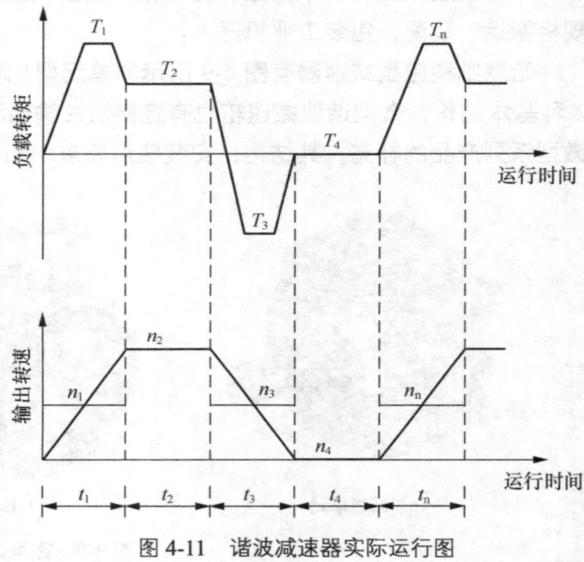

图 4-11　谐波减速器实际运行图

$$T_{av}=\sqrt[3]{\frac{n_1\cdot t_1\cdot|T_1|^3+n_2\cdot t_2\cdot|T_2|^3+\cdots+n_n\cdot t_n\cdot|T_n|^3}{n_1\cdot t_1+n_2\cdot t_2+\cdots+n_n\cdot t_n}}$$

$$N_{av}=N_{oav}\cdot R=\frac{n_1\cdot t_1+n_2\cdot t_2+\cdots+n_n\cdot t_n}{t_1+t_2+\cdots+t_n}\cdot R \tag{4-1}$$

式中　T_{av}——等效负载转矩（N·m）；

N_{av}——等效输入转速（r/min）；

N_{oav}——等效负载（输出）转速（r/min）；

n_n——各段工作转速（r/min）；

t_n——各段工作时间（h、s 或 min）；

T_n——各段负载转矩（N·m）；

R——基本减速比。

启动转矩（Starting torgue）：又称启动开始转矩（On starting torgue），它是在空载、环境温度为 20℃ 的条件下，谐波减速器用于减速时，输出侧开始运动的瞬间，所测得的输入侧需要施加的最大转矩值。

增速启动转矩（On overdrive starting torque）：在空载、环境温度为 20℃ 的条件下，谐波减速器用于增速时，在输出侧（谐波发生器输入轴）开始运动的瞬间，所测得的输入侧（柔轮）需要施加的最大转矩值。

空载运行转矩（On no-load running torque）：谐波减速器用于减速时，在工作温度为 20℃、规定的润滑条件下，以 2000r/min 的输入转速空载运行 2h 后，所测得的输入转矩值。空载运行转矩与输入转速、减速比、环境温度等有关，输入转速越低、减速比越大、温度越高，空载运行转矩就越小，设计、计算时可根据减速器生产厂家提供的修整曲线修整。

3．使用寿命

额定寿命（Rated Life）：谐波减速器在正常使用时，出现 10%产品损坏的理论使用时间（小时，h）。

平均寿命（Average Life）：谐波减速器在正常使用时，出现 50%产品损坏的理论使用时间（小时，h）。谐波减速器的使用寿命与工作时的负载转矩、输入转速有关，其计算式如下。

$$L_h = L_n \cdot \left(\frac{T_r}{T_{av}}\right)^3 \cdot \frac{N_r}{N_{av}} \tag{4-2}$$

式中 L_h——实际使用寿命（h）；

L_n——理论寿命（h）；

T_r——额定转矩（N·m）；

T_{av}——等效负载转矩（N·m）；

N_r——额定转速（r/min）；

N_{av}——等效输入转速（r/min）。

4．强度

强度（Intensity）以负载冲击次数衡量，减速器的等效负载冲击次数可按如下计算式，此值不能超过减速器允许的最大冲击次数（一般为 10000 次）。

$$N = \frac{3\times10^5}{n \cdot t} \tag{4-3}$$

式中 N——等效负载冲击次数；

n——冲击时的实际输入转速（r/min）；

t——冲击负载持续时间（s）。

5．刚度

谐波减速器刚度（Rigidity）是指减速器的扭转刚度（Torsional stiffness），常用滞后量（Hysteresis Loss）、弹性系数（Spring Constants）衡量。

滞后量（Hysteresis Loss）：减速器本身摩擦转矩产生的弹性变形误差 θ，与减速器规格和减速比有关，结构类型相同的谐波减速器规格和减速比越大，滞后量就减小。

弹性系数（Spring Constants）：以负载转矩 T 与弹性变形误差 θ 的比值衡量。弹性系数越大，同样负载转矩下谐波减速器所产生的弹性变形误差 θ 就越小，刚度就越高。

弹性变形误差 θ 与负载转矩的关系如图 4-12（a）所示。在工程设计时，常用图 4-12（b）所示的 3 段直线等效，图中 T_r 为减速器额定输出转矩。

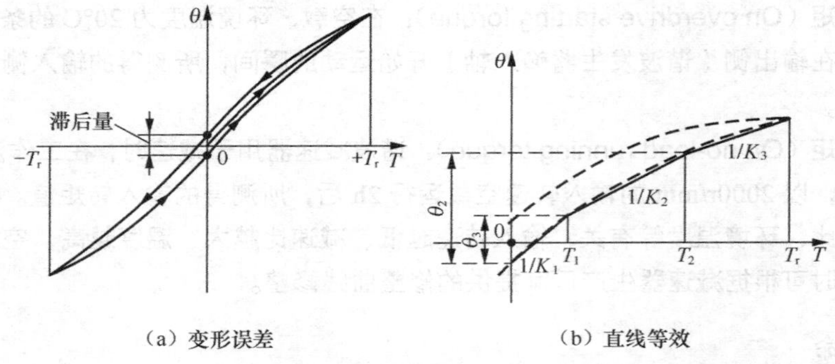

图 4-12　谐波减速器的弹性变形误差

等效直线段的 $\Delta T/\Delta\theta$ 值 K_1、K_2、K_3，就是谐波减速器的弹性系数，它通常由减速器生产厂家提供。弹性系数确定时，便可通过下式，计算出谐波减速器在对应负载段的弹性变形误差 $\Delta\theta$。

$$\Delta\theta = \frac{\Delta T}{K_i} \tag{4-4}$$

式中　$\Delta\theta$——弹性变形误差（rad）；

ΔT——等效直线段的转矩增量（N·m）；

K_i——等效直线段的弹性系数（N·m/rad）。

谐波减速器弹性系数与减速器结构、规格、基本减速比有关，结构相同时，减速器规格和基本减速比越大，弹性系数也越大。但是薄饼形柔轮的谐波减速器，以及我国 GB/T 30819—2014 标准定义的减速器，其刚度参数有所不同，有关内容详见后述。

6. 最大背隙

最大背隙（Max. backlash quantity）是减速器在空载、环境温度为 20° C 的条件下，输出侧开始运动瞬间，所测得的输入侧最大角位移。我国 GB/T 30819-2014 标准定义的减速器背隙有所不同，详见国产谐波减速器产品说明。

进口谐波减速器（如哈默纳科）刚轮与柔轮的齿间啮合间隙几乎为 0，背隙主要由谐波发生器输入组件上的奥尔德姆联轴器（Oldman's Coupling）产生，因此，输入为刚性连接的减速器，可以认为无背隙。

7. 传动精度

谐波减速器传动精度又称角传动精度（Angle Transmission accuracy），它是谐波减速器用于减速时，在图 4-13 的任意 360° 输出范围上，其实际输出转角 θ_2 和理论输出转角 θ_1/R 间的最大差值 θ_{er} 衡量，θ_{er} 值越小，传动精度就越高。传动精度的计算式如下：

$$\theta_{er} = \theta_2 - \frac{\theta_1}{R} \tag{4-5}$$

式中　θ_{er}——传动精度（rad）；

θ_1——1:1 传动时的理论输出转角（rad）；

θ_2——实际输出转角（rad）；

R——谐波减速器基本速比。

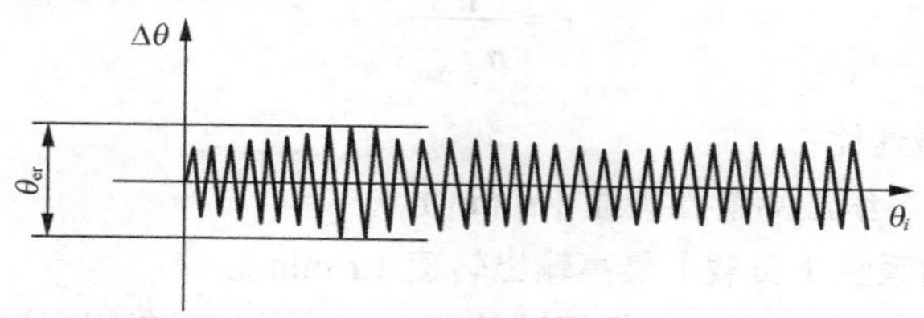

图 4-13　谐波减速器的传动精度

谐波减速器的传动精度与减速器结构、规格、减速比等有关，结构相同时，减速器规格和减速比越大，传动精度越高。

8．传动效率

谐波减速器的传动效率与减速比、输入转速、负载转矩、工作温度、润滑条件等诸多因素有关。减速器生产厂家出品样本中所提供的传动效率 η_r，一般是指输入转速 2000r/min、输出转矩为额定值、工作温度为 20°C、使用规定润滑方式下，所测得的效率值，设计、计算时需要根据生产厂家提供的、图 4-14（a）所示的转速、温度修整曲线进行修整。

谐波减速器传动效率还受实际输出转矩的影响，输出转矩低于额定值时，需要根据负载转矩比 α（$\alpha = T_{av}/T_r$），按生产厂家提供的、图 4-14（b）所示的修整系数 K_e 曲线，利用下式修整传动效率。

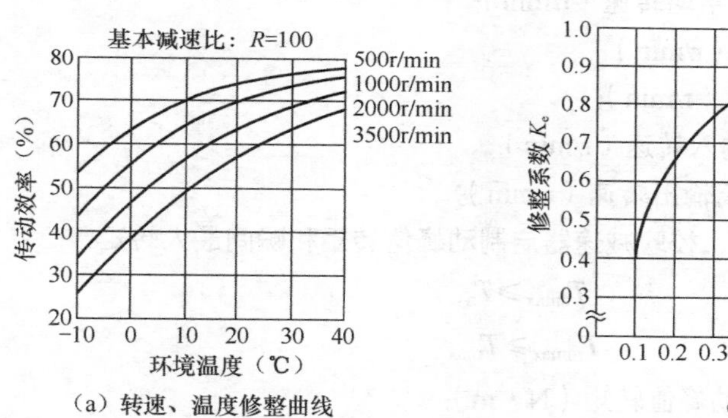

（a）转速、温度修整曲线　（b）负载修整曲线

图 4-14　传动效率修整

$$\eta_{av} = K_e\,\eta_r \qquad (4\text{-}6)$$

式中　η_{av}——实际传动效率；

K_e——修整系数；

η_r——传动效率或基本传动效率。

4.2.2　谐波减速器的选择

1．基本参数计算与校验

谐波减速器的结构形式、传动精度、背隙等基本参数可根据传动系统要求确定，在此基础上，可通过如下方法确定其他技术参数、初选产品，并进行技术性能校验。

① 计算要求减速比。传动系统要求的谐波减速器减速比，可根据传动系统最高输入转速、最高输出转速，按下式计算：

$$r = \frac{n_{\mathrm{imax}}}{n_{\mathrm{omax}}} \tag{4-7}$$

式中　r——要求减速比；

n_{imax}——传动系统最高输入转速（r/min）；

n_{omax}——传动系统（负载）最高输出转速（r/min）。

② 计算等效负载转矩和等效转速。根据计算式（4-1），计算减速器实际工作时的等效负载转矩 T_{av} 和等效输出转速 N_{oav}（r/min）。

③ 初选减速器。按照以下要求，确定减速器的基本减速比、最大平均转矩，初步确定减速器型号：

$$R \leqslant r\text{（柔轮输出）或 } R+1 \leqslant r\text{（刚轮输出）}$$

$$T_{\mathrm{avmax}} \geqslant T_{\mathrm{av}} \tag{4-8}$$

式中　R——减速器基本减速比；

T_{avmax}——减速器最大平均转矩（N·m）；

T_{av}——等效负载转矩（N·m）。

④ 转速校验。根据以下要求，校验减速器最高平均转速和最高输入转速：

$$N_{\mathrm{avmax}} \geqslant N_{\mathrm{av}} = R \cdot N_{\mathrm{oav}}$$

$$N_{\mathrm{max}} \geqslant R \cdot n_{\mathrm{omax}} \tag{4-9}$$

式中　N_{avmax}——减速器最高平均转速（r/min）；

N_{av}——等效输入转速（r/min）；

N_{oav}——等效输出转速（r/min）；

N_{max}——减速器最高输入转速（r/min）；

n_{omax}——传动系统最高输出转速（r/min）。

⑤ 转矩校验。根据以下要求，校验减速器启制动峰值转矩和瞬间最大转矩：

$$T_{\mathrm{amax}} \geqslant T_{\mathrm{a}}$$

$$T_{\mathrm{mmax}} \geqslant T_{\mathrm{max}} \tag{4-10}$$

式中　T_{amax}——减速器启制动峰值转矩（N·m）；

T_{a}——系统最大启制动转矩（N·m）；

T_{mmax}——减速器瞬间最大转矩（N·m）；

T_{max}——传动系统最大冲击转矩（N·m）。

⑥ 强度校验。根据以下要求，校验减速器的负载冲击次数：

$$N = \frac{3\times10^5}{n\cdot t} \leqslant 1\times10^4 \tag{4-11}$$

式中　N——等效负载冲击次数；

n——冲击时的输入转速（r/min）；

t——冲击负载持续时间（s）。

⑦ 使用寿命校验。根据以下要求，计算减速器使用寿命，确认满足传动系统设计要求：

$$L_h = 7000 \cdot \left(\frac{T_r}{T_{av}}\right)^3 \cdot \frac{N_r}{N_{av}} \geqslant L_{10} \tag{4-12}$$

式中　L_h——实际使用寿命（h）;

T_r——减速器额定输出转矩（N·m）;

T_{av}——等效负载转矩（N·m）;

N_r——减速器额定转速（r/min）;

N_{av}——等效输入转速（r/min）;

L_{10}——设计要求使用寿命（h）。

2．减速器选择示例

假设某谐波减速传动系统设计要求如下：

① 减速器正常运行过程如图 4-15 所示；

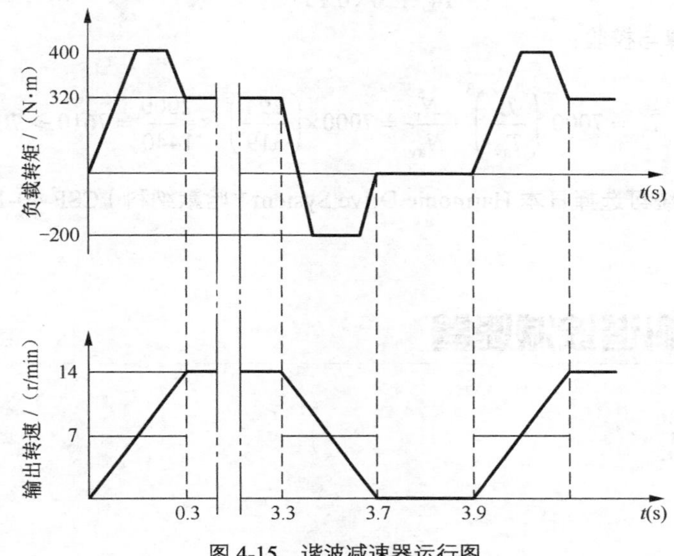

图 4-15　谐波减速器运行图

② 传动系统最高输入转速 n_{imax}：1800 r/min；

③ 负载最高输出转速 n_{omax}：14 r/min；

④ 负载冲击：最大冲击转矩 500 N·m；冲击负载持续时间 0.15 s；冲击时的输入转速 14r/min。

⑤ 设计要求的使用寿命：7000h。

谐波减速器的选择方法如下。

① 要求减速比：$r = \frac{1800}{24} = 128.6$

② 等效负载转矩和等效输出转速：

$$T_{av} = \sqrt[3]{\frac{7\times0.3\times|400|^3 + 14\times3\times|320|^3 + 7\times0.4\times|-200|^3}{7\times0.3+14\times3+7\times0.4}} = 319(\text{N}\cdot\text{m})$$

$$N_{oav} = \frac{7\times0.3+14\times3+7\times0.4}{0.3+3+04+0.2} = 12(\text{r}/\text{min})$$

③ 初选减速器：选择日本 Harmonic Drive System（哈默纳科）CSF-40-120-2A-GR（见哈默纳科产品样本）部件型谐波减速器，基本参数如下。

$$R=120 \leqslant 128.6$$

$$T_{avmax}=451\ \mathrm{N\cdot m} \geqslant 319\ \mathrm{N\cdot m}$$

④ 转速校验：CSF-40-120-2A-GR 减速器的最高平均转速和最高输入转速校验如下。

$$N_{avmax}=3600\ \mathrm{r/min} \geqslant N_{av}=12\times120=1440\ \mathrm{r/min}$$

$$N_{max}=5600\ \mathrm{r/min} \geqslant R\cdot n_{omax}=14\times120=1680\ \mathrm{r/min}$$

⑤ 转矩校验：CSF-40-120-2A-GR 启制动峰值转矩和瞬间最大转矩校验如下。

$$T_{amax}=617\ \mathrm{N\cdot m} \geqslant 400\ \mathrm{N\cdot m}$$

$$T_{mmax}=1180\ \mathrm{N\cdot m} \geqslant 500\ \mathrm{N\cdot m}$$

⑥ 强度校验：等效负载冲击次数的计算与校验如下。

$$N=\frac{3\times10^5}{14\times120\times0.15}=1190\leqslant1\times10^4$$

⑦ 使用寿命计算与校验：

$$L_h=7000\cdot\left(\frac{T_r}{T_{av}}\right)^3\cdot\frac{N_r}{N_{av}}=7000\times\left(\frac{294}{319}\right)^3\times\frac{2000}{1440}=7610\geqslant7000$$

结论：该传动系统可选择日本 Harmonic Drive System（哈默纳科）CSF-40-120-2A-GR 部件型谐波减速器。

4.3 哈默纳科谐波减速器

4.3.1 产品概况

1. 产品系列

日本哈默纳科（Harmonic Drive System）是全球最早生产谐波减速器的企业和目前全球最大、最著名的谐波减速器生产企业，其产品技术先进、规格齐全、市场占有率高，代表了当今世界谐波减速器的最高水准。

工业机器人配套的哈默纳科谐波减速器产品主要有以下几类。

① CS 系列。CS 系列谐波减速器是哈默纳科 1981 年研发的产品，在早期的工业机器人上使用较多，该产品目前已停止生产，工业机器人需要更换减速器时，一般用 CSF 系列产品进行替代。

② CSS 系列。CSS 系列是哈默纳科 1988 年研发的产品，在 20 世纪 90 年代生产的工业机器人上使用较广。CSS 系列产品采用了 IH 齿形，减速器刚性、强度和使用寿命均比 CS 系列提高了 2 倍以上。CSS 系列产品也已停止生产，更换时，同样可用 CSF 系列产品替代。

③ CSF 系列。CSF 系列是哈默纳科 1991 年研发的产品，是当前工业机器人广泛使用的产品之一。CSF 系列减速器采用了小型化设计，其轴向尺寸只有 CS 系列的 1/2、整体厚度为 CS 系列的 3/5，最大转矩比 CS 系列提高了 2 倍，安装、调整性能也得到了大幅度改善。

④ CSG 系列。CSG 系列是哈默纳科 1999 年研发的产品，该系列为大容量、高可靠性产品。CSG

系列产品的结构、外形与同规格的 CSF 系列产品完全一致，但其性能更好，减速器的最大转矩在 CSF 系列基础上提高了 30%，使用寿命从 7000 小时提高到 10000 小时。

⑤ CSD 系列。CSD 系列是哈默纳科 2001 年研发的产品，该系列产品采用了轻量化、超薄型设计，整体厚度只有同规格的早期 CS 系列的 1/3 和 CFS 系列标准产品的 1/2，重量比 CSF/CSG 系列减轻了 30%。

以上为哈默纳科谐波减速器常用产品的主要情况，除以上产品外，该公司还可提供相位调整型（Phase adjustment type）谐波减速器、伺服电机集成式回转执行器（Rotary Actuator）等新产品，有关内容可参见哈默纳科相关技术资料。

2. 产品结构

工业机器人常用的哈默纳科谐波减速器的结构类型有部件型（Component type）、单元型（Unit type）、简易单元型（Simple unit type）、齿轮箱型（Gear head type）、微型（Mini type 及 Supermini type）5 大类，柔轮形状分为水杯形（Cup type）、礼帽形（Silk hat type）和薄饼形（Pancake type）3 大类，减速器轴向长度分为标准型（Standard）和超薄型（Super Fllat）2 类，用户可以根据自己的需要选用。其中，部件型、单元型、简易单元型是工业机器人最为常用的谐波减速器产品，有关内容见下述。

部件型谐波减速器只提供刚轮、柔轮、谐波发生器 3 个基本部件，用户可根据自己的要求，自由选择变速方式和安装方式。其柔轮形状有水杯形、礼帽形、薄饼形 3 类，并有通用、高转矩、超薄等不同系列的产品。部件型减速器规格齐全、产品的使用灵活、安装方便、价格低，是目前工业机器人广泛使用的产品。

单元型谐波减速器简称谐波减速单元，它带有外壳和 CRB 输出轴承，其刚轮、柔轮、谐波发生器、壳体、CRB 轴承被整体设计成统一的单元，带有输入/输出连接法兰或连接轴，输出采用高刚性、精密 CRB 轴承支承，可直接驱动负载。单元型谐波减速器有标准型、中空轴、轴输入 3 种基本结构形式，其柔轮形状有水杯形和礼帽形 2 类。此外，还可根据需要选择轻量、高转矩密封系列产品。

简易单元型谐波减速器简称简易谐波减速单元，它是单元型谐波减速器的简化结构，它将谐波减速器的刚轮、柔轮、谐波发生器 3 个基本部件和 CRB 轴承整体设计成统一的单元，但无壳体和输入/输出连接法兰或轴。简易谐波减速单元的基本结构有标准型、中空轴两类，柔轮形状均为礼帽形。

齿轮箱型谐波减速器简称谐波减速箱，它可以像齿轮减速箱一样，直接在其上安装驱动电机，以实现减速器和驱动电机的结构整体化，简化减速器的安装。谐波减速箱有法兰输出和连接轴输出两类，其柔轮形状均为水杯形，并可根据需要选择通用、高转矩系列产品。

微型（mini）和超微型（supermini）谐波减速器是专门用于小型、轻量工业机器人的特殊产品，它常用于 3C 行业电子产品、食品、药品等小规格搬运、装配、包装工业机器人。微型减速器有单元型、齿轮箱型 2 种基本结构，可选择法兰输出和连接轴输出。超微型减速器实际上只是对微型系列产品的补充，其结构、安装使用要求均和微型相同。

3. 技术特点

哈默纳科谐波减速器采用了图 4-16（a）所示的特殊 IH 齿形设计，它与图 4-16（b）所示的普通梯形齿相比，可使柔轮与刚轮齿的啮合过程成为连续、渐进，啮合的齿数更多、刚性更高、精度更高，啮合时的冲击和噪声更小，传动更为平稳。同时，圆弧型的齿根设计可避免梯形齿的齿根应力集中，提高产品的使用寿命。

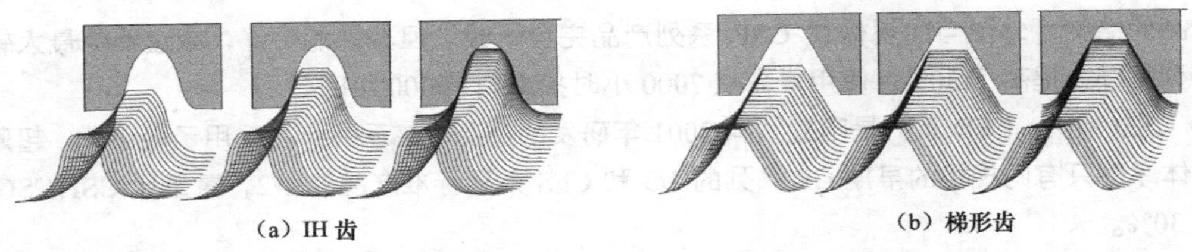
(a) IH齿　　(b) 梯形齿

图 4-16　齿轮啮合过程比较

根据技术性能，哈默纳科谐波减速器可分为标准型、高转矩型和超薄型 3 大类，其他产品都是在此基础上所派生的产品。3 类谐波减速器的基本性能比较如图 4-17 所示。

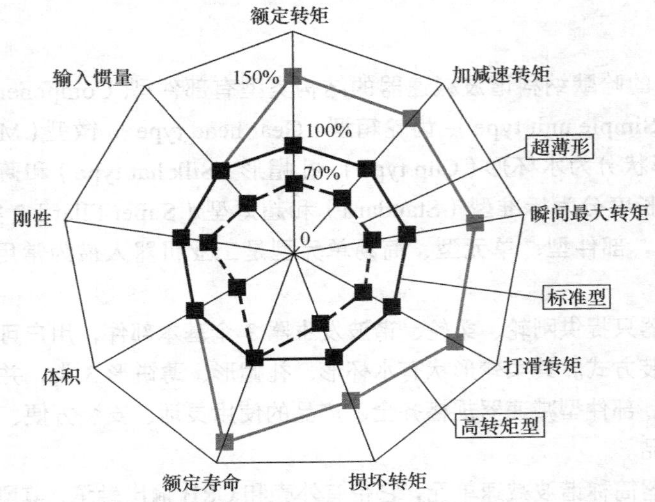

图 4-17　3 类谐波减速器的基本性能比较

大致而言，同规格的标准型和高转矩型减速器的结构、外形相同，但高转矩型的输出转矩比标准型提高了 30%以上，使用寿命从 7000 小时提高到 10000 小时。超薄型减速器采用了紧凑型结构设计，其轴向长度只有通用型的 60%左右，但减速器的额定转矩、加减速转矩、刚性等指标也将比标准型减速器有所下降。

4．回转执行器

机电一体化集成是当前工业自动化的发展方向。为了进一步简化谐波减速器的结构、缩小体积、方便使用，哈默纳科在传统的谐波减速器基础上，推出了谐波减速器/驱动电机集成一体的回转执行器（Rotary Actuator）产品，代表了机电一体化技术在谐波减速器领域的最新成果和发展方向。

回转执行器又称伺服执行器（Servo Actuator），哈默纳科谐波减速回转执行器的外形与结构原理如图 4-18 所示。

谐波减速回转执行器一般采用刚轮固定、柔轮输出、谐波发生器输入的设计，输出采用高刚性、高精度 CRB 轴承。CRB 轴承内圈的内部与谐波减速器的柔轮连接，外部加工有连接输出轴的连接法兰，CRB 轴承外圈和壳体连接一体，构成了单元的外壳。谐波减速器的刚轮固定在壳体上，谐波发生器和交流伺服电机的转子设计成一体，伺服电机的定子、速度/位置检测编码器安装在壳体上，因此，当电机旋转时，可在输出轴连接法兰上得到可直接驱动负载的减速输出。

谐波减速回转执行器省略了传统谐波减速系统所需要的驱动电机和谐波发生器间、柔轮和输出轴间的机械连接件，其结构刚性好、传动精度高，整体结构紧凑、安装容易、使用方便，真正实现了机电一体化。

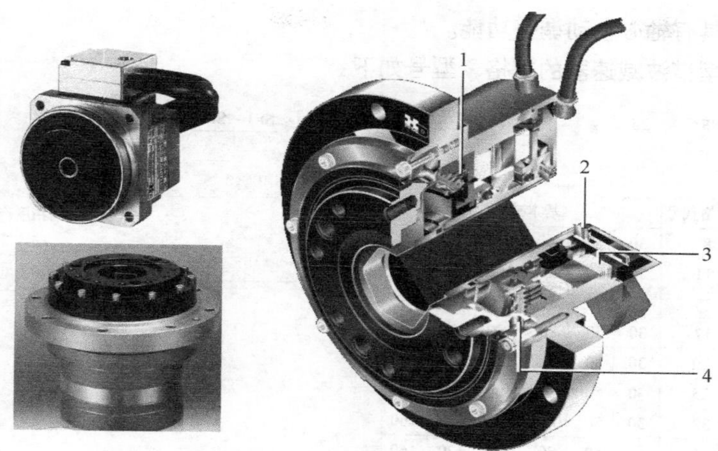

1—减速器；2—编码器；3—电机；4—CRB 轴承

图 4-18　回转执行器结构原理

4.3.2　部件型减速器

哈默纳科部件型谐波减速器产品系列、基本结构如表 4-3 所示，简要说明如下。

表 4-3　哈默纳科部件型谐波减速器产品系列与结构

系列	结构类型（轴向长度）	柔轮形状	输入连接	其他特征
CSF	标准	水杯	标准轴孔、联轴器柔性连接	无
CSG	标准	水杯	标准轴孔、联轴器柔性连接	高转矩
CSD	超薄	水杯	法兰刚性连接	无
SHF	标准	礼帽	标准轴孔、联轴器柔性连接	无
SHG	标准	礼帽	标准轴孔、联轴器柔性连接	高转矩
FB	标准	薄饼	轴孔刚性连接	无
FR	标准	薄饼	轴孔刚性连接	高转矩

1．CSF/CSG/CSD 系列

哈默纳科采用水杯形柔轮的部件型谐波减速器，有标准型 CSF、高转矩型 CSG 和超薄型 CSD 3 个系列产品。

标准型、高转矩型减速器的结构相同、安装尺寸一致，减速器由图 4-19 所示的输入连接件 1、谐波发生器 4、柔轮 2、刚轮 3 组成。柔轮 2 的形状为水杯状，输入采用标准轴孔、

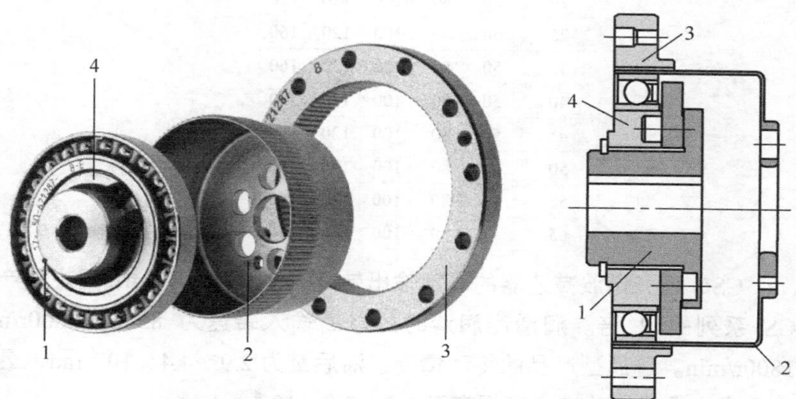

1—输入连接件；2—柔轮；3—刚轮；4—谐波发生器

图 4-19　CSF/CSG 减速器结构

联轴器柔性连接，具有轴心自动调整功能。

CSF 系列标准型谐波减速器的规格、型号如下：

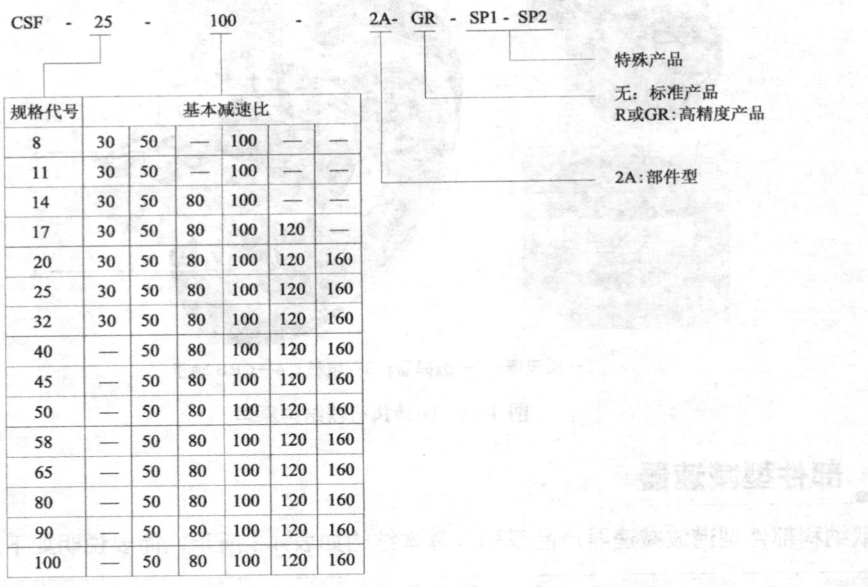

规格代号	基本减速比					
8	30	50	—	100	—	—
11	30	50	—	100	—	—
14	30	50	80	100	—	—
17	30	50	80	100	120	—
20	30	50	80	100	120	160
25	30	50	80	100	120	160
32	30	50	80	100	120	160
40	—	50	80	100	120	160
45	—	50	80	100	120	160
50	—	50	80	100	120	160
58	—	50	80	100	120	160
65	—	50	80	100	120	160
80	—	50	80	100	120	160
90	—	50	80	100	120	160
100	—	50	80	100	120	160

CSF 系列谐波减速器规格齐全。减速器额定输出转矩为 0.9～3550N·m，同规格产品的额定输出转矩大致为国产 CS 系列的 1.5 倍。润滑脂润滑时的最高输入转速为 8500～3000r/min、平均输入转速为 3500～1200r/min。普通型产品的传动精度、滞后量为 $2.9 \sim 5.8 \times 10^{-4}$ rad，最大背隙为 $1.0 \sim 17.5 \times 10^{-5}$ rad，高精度产品的传动精度可提高至 $1.5 \sim 2.9 \times 10^{-4}$ rad。

CSG 系列高转矩型谐波减速器是 CSF 的改进型产品，两系列产品的结构、安装尺寸完全一致。CSG 系列谐波减速器规格、型号如下：

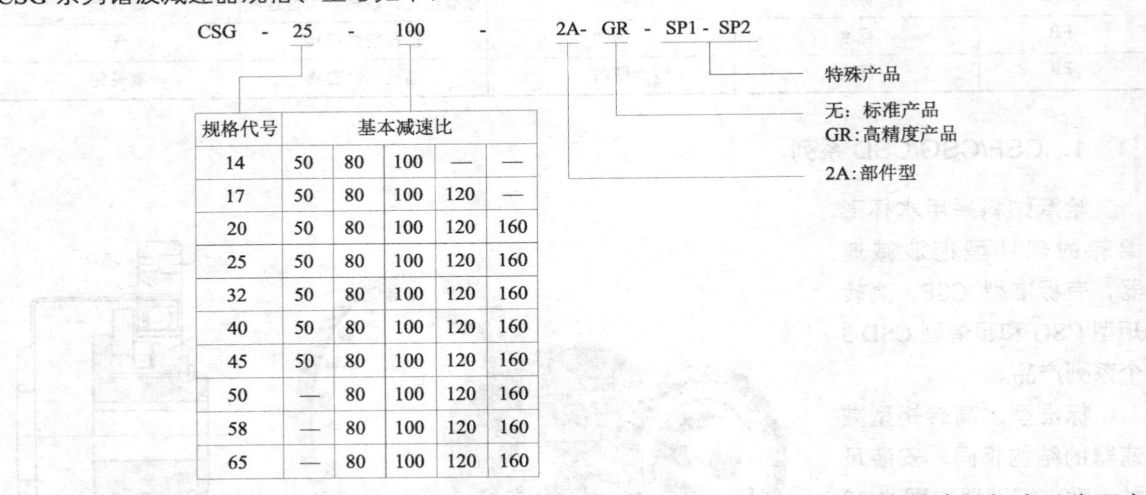

规格代号	基本减速比				
14	50	80	100	—	—
17	50	80	100	120	—
20	50	80	100	120	160
25	50	80	100	120	160
32	50	80	100	120	160
40	50	80	100	120	160
45	50	80	100	120	160
50	—	80	100	120	160
58	—	80	100	120	160
65	—	80	100	120	160

CSG 系列谐波减速器的额定输出转矩为 7～1236N·m，同规格产品的额定输出转矩大致为国产 CS 系列的 2 倍。润滑脂润滑时的最高输入转速为 8500～2800r/min、平均输入转速为 3500～1800r/min。普通型产品的传动精度、滞后量为 $2.9 \sim 4.4 \times 10^{-4}$ rad，最大背隙为 $1.0 \sim 17.5 \times 10^{-5}$ rad，高精度产品的传动精度可提高至 $1.5 \sim 2.9 \times 10^{-4}$ rad。

CSD 系列超薄型减速器的结构如图 4-20 所示，减速器输入法兰刚性连接，谐波发生器凸轮与输入连接法兰设计成一体，减速器轴向长度只有 CSF/CSG 系列减速器的 2/3 左右。CSD 系列减速器的输入无轴心自动调整功能，对输入轴和减速器的安装同轴度要求较高。

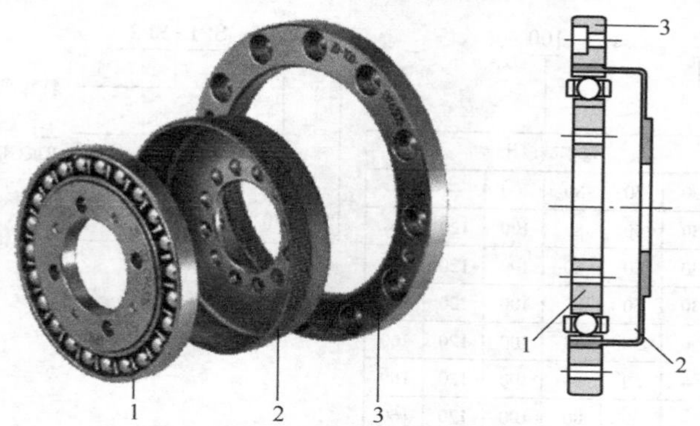

1—谐波发生器组件；2—柔轮；3—刚轮

图 4-20　CSD 系列超薄型减速器的结构

CSD 系列超薄型谐波减速器规格、型号如下：

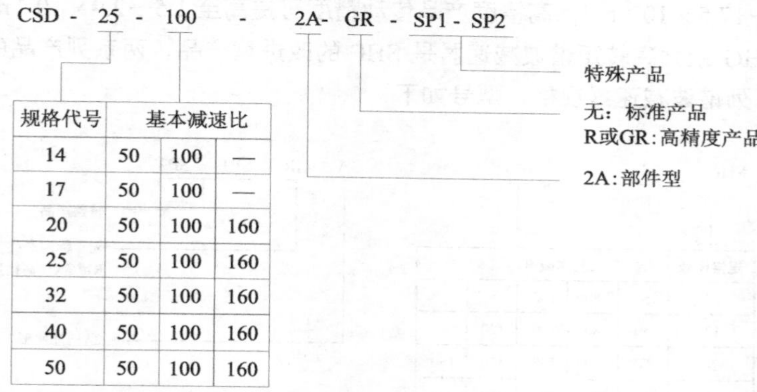

规格代号	基本减速比		
14	50	100	—
17	50	100	—
20	50	100	160
25	50	100	160
32	50	100	160
40	50	100	160
50	50	100	160

CSD 系列谐波减速器的额定输出转矩为 3.7～370N·m，同规格产品的额定输出转矩大致为国产 CD 系列的 1.3 倍。润滑脂润滑时的允许最高输入转速为 8500～3500r/min、平均输入转速为 3500～2500r/min。减速器的传动精度、滞后量为 $2.9 \sim 4.4 \times 10^{-4}$ rad，由于输入采用法兰刚性连接，减速器的背隙可以忽略不计。

2. SHF/SHG 系列

哈默纳科采用礼帽形柔轮的部件型谐波减速器，有标准型 SHF、高转矩型 SHG 两个系列产品，两者结构相同，减速器由图 4-21 所示的谐波发生器及输入组件、柔轮、刚轮等部分组成，其柔轮为大直径、中空开口的结构，内部可安装其他传动部件，输入为标准轴

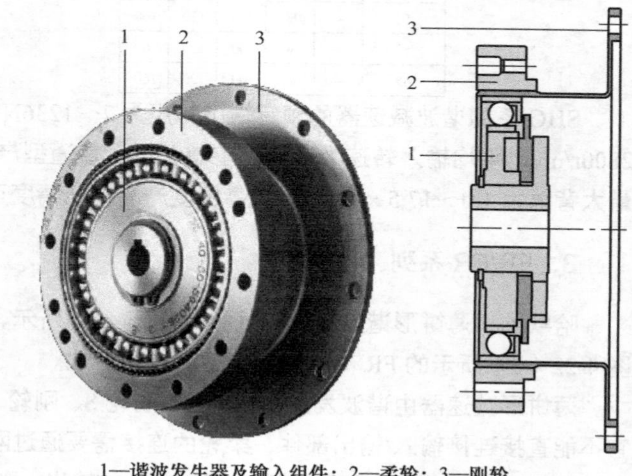

1—谐波发生器及输入组件；2—柔轮；3—刚轮

图 4-21　礼帽形减速器结构

孔、联轴器柔性连接，具有轴心自动调整功能。

SHF 系列标准型谐波减速器的规格、型号如下：

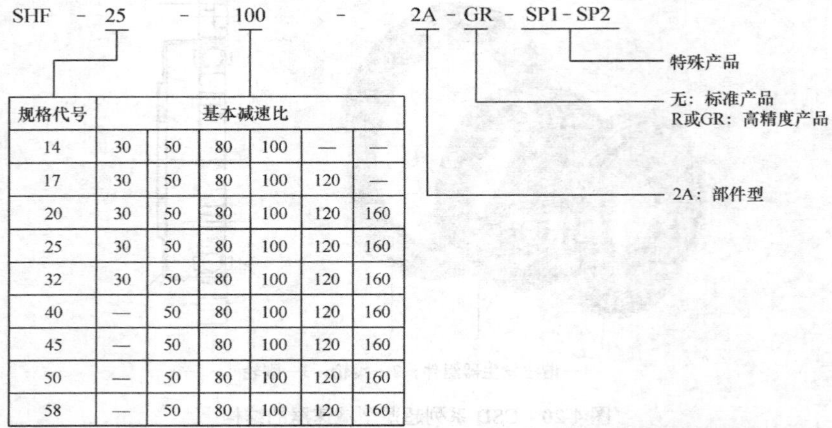

规格代号	基本减速比					
14	30	50	80	100	—	—
17	30	50	80	100	120	—
20	30	50	80	100	120	160
25	30	50	80	100	120	160
32	30	50	80	100	120	160
40	—	50	80	100	120	160
45	—	50	80	100	120	160
50	—	50	80	100	120	160
58	—	50	80	100	120	160

SHF 系列谐波减速器的额定输出转矩为 4～745N·m，润滑脂润滑时的最高输入转速为 8500～3000r/min、平均输入转速为 3500～2200r/min。普通型产品的传动精度、滞后量为 $2.9 \sim 5.8 \times 10^{-4}$ rad，最大背隙为 $1.0 \sim 17.5 \times 10^{-5}$ rad；高精度产品传动精度可提高至 $1.5 \sim 2.9 \times 10^{-4}$ rad。

哈默纳科 SHG 系列高转矩谐波减速器是 SHF 的改进型产品，两系列产品的结构、安装尺寸完全一致。SHG 系列谐波减速器规格、型号如下：

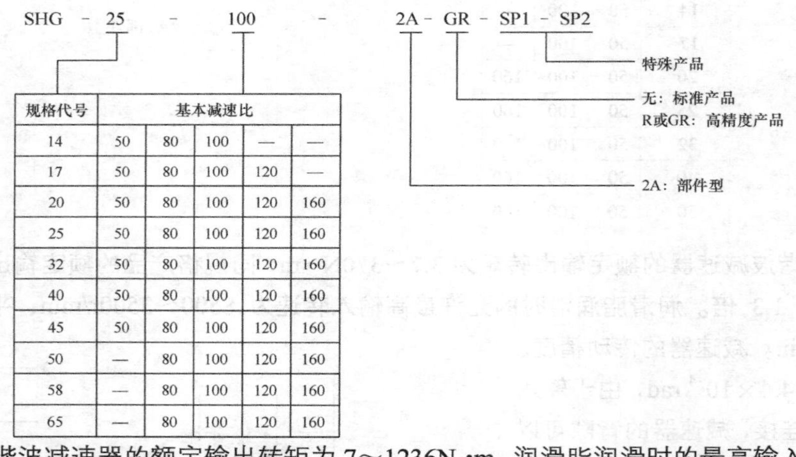

规格代号	基本减速比				
14	50	80	100	—	—
17	50	80	100	120	—
20	50	80	100	120	160
25	50	80	100	120	160
32	50	80	100	120	160
40	50	80	100	120	160
45	50	80	100	120	160
50	—	80	100	120	160
58	—	80	100	120	160
65	—	80	100	120	160

SHG 系列谐波减速器的额定输出转矩为 7～1236N·m，润滑脂润滑时的最高输入转速为 8500～2800r/min、平均输入转速为 3500～1900r/min。普通型产品的传动精度、滞后量为 $2.9 \sim 5.8 \times 10^{-4}$ rad，最大背隙为 $1.0 \sim 17.5 \times 10^{-5}$ rad；高精度产品传动精度可提高至 $1.5 \sim 2.9 \times 10^{-4}$ rad。

3. FB/FR 系列

哈默纳科薄饼形谐波减速器的结构如图 4-22 所示，减速器有图 4-22（a）所示的 FB 通用系列和图 4-22（b）所示的 FR 高转矩系列 2 种结构形式。

薄饼形减速器由谐波发生器、柔轮、刚轮 S、刚轮 D 共 4 个部件组成。柔轮是一个薄壁外齿圈，它不能直接连接输入/输出部件，柔轮的连接需要通过刚轮 S 实现。刚轮 S 的齿数和柔轮完全相同，它随柔轮同步运动，故可替代柔轮、连接输入/输出。刚轮 D 是用来实现减速的基本刚轮，它和柔轮存在齿差。因此，减速器的谐波发生器、刚轮 S、刚轮 D 这 3 个部件中，任意固定一个，另外两个部件则可以用来连接输入、输出部件，减速器同样可实现减速器的减速或增速。

为了提高输出转矩，FR 系列高转矩减速器的谐波发生器凸轮采用的是双列滚珠轴承，刚轮 D、刚轮 S 进行分别驱动，减速器的传动性能更好、刚性更强、输出转矩更大。但谐波发生器、柔轮、刚轮的轴向尺寸均为同规格 FB 通用系列的 2 倍左右。

FB、FR 系列减速器的结构紧凑、刚性高、承载能力强，但需要采用润滑油润滑，故多用于大型搬运、装卸的机器人。使用润滑脂润滑的 FB、FR 系列减速器只能用于输入转速不超过平均输入转速、负载率 ED%不超过 10%、连续运行时间不超过 10min 的低速、断续、短时间工作。

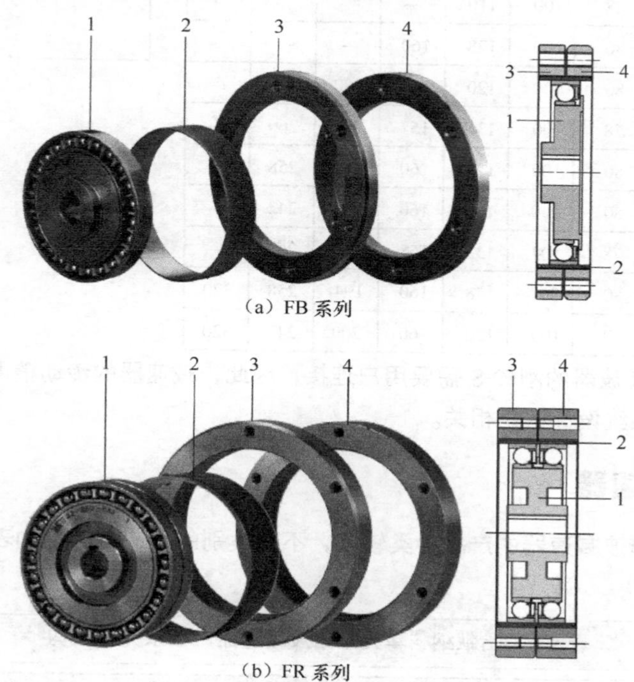

（a）FB 系列

（b）FR 系列

1—谐波发生器组件；2—柔轮；3—刚轮；S4—刚轮 D

图 4-22　薄饼形减速器结构

FB 通用系列谐波减速器规格、型号如下，减速器的额定输出转矩为 2.6～304N · m，润滑油润滑时的最高输入转速为 6000～3500r/min、平均输入转速为 4000～1700r/min。

FB - 25 - 100 - 2 - GR

规格代号	基本减速比				
14	50	88	100	110	—
20	50	80	100	128	160
25	50	80	100	120	160
32	50	78	100	131	157
40	50	80	100	128	160
50	—	80	100	120	160

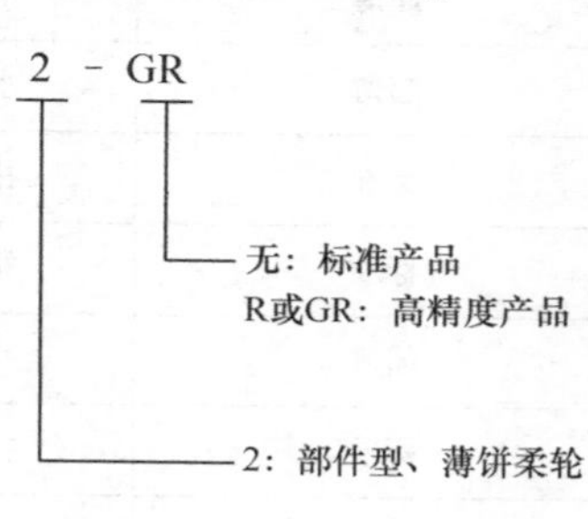

FB 通用系列谐波减速器规格、型号如下，减速器的额定输出转矩为 4.4～4470Nm，润滑油润滑时的最高输入转速为 6000～2000r/min、平均输入转速为 4000～1000r/min。

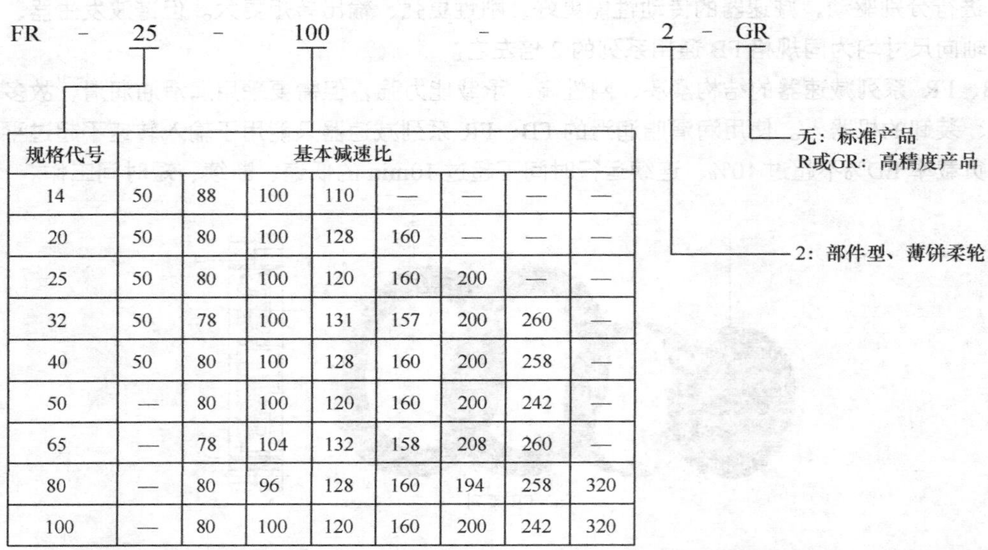

规格代号	基本减速比							
14	50	88	100	110	—	—	—	—
20	50	80	100	128	160	—	—	—
25	50	80	100	120	160	200	—	—
32	50	78	100	131	157	200	260	—
40	50	80	100	128	160	200	258	—
50	—	80	100	120	160	200	242	—
65	—	78	104	132	158	208	260	—
80	—	80	96	128	160	194	258	320
100	—	80	100	120	160	200	242	320

FB 系列 FR 系列谐波器的刚轮 S 需要用户连接，因此，减速器的传动精度、滞后量、最大背隙等参数，与用户传动系统设计密切相关。

4.3.3 单元型减速器

哈默纳科单元型谐波减速器的产品种类较多，不同类别的减速器结构如表 4-4 所示，简要说明如下。

表 4-4 哈默纳科单元型谐波减速器产品系列与结构

系列	结构类型（轴向长度）	柔轮形状	输入连接	其他特征
CSF-2UH	标准	水杯	标准轴孔、联轴器柔性连接	无
CSG-2UH	标准	水杯	标准轴孔、联轴器柔性连接	高转矩
CSD-2UH	超薄	水杯	法兰刚性连接	无
CSD-2UF	超薄	水杯	法兰刚性连接	中空
SHF-2UH	标准	礼帽	中空轴、法兰刚性连接	中空
SHG-2UH	标准	礼帽	中空轴、法兰刚性连接	中空、高转矩
SHD-2UH	超薄	礼帽	中空轴、法兰刚性连接	中空
SHF-2UJ	标准	礼帽	标准轴、刚性连接	无
SHG-2UJ	标准	礼帽	标准轴、刚性连接	高转矩

1. CSF/CSG-2U 系列

哈默纳科 CSF/CSG-2UH 标准/高转矩系列谐波减速单元采用的是水杯形柔轮、带键槽标准轴孔输入，两者结构、安装尺寸完全相同，减速单元组成及结构如图 4-23 所示。

CSF/CSG-2UH 减速单元的谐波发生器、柔轮结构与 CSF/CSG 部件型谐波减速器相同，但它增加了壳体 2 及连接刚轮、柔轮的 CRB 轴承 4 等部件，使之成为一个可直接安装和连接输出负载的完整单元，其使用简单、安装维护方便。

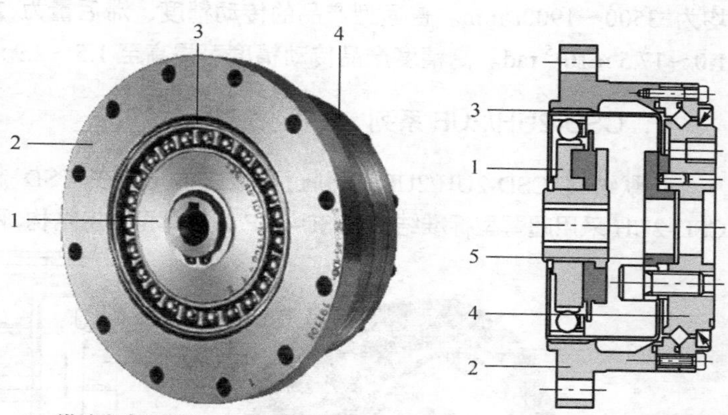

1—谐波发生器组件；2—刚轮与壳体；3—柔轮；4—CRB 轴承；5—连接板

图 4-23 CSF/CSG-2UH 系列减速单元结构

哈默纳科 CSF/CSG-2UH 系列谐波减速单元的规格、型号如下：

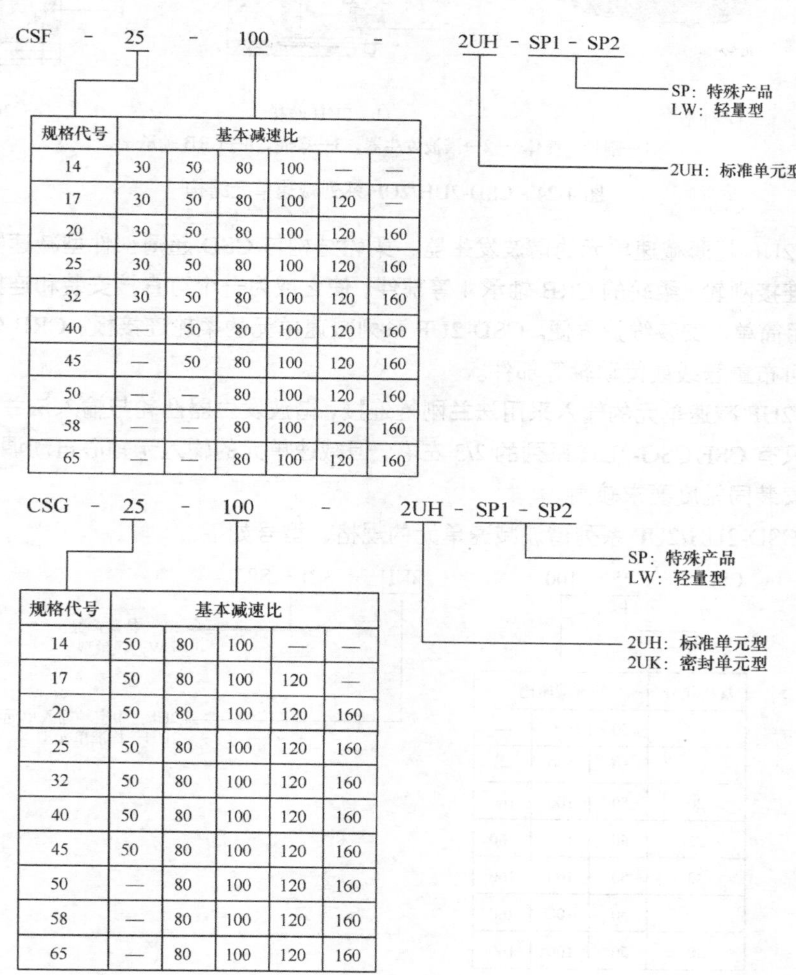

规格代号	基本减速比					
14	30	50	80	100	—	—
17	30	50	80	100	120	—
20	30	50	80	100	120	160
25	30	50	80	100	120	160
32	30	50	80	100	120	160
40	—	50	80	100	120	160
45	—	50	80	100	120	160
50	—	—	80	100	120	160
58	—	—	80	100	120	160
65	—	—	80	100	120	160

规格代号	基本减速比				
14	50	80	100	—	—
17	50	80	100	120	—
20	50	80	100	120	160
25	50	80	100	120	160
32	50	80	100	120	160
40	50	80	100	120	160
45	50	80	100	120	160
50	—	80	100	120	160
58	—	80	100	120	160
65	—	80	100	120	160

CSF 系列谐波减速单元的额定输出转矩为 4～951N·m，CSG 高转矩系列谐波减速单元的额定输出转矩为 7～1236N·m。两系列产品的允许最高输入转速均为 8500～ 2800r/min、平均输入转速均为 3500～1900r/min。普通型产品的传动精度、滞后量为 2.9～5.8×10^{-4} rad，减速器最大背隙为 1.0～17.5×10^{-5} rad。高精度产品传动精度可提高至 1.5～2.9×10^{-4} rad。

2．CSD-2UH/2UF 系列

哈默纳科 CSD-2UH/2UF 系列超薄减速单元是在 CSD 超薄型减速器的基础上单元化的产品，CSD-2UH 采用超薄型标准结构、CSD-2UF 为超薄型中空结构，两系列产品的组成及结构如图 4-24 所示。

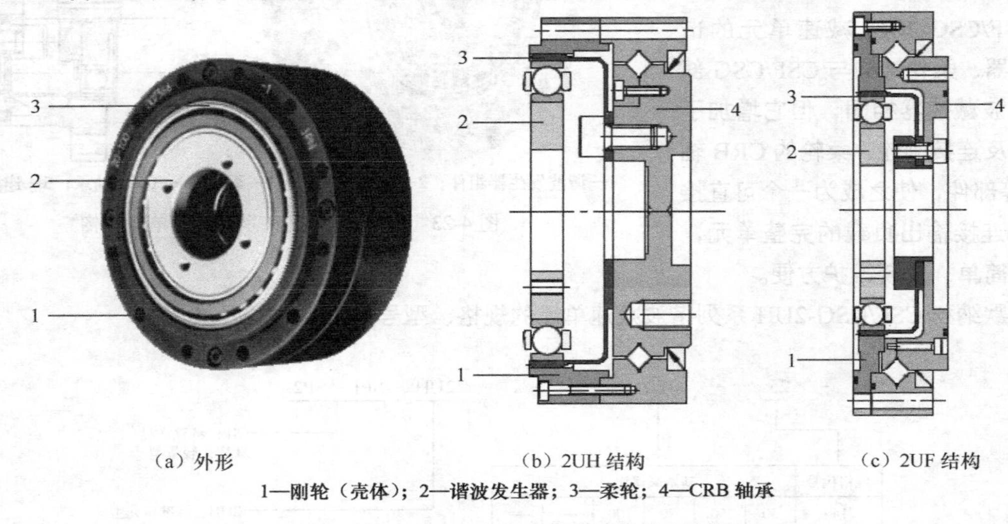

（a）外形　（b）2UH 结构　（c）2UF 结构

1—刚轮（壳体）；2—谐波发生器；3—柔轮；4—CRB 轴承

图 4-24　CSD-2UH/2UF 系列减速单元结构

CSD-2UH/2UF 超薄减速单元的谐波发生器、柔轮结构与 CSD 超薄部件型减速器相同，但它增加了壳体 1 及连接刚轮、柔轮的 CRB 轴承 4 等部件，使之成为一个可直接安装和连接输出负载的完整单元，其使用简单、安装维护方便。CSD-2UF 系列减速单元的柔轮连接板、CRB 轴承 4 内圈为中空结构，内部可布置管线或传动轴等部件。

CSD-2UH/2UF 减速单元的输入采用法兰刚性连接，谐波发生器凸轮与输入法兰设计成一体，减速器轴向长度只有 CSF/CSG-2UH 系列的 2/3 左右，但减速单元的输入无轴心自动调整功能，对输入轴和减速器的安装同轴度要求较高。

哈默纳科 CSD-2UH/2UF 系列谐波减速单元的规格、型号如下：

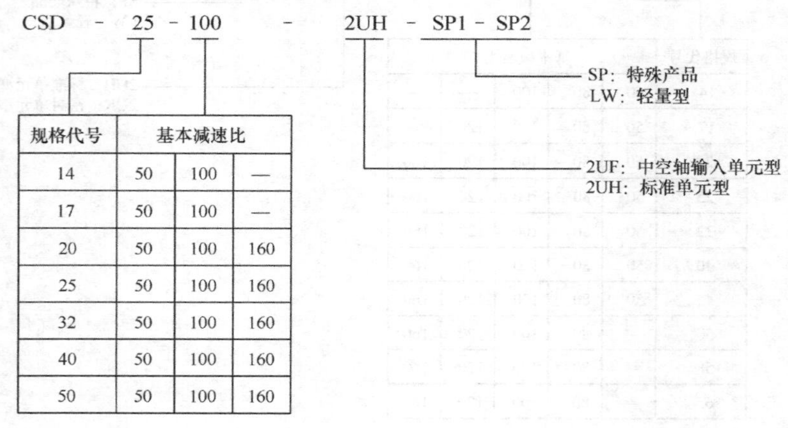

规格代号	基本减速比		
14	50	100	—
17	50	100	—
20	50	100	160
25	50	100	160
32	50	100	160
40	50	100	160
50	50	100	160

CSD-2UH 系列减速单元的额定输出转矩为 3.7～370N·m，最高输入转速为 8500～3500 r/min、平均输入转速为 3500～2500r/min。CSD-2UF 系列减速单元的额定输出转矩为 3.7～206 N·m，最高输入转速为 8500～4000r/min、平均输入转速为 3500～3000r/min。两系列产品的传动精度、滞后量均为 $2.9～4.4\times10^{-4}$ rad，减速单元采用法兰刚性连接，背隙可忽略不计。

3. SHF/SHG/SHD-2UH 系列

哈默纳科 SHF/SHG/SHD-2UH 中空轴谐波减速单元的组成及结构如图 4-25 所示，它是一个带有中空连接轴和壳体、输出连接法兰，可整体安装并直接连接负载的完整单元。

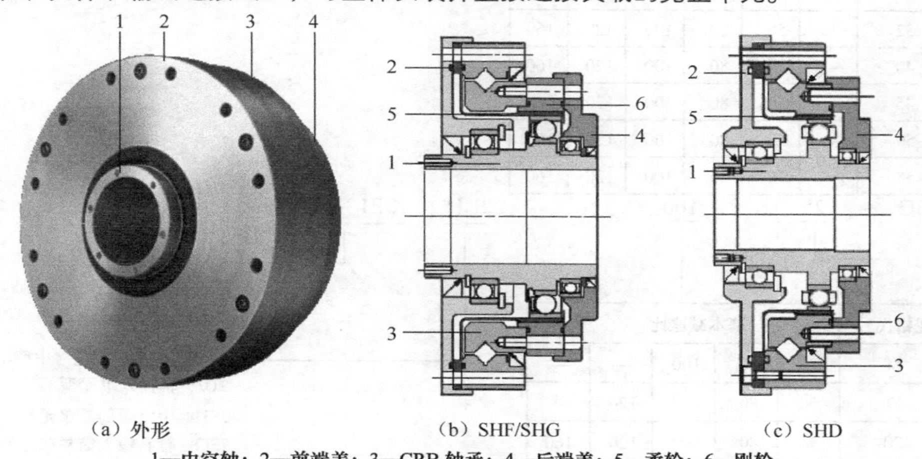

（a）外形　　（b）SHF/SHG　　（c）SHD

1—中空轴；2—前端盖；3—CRB 轴承；4—后端盖；5—柔轮；6—刚轮

图 4-25　SHF/SHG/SHD-2UH 系列减速单元结构

SHF/SHG-2UH 系列减速单元的刚轮、柔轮与部件型 SHF/SHG 减速器相同，但它在刚轮 6 和柔轮 5 间增加了 CRB 轴承 3，CRB 轴承的内圈与刚轮 6 连接，外圈与柔轮 5 连接，使得刚轮和柔轮间能够承受径向/轴向载荷、直接连接负载。减速单元的谐波发生器输入轴是一个贯通整个减速单元的中空轴，输入轴的前端面可通过法兰连接输入轴，中间部分直接加工成谐波发生器的椭圆凸轮。轴前后端安装有支承轴承及端盖，前端盖 2 与柔轮 5、CRB 轴承 3 的外圈连接成一体后，作为减速单元前端外壳。后端盖 4 和刚轮 6、CRB 轴承 3 的内圈连接成一体后，作为减速单元内芯。

SHD-2UH 系列减速单元采用了刚轮和 CRB 轴承一体化设计，刚轮齿直接加工在 CRB 轴承内圈 6 上，使轴向尺寸比同规格的 SHF/SHG-2UH 系列缩短约 15%，中空直径也大于同规格的 SHF/SHG-2UH 系列减速单元。

SHF/SHG/SHD-2UH 系列中空轴谐波减速单元的内部可布置管线、传动轴等部件，其使用简单、安装方便、结构刚性好。

哈默纳科 SHF/SHG/SHD-2UH 系列谐波减速单元的规格、型号如下，SHF-2UH 系列减速单元的额定输出转矩为 3.7～745N·m，最高输入转速为 8500～3000 r/min、平均输入转速为 3500～2200r/min。SHG-2UH 系列减速单元的额定输出转矩为 7～1236 N·m，最高输入转速为 8500～2800r/min、平均输入转速为 3500～1900r/min。两系列普通型产品的传动精度、滞后量均为 $2.9～5.8\times10^{-4}$ rad，高精度产品传动精度可提高至 $1.5～2.9\times10^{-4}$ rad；减速单元最大背隙为 $1.0～17.5\times10^{-5}$ rad。SHD-2UH 系列超薄型减速单元的额定输出转矩为 3.7～206 N·m，最高输入转速为 8500～4000 r/min、平均输入转速为 3500～3000r/min。减速单元传动精度为 $2.9～4.4\times10^{-4}$ rad，滞后量为 $2.9～5.8\times10^{-4}$ rad，最大背隙可忽略不计。

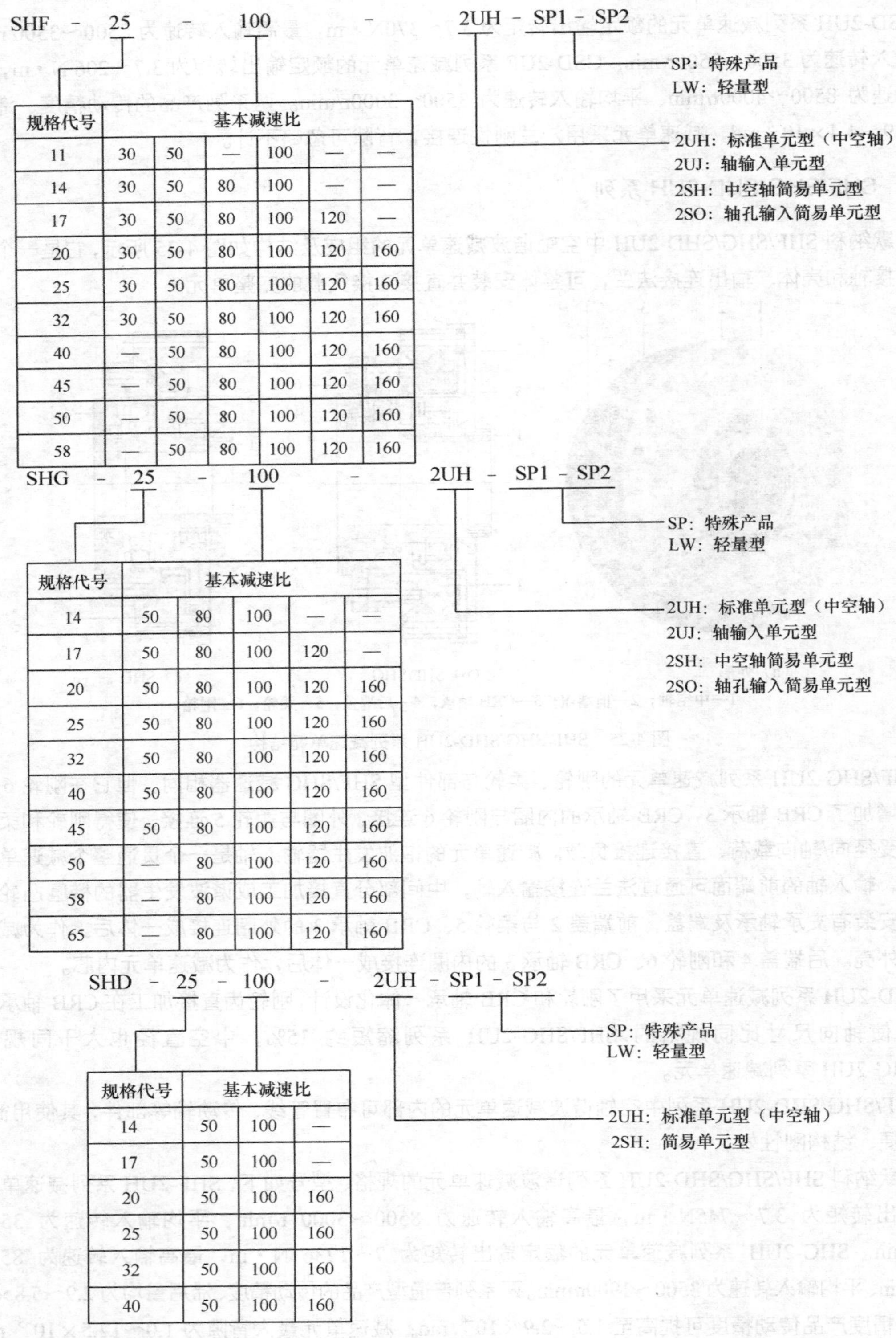

规格代号	基本减速比					
11	30	50	—	100	—	—
14	30	50	80	100	—	—
17	30	50	80	100	120	—
20	30	50	80	100	120	160
25	30	50	80	100	120	160
32	30	50	80	100	120	160
40	—	50	80	100	120	160
45	—	50	80	100	120	160
50	—	50	80	100	120	160
58	—	50	80	100	120	160

规格代号	基本减速比				
14	50	80	100	—	—
17	50	80	100	120	—
20	50	80	100	120	160
25	50	80	100	120	160
32	50	80	100	120	160
40	50	80	100	120	160
45	50	80	100	120	160
50	—	80	100	120	160
58	—	80	100	120	160
65	—	80	100	120	160

规格代号	基本减速比		
14	50	100	—
17	50	100	—
20	50	100	160
25	50	100	160
32	50	100	160
40	50	100	160

4．SHF/SHG-2UJ系列

哈默纳科SHF/SHG-2UJ系列轴输入谐波减速单元的结构相同、安装尺寸一致，减速单元的组成及内部结构如图 4-26 所示，它是一个带有标准输入轴、输出连接法兰，可整体安装与直接连接负载的完整单元。

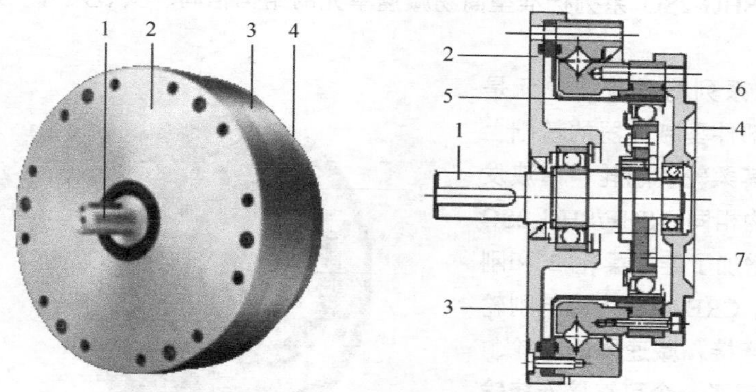

1—输入轴；2—前端盖；3—CRB 轴承；4—后端盖；5—柔轮；6—刚轮；7—谐波发生器

图 4-26 SHF/SHG-2UJ 系列减速单元结构

SHF/SHG-2UJ 系列减速单元的刚轮、柔轮和 CRB 轴承结构与 SHF/SHG-2UH 中空轴谐波减速单元相同，但其谐波发生器输入为带键标准轴。

采用轴输入的谐波减速单元可直接安装同步带轮或齿轮等传动部件，其使用非常简单、安装方便。

哈默纳科 SHF/SHG-2UJ 系列谐波减速单元的规格、型号，可参见 SHF/SHG/SHD-2UH 系列谐波减速单元说明。

SHF-2UJ 系列减速单元的额定输出转矩为 3.7～745N · m，最高输入转速为 8500～3000 r/min、平均输入转速为 3500～2200r/min。SHG-2UJ 系列减速单元的额定输出转矩为 7～1236 N · m，最高输入转速为 8500～2800r/min、平均输入转速为 3500～1900r/min。两系列普通型产品的传动精度、滞后量均为 $2.9～5.8\times10^{-4}$ rad，高精度产品传动精度可提高至 $1.5～2.9\times10^{-4}$ rad，减速单元最大背隙为 $1.0～17.5\times10^{-5}$ rad。

4.3.4 简易单元型减速器

哈默纳科简易单元型（Simple unit type）谐波减速器是单元型谐波减速器的简化结构，它保留了单元型谐波减速器的刚轮、柔轮、谐波发生器和 CRB 轴承 4 个核心部件，取消了壳体和部分输入、输出连接部件，提高了产品性价比。

哈默纳科简易单元型谐波减速器的基本结构如表 4-5 所示，简要说明如下。

表 4-5 哈默纳科简易单元型谐波减速器产品系列与结构

系列	结构类型（轴向长度）	柔轮形状	输入连接	其他特征
SHF-2SO	标准	礼帽	标准轴孔、联轴器柔性连接	无
SHG-2SO	标准	礼帽	标准轴孔、联轴器柔性连接	高转矩
SHD-2SH	超薄	礼帽	中空法兰刚性连接	中空
SHF-2SH	标准	礼帽	中空轴、法兰刚性连接	中空
SHG-2SH	标准	礼帽	中空轴、法兰刚性连接	中空、高转矩

1. SHF/SHG-2SO 系列

哈默纳科 SHF/SHG-2SO 系列标准型简易减速单元的结构相同、安装尺寸一致，其组成及结构如图 4-27 所示。

SHF/SHG-2SO 系列简易减速单元是在 SHF/SHG 系列部件型减速器的基础上发展起来的产品，其柔轮、刚轮、谐波发生器输入组件的结构相同。SHF/SHG-2SO 系列简易减速单元增加了连接柔轮 2 和刚轮 3 的 CRB 轴承 4，CRB 轴承内圈与刚轮连接、外圈与柔轮连接，减速器的柔轮、刚轮和 CRB 轴承构成了一个可直接连接输入及负载的整体。

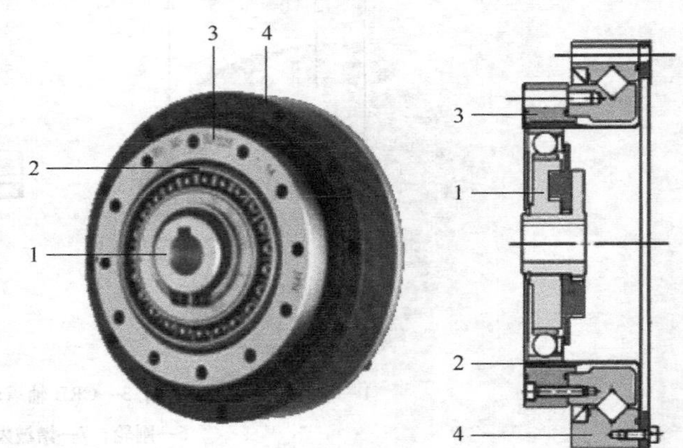

1—谐波发生器输入组件；2—柔轮；3—刚轮；4—CRB 轴承

图 4-27　SHF/SHG-2SO 简易减速单元结构

哈默纳科 SHF/SHG-2SO 系列简易谐波减速单元的规格、型号，可参见 SHF/SHG-2UH 系列谐波减速单元说明。

SHF-2SO 系列简易减速单元的额定输出转矩为 3.7～745N · m，最高输入转速为 8500～3000 r/min、平均输入转速为 3500～2200r/min。SHG-2SO 系列简易减速单元的额定输出转矩为 7～1236 N · m，最高输入转速为 8500～2800r/min、平均输入转速为 3500～1900r/min。两系列普通型产品的传动精度、滞后量均为 $2.9 \sim 5.8 \times 10^{-4}$ rad，高精度产品传动精度可提高至 $1.5 \sim 2.9 \times 10^{-4}$ rad，减速单元最大背隙为 $1.0 \sim 17.5 \times 10^{-5}$ rad。

2. SHD-2SH 系列

哈默纳科 SHD-2SH 系列超薄型简易谐波减速单元的组成及结构如图 4-28 所示。

SHD-2SH 系列超薄型简易谐波减速单元的柔轮为礼帽形，谐波发生器输入为法兰刚性连接，谐波发生器凸轮与输入法兰设计成一体，刚轮齿直接加工在 CRB 轴承 4 内圈上，柔轮与 CRB 轴承外圈连接。由于减速单元采用了最简设计，它是目前哈默纳科轴向尺寸最小的减速器。

哈默纳科 SHD-2SH 系列简易谐波减速单元的规格、型号可参见 SHD-2UH 系列谐波减速单元说明。

SHD-2SH 系列简易减速单元的额定输出转矩为 3.7～206N · m，最高输入转速为 8500～ 4000r/min、平均输入转速为 3500～3000r/min。减速单元的传动精度为 $2.9 \sim 4.4 \times 10^{-4}$ rad，滞后量均为 $2.9 \sim 5.8 \times 10^{-4}$ rad。由于输入为法兰刚性连接，背隙可忽略不计。

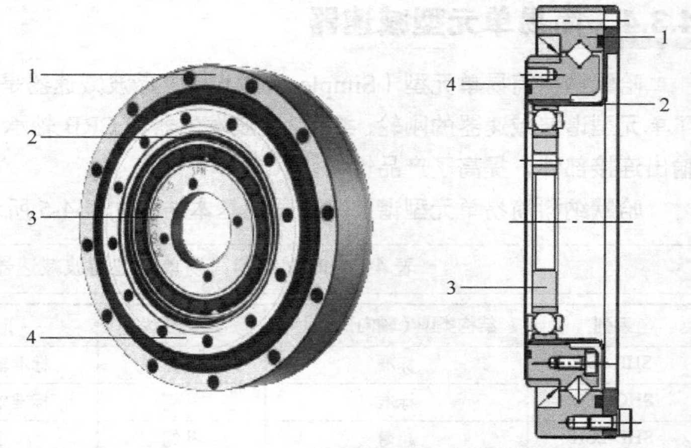

1—CRB 轴承（外圈）；2—柔轮；3—谐波发生器；4—刚轮（CRB 轴承内圈）

图 4-28　SHD-2SH 减速器结构

3．SHF/SHG-2SH 系列

哈默纳科 SHF/SHG-2SH 系列中空轴简易单元型谐波减速器的结构相同、安装尺寸一致，其组成及结构如图 4-29 所示。

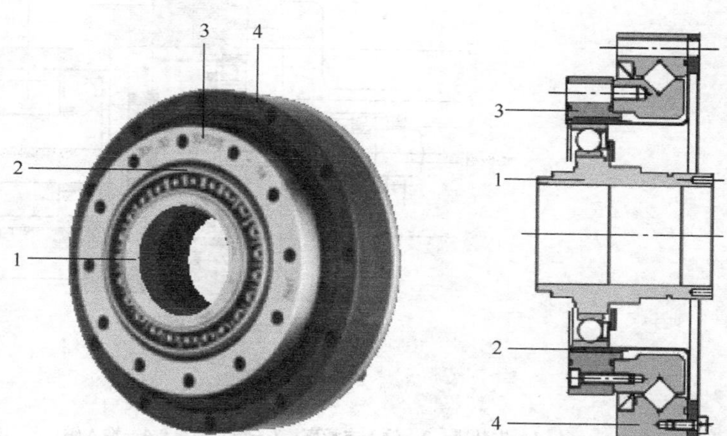

1—谐波发生器输入组件；2—柔轮；3—刚轮；4—CRB 轴承

图 4-29　SHF/SHG-2SH 简易减速单元结构

SHF/SHG-2SH 系列中空轴简易单元型谐波减速器是在 SHF/SHG-2UH 系列中空轴单元型谐波减速器基础上派生的产品，它保留了谐波减速单元的柔轮、刚轮、CRB 轴承和谐波发生器的中空输入轴等核心部件，取消了前后端盖、支撑轴承及相关的连接件。减速单元的柔轮、刚轮、CRB 轴承设计成统一的整体，但谐波发生器中空输入轴的支撑部件，需要用户自行设计。

哈默纳科 SHF/SHG-2SO 系列简易谐波减速单元的规格、型号，可参见 SHF/SHG-2UH 系列谐波减速单元说明。

SHF-2SH 系列简易减速单元的额定输出转矩为 3.7～745N・m，最高输入转速为 8500～3000 r/min、平均输入转速为 3500～2200r/min。SHG-2SH 系列简易减速单元的额定输出转矩为 7～1236 N・m，最高输入转速为 8500～2800r/min、平均输入转速为 3500～1900r/min。两系列普通产品的传动精度、滞后量均为 $2.9 \sim 5.8\times10^{-4}$ rad，高精度产品的传动精度可提高至 $1.5 \sim 2.9\times10^{-4}$ rad；减速单元最大背隙为 $1.0 \sim 17.5\times10^{-5}$ rad。

4.4　谐波减速器的安装维护

4.4.1　部件型谐波减速器

1．传动系统设计

部件型谐波减速器需要用户自行设计输入、输出传动系统，传动系统结构可参照图 4-30 设计。若谐波发生器的输入为电机轴，由于电机轴本身有可靠的前后支承，谐波发生器可直接安装在电机轴上，无须再进行输入侧的传动系统设计。

谐波减速器传动系统设计的要点如下。

① 传动系统设计应保证输入轴 4、输出轴 11 和谐波减速器刚轮 7 的同轴。不同结构类型的谐波减速器的安装孔、安装面的要求见下述。

② 谐波减速器工作时，将产生轴向力，输入轴 4 应有可靠的轴向定位措施，以防止谐波发生器出现轴向窜动。

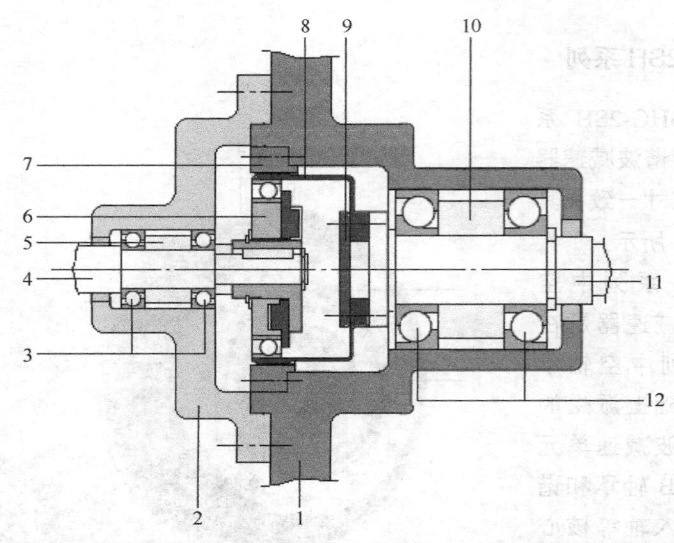

1—安装座；2—输入支承座；3—输入轴承；4—输入轴；5、10—隔套；6—谐波发生器；
7—刚轮；8—柔轮；9—固定圈；11—输出轴；12—输出轴承

图 4-30　传动系统参考结构

③ 柔轮 8 和输出轴 11 的连接，必须按照要求使用规定的固定件 9，而不能使用普通的螺钉加垫圈固定。

④ 谐波减速器工作时，柔轮 8 将产生弹性变形，因此，柔轮 8 和安装座 1 间应有留有足够的柔轮弹性变形空间。

⑤ 输入轴 4 和输出轴 11 原则上应使用 2 对轴承、进行 2 点支承。支承设计时，应使用能同时承受径向、轴向载荷的支承形式，如组合角接触球轴承、CRB 轴承等。

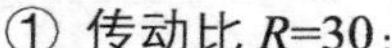

谐波减速器在运行时将产生轴向力。谐波减速器用于减速、增速时，轴向力方向有图 4-31 所示的区别。

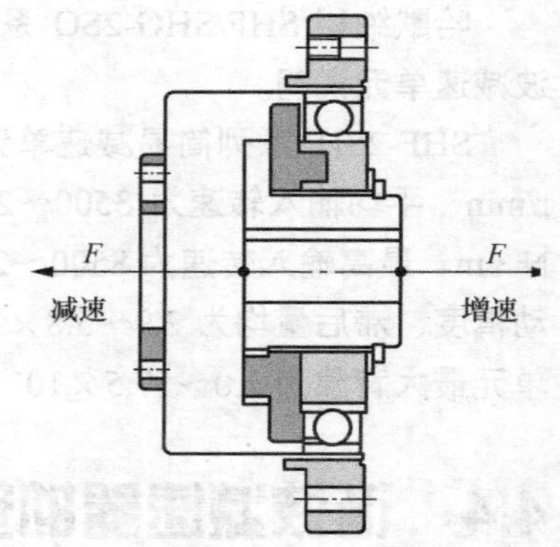

图 4-31　轴向力方向

谐波发生器轴向力大小与传动比、减速器规格、负载转矩有关。哈默纳科不同传动比的减速器轴向力 F 的计算式分别如下。

① 传动比 R=30：

$$F=\frac{0.14T\tan 32^\circ}{0.00254\times(\text{减速器规格号})}$$

② 传动比 R=50：

$$F=\frac{0.14T\tan 30^\circ}{0.00254\times(\text{减速器规格号})}$$

③ 传动比 $R\geqslant 80$：

$$F=\frac{0.14T\tan 20^\circ}{0.00254\times(\text{减速器规格号})}$$

F：轴向力（N）；

T：负载转矩（N・m），计算最大轴向力时，可以使用减速器瞬间最大转矩值。

例如，Harmonic Drive System CSF-32-50-2A 标准部件型谐波减速器的规格号为 32、传动比为 50、瞬间最大转矩为 382N · m，其最大轴向力可计算如下：

$$F=\frac{0.14\times 382\times \tan 30°}{0.00254\times 32}=380(\text{N})$$

2. 安装公差及检查

部件型谐波减速器对安装、支承面的公差要求如图 4-32、表 4-6 所示。

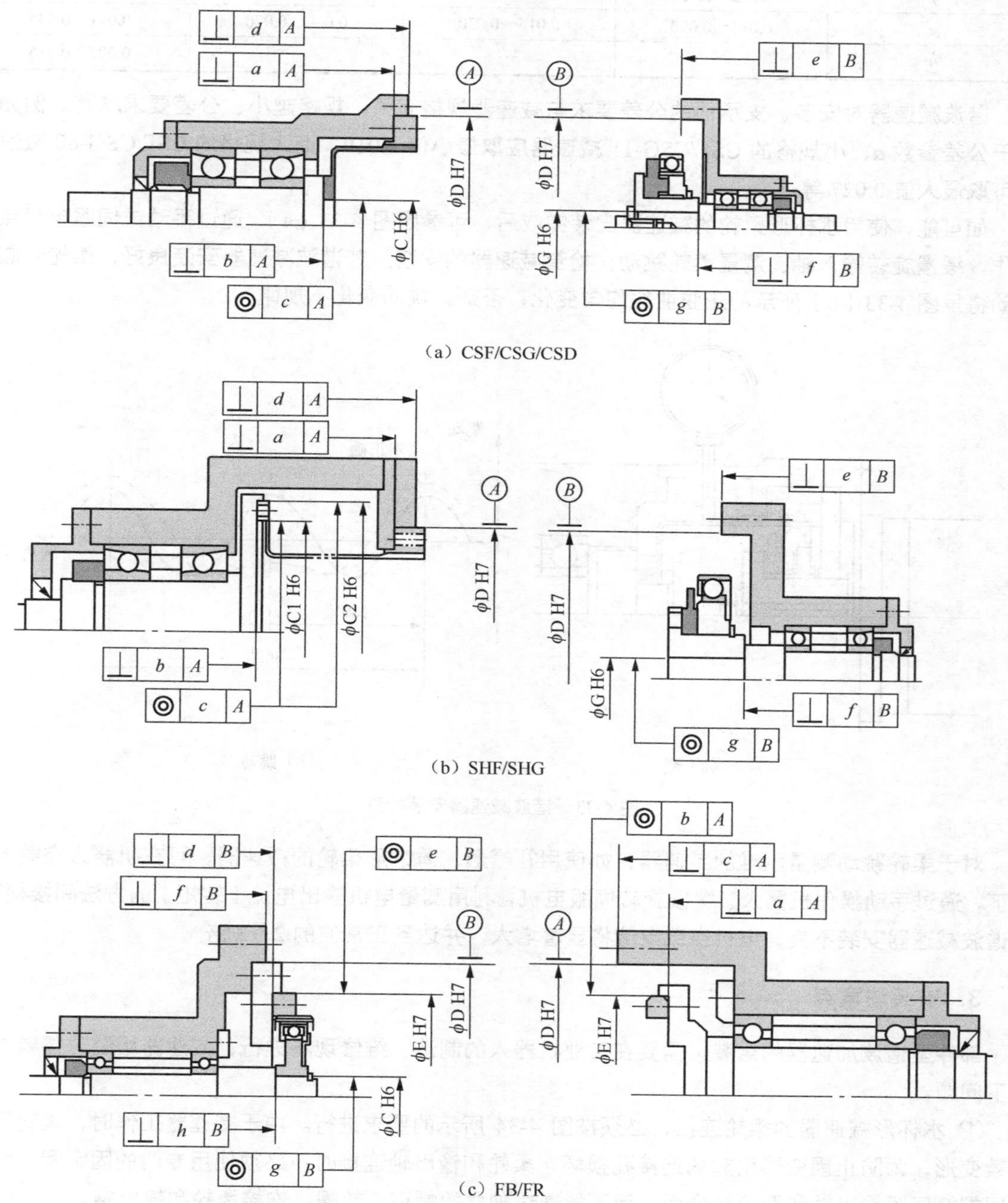

图 4-32 部件型谐波减速器安装、支承面公差要求

表 4-6　部件型谐波减速器的安装公差参考

参数代号	CSF/CSG	CSD	SHF/SHG	FB/FR
a	0.010～0.027	0.011～0.018	0.011～0.023	0.013～0.057
b	0.006～0.040	0.008～0.030	0.016～0.067	0.015～0.038
c	0.008～0.043	0.015～0.030	0.015～0.035	0.016～0.068
d	0.010～0.043	0.011～0.028	0.011～0.034	0.013～0.057
e	0.010～0.043	0.011～0.028	0.011～0.034	0.015～0.038
f	0.012～0.036	0.008～0.015	0.017～0.032	0.016～0.068
g	0.015～0.090	0.016～0.030	0.030～0.070	0.011～0.035
h	—	—	—	0.007～0.015

谐波减速器对安装、支承面的公差要求与减速器规格有关，规格越小、公差要求越高。例如，对于公差参数 *a*，小规格的 CSF/CSG-11 减速器应取最小值 0.010，而大规格的 CSF/CSG-80 减速器则可取最大值 0.027 等。

如可能，使用水杯形柔轮的减速器安装完成后，可参照图 4-33（a），通过手动或伺服电机点动操作，缓慢旋转输入轴、测量柔轮跳动，检查减速器的安装。若谐波减速器安装良好，柔轮外圆的跳动将呈图 4-33（b）所示的正弦曲线均匀变化，否则，跳动变化不规律。

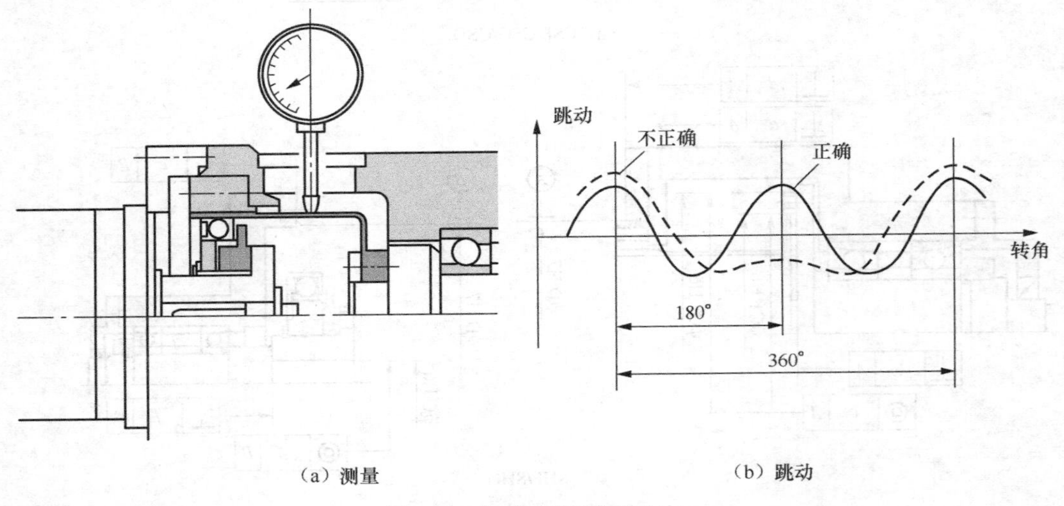

（a）测量　（b）跳动

图 4-33　谐波减速器安装检查

对于柔轮跳动测量困难的减速器，如使用礼帽形、薄饼形柔轮的减速器，可在机器人空载的情况下，通过手动操作机器人、缓慢旋转伺服电机，利用测量电机输出电流（转矩）的方法间接检查，若谐波减速器安装不良，电机空载电流将显著增大，并达到正常值的 2～3 倍。

3．安装注意点

部件型谐波加速器的组装，需要在工业机器人的制造、维修现场进行，减速器组装时需要注意以下问题。

① 水杯形减速器的柔轮连接，必须按图 4-34 所示的要求进行。由于减速器工作时，柔轮需要连续变形，为防止因变形引起的连接孔损坏，柔轮和输出轴连接时，必须使用专门的固定圈、利用紧固螺钉压紧输出轴和柔轮结合面，而不能通过独立的螺钉、垫圈，连接柔轮和输出轴。

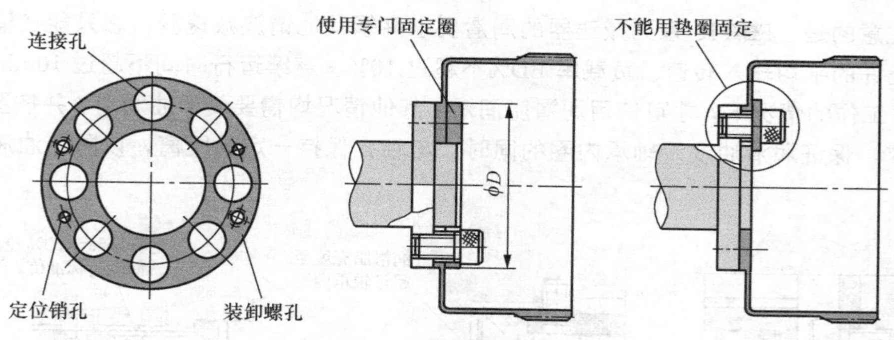

图 4-34　水杯形柔轮安装要求

② 礼帽形减速器的柔轮安装与连接，需要注意图 4-35 所示的问题。第一，柔轮固定螺钉不得使用垫圈，也不能反向安装固定螺钉；第二，由于结构原因，礼帽形柔轮的根部变形十分困难，因此，在装配谐波发生器时，柔轮需要从与刚轮啮合的齿圈侧安装，不能从柔轮固定侧安装谐波发生器，单元型减速器同样需要遵守这一原则。

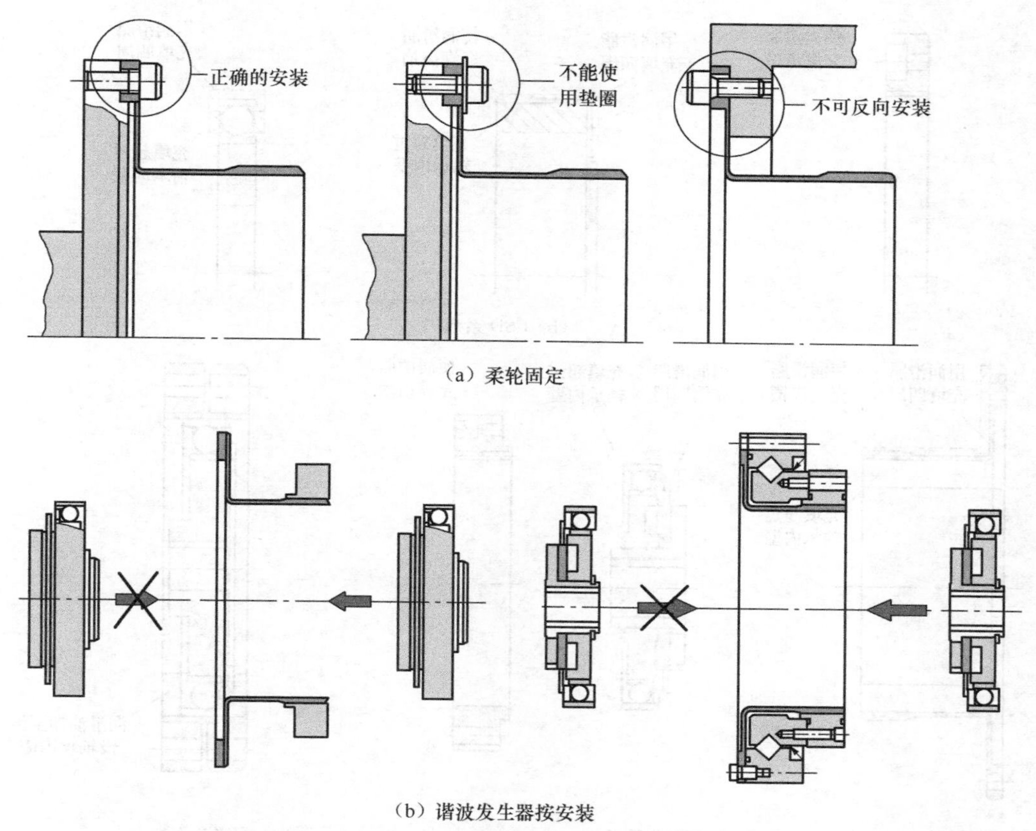

（a）柔轮固定

（b）谐波发生器按安装

图 4-35　礼帽形柔轮的安装

4．润滑要求

工业机器人用的谐波减速器一般都采用脂润滑，部件型减速器的润滑脂需要由机器人生产厂家自行充填。使用不同形状柔轮的减速器，其润滑脂的填充要求如图 4-36 所示。

需要注意的是：FB/FR 系列减速器的润滑要求高于其他谐波减速器，它只能在输入转速低于减速器允许的平均输入转速、负载率 ED%不超过 10%、连续运行时间不超过 10min 的低速、断续、短时工作的情况下，才可使用润滑脂润滑。其他情况均需要使用油润滑，并按图 4-36（c）所示的要求，保证润滑油浸没轴承内圈的同时，与轴孔保持一定的距离，以防止油液的渗漏和溢出。

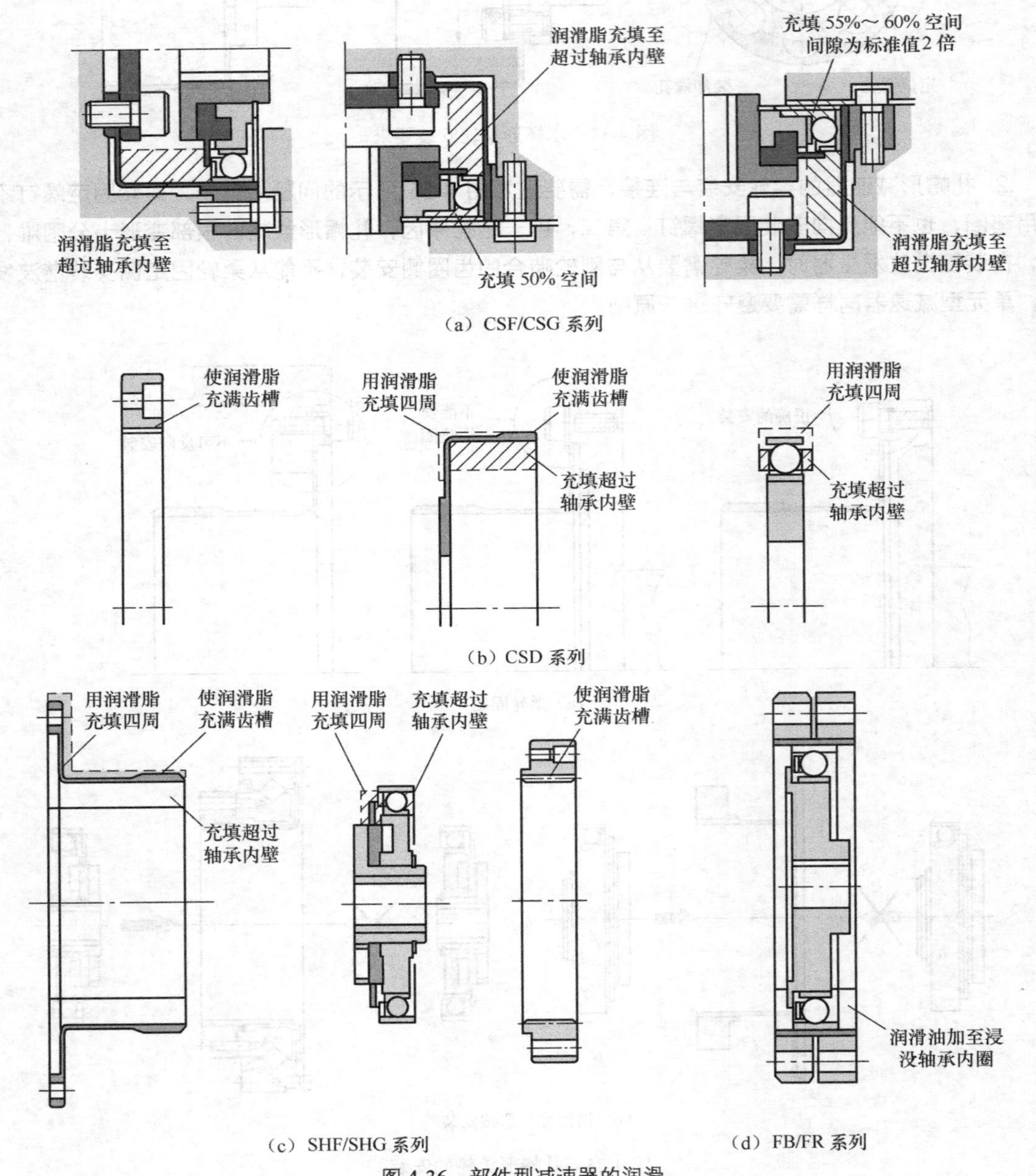

图 4-36　部件型减速器的润滑

润滑脂的补充和更换时间与减速器的实际工作转速、环境温度等因素有关，实际工作转速和环境温度越高，补充和更换润滑脂的周期越短。润滑脂型号、注入量、补充时间，在减速器、机器人使用维护手册上，一般都有具体的要求。用户使用时，应可按照生产厂的要求进行。

4.4.2 单元型谐波减速器

1. 传动系统设计

单元型谐波减速器带有外壳和 CRB 输出轴承，减速器的刚轮、柔轮、谐波发生器、壳体、CRB 轴承被整体设计成统一的单元。减速器输出有高刚性、精密 CRB 轴承支承，可直接连接负载。因此，其传动系统设计时，一般只需要设计输入减速器的传动系统。

单元型减速器的输入传动系统设计要求，与同类型的部件型减速器相同，传动系统的结构可参照部件型减速器。

采用标准轴孔输入的单元型谐波减速器，通常直接以电机轴作为输入，其传动系统结构可参照图 4-37 设计。电机和减速器壳体一般利用过渡板连接，为了避免谐波发生器的轴向窜动，电机轴端需要安装轴向定位块。

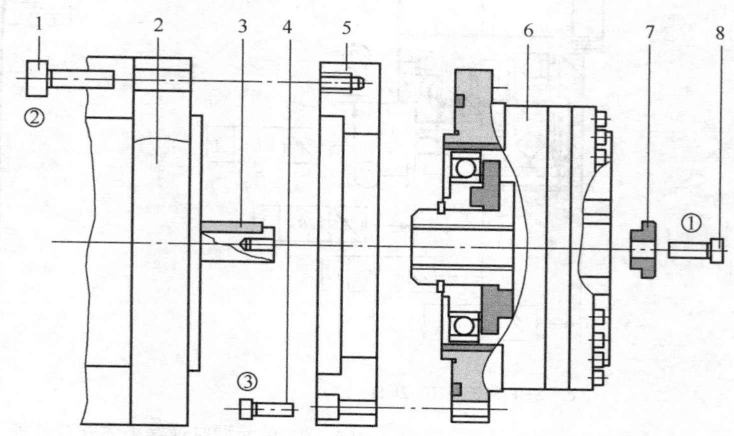

1、4、8—螺钉；2—电机；3—键；5—过渡板；6—减速器；7—定位块

图 4-37 单元型减速器与电机的连接

2. 安装公差要求

① 壳体。单元型谐波减速器对壳体安装、支承面的公差要求如图 4-38、表 4-7 所示。安装公差要求同样与减速器规格有关，减速器规格越小、公差要求就越高。

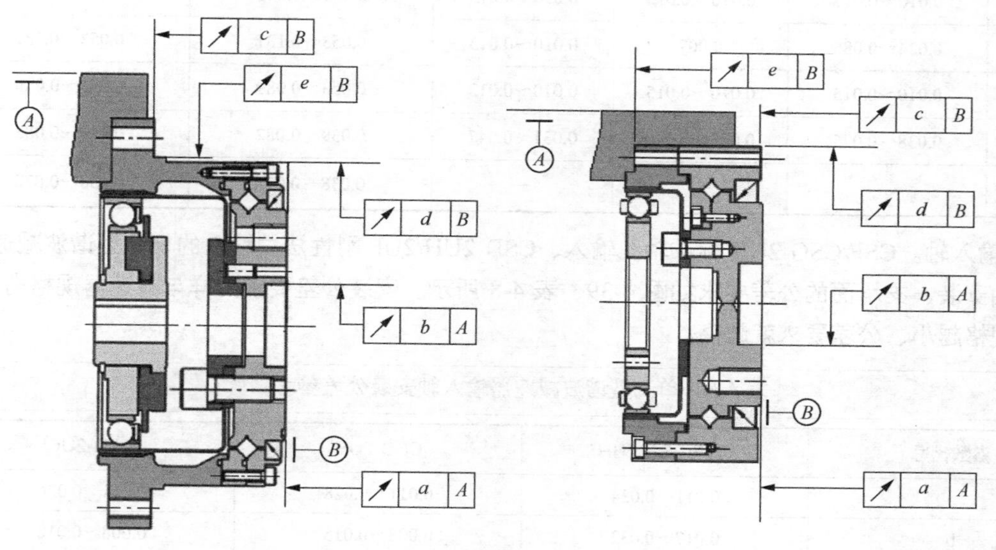

（a）CSF/CSG-2UH （b）CSD-2UH/2UF

图 4-38 单元型减速器壳体安装公差

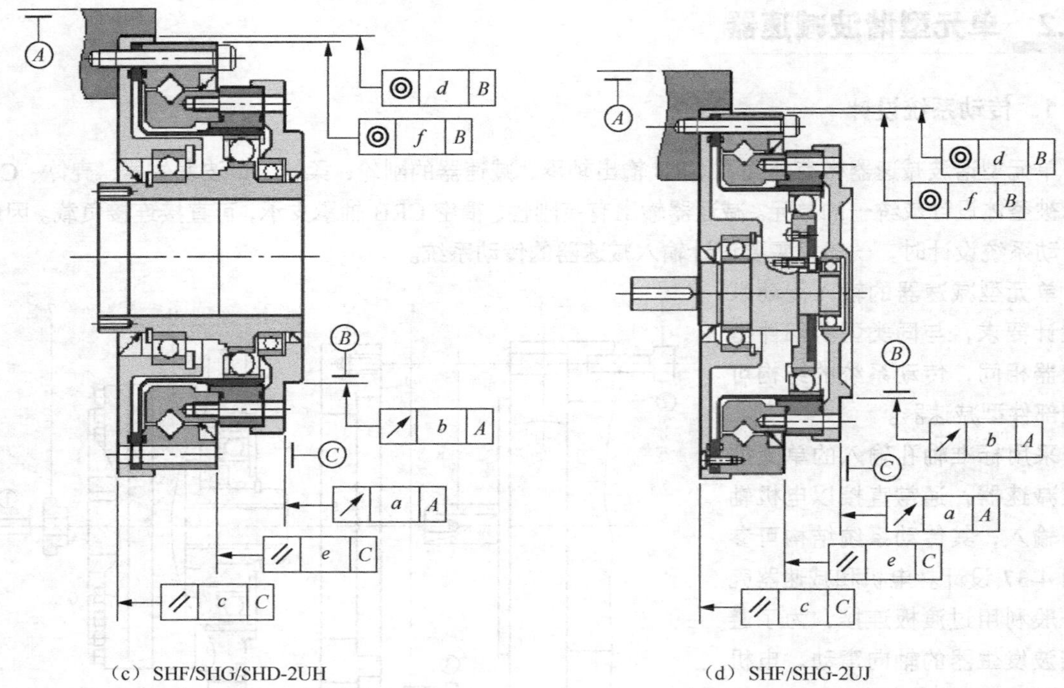

（c）SHF/SHG/SHD-2UH （d）SHF/SHG-2UJ

图 4-38 单元型减速器壳体安装公差（续）

表 4-7 单元型谐波减速器壳体安装公差参考

参数代号	CSF/CSG-2UH	CSD-2UH	CSD-2UF	SHF/SHG/SHD-2UH	SHF/SHG-2UJ
a	0.010～0.018	0.010～0.018	0.010～0.015	0.033～0.067	0.033～0.067
b	0.010～0.017	0.010～0.015	0.010～0.013	0.035～0.063	0.035～0.063
c	0.024～0.085	0.007	0.010～0.013	0.053～0.131	0.053～0.131
d	0.010～0.015	0.010～0.015	0.010～0.013	0.053～0.089	0.053～0.089
e	0.038～0.075	0.025～0.040	0.031～0.047	0.039～0.082	0.039～0.082
f	—	—	—	0.038～0.072	0.038～0.072

② 输入轴。CSF/CSG-2UH 标准轴孔输入、CSD-2UH/2UF 刚性法兰输入的单元型谐波减速器，对输入轴安装、支承面的公差要求如图 4-39、表 4-8 所示。安装公差要求同样与减速器规格有关，减速器规格越小、公差要求就越高。

表 4-8 单元型谐波减速器输入轴安装公差参考

参数代号	CSF/CSG-2UH	CSD-2UH	CSD-2UF
a	0.011～0.034	0.011～0.028	0.011～0.026
b	0.017～0.032	0.008～0.015	0.008～0.012
c	0.030～0.070	0.016～0.030	0.016～0.024

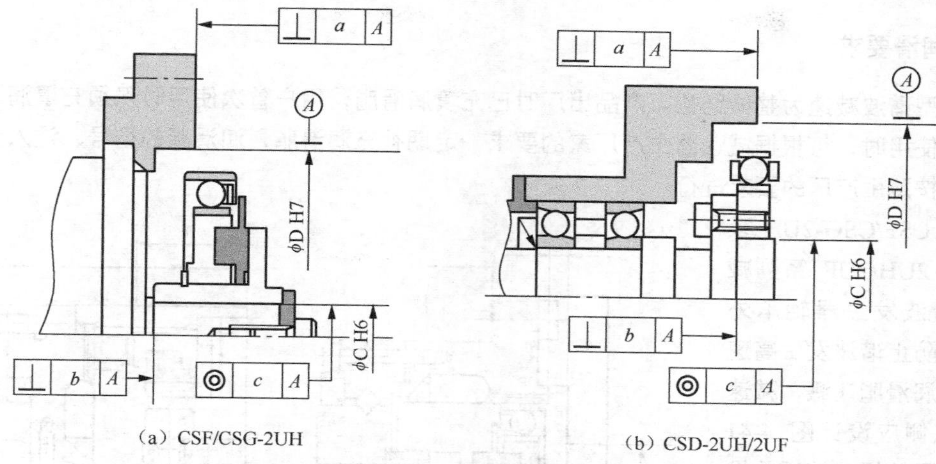

图 4-39 单元型减速器输入轴安装公差

③ 输出轴。SHF/SHG/SHD-2UH 中空轴输入、SHF/SHG-2UJ 轴输入的单元型谐波减速器，对输出轴安装、支承面的公差要求如图 4-40、表 4-9 所示。安装公差要求同样与减速器规格有关，减速器规格越小、公差要求就越高。

表 4-9 单元型谐波减速器输出轴安装公差参考

参数代号	SHF/SHG/SHD-2UH	SHF/SHG-2UJ
a	0.027～0.076	0.027～0.076
b	0.031～0.054	0.031～0.054
c	0.053～0.131	0.053～0.131
d	0.053～0.089	0.053～0.089

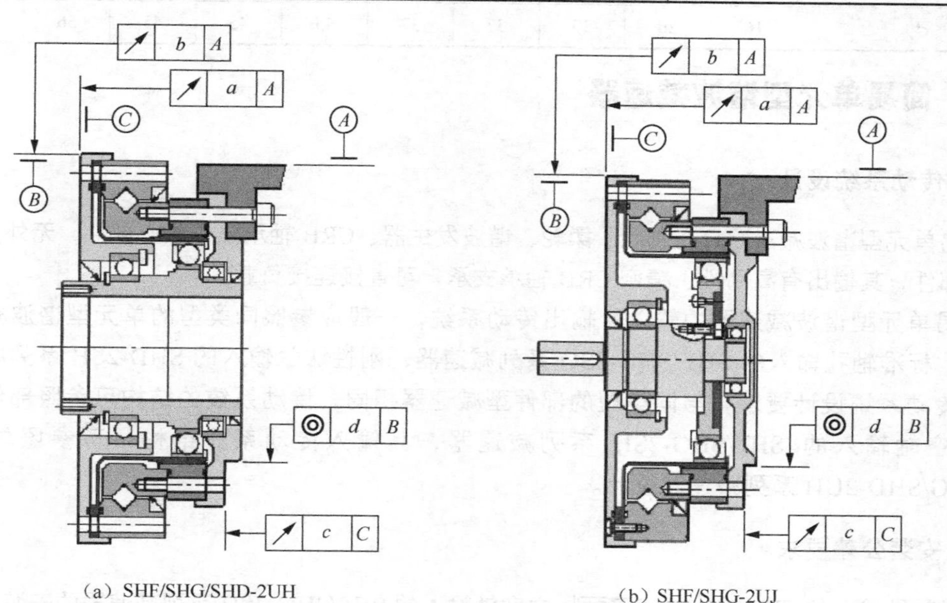

图 4-40 单元型减速器输入轴安装公差

3．润滑要求

单元型谐波减速为整体结构，产品出厂时已充填润滑脂，用户首次使用时无须充填润滑脂。减速器长期使用时，可根据减速器生产厂家的要求，定期补充润滑脂，润滑脂的型号、注入量、补充时间，应按照生产厂的要求进行。

由于CSF/CSG-2UH系列、CSD-2UH/2UF系列减速器的谐波发生器轴承外露，为了防止谐波发生高速运转时的润滑脂飞溅，减速器的输入侧应设计图4-41所示的防溅挡板，挡板的推荐尺寸如表4-10所示。SHF/SHG/SHD-2UH中空轴输入、SHF/SHG-2UJ轴输入减速器的谐波发生器轴承安装在单元内部，无须防溅挡板。

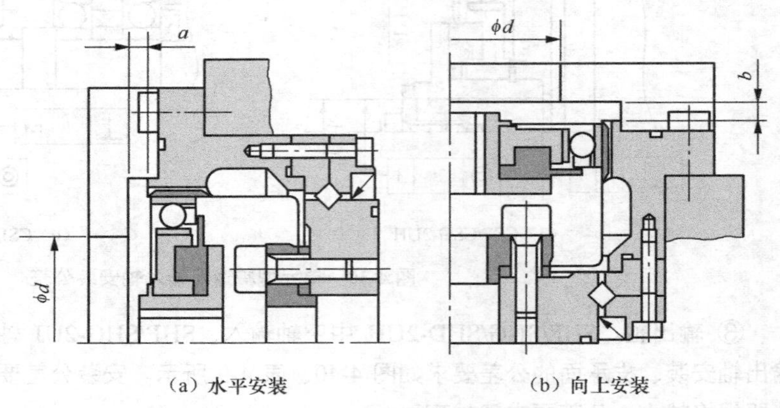

图4-41　防溅挡板的设计

表4-10　单元型减速器防溅挡板尺寸

规格	14	17	20	25	32	40	45	50	58	65
a（水平或向下安装）	1	1	1.5	1.5	1.5	2	2	2	2.5	2.5
b（向上安装）	3	3	4.5	4.5	4.5	6	6	6	7.5	7.5
d	16	26	30	37	37	45	45	45	56	62

4.4.3　简易单元型谐波减速器

1．传动系统设计

简易单元型谐波减速器只有刚轮、柔轮、谐波发生器、CRB轴承4个核心部件，无外壳及中空轴支承部件，其输出有高刚性、精密CRB轴承支承，可直接连接负载。

简易单元型谐波减速器的输入、输出传动系统，一般应参照同类型的单元型谐波减速器进行设计。标准轴孔输入的SHF/SHG-2SO系列减速器、刚性法兰输入的SHD-2SH系列减速器，其输入传动系统设计要求，与同类型的部件型减速器相同，传动系统的结构可参照部件型减速器。中空轴输入的SHF/SHG-2SH系列减速器，其输入传动系统结构，可参照单元型的SHF/SHG/SHD-2UH系列减速器设计。

2．安装公差要求

标准轴孔输入的SHF/SHG-2SO系列、中空轴输入的SHF/SHG-2SH系列减速器的安装公差要求相同，减速器对安装支承面、连接轴的公差要求如图4-42、表4-11所示。

表 4-11　SHF/SHG-2SO/2SH 系列减速单元安装公差要求

规格	14	17	20	25	32	40	45	50	58
a	0.011	0.015	0.017	0.024	0.026	0.026	0.027	0.028	0.031
b	0.017	0.020	0.020	0.024	0.024	0.024	0.032	0.032	0.032
c	0.030	0.034	0.044	0.047	0.047	0.050	0.063	0.066	0.068

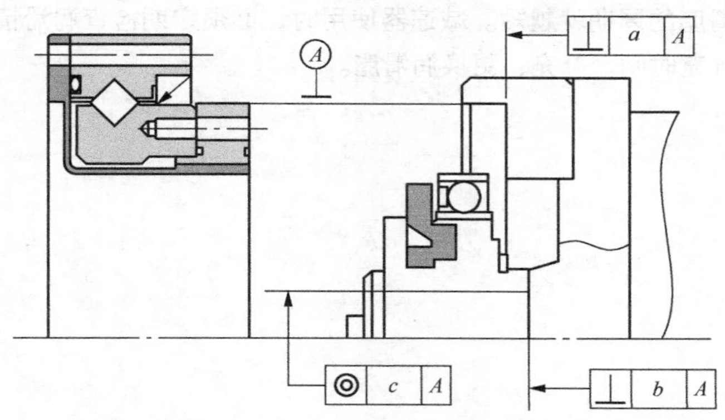

图 4-42　SHF/SHG-2SO/2SH 系列减速器安装公差

输入采用法兰刚性连接的 SHD-2SH 系列中空轴、超薄型简易谐波减速单元对安装支承面、连接轴的公差要求如图 4-43、表 4-12 所示。

表 4-12　SHD-2SH 系列减速单元安装公差要求

规格	14	17	20	25	32	40
a	0.016	0.021	0.027	0.035	0.042	0.048
b	0.015	0.018	0.019	0.022	0.022	0.024
c	0.011	0.012	0.013	0.014	0.016	0.016
d	0.008	0.010	0.012	0.012	0.012	0.012
e	0.016	0.018	0.019	0.022	0.022	0.024

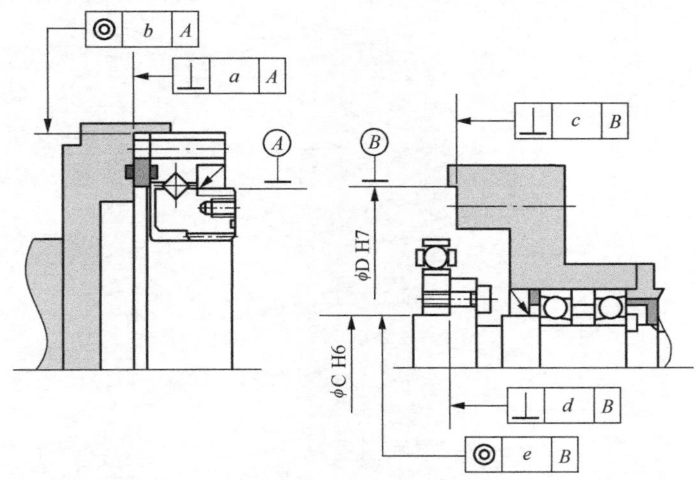

图 4-43　SHD-2SH 系列减速器安装公差

3．润滑要求

简易单元型谐波减速器的润滑脂需要由机器人生产厂家自行充填，减速单元的润滑脂充填要求可参照同类型的部件型减速器。为了防止谐波发生高速运转时的润滑脂飞溅，减速单元两侧同样需要设计防溅挡板，防溅挡板的尺寸可参照单元型谐波减速器设计。

润滑脂的补充和更换时间与减速器的实际工作转速、环境温度有关，实际工作转速、环境温度越高，补充和更换润滑脂的周期就越短。减速器使用时，必须定期检查润滑情况，并按照生产厂要求的型号、注入量、补充时间，补充、更换润滑脂。

5.1 变速原理与产品

5.1.1 RV 齿轮变速原理

1. 基本结构

RV 减速器是旋转矢量（Rotary Vector）减速器的简称，它是在传统摆线针轮、行星齿轮传动装置的基础上，发展出来的一种新型传动装置。与谐波减速器一样，RV 减速器实际上既可用于减速、也可用于升速，但由于传动比很大（通常为 30～260），因此，在工业机器人、数控机床等产品上应用时，一般较少用于升速，故习惯上称 RV 减速器。本书在一般场合也将使用这一名称。

RV 减速器由日本 Nabtesco Corporation（纳博特斯克公司）的前身——日本的帝人制机（Teijin Seiki，）公司于 1985 年率先研发，并获得了日本的专利。RV 减速器从 1986 年开始商品化生产和销售，并成为工业机器人回转减速的核心部件，得到了极为广泛的应用。

纳博特斯克 RV 减速器的基本结构如图 5-1 所示。减速器由芯轴、端盖、针轮、输出法兰、行星齿轮、曲轴组件、RV 齿轮等部件构成，由外向内可分为针轮层、RV 齿轮层（包括端盖 2、输出法兰 5 和曲轴组件 7）、芯轴层 3 层，每一层均可旋转。

① 针轮层。减速器外层的针轮 3 是一个内侧加工有针齿的内齿圈，外侧加工有法兰和安装孔，可用于减速器固定或输出连接。针轮 3 和 RV 齿轮 9 间一般安装有针齿销 10，当 RV 齿轮 9 摆动时，针齿销可迫使针轮与输出法兰 5 产生相对回转。为了简化结构、减少部件，针轮也可加工成与 RV 齿轮直接啮合的内齿圈，省略针齿销。

② RV 齿轮层。RV 齿轮层由 RV 齿轮 9、端盖 2、输出法兰 5 和曲轴组件 7 等组成，RV 齿轮、端盖、输出法兰为中空结构，内孔用来安装芯轴。曲轴组件 7 数量与减速器规格有关，小规格减速器一般布置 2 组，中大规格减速器布置 3 组。

输出法兰 5 的内侧有 2～3 个连接脚，用来固定安装曲轴前支承轴承的端盖 2。端盖 2 和法兰的中间位置安装有 2 片可摆动的 RV 齿轮 9，它们可在曲轴的驱动下作对称摆动，故又称摆线轮。

曲轴组件由曲轴 7、前后支承轴承 8、滚针 11 等部件组成，通常有 2～3 组，它们对称分布在圆周上，用来驱动 RV 齿轮摆动。

曲轴 7 安装在输出法兰 5 连接脚的缺口位置，前后端分别通过端盖 2、输出法兰 5 上的圆锥滚柱轴承支承。曲轴的后端是一段用来套接行星齿轮 6 的花键轴，曲轴可在行星齿轮 6 的驱动下旋转。曲轴的中间部位为 2 段偏心轴，偏心轴外圆上安装有多个驱动 RV 齿轮 9 摆动的滚针 11。当曲轴旋转时，2 段偏心轴上的滚针可分别驱动 2 片 RV 齿轮 9 进行 180° 对称摆动。

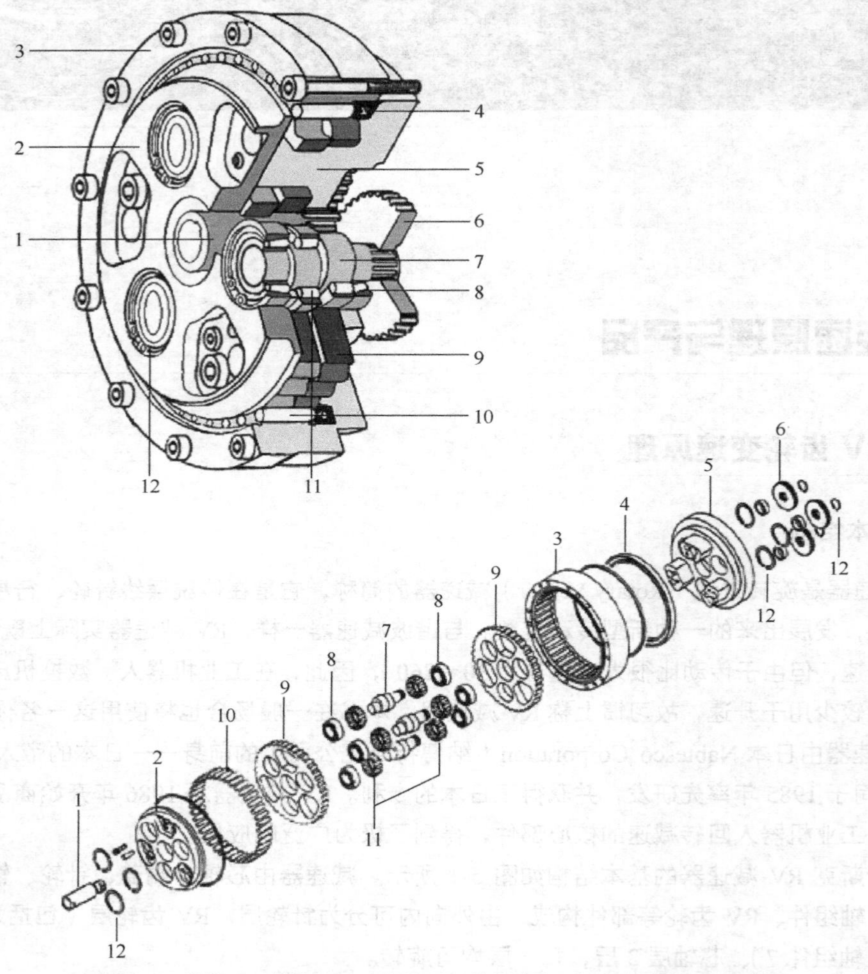

1—芯轴；2—端盖；3—针轮；4—密封圈；5—输出法兰；6—行星齿轮；7—曲轴；
8—圆锥滚柱轴承；9—RV 齿轮；10—针齿销；11—滚针；12—卡簧

图 5-1 RV 减速器的基本结构

③ 芯轴层。芯轴 1 安装在 RV 齿轮、端盖、输出法兰的中空内腔，芯轴可为齿轮轴或用来安装齿轮的花键轴。芯轴上的齿轮称太阳轮，它和套在曲轴上的行星齿轮 6 啮合，当芯轴旋转时，可驱动 2～3 组曲轴同步旋转、带动 RV 齿轮摆动。用于减速的 RV 减速器，芯轴通常用来连接输入，故又称输入轴。

因此，RV 减速器具有 2 级变速：芯轴上的太阳轮和套在曲轴上的行星齿轮间的变速是 RV 减速器的第 1 级变速，称正齿轮变速；通过 RV 齿轮 9 的摆动，利用针齿销 10 推动针轮 3 的旋转，是 RV 减速器的第 2 级变速，称差动齿轮变速。

2．变速原理

RV 减速器的变速原理如图 5-2 所示。

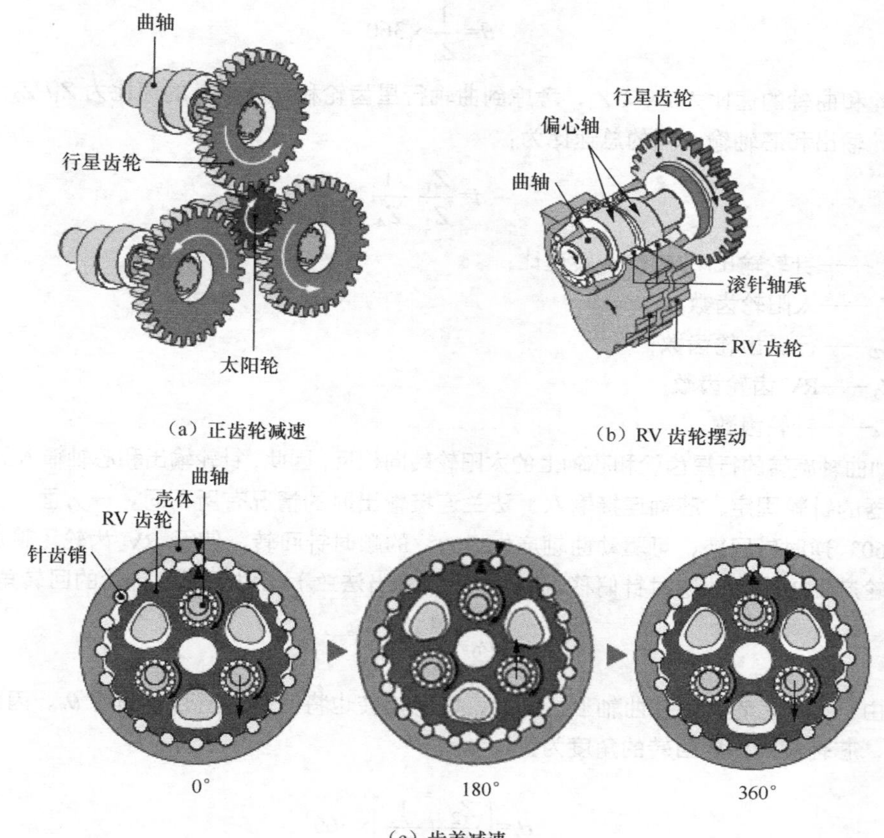

（a）正齿轮减速　　（b）RV 齿轮摆动

（c）齿差减速

图 5-2　RV 减速器的变速原理

① 正齿轮变速。正齿轮变速原理如图 5-2（a）所示，它是由行星齿轮和太阳轮实现的齿轮变速。若太阳轮的齿数为 Z_1、行星齿轮的齿数为 Z_2，则行星齿轮输出/芯轴输入的速比为 Z_1/Z_2，且转向相反。

② 差动齿轮变速。当曲轴在行星齿轮驱动下回转时，其偏心段将驱动 RV 齿轮作图 5-2（b）所示的摆动，由于曲轴上的 2 段偏心轴为对称布置，故 2 片 RV 齿轮可在对称方向同步摆动。

图 5-2（c）为其中的 1 片 RV 齿轮的摆动情况，另一片 RV 齿轮的摆动过程相同，但相位相差 180°。由于 RV 齿轮和针轮间安装有针齿销，当 RV 齿轮摆动时，针齿销将迫使针轮与输出法兰产生相对回转。

若 RV 减速器的 RV 齿轮齿数为 Z_3，针轮齿数为 Z_4（齿差为 1 时，$Z_4-Z_3=1$），减速器以输出法兰固定、芯轴连接输入、针轮连接负载输出轴的形式安装，并假设在图 5-2（c）所示的曲轴 0° 起始点上，RV 齿轮的最高点位于输出法兰-90° 位置、其针齿完全啮合，而 90° 位置的基准齿则完全脱开。

当曲轴顺时针旋动 180° 时，RV 齿轮最高点也将顺时针转过 180°，由于 RV 齿轮的齿数少于针轮 1 个齿，且输出法兰（曲轴）被固定，因此，针轮将相对于安装曲轴的输出法兰产生图 5-2（c）

所示的半个齿顺时针偏转。

进而，当曲轴顺时针旋动 360° 时，RV 齿轮最高点也将顺时针转过 360° ，针轮将相对于安装曲轴的输出法兰产生图 5-2（c）所示的 1 个齿顺时针偏转。因此，针轮相对于曲轴的偏转角度为：

$$\theta=\frac{1}{Z_4}\times 360°$$

即：针轮和曲轴的速比为 $i = 1/Z_4$，考虑到曲轴行星齿轮和芯轴输入的速比为 Z_1/ Z_2，故可得到减速器的针轮输出和芯轴输入间的总速比为：

$$i=\frac{Z_1}{Z_2}\cdot\frac{1}{Z_4}$$

式中　i ——针轮输出/芯轴输入转速比；

Z_1——太阳轮齿数；

Z_2——行星齿轮齿数；

Z_3——RV 齿轮齿数；

Z_4——针轮齿数。

由于驱动曲轴旋转的行星齿轮和芯轴上的太阳轮转向相反，因此，针轮输出和芯轴输入的转向相反。

当减速器的针轮固定、芯轴连接输入、法兰连接输出时的情况有所不同。一方面，通过芯轴的（Z_2/Z_1）×360° 逆时针回转，可驱动曲轴产生 360° 的顺时针回转，使得 RV 齿轮（输出法兰）相对于固定针轮产生 1 个齿的逆时针偏移，RV 齿轮（输出法兰）相对于固定针轮的回转角度为：

$$\theta_0=\frac{1}{Z_4}\times 360°$$

同时，由于 RV 齿轮套装在曲轴上，因此，它的偏转也将使曲轴逆时针偏转 θ_0。因此，相对于固定的针轮，芯轴实际需要回转的角度为：

$$\theta_i=\left(\frac{Z_2}{Z_1}+\frac{1}{Z_4}\right)\times 360°$$

所以，输出法兰与芯轴输入的的转向相同、速比为：

$$i=\frac{\theta_0}{\theta_i}=\frac{1}{1+\frac{Z_2}{Z_1}\cdot Z_4}$$

以上就是 RV 减速器的差动齿轮减速原理。

相反，如减速器的针轮被固定，RV 齿轮（输出法兰）连接输入轴、芯轴连接输出轴，则 RV 齿轮旋转时，将通过曲轴迫使芯轴快速回转，起到增速的作用。同样，当减速器的 RV 齿轮（输出法兰）被固定，针轮连接输入轴、芯轴连接输出轴时，针轮的回转也可迫使芯轴快速回转，起到增速的作用。这就是 RV 减速器的增速原理。

3. 传动比

RV 减速器采用针轮固定、芯轴输入、法兰输出安装时的传动比（输入转速与输出转速之比），称为基本减速比 R，其值为：

$$R=1+\frac{Z_2}{Z_1}\cdot Z_4$$

式中 R——RV 减速器基本减速比；

Z_1——太阳轮齿数；

Z_2——行星齿轮齿数；

Z_3——RV 齿轮齿数；

Z_4——针轮齿数。

这样，通过不同形式的安装，RV 减速器将有表 5-1 所示的 6 种不同用途和不同速比。速比 i 为负值时，代表输入轴和输出轴的转向相反。

表 5-1　RV 减速器的安装形式与速比

序号	安装形式	安装示意图	用途	输出/输入速比 i
1	针轮固定，芯轴输入、法兰输出	固定 输出 输入	减速，输入、输出轴转向相同	$\frac{1}{R}$
2	法兰固定，芯轴输入、针轮输出	输出 固定 输入	减速，输入、输出轴转向相反	$-\frac{1}{R-1}$
3	芯轴固定，针轮输入、法兰输出	输出 固定 输入	减速，输入、输出轴转向相同	$\frac{R-1}{R}$
4	针轮固定，法兰输入、芯轴输出	固定 输出 输入	升速，输入、输出轴转向相同	R
5	法兰固定，针轮输入、芯轴输出	固定 输出 输入	升速，输入、输出轴转向相反	$-(R-1)$

续表

序号	安装形式	安装示意图	用途	输出/输入速比 i
6	芯轴固定，法兰输入、针轮输出	输出 固定 输入	升速，输入、输出轴转向相同	$\frac{R}{R-1}$

4．主要特点

由 RV 减速器的结构和原理可见，它与其他传动装置相比，主要有以下特点。

（1）传动比大。RV 减速器设计有正齿轮、差动齿轮 2 级变速，其传动比可达到、甚至超过谐波齿轮传动装置，实现传统的普通齿轮、行星齿轮传动、蜗轮蜗杆、摆线针轮传动装置难以达到的大比例减速。

（2）结构刚性好。减速器的针轮和 RV 齿轮间通过直径较大的针齿销传动，曲轴采用的是圆锥滚柱轴承支承，减速器的结构刚性好、使用寿命长。

（3）输出转矩高。RV 减速器的正齿轮变速一般有 2～3 对行星齿轮，差动变速采用的是硬齿面多齿销同时啮合，且其齿差固定为 1 齿，因此，在相同体积下，其齿形可比谐波减速器做得更大、输出转矩更高。

表 5-2 为基本减速比相同、外形尺寸相近的哈默纳科谐波减速器和纳博特斯克 RV 减速器的性能比较表。

表 5-2　谐波减速器和 RV 减速器性能比较

主要参数	谐波减速器	RV 减速器
型号与规格（单元型）	哈默纳科 CSG-50-100-2UH	纳博特斯克 RV-80E-101
外形尺寸（mm）	$\Phi190 \times 90$	$\Phi190 \times 84$（长度不包括芯轴）
基本减速比	100	101
额定输出转矩（N・m）	611	784
最高输入转速（r/min）	3500	7000
传动精度（$\times 10^{-4}$ rad）	1.5	2.4
空程（$\times 10^{-4}$ rad）	2.9	2.9
间隙（$\times 10^{-4}$ rad）	0.58	2.9
弹性系数（$\times 10^{4}$ N・m /rad）	40	67.6
传动效率	70%～85%	80%～95%
额定寿命（h）	10000	6000
质量（kg）	8.9	13.1
惯量（$\times 10^{-4}$kg・m^2）	12.5	0.482

由表可见，与同等规格（外形尺寸相近）的谐波减速器相比，RV 减速器具有额定输出转矩大、输入转速高、刚性好（弹性系数大）、传动效率高、惯量小等优点。但是，RV 减速器的结构复杂、部件多、质量大，且有正齿轮、差动齿轮 2 级变速，齿轮间隙大、传动链长，因此，

减速器的传动间隙、传动精度等精度指标低于谐波减速器。此外，RV 减速器的生产制造成本相对较高，安装、维修不及单元型谐波减速器方便。因此，在工业机器人上，它多用于机器人机身的腰、上臂、下臂等大惯量、高转矩输出关节的回转减速，在大型、重型机器人上，有时也用于手腕减速。

5.1.2 产品与结构

日本的 Nabtesco Corporation（纳博特斯克公司）既是 RV 减速器的发明者，又是目前全球最大、技术最领先的 RV 减速器生产企业，其产品占据了全球 60%以上的工业机器人 RV 减速器市场，以及日本 80%以上的数控机床自动换刀（ATC）装置的 RV 减速器市场。Nabtesco Corporation 的产品代表了当前 RV 减速器的最高水平，世界著名的工业机器人几乎都使用该公司生产的 RV 减速器。

1．发展简况

纳博特斯克（Nabtesco Corporation）公司是由日本的帝人制机（Teijin Seiki）和 NABCO 公司，于 2003 年合并成立的大型企业集团，除 RV 减速器外，该公司的主要产品还有纺织机械、液压件、自动门及航空、船舶、风电设备等。

帝人制机（Teijin Seiki）成立于 1945 年，公司的前身是日本帝国人造绢丝株式会社的航空工业部，故称“帝人”。二战结束后（1945 年）更名为帝人制机株式会社，开始从事化纤、纺织机械的生产。1955 年后，开始拓展航空产品、包装机械、液压等业务。20 世纪 70 年代起开始研发和生产挖掘机的核心部件——低速、高转矩液压马达和减速器。

20 世纪 80 年代初，该公司应机器人制造商的要求，对摆线针轮减速器进行了结构改进，并取得了 RV 减速器专利，1986 年开始批量生产和销售。从此，RV 减速器开始成为工业机器人回转减速的核心部件，在工业机器人上得到了极为广泛的应用。

帝人制机也是日本著名的纺织机械、液压、包装机械生产企业，公司旗下主要有日本的东洋自动机株式会社、大亚真空株式会社。美国的 Teijin Seiki America Inc.（现名 Nabtesco Aerospace Inc.）、Teijin Seiki Boston Inc.（现名 Harmonic Drive Technologies Nabtesco Inc.）、Teijin Seiki USA Inc.（现名 Nabtesco USA Inc.）、Teijin Seiki Advanced Technologies Inc.（现名 Nabtesco Motion Control Inc.），德国 Teijin Seiki Europe GmbH（现名 Nabtesco Precision Europe GmbH），以及上海帝人制机有限公司（现名纳博特斯克液压有限公司）、上海帝人制机纺机有限公司（现名上海铁美机械有限公司）等多家子公司，目前均已并入 Nabtesco Corporation（纳博特斯克公司）。

NABCO 公司成立于 1925 年，是日本具有悠久历史的著名制动器、自动门和空压、液压、润滑产品生产企业。NABCO 早期产品以铁路机车、汽车用的空气、液压制动器闻名，公司曾先后使用过日本空气制动器株式会社（1925 年）、日本制动机株式会社（1943 年）等名称。1949 年起，开始生产液压、润滑、自动门、船舶控制装置等产品。NABCO 的液压和气动阀、油泵、液压马达、空压机、油压机、空气干燥器是机电设备制造行业的著名产品。NABCO 的自动门是地铁、高铁、建筑行业的名牌。江苏纳博特斯克液压有限公司、江苏纳博特斯克今创轨道设备有限公司、上海纳博特斯克船舶有限公司，都是原 NABCO 在液压机械、铁路车辆机械、船舶机械方面的合资公司。

纳博特斯克 RV 系列基本型减速器是帝人制机（Teijin Seiki）1986 年研发的传统产品。RV A、

RV AE 系列产品是该公司在 20 世纪 80 年代末、90 年代初研发的 RV 系列改进型产品。中空轴的 RV C、标准型的 RV E 等系列产品，是该公司在 20 世纪 90 年代中后期研发的产品。

帝人制机和 NABCO 公司合并成立纳博特斯克公司后，又先后推出了目前主要生产和销售的 RV N 紧凑型、GH 高速型、RD2 齿轮箱型、RS 扁平型、回转执行器（Rotary Actuator，又称伺服执行器 Servo Actuator）等新产品。

2. 产品结构

纳博特斯克 RV 减速器的基本结构类型有部件型（Component type）、单元型（Unit type）、齿轮箱型（Gear head type）3 大类。此外，它也有 RV 减速器/驱动电机集成一体化的伺服执行器（Servo Actuator）产品，伺服执行器实际就是回转执行器（Rotary Actuator），这是一种 RV 减速器和驱动电机集成一体的减速单元，产品设计思想与谐波齿轮减速回转执行器相同。

（1）部件型。部件型（Component type）减速器采用的是 RV 减速器基本结构，故又称基本型（Original）。基本型 RV 减速器无外壳和输出轴承，减速器的针轮、输入轴、输出法兰的安装、连接需要机器人生产厂家实现，针轮和输出法兰间的支承轴承等部件需要用户自行设计。

部件型 RV 减速器的芯轴、太阳轮等输入部件可以分离安装，但减速器端盖、针轮、输出法兰、行星齿轮、曲轴组件、RV 齿轮等部件，原则上不能在用户进行分离和组装。纳博特斯克部件型 RV 减速器目前只有 RV 系列产品。

（2）单元型。单元型（Unit type）减速器简称 RV 减速单元，它设计有安装固定的壳体和输出连接法兰。输出法兰和壳体间安装有可同时承受径向及轴向载荷的高刚性、角接触球轴承，减速器输出法兰可直接连接与驱动负载。

工业机器人用的纳博特斯克单元型 RV 减速器，主要有图 5-3 所示的 RV E 标准型、RV N 紧凑型、RV C 中空型 3 大类产品。

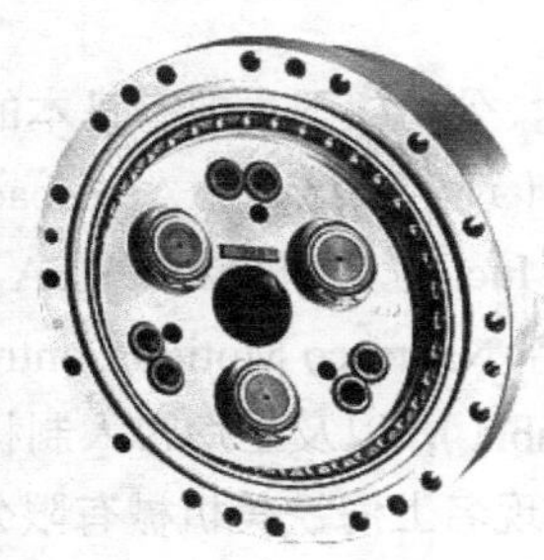

(a) RV E

(b) RV N

(c) RV C

图 5-3 常用的 RV 减速单元

RV E 型减速单元采用单元型 RV 减速器的标准结构，减速单元带有外壳、输出轴承和安装固定法兰、输入轴、输出法兰；输出法兰可直接连接和驱动负载。

RV N 紧凑型减速单元是在 RV E 标准型减速单元的基础上派生的轻量级、紧凑型产品。同规格的紧凑型 RV N 减速单元的体积和重量，分别比 RV E 标准型减少了 8%～20%和 16%～36%。紧凑型 RV N 减速单元是纳博特斯克当前推荐的新产品。

RV C 中空型减速单元采用了大直径、中空结构，减速器内部可布置管线或传动轴。中空型减速单元的输入轴和太阳轮，一般需要选配或直接由用户自行设计、制造和安装。

（3）齿轮箱型。齿轮箱型（Gear head type）RV 减速又称 RV 减速箱，它设计有驱动电机的安装法兰和电机轴连接部件，可像齿轮减速箱一样，直接安装、连接并驱动电机，实现减速器和驱动电机的结构整体化。纳博特斯克 RV 减速箱目前有 RD2 标准型、GH 高速型、RS 扁平型 3 类常用产品。

RD2 标准型 RV 减速箱（简称标准减速箱）是纳博特斯克早期 RD 系列减速箱的改进型产品，它对壳体、电机安装法兰、输入轴连接部件进行了整体设计，使之成为一个可直接安装驱动电机的完整减速器单元。

根据 RV 减速箱的结构与驱动电机的安装形式，RD2 系列标准减速箱有图 5-4 所示的轴向输入（RDS 系列）、径向输入（RDR 系列）和轴输入（RDP 系列）3 类产品。每类产品又分实心芯轴（图 5-4 上部）和中空芯轴（图 5-4 下部）2 大系列。采用实心芯轴的 RV 减速箱使用的是 RV E 标准型减速器，采用空心芯轴的 RV 减速箱使用的是 RV C 中空轴型减速器。

（a）RDS （b）RDR （c）RDP

图 5-4 RD2 系列标准减速箱

纳博特斯克 GH 高速型 RV 减速箱（简称高速减速箱）如图 5-5 所示。这种减速箱的减速比较小、输出转速较高，RV 减速器的第 1 级正齿轮基本不起减速作用，因此，其太阳轮直径较大，故多采用芯轴和太阳轮分离型结构，两者通过花键进行连接。GH 系列高速减速箱的芯轴输入一般为标准轴孔连接；输出可选择法兰、输出轴 2 种连接方式。GH 减速器的减速比一般只有 10～30，其额定输出转速为标准型的 3.3 倍、过载能力为标准型的 1.4 倍，故常用于转速相对较高的工业机器人上臂、手腕等关节驱动。

纳博特斯克 RS 扁平型减速箱（简称扁平减速箱）如图 5-6 所示，它是该公司近年开发的新产品。为了减小厚度，扁平减速箱的驱动电机统一采用径向安装，芯轴为中空。RS 系列扁平减速箱的额定输出转矩高（可达 8820N · m）、额定转速低（一般为 10r/min）、承载能力强（载重可达 9000kg）；故可用于大规格搬运、装卸、码垛工业机器人的机身、中型机器人的腰关节驱动，或直接作为回转变位器使用。

图 5-5 GH 高速减速箱

图 5-6 RS 扁平减速箱

5.2 主要技术参数与选择

5.2.1 主要技术参数

1. 额定参数

RV 减速器的额定参数用于减速器选择与理论计算，参数包括额定转速、额定转矩、额定输入功率等。

额定转速（Rated Rotational Speed）：用来计算 RV 减速器额定转矩、使用寿命等参数的理论输出转速。大多数 RV 减速器选取 15r/min，个别小规格、高速 RV 减速器选取 30 r/min 或 50 r/min。

需要注意的是：RV 减速器额定转速的定义方法与电动机等产品有所不同，它并不是减速器长时间连续运行时允许输出的最高转速。一般而言，中小规格 RV 减速器的额定转速，通常低于减速器长时间连续运行的最高输出转速，大规格 RV 减速器的额定转速，可能高于减速器长时间连续运行的最高输出转速，但必须低于减速器以 40%工作制、断续工作时的最高输出转速。

例如，纳博特斯克中规格 RV-100N 减速器的额定转速为 15r/min，低于减速器长时间连续运行的最高输出转速（35r/min）；而大规格 RV-500 减速器的额定转速同样为 15r/min，但其长时间连续运行的最高输出转速只能达到 11r/min，而 40%工作制、断续工作时的最高输出转速为 25r/min 等。

额定转矩（Rated Torque）：额定转矩是假设 RV 减速器以额定输出转速连续工作时的最大输出转矩值。

纳博特斯克 RV 减速器的规格代号，通常以额定输出转矩的近似值（单位 1kgf·m，即 10N·m）表示。例如，纳博特斯克 RV-100 减速器的额定输出转矩约为 1000N·m（100 kgf·m）等。

额定输入功率（Rated Input Power）：RV 减速器的额定功率又称额定输入容量（Rated Input Capacity），它是根据减速器额定输出转矩、额定输出转速、理论传动效率计算得到的减速器输入功率理论值，其计算式如下：

$$P_{\mathrm{i}}=\frac{NT}{9550\eta} \tag{5-1}$$

式中 P_{i}——输入功率（kW）；

N——输出转速（r/min）；

T——输出转矩（N·m）；

η——减速器理论传动效率，通常取 $\eta=0.7$。

最大输出转速（Permlssible max.value of Output Rotational Speed）：最大输出转速又称允许（或容许）输出转速，它是减速器在空载状态下，长时间连续运行所允许的最高输出转速值。

RV 减速器的最大输出转速主要受温升限制，若减速器断续运行，实际输出转速值可大于最大输出转速，为此，某些产品提供了连续（100%工作制）、断续（40%工作制）两种典型工作状态的最大输出转速值。

2．转矩参数

RV 减速器的输出转矩参数包括额定输出转矩、起制动峰值转矩、瞬间最大转矩、增速启动转矩、空载运行转矩等。额定输出转矩的含义见前述，其他参数含义如下。

起制动峰值转矩（Peak Torque for start and stop）：RV 减速器加减速时，短时间允许的最大负载转矩。

纳博特斯克 RV 减速器的起制动峰值转矩，一般按额定输出转矩的 2.5 倍设计，个别小规格减速器为 2 倍，故起制动峰值转矩也可直接由额定转矩计算得到。

瞬间最大转矩（Maximum Momentary Torque）：RV 减速器工作出现异常（如负载出现碰撞、冲击）时，保证减速器不损坏的瞬间极限转矩。

纳博特斯克 RV 减速器的瞬间最大转矩，通常按起制动峰值转矩的 2 倍设计，故也可直接由起制动峰值转矩计算得到，或按减速器额定输出转矩的 5 倍计算得到，个别小规格减速器为额定输出转矩的 4 倍。

额定输出转矩、启制动峰值转矩、瞬间最大转矩的含义如图 5-7 所示。

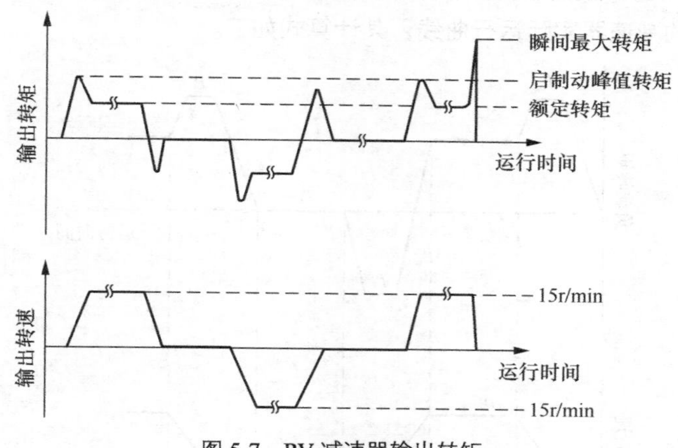

图 5-7　RV 减速器输出转矩

增速启动转矩（On overdrive starting torque）：在环境温度为 30℃、采用规定润滑的条件下，RV 减速器用于空载、增速运行时，在输出侧（如芯轴）开始运动的瞬间，所测得的输入侧（如输出法兰）需要施加的最大转矩值。

空载运行转矩（On no-load running torque）：RV 减速器的基本空载运行转矩是在环境温度为 30℃、使用规定润滑的条件下，减速器采用标准安装、减速运行时，所测得的输入转矩折算到输出侧的输出转矩值。

RV 减速器实际工作时的空载运行转矩与输出转速、环境温度、减速器减速比有关，输出转速越高、环境温度越低、减速比越小，空载运行转矩就越大。为此，RV 减速器生产厂家通常需要提供图 5-8（a）所示的基本空载运行转矩曲线，以及图 5-8（b）所示的低温工作修整曲线。

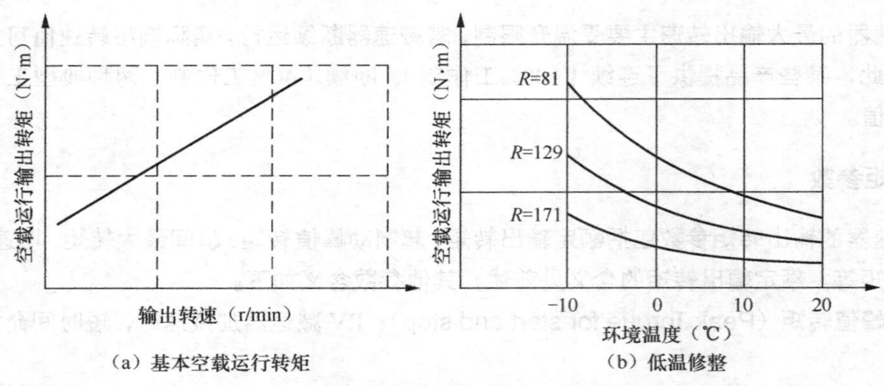

（a）基本空载运行转矩　　（b）低温修整

图 5-8　RV 减速器空载运行转矩曲线

RV 减速器的低温修整曲线一般是在−10～20℃环境温度下，以 2000r/min 输入转速空载运行时的实测值，低温修整曲线中的转矩可能折算到输出侧，也可能直接以输入转矩的形式提供。

3. 负载参数

负载参数是用于 RV 减速器选型的理论计算值，负载参数包括负载平均转矩和负载平均转速 2 项。

负载平均转矩（Average load torque）和负载平均转速（Average output rotational speed）是减速器实际工作时，输出侧的等效负载转矩和等效负载转速，它需要根据减速器的实际运行状态计算得到。对于图 5-9 所示的减速器实际运行曲线，其计算式如下。

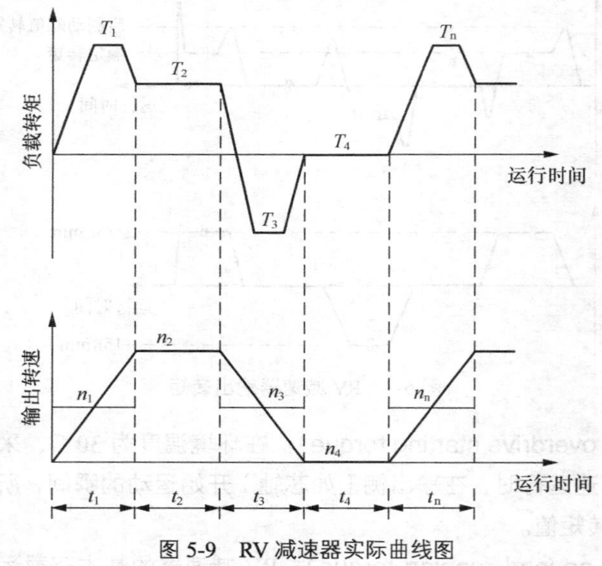

图 5-9　RV 减速器实际曲线图

$$T_{av}=\sqrt[\frac{10}{3}]{\frac{n_1\cdot t_1\cdot|T_1|^{\frac{10}{3}}+n_2\cdot t_2\cdot|T_2|^{\frac{10}{3}}+\cdots+n_n\cdot t_n\cdot|T_n|^{\frac{10}{3}}}{n_1\cdot t_1+n_2\cdot t_2+\cdots+n_n\cdot t_n}} \tag{5-2}$$

$$N_{av}=\frac{n_1\cdot t_1+n_2\cdot t_2+\cdots+n_n\cdot t_n}{t_1+t_2+\cdots+t_n}$$

式中　T_{av}——负载平均转矩（N・m）;

N_{av}——负载平均转速（r/min）;

n_n——各段工作转速（r/min）；

t_n——各段工作时间（h、s 或 min）；

T_n——各段负载转矩（N·m）。

4．使用寿命

RV 减速器的使用寿命通常以额定寿命（Rated Life）参数表示，它是指 RV 减速器在正常使用时，出现 10%产品损坏的理论使用时间。纳博特斯克 RV 减速器的理论使用寿命一般为 6000h。

RV 减速器实际使用寿命与实际工作时的负载转矩、输出转速有关。纳博特斯克 RV 减速器的计算式如下：

$$L_h = L_n \cdot \left(\frac{T_0}{T_{av}}\right)^{\frac{10}{3}} \cdot \frac{N_0}{N_{av}} \tag{5-3}$$

式中 L_h——减速器实际使用寿命（h）；

L_n——减速器额定寿命（h），通常取 $L_n = 6000$h；

T_0——减速器额定输出转矩（N·m）；

T_{av}——负载平均转矩（N·m）；

N_0——减速器额定输出转速（r/min）；

N_{av}——负载平均转速（r/min）。

式中的负载平均转矩 T_{av}、平均转速 N_{av} 应根据图 5-9、式（5-2）计算得到。

5．强度

强度（Intensity）是指 RV 减速器柔轮的耐冲击能力。RV 减速器运行时如果存在超过起制动峰值转矩的负载冲击（如急停等），将使部件的疲劳加剧、使用寿命缩短。冲击负载不能超过减速器的瞬间最大转矩，否则将直接导致减速器损坏。

RV 减速器的疲劳与冲击次数、冲击负载持续时间有关。纳博特斯克 RV 减速器保证额定寿命的最大允许冲击次数，可通过下式计算：

$$C_{em} = \frac{46500}{Z_4 \cdot N_{em} \cdot t_{em}} \left(\frac{T_{s2}}{T_{em}}\right)^{\frac{10}{3}} \tag{5-4}$$

式中 C_{em}——最大允许冲击次数；

T_{s2}——减速器瞬间最大转矩（N·m）；

T_{em}——冲击转矩（N·m）；

Z_4——减速器针轮齿数；

N_{em}——冲击时的输出转速（r/min）；

T_{em}——冲击时间（s）。

6．扭转刚度、间隙与空程

RV 减速器的扭转刚度通常以间隙（Backlash）、空程（Lost motion）、弹性系数（Spring Constants）

表示。

RV 减速器在摩擦转矩和负载转矩的作用下，针轮、针齿销、齿轮等都将产生弹性变形，导致实际输出转角与理论转角间存在误差 θ。弹性变形误差 θ 将随着负载转矩的增加而增大，它与负载转矩的关系为图 5-10（a）所示的非线性曲线。为了便于工程计算，实际使用时，通常以图 5-10（b）所示的直线段等效。

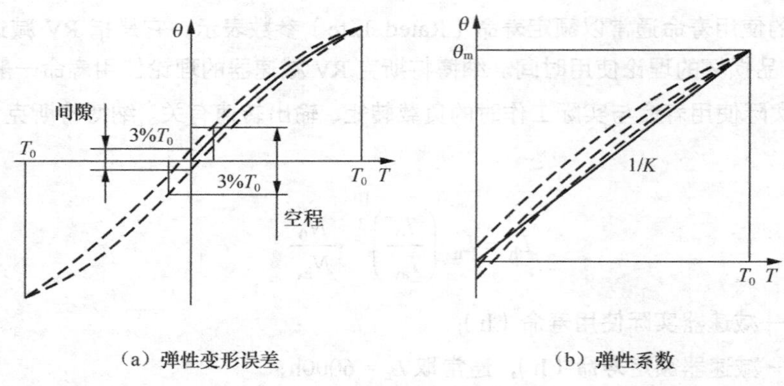

（a）弹性变形误差　　（b）弹性系数

图 5-10　RV 减速器的刚度参数

间隙（Backlash）：RV 减速器间隙是传动齿轮间隙，以及减速器空载时（负载转矩 T=0）由本身摩擦转矩所产生的弹性变形误差之和。

空程（Lost motion）：RV 减速器空程是在负载转矩为 3%额定输出转矩 T_0 时，减速器所产生的弹性变形误差。

弹性系数（Spring Constants）：RV 减速器的弹性变形误差与输出转矩的关系通常直接用图 5-10（b）所示的直线等效，弹性系数（扭转刚度）值为：

$$K = T_0/\theta_m \tag{5-5}$$

式中　θ_m——额定转矩的扭转变形误差（rad）；

K——减速器弹性系数（N·m/rad）。

RV 减速器的弹性系数受减速比的影响较小，它原则上只和减速器规格有关，规格越大，弹性系数越高、刚性越好。

7．力矩刚度

单元型、齿轮箱型 RV 减速器的输出法兰和针轮间安装有输出轴承，减速器生产厂家需要提供允许最大轴向、负载力矩等力矩刚度参数。基本型减速器无输出轴承，减速器允许的最大轴向、负载力矩等力矩刚度参数，决定于用户传动系统设计及输出轴承选择。

负载力矩（Load Moment）：当单元型、齿轮箱型 RV 减速器输出法兰承受图 5-11 所示的径向载荷 F_1、轴向载荷 F_2，且力臂 $l_3 > b$ 、$l_2 > c/2$ 时，输出法兰中心线将产生弯曲变形误差 θ_c。

由 F1、F2 产生的弯曲转矩称为 RV 减速器的负载力矩，其值为：

$$M_c = (F_1 \cdot l_1 + F_2 \cdot l_2) \times 10^{-3} \tag{5-6}$$

式中　M_c——负载力矩（N·m）；

F_1——径向载荷（N）；

F_2——轴向载荷（N）；

l_1——径向载荷力臂（mm），$l_1 = l + b/2 - a$；

l_2——轴向载荷力臂（mm）。

力矩刚度（Moment Rigidity）：力矩刚度是衡量 RV 减速器抗弯曲变形能力的参数，计算式如下：

$$K_c = \frac{M_c}{\theta_c} \tag{5-7}$$

式中 K_c——减速器力矩刚度（N·m/rad）；

M_c——负载力矩（N·m）；

θ_c——弯曲变形误差（rad）。

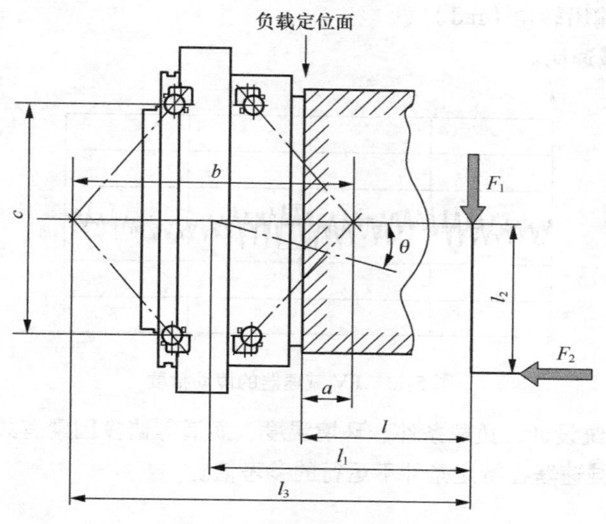

图 5-11　RV 减速器的弯曲变形误差

单元型、齿轮箱型 RV 减速器的径向载荷、轴向载荷受减速器部件结构的限制，生产厂家通常需要提供图 5-12 所示的轴向载荷/负载力矩曲线，减速器正常使用时的轴向载荷、负载力矩均不得超出曲线范围。

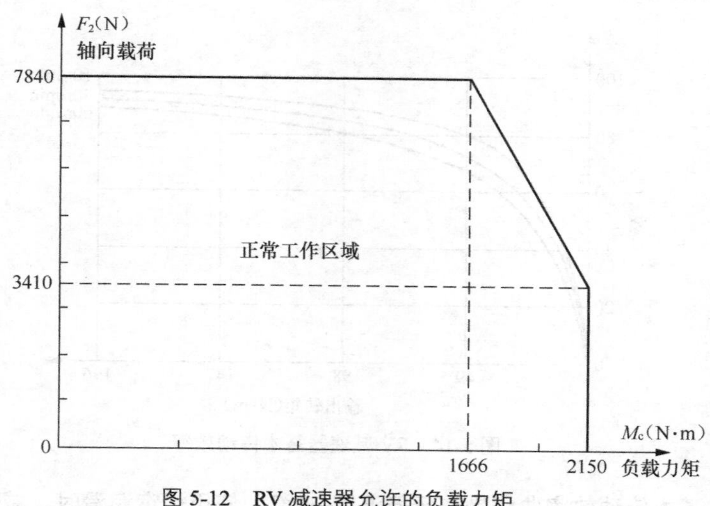

图 5-12　RV 减速器允许的负载力矩

RV 减速器允许的瞬间最大负载力矩通常为正常使用最大负载力矩 M_c 的 2 倍，例如，图 5-10 减速器的瞬间最大负载力矩为 2150×2= 4300 N·m 等。

8. 传动精度

传动精度（Angle Transmission accuracy）是指 RV 减速器采用针轮固定、芯轴输入、输出法兰连接负载标准减速安装方式，在图 5-13 所示的、任意 360° 输出范围上的实际输出转角和理论输出转角间的最大误差值 θ_{er} 衡量，计算式如下：

$$\theta_{er} = \theta_2 - \frac{\theta_1}{R} \tag{5-8}$$

式中 θ_{er}——传动精度（rad）；

θ_2——实际输出转角（rad）；

R——基本减速比。

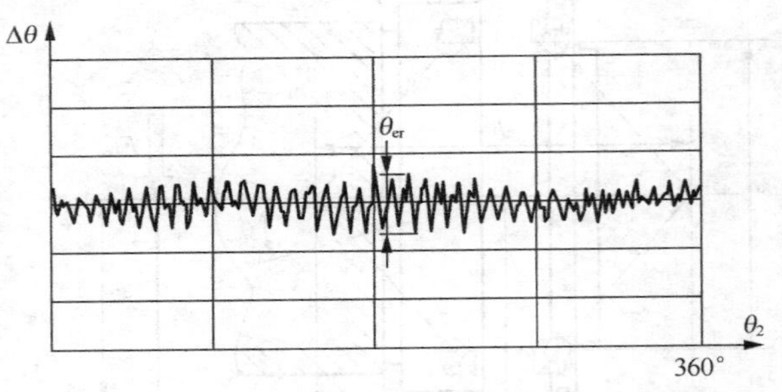

图 5-13 RV 减速器的传动精度

传动精度与传动系统设计、负载条件、环境温度、润滑等诸多因素有关，说明书、手册提供的传动精度通常只是 RV 减速器在特定条件下运行的参考值。

9. 效率

RV 减速器的传动效率与输出转速、负载转矩、工作温度、润滑条件等诸多因素有关。通常而言，在同样的工作温度和润滑条件下，输出转速越低、输出转矩越大，减速器的效率就越高。RV 减速器生产厂家通常需要提供图 5-14 所示的基本传动效率曲线。

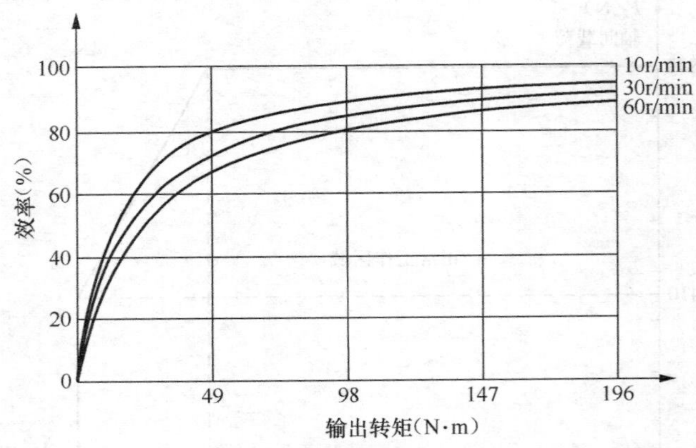

图 5-14 RV 减速器基本传动效率

RV 减速器的基本传动效率曲线是在环境温度 30℃、使用规定润滑时，减速器在特定输出转速（如 10、30、60r/min）下的传动效率/输出转矩曲线。

5.2.2 RV 减速器选择

1. 基本参数计算与校验

RV 减速器的结构形式、传动精度、间隙、空程等基本技术参数，可根据产品的机械传动系统要求确定，在此基础上，可通过如下步骤确定其他主要技术参数、初选产品，并进行主要技术性能的校验。

① 计算要求减速比。传动系统要求的 RV 减速器减速比，可根据传动系统最高输入转速、最高输出转速，按下式计算：

$$r=\frac{n_{\mathrm{i\,max}}}{n_{\mathrm{o\,max}}} \tag{5-9}$$

式中 r ——要求减速比；

n_{imax}——传动系统最高输入转速（r/min）；

n_{omax}——传动系统最高输出转速（r/min）。

② 计算负载平均转矩和负载平均转速。根据计算式（5-2），计算减速器实际工作时的负载平均转矩 T_{av} 和负载平均转速 N_{av}（r/min）。

③ 初选减速器。按照以下要求，确定减速器的基本减速比、额定转矩，初步确定减速器型号：

$$R \leqslant r\text{（法兰输出）或 } R \leqslant r+1\text{（针轮输出）}$$
$$T_0 \geqslant T_{\mathrm{av}} \tag{5-10}$$

式中 R——减速器基本减速比；

T_0——减速器额定转矩（N·m）；

T_{av}——负载平均转矩（N·m）。

④ 转速校验。根据以下要求，校验减速器最高输出转速：

$$N_{\mathrm{s0}} \geqslant n_{\mathrm{omax}} \tag{5-11}$$

式中 N_{s0}——减速器连续工作最高输出转速（r/min）；

n_{omax}——负载最高转速（r/min）。

⑤ 转矩校验。根据以下要求，校验减速器启制动峰值转矩和瞬间最大转矩：

$$T_{\mathrm{s1}} \geqslant T_{\mathrm{a}}$$
$$T_{\mathrm{s2}} \geqslant T_{\mathrm{em}} \tag{5-12}$$

式中 T_{s1}——减速器启制动峰值转矩（N·m）；

T_{a}——负载最大启制动转矩（N·m）；

T_{s2}——减速器瞬间最大转矩（N·m）；

T_{em}——负载最大冲击转矩（N·m）。

⑥ 使用寿命校验。根据计算式（5-3），计算减速器实际使用寿命 L_{h}，校验减速器的使用寿命：

$$L_{\mathrm{h}} \geqslant L_{10} \tag{5-13}$$

式中 L_{h}——实际使用寿命（h）；

L_{10}——额定使用寿命，通常取 6000h。

⑦ 强度校验。根据计算式（5-4）计算减速器最大允许冲击次数 C_{em}，校验减速器的负载冲击次数：

$$C_{\mathrm{em}} \geqslant C \tag{5-14}$$

式中 C_{em}——最大允许冲击次数；

C——预期的负载冲击次数。

⑧ 力矩刚度校验。安装有输出轴承的单元型、齿轮箱型 RV 减速器可直接根据生产厂家提供的最大轴向、负载力矩等参数，校验减速器力矩刚度。基本型减速器的最大轴向、负载力矩决定于用户传动系统设计和输出轴承选择，减速器力矩刚度校验在传动系统设计完成后才能进行。

单元型、齿轮箱型 RV 减速器可根据计算式（5-6），计算减速器负载力矩 M_c，并根据减速器的允许力矩曲线，校验减速器的力矩刚度：

$$M_{o1} \geqslant M_c \qquad (5\text{-}15)$$
$$F_2 \geqslant F_c$$

式中 M_{o1}——减速器允许力矩（N·m）；

M_c——负载力矩（N·m）。

F_2——减速器允许的轴向载荷（N）；

F_c——负载最大轴向力（N）。

2. RV 减速器选择实例

假设减速传动系统的设计要求如下：

① RV 减速器正常运行状态如图 5-15 所示。

② 传动系统最高输入转速 n_{imax}：2700 r/min；

③ 负载最高输出转速 n_{omax}：20 r/min；

④ 设计要求的额定使用寿命：6000h。

⑤ 负载冲击：最大冲击转矩 7000 N·m；冲击负载持续时间 0.05 s；冲击时的输入转速 20r/min；预期冲击次数 1500 次。

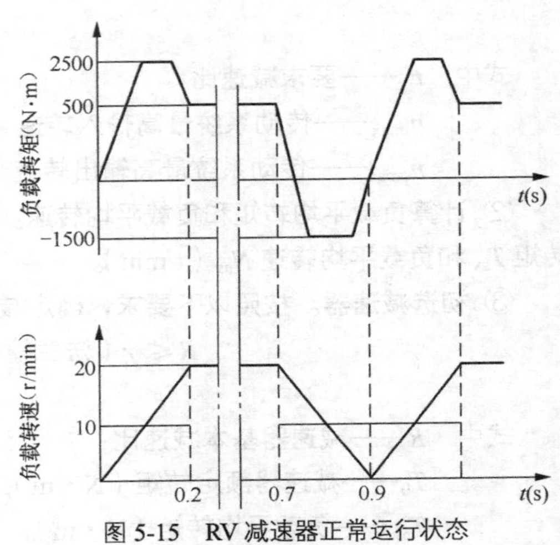

图 5-15 RV 减速器正常运行状态

⑥ 载荷：轴向 3000N、力臂 l=500mm；径向 1500N、力臂 l_2=200mm。

谐波减速器的选择方法如下。

① 要求减速比：$r = \dfrac{2700}{20} = 135$

② 等效负载转矩和等效输出转速：

$$T_{av} = \sqrt[\frac{10}{3}]{\frac{10\times0.2\times|2500|^{\frac{10}{3}} + 20\times0.5\times|500|^{\frac{10}{3}} + 10\times0.2\times|-1500|^{\frac{10}{3}}}{10\times0.2+20\times0.5+10\times0.2}} = 1475(\text{N}\cdot\text{m})$$

$$N_{av} = \frac{10\times0.2+20\times0.5+10\times0.2}{0.2+0.5+0.2} = 15.6(\text{r/min})$$

③ 初选减速器：初步选择纳博特斯克 RV-160E-129 单元型 RV 减速器，减速器的基本参数如下：

R=129 ≤ 135

T_0= 1568 N·m ≥1475 N·m

减速器结构参数：针轮齿数 Z_4=40，a=47.8mm，b=210.9mm。

④ 转速校验：RV-160E-129 减速器的最高输出转速校验如下。

N_{s0}=45 r/min ≥20 r/min

⑤ 转矩校验：RV-160E-129 启制动峰值转矩和瞬间最大转矩校验如下。

$T_{s1} = 3920\ \text{N}\cdot\text{m} \geqslant 2500\ \text{N}\cdot\text{m}$

$T_{s2} = 7840\ \text{N}\cdot\text{m} \geqslant 7000\ \text{N}\cdot\text{m}$

⑥ 使用寿命计算与校验：

$$L_h = 6000 \times \left(\frac{1658}{1457}\right)^{\frac{10}{3}} \times \frac{15}{15.6} = 7073 \geqslant 6000\text{h}$$

⑦ 强度校验：等效负载冲击次数的计算与校验如下。

$$C_{em} = \frac{46500}{40 \times 20 \times 0.05}\left(\frac{7840}{7000}\right)^{\frac{10}{3}} = 1696 \geqslant 1500$$

⑧ 力矩刚度校验：负载力矩的计算与校验如下。

$$M_c = \left(3000 \times \left(500 + \frac{210.9}{2} - 47.8\right) + 1500 \times 200\right) \times 10^{-3} = 2260\ \text{N}\cdot\text{m} \leqslant 3920\ \text{N}\cdot\text{m}$$

$F_c = 3000\ \text{N} \leqslant 4890\ \text{N}$

结论：该传动系统可选择纳博特斯克 RV-160E-129 单元型 RV 减速器。

5.3 常用产品的结构与性能

5.3.1 基本型减速器

1. 产品结构

纳博特斯克 RV 系列基本型(Original)减速器是早期工业机器人的常用产品，减速器采用图 5-16 所示的部件型 RV 减速器基本结构，其组成部件及说明可参见 5.1 节。

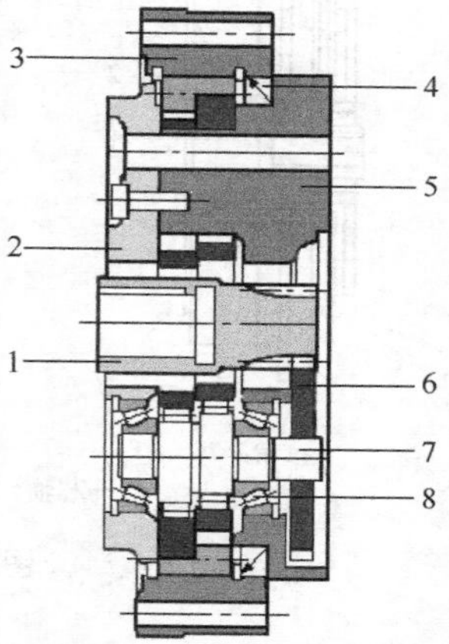

1—芯轴；2—端盖；3—针轮；4—针齿销；5—RV 齿轮；6—输出法兰；7—行星齿轮；8—曲轴

图 5-16 RV 系列减速器结构

基本型 RV 减速器的针轮 3 和输出法兰 6 间无输出轴承，因此，减速器使用时，需要用户自行设计、安装输出轴承（如 CRB 轴承）。

RV 系列基本型减速器的产品规格较多，在不同型号的减速器上，其行星齿轮和芯轴结构有如下区别。

1）行星齿轮。增加行星齿轮数量，可减小轮齿单位面积的承载、均化误差，但受减速器结构尺寸的限制。

纳博特斯克 RV 系列减速器的行星齿轮数量与减速器规格有关，RV-30 及以下规格，为图 5-17（a）所示的 2 对行星齿轮，RV-60 及以上规格，为图 5-17（b）所示的 3 对行星齿轮。

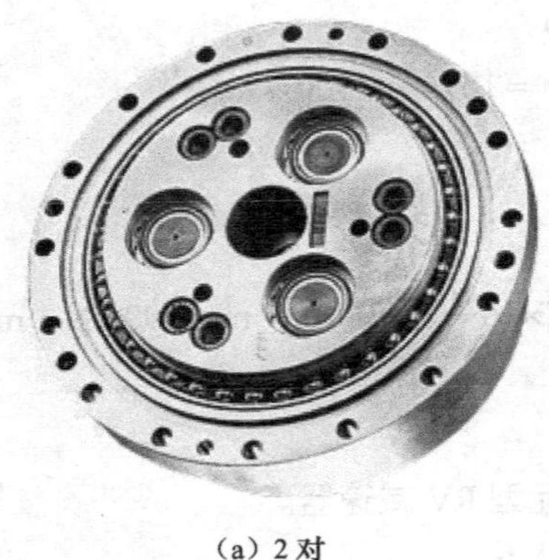

（a）2 对

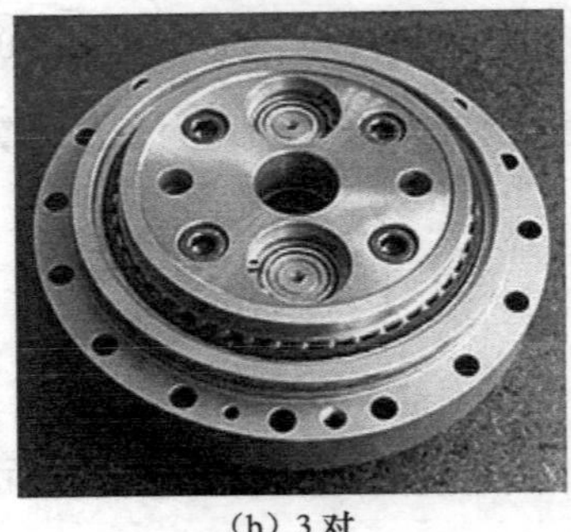

（b）3 对

图 5-17　行星齿轮的结构

2）芯轴。RV 减速器的芯轴结构与减速比有关。为了简化结构设计、提高零部件的通用化程度，同规格的 RV 减速器传动比一般通过第 1 级正齿轮速比调整。

减速比 $R \geqslant 70$ 的纳博特斯克 RV 减速器，正齿轮速比大、太阳轮齿数少，减速器采用图 5-18（a）所示的结构，太阳轮直接加工在芯轴上，并可从输入侧安装。减速比 $R<70$ 的纳博特斯克 RV 减速器，正齿轮速比小、太阳轮齿数多，减速器采用图 5-18（b）所示的芯轴和太阳轮分离型结构，芯轴和太阳轮通过花键连接，并需要在输出侧安装太阳轮的支承轴承。

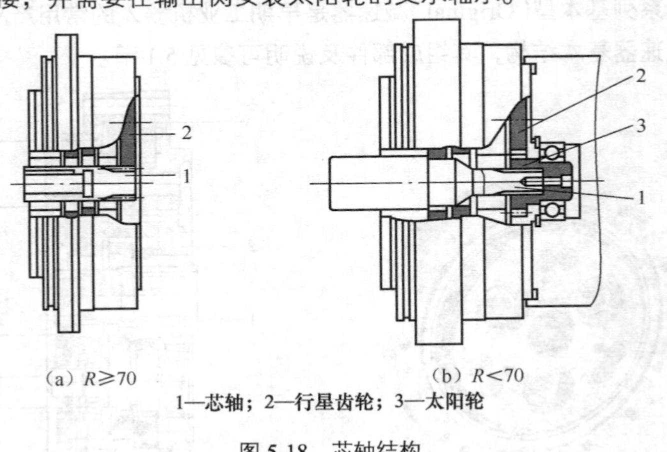

（a）$R \geqslant 70$　　（b）$R<70$

1—芯轴；2—行星齿轮；3—太阳轮

图 5-18　芯轴结构

2. 型号与规格

纳博特斯克 RV 系列基本型减速器的规格、型号如下：

RV - 160 - 101 - A - B

规格代号	基本减速比								
15	57	81	105	121	—	141	—	—	—
30	57	81	105	121	—	—	153	—	—
60	57	81	105	121	—	—	153	—	—
160	—	81	101		129	145	—	171	—
320	—	81	101	118.5	129	141	—	171	185
450	—	81	101	118.5	129	—	*154.8	171	*192.4
550	—	—	—	123	—	141	—	163.5	*192.4

输出法兰连接方式
B: 螺钉连接
T: 螺钉、通孔连接

配套芯轴
A: 标准芯轴
B: 加粗芯轴
Z: 无芯轴

*注：基本减速比 154.8、192.4 是实际减速比 2013/13、1347/7 的近似值。

3. 主要技术参数

纳博特斯克 RV 系列基本型减速器的主要技术参数如表 5-3 所示。

表 5-3 基本型 RV 减速器的主要技术参数

规格代号	15	30	60	160	320	450	550
基本减速比	见型号						
额定输出转速（r/min）	15						
额定输出转矩（N · m）	137	333	637	1568	3136	4410	5390
额定输入功率（kW）	0.29	0.70	1.33	3.28	6.57	9.24	11.29
启制动峰值转矩（N · m）	274	833	1592	3920	7840	11025	15475
瞬间最大转矩（N · m）	686	1666	3185	6615	12250	18620	26950
最高输出转速（r/min）	60	50	40	45	35	25	20
空程、间隙（$\times10^{-4}$ rad）	2.9						
传动精度参考值（$\times10^{-4}$ rad）	2.4～3.4						
弹性系数（$\times10^{4}$ N · m /rad）	13.5	33.8	67.6	135	338	406	574
额定寿命（h）	6000						
质量（kg）	3.6	6.2	9.7	19.5	34	47	72

5.3.2 标准单元型减速器

1. 产品结构

纳博特斯克 RV E 系列标准单元型减速器的结构如图 5-19 所示。

RV E 系列标准单元型减速器的输出法兰 6 和壳体（针轮）4 间，安装有一对高精度、高刚性的角接触球轴承 3，使得输出法兰 6 可以同时承受径向和双向轴向载荷、能够直接连接负载。

标准单元型减速器其他部件的结构、作用与 RV 基本减速器相同。减速器的行星齿轮数量与规格有关，RV-40E 及以下规格为 2 对行星齿轮，RV-80E 及以上规格为 3 对行星齿轮。减速器的芯轴结构决定于减速比，减速比 $R \geqslant 70$ 的减速器，太阳轮直接加工在输入芯轴上，减速比 $R < 70$ 的减速器，采用输入芯轴和太阳轮分离型结构，芯轴和太阳轮通过花键连接，并需要在输出侧安装太阳轮的支承轴承。

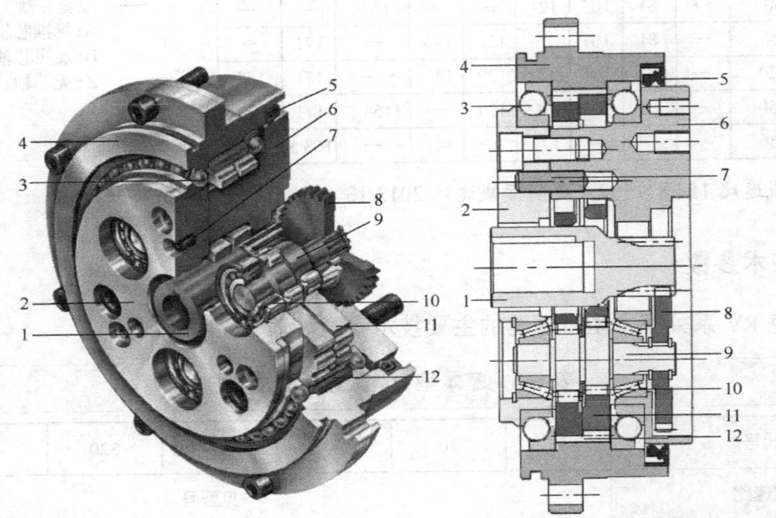

1—芯轴；2—端盖；3—输出轴承；4—壳体（针轮）；5—密封圈；6—输出法兰（输出轴）；7—定位销；
8—行星齿轮；9—曲轴组件；10—滚针轴承；11—RV 齿轮；12—针齿销

图 5-19　RV E 系列标准单元型减速器的结构

2．型号与规格

纳博特斯克 RV E 系列标准单元型减速器的规格、型号如下：

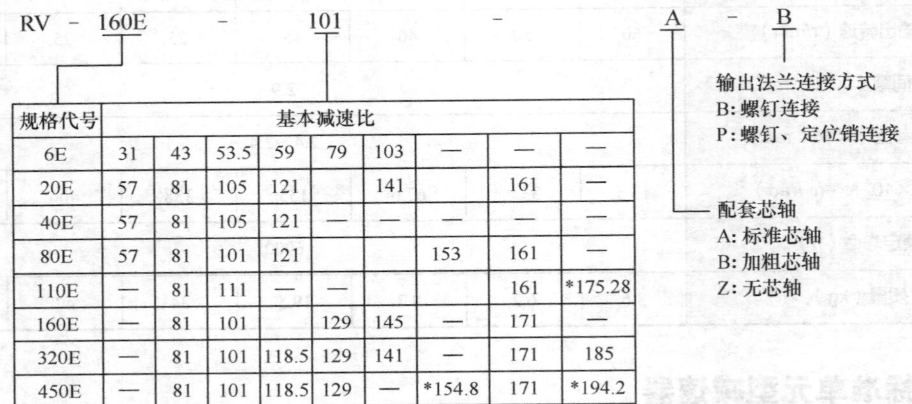

规格代号	基本减速比								
6E	31	43	53.5	59	79	103	—	—	—
20E	57	81	105	121		141		161	—
40E	57	81	105	121	—	—	—	—	—
80E	57	81	101	121			153	161	—
110E	—	81	111	—	—			161	*175.28
160E	—	81	101		129	145	—	171	—
320E	—	81	101	118.5	129	141	—	171	185
450E	—	81	101	118.5	129	—	*154.8	171	*194.2

*注：基本减速比 154.8、175.28、192.4 分别是实际减速比 2013/13、1227/7、1347/7 的近似值。

3．主要技术参数

纳博特斯克 RV E 系列标准单元型减速器的主要技术参数如表 5-4 所示。

表 5-4 标准单元型 RV 减速器主要技术参数

规格代号	6E	20E	40E	80E	110E	160E	320E	450E
基本减速比	见型号							
额定输出转速（r/min）	30	15						
额定输出转矩（N·m）	58	167	412	784	1078	1568	3136	4410
额定输入功率（kW）	0.25	0.35	0.86	1.64	2.26	3.28	6.57	9.24
启制动峰值转矩（N·m）	117	412	1029	1960	2695	3920	7840	11025
瞬间最大转矩（N·m）	294	833	2058	3920	5390	7840	15680	22050
最高输出转速（r/min）	100	75	70	70	50	45	35	25
空程、间隙（$\times10^{-4}$ rad）	4.4	2.9						
传动精度参考值（$\times10^{-4}$ rad）	5.1	3.4	2.9	2.4	2.4	2.4	2.4	2.4
弹性系数（$\times10^{4}$ N·m/rad）	6.90	16.9	37.2	67.6	101	135	338	406
允许负载力矩（N·m）	196	882	1666	2156	2940	3920	7056	8820
瞬间最大力矩（N·m）	392	1764	3332	4312	5880	7840	14112	17640
力矩刚度（$\times10^{4}$ N·m/rad）	40.3	128	321	406	507	1014	1690	2568
最大轴向载荷（N）	1470	3920	5194	7840	10780	14700	19600	24500
额定寿命（h）	6000							
质量（kg）	2.5	4.7	9.3	13.1	17.4	26.4	44.3	66.4

5.3.3 紧凑单元型减速器

1．产品结构

纳博特斯克 RV N 系列紧凑单元型减速器是在 RV E 系列标准型减速器的基础上，发展起来的轻量级、紧凑型产品，减速器的结构如图 5-20 所示。

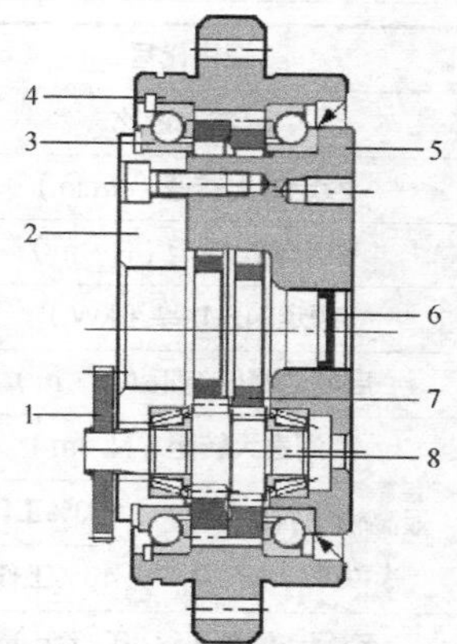

1—行星齿轮；2—端盖；3—输出轴承；4—壳体（针轮）；5—输出法兰（输出轴）；6—密封盖；7—RV 齿轮；8—曲轴

图 5-20 RV N 系列紧凑单元型减速器的结构

RV N 系列紧凑单元型减速器的行星齿轮采用了敞开式安装，芯轴可直接从行星齿轮侧输入，不需要穿越减速器，加上减速器输出法兰轴向长度较短，因此，减速器体积、重量与同规格的标准型减速器相比，分别减少了 8%～20%、16%～36%。

纳博特斯克 RV N 系列紧凑单元型减速器的行星齿轮数量均为 3 对，标准产品仅提供配套的芯轴半成品，用户可根据输入轴的形状、尺寸补充加工轴孔及齿轮。

RV N 系列紧凑单元型减速器的芯轴安装调整方便、维护容易，使用灵活，目前已逐步替代标准单元型减速器，在工业机器人上得到越来越多的应用。

2. 型号与规格

纳博特斯克 RV N 系列紧凑单元型减速器的规格、型号如下：

RV － 80N － 101 － A

规格代号	基本减速比							
25N	41	81	107.66	126	137	—	164.07	—
42N	41	81	105	126	141	—	164.07	—
60N	41	81	102.17	121	145.61	—	161	—
80N	41	81	101	129	141	—	171	—
100N	41	81	102.17	121	141	—	161	—
125N	41	81	102.17	121	145.61	—	161	—
160N	41	81	102.81	125.21	—	156	—	201
380N	—	75	93	117	139	—	162	185
500N	—	81	105	123	144	159	—	192.75
700N	—	—	105	118	142.44	159	183	203.52

配套芯轴
A: 标准芯轴
B: 加粗芯轴
Z: 无芯轴

*减速比近似值：323/3≈107.66；2133/13≈164.07；1737/17≈102.17；1893/13≈145.61；1131/11≈102.81；2379/19≈125.21；3867/19≈203.52。

3. 主要技术参数

纳博特斯克 RV N 系列紧凑单元型减速器的主要技术参数如表 5-5 所示。

表 5-5 紧凑单元型 RV 减速器主要技术参数

规格代号		25N	42N	60N	80N	100N	125N	160N	380N	500N	700N
基本减速比		见型号									
额定输出转速（r/min）		15									
额定输出转矩（N·m）		245	412	600	784	1000	1225	1600	3724	4900	7000
额定输入功率（kW）		0.55	0.92	1.35	1.76	2.24	2.75	3.59	8.36	11.0	15.71
启制动峰值转矩（N·m）		612	1029	1500	1960	2500	3062	4000	9310	12250	17500
瞬间最大转矩（N·m）		1225	2058	3000	3920	5000	6125	8000	18620	24500	35000
最高输出转速（r/min）	100%工作制	57	52	44	40	35	35	19	11.5	11	7.5
	40%工作制	110	100	94	88	83	79	48	27	25	19
空程、间隙（$\times10^{-4}$ rad）		2.9									
传动精度（$\times10^{-4}$ rad）		3.4	2.9	2.4	2.4	2.4	2.4	2.4	2.4	2.4	2.4
弹性系数（$\times10^{4}$ N·m/rad）		21.0	39.0	69.0	73.1	108	115	169	327	559	897
允许负载力矩（N·m）		784	1660	2000	2150	2700	3430	4000	7050	11000	15000
瞬间最大力矩（N·m）		1568	3320	4000	4300	5400	6860	8000	14100	22000	30000
力矩刚度（$\times10^{4}$ N·m/rad）		183	290	393	410	483	552	707	1793	2362	3103
最大轴向载荷（N）		2610	5220	5880	6530	9000	13000	14700	25000	32000	44000
额定寿命（h）		6000									
质量（kg）		3.8	6.3	8.9	9.3	13.0	13.9	22.1	44	57.2	102

5.3.4 中空单元型减速器

1. 产品结构

纳博特斯克 RV C 系列中空单元型减速器是标准单元型减速器的变形产品，减速器的结构如图 5-21 所示。

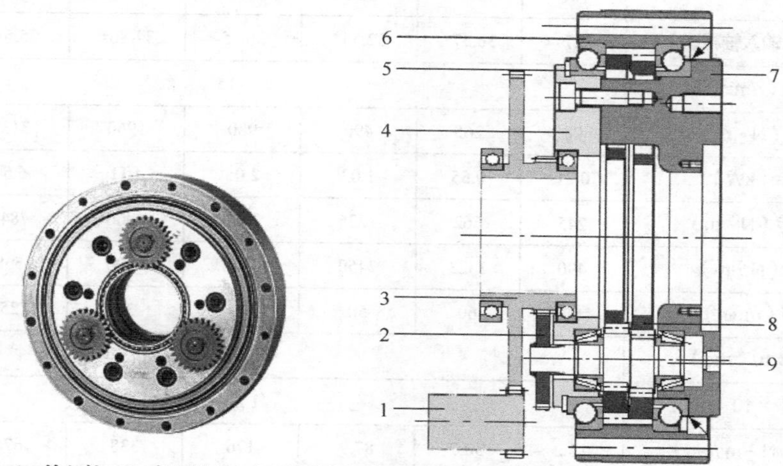

1—输入轴；2—行星齿轮；3—双联太阳轮；4—端盖；5—输出轴承；6—壳体（针轮）；7—输出法兰（输出轴）；8—RV 齿轮；9—曲轴

图 5-21 RV C 中空单元型减速器结构

RV C 系列中空单元型减速器的 RV 齿轮、端盖、输出法兰均采用大直径中空结构，行星齿轮采用敞开式安装，芯轴可直接从行星齿轮侧输入，不需要穿越减速器。减速器的行星齿轮数量与规格有关，RV-50C 及以下规格为 2 对行星齿轮，RV-100C 及以上规格为 3 对行星齿轮。

中空单元型减速器的内部，通常需要布置管线或其他传动轴，因此，行星齿轮一般采用图 5-21 所示的中空双联太阳轮 3 输入，输入轴 1 与减速器为偏心安装。减速器的端盖 4、输出法兰 7 内侧，均加工有安装双联太阳轮支承、输出轴连接的安装定位面、螺孔。双联太阳轮及其支承部件，通常由用户自行设计制造。

中空单元型减速器的输入轴和行星齿轮间有 2 级齿轮传动。由于中空双联太阳轮的直径较大，因此，双联太阳轮和行星齿轮间通常为升速，而输入轴和双联太阳轮则为大比例减速。

中空单元型减速器的双联太阳轮和行星齿轮、输入轴和双联太阳轮的速比，需要用户根据实际传动系统结构自行设计，因此，减速器生产厂家只提供基本 RV 齿轮减速比及传动精度等参数，减速器的最终减速比、传动精度，决定于用户的输入轴和双联太阳轮结构设计和制造精度。

2. 型号与规格

纳博特斯克 RV C 系列中空单元型减速器的规格、型号如下：

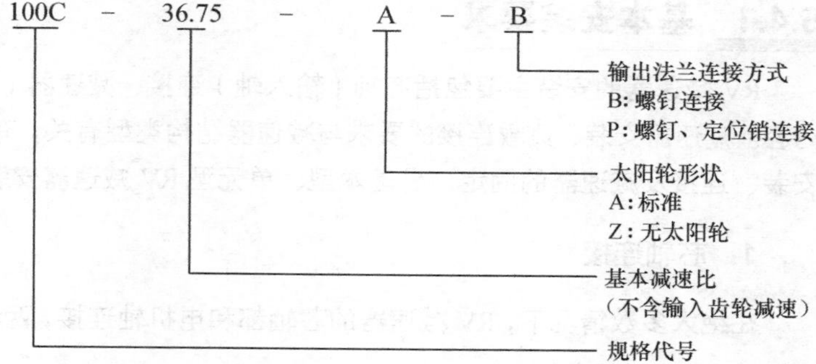

3. 主要技术参数

纳博特斯克 RV C 系列中空单元型减速器的主要技术参数如表 5-6 所示。

表 5-6 中空单元型 RV 减速器主要技术参数

规格代号	10C	27C	50C	100C	200C	320C	500C
基本减速比（不含输入轴减速）	27	36.57*	32.54*	36.75	34.86*	35.61*	37.34*
额定输出转速（r/min）	15						
额定输出转矩（N·m）	98	265	490	980	1960	3136	4900
额定输入功率（kW）	0.21	0.55	1.03	2.05	4.11	6.57	10.26
启制动峰值转矩（N·m）	245	662	1225	2450	4900	7840	12250
瞬间最大转矩（N·m）	490	1323	2450	4900	9800	15680	24500
最高输出转速（r/min）	80	60	50	40	30	25	20
空程与间隙（$\times10^{-4}$ rad）	2.9						
传动精度参考值（$\times10^{-4}$ rad）	1.2～2.9						
弹性系数（$\times10^{4}$ N·m/rad）	16.2	50.7	87.9	176	338	676	1183
允许负载力矩（N·m）	686	980	1764	2450	8820	20580	34300
瞬间最大力矩（N·m）	1372	1960	3528	4900	17640	39200	78400
力矩刚度（$\times10^{4}$ N·m/rad）	145	368	676	970	3379	4393	8448
最大轴向载荷（N）	5880	8820	11760	13720	19600	29400	39200
额定寿命（h）	6000						
本体惯量（$\times10^{-4}$kg·m^2）	0.138	0.550	1.82	4.75	13.9	51.8	99.6
太阳轮惯量（$\times10^{-4}$kg·m^2）	6.78	5.63	36.3	95.3	194	405	1014
本体质量（kg）	4.6	8.5	14.6	19.5	55.6	79.5	154

*注：基本减速比 36.57、32.54、34.86 、35.61、37.34 分别是实际减速比 1390/38、1985/61、1499/43、2778/78、3099/83 的近似值。

5.4 RV 减速器的安装维护

5.4.1 基本安装要求

RV 减速器的安装主要包括芯轴（输入轴）连接、减速器（壳体）安装、负载（输出轴）连接等内容。减速器安装、负载连接的要求与减速器结构类型有关，有关内容参见后述。RV 减速器芯轴的安装、连接及减速器的固定，是基本型、单元型 RV 减速器安装的基本要求，统一说明如下。

1. 芯轴连接

在绝大多数情况下，RV 减速器的芯轴都和电机轴连接，两者的连接形式与驱动电机输出轴的形状有关，常用的连接形式有以下 2 种。

（1）平轴连接。中大规格伺服电机的输出轴通常为平轴，且有带键或不带键、带中心孔或无中心孔等形式。由于工业机器人的负载惯量、输出转矩很大，因此，电机轴通常应选配平轴带键结构。

芯轴的加工公差要求如图 5-22（a）所示，轴孔和外圆的同轴度要求为 $a\leqslant$ 0.050mm，太阳轮对轴孔的跳动要求为 b $\leqslant$0.040mm。此外，为了防止芯轴的轴向窜动、避免运行过程中的脱落，芯轴应通过图 5-22（b）所示的键固定螺钉或电机轴的中心孔螺钉，进行轴向定位与固定。

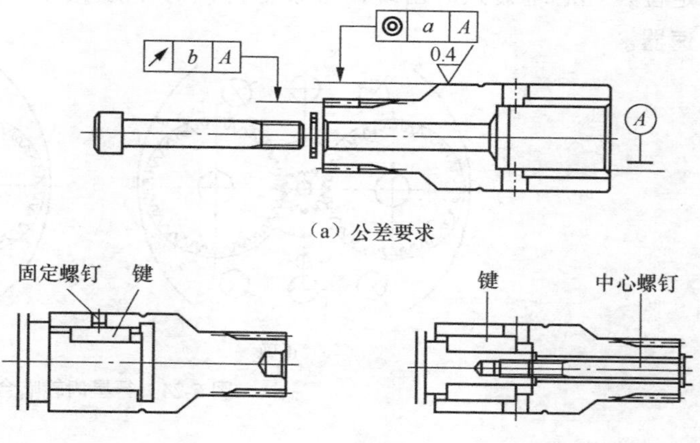

图 5-22　平轴连接

（2）锥轴连接。小规格伺服电机的输出轴通常为带键锥轴。由于 RV 减速器的芯轴通常较长，它一般不能用电机轴的前端螺母紧固，为此，需要通过图 5-23 所示的螺杆或转换套，加长电机轴并对芯轴进行轴向定位、固定。锥孔芯轴的太阳轮对锥孔跳动要求为 $d\leqslant$0.040mm；螺杆、转换套的安装间隙要求为 $a\geqslant$0.25mm、$b\geqslant$1mm、$c\geqslant$0.25mm。

图 5-23（a）为通过螺杆加长电机轴的方法。螺杆的一端通过内螺纹孔与电机轴连接；另一端可通过外螺纹及螺母 6、弹簧垫圈 5，轴向定位、固定芯轴。图 5-23（b）为通过转换套加长电机轴的方法。转换套的一端通过内螺纹孔与电机轴连接；另一端可通过内螺纹孔及中心螺钉 1，轴向定位、固定芯轴。

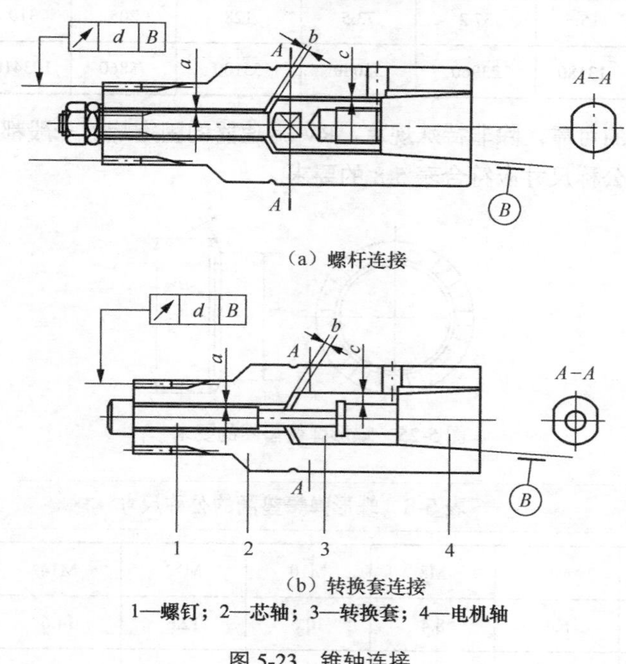

1—螺钉；2—芯轴；3—转换套；4—电机轴

图 5-23　锥轴连接

2. 芯轴安装

RV 减速器的芯轴一般需要连同电机装入减速器，安装时必须保证太阳轮和行星轮间的啮合良好。特别对于只有 2 对行星齿轮的小规格 RV 减速器，由于太阳轮无法利用行星齿轮进行定位，如芯轴装入时出现偏移或歪斜，就可能导致出现图 5-24 所示的错误啮合，从而损坏减速器。

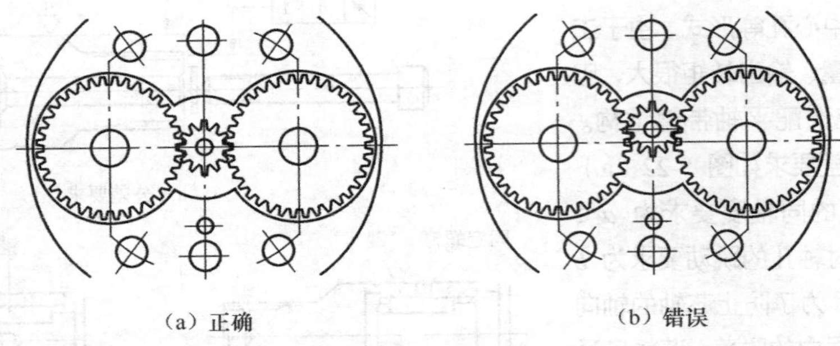

图 5-24 行星齿轮啮合要求

3. 减速器固定

为了保证连接螺钉可靠固定，安装 RV 减速器时，应使用拧紧扭矩可调的扭力扳手拧紧连接螺钉。不同规格的减速器安装螺钉，其拧紧扭矩要求如表 5-7 所示，表中的扭矩适用于 RV 减速器的所有安装螺钉。

表 5-7 RV 减速器安装螺钉的拧紧扭矩表

螺钉规格	M5×0.8	M6×1	M8×1.25	M10×1.5	M12×1.75	M14×2	M16×2	M18×2.5	M20×2.5
扭矩（N·m）	9	15.6	37.2	73.5	128	205	319	441	493
锁紧力（N）	9310	13180	23960	38080	55100	75860	103410	126720	132155

为了保证连接螺钉的可靠，除非特殊规定，RV 减速器的固定螺钉一般都应选择图 5-25 所示的蝶形弹簧垫圈，垫圈的公称尺寸应符合表 5-8 的要求。

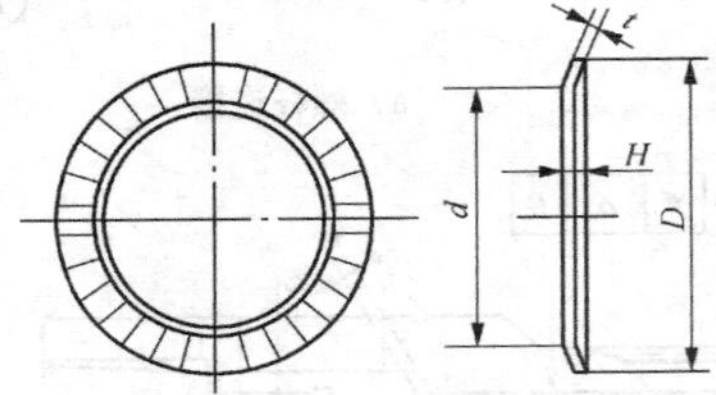

图 5-25 蝶形弹簧垫圈的要求

表 5-8 蝶形弹簧垫圈的公称尺寸

螺钉规格	M5	M6	M8	M10	M12	M14	M16	M20
d	5.25	6.4	8.4	10.6	12.6	14.6	16.9	20.9
D	8.5	10	13	16	18	21	24	30
t	0.6	1.0	1.2	1.5	1.8	2.0	2.3	2.8
H	0.85	1.25	1.55	1.9	2.2	2.5	2.8	3.55

5.4.2 基本型减速器安装维护

1. 传动系统设计

RV 减速器的安装与传动系统设计有关，工业机器人的 RV 减速器均用于减速，因此，减速器的芯轴总是与电机轴或输入轴连接，针轮（壳体）或输出法兰则可用于减速器固定或输出轴（负载）连接。

RV 系列基本型减速器的传动系统可参照图 5-26 设计。由于基本型减速器的针轮（壳体）和输出法兰间无输出轴承，因此，输出轴 15 和安装座 14 间，需要安装输出轴支承轴承 3（通常为 CRB 轴承）。减速器 13 的针轮（壳体）、电机座 12 可通过连接螺钉 7，固定在安装座 13 上。输出法兰通过连接螺钉 1，与输出轴连接；驱动电机 9 通过连接螺钉 8，固定在电机座 12 上。减速器的芯轴 10 直接与电机 9 的输出轴连接。

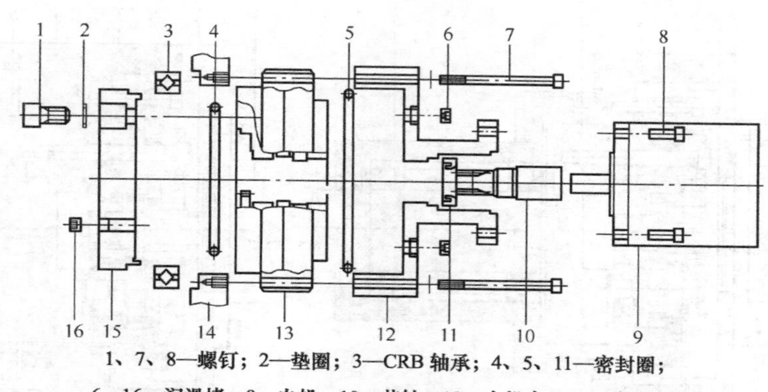

1、7、8—螺钉；2—垫圈；3—CRB 轴承；4、5、11—密封圈；6、16—润滑堵；9—电机；10—芯轴；12—电机座；13—减速器；14—安装座；15—输出轴

图 5-26 RV 系列基本型减速器的传动系统

如果安装座 14 为机器人回转关节的固定部件，输出轴 15 为关节回转部件，RV 减速器将成为针轮（壳体）固定、输出轴驱动负载的安装方式。如果安装座 14 随同关节回转，输出轴 15 与回转关节固定部件连接，此时，RV 减速器将成为输出轴固定、针轮（壳体）驱动负载的安装方式。

为了方便使用、保持环境清洁，工业机器人通常采用润滑脂润滑，因此，RV 减速器的电机座 12 和输出轴 15 上，需要加工润滑脂充填孔。充填完成后，通过堵 6、16，密封润滑脂充填孔。输出轴 15 和输出法兰间、针轮（壳体）和电机座 12 间、输入轴 10 和电机座 12 间，需要通过密封圈 4、5、11，进行可靠密封。

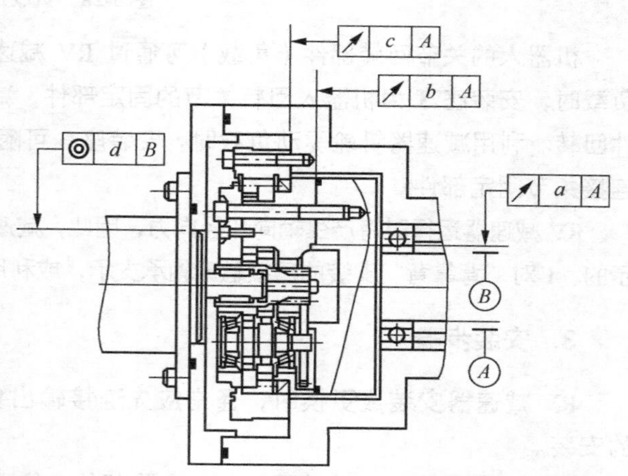

图 5-27 RV 系列减速器的安装公差要求

基本型 RV 减速器的安装公差要求如图 5-27、表 5-9 所示。

表 5-9　RV 系列减速器的安装公差要求

规格	15	30	60	160	320	450	550
a	0.020	0.020	0.050	0.050	0.050	0.050	0.050
b	0.020	0.020	0.030	0.030	0.030	0.030	0.030
c	0.020	0.020	0.030	0.030	0.050	0.050	0.050
d	0.050	0.050	0.050	0.050	0.050	0.050	0.050

2．负载连接

基本型 RV 减速器的负载连接要求如图 5-28 所示。

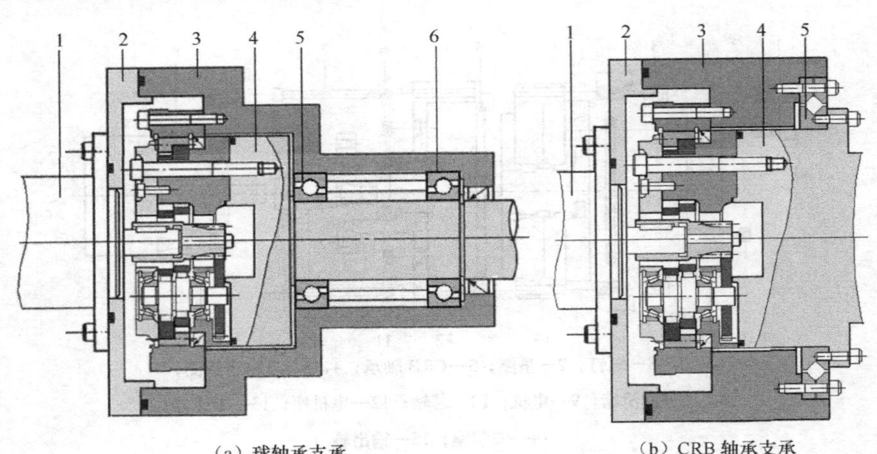

（a）球轴承支承　　（b）CRB 轴承支承

1—电机；2—电机座；3—安装座；4—输出轴；5、6—输出轴承

图 5-28　负载连接要求

机器人的关节回转部件（负载）可通过 RV 减速器的输出法兰或针轮驱动。利用输出法兰驱动负载时，安装座 3 为机器人回转关节的固定部件，减速器输出法兰通过输出轴 4，驱动关节回转部件回转。利用减速器针轮驱动负载时，安装座 3 可随同关节回转，减速器的输出法兰通过输出轴 4，连接关节固定部件。

RV 减速器运行时将产生轴向和径向力，因此，减速器安装座与输出法兰间，需要采用图 5-28（a）所示的、1 对"背靠背"安装的角接触球轴承支承，或利用图 5-28（b）所示的交叉滚子轴承（CRB）支承。

3．安装步骤

RV 减速器安装或更换时，通常应先连接输出负载，再依次进行芯轴、电机座、电机等部件的安装。

减速器安装前必须清洁零部件，去除部件定位面的杂物、灰尘、油污和毛刺，然后，使用规定的安装螺钉及垫圈，按照表 5-10 所示的步骤，依次完成 RV 减速器的安装。RV 减速器螺钉的拧紧扭矩、垫圈要求，可参见前述。

表 5-10 RV 减速器的安装步骤

序号	安装示意	安装说明
1	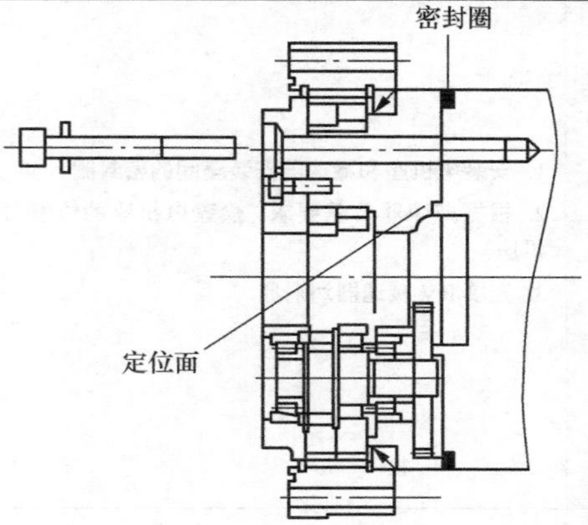 密封圈 定位面	1. 安装输出轴和输出法兰间的密封圈。 2. 用输出法兰的内孔（或外圆）定位，将减速器安装到输出轴上。 3. 利用带蝶形弹簧垫圈的安装螺钉，对 RV 减速器输出法兰和输出轴进行初步的固定
2	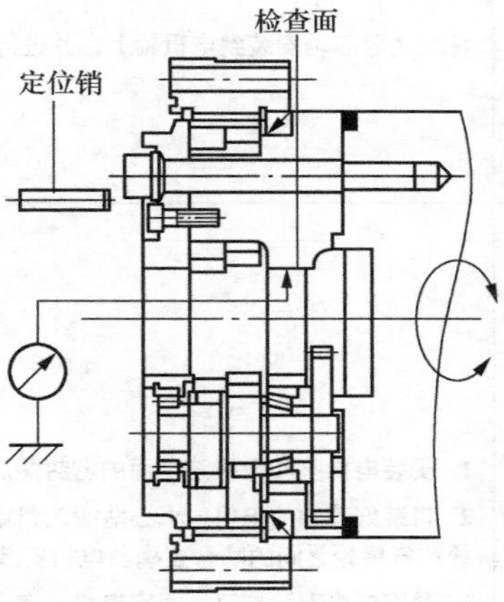 检查面 定位销	1. 安装千分表，使之能检测减速器输出法兰基准内孔跳动。 2. 手动旋转输出轴 360° 以上，检查并确认减速器内孔跳动不大于 0.02mm。 3. 根据螺钉规格，使用扭力扳手，按规定的扭矩，紧固连接螺钉。 4. 再次检查并确认输出轴旋转时的减速器内孔跳动不大于 0.02mm。 5. 安装减速器和输出轴的定位销，进行输出轴的定位
3	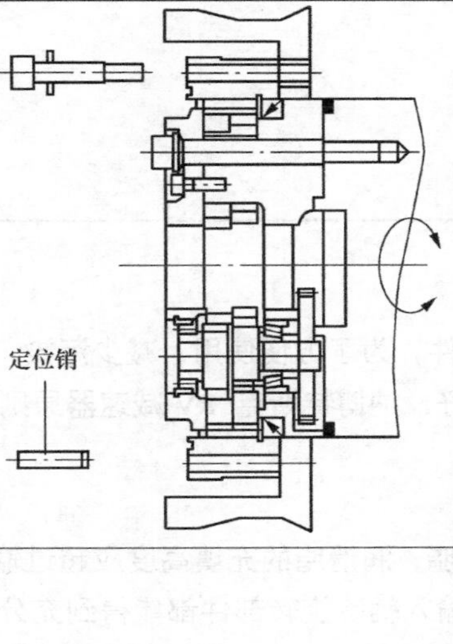 定位销	1. 旋转减速器或输出轴，对准针轮（壳体）和安装座的安装孔。 2. 利用带蝶形弹簧垫圈的安装螺钉，初步固定针轮（壳体）和安装座。 3. 通过芯轴或其他方法，转动减速器行星齿轮，确认减速器转动平稳，负载正常并均匀。 4. 根据安装螺钉规格，使用扭力扳手，按规定的扭矩，紧固连接螺钉。 5. 安装减速器壳体和安装座间的定位销，定位减速器

续表

序号	安装示意	安装说明
4	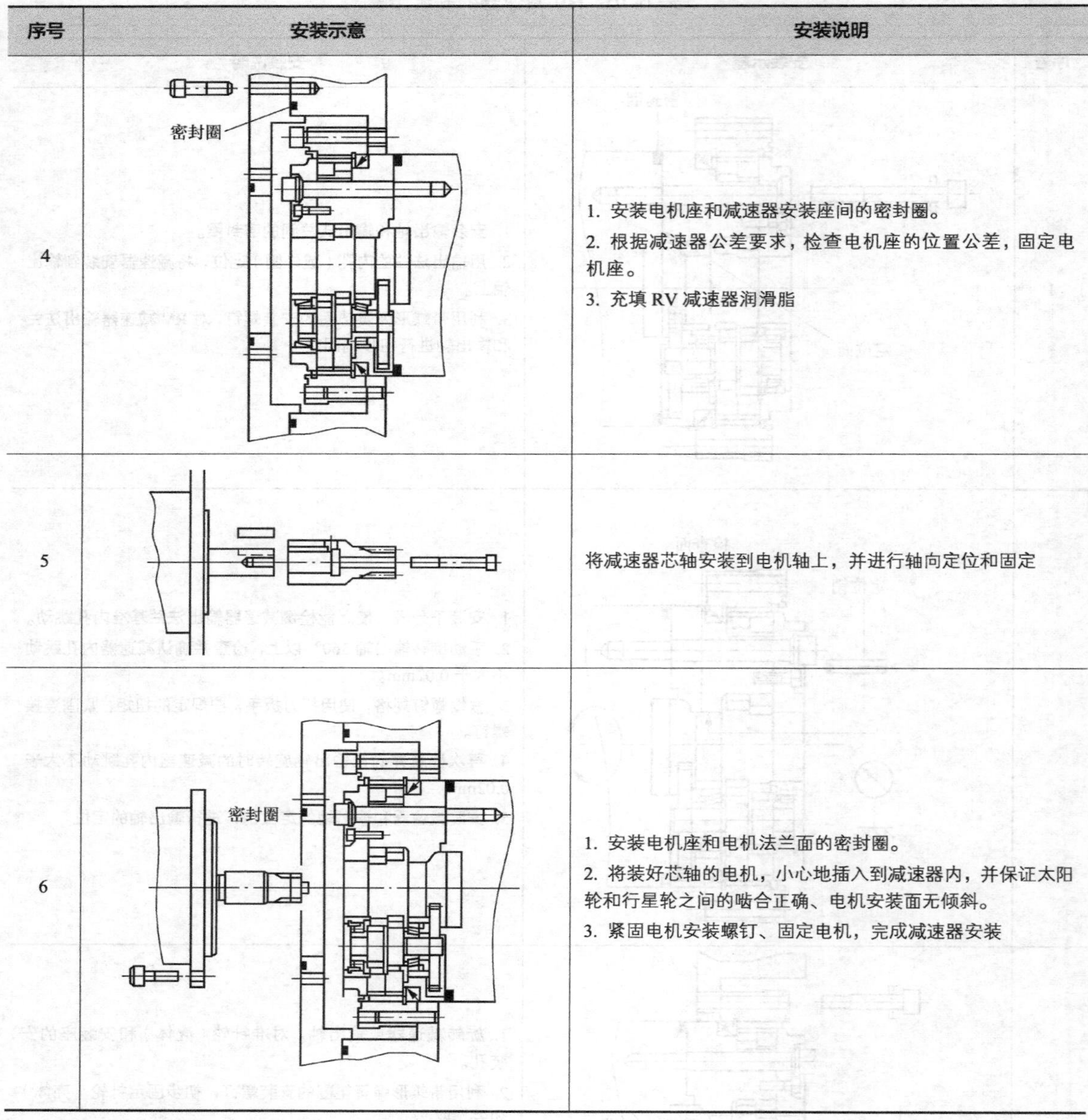	1. 安装电机座和减速器安装座间的密封圈。 2. 根据减速器公差要求，检查电机座的位置公差，固定电机座。 3. 充填 RV 减速器润滑脂
5		将减速器芯轴安装到电机轴上，并进行轴向定位和固定
6		1. 安装电机座和电机法兰面的密封圈。 2. 将装好芯轴的电机，小心地插入到减速器内，并保证太阳轮和行星轮之间的啮合正确、电机安装面无倾斜。 3. 紧固电机安装螺钉、固定电机，完成减速器安装

4. 润滑

良好的润滑是保证 RV 减速器正常使用的重要条件，为了方便使用、减少污染，工业机器人用的 RV 减速器一般采用润滑脂润滑。为了保证润滑良好，纳博特斯克 RV 减速器原则上应使用 Vigo grease Re0 品牌 RV 减速器专业润滑脂。

RV 减速器的润滑脂充填要求如图 5-29 所示。

水平安装的 RV 减速器应按图 5-29（a）充填润滑脂，润滑脂的充填高度应超过输出法兰直径的 3/4，以保证输出轴承、行星齿轮、曲轴、RV 齿轮、输入轴等旋转部件都能得到充分的润滑。

垂直向下安装的 RV 减速器应按图 5-29（b）充填润滑脂，润滑脂的充填高度应超过减速器的上端面，使减速器内部充满润滑脂。

垂直向下安装的 RV 减速器应按图 5-29（c）充填润滑脂，润滑脂的充填高度应超过减速器的输出法兰面，完全充满减速器的内部空间。

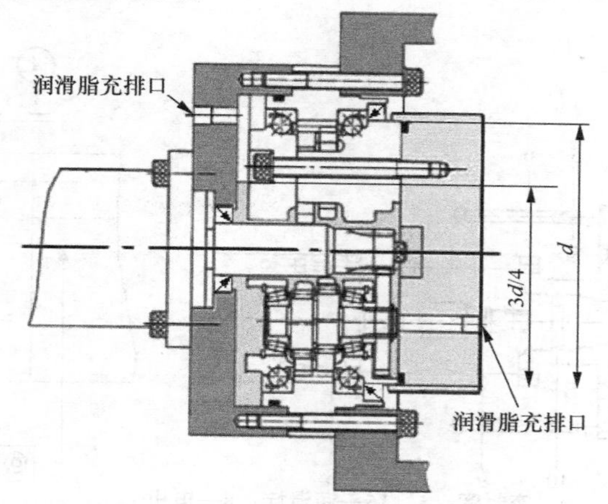

（a）水平安装

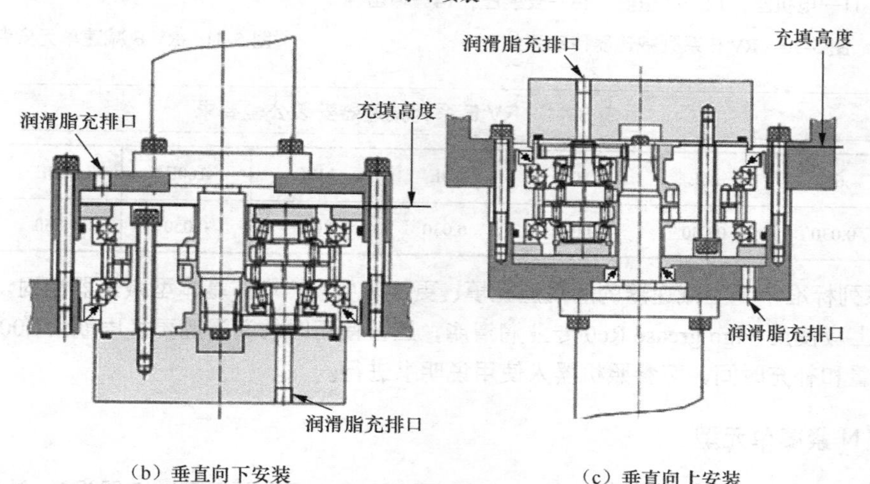

（b）垂直向下安装　　（c）垂直向上安装

图 5-29　RV 减速器的润滑脂充填要求

由于润滑脂受热后将出现膨胀，因此，在保证减速器良好润滑的同时，还需要合理设计安装部件，保证有 10%左右的润滑脂膨胀空间。

润滑脂的补充和更换时间与减速器的工作转速、环境温度有关，转速和环境温度越高，补充和更换润滑脂的周期就越短。对于正常使用，润滑脂更换周期为 20000 小时，但如果环境温度高于 40℃，或工作转速较高、污染严重时，应缩短更换周期。润滑脂的注入量和补充时间，在机器人说明书上均有明确的规定，用户可按照生产厂的要求进行。

5.4.3　单元型减速器的安装维护

1．RV E 标准单元型

RV E 系列标准单元型减速器为整体单元式结构，其传动系统可参照图 5-30 设计。由于单元型减速器的针轮（壳体）和输出法兰间安装有输出轴承，因此，输出轴 15 和安装座 14 间，无须安装输出支承轴承。减速器的其他部件结构与安装要求与 RV 系列基本型减速器相同。

纳博特斯克 RV E 系列标准单元型减速器的安装可参照 RV 系列基本型减速器进行，减速器的安装公差要求如图 5-31 和表 5-11 所示。

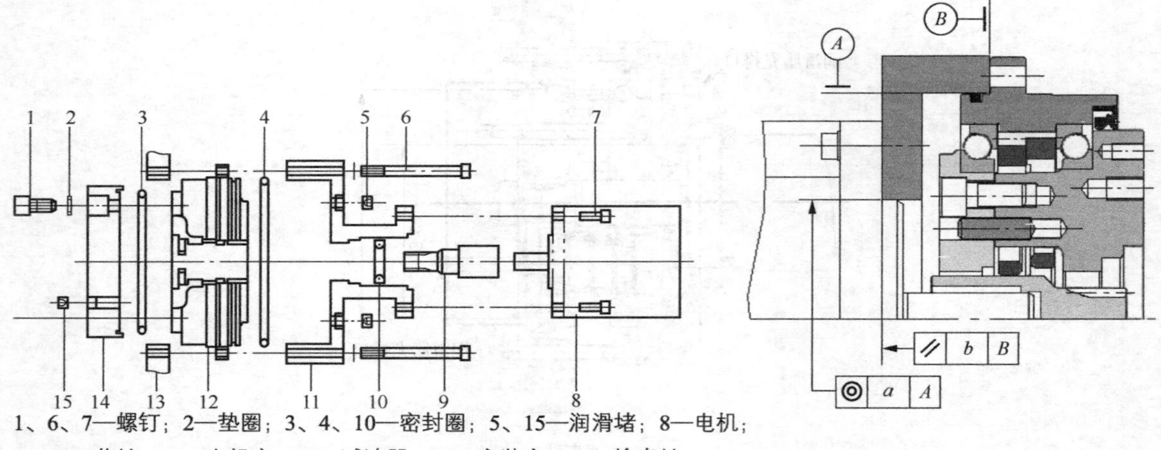

1、6、7—螺钉；2—垫圈；3、4、10—密封圈；5、15—润滑堵；8—电机；
9—芯轴；11—电机座；12—减速器；13—安装座；14—输出轴

图 5-30 RV E 系列减速器传动系统

图 5-31 RV E 减速单元安装公差要求

表 5-11 RV E 系列减速器安装公差要求

规格	6E	20E	40E	80E	110E	160E	320E	450E
a/*b*	0.030	0.030	0.030	0.030	0.030	0.050	0.050	0.050

RV E 系列标准单元型减速器的润滑脂充填、更换等要求，均与基本型减速器相同，纳博特斯克减速器原则上应使用 Vigo grease Re0 专业润滑脂，正常使用时的润滑脂更换周期为 20000 小时。润滑脂的注入量和补充时间，可参照机器人使用说明书进行。

2. RV N 紧凑单元型

RV N 系列紧凑型单元型减速器的传动系统可参照 RV E 标准单元型减速器设计。纳博特斯克 RV N 系列减速器的安装公差要求如图 5-32、表 5-12 所示。

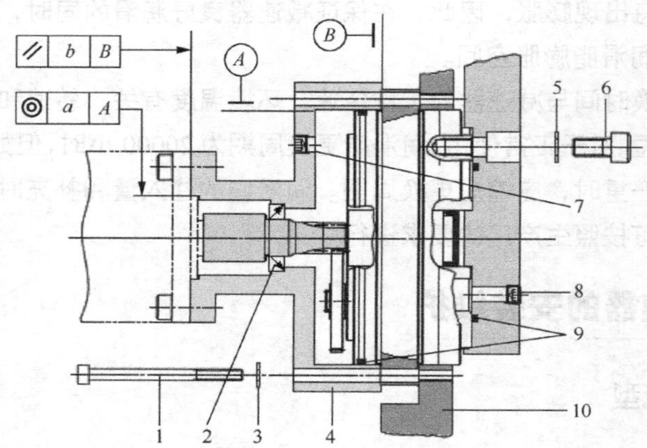

1、6—螺钉；2、9—密封圈；3、5—碟型弹簧垫圈；4—电机座；7、8—润滑脂充填口；10—安装座

图 5-32 RV N 系列减速器安装要求

表 5-12　RV N 系列减速器安装公差要求

规格	25N	42N	60N	80N	100N	125N	160N	380N	500N	700N
a	0.030	0.030	0.030	0.030	0.030	0.030	0.030	0.050	0.050	0.050
b	0.030	0.030	0.030	0.030	0.030	0.030	0.030	0.050	0.050	0.050

RV N 系列紧凑型单元型减速器的润滑脂充填，需要在减速器安装完成后进行，润滑脂的充填要求如图 5-33 所示。

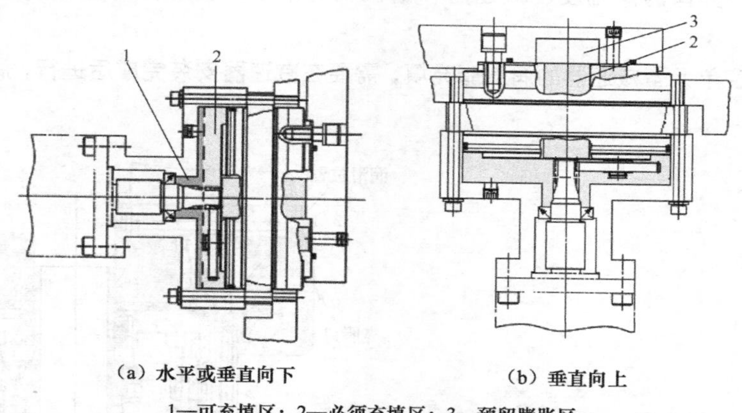

（a）水平或垂直向下　　（b）垂直向上

1—可充填区；2—必须充填区；3—预留膨胀区

图 5-33　RV N 系列减速单元的润滑要求

减速器水平安装或垂直向下安装时，润滑脂需要填满行星齿轮至输出法兰端面的全部空间，芯轴周围部分可适当充填，但一般不能超过总空间的 90%，以便润滑脂受热后的膨胀。减速器垂直向上安装时，润滑脂需要充填至输出法兰端面，同时需要在输出轴上预留图膨胀空间，膨胀空间不小于润滑脂充填区域的 10%。

RV N 系列紧凑单元型减速器的润滑脂充填、更换等要求，均与基本型减速器相同，纳博特斯克减速器原则上应使用 Vigo grease Re0 专业润滑脂，正常使用时的润滑脂更换周期为 20000 小时。润滑脂的注入量和补充时间，可参照机器人使用说明书进行。

3．RV C 中空单元型

中空单元型减速器的传动系统需要用户根据机器人结构要求设计，纳博特斯克 RV C 系列减速器的安装公差要求如图 5-34、表 5-13 所示。

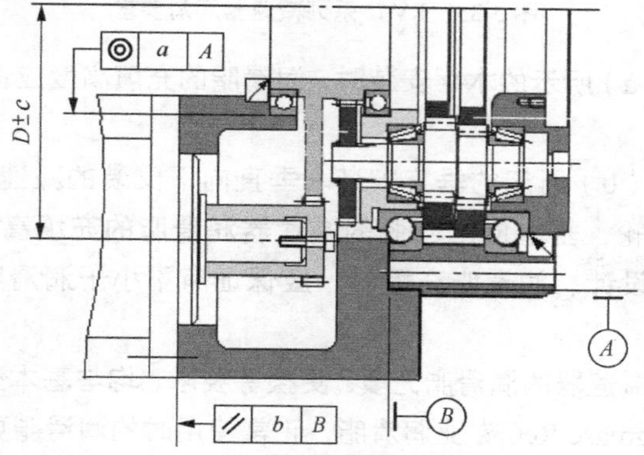

图 5-34　RV C 系列减速器安装要求

表 5-13 RV C 系列减速器安装公差要求

规格	10C	27C	50C	100C	200C	320C	500C
a/*b*/*c*	0.030	0.030	0.030	0.030	0.030	0.030	0.030

中空单元型减速器的芯轴、双联太阳轮需要用户安装，减速器安装时，需要保证双联太阳轮的轴承支承面和壳体的同轴度、减速器和电机轴的中心距要求，防止双联太阳轮啮合间隙过大或过小。

RV C 系列中空单元型减速器的润滑脂充填，需要在减速器安装完成后进行，润滑脂的充填要求如图 5-35 所示。

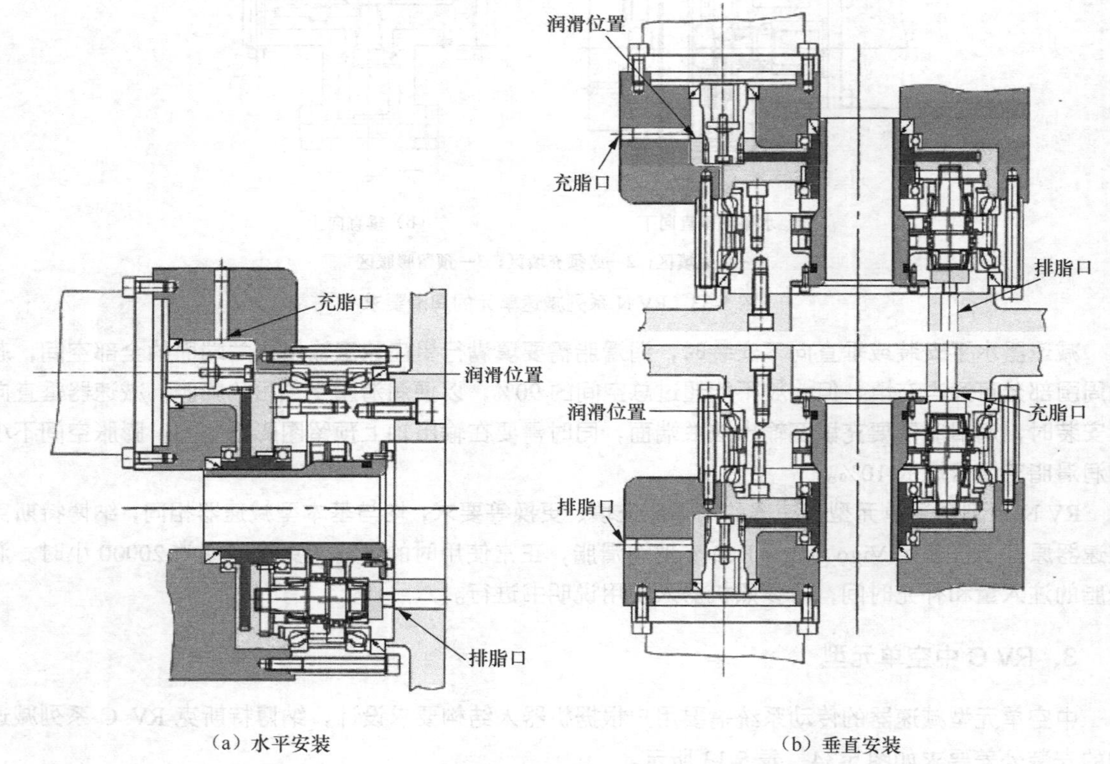

图 5-35 RV C 系列减速器润滑要求

当减速器采用图 5-35（a）所示的水平安装时，润滑脂的充填高度应保证填没输出轴承和部分双联太阳轮驱动齿轮。

当减速器采用图 5-35（b）所示的垂直安装，垂直向下安装的减速器润滑脂的充填高度应保证填没双联太阳轮驱动齿轮，垂直向上安装的减速器润滑脂的充填高度应保证填没减速器的输出轴承。同样，安装部件设计、润滑脂充填时，应保证有不小于润滑脂充填区域 10%的润滑脂膨胀空间。

RV C 系列中空单元型减速器的润滑脂充填、更换等要求，均与基本型减速器相同，纳博特斯克减速器原则上应使用 Vigo grease Re0 专业润滑脂，正常使用时的润滑脂更换周期为 20000 小时。润滑脂的注入量和补充时间，可参照机器人使用说明书进行。

6.1 运动组与坐标系

6.1.1 控制基准与运动组

1. 机器人运动与控制

工业机器人是一种功能完整、可独立运行的自动化设备，机器人系统的运动控制主要包括工具动作、本体移动、工件（工装）移动等。

机器人的工具动作一般比较简单，且以电磁元件通断控制居多，其性质与 PLC 的开关量逻辑控制相似，因此，通常直接利用控制系统的开关量输入/输出（I/O）信号及逻辑处理指令进行控制，有关内容见后述。

机器人本体及工件的移动是工业机器人作业必需的基本运动，所有运动轴一般都需要进行位置、速度、转矩控制，其性质与数控系统的坐标轴相同，因此，通常需要采用伺服驱动系统控制。

物体的空间位置、运动轨迹通常利用三维笛卡尔直角坐标系进行描述。机器人手动操作或程序自动运行时，其目标位置、运动轨迹等都需要有明确的控制对象（控制目标点），然后，再通过相应的坐标系，来描述其位置和运动轨迹。为了确定机器人的控制目标点、建立坐标系，就需要在机器人上选择某些特征点、特征线，作为系统运动控制的基准点、基准线，以便建立运动控制模型。

由于工业机器人的运动轴数量众多、组成形式多样，为了便于操作和控制，在机器人控制系统上，通常需要根据机械运动部件的组成与功能，对伺服驱动轴进行分组管理，将运动轴划分为若干具有独立功能的运动单元，并称之为运动组（如 FANUC 机器人）、控制轴组（如安川机器人）或机械单元（如 ABB 机器人）。

垂直串联、水平串联和并联是工业机器人常见的结构类型，这样的机器人实际上并不存在真正物理上的笛卡尔坐标系 *XYZ* 运动轴。因此，利用三维笛卡尔直角坐标系描述的定位位置、运动轨迹，需要通过逆运动学求解后，换算成关节轴的回转、摆动角度，然后，再通过多轴关节运动复合后形成。

利用逆运动学求解出的机器人关节运动，实际上存在多种实现的可能性。为了保证机器人运动准确、可靠，就必须对机器人各关节轴的状态（姿态）进行规定，才能使得机器人的位置、运动轨迹成为唯一和可控。

对于常用的 6 轴垂直串联结构工业机器人，机器人的关节轴状态包括了腰回转轴、上/下臂摆动轴状态，以及手腕回转轴、腕摆动轴、手回转轴状态。前者决定了机器人机身的方向和位置，称为本体姿态，后者决定了作业工具方向和位置，称为工具姿态。

6 轴垂直串联结构工业机器人的基准点、基准线及运动组的选择与划分原则、有关机器人坐标系、姿态的定义方法详见后述。

2. 机器人控制基准

机器人手动操作或程序自动运行时，其目标位置、运动轨迹等都需要有明确的控制对象（控制目标点），然后，再通过相应的坐标系，来描述其位置和运动轨迹。为了确定机器人的控制目标点、建立坐标系，就需要在机器人上选择某些特征点、特征线，作为系统运动控制的基准点、基准线，以便建立运动控制模型。

机器人的基准点、基准线与机器人结构形态有关，垂直串联机器人基准点与基准线的定义方法一般如下。

① 基准点。垂直串联机器人的运动控制基准点一般有图 6-1 所示的工具控制点（TCP）、工具参考点（TRP）、手腕中心点（WCP）3 个。

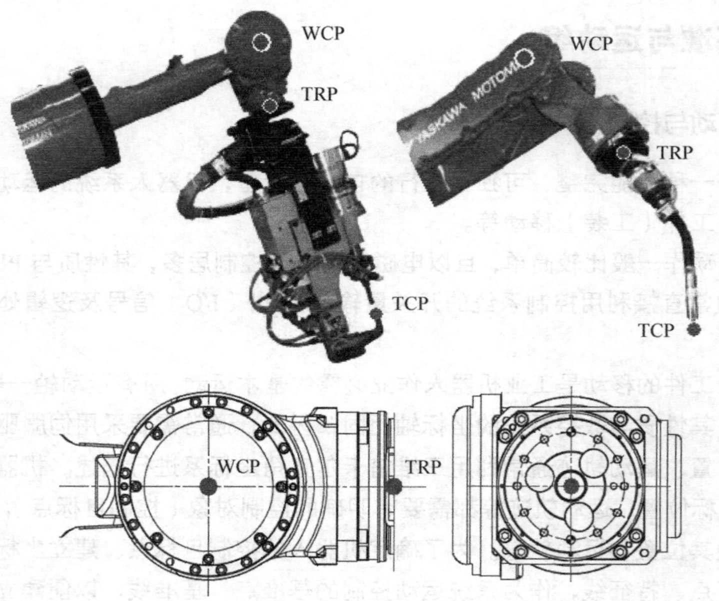

图 6-1 机器人基准点

TCP。TCP 是工具控制点（Tool Control Point）的英文简称，又称工具中心点（Tool Center Point）。TCP 点就是机器人末端执行器（工具）的实际作业点，它是机器人运动控制的最终目标，机器人手动操作、程序运行时的位置、轨迹都是针对 TCP 点而言。TCP 点的位置与作业工具的形状、安装方式等密切相关，例如，弧焊机器人的 TCP 点通常为焊枪的枪尖，点焊机器人的 TCP 点一般为焊钳固定电极的端点等。

TRP。TRP 是机器人工具参考点（Tool Reference Point）的英文简称，它是机器人工具安装的基准位置，机器人工具坐标系、作业工具的质量和重心位置等数据，都需要以 TRP 点为基准定义。TRP 也是确定 TCP 点的基准，若不安装工具或未定义工具坐标系，系统将默认 TRP 点和 TCP 点重合。

TRP 点通常为机器人手腕上的工具安装法兰中心点。

WCP。WCP 是机器人手腕中心点（Wrist Center Point）的英文简称，它是确定机器人姿态、定义机器人作业范围、判别机器人奇点（Singularity）的基准。垂直串联机器人的 WCP 点一般为手腕摆动轴 j5 和手回转轴 j6 的回转中心线交点。

② 基准线。垂直串联机器人的基准线通常有图 6-2 所示的机器人回转中心线、下臂中心线、上臂中心线、手回转中心线 4 条，其定义方法如下。

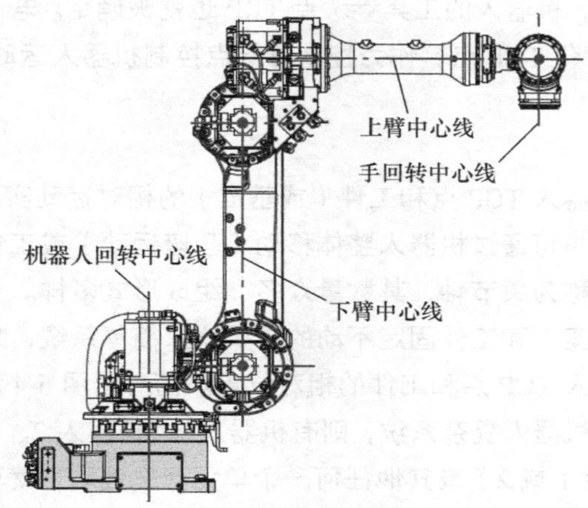

图 6-2　机器人基准线

机器人回转中心线：腰回转轴 j1（J1、S）回转中心线，通常与机器人基座安装面垂直。

下臂中心线：与下臂摆动轴 j2（J2、L）中心线和上臂摆动轴 j3（U）摆动中心线垂直相交的直线。

上臂中心线：通过手腕回转轴 j4（J4、R）回转中心，且与手腕摆动轴 j5（B）摆动中心线垂直相交的直线。通常就是机器人的手腕回转中心线。

手回转中心线：通过手回转轴 j6（J6、T）回转中心，且与手腕工具安装法兰面垂直的直线。通常就是机器人的手回转中心线。

③ 运动控制模型。6 轴垂直串联机器人的本体运动控制模型如图 6-3 所示，它需要在控制系统中定义如下结构参数。

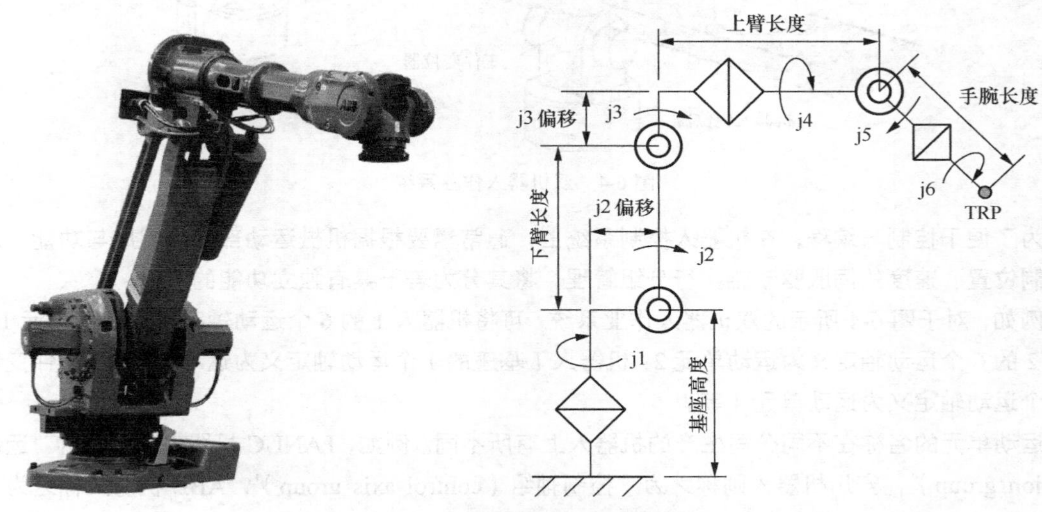

图 6-3　机器人控制模型与结构参数

基座高度（height of foot）：下臂摆动中心线离地面的高度。

下臂（j2）偏移（offset of joint 2）：下臂摆动中心线与机器人回转中心线的距离。

下臂长度（length of lower arm）：下臂摆动中心线与上臂摆动中心线的距离。

上臂（j3）偏移（offset of joint 3）：上臂摆动中心线与上臂回转中心线的距离。

上臂长度（length of upper arm）：上臂与下臂中心线垂直部分的长度。

手腕长度（length of wrist）：工具参考点 TRP 离手腕摆动轴 j5（B）摆动中心线的距离。

运动控制模型一旦建立，机器人的工具参考点 TRP 也就被确定。若不安装工具或未定义工具坐标系，系统就将以 TRP 点替代 TCP 点，作为控制目标点控制机器人运动。

3．运动组

机器人作业需要通过机器人 TCP 点和工件（或基准）的相对运动实现，这一运动，既可通过机器人本体的关节回转实现，也可通过机器人整体移动（基座运动）或工件运动实现。机器人系统的回转、摆动、直线运动轴统称为关节轴，其数量众多、组成形式多样。

例如，对于机器人（基座）和工件固定不动的单机器人简单系统，只能通过控制机器人本体的关节轴运动，才能改变机器人 TCP 点和工件的相对位置。而对于图 6-4 所示的、有机器人变位器、工件变位器等辅助部件的多机器人复杂系统，则有机器人 1、机器人 2、机器人变位器、工件变位器 4 个运动单元，只要机器人（1 或 2）或其他任何一个单元产生运动，就可改变对应机器人 1 或机器人 2 的 TCP 点与工件的相对位置。

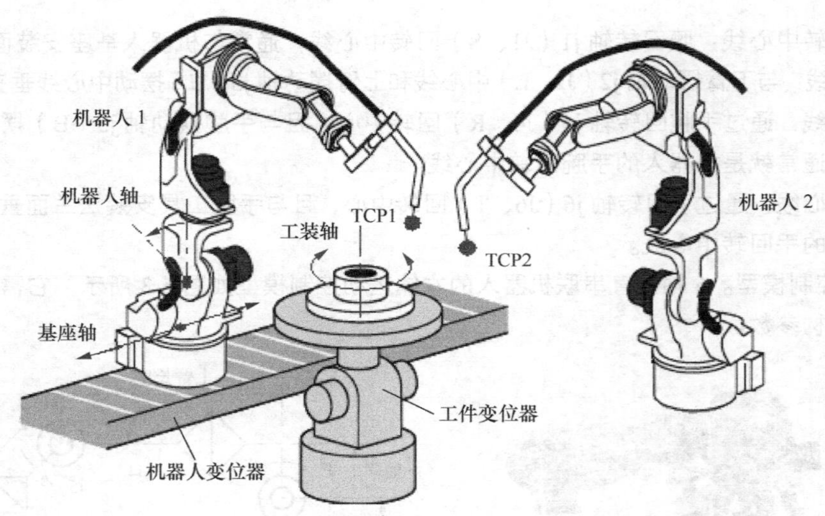

图 6-4　双机器人作业系统

为了便于控制与编程，在机器人控制系统上，通常需要根据机械运动部件的组成与功能，对需要控制位置、速度的伺服驱动轴实行分组管理，将其分为若干具有独立功能的单元。

例如，对于图 6-4 所示的双机器人作业系统，可将机器人 1 的 6 个运动轴定义为运动单元 1；机器人 2 的 6 个运动轴定义为运动单元 2；机器人 1 基座的 1 个运动轴定义为运动单元 3；工件变位器的 2 个运动轴定义为运动单元 4 等。

运动单元的名称在不同公司生产的机器人上有所不同。例如，FANUC 机器人将其称为“运动组（Motion group）”，安川机器人则称之为“控制轴组（control axis group）”，ABB 机器人称之为“机械单元（Mechanical unit）”等。

一般而言，工业机器人系统的运动组（控制轴组、运动单元）可分为如下 3 类。

① 机器人运动组。机器人运动组由控制机器人本体运动的关节轴组成，它将使机器人 TCP 点和基座产生相对运动。在多机器人控制系统上，每一机器人都是 1 个相对独立的运动组。机器人运动组一旦选定，对应机器人就可手动操作或程序自动运行。

② 基座运动组。基座运动组由控制机器人基座运动的关节轴组成，它可实现机器人整体变位、使机器人 TCP 点和大地产生相对运动。基座运动组一旦选定，对应机器人变位器就可以进行手动操作或程序自动运行。

③ 工装运动组。工装运动组由控制工件运动的关节轴组成，它可实现工件整体变位、使机器人 TCP 点和工件产生相对运动。工装运动组一旦选定，对应的工件变位器就可以进行手动操作或程序自动运行。

机器人运动组是任何机器人系统必需的基本运动单元，基座、工装运动组是机器人系统的辅助设备，只有在系统配置有变位器时才具备。由于基座、工装运动组的控制轴数量通常较少，因此，在大多数机器人上，将基座运动轴、工装运动轴统称为“外部轴”“外部关节”或“附加轴”，并进行集中管理。如果作业工具（如伺服焊钳等）含有系统控制的伺服驱动轴，它也属于外部轴的范畴。

机器人手动操作或程序运行时，运动组可利用控制指令生效或撤销。生效的运动组的全部运动轴都处于实时控制状态，被撤销的运动组将处于相对静止的“伺服锁定”状态，其位置通过伺服驱动系统的闭环调节功能保持不变。

6.1.2 机器人本体坐标系

1. 机器人坐标系

从形式上说，工业机器人坐标系有关节坐标系、笛卡尔坐标系两大类。从用途上说，工业机器人坐标系有基本坐标系、作业坐标系两大类。

机器人的关节坐标系是实际存在的坐标系，它与伺服驱动系统一一对应，也是控制系统能真正实施控制的坐标系，因此，所有机器人都必须（必然）有唯一的关节坐标系。关节坐标系是机器人的基本坐标系之一。

机器人的笛卡尔坐标系是为了方便操作、编程，而建立的虚拟坐标系。垂直串联机器人的笛卡尔坐标系一般有多个，其名称、数量及定义方法在不同机器人上稍有不同。例如，FANUC 机器人有 1 个全局坐标系，并可根据需要设定最大 9 个工具坐标系、9 个用户坐标系、5 个 JOG 坐标系；安川机器人有 1 个基座坐标系、1 个圆柱坐标系，并可根据需要设定最大 64 个工具坐标系、63 个用户坐标系；ABB 机器人则有 1 个基座坐标系、1 个大地坐标系，并可根据需要设定任意多个工具坐标系、用户坐标系和工件坐标系等。

在众多的笛卡尔坐标系中，基座（FANUC 为全局）坐标系是用来描述机器人 TCP 点空间运动必需的基本坐标系，工具坐标系、工件坐标系等是用来确定作业工具 TCP 位置及安装方位，描述机器人和工件相对运动的操作和编程坐标系。因此，它们是机器人作业所需的坐标系，故称作业坐标系，作业坐标系可根据需要设定、选择。

关节和基座坐标系是建立在机器人本体上的基本坐标系，其一般定义方法、有关作业坐标系、FANUC 机器人坐标系的特殊定义要求详见后述。

2. 基座坐标系

基座坐标系（Base coordinates）用来描述机器人TCP点相对于基座进行三维空间运动的基本坐标系。垂直串联机器人基座坐标系的一般定义方法如图6-5所示（FANUC稍有不同，见后述），坐标轴方向、原点的定义方法一般如下。

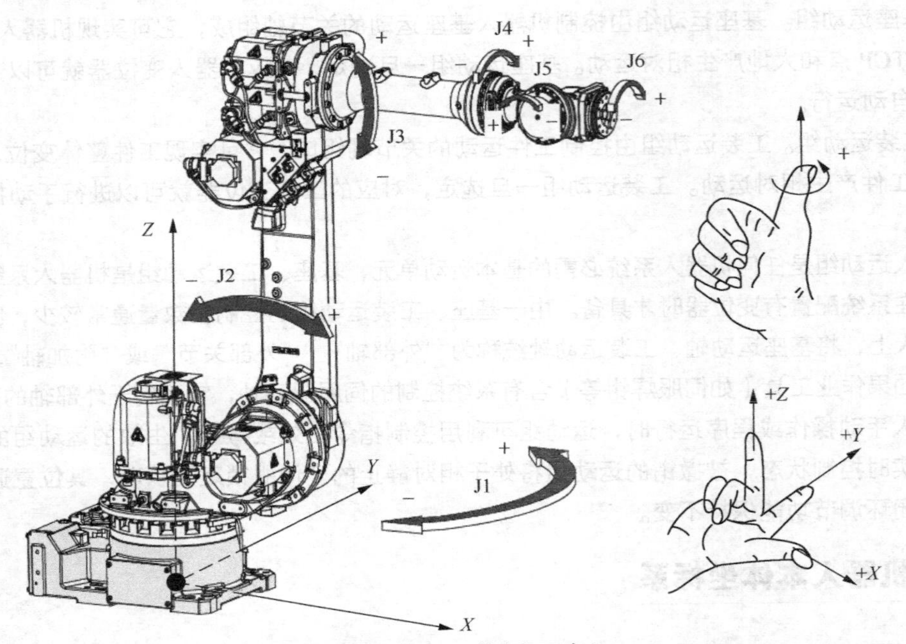

图6-5 基座、关节坐标系定义

原点：一般为机器人基座安装底面与机器人回转中心线的交点，或下臂回转中心线所在平面与腰回转中心线的交点。

Z 轴：机器人回转中心线，垂直底平面向上方向为+*Z* 方向。

X 轴：垂直基座前侧面向外方向为+*X* 方向。

Y 轴：右手定则决定。

3. 关节坐标系

关节坐标系（Joint coordinates）用于机器人关节轴的实际运动控制，它用来规定机器人各关节的最大回转速度、最大回转范围等基本参数。6轴垂直串联机器人的关节坐标轴名称、方向、零点的一般定义方法如下。

腰回转轴。以j1、J1或S等表示。以基座坐标系+*Z* 轴为基准，按右手定则确定的方向为正向。上臂前伸中心线与基座坐标系+*XZ* 平面平行的位置，为j1轴0°位置。

下臂摆动轴。以j2、J2或L等表示。当j1=0°时，以基座坐标系+*Y* 为基准、按右手定则确定的方向为正向。下臂中心线与基座坐标系+*Z* 轴平行的位置，为j2轴0°位置。

上臂摆动轴。以j3、J3或U等表示。当j1、j2=0°时，以基座坐标系–*Y* 为基准、按右手定则确定的方向为正向。上臂中心线与基座坐标系+*X* 轴平行的位置，为j3轴0°位置。

腕回转轴。以j4、J4或R等表示。当j1、j2、j3均为0°时，以基座坐标系–*X* 为基准、按右手定则确定的方向为正向。手回转中心线与基座坐标系+*XZ* 平面平行的位置，为j4轴0°位置。

腕弯曲轴。以 j5、J5 或 B 等表示。当 j1～j4 均为 0° 时，以基座坐标系 $-Y$ 为基准、按右手定则确定的方向为正向。手回转中心线与基座坐标系 $+X$ 轴平行的位置，为 j5 轴 0° 位置。

手回转轴。以 j6、J6 或 T 等表示。j1～j5 均为 0° 时，以基座坐标系 $-X$ 为基准、按右手定则确定的方向为正向。j6 轴通常可无限回转，其零点位置一般需要通过工具安装法兰的基准孔确定。

6.1.3 机器人作业坐标系

1．作业坐标系

在工业机器人上，工具、工件、用户等坐标系是用来描述机器人工具、工件运动的坐标系，它们可用来确定机器人工具、工件的基准点及安装方位。工具、工件、用户等坐标系是机器人作业所需的坐标系，故称作业坐标系。

垂直串联机器人常用的作业坐标系如图 6-6 所示。

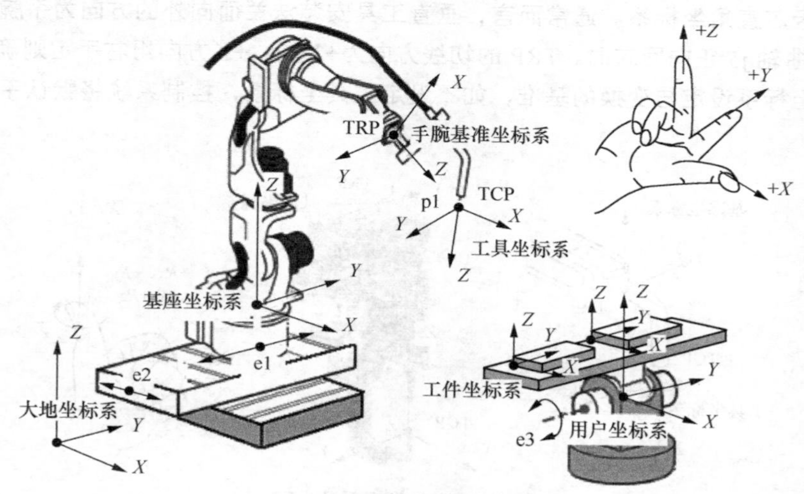

图 6-6　机器人作业坐标系

在以上坐标系中，工具坐标系具有定义工具姿态、确定 TCP 点位置两方面作用，是任何机器人作业必需的坐标系。大地坐标系、用户坐标系、工件坐标系等是用来描述机器人基座、工件运动，确定机器人、工件基准点及安装方位的坐标系，它们可根据机器人系统结构及实际作业要求，有选择地定义。

2．工具坐标系与设定

工具坐标系（Tool coordinates）用来定义工具控制点 TCP 位置和工具方向（姿态），每一工具都需要设定工具坐标系。工具坐标系一旦设定，当机器人用不同工具、进行相同作业时，操作者只需要改变工具坐标系，就能保证所有工具的 TCP 点都按程序轨迹运动，而无须对程序进行其他修改。

在垂直串联等结构的工业机器人上，工具控制点 TCP 的三维空间位置，需要用逆运动学求解、通过多个关节轴的回转运动合成，并可通过多种方式实现。例如，对于图 6-7 所示的弧焊焊枪、点焊焊钳，对于工具控制点 TCP 同样的空间位置，关节轴可以通过多种方式定位工具。因此，机器人的工具坐标系不仅需要定义工具控制点 TCP 的位置，而且还需要规定工具的方向

（姿态）。

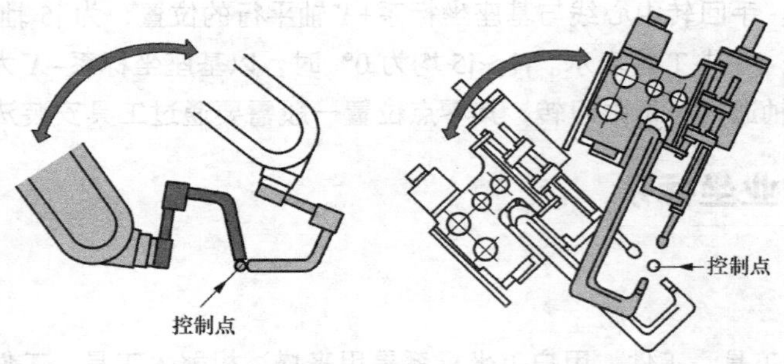

图 6-7　工具姿态

机器人工具坐标系需要通过图 6-8 所示的手腕基准坐标系变换，进行定义。手腕基准坐标系是以机器人手腕上的工具参考点 TRP 为原点，以手回转中心线为 Z 轴，以工具安装法兰面为 XY 平面的虚拟笛卡尔直角坐标系。通常而言，垂直工具安装法兰面向外的方向为手腕基准坐标系的 $+Z$ 方向；腕弯曲轴 j5 正向回转时，TRP 的切线方向为 $+X$ 向；$+Y$ 方向用右手定则确定。手腕基准坐标系是工具坐标系设定与变换的基准，如不设定工具坐标系，控制系统将默认手腕基准坐标系为工具坐标系。

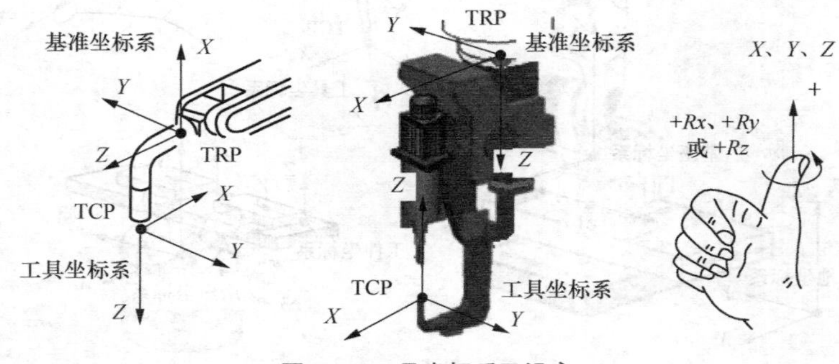

图 6-8　工具坐标系及设定

工具坐标系是以 TCP 为原点、以工具中心线为 Z 轴、工具接近工件的方向为 $+Z$ 向的虚拟笛卡尔直角坐标系，点焊、弧焊机器人的工具坐标系一般如图 6-8 所示。

工具坐标系需要通过手腕基准坐标系的偏移、旋转进行定义。TCP 点在手腕基准坐标系上的位置，就是工具坐标系的原点偏离量。坐标旋转可用旋转角 $R_z/R_x/R_y$、四元数法、欧拉角等方法定义。

3. 用户坐标系和工件坐标系

用户坐标系（User coordinates）和工件坐标系（Object coordinates）如图 6-9 所示，它们是用来描述工装运动、定义工件安装位置，确定机器人作业区域的虚拟笛卡尔直角坐标系，一般用于使用工件变位器的多工位、多工件作业系统。用户坐标系、工件坐标系一旦设定，机器人进行多工位、多工件相同作业时，只需要改变坐标系，就能保证机器人在不同的作业区域，按同一程序所指令的轨迹运动，而无须对作业程序进行其他修改。

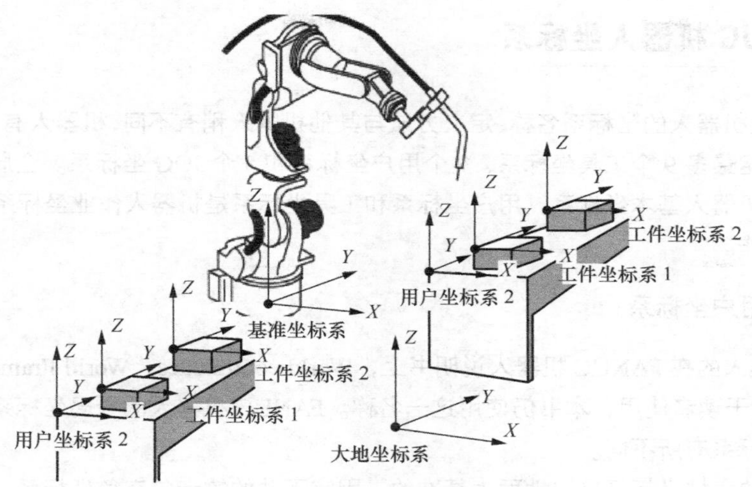

图 6-9　用户坐标系和工件坐标系

用户坐标系一般通过基座坐标系的偏移、旋转变换，进行设定，它可根据实际需要设定多个，对于不使用工件变位器的单机器人作业系统，控制系统默认基座坐标系为用户坐标系，无须设定用户坐标系。

工件坐标系是以工件为基准，描述机器人 TCP 点运动的虚拟笛卡尔坐标系，多用于多工件作业系统，以及工具固定、机器人移动工件的作业系统。工件坐标系一般通过用户坐标系的偏移、旋转变换，进行设定，它同样可设定多个。

对于通常的工具移动、单工件作业系统，系统将默认用户坐标系为工件坐标系。若不设定用户坐标系，则基座坐标系就是系统默认的用户坐标系和工件坐标系。

需要注意的是：在工具固定、机器人用于工件移动的作业系统中，由于工件安装在机器人手腕上，因此，工件坐标系需要以机器人手腕基准坐标系为基准进行设定，而且，它将代替通常的工具坐标系功能，成为作业必需的基本坐标系。因而，对于工具固定、机器人用于工件移动的作业系统必须设定工件坐标系。

4．大地坐标系

大地坐标系（World coordinates）有时译作“世界坐标系”，它一般是以地面为基准、Z 轴向上的三维笛卡尔直角坐标系（FANUC 稍有不同，见后述）。在使用机器人变位器或多机器人协同作业的系统上，为了确定机器人的基座位置和运动状态，需要建立大地坐标系。此外，在图 6-10 所示的倒置或倾斜安装的机器人上，也需要通过大地坐标系来确定基座坐标系的原点及方向。对于垂直地面安装、不使用机器人变位器的单机器人系统，控制系统将默认基座坐标系为大地坐标系，无须进行大地坐标系设定。

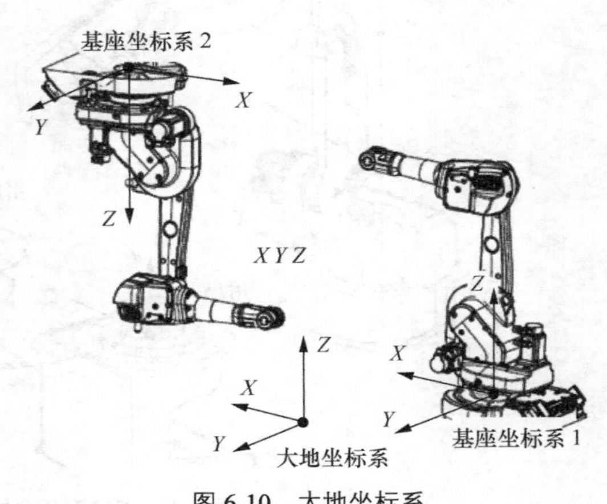

图 6-10　大地坐标系

6.1.4 FANUC 机器人坐标系

FANUC 工业机器人的坐标系名称、定义方法与其他机器人稍有不同，机器人有 1 个全局坐标系，并可根据需要设定最多 9 个工具坐标系、9 个用户坐标系和 5 个 JOG 坐标系。全局坐标系是用来代替基座坐标系的机器人基本坐标系，用户坐标系和工具坐标系是机器人作业坐标系，JOG 坐标系用于机器人手动操作。

1. 全局和用户坐标系

FANUC 机器人的在 FANUC 机器人说明书上，World coordinates（World Frame）被译作“全局坐标系”，为了便于读者使用，本书仍使用这一名称。FANUC 机器人的全局坐标系与前述的、一般意义上的大地坐标系有所不同。

一般意义上的大地坐标系是以地面为基准的、固定不动的笛卡尔直角坐标系，因此，它可用来描述多机器人作业系统的机器人、机器人变位器、工件变位器等所有部件的安装位置和安装方式。在固定安装的单机器人作业系统，大地坐标系通常与基座坐标系重合。

FANUC 机器人的全局坐标系是用来代替基座坐标系的机器人基本坐标系，其定义如图 6-11 所示，坐标系由机器人生产厂家设定。FANUC 全局坐标系实际上是基座坐标系的向上平移，机器人的 J2 轴摆动中心位于全局坐标系的 *XY* 平面上。

FANUC 机器人用户坐标系同样是用于多工件作业的作业坐标系（见图 6-11），它以全局坐标系为基准进行设定，若不设定用户坐标系，则以全局坐标系作为默认的用户坐标系（UF0）。

FANUC 机器人最多可设定 9 个用户坐标系，用户坐标系的原点、轴方向可通过系统参数 $MNUFRAMENNUM [group,1]～[group,9]进行设定，设定参数包括原点在全局坐标系上的位置（*x*，*y*，*z*），及用户坐标系绕全局坐标系 *X*/*Y*/*Z* 轴的回转角度（*w*，*p*，*r*）两部分，坐标系设定参数既可直接输入，也可通过示教操作由系统自动计算与生成，或者通过程序指令设定。有关用户坐标系的设定方法，可参见本书后述章节。

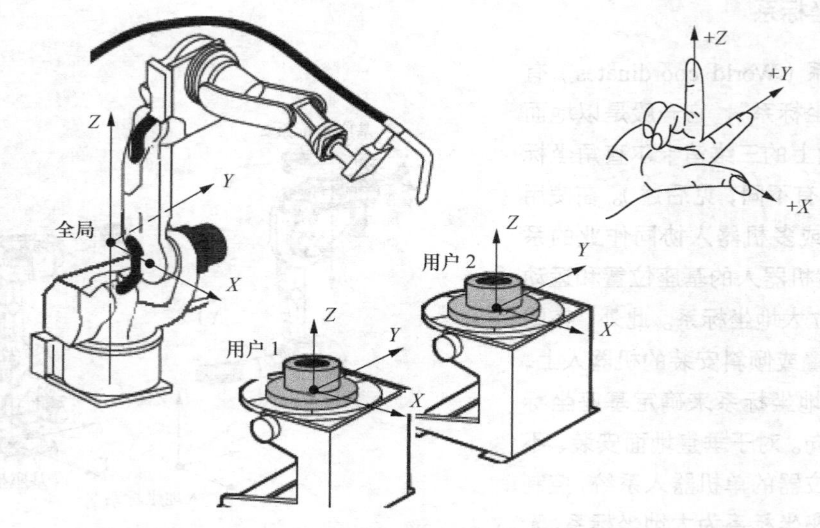

图 6-11　FANUC 全局和用户坐标系

2．JOG 坐标系

FANUC 机器人的 JOG 坐标系，仅仅是为了进行机器人在三维空间的手动 *X*、*Y*、*Z* 轴操作（JOG 操作）而建立的操作用临时坐标系，它对机器人的程序运行无效，因此，操作者可根据自己的需要，进行任意设定。

JOG 坐标系需要按图 6-12 所示、以全局坐标系为基准进行设定，若不设定 JOG 坐标系，则以全局坐标系作为默认的 JOG 坐标系。

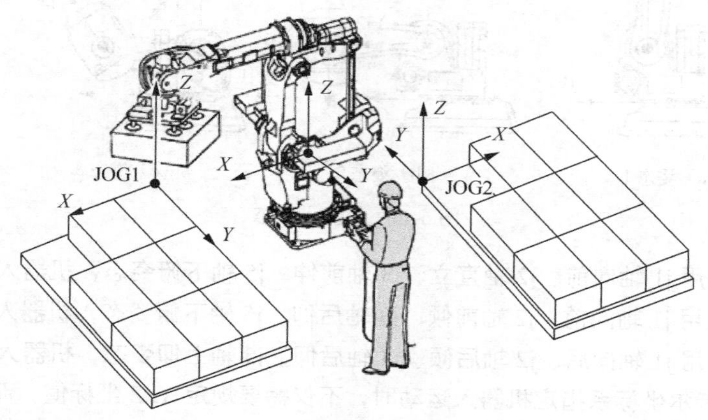

图 6-12　JOG 坐标系

FANUC 机器人最多可设定 5 个 JOG 坐标系，坐标系的原点、轴方向可通过系统参数$JOG_GROUP [group]. $JOGFRAME 进行设定，设定参数包括 JOG 坐标系原点在全局坐标系上的位置（*x*，*y*，*z*），及 JOG 坐标系绕全局坐标系 *X*/*Y*/*Z* 轴的回转角度（*w*，*p*，*r*）两部分，坐标系设定参数既可直接输入，也可通过示教操作由系统自动计算与生成。有关 JOG 坐标系的设定方法，可参见本书后述章节。

6.2 机器人与工具姿态

6.2.1 机身姿态定义

1．TCP 位置与姿态

机器人的工具控制点 TCP 在三维空间的位置可通过两种方式描述：一是直接利用关节坐标系位置描述；二是利用虚拟笛卡尔直角坐标系（如基座坐标系）的 *XYZ* 值描述。

机器人的关节坐标位置（简称关节位置）实际就是伺服电机所转过的绝对角度，它一般通过伺服电机内置的脉冲编码器进行检测，并利用编码器的输出脉冲计数来计算、确定，因此，关节位置又称“脉冲型位置”。工业机器人伺服电机所采用的编码器，通常都具有断电保持功能（称绝对编码器），其计数基准（零点）一旦设定，在任何时刻，电机所转过的脉冲数都是一个确定值。因此，机器人的关节位置是与结构、笛卡尔坐标系设定无关的唯一位置，也不存在奇点（Singularity，见下述）。

利用基座等虚拟笛卡尔直角坐标系（*x*，*y*，*z*）定义的 TCP 位置，称为“*XYZ* 型位置”。由于机器人采用的逆运动学，对于垂直串联等结构的机器人，坐标值为（*x*，*y*，*z*）的 TCP 位置，可通过多种形式的关节运动来实现。例如，对于图 6-13 所示的 TCP 位置 p1，即使手腕轴 j4（R）、j6（T）的位置不变，也可通过如下 3 种本体姿态实现定位。

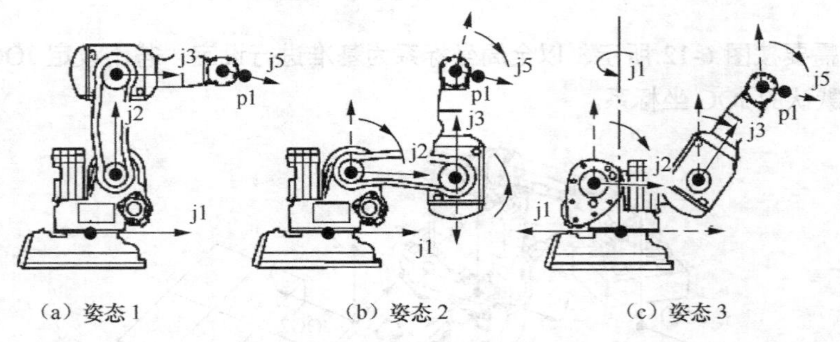

图 6-13　机器人姿态

图 6-13（a）采用 j1 轴向前、j2 轴直立、j3 轴前伸、j5 轴下俯姿态，机器人直立。

图 6-13（b）采用 j1 轴向前、j2 轴前倾、j3 轴后仰、j5 轴下俯姿态，机器人俯卧。

图 6-13（c）采用 j1 轴向后、j2 轴后倾、j3 轴后仰、j5 轴上仰姿态，机器人仰卧。

因此，利用笛卡尔坐标系指定机器人运动时，不仅需要规定 *XYZ* 坐标值，而且还必须规定机器人的姿态。

机器人姿态又称机器人形态或机器人配置（Robot configuration）、关节配置（Joint Placement），在不同公司的机器人上，其表示方法也有所不同。例如，安川公司用机身前/后、正肘/反肘、手腕俯仰，以及腰回转轴 S、手腕回转轴 R、手回转轴 T 的位置（范围）表示。ABB 公司利用表示机身前/后、正肘/反肘、手腕俯仰状态的姿态号，以及腰回转轴 j1、手腕回转轴 j4、手回转轴 j6 的位置（区间）表示等。不同的定义方法虽然形式有所不同，但实质一致。

FANUC 机器人的 TCP 位置格式如图 6-14 所示，机器人姿态用机身前/后（T/B）、肘正/反（U/D）、手腕俯/仰（F/N），以及腰回转轴 J1、手腕回转轴 J4、手回转轴 J6 的位置（区间）表示，工具姿态用坐标系旋转 *W*/*P*/*R* 表示。

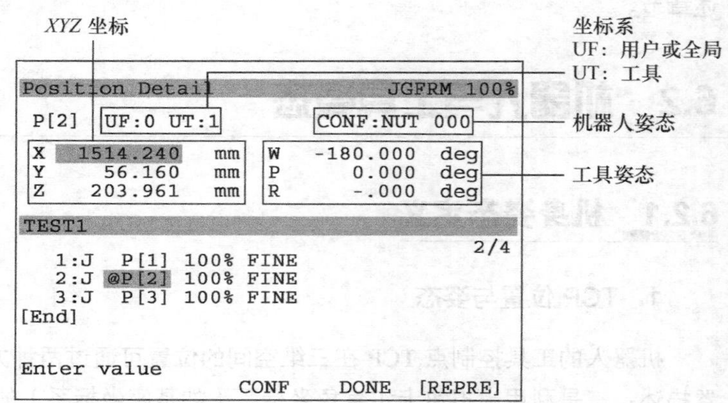

图 6-14　FANUC 机器人的 TCP 位置

2. 机身前/后

机器人的机身状态用前（Front）/后（Back）描述，定义方法如图 6-15 所示。通过基座坐标系 *Z* 轴，且与 J1 轴当前位置（角度线）垂直的平面，是定义机身前后状态的基准面，如机器人手腕中心点 WCP 位于基准平面的前侧，称为“前（Front）”；如 WCP 位于基准平面后侧，称为“后（Back）”。WCP 位于基准平面时，为机器人“臂奇点”。

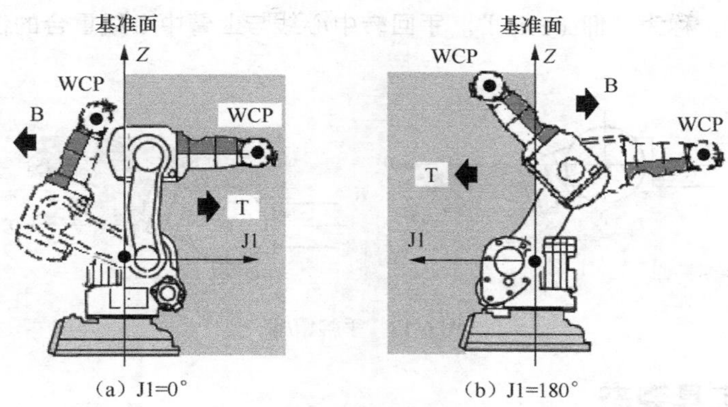

（a）J1=0°　　（b）J1=180°

图 6-15　机身前/后

例如，当 J1 轴处于图 6-15（a）所示的 0° 位置时，若 WCP 位于基座坐标系的+X 方向，就是机身前位（T），若 WCP 位于–X 方向，就是机身后位（B）。而当 J1 轴处于图 6-15（b）所示的 180° 位置时，若 WCP 位于基座坐标系的+X 方向，为机身后位，WCP 位于–X 方向，则为机身前位。

为了避免与下述用来表示手腕俯（Noflip）/仰（Flip）的符号 N/F 混淆，FANUC 机器人姿态参数以英文 T/B 来表示机器人机身的前（Front）/后（Back）状态。

3．正肘/反肘

机器人的上、下臂摆动轴 J2、J3 的状态用肘正/反或上（UP）/下（DOWN）描述，定义方法如图 6-16 所示。

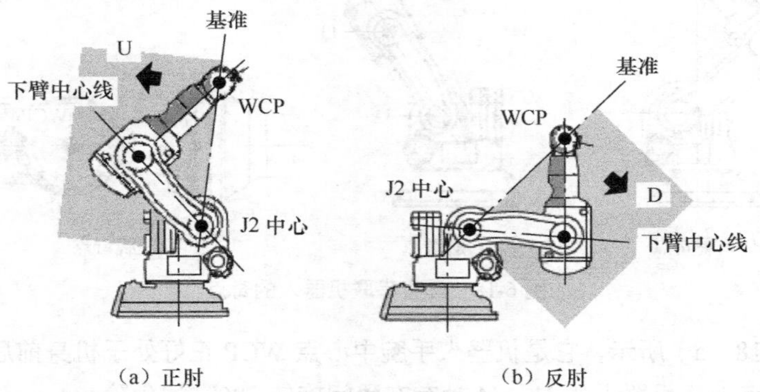

（a）正肘　　（b）反肘

图 6-16　正/反肘

通过手腕中心点 WCP、与下臂回转轴 J2 回转中心线垂直相交的直线，是定义肘正/反状态的基准线。从机器人的正侧面、即沿基座坐标系的+Y 向观察，若下臂中心线位于基准线逆时针旋转方向，称为“正肘”；若下臂中心线位于基准线顺时针旋转方向，称为“反肘”；下臂中心线与基准线重合的位置为特殊的“肘奇点”。

4．手腕俯/仰

机器人腕弯曲轴 J5 的状态用俯（Noflip）/仰（Flip）描述，定义方法如图 6-17 所示。腕弯曲轴 J5 俯仰，以上臂中心线（通常为 J5=0°）为基准，若手回转中心线位于上臂中心线的顺时针旋转方向（J5 轴角度为负），称为“俯（Noflip）”，若手回转中心线位于上臂中心线的逆时针旋转方向（J5 轴角度为正），称为“仰（Flip）”。手回转中心线与上臂中心线重合的位置，为特殊的“腕奇点”。

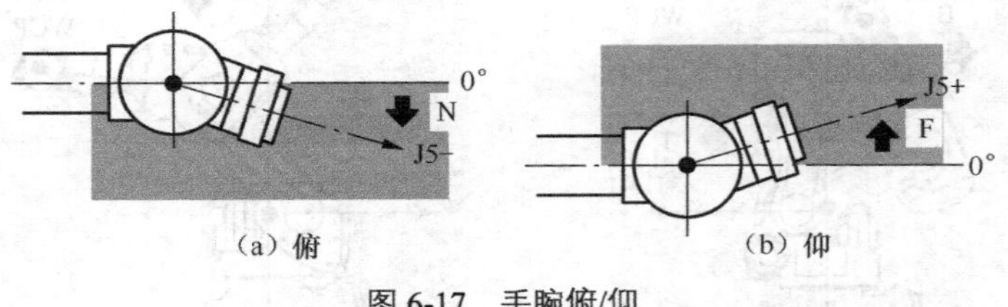

（a）俯　（b）仰

图 6-17　手腕俯/仰

6.2.2 区间及工具姿态

1. J1/J4/J6 区间定义

定义 J1/J4/J6 区间的目的是规避机器人奇点。奇点（Singularity）又称奇异点，其数学意义是不满足整体性质的个别点。

在工业机器人上，按 RIA 标准定义，奇点是“由两个或多个机器人轴共线对准所引起的、机器人运动状态和速度不可预测的点”。6 轴垂直串联机器人工作范围内的奇点主要有图 6-18 所示的臂奇点、肘奇点、腕奇点 3 类。

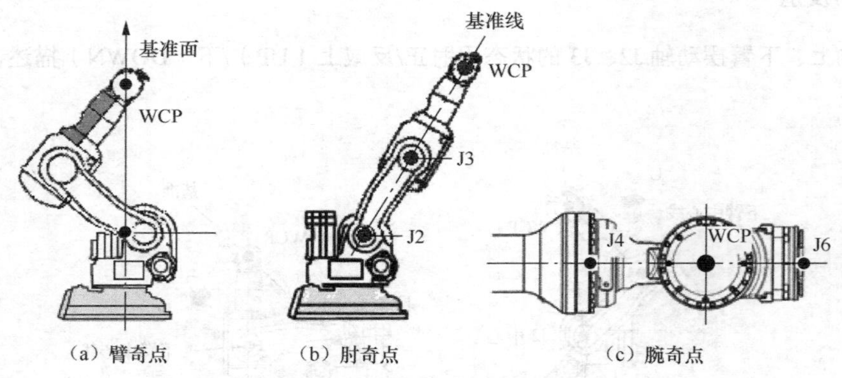

（a）臂奇点　（b）肘奇点　（c）腕奇点

图 6-18　垂直串联机器人的奇点

臂奇点如图 6-18（a）所示，它是机器人手腕中心点 WCP 正好处于机身前后判别基准平面上的所有情况。在臂奇点上，机器人的 J1、J4 轴存在瞬间旋转 180° 的危险。

肘奇点如图 6-18（b）所示，它是下臂中心线正好与正/反肘的判别基准线重合的所有位置。在肘奇点上，机器人手臂的伸长已到达极限，可能会导致机器人运动的不可控。

腕奇点如图 6-18（c）所示，它是手回转中心线与上臂中心线重合的所有位置（通常为 J5=0°）。在腕奇点上，由于回转轴 J4、J6 的中心线重合，机器人存在 J4、J6 轴瞬间旋转 180° 的危险。

因此，为了防止机器人在以上的奇点出现不可预见的运动，就必须在机器人姿态参数中，进一步明确 J1、J4、J6 轴的位置。机器人 J1、J4、J6 轴的实际位置定义方法在不同机器人上稍有不同，例如，ABB 公司以象限代号表示角度范围、以正/负号表示转向；安川机器人的 J1、J4、J6 轴的位置用＜180° 与≥180° 描述等。

FANUC 机器人的 J1、J4、J6 轴位置可通过机器人姿态中的回转区间号进行定义。回转区间以 360° 为单位，按图 6-19 所示划分为 3 个区间，其区间号分别为−1、0、1，区间号所代表的范围如下。

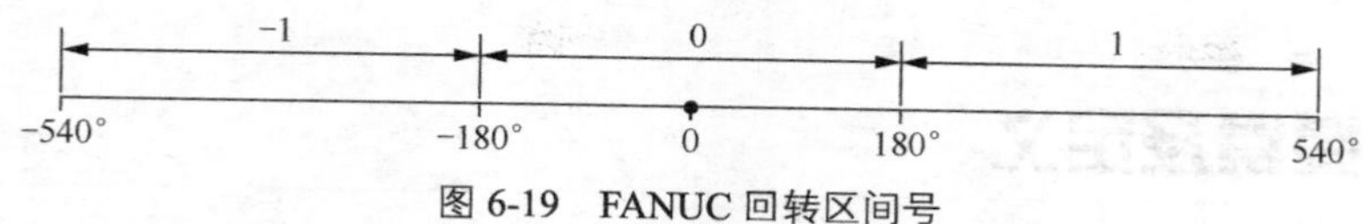

图 6-19 FANUC 回转区间号

−1：−539.999° ～−180°；

0：−179.999° ～+179.999°；

1：+180° ～+539.999°。

2．工具姿态

所谓工具姿态，就是机器人作业工具的安装方向。工具安装方向一般是通过 TCP 点且与工件作业面垂直的直线方向，它通常就是工具坐标系的方向。因此，工具姿态同样可通过手腕基准坐标系变换的方式定义。机器人的手腕基准坐标系是以机器人工具安装法兰中心点（TRP）为原点，以 J6（T）轴回转中心线为 *Z* 轴、垂直工具安装法兰面向外的方向为+*Z* 向，J5（B）轴正向回转时的 TRP 切线运动方向为+*X* 向的虚拟笛卡尔直角坐标系。

在安川机器人上，工具坐标系一般以 TCP 点为原点，以工具作业时接近工件的方向为+*Z* 向；*X*、*Y* 轴方向可通过坐标系旋转参数 $R_x/R_y/R_z$（或 *W*/*P*/*R*）设定，参数含义如图 6-20 所示。

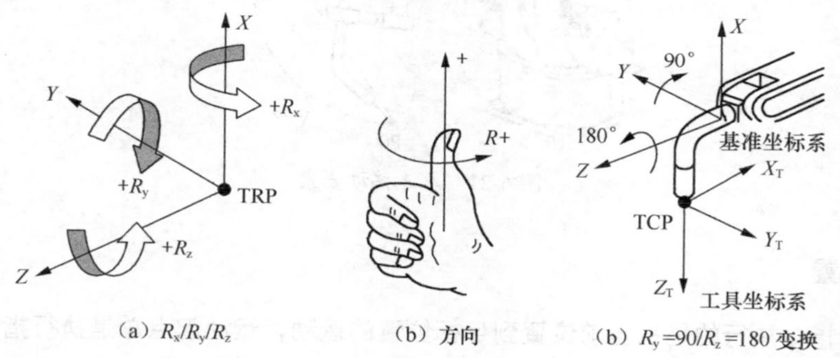

（a）$R_x/R_y/R_z$　（b）方向　（b）R_y=90/R_z=180 变换

图 6-20 工具姿态定义

R_x（或 *W*）：工具坐标系绕手腕基准坐标系 *X* 轴回转的角度；

R_y（或 *P*）：工具坐标系绕手腕基准坐标系 *Y* 轴回转的角度；

R_z（或 *R*）：工具坐标系绕手腕基准坐标系 *Z* 轴回转的角度；

$R_x/R_y/R_z$（或 *W*/*P*/*R*）符号：按右手螺旋定则确定。

例如，对图 6-20（c）所示的工具姿态，其工具坐标系为绕基准坐标系 *Y* 轴旋转 90° 、*Z* 轴旋转 180° 后的结果，故其坐标变换参数为 $R_x = 0$、$R_y = 90$、$R_z = 180$。

FANUC 机器人最多可设定 9 个工具坐标系，工具坐标系的原点、轴方向可通过系统参数 $MNUTOOL [group,1] ～[group,9]进行设定，设定参数包括工具坐标系原点（即 TCP 点）在手腕基准坐标系上的位置（*x*，*y*，*z*），及工具坐标系绕手腕基准坐标系 *X*/*Y*/*Z* 轴的回转角度（*w*，*p*，*r*）两部分，坐标系设定参数既可直接输入，也可通过示教操作由系统自动计算与生成，或者通过程序指令设定。有关工具坐标系的设定方法，可参见本书后述章节。

6.3 移动要素及定义

6.3.1 机器人移动要素

机器人程序自动运动时，需要通过移动指令来控制机器人、外部轴运动，实现TCP点的移动与定位。对于图6-21所示的TCP从P0到P1点的运动，在移动指令上，需要定义图示的目标位置（P1）与到位区间（e）、移动轨迹及移动速度（V）等基本要素。

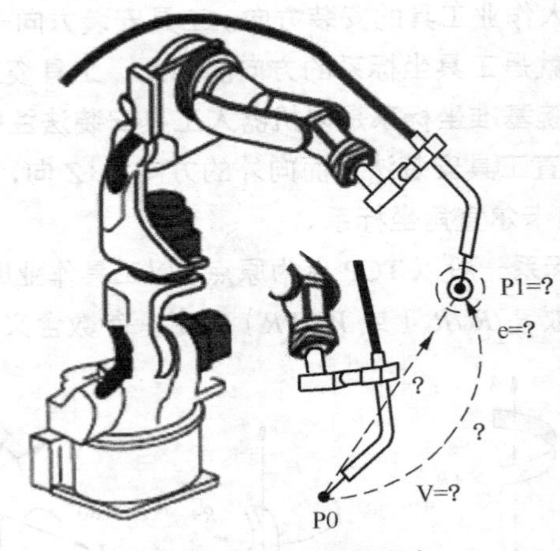

图6-21 基本移动要素

1. 目标位置

机器人移动指令执行的是从当前位置到目标位置的运动，运动起点总是执行指令时机器人TCP点的当前实际位置（P0），目标位置则用来定义移动指令执行完成后的TCP点终点位置。

工业机器人的移动目标位置既可直接在程序中定义，也可通过示教操作设定，故又称程序点、示教点。

移动目标位置可以是利用关节坐标系定义的机器人、外部轴绝对位置（关节位置），也可为TCP点在基座、用户、工件等虚拟笛卡尔直角坐标系上的三维空间位置*XYZ*（TCP位置）。以关节坐标系定义时，机器人TCP点的位置唯一，无须规定机器人、工具姿态。以笛卡尔直角坐标系的*XYZ*值定义TCP目标位置时，机器人存在多种实现的可能，必须在指定*XYZ*值的同时，定义机器人、工具姿态。

2. 到位区间

到位区间又称定位等级（Positioning Level）、定位类型（Continuous Termination）等，它是控制系统用来判断移动指令是否执行完成的依据。机器人执行移动指令时，如果TCP点已到达目标位置的到位区间范围内，控制系统便认为当前的移动指令已执行完成，接着执行下一指令。

需要注意的是：由于工业机器人的伺服驱动系统通常采用闭环位置控制，因此，到位区间并不是运动轴（TCP点）的最终定位误差。这是因为，当运动轴（TCP点）到达到位区间时，虽然系统已开始执行下一指令，但伺服系统仍能通过闭环位置自动调节功能消除误差，直至到达闭环系统可能的最小误差值。

3．移动轨迹

移动轨迹就是机器人 TCP 点在三维空间的运动路线。工业机器人的运动方式主要有绝对位置定位、关节插补、直线插补、圆弧插补等。

绝对位置定位又称点定位，它通常是机器人的关节轴或外部轴（基座轴、工装轴），由当前位置到指定位置的快速定位运动。绝对位置定位的目标位置需要以关节位置的形式给定，控制系统对各运动轴进行的是独立的定位控制、无须进行插补运算，机器人 TCP 点的移动轨迹由各运动轴的定位运动合成、无规定的形状。

关节插补是机器人 TCP 从当前位置到指定点的插补运动，目标位置需要以 TCP 位置的形式给定。进行关节插补运动时，控制系统需要通过插补运算，分配各运动轴的指令脉冲，以保证各运动轴同时启动、同时到达终点，机器人 TCP 点的移动轨迹将由各轴的同步运动合成，但通常不为直线。

直线插补、圆弧插补是机器人 TCP 从当前位置到指定点的直线、圆弧插补运动，目标位置同样需要以 TCP 位置的形式给定。进行直线、圆弧插补运动时，控制系统不但需要通过插补运算，保证各运动轴同时启动、同时到达终点，而且，还需要保证机器人 TCP 点的移动轨迹为直线或圆弧。

机器人的运动方式、移动轨迹需要利用指令代码来选择，指令代码在不同机器人上稍有区别。例如，安川机器人的关节插补指令代码为 MOVJ、直线插补指令代码为 MOVL、圆弧插补指令代码为 MOVC；ABB 机器人的绝对位置定位指令代码为 MoveAbsJ、关节插补指令代码为 MoveJ、直线插补指令代码为 MoveL、圆弧插补指令代码为 MoveC 等。

4．移动速度

移动速度用来规定机器人关节轴、外部轴的运动速度，它可用关节速度、TCP 速度两种形式指定。关节速度一般用于机器人绝对位置定位运动，它直接以各关节轴回转或直线运动速度的形式指定，机器人 TCP 的实际运动速度为各关节轴定位速度的合成。TCP 速度通常用于关节、直线、圆弧插补，它需要以机器人 TCP 空间运动速度的形式指定，指令中规定的 TCP 速度是机器人各关节轴运动合成后的 TCP 实际移动速度，对于圆弧插补，它是 TCP 点的切向速度。

6.3.2 目标位置定义

机器人的移动目标位置又称程序点，程序点有关节位置、TCP 位置 2 种定义方式。

1．关节位置及定义

关节位置又称绝对位置，它是以各关节轴自身的计数零位（原点）为基准，直接用回转角度或直线位置描述的机器人关节轴、外部轴位置，在工业机器人上，关节位置通常是机器人、外部轴绝对位置定位指令的目标位置。

以关节位置形式指定的移动目标位置，无须考虑机器人、工具的姿态。例如，对于图 6-22 所示的机器人系统，机器人关节轴的绝对位置为：j1（S）、j2（L）、j3（U）、j4（R）、j6（T）=0°，j5（B）=−30°；外部轴的绝对位置为：e1=682mm，e2=45° 等。

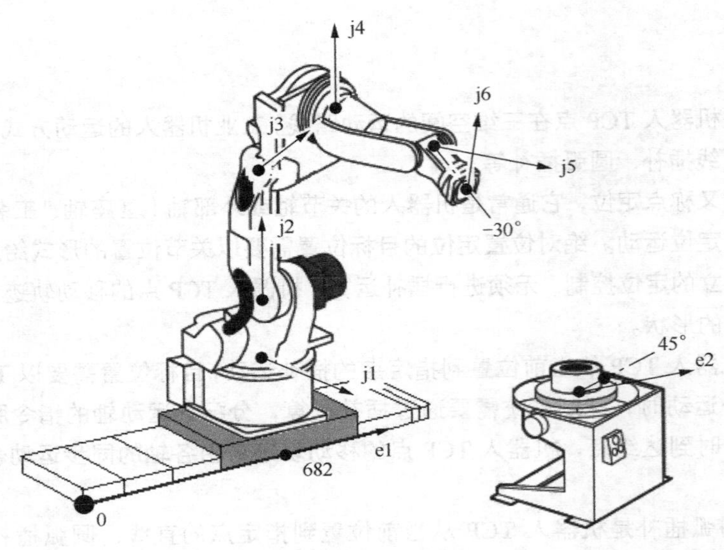

图 6-22　关节位置

关节位置（绝对位置）是真正由伺服驱动系统控制的位置。在机器人控制系统上，关节位置一般通过位置检测编码器的脉冲计数得到，故又称“脉冲型位置”。机器人的位置检测编码器一般直接安装在伺服电机内（称内置编码器）、并与电机输出轴同轴，因此，编码器的输出脉冲数直接反映了电机轴的回转角度。

现代机器人所使用的位置编码器都带有后备电池，它可以在断电状态下保持脉冲计数值，因此，编码器的计数零位（原点）一经设定，在任何时刻，电机轴所转过的脉冲计数值都是一个确定的值，它既不受机器人、工具、工件等坐标系设定的影响，也与机器人、工具的姿态无关（不存在奇点）。

2. TCP 位置与定义

利用虚拟笛卡尔直角坐标系定义的机器人 TCP 位置，是以指定坐标系的原点为基准，通过三维空间的位置值（x，y，z）描述的 TCP 位置，故又称 *XYZ* 位置。在工业机器人上，TCP 位置通常用来指定关节、直线、圆弧插补运动的移动目标位置。

机器人的 TCP 位置与所选择的坐标系有关。如果选择基座坐标系，它就是机器人 TCP 相对于基座坐标系原点的位置值；如果选择工件坐标系，它就是机器人 TCP 相对于工件坐标系原点的位置值等。

例如，对于图 6-23 所示的机器人系统，选择基座坐标系时，其 TCP 位置值为（800, 0, 1000）；选择大地坐标系时，其 TCP 位置值为（600, 682, 1200）；选择工件坐标系时，其 TCP 位置值为（300, 200, 500）等。

在垂直串联等结构的机器人上，由于笛卡尔直角坐标系是一种虚拟坐标系，因此，当机器人 TCP 位置以（x，y，z）形式指定时，控制系统需要通过逆运动学计算、求解关节轴的位置，且存在多组解，因此，TCP 位置必须同时规定机器人、工具的姿态，以便获得唯一解。由于不同公司生产的工业机器人，其机器人、工具的姿态定义方式有所不同，因此，其 TCP 位置数据的形式也有所区别。

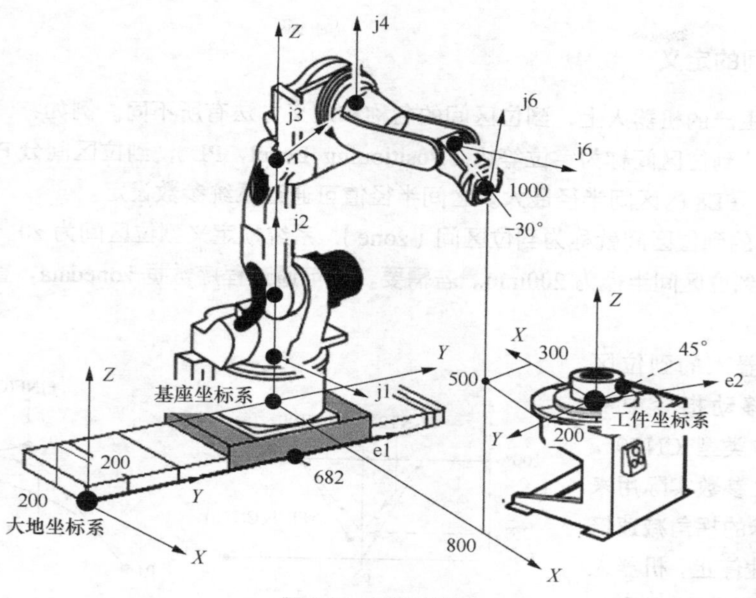

图 6-23　TCP 位置

6.3.3　到位区间定义

1．到位区间的作用

到位区间是控制系统判别机器人移动指令是否执行完成的依据。在程序自动运行时，它是系统结束当前指令、启动下一指令的条件：如果机器人 TCP 到达了目标位置的到位区间范围内，就认为指令的目标位置到达，系统随即开始执行后续指令。

到位区间并不是机器人 TCP 的实际定位误差，因为，当 TCP 到达目标位置的到位区间后，伺服驱动系统还将通过闭环位置调节功能，自动消除误差、尽可能向目标位置接近。正因为如此，当机器人连续执行移动指令时，在指令转换点上，控制系统一方面通过闭环调节功能，消除上一移动指令的定位误差，同时，又开始了下一移动指令的运动，这样，在两指令的运动轨迹连接处，将产生图 6-24（a）所示的抛物线轨迹，由于轨迹近似圆弧，故俗称圆拐角。

机器人 TCP 的目标位置定位是一个减速运动过程，为保证定位准确，目标位置定位误差越小，机器人定位时间就越长。因此，扩大到位区间，可缩短机器人移动指令的执行时间，提高运动的连续性。但是，机器人 TCP 偏移目标位置也越远，实际运动轨迹与程序轨迹的误差也越大。

例如，当到位区间足够大时，机器人执行图 6-24（b）所示的 P1→P2→P3 移动指令时，机器人可能直接从 P1 连续运动至 P3，而不再经过 P2 点。

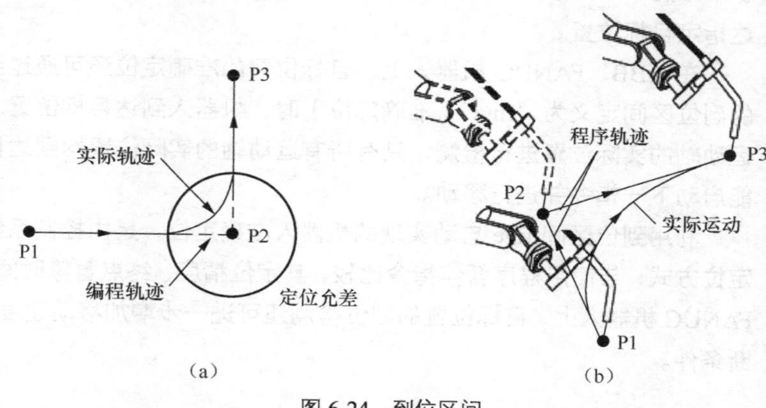

图 6-24　到位区间

2. 到位区间的定义

在不同公司生产的机器人上，到位区间的名称和定义方法有所不同。例如：

安川机器人的到位区间称为定位等级（Positioning Level，PL），到位区间分 PL 0～8 共 9 级，PL0 为准确定位、PL8 的区间半径最大。区间半径值可通过系统参数设定。

ABB 机器人的到位区间就称为到位区间（zone），系统预定义到位区间为 z0 ～ z200，z0 为准确定位、z200 的到位区间半径为 200mm。若需要，也可通过程序数据 zonedata，直接在程序指令执行中自行定义。

FANUC 机器人的到位区间，需要通过移动指令中的 CNT 参数（定位类型 CNT0～100）定义。CNT 参数实际用来定义图 6-25 所示的拐角减速倍率，CNT0 为减速停止，机器人在移动指令终点减速停止后，才能启动下一指令，CNT100 为不减速连续运动。

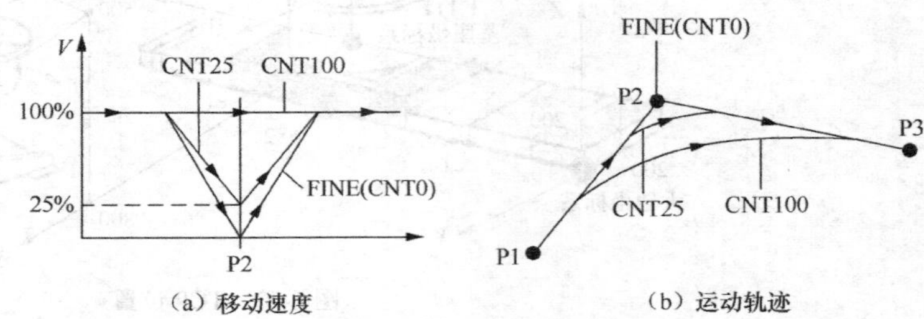

图 6-25　CNT 与拐角自动减速

3. 准确定位

通过定位区间 zone 或定位等级 PL、定位类型 CNT 的设定，机器人连续移动时的拐角半径得到了有效控制，但是，即使将定位区间定义为 z0 或 PL=0、CNT=0，由于伺服系统存在位置跟随误差，轨迹转换处实际还会产生圆角。

图 6-26 为伺服系统的实际停止过程。运动轴定位停止时，控制系统的指令速度将按系统的加减速要求下降，指令速度为 0 的点，就是定位区间为 0 的停止位置。然而，由于伺服系统存在惯性，关节轴的实际运动必然滞后于系统指令（称为伺服延时），因此，如果在指令速度为 0 的点上，立即启动下一移动指令，拐角轨迹仍有一定的圆角。

伺服延时所产生的圆角可通过程序暂停、到位判别两种方法消除。

一般而言，交流伺服驱动系统的伺服延时大致在 100ms 左右，因此，如果在执行连续移动的指令中添加一个大于 100ms 的程序暂停动作指令，就基本上能消除伺服延时误差，保证机器人准确到达指定目标位置。

在 ABB、FANUC 机器人上，目标位置的准确定位还可通过到位判别的方式实现。当移动指令的到位区间定义为“fine”（准确定位）时，机器人到达目标位置、停止运动后，控制系统还需要对运动轴的实际位置进行检测，只有所有运动轴的实际位置均到达目标位置的准确定位允差范围，才能启动下一指令并进行移动。

利用到位区间 fine 自动实现的机器人准确定位，是由控制系统自动完成、确保实际位置到达的定位方式，与使用程序暂停指令比较，其定位精度、终点暂停时间的控制更加准确、合理。在 ABB、FANUC 机器人上，目标位置的到位检测还可进一步增加移动速度、停顿时间、拐角半径等更多的判断条件。

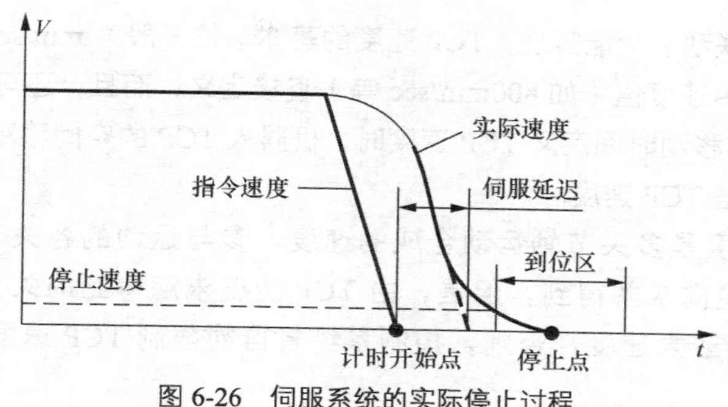

图 6-26 伺服系统的实际停止过程

6.3.4 移动速度定义

机器人的运动可分为绝对位置定位，关节、直线、圆弧插补，以及 TCP 点保持不变的工具定向运动 3 类。3 类运动的速度定义方式有所区别，具体如下。

1. 关节速度及定义

关节速度通常用于机器人手动操作，以及关节位置绝对定位、关节插补时的移动速度控制。机器人系统的关节速度是各关节轴独立的回转或直线运动速度，回转/摆动轴的速度基本单位为 deg/sec（°/s）；直线运动轴的速度基本单位为 mm/sec（mm/s）。

机器人样本中所提供的最大速度（Maximum Speed），就是各关节轴的最大移动速度，它是关节轴的极限速度，在任何情况下都不允许超过。当机器人以 TCP 速度、工具定向速度等方式指定速度时，如某一轴或某几轴的关节速度超过了最大速度，控制系统自动将超过最大速度的关节轴限定为最大速度，并以此为基准，调整其他关节轴速度，以保证运动轨迹的准确。

关节速度通常以最大速度倍率（百分率）的形式定义。关节速度（百分率）一旦定义，对于绝对位置定位运动，系统中所有需要运动的轴，都将按统一的倍率，调整各自的速度、进行独立的运动。关节轴的实际移动速度为关节速度（百分率）与该轴关节最大速度的乘积。

关节速度不能用于机器人 TCP 点运动速度的定义。机器人进行多轴同时运动的手动操作或执行关节位置绝对定位指令时，其 TCP 点的速度为各关节轴运动的合成。

例如，假设机器人腰回转轴 J1、下臂摆动轴 J2 的最大速度分别为 250dec/sec、150 dec/sec，如定义关节速度为 80%，则 J1、J2 轴的实际速度将分别为 200 dec/sec、120 dec/sec；当 J1、J2 轴同时进行定位运动时，机器人 TCP 点的最大线速度将为：

$$V_{\mathrm{TCP}} = \sqrt{200^2 + 120^2} = 233(\mathrm{dec/sec})$$

一般情况下，关节速度也可用移动时间的方式在程序上定义，此时，关节轴的移动距离除以移动时间所得的商，就是编程的关节速度。

2. TCP 速度及定义

TCP 速度用于机器人 TCP 的线速度控制，对于需要控制 TCP 运动轨迹的直线、圆弧插补等指令，都应定义 TCP 速度。在 ABB 机器人上，关节插补指令的速度，同样需要用 TCP 速度进行定义。

TCP 速度是系统中所有参与插补的关节轴运动合成后的机器人 TCP 运动速度，它需要通过控制系统的多轴同时控制（联动）功能实现，TCP 速度的基本单位一般为 mm/sec（mm/s）。在机器人程序上，TCP 速度不但可用速度值（如 800mm/sec 等）直接定义，而且，还可用移动时间的形式间接定义（如 5sec 等）。利用移动时间定义 TCP 速度时，机器人 TCP 的空间移动距离（轨迹长度）除以移动时间所得的商，就是 TCP 速度。

机器人的 TCP 速度是多关节轴运动合成的速度，参与运动的各关节轴的实际关节速度，需要通过 TCP 速度的逆向求解得到，但是，由 TCP 速度求解得到的关节轴回转速度，均不能超过系统规定的关节轴最大速度，否则，控制系统将自动限制 TCP 速度，以保证 TCP 运动轨迹准确。

3．工具定向速度

工具定向速度用于图 6-27 所示的、机器人工具方向调整运动的速度控制，运动速度的基本单位为 deg/sec（°/s）。

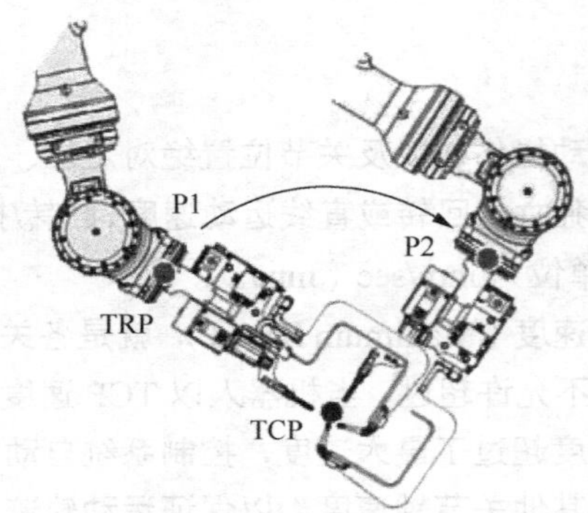

图 6-27 工具定向速度

工具定向运动多用于机器人作业开始、作业结束或轨迹转换处。在这些作业部位，为了避免机器人运动过程可能出现的运动部件干涉，经常需要改变工具方向，才能接近、离开工件或转换轨迹。在这种情况下，就需要对作业工具进行 TCP 点位置保持不变的工具方向调整运动，这样的运动称为工具定向运动。

工具定向运动一般需要通过机器人工具参考点 TRP 绕 TCP 的回转运动实现，因此，工具定向速度实际上用来定义机器人 TRP 点的回转速度。

工具定向速度同样是系统中所有参与运动的关节轴运动合成后的机器人 TRP 回转速度，它也需要通过控制系统的多轴同时控制（联动）功能实现，由于工具定向是 TRP 绕 TCP 的回转运动，故其速度基本单位为 deg/sec（°/s）。由工具定向速度求解得到的各关节轴回转速度，同样不能超过系统规定的关节轴最大速度，否则，控制系统将自动限制工具定向速度，以保证 TRP 运动轨迹的准确。

机器人的工具定向速度，同样可采用速度值（deg/sec）或移动时间（sec）2 种定义形式。利用移动时间定义工具定向速度时，机器人 TRP 的空间移动距离（轨迹长度）除以移动时间所得的商，就是工具定向速度。

6.4 程序结构与指令

6.4.1 程序与编程

1. 程序与指令

工业机器人的工作环境多数为已知，因此，以第一代示教再现机器人居多。示教再现机器人一般不具备分析、推理能力和智能性，机器人的全部行为需要由人对其进行控制。

工业机器人是一种有自身控制系统、可独立运行的自动化设备，为了使其能自动执行作业任务，操作者就必须将全部作业要求，编制成控制系统能够识别的命令，并输入到控制系统。控制系统通过连续执行命令，使机器人完成所需要的动作。这些命令的集合就是机器人的作业程序（简称程序），编写程序的过程称为编程。

命令又称指令（Instruction），它是程序最重要的组成部分。作为一般概念，工业自动化设备的程序控制指令都由如下指令码和操作数 2 部分组成：

```
J          P[1]  100%  FINE
指令码          操作数
```

指令码又称操作码，简称指令或命令。指令用来规定控制系统需要执行的操作。操作数又称操作对象，它用来定义执行这一操作的对象。简单地说，指令码告诉控制系统需要做什么，操作数告诉控制系统由谁去做。

指令、操作数的格式需要由控制系统生产厂家规定，在不同控制系统上有所不同。例如，对于机器人的关节插补、直线插补、圆弧插补，FANUC 机器人的指令为 J、L、C，安川机器人的指令为 MOVJ、MOVL、MOVC，ABB 机器人的指令为 MoveJ、MoveL、MoveC 等。操作数的种类繁多，它既可以是具体的数值、文本（字符串），也可以是表达式、函数，还可以是规定格式的程序数据或程序文件等。

工业机器人的程序指令大多需要有多个操作数，例如，对于 6 轴垂直串联机器人的焊接作业，指令至少需要如下操作数：

① 6 个用来确定机器人本体关节位置或 TCP 位置的位置数据。

② 多个用来确定 TCP 点、工具安装方式、工具质量和重心等的数据（工具数据）。

③ 多个用来确定工件形状、作业部位、安装方式等的数据（工件数据）。

④ 多个用来确定诸如焊接机器人焊接电流、电压，引弧、熄弧要求等内容的作业工艺数据（作业参数）。

⑤ 其他用来指定移动速度、到位区间等其他移动要素的参数。

因此，如果指令中的每一个操作数都需要指定具体的值，指令将变得十分冗长，为此，在工业机器人程序中，一般需要通过不同的方法，来一次性定义多个操作数，这一点与数控、PLC 等控制装置有较大的不同。

例如，在安川机器人上，用规定格式的文件（file）来一次性定义多个操作数。在 ABB 机器人程序上，则可用规定格式的程序数据（Program data），来一次性定义多个操作数等。

指令、操作数的表示方法称为编程语言（Programming language），它在不同的控制系统、不同的设备上有较大的不同，截至目前，工业机器人还没有统一的编程语言。

例如，安川公司机器人的编程语言为 INFORM Ⅲ，而 ABB 机器人采用的是 RAPID 编程语言，FANUC 机器人的编程语言为 KAREL，KUKA 公司机器人的编程语言为 KRL 等。工业机器人程序目前还不具备通用性。

采用不同编程语言所编制的程序，其程序结构、指令格式、操作数的定义方法均有较大的不同。但是，如操作者掌握了一种编程语言，其他机器人的编程就相对容易。

2. 编程方法

第一代机器人的程序编制方法一般有示教编程和虚拟仿真编程两种。

① 示教编程。示教（Teach in）编程是通过作业现场的人机对话操作，完成程序编制的一种方法，利用示教操作生成的程序称为示教程序（Teach Pendant Programm，TP 程序）。所谓示教就是操作者对机器人所进行的作业引导，它需要由操作者按实际作业要求，通过人机对话操作，一步一步地告知机器人需要完成的动作。这些动作可由控制系统，以命令的形式记录与保存。示教操作完成后，程序也就被生成。如果控制系统自动运行示教操作所生成的程序，机器人便可重复全部示教动作，这一过程称为“再现”。

示教编程需要有专业经验的操作者，在机器人作业现场完成。示教编程简单易行，所编制的程序正确性高，机器人的动作安全可靠，它是目前工业机器人最为常用的编程方法，特别适合于自动生产线等重复作业机器人的编程。

示教编程的不足是程序编制需要通过机器人的实际操作完成，编程需要在作业现场进行，其时间较长，特别是对于高精度、复杂轨迹运动，很难利用操作者的操作示教，故而，对于作业要求变更频繁、运动轨迹复杂的机器人，一般使用离线编程。

② 虚拟仿真编程。虚拟仿真编程是通过编程软件直接编制程序的一种方法，它不仅可编制程序，而且还可进行运动轨迹的模拟与仿真，以验证程序的正确性。

虚拟仿真编程可在计算机上进行，其编程效率高，且不影响现场机器人的作业，故适合于作业要求变更频繁、运动轨迹复杂的机器人编程。虚拟仿真编程需要配备机器人生产厂家提供的专门编程软件，如安川公司的 MotoSim EG、ABB 公司的 RobotStudio、FANUC 公司的 ROBOGUIDE、KUKA 公司的 Sim Pro 等。

虚拟仿真编程一般包括几何建模、空间布局、运动规划、动画仿真等步骤，所生成的程序需要经过编译，下载到机器人，并通过试运行确认。离线编程涉及编程软件安装、操作和使用等问题，不同的软件差异较大。

值得一提的是：示教、虚拟仿真是两种不同的编程方式，但在部分书籍中，工业机器人的编程方法还有现场、离线、在线等多种提法。从中文意义上说，所谓现场、非现场，只是反映编程地点是否在机器人现场，而所谓离线、在线，也只是反映编程设备与机器人控制系统之间是否存在通信连接。简言之，现场编程并不意味着它必须采用示教方式，而编程设备在线时，同样也可采用虚拟仿真软件编程，因此，以上说法似不够准确。

6.4.2 程序结构

所谓程序结构实际就是程序的编写方法、格式，以及控制系统对程序进行的组织、管理方式。

现阶段，工业机器人的应用程序通常有模块式和线性两种基本结构。

1. 模块式结构

模块式结构的程序设计灵活、使用方便，它是欧美工业机器人常用的程序结构形式。模块式结构的程序由多个程序模块组成，其中的一个模块负责对其他模块的组织与调度，这一模块称为主模块或主程序，其他模块称为子模块或子程序。对于一个控制任务，主模块或主程序一般只能有一个，而子模块或子程序则可以有多个。子模块、子程序通常都有相对独立的功能，它可根据实际控制的需要，通过主模块或主程序调用、选择，并且可通过参数化程序设计，使子模块或子程序能用于不同的控制需要。

模块式结构程序的模块名称、功能，在不同的控制系统上有所不同。例如，ABB 工业机器人的 RAPID 应用程序包括了图 6-28 所示的多种模块。

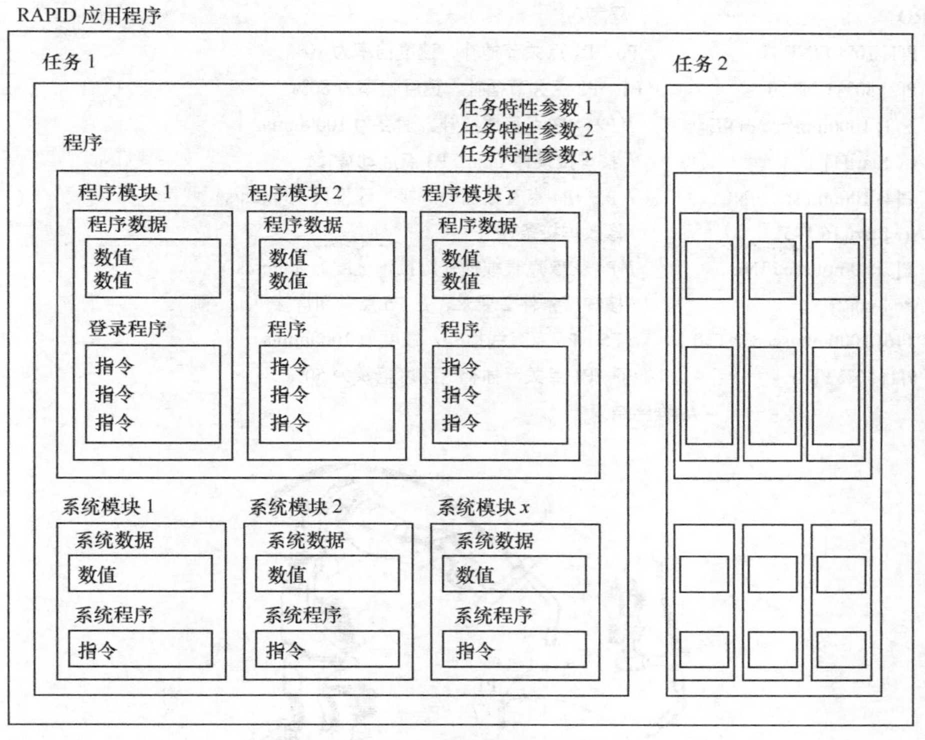

图 6-28 RAPID 应用程序

RAPID 任务（Task）包含了工业机器人完成一项特定作业（如点焊、弧焊、搬运等）所需要的全部程序指令和数据，它是一个完整的 RAPID 应用程序。

RAPID 系统模块（System module）用来定义工业机器人的功能和系统参数，它由工业机器人的生产厂家，根据机器人的功能与要求编制、安装，用户一般不可以更改、删除。

程序模块（Program module）是 RAPID 应用程序的主体，它需要编程人员根据作业的要求编制。程序模块由程序数据（Program data）、作业程序（Routine）组成，程序数据用来定义指令的操作数；作业程序用来控制机器人系统的指令（Instruction）集合，包含了机器人作业时所需要进行的全部动作。

一个 RAPID 任务可以有多个程序模块，一个程序模块可以有多个作业程序。其中，具有程序组织、管理和调度的作业程序，称为主程序（Main program），含有主程序的模块，称为主模块（Main module）。

2. 线性结构

线性结构程序一般由程序名称、命令（指令）、结束标记等组成，程序的所有内容都集中在一个或几个程序块中，程序设计时只需要按照机器人的动作次序，将相应的指令从上至下依次排列，机器人便可按指令次序完成相应的动作。如果需要，线性结构的程序也能以子程序的形式，调用其他线性结构的程序。

线性结构程序可直接利用在线示教编程的方法制作，程序结构简单、动作清晰、阅读理解容易，因此，被日本机器人生产企业（FANUC、安川等）所广泛使用。例如，FANUC 弧焊机器人进行图 6-29 所示简单焊接作业的线性结构 TP 程序如下。

```
TESTPRO                                  // 程序名
1:  J   P[1] 10% FINE                    // P0→P1 点关节插补，速度倍率为 10%
2:  J   P[2] 80% CNT50                   // P1→P2 点关节插补，速度倍率为 80%
3:  L   P[3] 1000mm/sec FINE             // P2→P3 点直线插补，速度为 1000mm/s
:       Arc Start[1]                     // 按焊接条件 1，在 P3 点启动焊接
4:  L   P[4] 100mm/sec FINE              // P3→P4 点直线插补焊接，速度为 100mm/s
:       Arc Start[16,145]                // 修改焊接条件
5:  L   P[5] 80mm/sec FINE               // P4→P5 点直线插补焊接，速度为 80mm/s
:       Arc End[2]                       //按焊接条件 2 要求，在 P5 点关闭焊接
6:  L   P[6] 1000mm/sec CNT50            // P5→P6 点直线插补，速度为 1000mm/s
7:  J   P[1] 50% FINE                    // P6→P1 点关节插补，速度倍率为 50%
[END]                                    // 程序结束
```

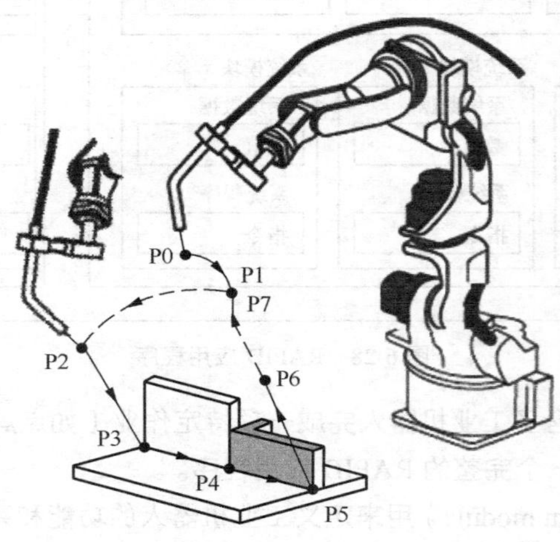

图 6-29　焊接作业图

在以上 TP 程序中，机器人移动目标位置 P1～P6 的坐标值，弧焊所需要的保护气体、送丝、焊接电流和电压、引弧/息弧时间等作业参数等，都需要事先设定。有关 FANUC 机器人的程序设计要求，将在本书后述的内容中进行详细说明。

线性结构的 TP 程序一般由程序标题与程序指令构成。标题（Header）又称程序细节（Programm

detail)、程序声明 (Programm Declaration), 其内容与形式在不同公司机器人控制系统上有所不同。其中，程序名称是标题必需的内容，此外，还可根据需要增加注释、程序类型等属性参数及程序编辑时间、存储器容量等编辑信息。程序指令 (Instruction), 用来规定机器人、控制系统需要执行的动作，它是程序的主体与编程的主要内容。

6.4.3 程序标题

1. 基本内容

程序标题又称程序声明 (Declaration)、程序细节 (Programm detail), 它可用来显示程序的基本信息、设定程序的基本属性。

FANUC 机器人的程序标题如图 6-30 所示，它一般在程序创建时输入与编辑，其操作步骤详见第 8 章。标题栏中的创建日期 (Create Date)、修改日期 (Modification Date)、复制来源 (Copy source)、位置 (Positions)、大小 (Size) 等信息均由系统自动生成。创建日期为程序首次创建的日期，修改日期为程序最后一次编辑的日期。若程序通过复制操作创建，可在复制来源栏显示原程序名称。位置栏可显示程序中是否含有机器人定位指令，大小栏可显示程序的存储器容量 (字节数)。

```
程序细节                              关节坐 30%
                                           1/6
创建日期：                         16-JAN-2016
修改日期：                         08-MAR-2016
复制来源：
位置： 有效                  大小： 312 字节

1 程序名称：                       [Sample3   ]
2 副类型：                     [None          ]
3 注解：                     [SamplePROGRAM3]
4 动作群组 MASK：              [ 1 * * * *]
5 写保护：                       [OFF         ]
6 暂停忽略：                     [OFF         ]
7 堆栈大小                               [300]
  结束         上页         下页
```

图 6-30 程序标题显示

程序标题中的程序名称(Programm name)、副类型(Sub Type)、注解(Comment)、运动组(Motion group)、写保护 (Write protection)、暂停忽略 (Ignore pause)、堆栈大小 (Stack size) 等属性信息，需要由操作者输入，其含义及编辑要求如下。

2. 格式要求

① 程序名称 (Programm name)。FANUC 机器人的程序名称由最大 8 (早期) 或 36 (新版) 个字符组成，程序名称一般以英文字母起始，首字符不可以为空格、符号或数字，后续的字符可为字母、数字或下划线 "_"，如 Sample、SPOT_1 等，但不能使用 CON、PRN、AUX、NUL、COM1～ COM9、LPT1～LPT9 等在控制系统上有特定含义的字符 (系统保留字), 也不能使用字符 "*" "@"。

程序名称是程序的识别标记，在同一控制系统上，程序名称具有唯一性。在 FANUC 机器人上，对于可通过外部启动信号（RSR 信号）、外部程序选择信号（PNS 信号）启动运行的程序，程序名必须为“RSR+4 位数字”、“PNS+4 位数字”。

② 副类型（Sub Type）。FANUC 机器人的副类型用来规定程序的性质，可根据需要选择如下几类。

None：不规定具体性质的一般程序。

Job：工作程序，可直接利用示教器启动并运行的程序（主程序），工作程序也可通过程序调用指令予以调用及执行。

Process：处理程序，只能由工作程序进行调用与执行的程序（子程序）。

Macro：用户宏程序，通过程序中的宏指令调用并执行的程序，宏指令的名称需要通过本书后述的机器人设定操作（见第 10 章）事先设定。

③ 注解（Comment）。注解就是程序名称的注释，它是对程序的附加说明，FANUC 机器人的程序注释最大可为 16 字符，可以使用英文大小写字母、数字、字符，注释可以使用标点符号、下划线、*、@等字符。

④ 运动组（Motion group）。由于翻译的原因，运动组（Motion group）的示教器中文显示为“动作群组”。在多机器人、复杂系统上，运动组用来指定程序的控制对象。

FANUC 最大允许有 4 个含机器人的运动组（每组最大 9 轴）和 1 个不含机器人的运动组（最大 4 轴），5 个运动组用代号[g1，g2，g3，g4，g5]表示，运动组被选定时，相应的标记（g1～g5）显示为“1”，未选定时显示为“*”。例如，对于大多数单机器人系统，其运动组显示为[1，*，*，*，*]。

程序一旦指定运动组，表明该程序存在伺服驱动轴，这样的程序不能在机器人急停（伺服关闭）的状态下运行。若程序中不含任何伺服驱动轴运动指令，就无须指定运动组，其运动组显示为[*，*，*，*，*]。这样的程序可以在机器人急停（伺服关闭）的状态下运行，并可进行下述的“暂停忽略”功能设定。

⑤ 写保护（Write protection）。程序编辑保护的 ON 或 OFF 设定，设定为“ON”的程序不能编辑、删除，也不能对其他程序属性（名称、副类型等）进行修改。

⑥ 暂停忽略（Ignore pause）。用于不指定运动组的程序。暂停忽略设定为“ON”时，导致机器人运动暂停的所有操作与故障都不会影响程序的执行，但是，如出现程序强制结束（ABORT）的严重故障，程序将停止执行。有关报警等级的详细说明，可参见第 10 章。

⑦ 堆栈大小（Stack size）。用于子程序调用堆栈设定。当控制系统出现“INTP-222”、“INTP-302”等子程序调用出错时，可增加堆栈容量，避免溢出。

6.4.4 FANUC 机器人指令总表

1. 指令分类

从指令功能上说，工业机器人的程序指令通常包括关节轴运动控制（移动指令）、工具及辅助部件的电磁元件通断控制（输入/输出指令）、程序运行控制（程序控制）、机器人及系统参数设定（系统设定）、系统运行监控、网络通信等。根据指令用途，工业机器人的程序指令又可分通用指令和作业指令 2 类。

① 通用指令。通用指令是用来控制机器人本体和系统基本动作，它通常只与控制系统结构、功能有关，与机器人用途无关，因此，采用相同系统的机器人，通用指令的编程方法与要

求相同。

在 FANUC 机器人控制系统通用指令中，有部分指令需要选配附加功能。系统附加功能可通过系统状态监控操作（见第 12 章）检查，附加功能的显示如图 6-31 所示（有多页）。

```
软件版本资讯                              关节坐   10%
          功能:                             号码:  1/128
   1 English Dictionary                     H521
   2 Multi Language(KANA)                   H530
   3 FANUC Handling Tool                    H542
   4 Kernel Software                        CORE
   5 Basic Software                         H510
   6 KAREL Run-Time Env                     J539
   7 Robot Servo Code                       H930
   8 R-2000i/165F                           H740
   9 NOBOT                                  H895
  10 Analog I/O                             H550

 [类型]    软件版本    软件构成    马达规格    伺服
```

图 6-31　系统软件显示

FANUC 机器人控制系统的附加功能有控制、显示、操作、编程等多种，其中，基本选择功能（Basic Software，功能代号 H510）在绝大多数机器人上一般都需要选配。

② 作业指令。作业指令是用于特定工具动作控制及作业参数（工艺参数）设定的指令，如弧焊机器人的引弧/熄弧，焊接电压/电流控制与设定，点焊机器人的电极动作/压力、焊接电压/电流控制等。

机器人作业指令与机器人用途、所使用的工具有关，它需要通过控制系统的应用文件（Application）安装（见第 12 章），不同类别、使用不同工具的机器人的作业指令有较大的区别。限于篇幅，本书将只对通用机器人的码垛指令进行详细介绍，其他作业指令的使用方法可参见机器人生产厂家提供的说明书。

2．通用指令总表

FANUC 机器人的通用指令可分为移动指令、输入/输出指令、程序控制指令、条件设定指令、坐标系设定与选择指令以及系统信息显示、系统变量设定指令等，指令分类及名称如表 6-1 所示。附加命令可直接添加在移动指令之后，部分指令、附加命令需要选配系统附加功能。

表 6-1　FANUC 机器人通用指令

类　别		指令代码	指令名称	选择功能
程序注释		!	程序注释	—
		—	特定语言注释	H530
机器人移动	基本指令	J	关节插补	—
		L	直线插补	—
		C	圆弧插补	—
	附加命令	Wjnt	手腕关节控制	—
		ACC	加减速倍率控制	—
		PTH	路径控制	—

续表

类　别		指令代码	指令名称	选择功能
机器人移动	附加命令	Skip, LBL[i] 、Skip, LBL[i], PR[i]= LPOS（或 JPOS）	跳转控制	H510
		Offset 或：Offset, PR[i]	位置偏移	H510
		Tool_Offset、Tool_Offset, PR[i]	工具偏移	H510
		TBn（TIME BEFORE n）、TAn（TIME AFTER n）、DBd（DISTANCE BEFORE d）	提前/延迟执行	H510
		INC	增量移动	H510
		EV n%	外部轴同步速度控制	J518
		IndEV n%	外部轴非同步速度控制	J518
		SOFTFLOAT[n]	外力追踪（软浮动）控制	J612
		CTVn	连续回转	J613
		COORP	协调控制	J619
		RTCP	远程 TCP 控制	H510
		PSPD n	轨迹恒定移动速度指定	H510
		CR n	拐角半径定义	H510
		RT_LD d（Retract_LD）	起始段直线移动距离	H510
		AP_LD d（Approach_LD）	结束段直线移动距离	H510
	码垛运动	PALLETIZING B	单路径简单码垛	J500
		PALLETIZING BX	多路径简单码垛	J500
		PALLETIZING E	单路径复杂码垛	J500
		PALLETIZING EX	多路径复杂码垛	J500
		PALLETIZING-END	码垛结束	J500
输入/输出		DO	DO 输出	—
		DO[i]=PULSE , n sec	DO 脉冲输出	—
		RO	机器人 DO 输出	—
		RO[i]=PULSE , n sec	RO 脉冲输出	—
		GO	通用 DO 组输出	—
		AO	模拟量输出	H550
程序控制	程序运行	END	程序结束	—
		PAUSE	程序暂停	—
		ABORT	程序终止（强制结束）	—
		WAIT	程序等待	—
		RUN	群组程序同步运行	H510
		RSR	RSR 运行	—
		TC_ONLINE	程序执行条件定义	—
		TC_ONLINE DISABLE	程序执行条件删除	—
		TC_ONLINE ENABLE	程序执行条件使能	—
	程序转移	JMP	程序跳转	—
		LBL	跳转目标	—
		CALL	子程序调用	—
		IF	条件判断	—
		SELECT	分支控制	—

续表

类别		指令代码	指令名称	选择功能
系统设定	条件设定	OFFSET CONDITION	位置补偿条件设定	H510
		TOOL_OFFSET CONDITION	工具补偿条件设定	H510
		SKIP CONDITION	跳过条件设定	H510
	坐标设定	UFRAME	用户坐标系设定	H510
		UFRAME_NUM	用户坐标系选择	H510
		UTOOL	工具坐标系设定	H510
		UTOOL_NUM	工具坐标系选择	H510
	速度设定	OVERRIDE	速度倍率设定	—
		JOINT_MAX_SPEED	关节最大速度设定	—
		LINEAR_MAX_SPEED	TCP 最大线速度设定	—
	负载设定	PAYLOAD[i]	设定机器人负载参数	—
	参数设定	$	系统参数（变量）设定	—
系统监控	定时控制	TIMER	程序定时器控制	—
	用户报警	UALM	显示用户报警	—
	用户信息	MESSAGE	显示用户信息	—
	碰撞保护	COL DETECT ON	碰撞保护生效	—
		COL DETECT OFF	碰撞保护撤销	—
		COL GUARD ADJUST	碰撞保护灵敏度设定	—
	软浮动	SOFTFLOAT[n]、SOFTFLOAT END、FOLLOW UP	软浮动（外力追踪）控制	J612
	转矩限制	TORQ_LIMIT t%	规定轴转矩限制	J611
		CALL TPTRQLIM（g, a, t）	独立轴转矩限制	J611
	群组控制	Independent GP	群组非同步运动	J601
		Sumultaneous GP	群组同步运动	J601
	数据传送	SEND R[n]、RCV R[n] LBL[i]	数据发送/接收	J502
	位置暂存器锁定	LOCK PREG	位置暂存器锁定	H510
		UNLOCK PREG	位置暂存器解锁	H510
	中断监控	MONITOR ****	中断监控启动	J601
		MONITOR END ****	中断监控结束	J601
	故障恢复	RESUME_PROG = ****	故障恢复功能生效	J601
		CLEAR_RESUME_PROG	故障恢复功能撤销	J601
		RETURN_PATH_DSBL	返回轨迹删除	J601

3．作业指令简表

作业指令大多用来控制作业工具的动作和工艺参数，不同用途的机器人需要使用不同的作业工具，并按照不同的工艺进行作业，因此，其作业指令也将不同。原则上说，每类机器人只能使用其中的一类作业指令。

对于弧焊、点焊、搬运、包装及喷涂等常用机器人，FANUC R-J3i、R-30i 机器人控制系统的作业指令分类情况如表 6-2 所示，表中带阴影的作业指令在本书中有详细说明。

表 6-2 FANUC-R30i 系统作业指令

机器人类别	指令	作用与功能	简要说明
弧焊	Arc Start	焊接启动或参数设定	启动焊接或设定焊接参数
	Arc End	焊接结束或参数设定	结束焊接或设定焊接结束参数
	Weave	启动摆焊	启动摆焊
	Weave Sine	正弦波摆焊	启动正弦波摆焊
	Weave Circle	圆弧摆焊	启动圆弧摆焊
	Weave Figure 8	8 字形摆焊	启动 8 字形摆焊
	Weave End	结束摆焊	结束摆焊
点焊	SPOT	焊接启动	焊钳闭合、电极加压、启动焊接
	PRESS_MOTN	电极加压	焊钳闭合、电极加压
	GUN Zero Master	焊钳零点校准	校准焊钳零点
	Pressure	电极压力设定	设定电极压力
搬运/包装	PALLETIZING B	单路径简单码垛	工具姿态不变的单路径码垛
	PALLETIZING BX	多路径简单码垛	工具姿态不变的多路径码垛
	PALLETIZING E	单路径复杂码垛	改变工具姿态单路径的码垛
	PALLETIZING EX	多路径复杂码垛	改变工具姿态多路径的码垛
	PALLETIZING-END	码垛结束	结束码垛
喷涂	Gun	喷枪启动/关闭	仅作为移动指令添加项编程
	Gun Select	喷枪选择	选择喷枪
	Preset	喷涂设定	设定喷涂参数
	Func	喷嘴控制	喷嘴 DO 信号的 ON/OFF 控制
	Electro Start	静电电源启动	启动静电电源

6.5 操作数及定义

6.5.1 操作数分类

操作数用来规定指令的操作对象，其形式在不同机器人控制系统上有所不同。在 FANUC 机器人程序中，根据不同指令的要求，可使用的指令操作数有常数、字符、地址及变量（暂存器）、表达式 5 类，其使用方法如下。

1. 常数、字符与地址

以常数、字符串、地址形式表示的指令操作数都有确定的数值，但在指令中的表示方法有如下区别。

① 常数。常数是以十进制或二进制数值表示的操作数，例如，机器人 TCP 的关节插补速度、直线或圆弧插补速度、程序暂停时间、坐标值、输入/输出状态等。

在工业机器人上，常数型操作数可以是十进制数值，如 100mm/s（直线、圆弧插补速度）、5.0sec（暂停时间）等，也可以是二进制状态，如 15（8 点 DO 信号组输出状态 0000 1111）等，还可以为百分率，如 80%（关节插补速度）等。

② 字符串。字符串是用英文代号或字母、符号、数字混合表示的特殊操作数。例如，ON、OFF 代表开关量输入/输出信号的通、断状态；JPOS、LPOS 代表机器人关节轴、工具控制点（TCP）的当前位置；FINE 代表准确定位，CNT50 代表拐角减速 50%的连续移动；ACC 50 代表加速度为 50%等。

③ 地址。地址是用数据存储器代号表示的操作数。地址一般由英文字母和数字构成，英文字母用来代表操作数的类别，后缀的数字是用来区分同类操作数的序号。例如，机器人的位置用存储器地址 P[1]、P[2]……表示；控制系统开关量输入/输出信号（DI/DO）的状态用存储器地址 DI[1]/ DO[1] 表示等。

在 FANUC 机器人程序中，用地址表示的操作数可加注释，注释需要以"：字符"的形式标注在序号后，如 P[1：startp]等。

FANUC 机器人程序常用的地址、符号如表 6-3 所示。

表 6-3　FANUC 机器人程序常用的地址、符号

地址	名称	含义
CNTi	拐角减速倍率	连续移动指令轨迹转换时的减速倍率（%）
ACCi	加速度倍率	移动指令的加速度倍率（%）
ON、OFF	开关量输入/输出	开关量输入/输出通、断
TIMER_OVERFLOW[i]	程序定时器溢出	i 为定时器号，1：溢出，0：未溢出
LPOS	机器人 TCP 当前位置	机器人 TCP 位置（x, y, z, w, p, r）
JPOS	机器人关节当前位置	关节位置（j1, j2, j3, j4, j5, j6, e1, e2, e3）
UFRAME[i]	用户坐标系号	用户坐标系选择
UTOOL [i]	工具坐标系号	工具坐标系选择
TIMER[i]	程序定时器号	程序定时器选择
LBL[i]	程序跳转目标	程序跳转目标标记
DI[i]/DO[i]	DI/DO 信号	控制系统通用开关量输入/输出信号
RI[i]/RO[i]	RI/RO 信号	机器人开关量输入/输出信号
SI[i]/SO[i]	SI/SO 信号	操作面板开关量输入/输出信号
UI[i]/UO[i]	UI/UO 信号	外部设备开关量输入/输出信号
AI[i]/AO[i]	AI/AO 信号	模拟量输入/输出信号
GI[i]/GO[i]	GI/GO 信号	控制系统通用开关量输入/输出组信号
R[i]、PR[i]、PR[i, j]、PL[n]、SR[i]、AR[i]、$	变量（暂存器地址）	见下述

2．变量与表达式

① 变量。变量（Variable）是一种可变操作数，其值可通过程序中的赋值指令或表达式运算等方式定义。变量保存在控制系统的数据暂存器（Registers）中，因此，在 FANUC 机器人上，变量被译作暂存器，为了与 FANUC 使用说明书统一，本书在后述的内容中，也将使用暂存器这一名称。FANUC 机器人的暂存器编程方法见下述。

② 表达式。表达式是直接以运算式定义的操作数，表达式的运算结果就是操作数的值。表达式的运算数可能有多个，不同运算数用运算符连接。

FANUC 机器人的表达式有简单表达式和复合运算式两类。

简单表达式通常用于常数、数值暂存器 R[i]、位置暂存器 PR[i]、码垛暂存器 PL[n]、字符串暂

存器 SR[i] 等复合型数据的运算。简单表达式的运算数直接用运算符连接、不能加括号，通常也不能进行逻辑与比较运算（条件指令除外）。简单表达式不能用于优先级不同的运算处理，即加减和乘除（算术运算）、“与（AND）”和“或（OR）”（逻辑运算）不能混用。

复合运算式需要加括号。复合运算式不仅可用于逻辑、比较运算，而且，不同优先级的运算也可混用。但是，复合运算式不能用于位置暂存器 PR[i]、码垛暂存器 PL[n]、字符串暂存器 SR[i] 等复合型数据的运算。

FANUC 机器人的表达式编程示例如下，其编程方法及要求详见后述。

```
……
R[1]= R[10] + R[11]                                    // 简单表达式
PR[4]= PR[10] + PR[11]
PL[1]=PL[10]+[1, 2, 1]
SR[10]='abcd'+SR[1]
WAIT DI[1] AND R[2] >=10 AND AI[1]<=100              // 条件指令
……
R[1]=（（R[10]+R[11]）*R[12]）                         // 复合运算式（使用括号）
DO[1]=（DI[1] AND DI[2]）
WAIT（（DI[1] OR R[2] >=10）AND AI[1]<=100）
……
```

6.5.2 暂存器编程

1. 暂存器分类

FANUC 机器人的暂存器是数值可变的指令操作数（变量），不同类别的操作数用不同的代号表示，同类操作数的不同数据，用暂存器编号 i 区分。如果需要，暂存器可通过数据设定（DATA）操作添加注释（详见第 9 章），注释以“：字符”的形式显示在暂存器编号 i 后，如 R[1：flag]等，注释仅用于显示、不影响数值。

暂存器可采用间接寻址，即暂存器编号可以用数值为正整数的暂存器指定，例如，当暂存器 R[1]=2 时，R[R[1]]即代表 R[2]、AI[R[1]]则代表 AI[2]等。

FANUC 机器人程序常用的暂存器代号、格式、用途如表 6-4 所示，数值暂存器 R、w 和位置暂存器 PR 的数量，可通过系统的控制启动（Controlled start）、利用存储器配置操作变更，有关内容可参见第 10 章 10.6 节。

表 6-4 FANUC 机器人暂存器说明

类别	代号	数量	编程示例	功能与用途
数值暂存器	R[i]	200	R[1]=120.375 R[2]=DI[1]	作指令操作数（十进制数值或二进制逻辑状态）
位置暂存器	PR[i]	100	PR[1]=（100, 0, -120 , 0 , 0, 0） PR[2]=JPOS	指定程序点的关节或机器人 TCP 位置
位置元暂存器	PR[i, j]	100 组	PR[3, 2]=123.456 PR[4, 3]=R[2]+DI[1]	位置暂存器的组成元素读取或赋值
码垛暂存器	PL[n]	32	PL[1]=[1, 2, 1] PL[2]=[*, R[1], 1]	三维数组暂存器，多用于码垛指令 PALLETIZING
字符串暂存器	SR[i]	25	SR[1]='12345' SR[2]='strnng'	ASCII 字符、编码暂存器，字符需要用单引号标记

续表

类别	代号	数量	编程示例	功能与用途
自变量	AR[i]	10	AO[1]=AR[1]	参数化程序输入变量，只能通过程序调用指令赋值
系统变量	$***	不定	$SHELL_CONFIG.$JOB_BASE=100	系统参数读取与设定
内部继电器	F[i]	1～1024	F[2]=（DI[1] AND !F[1]）	逻辑状态，仅用于复合运算
标志	M[i]	1～100	M[1]=（DI[1] AND DI[2]）	逻辑状态，仅用于复合运算
执行条件	TC_Online	1	TC_ONLINE（DI[1]ANDDI[2]）	程序执行条件，用于复合运算

数值暂存器 R[i] 简称暂存器，它可直接代替常数，在程序中自由使用。码垛暂存器 PL[n]是用来表示码垛位置的暂存器，需要与码垛指令 PALLETIZING 结合使用。系统变量$***用于系统参数的读取与设定。内部继电器 F[i]、标志 M[i]及执行条件 TC_Online 用于复合运算编程，以上暂存器的编程方法详见第 9 章。其他常用暂存器的使用方法如下。

2．位置及位置元暂存器

位置暂存器 PR[i]用来保存机器人位置（程序点），其数据可以是机器人关节轴的坐标值（关节位置）或机器人工具控制点在指定直角坐标系的坐标值（TCP 位置），两种格式的数据可由控制系统自动转换。

关节位置以机器人关节轴绝对位置的形式表示，格式为（j1，j2，j3，j4，j5，j6，e1，e2，e3），其中 j1～j6 为机器人本体关节轴位置，e1～e3 为变位器等外部轴（附加轴）位置。TCP 位置以机器人工具控制点的 *XYZ* 坐标及工具姿态的形式表示，格式为（x,y,z,w,p,r），其中的（x,y,z）为机器人工具控制点（TCP）的 *XYZ* 坐标值，（w,p,r）为工具姿态，即工具绕手腕基准坐标系旋转的角度（方向）。

机器人位置（程序点）为多元复合数据，其组成元（指定坐标的数值）可通过位置元暂存器 PR[i, j]单独读取或定义（i 为暂存器编号，j 为数据序号）。例如，关节位置暂存器 PR[1]的 j2 轴位置，其位置元暂存器为 PR[1，2]，TCP 位置暂存器 PR[2]的 z 轴坐标值，其位置元暂存器为 PR[2，3]等。

3．字符串暂存器

字符串暂存器 SR[i]用来存储 ASCII 字符，每一暂存器最大可存储 254 个字符。在 FANUC 机器人程序中，字符串需要加单引号，例如，指定字符串暂存器 SR[1]为 ASCII 字符“1abc2”时，其指令为 SR[1]=’1abc2’等。

在 FANUC 机器人上，字符串暂存器 SR[i]和数值暂存器 R[i]能够自动转换。数值转换为字符串时，成为保留 6 位小数（四舍五入）的纯数字字符。含有非数字字符的字符串转换为数值时，只能取第 1 个非数字字符前的数字，若首字符为非数字字符，转换后的数值将为 0。例如：

```
……
R[1]=123.456
SR[10]=R[1]                    // 执行结果：SR[10]='123.456'
R[2]= 9.12345678
SR[11]=R[2]                    // 执行结果：SR[10]='9.123457'
SR[1]='12.34'
R[10]=SR[1]                    // 执行结果：R[10]=12.34
SR[2]='567abc123'
R[11]=SR[2]                    // 执行结果：R[11]=567
```

```
SR[3]='abc456'
R[12]=SR[3]                          // 执行结果：R[12]=0
……
```

4．自变量

自变量是一种参数化编程用的程序输入变量，在 ABB 等机器人程序中称为程序参数。自变量可通过程序调用指令赋值，在所调用的程序中可作为常数使用。

在 FANUC 机器人程序中，自变量 AR[i]可通过子程序或宏程序无条件调用指令、移动指令附加子程序调用指令赋值。

FANUC 机器人的每一程序调用指令，最多可使用 10 个自变量（AR[1]～AR[10]）。自变量的值可依次标记在程序调用指令后的括号内，其值可为常数、字符串、数值变量 R[i]及其他自变量 AR[i]。例如：

```
……
R[3] = 100
CALL   MAKE_1（1，5，R[3]，AR[2]，'abcd'）          // 无条件调用子程序 MAKE_1
……
```

以上指令用于子程序 MAKE_1 的无条件调用。子程序中的自变量及值将被设定为 AR[1]=1、AR[2]=5、AR[3]= R[3]=100、AR[4]= AR[2]=5、AR[5]= 'abcd'。因此，当子程序 MAKE_1 编制如下时，如执行子程序可得到下述的执行结果：

```
MAKE_1
R[10]=AR[1]                          // 执行结果：R[10]=1
R[11]=8+AR[2]+ AR[3]- AR[4]          // 执行结果：R[11]=118
SR[1]=AR[5]                          // 执行结果：SR[1]= 'abcd'
R[AR[2]]=123                         // 执行结果：R[5]=123
……
```

自变量在宏程序中的赋值、使用方法与子程序调用相同。例如，执行指令“HND_OPEN（1，5，R[3]，AR[2]）”，可在调用宏程序 HND_OPEN 的同时，将宏程序中的自变量依次设定为 AR[1]=1、AR[2]=5、AR[3]= R[3]、AR[4]= AR[2]=5 等。

条件调用指令也不能定义自变量，自变量的值也不能在调用程序中改变，例如：

```
……
R[1]=AR[1]                                              // 允许
AR[1]= R[1]                                             // 不能使用
CALL MAKE_1（1，5，R[3]，AR[2]，'abcd'）                // 允许
IF R[1]=3 , CALL MAKE_1（1，5，R[3]，AR[2]，'abcd'）    // 不能使用
……
```

为了对条件调用程序中的自变量进行赋值，以上指令需要转换为如下形式编程：

```
……
6：IF   R[1] <>3 , JMP LBL[1]                        //R[1]≠3 时跳转至 LBL[1]
7：CALL MAKE_1（1，5，R[3]，AR[2]，'abcd'）          // 无条件调用子程序 MAKE_1
8：LBL[1]
……
```

6.5.3 简单表达式编程

1. 运算功能

FANUC 机器人程序中的简单表达式是直接以运算符连接的算术运算、字符串运算式，表达式的运算结果可代替指令中的操作数。

简单表达式不但可用于常数、数值暂存器 R[i]、位置元暂存器 PR[i, j]、自变量 AR[i]的运算，而且，还能用于复合型位置暂存器 PR[i]、码垛暂存器 PL[n]、字符串暂存器 SR[i]的运算。但是，简单表达式不能使用括号，因此，在同一指令中不能进行不同优先级的运算。

FANUC 机器人简单表达式可使用的运算符如表 6-5 所示，在 WAIT、IF、SKIP CONDITION 等条件指令中，简单表达式还可使用逻辑运算符、比较运算符。

表 6-5 简单表达式可使用的运算符

算术运算	运算符	=	+	—	*	/	DIV	MOD
	运 算	赋值	加	减	乘	除	整数商	余数
字符串运算	运算符	STRLEN		FINDSTR		SUBSTR	+	
	运 算	长度计算		字符检索		字符截取	字符合并或加运算	

2. 算术运算

FANUC 机器人使用简单表达式编程时，算术运算符的使用有以下规定：

① 每一指令可使用运算符最多为 5 个。

② 优先级不同的运算符（加减和乘除运算）不能在同一指令中混用。

③ 简单表达式可用于位置暂存器 PR[i]、码垛暂存器 PL[n]的运算。

简单表达式用于不同类别的暂存器运算时，可使用的操作数及可执行的运算操作有所区别，具体如表 6-6 所示。

表 6-6 简单表达式可执行的运算操作

暂存器类别	可执行运算	可使用运算数
数值暂存器 R[i]、位置元暂存器 PR[i , j]	全部算术运算	常数；PR[i , j]、DI/DO[i]、RI/RO[i]、SI/SO[i]、UI/UO[i]、AI/AO[i]、GI/GO[i]、TIMER[i]、TIMER_OVERFLOW[i]；R[i]、AR[i]
位置暂存器 PR[i]	=/+/－运算	P[i]、PR[i]、LPOS、JPOS、UFRAME[i]、UTOOL[i]
码垛暂存器 PL[n]	=/+/－运算	PL[n]、[i , j , k]
字符串暂存器 SR[i]	全部字符串运算	R[i]、SR[i]、AR[i]

简单表达式编程示例如下。

```
……
R[10]=100
R[11]=45
PR[10]=[ 500, 50, 500, 0, 0, 0 ]
PR[11]=[ 300, 250, 200, 0, 0, 0 ]
PL[10]=[1, 1, 1 ]
……
R[1]=RI[1]                    // RI1 状态 ON 时，R[1]=1，否则，R[1]=0
```

```
R[2]= R[10] + R[11]              // R[2]=145
R[3]= 3*R[10]/2                  // R[3]=150
R[4]= R[10] MOD R[11]            // R[4]=10
R[5]= R[10] DIV R[11]            // R[5]=2
PR[1 , 3]=R[10] - R[11]          // 位置暂存器 PR[1]的 Z 坐标设定为 55
PR[1 , 2]= 3*R[10]/2             // 位置暂存器 PR[1]的 Y 坐标设定为 150
PR[2]=JPOS                       // 机器人当前关节位置读入 PR[2]
PR[3]= UTOOL[3]                  // 工具坐标系 3 的设定值读入 PR[3]
PR[4]= PR[10] + PR[11]           // PR[4]=（800, 300, 700, 0, 0, 0）
PR[5]= PR[10] - PR[11]           // PR[5]=（200, -200, 300, 0, 0, 0）
PL[1]=PL[10]+[1, 2, 1]           // PL[1]=[2, 3, 2]
……
```

3．字符串运算

字符串暂存器 SR[i]可进行字符串长度计算、字符检索、字符截取及字符合并（或加运算）操作，其编程方法如下。

① 字符串长度计算。字符串长度计算操作 STRLEN 可计算指定字符串暂存器的总字符数，并将计算结果保存至数值暂存器上，指令的编程格式与示例如下。

```
……
SR[1]='123456abcd'
SR[2]='1,2,3.456,ab'
SR[3]=''
R[1]=STRLEN SR[1]        // SR[1]共 10 个字符，执行结果 R[1]=10
R[2]=STRLEN SR[2]        // SR[2]共 12 个字符（包括逗号、小数点），执行结果 R[2]=12
R[3]=STRLEN SR[3]        // SR[3]为空字符串暂存器，执行结果 R[3]=0
……
```

② 字符串检索。字符串检索操作 FINDSTR 可在指定的字符串暂存器（检索对象）上搜索指定的字符串（检索内容），若检索对象上存在检索内容，则将检索内容在检索对象的起始位置保存至数值暂存器上，若检索对象上不存在检索内容，则执行结果为“0”。英文字母的检索不分大小写。指令的编程格式与示例如下。

```
……
SR[1]='123456abcd'                // 检索对象 1
SR[2]='1,2,3.456,ABC'             // 检索对象 2
SR[3]='abc'                       // 检索内容 1
SR[4]='123'                       // 检索内容 2
R[1]=FINDSTR SR[1] , SR[3]        // SR[1]第 7 字符起为 abc，R[1]=7
R[2]=FINDSTR SR[2] , SR[3]        // SR[2]第 11 字符起为 abc（ABC），R[2]=11
R[3]=FINDSTR SR[1] , SR[4]        // SR[1]第 1 字符起为 123，R[1]=1
R[4]=FINDSTR SR[2] , SR[4]        // SR[2]不存在字符 123，R[4]=0
……
```

③ 字符截取。字符截取操作 SUBSTR 可在指定的字符串暂存器（截取对象）上截取部分字符（截取内容），作为新的字符串暂存器。截取内容的起始位置、字符数，需要以常数或数值暂存器、自暂存器的形式，在指令中依次指定，截取内容不能超出截取对象的字符允许范围。指令的编程格

式与示例如下。

```
……
SR[1]='123456abcd'                      // 截取对象 1
SR[2]='1,2,3.456,ABC'                   // 截取对象 2
R[1]=3
R[2]=5
SR[10]=SUBSTR SR[1] , 8 , 2             // 截取 SR[1]第 8、9 共 2 个字符，SR[10]='bc'
SR[11]=SUBSTR SR[2] , R[1] , R[2]       // 截取 SR[2]第 3～7 共 5 个字符，SR[11]='2,3.4'
……
```

④ 字符串合并或加运算。字符串合并或加运算操作的运算符均为“+”，系统实际执行的操作与被加数的形式有关。

当被加数为字符串、字符串暂存器时，控制系统将执行字符串合并操作、生成新的字符串暂存器。

当被加数为常数或数值时，控制系统先执行加运算操作，再生成新的字符串暂存器。若加数为字符串暂存器，则首先按前述的暂存器自动转换功能、将字符串暂存器转换为数值，然后，再进行加运算、生成新的字符串暂存器。

字符串合并或加运算指令的编程格式与示例如下。

```
……
SR[1]='1234'                 // 运算数 1
SR[2]='3def45'               // 运算数 2
R[1]=2345                    // 运算数 3
SR[10]='abcd'+SR[1]          // 字符串合并，SR[10]='abcd1234'
SR[11]=SR[1]+R[1]            // 字符串合并，SR[10]='1234888'
SR[20]=123+SR[1]             // 加运算，SR[20]='1357'
SR[21]=R[1]+SR[2]            // 暂存器转换、加运算，SR[21]='2348'
……
```

6.5.4 复合运算式编程

1. 复合运算功能

在 FANUC 机器人程序中，复合运算式是用括号“( )”标记的算术、逻辑、比较运算式。复合运算式不仅可用于算术运算，且还可用于逻辑和比较运算，其运算结果同样可代替指令中的操作数。复合运算式可进行不同优先级的运算、可用括号改变运算优先级、可进行后台运算，且能使用内部继电器 F[i]、标志 M[i]、执行条件 TC_Online 等特殊暂存器。

复合运算式同样可作为 IF 条件，它不仅可以在程序条件等待 WAIT、条件转移 JMP、子程序条件调用 CALL 指令中编程，且还可通过赋值指令控制开关量输出信号（DO[i]、RO[i]等）的 ON/OFF 及脉冲输出。有关内容，详见后述的编程说明。

复合运算式可用于数值型的常数、数值暂存器 R[i]、位置元暂存器 PR[i, j]、自变量 AR[i]、I/O 信号的算术、逻辑运算，可进行内部继电器 F[i]、标志 M[i] 和执行条件 TC_Online 等特殊暂存器的定义和逻辑运算处理，但是，它不能用于复合型的位置暂存器 PR[i]、码垛暂存器 PL[n]、字符串暂存器 SR[i]的运算与处理。

复合运算式中所含的运算数、运算符的总数可达 20 个，运算式可使用的运算符、运算数如表 6-7 所示，符合运算的优先级由高到低依次为："！（逻辑非）" "*、/、MOD、DIV" "+、－" ">、>=、<=、<" "=、<>（不等于）" "AND" "OR"。

表 6-7　复合运算式可执行的运算

运算	可使用的运算符	可使用运算数
算术	+、－、*、/、MOD、DIV	常数；R[i]、PR[i , j]、GI/GO[i]、AI/AO[i]、AR[i]、$****、TIMER[i]、TIMER_OVERFLOW[i]
逻辑	AND、OR、！	DI/DO[i]、RI/RO[i]、SI/SO[i]、UI/UO[i]、ON、OFF、F[i]、M[i]
比较	=、<>（不等于）	常数；R[i]、PR[i , j]、GI/GO[i]、AI/AO[i]、AR[i]、$****、TIMER[i]、TIMER_OVERFLOW[i]；DI/DO[i]、RI/RO[i]、SI/SO[i]、UI/UO[i]、ON、OFF、F[i]、M[i]
	>、>=、<=、<	常数；R[i]、PR[i , j]、GI/GO[i]、AI/AO[i]、AR[i]、$****、TIMER[i]、TIMER_OVERFLOW[i]

2. 基本指令编程

复合运算指令可用于数值数据 R[i]、PR[i , j]、GO[i]、AO[i]、$****的计算，逻辑状态 DO[i]、RO[i]、SO[i]、UO[i]、F[i]、M[i]的输出，其编程示例如下。

```
……
DO[1]=（DI[1] AND（GI[1]=GI[2]））              // 逻辑运算
R[1]=（（GI[1]+R[2]）*AI[1]）                   // 算术运算
F[1]=（DI[1] AND！ F[2]）                       // 内部继电器编程
M[1]=（（DI[1] OR DI[2]）AND DI[3]）             // 标志 M[i]定义
TC_ONLINE（DI[1] AND DI[3]）                    // 执行条件 TC_Online 定义
……
```

复合运算指令的编程需要注意以下基本问题。

① 复合运算式所含的运算数、运算符的总数通常不能超过 20 个。运算数不能为位置暂存器 PR[i]、码垛暂存器 PL[n]、字符串暂存器 SR[i]等多元复合数据。特殊暂存器内部继电器 F[i]、标志 M[i] 和执行条件 TC_Online 的编程有规定的要求（见后述）。

② 复合逻辑运算式中的"="为比较运算符"等于"，在上述逻辑运算指令中，若 GI[1] = GI[2]，其逻辑比较的结果状态为"1（ON）"，此时，若 DI[1]亦为"1（ON）"，则 DO[1]将输出"1（ON）"。

③ 当复合运算的运算数为数值数据（如 R[i]），其算术运算结果作为逻辑状态（如 DO[i]）赋值时，若"−1 < 运算结果 < 1"，所得到的逻辑状态将为"0（OFF）"，否则，所得到的逻辑状态为"1（ON）"。

④ 当复合运算的运算数为逻辑状态（如 DI/DO[i]），其逻辑运算结果用于数值数据（如 R[i]）赋值时，逻辑运算的结果状态"0（OFF）"将被转换为数值 0、结果状态"1（ON）"将被转换为数值 1。

⑤ 当带有小数的算术运算结果用于整数型数值数据（如 GO[i]、$***）赋值时，其小数位将被自动舍去。

⑥ 不能用复合运算式指定脉冲输出指令 PULSE 的脉冲宽度。

3. 后台程序编辑

在机器人控制系统中，由用户操作控制的机器人作业程序称为前台程序，不需要用户操作控制、但也可运行的程序称为后台程序。

后台程序可在计算机操作系统的控制下自动运行，它不受外部急停、程序暂停及系统报警等操作状态的影响，因此，一般只能用于算术、逻辑运算指令的复合运算处理。

在 FANUC 机器人上，后台程序以类似 PLC 循环扫描的方式执行，后台程序的循环扫描时间可通过系统变量（参数）$MIX_LOGIC.$ITEM_COUNT 设定，控制系统出厂设定的标准值为 300，即循环扫描周期（ITP）为处理 300 条运算指令的平均执行时间（8ms），但是，对于纯逻辑运算处理的后台程序，1 个扫描周期可处理的运算数、运算符为 8000 个。

FANUC 机器人系统可同时运行的后台程序最多允许为 8 个，程序运行采用的是“分时管理”方式，不同的程序可通过机器人设定（SETUP）操作，选择“先后次序”、“一般”、“快速”、“自动”4 种执行方式。有关机器人设定（SETUP）的操作步骤，将在本书第 10 章中具体介绍。后台程序执行方式的含义如下。

先后次序：定义为“先后次序”执行方式的后台程序，相当于 PLC 的高速处理程序，它可以执行所有的复合运算指令，但程序的处理必须在一个扫描周期内（8ms）完成，剩余的扫描时间用来处理其他程序。因此，作为基本要求，定义为“先后次序”执行的后台程序，其最大运算数、运算符的总数不能超过 270 个，即：至少剩余 10%的扫描时间，用于其他程序的处理。

一般：定义为“一般”执行方式的后台程序，以正常的方式处理，程序可执行所有的复合运算指令。若系统没有定义“先后次序”执行的高速后台程序，每一扫描周期可处理 300 个运算数、运算符，程序长度超过时，剩余的指令将在下一扫描周期中继续。若定义了“先后次序”执行的高速后台程序，则 1 个扫描周期用于“一般”程序的实际处理时间为执行“先后次序”高速程序后所剩余的时间，程序通常需要多个扫描周期才能执行完成。

快速：定义为“快速”执行方式的后台程序，其指令必须为纯逻辑处理指令，且不能使用间接寻址的运算数（如 DO[R[1]]等）。定义为“快速”执行的程序，每一扫描周期可处理 8000 个逻辑运算数、运算符。

自动：定义为“自动”执行方式的后台程序，其执行速度由系统自动选择。若程序符合“快速”执行条件，就自动选择“快速”执行方式，否则，选择“一般”执行方式。

后台程序的名称、运行方式、启动/停止，可通过机器人设定（SETUP）操作设定，有关内容详见第 10 章。

不同执行方式的后台程序可以使用的运算符、运算数如表 6-8 所示。如果程序中含有除算术、逻辑运算指令外的其他指令，系统将发生指令出错报警“INTP-443 无效项目为混合逻辑”。后台程序也不能以程序复制等方式生成。

表 6-8　后台程序执行方式与编程要求

执行方式	可使用的运算符	可使用的运算数	运算符/运算数
先后次序	+、−、*、/、MOD、DIV；AND、OR、（ ）、！；<、<=、=、<>、>=、>	常数；R[i]、PR[i，j] 、AR[i]、GI/GO[i]、AI/AO[i]、AR[i]、$****、TIMER[i]、TIMER_OVERFLOW[i]；DI/DO[i]、RI/RO[i]、SI/SO[i]、UI/UO[i]、ON、OFF、F[i]、M[i]；LBL[i]	<270
一般			无限制
快速	AND、OR、！、（ ）	DI/DO[i]、RI/RO[i]、SI/SO[i]、UI/UO[i]、ON、OFF、F[i]、M[i]	<8000

6.5.5 内部继电器、标志、执行条件编程

内部继电器 F[i]、标志 M[i]、执行条件 TC_Online 是用于复合运算式的特殊暂存器，其状态可通过系统 I/O 操作显示与设定，有关内容详见第 11 章。

内部继电器 F[i]、标志 M[i]、执行条件 TC_Online 的功能、使用方法与 PLC 的内部继电器、标志、控制继电器类似，说明如下。

1. 内部继电器 F[i]

内部继电器 F[i]是沿袭 PLC 的习惯名称，它是用来存储逻辑状态的特殊暂存器。在 FANUC 机器人控制系统中，内部继电器称为 Flag，故在中文说明书中，有时被称为“旗标”或“标签”。

FANUC 机器人内部继电器 F[i] 可在程序中自由编程，其地址范围为 F[1]～F[1024]，F[i]的状态可通过系统 I/O 设定操作显示与设定（见第 11 章），并可通过系统热启动恢复，但在系统启动、修改 I/O 配置等情况下均被清除（成为 OFF 状态）。

FANUC 机器人的逻辑程序处理方法与 PLC 类似，它同样采用了输入采样、逻辑处理（程序执行）、输出刷新的循环扫描工作方式，因此，使用了内部继电器信号 F[i]的复合运算逻辑操作指令，同样可以在程序中实现边沿检测等功能，例如：

```
……
DO[1]=（DI[1] AND！ F[1]）                    // DO[1]输出 DI[1]的上升沿
F[1]=（DI[1]）                                // 定义 F[i]
……
```

在以上程序的功能与图 6-32 所示的 PLC 边沿检测梯形图相当。

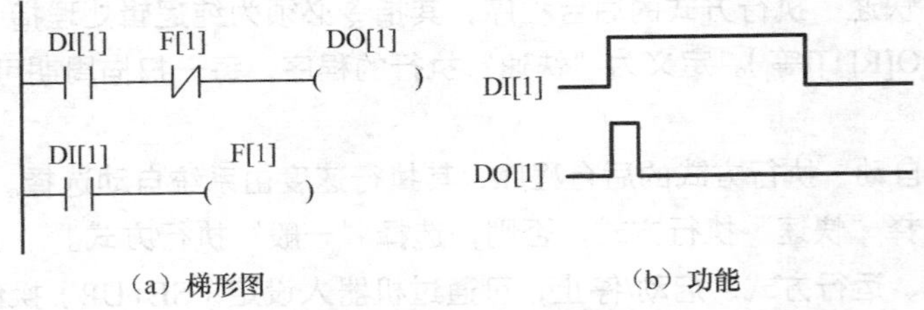

图 6-32 PLC 边沿检测梯形图

在以上程序中，当 DI[1] 输入 OFF 时，DO[1]、F[1]均 OFF，其状态可延续至下一个程序扫描周期。因此，当 DI[1]输入 ON 的第 1 个扫描周期、执行第 1 行指令时，DO[1]可输出 ON 状态。但在执行了第 2 行指令后，F[1]将成为 ON 状态。

当系统进入 DI[1]输入 ON 的第 2 个扫描周期时，由于 F[1]已为 ON，故 DO[1]将成为 OFF。此后，只要 DI[1]保持 ON，DO[1]将保持 OFF。如果 DI[1]成为 OFF，则可重复以上动作。故而，在 DO[1]上可获得宽度为 1 个扫描周期的 DI[1]上升沿脉冲。

2. 标志 M[i]

在 FANUC 机器人上，标志（Markers）是用来反映若干开关量信号逻辑处理结果的特殊暂存器，例如，通过指令 M[1]=（DI[1] OR DI[2] OR DI[3]），可将标志 M[1]定义为输入信号 DI[1]、DI[2]、DI[3]的“或”运算结果等。

标志只有在系统变量$MIX_LOGIC.$USE_MKR 设定为“TRUE”时才能使用与编程。程序可使用的标志数量，可通过系统变量$MIX_LOGIC.$NUM_MARKERS 进行设定（允许范围 0～100）。每一标志需要占用 300 字节的系统断电保持存储器。控制系统出厂设定的标志数量为 8 个（M[1]～M[8]），若需要，最大可增加到 100 个。

标志 M[i]只能在机器人前台程序（作业程序）、利用复合运算式定义，但不能用作前台程序的运算数，在后台程序中，标志 M[i]只能作为运算数，而不能定义标志。前台程序中的标志定义指令，始终循环执行，它不受外部急停、程序暂停及系统报警等操作状态的影响，其执行结果（状态）可通过系统 I/O 设定操作菜单显示。标志的清除可通过前台程序中的指令“M[i]=0”，或利用系统 I/O 设定操作进行（见第 11 章）。

定义和清除标志的指令（M[i]赋值指令）编程示例如下，M[i]定义指令始终循环执行。

```
……
M[1]=（（DI[1] OR DI[2]）AND DI[3]）          // 定义 M[1]状态
M[2]=0                                        // 清除 M[2]
……
```

3．执行条件 TC_Online

在 FANUC 机器人上，执行条件 TC_Online 是用于程序执行控制的特殊暂存器。如 TC_Online 状态为 OFF，只要是程序标题（见前述）中指定了“运动组（Motion group）”的所有示教操作程序（TP 程序）和 KAREL 语言程序（KAREL 程序）都将停止运行。但是，程序标题中未指定运动组且“暂停忽略（Ignore pause）”设定为“有效”的程序，仍可正常运行。

执行条件 TC_Online 只有在系统变量$MIX_LOGIC.$USE_TCOL 设定为“TRUE”时，才能使用和编程。当系统变量$MIX_LOGIC.$USE_TCOLSIM 设定为“FALSE”时，执行条件还可通过指令 TC_ONLINE DISABLE 删除，被删除的执行条件，还可通过指令 TC_ONLINE ENABLE 恢复（重新使能）。

执行条件的设定、定义方法与标志 M[i]类似，它只能在机器人作业程序（前台程序）、通过复合运算式定义（赋值）；赋值指令始终循环执行。

执行条件定义指令（赋值指令）的编程示例如下。

```
……
TC_ONLINE（DI[1] AND DI[3]）                 // 定义执行条件
……
TC_ONLINE DISABLE                            // 删除执行条件
……
TC_ONLINE ENABLE                             // 恢复执行条件
……
```

7.1 基本移动指令编程

7.1.1 指令格式与功能

1．指令格式

移动指令用来控制机器人本体及外部轴（基座、工装）的运动。FANUC 机器人移动指令的基本格式如下，指令由基本指令及附加指令（指令）2 部分组成。

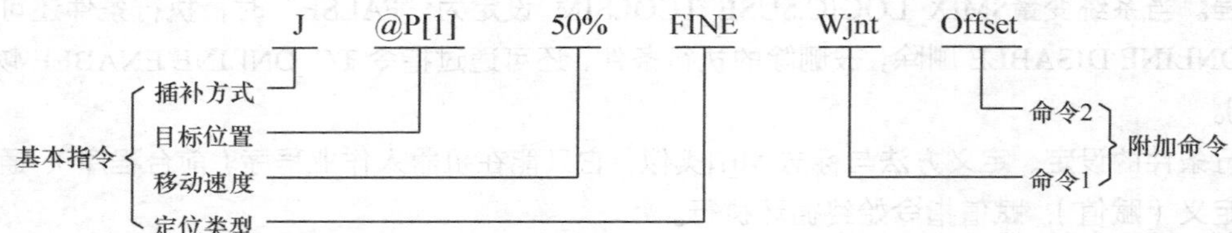

基本指令是用来规定机器人 TCP 运动轨迹（插补方式）、目标位置、移动速度及定位类型等基本参数的控制指令，它是移动指令必需的内容。若指令的目标位置为机器人当前位置时，程序点前可显示指示标记@。

附加命令可用于速度、加速度、程序点、到位区间调整，非移动指令提前/延迟执行、程序跳步控制、连续回转控制等。附加命令种类较多，在指令中可根据实际需要添加，有关内容见后述。

基本指令中的插补方式用来规定机器人 TCP 运动轨迹，FANUC 机器人可选择关节插补 J、直线插补 L、圆弧插补 C3 种。选择关节插补指令时，所有运动轴可同时启动、同时到达目标位置停止，但不对 TCP 轨迹、工具姿态进行控制，因此，它只能用于机器人 TCP 定位或搬运类机器人的作业。选择直线或圆弧插补指令时，控制系统可保证机器人 TCP 点严格按直线或圆弧轨迹运动，且能够保证运动过程中的工具姿态连续变化，因此，可用于弧焊、喷涂等需要控制轨迹的连续作业。

移动指令的目标位置是指令执行完成后的机器人位置（程序点）。对于关节插补，程序点为关节坐标位置（J1，J2，J3，J4，J5，J6，E1，E2，E3），对于直线、圆弧插补，程序点是机器人 TCP 位置（*x*，*y*，*z*，*w*，*p*，*r*）。在 FANUC 机器人上，程序点的关节坐标位置和 TCP 位置可以由控制系统自动转换。

机器人的移动速度有关节插补速度、TCP 速度、工具定向速度 3 种指定方式。关节插补的移动速度以系统变量设定的各关节轴最大移动速度（通常为 deg/s）百分率的形式指定，编程范围为 1%～100%。直线、圆弧插补的移动速度以机器人 TCP 运动线速度（TCP 速度）的形式指定，编程范围为 1～2000mm/sec（或 1～12000cm/sec、0.1～4724.4 inch/min）。工具定向的移动速度以回转速度 deg/s 的形式指定，其编程范围为 1～272deg/sec。

当控制系统选配速度模拟量输出功能选件时，TCP 速度还可转换为模拟电压信号，并保存在特殊的 TCP 速度暂存器 TCP_SPD[n]上，用于复合运算操作或作为系统的模拟量输出信号 AO 输出，有关内容可参见输入/输出编程部分。

FANUC 机器人基本移动指令的名称、编程要求见表 7-1。

表 7-1　移动指令编程说明

命令	名称	编程格式与示例		
J	关节插补	目标位置		P[i]、PR[i]
		移动速度	可以使用	n%、sec
			不能使用	mm/sec、cm/min、inch/min、deg/sec
		定位类型		FINE、CNTn
		附加命令	允许使用	ACC n、EV n%、Ind.EV n%、PTH、TIME BEFORE n（TB n）、TIME AFTER n（TA n）、Skip,LBL[i]、Offset, PR[i]、Tool_Offset, PR[i]、INC、SOFTFLOAT[n]、CTV i
			不能使用	Wjint
		编程示例		J　P[1]　80%　CNT50　Offset,PR[1]
L	直线插补	目标位置		P[i]、PR[i]
		移动速度	可以使用	sec、mm/sec、cm/min、inch/min、deg/sec
			不能使用	n%
		定位类型		FINE、CNTn
		附加命令	允许使用	ACC n、EV n%、Ind.EV n%、PTH、TIME BEFORE n（TB n）、TIME AFTER n（TA n）、Skip,LBL[i]、Offset, PR[i]、Tool_Offset, PR[i]、INC、SOFTFLOAT[n]、CTV i、Wjint
			不能使用	——
		编程示例		L　P[1]　300mm/sec　CNT50　Wjnt　Offset,PR[1]
C	圆弧插补	目标位置		P[i]、PR[i]
		中间点		P[i]、PR[i]
		移动速度	可以使用	sec、mm/sec、cm/min、inch/min、deg/sec
			不能使用	n%
		附加命令	允许使用	ACC n、EV n%、Ind.EV n%、PTH、TIME BEFORE n（TB n）、TIME AFTER n（TA n）、Skip,LBL[i]、Offset, PR[i]、Tool_Offset, PR[i]、INC、SOFTFLOAT[n]、CTV i、Wjint
			不能使用	——

2. 关节插补

执行关节插补指令的机器人运动如图 7-1 所示，它是以执行指令前的位置 P1 为起点、以指令指定的目标位置 P2 为终点的运动，指令的编程格式如下。

```
J  P[2]  70%  FINE                  // 以 70%的速度， 移动到 P2 点
J  P[3]  5sec  FINE                 // 移动到 P3 点，移动时间为 5s
J  P[4]  R[1] %  CNT50      // 以暂存器 R[1]的速度， 移动到 P4 点
……
```

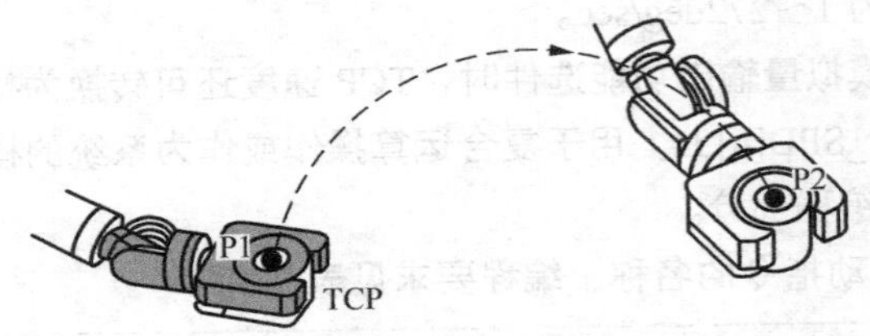

图 7-1　关节插补指令

关节插补指令 J 可用于机器人系统的全部运动轴控制。所有运动轴可同时启动、同时到达终点，机器人 TCP 的运动轨迹、工具姿态变化都为各轴运动合成的非线性曲线。

关节插补的运动速度可使用关节最大速度倍率（1%～100%），或移动时间（1～32000ms 或 0.1～3200s）的形式编程，也可使用暂存器。为保证所有轴能够同时到达终点，执行关节插补指令时，通常只有移动时间最长的轴，可按实际编程的速度移动，其他轴将按比例降低移动速度。

关节插补的各轴最大移动速度可通过系统参数$PARAM_GROUP[group].$JNTVELLIM[1] ～$PARAM_GROUP[group].$JNTVELLIM[9]独立设定，回转轴的设定范围为 0～100000deg/s，直线轴设定范围为 0～100000mm/s。

3．直线插补

直线插补是以执行指令前的机器人 TCP 位置作为起点、以指令指定的目标位置为终点的线性运动。FANUC 机器人的直线插补可用于图 7-2 所示的机器人 TCP 移动和工具定向控制，其编程要求分别如下。

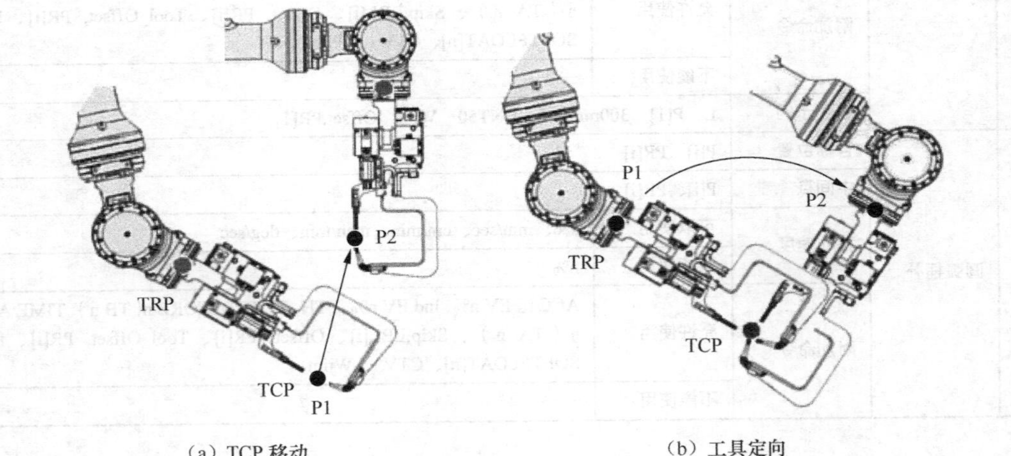

（a）TCP 移动　　（b）工具定向

图 7-2　直线插补指令

① 机器人 TCP 移动。若直线插补指令中的目标位置（终点 P2）和当前位置（起点 P1），具有

不同的（x，y，z）坐标值，则机器人 TCP 将进行图 7-2（a）所示直线插补运动，运动轨迹为连接起点 P1 和终点 P2 的直线。同时，工具姿态也将由起点 P1 逐渐变化至终点 P2。

TCP 移动的直线插补指令 L 的编程格式如下。

```
L  P[2]  200mm/sec   CNT50        // 以 200mm/s 的速度，移动到 P2 点
L  P[3]  300cm/min   CNT20        // 以 300cm/min 的速度，移动到 P3 点
L  P[4]  5sec  FINE               // 移动到 P4 点，移动时间为 5s
L  P[5]  R[1] mm/sec  CNT50       // 以暂存器 R[1]的速度，移动到 P5 点
……
```

机器人 TCP 直线指令中的移动速度可用移动速度或移动时间的形式编程，也可使用暂存器。编程速度为所有运动轴合成后的机器人 TCP 速度，其最大值可通过系统参数$PARAM_ GROUP [group].$SPEEDLIM 设定，范围为 0～3000mm/s。

FANUC 机器人的直线插补 TCP 移动速度，还可用最大速度 MAX_SPEED 替代。以 MAX_SPEED 指令直线插补速度时，可保证参与直线插补的关节轴中，至少有 1 个轴达到极限速度，其他轴则以极限速度轴为基准，自动计算速度值、保证 TCP 轨迹为直线。使用 MAX_SPEED 速度时，机器人 TCP 可达到最高的移动速度，并超过系统允许的最大编程速度（2000mm/s）。因此，FANUC 说明书称之为“直线最高速功能”。

直线最高速需要选配 FANUC“高性能轨迹恒定控制”附加功能，且不能与后述的跟随控制、直线轨迹控制、速度预测、固定工具控制、多运动组控制等功能同时使用。MAX_SPEED 也只能用于直线插补指令 L，并且，对程序的空运行、单段运行、重新启动、低速示教操作（操作模式 T1）操作无效。此外，如果程序使用了线速度限制指令 LINEAR_MAX_SPEED 限制了最大编程速度，移动速度 MAX_SPEED 将同比例下降。

使用 MAX_SPEED 编程的程序示例如下。

```
J  P[1]  100%  FINE
L  P[2]  MAX_SPEED  CNT100            // 以最大速度直线插补
……
LINEAR_MAX_ SPEED = 1200              // 线速度限制为 1200mm/s（系统默认 1200mm/s）
L  P[10]  MAX_SPEED  CNT100           // 移动速度为 60%最大速度（1200/2000）
……
```

② 工具定向。若直线插补指令 L 中的目标位置（终点 P2）和当前位置（起点 P1），具有同样的（x，y，z）坐标值，但工具姿态不同，则机器人将进行图 7-2（b）所示的工具定向运动。此时，机器人 TCP 的位置将保持不变，工具参考点 TRP 将进行图示的回转运动，使得工具姿态由起点 P1 的姿态，连续变化到终点 P2 的姿态。

工具定向的直线插补指令的编程格式如下。

```
L  P[2]  30deg/sec  FINE          // 以 30°/s 的速度，将 TRP 回转到 P2 点
L  P[3]  5sec  FINE               //TRP 回转到 P3 点，移动时间为 5s
L  P[4]  R[1] deg/sec  CNT50      // 以暂存器 R[1]的速度，移动到 P4 点
……
```

工具定向是机器人 TRP 的回转运动，指令中的编程速度需要以回转速度 deg/s（1～272deg/sec）或移动时间（1～32000msec、0.1～3200sec）的形式编程，也可使用暂存器。TRP 的最大回转速度可通过系统参数$PARAM_ GROUP[group].$ROTSPEEDLIM 设定，设定范围为 0～1440 deg/s。

4．圆弧插补

圆弧插补指令可使机器人 TCP 点按指定的移动速度、沿指定的圆弧，从当前位置移动到目标位置。圆弧轨迹需要通过当前位置（起点 P1）、程序指定的中间点（P2）和目标位置（终点 P3）3 点进行定义，TCP 点运动轨迹为图 7-3 所示、经过 3 个编程点 P1、P2、P3 的部分圆弧。同时，工具姿态也将由起点 P1 逐渐变化至终点 P3。

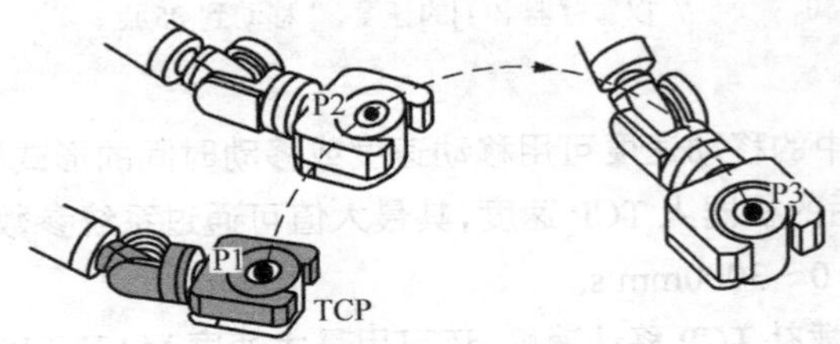

图 7-3 圆弧插补指令

FANUC 机器人的圆弧插补指令需要分 2 行编程，指令的编程格式如下。

```
L  P[1]  200mm/sec  CNT50          // 以 200mm/s 的速度， 移动到 P1 点（圆弧起点）
C  P[2]                            // 指定圆弧中间点 P2
P[3]  200mm/sec  CNT50             // 指定圆弧终点 P3、速度、定位区间
```

圆弧插补指令的移动速度指定方式、速度范围、最大值设定等，均与直线插补指令相同，编程速度为机器人 TCP 在圆弧切线方向的速度。

圆弧插补的中间点 P2 是位于圆弧起点和终点间的任意点，但为了获得正确的轨迹，中间点选取需要满足图 7-4 所示的要求。

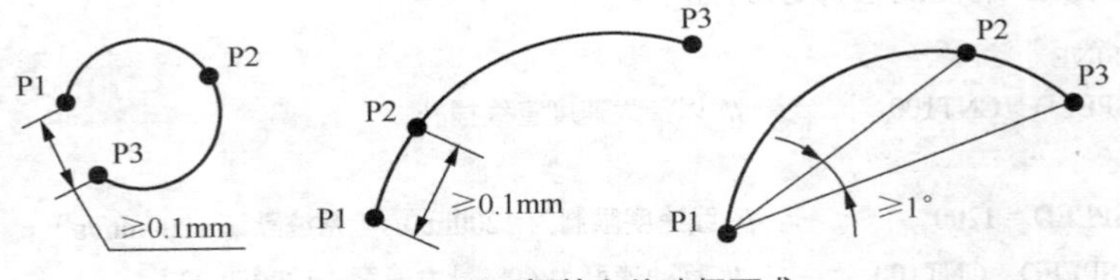

图 7-4 圆弧插补点的选择要求

① 中间点应尽可能选择在圆弧的中间位置。

② 起点 P1、中间点 P2、终点 P3 间应有足够的间距，起点 P1 离终点 P3、起点 P1 离中间点 P2 的距离，一般都应大于 0.1mm。

③ 应保证起点 P1 和中间点 P2 连接线与起点 P1 和终点 P3 连接线的夹角大于 1°。

④ 不能试图用终点和起点重合的圆弧插补指令，来实现 360° 全圆插补，全圆插补需要通过 2 条或以上的圆弧插补指令实现。

7.1.2 程序点与定位类型

FANUC 机器人移动指令的程序点、定位类型（Continuous termination，CNT）的定义方法如下。

1．程序点位置

在 FANUC 机器人上，程序点位置可用程序点号 P[1]、P[2]……的形式指定，也可用位置暂存器

PR[1]、PR[2] ……的形式指定。利用示教操作指定程序点时，程序点号可由系统自动分配。程序点、位置暂存器的编号后，还可附加 16 字符的注释，注释以“:”标记起始、后缀在编号之后，例如，P[1: access point]、PR[1: prepare point]等。

利用程序点号、位置暂存器定义的位置，可以是关节位置，也可以是机器人 TCP 位置。两种位置只是显示方式的区别，其值可由控制系统自动转换。

① 关节位置。关节位置是运动轴在关节坐标系（Joint Frame）上的绝对位置，其格式如图 7-5 所示。

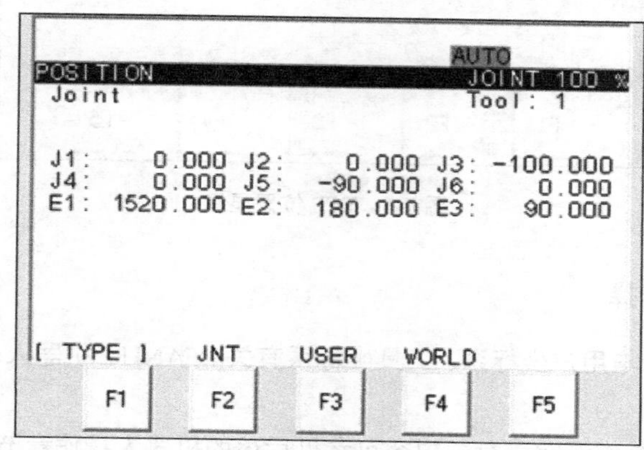

图 7-5 关节位置显示

FANUC 机器人的关节轴形式（回转或直线）可通过系统参数$PARAM_GROUP[group].$ROTARY_AXS[1] ～ $PARAM_GROUP[group]. $ ROTARY_AXS[9]设定。回转轴关节位置的单位为 deg（角度），直线轴关节位置的单位为 mm。

在标准配置的 FANUC 机器人上，每一运动组最大可控制 9 个关节轴，其中，J1～J6 轴为机器人本体轴，E1～E3 为控制基座、工装的外部轴。关节位置的表示方法为（J1，J2，J3，J4，J5，J6，E1，E2，E3）。例如，关节位置（0, 0, −100, 0, −90, 0, 1520, 180, 90）在示教器上的显示如图 7-5 所示。

② 机器人 TCP 位置。FANUC 机器人的程序点也可用图 7-6 所示的、机器人 TCP 位置的形式指定，TCP 位置由坐标系（Frame）、机器人姿态（Configuration）、坐标值与方位 3 部分组成。

坐标系数据用来定义 TCP 位置所对应的坐标系，包括用户坐标系（User Frame）编号和工具坐标系（User Tool）编号。其中，用户坐标系 UF0（User Frame ：0）为机器人全局（基座）坐标系，UF1～9 可通过示教操作设定，UF F 为机器人当前选定的用户坐标系。工具坐标系 UT0（User Tool：0）为机器人手腕基准坐标系，UT1～10 可通过示教操作设定，UT F 为机器人当前选定的工具坐标系。

机器人姿态数据（N，U，T，0，0，0）包括本体姿态（N，U，T）和回转区间号（0，0，0），3 个英文字母依次表示手腕俯或仰（F 或 N）、肘正或反（U 或 D）、机身前或后（T 或 B）；3 个数字依次表示回转轴 J1、J4、J6 的角度区间：“−1”为−539.999° ～−180° ，“0”为−179.999° ～179.999° ，“1”为 180° ～ 539.999° 。

位置数据（*x*，*y*，*z*，*w*，*p*，*r*）中的（*x*，*y*，*z*）为机器人 TCP 在用户坐标系上的 *XYZ* 坐标值，（*w*，*p*，*r*）为用户坐标系的方位（绕全局坐标系 *X*、*Y*、*Z* 轴回转的角度）。

有关机器人姿态、坐标系方位参数的详细说明可参见第 6 章。

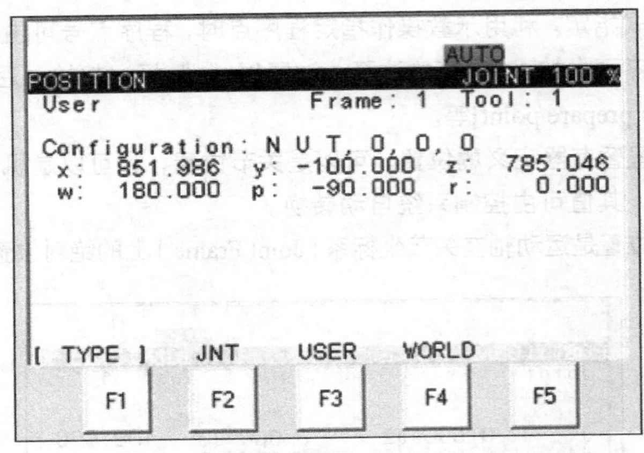

图 7-6 TCP 位置显示

2. 坐标系设定与选择

机器人的程序点位置与用户坐标系、工具坐标系有关。FANUC 机器人的用户坐标系、工具坐标系可通过以下方法设定。

① 通过机器人示教操作设定，有关内容可参见后述的机器人操作章节。

② 通过系统参数$MNUFRAME [group，1] ～ [group，9]（用户坐标系）、$MNUTOOL [group，1] ～ [group，9]（工具坐标系）设定。

③ 通过坐标系设定指令 UFRAME（用户）、UTOOL（工具），在程序中定义。

利用指令 UFRAME、UTOOL 定义用户、工件坐标系时，坐标原点（x,y,z）与方位（w,p,r），可通过位置暂存器 PR[i]一次性定义。例如，如用户坐标系 1 的原点位于全局坐标系的（1000，0，500）位置，方位为绕 Z 轴回转 180°，工具坐标系 1 的原点位于手腕基准坐标系的（36.3，52.5，168.6）位置，方位为绕 Y 轴回转 180°。其坐标系设定程序示例如下。

```
PR[1, 1]=1000          // 设定用户坐标系 X 轴原点位置
PR[1, 2]=0             // 设定用户坐标系 Y 轴原点位置
PR[1, 2]=500           // 设定用户坐标系 Z 轴原点位置
PR[1, 4]= 0            // 设定用户坐标系绕 X 轴回转角度
PR[1, 5]= 0            // 设定用户坐标系绕 Y 轴回转角度
PR[1, 6]= 180          // 设定用户坐标系绕 Z 轴回转角度
UFRAME [1]=PR[1]       // 定义用户坐标系 1
……
PR[2, 1]=36.3          // 设定工具坐标系 X 轴原点位置
PR[2, 2]=52.5          // 设定工具坐标系 Y 轴原点位置
PR[2, 2]=168.6         // 设定工具坐标系 Z 轴原点位置
PR[2, 4]= 0            // 设定工具坐标系绕 X 轴回转角度
PR[2, 5]= 180          // 设定工具坐标系绕 Y 轴回转角度
PR[2, 6]=0             // 设定工具坐标系绕 Z 轴回转角度
UTOOL [1]=PR[2]        // 定义工具坐标系 1
……
```

坐标系设定完成后，在程序中可以直接通过指令 UFRAME_NUM、UTOOL_NUM，定义用户、

工件坐标系编号，选定坐标系。例如：

```
UFRAME_NUM=1                         // 选定用户坐标系 1
UTOOL_NUM=1                          // 选定工具坐标系 1
J  P[1]  50%  FINE                   // 机器人在用户坐标系 1 上移动
L  P[2]  200mm/sec  FINE
……
UFRAME_NUM=2                         // 选定用户坐标系 2
J  P[1]  50%  FINE                   // 机器人在用户坐标系 2 上移动
L  P[2]  200mm/sec  FINE
……
```

3. 定位类型

FANUC 机器人的到位区间用定位类型（Continuous termination，CNT）指定。操作数 CNT 实际上用来规定轨迹连接处（拐角）的减速倍率值，其含义如图 7-7 所示。

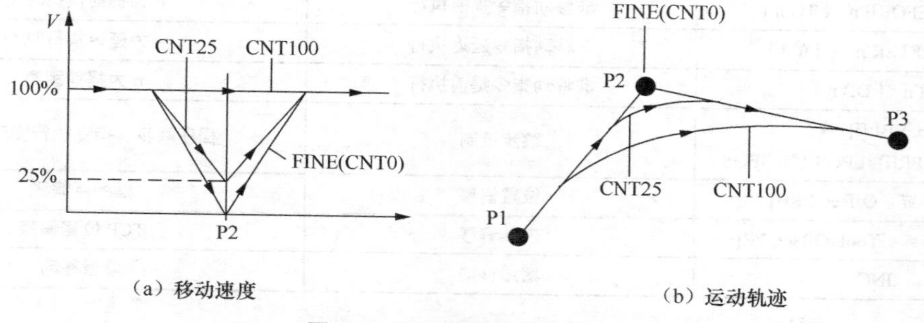

图 7-7 CNT 与拐角自动减速

FINE：准确定位。机器人在目标位置停止，控制系统通过到位检测，确认机器人实际位置到达后，才能启动下一指令的移动。

CNT0：停止定位。机器人在目标位置输出减速停止指令，只要指令速度到达 0，随即启动下一指令的移动，控制系统不进行实际位置到位检测和判别。

CNT1～100：控制系统在目标位置附近减速，使机器人 TCP 到达目标位置时的速度，降低至编程速度和 CNT 值（倍率）的乘积后，随即启动下一指令的移动。如指定 CNT100，机器人将进行拐角不减速的连续运动、形成最大的圆角。

当控制系统选配“高性能轨迹恒定控制”功能时，FANUC 机器人的定位点还可通过移动指令附加命令 RT_LD/AP_LD、CR 规定离开/接近定位点的直线移动距离、拐角范围等，有关内容参见后述。

7.2 附加命令编程

7.2.1 命令与功能

在 FANUC 机器人上，操作者可根据需要，在机器人基本移动指令之后编制附加命令，改变控制系统、机器人的动作。移动附加命令分基本附加命令和应用附加命令 2 类，基本附加命令可用于速度、加速度、程序点调整、非移动指令提前/延迟执行、程序跳步等控制，应用附加命令可用于连续回转、机器人移动工件作业等特殊控制，以及插补轨迹、到位区间调整等控制。

1. 基本附加命令

FANUC 机器人移动的基本附加命令可用于速度、加速度、程序点调整、非移动指令提前/延迟执行、程序跳步等控制，基本附加命令的名称及主要功能如表 7-2 所示。

表 7-2　机器人移动基本附加命令说明

附加命令	名称	功能说明
Wjnt	手腕关节控制	工具姿态调整在终点进行，以避免奇点
ACC n	加减速倍率控制	设定加速度倍率，n 允许 0～150（%）
EV n%	外部轴同步速度控制	外部轴同步运动速度倍率（0～100%）
IndEV n%	外部轴独立速度控制	外部轴独立运动速度倍率（0～100%）
PTH	路径控制	短距离连续移动控制
TIME BEFORE n （TB n）	非移动指令提前执行	n 为提前执行时间
TIME AFTER n （TA n）	非移动指令延迟执行	n 为延迟执行时间
DB n （DB n）	非移动指令提前执行	n 为提前距离
Skip, LBL[i] 或： Skip, LBL[i], PR[i]=LPOS（或 JPOS）	跳步控制	程序跳步、指令执行完成跳转
Offset 或：Offset, PR[i]	位置偏移	程序点偏移
Tool_Offset 或：Tool_Offset, PR[i]	工具偏移	TCP 位置偏移
INC	增量移动	增量移动

在以上基本附加命令中，手腕关节控制 Wjnt、加减速倍率控制 ACCn、外部轴同步/独立控制 EV ni% / Ind EV n%、路径控制 PTH 命令的使用简单，简要说明如下，其他命令的说明见后述。

手腕关节控制命令 Wjnt 为直线、圆弧插补附加命令，附加 Wjnt 后，工具的姿态调整将在直线、圆弧插补的终点进行，机器人 TCP 移动时将保持姿态不变、以避免奇点。

加速度倍率命令 ACCn 用来改变在系统参数设定加速度，其调整范围为 0～150%。降低加速度倍率，会增加机器人的实际移动时间，加速度倍率超过 100&时，可能会导致机械冲击变大。

EV n%用于外部轴同步控制，n%为外部轴移动速度的最大值（百分率）。外部轴同步控制时，机器人 TCP 和外部轴将同时启动、同时停止。如果基本移动指令所指定的机器人 TCP 移动速度和 n%指定的外部轴移动速度不匹配，两者中实际移动时间较长的部件，将按指令速度运动，另一部件的移动速度将自动降低，以保证两者同步到达终点。

Ind EV n%用于外部轴独立控制，n%外部轴移动速度（百分率）。外部轴独立控制时，机器人 TCP 和外部轴可同时启动，但是，机器人 TCP 按基本移动指令所指定的移动速度运动，外部轴按 n%指定的速度运动，先到达终点者先停止。

路径控制 PTH 命令用于短距离连续移动控制，此时，控制系统将根据实际移动距离、速度，自动调整拐角的减速速度（CNT）值，以提高轨迹控制精度和指令执行速度。

在 FANUC 机器人程序中，附加命令可直接编写在基本移动指令之后，例如：

```
……
1 : L   P[2]   200mm/sec   FINE Wjnt        // 手腕关节控制、工具姿态调整在终点进行
2 : J   P[1]   50%   FINE   ACC80           // 加速度调整为系统设定的 80%
3 : J   P[3]   50%   FINE   EV80%           // 外部轴同步运动，移动速度不超过 80%
4 : J   P[4]   50%   FINE   Ind , EV80%     // 外部轴独立控制，移动速度为 80%
5 : J   P[5]   50%   CNT10   PTH            // CNT 由系统自动控制
……
```

2. 应用附加命令

FANUC 机器人移动的应用附加命令可用于连续回转、机器人移动工件作业等特殊控制，以及插补轨迹、到位区间调整等，应用附加命令通常需要选配控制系统的附加功能。应用附加命令的名称及主要功能如表 7-3 所示。

表 7-3　机器人移动应用附加命令说明

附加命令	名称	功能说明
RTCP	远程 TCP 控制	工具固定、机器人用来移动工件作业控制
CTV n	连续回转控制	回转轴切换为旋转模式
PSPD n	轨迹恒定移动速度指定	移动速度由 n 指定，但保持轨迹不变
CR n	到位区间（拐角半径）定义	直接定义目标位置到位区间
RT_LD d（Retract_LD）	起始段直线移动距离	保证起始段直线距离插补
AP_LD d（Approach_LD）	结束段直线移动距离	保证结束段直线距离插补
SOFTFLOAT[n]	软浮动控制	启用软浮动控制功能（见后述）

FANUC 应用附加命令中的远程 TCP 控制指令 RTCP，用于工具固定安装、机器人移动工件的特殊作业控制，可在直线、圆弧插补指令后添加，简要说明如下，其他附加命令的说明详见后述。

当机器人采用工具固定安装、机器人移动工件作业时，工具控制点 TCP 将远离机器人手腕，FANUC 称之为远程 TCP 控制（Remote TCP control）或“遥控 TCP”控制。工具固定安装时，作业工具安装简单、重量体积不受机器人限制，但工件需要安装在机器人上，其质量、体积受机器人结构限制。因此，通常用于点焊、冲压等大型工具、小型工件作业。

在 FANUC 机器人上，固定安装工具的 TCP 位置、坐标系方位，需要以全局坐标系（World）为基准设定，工具坐标系可采用用户坐标系设定同样的方法，利用手动数据输入、示教操作进行设定。在作业程序中，只需要将工具坐标系选择为固定工具坐标系（RTCP 坐标系），并在直线、圆弧插补移动指令后，添加附加命令 RTCP。例如：

```
……
UTOOL_NUM=1                               // 选定固定工具坐标系 1
L  P[1]  100mm/sec  FINE  RTCP            // 工件直线插补移动到 P1 点
C  P[2]
   P[3]  100mm/sec  FINE  RTCP            // 工件圆弧插补移动到 P3 点
……
```

7.2.2 提前/延迟处理与跳步

FANUC 机器人的移动指令可通过基本附加命令来改变指令的正常执行次序，例如，将非移动指令提前、延迟执行，跳过指令剩余行程等，命令功能及编程方法如下。

1. 提前/延迟处理命令

在正常情况下，程序自动运行时，控制系统将按指令的编制次序，逐条、依次执行规定的动作，因此，当机器人移动指令之后，编制有子程序调用（CALL）、控制信号输出（DO/RO/ GO/AO）等非机器人移动指令时，控制系统同样需要在移动指令执行完成、机器人到达目标位置后，才能执行相关指令。这样，不仅会增加程序执行时间、降低作业效率，也无法实现机器人移动和非移动指令的同步控制。为此，需要通过非机器人移动指令提前、延迟执行命令来改变控制系统的执行次序。

FANUC 机器人非移动指令提前处理，可通过提前时间（Time before）、提前距离（Distance before）2 种方式编程，非移动指令延迟处理可通过延迟时间（Time after）编程，提前时间的允许编程范围为 0～30.0s，延迟时间的允许编程范围为 0～0.5s，提前距离的允许编程范围为 0.0～999.9mm。

非移动指令提前、滞后处理附加命令，可直接添加在关节、直线、圆弧插补指令之后，命令的编程示例如下，命令中的子程序调用 CALL、DO/AO 输出指令 DO[1]、AO[1]也可为其他非机器人移动指令。

```
……
J  P[1]  100%  CNT20  TB  5sec , CALL Sprg_1        // 提前 5 秒调用程序 Sprg_1
J  P[2]  100%  FINE  TA  0.5sec , DO[1]=ON          // 滞后 0.5 秒输出 DO[1]=ON
L  P[3]  80mm/sec  FINE  DB  50mm , AO[1]=180       // 提前 50 毫米输出 AO[1]=180
……
```

提前、延迟处理附加命令编程需要注意以下问题。

① 如提前时间大于基本移动指令的机器人运动时间，非机器人移动指令将与基本移动指令同时启动，但不能提前至前一移动指令执行阶段。

② 提前、延迟处理的子程序不能指定运动组，即子程序的运动组应定义为[*，*，*，*，*]；利用位置提前指令 DB n 调用子程序时，子程序可使用自变量。

③ 提前、延迟调用的子程序，可与主程序中的机器人移动同步处理，因此，可能出现子程序未执行完成、系统已继续主程序后续指令的情况。为避免出现此类情况，FANUC 机器人可通过系统变量的设定，允许或禁止主程序后续指令的执行。

$TIMEBF_VER =2：子程序执行完成前，禁止执行主程序后续指令；

$TIMEBF_VER =3：子程序执行完成前，允许执行主程序后续指令。

尽管如此，为保证子程序能够正常执行完成，主程序的最后一条移动指令，原则上也不应使用提前、延迟处理的附加命令。

④ 改变速度倍率将影响机器人移动指令的执行时间，因此，非机器人移动指令的启动位置也将受速度倍率的影响。

⑤ 单步执行附加提前、延迟处理的移动指令时，机器人将在非移动指令的启动点上自动停止，继续下一步时，移动指令、非移动指令同步启动。

⑥ 时间提前、延迟处理附加命令，可与其他大多数附加命令（除 DB、SPOT[i]等指令外）在同一移动指令中同时编程，但是，位置提前附加命令不可与时间提前/延迟指令 TB/TA、增量移动 INC、

跳转控制 Skip 同时编程。

⑦ 使用位置提前附加命令后，程序后续的连续移动指令（CNT）不能超过 6 条。

⑧ 使用位置提前附加命令时，需要进行以下系统变量的设定。

$SCR_GRP[1].$M_POS_ENB：设定为“TRUE”，生效位置提前功能。

$DB_CONDTYP：非移动指令的执行条件（见下述），默认值为 1。

$DB_MINDIST：提前位置的最小值，默认为 5mm。

$DB_TOLERENCE：提前位置的允许误差，默认为 0.5mm。

$DB_AWAY_ALM：位置“离开”（见下述）时的报警设定，“TRUE”发生报警 INTP-295，“FALSE”取消报警。

$DB_AWAY_TRIG：计算位置“离开”的距离（mm），当机器人 TCP 从最接近目标位置的点离开了变量设定的值，便认为机器人已离开提前位置。

$DB_MOTNEND：“动作结束”（见下述）监控设定，“TRUE”执行附加动作、发生报警 INTP-297，“FALSE”不执行非移动指令。

$DBCONDTRIG：动作条件不满足时的报警设定，“0”发出 INTP-295 警示、程序继续执行，“1”发出 INTP-293 报警、程序暂停。

$DISTBF_TTS：程序暂停后重新启动指令时的 DB 区域定义，“0”保持原区域不变；“1” DB 区域更改为系统变量$DB_MINDIST 设定的最小值。

系统变量$DB_CONDTYP 用来设定系统位置提前指令出现“离开”、“通过”、“动作结束”动作情况的处理。

所谓“离开”是指连续移动指令中的 CNT 值过大，以至于机器人 TCP 实际不能到达图 7-8（b）所示的 DB 区情况。所谓“通过”是指连续移动指令中的 DB 值设定过小、移动速度过快，机器人瞬间通过了图 7-8（c）所示的 DB 区、导致非移动指令无法在 DB 区执行的情况。所谓“动作结束”是指机器人 TCP 未到达、离开、通过 DB 设定区域，但指令被中断、机器人停止运动的情况。

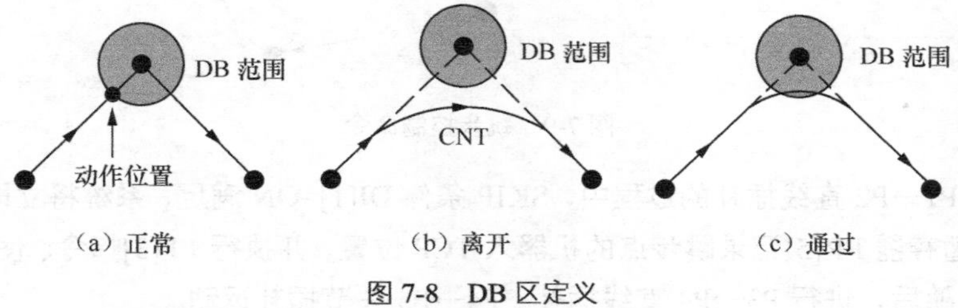

图 7-8　DB 区定义

系统变量$DB_CONDTYP 可设定的值及含义如下。

$DB_CONDTYP=0：机器人 TCP 到达 DB 区时，执行非移动指令；离开、通过 DB 区时，系统发生报警；动作结束时按系统变量$DB_MOTNEND 的设定处理。

$DB_CONDTYP=1：机器人 TCP 到达、离开、通过 DB 区时，均执行非移动指令；离开 DB 区时，系统发生报警；动作结束时按系统变量$DB_MOTNEND 的设定处理。

$DB_CONDTYP=2：机器人 TCP 到达、通过 DB 区时，执行非移动指令；离开 DB 区时，系统发生报警；动作结束时按系统变量$DB_MOTNEND 的设定处理。

2. 跳步命令

移动附加命令 Skip, LBL[i]，用于直线插补、圆弧插补指令的跳步控制。基本移动指令添加跳步命令后，只要跳步条件（SKIP 条件）满足，控制系统便可立即中断移动指令、机器人减速停止，并继续执行下一指令。若 SKIP 条件始终未满足，移动指令正常执行完成后，程序跳转至标记 LBL[i]处，继续执行。

命令“Skip, LBL[i]”还可根据需要增加跳步点记录功能，跳步点可利用位置暂存器 PR[i]、以“PR[i]=LPOS”或“PR[i]=JPOS”形式读取。增加跳步点记录功能后，若跳步条件满足，系统可立即记录机器人位置，同时，以最大制动转矩、快速停止机器人运动，实现高速跳步。由于机器人快速停止仍需要一定的距离，因此，暂存器 PR[i]记录值和机器人实际停止位置将存在误差。作为参考，移动速度 100mm/s 所产生的误差大致在 1.5mm。

附加命令“Skip, LBL[i]”“Skip, LBL[i], PR[i]=LPOS（或 JPOS）”的跳步条件，可通过“SKIP CONDITION”指令，在程序中事先予以定义。例如，对于下述程序，系统可根据开 DI 信号 DI[1]的状态，实现图 7-9 所示的运动。

```
1: SKIP   CONDITION   DI[1]=ON                    // 设定 SKIP 条件
2: J   P[1]   100%   FINE                        // 移动到 P1
3: L   P[2]   200mm/sec   FINE
Skip , LBL[1] , PR[5]=LPOS                    // P1→P2 高速跳步直线插补、记录位置
4: J   P[3]   50%   FINE                          // 移动到 P3
5: L   P[4]   200mm/sec   FINE                      // P3→P4 直线插补
6: LBL[1]                                          // 跳转标记
7: J   P[5]   50%   FINE                          // 移动到 P5
……
```

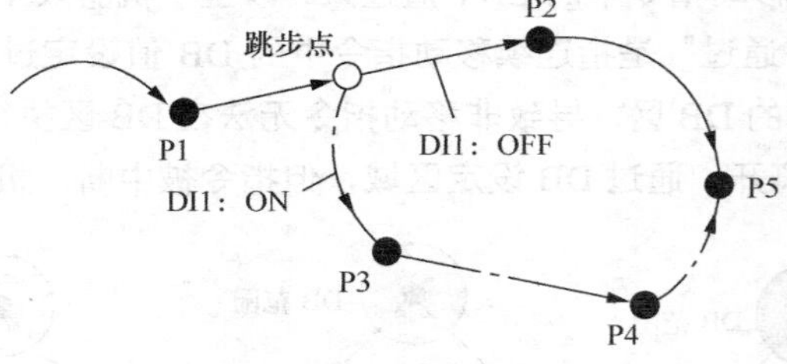

图 7-9　跳步控制命令

若机器人在 P1→P2 直线插补的过程中，SKIP 条件 DI[1]=ON 满足，系统将立即中止 P1→P2 所剩余的移动、用暂存器 PR[5]记录跳步点的机器人 TCP 位置，并执行 J P[3]指令、使机器人从跳步点关节插补到 P3。随后，进行 P3→P4 直线插补、P4→P5 关节插补运动。

若机器人在进行 P1→P2 直线插补过程中，DI[1]始终 OFF，系统将在完成 P1→P2 直线插补指令、到达 P2 点后，跳转至标记 LBL[1]处，执行 P2→P5 的关节插补运动。

7.2.3　程序点偏移与增量移动

FANUC 机器人的移动指令可通过基本附加命令来改变程序点位置，或者实现增量移动，相关指令功能及编程方法如下。

1. 程序点偏移命令

移动附加命令 Offset 用于程序点偏移，程序点偏移量需要用位置暂存器 PR[i]指定。程序点偏移附加命令可采用以下 2 种方式编程。

① 仅添加 Offset 指令，此时，程序点偏移量需要事先利用程序点偏移条件指令“OFFSET CONDITION PR[i]”，在位置暂存器 PR[i]中定义。

程序点偏移量暂存器 PR[i]可为关节位置或机器人 TCP 位置。以关节坐标定义的程序点偏移量，可直接加到移动目标点上，程序点偏移量与编程的坐标系无关。以机器人 TCP 位置定义的偏移量，需要以用户坐标系位置的形式定义，为了保证偏移量与编程坐标系一致，程序点偏移量暂存器 PR[i]的坐标系，通常应定义为当前用户坐标系（UF：F）。位置暂存器 PR[i]用于程序点偏移时，其工具坐标系（UT）、姿态（CONF）数据将被忽略。

② 附加命令以“Offset, PR[i]”的形式编程（直接位置偏移），此时，程序点偏移将直接由位置暂存器 PR[i]定义，指令“OFFSET CONDITION PR[i]”定义的偏移量无效。命令“Offset, PR[i]”将自动选择当前编程的用户坐标系，作为位置偏移暂存器 PR[i]的坐标系，PR[i]的工具坐标系（UT）、姿态（CONF）数据同样被忽略。

程序点偏移附加命令的编程示例如下，当位置偏移暂存器 PR[1]及程序中的用户坐标系如图 7-10 所示时，执行直线插补指令 L P[2]时，目标位置 P2 将成为图示的 P2'位置。

```
1：OFFSET   CONDITION   PR[1]                  // 位置偏移量设定
2：L   P[1]   100%   FINE                      // 移动到 P1（无偏移）
3：L   P[2]   200mm/sec   FINE Offset          // 程序点偏移，P1→P2'
……
```

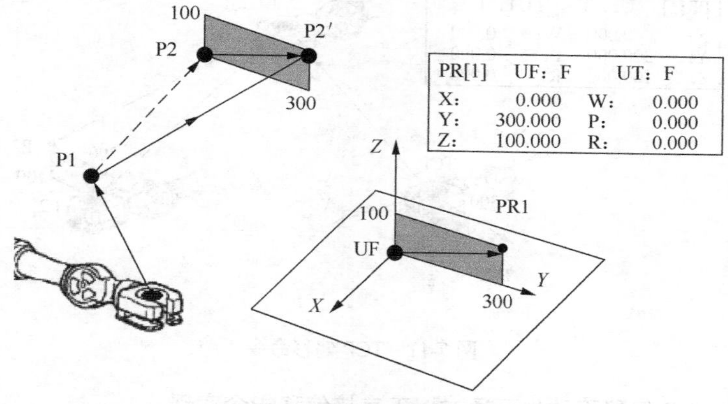

图 7-10　程序点偏移命令

图 7-10 所示的程序点偏移也可以通过以下直接位置偏移指令实现。

```
1：L   P[1]   100%   FINE                            // 移动到 P1（无偏移）
2：L   P[2]   200mm/sec   FINE Offset , PR[1]        // 位置偏移有效，P1→P2'
……
```

程序点偏移命令一旦编程，将始终保持有效，因此，后续移动指令的目标位置也将产生同样的偏移，直至程序结束或以新的程序点偏移命令替代。

带有程序点偏移附加命令的移动指令，以示教方式输入或修改程序点（目标位置）时，可根据示教器的提示，选择示教点为程序点偏移后的实际位置，或者为不考虑偏移的原始位置。如果指令的目标位置（程序点），以手动数据输入方式直接设定，或者，机器人基本设定的“忽略位置补偿指令”设定为“有效”（见第 10 章 10.1 节），程序点位置为不考虑偏移的原始位置。

2. TCP 偏移命令

TCP 偏移附加命令 Tool_Offset 又称工具偏移命令，命令用于作业工具的控制点（TCP）位置偏移，TCP 偏移量同样可通过 TCP 偏移条件指令“TOOL_OFFSET CONDITION PR[i]”中的位置暂存器 PR[i]，在程序中事先予以设定。或者，直接以“Tool_Offset, PR[i]”的形式编程（直接工具偏移）。采用直接工具偏移时，指令“TOOL_OFFSET CONDITION PR[i]”定义的 TCP 偏移量无效。

TCP 偏移量 PR[i]为工具坐标系的位置值，为了保证偏移量与程序坐标系对应，利用指令“TOOL_OFFSET CONDITION PR[i]”定义 TCP 偏移量时，应将工具坐标系定义为当前工具坐标系（UT：F）。采用直接工具偏移指令“Tool_Offset, PR[i]”编程时，系统同样可自动选择当前工具坐标系，作为 PR[i]坐标系。

TCP 偏移附加命令的编程示例如下，当 TCP 偏移暂存器 PR[1]及当前工具坐标系如图 7-11 所示时，执行直线插补指令 L P[2]，目标位置 P2 将成为图示的 P2 ' 位置。

```
1：TOOL_OFFSET   CONDITION   PR[1]                  // 工具偏移量设定
2：L   P[1]   100%   FINE                            // 移动到 P1（无偏移）
3：L   P[2]   200mm/sec   FINE Tool_Offset           // TCP 偏移，P1→P2'
……
```

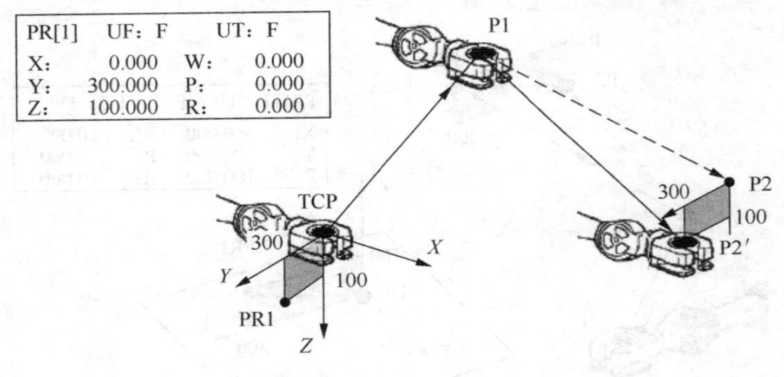

图 7-11　TCP 偏移命令

图 7-11 所示的 TCP 偏移移动也可通过以下直接偏移指令实现。

```
1：L   P[1]   100%   FINE                            // 移动到 P1（无偏移）
2：L   P[2]   200mm/sec   FINE Tool_Offset , PR[1]   // 工具偏移，P1→P2'
……
```

TCP 偏移命令一旦编程，将始终保持有效，因此，后续移动指令的 TCP 位置也将产生同样的偏移，直至程序结束或以新的 TCP 偏移命令替代。

带有 TCP 偏移附加命令的移动指令，以示教方式输入或修改程序点（目标位置）时，可根据示教器的提示，选择示教点为 TCP 偏移后的实际位置，或者为不考虑 TCP 偏移的原始位置。如果指令的目标位置（程序点），以手动数据输入方式直接设定，或者，机器人基本设定的“忽略工具坐标补偿指令”设定为“有效”（见第 10 章 10.1 节），程序点位置为不考虑 TCP 偏移的原始位置。

3. 增量移动指令

移动附加命令 INC 用于增量移动控制，此时，插补指令中的目标位置数据将成为机器人 TCP

的增量移动距离。增量移动距离可为位置数据，也可使用位置暂存器（PR[i]）。当增量移动距离以位置数据形式定义时，若使用关节位置，机器人关节轴将直接移动指定的距离，与程序坐标系无关，若使用 TCP 位置，机器人将在当前程序坐标系上，增量移动指定的距离。当增量移动距离以 TCP 位置暂存器（PR[i]）定义时，若 PR[i]坐标系与程序坐标系不符，则机器人 TCP 以 PR[i]坐标系、移动 PR[i]距离。

附加命令的编程示例如图 7-12 所示，程序如下。

```
1: L  P[1]  100%  FINE                    // 移动到 P1
2: L  P[2]  200mm/sec  INC                 // 增量移动，P1→P2
2: L  PR[1]  200mm/sec  INC                // 增量移动，P2→P3
……
```

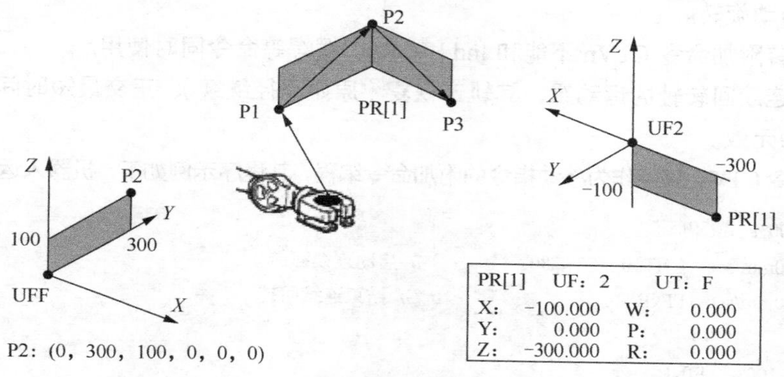

图 7-12 增量移动命令

在上述程序中，程序点 P2、位置暂存器 PR[1]的设定如图 7-12 所示，因此，执行指令 L P[2]，机器人将以当前用户坐标系 UFF 为基准，增量移动（0, 300, 100）。执行指令 L PR[1]时，机器人将以用户坐标系 UF2 为基准，增量移动（−300, 0, −100）。

7.2.4 连续回转与速度调整

1．连续回转命令

连续回转命令用于机器人回转轴的旋转控制，连续回转轴必须是机械结构允许无限回转的运动轴。连续回转轴一般为机器人的末端轴或外部轴，如 6 轴垂直串联机器人的手回转轴 J6、搬运机器人的工件输送带等。当机器人的末端轴（如 J6 轴）作为连续回转轴时，机器人工具坐标系原点的 *X*、*Y* 坐标值应为 0，否则，可能导致工具姿态和插补轨迹的不正确。连续回转轴也可利用 JOG 操作实现连续回转。

FANUC 机器人每一运动组允许定义一个连续回转轴，连续回转轴的减速比（电机转速/关节轴转速）应小于 4000。连续回转控制需要通过机器人设定（SETUP）操作事先设定，有关内容可参见第 10 章。

FANUC 机器人连续回转轴的使用方法与要求如下。

① 连续回转轴的转速以关节最大回转速度的百分率表示，*n*（%）表示，百分率 *n* 以附加命令 CTVn 的形式附加在移动指令后，*n* 的编程范围为−100%～100（%），负值表示反转，CTV0 为暂停

旋转。在多运动组控制系统上，连续回转轴的转速对所有运动组均有效。

② 附加命令 CTVn 同时具有连续回转启动功能，连续回转启动后，执行后续的非移动指令时，轴将继续保持旋转状态。连续回转暂停（命令 CTV0）时，机器人 TCP 可执行 CNT 指定的连续移动动作，但是，取消连续回转轴功能时，机器人的其他轴也必须减速停止。

③ 关节轴执行连续回转时，电机编码器的回转圈数（turn number）计数值将始终保持为“0”。关节轴恢复位置控制时，轴将以−180°～+180°相对角度捷径定位。

④ 连续回转对程序的单步执行（前进或后退）无效，单步执行程序时，连续回转轴自动成为捷径定位方式。

⑤ 带有连续回转附加命令的移动指令被暂停时，连续回转轴也将停止旋转。程序重新启动时，若机器人的其他轴已到达目标位置，连续回转轴将不再启动旋转，若其他轴尚未到达目标位置，连续回转轴重新启动旋转。

⑥ 连续回转附加命令 CTVn 不能和 Ind EV n%、摆焊等命令同时使用。

⑦ 定义有连续回转轴的运动组，其轨迹恢复（原始路径继续）、正交最短时间控制、轨迹恒定控制功能将成为无效。

连续回转命令 CTV n 只能作为移动指令的附加命令编程，其程序示例如下，机器人运动如图 7-13 所示。

```
1：J   P[1]   100%   FINE
2：L   P[2]   80mm/sec   CNT50   CTV 80          // 启动连续回转
3：L   P[3]   80mm/sec   FINE                     // 结束连续回转
……
10：J   P[10]   100%   FINE
11：L   P[11]   80mm/sec   CNT50   CTV 80         // 启动连续回转
12：L   P[12]   80mm/sec   CNT60   CTV0           // 暂停连续回转
13：L   P[13]   60mm/sec   FINE                   // 结束连续回转
……
20：J   P[20]   100%   FINE
21：J   P[21]   100%   FINE   CTV 80              // 启动连续回转
22：WAIT 10.0sec                                  // 暂停 10s、连续回转
23：L   P[22]   60mm/sec   FINE                   // 结束连续回转
……
```

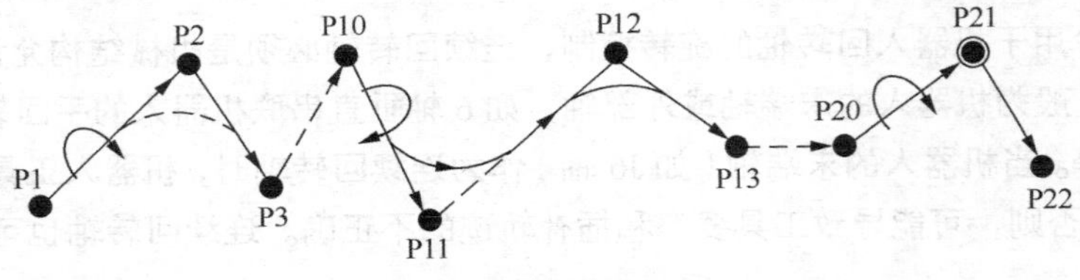

图 7-13　连续回转命令

在以上程序中，因指令行 2 启动了连续回转轴，机器人在进行 P1→P2 直线插补移动时，连续回转轴将持续旋转。而指令行 3 结束了连续回转动作，机器人需要在 P2 点减速停止、然后，才能进行 P2→P3 直线插补，故 P2 点的 CNT50 连续移动将无法实现。

随后，因指令行 11 启动了连续回转轴，机器人在进行 P10→P11 直线插补移动时，连续回转轴将持续旋转。但是，由于指令行 12 只是以 CTV0 暂停了连续回转动作，机器人无须在 P11 点减速停止，因此，机器人将在 P11 点进行 CNT50 的连续移动。指令行 13 再次结束了连续回转动作，机器

人需要在 P12 点减速停止后，才能进行 P12→P13 直线插补，P12 点的 CNT60 连续移动无法实现。

对于指令行 20～23，指令行 21 启动了连续回转轴，机器人在进行 P20→P21 关节插补移动时，连续回转轴将持续旋转。指令行 22 为非移动指令，连续回转轴保持旋转 10s，直至执行指令行 23 时，结束连续回转动作。

2．速度调整命令

速度调整命令 PSPDn 是用来改变机器人移动速度的附加命令，在 FANUC 说明书中，译为“处理速度高速化功能”。基本移动指令附加 PSPDn 命令后，可以改变机器人的移动速度，但不会改变机器人 TCP 的运动轨迹，因此，连续移动指令的拐角轨迹等都可保持不变，这是它与其他速度调整方式的区别。使用速度调整附加命令，需要选配 FANUC 高性能轨迹恒定控制功能，且不能与速度预测等功能同时使用。

附加命令 PSPDn 可用于机器人的全部移动指令，如机器人关节、直线、圆弧插补及外部轴运动指令等。PSPDn 可直接添加在机器人移动指令后，*n* 为速度调整倍率（%），PSPD100 相当于不使用附加命令。利用命令 PSPDn 调整后的机器人运动速度，不能超过最大移动速度，若选择低速示教操作（操作模式 T1），调整后的速度也不能超过低速示教最高速度。

PSPDn 命令的功能及编程示例如图 7-14 所示。

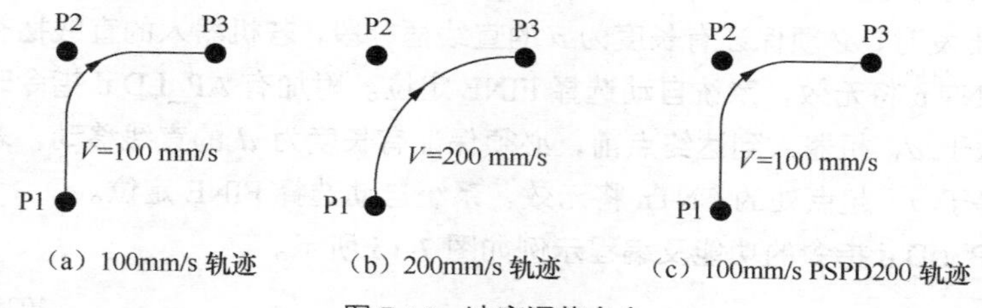

图 7-14　速度调整命令

图 7-14（a）为机器人执行如下基本直线插补指令时的运动轨迹，机器人以 100mm/s 的速度移动、拐角。

```
J  P[1]  100%  FINE
L  P[2]  100mm/sec  CNT100                    // 100mm/s 移动、拐角
L  P[3]  100mm/sec  FINE
……
```

图 7-14（b）为机器人执行如下基本直线插补指令时的运动轨迹，机器人以 200mm/s 的速度移动、拐角。

```
J  P[1]  100%  FINE
L  P[2]  200mm/sec  CNT100                    // 200mm/s 移动、拐角
L  P[3]  200mm/sec  FINE
……
```

图 7-14（c）为机器人执行如下带 PSPDn 附加命令时的直线插补运动轨迹，机器人的移动速度成为 200mm/s，但拐角轨迹与 100mm/s 一致。

```
J  P[1]  100%  FINE
L  P[2]  100mm/sec  CNT100  PSPD200       // 200mm/s 移动、拐角与 100mm/s 一致
L  P[3]  200mm/sec  FINE
……
```

7.2.5 直线轨迹与拐角控制

1. 直线轨迹控制命令

直线轨迹控制附加命令用来规定连续执行机器人直线插补指令时，必须保证的直线段长度，当插补起始段需要保证直线时，应使用附加命令 RT_LD d（Retract_LD），当结束段需要保证直线时，应使用附加命令 AP_LD d（Approach_LD）。

使用直线轨迹控制附加命令时，机器人控制系统需要选配 FANUC 的“高性能轨迹恒定控制”附加功能，并且，不能与连续回转、速度预测、直线最高速插补、协调控制、摆焊等功能同时使用。直线轨迹控制命令可用于多运动组控制，附加命令用于多运动组控制时，需要将系统变量 $LDCFG.$group_msk 设定为 3。

直线轨迹控制附加命令只对机器人 TCP 的连续直线插补指令有效，对旋转轴、外部轴以及定位类型为 FINE 的准确定位直线插补、关节插补、圆弧插补指令均无效。当直线轨迹控制附加命令和下述的拐角控制附加命令同时编程时，系统将优先保证直线移动距离。

直线轨迹控制附加命令 RT_LD d、AP_LD d，可直接添加在带 CNTn 的连续移动直线插补指令 L 之后，直线移动距离 *d* 的单位为 mm。附加 RT_LD d 指令时，若机器人的直线插补移动距离大于 *d*，机器人从起点出发时，必须保证有长度为 *d* 的直线插补段，若机器人的直线插补移动距离小于等于 *d*，指令中的 CNT n 将无效，系统自动选择 FINE 定位。附加有 AP_LD d 指令时，若机器人的直线插补移动距离大于 *d*，机器人到达终点前，必须保证有长度为 *d* 的直线移动，若机器人的直线插补移动距离小于等于 *d*，起点处的 CNTn 将无效，系统自动选择 FINE 定位。

RT_LD d、AP_LD d 指令的功能及编程示例如图 7-15 所示。

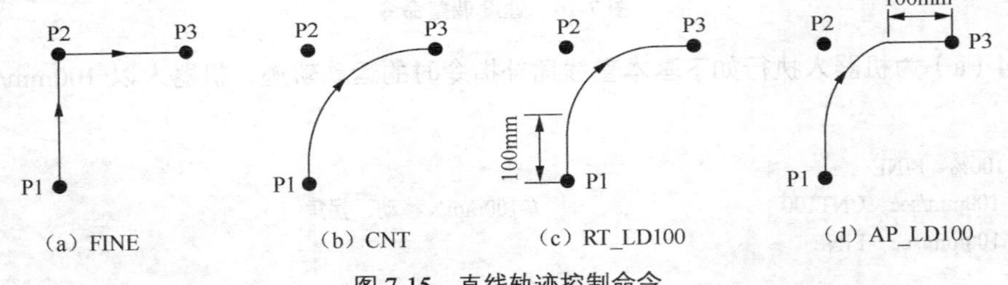

图 7-15 直线轨迹控制命令

图 7-15（a）所示为机器人执行如下准确定位（FINE 定位）直线插补指令时的运动轨迹，机器人从 P1→P2→P3 的移动轨迹总是为直线，中间点 P2 准确定位、无拐角。

```
J  P[1]  100%  FINE
L  P[2]  200mm/sec  FINE          // 不使用附加命令、FINE 定位
L  P[3]  200mm/sec  FINE
……
```

图 7-15（b）所示为机器人执行如下连续移动（CNTn 定位）直线插补指令时的运动轨迹，机器人进行 P1→P2→P3 移动时，中间点 P2 按 CNT 要求拐角。

```
J  P[1]  100%  FINE
L  P[2]  200mm/sec  CNT100          // 不使用附加命令、CNT 定位
L  P[3]  200mm/sec  FINE
……
```

图 7-15（c）为机器人执行如下带附加命令 RT_LD d 的连续移动直线插补指令时的运动轨迹，机器人由 P1→P2 移动时，需保证起始段有 100mm 的直线运动。

```
J  P[1]  100%  FINE
L  P[2]  200mm/sec  CNT100  RT_LD100              // 带附加命令 RT_LD
L  P[3]  200mm/sec  FINE
……
```

图 7-15（d）为机器人执行如下带附加命令 AP_LD d 的连续移动直线插补指令时的运动轨迹，机器人由 P2→P3 移动时，需保证结束段有 100mm 的直线运动。

```
J  P[1]  100%  FINE
L  P[2]  200mm/sec  CNT100
L  P[3]  200mm/sec  CNT100  AP_LD50               // 带附加命令 AP_LD
……
```

2．拐角控制命令

拐角控制命令用来规定机器人进行直线或圆弧插补连续移动时的拐角半径，拐角半径以附加命令 CRy 的形式添加在直线、圆弧插补指令后，它可以取代定位类型 CNTn，实现拐角半径可定义的连续移动。

使用拐角控制附加命令时，控制系统需要选配 FANUC“高性能轨迹恒定控制”附加功能，并且，不能与速度预测、跟随控制、固定工具控制等功能同时使用。拐角控制命令可用于多运动组控制，命令用于多运动组控制时，需要将系统变量$LDCFG.$group_msk 设定为 3。

拐角控制附加命令只对机器人 TCP 的直线、圆弧插补指令有效，对机器人关节插补及旋转轴、外部轴无效。当拐角控制命令和直线轨迹控制命令同时编程时，系统优先保证直线轨迹控制。

拐角控制附加命令 CRy 可添加在直线、圆弧插补指令之后，拐角半径 y 的单位为 mm。以 CRy 命令规定拐角时，若 y 值大于插补轨迹长度的 1/2，系统将自动选择插补轨迹长度的 1/2 作为拐角半径 y。

CRy 命令的功能及编程示例如图 7-16 所示。

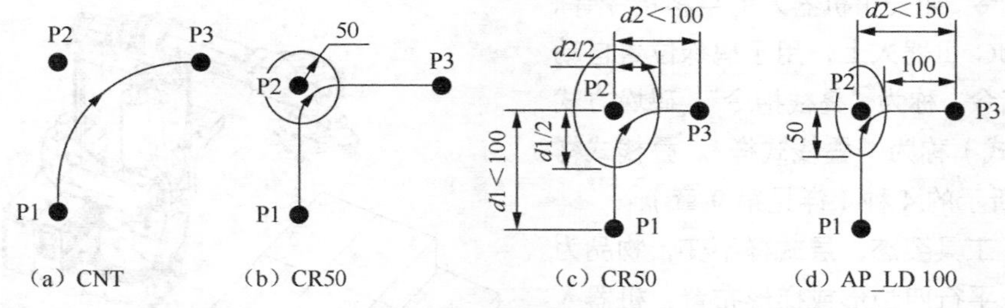

图 7-16　拐角控制命令

图 7-16（a）为机器人执行如下 CNT 定位直线插补指令的运动轨迹，机器人从 P1→P2→P3 的移动时，中间点 P2 按 CNT 要求拐角。

```
J  P[1]  100%  FINE
L  P[2]  200mm/sec  CNT100                        // 不使用附加命令、CNT 定位
L  P[3]  200mm/sec  FINE
……
```

图 7-16（b）为 P1→P2、P2→P3 的距离均大于 100mm 时，机器人执行如下带附加命令 CR50 的直线插补轨迹，机器人在中间点 P2 的 50mm 圆周区域拐角。

```
J  P[1]  100%  FINE
L  P[2]  200mm/sec  CR50                    // 使用附加命令、CR50 拐角
L  P[3]  200mm/sec  FINE
……
```

图 7-16（c）为 P1→P2 距离 *d*1、P2→P3 距离 *d*2 均小于 100mm 时，机器人如下执行带附加命令 CR50 的直线插补轨迹，机器人在 P2 的 *d*1/2、*d*2/2 椭圆区域（或圆周）拐角。

```
J  P[1]  100%  FINE
L  P[2]  200mm/sec  CR50                    // 使用附加命令、CR50 拐角
L  P[3]  200mm/sec  FINE
……
```

图 7-16（d）为 P2→P3 距离 *d*2 小于 150mm 时，机器人执行如下带附加命令 CR50、AP_LD50 的直线插补轨迹，机器人 P2→P3 移动时，优先保证 P3 的直线移动距离 100mm，因此，P2→P3 的拐角区域被限定在（*d*2-100）mm 的范围内。

```
J  P[1]  100%  FINE
L  P[2]  200mm/sec  CR50                    // 使用附加命令、CR50 拐角
L  P[3]  200mm/sec  CNT100  AP_LD50       // 带附加命令 AP_LD
……
```

7.2.6 码垛（叠栈）指令编程

1. 功能说明

码垛（Stacking）是搬运类机器人必备的功能，所谓码垛就是图 7-17 所示、按规律堆叠或提取物品的功能。码垛作业时，机器人的移动、定位点都具有一定的规律，为了简化操作、方便编程，工业机器人通常都有用于程序点位置自动计算的专门编程指令，如安川机器人的平移指令等。

在 FANUC 机器人上，用于码垛位置自动计算的编程指令，称为“叠栈指令”，码垛方式（物品叠放方式）称为“叠栈式样”。叠栈式样分为图 7-18 所示的 4 种（详见第 9 章）。

叠栈 B：工具姿态、层式样不变，物品为直线、矩形、平行四边形或梯形布置，机器人移动路线固定的码垛。

叠栈 BX：工具姿态、层式样不变，物品为直线、矩形、平行四边形或梯形布置，机器人移动路线可变的多路线码垛。

叠栈 E：物品自由布置或工具姿态、层式样可变，移动路线固定的码垛。

叠栈 EX：物品自由布置或工具姿态、层式

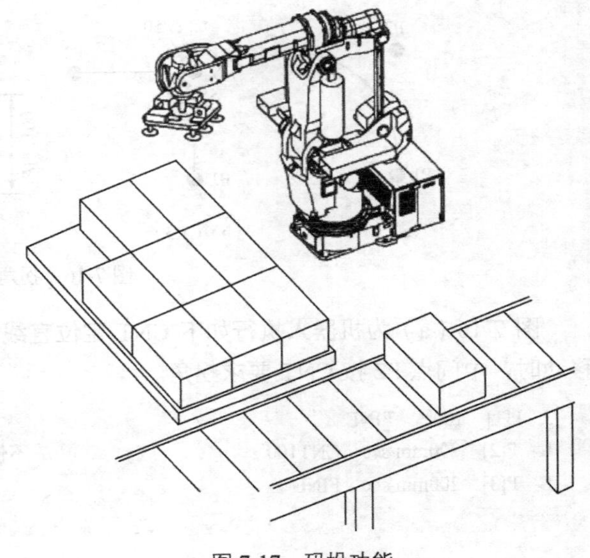

图 7-17　码垛功能

样、机器人移动路线可变的多路线码垛。

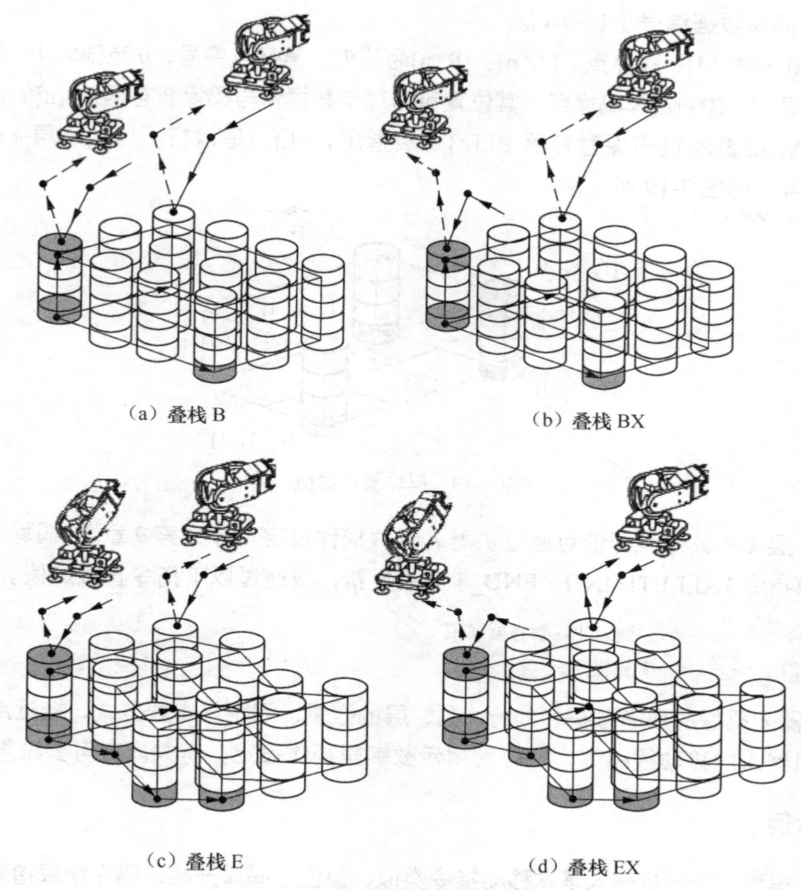

(a) 叠栈 B　(b) 叠栈 BX　(c) 叠栈 E　(d) 叠栈 EX

图 7-18　FANUC 机器人码垛方式

2. 码垛指令

FANUC 机器人的码垛指令主要有码垛开始、码垛运动、码垛完成等，指令的编程格式与要求分别如下。

① 码垛开始/结束。FANUC 机器人的码垛开始指令可用于码垛方式、码垛数据的选择；码垛结束指令用来结束码垛作业。指令的编程格式与操作数含义如下。

```
PALLETIZING— type_ i                  // 码垛开始
PALLETIZING—END_ i                    // 当前码垛结束，码垛暂存器更新为下一码垛点
```

Type：码垛方式，可选择 B、BX、E、EX 4 种。

i：码垛数据编号，编程范围 1～16。

FANUC 机器人的码垛数据可通过示教操作设定。

② 码垛运动。码垛运动指令是以码垛位置作为目标位置（程序点）的关节、直线插补指令（不能为圆弧），指令的编程格式与操作数含义如下。

```
J（L） PAL_i  [A_n]  100%  FINE                // 关节（直线）插补接近
J（L） PAL_i  [BTM]  100%  FINE                // 关节（直线）插补码垛
```

```
J（L） PAL_i  [R_n]  100mm/sec  FINE              // 关节（直线）插补离开
```

PAL_i：i 为码垛数据编号（1～16）。

[A_n]、[R_n]、[BTM]：程序点。[A_n]、[R_n]为接近、离开点序号，*n* 范围为 1～8；程序点位置可通过示教操作设定；[BTM]为码垛点，其位置可通过示教操作与码垛暂存器 PL[n]的自动计算生成。

码垛点[BTM]位置通过码垛暂存器 PL[n]间接指定，PL[n]是以行 *i*、列 *j*、层 *k* 表示的三维数组[*i*、*j*、*k*]，其含义如图 7-19 所示。

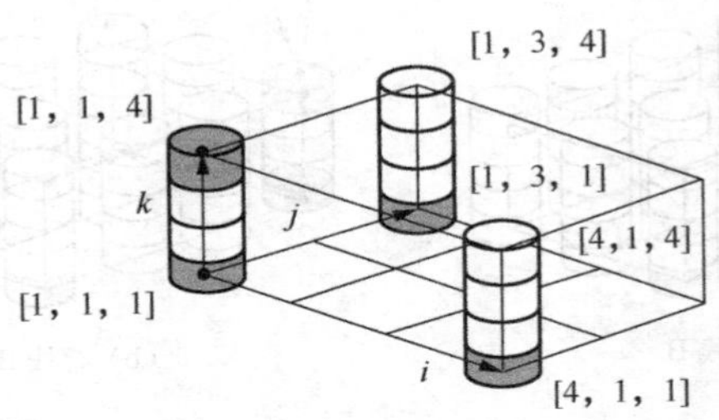

图 7-19　码垛暂存器值

行 *i*、列 *j*、层 *k* 的具体坐标值可通过机器人示教操作设定（详见第 9 章），码垛暂存器 PL[n]暂存器可通过结束指令 PALLETIZING—END_ i 自动更新，或通过以下指令直接赋值。

```
PL[n] = PL[m]              // 通过码垛暂存器赋值
PL[n] = [ i, j, k ]        // 直接定义
```

FANUC 机器人码垛的所有数据，如行、列、层的数量、间距与布置方式，接近点、离开点、安放点位置以及机器人的移动线路等，均可利用示教编辑操作设定，有关内容可参见第 9 章。

3．程序示例

码垛指令的编程方法与机器人基本移动指令类似，但位于码垛开始、码垛结束指令范围的机器人移动指令的程序点，需要用码垛变量进行编程。

例如，对于图 7-20 所示的 *r* 行、*c* 列、*s* 层物品连续堆叠码垛作业，假设其码垛方式为叠栈 B、码垛数据编号为 3，其码垛程序的示例如下。

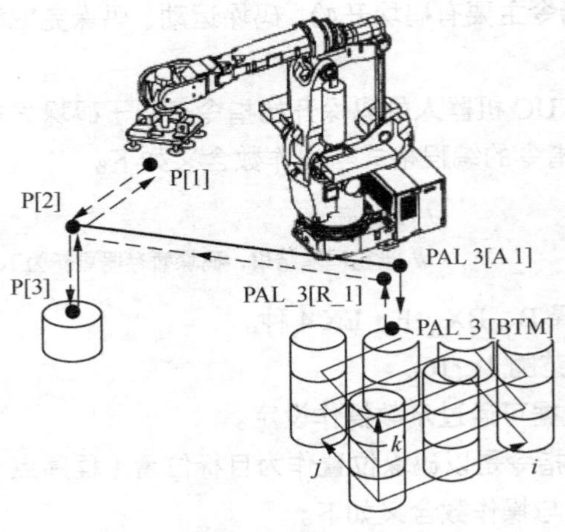

图 7-20　码垛编程示例

```
……
```

```
J  P[1]  100%  FINE                             // 机器人移动到开始点
LBL [1]                                         // 继续码垛跳转标记
J  P[2]  80%  FINE                              // 机器人移动到提取点上方
L  P[3]  1000mm/sec  FINE                       // 机器人移动到提取点
Hand Close                                      // 抓手闭合、提取物品
L  P[2]  500mm/sec  FINE                        // 机器人返回到提取点上方
PALLETIZING—B_3                                 // 启动码垛
L  PAL_3  [A_1]  500mm/sec  FINE                // 接近运动，PAL_3 [A_1]位置自动计算
L  PAL_3  [BTM]  500mm/sec  FINE                // 码垛运动，PAL_3 [BTM]位置自动计算
Hand Open                                       // 抓手松开、安放物品
L  PAL_3  [R_1]  1000mm/sec  FINE               // 离开运动，PAL_3 [R_1]位置自动计算
PALLETIZING—END_3                               // 当前物品码垛结束，码垛点更新
IF PL[3] = [ r, c, s ] JMP LBL[2]               // 全部物品码垛结束，结束码垛作业
JMP LBL [1]                                     // 跳转到 LBL [1]，继续下一物品码垛
LBL[2]                                          // 码垛作业结束
J  P[1]  100%  FINE                             // 机器人返回开始点
……
```

7.3 输入/输出指令编程

7.3.1 I/O 信号分类

I/O 信号用于机器人辅助部件的状态检测与控制，信号的数量、连接方式及名称、极性等需要通过控制系统的 I/O 设定操作定义，有关内容详见第 11 章。

FANUC 机器人控制系统的 I/O 信号总体可分为通用 I/O、专用 I/O 两类，在此基础上，还可根据信号形式、功能，分若干小类，不同类别的信号在程序中的编程方法有所不同。

1. 通用 I/O

通用 I/O（General-purpose I/O）是可供用户自由使用的 I/O 信号，信号的数量、功能在不同机器人上有所不同。通用 I/O 信号一般包括 DI/DO、GI/GO、AI/AO3 类。

① 通用 DI/DO 信号。DI/DO 是通用开关量输入/输出信号（Data Inputs/Outputs）的简称，DI/DO 信号的功能、用途可由机器人生产或使用厂家规定。DI/DO 数量与控制系统的硬件配置有关，配置 I/O 接口模块（Process I/O CA/CB）的标准系统为 40/40 点输入/输出，其中，18/20 点定义为下述的系统专用远程控制信号 UI/UO，剩余的 22/20 点 DI/DO 可作为通用 DI/DO 信号使用。在程序中，DI/DO 信号可通过逻辑指令进行状态读入、输出、运算及比较、判断等操作。

② 通用 GI/GO 组信号。GI/GO 是通用开关量输入/输出组信号（Group Inputs/Outputs）的简称，它可利用字节、字等多位逻辑运算指令，进行成组处理。GI/GO 信号可由 2～16 个地址连续的 DI/DO 信号组合而成，DI/DO 信号的数量、起始地址，需要通过 I/O 设定操作设定（见第 11 章）。在程序中，GI/GO 信号可用十进制、十六进制正整数的形式读入、输出或进行算术运算、多位逻辑运算、比较、判断等操作。

③ 通用 AI/AO 信号。AI/AO 是通用模拟量输入/输出信号（Analog Inputs/Outputs）的简称，AI/AO 信号的功能、用途可由机器人生产或使用厂家规定。AI/AO 信号数量与控制系统的硬件配置有关，配置 I/O 接口模块（Process I/O CA/CB）的标准系统为 6/2 通道。在程序中，AI/AO 信号可用数值的形式读入、输出进行算术运算、比较、判断等操作。

2．专用 I/O

专用 I/O（Specialized I/O）是控制系统生产厂家已定义用途的专门输入/输出信号，信号的数量、功能由系统生产厂家规定，用户不可再作为其他用途。FANUC 机器人控制系统的专用 I/O 信号主要有以下几类。

① RI/RO 信号。RI/RO 是机器人输入/输出信号（Robot I/O）的简称，这是专门用于机器人本体、工具控制的开关量输入/输出信号，例如，硬件超程（*ROT）、气压检测（*PPABN）、夹爪断裂（*HBK）等。FANUC 机器人的 RI/RO 信号通过伺服控制板（Servo amplifier）连接，信号的数量、功能在不同机器人上有所不同，编程时需要参照说明书进行。在程序中，SI/SO 信号可通过逻辑指令进行状态读入、输出、运算及比较、判断等操作。

② UI/UO 信号。UI/UO 是远程（Remote）开关量输入/输出控制信号（UOP Inputs/Outputs）的简称，信号专门用于自动操作模式的程序 RSR/PNS 运行控制，数量为 18/20 点。信号在系统设定（config）的设定项"UI 信号使能（ENABLE UI SIGNAL）"选择"TURE"、系统变量（Variables）远程主站（$RMT_MASTER）设定为远程控制（$RMT_MASTER =0，Remote）"时有效。

UI/UO 信号可通过 I/O 接口模块（Process I/O）（标准系统）或分布式 I/O 单元（复杂系统）连接，其连接地址、名称可通过 I/O 设定操作设定（见第 11 章），但是，信号功能、用途由控制系统生产厂家规定（见下述），UO 信号的输出状态由控制系统自动生成，因此，在程序中，UI/UO 信号可以进行状态读入操作，但不能用输出指令设定 UO 状态。

③ SI/SO 信号。SI/SO 信号是操作面板开关量输入/输出信号（SOP Inputs/Outputs）的简称，信号专门用于控制柜操作面板（Operator's panel）的按钮、指示灯连接与控制，信号功能、用途由控制系统生产厂家规定（见下述），因此，在程序中，SI/SO 信号可以进行状态读入操作，但不能用输出指令设定 SO 状态。

3．UI/UO、SI/SO 信号

UI/UO、SI/SO 是由控制系统生产厂家规定功能、用途的 I/O 信号，在程序中，可利用暂存器 R[i]读取其状态，但不能用输出指令改变 UO、SO 信号的输出状态。UI/UO、SI/SO 一般使用控制系统出厂默认的地址、名称。

FANUC 机器人 UI/UO、SI/SO 信号的地址、名称、功能如表 7-4 和表 7-5 所示。

表 7-4　FANUC 机器人 UI/UO 信号说明

地址	名称	功能说明
UI[1]	*IMSTP	急停。常闭型输入，正常为 ON；输入 OFF、机器人急停
UI[2]	*HOLD	进给保持。常闭型输入，正常为 ON；输入 OFF、程序运行暂停
UI[3]	*SFSPD	安全信号。安全栅栏门开关常闭输入，门打开时 OFF、程序停止
UI[4]	CSTOPI	循环停止（Cycle Stop）。程序强制结束、预约清除
UI[5]	FAULT_RESET	故障复位（Fault reset）。清除报警、系统复位

续表

地址	名称	功能说明
UI[6]	START	循环启动。启动程序自动运行，下降沿有效
UI[7]	HOME	回参考点（HOME）信号，需要设置宏程序
UI[8]	ENBL	运动使能信号（Enable），信号 ON 时允许执行机器人移动指令
UI[9]～[16]	RSR1～RSR8 或	RSR 程序自动运行预约启动信号（程序选择及启动）
	PNS1～PNS8	PNS 程序自动运行程序号选择信号
UI[17]	PNSTROBE	PNS 选通信号
UI[18]	PROD_START	程序启动。启动 PNS 程序或示教器选定程序的自动运行，下降沿有效
UO[1]	CMDENBL	命令使能，程序远程运行准备好
UO[2]	SYSRDY	系统准备好
UO[3]	PROGRUN	程序自动运行中
UO[4]	PAUSED	程序暂停
UO[5]	HOLD	进给保持
UO[6]	FAULT	系统报警
UO[7]	ATPERCH	机器人到位
UO[8]	TPENBL	示教器使能（TP 开关 ON）
UO[9]	BATALM	电池报警
UO[10]	BUSY	通信进行中
UO[11]～[18]	ACK1～ACK8 或	RSR1～8 接收应答信号（脉冲）
	SNO1～SNO8	当前生效的 PNS 程序号输出
UO[19]	SNACK	PNS 接收应答信号
UO[20]	Reserved	预留

表 7-5　FANUC 机器人 SI/SO 信号说明

地址	名称	功能说明
SI[0]	——	不使用
SI[1]	FAULT_RESET	故障清除，控制柜操作面板 FAULT_RESET 按钮输入
SI[2]	REMOTE	远程控制，信号可通过系统设定（config）的操作选项“设定控制方式”（见第 11 章）设定如下： 外部控制：远程运行方式，设定 SI[2]信号 ON；机器人可通过 UI/UO 信号控制程序自动运行。 单独运转：本地运行方式，设定 SI[2]信号 OFF；机器人可通过示教器选择程序、用控制柜面板的 START 按钮（SI[6]）启动自动运行。 外部信号：SI[2]连接外部信号，信号地址可通过系统设定（config）的操作选项“外部信号（ON：遥控）”（见第 11 章）设定；控制柜操作面板不安装此开关
SI[3]	*HOLD	进给保持，常闭型信号，机器人减速停止及程序暂停时 OFF，其他情况为 ON；控制柜操作面板不安装此按钮，状态可通过指令程序读入
SI[4]	USER#1	用户自定义按钮 1，用于宏指令手动执行操作（见第 10 章）；控制柜操作面板不安装此开关
SI[5]	USER#2	用户自定义按钮 2，用于宏指令手动执行操作（见第 10 章）；控制柜操作面板不安装此开关
SI[6]	START	本地运行启动，控制柜操作面板 START 按钮输入，启动示教器选定、暂停程序的自动运行，下降沿有效
SI[7]	——	不使用
SO[0]	REMOTE_LED	远程运行生效信号，远程运行条件满足时 ON；控制柜操作面板不安装此指示灯，状态可通过指令程序读入

续表

地址	名称	功能说明
SO[1]	CYCLE_START	循环启动信号，程序自动运行或通信处理时 ON；控制柜操作面板不安装此指示灯，状态可通过指令程序读入
SO[2]	HOLD	进给保持信号，程序自动运行暂停时 ON；控制柜操作面板不安装此指示灯，状态可通过指令程序读入
SO[3]	FAULT_LED	控制柜操作面板报警指示灯信号，控制系统报警时输出 ON
SO[4]	BATTERY_ALARM	后备电池报警信号，电池电压不足或失效时 ON；控制柜操作面板不安装此指示灯，状态可通过指令程序读入
SO[5]	USER#1	用户自定义指示信号 1，通常用于宏指令手动执行操作（见第 10 章）；控制柜操作面板不安装此指示灯，状态可通过指令程序读入
SO[6]	USER#2	用户自定义指示信号 2，通常用于宏指令手动执行操作（见第 10 章）；控制柜操作面板不安装此指示灯，状态可通过指令程序读入
SO[7]	TPENBL	示教器操作有效信号，示教器 TP 开关处于 ON 状态；控制柜操作面板不安装此指示灯，状态可通过指令程序读入

7.3.2 I/O 指令与编程

1. 指令与功能

FANUC 机器人的 I/O 指令分状态读入与输出 2 类。状态读入指令可用于所有 I/O 信号，信号状态可通过暂存器 R[i]读取与保存，也可直接作为暂存器 R[i]、PR[i , j]的运算数，在简单表达式、复合运算式中使用。状态输出指令只能用于系统通用 DO、GO、AO 及机器人专用 RO 的输出控制，DO、RO 信号还能以脉冲的形式输出。

FANUC 机器人程序可使用的 I/O 指令名称及功能如表 7-6 所示。

表 7-6　FANUC 机器人 I/O 指令表说明

类别与名称		指令	功能说明
读入	DI/DO 读入	R[i]=DI[i]或 DO[i]	信号 ON、R[i]=1；信号 OFF、R[i]=0
	GI/GO 读入	R[i]=GI[i]或 GO[i]	信号状态成组读入，R[i]以十进制正整数格式表示
	AI/AO 读入	R[i]=AI[i]或 AO[i]	AI/AO 数值读取
	RI/RO 读入	R[i]=RI[i]或 RO[i]	信号 ON、R[i]=1；信号 OFF、R[i]=0
	SI/SO 读入	R[i]=SI[i]或 SO[i]	信号 ON、R[i]=1；信号 OFF、R[i]=0
	TCP 速度读入	R[i]=（TCP_SPD[n]）	读入 TCP 速度模拟量（选择功能）
输出	DO 输出	DO[i]=ON 或 OFF	直接输出 ON 或 OFF 状态
		DO[i]= R[i]	利用暂存器控制输出，R[i]=0、DO[i]=OFF；R[i]≠0、DO[i] =ON
	DO 脉冲输出	DO[i]=PULSE , n sec	n：输出脉冲宽度（0.1～25.5s）；未指定宽度时，脉冲宽度由系统参数$DEFPULSE 设定。
	GO 输出	GO[i]=十进制正整数	直接指定 GO[i]的输出状态
		GO[i]= R[i]	利用暂存器指定 GO[i]状态（R[i]为十进制正整数）
	AO 输出	AO[i]=常数	直接指定 AO[i]输出值
		AO[i]= R[i]	利用暂存器 R[i] 指定 AO[i]输出值
	RO 输出	RO[i]=ON 或 OFF	直接指定 ON 或 OFF 状态

续表

类别与名称		指令	功能说明
输出	RO 输出	RO[i]= R[i]	利用暂存器控制输出，R[i]=0、RO[i]=OFF；R[i]≠0、RO[i] = ON
	RO 脉冲输出	RO[i]=PULSE , n sec	n：输出脉冲宽度（0.1～25.5s）；未指定宽度时，脉冲宽度由系统参数$DEFPULSE 设定
	控制点输出	PS n t DO[i] =ON（或 OFF、逻辑运算式）	n：控制点位置（mm）；m：超前/滞后时间（sec）
	控制点条件输出	PS n t IF（condition）DO[i] = ON（或 OFF、逻辑运算式）	n：控制点位置（mm）；m：超前/滞后时间（sec）；condition：条件式

2．编程示例

FANUC 机器人的 I/O 指令编程示例如下。

```
……
R[1]=DI[1]                    // DI 状态读入
R[2]=DO[1]                    // DO 状态读入
R[3]=RI[1]                    // RI 状态读入
R[4]=RO[1]                    // RO 状态读入
R[5]=AI[1]                    // AI 状态读入
R[6]=AO[1]                    // AO 状态读入
R[8]=GI[1]                    // DI 状态成组读入
R[9]=GO[1]                    // DO 状态成组读入
R[20]=（TCP_SPD[1]）          // TCP 速度模拟量读入
……
DO[1]=ON                      // DO 输出
RO[1]=OFF                     // RO 输出
DO[2]=R[1]                    // R[1]=0、DO[1]输出 OFF；R[1]≠0、DO[1]输出 ON
RO[2]=R[1]                    // R[1]=0、RO[2]输出 OFF；R[1]≠0、RO[2]输出 ON
GO[1]=7                       // DO 成组输出（0000 0111）
GO[1]= R[2]                   // DO 成组输出，R[2]为十进制正整数
AO[1]=500                     // AO 输出
AO[1]= R[3]                   // AO 输出
……
DO[1]=PULSE , 1.0sec          // DO[1]输出 1.0s 脉冲信号
RO[1]=PULSE , 1.0sec          // RO[1]输出 1.0s 脉冲信号
……
R[R[10]]=RI[R[11]]            // 间接寻址读入 RI 状态
R[12]=24+GO[1]                // GO[1]作为暂存器 R[12]的运算数
PR[10 ,1]=200*GI[2]*DI[2]     // GI[2]、DI[2]作为暂存器 PR[10 ,1]的运算数
……
```

在 FANUC 机器人上，操作数可利用 IF 指令实现条件赋值，因此，使用条件指令，可进行 DO、GO、AO、RO 的条件输出（脉冲）控制。例如：

```
IF（DI[1]）, DO[1]= ON        // DI[1]为 ON，DO[1]输出 ON
```

```
IF（DI[2]），DO[1]=PULSE            // DI[2]为 ON，DO[1]输出脉冲
……
```

条件输出指令后台允许时，脉冲输出指令默认的脉冲宽度将成为后台程序循环扫描时间（8ms）。

3. TCP 速度输出

TCP 速度模拟量输出为 FANUC 机器人控制系统选择功能，它需要选配系统的速度模拟量输出功能选件。功能生效时，机器人 TCP 的运动速度可直接转换为模拟电压，并在指定的 AO 通道输出。TCP 速度模拟量输出只对机器人运动组 1 有效，并且只能在机器人实际运动时输出。

机器人 TCP 的速度模拟量保存在 TCP 速度暂存器 TCP_SPD[n]中，暂存器 TCP_SPD[n]是由系统自动生成的只读存储器，其值可用复合运算式读取，并作为程序中的复合运算数使用，但不能利用输出指令改变。

机器人的 TCP 速度可同时转换成多个不同数值的模拟量输出信号（最多 10 个），不同的 TCP 速度模拟量以 TCP_SPD[n]中的条件号 n 区分。TCP 速度模拟量和机器人 TCP 速度间的变换关系，可通过系统的 I/O 操作菜单（I/O），在 TCP 速度输出（TCP Speed output）页面设定，有关内容可参见本书后述的系统设定操作章节。

TCP 速度模拟量输出的编程示例如下。

```
……
R[1]=（TCP_SPD[1]）              // 速度模拟量读入 R[1]
AO[1]=（TCP_SPD[1]）             // 速度模拟量直接输出
……
R[2]=（R[1]/10-0.5）             // 复合运算式处理速度模拟量
AO[2]=R[2]                       // 输出速度模拟量处理结果
……
```

4. 控制点输出指令

在作业程序中，控制系统 I/O 信号的状态读入与输出，既可用单独的指令行编程与控制，而且，还可在机器人关节、直线、圆弧插补的移动过程中执行，以实现机器人和辅助部件的同步动作。这一功能可用于点焊机器人的焊钳开合、电极加压、焊接启动、多点连续焊接，以及弧焊机器人的引弧、熄弧等诸多控制场合。

机器人关节、直线、圆弧插补轨迹上需要控制 I/O 的位置，称为 I/O 控制点或触发点（trigger point），简称控制点。在作业程序中，控制点可以是关节、直线、圆弧插补轨迹的终点（目标位置），也可以是插补轨迹上的任意位置。

FANUC 机器人的控制点输出指令 PS，通常需要与附加有子程序提前调用命令的移动指令配套使用，控制点输出指令需要在子程序中编程，每一子程序最多可编制 20 条 PS 指令。PS 指令的编程格式如下。

```
PS n t  DO[i]=ON（或 OFF、逻辑运算式）                    // 控制点输出
PS n t  IF(condition), DO[i]= ON（或 OFF、逻辑运算式）     // 控制点条件输出
```

PS 指令中的 *n*、*t* 的含义如图 7-21 所示。*n* 为控制点离基本移动指令终点的距离，负值代表超前、正值代表滞后；*t* 为输出动作的超前/滞后时间。负值为超前、正值为滞后。若控制点提前终点

的距离超过了移动指令的行程，则输出动作在本移动指令的起点执行；若控制点滞后终点的距离超过了下一移动指令的行程，则输出动作在下一移动指令的终点执行。

控制点输出指令的编程示例如下。

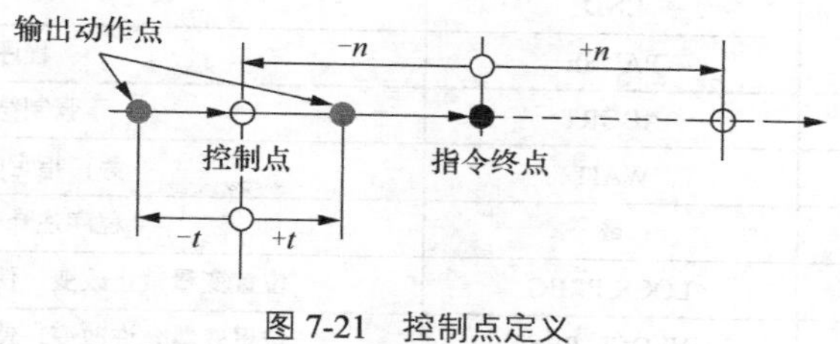

图 7-21　控制点定义

主程序：

```
……
L  P[1]  200mm/sec FINE DB 300mm, CALL Trigout                    // 移动指令
……
```

子程序：

```
Trigout
1：PS -100mm +0.2sec DO[1]=ON                                      // 控制点输出
2：PS -150mm -0.2sec IF(DI[1]), DO[2]=DI[2] AND !DI[3]              // 控制点条件输出
……
[END]
```

在以上指令中，主程序的直线插补指令 L P[1]，附加有距离提前命令 DB300mm，因此，可以在到达终点 P1 前 300mm 处，调用子程序 Trigout。

子程序 Trigout 的指令行 1 用于 DO[1]输出。指令设定的控制点位置为终点 P1 前 100mm 处，DO[1]输出 ON 的动作延迟为 0.2s（滞后 40mm），因此，实际 DO[1]输出 ON 的位置，将位机器人直线插补终点 P1 前 60mm 处。

子程序 Trigout 的指令行 2 用于 DO[2]条件输出。指令设定的控制点位置为终点 P1 前 150mm 处，动作提前 0.2s（提前 40mm），因此，实际 DO[2]条件输出的位置将位于终点 P1 前 190mm 处。DO[2]的输出决定于 DI[1]的状态，若 DI[1]为 ON，DO[2]将输出 “DO[2]=DI[2] AND !DI[3]” 的运算结果（ON 或 OFF），若 DI[1]为 OFF，DO[2]状态保持不变。

7.4 程序控制指令编程

7.4.1 程序执行控制指令

1．指令与功能

机器人的程序控制指令分程序执行控制和程序转移 2 类。程序执行控制指令用于当前程序的运行、等待、暂停、中断、结束等控制，程序转移指令用于子程序调用、程序跳转等控制。FANUC 机器人程序可使用的程序执行控制指令名称、功能如表 7-7 所示。

表 7-7 程序执行控制指令编程说明

类别与名称		指令	功能
程序执行控制指令	程序结束	END	程序结束
	程序暂停	PAUSE	程序暂停
	程序终止	ABORT	强制结束程序
	程序等待	WAIT	等待指定时间或条件
	程序注释	！或—	程序注释（仅显示）
	位置变量锁定	LOCK PREG	位置变量禁止改变，使用变量指令允许预处理
	位置变量解锁	UNLOCK PREG	位置变量允许改变，使用变量指令禁止预处理
执行控制附加命令	超时跳转	TIMEOUT , LBL[i]	WAIT 指令附加命令，指定条件在规定时间内未满足，程序跳转至 LBL[i]处继续

程序执行控制指令的功能如下。

① END 指令。程序结束。若当前程序被其他程序调用，执行 END 指令可返回至原程序、并继续原程序后续指令。

② PAUSE 指令。程序暂停。当前指令执行完成、机器人及外部轴减速停止后，进入程序暂停状态。程序的继续运行需要移动光标到下一指令行，并通过启动键重新启动。

程序暂停时，系统的运行时间计时器将停止计时，对于脉冲输出指令，系统将在指定宽度的脉冲信号输出完成后，才停止运行。

③ ABORT 指令。程序终止。可强制中断程序的执行过程，并清除全部执行状态数据。程序的重新启动，需要从程序的起始位置重新运行。

④ WAIT 指令。程序等待。FANUC 机器人的程序等待可采用定时等待和条件等待 2 种编程方式。

WAIT 定时等待指令可使程序的执行过程等待（暂停）指定的时间，等待时间到达后系统可自动继续后续的指令。等待时间可通过常数、暂存器 R[i]定义，时间单位为 s。例如：

```
WAIT 10.5sec                    // 程序等待（暂停）10.5s
WAIT R[1]                       // 程序等待 R[1]指定的时间（s）
```

条件等待可暂停程序的执行过程，直到指定条件满足时，才自动继续后续的指令。条件等待指令可通过附加命令“TIMEOUT，LBL[i]”，在系统参数设定的时间到达后，自动跳转至标记 LBL[i]处，继续执行后续程序。

⑤ TIMEOUT 附加命令。为了避免条件不满足而引起的死机，WAIT 条件等待指令可通过附加命令“TIMEOUT，LBL[i]”，在系统参数设定的时间到达（出厂设定为 30s，见第 11 章第 11.1 节）后，自动跳转至标记 LBL[i]处，继续执行后续程序。例如：

```
WAIT R[2] >10 , TIMEOUT LBL[1]      // 程序等待至 R[2] >10；等待超时跳转 LBL[1]
……
LBL[1]                              // 等待超时跳转位置
……
```

WAIT 指令的等待条件需要用比较运算式编程，比较运算式可使用简单表达式、复合运算式，其编程要求如下。

2．WAIT 指令等待条件

WAIT 条件等待指令的等待条件需要用比较运算式编程，其编程方法及要求如下。

① 不同比较数（运算符前的运算数）可使用的比较运算符、比较基准（运算符后的运算数）有所不同，具体如表 7-8 所示。表中的简单表达式编程要求，同样适用于 SKIP 条件设定指令“SKIP CONDITION”。

表 7-8　条件等待指令的比较运算要求

类别	比较数	可使用的比较符	比较基准
数值	暂存器 R[i]	>（大于）、>=（大于等于）、=（等于）、<=（小于等于）、<（小于）、<>（不等于）	常数、暂存器 R[i]
	系统变量$***		
	AI[i]/AO[i]、GI[i]/GO[i]		
I/O	DI[i]/DO[i]、RI[i]/RO[i] SI[i]/SO[i]、UI[i]/UO[i]	=（等于）、 <>（不等于）	DI[i]/DO[i]、RI[i]/RO[i]、SI[i]/SO[i]、UI[i]/UO[i]、R[i]（1 或 0）、ON、OFF、ON+（上升沿，仅简单表达式）、OFF-（下降沿，仅简单表达式）
报警号	ERR_NUM	=（等于）	常数（报警 ID+报警号，仅简单表达式）

例如：

```
WAIT R[2] >=10                    // 程序等待、直至 R[2] ≥10
WAIT AI[1]<=100                   // 程序等待、直至 AI[1]≤100
WAIT GI[1]=15                     // 程序等待、直至 GI[1]=0…01111
……
WAIT DI[1] =ON                    // 程序等待，直至 DI[1]为 ON
WAIT DI[2] =RI[2]                 // 程序等待，直至 DI[2]=RI[2]
WAIT DI[3] <>R[4]                 // 程序等待，直至 DI[3]≠R[4]
WAIT DO[2] =ON+                   // 程序等待，直至 DO[2]出现上升沿
WAIT DO[3] =OFF-                  // 程序等待，直至 DO[3]出现下降沿
……
WAIT ERR_NUM=11006                // 程序等待，直至出现报警 11006（SRVO-006）
```

② WAIT 指令等待条件使用简单运算比较式（参见第 6 章）时，比较数可为报警号 ERR_NUM，比较基准可使用包括上升沿 ON+、下降沿 OFF-的全部操作数。但是，比较式只能使用逻辑运算符 AND 或 OR，不能使用逻辑非“!”和括号。此外，指令中最多允许使用 4 个同样的逻辑运算符（AND 或 OR），运算符 AND、OR 不能混用。例如：

```
……
WAIT R[2] >=10 AND AI[1]<=100 AND GI[1]=15
  // 简单表达式，等待条件为 R[2] ≥10、AI[1]≤100、GI[1]=0…01111 同时满足
WAIT DI[1] =ON OR DI[3] <>R[4] OR DO[2] =ON+
// 简单表达式，等待条件为 DI[1]输入 ON，或 DI[3]≠R[4]，或 DO[2]出现上升沿
……
```

③ WAIT 指令等待条件使用复合运算比较式（参见第 6 章）时，所含的运算数、运算符的总数可达 20 个，并且，可进行逻辑非“!”运算、可混用 AND 及 OR 运算、可使用内括号。但是，比较数不能使用报警号 ERR_NUM、比较基准不能使用信号上升沿 ON+、下降沿 OFF-。例如：

```
WAIT（! DI[1] AND（!DI[2] OR DI[3]））
// 复合运算式，等待条件为 DI[1]输入 OFF，或 DI[2]、DI[3]中有为 ON
```

7.4.2 注释与位置变量锁定

1. 程序注释

程序注释只是对程序的说明，注释可在示教器显示，但不产生控制系统、机器人的动作。FANUC 机器人的程序注释以"!"或"-"起始，最大可后缀 32 字符（英文字母、数字、*、_、@）的文本；以"-"起始的注释，只能在特定的语言下显示。

例如，在中文显示下设定以下注释时，如示教器选择中文显示，注释行 2、4 均可在示教器上显示。

```
1：TIMER[1]=START
2：! programm timer1 start                // 程序注释 1（通用显示）
3：J   P[1]   100%   FINE
4：—关节插补移动到 P1                     // 程序注释 2（特殊语言显示）
5：L   P[1]   100%   FINE
……
```

但是，如果示教器切换为其他语言（如英文）显示时，注释行 4 将不能显示，示教器的程序显示如下。

```
1：TIMER[i]=START
2：! programm timer1 start                // 显示注释 1
3：J   P[1]   100%   FINE
……
4：—                                      // 不显示注释 2
5：L   P[1]   100%   FINE
……
```

2. 位置变量锁定

为了加快程序的处理速度，机器人控制系统通常具有程序预处理功能，即系统在执行当前指令时，将提前处理若干条后续指令，以便实现 CNT 连续移动、连续回转轴启动/停止等功能。

但是，如果后续指令的程序点位置以变量 PR[i]形式指定，或者，需要通过变量 PR[i]进行偏移时，若指令被系统预先处理，随后产生的变量变化，将无法反映到指令中。因此，在通常情况下，利用变量指定程序点的指令，一般不能进行程序预处理。

FANUC 机器人的位置变量锁定/解锁指令，就是用来禁止/生效变量 PR[i]的程序预处理功能的。位置变量锁定功能生效时，位置变量 PR[i]将不能再进行修改，因此，系统可像其他指令一样，对使用位置变量 PR[i]的指令进行预处理。

位置变量锁定功能对系统所有位置变量 PR[i]均有效。变量 PR[i]锁定后，所有运动组、所有程序中的位置变量都禁止修改，否则，控制系统将发生"INTP -128"或"VARS -037"报警。

FANUC 机器人的位置变量锁定/解锁指令的编程格式如下。

```
LOCK PREG            // 位置变量锁定，PR[i]禁止修改
UNLOCK PREG          // 位置变量解锁，PR[i]允许修改
```

在 FANUC 机器人上，位置变量锁定/解锁指令允许重复使用。例如，在 LOCK PREG 指令有效

期间，可以再次使用 LOCK PREG 指令，但它不会影响执行结果，程序仍可通过一条 UNLOCK PREG 指令，解锁全部位置变量，反之亦然。此外，位置变量锁定功能在程序结束、程序暂停、改变光标、程序重新启动时，将自动成为无效。

使用位置变量锁定/解锁指令编程的程序示例如下。

```
……
PR[1]=PR[3]
PR[2]=PR[4]
……
J  P[1]  100%  FINE
LOCK PREG                                       // 位置变量锁定，PR[i]禁止修改
L  P[2]  80mm/sec  FINE
L  P[3]  80mm/sec  FINE
L  PR[1]  80mm/sec  CNT50               // 程序点锁定（PR[1]=PR[3]），允许预处理
L  P[4]  80mm/sec  FINE Offset , PR[2]   // 程序点偏移锁定（PR[2]=PR[4]），允许预处理
……
UNLOCK PREG                                     // 位置变量解锁，PR[i]允许修改
PR[10]=PR[5]
L  PR[10]  80mm/sec  CNT50                      // 程序点 PR[10]=PR[5]
L  P[6]  80mm/sec  FINE                         // 位置变量解锁，指令不能预处理
……
```

在上述程序中，直线插补指令“L PR[1] 80mm/sec FINE”“L P[4] 80mm/sec FINE Offset , PR[2]”使用了位置变量 PR[1]、PR[2]，在通常情况下，这样的指令无法进行预处理。但是，由于前面的指令中，已经使用了位置变量锁定指令 LOCK PREG 禁止了变量 PR[1]、PR[2] 的修改，因此，系统同样可以进行“L PR[1] 80mm/sec FINE”“L P[4] 80mm/sec FINE Offset , PR[2]”指令的预处理。

对于同样使用位置变量的直线插补指令“L PR[10] 80mm/sec CNT50”，由于前面的指令中，已经使用了位置变量解锁指令 UNLOCK PREG 生效了变量 PR[1]、PR[2]修改功能，因此，该指令无法进行预处理。

但是，假如机器人在 P1→P2、P2→P3 运动期间，进行了程序暂停、改变了光标位置等操作，在这种情况下，如果从“L P[2] 80mm/sec FINE”“L P[3] 80mm/sec FINE”重启程序，位置变量锁定功能将自动成为无效，指令“L PR[1] 80mm/sec FINE”“L P[4] 80mm/sec FINE Offset , PR[2]”将无法再进行预处理。

7.4.3 程序转移指令

FANUC 机器人的程序转移的方法有跳转、程序调用和同步运行 3 种，同步运行仅用于多任务复杂系统，本书不再对其进行说明。程序跳转、程序调用指令的名称、功能如表 7-9 所示。

表 7-9 程序转移指令编程说明

类别与名称		指令	功能
程序转移	程序跳转	JMP	程序跳转到指定位置
	跳转目标	LBL	指定程序跳转的目标位置
	子程序调用	CALL	调用子程序
	条件判断	IF	条件执行跳转、调用，或赋值指令（仅复合运算式）
	分支控制	SELECT	按不同条件选择程序分支

FANUC 机器人的程序转移（跳转、程序调用），可采用无条件转移或有条件转移 2 种方式编程，

其编程方法与要求如下。

1．无条件转移

程序无条件转移指令在程序中需要以独立行的形式编程，指令有程序跳转 JMP、程序调用 CALL2 条。系统执行到无条件转移指令行时，可直接跳转至程序的指定位置或指定的程序，并继续。

① 无条件跳转。无条件跳转指令 JMP 可直接跳转至当前程序的指定位置，跳转目标位置用标记 LBL[i]指定，它需要单独占一指令行。跳转目标标记 LBL 的序号 i 可为常数、暂存器，并可增加注释，例如，LBL[1]、LBL[R[1]]、LBL[2：Hangopen]等。

跳转目标 LBL[i]既可位于 JMP 指令之后（向下跳转），也可位于 JMP 指令之前（向上跳转）。如果需要，JMP 指令还可结合后述的条件跳转指令使用，以实现程序的分支控制功能。例如：

```
……
IF DI[1] =ON , JMP LBL[1]        // 条件跳转，DI[1]输入 ON，跳转至 LBL[1]
JMP LBL[2]                       // 无条件跳转，DI[1]输入 OFF，跳转至 LBL[2]
LBL[1]                           // DI[1]输入 ON 时执行
……
JMP LBL[3]                       // DI[1]输入 ON 程序执行完成，无条件跳转至 LBL[3]
LBL[2]                           // DI[1]输入 OFF 时执行
……
LBL[3]                           // 分支合并
……
```

② 无条件调用程序。无条件调用程序指令 CALL，可直接调用指令操作数（程序名称）指定的程序。若需要，程序名称后还可用括号定义参数化编程程序的自变量 AR[i]，有关自变量的使用方法与编程要求，可参见第 6 章。例如：

```
……
CALL SUBPRG1                       //无条件调用程序 SUBPRG1
CALL SUBPRG2（1 ,R[1] ,AR[1]）    //无条件调用程序 SUBPRG2，并定义自变量
……
```

2．条件转移

条件转移指令可用于程序条件跳转、子程序条件调用，转移条件可通过条件判断指令 IF 或分支控制指令 SELECT/ELSE 定义。跳转指令 JMP、程序调用指令 CALL 以附加命令的形式，添加在 IF 或 SELECT/ELSE 指令之后，但条件调用程序指令不能使用自变量。

① IF 条件转移。FANUC 机器人的 IF 判断条件，可使用表 7-10 所示的比较运算判别式，比较运算式可为简单表达式或复合运算式。

表 7-10　条件判断指令的比较运算判别式要求

类别	比较数	可使用的比较符	比较基准
数值	暂存器 R[i]	>（大于）、>=（大于等于）、=（等于）、<=（小于等于）、<（小于）、<>（不等于）	常数、暂存器 R[i]
	系统变量$***		
	AI[i]/AO[i]、GI[i]/GO[i]		

续表

类别	比较数	可使用的比较符	比较基准
I/O	DI[i]/DO[i]、RI[i]/RO[i] SI[i]/SO[i]、UI[i]/UO[i]	=（等于）、<>（不等于）	DI[i]/DO[i]、RI[i]/RO[i]、SI[i]/SO[i]、UI[i]/UO[i]、R[i]（1 或 0）、ON、OFF
码垛	PL[n]	=（等于）、<>（不等于）	PL[n]、[i , j , k]

IF 条件判断指令的数值比较、I/O 比较方法与 WAIT 指令相同，并且可以使用码垛暂存器 PL[n]，但 I/O 比较基准不能为上升沿（ON+）、下降沿（OFF-）。码垛暂存器 PL[n]是一个以行号 i、列号 j、段号 k 表示的三维数组[i , j , k]， i、j、k 可为常数、数值暂存器 R[i]或星号*，常数与数值暂存器的取值范围为 1～127，星号*代表任意值。

IF 条件转移指令的编程示例如下。

```
……
IF R[2] >=10 , JMP LBL[1]                  // R[2] ≥10，跳转至 LBL[1]
IF AI[1]<=100 , CALL SUBPRG1               // AI[1]≤100，调用程序 SUBPRG1
IF GI[1]=15 , CALL SUBPRG2                 // GI[1]=0…01111，调用程序 SUBPRG2
IF DI[1] =ON , JMP LBL[2]                  // DI[1]为 ON，跳转至 LBL[2]
IF DI[2] =RI[2] , JMP LBL[3]               // DI[2]=RI[2] ，跳转至 LBL[3]
……
IF PL[1]=PL[2] , JMP LBL[4]                // PL[1]=PL[2] ，跳转至 LBL[4]
IF PL[1]<> [1 , 2 , 2] , CALL SUBPRG1      // PL[1]≠[1 , 2 , 2]，调用程序 SUBPRG1
IF PL[1]= [2 , * , *] , CALL SUBPRG2       // 只要 PL[1]的 i=2，调用程序 SUBPRG2
……
IF（R[1]=（GI[1]+R[2]）*AI[1]）JMP LBL[1]         // 复合运算条件跳转
IF（D[1] AND（!DI[2] OR DI[3]））CALL SUBPRG1     // 复合运算条件调用
IF（DI[1]）, DO[1]= ON                            // 复合运算条件输出
……
```

② 分支控制。分支控制指令 SELECT/ELSE 的比较数必须为数值暂存器 R[i]，比较基准可为常数或数值暂存器 R[j]，比较运算符只能为等于（=）。例如：

```
……
SELECT R[1] =1 , JMP LBL[1]         // R[1] =1，跳转至 LBL[1]
=2 , JMP LBL[2]                     // R[1] =2，跳转至 LBL[2]
=3 , JMP LBL[3]                     // R[1] =3，跳转至 LBL[3]
=4 , JMP LBL[4]                     // R[1] =4，跳转至 LBL[4]
ELSE CALL SUBPRG2                   // 否则（R[1]≠1/2/3/4），调用程序 SUBPRG2
……
```

7.4.4 宏程序与调用

1．宏程序与功能

FANUC 机器人的宏程序编程，沿袭于 FANUC 数控的用户宏程序功能。所谓宏程序（Macro Programm），实际就是用户针对机器人的实际用途、常用动作控制要求，所编制的、由若干指令组

成的特殊子程序，其总数不能超过 20 个。

宏程序的结构、编程方法等均与普通程序并无区别，但它可通过多种方式调用和执行。在程序运行时，宏程序的全部指令将被视作一条指令（宏指令）处理，因此，宏程序通常不能单步执行，也不能在中间位置启动。

FANUC 机器人的宏程序功能，可通过图 7-22 所示的机器人设定（SETUP）、宏指令（Macro command）设定页面定义，有关内容详见第 10 章。

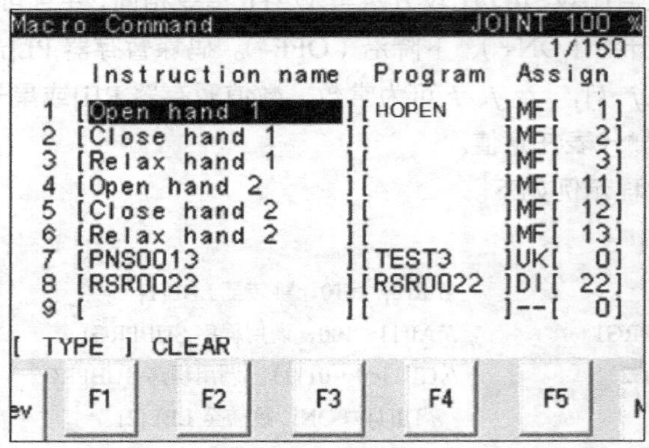

图 7-22 宏程序设定页面

程序一旦被定义为宏程序，其程序信息显示页面的副类型（Sub Type）将自动成为“Macro”。有关宏程序设定操作的内容，可参见后述章节。

宏程序设定页中的“Instruction name”栏，可显示、设定宏程序调用指令（简称宏指令）的名称。宏指令名称可由用户自由定义，最大为 16 个字符的英文字母或数字，宏指令允许使用自变量 AR[i]。设定页中的“Programm”栏为程序名称，名称的定义要求与普通程序相同。

“Assign”栏为宏指令手动操作（宏程序调用）信号定义，可通过系统设定操作，选择以下手动操作信号之一。

MF[i]：通过示教器手动操作功能显示页（MANUAL FCTNS）中的操作菜单选项 MF[1]～MF[99]，手动执行宏指令、调用宏程序。

UK[i]：通过示教器的用户自定义键 UK[1]～UK[7]，手动执行宏指令、调用宏程序。

SU[i]：通过示教器用户自定义键 UK[1]～UK[7]和【SHIFT】键的同时操作，手动执行宏指令、调用宏程序。

SP[i]：通过系统控制柜的操作面板上的用户自定义按钮 SP[4]、SP[5]，手动执行宏指令、调用宏程序。

DI[i]、RI[i]：通过控制系统的通用 DI 信号 DI[1]～DI[99]、机器人输入信号 RI[1]～RI[24]，手动执行宏指令、调用宏程序。利用 DI、RI 信号调用的宏程序总数不能超过 5 个。

UI[i]：通过系统专用输入信号 HOME（UI[7]），手动执行宏指令、调用宏程序。除 UI[7]外的 UI 信号执行宏指令，需要在系统变量$MACRUOPENBL 中设定。

2. 程序及调用

宏程序的格式、指令与编程要求，均与普通程序相同。调用宏程序时，只需要将子程序调用指令 CALL 改为宏指令。

例如，假设搬运机器人的抓手 1 打开动作，需要机器人专用信号 RO[1]=ON、RO[2]=OFF，抓手 1 打开后，机器人专用输入信号 RI[1]=ON。若抓手动作定义成名称为“HOPEN 1”的宏程序，程序的编制方法如下。

```
HOPEN 1
1: RO[1] =ON                    // R[1] 输出 ON
2: RO[2] =OFF                   // R[2] 输出 OFF
3: WAIT RI[1]=ON                // 等待抓手打开信号 RI[1]=ON
……
[END]
```

程序编制完成后，如果通过系统设定操作，将设定页面的 Instruction name 栏的程序调用指令定义为宏指令“open hand 1”，Programm 栏的程序名称定义为“HOPEN 1”，则只要在主程序中编制以下指令，控制系统便可调用、执行宏程序 HOPEN。

```
……
L  P[3] 1000mm/sec FINE         // 机器人移动
open hand 1                     // 调用宏程序 HOPEN 1
……
```

7.4.5 远程运行与运动组控制

1．远程运行指令

为了便于集中控制，工业机器人的作业程序通常都可通过控制系统的开关量输入信号选择、启动。在 FANUC 等公司的机器人上，这一功能称为远程启动运行（Remote Start Run），简称远程运行或 RSR。在安川等公司的机器人上，则称为预约启动或外部运行等。

远程运行（预约启动）是机器人自动运行方式的一种，它可直接利用控制系统的开关量输入信号，来选定程序并启动程序自动运行，而无须进行示教器的程序选择、程序启动等操作。例如，对于图 7-23 所示的机器人多工件作业，工装 1～3 上的 3 种零件焊接程序 JOB1～JOB3，可直接由 3 个程序启动按钮启动并运行。

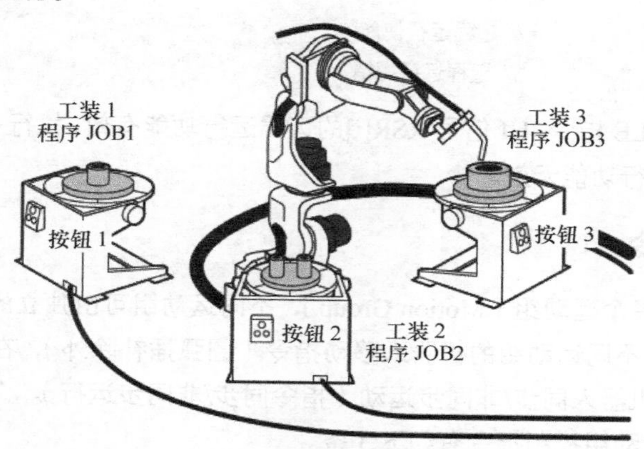

图 7-23　远程运行功能应用

机器人的远程运行（预约启动）启动按钮，需要连接至控制系统的 UI 连接端（参见 7.3 节），操作者在工件安装完成后，只要按下启动按钮，机器人便可自动选择作业程序并启动程序自动运行。

FANUC 机器人的远程运行利用系统专用输入信号 UI 控制。当机器人控制系统的配置选项"UI 信号使能（ENABLE UI SIGNAL）"设定为"TURE（有效）"、系统变量（Variables）"远程主站（$RMT_MASTER）"设定为"0（Remote，远程控制）"时，便可利用 UI 信号 RSR1～8（或 PNS1～8）选择程序号并启动程序自动运行。

远程运行的程序名称（程序号）必须按系统规定的格式定义。FANUC 机器人的远程运行程序的名称，必须为"RSR+4 位数字"，程序名称中的 4 位数字为"基本程序号+ 附加程序号"，基本程序号、附加程序号可通过示教器的机器人设定（SETUP）操作，直接在图 7-24 所示的 RSR/PNS 设定页面设定，利用信号 RSR1～8（或 PNS1～8），可选择不同的附加程序号、改变远程运行程序。

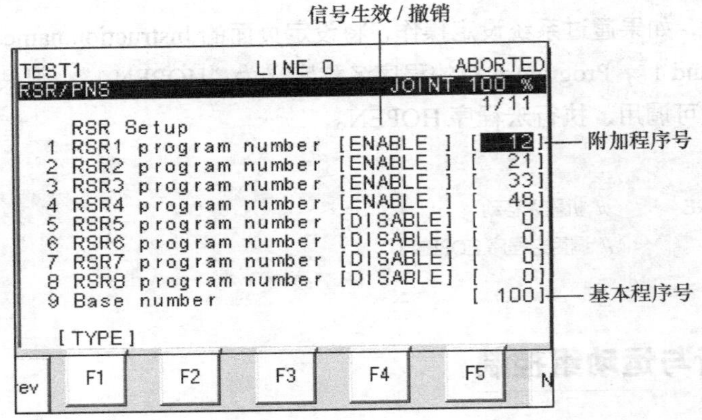

图 7-24 远程运行设定、显示页面

例如，对于图 7-24 所示的设定，机器人远程运行的基本程序号（Base number）设定为 100，RSR1 的附加程序号设定为 12，因此，当远程运行信号 RSR1 输入 ON 时，系统将选择、并启动程序 RSR0112 的自动运行。同样，由于 RSR3 的附加程序号设定为 33，因此，当远程运行信号 RSR3 输入 ON 时，系统将选择并启动程序 RSR0133 的自动运行等。

FANUC 机器人的远程运行功能的使能/撤销（ENABLE/ DISABLE），可通过示教器的机器人设定（SETUP）操作，直接在图 7-24 所示的 RSR/PNS 设定页设定，也可通过程序指令 RSR 使能/撤销。指令 RSR 的编程格式如下。

```
RSR[i]=ENABLE                // 远程运行使能
RSR[i]=DISABLE               // 远程运行撤销
```

执行 RSR[i]=ENABLE 指令，UI 信号 RSR[i]的远程运行功能有效，执行 RSR[i]=DISABLE 指令，UI 信号 RSR[i]的远程运行功能无效。

2. 运动组控制指令

复杂机器人系统有多个运动组（Motion Group），不同运动组可由独立的程序控制、进行同步运行（程序同步），也可将不同运动组的机器人移动指令（圆弧插补除外），在同一程序的同一指令行编程，并根据需要选择机器人同步/非同步运动（指令同步/非同步运行）。

FANUC 机器人的运动组控制指令有如下 3 条。

```
RUN 程序名称_Gi              // 程序同步运行
Simultaneous GP              // 指令同步运动
Independent GP               // 指令非同步运动
```

① 程序同步运行。程序同步运行指令 RUN 可在运行一个运动组程序的同时，启动另一运动组的程序运行，实现多程序同步运行功能。

例如，需要在运动组 1 机器人进行 P10、P11 关节插补运动的同时，启动运动组 2 机器人 P20、P21 的关节插补运动，并在 2 个运动组的机器人移动完成后，输出 DO[1]信号的程序示例如下。

```
PROGRAM_G1                          // 运动组 1 控制程序
……
R[1]=0                              // 运动组 2 完成标记
RUN PROGRAM_G2                      // 启动运动组 2 程序 PROGRAM_G2
J  P[10]  100%  FINE                // 运动组 1 机器人运动
J  P[11]  100%  FINE
WAIT R[1]=1                         // 等待运动组 2 完成
DO[1]=ON                            // 输出 DO[1]=1 信号
……
[END]                               // 运动组 1 程序结束
```

```
PROGRAM_G2                          // 运动组 2 控制程序
……
J  P[20]  100%  FINE                // 运动组 2 机器人运动
J  P[21]  100%  FINE
……
3：R[1]=1                           // 运动组 2 完成标记
[END]                               // 运动组 2 程序结束
```

上例中的程序 PROGRAM_G1 为运动组 1 的机器人控制程序，程序 PROGRAM_G2 为运动组 2 的机器人控制程序，R[1]为机器人 2 完成 P20、P21 关节插补运动的标记。

② 指令同步/非同步运动。同步（Simultaneous GP）/非同步（Independent GP）运动指令，可将不同运动组的机器人移动指令（圆弧插补除外），在同一程序的同一指令行编程，并根据需要选择机器人同步/非同步运动。

指令 Independent GP、不同运动组的机器人独立运动时，不同运动组的机器人按各自的定位类型 CNT、编程速度移动，两机器人全部到达目标位置后，指令执行完成。

指令 Simultaneous GP、不同运动组的机器人同步运动时，为了保证两机器人能够同时到达终点，移动时间较长的机器人将以指令编程速度移动，而另一机器人将按比例降低速度。定位类型 CNT 自动选择两者中的最小值。

运动组同步、非同步运动指令的编程示例如下。

```
……
10：Independent GP                  // 非同步运动指令
：GP1  J  P[1]  100%  FINE          // 运动组 1 机器人运动
：GP2  J  P[2]  80%  CNT20          // 运动组 2 机器人运动
……
20：Simultaneous GP                 // 非同步运动
：GP1  J  P[10]  100%  FINE         // 运动组 1 机器人运动
：GP2  J  P[20]  80%  CNT20         // 运动组 2 机器人运动
……
```

执行上述程序的指令行 10，运动组 1、运动组 2 的机器人，将独立进行目标位置分别为 P1、P2 的关节插补。运动组 1 的机器人以 100%的速度移动到 P1 点、准确定位，运动组 2 的机器人以 80%的速度移动到 P2 点并减速至 20%的速度进行轨迹连续运动。

执行上述程序的指令行 20，运动组 1、运动组 2 的机器人，将同步进行目标位置分别为 P10、P20 关节插补，两机器人同时到达 P10、P20 点，并准确定位（FINE）。运动时间较长的机器人将以指令编程速度移动，而另一机器人将按比例降低速度。

7.5 条件设定与定时器编程

7.5.1 运行条件设定指令

1. 指令与功能

FANUC 机器人的运行条件设定指令可用于程序自动时的程序点偏移、坐标系、移动速度等基本参数的设定，指令的名称与功能如表 7-11 所示。

表 7-11　程序运行条件设定指令编程说明

类别		指令代码	名称	功能
运行条件设定	条件设定	OFFSET CONDITION	程序点偏移	程序点偏移量设定
		TOOL_OFFSET CONDITION	TCP 偏移	TCP 偏移量设定
		SKIP CONDITION	跳步条件	程序跳步条件设定
	坐标设定	UFRAME	用户坐标系	设定用户坐标系
		UFRAME_NUM	用户坐标系号	选择用户坐标系
		UTOOL	工具坐标系	设定工具坐标系
		UTOOL_NUM	工具坐标系号	选择工具坐标系
	速度设定	OVERRIDE	速度倍率	设定插补速度倍率
		JOINT_MAX_SPEED[i]	最大关节速度	设定关节轴最大速度
		LINEAR_MAX_SPEED	最大线速度	设定 TCP 最大速度
负载及碰撞保护设定	负载设定	PAYLOAD[i]	机器人负载	选择机器人负载参数
	碰撞保护设定	COL DETECT ON	碰撞保护生效	碰撞保护生效
		COL DETECT OFF	碰撞保护撤销	碰撞保护撤销
		COL GUARD ADJUST	碰撞保护灵敏度	碰撞保护灵敏度设定
参数设定	参数设定	$	系统参数（变量）	系统参数（变量）设定

程序点偏移、TCP 偏移、跳步条件设定指令一般以附加命令的形式，直接添加在基本移动指令之后。用户坐标系、工具坐标系设定、选择指令，用于作业程序坐标系、工具的设定与选择，指令的编程格式与要求可参见前述的移动指令附加命令说明。其他设定指令的功能与编程要求如下。

2. 速度倍率设定

速度倍率设定指令 OVERRIDE 可用于程序移动速度的一次性调整，指令有效范围内的全部速度均将按 OVERRIDE 指令所规定的倍率调整。指令的速度倍率可用常数、暂存器 R[i]或自变量 AR[i]的形式定义，单位为%。指令的编程格式如下。

```
……
OVERRIDE=80                          // 速度倍率设定 80%
J  P[1]   100%   FINE                // 实际关节插补速度调整为 80%
L   P[2]   200mm/sec   FINE          // 实际直线插补速度调整为 160mm/sec
……
R[1]=50                              // 暂存器赋值
OVERRIDE= R[1]                       // 速度倍率设定 50%
J   P[3]   100%   FINE               // 实际关节插补速度调整为 50%
L   P[4]   200mm/sec   FINE          // 实际直线插补速度调整为 100mm/sec
……
```

3．最大速度设定

FANUC 机器人的移动速度可通过关节最大速度设定、最大线速度设定指令限制。关节最大速度设定指令可独立限制关节回转速度，最大线速度设定指令可限制机器人 TCP 的移动速度。

① 关节最大速度设定。关节最大速度设定指令 JOINT_MAX_SPEED[i]，可用来限制指定轴的最大关节速度。当某一轴的关节速度被限定时，若移动指令所对应的关节速度超过了最大速度，该轴的关节速度将被限制在最大速度上。为保证机器人运动轨迹的正确，其他参与插补的运动轴速度也将被同比例降低。

关节轴最大速度需要独立设定，轴以序号 i 区分，最大速度可用常数、暂存器 R[i]指定，回转轴单位为 deg/s，直线轴单位为 mm/s。

JOINT_MAX_SPEED[i]指令的编程示例如下。

```
R[1]=80                              // 暂存器赋值
JOINT_MAX_SPEED[1]= 100              // J1 轴关节最大速度 100deg/s
JOINT_MAX_SPEED[2]= 50               // J2 轴关节最大速度 50deg/s
JOINT_MAX_SPEED[3]= R[1]             // J3 轴关节最大速度 80deg/s
……
J   P[1]   100%   FINE               // 关节插补，J1、J2、J3 不得超过最大速度
L   P[2]   500mm/sec   FINE          // 直线插补，J1、J2、J3 不得超过最大速度
……
```

② 最大线速度设定。最大线速度设定指令 LINEAR_MAX_ SPEED 用来限制机器人 TCP 的最大移动速度。机器人执行直线、圆弧插补指令时，若 TCP 速度超过了限制值，实际速度将被限制为 LINEAR_MAX_ SPEED 指令速度。最大线速度可用常数、暂存器 R[i]的形式编程，单位为 mm/s。

LINEAR_MAX_ SPEED 指令的编程示例如下。

```
LINEAR_MAX_ SPEED=200                // 机器人 TCP 最大速度限制为 200mm/s
J   P[1]   100%   FINE               // 关节插补，TCP 速度不但超过 200mm/s
L   P[2]   500mm/sec   FINE          // 直线插补，TCP 速度限制为 200mm/s
……
R[1]=300                             // 暂存器赋值
LINEAR_MAX_ SPEED= R[1]              // 机器人 TCP 最大速度限制为 300mm/s
```

```
J  P[3]  100%  FINE              // 关节插补，TCP 速度不得超过 300mm/s
L  P[4]  500mm/sec  FINE         // 直线插补，TCP 速度限制为 300mm/s
……
```

4. 系统参数设定

系统参数设定指令$用于机器人控制系统参数的程序设定，在 FANUC 机器人程序上，系统参数又称系统变量。系统参数（变量）需要以参数名称的形式指定，设定值应采用常数编程。如果需要，系统参数（变量）的值也可通过暂存器 R[i]、PR[i]在程序中读取。

例如，远程运行信号 RSR 的系统参数名为$SHELL_CONFIG.$JOB_BASE，DO 脉冲输出默认宽度的系统参数名称为$DEFPULSE，对应的参数设定、读取指令编程如下。

```
$SHELL_CONFIG.$JOB_BASE=100        // RSR 运行程序号设定为 100
$DEFPULSE=0.5                      // DO 脉冲输出默认宽度设定为 0.5s
……
R[1]=$SHELL_CONFIG.$JOB_BASE       // R[1]=100
R[2]=$DEFPULSE                     // R[2]=0.5
……
```

7.5.2 负载与碰撞保护设定

1. 负载设定指令

垂直串联机器人的负载包括机器人本体构件载荷、安装在机器人机身上的附件载荷、工具载荷 3 部分；搬运机器人还包括物品载荷。

机器人本体构件载荷与机器人结构有关，搬运机器人的物品载荷是机器人承载能力参数，它们都需要由机器人生产厂家设定，用户无须、也不能进行更改。

FANUC 机器人的工具载荷参数可通过以下系统变量设定。

$PARAM_GROP[group].$ PAYLOAD：负载重量（kg）；

$PARAM_GROP[group].$ PAYLOAD_X：负载重心的 *X* 坐标值（cm）；

$PARAM_GROP[group].$ PAYLOAD_Y：负载重心的 *Y* 坐标值（cm）；

$PARAM_GROP[group].$ PAYLOAD_Z：负载重心的 *Z* 坐标值（cm）；

$PARAM_GROP[group].$ PAYLOAD_IX：*X* 向负载惯量（$kgf·cm·s^2$）；

$PARAM_GROP[group].$ PAYLOAD_IY：*Y* 向负载惯量（$kgf·cm·s^2$）；

$PARAM_GROP[group].$ PAYLOAD_IZ：*Z* 向负载惯量（$kgf·cm·s^2$）。

机器人的工具载荷、安装在机器人机身上的附件载荷的计算较为烦琐，因此，实际使用时一般可通过负载测试示教操作，由控制系统自动测量、计算、设定。

FANUC 机器人的负载可通过指令 PAYLOAD[i]选定，i 为负载编号（1～10）。负载设定指令的编程示例如下。

```
UFRAME_NUM=1                 // 选定用户坐标系 1
UTOOL_NUM=1                  // 选定工具坐标系 1
PAYLOAD[1]                   // 选定负载参数 1
J  P[1]  50%  FINE           // 机器人在用户坐标系 1 上移动
```

```
L  P[2]  200mm/sec  FINE
……
UFRAME_NUM=2                     // 选定用户坐标系 2
J  P[1]  50%  FINE               // 机器人在用户坐标系 2 上移动
L  P[2]  200mm/sec  FINE
……
```

2. 碰撞保护设定

垂直串联机器人由于结构特殊，运动无导向部件，轨迹预见性差，如果使用不当，极易发生碰撞、干涉等故障，因此，必须有相应的安全保护措施。

工业机器人的碰撞保护通常有硬件保护、软件保护两种方法。

硬件碰撞保护通常用于机器人本体关节轴的干涉、碰撞保护。硬件碰撞保护可通过相应的位置检测传感器，在机器人将要进入碰撞区时，提前发出信号、停止机器人运动、防止碰撞发生。硬件碰撞保护是一种预防性防护功能，但是，它只能用于固定位置保护，并且需要安装传感器、设计连接电气控制线路、编制逻辑控制程序。

软件碰撞保护是一种不受机器人位置限制、无需安装检测器件的保护功能。软件碰撞保护实际上是一种伺服驱动电机的过载保护功能，因为，当机器人发生碰撞时，驱动电机的输出转矩（电流）必然急剧增加，控制系统便可通过检测驱动器的输出电流，来生效碰撞保护功能、停止机器人运动、避免造成严重伤害。软件碰撞不能预防碰撞发生，它只能在发生碰撞后，避免事故的扩大。

在大多数机器人上，碰撞检测灵敏度以驱动电机额定输出转矩百分率的形式定义，在这种情况下，如果增加灵敏度设定值，会导致碰撞保护检测转矩的增大、使保护动作滞后。为了防止机器人正常工作时出现误报警，以额定输出转矩百分率设定的碰撞检测灵敏度，原则上应设定为 120（%）左右。

FANUC 机器人具有高灵敏度碰撞保护功能，它可在机器人发生碰撞时，迅速发出报警、立即停止机器人运动、并输出 DO 信号。FANUC 机器人的本体碰撞保护运动组、检测灵敏度及存储变量、碰撞保护功能生效及输出信号 DO 地址等，可通过机器人设定操作设定，有关内容可参见第 10 章。外部轴碰撞保护功能，需要通过系统参数（变量）$HSCDMNGRP[group]. $PARAM119[n]、$HSCDMNGRP[group].$PARAM120[n]等的设定生效。

FANUC 机器人本体的碰撞保护功能，可通过程序指令 COL DETECT ON/COL DETECT OFF 生效/撤销，碰撞检测的动作灵敏度，可通过指令 COL GUARD ADJUST，在程序中调整。指令的编程格式如下。

```
COL DETECT ON                    // 生效碰撞保护功能
COL DETECT OFF                   // 撤销碰撞保护功能
COL GUARD ADJUST                 // 使用系统设定的灵敏度
COL GUARD ADJUST n               // 常数定义灵敏度
COL GUARD ADJUST R[i]            // 变量定义灵敏度
```

碰撞保护功能撤销指令 COL DETECT OFF，只能对自动运行中的程序有效，当程序执行完成、程序执行中断，或者，控制系统重新开机、操作模式切换时，控制系统将自动生效机器人本体的碰撞保护功能。如果需要，机器人碰撞保护灵敏度调节指令也可用于多运动组控制，此时，指令需要后缀运动组编号 Gp i, j。

FANUC 机器人本体的碰撞保护功能生效/撤销指令的编程示例如下。

```
……
J  P[1]  100%   FINE
COL DETECT OFF                          // 撤销碰撞保护功能
L  P[2]  100mm/sec  CNT50
L  P[3]  100mm/sec  CNT50
COL DETECT ON                           // 生效碰撞保护功能
J  P[4]  100%  CNT50
J  P[5]  100%  FINE
……
```

以上程序启动时，机器人本体的碰撞保护功能自动生效。机器人进行 P1→P2、P2→P3 直线插补时，可暂时取消碰撞保护功能。接着，当机器人进行 P3→P4、P4→P5 关节插补时，又可恢复碰撞保护功能。

FANUC 机器人可通过灵敏度调节指令 COL GUARD ADJUST，改变机器人本体碰撞检测灵敏度值。在 FANUC 机器人上，碰撞检测的灵敏度设定值越大，灵敏度越高。在程序中，灵敏度可通过常数或变量 R[i]，在指令中指定，或者，使用控制系统碰撞保护功能设定操作所设定的灵敏度值、灵敏度设定变量。

利用碰撞保护功能设定操作所设定的灵敏度值，也可通过程序中的变量赋值指令改变。灵敏度被程序指令改变后，若系统变量$HSCDMNGRP[group].$AUTO_RESET 设定为 0，程序中断时，系统可保留改变值，否则，将自动恢复原设定值。

例如，当碰撞保护功能设定操作所设定的“灵敏度定义寄存器”为 R[1]、灵敏度值为 100 时，利用灵敏度调节指令 COL GUARD ADJUST 调整灵敏度的编程示例如下。

```
……
COL GUARD ADJUST 120                    // 常数定义灵敏度
COL DETECT ON                           // 生效碰撞保护功能
J  P[1]  100%  CNT50                    // 碰撞检测灵敏度 120
……
COL DETECT OFF                          // 撤销碰撞保护功能
R[5] =150                               // 灵敏度变量赋值
COL GUARD ADJUST R[5]                   // 使用变量 R[5]设定的灵敏度 150
COL DETECT ON                           // 生效碰撞保护功能
L  P[2]  100mm/sec  CNT50               // 碰撞检测灵敏度 150
……
COL GUARD ADJUST                        // 使用系统设定灵敏度 100
J  P[10]  100%   FINE                   // 碰撞检测灵敏度 100
……
COL DETECT OFF                          // 撤销碰撞保护功能
R[1] =120                               // 改变系统灵敏度设定变量值
COL GUARD ADJUST                        // 使用新的灵敏度值 120
L  P[11]  100mm/sec  CNT50              // 碰撞检测灵敏度 120
L  P[12]  100mm/sec  CNT50
……
```

7.6 系统控制指令编程

7.6.1 定时器与显示控制指令

1. 定时器控制

FANUC 机器人的程序定时器 TIMER[i]，可用于延时控制、指令执行时间监控、程序块运行时间监控等。机器人程序最多允许使用 10 个定时器，定时器的最大计时值为 2^{31}ms（约 600h），计时超过时，定时器溢出暂存器 TIMER_ OVERFLOW[i]的状态将为“1”。

程序定时器可通过示教器操作显示，其显示页如图 7-25 所示。

```
TEST1                  LINE 0              ABORTED
PRG TIMER LISTING                       JOINT 100 %
                                              1/10
                        count          comment
   1 Timer[ 1]        0.00(s)[                ]
   2 Timer[ 2]        0.00(s)[                ]
   3 Timer[ 3]        0.00(s)[                ]
   4 Timer[ 4]        0.00(s)[                ]
   5 Timer[ 5]        0.00(s)[                ]
   6 Timer[ 6]        0.00(s)[                ]
   7 Timer[ 7]        0.00(s)[                ]
   8 Timer[ 8]        0.00(s)[                ]
   9 Timer[ 9]        0.00(s)[                ]

 [ TYPE ] DETAIL
ev    F1     F2     F3     F4     F5     N
```

图 7-25 定时器设定、显示页面

在程序定时器显示页的 comment 栏，可直接输入、编辑定时器注释，选择软功能键〖DETAIL〗，可进一步显示计时开始、结束的程序名称、指令行等详细数据。有关程序定时器的显示、编辑操作，可参见本书后述章节。

FANUC 机器人的程序定时器，可直接通过定时器控制指令启动、停止或复位，定时器的时间值可通过暂存器 R[i]读取，或者，直接作为表达式中的运算数、参与数值运算。

程序定时器的控制指令编程格式如下（i=1～10）。

```
TIMER[i]=START            // 定时器启动
TIMER[i]=STOP             // 定时器停止
TIMER[i]=RESET            // 定时器复位
R[j]=TIMER[i]             // 定时值读取
```

当定时器 TIMER[i]（i=1～10）被定义为 START 时，指定定时器将启动计时；定义为 STOP 时，指定定时器将停止计时；定义为 RESET 时，可清除指定定时器的计时值及计时溢出暂存器状态。

程序定时器可用于程序的延时控制、指令执行时间监控、程序块运行时间监控等。例如，执行以下指令，可通过定时器 TIMER[1]计算机器人执行关节插补指令“J P[1] 100% FINE”的实际执行时间，并将时间值读入到暂存器 R[1]上。

```
……
TIMER[1]= RESET                // 清除定时值
TIMER[1]=START                 // 启动定时值
J  P[1]  100%  FINE            // 机器人关节插补
TIMER[1]=STOP                  // 停止定时器
R[1]=TIMER[1]                  // 读入时间值
……
```

2. 示教器显示控制

① 用户报警显示。用户报警（User alarm）功能通常用于控制系统未规定的、因用户操作使用不当或特定部件故障引起的报警设定。发生用户报警时，机器人通常需要停止运动。

FANUC 机器人可通过指令 UALM[i]，生效用户报警功能，并在示教器的报警显示区，显示相应的用户报警号和报警文本。UALM[i]指令的编程格式如下。

```
UALM[i]                  // 用户报警 i 显示
```

用户报警号 i 的编程范围，可通过控制系统的"控制开机（Controlled start）"操作设定，有关内容详见本书后述。用户报警的显示文本，保存在系统变量$UALRM_MSG[i]上，该文本可通过机器人设定（SETUP）操作，在图 7-26 所示的用户报警设定页的"User Message"栏上显示、设定与编辑。

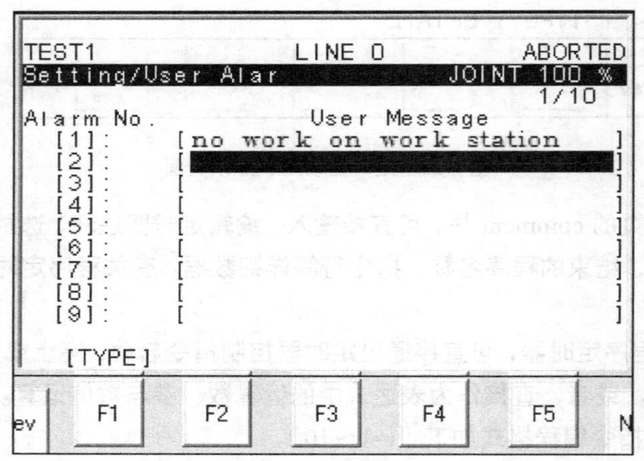

图 7-26 用户报警文本设定页面

图 7-26 为系统变量$UALRM_MSG[1] 设定为'no work on work station'时的显示，如果执行程序指令 UALM[1]，示教器将显示用户报警 1 "no work on work station"。

② 用户信息显示。用户信息显示功能通常用于操作提示，以指示机器人或程序执行状态，或提示操作者需要进行的操作。用户信息显示时，机器人一般可以正常运动。

FANUC 机器人的用户信息显示功能，可通过指令 MESSAGE 编程、显示。执行指令 MESSAGE，示教器可自动切换至用户信息显示页面，并显示指令所编制的信息文本。

MESSAGE 指令的编程格式如下。

```
MESSAGE[信息文本]
```

指令 MESSAGE 的信息文本最多允许为 24 字符（英文字母、数字、*、_、@）。例如，执行以下指令，示教器将自动切换至用户页面，并显示“STEP1 RUNNING”。

```
MESSAGE[STEP1 RUNNING]
```

7.6.2 电机转矩限制指令

1．功能说明

FANUC 机器人伺服驱动电机的最大输出转矩，可通过程序中的转矩限制指令指定。转矩限制指令通常用于变位器、伺服抓手、伺服焊钳等外部轴控制，使这些部件有恒定的驱动、夹持力。由于机器人本体伺服驱动电机的最大输出转矩，关系到机器人承载能力、移动速度、加速度等主要参数，因此，用户原则上不能对机器人本体驱动电机进行转矩限制。

伺服驱动电机的最大输出转矩与定位误差、定位保持转矩、过载报警等参数有关，因此，使用转矩限制指令时，需要正确设定以下系统变量。

$TORQUE_LIMIT.$MAX_TRQ_LMT：最大转矩限制值。

$PARAM_GROUP[group].$STOPTOL[axis]：轴停止时的最大输出转矩，设定值应大于等于最大转矩限制值。

$PARAM_GROUP[group].$STOPERLIM[axis]：轴停止时的过载报警转矩，设定值应大于最大转矩限制值。

FANUC 机器人的转矩限制，可采用固定转矩限制（TORQ_LIMIT）、独立转矩限制（CALL TPTRQLIM）2 种方式。仅使用固定转矩限制的机器人，只需要选配转矩限制选择功能；使用独立转矩限制的机器人，需要同时选配转矩限制、独立转矩限制功能选件。

固定转矩限制、独立转矩限制功能说明与编程要求如下。

2．固定转矩限制

采用固定转矩限制功能时，转矩限制可通过程序指令 TORQ_LIMIT n%生效，指令的编程格式如下。

```
TORQ_LIMIT n%                    // 固定转矩限制功能生效，转矩限制值为 n%
```

指令中的 n%为转矩限制值，需要以驱动电机最大输出转矩百分率的形式编程；*n* 允许编程范围为 0.1～100（%）。多个运动轴同时使用固定转矩限制功能时，所有需要限制转矩的运动轴，都将统一使用指令 TORQ_LIMIT n%规定的限制值。

利用 TORQ_LIMIT 指令限制最大转矩的伺服驱动轴，需要通过以下系统变量的设定选定，多个驱动轴可同时选择。

$TORQUE_LIMIT.$GROUP[group]：运动组选择，group 为运动组号。设定“TRUE”，该运动组的伺服轴允许使用转矩限制功能；设定“FALSE”，该运动组的所有伺服轴均不能使用转矩限制功能。

$TORQUE_LIMIT.$GAi[axis]：伺服轴选择，*i* 为运动组编号、axis 为伺服轴序号。设定为“TRUE”的伺服轴，可使用转矩限制功能；设定为“FALSE”的伺服轴，不能使用转矩限制功能。

运动组 1 的第 1～6 轴规定为机器人本体驱动轴，因此，系统变量$TORQUE_LIMIT.$GA1[1]～

$GA1[6]，原则上不能设定为“TRUE”。

例如，当运动组 1 的第 7 轴、运动组 2 的第 1 轴需要使用转矩限制功能时，系统变量的设定如下：

$TORQUE_LIMIT.$GROUP[1]= TRUE；

$TORQUE_LIMIT.$GROUP[2]= TRUE；

……

$TORQUE_LIMIT.$GA1[1] ～ $GA1[6] = FALSE；

$TORQUE_LIMIT.$GA1[7] = TRUE；

……

$TORQUE_LIMIT.$GA2[1] = TRUE；

$TORQUE_LIMIT.$GA2[2] ～ $GA2[9] = FALSE。

……

如果需要在程序中将以上 2 轴的驱动电机最大输出转矩限制为 20%，其程序指令如下。

```
J  P[1]  100%  FINE            // 所有伺服轴以 100%最大输出转矩正常定位
TORQ_LIMIT 20.0%               // 运动组 1 第 7 轴、运动组 2 第 1 轴转矩限制 20%
J  P[2]  100%  FINE            // 被限制的伺服轴以 20%最大输出转矩定位
……
TORQ_LIMIT 100.0%              // 被限制的伺服轴恢复正常定位
……
```

3．独立转矩限制

选配独立转矩限制功能选件的 FANUC 机器人，可通过指令 CALL TPTRQLIM 定义转矩限制轴、并独立设定转矩限制值。独立转矩限制指令需要调用高级语言程序（KAREL 程序），因此，系统变量$KAREL _ENB 应设定为“TRUE”。

独立转矩限制指令的编程格式如下。

```
CALL TPTRQLIM（group, axis, n）
```

指令中的 group 为动作运动组编号、axis 为轴序号、*n* 为驱动电机最大输出转矩百分率（%）。指令的编程示例如下。

```
J  P[1]  100%  FINE            // 正常定位，所有轴输出 100%转矩
CALL TPTRQLIM（1, 7, 50）      // 运动组 1 第 7 轴转矩限制 50%
J  P[2]  100%  FINE            // 运动组 1 第 7 轴转矩限制定位
……
CALL TPTRQLIM（2, 1, 60）      // 运动组 2 第 1 轴转矩限制 60%
J  P[3]  100%  FINE            // 运动组 1 第 7 轴、运动组 2 第 1 轴转矩限制定位
……
CALL TPTRQLIM（2, 1, 100）     // 运动组 2 第 1 轴恢复 100%转矩输出
J  P[4]  100%  FINE            // 运动组 1 第 7 轴转矩限制定位
……
CALL TPTRQLIM（1, 7, 100）     // 运动组 1 第 7 轴恢复 100%转矩输出
……
```

7.6.3 伺服软浮动控制指令

1. 指令与功能

“软浮动”是按指令 SOFTFLOAT 的英文直译，该功能在不同机器人、不同技术资料中有“软伺服（Soft Servo）”“外力追踪”等不同名称。

所谓“软浮动”“软伺服”实际上是伺服驱动系统的转矩控制功能，功能一旦生效，伺服电机输出转矩将保持不变，但闭环位置、速度控制功能将无效。因此，如果负载转矩超过了电机输出转矩，驱动电机不仅可能停止运动，而且也可能在外力作用下出现反转。

软浮动功能通常用于机器人碰撞、干涉保护。在机器人与工件存在刚性接触的作业场合，使用软浮动功能，可以有效防止因运动干涉、碰撞所引起的机械部件损坏。

FANUC 机器人的软浮动有“关节坐标软浮动”、“直角坐标软浮动”2 种控制方式。采用关节坐标软浮动控制时，驱动关节回转的伺服电机输出转矩将保持不变；采用直角坐标软浮动控制时，机器人 TCP 进给力、转矩将保持不变。

用于软浮动控制的驱动电机转矩或 TCP 进给力、转矩的输出值，通常以“柔性比”或“柔性度（Softness）”表示，柔性比越大、电机输出转矩越小、运动轴的刚性就越低。柔性比为 0%时，驱动电机、机器人 TCP 可输出额定转矩、额定进给力，机器人刚度为最大。

在 FANUC 机器人上，软浮动控制方式、柔性比等参数，可通过控制系统的“软浮动控制条件”设定操作设定，使用机器人出厂默认参数时，最多可设定 10 种不同的控制条件。有关软浮动控制的设定操作，可参见后述章节。

FANUC 机器人的软浮动控制指令包括软浮动启用、位置跟随、软浮动停用 3 条，指令的编程格式如下。

```
SOFTFLOAT[n]            // 启用软浮动功能，使用软浮动控制条件 n
FOLLOW UP               // 位置跟随
SOFTFLOAT END           // 停用软浮动功能
```

① 软浮动启用。指令 SOFTFLOAT[n]用来选择伺服驱动系统的软浮动控制条件（n=1～10）、启用软浮动控制功能。当软浮动条件设定为关节坐标软浮动时，SOFTFLOAT[n]指令既可作为独立的指令编程，也可用附加命令的形式，直接添加在基本移动指令之后。若软浮动条件设定为直角坐标软浮动，则指令 SOFTFLOAT[n]必须单独编程。

② 位置跟随。指令 FOLLOW UP 用来启用控制系统的位置跟随功能。

当机器人不使用位置跟随功能时，在软浮动控制功能有效期间，若运动轴、机器人在外力作用的状态下停止，实际停止位置将偏离目标位置规定的定位区间，但电机的输出转矩始终保持不变，因此，只要撤销外力，运动轴、机器人仍可自动恢复到指令目标位置。

当机器人启用位置跟随功能时，在软浮动控制功能有效期间，如运动轴、机器人在承受外力的状态下停止，控制系统可用当前的停止位置，自动替代指令的目标位置，这样，即使外力撤销，机器人也不会恢复到原指令的目标位置。

位置跟随控制的范围，可通过系统变量$SFLT_DISFUP 设定。变量$SFLT_DISFUP 设定为“FALSE”，位置跟随控制对后续的移动指令均有效；设定为“TRUE”时，位置跟随仅当前程序点（机器人停止位置）有效。

③ 软浮动停用。指令 SOFTFLOAT END 用来停用软浮动控制功能，使驱动电机恢复正常的位

置、速度闭环控制模式。但是，对于以下情况，控制系统将自动撤销（停用）软浮动控制功能。

程序自动运行开始、结束处。

控制系统开/关机，或发生伺服关闭的报警时。

在程序暂停状态下，进行了手动操作或移动了光标、程序重新启动时。

执行程序后退操作时。

2. 编程说明

FANUC 机器人软浮动控制指令的编程方法和要求如下。

① 启用、停用软浮动控制功能时，运动轴、机器人应处于不受外力作用的状态（重力除外），否则，可能导致运动轴、机器人产生意外移动。

② 软浮动控制功能启用后，若作用于运动轴、机器人的外力超过了驱动电机的输出转矩，运动轴、机器人将无法到达指令目标位置，或无法按指令轨迹运动，甚至可能在外力的作用下，产生其他运动。因此，对于本身受重力作用的轴，必须合理设定软浮动控制的条件参数。

③ 软浮动控制功能启用后，如运动轴、机器人移动过程中受到外力作用，其移动速度、程序点位置、运动轨迹等均可能发生改变，外力越大、其误差也就越大。

④ 软浮动控制功能启用后，连续移动指令的定位类型“FINE”将自动转换为 CNT0，控制系统将不再进行目标位置到位检测。

⑤ 软浮动控制功能启用后，运动轴的制动器（如存在）将被自动松开。

软浮动控制指令 SOFTFLOAT 单独编程的示例如下。

```
J  P[1]  100%   FINE
SOFTFLOAT[1]                                 // 启用软浮动控制 1
L  P[2]  80mm/sec   FINE
L  P[3]  60mm/sec   FINE
SOFTFLOAT END                                // 停用软浮动控制 1
L  P[4]  60mm/sec   FINE
……
```

机器人进行 P1→P2、P2→P3 直线插补时，软浮动控制功能始终保持有效。执行指令 SOFTFLOAT END 后、机器人进行 P3→P4 直线插补时，软浮动控制功能将无效。软浮动控制方式、柔性比等参数，可通过控制系统的“软浮动控制条件”设定操作设定。

软浮动控制指令 SOFTFLOAT 作为基本移动指令附加命令编程时，只能使用关节坐标软浮动控制方式，其编程示例如下。

```
J  P[10]  100%  FINE
L  P[11]  80mm/sec  FINE  SOFTFLOAT[2]       // 附加软浮动控制 2 启用指令
L  P[12]  60mm/sec  FINE
SOFTFLOAT END                                // 停用软浮动控制 2
L  P[13]  60mm/sec  FINE
……
```

机器人进行 P10→P11 直线插补时，需要根据关节坐标软浮动条件中设定的“追踪开始比率”，确定软浮动控制的范围。追踪开始比率是移动指令中“不使用软浮动控制的移动距离”与“指令总移动距离”之比，若追踪开始比率设定为 0（%），软浮动控制对指令的移动全过程均有效，若追踪开始比率设定为 100（%），软浮动控制在机器人到达移动指令终点时启用。对于机器人 P11→P12

直线插补运动，软浮动控制始终有效。对于机器人的 P12→P13 直线插补运动，软浮动控制无效。

位置跟随软浮动控制的编程示例如下。

```
J  P[20]  100%  FINE
SOFTFLOAT[3]                              // 启用软浮动控制 3
L  P[21]  80mm/sec  FINE
FOLLOW UP                                 // 启用位置跟随控制
L  P[22]  60mm/sec  FINE
SOFTFLOAT END                             // 停用软浮动控制
L  P[23]  60mm/sec  FINE
……
```

机器人进行 P20→P21 直线插补运动时，软浮动控制功能有效。在程序点 P21 上，机器人将以软浮动控制的方式停止。随后，位置跟随控制模式被指令 FOLLOW UP 启用，控制系统将以现行机器人停止位置，替代程序点 P21。因此，当机器人执行指令 L P[22]时，无论外力是否继续存在，机器人总是进行从现行停止位置→P22 的直线插补运动。执行指令 SOFTFLOAT END 后，机器人进行 P22→P23 直线插补运动时，软浮动控制将无效。

7.7 中断与故障处理程序编制

7.7.1 程序中断与故障处理

工业机器人的程序中断、故障处理是控制系统自动处理异常情况的功能，功能的用途、使用方法如下。

1. 程序中断

程序中断是控制系统对异常情况的通用处理方式，它既可用于程序的正常中断，也可用于机器人各种故障的处理。程序中断功能一旦启用，只要中断条件满足，系统可立即终止现行程序的执行并直接转入中断程序，而无须进行其他编程。

为了实现程序中断功能，一般需要在作业程序（主程序）中编制相应的中断监控指令，启用程序中断功能，并编制相应的中断调用、中断处理等相关程序。例如，ABB 机器人可直接通过主程序的中断使能、中断连接指令，来启用中断功能、调用中断处理程序。中断程序需要按照专门的格式编制，无须使用子程序调用指令。

FANUC 机器人的程序中断处理与 ABB 等机器人不同。在 FANUC 说明书上，程序中断称为“状态监视功能”。中断（状态监视）功能需要通过主程序中的程序监控指令，或者，通过示教器的状态监视操作启用/停用。中断程序的调用需要编制专门的程序，这一程序称为“监视条件程序”，简称监控程序。中断处理程序则需要通过“监视条件程序（监控程序）”中的子程序调用指令调用。

2. 故障处理

故障处理是 FANUC 机器人控制系统自动处理作业故障（系统作业报警、用户报警）的特殊选择功能。机器人的作业故障是指由外部原因引起的故障，如弧焊机器人不能正常引弧等，出现作业故障时，机器人和控制系统可正常工作，但作业过程必须中断。

作为通常的处理方法，当机器人出现作业故障、程序停止运行时，一般需要通过机器人的手动（JOG）操作，进行相应的处理。故障排除后，可重新启动程序自动运行，继续后续作业。例如，当弧焊机器人引弧出现故障时，可通过 JOG 操作，将机器人移动到指定的位置，然后，进行剪丝、清洗导电嘴等处理。故障处理完成后，再通过手动操作，移动机器人到原程序的中断位置，重启程序自动运行。

对于原因、处理方法确定的机器人作业故障，以上手动故障处理操作也可通过运行特定的故障处理程序实现。例如，弧焊机器人引弧故障时，一般都可通过剪丝、清洗导电嘴等措施恢复运行，因此，可通过自动调用、执行故障处理程序，将机器人移动到指定的位置，然后，再利用 I/O 指令，完成剪丝、清洗导电嘴等动作，故障处理程序执行完成后，再返回源程序继续运行。

用于故障自动处理的程序，称为故障处理程序。故障处理程序的调用方法，在不同公司生产的机器人上有所区别，例如，ABB 机器人可通过专门的故障处理程序块 ERROR 或故障中断功能，自动调用等。

FANUC 机器人的故障自动处理属于控制系统的特殊选择功能，故障的处理方式可通过程序指令或机器人设定操作（见第 12 章），选择“再启动型（再开始程序型）”和“维修型（维修程序型）”。再启动型和维修型故障处理的故障处理程序（子程序）并无区别，但原程序（主程序）的退出、重启过程及机器人运动轨迹、操作要求都存在不同。

3．再启动型故障处理

FANUC 机器人利用再启动型（再开始程序型）故障处理程序处理故障时，如果发生指定的系统报警或用户报警（称为登录报警，详见第 12 章），系统可暂停程序运行，并直接在中断点调用故障处理程序。故障处理程序执行完成后，自动返回中断点、重启程序运行。

例如，假设弧焊机器人焊接作业程序 WELD.TP 的动作如图 7-27 所示，程序的起点、终点分别为 P1、P4，焊接移动轨迹为 P2→P3，用于断弧故障处理的再启动型故障处理程序为 WIRE_CUT.TP。这样，如果在 P2′点出现断弧故障，利用再启动型故障处理程序自动处理这一故障的动作过程如下。

① 在 P2′点中断原作业程序 WELD.TP、关闭弧焊作业命令。

② 系统自动调用、执行断弧故障处理再启动型故障处理程序 WIRE_CUT. TP，机器人从断弧点 P2′，移动到 WIRE_CUT.TP 程序指定的故障处理位置 P5，并进行剪丝、清洗导电嘴等处理。

③ 再启动型故障处理程序 WIRE _CUT. TP 执行完成后，机器人返回到指定点（断弧点 P2′或离 P2′点规定距离的位置）、重新启动弧焊命令。然后，继续执行原作业程序 WELD.TP，直至结束。

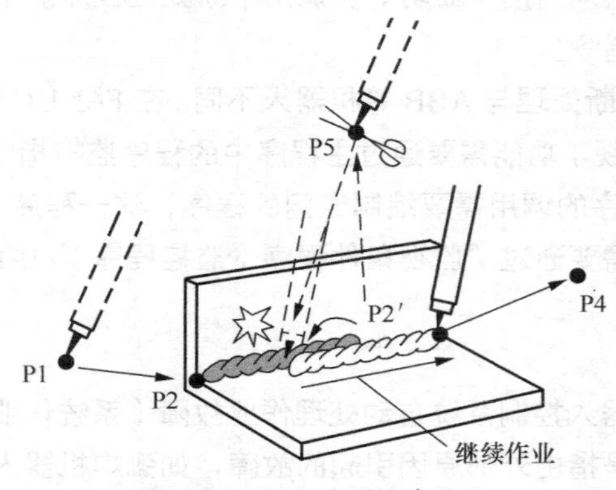

图 7-27　再启动型故障处理

4．维修型故障处理

FANUC 机器人利用维修型（维修程序型）故障处理程序处理故障时，如果发生指定的系统报警或用户报警（称为登录报警，详见第 12 章）时，机器人可立即关闭作业命令，并继续完成原程序的全部指令，然后，自动调用维修型故障自动处理程序。故障自动处理程序执行完成后，再自动从原程序的起始位置重启程序运行，机器人沿原程序轨迹返回到中断点后，再重启作业命令、继续执行原程序。以上故障处理过程称为 FANUC 机器人的快速故障恢复（Fast Fault Recovery）运动，简称 FFR 顺序运动。

例如，上述弧焊机器人焊接作业故障，使用维修型故障处理功能自动处理故障时，FFR 顺序运动如图 7-28 所示。

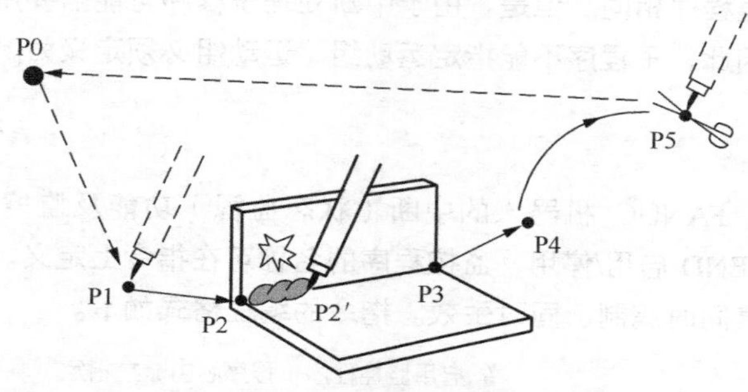

图 7-28　维修型故障处理

① 在 P2’点关闭弧焊作业命令后，机器人继续沿原作业程序 WELD.TP 轨迹，依次移动到 P3、P4，完成程序 WELD.TP 的运动。

② 系统自动调用、执行维修型故障处理程序 WIRE_CUT.TP，将机器人移动到故障处理位置 P5，并进行剪丝、清洗导电嘴等处理。

③ 机器人移动到原作业程序 WELD.TP 的起始点 P0，取消弧焊作业命令、进行 P0→P1、P1→P2’移动。

④ 在断弧点 P2’重新启动弧焊命令，然后，继续执行原作业程序 WELD.TP，直至结束。

7.7.2　状态监视（中断）程序编制

1．功能与使用

FANUC 机器人程序中断（状态监视）功能的使用方法如下。

① 功能启用/停用。FANUC 机器人的中断（状态监视）功能，可程序中的监控指令或示教器的状态监视操作启用/停用。

通过主程序中的监控指令启用/停用中断（状态监视）功能时，只需要改变指令的位置，便可改变中断监控的程序区域，因此，通常用于程序的局部区域监控，FANUC 称之为局域监控（Local Monitor）。通过示教器的状态监视操作，启用/停用中断功能时，中断监控对控制系统的所有程序、全部范围都有效，FANUC 称之为“系统监控（System Monitor）”。

程序监控、系统监控功能需要设定以下系统参数（变量）。

$TPP_MON.$LOCAL_MT：程序监控设定。设定“1”或“3”，主程序暂停时，将自动停止监控程序运行；设定“2”或“4”，主程序暂停时，监控程序仍继续运行，子程序不会自动调用、启动。

$TPP_MON.$GLOBAL_MT：系统监控设定。设定“0”，系统监控无效；设定“1”，系统冷启动时监控程序停止运行；设定“2”，系统冷启动时监控程序可继续运行。

② 监控程序。FANUC 机器人的监控程序（监视条件程序），用于中断条件定义及中断程序调用，它是由若干（最多 10 条）子程序条件调用指令（WHEN—CALL 指令）组成的专门程序。监控程序可设定多个监控条件（中断条件），调用多个（最多 10 个）中断处理程序（子程序）。

监控程序只能通过程序中的监控启用/停用指令，或者，示教器的状态监视操作启动/停止，而不能以通常的程序启动/停止操作，启动/停止程序。监控程序一旦启动，只要子程序调用指令的 WHEN 条件满足，便可调用、执行 CALL 指定的子程序。监控程序停止时，程序中断功能无效。

③ 中断处理程序。通过监控程序调用的子程序，就是 FANUC 机器人的中断处理程序，子程序的格式、指令等均与普通程序相同。但是，由于中断处理子程序可能需要用于控制系统所有程序的同类程序中断的处理，因此，子程序不能指定运动组（运动组必须定义为[*，*，*，*，*]）。

2. 程序编制

① 功能启用/停用。FANUC 机器人的中断（状态监视）功能及监控程序，可通过监控指令 MONITOR / MONITOR END 启用/停用，监控程序的名称可在指令上定义。监控程序名称不同的多条监控指令，可以在程序同时编制、同时生效。指令的编程格式如下。

```
MONITOR ****                    // 启用监控程序（程序名由****指定）
……                              // 程序监控区间
MONITOR END ****                // 停用监控程序（程序名由****指定）
```

② 监控程序编制。监控程序由若干子程序条件调用指令 WHEN—CALL 组成，程序的基本格式如下，每一监控程序最多允许编制 10 条子程序条件调用指令。如果不同的条件调用指令调用的子程序名称相同，则最后一条指令的 WHEN 条件有效。

```
******                                        // 程序名称
WHEN （条件式 1）, CALL （程序名 1）          // 子程序条件调用指令，最多 10 条
WHEN （条件式 2）, CALL （程序名 2）
……
WHEN （条件式 n）, CALL （程序名 n）
[END]                                         // 程序结束
```

WHEN 条件应使用比较运算表达式，表达式可使用的比较数、比较运算符、比较基准等，与 WAIT、SKIP CONDITION 等指令相同，有关内容可参见前述。

WHEN 条件式允许使用多个条件，不同条件可通过逻辑运算符 AND 或 OR（最多 4 个）连接，AND 与 OR 不能混用。例如：

```
WHEN  R[2] >=10 , CALL  SUB_PG1           // R[2] ≥10 监控
WHEN  AI[1]<=100 , CALL  SUB_PG2          // AI[1]≤100 监控
WHEN  DI[1] =ON , CALL  SUB_PG3           // DI[1]=ON 监控
WHEN  DO[2] =ON+ , CALL  SUB_PG4          // DO[2]上升沿监控
WHEN  ERR_NUM=11006 , CALL  SUB_PG5       // 报警 11006（SRVO-006）监控
WHEN  R[2] >=10 AND AI[1]<=100 AND GI[1]=15 , CALL SUB_PG6
                              // 同时监控 R[2] ≥10、AI[1]≤100、GI[1]=0…01111
```

```
WHEN  DI[1] =ON OR DI[2] =RI[2] OR DI[3] <>R[4] OR DO[2] =ON+ , CALL SUB_PG7
                     // 同时监控 DI[1]=ON、DI[2]=RI[2]、DI[3]≠R[4]、DO[2]上升沿
……
```

③ 程序示例。假设某机器人需要在 P1～P7 移动时，监控机器人输入 RI[2]的状态。只要 RI[2]输入 OFF，控制系统便中断当前程序、调用子程序 STP_RBT 进行相关处理。如果将这一监控程序名称定义为 WRK_ FALL，其程序可编制如下，当程序还需要进行其他监控时，相应的子程序调用指令可在后续行编制。

```
WRK_FALL
1: WHEN  RI[2]=Off,  CALL  STP_RBT            // RI[2]=Off 监控
……
[END]
```

在机器人主程序上，需要在机器人 P1～P7 移动指令的前后位置，编制程序监控 WRK_ FALL 的启用、停用指令。例如：

```
Sample
……
MONITOR  WRK_FALL                          // 启用监控程序 WRK_FALL
J  P[1]  100%  FINE                        // P1～P7 移动（监控区间）
L  P[2]  100mm/sec  CNT50
……
J  P[7]  100%  FINE
MONITOR  END  WRK_FALL                     // 停用监控程序 WRK_FALL
J  P[8]  100%  FINE
……
```

7.7.3 故障处理程序编制

1. 再启动型故障处理程序

FANUC 机器人的再启动型故障处理功能，可通过程序重启指令 RESUME_PROG[i]/CLEAR_RESUME_PROG 启用/停用，指令中的 i 为故障处理程序号，在选配全部选择功能时，允许范围为 1～5。在功能启用的程序区域，如果故障处理程序自动启动功能有效（见第 12 章），只要控制系统出现指定的作业故障（登录报警），便可自动调用、执行指定的故障处理程序。故障处理程序执行完成后，可自动返回故障停止点、继续原程序运行。

在故障处理程序执行完成后，不希望（或不允许）机器人返回到原程序中断点继续运行的场合，可在故障处理程序的结束位置，增加重启轨迹删除指令 RETURN_PATH_DSBL，取消重启动作，使程序成为停止状态。

对于通常的单任务作业机器人系统，程序重启指令的编程格式如下。

```
RESUME_PROG[1] = ****          // 启用再启动型故障处理功能，调用子程序****
CLEAR_RESUME_PROG              // 停用再启动型故障处理功能
RETURN_PATH_DSBL               // 重启轨迹删除（只能在故障处理程序编程）
```

在再启动型故障处理功能启用后，如果进行程序后退、手动改变光标位置等操作，或在程序执

行完成后，功能将被自动撤销。

利用再启动型故障处理功能，自动处理故障的程序示例如下。

```
WELD_1
  1: J   P[1]   100%   FINE
  2: RESUME_PROG [1] = WIRE_CUT          // 启用 WIRE_CUT 再启动型故障处理功能
  3: L   P[2]   100mm/sec   FINE
   : Arc Start[1]                         // 弧焊启动
  4: L   P[3]   100mm/sec   CNT50         // 弧焊作业
  5: L   P[4]   100mm/sec   FINE          // 弧焊作业
   : Arc End[2]                           // 弧焊结束
  6: CLEAR_RESUME_PROG                    // 停用 WIRE_CUT 再启动型故障处理功能
  7: L   P[5]   100mm/sec   FINE
[END]                                     // 程序结束
```

```
WELD_CUT                                  // 故障处理程序
  1: L   P[10]   100mm/sec    FINE
  2: J   P[11]   100%   CNT50
  3: RO[4]=PLUSE , 0.5sec
  4: L   P[12]   20mm/sec   CNT50
  5: WAIT   0.8sec
  6: L   P[11]   20mm/sec   FINE
  7: J   P[10]   50%   FINE
[END]
```

若在故障处理程序的[END]指令前，增加一条重启轨迹删除指令，使 WELD_CUT 变为以下程序：

```
WELD_CUT                                  // 故障处理程序
  1: L   P[10]   100mm/sec    FINE
  ……
  7: J   P[10]   50%    FINE
8: RETURN_PATH_DSBL
[END]
```

则控制系统在执行完故障处理程序 WELD_CUT 后，进入程序暂停状态，机器人无法进行返回源程序中断点的运动。

2. 再启动型故障的中断监控

再启动型故障处理程序不仅可通过功能启用指令 RESUME_PROG[i]，在控制系统出现指定的作业故障（登录报警）时自动调用，而且，还可通过其他条件，利用程序中断（状态监视）功能自动调用、执行。故障处理程序的自动执行条件变更后，如果程序运行时发生指定的作业故障（登录报警），控制系统将不再自动调用故障处理程序。

变更故障处理程序自动执行条件、利用程序中断（状态监视）功能自动调用再启动型故障处理程序时，需要在程序中编制系统参数（变量）设定指令，将系统参数（变量）$AUTORCV_ ENBi（*i* 为故障处理程序号 2～5，程序号 1 省略）设定为“1”。

例如，需要变更再启动型故障处理程序 1 的执行条件，利用暂存器 R[1]=1 的状态，自动调用故障处理程序 1 时，其中断监控（状态监视）程序如下。

```
MONIT1.CH
 1: WHEN   R [1]=1 ,   CALL   DO_RESUME          //R [1]=1 监控
 2: WHEN   R [1]<>1 ,   CALL   NO_RESUME         //R [1]≠1 监控
 [END]
```

```
DO_RESUME
 1: $AUTORCV_ENB = 1          // 设定系统参数，变更故障处理程序 1 的执行条件
 2: MONITOR MONIT_3           // 启用监控程序 MONIT_3，监控 R [1]≠1
 [END]
```

```
NO_RESUME
 1: $AUTORCV_ENB = 0          // 设定系统参数，恢复故障处理程序 1 的执行条件
 2: MONITOR MONIT_2           // 启用监控程序 MONIT_2，监控 R [1]=1
 [END]
```

```
MONIT2.CH
 1: WHEN   R [1]=1 ,   CALL   DO_RESUME          //R [1]=1 监控
[END]
```

```
MONIT3.CH
 1: WHEN   R [1]<>1 ,   CALL   NO_RESUME         //R [1]≠1 监控
 [END]
```

3. 维修型故障处理程序

FANUC 机器人的维修型故障处理功能，可通过程序维修指令 MAINT_PROG[i]启用，指令中的 *i* 为故障处理程序号，在选配全部选择功能时，允许范围为 1～5。功能启用后，可一直保持到程序结束指令[END]。

在维修型故障处理功能区域，如果故障处理程序自动启动功能有效（见第 12 章），只要机器人出现指定的作业故障，系统便可执行快速故障恢复（FFR 顺序）运动，重启程序运行。在维修型故障处理功能启用时，如果进行程序后退、手动改变光标位置等操作，或在程序执行完成后，功能将被自动撤销。

利用再启动型故障处理功能，自动处理故障的程序示例如下。

```
WELD_1
   1: J   P[1]   100%   FINE
   2: MAINT_PROG [1] = WIRE_CUT                // 启用 WIRE_CUT 维修型故障处理功能
   3: L   P[2]   100mm/sec   FINE
    : Arc Start[1]                              // 弧焊启动
   4: L   P[3]   100mm/sec   CNT50              // 弧焊作业
   5: L   P[4]   100mm/sec   FINE               // 弧焊作业
    : Arc End[2]                                // 弧焊结束
   6: L   P[5]   100mm/sec   FINE
[END]                                           // 程序结束，停用维修型故障处理功能
```

```
WELD_CUT                                        // 故障处理程序
   1: L   P[10]   100mm/sec    FINE
   2: J   P[11]   100%   CNT50
```

```
3：RO[4]=PLUSE , 0.5sec
4：L   P[12]   20mm/sec   CNT50
5：WAIT   0.8sec
6：L   P[11]   20mm/sec   FINE
7：J   P[10]   50%    FINE
[END]
```

第8章 机器人基本操作

8.1 控制面板与示教器

8.1.1 控制面板

常用的 FANUC 工业机器人控制系统外观及操作器件布置如图 8-1 所示。控制系统采用柜式结构，总电源开关 1 与控制面板均安装在正面的柜门上。控制面板上安装有通信接口 3、按钮与指示灯 4、操作模式选择开关 5。示教器 2 采用手持式结构。

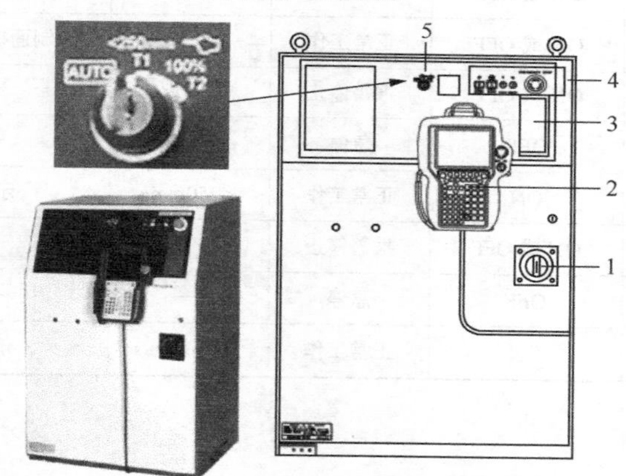

1—总开关；2—示教器；3—通信接口；4—按钮与指示灯；5—操作模式选择

图 8-1 FANUC 机器控制系统

1. 操作模式与选择

控制面板上的操作模式选择开关用于机器人的操作模式选择，FANUC 机器人设置有自动（AUTO）、示教模式 1（T1）、示教模式 2（T2）3 种操作模式。

① 自动模式（AUTO）。自动模式只能用于机器人的程序自动运行作业。选择自动模式时，程序自动运行可通过系统设定的“设定控制方式”选项（见 11 章），选择本地运行或远程运行 2 种方式之一。本地运行的程序可通过示教器选择，程序可通过控制面板的循环启动按钮启动；远程运行

的程序选择、自动运行启动需要由远程控制信号 UI 控制，可选择 RSR、PNS 两种方式运行，选择自动模式时，示教器的 TP 开关（示教器生效开关，见后述）应置于 OFF 位置，否则，控制系统将发生报警并停止机器人运动。

② 示教模式 1（T1）。示教模式 1 又称测试模式 1，这是一种由示教器控制的常用操作模式，可用于机器人的手动（JOG）操作、示教编程及程序试运行。选择 T1 模式时，机器人 TCP 的运动速度总是被限制在 250mm/sec 以下。T1 模式必须通过示教器控制，若示教器的 TP 开关（示教器操作有效开关，见后述）置于 OFF 位置，控制系统将发生报警并停止机器人运动。

③ 示教模式 2（T2）。示教模式 2 又称测试模式 2，T2 模式可用于机器人手动操作、示教编程及程序试运行（再现）。机器人手动、示教时，机器人 TCP 速度同样被限制在 250mm/sec 以下，但试运行（再现）时，可按编程速度运行。T2 模式同样需要通过示教器控制，若示教器的 TP 开关置于 OFF 位置，控制系统将发生报警并停止机器人运动。

3 种操作模式对机器人防护栏（DI 信号*FENCE）、示教器 TP 开关的要求，以及不同情况下的机器人工作状态如表 8-1 所示。

表 8-1　操作模式与机器人工作状态

<table>
<tr><th rowspan="2">操作模式</th><th rowspan="2">防护栏</th><th colspan="2">示教器</th><th colspan="2">机器人</th><th colspan="2">程序自动运行</th></tr>
<tr><th>TP 开关</th><th>手握开关</th><th>状态</th><th>JOG 速度</th><th>启动/停止</th><th>TCP 速度</th></tr>
<tr><td rowspan="4">AUTO</td><td rowspan="2">打开</td><td>ON</td><td>ON 或 OFF</td><td>急停</td><td></td><td></td><td></td></tr>
<tr><td>OFF</td><td>ON 或 OFF</td><td>急停</td><td>——</td><td></td><td></td></tr>
<tr><td rowspan="2">关闭</td><td>ON</td><td>ON 或 OFF</td><td>报警停止</td><td>——</td><td></td><td></td></tr>
<tr><td>OFF</td><td>ON 或 OFF</td><td>正常工作</td><td>——</td><td>控制面板或远程 DI</td><td>编程速度</td></tr>
<tr><td rowspan="3">T1</td><td rowspan="3">打开或关闭</td><td>OFF</td><td>ON 或 OFF</td><td>报警停止</td><td>——</td><td>——</td><td>——</td></tr>
<tr><td rowspan="2">ON</td><td>OFF</td><td>急停</td><td>——</td><td>——</td><td>——</td></tr>
<tr><td>ON</td><td>正常工作</td><td><250mm/s</td><td>示教器</td><td><250mm/s</td></tr>
<tr><td rowspan="3">T2</td><td rowspan="3">打开或关闭</td><td>OFF</td><td>ON 或 OFF</td><td>报警停止</td><td>——</td><td>——</td><td>——</td></tr>
<tr><td rowspan="2">ON</td><td>OFF</td><td>急停</td><td>——</td><td>——</td><td>——</td></tr>
<tr><td>ON</td><td>正常工作</td><td><250mm/s</td><td>示教器</td><td>编程速度</td></tr>
</table>

2. 按钮与指示灯

控制面板上的按钮与指示灯用于机器人急停、自动模式程序本地运行启动、故障复位以及状态指示。标准配置系统的按钮与指示灯布置如图 8-2 所示，作用如下。

急停（Emergency Stop）：机器人急停。按钮按下时，程序停止运行、驱动电机以最大电流制动、机器人急停，并断开驱动器主电源。急停按钮具有自保持功能，系统重新启动时，需要旋转蘑菇头复位。

电源指示（Power）：电源指示灯，控制系统电源总开关接通时亮。

图 8-2　按钮与指示灯

报警指示（Fault）：系统报警灯，控制系统发生报警时亮。故障排除后，可通过故障复位按钮，清除报警、复位系统、关闭指示灯。

循环启动（Cycle Start）：在自动模式时，可启动程序本地（LOCAL）自动运行。

故障复位（Fault Reset）：控制系统故障原因排除后，可清除报警、复位系统。

8.1.2 示教器

1. 外观

FANUC 机器人示教器有图 8-3 所示的单色、彩色显示 2 种。

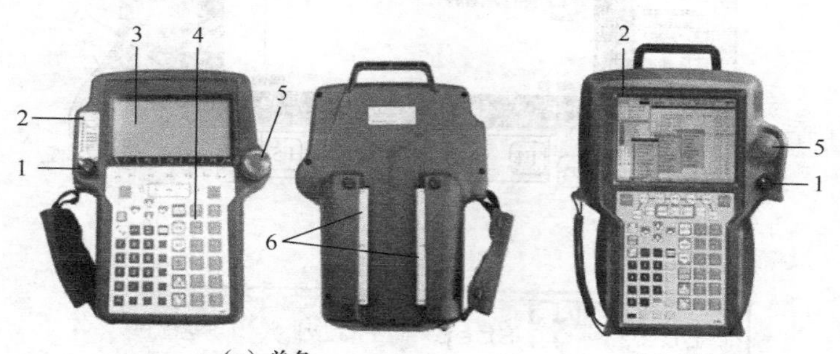

（a）单色　（b）彩色

1—TP 开关；2—状态指示；3—显示屏；4—键盘；5—急停按钮；6—手握开关

图 8-3　示教器外观

单色显示器为 40 字×16 行字符显示，系统工作状态指示采用 LED 指示灯，TP 开关安装在显示器左下方。彩色显示器为 LCD 显示，系统工作状态直接在显示屏的状态显示区，TP 开关安装在显示器右下方。示教器的操作键基本相同。

示教器各部分的主要功能如下。

① TP 开关。示教器生效/无效开关。开关 ON 时，示教器操作生效，操作模式选择示教模式 T1 或 T2 时，可通过示教器控制机器人手动（JOG）、示教、程序自动运行启动/停止等操作。开关 OFF 时，示教器操作无效，操作模式选择自动（AUTO）时，可通过控制柜面板或远程 DI 信号，控制程序自动运行（参见表 8-1），但示教器的程序编辑、机器人设定等操作仍可进行。

② LED。控制系统工作状态指示灯（11 个，功能见下述）。彩色示教器无 LED 指示，其工作状态通过显示屏的状态显示区显示。

③ 显示屏。单色显示器为 40 字×16 行字符显示，彩色显示器为 LCD 显示。

④ 键盘。系统操作按键（61 个），用于数据输入、显示操作（见下述）。

⑤ 急停按钮。机器人急停按钮，作用与控制柜面板上的急停按钮相同。

⑥ 手握开关。FANUC 称“Deadman 开关”，操作模式选择示教模式 T1 或 T2 时，握住开关可启动伺服，对机器人进行手动（JOG）、程序自动运行等操作。

示教器显示、操作键的作用如下。

2. 示教器显示

FANUC 机器人示教器的显示部件如图 8-4 所示。

① 状态指示。单色示教器的系统工作状态指示为 LED 指示灯，彩色显示器的工作状态在显示

屏的状态显示区显示，状态指示灯（状态显示）及功能如下。

FAULT（Fault 显示）：报警。灯亮，表示控制系统存在报警。

PAUSED（Hold 显示）：暂停。灯亮，表示程序处于自动运行暂停（进给保持 HOLD）状态。

STEP（Step 显示）：单步。灯亮，表示程序处于单步执行状态。

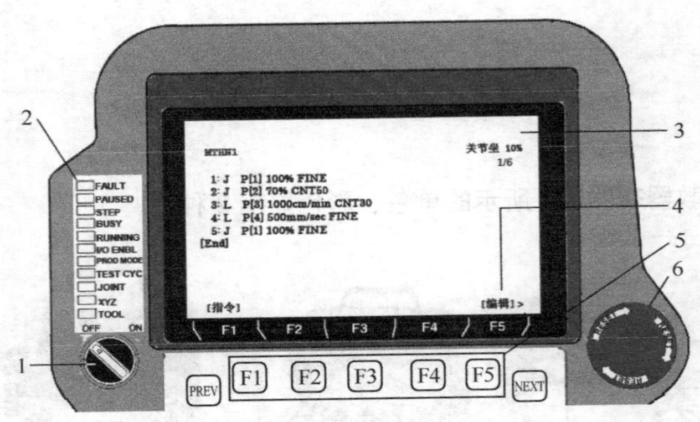

（a）单色

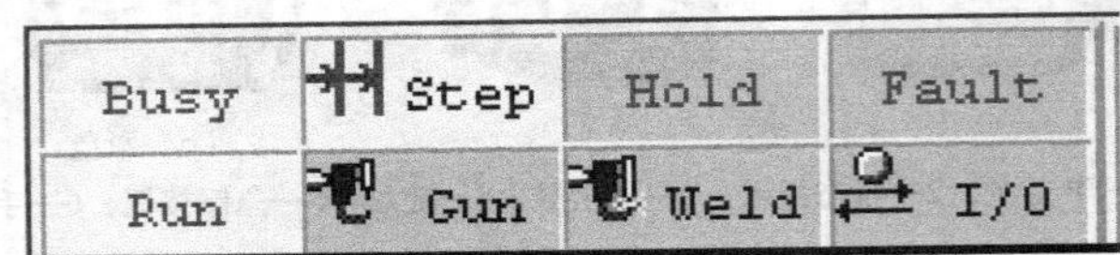

（b）状态显示（彩色）

1—TP 开关；2—状态指示；3—主屏；4—软功能键指示；5—软功能键；6—急停按钮

图 8-4　示教器的显示

BUSY（Busy 显示）：通信忙。灯亮，表示控制系统与机器人、外部设备通信进行中。

RUNNING（Run 显示）：运行。灯亮，表示程序处于自动运行状态。

I/O ENBL（I/O）：I/O 使能。灯亮，表示控制系统的输入/输出信号处于有效状态。

PROD MODE：自动运行模式。灯亮，表示操作模式选择了自动（AUTO）模式。

TEST CYCLE：试运行。灯亮，表示程序处于示教模式运行状态。

JOINT：关节坐标系生效。灯亮，表示机器人手动操作坐标系选择了关节坐标系（关节轴手动）。

XYZ：直角坐标系生效。灯亮，表示机器人手动操作选择了全局、用户、手动等笛卡尔直角坐标系（机器人 TCP 手动）。

TOOL：工具坐标系生效。灯亮，表示机器人手动操作选择了工具坐标系。

Gun、Weld 显示（彩色）：作业工具（如焊钳、焊枪等）工作状态显示。

② 软功能键。软功能键是按键功能可变的操作键。FANUC 机器人示教器有 5 个软功能键【F1】～【F5】，按键的功能可通过主屏最下方的显示行显示。

为了便于阅读，本书在后述的内容中，将以符号“【 】”表示可直接操作的示教器实体键，如【MENU】、【+X】等；以符号“〖 〗”表示示教器实体键【F1】～【F5】所代表的功能，如〖指令〗、〖编辑〗等。

③ 主屏显示。主屏的显示内容可通过后述的显示键选择，有关内容详见后述章节。对于常用的示教编程操作，其显示如图 8-5 所示。

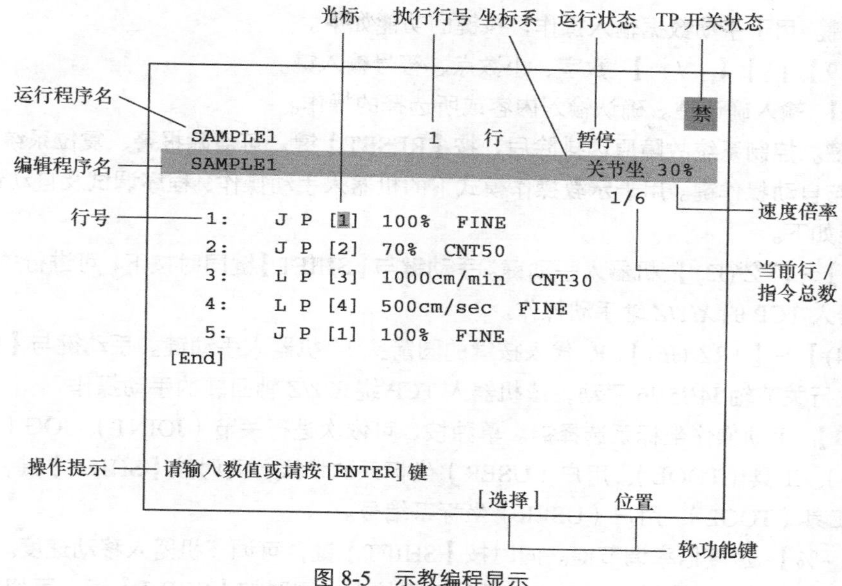

图 8-5　示教编程显示

3．按键与功能

FANUC 机器人常用的示教器键盘如图 8-6 所示，操作按键的功能主要可分显示键、输入键、复位键、手动与自动操作键、光标调节键、用户键等。电源（POWER）与报警（FAULT）指示灯只在部分示教器上设置。

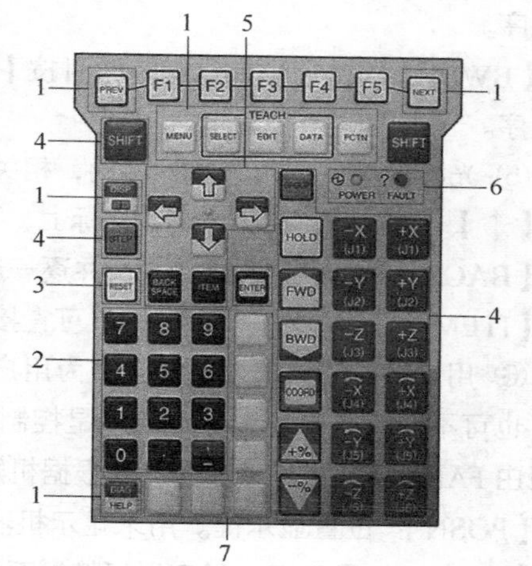

1—显示；2—输入；3—复位；4—手动与自动操作；5—光标调节；6—指示灯；7—用户

图 8-6　示教器操作键功能

示教器操作键的功能如下。底色与【SHIFT】相同的按键，例如【+X】键，或者，按键上底色与【SHIFT】相同的功能，如【DIAG/HELP】键的 DIAG 功能（诊断显示），通常需要与【SHIFT】键同时操作。

① 显示键。用于示教器显示的选择、切换。相关操作键的功能如下。

【DIAG/HELP】：诊断/帮助键。单独按，示教器可显示帮助文本，与【SHIFT】键同时按，可显示系统的诊断页面。

【DISP/□□】：窗口切换键，仅与彩色显示的示教器配套。单独按，可切换显示窗口；与【SHIFT】键同时按，可切换为多窗口显示。

【PREV】、【NEXT】：选页键。按【PREV】，示教器可返回上一页显示；按【NEXT】，示教器可显示下一页。

【FCTN】、【MENU】：功能菜单、操作菜单键。按【FCTN】键，示教器可显示操作功能菜单；按【MENU】，示教器可显示操作菜单。

【SELECT】：示教（TEACH）操作的程序选择页面显示键。

【EDIT】：示教（TEACH）操作的程序编辑页面显示键。

【DATA】：示教（TEACH）操作的程序数据页面显示键。

② 输入键。用于手动数据输入操作，按键的功能如下。

【0】～【9】、【·】、【，/－】：数字、小数点、符号输入键。

【ENTER】：输入确认键。确认输入内容或所选择的操作。

③ 复位键。控制系统故障原因排除后，按【RESET】键，可清除报警、复位系统。

④ 手动与自动操作键。用于示教操作模式下的机器人手动操作、程序调试及自动运行控制，相关按键的功能如下。

【－X/(J1)】～【+Z/(J3)】：机器人手动键。手动键与【SHIFT】键同时按下，可进行关节轴 J1/J2/J3 手动，或机器人 TCP 的 *X/Y/Z* 轴手动操作。

【－RX/(J4)】～【+RZ/(J6)】（R 代表按键的圆箭头）：机器人手动键。手动键与【SHIFT】键同时按下，可进行关节轴 J4/J5/J6 手动，或机器人 TCP 绕 *X/Y/Z* 轴回转的手动操作。

【COORD】：手动操作坐标系选择键。单独按，可依次进行关节（JOINT）、JOG（JGFRM）、全局（WORLD）、工具（TOOL）、用户（USER）坐标系的切换；同时按【SHIFT】键，可改变 JOG（JGFRM）、工具（TOOL）、用户（USER）坐标系编号。

【+%】、【－%】：速度倍率调节键。同时按【SHIFT】键，可调节机器人移动速度。

【GROUP】：运动组切换键。在多运动组复杂系统上，同时按【SHIFT】键，可切换运动组。

【STEP】：单步/连续执行键。选择示教模式时，按此键，可进行程序单步/连续执行方式的切换。

【HOLD】：进给保持键。按此键，可暂停程序自动运行。

【FWD】：程序向前执行键。同时按【SHIFT】键，可启动程序自动运行，并由上至下、向前执行程序。

【BWD】：程序后退执行键。同时按【SHIFT】键，可启动程序自动运行，并由下至上、后退执行程序。

⑤ 光标调节键。用于光标移动，相关按键的功能如下。

【↑】、【↓】、【→】、【←】：光标上、下、前、后移动键。

【BACKSPACK】：光标后退、并逐一删除字符。

【ITEM】：行检索。按此键后，可直接输入行编号，将光标定位至指定行。

⑥ 用户键。用户键是控制系统为用户预留的按键，用户（机器人生产厂家）可根据需要规定功能，也可不使用。由于 FANUC 既是控制系统生产厂家、又是机器人生产厂家，用户键的功能实际上也由 FANUC 公司规定。用户键根据机器人用途稍有不同，以下为大多数机器人通用的用户键。

【POSN】：位置显示键。用来显示机器人当前位置显示页面。

【I/O】：I/O 显示键。用来显示控制系统的 I/O 显示页面。

【STATUS】：状态显示键，用来显示控制系统的状态显示页面。

【SETUP】：设定显示键，用来显示控制系统的设定页面。

其他用户键一般用于作业工具控制，按键功能与机器人类型（用途）有关。

8.1.3 操作菜单

1．菜单与显示

示教器的显示、操作需要利用菜单选择。FANUC 机器人的菜单有功能菜单（亦称辅助菜单）、操作菜单 2 类，功能菜单可通过示教器的【FCTN】键显示，操作菜单可通过示教器的【MENU】键显示，操作菜单的显示内容，还可通过功能菜单【FCTN】，以快捷（QUICK）或完整（FULL）2

种形式显示。

FANUC 机器人示教器的菜单显示如图 8-7 所示（彩色 LCD），菜单采用多层结构，可逐层展开、显示及选择。

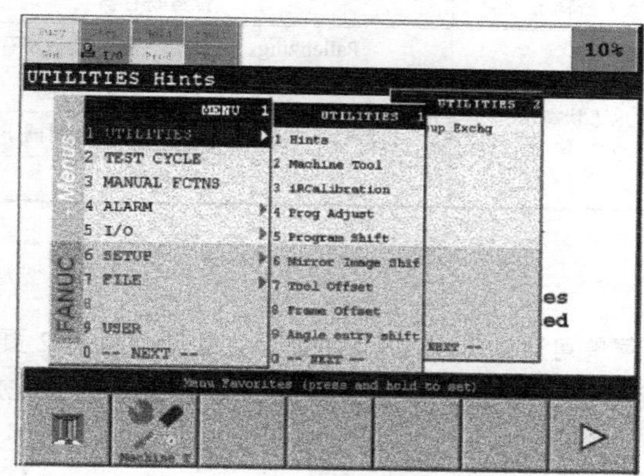

图 8-7　菜单显示（彩色）

FANUC 机器人的菜单显示内容与机器人用途（类别）、控制系统软件版本、系统选择功能配置等因素有关，不同时期生产、不同软件版本、不同用途的控制系统，菜单的显示内容、形式有所区别，操作菜单功能详见后述。

表 8-2 所示的操作选项需要选配控制系统的附加功能。操作选项可在操作菜单选定后，利用软功能键〖类型〗打开、选择。表中的菜单名称及操作选项括号内的文字为示教器实际显示或 FANUC 说明书上的中文翻译，其文字可能不尽确切。

表 8-2　FANUC 机器人选择功能菜单

类别	页-序	菜单名称（中文）	操作选项	选择功能
功能菜单【FCTN】	1-3	CHANGE GROUP（改变群组）	运动组切换（群组号码更改）	J518
	1-4	TOG SUB GROUP（切换副群组）	外部轴切换（副群组号码更改）	J518
操作菜单【MENU】	1-1	UTILITIES（共用程序/功能）	Prog. Adjust，程序调整（即时位置修改）	H510
			Programm Shift，程序偏移（程序移转）	H510
			Mirror Image Shift，程序镜像（程序对称移转）	H510
			Tool Offset，工具坐标系变换（工具偏移功能）	H510
			Frame Offset，用户坐标系变换（坐标偏移功能）	H510
			Angle Entry Shift，程序点旋转变换（角度输入移转）	J614
	1-3	MANUAL FCTNS（手动操作功能）	Macro，宏指令	H510
	1-5	I/O（设定输出・入信号）	Analog，模拟量信号（模拟信号）	H510
	1-6	SETUP（设定）	Macro，宏指令	H510
			Ref Position，作业基准点设定（设定基准点）	H510
			Soft Float，软浮动控制（外力追踪功能）	J612
			转矩限制	J611
			Motion Group DO，运动组输出（动作输出）	J518
			连续回转	J613

续表

类别	页-序	菜单名称（中文）	操作选项	选择功能
操作菜单【MENU】	1-7	FILE（文件）	全部项	H510
	2-3	DATA（资料）	位置寄存器	H510
	2-4	STATUS（状态）	Palletizing，码垛暂存器（栈板寄存器）	J500
			程序定时器（程序计时器）	H510
			系统运行时间（运转计时器）	H510
			状态监视	H510

2. 功能菜单

FANUC 机器人的功能菜单可通过【FCTN】键显示，菜单一般有 2 页，显示内容如图 8-8 所示，菜单可通过光标移动键选定后，按【ENTER】键选择。光标选定“—NEXT—”、按【ENTER】键，可切换显示页。

```
1 ABORT
2 Disable FWD/BWD
3 CHANGE GROUP
4 TOG SUB GROUP
5 TOG WRIST JOG
6
7 RELEASE WAIT
8
9
0---NEXT---
```

(a) 第一页

```
1 QUICK/FULL MENUS
2 SAVE
3 PRINT SCREEN
4 PRINT
5
6 UNSIM ALL I/O
7
8 CYCLE POWER
9 ENABLE HMI MENUS
0---NEXT---
```

(b) 第二页

图 8-8 功能菜单显示

功能菜单可直接显示系统功能，并进行相关操作，其作用如表 8-3 所示，部分菜单只有选配相应的选择功能软件才能显示与使用。此外，由于翻译的原因，某些菜单的中文显示可能不尽合理或无中文显示，为便于读者对照，原译文标注在括号内（下同）。

表 8-3 FANUC 机器人功能菜单说明

页-序	名称（中文）	作用
1-1	ABORT（程序结束）	程序终止，强制结束执行或暂停的程序
1-2	Disable FWD/BWD（禁止前进/后退）	禁止程序前进/后退（FWD/BWD）
1-3	CHANGE GROUP（改变群组）	切换运动组
1-4	TOG SUB GROUP（切换副群组）	机器人/外部轴操作切换
1-5	TOG WRIST/JOG（切换姿态控制操作）	TCP/工具定向操作切换
1-6	——	——
1-7	RELEASE WAIT（解除等待）	结束等待指令
1-8/9	——	——
1-0	—NEXT—	切换第 2 页显示
2-1	QUICK/FULL MENUS（简易/全画面切换）	快捷/完整操作菜单切换
2-2	SAVE（备份）	数据保存到软盘中
2-3	PRINT SCREEN（打印当前屏幕）	打印当前屏幕

续表

页-序	名称（中文）	作用
2-4	PRINT（打印）	数据输出打印
2-5	——	——
2-6	UNSIM ALL I/O（所有 I/O 仿真解除）	删除所有 I/O 信号的仿真设置
2-7	——	——
2-8	CYCLE POWER（请再启动）	系统重启，重启控制系统
2-9	ENABLE HMI MENUS（接口有效菜单）	人机接口（HMI）菜单生效
2-0	—NEXT—	返回第 1 页显示

3．快捷操作菜单

FANUC 机器人的操作菜单，可利用功能菜单【FCTN】第 2 页的选项“QUICK/FULL MENUS”，选择快捷（QUICK）、完整（FULL）2 种操作菜单。

选择快捷操作（QUICK）时，按示教器的操作菜单键【MENU】，只能显示系统常用的操作菜单；选择完整操作（FULL）时，按示教器的操作菜单键【MENU】，可显示控制系统的全部操作菜单。

快捷菜单的显示项目与机器人功能、用途有关，在不同的机器人上可能有所不同，常用的快捷菜单如图 8-9 所示。部分机器人可能有 2 页或更多的菜单项。

操作菜单所包含的内容较多，在主菜单选定后，通过软功能键〖类型（TYPE）〗，进一步显示操作项（子菜单），选择所需的操作。

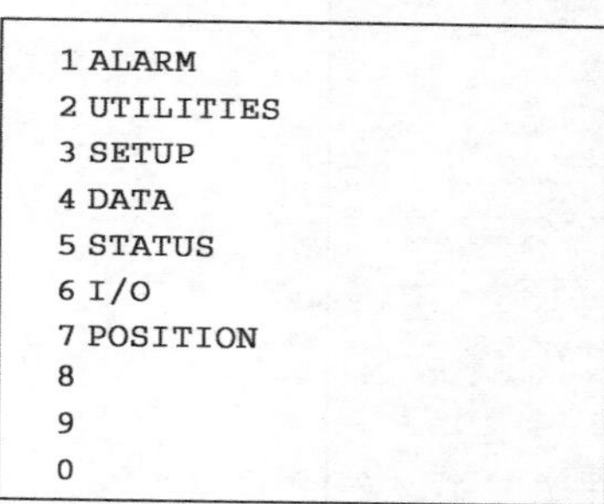

图 8-9　常用的快捷菜单

FANUC 机器人常用快捷操作菜单的作用如表 8-4 所示，操作菜单功能可通过光标移动键、【ENTER】键选定。由于控制系统功能、机器人用途不同，不同机器人的快捷操作菜单可能有所区别。部分菜单需要选配 FANUC 选择功能。

表 8-4　FANUC 机器人常用快捷操作菜单说明

序号	名称（中文）	操作
1	ALARM（异常履历）	报警信息、详情、履历显示
		伺服报警及详情显示
		系统报警及详情显示
		程序出错及详情显示
		报警履历显示
		通信出错及详情显示
2	UTILITIES（共用程序/功能）	系统基本信息和帮助文本显示
		程序点位置、速度变换
		程序点平移与旋转变换
		程序镜像与旋转变换
		工具坐标系变换
		用户坐标系变换
		程序点旋转变换

续表

序号	名称（中文）	操作
3	SETUP（设定）	自动运行程序设定
		系统基本设定
		坐标系设定
		宏程序设定
		基准点设定
		伺服软浮动（外力追踪）功能设定
		通信接口设定
		外部速度调节设定
		用户报警设定
		转矩限制功能设定
		J1、E1 轴可变极限限位设定
		运动组输出设定
		连续回转功能设定
		报警等级设定
		重新启动功能设定
		干涉保护区设定
		主机通信设定
		密码设定
		示教器显示设定
		后台运算功能设定
4	DATA（资料）	数值暂存器显示、设定
		位置暂存器显示、设定
		码垛暂存器显示、设定
		KAREL 语言程序数据显示、设定
5	STATUS（状态）	关节轴状态显示
		软件版本显示
		程序定时器显示
		系统运行时间显示
		安全信号显示
		选择功能显示
		运行记录显示
		存储器显示
		条件显示
6	I/O（设定输出・入信号）	I/O 单元显示、设定
		DI/DO、RI/RO 状态显示、设定
		UI/UO、SI/SO 状态显示、设定
		GI/GO 状态显示、设定
		AI/AO 状态显示、设定
		DI→DO 连接设定
		I/O-Link 设备配置
		标志 M 状态显示、设定
7	POSITION（现在位置）	机器人当前位做显示

4．完整操作菜单

当功能菜单【FCTN】第 2 页的选项“QUICK/FULL MENUS”，选择完整（FULL）时。按示教器的操作菜单键【MENU】，可显示系统完整的操作菜单。操作菜单一般为 2 页，显示内容如图 8-10 所示，菜单功能可通过光标移动键选定后、按【ENTER】键选择，选择“—NEXT—”，按【ENTER】键，可切换显示页。部分机器人（例如使用 iPendant 示教器时），操作菜单有 3 页，第 3 页通常为显示刷新、故障记录等特殊操作。

完整操作菜单可显示控制系统的全部操作功能，其作用如表 8-5 所示。

```
1 UTILITIES
2 TEST  CYCLE
3 MANUL  FCTNS
4 ALARM
5 I/O
6 SETUP
7 FILE
8 SOFTPANEL
9 USER
0---NEXT---
```

（a）第一页

```
1 SELECT
2 EDIT
3 DATA
4 STATUS
5 POSITION
6 SYSTEM
7 USER2
8 BROWSER
9
0---NEXT---
```

（b）第二页

图 8-10　完整操作菜单显示

表 8-5　FANUC 机器人常用完整操作菜单说明

页-序	名称（中文）	作用
1-1	UTILITIES（共用程序/功能）	同快捷操作菜单
1-2	TEST CYCLE（测试运转）	示教模式程序试运行设置
1-3	MANUL FCTNS（手动操作功能）	手动操作宏指令设定
1-4	ALARM（异常履历）	同快捷操作菜单
1-5	I/O（设定输出・入信号）	同快捷操作菜单
1-6	SETUP（设定）	同快捷操作菜单
1-7	FILE（文件）	文件操作、自动备份设定
1-8	SOFT PANEL（软面板）	面板显示设置 创建面板安装向导
1-9	USER（使用者设定画面）	用户显示页面
1-0	—NEXT—	切换第 2 页显示
2-1	SELECT（程序一览）	程序一览表显示
2-2	EDIT（编辑）	编辑程序
2-3	DATA（资料）	同快捷操作菜单
2-4	STATUS（状态）	同快捷操作菜单
2-5	POSITION（现在位置）	同快捷操作菜单
2-6	SYSTEM（系统设定）	日期时间设定 系统、伺服参数显示、设定 机器人零点校准、关节轴行程设定 手动超程释放 系统、负载设定
2-7	USER2（使用者设定画面 2）	用户显示页面 2
2-8	BROWSER（浏览器）	浏览器显示、设定
2-9	——	——
2-0	—NEXT—	返回第 1 页显示

8.2 系统启动与手动操作

8.2.1 冷启动、热启动及重启

机器人控制系统在总电源接通后，将自动启动系统并根据需要进行相关处理。FANUC 机器人控制系统的开机方式分正常开机、特殊启动 2 种，操作者可通过控制系统设定对不同的操作进行选择。

在 FANUC 机器人说明书中，控制系统的开机启动方式被称为“开机方式”，并可根据需要选择冷启动（冷开机）、热启动（热开机）、系统重启，以及初始化启动（初始化开机）、控制启动（控制开机）5 种启动方式。冷启动（冷开机）、热启动（热开机）、系统重启用于控制系统的正常开关机，初始化启动（初始化开机）、控制启动（控制开机）多用于系统调试、维修操作。

控制系统电源接通时的正常开机，可通过系统设定（SETUP）菜单、“基本设定”页面的“停电处理”功能设定，选择“冷启动”、“热启动”2 种方式之一（见第 11 章）。系统重启可直接通过示教器的功能菜单【FCTN】选择。控制系统正常开关机的操作步骤如下。

1. 冷启动

冷启动（冷开机）是控制系统最常用的正常开机启动方式。如果机器人设定操作菜单“设定（SETUP）”的设定项“停电处理（Power Fail）”设定为“无效”（参见第 11 章），只需要接通电源总开关，便可直接启动。如果控制系统的“停电处理”功能设定为“有效”，则需要通过后述的控制启动（Controlled start）操作，执行冷启动操作。

控制系统冷启动开机时，将进行如下处理。

① 控制系统的全部通用输出（DO、GO、AO），以及机器人专用输出 RO 的状态，都被设置为 OFF（0）。

② 程序自动运行成为“结束”状态，光标定位至程序起始位置。

③ 速度倍率恢复初始值、手动操作坐标系恢复关节坐标系。

④ 机器人锁住（若设置）状态自动解除。

系统冷启动完成后，控制系统将自动选择第一操作菜单“共用功能（UTILITIES）”的第一显示页（提示与帮助），示教器可显示图 8-11 所示的内容。

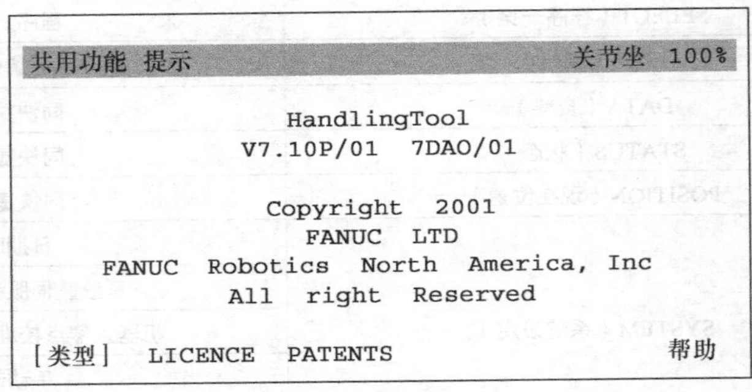

图 8-11 冷启动显示

2. 热启动

热启动（热开机）是连续作业机器人常用的正常开机启动方式。如果机器人设定操作菜单“设定（SETUP）”的设定项“停电处理（Power Fail）”设定为“有效”（参见第 11 章），FANUC 机器人的热启动，只需要接通电源总开关，便可直接启动。如果“停电处理”功能设定为“无效”，则需要通过后述的控制启动（Controlled start）操作，在示教器显示启动选择页面后，执行热启动操作。

FANUC 机器人控制系统热启动将进行如下处理。

① 控制系统的全部通用输出（DO、GO、AO），以及机器人专用输出 RO 的状态，都恢复为电源断开时刻的状态。

② 如果电源断开时，程序处于自动运行状态，则恢复断电时刻的自动运行状态，但程序运行变为“暂停”。

③ 速度倍率、手动操作坐标系、机器人锁住（若设置）状态，都恢复为电源断开时刻的状态。

但是，如果控制系统在断电后进行了 I/O 单元更换、I/O 点数更改等系统软硬件配置操作，则热启动后控制系统的全部通用输出（DO、GO、AO），以及机器人专用输出 RO 的状态，都被设置为 OFF（0）。

热启动完成后，示教器通常可恢复至断电时刻的显示页面。

3. 系统重启

系统重启通常用于生效控制系统参数、清除故障等，其处理方式与冷启动相同。FANUC 机器人的系统重启可在总电源开关接通、示教器 TP 有效开关选择“ON”时，直接通过示教器的功能菜单【FCTN】选择，而无须进行控制系统电源总开关的通断操作。控制系统重启的操作步骤如下。

① 按功能菜单键【FCTN】，示教器可显示功能菜单。

② 光标选定“—NEXT—”，按【ENTER】键，显示功能菜单第 2 页。

③ 光标选定“系统重启（CYCLE POWER）”、按【ENTER】键，示教器将显示图 8-12 所示的系统重启确认页面。

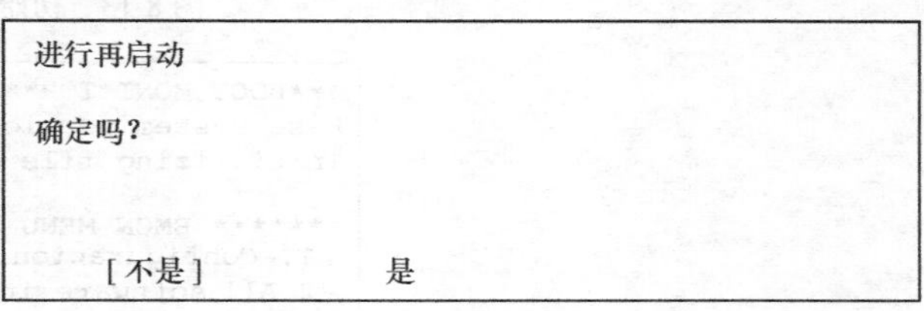

图 8-12　系统重启确认

④ 光标选择“是”，按【ENTER】键确认，控制系统将执行系统重启操作。

4. 系统关机

控制系统的正常关机，一般按以下步骤进行。

① 确认机器人、辅助轴已停止运动，程序自动运行已完全结束。

② 松开示教器手握开关，按下急停按钮，切断伺服驱动器主电源。

③ 关闭控制柜的电源总开关。

8.2.2 初始化启动与控制启动

控制系统初始化启动（Init Start）、控制启动（Controlled Start）是用于系统调试、维修的特殊操作，一旦操作不当，可能导致机器人不能正常使用；因此，这样的操作原则上只能由专业调试、维修人员进行，普通操作人员不应轻易尝试。

1. 初始化启动

FANUC 机器人的初始化启动（Init Start）需要在引导系统操作（Boot Monitor）模式下进行。

初始化启动时，控制系统将格式化存储器、重新安装系统软件、恢复到出厂设定状态，用户输入与设定的全部数据（如程序、机器人设定、系统设定等）将被删除，机器人需要重新调试才能恢复工作，因此，操作必须由专业调试、维修人员承担。

初始化启动可清除由于电源干扰、后备电池失效、控制板松动或脱落或其他不明原因引起的偶发性故障，但是，这一操作必须在完成系统备份或镜像备份后进行，以便系统恢复与还原。FANUC机器人控制系统的备份、镜像备份以及系统恢复、系统还原的操作方法，可参见第12章。

FANUC 机器人初始化启动的操作步骤如下。

① 如图8-13所示，同时按住示教器上的软功能键【F1】、【F5】，接通控制柜系统总电源开关，直至出现图8-14（a）所示的引导系统操作菜单（BMON MENU）显示。

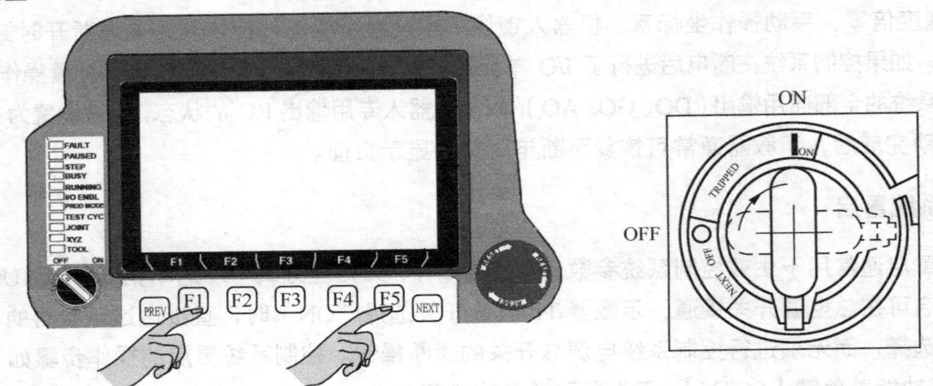

图8-13　初始化开机

```
***BOOT MONI TOR***
Base system version (FRL)
Initializing file device...done

******* BMON MENU *******
  1. Configuration menu
  2.All software installation
  3.Init start
  4.Controller backup/restore
  5.Hardware diagnosis

Selece:
```

（a）引导操作

```
CAUTION:INIT start is selected

  Are you SURE? [Y=1 / N=else]
```

（b）确认

图8-14　初始化启动显示

在引导系统操作菜单上，操作者可根据需要，通过按示教器数字键、【ENTER】键，进行如下操作。

Configuration menu：配置菜单，可按示教器数字键【1】选择。

All software installation：全部软件安装，可按示教器数字键【2】选择。

Init start：系统初始化启动，可按示教器数字键【3】选择。

controller backup/restrore：系统备份/恢复，可按示教器数字键【4】选择。

Hardware diagnosis：系统硬件诊断，可按示教器数字键【5】选择。

② 按示教器上的数字键【3】、输入键【ENTER】，选择初始化启动（Init start）选项，示教器将

显示图 8-14（b）所示的操作确认信息。

③ 确认需要执行初始化启动时，可按示教器上的数字键【1】(选择 YES)，控制系统将执行初始化启动操作。若不需要执行初始化启动，可按示教器上的其他键（选择 NO），放弃初始化启动操作，返回引导操作页面。

2. 控制启动

控制启动通常用于机器人调试、维修操作。控制启动时，可进行特殊的、通常情况不能进行的操作，例如，系统初始化设定、特殊系统参数设定、机器人配置、系统文件读取等，但不能直接进行机器人的操作。

FANUC 机器人的控制启动（Control Start）操作步骤如下。

① 如图 8-15 所示，同时按住示教器上的选页键【PREV】、【NEXT】，接通控制柜系统总电源开关，直至示教器显示图 8-16（a）所示的系统配置菜单（CONFIGURATION MENU）。

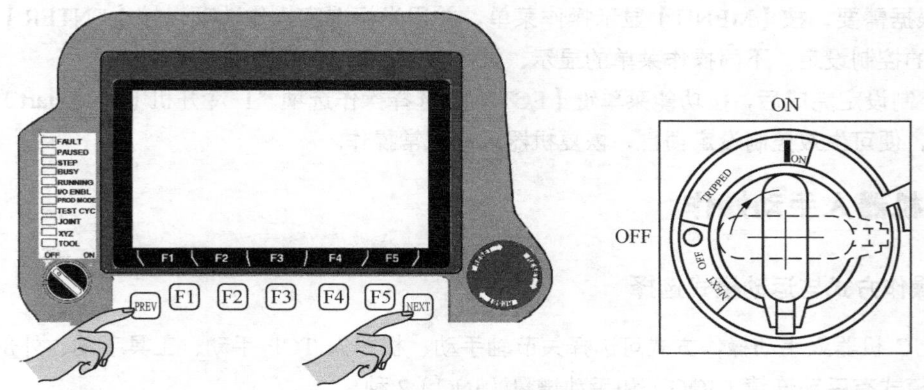

图 8-15　控制启动开机

在系统配置菜单（CONFIGURATION MENU）上，示教器将显示如下操作选项，操作者可根据需要，通过示教器数字键、【ENTER】键，选择相应的操作。

Hot start：系统热启动，可按示教器数字键【1】选择。

Cold start：系统冷启动，可按示教器数字键【2】选择。

Controlled start：系统控制启动，可按示教器数字键【3】选择。

Maintenance：系统维修操作，可按示教器数字键【4】选择。

② 按示教器上的数字键【3】、输入键【ENTER】，选择控制启动（Controlled start）选项，示教器将显示图 8-16（b）所示的控制启动的系统配置菜单。

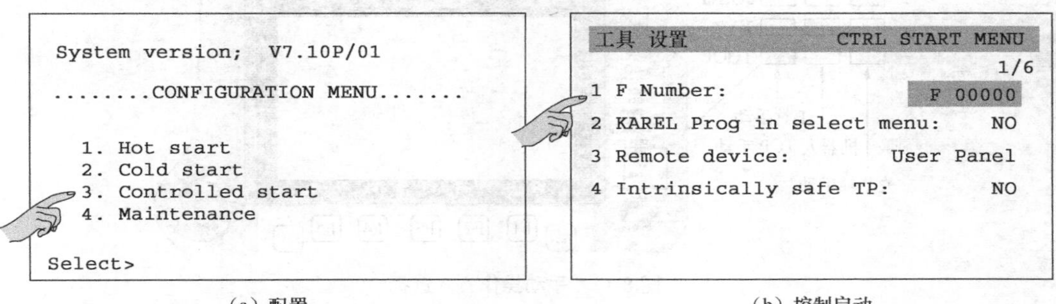

（a）配置　　（b）控制启动

图 8-16　控制启动操作菜单

FANUC 机器人控制启动时，可通过功能菜单键【FCTN】，选择操作选项“1 冷开机(Cold start)”，执行冷启动操作，或者，通过操作菜单键【MENU】，选择如下控制设定操作。

初始化设定：可显示控制启动的初始化设定页面，并进行内部继电器 F 号等系统基本参数的初始化设定。

系统参数设定：可显示、设定所有系统参数，也可进行所有参数的备份/恢复。

文件：可进行应用程序文件、系统文件的保存、加载。

软件版本显示：可显示系统的软件版本。

故障履历显示：显示系统故障履历。

通信接口设定：设定串行接口参数。

暂存器显示：显示系统暂存器状态。

机器人配置：进行机器人、外部轴的配置。

存储器设定（最大数设定）：可更改暂存器、宏指令、用户报警、报警等级变更数量。

③ 根据需要，按【MENU】显示操作菜单，并用光标选定操作选项，按【ENTER】键确认，完成系统的控制设定。不同操作菜单的显示、设定方法，可参见后述章节。

④ 控制设定完成后，按功能菜单键【FCTN】、选择操作选项“1 冷开机（Cold start）”，冷启动控制系统，便可生效控制设定项目，恢复机器人的正常操作。

8.2.3 机器人手动操作

1. 操作方式与运动模式选择

FANUC 机器人手动操作方式可选择关节轴手动、机器人 TCP 手动、工具手动、外部轴运动 4 种，运动模式有手动连续（JOG）和手动增量（INC）2 种。

① 手动操作方式选择。FANUC 机器人的关节轴手动、机器人 TCP 手动、工具手动操作方式，可通过示教器的手动操作坐标系选择键【COORD】选择。重复按【COORD】键，坐标系将按 JOINT（关节）→JGFRM（手动）→WORLD（全局）→TOOL（工具）→USER（用户）→JOINT（关节）的次序，依次循环切换。

手动坐标系选择 JOINT（关节）时，图 8-17 所示的示教器 LED 指示灯“JOINT”亮，关节轴手动方式生效。此时，可通过示教器的运动控制键（【SHIFT】+方向键），手动控制机器人本体的关节轴、外部轴，进行手动连续或增量回转运动。

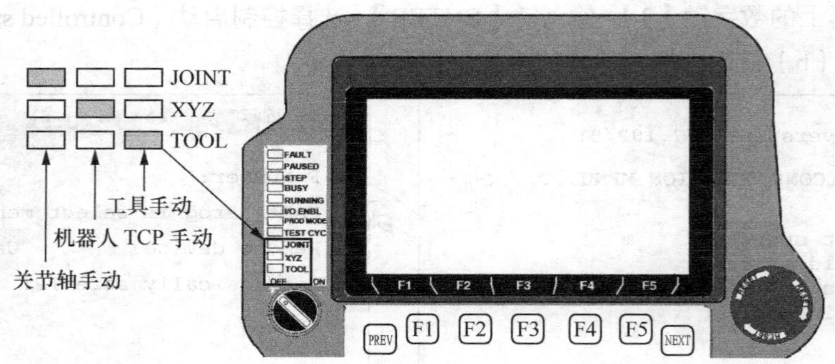

图 8-17 手动操作方式选择

手动坐标系选择 JGFRM（手动）、WORLD（全局）或 USER（用户）时，图 8-17 所示的示教器 LED 指示灯 “XYZ” 亮，机器人 TCP 手动方式生效。此时，可通过示教器的运动控制键（【SHIFT】+方向键），手动控制机器人 TCP，在所选的坐标系上，进行 *X*、*Y*、*Z* 手动连续或增量进给运动。

手动坐标系选择 TOOL（工具）时，图 8-17 所示的示教器 LED 指示灯 “TOOL” 亮，工具手动方式生效。此时，可通过示教器的运动控制键（【SHIFT】+方向键），手动控制机器人 TCP 进行工具坐标系手动连续或增量进给运动，或者，以手动连续或增量进给方式，进行手动工具定向运动。

FANUC 机器人的外部轴手动操作，需要通过 JOG 菜单、功能菜单键【FCTN】选择，有关内容见下述。

② 运动模式选择。FANUC 机器人的手动运动模式，可通过示教器的速度调节键【+%】、【−%】选择。速度调节键【+%】、【−%】具有手动连续移动（JOG）速度调节、运动模式选择双重功能，并可通过系统参数的设定，生效快速调节模式（SHFTOV）。

单独按速度调节键【+%】、【−%】，为运动模式正常调节操作。重复按【+%】键，运动模式将按 VFINE（微动增量）→FINE（增量）→1% ……→5% ……→100%依次变换；重复按【−%】，运动模式将按 100%……→5%……→1%→ FINE →VFINE 依次变化。其中，1% ～100%用于手动连续进给速度倍率选择，1%～5%范围内的速度倍率，以 1%增量增减，5% ～100%范围内的速度倍率，以 5%增量增减。

同时按【SHIFT】、【+%】或【−%】键，为运动模式快速调节操作（SHFTOV 调节，需要设定系统参数生效）。重复按【+%】键，运动模式将按 VFINE→FINE→5%→50%→100%快速变化；重复按【−%】，运动模式将按 100%→50%→5%→ FINE →VFINE 快速变化。其中，5%、50%、100%用于手动连续进给速度倍率快速选择。

运动模式 VFINE（微动增量）、FINE（增量）为手动增量（INC）移动模式。选择 INC 模式时，每次按示教器的运动控制键（【SHIFT】+方向键），关节轴或机器人 TCP 只能在指定方向、运动指定的距离，距离到达位后，机器人自动停止移动，松开运动控制键（【SHIFT】+方向键）后再次按，可继续向指定方向、移动指定距离。FINE 增量进给的每次距离，大致为 0.01°（关节轴手动）或 0.1mm（机器人 TCP 或工具手动）；VFINE 微动增量进给的增量距离，大致为 0.001°（关节轴手动）或 0.01mm（机器人 TCP 或工具手动）。

关节轴手动、机器人 TCP 手动、工具手动的操作步骤如下。

2．关节轴手动

关节轴手动操作可用于机器人本体、外部轴的关节坐标系手动连续移动（JOG）或增量进给（INC），操作步骤如下。

① 检查机器人、变位器（外部轴）等运动部件均处于安全、可自由运动的位置，接通控制柜的电源总开关，启动控制系统。

② 复位控制面板、示教器及其他操作部件（如操作）上的全部急停按钮，将控制面板的操作模式选择开关置示教模式 1（T1）。

③ 如图 8-18 所示，按示教器的手动操作坐标系选择键【COORD】（可能需数次），选定 JOINT（关节）坐标系、生效关节轴手动方式（见前述），示教器的 LED 指示灯 “JOINT” 亮（参见图 8-17），状态行的坐标系显示为 “JOINT”。

④ 按示教器用户键【POSN】，或者，按操作菜单键【MENU】，选择【POSITION】，使示教器显示图 8-19 所示的机器人当前位置页面。当机器人具有外部轴时，位置显示将增加 E1、E2、E3 轴

显示。若位置显示为机器人 TCP 位置（直角坐标系 *XYZ* 位置），可按软功能键〖JNT〗，显示机器人关节坐标位置。

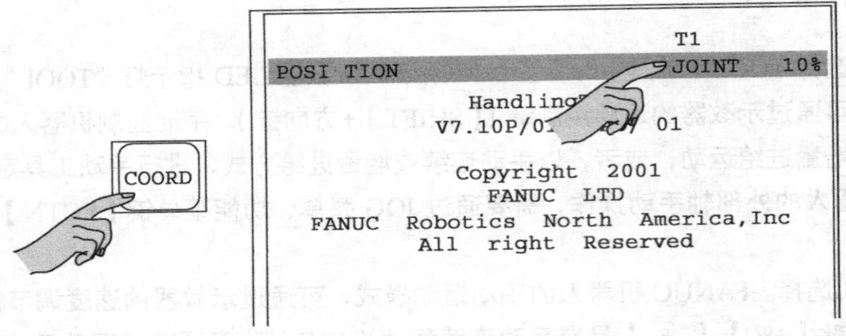

图 8-18 关节轴手动选择

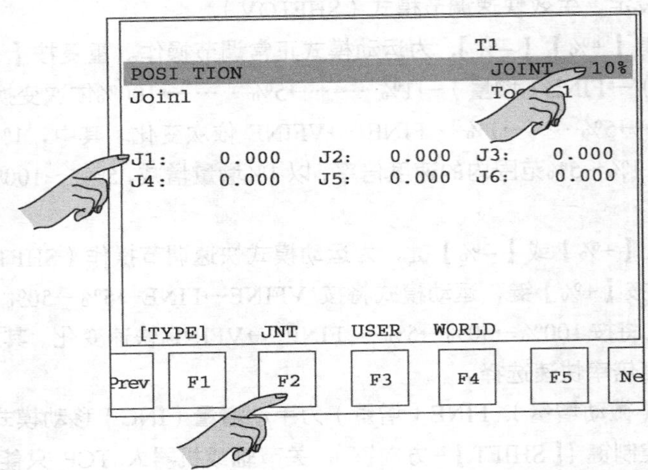

图 8-19 关节位置、速度倍率显示

⑤ 利用示教器速度倍率调节键【+%】、【−%】，选定运动模式、手动连续移动速度倍率（见前述）。

⑥ 握住示教器手握开关（Deadman 开关）、启动伺服后，将示教器的 TP 有效开关置图 8-20 所示的“ON”位置。

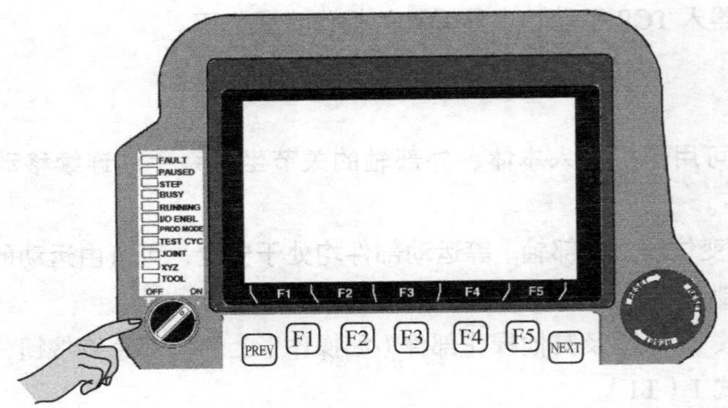

图 8-20 TP 有效开关置 ON

TP 有效开关选择“ON”时，若操作者松开手握开关，控制系统将显示报警，此时，可以重新握住手握开关、启动伺服，然后，按示教器的复位键【RESET】，清除报警。

⑦ 同时按【SHIFT】、方向键【−X（J1）】～【+RZ/(J6)】（R 代表圆箭头），所选的关节轴、外部轴，即按图 8-21 所示的方向，进行手动连续（JOG）或手动增量（INC）移动。

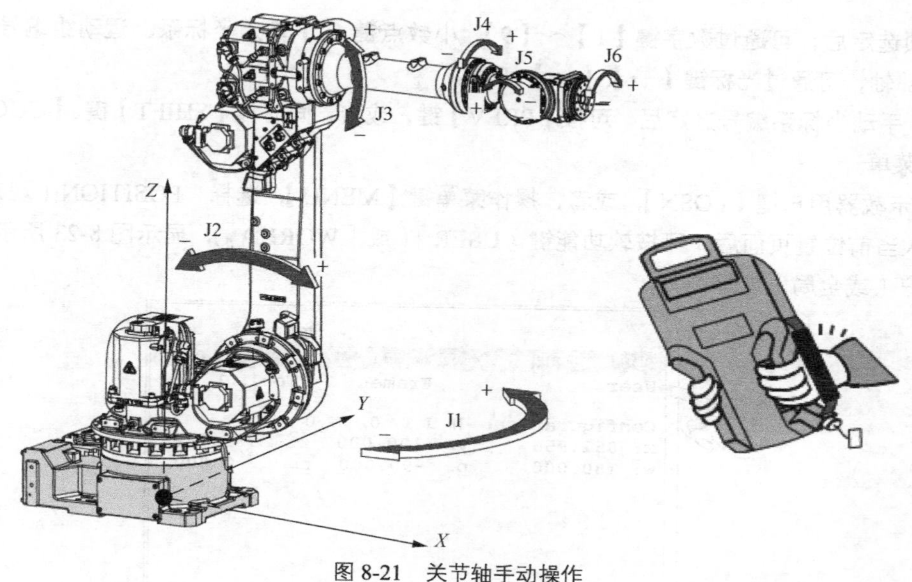

图 8-21 关节轴手动操作

3. 机器人 TCP 手动

利用机器人 TCP 手动操作，可使机器人的工具控制点（TCP），在所选的笛卡尔直角坐标系全局（WORLD）、手动（JGFRM）或用户（USER）上，进行 X、Y、Z 方向的手动移动。如果机器人未设定手动（JGFRM）、用户（USER）坐标系，控制系统将默认手动、用户坐标系与全局坐标系重合。

FANUC 机器人的 TCP 手动操作的步骤如下。

①、② 同关节轴手动操作。

③ 按示教器的手动操作坐标系选择键【COORD】（可能需数次），选定全局（WORLD）或手动（JGFRM）、用户（USER）坐标系，示教器上的 LED 指示灯“XYZ”亮（参见前述图 8-16 及说明）。

④ 若机器人已设定了多个用户、手动坐标系，可在坐标系选定后，同时按【SHIFT】键、【COORD】键，打开图 8-22 所示的 JOG 菜单。

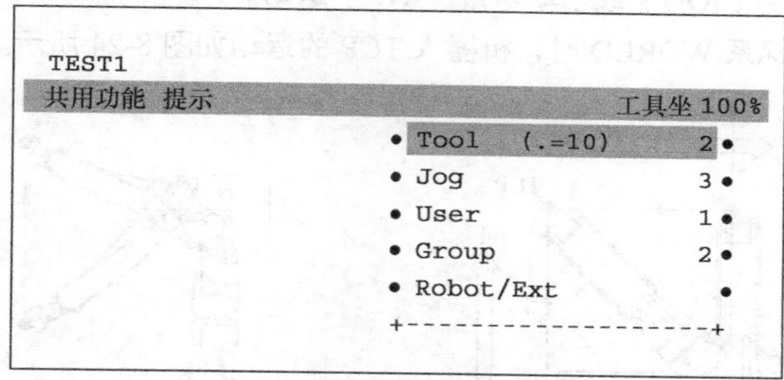

图 8-22 JOG 菜单显示

JOG 菜单显示后，可通过光标移动键、【ENTER】键，选定操作项，进行如下设定。

Tool（.=10）：工具坐标系编号输入与选择，编号 10 可利用小数点键【.】输入；

Jog：JOG 坐标系编号输入与选择；

User：用户坐标系编号输入与选择；

Group：运动组编号输入与选择；

Robot/Ext：机器人本体轴/外部轴切换。

操作项选定后，可通过数字键【1】～【9】、小数点键【.】输入坐标系、运动组编号，机器人本体轴/外部轴，可通过光标键【→】、【←】切换。

用户、手动坐标系编号选定后，可按【PREV】键，或者，同时按【SHIFT】键、【COORD】键，关闭JOG菜单。

⑤ 按示教器用户键【POSN】，或者，操作菜单键【MENU】，选择“POSITION（现在位置）”，显示机器人当前位置页面后，可按软功能键〖USER〗（或〖WORLD〗），显示图8-23所示的机器人TCP的用户（或全局）坐标位置。

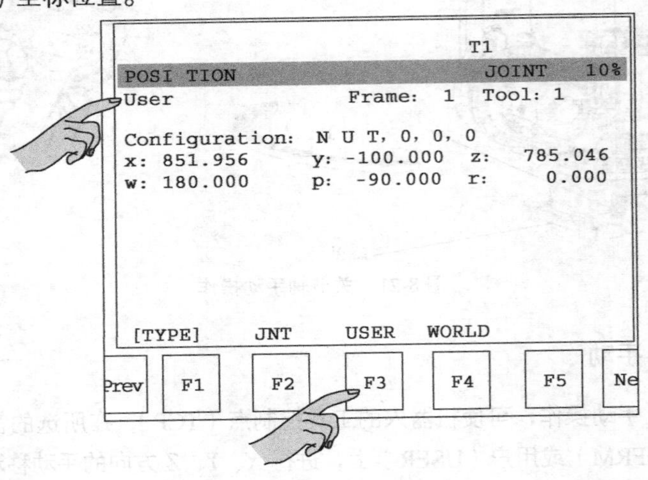

图8-23 机器人TCP位置显示

⑥ 利用示教器速度倍率调节键【+%】、【–%】，选定运动模式、手动连续移动速度倍率（见前述）。

⑦ 握住示教器手握开关（Deadman开关）、启动伺服后，将示教器的TP有效开关置”ON”位置。TP有效开关选择“ON”时，若操作者松开手握开关，控制系统将显示报警，此时，可以重新握住手握开关、启动伺服，然后，按示教器的复位键【RESET】，清除报警。

⑧ 同时按【SHIFT】、方向键【–X（J1）】～【+Z/(J3)】，机器人TCP，即按所选的坐标系、运动轴方向，进行手动连续（JOG）或手动增量（INC）运动。

例如，选择全局坐标系WORLD时，机器人TCP的运动如图8-24所示。

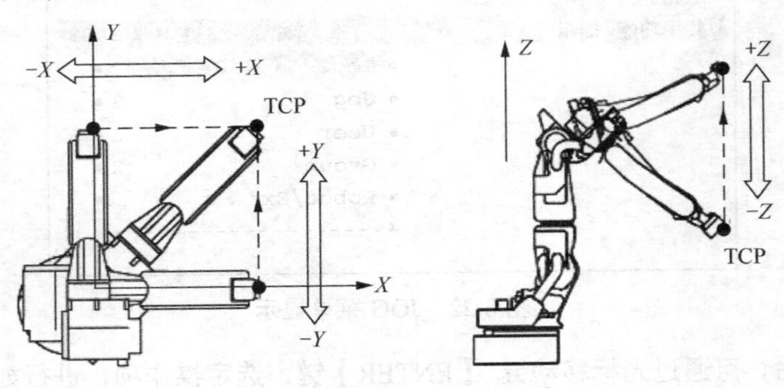

图8-24 机器人TCP的运动

4．工具手动

FANUC机器人的工具手动可通过系统设定，选择图8-25所示的机器人TCP工具坐标系手动、手动工具定向2种操作方式。

当系统设定“机器人手腕关节进给”设定为“无效”时，系统将选择机器人 TCP 工具坐标系手动操作（TOOL 操作方式）。此时，工具的姿态将保持不变，机器人 TCP 可进行如图 8-25（a）所示的工具坐标系手动移动。

当系统设定“机器人手腕关节进给”设定为“有效”时，系统将选择手动工具定向操作（W/TOOL 操作方式）。此时，可通过运动控制键“【SHIFT】+方向键【–RX/(J4)】～【+RZ/(J6)】（R 代表按键的圆箭头）”，在工具控制点（TCP）保持不变的前提下，使机器人进行如图 8-25（b）所示的手动工具定向移动。

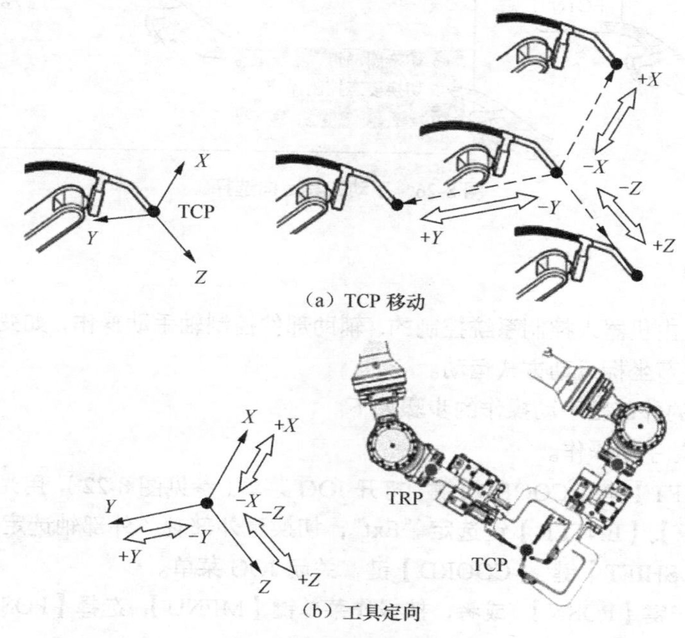

（a）TCP 移动

（b）工具定向

图 8-25　手动工具移动

FANUC 机器人的工具手动操作的步骤如下。

①、② 同关节轴手动操作。

③ 按示教器的手动操作坐标系选择键【COORD】（可能需数次），选定工具坐标系（TOOL），示教器上的 LED 指示灯“TOOL”亮（参见前述图 8-17 及说明）。

④ 若机器人已设定了多个工具坐标系，可在坐标系选定后，同时按【SHIFT】键、【COORD】键，打开 JOG 菜单（参见图 8-22），用光标选定“Tool”后，可通过数字键【0】～【9】、小数点键【.】输入工具坐标系编号 1～10。工具坐标系编号选定后，可按【PREV】键，或者，同时按【SHIFT】键、【COORD】键，关闭 JOG 菜单。

⑤ 按示教器用户键【POSN】，或者，操作菜单键【MENU】，选择【POSITION】，显示机器人当前位置页面后，可按软功能键，选择所需的位置显示页面。

⑥ 利用示教器速度倍率调节键【+%】、【–%　】，选定运动模式、手动连续移动速度倍率（见前述）。

⑦ 握住示教器手握开关（Deadman 开关），启动伺服后，将示教器的 TP 有效开关置”ON”位置。

TP 有效开关选择“ON”时，若操作者松开手握开关，控制系统将显示报警，此时，可以重新握住手握开关，启动伺服，然后，按示教器的复位键【RESET】，清除报警。

⑧ 同时按【SHIFT】、方向键【–X（J1）】～【+Z/(J3)】，即可进行机器人 TCP 工具坐标系手动连续（JOG）或增量（INC）运动。

⑨ 若需要进行手动工具定向操作，可按功能菜单键【FCTN】使示教器可显示图8-26所示的功能选择菜单。然后，用光标选定“切换姿态控制操作（TOG WRIST/JOG）”，按【ENTER】键确认，示教器的坐标系显示栏显示“W/工具（W/TOOL）”。

手动工具定向操作选定后，若再次用光标选定“切换姿态控制操作（TOG WRIST/JOG）”，按【ENTER】键确认，则可返回机器人TCP工具坐标系移动，示教器的坐标系显示栏恢复“工具（TOOL）”。

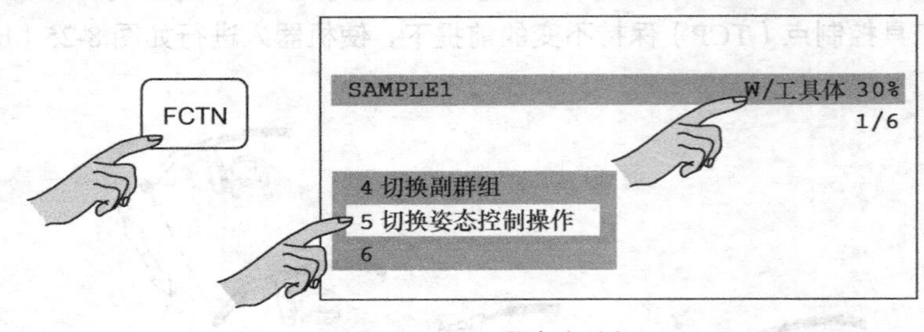

图8-26 手动工具定向选择

5. 外部轴手动

外部轴手动用于由机器人控制系统控制的、辅助部件控制轴手动操作，如变位器、伺服焊钳等。外部轴手动总是以关节坐标运动方式运动。

FANUC机器人的外部轴手动操作的步骤如下。

①~③ 同关节轴手动操作。

④ 同时按【SHIFT】键、【COORD】键，打开JOG菜单（参见图8-22），用光标选定“Robot/Ext”后，通过光标键【→】、【ENTER】键选定“Ext”，切换至外部轴。外部轴选定后，可按【PREV】键，或者，同时按【SHIFT】键、【COORD】键，关闭JOG菜单。

⑤ 按示教器用户键【POSN】，或者，按操作菜单键【MENU】，选择【POSITION】后，按软功能键〖JNT〗，显示机器人关节坐标位置。

⑥ 利用示教器速度倍率调节键【+%】、【−%】，选定运动模式、手动连续移动速度倍率（见前述）。

⑦ 握住示教器手握开关（Deadman开关），启动伺服后，将示教器的TP有效开关置”ON”位置。

TP有效开关选择“ON”时，若操作者松开手握开关，控制系统将显示报警，此时，可以重新握住手握开关，启动伺服，然后，按示教器的复位键【RESET】，清除报警。

⑧ 按功能菜单键【FCTN】使示教器显示功能选择菜单（参见图8-26），然后，将光标选定“切换副群组（TOG SUB GROUP）”选项，按【ENTER】键确认，便可选定外部轴手动操作。

⑨ 同时按【SHIFT】、方向键【−X（J1）】~【+Z/(J3)】，外部轴便可进行手动连续（JOG）或手动增量（INC）运动。

8.3 程序创建与程序管理

8.3.1 程序创建

1. 程序管理基本操作

程序创建可在机器人控制系统中生成一个新的程序，并完成程序登录、程序标题（属性）设定等基本操作。

FANUC 机器人程序可利用示教器的程序管理操作创建，其基本步骤如下。

① 接通控制柜的电源总开关，启动控制系统。

② 将控制面板的操作模式选择开关置示教模式 1（T1），并将示教器的 TP 有效开关置"ON"位置。

③ 按示教器的程序选择键【SELECT】，或者，按操作菜单键【MENU】，并在操作菜单中选择"SELECT"操作选项，示教器可显示图 8-27 所示的程序一览表显示页面及程序管理软功能键。

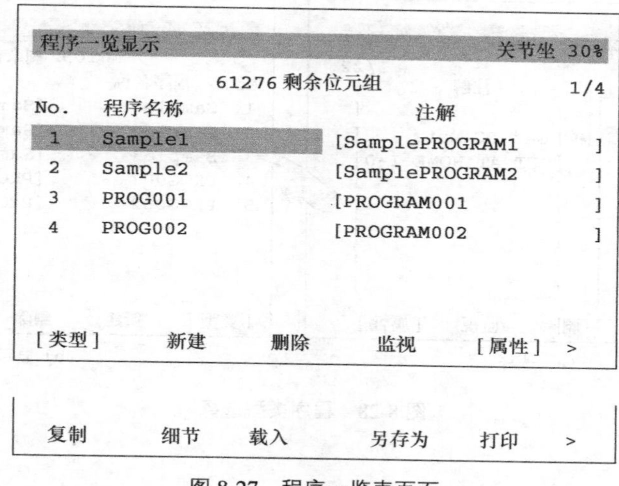

图 8-27 程序一览表页面

〖类型（TYPE）〗：程序类型选择，可选择程序一览表中显示的程序类型（见下述）。

〖新建（CREATE）〗：程序创建，可在控制系统中生成一个新的程序。

〖删除（DELETE）〗：程序删除，可在删除控制系统已有的程序。

〖监视（MONITOR）〗：程序监控，可显示、检查程序运行的基本情况和执行信息。

〖属性（ATTR）〗：程序属性显示与修改，可检查程序容量、编制日期等基本信息，设定或撤销编辑保护功能等。

〖复制（COPY）〗：利用复制操作，生成一个新程序。

〖细节（DETAIL）〗：程序标题及程序属性的详细显示与设定。

〖载入（LOAD）〗：以文件的形式，将系统 FROM 或存储卡、U 盘中永久保存的程序，安装到系统中。

〖另存为（SAVE）〗：以文件的形式，将系统 RAM 存储器中的程序，保存到系统 FROM 或存储卡、U 盘等永久存储器中。

〖打印（PRINT）〗：将程序发送到打印机等外部设备中。

④ 若需要，可按软功能键〖类型（TYPE）〗，示教器可显示图 8-28（a）所示的程序类型选择项，然后，用光标选定程序类型，按【ENTER】键，示教器即可显示图 8-28（b）所示的指定类型程序一览表，类型选择项的显示内容可通过本章后述的程序过滤器功能设定。

程序类型选项的含义如下。

所有的：全部程序，系统的所有程序均可在程序一览表中显示。

程序：作业程序，程序一览表中仅显示机器人作业程序。

宏指令：用户宏程序，程序一览表中仅显示用户宏程序。

Cond：条件程序，程序一览表中仅显示条件执行程序。

'RSR'、'PNS'：机器人远程自动运行程序。

'JOB'、'TEST'等：使用控制系统规定名称的指定类程序。

⑤ 在程序一览表显示页面上，如果用光标选定需要编辑的程序，按【ENTER】键，便可直接打开指定程序的编辑页面，进行程序编辑、修改等操作，有关内容可参见第 9 章。如果选择其他软功能键，则可进行后述的程序创建、保存、安装、删除等管理操作。

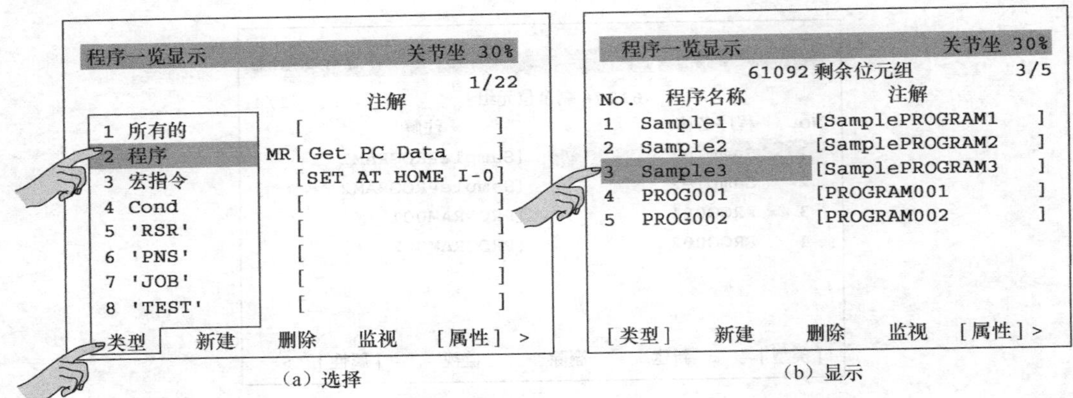

图 8-28　程序类型选择

2. 程序创建

FANUC 机器人作业程序可通过程序管理软功能键〖新建（CREATE）〗，利用示教器输入操作创建，或者，利用软功能键〖复制（COPY）〗，通过现有程序的复制操作创建（见后述），或者，利用软功能键〖载入（LOAD）〗，从系统 FROM 或存储卡、U 盘中，以文件的形式安装（见第 12 章）。

利用示教器输入操作创建程序的基本操作步骤如下。

① 在程序一览表显示页面上选定程序类型，按图 8-29（a）所示的软功能键〖新建（CREATE）〗，示教器可显示图 8-29（b）所示的程序名称输入页面。

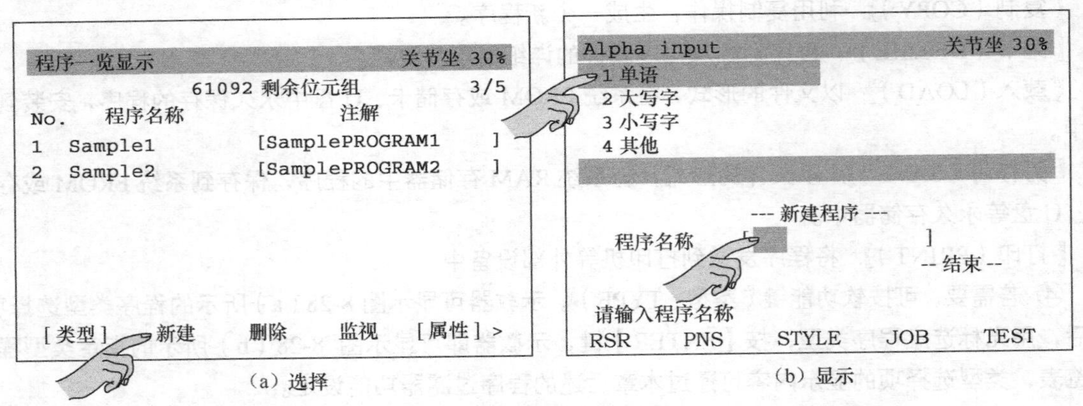

图 8-29　程序创建操作

FANUC 机器人的程序名称，最大为 26 个字符（早期软件为 8 个字符），首字符必须为英文字母，程序名称中一般不能使用星号（*）、@字符，远程自动运行程序的名称必须定义为“RSR+4 位数字”或“PNS+4 位数字”。

FANUC 机器人程序名称的定义、输入方式可选择以下几种。

单语（Words）：使用系统预定义（默认）名称，程序名称统一使用“预定义字符+数字”的形式。预定义字符可通过系统设定操作定义，且可直接利用软功能键输入。FANUC 机器人控制系统预定义名称（字符）最多可设定 5 个，每一名称的字符数不能超过 7 个，预定义名称（字符）一般为常用程序名的缩写，如 PRG、MAIN、SUB、TEST、Sample 等。程序使用系统预定义名称时，不同程序可通过后缀区分，程序名称输入时，只需要在选择软功能键后，添加后缀（一般为数字），便可直接完成程序名输入。

大写字/小写字（Upper Case/Lower Case）：使用大小写英文字母、字符、数字定义程序名称，最大为 26 个字符（早期软件为 8 个字符）。

其他（Options）：在现有名称上，利用修改、插入、删除等方法，输入新的程序名称。

② 利用光标键【↓】、【↑】选定程序名称的定义、输入方法，按【ENTER】键，示教器即可显示图 8-30 所示的所选名称输入操作用软功能键键。

选择“单语（Words）”时，软功能键可显示图 8-30（a）所示的系统预定义名称，按软功能键输入名称后，可继续输入后缀，完成程序名输入。

选择“大写字/小写字（Upper Case/Lower Case）”时，软功能键可显示图 8-30（b）所示的英文字符，按对应的软功能键，第一个英文字母将被输入到名称输入框，此时，可操作光标键【→】【←】，依次改变名称输入框的字母。重复这一操作，完成程序名输入。软功能键〖yz_@*〗中的“@”“*”可用于“程序注释”，但一般不能在程序名称中使用。

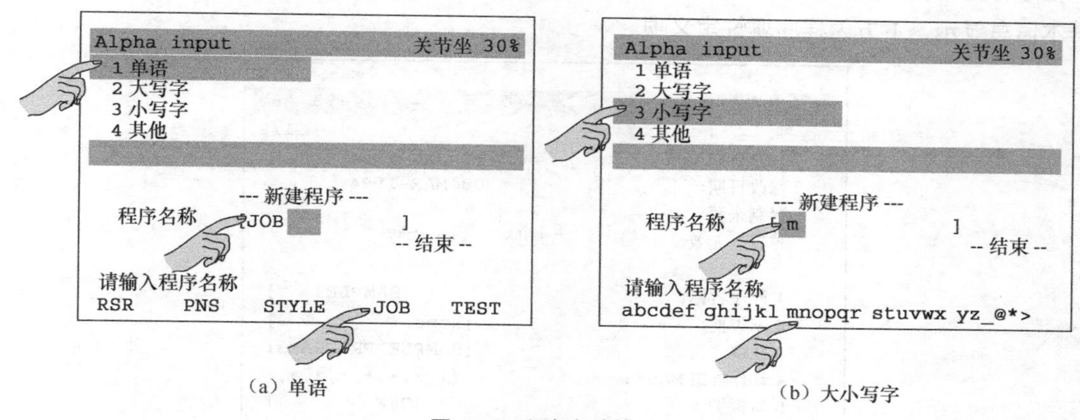

（a）单语　　（b）大小写字

图 8-30　程序名称输入

选择“其他（Options）”时，可通过显示的软功能键，对输入框中的程序名称，进行替换（重写）、插入、删除等操作。

③ 根据所选的名称输入方式，完成程序名称输入后，按【ENTER】键，便可完成程序的新建操作，一个新的程序将被登录至控制系统，示教器即可显示图 8-31（a）所示的新建程序登录页面及设定、编辑软功能键。

④ 按软功能键〖编辑（EDIT）〗，示教器可显示图 8-31（a）所示的程序编辑页面，进行指令输入、程序编辑操作。

⑤ 按软功能键〖细节（DETAIL）〗，可进入程序设定页面，进行程序标题输入、属性设定等操作。

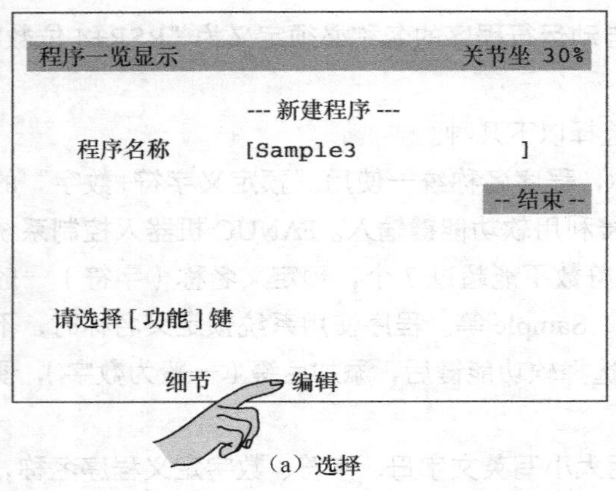

(a) 选择

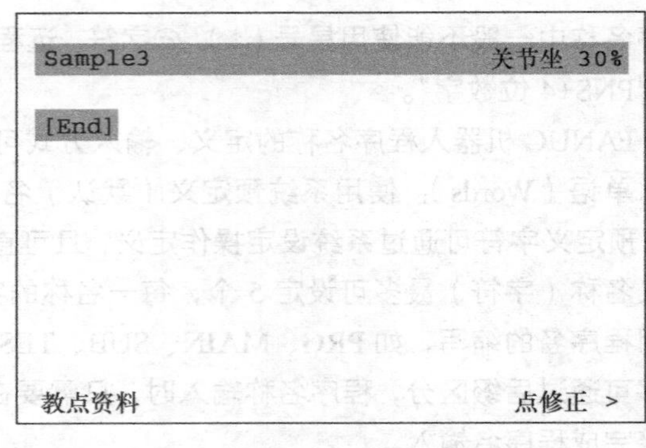

(b) 程序编辑显示

图 8-31 程序名称输入

8.3.2 标题设定与文件保存

1. 程序设定

线性结构的机器人程序一般由程序标题、程序指令组成。程序标题又称程序声明（Declaration），它可用来显示程序的基本信息，设定程序的基本属性。

FANUC 机器人的程序标题设定操作，可在程序名称输入完成、程序登录后，在示教器显示程序登录页面（见图 8-31）上，按软功能键〖细节〗选择。

程序标题编辑页面的显示如图 8-32 所示，显示页的上部为程序创建时间、创建方式、存储容量等基本信息显示，下方为程序属性定义项。

```
程序细节                                     关节坐 30%
                                                  1/6
   创建日期:                  16-JAN-1994
   修改日期:                  08-MAR-1994
   复制来源:
   位置: 无效           大小:   312 字节

   1 程序名称:                     [SAMPLE3    ]
   2 副类型:                   [None           ]
   3 注解:                     [SAMPLE PROGRAM3]
   4 动作群组 MASK:             [1,*,*,*,*,*,*,]
   5 写保护:                       [OFF        ]
   6 暂停忽略:                     [OFF        ]
   7 推栈大小                              [300]
结束          上页          下页
```

图 8-32 程序标题编辑页面的显示

属性定义设定项含义及定义方法如下。

① 程序名称（Programm name）：程序名称显示、编辑。

程序名称需要编辑时，可用光标选择程序名称输入框，然后，利用上述程序名称输入编辑同样的方法进行修改。

② 副类型（Sub Type）：副类型用来定义程序性质，可根据需要选择如下几类。

None：不规定性质的通用程序。

Macro：宏程序。宏程序可通过宏指令直接调用与执行，宏程序、宏指令需要通过机器人设定操作，进行专门的设定和定义（参见第 10 章）。

Job：工作程序。工作程序可直接用示教器启动并运行，它既可以作为主程序使用，也可作为子程序，由程序调用指令调用、执行。工作程序 Job 只有在系统参数$JOBPROC_ENB 设定为“1”时，才能定义。

Process：处理程序，只能由工作程序 Job 调用的程序（子程序）。处理程序 Process 同样只有在系统参数$JOBPROC_ENB 设定为“1”时，才能定义。

定义副类型时，可用光标选择副类型输入框，然后，按示教器显示的输入软功能键〖选择（CHOICE）〗，示教器便可显示输入选项 None、Macro。若系统参数$JOBPROC_ENB 设定为“1”，还可显示 Job、Process 选项。调节光标、选定副类型后，用【ENTER】键输入。

③ 注解（Comment）：程序注释，最大 16 个字符，可使用标点符号、下划线、*、@。

④ 动作群组 MASK（Group Mask）：程序运动组（Motion group）定义，用来规定程序的控制对象（运动组）。

FANUC 控制系统最大可控制 4 个机器人运动组（g1～g4，最大 9 轴）和 1 个外部轴组（g5，最大 4 轴），运动组的定义格式为[g1，g2，g3，g4，g5]，选定的运动组标记为“1”，未选定的运动组标记为“*”。对于单机器人简单系统，运动组应定义为[1，*，*，*，*]。

程序定义运动组后，表明该程序需要进行伺服驱动轴控制，因此，程序不能在机器人急停（伺服关闭）的状态下运行。不含伺服驱动轴运动指令的程序无须指定运动组，运动组可定义为[*，*，*，*，*]，这样的程序在机器人急停（伺服关闭）的状态下仍然可以运行，并可使用下述的“暂停忽略”功能。

定义运动组时，可用光标选定输入框，然后，用示教器显示的软功能键〖1〗或〖*〗设定运动组。但是，如程序是利用机器人示教操作所生成，不可以改变示教的运动组。

⑤ 写保护（Write protection）。程序编辑保护功能设定，设定为“ON”的程序不能进行编辑、删除等操作，也不能再对程序标题（名称、副类型等）进行修改。

定义写保护时，可用光标选择写保护输入框，然后，用示教器显示的软功能键〖ON〗或〖OFF〗设定写保护输入。写保护修改，只有在全部参数设定完成、用软功能键〖结束〗结束设定操作后，才能生效。

⑥ 暂停忽略（Ignore pause）。只能用于未指定运动组的程序。暂停忽略设定为“ON”的程序可用于后台运行，这样的程序在控制系统发生一般故障，或者，进行急停、进给保持操作，或者，执行条件（TC_Online）为 OFF 时，仍然能够继续执行。但是，如果系统发生重大故障，或者，执行程序中断指令 ABORT 时，程序将停止执行。

定义暂停忽略时，可用光标选择暂停忽略输入框，然后，用示教器显示的软功能键〖ON〗或〖OFF〗设定暂停忽略输入。

⑦ 堆栈大小（Stack size）。用于子程序调用堆栈设定。当控制系统出现“INTP-222”、“INTP-302”等子程序调用出错时，可增加堆栈容量、避免存储器溢出。

需要定义堆栈大小时，可用光标选择堆栈大小输入框，然后，利用数字键、【ENTER】键输入。

全部程序标题输入、编辑完成后，按图 8-33 所示的软功能键〖结束〗，示教器将自动转入程序的指令输入、编辑页面，继续进行程序指令的输入、编辑操作，有关内容详见第 9 章“程序指令输入与编辑”。

如果需要结束程序设定操作，可按住示教器返回键【PREV】，直至示教器退回程序一览表显示。

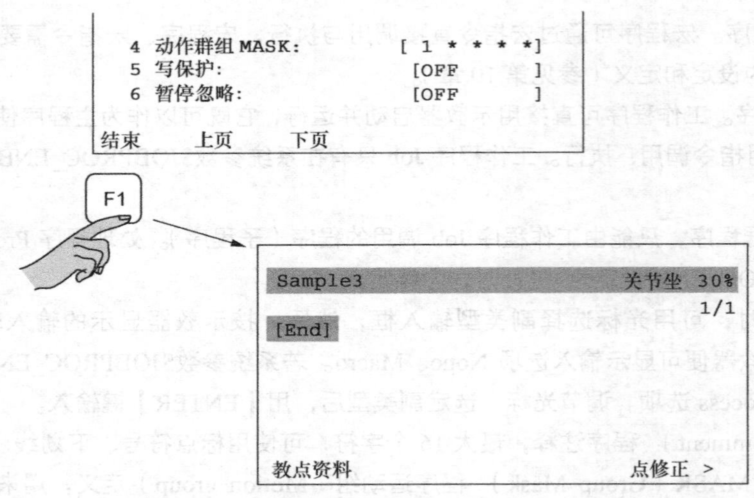

图 8-33 程序设定完成

2. 程序文件保存

利用示教器创建的程序登录后，将被保存在后备电池支持的控制系统 RAM 存储器中，如果后备电池失效或出现错误拔出、连接等故障，只要控制系统断电，程序也将直接丢失。为了避免此类情况下发生，机器人程序也可以用程序文件（扩展名为 .tp）的形式，将其保存到不需要后备电池支持的系统永久存储器 FROM 或存储卡（MC）、U 盘（UDI）等外部存储设备上。

FANUC 机器人的程序文件也可通过本书第 12 章所述的文件操作（FILE）、系统备份等方式保存，有关内容详见第 12 章。

利用程序编辑操作保存程序文件的操作步骤如下，如果未安装、选择存储卡、U 盘（见第 12 章），系统将默认 FROM 作为程序文件永久保存设备。

① 按示教器的程序选择键【SELECT】，或者，按操作菜单键【MENU】，并在操作菜单中选择 “SELECT” 操作选项，示教器可显示程序一览表页面（见图 8-27）。

② 光标选定需要编辑的程序名称，按【ENTER】键，示教器便可显示所选程序的管理页面。

③ 按示教器的【NEXT】键，显示图 8-34（a）所示的扩展软功能键，按扩展软功能键〖另存为（SAVE）〗，示教器可显示图 8-34（b）所示的程序文件名输入页面。

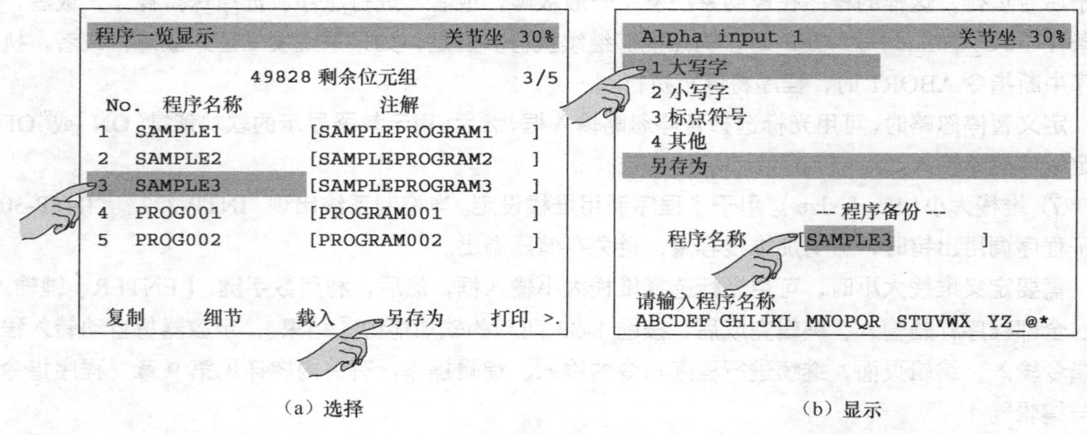

（a）选择　　（b）显示

图 8-34 程序文件保存

④ 若需要，可利用程序创建同样的方法，输入程序文件名后按【ENTER】键，即可保存以“输入名称+扩展名 .tp”命名的程序文件，若直接按【ENTER】键，则以“程序名称+扩展名 .tp”作为程序文件名保存程序文件。程序文件的扩展名为“. tp”可由系统自动生成，无需输入。

⑤ 利用文件保存操作保存程序文件时，不能覆盖存储器中的同名文件。如果指定的程序文件名称已经存在，示教器将操作提示信息“指定的文件已经存在”。此时，需要重新命名文件或删除同名文件后，再次执行文件保存操作。此外，如果存储器的存储空间不足，示教器将显示提示信息“磁盘已满，请交换”，此时，需要通过删除其他文件或更换存储器（存储卡、U 盘）后，再次执行文件保存操作。

8.4 程序管理

8.4.1 程序删除、复制与属性显示

1. 程序删除

程序删除操作可删除控制系统中已有程序，FANUC 机器人的程序删除操作步骤如下。

① 接通控制柜的电源总开关，启动控制系统。

② 将控制面板的操作模式选择开关置示教模式 1（T1），并将示教器的 TP 有效开关置”ON”位置。

③ 按示教器的程序选择键【SELECT】，或者，按操作菜单键【MENU】，并在操作菜单中选择“SELECT”操作选项，示教器显示程序一览表页面（参见图 8-35）。

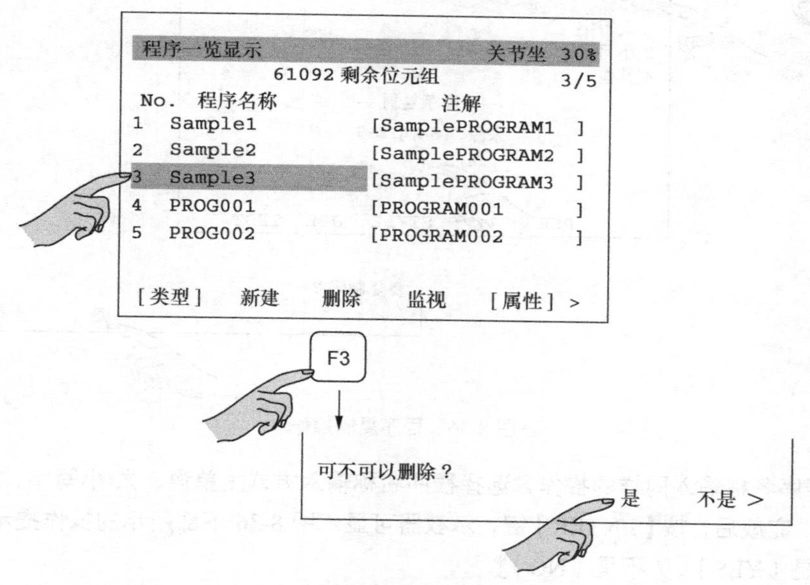

图 8-35 程序删除操作

④ 光标选定需要删除的程序，例如，图 8-35 中的“3 Sample3”，按软功能键〖删除（DELETE）〗，示教器可显示图 8-35 所示的操作提示信息及操作确认软功能键〖是（YES）〗、〖不是（NO）〗。

⑤ 按软功能键〖是（YES）〗，所选择的程序将从控制系统中删除，示教器自动返回程序一览表

显示页面。被删除的程序将从程序一览表显示中消失。

2. 程序复制

为了简化操作，程序编辑时可复制一个相近的程序，再在此基础上，通过指令编辑操作，简单完成作业程序的创建操作。FANUC 机器人的程序复制操作步骤如下。

① 接通控制柜的电源总开关，启动控制系统。

② 将控制面板的操作模式选择开关置示教模式 1（T1），并将示教器的 TP 有效开关置"ON"位置。

③ 按示教器的程序选择键【SELECT】，或者，按操作菜单键【MENU】，并在操作菜单中选择"SELECT"操作选项，示教器显示程序一览表页面，并用光标选定需要复制的程序，例如，"3 Sample3"等。

④ 按示教器的【NEXT】键，显示程序管理扩展软功能键，然后，按软功能键〖复制（COPY）〗，示教器可显示图 8-36 中部所示的新程序名称输入页面。

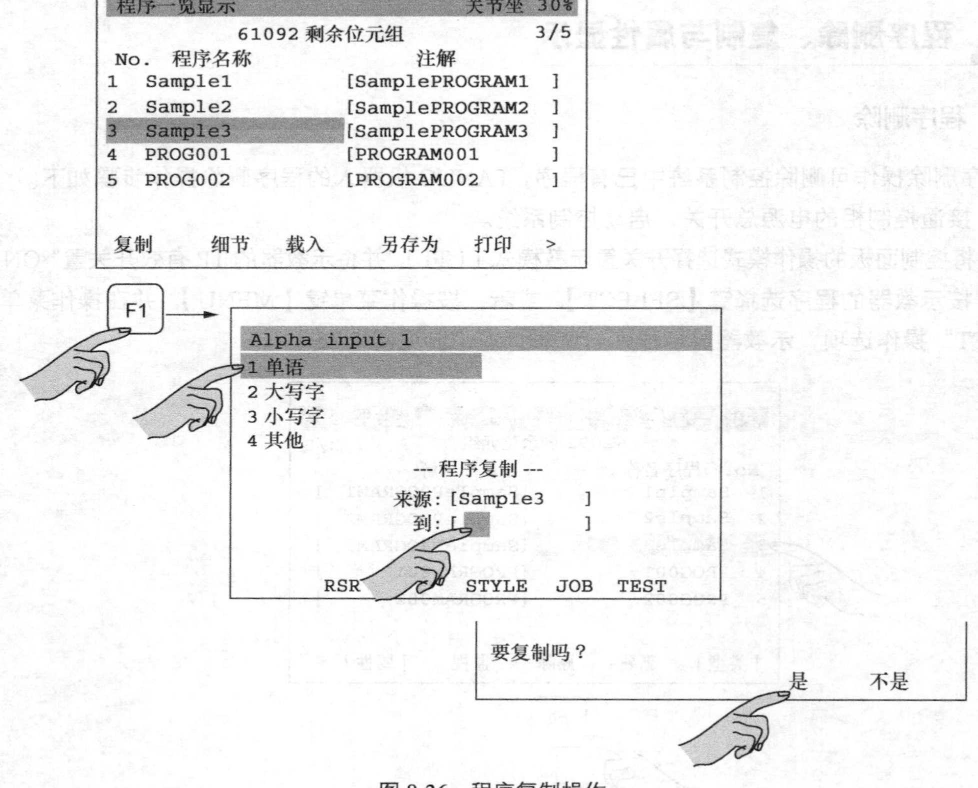

图 8-36 程序复制操作

⑤ 利用程序名称输入同样的操作，选择程序名称输入方式（单语、大/小写字、其他）、并输入新的程序名称。完成后，按【ENTER】键，示教器可显示图 8-36 下部所示的操作提示信息及操作确认软功能键〖是（YES）〗、〖不是（NO）〗。

⑥ 按软功能键〖是（YES）〗，所选择的程序将被复制到新的程序名称下，示教器自动返回程序一览表显示页面，复制生成的程序将被添加到程序一览表。

3. 属性显示修改

程序一览表中显示的程序属性，可通过软功能键〖属性（ATTR）〗设定与修改，修改属性显示的操作步骤如下。

① 接通控制柜的电源总开关，启动控制系统。

② 将控制面板的操作模式选择开关置示教模式 1（T1），并将示教器的 TP 有效开关置"ON"位置。

③ 按示教器的程序选择键【SELECT】，或者，按操作菜单键【MENU】，并在操作菜单中选择"SELECT"操作选项，示教器显示程序一览表页面。

④ 按软功能键〖属性（ATTR）〗，示教器可显示图 8-37 中部所示的属性显示选择项。

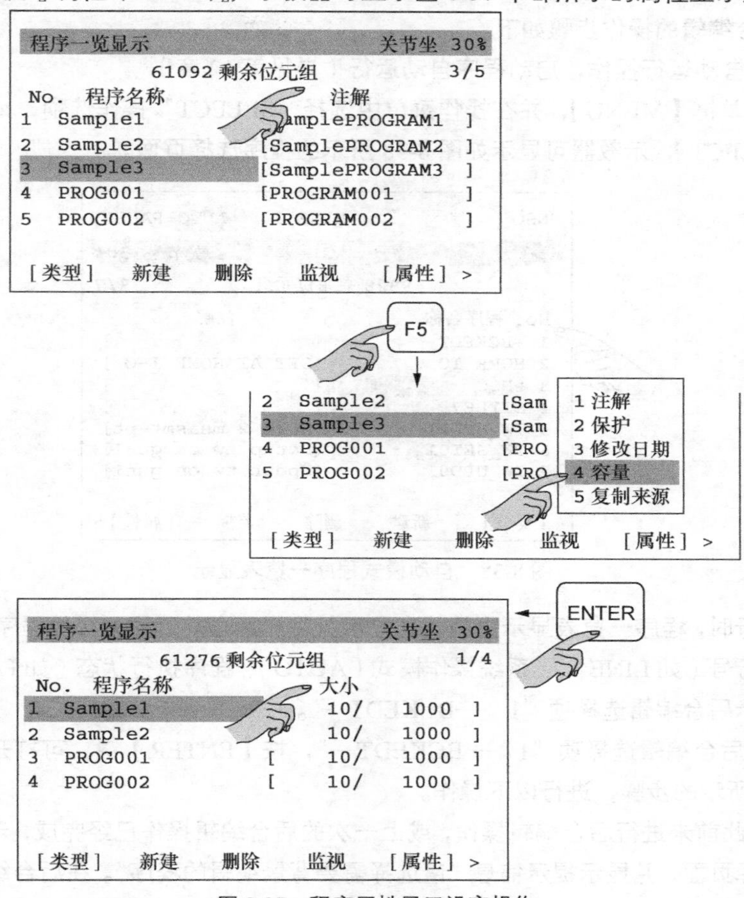

图 8-37 程序属性显示设定操作

⑤ 光标键选定需要在一览表中显示的程序属性，例如，需要在程序一览表显示页显示程序容量时，可用光标选定"容量"选项，按【ENTER】键确认后，示教器可返回程序一览表显示。

属性显示被修改后，程序一览表中的程序属性显示项将由原来的注释显示（注解），变更为图 8-37 下部所示的程序容量显示（大小）。

8.4.2 程序后台编辑

后台编辑（Background edit）在 FANUUC 机器人说明书中又称"背景编辑"，这是一种在机器人自动运行一个程序的同时，对另一程序进行编辑的功能。它可使程序编辑与机器人作业同步进行，以提高作业效率。

FANUC 机器人控制系统的后台编辑，一般用于已创建（登录）程序的指令修改、编辑。后台编辑既可在操作模式选择自动（AUTO）、示教器 TP 开关 OFF、通过 UI 信号控制 PNS/RSR 程序远程

（Remote）自动运行或利用控制柜操作面板按钮控制程序本地（Local）自动运行时进行，也可在操作模式选择示教（T1 或 T2）、TP 开关 ON、利用示教器控制程序自动运行（试运行）时进行。有关程序自动运行的具体方法，可参见第 12 章。

程序后台编辑的操作步骤如下。

1. 后台编辑选择

选择程序后台编辑的操作步骤如下。

① 利用程序自动运行操作，启动程序自动运行（详见第 12 章）。

② 按操作菜单键【MENU】，并在操作菜单中选择“SELECT”操作选项，或者，按示教器的程序选择键【SELECT】，示教器可显示如图 8-38 所示的程序选择页面。

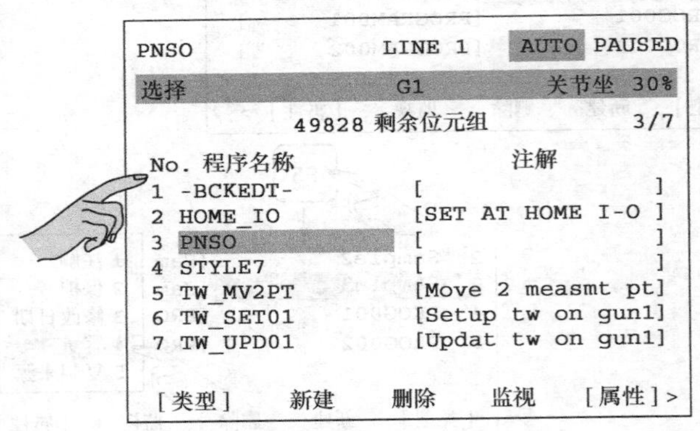

图 8-38 自动模式程序一览表显示

程序自动运行时，程序一览表显示页的状态显示行将显示当前远程运行的程序名称（如 PNS0）、当前执行的指令行号（如 LINE 1）、系统操作模式（AUTO）、程序执行状态（如 PAUSED）等信息。程序列表中可显示后台编辑选择项“1 —BCKEDT—”。

③ 光标选定后台编辑选择项“1 —BCKEDT—”，按【ENTER】键，可打开后台编辑页面，然后，按图 8-39 所示的步骤，进行以下操作。

④ 如果系统此前未进行后台编辑操作，或上一次的后台编辑操作已经完成，示教器可直接显示后台编辑程序选择页面，并显示提示信息“请选择需要背景编辑的程序”。在后台编辑程序选择页面上，用光标选定需要进行后台编辑的程序（如 BBB），按【ENTER】键选定，示教器将显示操作提示信息“编辑完成后，请按[编辑]，然后选择[编辑结束]”。按【ENTER】键确认后，示教器即可显示图 8-40 所示的程序后台编辑页面，并在程序指令的上方显示“<<背景处理>>”。

如果需要退出后台编辑操作，可按【PREV】键，返回程序一览表显示。

⑤ 如果控制系统保留有尚未完成的后台编辑程序，光标选定后台编辑选择项“1 —BCKEDT—”、按【ENTER】键后，示教器可直接显示图 8-40 所示的、原后台编辑程序的编辑页面，操作者可继续进行后台编辑操作。

⑥ 在图 8-40 所示的后台编辑页面上，可通过软功能键〖指令〗、〖编辑〗等，进行后台程序的指令输入、编辑操作。其操作方法与正常的程序编辑相同（参见第 9 章）。

在后台编辑过程中，机器人仍可通过远程输入 UI 信号或控制柜操作面板按钮、示教器操作键，启动或暂停程序自动运行，而不会影响示教器的后台编辑显示与操作。

⑦ 后台编辑时，可随时通过示教器的【EDIT】键，进行图 8-41 所示的后台编辑/程序运行显示

页面的切换。显示切换不会影响后台编辑及程序自动运行的状态。

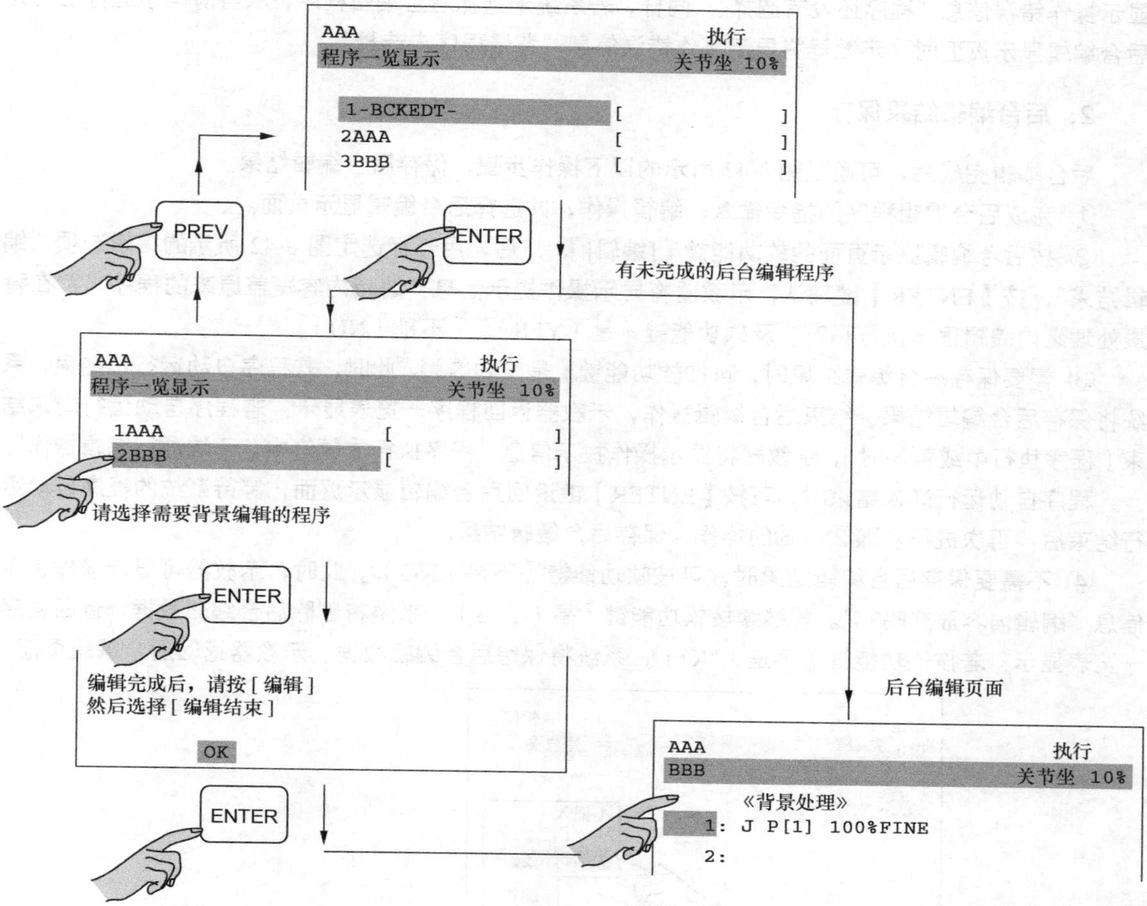

AAA 执行
程序一览显示 关节坐 10%
1-BCKEDT- [ ]
2AAA [ ]
3BBB [ ]
PREV
ENTER
有未完成的后台编辑程序
AAA 执行
程序一览显示 关节坐 10%
1AAA [ ]
2BBB [ ]
请选择需要背景编辑的程序
ENTER
编辑完成后，请按 [编辑]
然后选择 [编辑结束]
OK
ENTER
后台编辑页面
AAA 执行
BBB 关节坐 10%
《背景处理》
1: J P[1] 100%FINE
2:

图 8-39　后台编辑页面选择

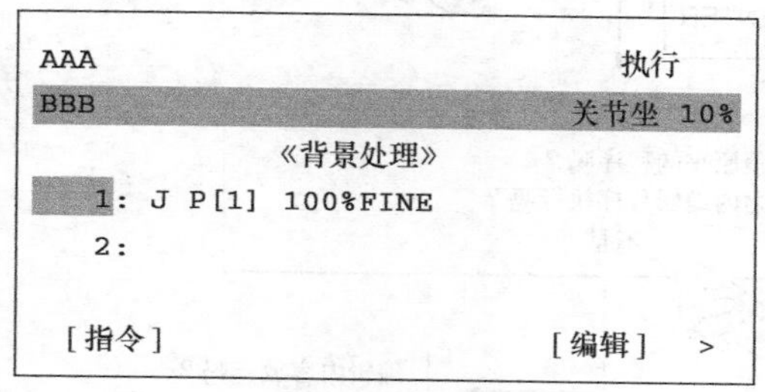

图 8-40　后台编辑页面

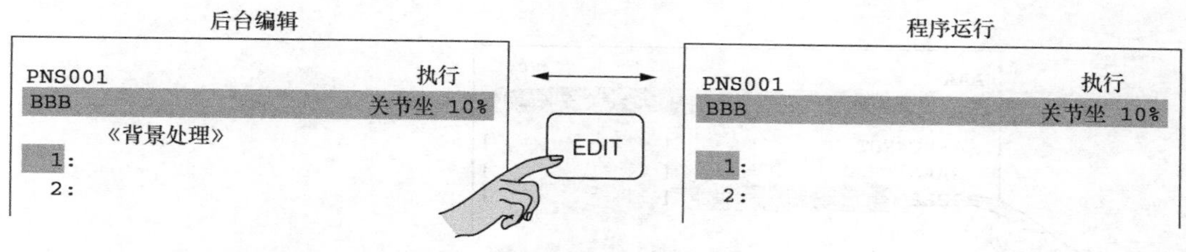

图 8-41　后台编辑/程序运行显示切换

但是，若系统自动运行的程序未选择，从后台编辑切换为当前程序运行显示页面时，示教器将显示操作错误信息“程序还没有选择”。同样，若系统未选择后台编辑程序，从当前程序运行切换为后台编辑显示页面时，示教器将显示操作错误信息“背景程序未选择”。

2. 后台编辑结果保存

后台编辑完成后，可通过图 8-42 所示的以下操作步骤，保存后台编辑结果。

① 完成后台编辑程序的指令输入、编辑操作，并选择后台编辑显示页面。

② 按后台编辑显示页面的软功能键〖[编辑]〗，然后，用光标选定图 8-42 所示的编辑选项“编辑结束”，按【ENTER】键确认，示教器将显示操作提示信息“编辑内容覆盖原来的程序吗？在背景处理之内编辑程序执行吗？”及软功能键〖是（YES）〗、〖不是（NO）〗。

③ 需要保存后台编辑结果时，可按软功能键〖是（YES）〗。此时，若程序自动运行已结束，系统将保存后台编辑结果、结束后台编辑操作，示教器返回程序一览表显示；若程序自动运行尚未结束（程序执行中或暂停时），示教器将显示操作提示信息“程序执行或暂停中，无法进行编辑操作”。

程序自动运行尚未结束时，可按【ENTER】键返回后台编辑显示页面，等待系统的程序自动运行结束后，再次进行步骤②、③的操作，保存后台编辑结果。

④ 不需要保存后台编辑结果时，可按软功能键〖不是（NO）〗。此时，示教器可显示操作提示信息“编辑内容放弃吗？”。若继续按软功能键〖是（YES）〗，系统将删除后台编辑数据，返回程序一览表显示；若按软功能键〖不是（NO）〗，系统将保留后台编辑数据、示教器返回后台编辑页面。

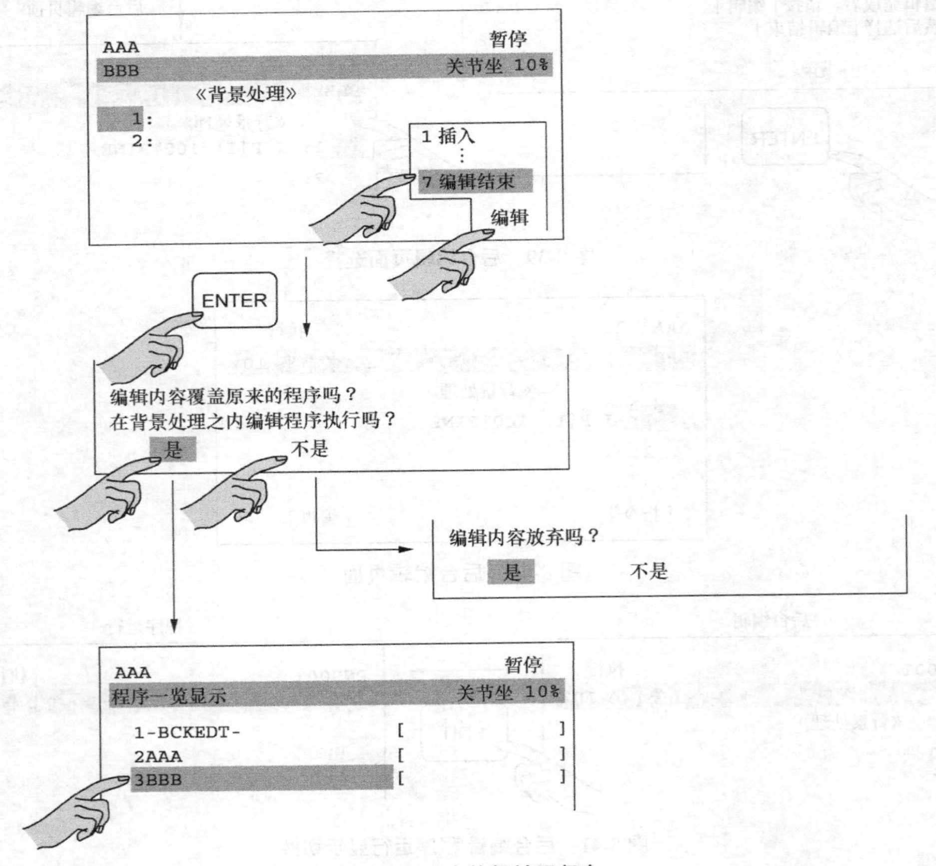

图 8-42 后台编辑结果保存

3．TP 开关切换

FANUC 机器人的程序自动运行可根据需要选择以下 3 种方式（详见第 12 章）。

① 远程运行（Remote 运行）。机器人远程自动运行时，自动运行程序的选择及程序的启动、暂停，均需要通过系统的 UI 输入信号控制，远程运行的程序名称必须为“PNS+数字”或“RSR+数字”。选择远程运行时，机器人的操作模式选择开关必须选择“自动（AUTO）”，示教器的 TP 开关必须置 OFF。

② 本地运行（Local 运行）。机器人本地自动运行时，自动运行程序需要通过示教器操作选定，程序的启动、暂停需要通过控制柜操作面板上的按钮控制。选择本地运行时，机器人的操作模式选择开关同样必须选择“自动（AUTO）”，示教器的 TP 开关必须置 OFF。

③ 程序试运行（Test 运行）。FANUC 机器人的程序试运行就是再现运行（Play）。试运行的程序选择及程序的启动、暂停，均可以通过示教器控制。选择程序试运行时，机器人的操作模式选择开关必须选择示教（T1 或 T2）、示教器的 TP 开关必须置 ON。

对于以上不同的程序自动运行方式，如果在后台编辑过程中，改变了示教器 TP 开关的状态，控制系统将进行如下处理。

① 如果在远程运行、本地运行方式下，将 TP 开关由 OFF 切换至 ON 状态，正在执行中的程序将进入暂停状态，示教器的显示将自动切换为图 8-43（a）所示的程序运行显示页面、若程序已经执行完成或尚未选择，示教器将自动切换为图 8-43（b）所示的、示教模式的后台编辑页面，状态行显示“—BCKEDT—”。

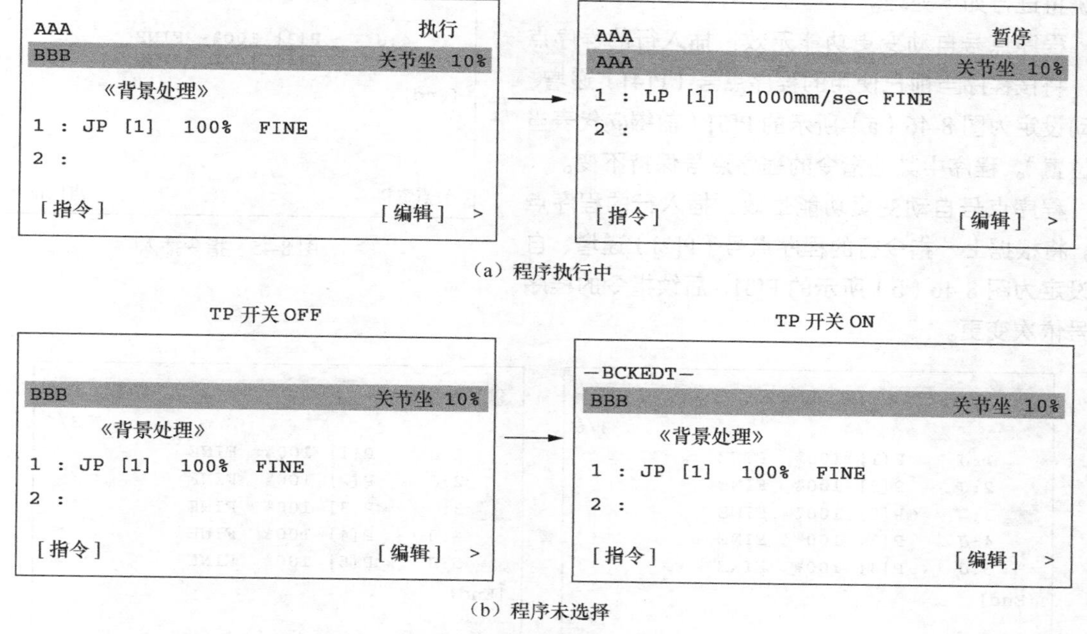

（a）程序执行中

（b）程序未选择

图 8-43　TP 开关 ON 切换

在以上情况下，只需要将 TP 开关重新切换至 OFF 位置，便可通过【EDIT】键或利用【SELECT】键、在程序一览表显示页面重新选定“1 —BCKEDT—”，便可返回正常的后台编辑页面。

② 如果在程序试运行方式下，将 TP 开关由 ON 切换至 OFF 状态，程序自动运行将进入暂停状

态，示教器将自动切换至图 8-44 所示的、自动操作模式的后台编辑页面，然后，可继续进行后台编辑操作。

TP 开关 ON
—BCKEDT—
BBB
关节坐 10%
《背景处理》
1 : JP [1] 100% FINE
2 :
[指令]
[编辑] >
TP 开关 OFF
BBB
关节坐 10%
《背景处理》
1 : JP [1] 100% FINE
2 :
[指令]
[编辑] >

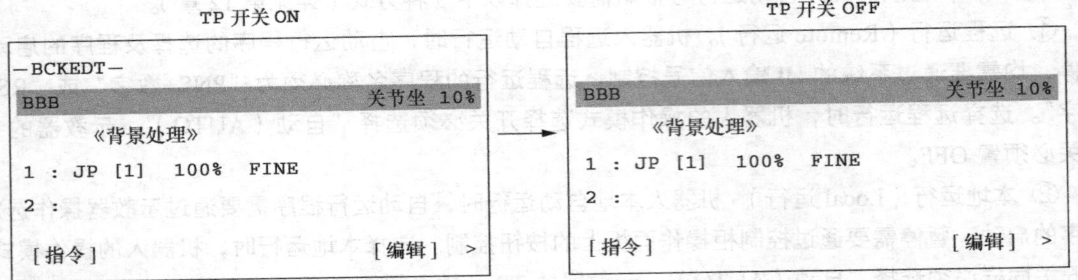

图 8-44 TP 开关 OFF 切换

8.4.3 快捷操作设定

1. 程序点号自动变更

程序点号自动变更功能在系统参数$POS_EDIT.$AUTO_RENUM2 设定为“TRUE”时生效。功能生效时，程序进行指令插入、删除、复制、粘贴等操作时，系统将按指令次序，自动对程序点编号进行重新设定、有序排列。

例如，在图 8-45 所示的指令行 3 位置，插入一条以机器人当前位置为目标点的关节插补指令时，系统将进行如下处理。

PNS0005
关节坐 10%
3/6
1:J P[1] 100% FINE
2:J P[2] 100% FINE
3:
4:J P[3] 100% FINE
5:J P[4] 100% FINE
[End]
教点资料
点修正 >

图 8-45 指令插入

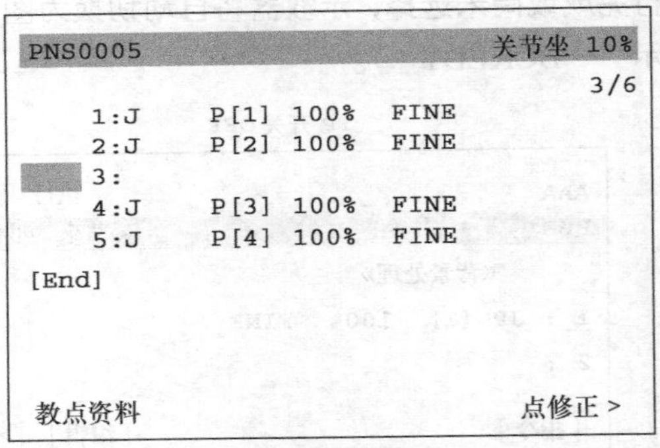

程序点号自动变更功能无效：插入行的程序点号，将按程序当前已使用的程序点号（P[4]）递增、自动设定为图 8-46（a）所示的 P[5]（前缀@代表当前位置）。程序中其他指令的程序点号保持不变。

程序点号自动变更功能生效：插入行的程序点号，将根据上一指令行的程序点号（P[2]）递增、自动设定为图 8-46（b）所示的 P[3]，后续指令的程序点号依次变更。

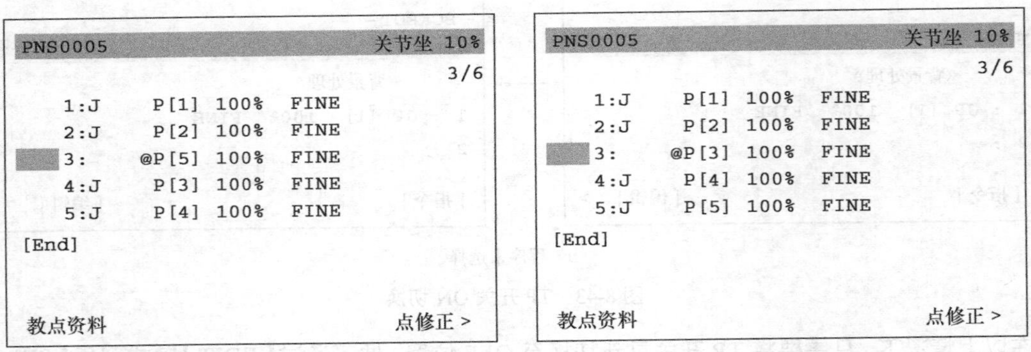

PNS0005
关节坐 10%
3/6
1:J P[1] 100% FINE
2:J P[2] 100% FINE
3: @P[5] 100% FINE
4:J P[3] 100% FINE
5:J P[4] 100% FINE
[End]
教点资料
点修正 >
PNS0005
关节坐 10%
3/6
1:J P[1] 100% FINE
2:J P[2] 100% FINE
3: @P[3] 100% FINE
4:J P[4] 100% FINE
5:J P[5] 100% FINE
[End]
教点资料
点修正 >

(a) 无效 (b) 有效

图 8-46 程序点号自动变更

2. 程序名称预定义

程序名称预定义功能在系统参数$PGINP_PGCHK 设定为“1”时生效。选择程序名称预定义功能后，程序名称可在输入方式选择图 8-47（a）所示的“单语（Words）”后，直接通过软功能键、数字键，以“预定义字符+数字”的方式输入，从而简化程序名称输入操作。

程序名称的预定义字符及对应的软功能键，可通过系统设定（SYSTEM）操作（见第 11 章），在图 8-47（b）所示的系统参数设定页面定义，预定义字符最多可设定 5 个，每一预定义字符的字符数不能超过 7 个。

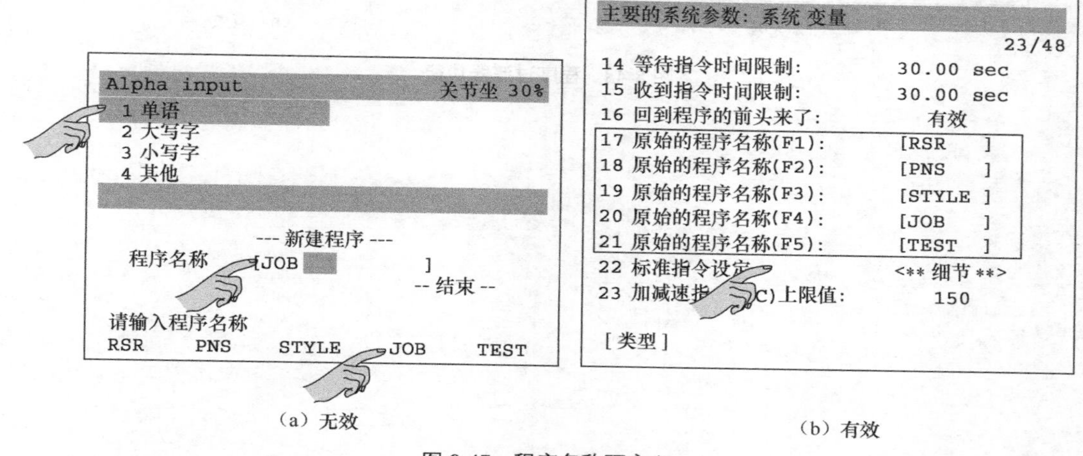

（a）无效　（b）有效

图 8-47　程序名称预定义

程序名称预定义字符设定完成、功能生效后，在程序名称输入时，只需要按对应的软功能键，然后，直接添加后缀数字，便可完成程序名输入。如果后缀不为数字，或者，使用了其他程序名称，系统将发生“TPIF-038 程序名称含不正确文字”出错。

3. 程序过滤器设定

FANUC 机器人的程序过滤器功能较简单，它只能用于程序一览表的程序类型选择项的显示与设定（过滤）。功能生效时，示教器的程序一览表显示页面上，只能显示指定程序的列表，其他程序的显示将被系统屏蔽。

程序过滤器在系统参数$PGINP_PLTR 设定为“1”或“2”时生效。

参数设定为“1”时，按程序一览表显示页的软功能键〖类型（TYPE）〗，示教器可显示图 8-48（a）所示的包括作业程序、宏程序、条件程序、系统预定义程序的所有类型程序选项。光标选定所需的类型选项，按【ENTER】键后，程序一览表中只显示所选类型的程序列表。

参数设定为“2”时，按软功能键〖类型（TYPE）〗，示教器只能显示图 8-48（b）所示的系统预定义程序或所有程序。光标选定所需的类型选项，按【ENTER】键后，程序一览表中只显示所选类型的系统预定义程序的程序列表。

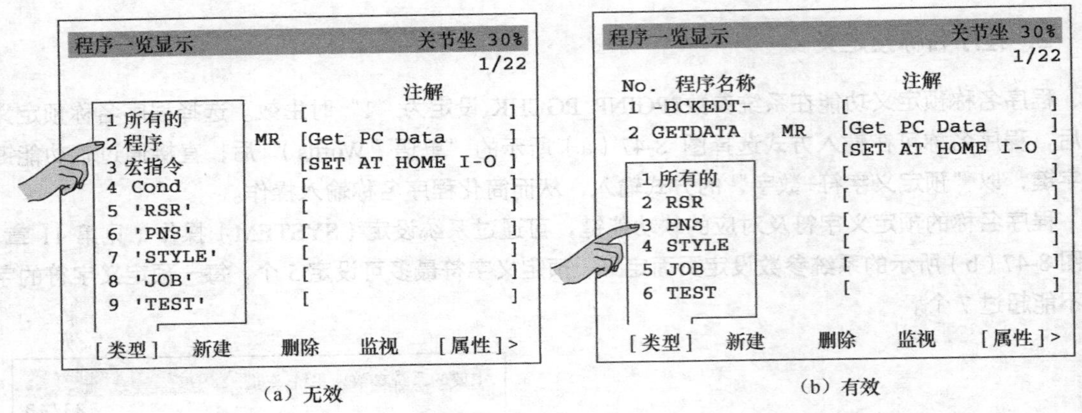

图 8-48 程序过滤器功能

9.1 指令输入

9.1.1 移动指令输入

1. 程序选择

指令输入与编辑操作可用于新创建的程序指令输入，也可用于已有程序的编辑。需要进行指令输入与编辑的程序，可通过以下操作选择。对于新创建的程序，也可在程序登录、程序信息设定操作完成后，直接通过程序创建完成页面的软功能键〖编辑〗，选择新程序的编辑页面，进入指令输入与编辑操作（参见第 8 章 8.3 节）。

FANUC 机器人程序选择的操作步骤如下。

① 接通控制柜的电源总开关，启动控制系统。

② 将控制面板的操作模式选择开关置示教模式 1（T1 或 T2），并将示教器的 TP 有效开关置 “ON” 位置。

③ 按示教器的程序选择键【SELECT】，或者，按操作菜单键【MENU】，并选择第 2 页操作菜单中的“程序一览（SELECT）”操作选项，示教器可显示图 9-1 所示的程序一览表页面。

④ 光标选定需要编辑的程序名称，按【ENTER】键，示教器便可显示该程序的显示、编辑页面（参见图 9-1）。

```
程序一览显示                      关节坐 30%
          61276 剩余位元组              1/4
No. 程序名称                  注解
 1  Sample1           [SamplePROGRAM1   ]
 2  Sample2           [SamplePROGRAM2   ]
 3  PROG001           [SROGRAM001       ]
 4  PROG002           [SROGRAM002       ]

[类型]   新建    删除    监视    [属性] >
```

```
Sample1                           关节坐 30%
                                        1/1
[End]

教点资料                          点修正  >
```

图 9-1 编辑程序选择

2. 基本指令示教

FANUC 机器人的基本移动指令的输入操作步骤如下。

① 通过上述的程序选择操作，选定需要进行编辑的程序，使示教器显示图 9-1 所示的程序编辑页面。

② 移动光标到需要输入（插入）的指令行。对于新建程序首条指令输入，光标直接选定[END]指令行。

③ 利用示教操作直接输入程序点位置时，可通过手动操作，将机器人移动到需要输入的移动指令终点上（参见第 8 章）。或者，直接进行下一步操作，先完成指令输入，然后，再通过后述的指令编辑操作，更改程序点位置。

④ 按软功能键〖教点资料（POINT）〗，示教器上部可显示图 9-2 所示的移动指令默认格式（Default Motion）选择项（标准动作目录），并显示软功能键〖标准指令（ED_DEF）〗、〖点修正（TOUCHUP）〗。如果需要，可通过后述的移动指令默认格式编辑操作，改变指令默认格式。

⑤ 用光标选定所需要的默认格式，如“J P [ ] 100% FINE”，用【ENTER】键输入。该指令即插入到指定行，并自动生成程序点号 P [1]、当前位置标记@。同时，显示提示信息“现在位置记录到 P[1]（Position has been recorded to P[1]）”，以及软功能键〖教点资料（POINT）〗、〖点修正（TOUCHUP）〗。

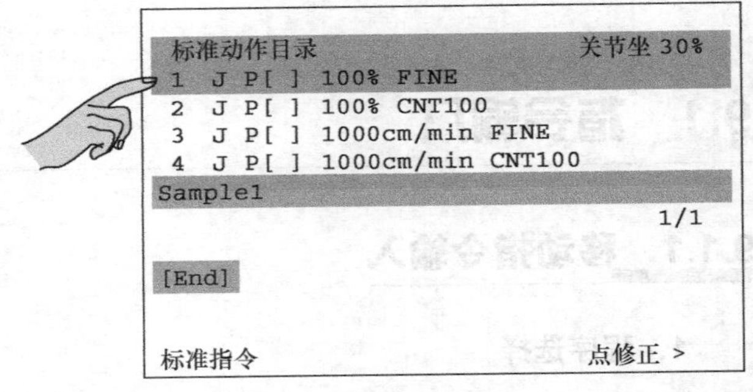

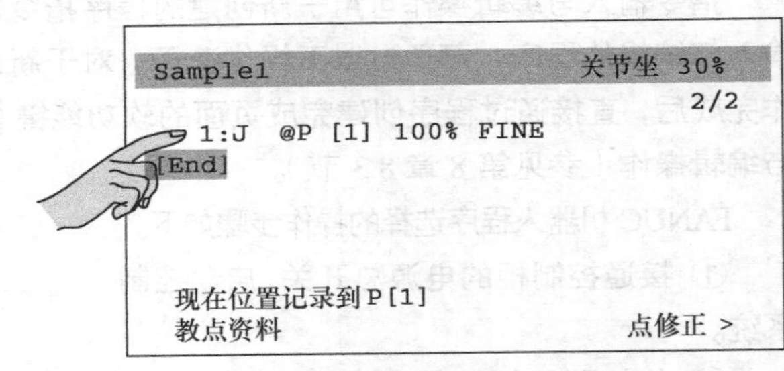

图 9-2 移动指令输入（插入）

如果需要，可通过指令编辑操作，更改移动速度、到位区间等指令操作数，或者，添加附加命令，有关内容详见后述。

⑥ 重复③～⑤完成其他移动指令输入。如果指令的默认格式与上一次输入的指令相同，第④步操作时，可同时按“【SHIFT】键+软功能键〖教点资料（POINT）〗”，直接输入与上一指令格式相同的默认指令。

3. 默认格式设定

按软功能键〖教点资料（POINT）〗，示教器上部显示的移动指令默认格式（Default Motion），可通过以下操作设定与改变。

① 在程序编辑页面上，按软功能键〖教点资料（POINT）〗，使示教器上部显示移动指令默认格式（Default Motion）选择项，以及软功能键〖标准指令（ED_DEF）〗、〖点修正（TOUCHUP）〗。

② 按软功能键〖标准指令（ED_DEF）〗，示教器可显示默认指令格式编辑页面，并显示软功能键〖选择（CHOICE）〗、〖完成（DONE）〗（参见图 9-3）。

③ 移动光标到需要更改的位置，并根据操作数格式，进行如下更改操作。

数值：光标选定操作数（例如 100）后，按图 9-3（a）所示，直接用示教器的数字键（例如 70）输入，完成后按【ENTER】键确认，指令中的 100%便可更改为 70%。

指令操作数中的数值，也可用后述的暂存器 R[i]替代（下同），其操作方法详见后述。

特殊操作数：光标选定操作数（如 FINE）后，按图 9-3（b）所示的软功能键〖选择（CHOICE）〗，使示教器上方显示操作数选项，然后，用光标选定所需的选项（如 CNT），按【ENTER】键，指令中的 FINE 便可由 CNT 替换。

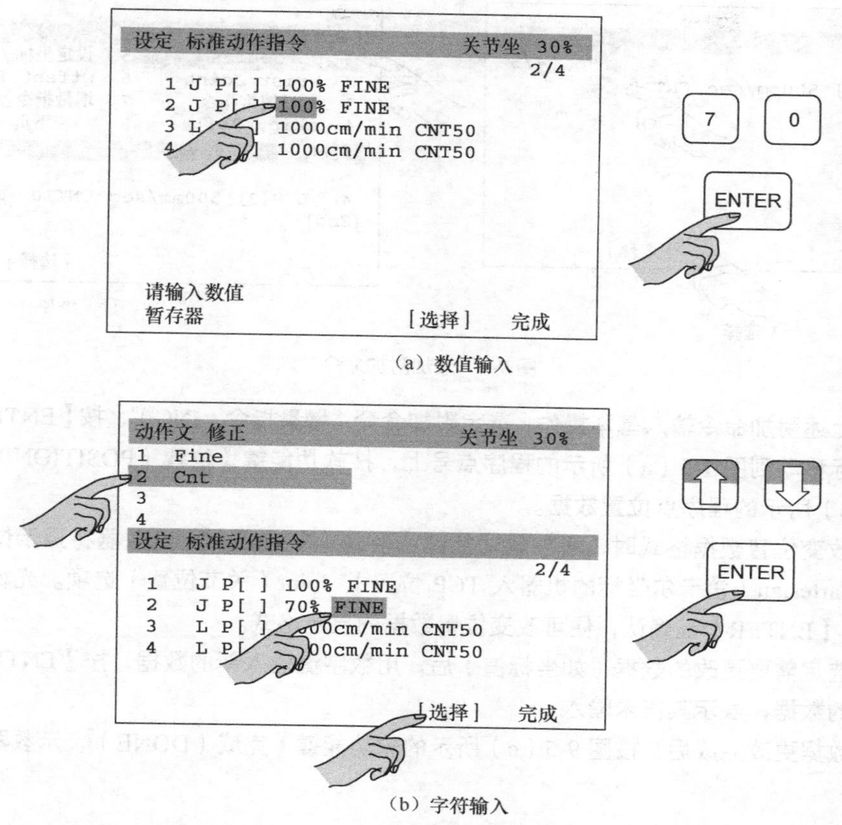

（a）数值输入

（b）字符输入

图 9-3　默认指令格式更改

④ 移动指令默认格式全部更改完成后，按软功能键〖完成（DONE）〗，便可返回程序编辑页面。

9.1.2　附加命令输入

FANUC 机器人的基本移动指令可根据需要添加加速度控制、跳步、增量等附加命令。附加命令可在基本移动指令输入后，通过以下操作添加。

1．基本操作

移动指令需要添加的附加命令可利用如下操作显示与选择。

① 在程序编辑页面上，移动光标到图 9-4（a）所示的指令行结束处的空白位置。

② 按软功能键〖选择（CHOICE）〗，示教器上部可显示图 9-4（b）所示的附加命令第一页，若选择“下页”，可继续显示其他附加命令。

③ 光标选定附加命令，按【ENTER】键，所选的附加命令便可添加到移动指令之后。

④ 如果需要，可继续添加其他附加命令。

2．增量命令输入

移动指令添加附加命令“增量指令（INC）”时，指令中的程序点位置将成为增量移动距离，这一距离需要在添加 INC 命令时，通过以下操作输入。

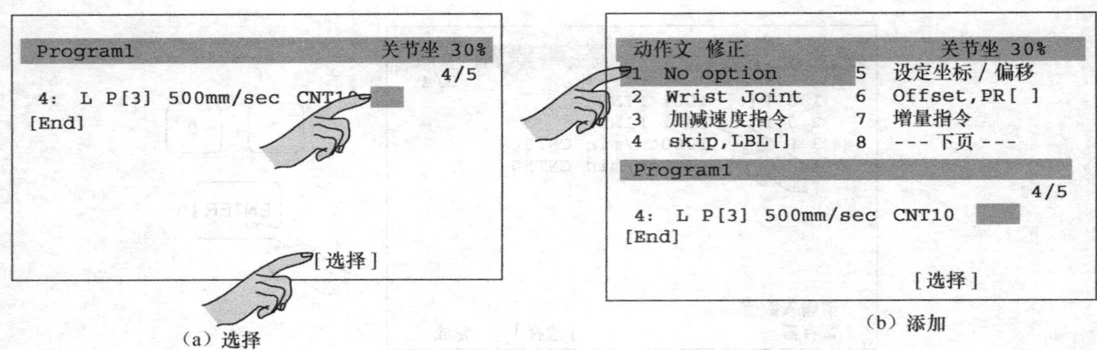

（a）选择　　（b）添加

图 9-4　添加附加命令

① 通过上述附加命令输入基本操作，选定附加命令"增量指令（INC）"、按【ENTER】键输入。

② 将光标移动到图 9-5（a）所示的程序点号上，按软功能键〖位置（POSITION）〗，示教器将显示图 9-5（b）所示的程序点位置数据。

③ 需要改变位置数据格式时，可按软功能键〖形式（REPRE）〗，示教器将显示位置格式选择框，并显示 Cartesian（笛卡尔坐标的机器人 TCP 位置）、Joint（关节位置）选项。光标选定所需的位置格式，用【ENTER】键确认，便可改变位置数据的显示格式。

④ 光标选定需要更改的数据（如坐标值）后，用数字键输入新的数据，按【ENTER】键确认。显示为"*"的数据，表示其值未输入。

⑤ 所有数据更改完成后，按图 9-5（c）所示的软功能键〖完成（DONE）〗，示教器可返回程序编辑页面。

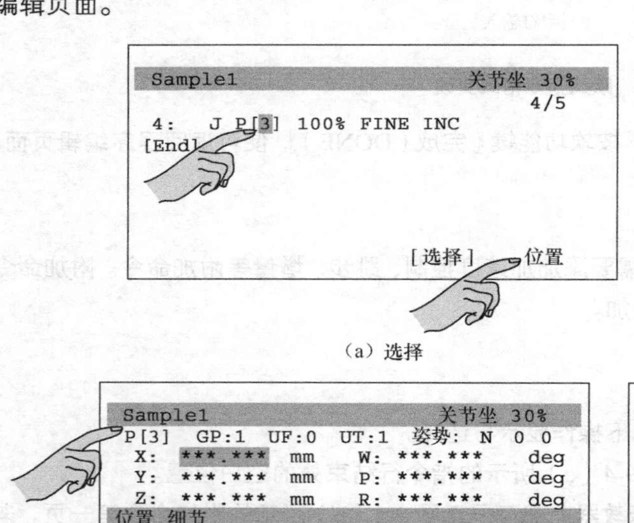

（a）选择

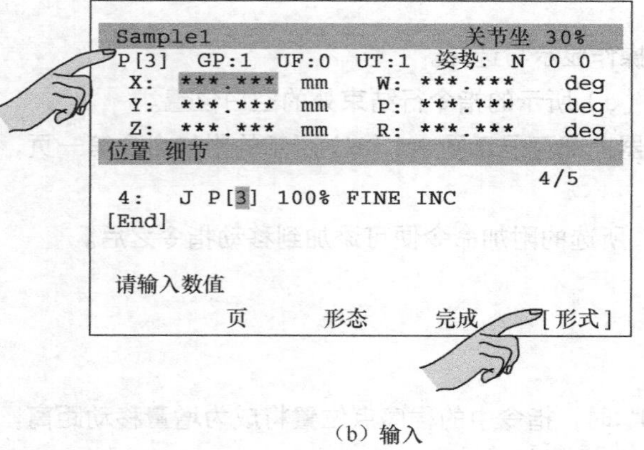

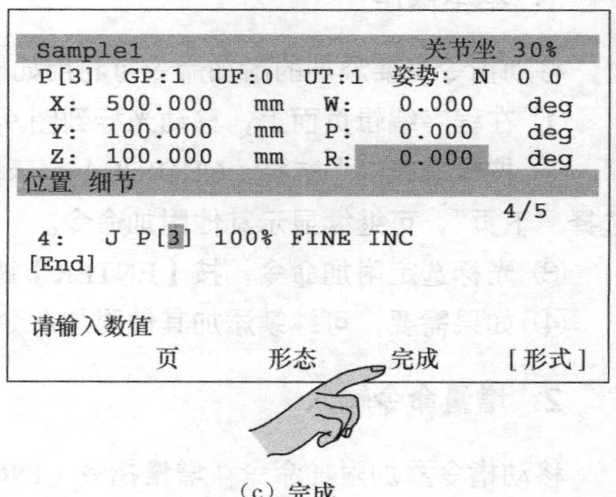

（b）输入　　（c）完成

图 9-5　增量附加命令添加

9.1.3 暂存器与表达式输入

1. 表达式输入

表达式是用于程序数据运算与处理的特殊指令，在 FANUC 机器人说明书上，称之为“暂存器指令”。FANUC 机器人暂存器指令（表达式）输入的基本操作步骤如下。

① 在程序编辑页面上，将光标调节到程序的结束行[END]上。

② 按【NEXT】键，使示教器显示图 9-6（a）所示的第 2 页软功能键〖指令（INST）〗、〖编辑（EDCMD）〗。

③ 按软功能键〖指令（INST）〗，示教器可显示图 9-6（b）所示的指令一览表。

④ 调节光标到“1 暂存器计算指令（Registers）”选项上，按【ENTER】选定，示教器即可显示图 9-6（c）所示的表达式基本格式。

⑤ 调节光标到所需的表达式基本格式上，按【ENTER】选定后，便可完成表达式格式输入。接着，便可逐一输入表达式中的运算数，完成表达式的输入与编辑。

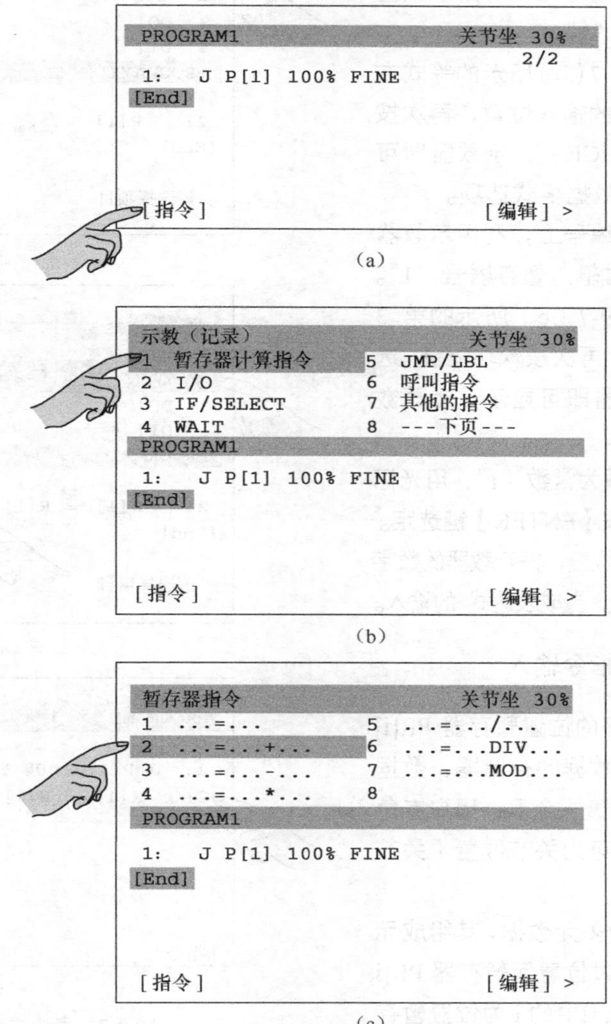

图 9-6 暂存器指令输入操作

例如，表达式“R[1] = R[1] +1”的输入操作步骤如下。

①~④ 同上。

⑤ 调节光标到表达式基本格式“2 … = … + … ”上，按【ENTER】键选定，完成表达式格式输入。

⑥ 光标定位到等式左边的表达式第 1 运算数 R[1]的输入位置，按软功能键〖选择（CHOICE）〗，示教器即可显示图 9-7（a）所示的允许数据格式选项。

表达式的第 1 运算数为 R[1]，用光标选定格式“R[ ]”后，按【ENTER】键选定。示教器便可显示表达式“R[…] = … + …”。

调节光标到暂存器编号上，利用示教器的数字键输入暂存器号“1”。

⑦ 光标定位到图 9-7（b）所示的等式右边的表达式第 2 运算数的输入位置，再次按软功能键〖选择（CHOICE）〗，示教器即可显示该运算数所允许的数据格式选项。

调节光标到暂存器编号上，利用示教器的数字键、【ENTER】键输入暂存器号“1”。

⑧ 光标定位到图 9-7（c）所示的第 3 运算数“1”的输入位置，再次按软功能键〖选择（CHOICE）〗，示教器即可显示该运算数所允许的数据格式选项。

表达式的第 3 运算数为常数“1”，用光标选定格式“常数”后，按【ENTER】键选定。

调节光标到常数输入位置，按示教器的数字键输入“1”、【ENTER】键，完成表达式 的输入。

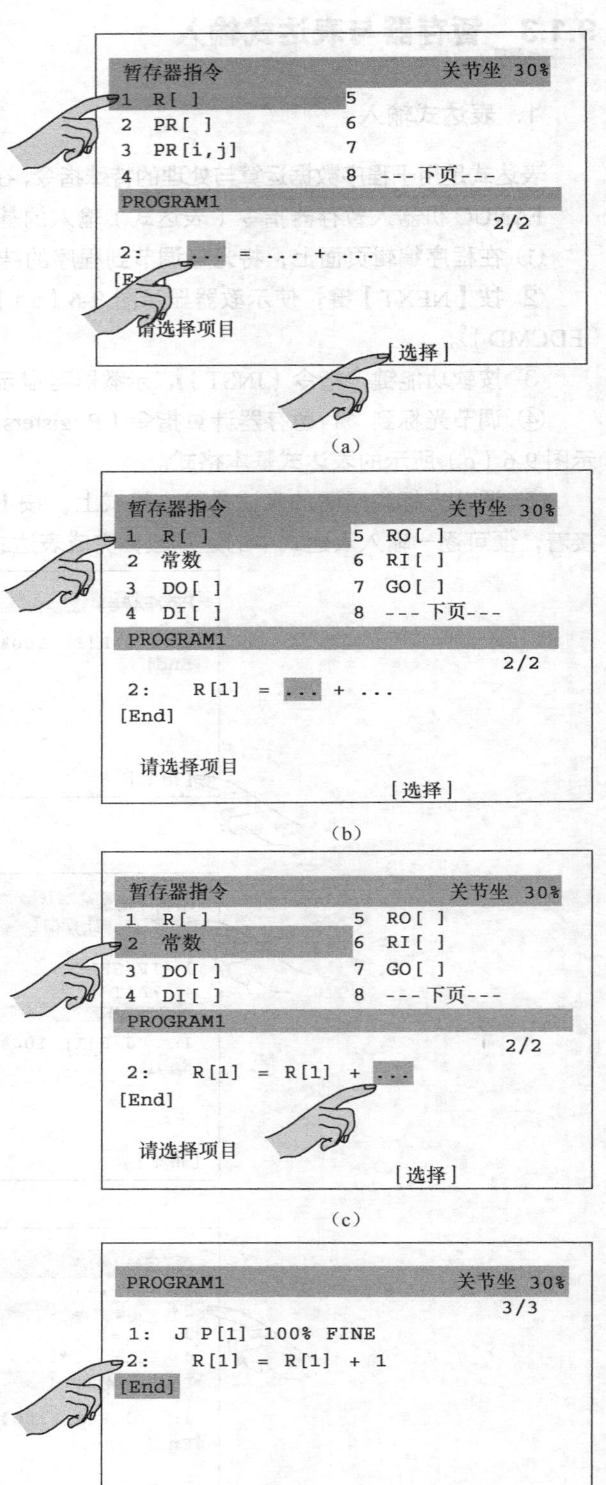

图 9-7 表达式输入示例

2. 当前位置读入指令输入

FANUC 机器人程序的位置暂存器 PR[i]是用来存储程序点位置数据的存储器，数据格式可为机器人 TCP 位置（全局、用户直角坐标系 *XYZ* 位置），也可为关节位置（关节坐标系绝对位置）。

位置暂存器 PR[i]为多元数据，其组成元（指定坐标轴位置）可通过位置元暂存器 PR[i, j]单独读取或设定。PR[i, j]中的 i 为位置暂存器编号，j 为位置组成元（坐标轴）序号。例如，关节位置暂存器 PR[1]的 j2 轴位置，其位置元暂存器为 PR[1，2]；TCP 位置暂存器 PR[2]的 z 轴坐标值，其位置元暂存器为 PR[2，3]等。

位置元暂存器 PR[i, j]的数据格式、输入方法与通常的数值暂存器 P[ ]相同。位置暂存器 PR[i]的数值，可通过手动数据输入操作设定，或者，通过机器人 TCP 位置读取指令“PR[i]=LPOS”、关节位置读取指令“PR[i]=JPOS”赋值。PR[i]的手动数据输入设定操作，可参见后述章节。机器人 TCP 位置或关节位置读取指令的输入操作步骤如下。

①～④ 同表达式输入操作，示教器显示表达式基本格式。

⑤ 调节光标到表达式基本格式“1 … = … ”上，按【ENTER】键选定，完成表达式格式输入。

⑥ 光标定位到等式左边的运算数位置，按软功能键〖选择（CHOICE）〗，示教器显示图 9-8（a）所示的数据格式选项。用光标选定位置暂存器“PR[ ]”、按【ENTER】键输入数据格式后，再利用数字键、【ENTER】键输入位置暂存器编号“1”。

⑦ 光标定位到等式右边位置，按软功能键〖选择（CHOICE）〗，示教器可显示图 9-8（b）所示的如下赋值数据选项。

直角位置：读取当前的机器人 TCP 位置，即赋值指令 PR[i]=LPOS。

关节位置：读取当前的机器人关节位置，即赋值指令 PR[i]=JPOS。

UFRAME [ ]：读取用户坐标系位置。

UTOOL [ ]：读取工具坐标系位置。

P [ ]：暂存器赋值，仅用于位置元暂存器 PR[i, j]的赋值。

PR[ ]：利用其他位置暂存器赋值。

⑧ 用光标选定对应的赋值数据选项，按【ENTER】键输入。

选择“直角位置”选项时，便可输入图 9-8（c）所示的机器人 TCP 位置读取指令“PR[i]=LPOS”；选择“关节位置”选项时，则可输入当前的机器人关节位置读取指令“PR[i] = JPOS”。

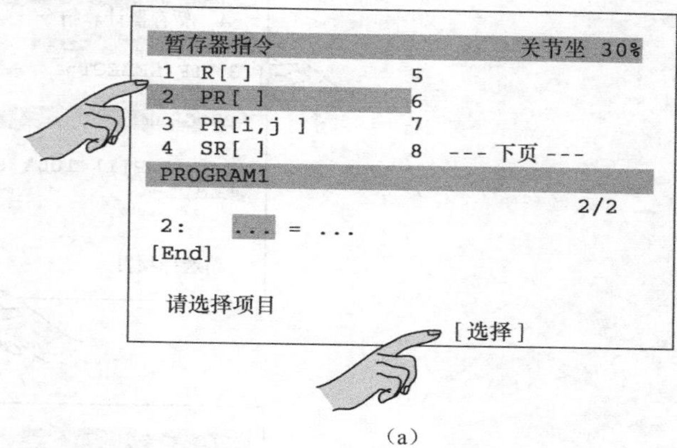

(a)

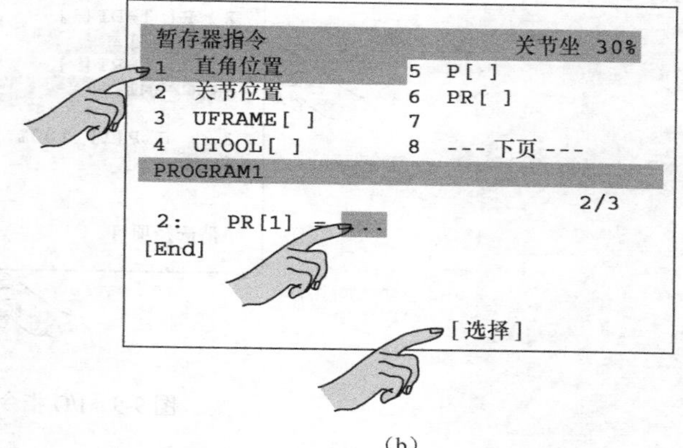

(b)

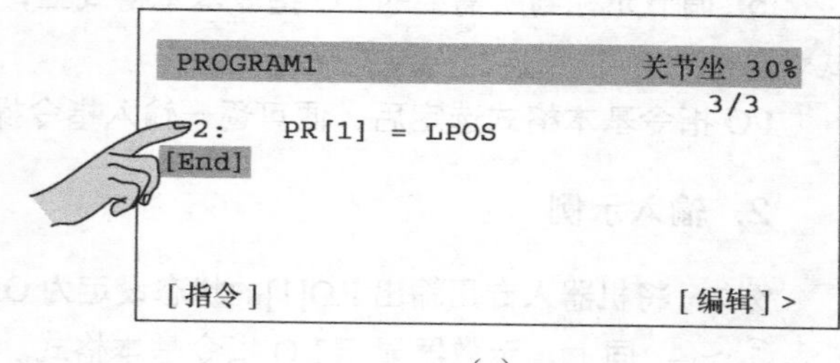

(c)

图 9-8 位置读取指令输入

9.1.4 I/O 指令输入

1. 基本操作

I/O 指令用来控制机器人本体、附加轴以外的其他运动，FANUC 机器人的 I/O 指令输入操作步骤如下。

① 在程序编辑页面上，将光标调节到程序的结束行[END]上。

② 按【NEXT】键，使示教器显示第 2 页的软功能键〖指令（INST）〗、〖编辑（EDCMD）〗。

③ 按软功能键〖指令（INST）〗，示教器便可显示图 9-9（a）所示的指令一览表。

④ 调节光标到“2 I/O”选项上，按【ENTER】选定，示教器即可显示图 9-9（b）所示的 I/O 指令基本格式。

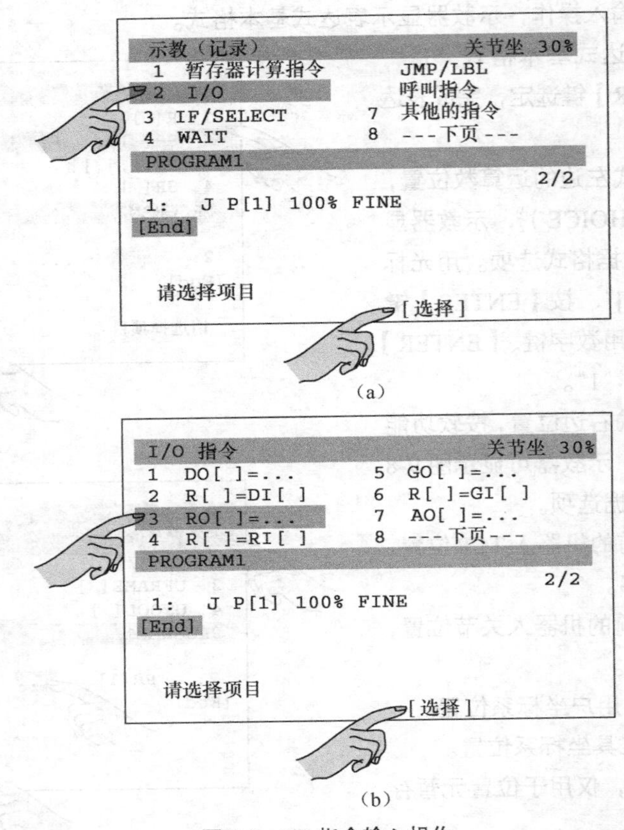

图 9-9 I/O 指令输入操作

⑤ 调节光标到所需要的 I/O 指令基本格式上，按【ENTER】键选定，便可完成 I/O 指令基本格式输入。

I/O 指令基本格式选定后，便可逐一输入指令操作数，完成 I/O 指令的输入与编辑。

2. 输入示例

例如，将机器人专用输出 RO[1]的状态设定为 ON 的 I/O 指令“RO[1]=ON”的输入操作步骤如下。

①～④ 同上，示教器显示 I/O 指令基本格式。

⑤ 调节光标到 I/O 指令基本格式“RO [ ] = … ”上，按【ENTER】键选定，示教器可显示指令编辑行“RO [···] = ···”。

调节光标到 RO 编号上，利用示教器的数字键、【ENTER】键，输入 RO 编号“1”。

⑥ 如图 9-10（a）所示，将光标定位到等式右边位置，按软功能键〖选择（CHOICE）〗，示教器便可显示 I/O 指令输入选项。

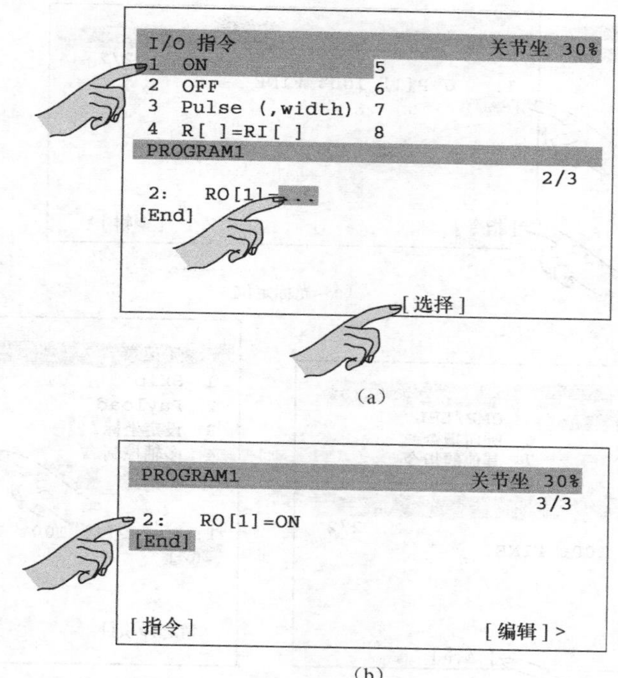

（b）

图 9-10 I/O 指令输入示例

⑦ 用光标选定所需要的选项“ON”后，按【ENTER】键，便可完成 “RO[1]=ON”指令输入，返回图 9-10（b）所示的程序编辑页面。

9.1.5 其他指令输入

1. 基本操作

利用示教器输入其他指令的输入方法与暂存器指令、I/O 指令类似，其基本步骤如下。

① 在程序编辑页面上，将调节光标到程序的结束行[END]上。

② 按【NEXT】键，使示教器显示图 9-11（a）所示的第 2 页软功能键〖指令（INST）〗、〖编辑（EDCMD）〗。

③ 按软功能键〖指令（INST）〗，示教器可显示图 9-11（b）所示的指令一览表。如果当前显示页面未显示所需要的指令，可将光标调节到选项“8 ——下页——”上，按【ENTER】选定后，可显示图 9-11（c）所示的第 2 页指令一览表。若再次将光标调节到选项“8 ——下页——”上，按【ENTER】选定，可继续显示第 3 页指令一览表等。

④ 指令在一览表上显示后，调节光标到需要的指令上，按【ENTER】选定。示教器即可显示该指令的基本格式。

⑤ 调节光标到基本格式上，按【ENTER】键选定，示教器可显示对应的指令编辑行。

⑥ 调节光标到指令操作数位置，按软功能键〖选择（CHOICE）〗，示教器显示便可显示该操作数的输入选项一览表。如果需要，利用示教器的数字键、【ENTER】键，输入暂存器、I/O 信号等操作数的编号“1”。

⑦ 重复⑥，完成所有操作数的输入。

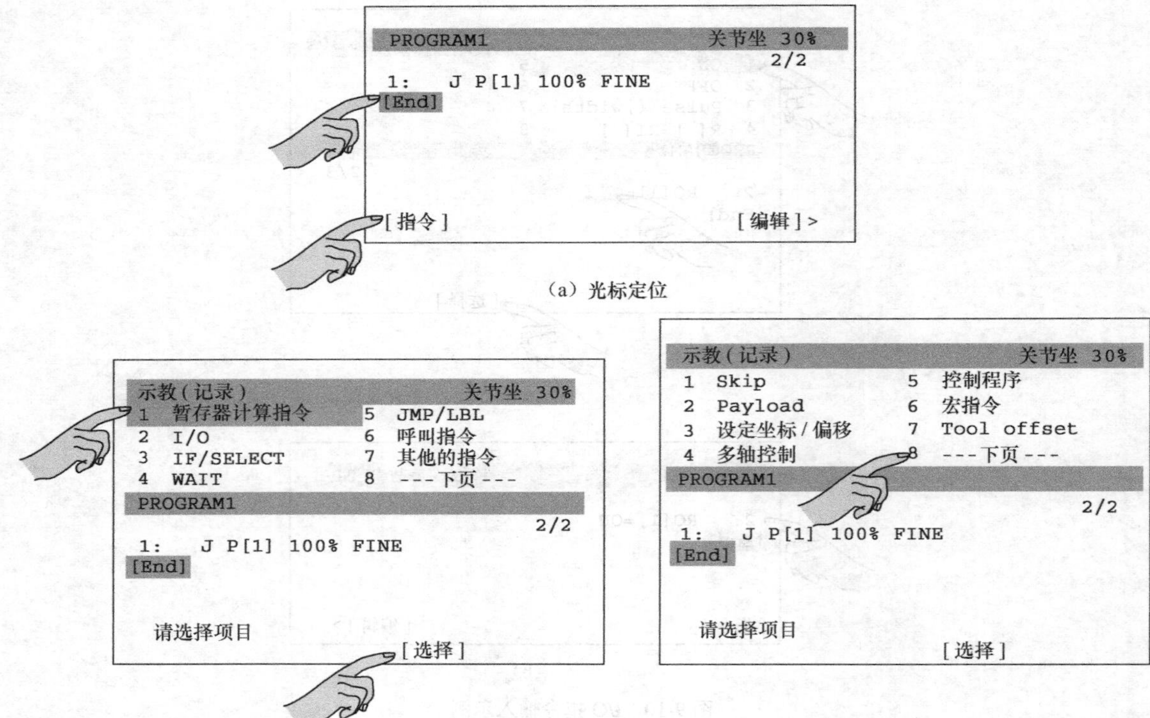

(a) 光标定位

(b) 指令选择

(c) 指令扩展

图 9-11 其他指令输入操作

2. 输入示例

例如，利用暂存器 R[1]，读取控制系统默认脉冲宽度参数$DEFPULSE 的参数读入指令“R[1]=$DEFPULSE”的输入操作步骤如下。

① 在程序编辑页面上，将光标调节到程序的结束行[END]上，并按【NEXT】键，使示教器显示第 2 页软功能键〖指令（INST）〗、〖编辑（EDCMD）〗。

② 按软功能键〖指令（INST）〗，示教器可显示指令一览表。调节光标到图 9-12（a）所示的“7 其他的指令”选项上，按【ENTER】选定后，示教器即可显示一览表中未显示的其他指令一览表。

③ 在其他指令一览表中选择“1 参数指令”，示教器便可显示图 9-12（b）所示的参数指令基本格式，并在基本格式中选择参数读取指令选项“2 … =$ …”。

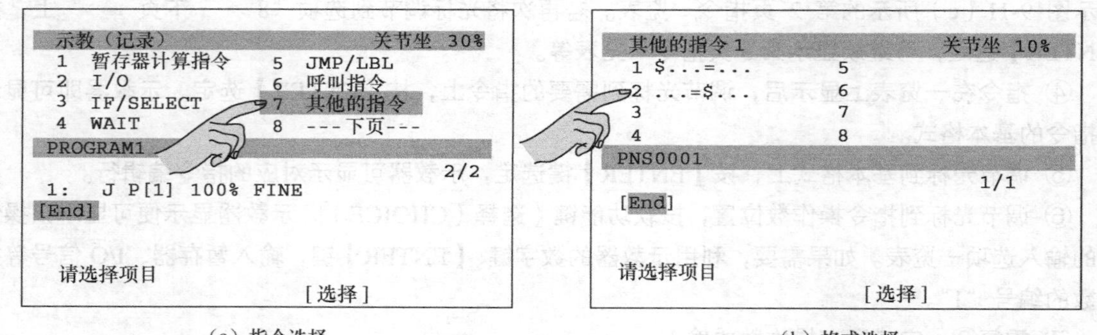

(a) 指令选择

(b) 格式选择

图 9-12 参数输入指令选择

④ 光标选定等式左边的指令操作数，按软功能键〖选择（CHOICE）〗，示教器显示便可显示图 9-13（a）所示的操作数的输入选项一览表。选择输入选项“R [ ]”，按【ENTER】键，输入指令格式“R [···] = $ ···”。

⑤ 光标选定暂存器编号，利用示教器的数字键、【ENTER】键，输入暂存器编号“1”。

⑥ 调节光标到参数名称位置，按软功能键〖选择（CHOICE）〗，示教器显示便可显示图 9-13（b）所示的系统参数一览表。在一览表上，可用光标选定所需要的参数名称“DEFPULSE”，按【ENTER】键，完成指令输入。或者，直接按【ENTER】键将光标定位到参数名称输入位置上，并利用图 9-13（c）所示的参数名称输入选项，直接输入参数名称，参数名称输入选项的含义、输入方法与程序名称输入相同。

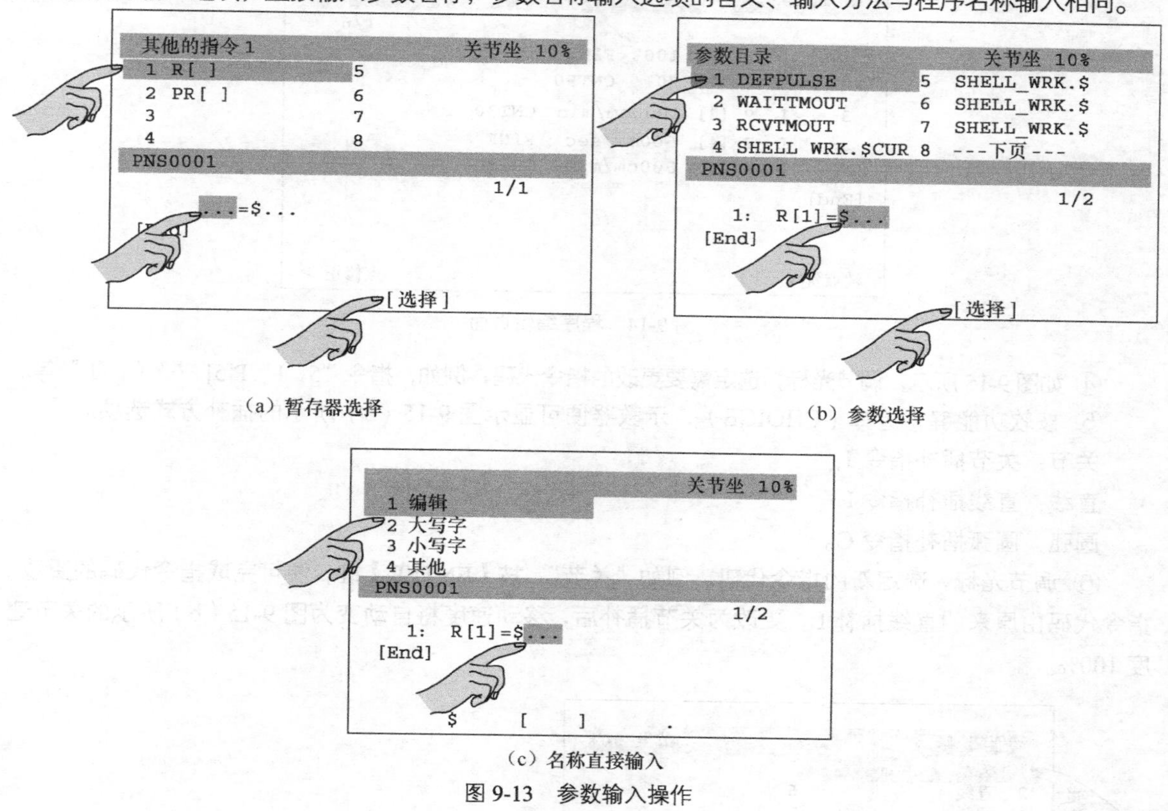

图 9-13　参数输入操作

9.2 指令编辑

9.2.1 移动指令编辑

指令编辑用于控制系统已有程序的指令更改、删除、复制等操作。需要对指令进行编辑的程序，可通过指令输入同样的操作选择，有关内容可参见前述。

基本移动指令编辑的内容包括指令代码（插补方式）、程序点位置、移动速度、到位区间等，其编辑方法如下。

1. 指令代码更改

基本移动指令的指令代码更改操作步骤如下。

① 接通控制柜电源总开关，启动控制系统，将操作模式选择开关置示教模式1（T1或T2）、示教器的TP有效开关置“ON”位置。

② 按程序选择键【SELECT】，或者，按操作菜单键【MENU】，并在操作菜单中选择“SELECT”选项，示教器可显示程序一览表页面。

③ 光标选定需要编辑的程序名称（例如Sample3），按【ENTER】键，示教器便可显示图9-14的程序编辑页面。

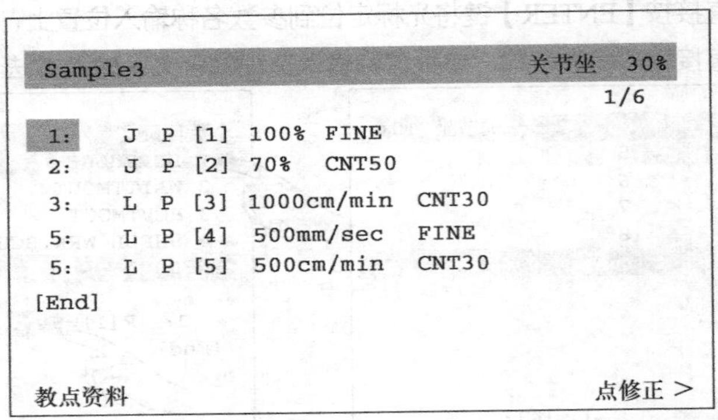

图9-14 程序编辑页面

④ 如图9-15所示，调节光标，选定需要更改的指令代码，例如，指令“5：L P[5] …”的“L”等。

⑤ 按软功能键〖选择（CHOICE）〗，示教器便可显示图9-15（a）所示的插补方式选项。

关节：关节插补指令J；

直线：直线插补指令L；

圆弧：圆弧插补指令C。

⑥ 调节光标，选定新的指令代码，例如“关节”，按【ENTER】键，便可完成指令代码的更改。指令代码由原来的直线插补L，更改为关节插补后，移动速度将自动变为图9-15（b）所示的关节速度100%。

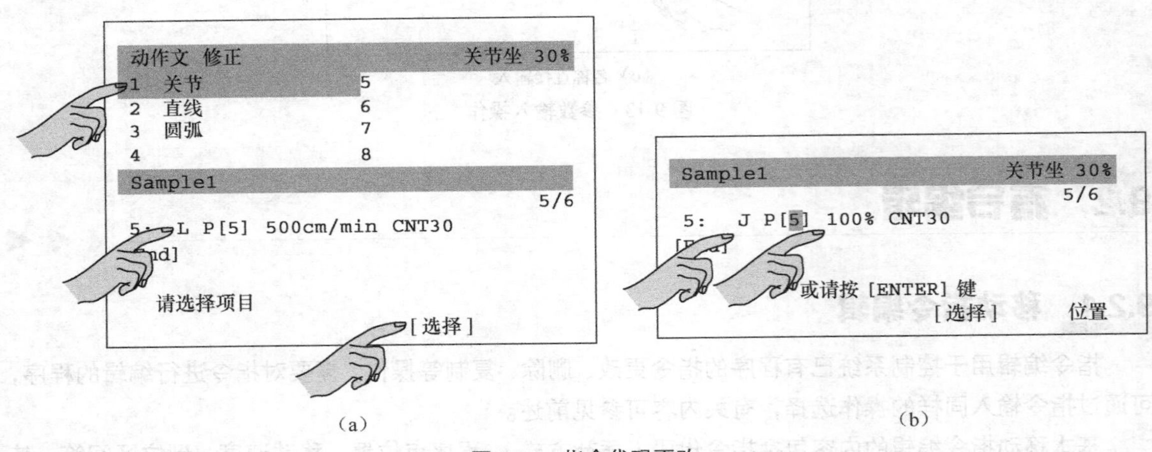

图9-15 指令代码更改

⑦ 圆弧插补指令C包含有中间点（例如P[5]）、终点（例如P[6]）2个程序点，当圆弧插补指令C更改为关节插补指令J、直线插补指令L时，或反之，机器人控制系统将自动进行如下处理。

圆弧插补指令C改为关节插补指令J、直线插补指令L。对于这种情况，控制系统将自动生成图9-16

所示的分别以中间点（例如 P[5]）、终点（例如 P[6]）为目标位置的 2 条关节或直线插补指令。

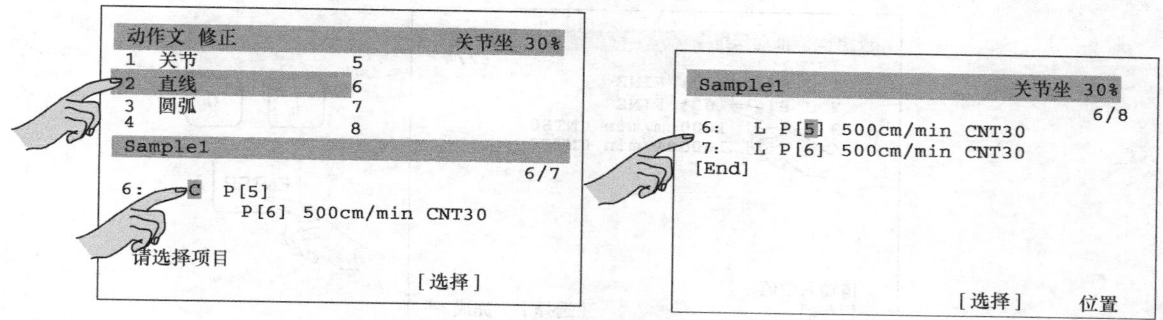

图 9-16 圆弧/关节、直线插补更改

关节插补指令 J 或直线插补指令 L 改为圆弧插补指令 C 的情况如图 9-17 所示。

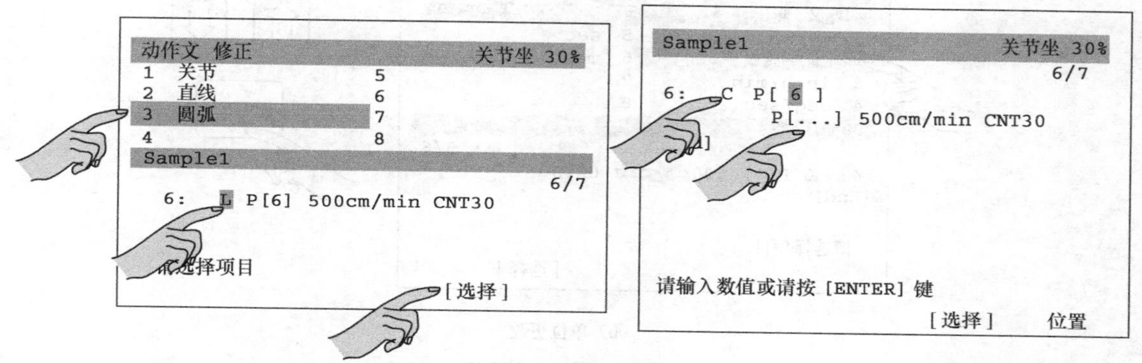

图 9-17 关节、直线/圆弧插补更改

对于这种情况，控制系统将自动生成图 9-17 所示的以关节插补指令 J 或直线插补指令 L 的目标位置（例如 P[6]）为中间点的圆弧插补指令 C。圆弧插补指令的终点，将成为有待输入的空白程序点 P[…]，此程序点（终点）的位置，需要通过示教或手动数据输入操作补充输入。

2. 速度更改

基本移动指令的移动速度更改操作步骤如下。

①～③ 利用指令代码更改同样的操作，选定需要编辑的程序。

④ 调节光标，选定需要更改的移动速度后，分别进行如下更改操作。

数值更改：关节速度倍率值、直线插补或圆弧插补速度数值，可直接用示教器的数字键输入并更改。

数值更改操作如图 9-18（a）所示，调节光标、选定需要更改的数值后，用示教器的数字键，直接输入新的数值（例如 70），完成后，按【ENTER】键确认。或者，用后述的暂存器 R[i]替换。

单位：关节速度的单位总是为%，不能（无须）进行更改。FANUC 机器人的 TCP 直线、圆弧插补速度的单位，可根据需要，选择 mm/sec、cm/min、inch/min，工具定向或外部回转轴的速度可以选择 deg/sec。

速度单位更改操作如图 9-18（b）所示，调节光标、选定需要更改的单位后，按软功能键〖选择（CHOICE）〗，示教器的上方便可显示速度单位选项。调节光标、选定新的单位后，按【ENTER】键确认，便可完成速度单位的更改操作。

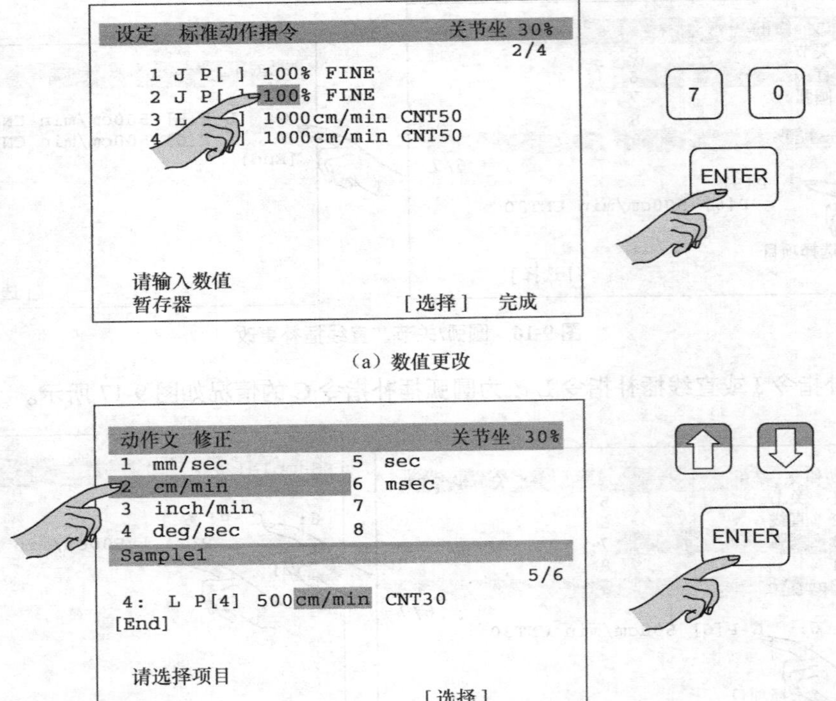

（a）数值更改

（b）单位更改

图 9-18 移动速度更改

3. 到位区间更改

基本移动指令的到位区间更改操作步骤如下。

①～③ 利用指令代码更改同样的操作，选定需要编辑的程序。

④ 调节光标，选定需要更改的到位区间。更改 CNT 数值时，光标可选定数值，直接用数字键、【ENTER】键更改。需要 FINE/CNTn 转换时，可按软功能键〖选择（CHOICE）〗，显示图 9-19 所示的选项，然后用光标选定新的到位区间，按【ENTER】键更改。

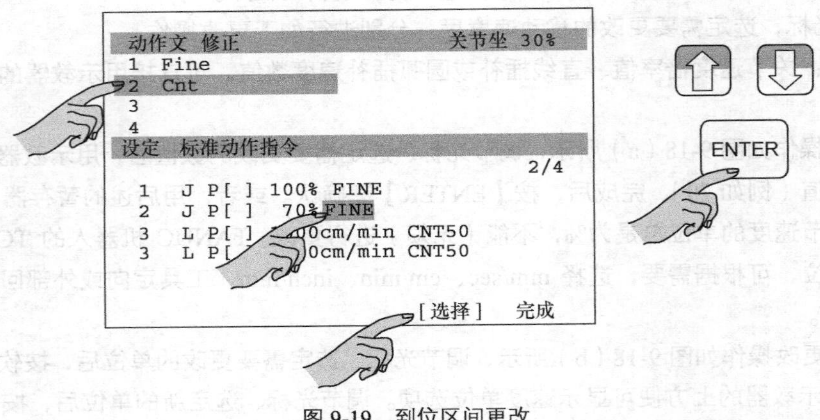

图 9-19 到位区间更改

9.2.2 程序点编辑

FANUC 机器人的移动指令目标位置等程序点数据，可采用手动数据输入、位置示教、位置暂存器替换等方法更改，其操作步骤如下。

1．手动数据输入更改

FANUC 机器人程序点的手动数据输入更改操作步骤如下。

① 在程序编辑页面上，调节光标到指定的程序点上，例如，图 9-20（a）中的 P[2]。

② 按软功能键〖位置（POSITION）〗，示教器将显示图 9-20（b）所示的程序点的详细位置数据。

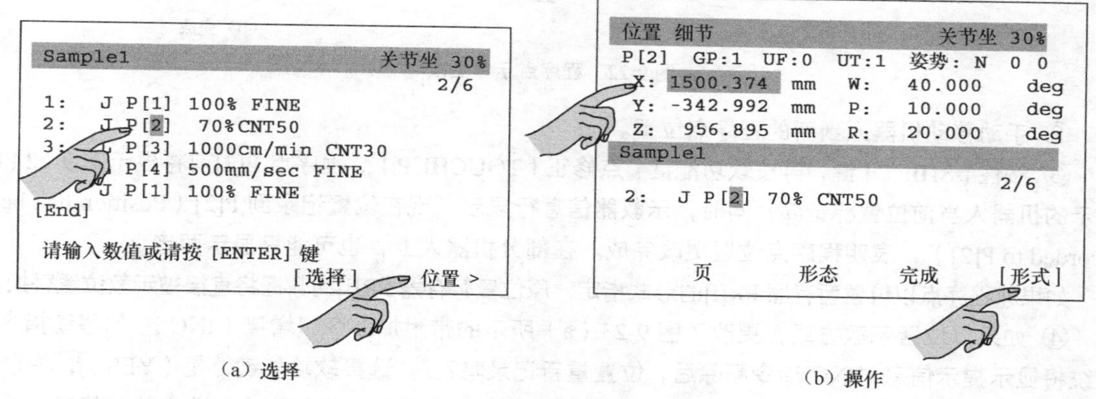

（a）选择　（b）操作

图 9-20　手动数据输入更改

在详细位置数据显示页面上，可根据需要选择软功能键，进行如下操作。

〖页（PAGE）〗：切换外部轴（副群组）位置。

〖形态（CONF）〗：更改机器人姿态，即第 1 行中姿势（CONF）栏的数据，选择软功能键后，可显示当前位置允许的机器人姿态。需要改变姿态时，可通过光标调节选择新的姿态，按【ENTER】确认。

〖完成（DONE）〗：程序点数据更改完成，示教器返回程序编辑页面。

〖形式（REPRE）〗：更改位置数据格式，按软功能键后，示教器可显示"直角（Cartesian）""关节（Joint）"选项。选择"直角"，可显示、更改机器人 TCP 位置，位置数据格式如图 9-20（b）所示；选择"关节"，程序点位置将以图 9-21 所示的关节坐标显示、更改。需要改变位置数据格式时，可用光标选定所需的格式，按【ENTER】确认。

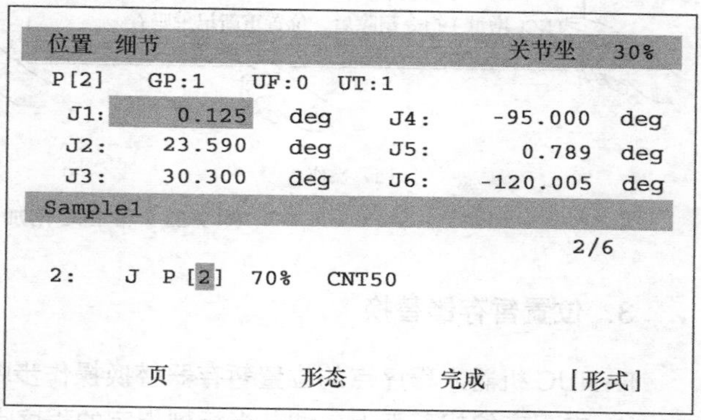

```
位置 细节                                   关节坐   30%
P[2]    GP:1    UF:0   UT:1
  J1:        0.125   deg     J4:    -95.000  deg
  J2:       23.590   deg     J5:      0.789  deg
  J3:       30.300   deg     J6:   -120.005  deg
Sample1
                                              2/6
2:    J  P[2]  70%    CNT50

       页          形态          完成         [形式]
```

图 9-21　关节位置显示、更改

③ 用软功能键、光标选定需要更改的数据，用数字键输入新的数据，按【ENTER】键确认。

④ 所有数据更改完成后，按软功能键〖完成（DONE）〗，示教器可返回程序编辑页面。

2．位置示教更改

FANUC 机器人程序点的位置示教更改操作步骤如下。

① 在程序编辑页面，调节光标到图 9-22（a）所示的、需要更改的指令行号上。

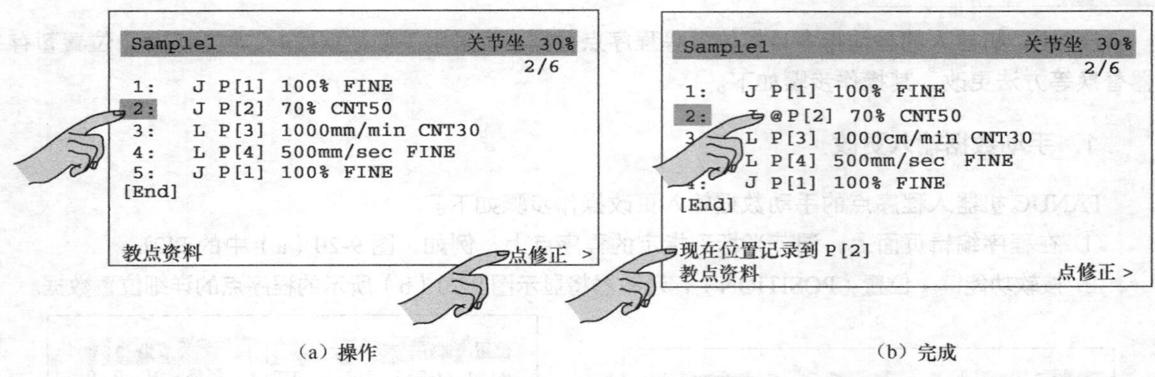

（a）操作　　（b）完成

图 9-22　程序点示教更改

② 手动移动机器人到新的程序点位置。

③ 按住【SHIFT】键，再按软功能键〖点修正（TOUCHUP）〗，程序点 P[2]前将显示图 9-22（b）所示的机器人当前位置标记@，同时，示教器信息行显示"现在位置记录到 P[2]（Position han been recorded to P[2]）"，表明程序点位置更改完成。在部分机器人上，也可能只显示两者之一。

如果原程序点以位置暂存器 PR[i]的形式指定，原位置暂存器 PR[i]的数据将直接被示教位置替换。

④ 如果以位置示教方式，更改了图 9-23（a）所示的带附加命令"增量（INC）"的移动指令，系统将显示提示信息"INC 指令删除后，位置重新记录吗？"。选择软功能键〖是（YES）〗，将自动删除附加命令 INC，并生成图 9-23（b）所示的以示教点为目标位置的新指令；选择软功能键〖不是（NO）〗，可放弃程序点更改操作。

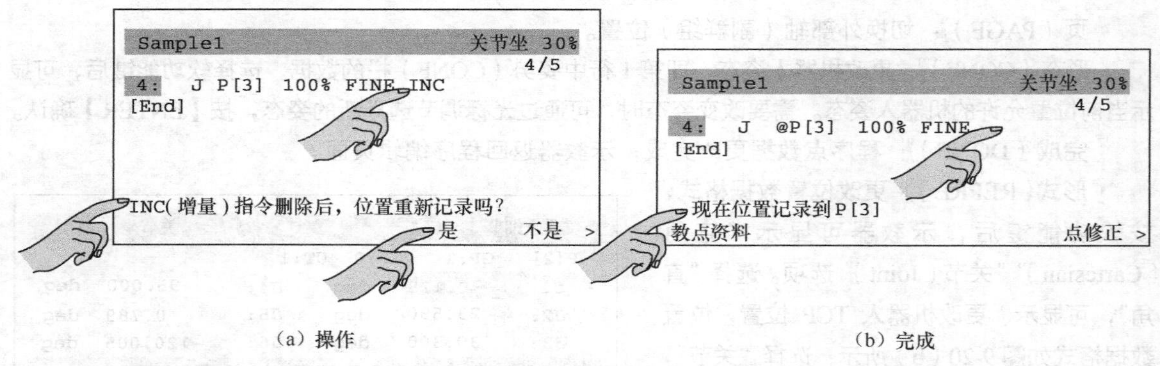

（a）操作　　（b）完成

图 9-23　带 INC 附加命令指令编辑

3. 位置暂存器替换

FANUC 机器人程序点的位置暂存器替换操作步骤如下。

① 在程序编辑页面上，调节光标到指定的程序点上，例如，图 9-24（a）中的 P[5]。

② 按软功能键〖选择（CHOICE）〗，示教器将显示图 9-24（b）所示的程序点定义方式选项。

③ 以位置暂存器替换程序点时，光标选定"PR[ ]"，按【ENTER】键确认，示教器将以 PR[…] 替换程序点 P [5]，并显示如下位置暂存器编号的输入方式选择软功能键。

〖直接〗：直接通过示教器数字键，输入位置暂存器编号。

〖间接〗：通过暂存器 R[i]，指定位置暂存器编号。

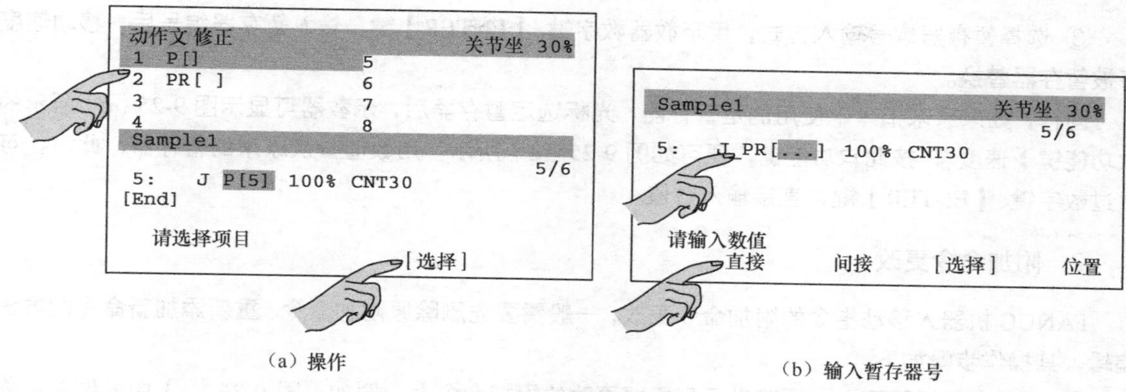

（a）操作　　（b）输入暂存器号

图 9-24　位置暂存器替换

9.2.3　暂存器及附加命令编辑

1. 暂存器替换

FANUC 机器人的移动速度等数值数据，可用暂存器 R[i]的形式定义。利用暂存器 R[i]替换操作数数值的操作步骤如下。

① 在程序编辑页面上，调节光标到需要更改的操作数数值上，例如，图 9-25（a）中的关节插补速度 100%。

② 按软功能键〖暂存器〗，指令中的操作数数值将被暂存器“R[…]”替换，同时，显示图 9-25（b）所示的如下暂存器编号的输入方式选择软功能键。

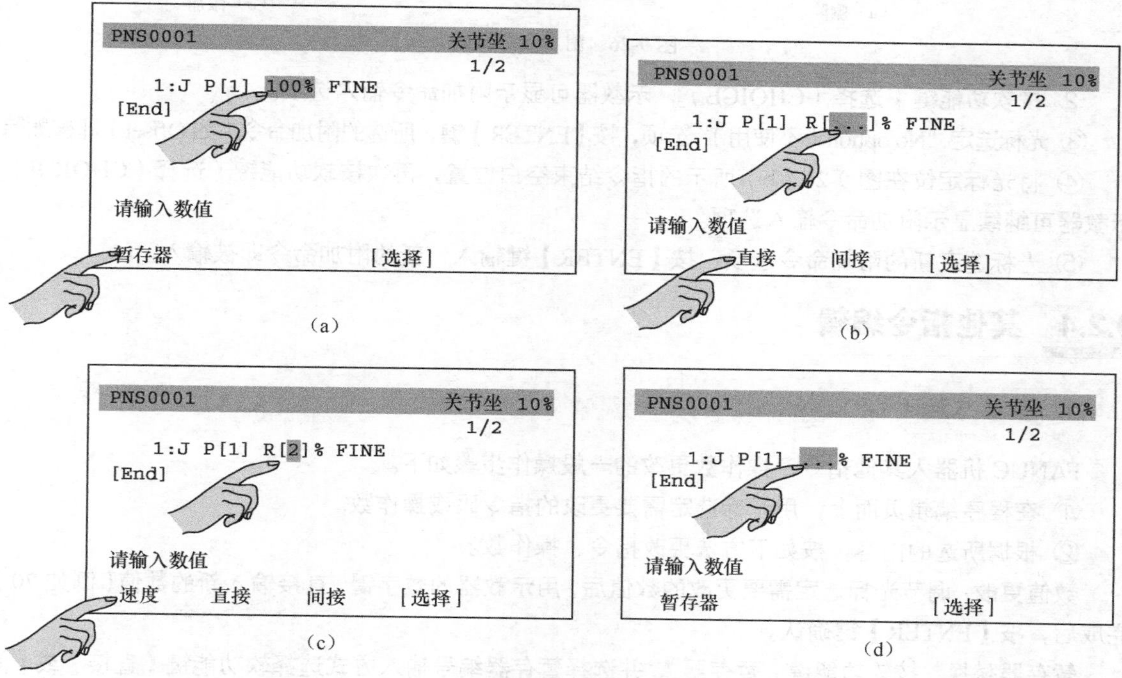

（a）　（b）　（c）　（d）

图 9-25　暂存器替换

〖直接〗：通过示教器数字键，直接输入暂存器编号。

〖间接〗：通过暂存器 R[i]，间接指定暂存器编号。

③ 选择暂存器编号输入方式，用示教器数字键、【ENTER】键，输入暂存器编号后，移动速度将被暂存器替换。

同样，如果原来指令中使用的是暂存器，光标选定暂存器后，示教器可显示图 9-25（c）所示的软功能键〖速度〗，按此软功能键，便可如图 9-25（d）所示，用数值替换原来的暂存器，此时，可通过数字键、【ENTER】键，直接输入数值。

2．附加命令更改

FANUC 机器人移动指令的附加命令更改，一般需要先删除原附加命令、重新添加新命令的方法编辑，其操作步骤如下。

① 在程序编辑页面上，调节光标到需要更改的附加命令上，例如，图 9-26（a）中的位置偏移命令 Offset 等。

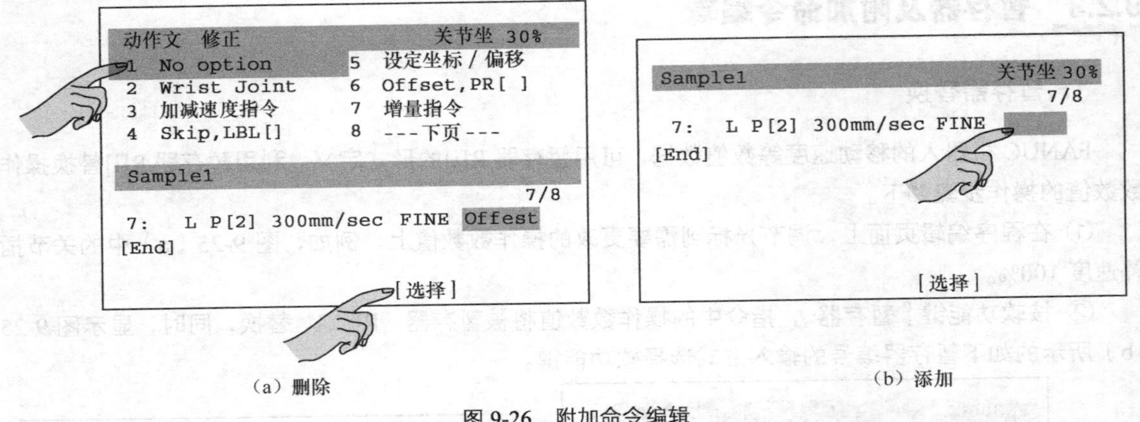

（a）删除　　（b）添加

图 9-26　附加命令编辑

② 按软功能键〖选择（CHOICE）〗，示教器可显示附加命令输入选项。

③ 光标选定“No option（不使用）”选项，按【ENTER】键，所选的附加命令（如 Offset）即被删除。

④ 将光标定位在图 9-26（b）所示的指令结束空白位置，再次按软功能键〖选择（CHOICE）〗，示教器可继续显示附加命令输入选项。

⑤ 光标选定新的附加命令选项，按【ENTER】键输入，新的附加命令即被输入。

9.2.4 其他指令编辑

1．基本方法

FANUC 机器人其他指令、操作数更改的一般操作步骤如下。

① 在程序编辑页面上，用光标选定需要更改的指令码或操作数。

② 根据所选的内容，按如下方法更改指令、操作数。

数值更改：调节光标选定需要更改的数值后，用示教器的数字键，直接输入新的数值（例如 70），完成后，按【ENTER】键确认。

暂存器替换：按软功能键〖暂存器〗，并选择暂存器编号输入方式选择软功能键〖直接〗或〖间接〗，通过示教器数字键或其他暂存器，指定暂存器编号，按【ENTER】键确认。

指令或字符型操作数更改：按软功能键〖选择（CHOICE）〗，示教器可显示允许输入的选项。光标选定所选的选项，按【ENTER】键确认。

2. 更改示例

例如，需要将程序指令“11：WAIT RI[1] = ON”更改为“11：WAIT RI[1] = R [2] TIMEOUT, LBL [2]”的操作步骤如下。

① 在程序编辑页面上，用光标选定需要更改的操作数“ON”。

② 按软功能键〖选择（CHOICE）〗，示教器可显示图9-27（a）所示的允许输入的选项。

③ 光标选定“R[]”选项、按【ENTER】键，字符型操作数“ON”，将被暂存器R[...]替换，同时，示教器显示图9-27（b）所示的暂存器编号输入方式选择软功能键〖直接〗、〖间接〗。

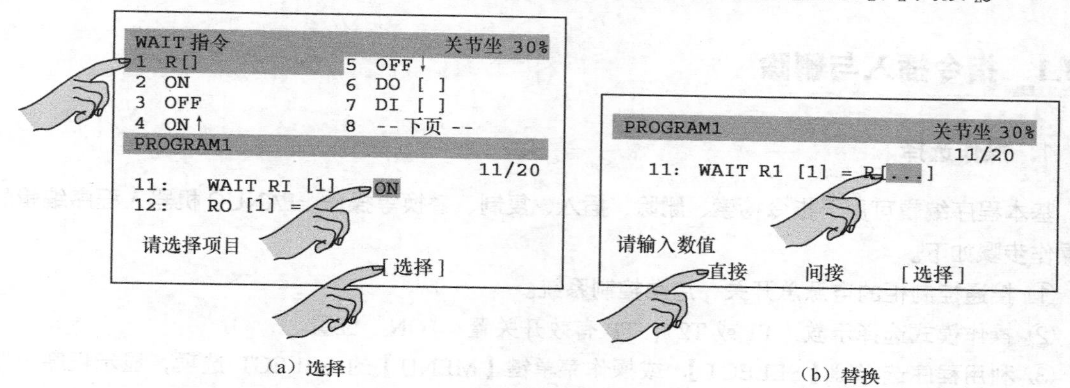

（a）选择　　（b）替换

图9-27　暂存器替换

④ 选择软功能键〖直接〗，用示教器的数字键，输入暂存器编号“2”，按【ENTER】键确认，便可用暂存器R[2]，替换原指令中的字符型操作数“ON”。

⑤ 光标定位到图9-28（a）所示的指令结束的空白位置。

⑥ 按软功能键〖选择（CHOICE）〗，示教器可显示图9-28（b）所示的指令允许附加的选项。

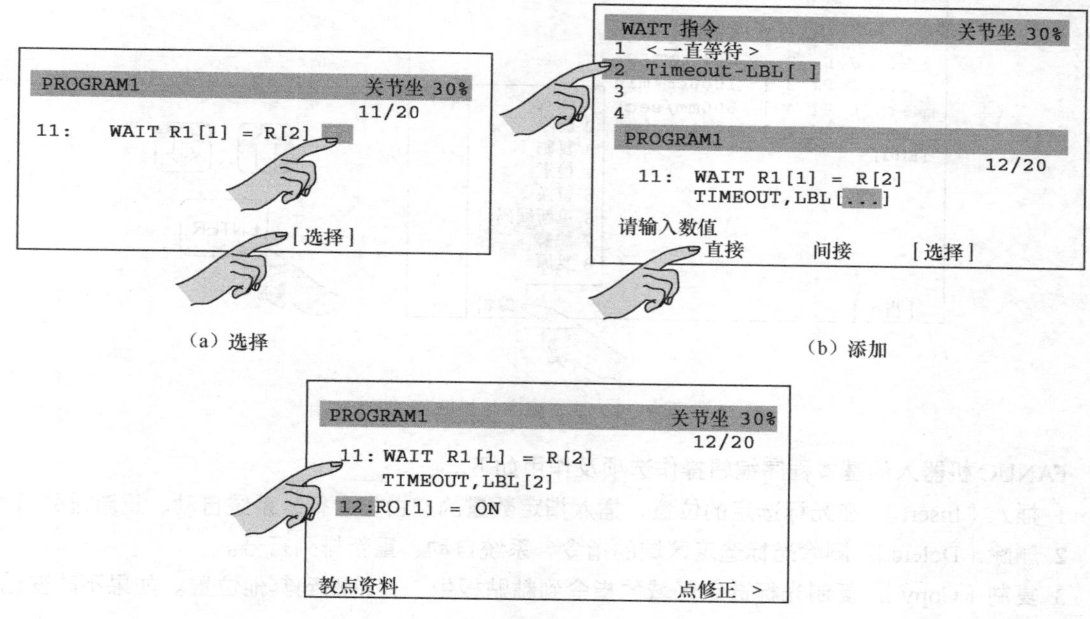

（a）选择　　（b）添加

（c）完成

图9-28　其他指令编辑示例

⑦ 光标选定“Timeout－LBL [ ]”选项，按【ENTER】键，命令“TIMEOUT, LBL [...]”即被添加到指令上。同时，可显示跳转标记 LBL 编号的输入方式选择软功能键〖直接〗、〖间接〗。

⑧ 选择软功能键〖直接〗，用示教器的数字键，输入跳转标记编号“2”，按【ENTER】键确认，命令“TIMEOUT, LBL [2]”既可被添加到指令“WAIT RI[1] = R [2]”之后，如图 9-28（c）所示。

9.3 程序编辑

9.3.1 指令插入与删除

1. 操作选择

基本程序编辑可用于指令检索、删除、插入、复制、替换等操作。FANUC 机器人程序编辑的基本操作步骤如下。

① 接通控制柜的电源总开关，启动控制系统。

② 操作模式选择示教（T1 或 T2），TP 有效开关置 “ON”位置。

③ 利用程序选择键【SELECT】，或操作菜单键【MENU】的 SELECT 选项，显示程序一览表后，用光标选定需要编辑的程序名称，按【ENTER】键，显示程序编辑页面。

④ 按【NEXT】键，显示扩展软功能键〖指令（INST）〗、〖编辑（EDCMD）〗。

⑤ 按〖编辑（EDCMD）〗键，示教器可显示图 9-29 所示的基本程序编辑操作选项。

⑥ 光标选定所需的操作选项，按【ENTER】键，便可进行相应的基本程序编辑操作。

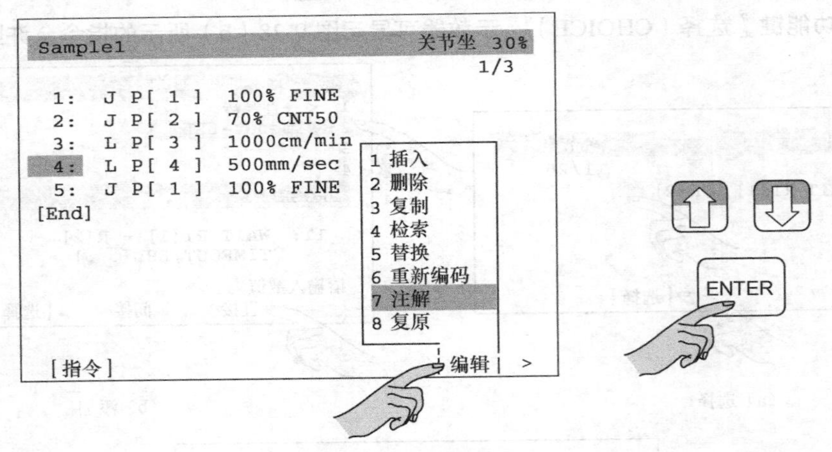

图 9-29 基本程序编辑选择

FANUC 机器人的基本程序编辑操作选项及作用如下。

1 插入（Insert）：在光标选定的位置，插入指定数量的空白指令行，系统自动、重新排列行号。

2 删除（Delete）：删除光标选定区域的指令，系统自动、重新排列行号。

3 复制（Copy）：复制光标选定区域的指令到粘贴板中，并粘贴到其他位置。如果不改变粘贴板内容，同样的粘贴可进行多次。

4 检索（Find）：搜索指定的指令。

5 替换（Replace）：移动指令速度、定位区间的一次性更改，以及附加命令的一次性添加、删除等。

6 重新编码（Renumer）：重新排列程序点P[i]的编号。

7 注解（Comment）：可显示、隐藏指令中的操作数注释。

8 复原（Undo）：撤销上一步编辑操作。

2. 指令插入

指令插入操作可在光标选定的位置，插入指定数量的空白指令行，其操作步骤如下。

① 显示程序编辑页面，按【NEXT】键，显示第 2 页软功能键〖指令（INST）〗、〖编辑（EDCMD）〗。

② 调节光标到需要插入的指令行号上（例如“4:”），按软功能键〖编辑（EDCMD）〗，显示基本程序编辑操作选项。

③ 光标选定操作选项“插入（Insert）”，按【ENTER】键确认，信息行将显示图 9-30（a）所示的“请问插入多少行（How many line to insert）？”操作对话框。

④ 用数字键、【ENTER】键输入需要插入的行数（例如“2”），指令数量的空白指令行即被插入，系统自动排列行号，如图 9-30（b）所示。

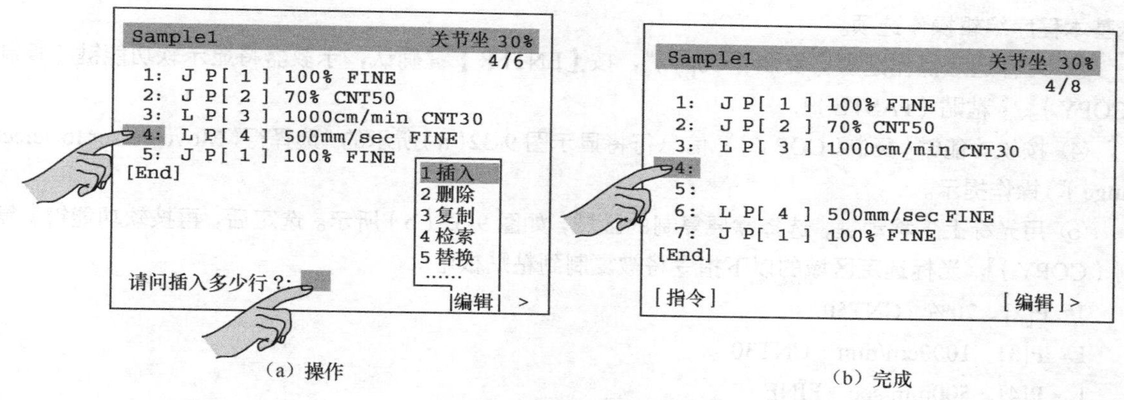

（a）操作　　（b）完成

图 9-30　指令插入操作

⑤ 通过指令输入操作，在第 4、5 行上输入需要插入的指令。

3. 指令删除

指令删除操作可删除光标选定区域的指令，其操作步骤如下。

① 显示程序编辑页面，按【NEXT】键，显示第 2 页软功能键〖指令（INST）〗、〖编辑（EDCMD）〗。

② 调节光标到需要删除的起始指令行号上（例如“4:”），按软功能键〖编辑（EDCMD）〗、显示基本程序编辑操作选项。

③ 光标选定操作选项“删除（Delete）”，按【ENTER】键确认，信息行将显示图 9-31（a）所示的“确定删除行吗（Delete line（s）？”操作对话框。

④ 用光标上下移动键，选择需要删除的区域。选定后，按软功能键〖是（YES）〗，便可删除所选区域的指令行，如图 9-31（b）所示。

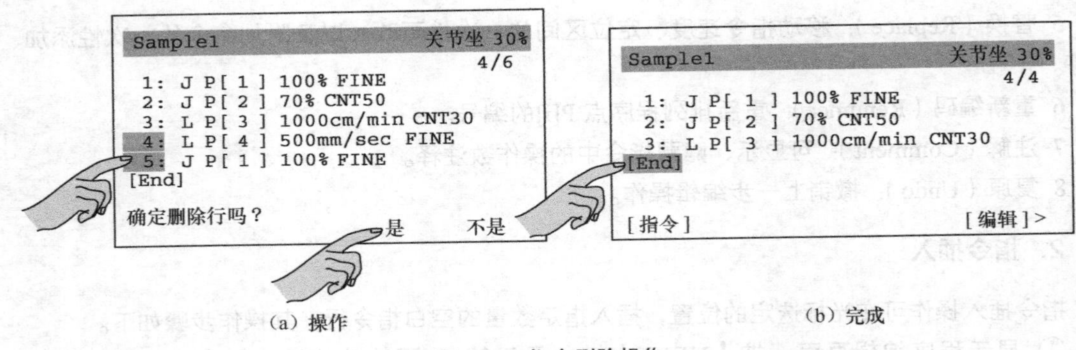

（a）操作　　（b）完成

图 9-31　指令删除操作

9.3.2　指令复制与粘贴

1. 指令复制

指令复制操作可将光标选定区域的指令，复制到粘贴板中，并粘贴到其他位置，其操作步骤如下。

① 显示程序编辑页面，按【NEXT】键，显示第 2 页软功能键〖指令(INST)〗、〖编辑(EDCMD)〗。

② 调节光标到需要复制的起始指令行号上（例如“2:”），按软功能键〖编辑（EDCMD）〗显示基本程序编辑操作选项。

③ 光标选定操作选项“复制（Copy）”，按【ENTER】键确认，示教器将显示软功能键〖复制（COPY）〗、〖粘贴（PASTE）〗。

④ 按软功能键〖复制(COPY)〗，信息行将显示图 9-32(a)所示的“选择行(Move cursor to select range)”操作提示。

⑤ 用光标上下移动键，选择需要复制的区域，如图 9-32（b）所示。选定后，再按软功能键〖复制（COPY）〗，光标选定区域的以下指令将被复制到粘贴板中。

J　P[2]　70%　CNT50

L　P[3]　1000cm/min　CNT30

L　P[4]　500mm/sec　FINE

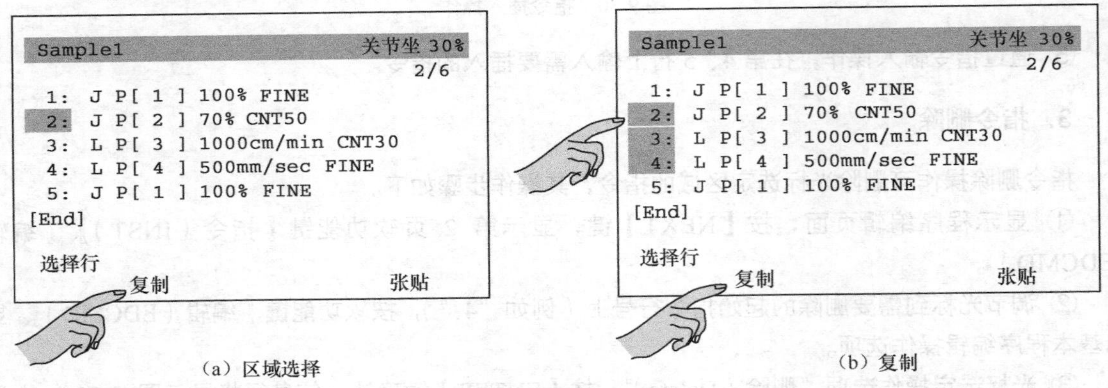

（a）区域选择　　（b）复制

图 9-32　指令复制操作

2. 指令粘贴

通过指令复制操作保存到粘贴板的指令，可通过粘贴操作粘贴到指定区域，其操作步骤如下。

① 完成指令复制操作，将选定的指令复制到粘贴板中。

② 调节光标到需要粘贴的指令行号上（例如“5:”），按软功能键〖粘贴（PASTE）〗，信息行将显示图 9-33 所示的“粘贴行前吗（Paste before this line）？”操作提示，并显示如下粘贴方式选择软功能键。

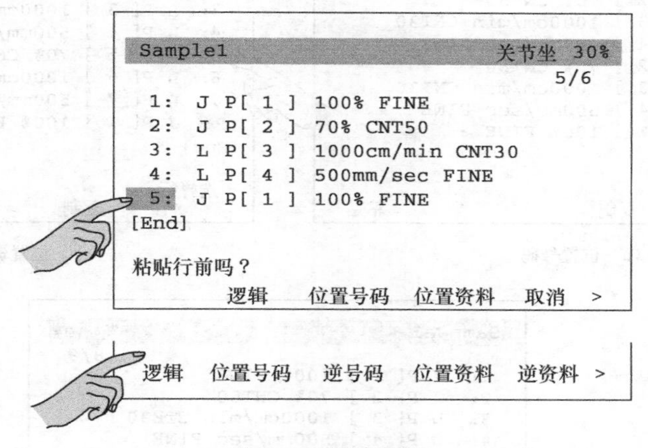

图 9-33 粘贴选择

〖逻辑（LOGIC）〗：粘贴指令，不改变指令次序，但指令中的所有程序点编号、位置均成为未定义状态 P[…]。

〖位置号码（POS_ID）〗：粘贴指令，不改变指令次序、程序点号与位置，原样粘贴。

〖位置资料（POSITION）〗：粘贴指令，不改变指令次序、程序点位置，但程序点编号被自动变更。

〖取消（CANCEL）〗：取消粘贴操作。

按【NEXT】键，还可显示第 2 页的如下逆序粘贴扩展软功能键。

〖逆号码（R-POS_ID）〗：粘贴板中的程序点编号、位置不变，但指令按照逆序粘贴。

〖逆资料（R-POSITION）〗：程序点位置不变，按照逆序粘贴指令、程序点编号被自动变更。

FANUC 机器人的指令逆序粘贴功能，不能用于带有跳步、增量、连续回转、提前执行等附加命令的移动指令，以及多运动组指令等。

③ 用软功能键选定粘贴方式，粘贴板内容将按要求粘贴。

④ 如果需要，可重复步骤②、③，在不同位置，按所需方式，进行多次粘贴。完成后，按【PREV】键退出粘贴操作，返回程序编辑页面。

例如，假如粘贴板的内容如下：

J P[2] 70% CNT50

L P[3] 1000cm/min CNT30

L P[4] 500mm/sec FINE

如果在指令行“5:”处，选择软功能键〖位置号码（POS_ID）〗，粘贴板内容将被原样粘贴，所得到的程序如图 9-34（a）所示。粘贴板内容将被插入到第 5～7 行上，指令的次序、程序点编号与位置都保持不变。原指令行 5，成为第 8 行。

如果在指令行“5:”处，选择软功能键〖位置资料（POSITION）〗，进行粘贴，所得到的程序如图 9-34（b）所示。粘贴板的内容将被插入到第 5～7 行上，指令次序、程序点位置不变，但程序点编号被自动变更。原指令行 5，成为第 8 行。

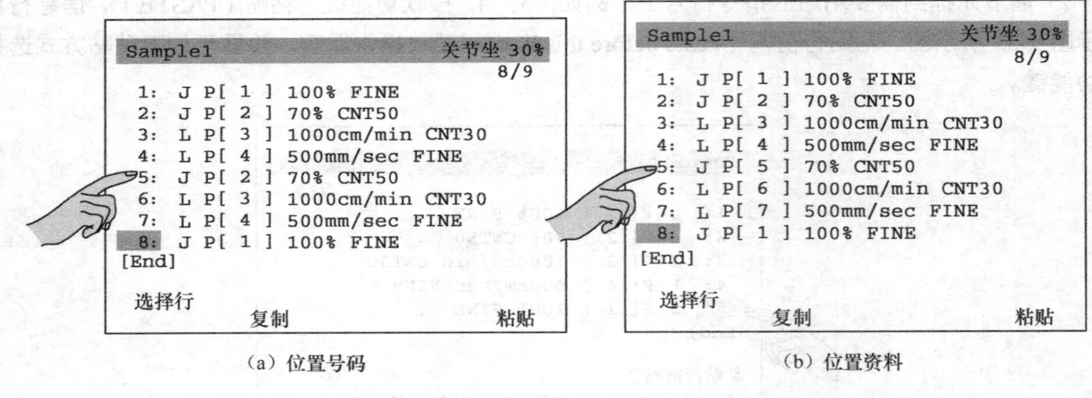

（a）位置号码　　　　（b）位置资料

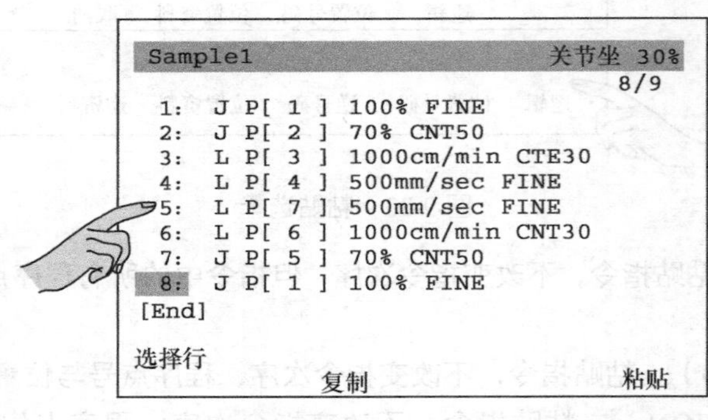

（c）逆资料

图 9-34　不同方式的粘贴

如果在指令行“5:”处，选择软功能键〖逆资料（R-POSITION）〗，进行粘贴，所得到的程序如图 9-34（c）所示。粘贴板的内容将被插入到第 5～7 行上，指令次序被反转，程序点位置不变，程序点编号被自动变更。原指令行 5，成为第 8 行。

9.3.3 检索、替换与编辑撤销

1. 指令检索

指令检索可用来搜索程序中的指令，其操作步骤如下。

① 显示程序编辑页面，按【NEXT】键，显示第 2 页软功能键〖指令（INST）〗、〖编辑（EDCMD）〗。

② 按软功能键〖编辑（EDCMD）〗显示基本程序编辑操作选项，如图 9-35（a）所示，光标选定操作选项“检索（Find）”，按【ENTER】键确认，示教器将显示图 9-35（b）所示的指令目录。

③ 光标选定指令，按【ENTER】键确认。对于图 9-35（b）所示的多指令目录选项“JMP/LBL”等，可打开第 2 层指令目录，然后，再次光标选定指令，按【ENTER】键确认。

④ 指令选定后，示教器可显示图 9-35（c）所示的操作提示“请输入索引值:”。如仅检索指令代码，可直接按【ENTER】键；如需要检索特定指令，可输入指令操作，如 LBL[2]指令的操作数“1”等，按【ENTER】键。

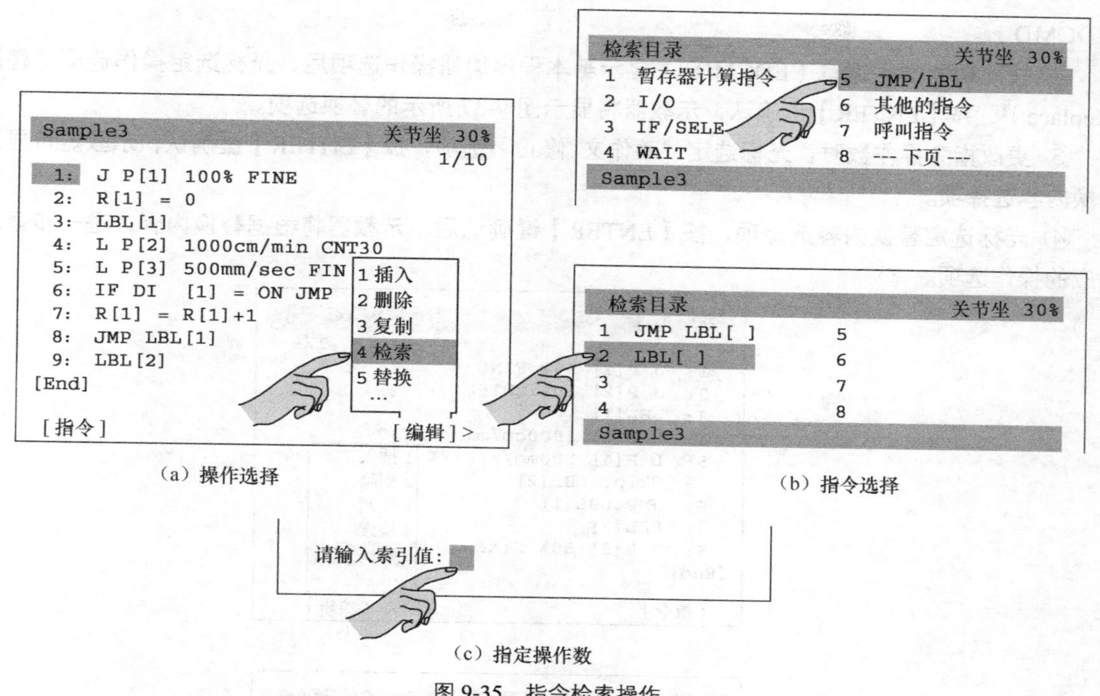

(a) 操作选择

(b) 指令选择

(c) 指定操作数

图 9-35 指令检索操作

【ENTER】键操作后，系统便可自动检索指令，并将光标定位到第一条指令的位置。例如，进行指令“LBL [ ]”检索时的图 9-36（a）所示的指令行 3。

⑤ 如果需要，可按软功能键〖下一个（NEXT）〗，继续检索下一条指令，例如，进行指令“LBL [ ]”检索时的图 9-36（b）所示的指令行 9，否则，按软功能键〖结束（END）〗，结束指令检索操作。

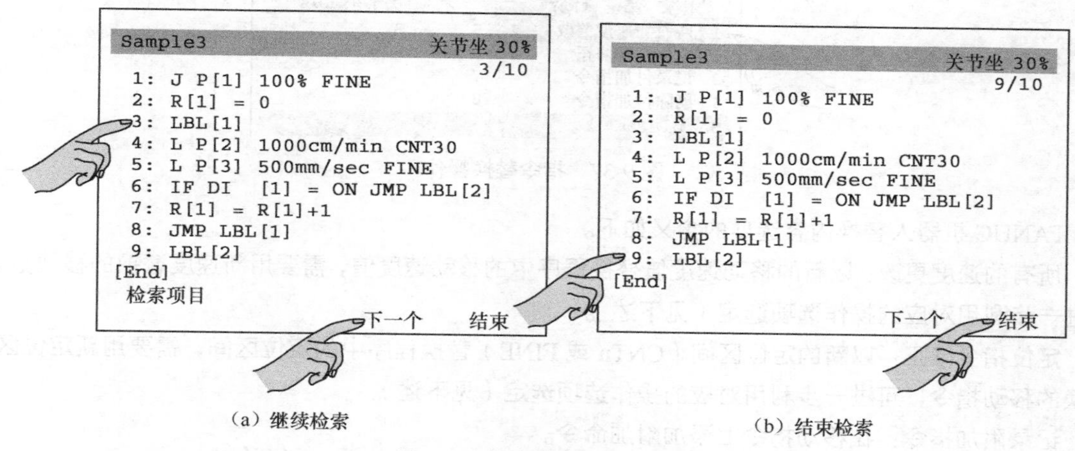

(a) 继续检索

(b) 结束检索

图 9-36 指令检索显示与操作

2. 指令替换

指令替换可用于移动指令速度、定位区间的一次性更改，以及附加命令的一次性添加、删除等，其操作步骤如下。

① 显示程序编辑页面，按【NEXT】键，显示第 2 页软功能键〖指令（INST）〗、〖编辑

(EDCMD)〗。

② 按软功能键〖编辑(EDCMD)〗显示基本程序编辑操作选项后，光标选定操作选项“替换(Replace)”、按【ENTER】键确认；示教器将显示图9-37所示的替换选项。

③ 更改指令操作数时，光标选定“动作文 修正”选项，按【ENTER】键确认，示教器可显示替换内容选择项。

④ 光标选定替换内容选择项，按【ENTER】键确认后，示教器将根据替换内容，进一步显示相应的操作选项。

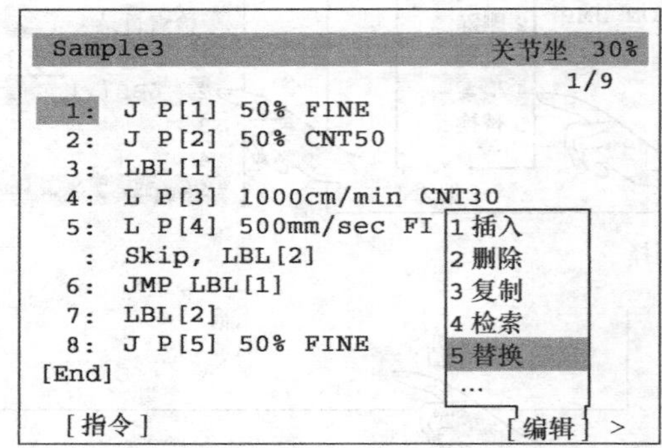

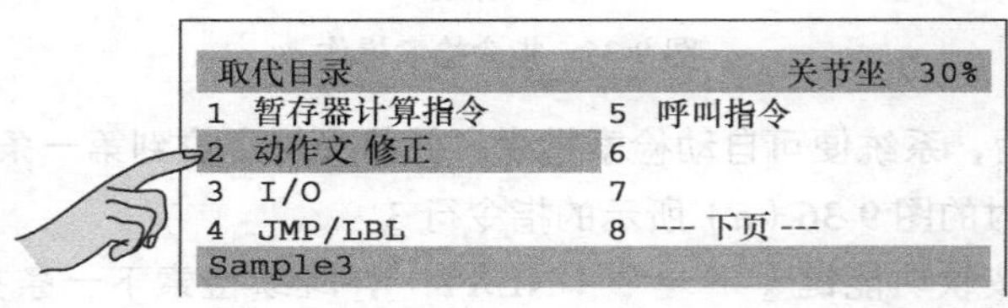

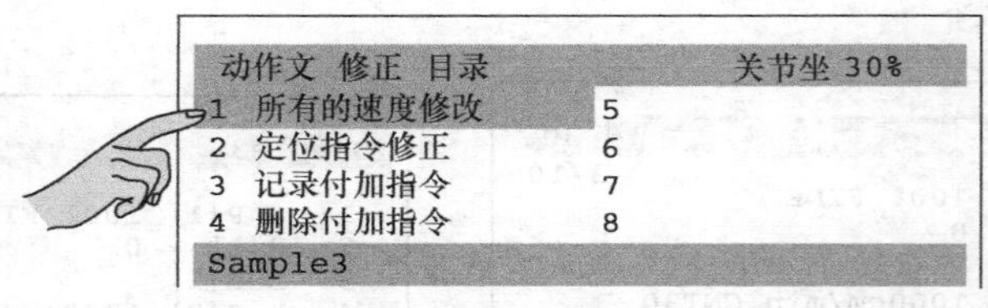

图9-37 指令替换操作

FANUC机器人替换内容选项的含义如下。

所有的速度更改：以新的移动速度值替换程序中的移动速度值，需要用新速度替换的移动指令，可进一步利用对应的操作选项选定(见下述)。

定位指令修正：以新的定位区间(CNTn或FINE)替换程序中的定位区间，需要用新定位区间替换的移动指令，可进一步利用对应的操作选项选定(见下述)。

记录附加指令：在移动指令上添加附加命令。

删除附加指令：删除移动指令上的附加命令。

例如，更改移动指令速度的操作步骤如下。

① 在图9-37所示的替换内容选项上，用光标选定“所有的速度更改”，按【ENTER】键确认，示教器可显示图9-38(a)所示的需要进行速度替换的移动指令类别选项，并可根据需要进行如下选择。

所有的形式：不指定移动指令的类别，对程序中的所有同类速度进行一次性替换。

J、L、C：只分别进行关节、直线、圆弧插补指令的速度一次性替换。

② 光标选定需要进行速度替换的移动指令类别选项，按【ENTER】键确认，示教器可显示图 9-38（b）所示的速度替换方式选项，并可根据需要进行如下选择。

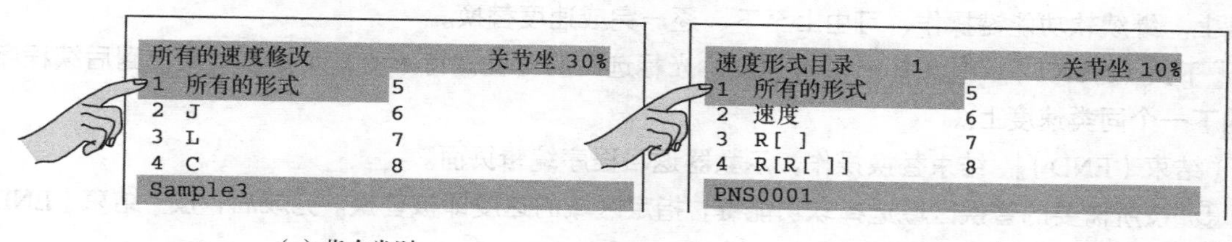

（a）指令类别　　（b）替换方式

图 9-38　指令类别与方式选择

所有的形式：不指定速度的替换方式，对程序中的所有采用相同单位的速度进行一次性替换，速度单位可通过后述的操作选择。

速度：手动数据输入替换，通过手动操作输入速度值并替换。

R[ ]：暂存器替换，以暂存器 R[i]数值替换速度。

R[R[ ]]：间接寻址暂存器替换，以暂存器数值替换速度，但暂存器编号需要通过其他暂存器间接定义。

③ 光标选定速度替换方式，按【ENTER】键确认。

选择选项“速度”“R[ ]”“R[R[ ]]”时，示教器即可显示相应的速度值或暂存器编号输入行，直接进入操作步骤⑤。

选择选项“所有的形式”时，示教器将显示图 9-39（a）所示的速度单位选择项，然后，用光标选定速度单位，按【ENTER】键确认，示教器可显示图 9-39（b）所示的速度替换方式选项（含义同上）。

光标选定速度替换方式、按【ENTER】键确认后，示教器即可显示相应的速度值或暂存器编号输入行。

④ 用数字键在图 9-40（a）所示的示教器显示的速度值、暂存器编号输入行上，输入新的速度值或暂存器编号，按【ENTER】键确认，示教器可显示图 9-40（b）所示的如下替换区域选择及操作结束软功能键。

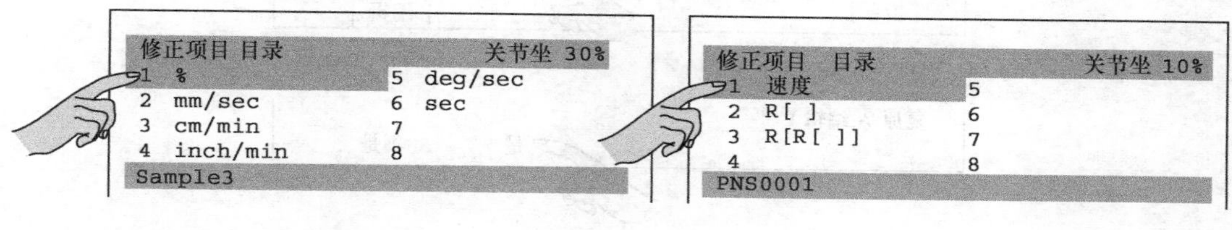

（a）单位选择　　（b）方式选择

图 9-39　替换单位与方式选择

（a）速度输入　　（b）软功能键

图 9-40　数值输入与区域选择

〖所有的（ALL）〗：一次性替换。光标行及后续程序区域的全部速度被一次性替换。

〖是（YES）〗：逐一替换。光标选定的速度被替换，光标自动定位到后续程序区域的下一个同类速度上。继续软功能键操作，可由上至下、逐一完成速度替换。

〖下页（NEXT）〗：检索下一替换速度。光标选定的速度保持不变，光标自动定位到后续程序区域的下一个同类速度上。

〖结束（END）〗：结束替换操作，示教器返回程序编辑页面。

⑤ 按所需要的替换区域选择软功能键，指定区域的速度即被替换。完成后，按〖结束（END）〗键返回程序编辑页面。

3．编辑撤销

FANUC 机器人的编辑撤销操作，一般只能撤销刚进行的指令编程操作，如果再次选择编辑撤销，则恢复原来的编辑操作。编辑撤销的操作步骤如下。

① 显示程序编辑页面，按【NEXT】键，显示第 2 页软功能键〖指令（INST）〗、〖编辑（EDCMD）〗。

② 按软功能键〖编辑（EDCMD）〗、显示基本程序编辑操作选项后，光标选定操作选项“复原（Undo）”，按【ENTER】键确认，示教器可显示图 9-41 所示的提示与软功能键。

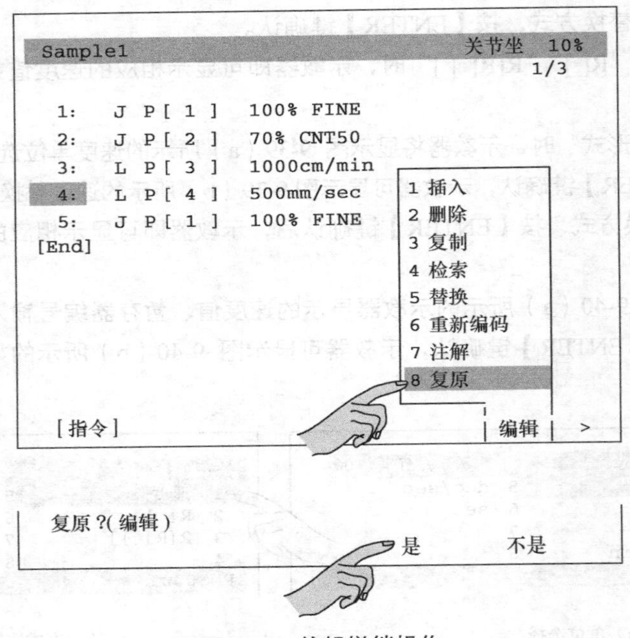

图 9-41 编辑撤销操作

③ 选择软功能键〖是（YES）〗，系统便可撤销刚进行的指令编程操作。

9.3.4 程序点排列与注释隐藏

1．程序点排序

程序点排序功能可对当前编辑程序的全部程序点 P[i]编号重新排序，其操作步骤如下。

① 显示程序编辑页面，按【NEXT】键，显示第 2 页软功能键。

② 按软功能键〖编辑（EDCMD）〗显示基本程序编辑操作选项后，光标选定操作选项“重

新编码（Renumer）”，按【ENTER】键确认，示教器将显示图 9-42（a）所示的提示信息与软功能键。

③ 选择软功能键〖是（YES）〗，系统便可对当期编辑程序的全部程序点编号，进行图 9-42（b）所示的重新排列。

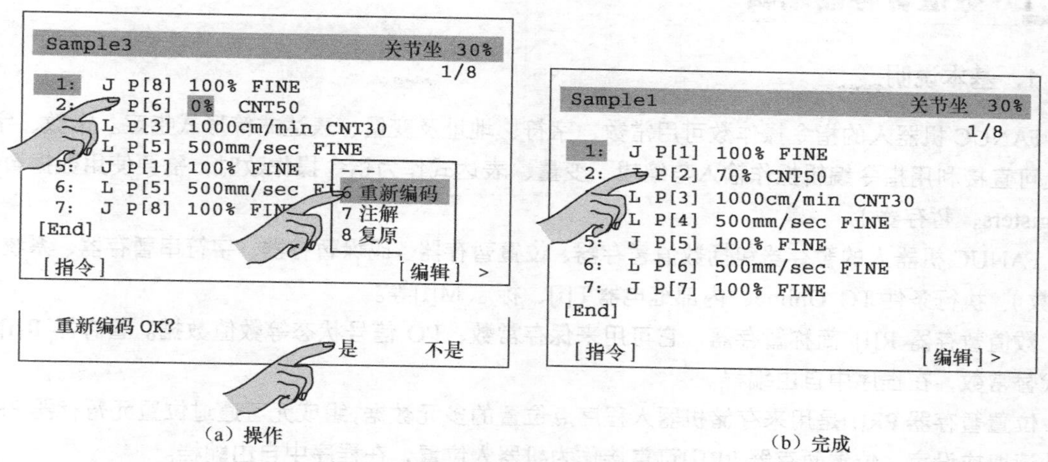

（a）操作　　（b）完成

图 9-42　程序点排序操作

2. 注释显示与隐藏

注释显示与隐藏功能，可显示、隐藏指令中的操作数注释，其操作步骤如下。

① 显示程序编辑页面，按【NEXT】键，显示第 2 页软功能键〖指令（INST）〗、〖编辑（EDCMD）〗。

② 按软功能键〖编辑（EDCMD）〗显示基本程序编辑操作选项后，光标选定操作选项“注解（Comment）”，按【ENTER】键确认，示教器将显示图 9-43（b）所示的 I/O 指令及暂存器指令的注释。

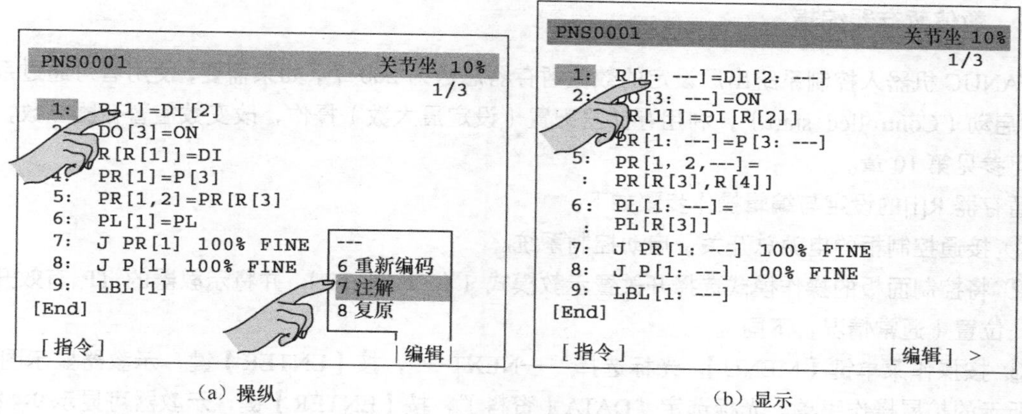

（a）操纵　　（b）显示

图 9-43　注释显示/隐藏操作

③ 如果再次用光标选定操作选项“注解（Comment）”，按【ENTER】键确认，便可隐藏 I/O 指令及暂存器指令的注释。

9.4 暂存器编辑

9.4.1 数值暂存器编辑

1. 基本说明

FANUC 机器人的指令操作数可用常数、字符、地址及变量、表达式等形式指定。常数、字符、地址可直接利用指令编辑操作输入与编辑；变量、表达式作为指令操作数时，需要使用数据暂存器（Registers，暂存器）。

FANUC 机器人的暂存器包括数值暂存器、位置暂存器、码垛暂存器、字符串暂存器、系统变量（参数）、执行条件 TC_Online、内部继电器 F[i]、标志 M[i]等。

数值暂存器 R[i] 简称暂存器，它可用来保存常数、I/O 信号状态等数值数据。暂存器 R[i]可直接代替常数，在程序中自由编程。

位置暂存器 PR[i]是用来存储机器人程序点位置的多元数据，组成元可通过位置元暂存器 PR[i, j] 单独读取或设定。位置暂存器 PR[i]可直接作为机器人位置，在程序中自由编程。

码垛暂存器 PL[n]用于码垛指令 PALLETIZING。PL[n]是由行 *i*、列 *j*、层 *k* 组成的三维数组[*i*，*j*，*k*]。码垛暂存器 PL[n]可用来间接指定机器人位置，机器人的实际坐标位置需要由控制系统根据码垛示教点自动计算、生成，有关内容可参见本章后述。

系统变量$***用于系统参数的读取与设定，内部继电器 F[i]、标志 M[i]及执行条件 TC_Online 用于复合运算编程。系统变量$***、执行条件 TC_ Online 需要通过控制系统设定（SYSTEM）、机器人设定（SETUP）操作设定与编辑，有关内容可参见第 10、11 章。内部继电器 F[i]、标志 M[i] 则需要由 PLC（PMC）程序生成。

数值暂存器（暂存器）、位置暂存器、码垛暂存器、字符串暂存器可通过暂存器编辑操作设定与编辑。数值暂存器的编辑方法如下，其他暂存器的编辑方法见后述。

2. 数值暂存器编辑

FANUC 机器人控制系统出厂设定的数值暂存器总数为 200 个，如果需要，使用者可通过系统的“控制启动（Controlled start）”，利用存储器配置（设定最大数）操作，改变数值暂存器总数，有关内容可参见第 10 章。

暂存器 R[i]的设定与编辑操作步骤如下。

① 接通控制柜的电源总开关，启动控制系统。

② 将控制面板的操作模式选择开关置示教模式 1（T1 或 T2），并将示教器的 TP 有效开关置“ON”位置（通常情况，下同）。

③ 按操作菜单键【MENU】，光标选择“—NEXT—”，按【ENTER】键，示教器显示图 9-44（a）所示的扩展操作菜单。光标选定“DATA（资料）”，按【ENTER】键，示教器可显示 9-44（b）所示的程序数据设定与编辑页面。程序数据设定与编辑页面，也可直接按示教器显示键【DATA】直接显示，或者，选定快捷操作菜单上的“DATA（资料）”，按【ENTER】键显示。

④ 按软功能键〖类型（TYPE）〗，示教器可显示暂存器设定内容选择项。光标选定“暂存器计算指令”，按【ENTER】键，示教器可显示图 9-45 所示的数值暂存器设定与编辑页面。

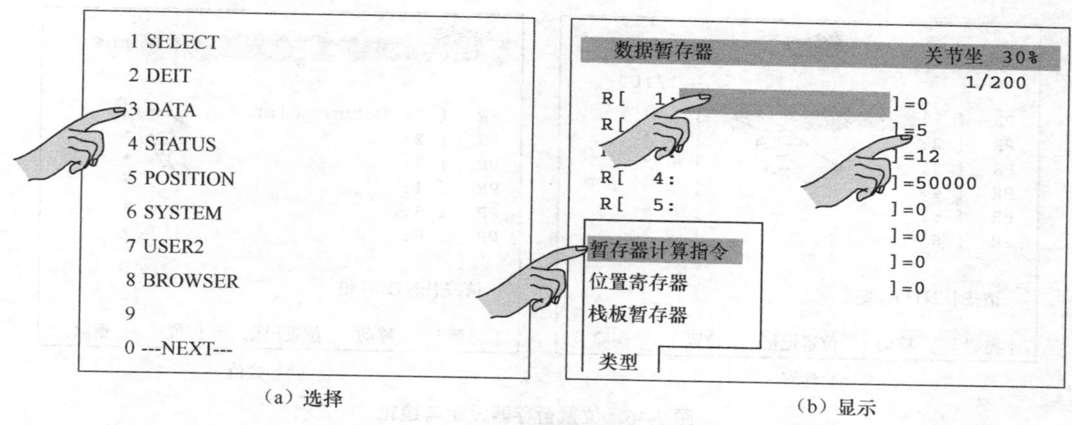

（a）选择 （b）显示

图 9-44 程序数据设定与编辑

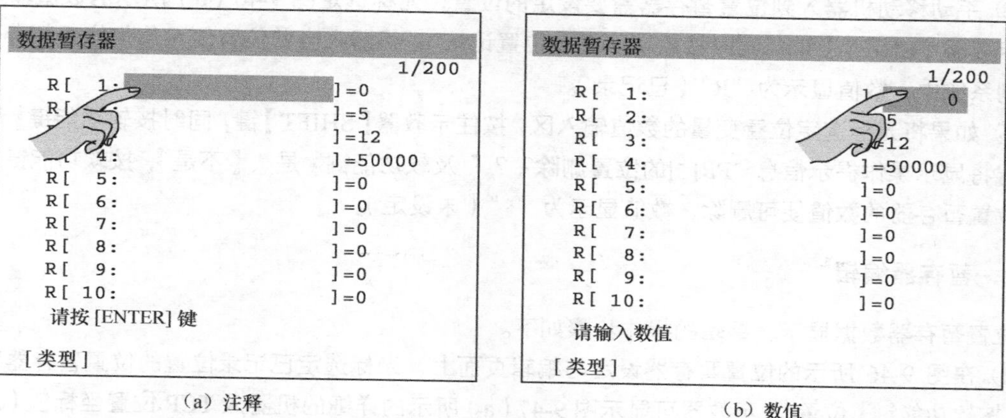

（a）注释 （b）数值

图 9-45 暂存器设定与编辑

⑤ 根据需要，光标选定图 9-45（a）所示的注释输入区，按【ENTER】键选定，便可通过程序名称输入同样的操作（参见第 8 章第 8.3 节），输入暂存器注释；光标选定图 9-45（b）所示的暂存器的数值输入区，则可用数字键、【ENTER】键，直接输入暂存器值。

9.4.2 位置暂存器编辑

FANUC 机器人控制系统出厂设定的位置暂存器总数为 100 个，如果需要，使用者可通过系统的“控制启动（Controlled start）”，利用存储器配置（设定最大数）操作，改变位置暂存器总数，有关内容可参见第 10 章。

位置暂存器 PR[i]可通过示教操作或编辑操作设定与修改，其方法如下。

1. 示教设定

利用机器人示教操作，设定位置暂存器 PR[i]的操作步骤如下。

①～③ 同数值暂存器操作，使示教器显示程序数据设定与编辑页面。

④ 按软功能键〖类型（TYPE）〗，示教器可显示暂存器设定内容选择项，光标选定“位置暂存器”，按【ENTER】键，选择图 9-46 所示的位置暂存器设定与编辑页面。

⑤ 如果需要，光标选定图 9-46（a）所示的注释输入区，按【ENTER】键选定，便可通过程序名称输入同样的操作（参见第 8 章第 8.3 节），输入位置暂存器注释。

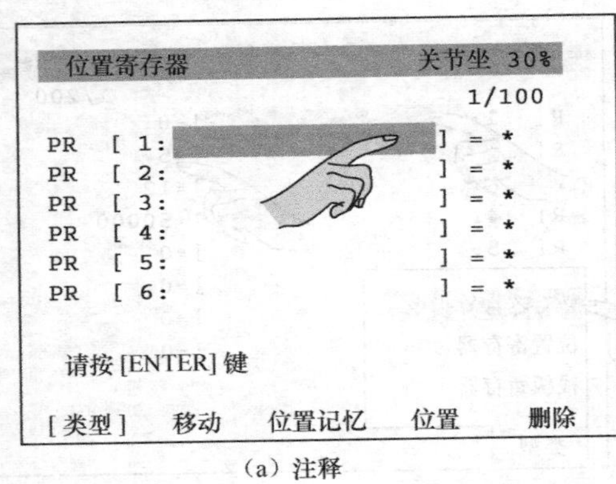

（a）注释

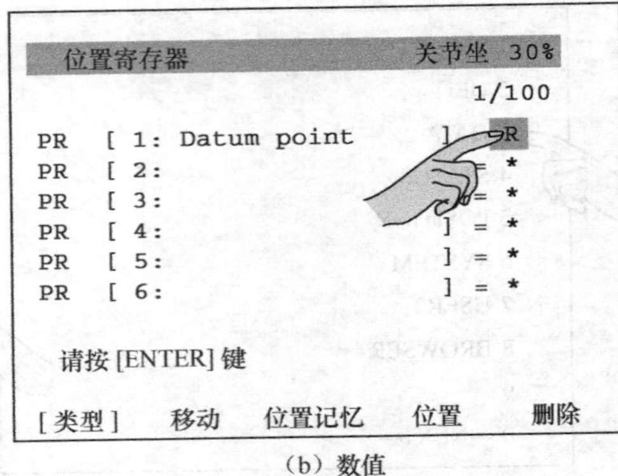

（b）数值

图 9-46 位置暂存器设定与编辑

⑥ 手动移动机器人到位置暂存器需要设定的位置，光标选定图 9-46（b）所示的数值输入区，按住示教器【SHIFT】键，同时按软功能键〖位置记忆〗，机器人当前位置便可作为位置暂存器值，记录到系统中，数值显示为“R”（已记录）。

⑦ 如果将光标选定位置变量的数值输入区，按住示教器【SHIFT】键，同时按软功能键〖删除〗，示教器将显示操作提示信息“PR[*]的位置删除？？”及软功能键〖是〗、〖不是〗，按软功能键〖是〗，指定位置暂存器的数值便可删除，数值显示为“*”（未设定）。

2. 暂存器编辑

位置暂存器数据显示、编辑的操作步骤如下。

① 在图 9-46 所示的位置暂存器设定与编辑页面上，光标选定已记录位置的位置暂存器输入区（R），按软功能键〖位置〗，示教器可显示图 9-47（a）所示的详细的机器人 TCP 位置坐标值（直角），以及数据编辑软功能键。

② 按软功能键〖形式〗，示教器可显示位置数据格式选择项，光标选定“关节”、按【ENTER】键，位置显示可切换为图 9-47（b）所示的关节位置显示页面。

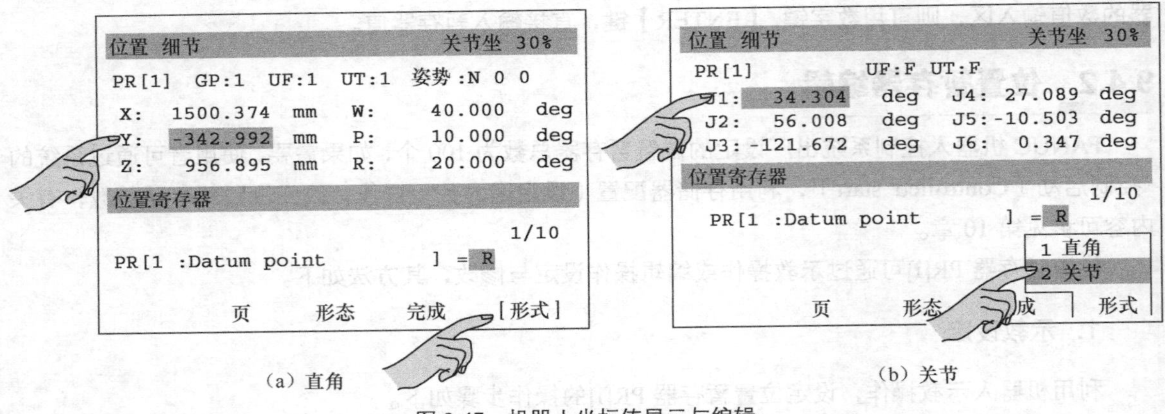

（a）直角 （b）关节

图 9-47 机器人坐标值显示与编辑

③ 光标选定需要修改的坐标值，用数字键、【ENTER】键，输入新的坐标值。

④ 需要更改机器人姿态时，可以按软功能键〖形态〗，光标可移动到位置数据的“姿态”显示区，并显示图 9-48 所示的姿态编辑页面。在该页面上，可通过光标左右移动键选择数据项，用上下移动键改变姿态数据值。

⑤ 需要更改外部轴位置时，可以按软功能键〖页〗，示教器可显示图 9-49 所示的外部轴位置数据。在该页面上，可用光标选定需要修改的坐标值，用数字键、【ENTER】键，输入新的坐标值。

⑥ 全部数据编辑完成后，按软功能键〖完成〗，结束暂存器编辑操作，生效设定值。

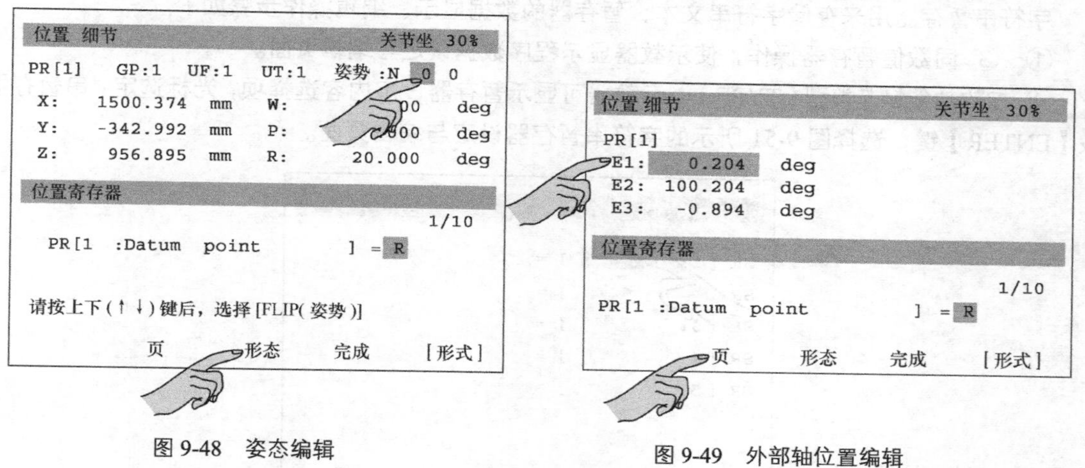

图 9-48 姿态编辑

图 9-49 外部轴位置编辑

9.4.3 码垛与字符串暂存器编辑

1. 码垛暂存器编辑

码垛暂存器 PL[n]是由行 i、列 j、层 k 组成的三维数组[i, j, k]，它可用来间接指定机器人位置。码垛暂存器的数据显示、编辑操作步骤如下。

①~③ 同数值暂存器操作，使示教器显示程序数据设定与编辑页面。

④ 按软功能键〖类型（TYPE）〗，示教器可显示暂存器设定内容选择项，光标选定“栈板暂存器”，按【ENTER】键，选择图 9-50 所示的码垛暂存器设定与编辑页面。

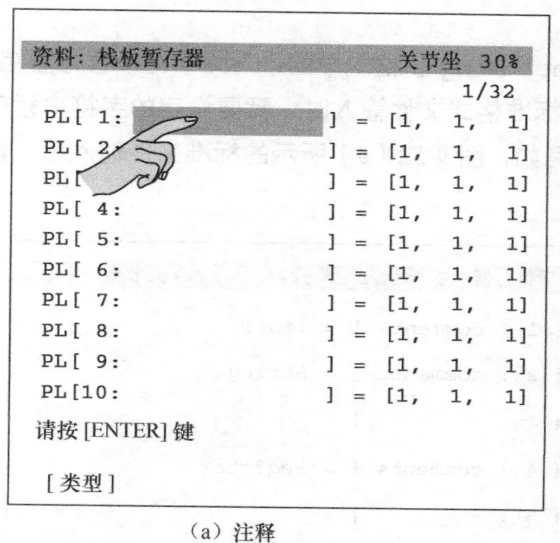

（a）注释

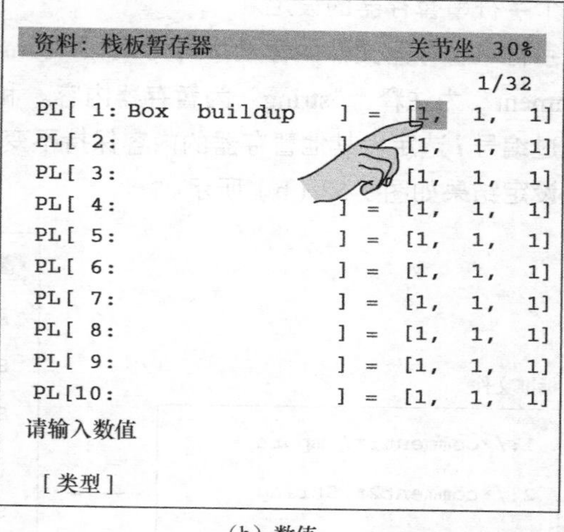

（b）数值

图 9-50 码垛暂存器编辑

⑤ 根据需要，光标选定图 9-50（a）所示的注释输入区，按【ENTER】键选定，便可通过程序名称输入同样的操作（参见第 8 章第 8.3 节），输入码垛暂存器注释；光标选定图 9-50（b）所示的

数值输入区，则可用数字键、【ENTER】键，直接输入码垛暂存器值。

2. 字符串暂存器编辑

字符串暂存器用来存储字符串文本，暂存器的数据显示、编辑操作步骤如下。

①~③ 同数值暂存器操作，使示教器显示程序数据设定与编辑页面。

④ 按软功能键〖类型（TYPE）〗，示教器可显示暂存器设定内容选择项，光标选定“串暂存器”，按【ENTER】键，选择图9-51所示的字符串暂存器设定与编辑页面。

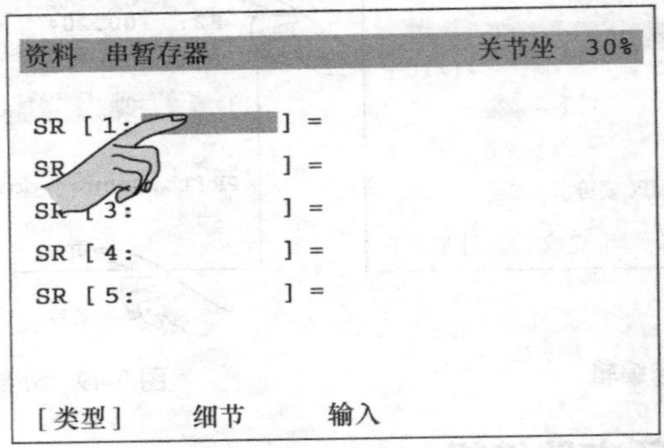

图9-51 字符串暂存器编辑

⑤ 根据需要，光标选定图9-51所示的注释输入区，按【ENTER】键选定，便可通过程序名称输入同样的操作（参见第8章第8.3节），输入字符串暂存器注释；光标选定字符串输入区，按【ENTER】键选定，便可通过同样的操作，输入字符串暂存器内容（字符）。

显示页的软功能键〖细节〗用于字符串暂存器的完整显示，当暂存器内容过多、显示区无法全部显示时，按〖细节〗键，可显示字符串暂存器的全部内容。

显示页的软功能键〖输入〗用于字符串暂存器的文件输入。按软功能键〖输入〗，示教器可显示系统现有的文本文件，光标选定文件，按【ENTER】键，指定文件的内容将可直接读入，一次性完成多个字符串暂存器的设定。

字符串暂存器文件的标准格式为“i: / *comment */ string”。格式中的“i”为字符串暂存器编号；“comment”为注释；“string”为暂存器内容。利用标准格式文件输入时，需要设定的字符串暂存器可通过编号 *i* 选定，其他暂存器的内容保持不变。例如，图9-52（a）所示的标准文件输入后，暂存器的设定结果如图9-52（b）所示。

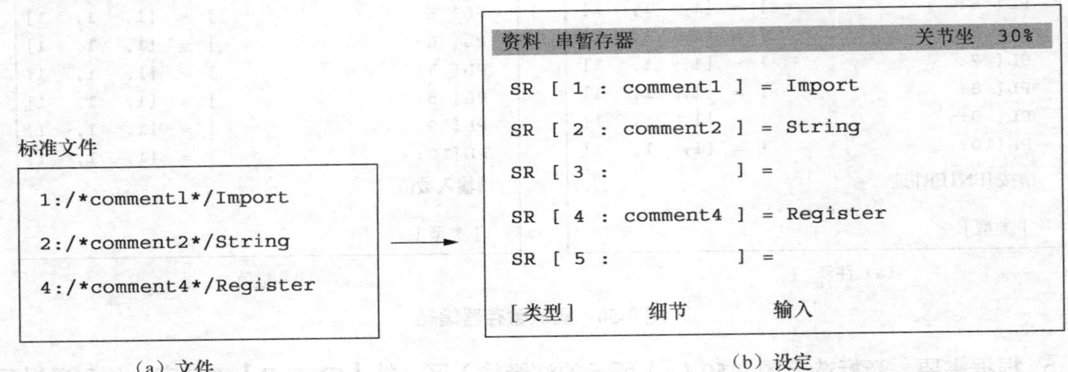

（a）文件 （b）设定

图9-52 标准文件输入设定

字符串暂存器文件也可以为普通格式的文本文件。普通文件输入时，系统将从 SR[1]起，逐行、依次输入到字符串暂存器内容中，暂存器注释无法设定，原内容（若存在）将被覆盖。

例如，图 9-53（a）所示的普通格式文本文件输入后，暂存器的设定结果如图 9-53（b）所示。

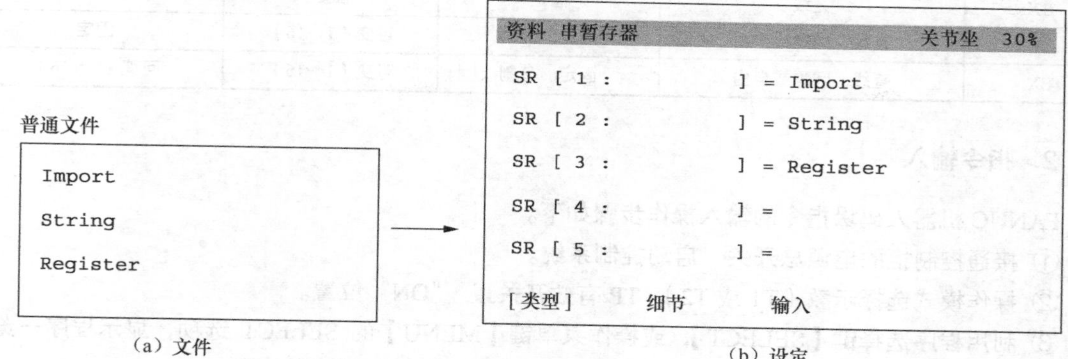

（a）文件

（b）设定

图 9-53 普通文件输入设定

9.5 码垛指令编辑与示教

9.5.1 指令输入与基本数据

1. 指令说明

码垛（Stacking）是按规律叠放物品的功能，在搬运类机器人上使用最广。码垛作业的机器人定位点按规律变化，其位置可由控制系统自动计算。

FANUC 机器人的码垛功能属于控制系统附加功能。在选配码垛功能的机器人上，码垛作业可通过指令 PALLETIZING—type_ i 启动、PALLETIZING—END_ i 结束，机器人运动可利用指令 J PAL_i（关节插补）或 L PAL_i （直线插补）指定，定位点位置以[A_n]、[R_n]或[BTM]的形式指定。有关码垛指令的编程要求及编程实例可参见第 7 章。

FANUC 机器人的码垛运动启动、结束指令如下，指令中的 B、BX、E、EX 为码垛方式（叠栈式样），*i* 为码垛数据组编号。

PALLETIZING—B_ i：直线、矩形、平行四边形或梯形布置物品码垛，工具姿态、每层物品的安放形式（层式样）不变，机器人移动路线固定。

PALLETIZING—BX_ i：直线、矩形、平行四边形或梯形布置物品码垛，工具姿态、层式样不变，机器人移动路线可变（多路线码垛）。

PALLETIZING—E_ i：自由布置物品或工具姿态、每层物品的安放形式（层式样）可变，机器人移动路线固定的物品码垛。

PALLETIZING—EX_ i：自由布置物品或工具姿态、层式样、机器人移动路线可变的物品码垛（多路线码垛）。

PALLETIZING—END_ i：码垛运动结束，码垛暂存器更新为下一码垛点。

码垛指令的编辑要求与码垛方式（叠栈式样）有关，具体如表 9-1 所示。

表 9-1　码垛指令的编辑要求

码垛方式	行、列、层布置	工具姿态	层式样	移动线路
B	直线	固定	固定	固定
BX	直线	固定	固定	可变（1~16）
E	直线、间隔或自由	固定、分割	可变（1~16）	固定
EX	直线、间隔或自由	固定、分割	可变（1~16）	可变（1~16）

2. 指令输入

FANUC 机器人码垛指令的输入操作步骤如下。

① 接通控制柜的电源总开关、启动控制系统。

② 操作模式选择示教（T1 或 T2），TP 有效开关置 "ON" 位置。

③ 利用程序选择键【SELECT】，或操作菜单键【MENU】的 SELECT 选项，显示程序一览表后，用光标选定需要编辑的程序名称，按【ENTER】键，显示程序编辑页面。

④ 光标选定指令的输入位置，按【NEXT】键，显示扩展软功能键〖指令（INST）〗、〖编辑（EDCMD）〗。

⑤ 按〖指令（INST）〗键，在选配码垛功能的机器人上，示教器便可显示图 9-54（a）所示的指令类别选项 "7 叠栈程序"。

⑥ 光标选定 "7 叠栈程序" 选项，按【ENTER】键，示教器可进一步显示图 9-54（b）所示的码垛启动、结束指令。

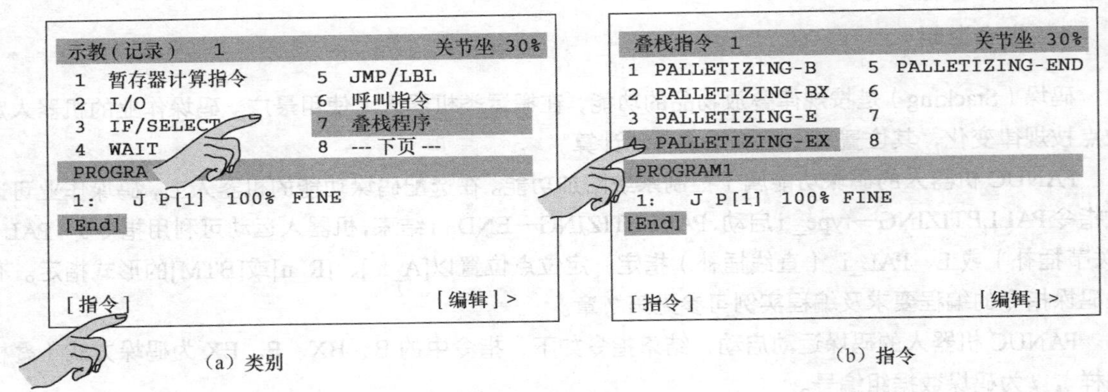

（a）类别　（b）指令

图 9-54　码垛指令输入

⑦ 光标选定需要输入的指令，按【ENTER】键，示教器可显示该指令对应的基本码垛数据输入页面。在输入页面上，用数字键、软功能键、【ENTER】键，完成基本码垛数据输入。基本码垛数据输入页面的设定项说明及设定方法见下述。

⑧ 基本码垛数据输入完成后，按软功能键〖前进〗，系统将自动进入码垛指令编辑与示教操作，示教器可依次显示码垛形状设定与示教、机器人移动路线设定与示教等编辑页面，操作者可通过对应的操作，完成码垛形状、机器人移动路线的设定、示教、编辑、确认等操作，有关内容详见后述。

需要注意的是：码垛形状示教、机器人移动路线示教时，不能对外部轴（机器人变位器）位置进行示教、记录，因此，示教前必须将外部轴移动到正确的位置。

⑨ 码垛指令编辑与示教操作全部完成后，按软功能键〖前进〗，系统将结束码垛指令编辑操作，

示教器返回程序编辑页面，编辑完成的码垛指令可自动插入程序的指令输入位置。然后，通过常规的指令编辑操作，对码垛运动指令的插补方式、移动速度、到位区间等进行修改，并插入所需要的码垛作业宏指令等，完成码垛指令编辑操作。

机器人执行码垛作业时，码垛启动、码垛运动（包括码垛前后的机器人接近、离开运动）、码垛结束指令必须齐全，缺少任何一条指令都将无法进行码垛作业。此外，在不同程序中，码垛数据组编号 i 允许重复。

3. 基本数据

码垛作业时，机器人可根据物品码垛的形状，按照规定的路线逐一堆叠或提取物品。物品码垛形状和机器人运动路线（以下简称码垛路线）可通过码垛基本数据设定页面定义，这一设定页面可在码垛指令选定后自动显示。

码垛基本数据与所选的码垛指令有关，不同码垛方式（叠栈式样）的基本数据设定页面如图 9-55 所示。

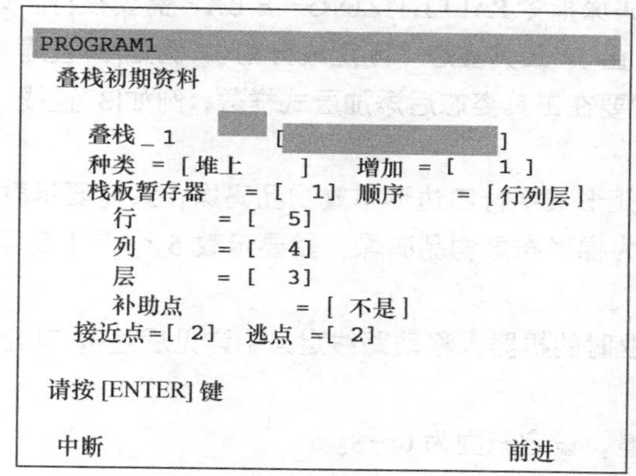

（a）方式 B

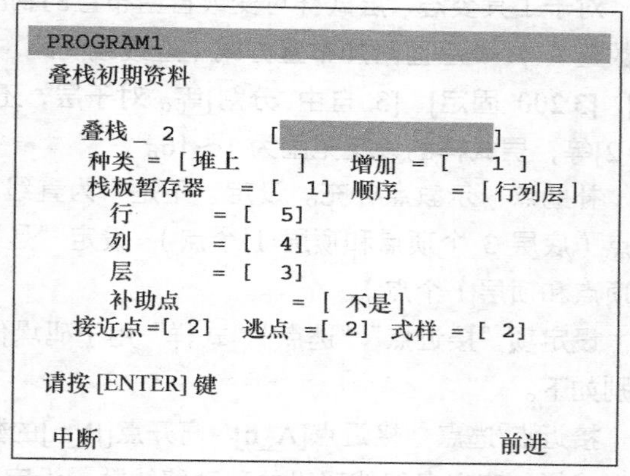

（b）方式 BX

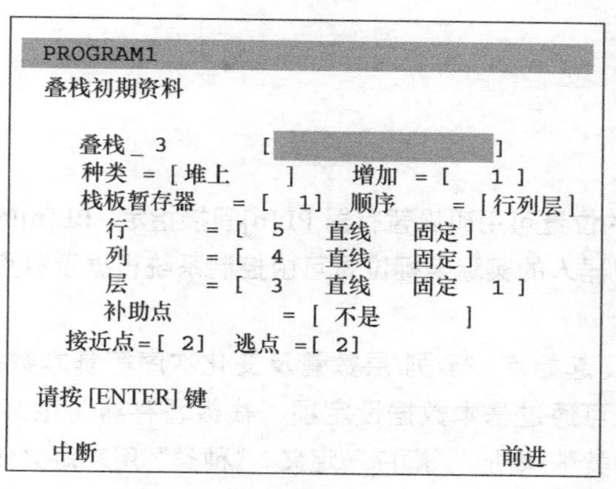

（c）方式 E

PROGRAM1
叠栈初期资料
叠栈_4 [ ]
种类 = [堆上] 增加 = [1]
栈板暂存器 = [1] 顺序 = [行列层]
行 = [5 直线 固定]
列 = [4 直线 固定]
层 = [3 直线 固定 1]
补助点 = [不是]
接近点=[2] 逃点 =[2] 式样 = [2]
请按 [ENTER] 键
中断
前进

（d）方式 BX

图 9-55 码垛基本数据的设定

设定项“叠栈_1～4”用于指令 PALLETIZING—B/BX/E/EX 的注释设定。

设定项“种类”“增加”“栈板暂存器”“顺序”用于码垛作业时的机器人码垛路线定义（详见后述），其含义分别如下。

种类：作业类型，“堆上”为物品“堆叠”作业，机器人逐层向上移动；“堆下”为物品“提取”作业，机器人逐层向下移动。

增加：当前层的起始位置及行、列的变化方式（详见后述）。设定“1”，堆叠（堆上）时码垛变量PL[n]的行、列值依次增加；提取（堆下）时码垛变量PL[n]的行、列值依次减少。设定为“-1”时，堆叠（堆上）时码垛变量PL[n]的行、列值依次减小；提取（堆下）时码垛变量PL[n]的行、列值依次增加。

栈板暂存器：码垛变量PL[n]的变量号 *n* 定义，不同码垛指令的变量号不能相同。

顺序：行、列、层变化的先后次序。

设定项“行/列/层”、“补助点”用来确定码垛物品的形状、布置方式、工具姿态、层式样（详见后述），其含义分别如下。

行/列/层：对于工具姿态、层式样固定的直线、矩形、平行四边形、矩形布置物品码垛指令PALLETIZING—B/BX，只需要设定行、列、层的数量[i]、[j]、[k]，*i*、*j*、*k* 的允许设定范围为 1～127。

对于工具姿态、层式样可变或自由布置的物品码垛指令PALLETIZING—E/EX，需要在行、列、层数量 *i*、*j*、*k* 后面附加布置方式（直线或间距、自由）、工具姿态（固定或分割），例如[3 直线 固定]、[3 200 固定]、[3 自由 分割]等。对于层，还需要在工具姿态后添加层式样数，例如[3 直线 固定 2]等，层式样的设定范围为 1～16。

补助点：示教点补充。设定“不是”为直线、矩形或平行四边形布置物品码垛，只需要示教 4 个点（底层 3 个顶点和顶层 1 个点）；设定“是”为梯形布置物品码垛，需要示教 5 个点（底层 4 个顶点和顶层 1 个点）。

设定项“接近点”“逃点”“式样”用于码垛作业时的机器人移动路线定义（详见后述），其含义分别如下。

接近点/逃点：接近点[A_n]/ 离开点[R_n]的数量，设定范围为 0～8。

式样：定义多路线码垛的移动路线数，设定范围,1～16。

9.5.2 码垛路线定义

1. 起始点

FANUC机器人码垛作业时，堆叠或提前物品的位置可用码垛暂存器PL[n]间接指定，PL[n]的值是由行 *i*、列 *j*、层 *k* 组成的三维数组[*i*，*j*，*k*]，机器人的实际坐标位置可由控制系统根据示教点自动计算。

机器人码垛作业时，PL[n]值可根据作业类型、起始点、行/列/层数量及变化次序等基本数据，由系统自动计算生成，码垛暂存器 PL[n] 的编号可通过基本数据设定项“栈板暂存器”定义。

机器人的码垛路线可通过基本数据设定项“种类”“增加”“顺序”定义。“种类”用来定义作业类型（堆叠或提取，层变化方式）；“增加”用来定义当前层的起始位置及行列变化方式；“顺序”用来定义行、列、层变化的先后次序。

码垛运动起点（PL[n] 起始值）与“种类”“增加”的定义有关，对于行数为 *R*、列数为 *C*、层数为 *S* 的码垛作业，码垛变量 PL[n] 的起始值如表 9-2 所示。码垛作业结束、系统执行指令PALLETIZING—END_ i 后，码垛变量PL[n]将自动恢复为起始值。

表 9-2　码垛运动起点

基本数据设定		码垛运动起点（PL[n]起始值）		
种类	增加	行（i）	列（j）	层（k）
堆上（堆叠）	1	1	1	1
	-1	R	C	1
堆下（提取）	1	R	C	S
	-1	1	1	S

2．堆叠路线

码垛基本数据设定项“种类”定义为“堆上”时，机器人将从底层（第 1 层）开始，逐层向上堆叠，层变化的方向始终为由下至上。

当前层物品安放的起始位置及运动方向，可通过设定项“增加”选择。“增加”设定为“1”时，机器人以当前层 k 的第 1 行、第 1 列位置[1, 1, k]为起始，行、列值依次增加；设定为“–1”时，机器人以当前层 k 的最后行 R、最后列 C 位置[R, C, k]为起始，行、列值依次减小。

当前层物品的安放次序，可通过设定项“顺序”定义。“顺序”设定为[行列层]（默认）时，物品安放次序为“先行后列”，机器人首先完成起始行物品的安放，然后进行下一行物品的安放，直至当前层物品安放完成，机器人进入下一层；“顺序”设定为[列行层]时，物品安放次序为“先列后行”，机器人首先完成起始列物品的安放，然后进行下一列物品的安放，直至当前层物品安放完成，机器人进入下一层。

例如，对于图 9-56 所示的 2 行、2 列、2 层物品堆叠，如基本数据“栈板暂存器”设定为“1”、“种类”设定为“堆上”“顺序”设定为[行列层]，当“增加”设定为“1”或“–1”时，码垛变量值、物品堆叠次序将按表 9-3、图 9-56 变化。

表 9-3　向上堆叠运动次序

增加	次序	1	2	3	4	5	6	7	8
1	PL[1]	[1,1,1]	[2,1,1]	[1,2,1]	[2,2,1]	[1,1,2]	[2,1,2]	[1,2,2]	[2,2,2]
-1	PL[1]	[2,2,1]	[1,2,1]	[2,1,1]	[1,1,1]	[2,2,2]	[1,2,2]	[2,1,2]	[1,1,2]

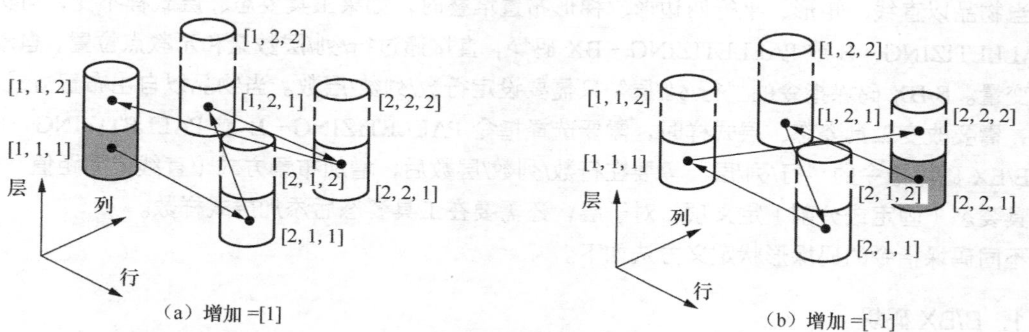

图 9-56　堆叠（堆上）码垛路线

3．提取路线

码垛基本数据设定项“种类”定义为“堆下”时，机器人将从顶层（第 S 层）开始，逐层向下提前，层变化的方向始终为由上至下。

当前层物品提前的起始位置及运动方向，可通过设定项“增加”选择。“增加”设定为“1”时，机器人以当前层 k 的最后行 R、最后列 C 位置[R, C, k]为起始，行、列值依次减小；设定为“−1”时，机器人以当前层 k 的第 1 行、第 1 列位置[$1, 1, k$]为起始，行、列值依次增加。

例如，对于图 9-57 所示的 2 行、2 列、2 层物品提取，如“栈板暂存器”定义为“2”、“种类”定义为“堆下”、“顺序”定义为[行列层]，当“增加”设定为“1”或“−1”时，码垛变量值、物品提取次序将按表 9-4、图 9-57 变化。

表 9-4　向下提取运动次序

增加	次序	1	2	3	4	5	6	7	8
1	PL[2]	[2,2,2]	[1,2,2]	[2,1,2]	[1,1,2]	[2,2,1]	[1,2,1]	[2,1,1]	[1,1,1]
−1	PL[2]	[1,1,2]	[2,1,2]	[1,2,2]	[2,2,2]	[1,1,1]	[2,1,1]	[1,2,1]	[2,2,1]

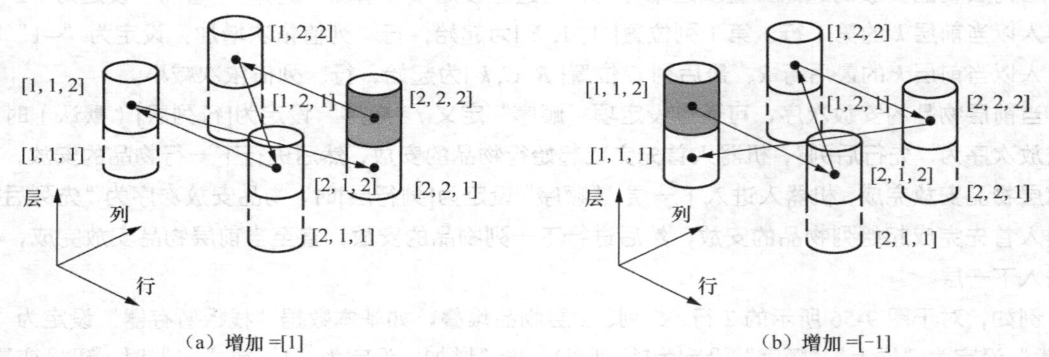

图 9-57　提取（堆下）码垛路线

9.5.3　码垛形状定义

基本码垛数据设定项“行/列/层”“补助点”用来确定物品码垛的形状和示教点数量。FANUC 机器人的物品码垛允许以直线、矩形、平行四边形、梯形布置或自由布置的形式堆叠，也可以采用留“空位”的间隔堆叠。间隔堆叠需要通过条件指令的编程实现，有关内容详见后述。

当物品以直线、矩形、平行四边形、梯形布置堆叠时，如果工具姿态、层式样不变，可选择指令 PALLETIZING—B 或 PALLETIZING—BX 码垛，直接通过行/列/层数量和示教点位置，自动计算码垛变量。B/BX 码垛指令的“行/列/层”只需要设定行数/列数/层数。当物品以自由布置方式堆叠，或者，需要改变工具姿态、层式样时，需要选择指令 PALLETIZING—E 或 PALLETIZING—EX 码垛。E/EX 码垛指令的“行/列/层”需要在行数/列数/层数后，增加布置方式（直线或间距值、自由）及工具姿态（固定或分割）定义项，对于层，还需要在工具姿态后添加层式样数。

不同码垛指令的码垛形状定义方法如下。

1. B/BX 码垛

码垛指令 PALLETIZING—B/BX 用于工具姿态、层式样不变的直线、矩形、平行四边形、梯形规范布置物品的码垛作业，其码垛形状和示教点确定方法如下。

① 当码垛物品按照图 9-58（a）所示的直线或矩形、平行四边形布置堆叠时，码垛的形状可通过“行/列/层”数量 R、C、S 及 4 个示教点确定。其中，底层需要示教 3 个顶点 [1,1,1]、[R,1,1]、

[1,C,1]，顶层需要示教 1 个顶点[1,1,S]。此时，设定项“补助点”可设定为“不是”。对于单列直线堆叠的码垛物品，示教点[1,C,1]和[1,1,1]重合。

② 当码垛物品按图 9-58（b）所示的梯形堆叠时，码垛的形状需要通过“行/列/层”数量 R、C、S 及 5 个示教点确定。其中，底层需要示教 4 个顶点 [1,1,1]、[R,1,1]、[1,C,1]、[R、C、1]（补助点），顶层需要示教 1 个顶点 [1,1,S]。此时，设定项“补助点”必须设定为“是”。

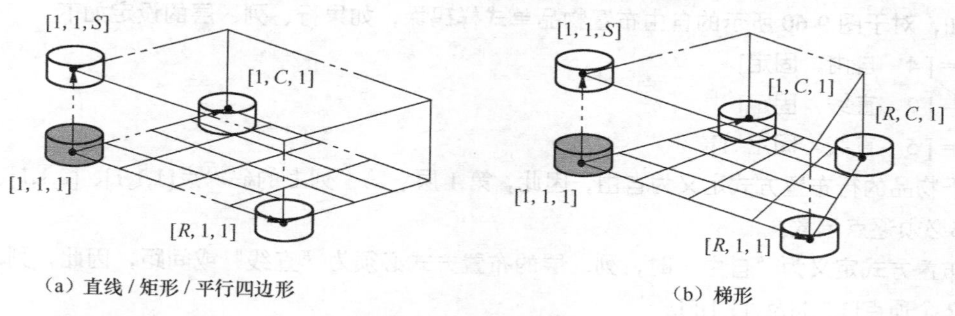

图 9-58 码垛形状

2. E/EX 规范码垛

码垛指令 PALLETIZING—E/EX 既可用于直线、矩形、平行四边形、梯形规范布置物品码垛，也可用于自由布置物品码垛，其工具姿态、层式样、移动路线均可改变。

当物品层按直线或矩形、平行四边形、梯形规范布置时，基本数据设定项“行/列/层”中的布置方式可选择“直线”或“间隔”，其码垛形状和示教点确定方法如下。

① 直线。布置方式设定为“直线”时，物品层为直线或矩形、平行四边形、梯形布置，码垛形状和示教方法与 PALLETIZING—B/BX 指令完全相同。

② 间隔。布置方式设定为“间隔”时，物品层同样为直线或矩形、平行四边形、梯形规范布置，但是，码垛形状可直接通过物品间距指定，间距单位为 mm。

间隔布置物品的示教点仅用来确定行、列、层的轴方向，因此，除了起点[1,1,1]必须为实际位置外，其他点可为行轴（或列、层轴）上的任意一点。

例如，对于图 9-59 所示的 5 行、4 列、3 层单式样码垛，如果行、列、层的布置方式设定如下：

行 =[5　100　固定]

列 =[4　80　固定]

层 =[3　直线　固定 1]

由于行、列的物品间距定义为 100mm、80mm，因此，当起点[1,1,1] 按实际码垛位置示教后，行示教点[5,1,1]、列示教点[1,4,1]可以是 i 轴、j 轴上的任意一点（例如示教点 2、3）。但是，层的布置方式设定为“直线”，因而，示教点[1,1,3]必须为实际码垛位置。

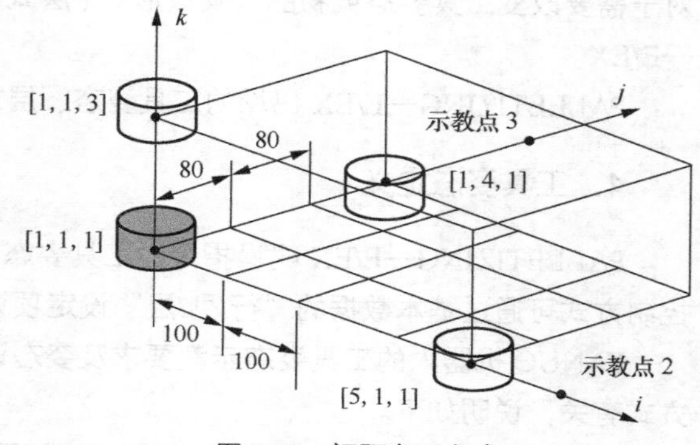

图 9-59 间距布置方式

3. E/EX 自由码垛

PALLETIZING—E/EX 指令用于自由布置物品码垛时，系统参数（变量）$PALCFG.$FREE_CFG_EN 必须设定为“TRUE”。此外，在行、列、层中，只能有其中的一个方向为自由布置方式。

如果“行”布置方式设定为“自由”，列将不为直线，因此，第1层、第1列的所有码垛点都必须逐点示教。同样，如果“列”布置方式设定为“自由”，行将不为直线，因此，第1层、第1行的所有码垛点都必须逐点示教；如果“层”布置方式设定为“自由”，上下层将不重叠，因此，第1行、第1列的所有码垛点都必须逐点示教。

例如，对于图9-60所示的自由布置物品单式样码垛，如果行、列、层的设定如下：

行 =[4　自由　固定]

列 =[2　直线　固定]

层 =[5　直线　固定 1]

由于物品的行布置方式定义为自由，因此，第1层、第1列上的码垛点[1,1,1]、[2,1,1]、[3,1,1]、[4,1,1]都必须逐点示教。

行布置方式定义为“自由”时，列、层的布置方式必须为“直线”或间距，因此，列、层只需要示教2个顶点[1,2,1]及 [1,1,5]。

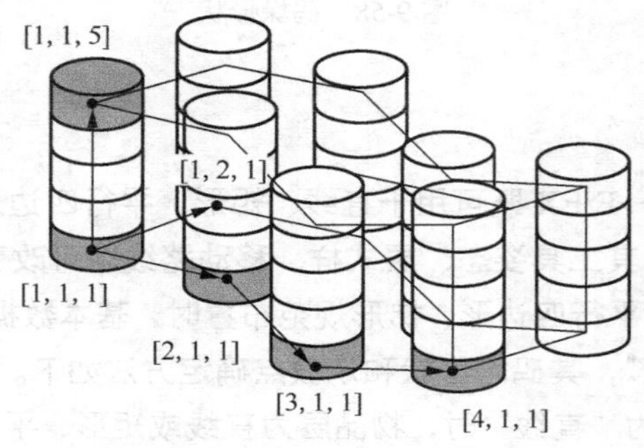

图9-60 自由布置方式

9.5.4 工具姿态和层式样定义

FANUC 机器人的码垛指令 PALLETIZING—B/BX 只能用于工具姿态、层式样固定的规范布置物品码垛，机器人进行码垛作业时，工具姿态不能改变，每层物品的安放形式（层式样）必须相同。对于需要改变工具姿态或物品层安放形式（层式样）的码垛作业，必须使用码垛指令 PALLETIZING—E/EX。

PALLETIZING—E/EX 码垛的工具姿态、层式样定义方法如下。

1. 工具姿态定义

PALLETIZING—E/EX 码垛指令的工具姿态，可根据需要选择“固定”“分割”2种控制方式，控制方式可通过基本数据的“行/列/层”设定项设定，实际工具姿态需要通过示教操作确定。

FANUC 机器人的工具姿态示教要求及姿态调整方式，不仅与控制方式有关，而且还与物品布置方式有关，说明如下。

① 规范布置。布置方式为“直线”或“间隔”的规范布置物品码垛，机器人的工具姿态控制方法如图9-61所示。

当工具姿态控制方式选择“固定”时，只需要示教起始点[1,1,1]的工具姿态，其他码垛点的工具姿态均与起始点相同。

当工具姿态控制方式选择“分割”时，需要示教行列层的起点、终点工具姿态，其他码垛点的工具姿态将由控制系统自动计算生成。在这种情况下，控制系统将计算从起点到终点的姿态变化量，然后，按照行列层的数量等分姿态变化量，使得相邻行列层的工具姿态变化量保持一致。

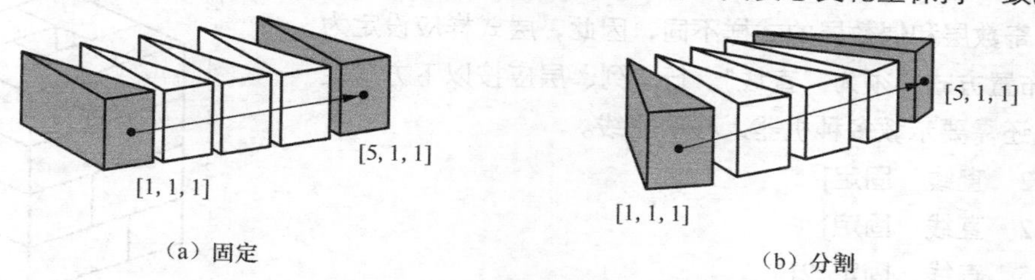

图 9-61　规范布置工具姿态控制

② 自由布置。自由布置物品码垛只有在系统参数（变量）$PALCFG. $FREE_CFG_EN 设定“TRUE”时才能使用，并且，行、列、层只能有其中的一个方向为自由布置方式。

布置方式为“自由”的物品码垛，若工具姿态控制方式均选择“固定”，同样只需要示教起始点[1,1,1]的工具姿态，其他码垛点的工具姿态均与起始点相同。若控制方式选择“分割”，需要对所有自由布置示教点的工具姿态进行逐点示教，其他码垛点的工具姿态按规定要求变化。

例如，对于图 9-62 所示行为自由布置的 4 行、3 列、5 层码垛，如果行、列、层的设定如下：

行 =[4　自由　固定]

列 =[3　直线　固定]

层 =[5　直线　固定 1]

机器人只需要示教起始点[1,1,1]的工具姿态，其他码垛点的工具姿态均与起始点相同。

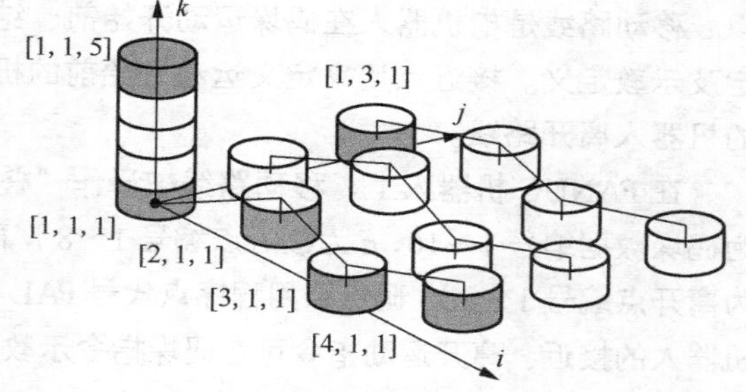

图 9-62　工具姿态控制

如果行、列、层的设定为：

行 =[4　自由　分割]

列 =[3　直线　固定]

层 =[5　直线　固定 1]

由于行的工具姿态控制方式设定为“分割”，因此，第 1 层、第 1 列的所有示教点[1,1,1]、[2,1,1]、[3,1,1]、[4,1,1]都需要示教工具姿态，而列、层的工具姿态设定为固定，因此，第 1 层其他码垛点的工具姿态如下，第 2～5 层各码垛点的姿态，都与第 1 层相同行、列的码垛点相同。

第 1 行：码垛点[1,2,1]、[1,3,1]的工具姿态与码垛点[1,1,1]相同。

第 2 行：码垛点[2,2,1]、[2,3,1]的工具姿态与码垛点[2,1,1]相同。

第 3 行：码垛点[3,2,1]、[3,3,1]的工具姿态与码垛点[3,1,1]相同。

第 4 行：码垛点[4,2,1]、[4,3,1]的工具姿态与码垛点[4,1,1]相同。

2. 层式样定义

所谓“层式样”，就是每层物品的安放方式。例如，对于图 9-63 所示的长方体物品交叉堆叠，由于奇数层和偶数层的物品安放方式不同，因此，需要定义 2 种层式样。

FANUC 机器人的“层式样”只能用于 PALLETIZING—E/EX 指令码垛，层式样的数量需要设定在基本数据设定项“层”的工具姿态之后，允许设定范围为 1～16，层式样固定不变时，层式样的数量应设定为“1”。

层式样的数量设定为 2～16 时，基本数据设定项“行/列/层”的物品布置方式必须为“直线”，间隔布置、自由布置的物品一般只能使用固定式样码垛（层式样的数量规定为 1）。

例如，对于图 9-63 所示的 2 行、2 列、4 层长方体物品交叉堆叠，由于奇数层和偶数层的式样不同，因此，层式样应设定为“2”，物品布置方式必须为“直线”。行、列、层应按以下方式定义，同时，还需要示教多种机器人移动路线。

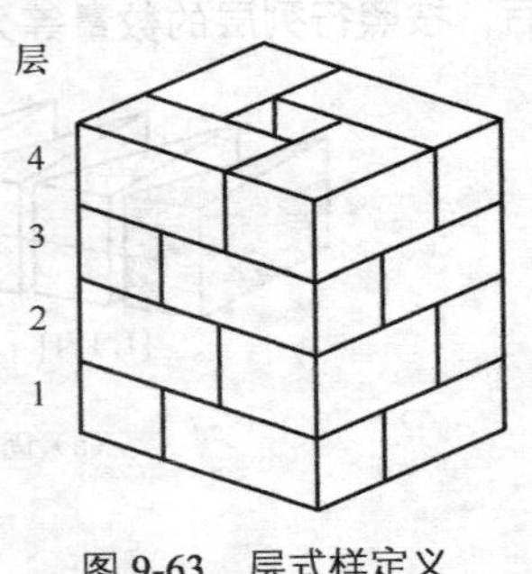

图 9-63 层式样定义

行 =［2 直线 固定］

列 =［2 直线 固定］

层 =［5 直线 固定 2］

对于 R 行、C 列、S 层物品码垛，若层式样数设定为 N，当层数 S 大于 N 时，从 N+1 层起，将重复第 1～N 层式样。例如，当层数 S=7、层式样 N=3 时，第 1、4、7 层为式样 1，第 2、5 层为式样 2，第 3、6 层为式样 3 等。

9.5.5 接近、离开路线定义

1. 移动路线编程

移动路线是指机器人在码垛运动开始前、结束后的运动轨迹，它们可通过接近点、离开点的设定及示教定义。接近点用来定义运动开始前的机器人的接近路线，离开点用来定义码垛运动结束后的机器人离开路线。

在 FANUC 机器人上，移动路线被译作“叠栈径路”，接近点用程序点代号 PAL_i [A_n]表示（i 为码垛数据编号 1～16，n 为接近点编号 1～8），离开点被译作“逃点”，用程序点代号 PAL_i [R_n]（n 为离开点编号 1～8），码垛点用程序点代号 PAL_i [BTM]表示，物品安放（提前）一般用宏指令实现。机器人的接近、离开运动指令可在码垛指令示教完成后，自动插入码垛启动指令与结束指令之间。

例如：

```
……
PALLETIZING—B_3                              // 码垛启动
L  PAL_3  [A_2]  80%  FINE                   // 接近路线，移动到接近点 2
L  PAL_3  [A_1]  1000mm/sec  FINE            // 接近路线，移动到接近点 1
L  PAL_3  [BTM]  500mm/sec  FINE             // 移动到码垛点
Hand Open                                    // 物品安放（宏指令）
L  PAL_3  [R_1]  500mm/sec  FINE             // 离开路线，移动到离开点 1
L  PAL_3  [R_2]  1000mm/sec  FINE            // 离开路线，移动到离开点 2
PALLETIZING—END_3                            // 结束码垛
……
```

FANUC 机器人的码垛移动路线，可通过码垛指令选择“固定路线码垛”和“多路线码垛”2 种，指令 PALLETIZING—B、PALLETIZING—E 用于固定路线码垛，指令 PALLETIZING—BX、PALLETIZING—EX 用于多路线码垛，其设定、示教要求分别如下。

2. 固定路线码垛

固定路线码垛的机器人移动轨迹如图 9-64 所示。采用固定路线时，机器人在码垛开始、结束时的移动路线统一，接近点、离开点与码垛点的相对位置固定，随着码垛点的变化，接近点、离开点位置可自动改变。

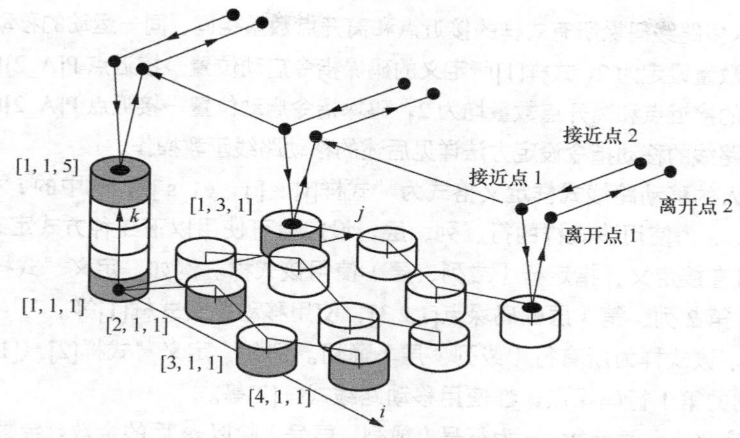

图 9-64 固定路线码垛

固定路线码垛作业时，机器人从输送装置上提取（或安放）物品后，首先移动到码垛接近点、进行接近路线运动，然后，从接近点移动到码垛点，进行物品堆叠（或提取），完成后，再从码垛点移动到离开点，进行离开路线运动，随后，机器人可返回到输送装置，继续进行物品提取（或安放）作业，如此循环。

FANUC 机器人的固定路线码垛可通过指令 PALLETIZING—B、PALLETIZING—E 编程，接近点、离开点的数量可通过基本码垛数据设定项“接近点”、“逃点”设定，每一指令最大允许设定 8 个接近点和 8 个离开点，接近点、离开点、码垛点的实际位置，需要通过机器人示教操作设定。固定路线码垛无须进行移动路线的式样（叠栈径路式样）定义，基本码垛数据无设定项“式样”。

接近点、离开点一旦定义（设定不为 0），码垛启动后，机器人可首先运动到接近点，随后，再从接近点运动到码垛点进行码垛作业（堆叠或提取）。作业完成后，机器人将从码垛点运动到离开点，然后，再结束码垛作业。

3. 多路线码垛

多路线码垛的机器人移动轨迹如图 9-65 所示。采用多路线码垛时，机器人可在不同的码垛点，使用不同的移动路线。每一移动路线可独立定义接近点、离开点，但接近点、离开点数量一致，接近点、离开点的位置同样可随着码垛点的变化自动改变。

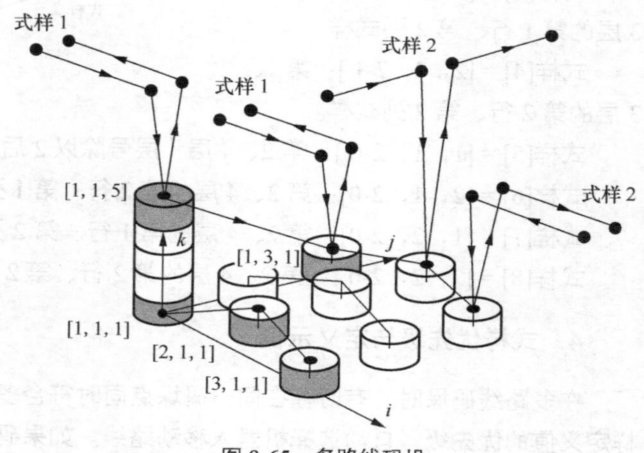

图 9-65 多路线码垛

例如，对于图 9-65 所示的 3 行、3 列、5 层码垛作业，为了防止机器人和物品干涉，可分别对第 1、2、3 行的码垛点，设定 3 条移动路线（式样 1、2、3），使得第 1 行码垛时，机器人从左侧接近、离开，第 2 行码垛时，机器人从前侧接近、后侧离开，第 3 行码垛时，机器人从右侧接近、离开等。

FANUC 机器人的多路线码垛可通过指令 PALLETIZING—BX 或 EX 编程，每一指令最大允许设定 16 条不同的移动路线，移动路线数可通过基本码垛数据的设定项“式样”定义。接近点、离开点的数量同样可通过基本码垛数据的设定项“接近点”“逃点”设定。

FANUC 机器人多路线码垛所有式样的接近点和离开点数量相同，同一运动的移动指令统一。例如，当接近点和离开点数量设定为 2，式样[1]所定义的码垛指令启动位置→接近点 P[A_2]的移动指令为关节插补时，所有式样的接近点和离开点数量均为 2，码垛指令启动位置→接近点 P[A_2]的移动指令一律为关节插补等。移动路线的移动指令设定方法详见后述的移动路线示教操作。

FANUC 机器人的移动路线式样定义格式为“式样[i]=[r，c，s]”，式中的 *i* 为式样编号，允许设定 1～16，*r*、*c*、*s* 为使用该式样的行、列、层，设定值可使用以下 3 种方式定义。

1～127：数值直接定义，指定行（或列、层）使用该式样。例如，定义“式样[1]=[1，2，1]”时，代表第 1 行、第 2 列、第 3 层的码垛点[1,2,3]，使用移动路线式样[1]等。

：通用定义，该式样为所有行（或列、层）通用。例如，定义“式样[2]=[1，，*]”时，代表所有层、所有列的第 1 行码垛点，都使用移动路线式样[2]等。

m-n：余数法定义，*m* 为除数，*n* 为行号（或列、层号）除以 *m* 后的余数，余数为 *n* 的行（或列、层）使用该式样。例如，定义“式样[3]=[*，*，2-1]”时，代表层号除以 2 后余数为 1 的层（如第 1、3 层）使用式样[3]等。

再如，对于图 9-66 所示的 2 行、2 列、4 层奇偶层交叉堆叠物品，如果不同布置的物品需要使不同的移动路线，利用余数法定义式样的方法如下。

偶数层 2、4　式样 7　式样 5　式样 8　式样 6

奇数层 1、3　式样 3　式样 1　式样 4　式样 2

k　*j*　*i*

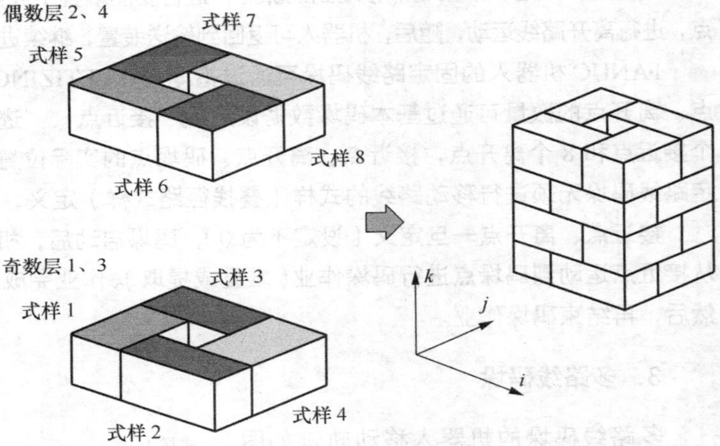

图 9-66　式样的余数法定义

式样[1]=[1，1，2-1]：第 1、3 层（层号除以 2 后余数为 1）的第 1 行、第 1 列式样。

式样[2]=[2，1，2-1]：第 1、3 层的第 2 行、第 1 列式样。

式样[3]=[1，2，2-1]：第 1、3 层的第 1 行、第 2 列式样。

式样[4]=[2，2，2-1]：第 1、3 层的第 2 行、第 2 列式样。

式样[5]=[1，1，2-0]：第 2、4 层（层号除以 2 后余数为 0）的第 1 行、第 1 列式样。

式样[6]=[2，1，2-0]：第 2、4 层的第 2 行、第 1 列式样。

式样[7]=[1，2，2-0]：第 2、4 层的第 1 行、第 2 列式样。

式样[8]=[2，2，2-0]：第 2、4 层的第 2 行、第 2 列式样。

4．式样优先级与定义示例

在多路线码垛时，有时存在同一码垛点同时符合多个式样定义值的情况，此时，系统将根据式样定义值的优先级，自动选择机器人移动路线。如果码垛点不符合所有式样的定义值要求，机器人移动路线将无法确定，系统将发生报警并停止程序运行。

码垛点式样定义值的优先级以数值直接定义（1～127）为最高，其次为余数法定义（m-n），最后是通用定义（*）。若定义值的优先级相同，则使用式样编号 *i* 值较小的式样。

例如，对于 5 行、3 列、4 层的码垛，如定义以下式样：

式样[1]=[*，1，2]；

式样[2] = [*，*，2]；

式样[3] = [*，3-2，2]；

式样[4] = [*，*，2-1]；

式样[5] = [*，*，2-0]。

对于第 2 层、第 1 列的码垛点[*，1，2]，同时符合式样[1] 的数值直接定义值及式样[2]、[4]、[5]的通用定义，但式样[1]的定义值优先级最高，因此，选择式样[1]的移动路线。

对于第 2 层、第 2 列的码垛点[*，2，2]，同时符合式样[3] 的余数法定义值及式样 [2]、[4]、[5]的通用定义，但式样[3] 的定义值优先级高，因此，选择式样[3]的移动路线。

对于第 2 层、第 3 列的码垛点[*，3，2]，同时符合式样[2]、[4]、[5]的通用定义，但式样[2]的式样编号最小，因此，选择式样[2]的移动路线。

9.5.6 基本设定与形状示教

1．基本数据设定

FANUC 机器人码垛指令基本数据设定的操作步骤如下。

① 利用码垛指令输入操作，选定码垛指令、使示教器显示基本数据显示页面(参见前述图 9-55)。

② 光标选定各设定项的输入区，用数字键、软功能键、【ENTER】键，完成码垛基本数据的输入与设定。

基本数据设定页面的指令注释可在光标选定输入区后，按【ENTER】键，然后，利用第 8 章第 8.3 节程序名称输入同样的方法输入与编辑。

基本数据设定页面的数值设定项，可直接用数字键、【ENTER】键输入与编辑。

基本数据设定页面的状态选择项，可在光标选定输入区后，利用图 9-67 所示的示教器显示的软功能键选择与设定。

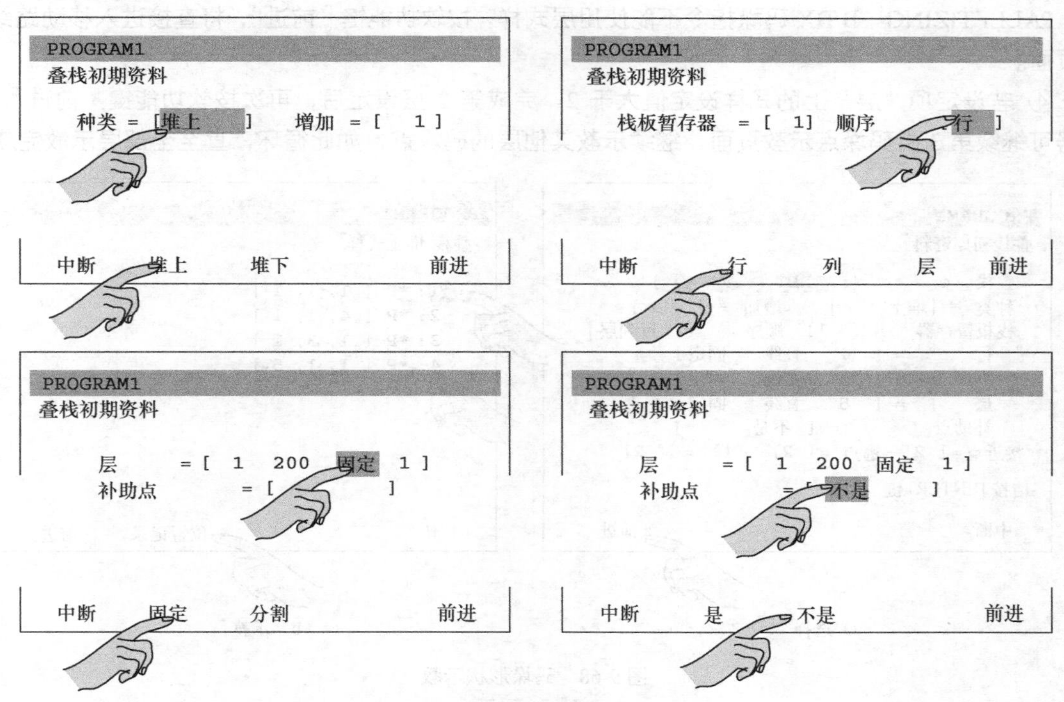

图 9-67 码垛基本数据设定

③ 在基本码垛数据输入操作过程中，如按软功能键〖中断〗，可删除此前输入的全部数据，重新设定基本数据。

④ 基本数据确认无误后，按软功能键〖前进〗，可进入下一步的码垛形状示教页面，进行码垛形状示教操作。

2. 码垛形状示教

码垛基本数据设定完成、确认无误后，按软功能键〖前进〗，示教器可自动显示码垛形状设定页面，并进行如下操作。

① 在图 9-68（a）所示的码垛基本数据显示页面上，按软功能键〖前进〗，示教器可显示图 9-68（b）所示的码垛形状示教页面。位置未示教时，示教点 P[i, j, k]前的记录标记显示“*”（未示教）。

码垛形状示教页面的示教点，由控制系统根据基本数据设定项“行/列/层、补助点”的设定，自动生成、显示。例如，对于 4 行、3 列、5 层矩形或平行四边形堆叠，其示教点为图 9-68（b）所示的 4 个顶点。

② 光标选定需要设定的示教点所在行，手动移动机器人到该示教点的位置，并调整好工具姿态后，按住【SHIFT】键，同时按软功能键〖位置记录〗，机器人当前位置将作为该示教点的位置自动记录到系统中。位置记录完成后，示教点的记录标记自动成为图 9-68（c）所示的“--”（已示教）。

需要注意的是：码垛形状示教不能对外部轴（机器人变位器）位置进行示教，因此，示教前必须将外部轴移动到正确的位置。

③ 对于 PALLETIZING—E/EX 码垛指令，如设定项“层”上的式样设定值为 2，按软功能键〖前进〗，示教器可继续显示图 9-68（d）所示的第 2 层码垛点示教页面；并通过步骤②同样的操作，完成第 2 层码垛点示教。

PALLETIZING—B/BX 码垛指令不能使用层式样，按软功能键〖前进〗，将直接进入移动路线示教页面。

④ 若设定项“层”上的式样设定值大于 2，完成第 2 层设定后，再次按软功能键〖前进〗，示教器可继续第 3 层码垛点示教页面，继续示教其他层的码垛点，如此循环，直至全部层示教完成。

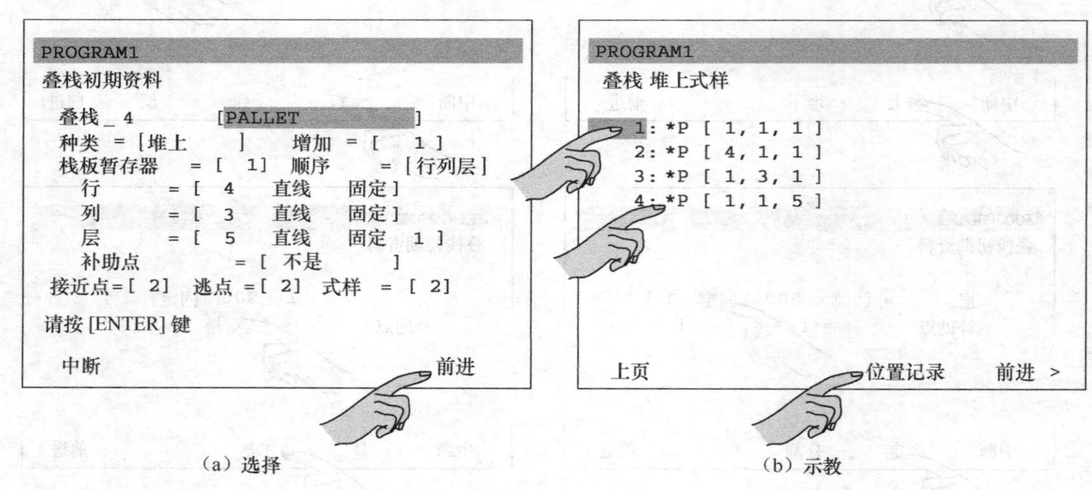

图 9-68 码垛形状示教

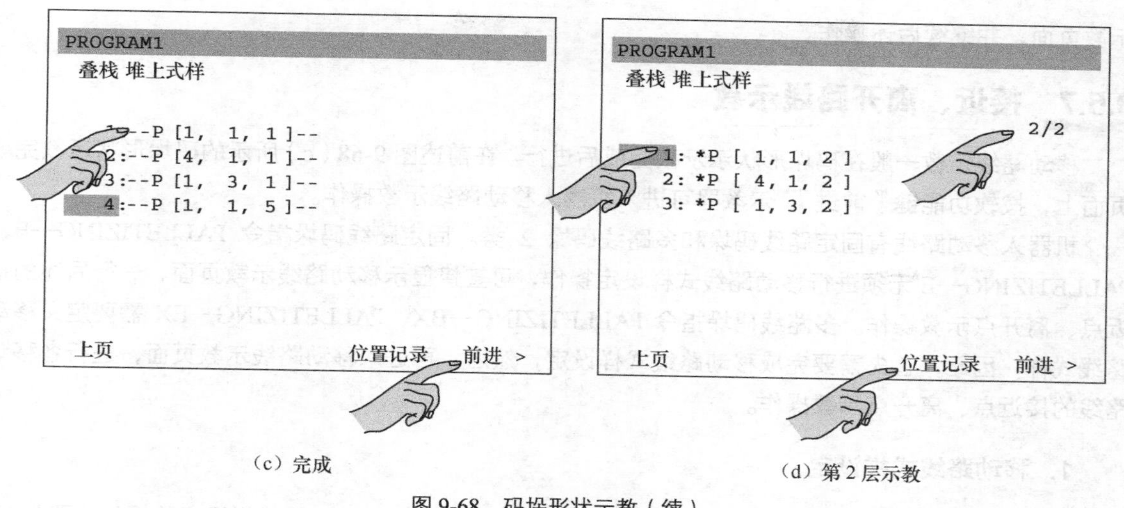

（c）完成　（d）第2层示教

图 9-68　码垛形状示教（续）

3. 码垛形状编辑与确认

码垛形状示教完成后，可通过以下步骤，对已示教的码垛点位置、机器人和工具姿态进行检查、修改、确认等编辑操作。码垛形状示教点的编辑操作步骤如下。

① 光标选定图 9-69（a）所示的记录标记为“--”的示教完成点，示教器可显示软功能键〖位置〗。按软功能键〖位置〗，示教器可显示图 9-69（b）所示的示教点详细位置显示页面。

② 需要修改坐标值时，光标选定坐标值显示区，用数字键、【ENTER】键，直接输入坐标位置修改数据。

③ 需要修改机器人状态时，按软功能键〖形态〗，光标将切换到“姿态”显示区，然后，用光标移动键、数字键、【ENTER】键，直接输入机器人、工具姿态修改数据。

④ 示教点的坐标值、机器人姿态全部修改完成后，按软功能键〖完成〗，新的位置数据将生效。

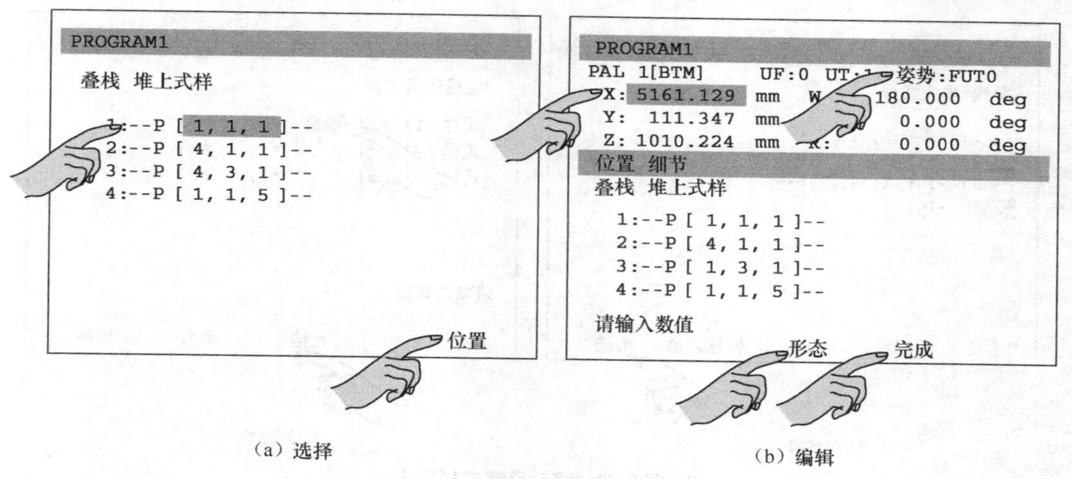

（a）选择　（b）编辑

图 9-69　码垛形状示教点编辑

⑤ 需要确认示教点位置时，可将光标定位到已完成示教或编辑的示教点上，同时按示教操作键【SHIFT】、【FWD】，机器人将自动移动到该示教点，操作者可对示教点位置进行检查和确认。

⑥ 码垛形状示教操作完成后，按软功能键〖前进〗，示教器可自动显示机器人移动路线设定、

示教页面，并继续后述操作。

9.5.7 接近、离开路线示教

移动路线示教一般在码垛形状示示教完成后进行。在前述图 9-68（c）所示的码垛形状示教完成页面上，按软功能键〖前进〗，示教器可进入机器人移动路线示教操作。

机器人移动路线有固定路线码垛和多路线码垛 2 类。固定路线码垛指令 PALLETIZING—B、PALLETIZING—E 无须进行移动路线式样设定操作，可直接显示移动路线示教页面，进行后述的接近点、离开点示教操作。多路线码垛指令 PALLETIZING—BX、PALLETIZING—EX 需要定义移动路线式样，因此，首先需要完成移动路线式样设定，然后，再进入移动路线示教页面，进行各移动路线的接近点、离开点示教操作。

1. 移动路线式样设定

多路线码垛指令 PALLETIZING—BX、PALLETIZING—EX 的移动路线式样设定的操作步骤如下。

① 在图 9-70（a）所示的码垛形状示教完成页面上，按软功能键〖前进〗，示教器可显示图 9-70（b）所示的移动路线式样设定页面，并根据基本数据设定页面设定项“式样”所设定的数量，显示对应的式样设定项。

② 光标选定式样的行（或列、层）输入区，然后，按软功能键〖直接〗或〖剩余〗，选定行、列、层的式样定义方式。

③ 对于数值直接定义或通用定义，按软功能键〖直接〗后，用数字键、【ENTER】键输入数值，通用定义符“*”用数字键 0 输入。

④ 对于余数法定义，按软功能键〖剩余〗后，显示将成为“-”分隔的 2 个输入区，用数字键、【ENTER】键输入余数法定义值。

⑤ 全部式样设定完成后，按软功能键〖上页〗，示教器将返回图 9-70（a）所示的码垛形状示教完成页面。按软功能键〖前进〗，示教器可进入机器人移动路线示教页面。

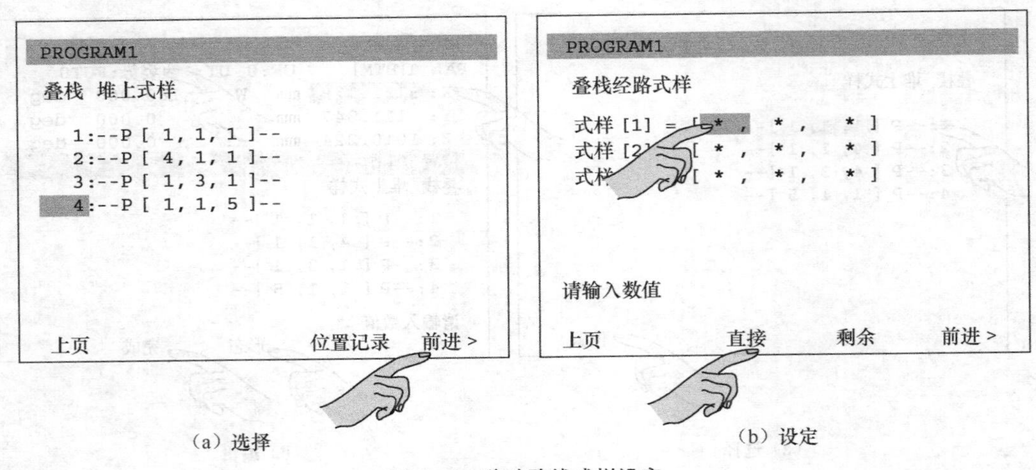

（a）选择　（b）设定

图 9-70　移动路线式样设定

2. 移动路线示教

移动路线示教可在固定路线码垛指令 PALLETIZING—B、E 的码垛形状设定完成，或者，多路线码垛指令 PALLETIZING—BX、EX 的移动路线式样设定完成、返回码垛形状设定完成页面后进行，其操作步骤如下。

① 在图 9-71（a）所示的码垛形状设定完成页面上，按软功能键〖前进〗，示教器将显示图 9-71（b）所示的移动轨迹设定页面。

在移动轨迹设定页面上，控制系统可根据基本数据设定页面“接近点”“逃点（离开点）”的设定，自动生成初始轨迹。接近点、离开点、码垛点未示教时，程序点 P[A_n]、P[R_n] 前显示未示教标记“*”。

例如，当接近点、离开点数量均设定为“2”时，系统自动生成的初始轨迹如图 9-71（b）所示，接近路线为码垛指令启动位置→接近点 P[A_2]、接近点 P[A_2]→P[A_1]、接近点 P[A_1]→码垛点 P[BTM]，离开路线为码垛点 P[BTM]→离开点 P[R_1]、离开点 P[R_1]→P[R_2]等。

② 光标选定需要示教接近点 P[A_n]（或离开点 P[R_n]）的指令行，然后，手动移动机器人到该接近点（或离开点、码垛点）上。

需要注意的是：码垛路线示教同样不能对外部轴（机器人变位器）位置进行示教，因此，示教前必须将外部轴移动到正确的位置。

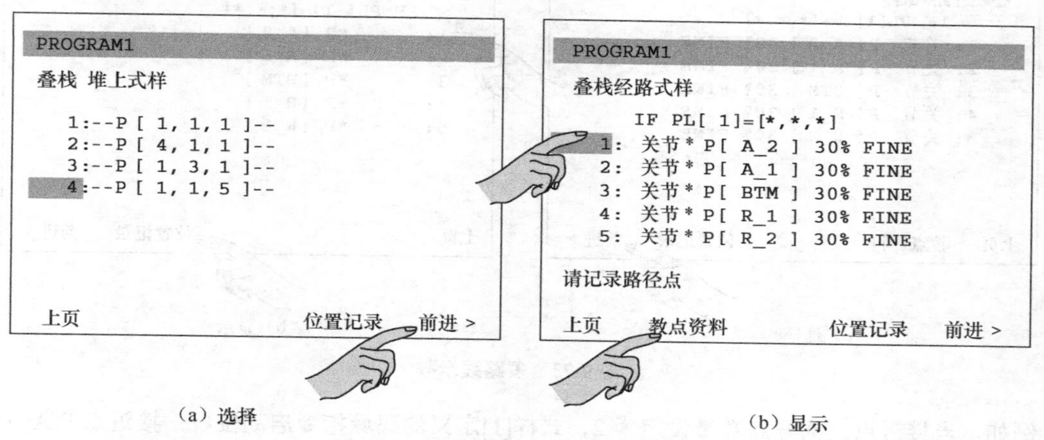

（a）选择　（b）显示

图 9-71　移动轨迹设定页面

③ 固定路线码垛及多路线码垛的式样[1]需要示教移动指令，轨迹设定页面可显示软功能键〖教点资料〗。

需要改变移动指令时，按软功能键〖教点资料〗，示教器可显示图 9-72 所示的基本移动指令格式表（标准动作目录）。光标选定接近（或离开、码垛）指令的格式，并通过基本移动指令输入同样的操作（见本章第 9.1 节），完成插补方式、移动速度、定位类型的编辑与设定。

不需要改变移动指令时，可按住示教器【SHIFT】键，同时按软

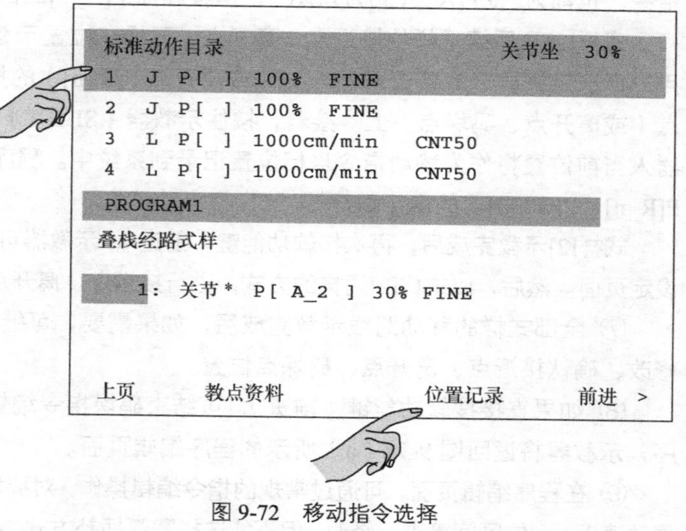

图 9-72　移动指令选择

功能键〖教点资料〗，进入下一步示教点位置记录操作。

④ 按住示教器【SHIFT】键，同时按软功能键〖位置记录〗，机器人当前位置将作为移动指令目标位置记录到系统中，程序点P[A_n]、P[R_n]、P[BTM]前的未示教标记“*”将自动消失。

⑤ 重复步骤②～④，完成全部移动指令的示教。

对于固定路线码垛，当前式样的移动路线示教完成后，如果需要，可继续进行后述的移动路线编辑操作，检查、修改、确认接近点、离开点、码垛点位置。或者，按软功能键〖前进〗，结束码垛指令编辑操作，示教器返回程序编辑页面（见图9-73）后，进行码垛作业指令编辑。

对于多路线码垛，可按软功能键〖前进〗，示教器将显示图9-73（b）所示的式样[2]的移动轨迹设定页面，继续下述操作。

⑥ 多路线码垛所有式样的接近点、离开点数量相同，同一运动的移动指令统一，但接近点、离开点、码垛点的位置需要通过示教操作设定。因此，对于式样[2]及后续式样示教，只需进行接近点、离开点、码垛点位置的示教。

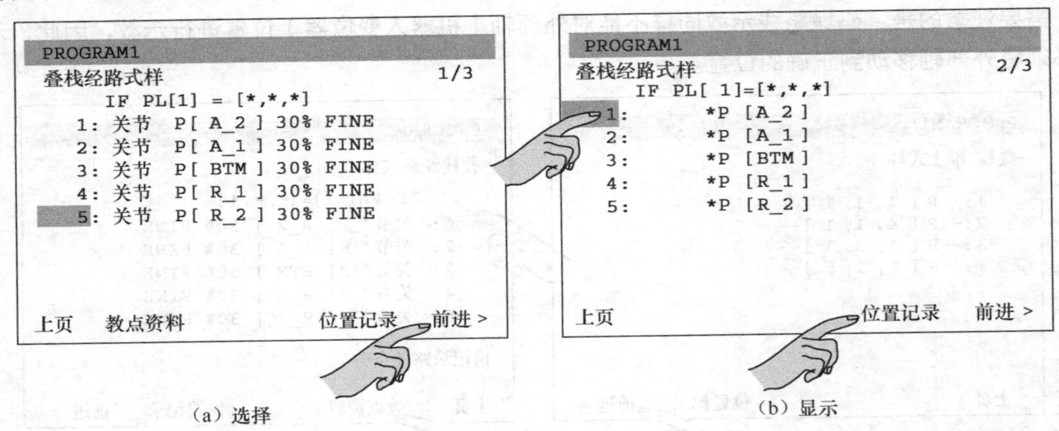

图9-73　多路线示教

例如，当接近点、离开点数量设定为2，式样[1]定义的码垛指令启动位置→接近点P[A_2]的移动指令为“J P[A_2] 30% FINE”时，式样[2]及后续式样的码垛指令启动位置→接近点P[A_2]的移动指令，也都为“J P[A_2] 30% FINE”，但程序点P[A_2]的位置可通过示教操作独立设定等。

式样[2]及后续式样的接近点、离开点、码垛点位置示教方法与式样[1]相同。程序点示教时，可用光标选定需要示教接近点P[A_n]（或离开点P[R_n]）的指令行，然后，手动移动机器人到该接近点（或离开点、码垛点）上。接着，按住示教器【SHIFT】键，同时按软功能键〖位置记录〗，将机器人当前位置将作为移动指令目标位置记录到系统中。程序点示教完成后，图9-73（b）中P[A_n]、P[R_n]、P[BTM]前的未示教标记“*”将自动消失。

式样[2]示教完成后，再次按软功能键〖前进〗，示教器可继续显示下一式样（式样[3]）的移动轨迹设定页面。然后，以式样[2]同样的方式，进行接近点、离开点、码垛点示教，直至所有式样示教完成。

⑦ 全部式样的移动路线示教完成后，如果需要，可继续进行后述的移动路线编辑操作，检查、修改、确认接近点、离开点、码垛点位置。

⑧ 如果直接按软功能键〖前进〗，可结束码垛指令编辑操作，编辑完成的码垛指令自动插入程序，示教器将返回图9-74（a）所示的程序编辑页面。

⑨ 在程序编辑页面，可通过常规的指令编辑操作，对码垛运动指令“J PAL_i [BTM]”的插补方式、移动速度、到位区间等进行修改，但不能选择圆弧插补方式。码垛运动指令后，还需要插入抓手松开（堆

叠）、夹紧（提取）等作业指令，例如，图 9-74（b）所示的抓手松开宏指令“Hand Open”等。

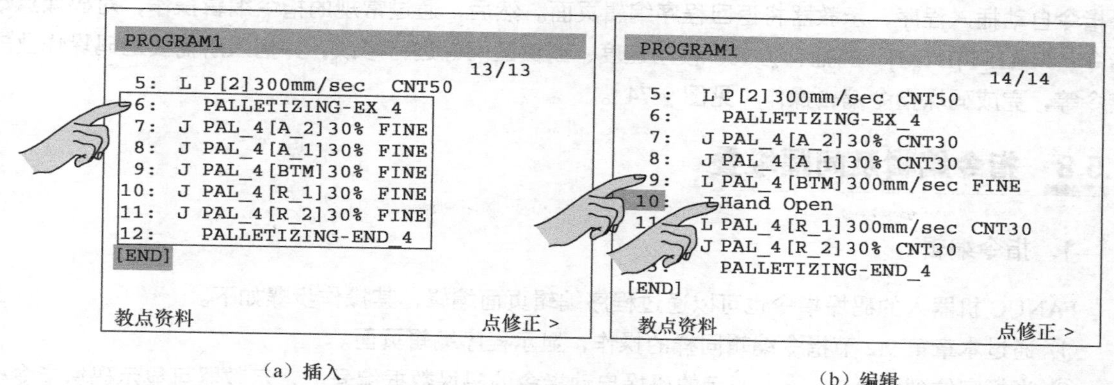

（a）插入　　　　（b）编辑

图 9-74　指令插入与编辑

3．移动路线编辑

移动路线示教完成后，若需要，可通过移动路线编辑操作，检查、修改、确认接近点、离开点、码垛点位置。移动路线编辑的操作步骤如下。

① 光标选定图 9-75（a）所示的示教完成点，示教器可显示软功能键〖位置〗。按软功能键〖位置〗，示教器可显示图 9-75（b）所示的示教点详细位置显示页面。

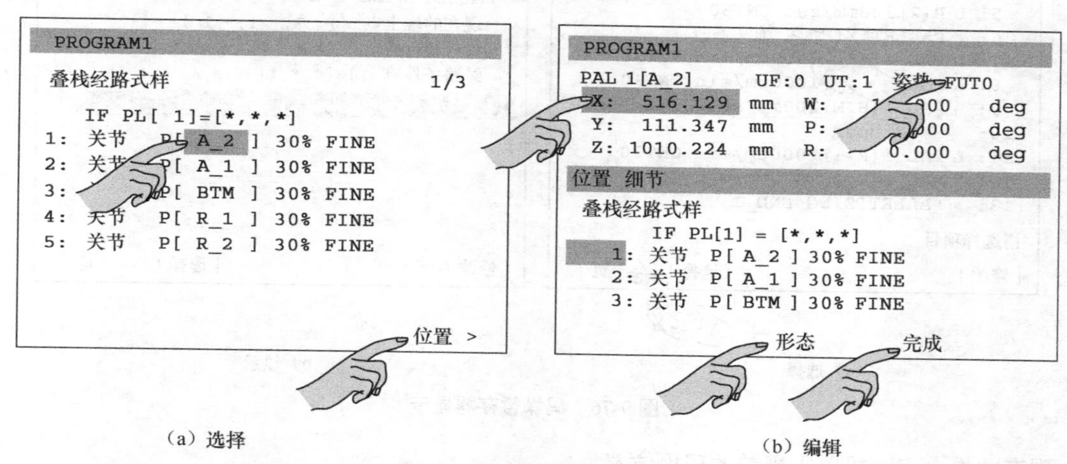

（a）选择　　　　（b）编辑

图 9-75　移动路线示教点编辑

对于多路线码垛指令，按图 9-73 所示的、示教完成页面的软功能键〖上页〗，可切换移动路线式样，选择其他式样的示教完成点。

② 需要修改坐标值时，光标选定图 9-75（b）的坐标值显示区，用数字键、【ENTER】键直接输入坐标位置修改数据。

③ 需要修改机器人状态时，按软功能键〖形态〗，光标将切换到“姿态”显示区，然后，用光标移动键、数字键、【ENTER】键直接输入机器人、工具姿态修改数据。

④ 示教点的坐标值、机器人姿态全部修改完成后，按软功能键〖完成〗，新的位置数据将生效。

⑤ 需要确认示教点位置时，可将光标定位到已完成示教或编辑的示教点上，同时按示教操作键【SHIFT】、【FWD】，机器人将自动移动到该示教点，操作者可对示教点位置进行检查和确认。

⑥ 移动路线示教操作完成后，按软功能键〖前进〗，可结束码垛指令编辑操作，编辑完成的码垛指令自动插入程序，示教器将返回程序编辑页面。然后，通过常规的指令编辑操作，对码垛运动指令“J PAL_i [BTM]”的插补方式、移动速度、到位区间等进行修改，并插入所需要的码垛作业宏指令等，完成码垛指令编辑操作（见图 9-74）。

9.5.8 指令编辑及间隔堆叠

1. 指令编辑

FANUC 机器人的码垛指令也可以通过程序编辑页面编辑，其操作步骤如下。

① 通过本章第 9.2 节指令编辑同样的操作，显示程序编辑页面。

② 光标定位到图 9-76（a）所示的码垛启动指令的码垛数据编号上，示教器可显示码垛指令检查、编辑软功能键〖修改〗、〖选择〗、〖一览〗。

如果需要，可用数字键、【ENTER】键直接修改数据组编号、改变数据组。数据编号一旦改变，所有码垛基本数据、码垛形状、机器人移动路线等将全部更改。

③ 按软功能键〖一览〗，示教器可显示图 9-76（b）所示的码垛暂存器状态页面，并显示码垛指令注释（第 1 行）及当前码垛暂存器的状态。

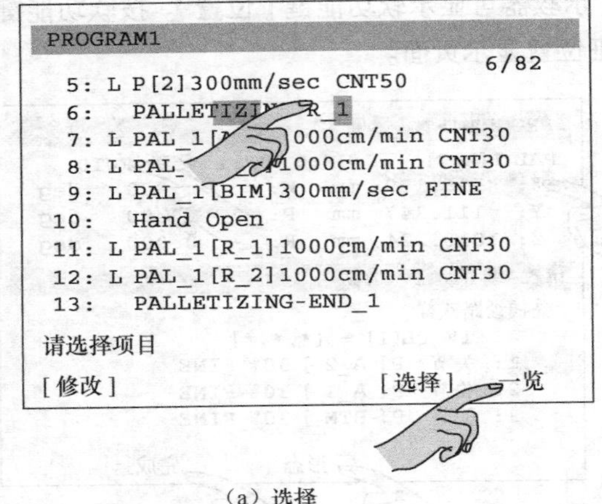

（a）选择

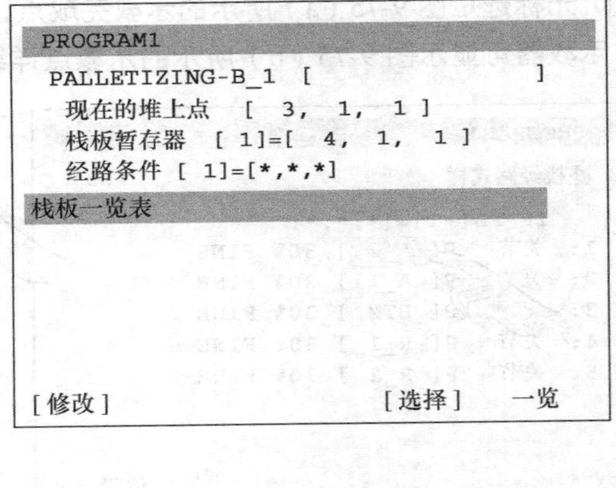

（b）显示

图 9-76 码垛暂存器显示

现在的堆上点：机器人当前的码垛位置。

栈板暂存器：码垛运动的目标位置（下一个码垛点）。

径路条件：移动路线式样。

④ 按软功能键〖修改〗，示教器可显示指令数据编辑选项。光标选定图 9-77（a）所示的编辑选项后，按【ENTER】键，即可显示图 9-77（b）所示的该选项编辑页面，并对码垛基本数据（初期资料）、码垛形状（堆上点）、移动路线式样（路径条件）、移动路线（路径式样）进行编辑，指令的编辑方法与操作步骤可参见前述。

⑤ 按编辑页面的软功能键〖前进〗，可继续后述的码垛数据编辑。按软功能键〖上页〗，可返回上一页编辑页面。

⑥ 全部数据编辑完成后，用示教器的【NEXT】键及软功能扩展键，显示软功能键〖结束〗，按此软功能键，可结束指令编辑操作。

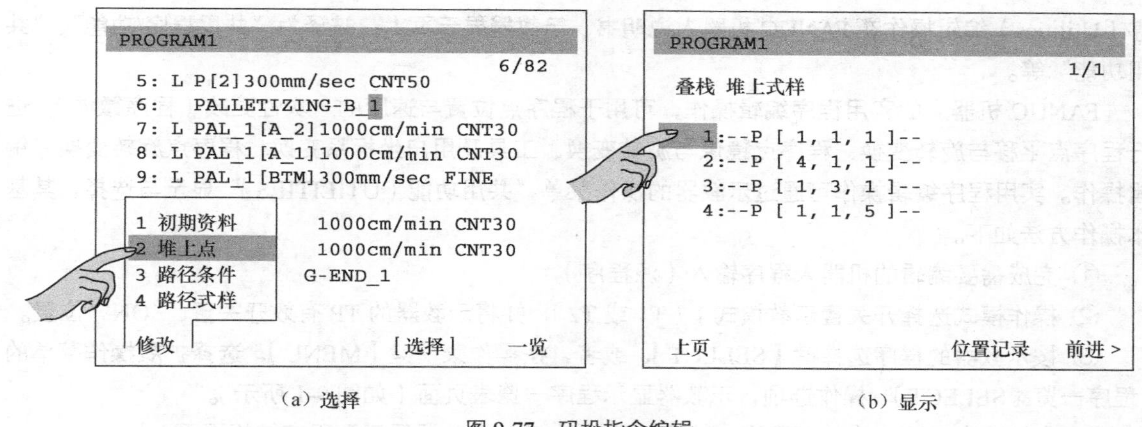

（a）选择　　（b）显示

图 9-77　码垛指令编辑

2. 间隔堆叠

间隔堆叠是指不同码垛行（或列、层）的物品安放留有“空位”，这样的物品堆叠或提取需要通过条件指令的编程实现。

例如，对于 5 行、1 列、5 层的码垛堆叠，如果奇数层的每行为 5 个物品满放，偶数层的第 5 行为“空位”，其程序设计示例如下。

```
……
PL[1]=[ 1, 1, 1 ]                          // 设定 PL[1]初始值
LBL [1]                                    // 继续码垛跳转标记
IF PL[1]=[ 5, *, 2-0 ] JMP LBL[2]          // 偶数层、第 5 行为空位，直接跳转 LBL[2]
L P[1] 500mm/sec FINE                      // 机器人移动到提取点
Hand Close                                 // 抓手闭合、提取物品
PALLETIZING-B_1                            // 启动码垛
L PAL_1[A_1] 300mm/sec CNT30               // 码垛接近运动
L PAL_1[BTM] 100mm/sec FINE                // 移动到码垛点
Hand Open                                  // 抓手松开、安放物品
L PAL_1[R_1] 500mm/sec CNT30               // 码垛离开运动
LBL[2]                                     // 空位跳转标记
IF PL[1]=[ 5, 1, 5 ] JMP LBL[3]            // 第 5 层堆叠完成，结束码垛
PALLETIZING-END_1                          // 码垛结束指令
JMP LBL [1]                                // 继续下一码垛点堆叠
LBL[3]                                     // 堆叠完成跳转标记
……
```

9.6 程序调整与变换

9.6.1 实用程序编辑功能

1. 操作选择

FANUC 机器人的程序变换功能，可通过示教器的实用程序（Utilities）编辑操作实现。实用程

序（Utilities）编辑操作在 FANUC 机器人说明书、示教器显示页上，被译为“共用程序/功能”、“共用功能”等。

FANUC 机器人的实用程序编辑操作，可用于程序点位置与速度的一次性更改（程序微调），进行程序点平移与旋转变换、程序点镜像与旋转变换、工具及用户坐标系变换、程序点旋转变换等编辑操作。实用程序编辑操作可通过示教器的操作菜单“共用功能（UTILITIES）”显示与选择，其基本操作方法如下。

① 完成需要编辑的机器人程序输入（源程序）。

② 操作模式选择开关置示教模式 1（T1 或 T2），并将示教器的 TP 有效开关置 “ON”位置。

③ 按示教器的程序选择键【SELECT】，或者，按操作菜单键【MENU】，选择扩展操作菜单的“程序一览（SELECT）”操作选项，示教器显示程序一览表页面（如图 9-1 所示）。

④ 光标选定需要变换的源程序，按【ENTER】键，示教器显示源程序编辑页面。

⑤ 按示教器操作菜单键【MENU】，光标选择“共用程序/功能（UTILITIES）”，按【ENTER】键确认，示教器可显示“共用功能”的第一页，系统“提示”信息。

⑥ 按软功能键〖类型（TYPE）〗，示教器可显示图 9-78 所示的实用程序编辑操作选项。

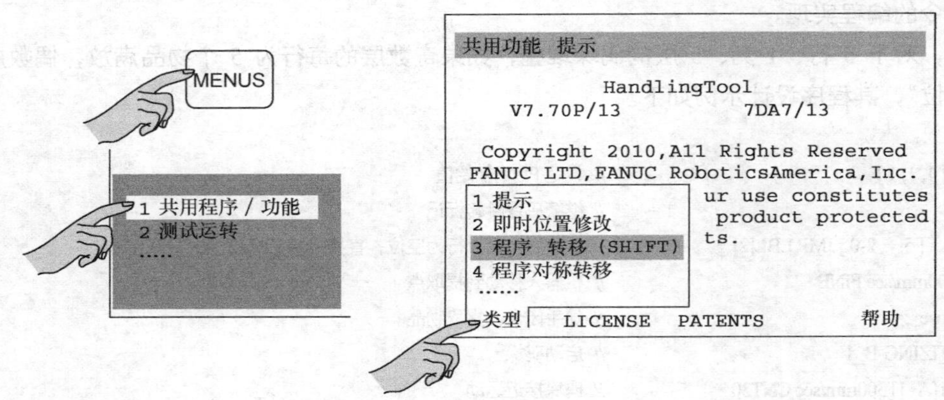

图 9-78 实用程序编辑功能选择

⑦ 光标选定所需要的程序变换编辑选项，按【ENTER】键确认，便可按后述的操作步骤，进行对应的程序变换编辑操作。

2. 功能说明

FANUC 机器人的实用程序变换编辑功能与控制系统软件版本、附加功能选配等因素有关，因此，在不同机器人上，利用操作菜单“共用功能（UTILITIES）”、软功能键〖类型（TYPE）〗显示的操作选项可能稍有区别。

在选配控制系统基本选择功能软件（Basic Software）的机器人上，一般都可以显示、选择以下操作选项，进行相应的程序变换编辑操作。由于翻译的原因，示教器显示的中文（括号内）可能不尽合理，实际操作时应根据功能的作用，予以正确理解。

① Hints（提示）。机器人基本信息显示。“提示”通常为控制系统启动时的默认显示页，其基本显示内容如图 9-79 所示。

提示页可显示机器人类别、系统软件版本、生产厂等基本信息。利用软功能键〖LICEBSE〗、〖PATENTS〗及〖帮助〗，还可显示许可证、专利及帮助信息。

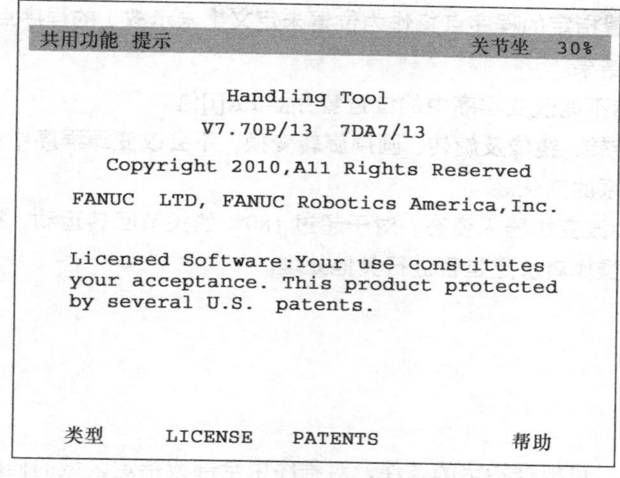

图 9-79 提示信息显示

② Prog. Adjust（即时位置修改）。程序调整。可根据指定的条件，对程序中全部或指定区域的程序点位置进行少量调整（微调）、对移动速度进行一次性更改。程序调整通常用于程序自动运行时的程序点位置、速度微调，调整后的程序点位置可通过操作撤销恢复，但移动速度的更改不可恢复。

③ Programm Shift（程序移转）。程序平移。可对程序中的程序点位置进行平移与旋转变换，生成一组新的指令，并将其插入到源程序的指定区域，或直接生成一个新的机器人程序。

④ Mirror Image shift（程序对称移转）。程序镜像。可对程序点位置进行平面对称与旋转变换，生成一组新的程序指令，并将其插入源程序的指定区域，或直接生成一个新的程序。

⑤ Tool Offset（工具偏移功能）。工具坐标系变换。可通过更改程序中的工具坐标系，生成一组新的程序指令，并将其插入到源程序的指定区域，或直接生成一个新的程序。

⑥ Frame Offset（坐标偏移功能）。用户坐标系变换。可通过更改程序中的用户坐标系，生成一组新的程序指令，并将其插入源程序的指定区域，或直接生成一个新的程序。

⑦ Angle entry shift（角度输入移转）。程序点旋转变换。可使程序点回绕指定的轴旋转指定的角度，生成一组新的程序指令，并将其插入原程序的指定区域，或直接生成一个新的程序。

3. 程序调整与变换规则

FANUC 机器人的程序调整（Prog. Adjust）操作，通常用于自动运行程序的程序点位置、速度的实时微调，它不改变源程序的程序点位置，也不能生成新的程序指令或程序，调整后的程序点位置可通过操作撤销恢复，但更改的移动速度将直接覆盖原程序的编程速度。

利用程序平移(Programm Shift)、镜像与旋转(Mirror Image shift)、工具坐标系变换(Tool Offset)、用户坐标系变换（Frame Offset）、旋转变换（Angle entry shift）进行的程序变换操作，可重新生成一组新指令。变换生成的新指令可插入原程序的指定区域，或直接生成一个新的程序。FANUC 机器人程序变换的基本规则如下。

① 程序点的位置变换可对程序中的全部指令或部分指令的程序点进行，变换后的指令可插入原程序的指定位置上，或者，作为新的程序存储。

② 程序点变换不会改变数据格式，即关节坐标位置变换后仍为关节坐标位置，机器人 TCP 位置仍为机器人 TCP 位置（直角坐标）。

③ 如果变换后的程序点位置超出了机器人行程范围，或者，对于附加增量命令 INC 的移动指

令，则程序中以关节位置指定的程序点将作为位置未定义（未示教）的程序点存储，以TCP位置指定的程序点将存储变换结果。

④ 程序点变换编辑不能改变程序中的位置暂存器PR[i]值。

⑤ 程序点平移及旋转、镜像及旋转、圆周旋转变换，不会改变源程序中的坐标系，但坐标变换将导致用户、工具坐标系的变化。

⑥ 程序点变换不会改变机器人姿态，对于超过180° 的关节回转运动，控制系统可显示优化提示信息及软功能键，由操作者决定是否进行其他处理。

9.6.2 程序调整

1. 功能说明

利用程序调整功能，可根据指定的条件，对程序中全部或指定区域的程序点位置进行少量调整（微调），对移动速度进行一次性更改。程序调整通常用于程序自动运行时的程序点位置、速度微调，调整后的程序点位置可通过操作撤销恢复，因此，在FANUC说明书、示教器显示中称之为“即时位置修改”。控制系统最大允许设定的程序调整参数为10组，不同组的程序调整参数以“位置修改条件号”区分，不同位置修改条件号的参数组用于不同程序的调整。

FANUC机器人的程序点位置调整，以位置偏移的方式实现。如果调整后的程序点位置超出了关节允许运动范围，控制系统将在执行移动指令时发生超程报警。利用程序调整功能的程序点位置调整，一般只用于程序点的微调，程序调整所允许的最大位置偏移量可通过系统参数（变量）$PRGADJ.$X_LIMT~$PRGADJ.$R_LIMT设定。系统出厂时默认的*X*/*Y*/*Z*最大偏移量为±26mm、最大偏移角W/P/R为±0.5°，超过参数设定的程序点位置偏移变换，应使用后述的程序平移与旋转功能编辑。

移动速度调整可对程序中的关节回转或机器人TCP移动速度，进行一次性更改。通过程序调整操作进行的速度更改，将直接覆盖原程序的移动速度，因此，移动速度一旦被调整，原程序中的移动速度将无法再恢复。

FANUC机器人的程序调整参数设定、显示页面如图9-80所示，调整参数设定项的含义及软功能键的作用分别如下。

共用功能　即时位置修改　　　　关节坐　100%

条件号：5　　　　状态：编辑

1	程序名称：	SAMPLE2
2	开始行号：	1
3	结束行号：	30
4	偏移基准坐标：	用户
5	X补正量：	5.000 mm
6	Y补正量：	0.000 mm
7	Z补正量：	-2.500 mm
8	W补正量：	0.000 deg
9	P补正量：	0.000 deg
10	R补正量：	0.000 deg
11	直线/圆弧速度：	0　mm/s
12	关节速度：	0 %
13	动作群组：	全部
14	补正：　Y对象	机器人

[类型]　单位　条件　有效　>

复制　删除　全部删除

图9-80　程序调整参数设定页面

条件号：程序调整参数组的位置修改条件号，输入范围为1～10，不同条件号的参数组用于不同程序的调整。

位置修改条件号可通过显示页的软功能键〖条件〗更改。

状态：程序调整状态显示。状态显示“编辑”，表示当前的程序调整参数处于输入、编辑状态。状态显示“有效”，表示当前的程序调整参数已生效，执行对应的程序时，将按设定的调整参数，更改程序点位置、移动速度。状态显示“无效”，表示当前的程序调整参数未启用，执行对应的程序时，将按原程序的程序点位置、移动速度运行。

程序调整的“状态”，可通过显示页的软功能键〖有效〗、〖无效〗、〖编辑〗更改。其中，软功能键〖有效〗，只能在当前调整参数处于“编辑”或“无效”状态时显示；软功能键〖无效〗，只能在当前调整参数处于“有效”状态时显示。

程序名称：应用当前调整参数（条件号）的程序名称设定与显示。

开始行号/结束行号：程序调整的范围。如果只需要修改一条指令，可将开始、结束行号设定为同一值。

偏移基准坐标：*X*/*Y*/*Z*、*W*/*P*/*R* 偏移（补正量）参数对应的坐标系选择，可选择“用户”或“工具”，以用户坐标系或工具坐标系为基准，进行程序点位置的偏移、旋转。

X/*Y*/*Z* 补正量：程序点在基准坐标 *X*/*Y*/*Z* 方向的偏移量。

X/*Y*/*Z* 偏移量（补正量）的单位，可通过软功能键〖单位〗更改，偏移量单位可选择 mm 或 inch。

W/*P*/*R* 补正量：程序点绕基准坐标 *X*/*Y*/*Z* 轴回转的角度，单位 deg（°）。

直线/圆弧速度：直线、圆弧插补指令的机器人 TCP 移动速度，单位 mm/s 或 inch/min。直线/圆弧速度一旦设定除 0 外的数值，这一速度将直接覆盖原程序的移动速度，而无法再恢复为原程序的数值。

关节速度：关节插补指令的移动速度，单位%。关节速度一旦设定除 0 外的数值，这一速度将直接覆盖原程序的关节插补速度，而无法再恢复为原程序的数值。

动作群组：应用调整参数的运动组选择。选择“全部”，对所有运动组均有效。

补正：此项只要在 7 轴机器人上才能显示、设定。可设定第 7 轴（机器人变位器）的偏移方向（如 *Y*）、偏移对象（如机器人）。当偏移对象选择“机器人”时，进行程序点的机器人位置偏移；选择“附加轴”时，进行程序点的附加轴（变位器）位置偏移；选择“全部”时，同时进行机器人位置、附加轴（变位器）位置的偏移。

显示页的扩展软功能键〖复制〗、〖删除〗、〖全部删除〗用于调整参数的复制、删除与位置修改条件号删除，其作用分别如下。

〖复制〗：可将当前显示页的全部调整参数，一次性复制、粘贴到其他条件号中，被粘贴条件号的调整参数将自动成为“编辑”状态。

〖删除〗：可删除当前位置修改条件号的调整参数（*X*/*Y*/*Z* 补正量、*W*/*P*/*R* 补正量、直线/圆弧速度、关节速度），但位置修改条件号及程序名称、开始行号/结束行号等内容保留。

〖全部删除〗：可直接删除当前位置修改条件号及全部程序调整参数。

2. 操作步骤

FANUC 机器人程序调整编辑、调整参数的设定操作步骤如下。

① 完成需要编辑的机器人程序输入。

② 操作模式选择开关置示教模式 1（T1 或 T2），并将示教器的 TP 有效开关置“ON”位置，并选择程序的显示、编辑页面。

③ 按示教器菜单键【MENU】，并选择“共用程序/功能（UTILITIES）”操作，按【ENTER】键确认。

④ 按软功能键〖类型（TYPE）〗，在示教器显示的实用程序编辑操作选项上（参见前述图 9-78），选择“即时位置修改（Prog. Adjust）”，按【ENTER】键确认，示教器可显示图 9-81 所示的、程序调整的“位置修改条件”一览表页面，并显示如下内容。

1～10：位置修改条件号。

程序：该栏可显示系统已设定的、位置修改条件号对应的调整程序名称。系统未使用的位置修改条件号，其程序名称显示为“***”。

范围：系统已设定的程序调整范围。系统未使用的位置修改条件号，调整范围显示为“0-0”。

状态：系统已设定的程序调整状态显示。“编辑”，表示对应程序的调整参数设定操作尚未完成；“有效”，表示对应程序的调整参数已生效；“无效”，表示对应程序的调整参数未启用。系统未使用的位置修改条件号，其调整状态显示为“***”。

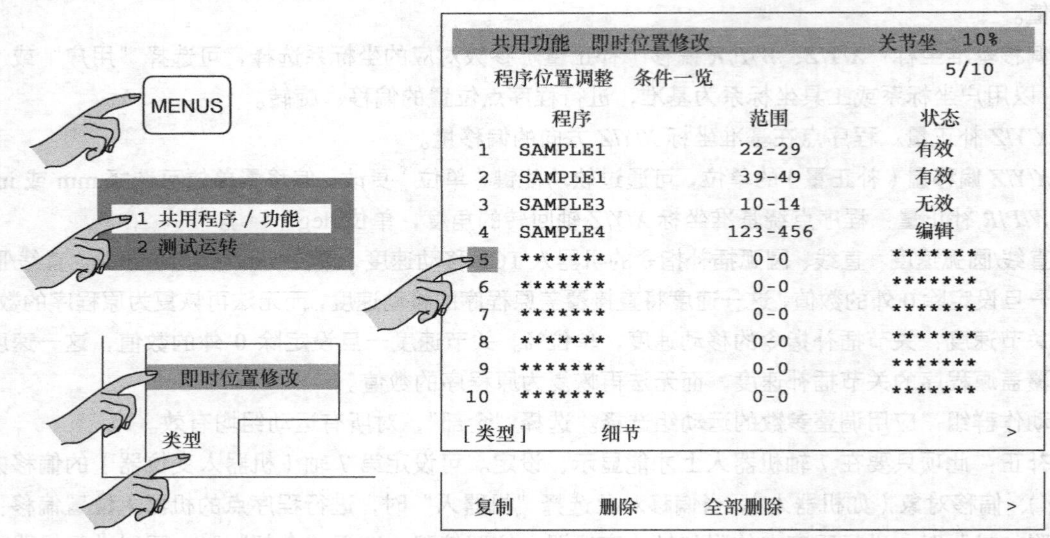

图 9-81 位置修改条件一览表显示

⑤ 若需要更改系统已设定的程序调整参数，可将光标选定需要修改的条件号、按软功能键〖细节〗，示教器便可显示图 9-80 所示的程序调整参数设定、显示页面，进行程序调整参数编辑操作。若需要，也可按软功能键〖复制〗，将当前参数以复制、粘贴的方式，设定到其他位置修改条件的程序调整参数中。

⑥ 需要手动输入、设定新的位置修改条件及程序调整参数时，可将光标选定程序名称栏显示为“***”的位置修改条件号，按软功能键〖细节〗，示教器便可显示图 9-80 所示的程序调整参数设定、显示页面，页面状态自动成为“编辑”。然后，光标依次选定参数项的数值、字符设定区，完成程序调整参数的输入、设定。

⑦ 程序调整参数全部设定完成后，按图 9-80 所示显示页上的软功能键〖有效〗，便可生效程序调整功能。若需要修改当前设定页的程序调整参数，可按软功能键〖无效〗，然后，重新设定调整参数，或者，按软功能键〖删除〗、〖全部删除〗，重新输入程序调整参数。

⑧ 若需要更改其他程序调整参数，可按图 9-80 所示显示页上的软功能键〖条件〗、选择位置修改条件及程序调整参数设定页面，并进行相应的编辑操作。

⑨ 按示教器操作键【PREV】，返回位置修改条件一览表显示页面。

9.6.3 程序点平移与旋转变换

1. 功能说明

程序点平移及旋转功能如图 9-82 所示，它可对程序中的程序点位置进行平移、旋转变换，并生成一组新的程序指令，该新指令可插入到原程序的指定区域，或直接作为新的程序保存。

程序点平移、旋转变换可通过示教器操作菜单“UTILITIES（共用功能）”、类型选项“程序移转（SHIFT）”，在示教器显示的、图 9-83 所示的基本页面上，设定如下项目。

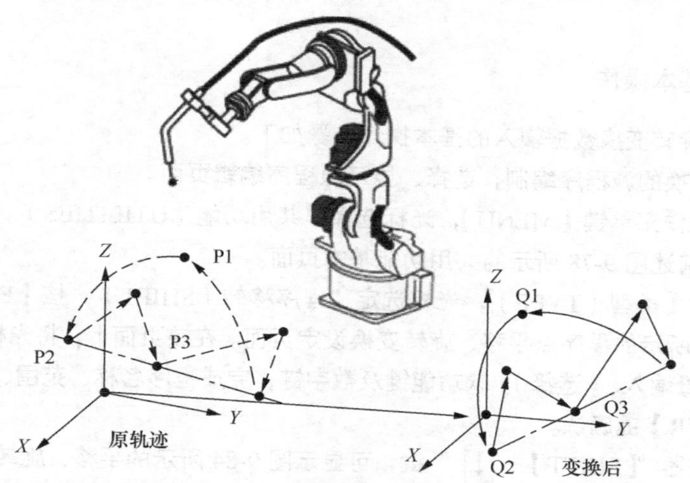

图 9-82　程序点平移及旋转

原始程序（Original Programm）：需要进行程序点平移、旋转变换编辑的源程序名称输入与选择。

范围（Range）：设定需要进行平移、旋转变换的程序区域选择。选择“全体（WHOLE）”，可对程序中的全部程序点进行平移、旋转变换；选择“部分”，可通过“开始行”“结束行”的设定，指定平移、旋转变换的程序区域。

开始行（Start line）/结束行（End line）：当范围选择“部分”时，可设定需要进行程序点平移、旋转变换的程序起始/结束行，指定变换区域；当范围选择“全体（WHOLE）”时，开始行/结束行的状态为“未使用（Not used）”，不需要也不能进行设定。

新程序名称（New Programm）：当程序点平移、旋转变换结果，作为新程序存储时，可输入新程序名称。输入原程序名或已存在程序名时，变换结果将插入程序的指定位置。

插入行（Insert line）：平移、旋转变换结果插入原程序或已存在程序时，可设定插入变换结果的程序起始指令行号。

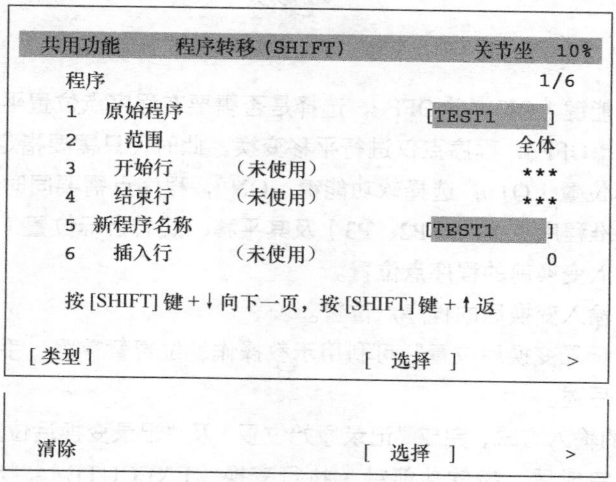

```
共用功能        程序转移（SHIFT）                关节坐  10%
     程序                                          1/6
     1   原始程序                         [TEST1        ]
     2     范围                                    全体
     3    开始行         （未使用）                ***
     4    结束行         （未使用）                ***
     5  新程序名称                        [TEST1        ]
     6    插入行         （未使用）                 0

     按[SHIFT]键＋↓向下一页，按[SHIFT]键＋↑返

 [类型]                                [  选择  ]        >

 清除                                  [  选择  ]        >
```

图 9-83　程序点平移及旋转设定

FANUC机器人程序点平移、旋转变换数据，可通过示教操作、位置暂存器、手动数据输入等方式输入与设定，在平移、旋转变换设定页面上，程序点位置将自动转换为全局坐标系（UF0）位置显示。

2. 数据输入基本操作

程序点平移、旋转变换数据输入的基本操作步骤如下。

① 完成需要变换的源程序编制，选择、显示源程序编辑页面。

② 按示教器操作菜单键【MENU】，光标选择"共用功能（UTILITIES）"，按【ENTER】键确认，示教器可显示前述图9-78所示的共用功能基本页面。

③ 按软功能键〖类型（TYPE）〗，光标选定"程序移转（SHIFT）"，按【ENTER】键确认，示教器可显示图9-83所示的程序点平移、旋转变换设定页面。在该页面上，将光标定位到需要设定的设定项上，利用字母输入、〖选择）〗软功能键及数字键，完成程序名称、范围、开始行/结束行等项目设定，按【ENTER】键确认。

④ 同时按示教器"【SHIFT】+ ↓ "键，可显示图9-84所示的平移、旋转变换数据设定页面，可进行如下设定。

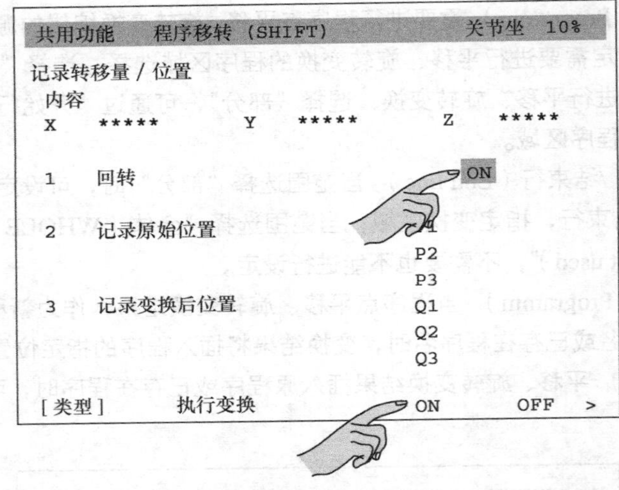

图9-84　平移、旋转变换数据设定页面

回转：可通过软功能键〖ON〗/〖OFF〗，选择是否需要在程序点位置平移变换的同时，进行旋转变换。选择软功能键〖OFF〗，程序点仅进行平移变换，此时，只需要指定（示教）1个基准程序点（P1）及其平移目标位置（Q1）；选择软功能键〖ON〗，程序点需要同时进行平移、旋转变换，此时，需要指定3个基准程序点（P1、P2、P3）及其平移、旋转目标位置（Q1、Q2、Q3）。

记录原始位置：输入变换前的程序点位置。

记录变换后位置：输入变换后的程序点位置。

"记录原始位置""记录变换后位置"可利用示教操作、位置暂存器、手动数据输入等方式输入与设定，其操作方法见后述。

⑤ 选定变换数据的输入方式，完成"记录原始位置"及"记录变换后位置"等变换数据的输入。

⑥ 变换数据设定完成后，按软功能键〖执行变换（EXECUTE）〗，示教器可显示提示信息"可以执行吗？"及软功能键〖是（YES）〗、〖不是（NO）〗。按〖是（YES）〗，可立即执行平移、

旋转变换操作，并将变换结果写入新程序或插入已存在程序的指定位置；按〖不是（NO）〗，可以放弃平移、旋转变换操作。若按扩展软功能键〖资料清除（CLEAR）〗，可删除全部平移、旋转变换数据。

⑦ 如果变换后的关节回转角度超过 180° 时，控制系统可显示图 9-85 所示的数据优化软功能键，操作者可根据需要，选择对应的软功能键，进行如下处理。

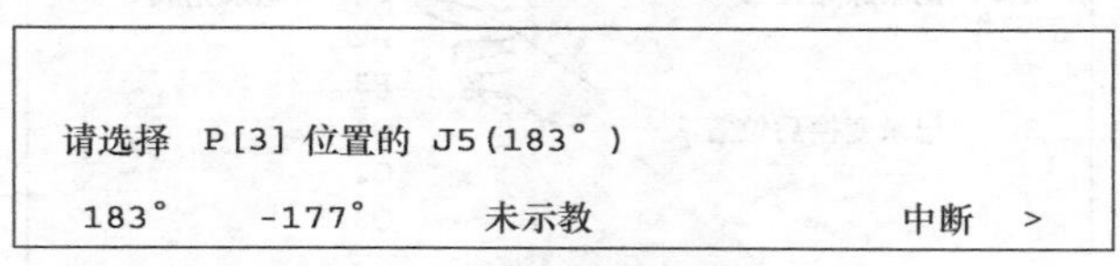

图 9-85　程序点优化软功能键

〖183°〗：控制系统优选的关节位置。

〖-177°〗：优化前的关节位置。

〖未示教〗：将程序点设定为位置未定的"未示教"程序点。

〖中断〗：中断平移、旋转变换操作。

3．变换数据输入

"记录原始位置""记录变换后位置"可利用示教操作、位置暂存器、手动数据输入等方式输入与设定，其操作步骤分别如下。

（1）示教操作输入

利用示教操作输入"记录原始位置""记录变换后位置"的操作步骤如下。

① 光标选定需要输入数据的变换基准点，例如，图 9-86 所示的"记录原始位置 P1"。

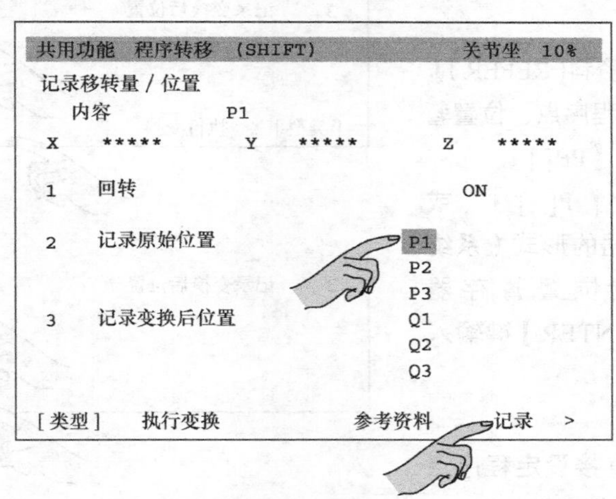

图 9-86　变换数据的示教输入

② 利用手动操作，将机器人移动到变换点上（如 P1）。

③ 按住示教器操作面板上的【SHIFT】键，同时按软功能键〖记录（RECORD）〗，机器人当前位置便可作为该变换点位置（P1）记录到系统中。变换点（记录原始位置 P1）的状态显示将成为图 9-87 所示的"记录完成（RECORDED）"。

④ 光标选定需要输入数据的变换目标点，例如"记录变换后位置 Q1"。

⑤ 将机器人手动移动到变换点上（如 Q1）。

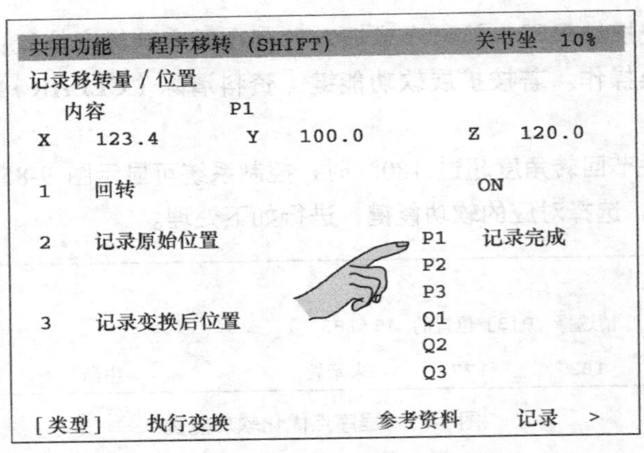

图 9-87　变换数据示教输入完成

⑥ 按住示教器操作面板上的【SHIFT】键，同时按软功能键〖记录（RECORD）〗，机器人当前位置便可作为变换点位置（Q1）记录到系统中。变换点（记录变换后位置 Q1）的状态显示将成为“记录完成（RECORDED）”。

⑦ 如果程序点需要同时进行平移、旋转变换，可重复以上操作，完成原始位置 P2、P3 及变换后位置 Q2、Q3 的示教输入。

（2）位置暂存器输入

平移、旋转变换目标点的位置，也可通过系统预定义程序点 P[i]或暂存器 PR[i]进行指定，其操作步骤如下。

① 光标选定需要输入变换数据的程序点，例如，图 9-88 所示的“变换后位置 Q2”等。

② 按软功能键〖参考资料（REFER）〗，示教器可显示系统预定义程序点、位置暂存器选择软功能键〖P[ ]〗、〖PR[ ]〗。

③ 按软功能键〖P[ ]〗或〖PR[ ]〗，选定程序点数据的形式（系统预定义程序点 P[i]或位置暂存器 PR[i]），并用数字键、【ENTER】键输入程序点、暂存器编号 i。

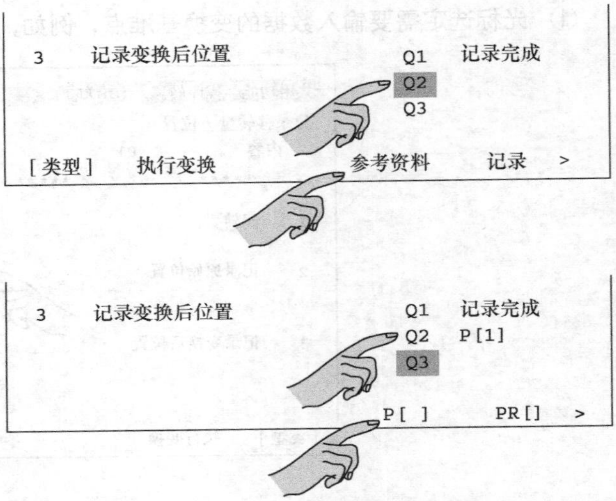

图 9-88　变换数据的暂存器输入

（3）手动数据输入

利用手动数据输入直接设定程序点平移、旋转变换数据的操作步骤如下。

① 按【NEXT】键，显示图 9-89（a）所示的扩展软功能键。

② 按扩展软功能键〖直接输入〗，示教器可显示图 9-89（b）所示的程序点平移、旋转变换数据的直接输入页面。

③ 光标定位到坐标值上，利用数字键、【ENTER】键，直接输入程序点平移距离、旋转角度。平移距离、旋转角度应以全局坐标系为基准设定。

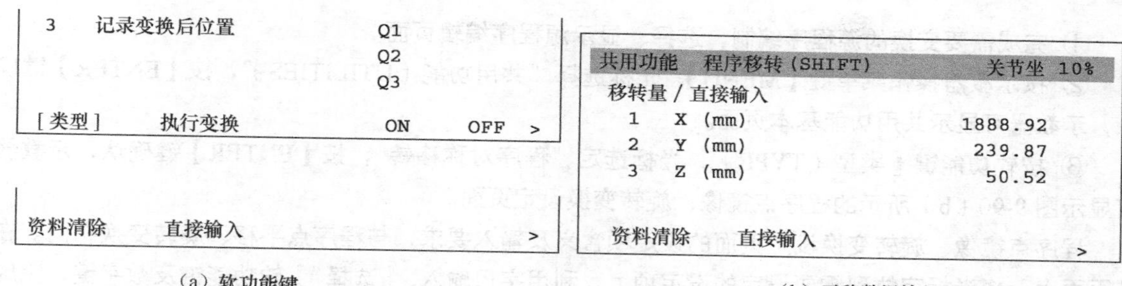

图 9-89 变换数据直接输入

9.6.4 程序点镜像与旋转变换

1. 功能说明

FANUC 机器人的程序点镜像与旋转变换编辑功能，可对程序中的程序点位置进行平面对称、旋转变换，并生成一组新的程序指令，变换后的指令可插入原程序的指定区域，或直接作为新的程序保存。

例如，对于图 9-90（a）所示的机器人 P0→P1→P2→P0 运动程序，如果以机器人基座坐标系的 *XZ* 平面作为镜像变换基准平面，进行程序镜像变换编辑，控制系统便可生成一组机器人进行 P0′→P1′ →P2′ →P0′ 运动的指令，并可根据需要，将其插入到原程序的指定区域，或直接作为新的程序保存。

程序点镜像、旋转变换可通过操作菜单“UTILITIES（共用功能）”、类型选项“程序对称移转”，在示教器显示的图 9-90（b）所示的基本设定页面上，进行原程序名称、范围、插入位置或新程序名称的设定。

镜像、旋转变换基本页面的设定项含义与设定方法，均与平移、旋转变换相同，有关内容可参见前述的说明。

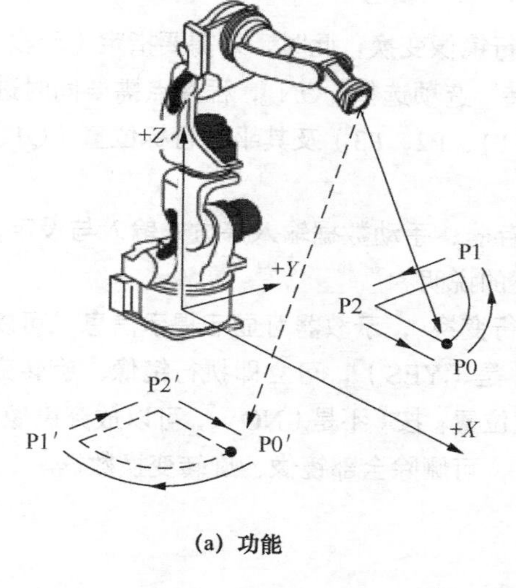

(a) 功能

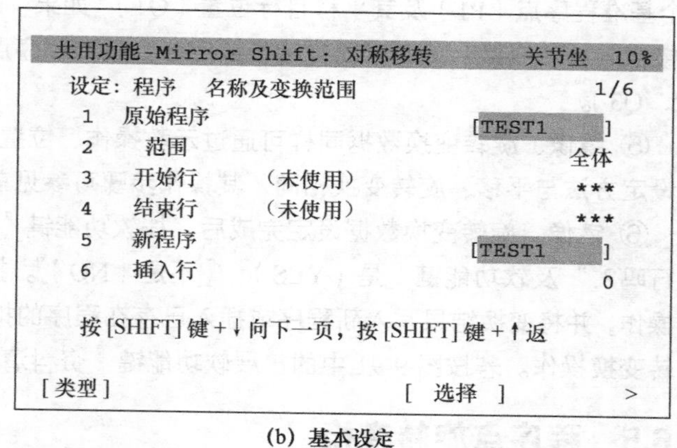

(b) 基本设定

图 9-90 镜像、旋转功能与基本设定

2. 变换数据输入

程序点镜像与旋转变换数据输入的操作步骤与平移、旋转变化相同，简述如下。

① 完成需要变换的源程序编制，选择、显示源程序编辑页面。

② 按示教器操作菜单键【MENU】，光标选择“共用功能（UTILITIES）”，按【ENTER】键确认，示教器可显示共用功能基本页面。

③ 按软功能键〖类型（TYPE）〗，光标选定“程序对称移转”，按【ENTER】键确认，示教器可显示图 9-90（b）所示的程序点镜像、旋转变换设定页面。

程序点镜像、旋转变换设定页面的设定项含义及输入要求，与程序点平移、旋转变换相同。在该页面上，将光标定位到需要设定的设定项上，利用字母输入、〖选择）〗软功能键及数字键，完成程序名称、范围、开始行/结束行等项目设定，按【ENTER】键确认。

④ 同时按示教器“【SHIFT】+ ↓ ”组合键，可显示图 9-91 所示的镜像、旋转变换数据设定页面，该页面的设定项含义及数据设定方法，均与程序点平移、旋转变换相同，有关内容可参见前述的说明。

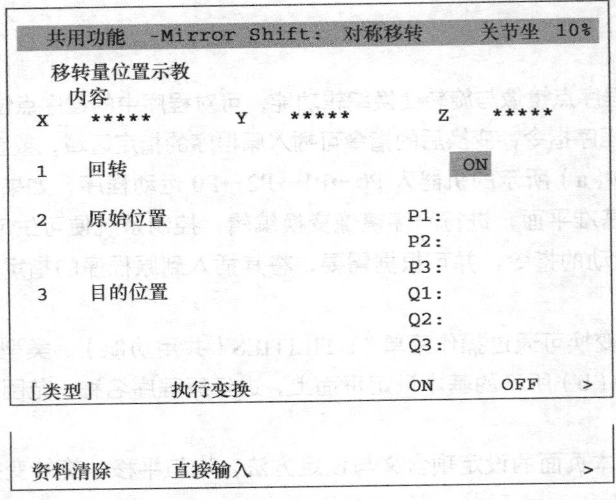

图 9-91 镜像、旋转变换数据设定页面

当设定页的“回转”选项选择〖OFF〗时，程序点仅进行镜像变换，此时，只需要指定（示教）1 个基准程序点（P1）及其平移目标位置（Q1）；如果“回转”选项选择〖ON〗，程序点需要同时进行镜像与旋转变换，此时，同样需要指定 3 个基准程序点（P1、P2、P3）及其平移目标位置（Q1、Q2、Q3）。

⑤ 镜像、旋转变换数据同样可通过示教操作、位置暂存器、手动数据输入等方式输入与设定，其设定方法与平移、旋转变换相同，其操作步骤可参见前述的说明。

⑥ 镜像、旋转变换数据设定完成后，按软功能键〖执行变换〗，示教器可显示提示信息“可以执行吗？”及软功能键〖是（YES）〗、〖不是（NO）〗。按〖是（YES）〗，可立即执行镜像、旋转变换操作，并将变换结果写入新程序或插入已存在程序的指定位置；按〖不是（NO）〗，可以放弃镜像、旋转变换操作。若按图 9-91 中的扩展软功能键〖资料清除〗，可删除全部镜像、旋转变换数据。

9.6.5 程序点旋转变换

1. 功能说明

程序点旋转变换功能在 FANUC 机器人说明书上称为“角度输入移转（Angle entry shift）”，它可使程序点回绕指定的轴旋转指定的角度，并生成一组新的程序指令，变换后的指令可插入原程序的指定区域，或直接作为新的程序保存。利用程序点旋转变换编辑功能，可简化圆周分布程序点的位置计算与程序编制。

程序点旋转变换的旋转轴、旋转平面，可利用图 9-92 所示的 3 点示教或 4 点示教确定。示教点的间距越大程序点变换的精度就越高。

利用 3 点示教指定旋转变换的旋转轴、旋转平面时，示教点 P1、P2、P3 所在的平面为旋转平面，直线 P1P2、P2P3、P3P1 的垂直平分线交点，为旋转轴在旋转平面的垂足，由示教点 P1 到 P2 的方向，为旋转角度的正向。

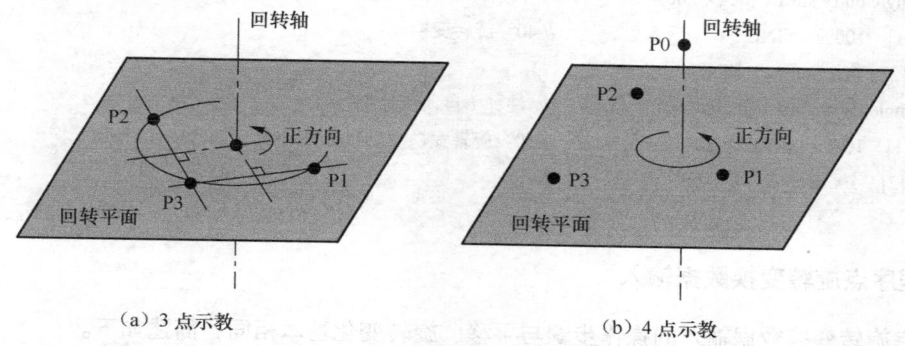

（a）3 点示教　　（b）4 点示教

图 9-92　旋转轴、旋转平面示教

利用 4 点示教指定旋转变换的旋转轴、旋转平面时，示教点 P1、P2、P3 所在的平面为旋转平面，通过示教点 P0 并垂直于旋转平面的直线为旋转轴，由示教点 P1 到 P2 的方向，为旋转角度的正向。

程序点旋转变换编辑可通过示教器操作菜单“UTILITIES（共用功能）”、类型选项“Angle entry shift（角度输入）”选择。

程序点旋转变换参数的设定页面如图 9-93 所示，在该页面上，同样可进行原程序名称（Original Programm）、范围（Range）、开始行（Start line）、结束行（End line），以及新程序名称（New Programm）、插入位置（Insert line）的设定。程序点旋转变换设定项的含义与平移、旋转变换相同，可参见前述的说明。

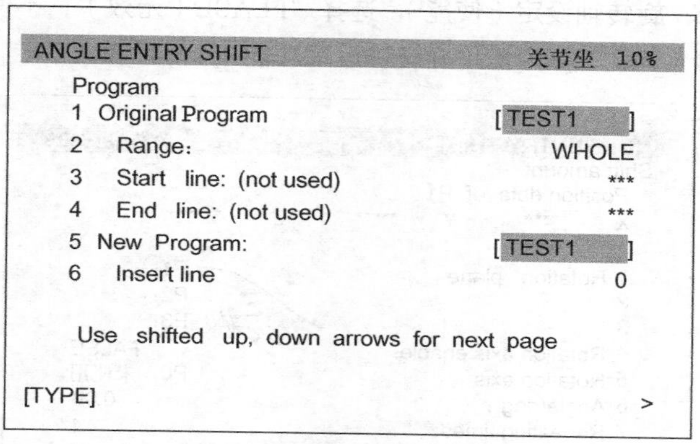

```
ANGLE ENTRY SHIFT                          关节坐 10%
  Program
  1 Original Program                      [TEST1   ]
  2   Range:                                  WHOLE
  3   Start line: (not used)                    ***
  4   End line: (not used)                      ***
  5 New Program:                          [TEST1   ]
  6   Insert line                                 0

  Use shifted up, down arrows for next page

[TYPE]                                            >
```

图 9-93　程序点旋转设定

对于等间隔分布的多个程序点，可设定程序点旋转变换的重复次数（Repeating times，见后述），连续生成多个程序点变换指令段，并自动添加注释。

例如，当对于如下指令（原始程序）：

```
1: J  P[1]  100%  FINE
2: L  P[2]  500mm/sec  FINE
```

如果程序点 P[1]、P[2]需要进行间隔 20°、40°、60° 的旋转变换，可设定旋转角度“20”、重复次数“3”，便可生成如下旋转变换新程序或指令段及注释。

```
1:  ! Angle entry shift 1 (deg 20.00)      // 注释（自动添加）
2: J  P[1]  100%  FINE                     // 20° 旋转变换
3: L  P[2]  500mm/sec  FINE
4:  ! Angle entry shift 1 (deg 40.00)      // 注释（自动添加）
5: J  P[1]  100%  FINE                     // 40° 旋转变换
6: L  P[2]  500mm/sec  FINE
7:  ! Angle entry shift 1 (deg 60.00)      // 注释（自动添加）
8: J  P[1]  100%  FINE                     // 60° 旋转变换
9: L  P[2]  500mm/sec  FINE
……
```

2. 程序点旋转变换数据输入

程序点旋转变换数据输入的操作步骤与平移、旋转变化基本相同，简述如下。

① 完成需要变换的源程序编制，选择、显示源程序编辑页面。

② 按示教器操作菜单键【MENU】，光标选择“共用功能（UTILITIES）”，按【ENTER】键确认，示教器可显示共用功能基本页面。

③ 按软功能键〖类型（TYPE）〗，光标选定“角度输入移转（Angle entry shift）”，按【ENTER】键确认，示教器可显示图 9-93 所示的程序点旋转变换设定页面。在该页面上，将光标定位到需要设定的设定项上，利用字母输入、〖选择）〗软功能键及数字键，完成程序名称、范围、开始行/结束行等项目设定，按【ENTER】键确认。

④ 同时按示教器“【SHIFT】+ ↓ ”键，可显示图 9-94 所示的程序点旋转变换数据设定页面，该页面的设定项含义及数据设定方法如下。

Rotation plane P1/P2/P3：旋转平面示教点 P1/P2/P3 设定。

Rotation axis enable：旋转轴设定（使能），选择“FLASE（无效）”，不使用旋转轴设定功能（3 点示教），选择“TRUE（有效）”，为使用旋转轴设定功能（4 点示教）。

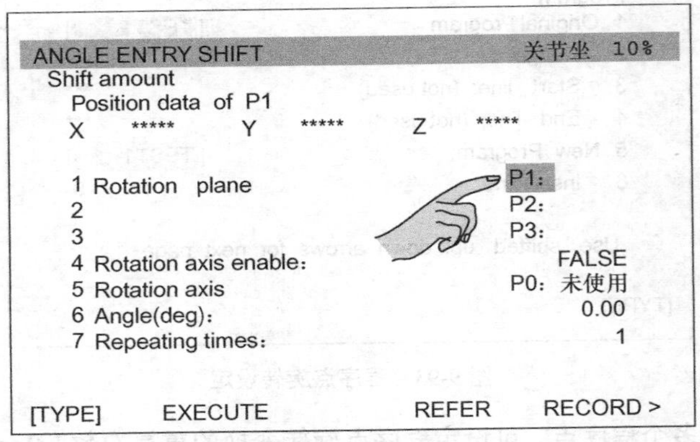

图 9-94 程序点旋转变换数据设定页面

Rotation axis：当 Rotation axis enable（旋转轴设定）设定项选择“TRUE（有效）”时，可设定

示教点 P0 的位置；选择“FLASE（无效）”时，状态显示为“不使用（Not used）”，无须设定示教点 P0。

Angle（deg）：程序点旋转角度（°）设定。

Repeating times：重复次数。

⑤ 程序点旋转变换数据同样可通过示教操作、位置暂存器、手动数据输入等方式输入与设定，其设定方法与平移、旋转变换相同，其操作步骤可参见前述的说明。

⑥ 当 Rotation axis enable（旋转轴设定）选择“TRUE（有效）”、通过示教点 P0 指定旋转轴（4 点示教）时，可用光标选定 P0，按【ENTER】键确认，示教器将显示图 9-95 所示的 P0 设定页面。

在该设定页上，可用光标选定“Frame”设定项，按软功能键〖选择〗，利用示教器显示的选项，选定坐标系。然后，利用数字键、【ENTER】键，输入 *X/Y/Z* 坐标值，完成示教点 P0 设定。

⑦ 圆周旋转变换数据设定完成后，按软功能键〖执行变换（EXECUTE）〗，示教器可显示提示信息“可以执行吗？”及软功能键〖是（YES）〗、〖不是（NO）〗。按〖是（YES）〗，可立即执行程序点旋转变换操作，并将变换结果写入新程序或插入已存在程序的指定位置；按〖不是（NO）〗，可以放弃旋转变换操作。若按扩展软功能键〖资料清除（CLEAR）〗，可删除全部旋转变换数据。

⑧ 如果变换后的关节回转角度超过 180°，控制系统可显示数据优化软功能键（参见图 9-95），操作者可根据需要，选择对应的软功能键，进行平移、旋转变换同样的处理。

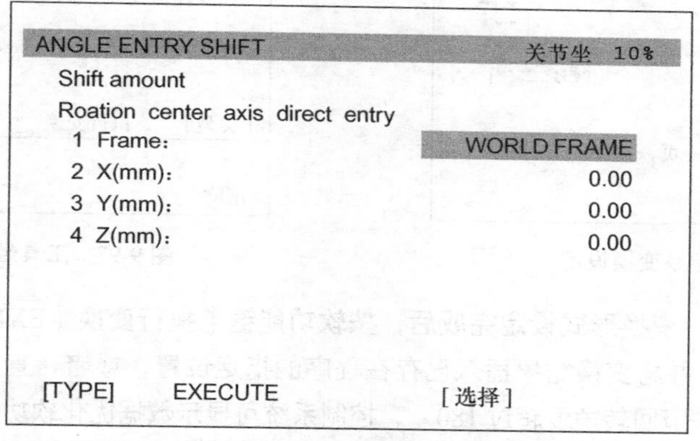

图 9-95 示教点 P0 设定页面

9.6.6 工具、用户坐标系变换

工具、用户坐标系变换编辑功能，可更改程序点的工具坐标系或用户坐标系，并生成一组新的程序指令，该新指令可插入原程序的指定区域，或直接作为新的程序保存。

1. 工具坐标系变换

FANUC 机器人的工具坐标系变换编辑功能可用于不同工具、相同作业程序的生成，它可根据需要，选择“TCP 固定”“ROBOT 固定”两种变换方式。

选择“TCP 固定”时，程序点变换前后，工具的 TCP 位置可保持不变，新工具的 TCP 运动轨迹与原工具完全相同。“TCP 固定”变换编辑通常用于同类作业工具、相同作业程序的生成。

选择“ROBOT 固定”时，变换前后的工具姿态（方向）保持不变，但 TCP 位置将被改变，变换后的作业程序点一般需要重新示教。“ROBOT 固定”变换通常用于不同类工具、相同作业程序段的生成。

FANUC 机器人的工具坐标系变换编辑操作步骤如下。

① 完成需要变换的源程序编制，选择、显示源程序编辑页面。

② 按示教器操作菜单键【MENU】，光标选择“共用功能（UTILITIES）”，按【ENTER】键确认，示教器可显示共用功能基本页面。

③ 按软功能键〖类型（TYPE）〗，光标选定“工具偏移功能”，按【ENTER】键确认，示教器可显示图 9-96 所示的工具坐标系变换设定页面。

工具坐标系变换设定页面的设定项含义及输入要求，与程序点平移、旋转变换相同。在该页面上，将光标定位到需要设定的设定项上，利用字母输入、〖选择）〗软功能键及数字键，完成程序名称、范围、开始行/结束行等项目设定，按【ENTER】键确认。

④ 同时按示教器“【SHIFT】+ ↓ ”组合键，可显示图 9-97 所示的工具坐标系变换数据设定页面。在该页面上，可利用数字键、【ENTER】键输入变换前后的工具坐标系号，编号“F”用数值“15”输入。工具坐标系的“变换形式”栏，可选择“TCP 固定”“ROBOT 固定”2 种变换形式。

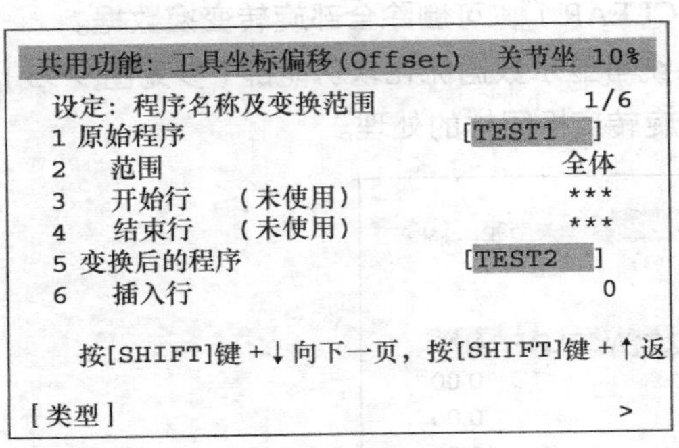

图 9-96　工具坐标系变换设定

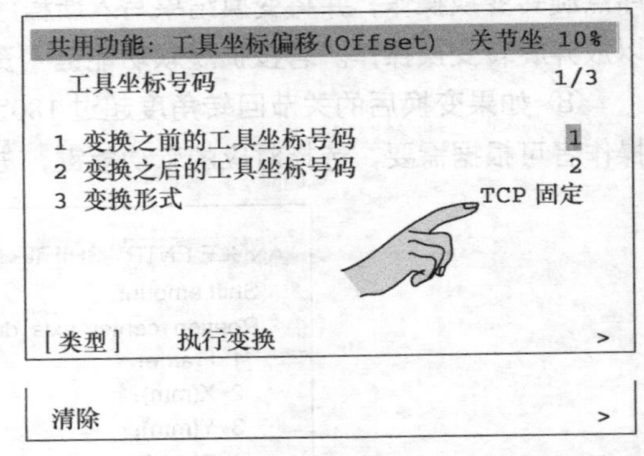

图 9-97　工具坐标系变换数据设定

⑤ 工具坐标系号、变换形式设定完成后，按软功能键〖执行变换（EXECUTE）〗，系统将执行工具坐标系变换功能，并将变换结果插入已存在程序的指定位置，或者，直接作为新程序保存。

⑥ 如果变换后的关节回转角度超过 180°，控制系统可显示数据优化软功能键（参见图 9-85），操作者可根据需要，选择对应的软功能键，进行相应处理，有关内容可参见前述的平移、旋转变换说明。

⑦ 若按【NEXT】，示教器可显示图 9-97 所示的扩展软功能键〖清除（CLEAR）〗，按此键，可删除全部工具变换数据。

2. 用户坐标系变换

FANUC 机器人的用户坐标系变换编辑可用于不同工件、相同作业程序段的生成。用户坐标系变换编辑可根据需要，选择“位置变换”“位置不变换”两种编辑方式。

选择位置变换编辑时，程序点变换后，可自动改变机器人的关节位置，使工具 TCP 在新用户坐标系的位置和原用户坐标系相同。位置变换编辑通常用于安装位置固定的同类工件、相同作业程序段生成。

选择位置不变换编辑时，程序点变换前后，机器人的关节位置将保持不变，工具 TCP 在新用户坐标系的位置和原用户坐标系有所不同。位置不变换编辑通常用于安装位置可调的同类工件、相同作业程序段的生成。

FANUC 机器人的用户坐标系变换的设定与操作步骤如下。

① 完成需要变换的源程序编制，选择、显示源程序编辑页面。

② 按示教器操作菜单键【MENU】，光标选择“共用功能（UTILITIES）”，按【ENTER】键确认，示教器可显示共用功能基本页面。

③ 按软功能键〖类型（TYPE）〗，光标选定“坐标偏移功能”，按【ENTER】键确认，示教器可显示图 9-98 所示的用户坐标系变换设定页面。

用户坐标系变换设定页面的设定项含义及输入要求，与程序点平移、旋转变换相同。在该页面上，将光标定位到需要设定的设定项上，利用字母输入、〖选择〗软功能键及数字键，完成程序名称、范围、开始行/结束行等项目设定，按【ENTER】键确认。

④ 同时按示教器“【SHIFT】+ [↓] ”组合键，可显示图 9-99 所示的用户坐标系变换数据设定页面。

在该页面上，可利用数字键、【ENTER】键输入变换前后的用户坐标系号，编号“F”用数值“15”输入。用户坐标系的“位置资料要变换吗（是/不是）”栏，可选择“是”，执行程序点位置变换，或者，选择“不是”，保持程序点位置数据将不变。

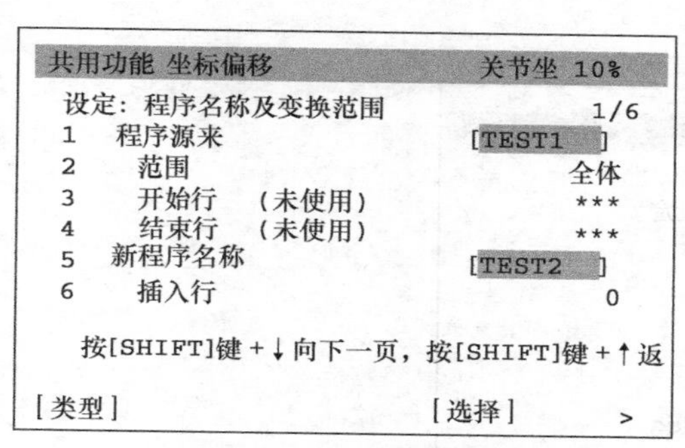

图 9-98 用户坐标系变换设定

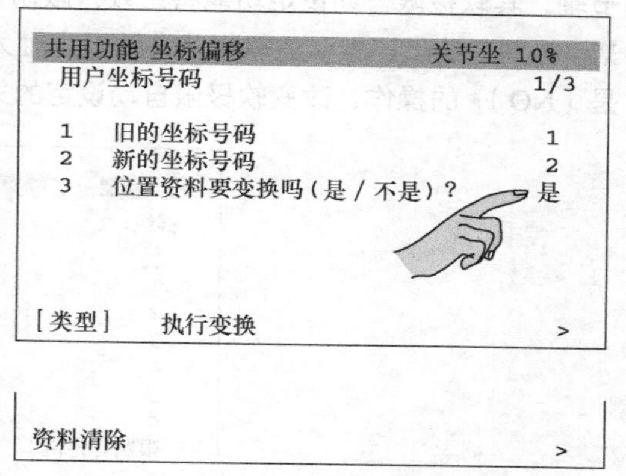

图 9-99 用户坐标系变换数据设定

⑤ 用户坐标系号、变换形式设定完成后，按软功能键〖执行变换（EXECUTE）〗，系统将执行用户坐标系变换功能，并将变换结果写入新程序或插入已存在程序的指定位置。

⑥ 如果变换后的关节回转角度超过 180°，控制系统可显示数据优化软功能键（参见图 9-85），操作者可根据需要，选择对应的软功能键，进行相应处理，有关内容可参见前述的平移、旋转变换说明。

⑦ 若按【NEXT】，示教器可显示图 9-99 所示的扩展软功能键〖资料清除（CLEAR）〗，按此键，可删除全部用户坐标系变换数据。

9.6.7 软极限自动设定

1. 功能说明

软极限自动设定是 FANUC 机器人的控制系统附加功能，它利用实用程序编辑操作，根据机器人程序中的程序点位置，自动设定机器人关节轴软极限。

工业机器人的关节轴行程极限保护通常有硬件保护、软件保护 2 类。硬件保护是利用行程开关、电气控制线路，直接关闭伺服驱动器，防止轴超程的一种方法。软件保护又称软极限，它是通过控制系统对关节轴位置的监控，限制轴运动范围，防止超程的保护功能，因此，必须设定关节轴正/负极限位置参数。

在正常情况下，机器人的软极限应通过示教器的系统设定操作菜单“系统（SYSTEM）”，在“设定：轴范围（AXIS Limite）”设定选项中设定，其设定方法可参见第11章。在此基础上，还可利用机器人设定操作菜单“设定（SETUP）”，在“行程极限（Stroke Limite）”设定项中，进一步限制机器人关节轴J1、外部轴E1的行程范围，其设定方法可参见第10章。

软极限自动设定是FANUC机器人的控制系统附加功能，只有在选配“程序工具箱”软件的机器人上才能使用。利用软极限自动设定功能，控制系统能够通过操作菜单“共用功能（UTILITIES）”的实用程序编辑操作，自动读取程序中的所有程序点数据，并计算出机器人各关节轴的运动范围，自动设定机器人的软极限参数。

FANUC机器人的软极限自动设定页面如图9-100所示，显示、设定内容如下。

群组：运动组显示、设定。

轴、限制设定：关节轴序号显示、关节轴软极限自动设定功能选择。限制设定选择“是”的关节轴，其软极限自动设定功能将生效；限制设定选择“不”的关节轴，其软极限自动设定功能将无效。控制系统出厂默认的软极限自动设定轴为J1、J2、J3，操作者可通过软功能键〖是（YES）〗、〖不是（NO）〗的操作，改变软极限自动设定的关节轴。

```
共用功能 -    软体限制设定          关节坐 10%
 群组：1
  轴                  限制设定
  1                     是
  2                     是
  3                     是
  4                     不
  5                     不
  6                     不
  限制容许值           10deg

       0% 处理完了

[类型]   默认值    执行     是     不是
```

图9-100　软极限设定页面

限制容许值：关节轴行程余量，单位°。行程余量是程序要求的关节轴最大位置到软极限设定位置的距离（行程余量），允许设定范围为0～50°，控制系统出厂的默认设定为10°。

2. 自动设定操作

FANUC机器人软极限自动设定的操作步骤如下。

① 完成需要变换的源程序编制，选择、显示源程序编辑页面。

② 按示教器操作菜单键【MENU】，光标选择“共用功能（UTILITIES）”，按【ENTER】键确认，示教器可显示共用功能基本页面。

③ 按软功能键〖类型（TYPE）〗，光标选定“软体限制设定”，按【ENTER】键确认，示教器可显示图9-100所示的软极限自动设定页面。

④ 移动光标到需要设定的关节轴序号行，按软功能键〖是（YES）〗或〖不是（NO）〗，选择需要进行软极限自动设定的关节轴。

⑤ 移动光标到“限制容许值”输入区，利用数字键、【ENTER】键，设定关节轴的行程余量。

⑥ 按软功能键〖执行（EXECUTE）〗，控制系统将自动读取程序中的所有程序点数据，并计算出机器人各关节轴的运动范围，自动设定机器人的软极限参数。若需要恢复出厂默认值，可按软功能键〖默认值〗，恢复出厂参数。

软极限自动设定完成后，示教器可显示图 9-101 所示的页面。

⑦ 关闭控制系统电源，然后，同时按住示教器的【SHIFT】、【RESET】键重启控制系统，直至示教器出现正常的显示页面，生效软极限设定参数。

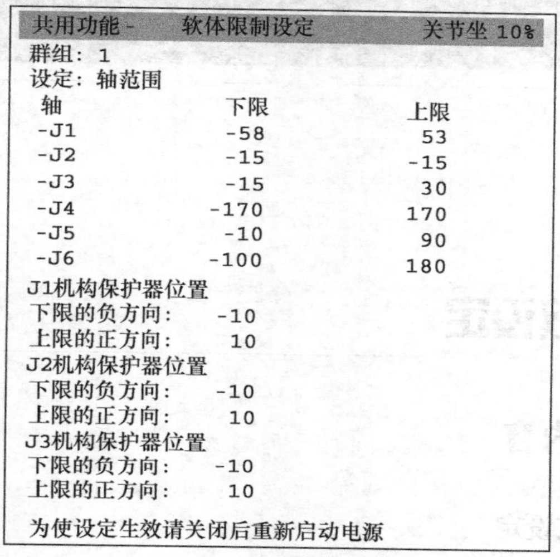

```
共用功能 -      软体限制设定                关节坐 10%
群组：1
设定：轴范围
 轴                    下限               上限
 -J1                   -58                53
 -J2                   -15               -15
 -J3                   -15                30
 -J4                  -170               170
 -J5                   -10                90
 -J6                  -100               180
J1机构保护器位置
下限的负方向：    -10
上限的正方向：     10
J2机构保护器位置
下限的负方向：    -10
上限的正方向：     10
J3机构保护器位置
下限的负方向：    -10
上限的正方向：     10

为使设定生效请关闭后重新启动电源
```

图 9-101 软极限设定完成显示

第 10 章 控制系统参数设定

10.1 机器人参数设定

10.1.1 机器人设定内容

1．机器人设定与系统设定

为保证机器人安全可靠运行，控制系统不但需要根据机器人的控制要求，设定软硬件配置、伺服控制、机器人负载、行程极限（软极限）、碰撞检测特性等控制参数，而且，还需要根据作业工具、工件的实际安装情况及作业程序的要求，设定机器人作业基准点、工具坐标系、用户坐标系、用户宏程序、干涉区、用户报警、程序重启、通信接口等程序自动运行及作业保护参数，以确保机器人运动准确、动作可靠、系统运行安全。

FANUC 机器人上，以上参数可通过示教器的操作菜单键【MENU】，在操作菜单"SETUP（设定）""SYSTEM（系统）"上设定。由于操作菜单"SETUP（设定）"的设定内容（类型选项），大多与机器人的运动及作业程序运行有关，而"SYSTEM（系统）"的设定内容（类型选项），则大多与系统控制有关，为了便于读者区分，在本书中，将操作菜单"SETUP（设定）"及其设定内容，称为"机器人设定"，而将操作菜单"SYSTEM（系统）"及其设定内容，称为"系统设定"。

2．机器人设定操作

FANUC 机器人的"机器人设定"的内容（类型），可通过示教器的操作菜单键【MENU】，选择"设定（SETUP）"操作菜单后，通过显示页的软功能键〖类型（TYPE）〗进一步选择，其操作步骤如下。

① 接通控制柜的电源总开关，启动控制系统。

② 将控制面板的操作模式选择开关置示教模式 1（T1 或 T2），并将示教器的 TP 有效开关置"ON"位置（通常情况，下同）。

③ 按操作菜单键【MENU】，光标选择"设定（SETUP）"，按【ENTER】键确认，示教器可显示机器人设定基本页面。

④ 按软功能键〖类型（TYPE）〗，示教器可显示图 10-1 所示的设定内容选择项。扩展选项可在光标选择"—NEXT—"后，按【ENTER】键显示。

由于控制系统软件版本、选配功能，以及机器人用途、作业工具等方面的区别，不同机器人的〖类型（TYPE）〗显示项稍有区别，例如，设定项“Spot welding”为点焊机器人的焊接参数设定，对于其他机器人，设定项的名称、内容有所不同。

⑤ 光标选定所需要的选择项，按【ENTER】键确认，示教器即可显示所需要的机器人设定内容显示、设定页面。

⑥ 在机器人设定内容显示、设定内容页面上，可用光标选定设定项后，利用数字键、【ENTER】键、软功能键，按要求输入或选择参数，完成设定。

3．机器人设定内容

机器人设定类型与控制系统软件配置有关，在选配特殊功能的系统中，机器人设定类型将增加相应的显示、设定项。在选配 FANUC 基本选择功能软件（Basic Software）的机器人上，机器人设定类型的第 1 页，可显示、设定的选项通常如下（括号内为中文显示，部分翻译不一定确切）。

“1. General（一般事项）”：程序暂停时的伺服驱动器状态、示教器显示语言、程序点偏移生效/撤销等一般项目设定。

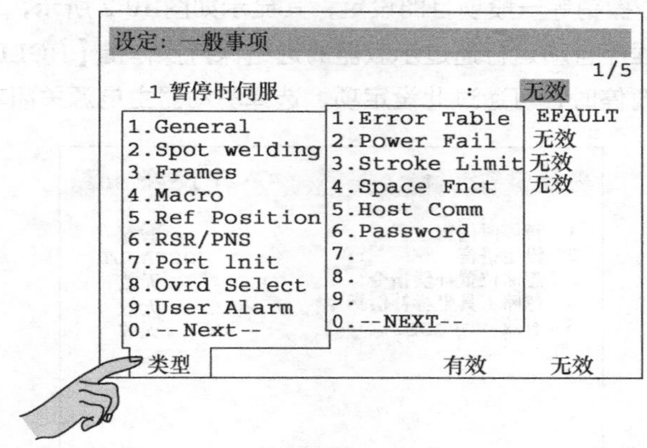

图 10-1 机器人设定类型选择

“2. Spot welding（点焊）”：机器人作业设定，设定项名称、设定内容与机器人用途、作业工具等有关。例如，点焊机器人可进行焊接时间、电极行程、焊钳开合参数及控制信号的设定等，有关内容可参见 FANUC 提供的机器人使用说明书。

“3. Frame（坐标系）”：机器人工具、用户、JOG 坐标系设定。

“4. Macro（宏指令）”：宏程序指令、手动执行按键等内容设定。

“5. Ref Position（设定基准点）”：机器人基准点位置设定。

“6. RSR/PNS（选择程序）”：操作模式选择“自动（AUTO）”时的机器人 RSR、PNS 自动运行程序选择与设定。

“7. Port Init（设定通信端口）”：控制系统通信接口（RS232-C）波特率、奇偶校验等通信参数设定。

“8. Ovrd Select（选择速度功能）”：外部速度倍率调节信号、倍率值设定。

“9. User Alarm（使用者异常定义）”：用户报警设定。

“0. —NEXT—”：显示第 2 页选项。

机器人设定类型的第 2 页，可显示、设定的选项通常如下。

“1. Error Table（设定异常等级）”：机器人错误代码、报警等级设定。

“2. Power Fail（停电处理）”：控制系统关机时的停电处理功能（冷启动/热启动）设定（参见第8章第8.2节）。

“3. Stoke Limit（行程极限）”：机器人J1、E1轴可变行程设定。

“4. Space Fnct（防止干涉功能）”：机器人干涉区设定。

“5. Host Comm（主机通信）”：控制系统与主计算机数据传输功能选项设定。

“6. Password（密码）”：用户密码设定。

“0. —NEXT—”：返回第1页选项。

由于软件版本、功能的区别，在部分系统上，可能还有程序暂停重启位置允差（再继续动作位置）设定、故障恢复重启（异常恢复）设定等显示项，有关内容见第12章。

10.1.2 机器人一般设定

1. 设定内容

机器人设定菜单的General（一般事项）选项，可用于程序暂停时的伺服驱动器状态、示教器显示语言、程序点偏移生效/撤销等一般项目的设定，其显示如图10-2所示，设定项作用如下。

① 暂停时伺服。当程序自动运行通过示教器的进给保持操作键【HOLD】或控制系统的远程输入信号*HOLD（UI[2]）暂停时，可通过此设定项，选择驱动器主电源关闭功能。

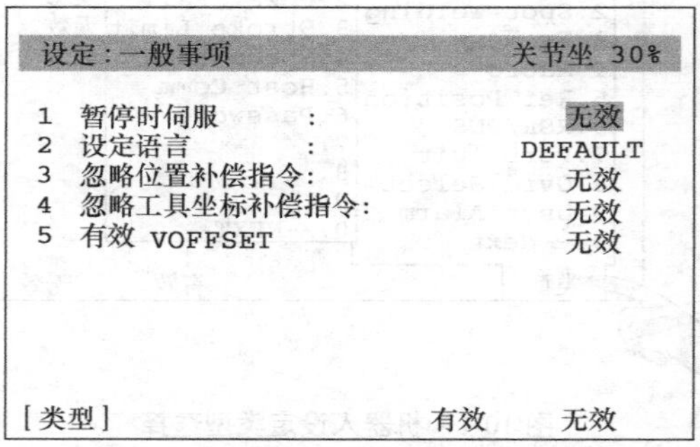

```
设定：一般事项                      关节坐 30%

1  暂停时伺服          :           无效
2  设定语言            :         DEFAULT
3  忽略位置补偿指令:                 无效
4  忽略工具坐标补偿指令:             无效
5  有效 VOFFSET                     无效

[类型]                       有效    无效
```

图10-2 机器人一般设定

设定项选择“无效”时（出厂默认标准设定），程序暂停时，控制系统立即封锁指令脉冲、停止机器人运动。运动停止后，伺服驱动系统将进入闭环位置控制的“伺服锁定”状态，所有运动轴均可通过驱动系统的闭环位置调节功能，保持停止位置不变。驱动系统处于闭环位置调节状态时，电机可输出额定转矩（静止转矩），运动轴位置无须通过制动器保持，控制系统也不产生伺服报警。

设定项选择“有效”时，程序暂停时，控制系统将在运动轴停止后，直接切断伺服驱动器主电源。驱动器的主电源一旦断开，伺服电机将失去动力，运动轴的位置需要通过制动器保持。同时，控制系统将产生伺服报警。

② 设定语言。示教器显示语言设定。改变显示语言需要选配、安装相关软件，机器人使用厂家通常只能使用机器人出厂设定的语言，此项设定应选择“DEFAULT（默认）”。

③ 忽略位置补偿指令。用于基本移动指令后缀附加命令Offset（程序点偏移，见第7章第7.2节）的生效/撤销。设定“无效”时，移动指令示教的程序点为程序点偏移后的实际位置；设定“有效”时，移动指令示教的程序点为不考虑程序点偏移的原始位置。

④ 忽略工具坐标补偿指令。用于基本移动指令后缀附加命令Tool_Offset（TCP偏移，见第7

章第 7.2 节）的生效/撤销。设定“无效”时，移动指令示教的程序点为 TCP 偏移后的实际位置；设定“有效”时，移动指令示教的程序点为不考虑 TCP 偏移的原始位置。

⑤ 有效 VOFFSET。视觉补偿指令有效，用于带视觉补偿功能的机器人。设定“无效”时，移动指令目标位置为不考虑视觉补偿的原始位置；设定“有效”时，移动指令目标位置为视觉补偿后的实际位置。

2．操作步骤

FANUC 机器人“一般事项（General）”设定的操作步骤如下。

① 启动控制系统，将控制面板的操作模式选择开关置示教模式 1（T1 或 T2），并将示教器的 TP 有效开关置 “ON” 位置。

② 按操作菜单键【MENU】，光标选择“设定（SETUP）”，按【ENTER】键确认，示教器显示机器人设定基本页面。

③ 按软功能键〖类型（TYPE）〗，光标选定“一般事项（General）”选项（参见图 10-1），按【ENTER】键确认，示教器可显示图 10-2 所示的机器人一般设定页面。

④ 光标选定图 10-3 所示的设定区，按软功能键〖有效（ENABLED〗或〖无效（DISABLED〗，生效或撤销对应的功能。

⑤ 改变“暂停时伺服”设定、生效或撤销程序暂停的驱动器主电源关闭功能时，需要重启控制系统电源生效。

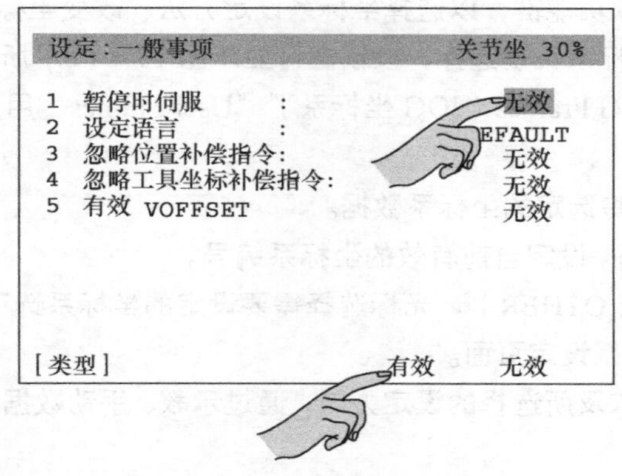

图 10-3　机器人一般设定操作

10.1.3　工具坐标系设定

1．坐标系设定基本操作

FANUC 机器人的工具、用户、JOG 等作业坐标系的设定，可通过操作菜单“设定（SETUP）”中类型选项“坐标系（Frames）”选择，坐标系设定的基本操作步骤如下。

① 接通控制柜的电源总开关，启动控制系统。

② 将控制面板的操作模式选择开关置示教模式 1（T1 或 T2），并将示教器的 TP 有效开关置“ON”位置。

③ 按操作菜单键【MENU】，光标选择“设定（SETUP）”，按【ENTER】键确认，示教器可显示机器人一般事项设定页及软功能键〖类型（TYPE）〗。

④ 按软功能键〖类型（TYPE）〗，光标选择设定项“坐标系（Frames）”，按【ENTER】键确认，示教器可显示图10-4（a）所示的坐标系设定基本页面及软功能键。

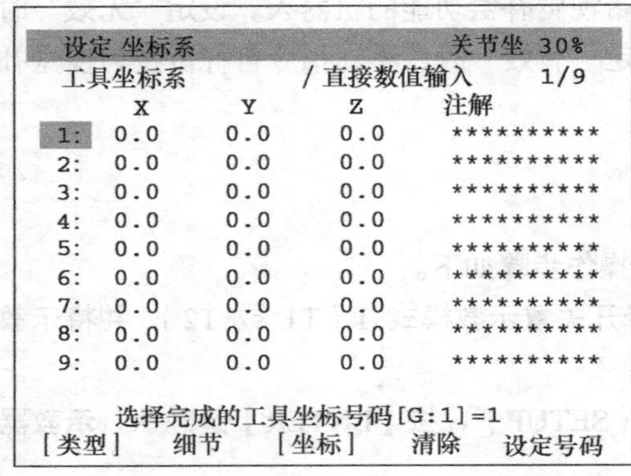

（a）基本页面

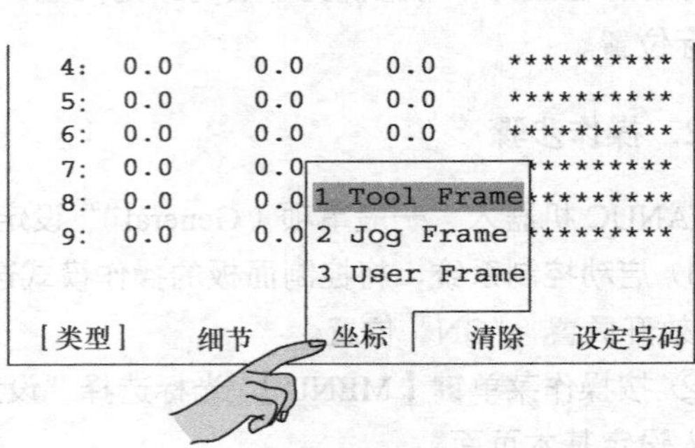

（b）坐标系选择

图10-4 坐标系设定与选择

坐标系设定基本页面可显示坐标系一览表及坐标系编号、原点（*X*/*Y*/*Z*）、名称（注解）等基本参数，显示页的软功能键作用如下。

〖类型（TYPE）〗：机器人设定内容选择，按该键可退出坐标系设定，选择其他机器人设定项目。

〖细节（DETAIL）〗：坐标系设定方式选择，按该软功能键可进一步显示〖方法（METHOD）〗、〖坐标号码（FRAME）〗等软功能键，以选择坐标系设定方法、改变坐标系编号。

〖坐标（OTHER）〗：坐标系类别选择，按该键可显示图10-4（b）所示的坐标系类型选项“Tool Frames（工具坐标系）”“JOG Frames（JOG坐标系）”“User Frames（用户坐标系）”，以选择需要设定的机器人坐标系类别。

〖清除（CLEAR）〗：清除选定的坐标系数据。

〖设定号码（SETING）〗：设定当前有效的坐标系编号。

⑤ 按软功能键〖坐标（OTHER）〗，光标选择需要设定的坐标系选项，按【ENTER】键确认，示教器便可显示对应的坐标系设定页面。

⑥ 根据坐标系设定要求及所选择的设定方法，通过示教、手动数据输入等操作，完成坐标系参数设定。

2. 工具坐标系设定内容

机器人的工具坐标系（Tool coordinates）用来定义作业工具的控制点（TCP）位置及工具的方向（姿态）。机器人手腕基准坐标系是定义工具坐标系的基准，若不设定工具坐标系，控制系统将默认手腕基准坐标系为工具坐标系。

FANUC机器人最多允许设定9个工具坐标系，工具坐标系的设定页面显示如图10-5（a）所示，设定项的含义如下。

坐标系：工具坐标系编号显示与设定，允许范围1～9。

注解：工具坐标系名称显示与设定。

x/y/z：工具坐标系原点显示与设定。工具坐标系原点就是机器人的工具控制点（TCP），设定值为TCP在手腕基准坐标系上的坐标值。

w/p/r：工具坐标系方向显示与设定。工具坐标系方向以坐标系绕手腕基准坐标系 *X*/*Y*/*Z* 轴回转的角度设定，角度正向由图 10-5（b）所示的右手定则决定。

形态：机器人当前姿态显示，该项无须设定。

```
设定 坐标系                     关节坐 30%
工具 坐标系          / 直接数值输入      1/7
坐标系:    3
1:    注解:                    Tool2
2:    X:                       200.0
3:    Y:                         0.0
4:    Z:                       255.5
5:    W:                       -90.0
6:    P:                         0.0
7:    R:                       180.0
8:    形态:                NDB,0,0,0

[类型]   [方法]  坐标号码
```

（a）显示页

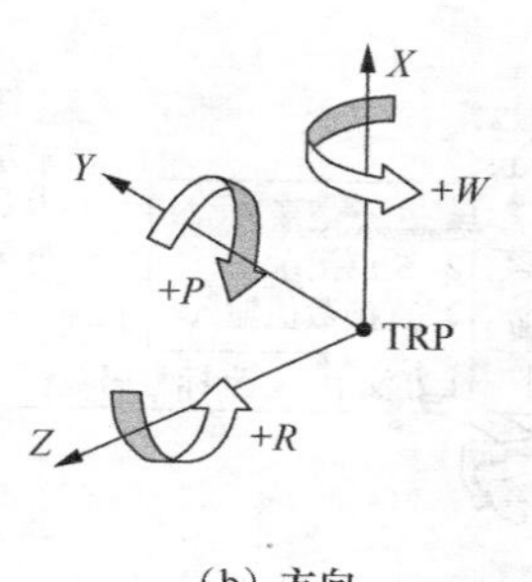

（b）方向

图 10-5　工具坐标系设定

FANUC 机器人的工具坐标系设定可采用 3 点示教（TCP 位置示教设定）、6 点示教（TCP 位置、方向示教设定）、手动数据输入（直接设定）3 种方法，其操作步骤分别如下。

3．坐标原点 3 点示教设定

3 点示教设定是利用机器人的 3 个示教点，由控制系统自动计算、设定工具坐标系原点（TCP）的操作。利用 3 点示教操作，系统可自动计算、设定工具坐标系原点（工具控制点 TCP 在手腕基准坐标系的 *x*/*y*/*z* 坐标值），并默认工具坐标系方向与机器人手腕基准坐标系相同（*w*/*p*/*r* 为 0）。

为了保证工具坐标系的计算、设定准确，3 个示教点的应按图 10-6 所示选择，在 3 个示教点上，工具控制点（TCP）的位置应保持不变，同时，尽可能使工具方向（姿态）产生更大的变化。

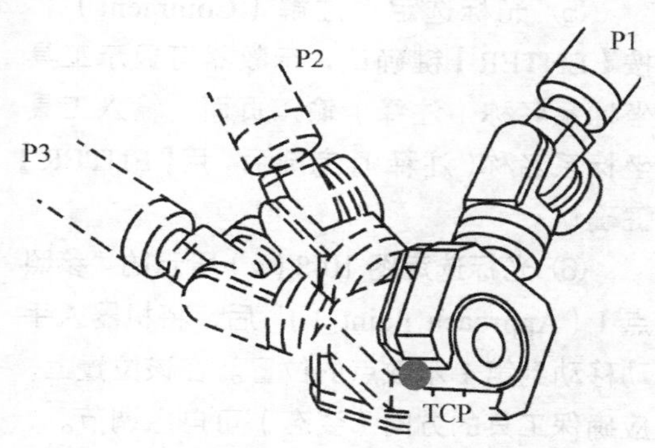

图 10-6　工具坐标系 3 点示教

工具坐标系原点 3 点示教设定操作步骤如下。

① 利用前述的坐标系设定基本操作，在坐标系设定基本页面上，按软功能键〖坐标（OTHER）〗，然后，用光标选择“工具坐标系（Tool Frames）”设定项，按【ENTER】键确认，示教器便可显示工具坐标系一览表显示页面（参见图 10-4）。

② 移动光标到需要设定的工具坐标系编号上，按软功能键〖细节（DETAIL）〗，示教器可显示图 10-7（a）所示的工具坐标系设定软功能键〖方法（METHOD）〗、〖坐标号码（FRAME）〗。

③ 按软功能键〖方法（METHOD）〗，示教器将显示工具坐标系的设定方式选项“3 点记录（Three point）”“6 点记录（Six point）”“直接数值输入（Direct Entry）”。

④ 光标选定“3 点记录（Three point）”，按【ENTER】键确认，示教器将显示图 10-7（b）所示的工具坐标系 3 点示教设定页面。

工具坐标系 3 点示教设定页面可进行设定的内容如下。

注解（Comment）：工具坐标系名称（注释）输入，注释的输入方法有“单语”“大写字”“小写字”等，其操作步骤与程序名称输入相同，有关内容可参见第 8 章。

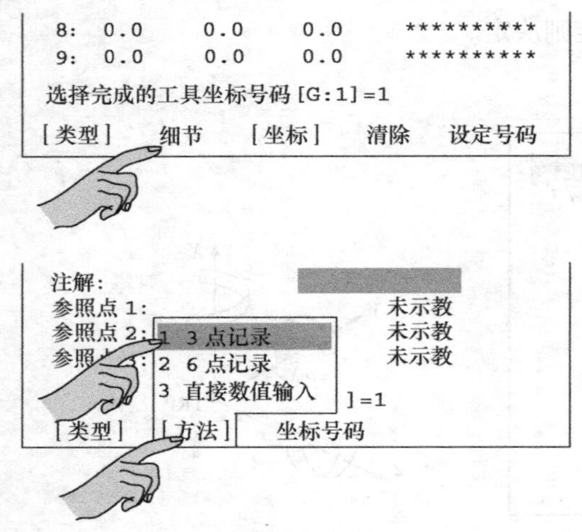

(a) 操作

```
设定 坐标系                          关节坐 30%
工具坐标系             3 点记录          1/4
坐标系:    1
X:       0.0    Y:     0.0    Z:     0.0
W:       0.0    P:     0.0    R:     0.0
注解:                          Tool1
参照点 1:                      未示教
参照点 2:                      未示教
参照点 3:                      未示教
选择完成的工具坐标号码[G:1]=1
[类型]     [方法]     坐标号码
```

(b) 显示

图 10-7 工具坐标系 3 点示教页面

参照点 1/2/3（Approach point 1/2/3）：示教点选择与状态显示。需要进行示教操作的程序点状态显示为“未示教（UNINIT）”，已完成示教与位置记录的程序点状态显示为“记录完成”（RECORDED）”。所有程序点（3 点）示教、记录完成后，示教器可显示“设定完成”（USED）”状态。

⑤ 光标选定“注解（Comment）”，按【ENTER】键确认，示教器可显示工具坐标系名称（注释）输入页面、输入工具坐标系名称（注释）。完成后，用【ENTER】键确认。

⑥ 光标选定图 10-8（a）所示的“参照点 1（Approach point 1）”后，将机器人手动移动到第 1 示教点的位置。在该位置上，应确保工具的方向（姿态）可自由调节。

⑦ 按住示教器操作面板上的【SHIFT】键，同时按软功能键〖位置记录（RECORD）〗，当前位置便可记录到系统中。示教器的参照点 1 显示状态成为图 10-8（b）所示的“记录完成（RECORDED）”。

⑧ 保持 TCP 位置不变，利用手动工具定向操作，完成示教点 2、3（Approach point 2、3）的记录。示教点间的工具姿态变化量越大，TCP 位置的计算精度也越高。

3 点示教完成后，所有示教点的显示将

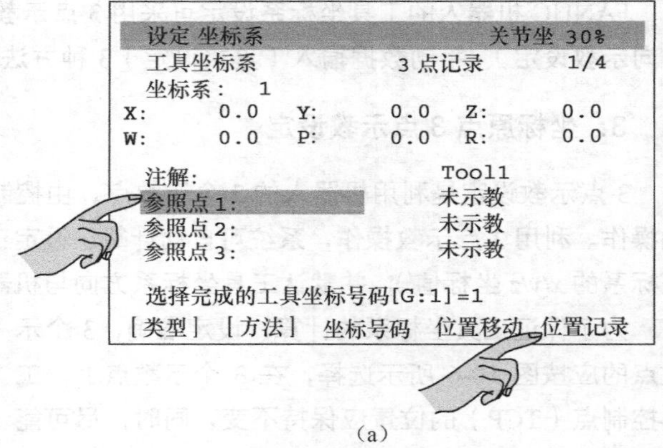

(a)

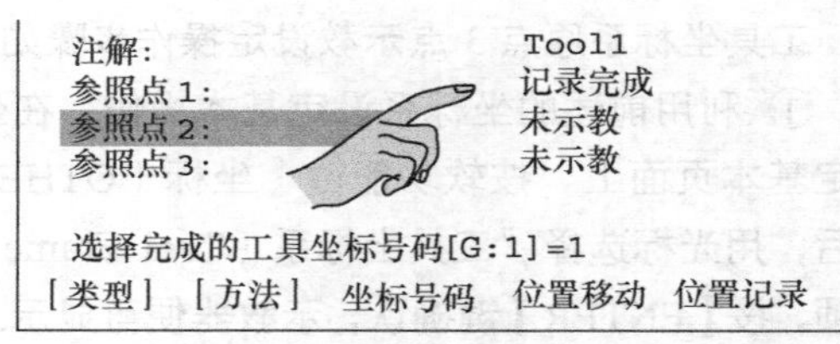

(b)

```
设定 坐标系                          关节坐 30%
工具坐标系       3 点记录                 4/4
坐标系:    1
X:     100.0    Y:     0.0    Z:   120.0
W:       0.0    P:     0.0    R:     0.0
注解:                          Tool1
参照点 1:                      设定完成
参照点 2:                      设定完成
参照点 3:                      设定完成
选择完成的工具坐标号码[G:1]=1
[类型]  [方法]  坐标号码  位置移动  位置记录
```

(c)

图 10-8 工具坐标系 3 点示教操作

成为图 10-8（c）所示的“设定完成”（USED）”状态，并在示教器上显示 TCP 的位置值 *x/y/z*。

4. 原点检查、生效与清除

若需要，利用 3 点示教操作设定的工具坐标系，可通过以下操作检查、生效与清除。

① 光标选定状态显示为“记录完成”（RECORDED）”或“设定完成”（USED）”的示教点，然后，按住示教器操作面板上的【SHIFT】键，同时按软功能键〖位置移动（MOVE _TO）〗，机器人便可自动定位到所选的示教点，以便检查示教点位置是否准确。

② 用光标选定状态显示为“记录完成”（RECORDED）”或“设定完成”（USED）”的示教点，按【ENTER】键，示教器便可显示该点的详细位置数据。检查确认后，可按【PREV】键返回 3 点示教设定页面。

③ 在图 10-8（c）所示的 3 点示教设定完成页面上，按【PREV】键，可返回工具坐标系一览表显示页面，并显示图 10-9 所示的工具坐标原点（TCP）及名称（注解）。

④ 在工具一览表显示页面上，按软功能键〖设定号码（SETING）〗，示教器将显示工具坐标系编号输入提示行，用数字键输入所设定的坐标系编号后，按【ENTER】键确认，便可将所设定的工具坐标系，定义为当前有效的工具坐标系。

⑤ 按软功能键〖清除（CLEAR）〗，所设定的工具坐标系将被清除。

设定 坐标系　　　　　　　　　　　　关节坐 30%

工具 坐标系　　　　直接数值输入　　　1/9

	X	Y	Z	注解
1:	100.0	0.0	120.0	Tool1
2:	0.0	0.0	0.0	**********
3:	0.0	0.0	0.0	**********
4:	0.0	0.0	0.0	**********
5:	0.0	0.0	0.0	**********
6:	0.0	0.0	0.0	**********
7:	0.0	0.0	0.0	**********
8:	0.0	0.0	0.0	**********
9:	0.0	0.0	0.0	**********

选择完成的工具坐标号码 [G:1] =1

[类型]　细节　[坐标]　清除　设定号码

图 10-9　工具坐标系一览表显示

5. 工具坐标系 6 点示教设定

FANUC 机器人的工具坐标系 6 点示教设定是利用机器人的 6 个示教点，由控制系统自动计算、设定工具坐标系原点及方向的操作。

工具坐标系 6 点示教设定页面的参照点 1/2/3（Approach point 1/2/3），用来计算 TCP 位置参数 *x/y/z*，示教点的作用及选择要求与工具坐标原点（TCP）3 点示教相同。6 点示教设定页面的其他 3 个示教点，用来计算、设定工具坐标系方向（工具坐标系回转角度 *w/p/r*）。示教点应按图 10-10 所示，用以下方式选择。

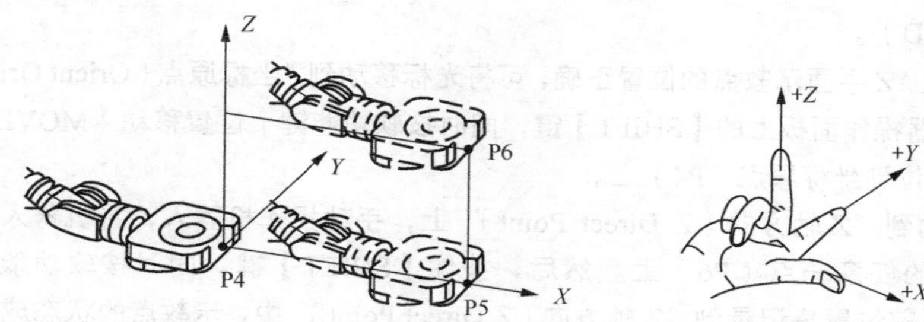

图 10-10　坐标系方向示教点

坐标原点（Orient Origin Point）：坐标原点（P4）用来指定工具坐标系的原点（TCP 位置），它和示教点 P5、P6，共同决定工具坐标系方向。

X 轴方向（X Direct Point）：*X* 轴方向点（P5）用来确定工具坐标系 *X* 轴方向，P5 可以是工具坐标系+*X* 轴上的任意一点。但是，为了使得坐标系方向设定更加准确，示教点 P5 应尽可能远离原点 P4。

Z 轴方向（Z Direct Point）：*Z* 轴方向点（P6）用来确定工具坐标系 *Z* 轴方向，P6 可以是工具坐标系 *XZ* 平面第 I 象限上的任意一点。P4、P5、P6 所确定的平面上，与+*X* 垂直的坐标轴即为工具坐标系的+*Z* 轴。同样，为了使得坐标系方向设定更加准确，示教点 P6 应尽可能远离示教点 P4、P5。

工具坐标系的+*X*、+*Z* 轴一经确定，+*Y* 轴便可用右手定则确定。

FANUC 机器人工具坐标系 6 点示教设定的操作步骤如下。

① 利用工具坐标原点 3 点示教同样的操作，在工具坐标系一览表显示页面上，用光标选定需要设定的工具坐标系编号，按软功能键〖细节（DETAIL）〗，然后，按软功能键〖方法（METHOD）〗，用光标选定“6 点记录（Six point）”，按【ENTER】键确认，示教器可显示图 10-11 所示的工具坐标系 6 点示教设定页面。

```
设定 坐标系                         关节坐 30%
  工具 坐标系          6点记录            1/7
  坐标系：  2
  X:     0.0      Y:     0.0      Z:     0.0
  W:     0.0      P:     0.0      R:     0.0
  注解:
  参照点1:                    未示教
  参照点2:                    未示教
  参照点3:                    未示教
  坐标原点:                   未示教
  X轴方向:                    未示教
  Z轴方向:                    未示教
  选择完成的工具坐标号码[G:1]=1
  [类型]      [方法]      坐标号码
```

图 10-11　工具坐标系 6 点示教页面

② 利用原点 3 点示教同样的操作，完成“注解（Comment）”输入，以及“参照点 1/2/3（Approach point 1/2/3）”的示教、记录。

③ 利用手动操作，将机器人移动到工具坐标原点（示教点 P4）的位置上。如果工具坐标系原点 P4 与参照点 1（或 2、3）重合，可将光标移动到参照点 1（或 2、3）上，然后，按住示教器操作面板上的【SHIFT】键，同时按软功能键〖位置移动（MOVE_TO）〗，使机器人自动定位到参照点 1（或 2、3）。

④ 光标移动到“坐标原点（Orient Origin Point）”上，按住示教器操作面板上的【SHIFT】键，同时按软功能键〖位置记录（RECORD）〗，当前位置便可记录到“坐标原点（Orient Origin Point）”中，示教点的状态成为“记录完成（RECORDED）”。

⑤ 按示教器操作面板的坐标选择键【COORD】，将机器人手动操作的坐标系切换成全局坐标系（WORLD）。

⑥ 光标移动到“X 轴方向（X Direct Point）”上，手动操作机器人，将机器人 TCP 移动到工具坐标系+*X* 轴的任意一点（P5）上。然后，按住【SHIFT】键，同时按软功能键〖位置记录（RECORD）〗，当前位置将记录到“X 轴方向（X Direct Point）”中，示教点的状态成为“记录完成”（RECORDED）”。

⑦ 为了保证 *XZ* 平面示教点的位置正确，可将光标移动到“坐标原点（Orient Origin Point）”上，然后，按住示教器操作面板上的【SHIFT】键，同时按软功能键〖位置移动（MOVE _TO）〗，使机器人 TCP 重新定位到坐标原点（P4）上。

⑧ 光标移动到“Z 轴方向（Z Direct Point）”上，手动操作机器人，将机器人 TCP 移动到工具坐标系+*Z* 轴的任意一点（P6）上。然后，按住【SHIFT】键，同时按软功能键〖位置记录（RECORD）〗，当前位置将记录到“Z 轴方向（Z Direct Point）”中，示教点的状态成为“记录完成”（RECORDED）”。

6 点示教操作完成后，所有示教点的显示将成为图 10-12 所示的“设定完成”（USED）”状态，并在示教器上显示工具坐标系原点 *x*/*y*/*z* 及方向 *w*/*p*/*r*。

```
设定 坐标系                           关节坐 30%
工具 坐标系            6点记录           1/7
坐标系：  2
X:  200.0     Y:     0.0     Z:   255.5
W:  -90.0     P:     0.0     R:   180.0
注解:                            Tool2
参照点 1:                       设定完成
参照点 2:                       设定完成
参照点 3:                       设定完成
坐标原点:                       设定完成
X 轴方向:                       设定完成
Z 轴方向:                       设定完成

[类型]      [方法]     坐标号码
```

图 10-12　工具坐标系示教完成页面

在 6 点示教设定显示页上，如用光标选定状态为“记录完成”（RECORDED）”或“设定完成”（USED）”的示教点，然后，按住示教器操作面板上的【SHIFT】键，同时按软功能键〖位置移动（MOVE_TO）〗，机器人便可自动定位到所选的示教点上，以检查示教点位置是否准确。如选定示教点后，按【ENTER】键，则可显示该点的详细位置数据。检查完成后，可按【PREV】键返回 6 点示教设定页面。

⑨ 在图 10-12 所示的设定完成页面上，按【PREV】键，可返回工具坐标系一览表（参见图 10-9）显示页，并显示所设定的工具坐标原点（TCP）及坐标系名称（注解）。

⑩ 在工具坐标系一览表显示页面上，按软功能键〖设定号码（SETING）〗，示教器将显示工具坐标系编号输入提示行，用数字键输入所设定的坐标系编号后，按【ENTER】键确认，便可将所设定的工具坐标系，定义为当前有效的工具坐标系。如按软功能键〖清除（CLEAR）〗，当前设定的工具坐标系数据将被清除。

6. 手动数据输入设定

如机器人所使用的作业工具的 TCP 位置、安装方向均已知，设定工具坐标系时，只需要利用如下的示教器操作，手动输入工具坐标系数据。

① 利用工具坐标系 3 点示教同样的操作，在工具坐标系一览表显示页面上，用光标选定需要设定的工具坐标系编号，按软功能键〖细节（DETAIL）〗，然后，按软功能键〖方法（METHOD）〗，用光标选定“直接数值输入（Direct Entry）”，按【ENTER】键确认，示教器显示图 10-13 所示的工具坐标系数据手动输入设定页面。

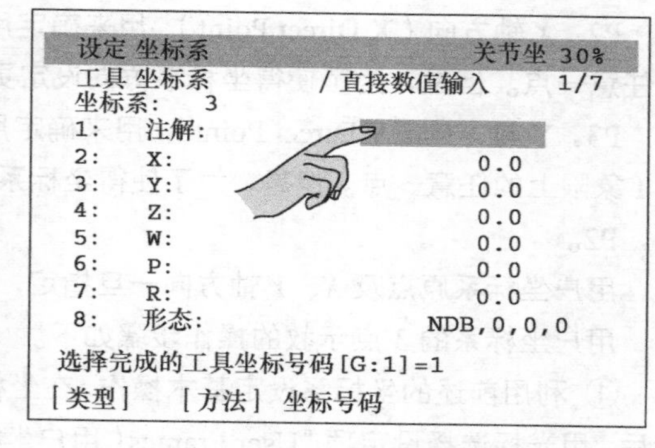

图 10-13　手动数据输入设定

② 光标选定需要输入的工具坐标系参数后，用示教器数字键直接输入原点位置、旋转角度值，按【ENTER】键确认。

③ 全部数据设定完成后，按【PREV】键，可返回工具坐标系一览表，并显示工具坐标系原点（TCP）、坐标系名称（注解）。

④ 在工具坐标系一览表显示页面上，按软功能键〖设定号码（SETING）〗，示教器将显示工具坐标系编号输入提示行，用数字键输入所设定的坐标系编号后，按【ENTER】键确认，便可将所设定的工具坐标系定义为当前有效的工具坐标系。若按软功能键〖清除（CLEAR）〗，当前设定的工具

坐标系数据将被清除。

10.1.4 用户坐标系设定

在 FANUC 机器人上，用户坐标系（User coordinates）是用来定义直线、圆弧插补指令的目标位置（TCP 位置）的虚拟笛卡尔直角坐标系，控制系统最多允许设定 9 个用户坐标系。用户坐标系需要以全局坐标系（World）为基准定义，若不设定用户坐标系，系统将默认全局坐标系为用户坐标系。

用户坐标系的设定参数、示教方法均与工具坐标系类似，示教设定时可选择 3 点示教、4 点示教、手动数据输入 3 种方法设定，其操作步骤分别如下。

1. 3 点示教设定

通过用户坐标系的 3 点示教设定操作，控制系统可利用图 10-14 所示的 3 个示教点，自动计算、设定用户坐标系的原点位置及坐标轴方向。

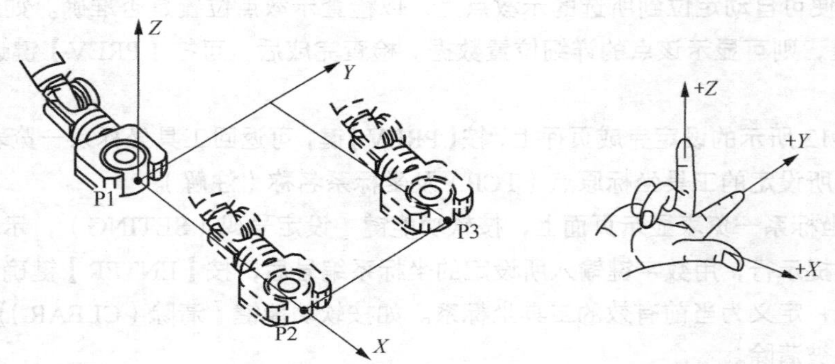

图 10-14 用户坐标系 3 点示教

用户坐标系 3 点示教的示教点选择要求如下。

P1：坐标系原点（Orient Origin Point），用来确定用户坐标系原点，它和示教点 P2、P3，共同决定用户坐标系方向。

P2：*X* 轴方向（X Direct Point），用来确定用户坐标系 *X* 轴方向，P2 可以是用户坐标系+*X* 轴上的任意一点。但是，为了使得坐标系方向设定更加准确，示教点 P2 应尽可能远离原点 P1。

P3：Y 轴方向（Y Direct Point），用来确定用户坐标系 *Y* 轴方向，P3 可以是用户坐标系 *XY* 平面第 I 象限上的任意一点。但是，为了使得坐标系方向设定更加准确，示教点 P3 应尽可能远离示教点 P1、P2。

用户坐标系原点及 *X*、*Y* 轴方向一旦指定，*Z* 轴便可通过右手定则决定。

用户坐标系的 3 点示教的操作步骤如下。

① 利用前述的坐标系设定基本操作，在坐标系设定基本页面上，按软功能键〖坐标（OTHER）〗，然后，用光标选择设定项 “User Frames（用户坐标系）”，按【ENTER】键确认，示教器可显示图 10-15 所示的用户坐标系一览表。

用户坐标系一览表显示页的软功能键作用与工具坐标系相同，可参见前述。在部分机器人上，软功能键〖设定号码（SETING）〗的中文显示为〖设定〗。

② 移动光标到需要设定的用户坐标系编号上，按软功能键〖细节（DETAIL）〗，示教器将显示图 10-16（a）所示的用户坐标系设定页面及软功能键〖方法（METHOD）〗、〖坐标号码（FRAME）〗。

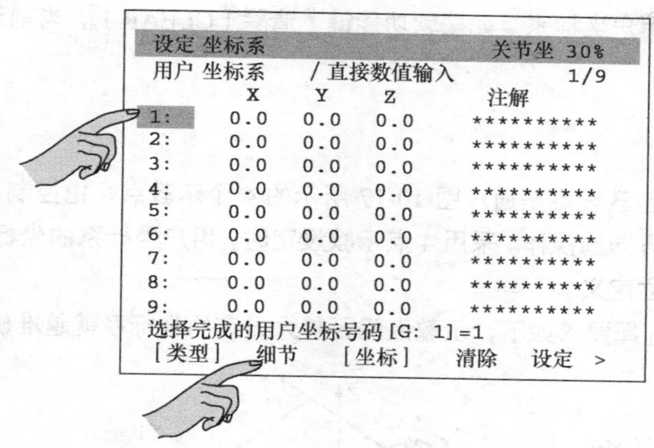

图 10-15 用户坐标系一览表显示

③ 按软功能键〖方法（METHOD）〗，示教器可显示用户坐标系的设定方式选项“3 点记录（Three point）”“4 点记录（Four point）”“直接数值输入（Direct Entry）”。3 点示教设定时，用光标选定“3 点记录（Three point）”，按【ENTER】键确认，示教器将显示图 10-16（b）所示的用户坐标系原点 3 点示教设定页面。

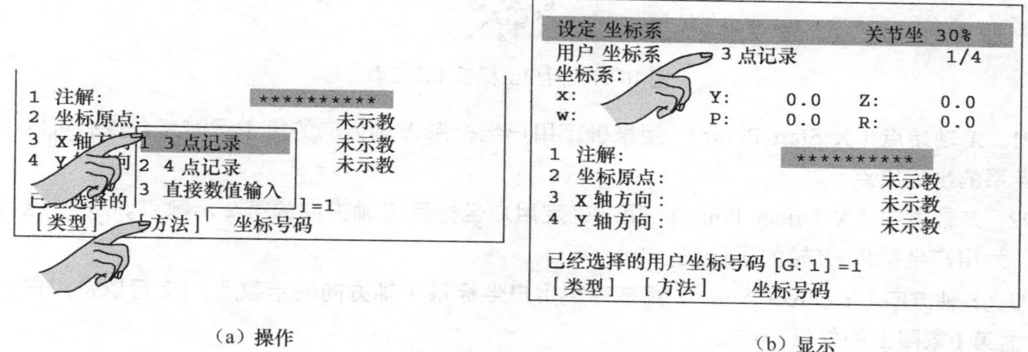

图 10-16 用户坐标系 3 点示教设定

④ 利用工具坐标系示教设定同样的方法，在“注解（Comment）”输入用户坐标系名称。然后，通过机器人手动操作，依次示教、记录坐标系原点（Orient Origin Point），*X* 轴方向（X Direct Point）、*Y* 轴方向（Y Direct Point）3 个示教点。

用户坐标系 3 点示教完成后， 所有示教点的显示将成为“设定完成”（USED）”状态，并在示教器上显示用户坐标系原点 *x*/*y*/*z* 及方向 *w*/*p*/*r*。

在 3 点示教设定页面上，如用光标选定状态为“记录完成”（RECORDED）”或“设定完成”（USED）”的示教点，然后，按住示教器操作面板上的【SHIFT】键，同时按软功能键〖位置移动（MOVE _TO）〗，机器人便可自动定位到所选的示教点上，以检查示教点位置是否准确。若选定示教点后，按【ENTER】键，则可显示该点的详细位置数据。检查完成后，可按【PREV】键返回 3 点示教设定页面。

⑤ 在 3 点示教设定完成页面上，按【PREV】键，可显示用户坐标系一览表，并显示已设定的坐标原点（TCP）、名称（注解）。

⑥ 在用户坐标系一览表显示页面上，按软功能键〖设定（SETING）〗，示教器将显示用户坐标系编号输入提示行，用数字键输入所设定的坐标系编号后，按【ENTER】键确认，便可将该用户坐

标系定义为当前有效的用户坐标系。如按软功能键〖清除（CLEAR）〗，当前设定的用户坐标系数据将被清除。

2．4 点示教设定

用户坐标系的 4 点示教设定是通过图 10-17 所示的 4 个示教点，由控制系统自动计算、设定用户坐标系原点及坐标轴方向的操作。采用 4 点示教设定时，用户坐标系的坐标轴方向与坐标系原点，可通过不同的示教点独立定义。

4 点示教的示教点选择要求如下，示教点间距越大设定的坐标系就越准确。

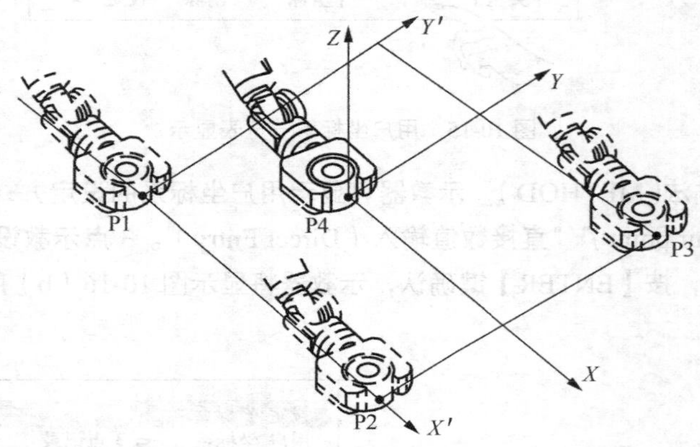

图 10-17　用户坐标系 4 点示教

P1：X 轴始点（X Start Point），用来确定用户坐标系 X 轴方向的第 1 示教点，该点可以不是用户坐标系的坐标原点。

P2：X 轴方向（X Direct Point），用来确定用户坐标系 X 轴方向的第 2 示教点。从 P1 到 P2 的直线，为用户坐标系+X 轴的平行线。

P3：Y 轴方向（Y Direct Point），用来确定用户坐标系 Y 轴方向的示教点，P2 可以是用户坐标系 XY 平面第 I 象限上的任意一点。

P4：坐标系原点（Orient Origin Point），用来定义用户坐标系原点。

也可以这样认为：利用 4 点示教设定的用户坐标系，相当于利用坐标原点 P4 的示教，对 3 点示教设定的用户坐标系 $X'Y'$，进行了平移。

用户坐标系的 4 点示教设定的显示页面如图 10-18 所示。4 点示教设定用户坐标系时，除了需要增加示教点 P4 外，其他的所有操作均与 3 点示教完全相同。

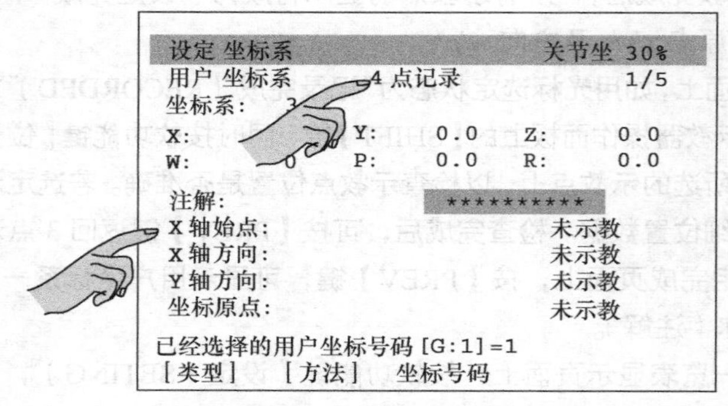

图 10-18　用户坐标系 4 点示教设定

3．手动数据输入设定

若机器人的用户坐标系原点、方向均为已知，设定用户坐标系时，只需要利用如下的示教器操作，手动输入用户坐标系数据。

① 利用用户坐标系 3 点示教同样的操作，选定“直接数值输入（Direct Entry）”，按【ENTER】键确认，示教器显示图 10-19 所示的用户坐标系数据手动输入页面。

② 光标选定需要输入的用户坐标系参数后，用示教器数字键输入数据后，按【ENTER】键确认。

③ 全部数据设定完成后，按【PREV】键，可返回用户坐标系一览表，并显示坐标原点（TCP）、坐标系名称（注解）。

```
设定 坐标系                              关节坐 30%
 用户 坐标系             直接数值输入          1/7
 坐标系:   3
 1:      注解:                    **********
 2:      X:                             0.0
 3:      Y:                             0.0
 4:      Z:                             0.0
 5:      W:                             0.0
 6:      P:                             0.0
 7:      R:                             0.0
         形态:                      NDB,0,0,0
已经选择的用户坐标号码 [G:1]=1
[类型]   [方法]   坐标号码   位置移动   位置记录
```

图 10-19　用户坐标系手动数据输入

④ 在用户坐标系一览表显示页面上，按软功能键〖设定（SETING）〗，示教器将显示用户坐标系编号输入提示行，用数字键输入所设定的坐标系编号，按【ENTER】键确认，便可将所设定的用户坐标系设定为当前有效的用户坐标系。若按软功能键〖清除（CLEAR）〗，当前设定的用户坐标系数据将被清除。

4．用户坐标系撤销

当机器人不使用用户坐标系时，可通过下述操作，选择用户坐标系 UF0，恢复全局坐标系（World）。

① 选择用户坐标系一览表显示页面（参见图 10-15）。

② 按【NEXT】键，示教器可显示图 10-20 所示的软功能键。

③ 按软功能键〖清除号码〗，可撤销机器人的用户坐标系，示教器显示“已经选择的用户坐标系号码[G:1] = 0”，恢复机器人全局坐标系。

```
设定 坐标系                              关节坐 30%
 用户 坐标系              4 点记录               3/9
          X          Y          Z          注解
 1:    1243.6       0.0       43.8     Basic frame
 2:    1243.6     525.2       43.8     Right frame
 3:       0.0       0.0        0.0     **********
 4:       0.0       0.0        0.0     **********
 5:       0.0       0.0        0.0     **********
 6:       0.0       0.0        0.0     **********
 7:       0.0       0.0        0.0     **********
 8:       0.0       0.0        0.0     **********
 9:       0.0       0.0        0.0     **********
已经选择的用户坐标号码 [G: 1]=0
[类型]    清除号码
```

图 10-20　用户坐标系撤销

10.1.5　JOG 坐标系设定

JOG 坐标系（JOG coordinates）是 FANUC 机器人专门用于手动操作（JOG）的临时坐标系。JOG 坐标系设定后，机器人 TCP 的手动操作便可在 JOG 坐标系上进行，其 X、Y、Z 轴的运动方向可不同于全局坐标系，从而方便机器人手动操作。

FANUC 机器人最多允许设定 5 个用户坐标系，全局坐标系（World）是定义 JOG 坐标系的基准，若不设定 JOG 坐标系，系统将默认全局坐标系为 JOG 坐标系。

JOG 坐标系的设定参数、示教方法均与用户坐标系类似，示教设定时可选择 3 点示教、手动数据输入 2 种方法设定，其操作步骤分别如下。

1．3 点示教设定

利用手动坐标系的 3 点示教设定操作，控制系统可通过图 10-21 所示 3 个示教点，自动计算、设定 JOG 坐标系原点及坐标轴方向。

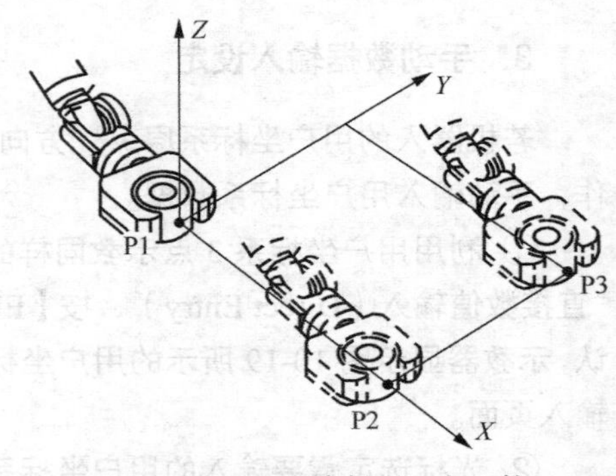

图 10-21　JOG 坐标系 3 点示教

3 点示教的示教点选择要求如下，示教点间距越大设定的坐标系就越准确。

P1：坐标系原点（Orient Origin Point），用来确定 JOG 坐标系原点，它和示教点 P2、P3，共同决定用户坐标系方向。

P2：X 轴方向（X Direct Point），用来确定 JOG 坐标系 X 轴方向，P2 可以是 JOG 坐标系+X 轴上的任意一点。

P3：Y 轴方向（Y Direct Point），用来确定 JOG 坐标系 Y 轴方向，P2 可以是 JOG 坐标系 XY 平面第 I 象限上的任意一点。

JOG 坐标系原点及 X、Y 轴方向一旦指定，Z 轴便可通过右手定则决定。

JOG 坐标系的 3 点示教的操作步骤如下。

① 利用前述的坐标系设定基本操作，在坐标系设定基本页面上，按软功能键〖坐标（OTHER）〗，然后，用光标选择设定项 “Jog Frames（JOG 坐标系）”，按【ENTER】键确认，示教器可显示图 10-22 所示的 JOG 坐标系一览表。

JOG 坐标系一览表显示页面的软功能键作用与工具坐标系相同，有关内容可参见前述。

```
设定 坐标系                                关节坐 30%
手动坐标系         3 点记录                   1/5
           X        Y        Z           注解
  1:      0.0      0.0      0.0      **********
  2:      0.0      0.0      0.0      **********
  3:      0.0      0.0      0.0      **********
  4:      0.0      0.0      0.0      **********
  5:      0.0      0.0      0.0      **********
在起作用的手动坐标号码 [G:1] =1
[类型]   细节    [坐标]    清除    设定号码
```

图 10-22　JOG 坐标系一览表显示

② 移动光标到需要设定的 JOG 坐标系编号上，按软功能键〖细节（DETAIL）〗，示教器将显示图 10-23（a）所示的 JOG 坐标系设定方式软功能键〖方法（METHOD）〗、〖坐标号码（FRAME）〗。

③ 按软功能键〖方法（METHOD）〗，示教器将显示 JOG 坐标系的设定方式选项“3 点记录（Three point）” “直接数值输入（Direct Entry）”。光标选定 “3 点记录（Three point）” 选项，按【ENTER】键确认，示教器将显示图 10-23（b）所示的 JOG 坐标系原点 3 点示教设定页面。

④ 按工具坐标系示教设定同样的方法，在“注解（Comment）” 输入 JOG 坐标系名称。然后，通过机器人手动操作，依次示教、记录坐标系原点（Orient Origin Point），X 轴方向（X Direct Point）、Y 轴方向（X Direct Point）3 个示教点。

⑤ 用户坐标系 3 点示教完成后， 所有示教点的显示将成为 “设定完成”（USED）” 状态，并在示教器上显示 JOG 坐标系原点 $x/y/z$ 及方向 $w/p/r$。

在 3 点示教设定页面上，若用光标选定状态为 “记录完成”（RECORDED）” 或 “设定完成”（USED）” 的示教点，然后，按住示教器操作面板上的【SHIFT】键，同时按软功能键〖位置移动（MOVE_TO）〗，机器人便可自动定位到所选的示教点上，以检查示教点位置是否准确。若选定示教点后，按【ENTER】键，则可显示该点的详细位置数据。检查完成后，可按【PREV】键返回 3 点示教设定页面。

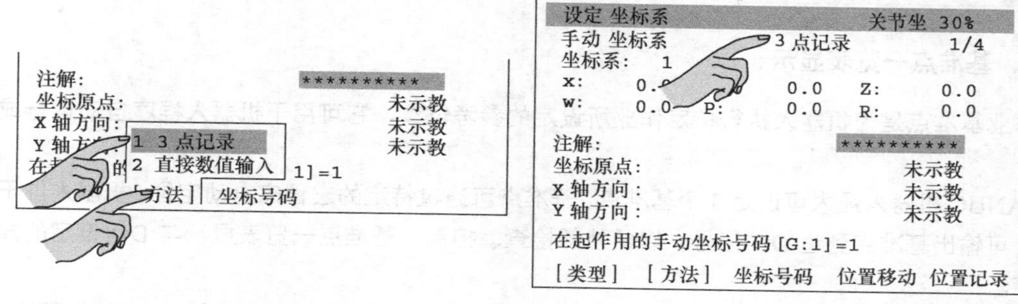

（a）操作　　（b）显示

图 10-23　JOG 坐标系设定

⑥ 在 3 点示教设定完成页面上，按【PREV】键，可显示 JOG 坐标系一览表，并显示坐标原点（TCP）、名称（注解）。

⑦ 在 JOG 坐标系一览表显示页面上，按软功能键〖设定号码（SETING）〗，示教器将显示 JOG 坐标系编号输入提示行，用数字键输入坐标系编号后，按【ENTER】键确认，便可将该 JOG 坐标系设定为当前有效的 JOG 坐标系。若按软功能键〖清除（CLEAR）〗，当前设定的 JOG 坐标系数据将被清除。

2. 手动数据输入设定

若机器人的 JOG 坐标系原点、方向均为已知，设定 JOG 坐标系时，只需要利用如下的示教器操作，手动输入 JOG 坐标系数据。

① 利用 JOG 坐标系 3 点示教同样的操作，选定“直接数值输入（Direct Entry）”，按【ENTER】键确认，示教器显示图 10-24 所示的 JOG 坐标系数据手动输入页面。

② 光标选定需要输入的 JOG 坐标系参数后，用示教器数字键输入数据后，按【ENTER】键确认。

③ 全部数据设定完成后，按【PREV】键，可返回 JOG 坐标系一览表，并显示坐标原点（TCP）、坐标系名称（注解）。

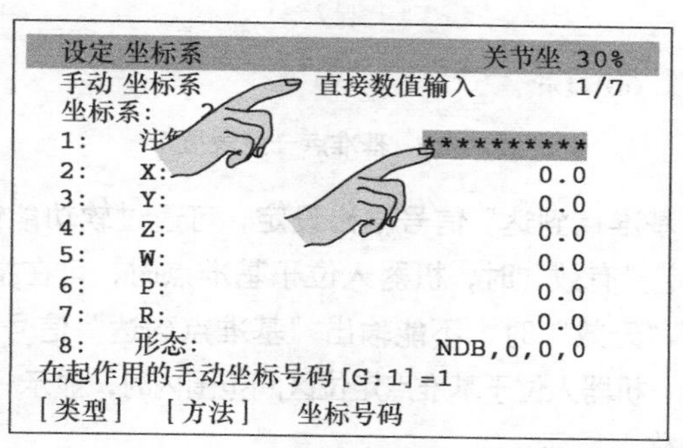

图 10-24　JOG 坐标系手动数据输入

④ 在 JOG 坐标系一览表显示页面上，按软功能键〖设定号码（SETING）〗，示教器将显示 JOG 坐标系编号输入提示行，用数字键输入坐标系编号后，按【ENTER】键确认，便可将该 JOG 坐标系设定为当前有效的 JOG 坐标系。若按软功能键〖清除（CLEAR）〗，当前设定的 JOG 坐标系数据将

被清除。

10.1.6 作业基准点设定

1. 基准点一览表显示

作业基准点是为机器人执行特定作业所设定的参考位置，它可用于机器人程序自动运行或手动操作。

FANUC 机器人最大可设定 3 个基准点，基准点可通过特定的宏程序自动定位。机器人位于基准点时，可输出基准点到达 DO 信号，以便外部检查、控制。基准点一览表显示与 DO 设定的操作步骤如下。

① 接通控制柜的电源总开关，启动控制系统。操作模式选择示教（T1 或 T2），示教器的 TP 有效开关置 “ON” 位置。

② 按操作菜单键【MENU】，光标选择“设定（SETUP）”，按【ENTER】键确认，示教器可显示机器人设定页面。

③ 按软功能键〖类型（TYPE）〗，并选择图 10-25（a）所示的设定项“设定基准点（5 Ref Position）”，按【ENTER】键确认，示教器便可显示图 10-25（b）所示的基准点一览表显示页面。

基准点一览表显示栏的显示、设定内容如下。

No：基准点编号，FANUC 机器人可设定 3 个基准点，编号依次为 1～3。

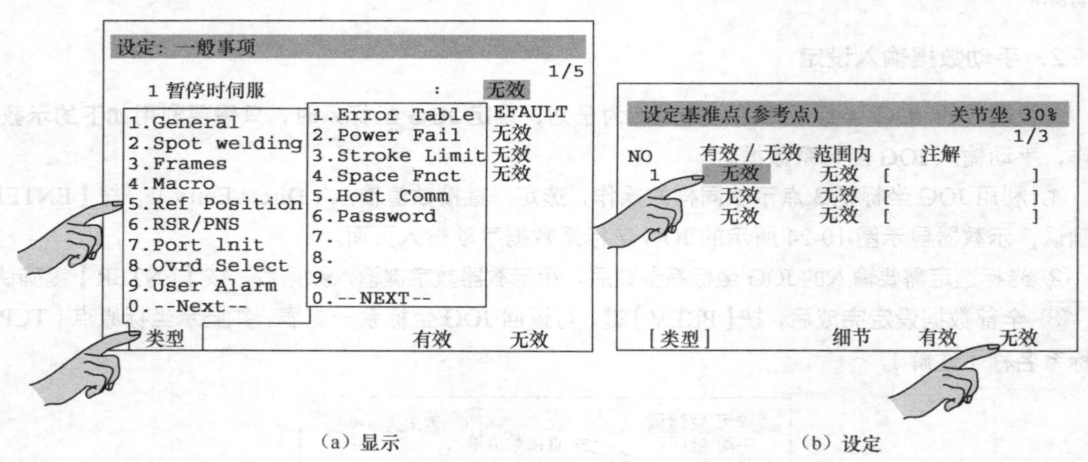

图 10-25 基准点一览表显示

有效/无效：该栏用于“基准点到达”信号输出设定，可通过软功能键〖有效（ENABLED〗、〖无效（DISABLED〗选择。设定“有效”时，机器人位于基准点时，可在指定的 DO（或 RO）信号上，输出基准点到达信号；设定“无效”时，不能输出“基准点到达”信号。

范围内：基准点位置显示，机器人位于基准点定位区间范围内时，显示“有效”，否则，显示“无效”。

注解：基准点注释（名称）显示。

软功能键〖细节（DETAIL）〗用于后述的基准点参数设定。

④ 光标选定基准点编号并定位至该编号所对应的“有效/无效”“范围内”栏上，根据机器人的基准点 DO 信号要求，通过软功能键〖有效（ENABLED〗、〖无效（DISABLED〗，完成基准点 DO 信号输出设定。

2．基准点设定

FANUC 机器人的基准点设定操作步骤如下。

① 选择基准点一览表显示页面，按软功能键〖细节（DETAIL）〗，示教器可显示图 10-26 所示的基准点设定页面。

② 移动光标至“注解”输入框，输入基准点名称（注释），完成后按【ENTER】键确认。基准点注释的输入方法与程序名称输入相同，有关内容可参见第 8 章。

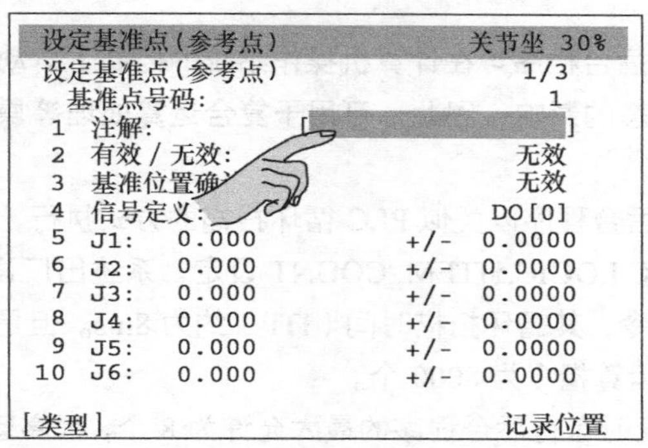

图 10-26 基准点设定显示

③ 移动光标至“信号定义”行的地址上，示教器可显示图 10-27（a）所示的基准点到达输出信号类别选择软功能键〖DO（通用输出）〗、〖RO（机器人输出）〗。按软功能键选定类别，并用数字键输入地址、按【ENTER】键确认。

④ 移动光标至图 10-27（b）所示的关节轴 J1～J6 的位置输入区，用数字键输入基准点位置及定位区间（+/–）值，按【ENTER】键确认，逐一完成机器人各关节轴的基准点位置、定位区间的设定。或者，利用机器人手动操作，将光标选定的关节轴移动基准点定位，并按软功能键〖位置记录（RECORD）〗，以示教方式设定基准点位置后，再用数字键输入、【ENTER】键设定基准点定位区间。

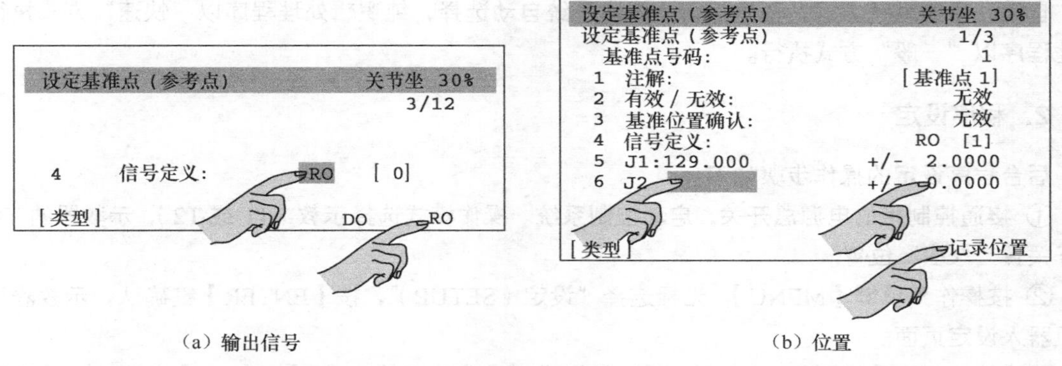

（a）输出信号　　（b）位置

图 10-27 基准点信号和位置设定

⑤ 基准点位置、定位区间设定完成后，按【PREV】键返回基准点一览表显示页。

⑥ 调节光标到“有效/无效”“范围内”上，通过软功能键〖有效（ENABLED〗、〖无效（DISABLED〗，设定“基准点到达”信号的输出功能。

10.2 后台程序及宏程序设定

10.2.1 后台程序设定

1. 后台程序与运行

在 FANUC 机器人中，后台程序可在计算机操作系统的控制下自动运行，它不受外部急停、程序暂停及系统报警等操作状态的影响，因此，可用于复合运算处理等操作。有关后台程序的编程方法可参见第 6 章。

在 FANUC 机器人上，后台程序以类似 PLC 循环扫描的方式执行，后台程序的循环扫描时间可通过系统变量（参数）$MIX_LOGIC.$ITEM_COUNT 设定，系统出厂设定的标准值为 300，即 1 次循环扫描执行 300 条运算指令，其循环扫描时间（ITP）约为 8ms。但是，对于纯逻辑处理的后台程序，1 个扫描周期可处理的运算指令为 8000 个。

FANUC 机器人系统可同时运行后台程序的最大允许为 8 个，程序运行采用的是“分时管理”方式，不同的程序可选择“先后次序”“一般”“快速”“自动”4 种执行方式。

先后次序：优先执行，程序在一个扫描周期内（8ms）执行完成，剩余的扫描时间用来处理其他程序。以“先后次序”方式执行的后台程序总执行时间不能超过扫描周期（8ms）的 90%，即运算数、运算符的总和不能超过 270 个，以保证至少有 10%的时间执行其他程序，否则，系统将发生优先执行程序超过规定长度报警“INTP-651 优先方式的程序太多”。

一般：正常执行，每一扫描周期最多处理 300 个运算数、运算符。长度超过时，剩余的指令在下一扫描周期中继续。若存在优先执行程序，则以优先执行程序所剩余的扫描时间执行一般程序。

快速：高速执行，每一扫描周期处理 8000 个运算数、运算符。高速执行程序必须为纯逻辑处理指令，且不能使用间接寻址的运算数（如 DO[R[1]]等），否则，系统将发生高速执行无效报警“INTP-444 无效项目为快速模式”，并显示指令行号。

自动：系统默认方式，程序执行方式由系统自动选择，纯逻辑处理程序以“快速”方式执行，其他程序以“一般”方式执行。

2. 程序设定

后台程序设定的操作步骤如下。

① 接通控制柜的电源总开关，启动控制系统。操作模式选择示教（T1 或 T2），示教器的 TP 有效开关置 “ON”位置。

② 按操作菜单键【MENU】，光标选择“设定（SETUP）”，按【ENTER】键确认，示教器可显示机器人设定页面。

③按软功能键〖类型（TYPE）〗，并选择设定项“背景运算”，按【ENTER】键确认，示教器便可显示图 10-28 所示的后台程序设定页面。

④ 光标选定“程序”栏的程序名称输入、显示区，用软功能键、数字键、【ENTER】键，输入后台运行程序名称。程序名称的输入方法与程序创建相同，有关内容可参见第 8 章第 8.3 节。后台执行程序的总数不能超过 8 个。

⑤ 光标选定"类型"栏，按软功能键〖选择（CHOICE）〗，光标选定示教器显示的选择项，按【ENTER】键，选定程序执行方式。后台程序的执行方式可根据需要选择"先后次序""一般""快速""自动"4 种。

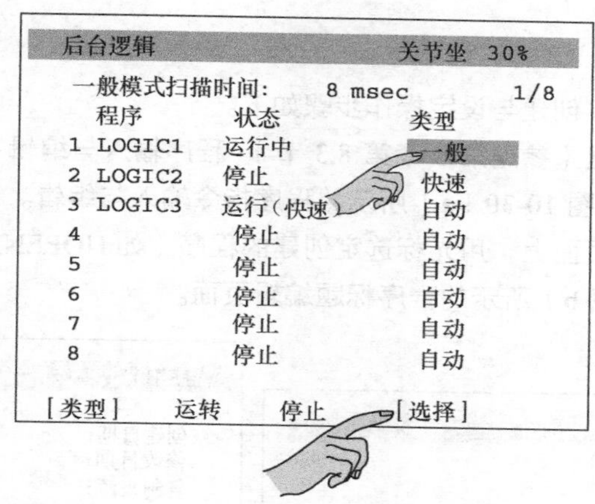

图 10-28 后台程序设定

⑥ 光标选定程序行，按软功能键〖运转（RUN）〗，可启动程序后台运行，按软功能键〖停止（STOP）〗，可停止程序后台运行。程序运行状态可在显示页的"状态"栏显示，以一般执行方式正常运行的程序显示"运行中"，以快速执行方式高速运行的程序显示"运行（快速）"，以先后次序执行方式优先运行的程序显示"运行（先后次序）"，处于停止状态的程序显示"停止"。

10.2.2 宏程序创建

1. 宏程序及功能

FANUC 机器人的宏程序沿袭于 FANUC 数控的用户宏程序功能。所谓宏程序（Macro Programm），实际就是用户针对机器人实际用途、常用动作的控制要求，所编制的、由若干指令组成的特殊子程序，这一子程序可通过用户自定义指令（宏指令）直接调用。

例如，对于图 10-29 所示的搬运机器人抓手控制，假设抓手松开时需要控制系统接通输出 RO[1]、断开输出 RO[2]，并通过松开检测开关输入信号 RI[1]确认。如果将控制这组动作的程序，命名为"HOPEN 1"的用户宏程序，并设定为指令"hand 1 open"（宏指令）调用，则只需要在程序中编制指令 hand 1 open，便可直接完成抓手松开动作。

FANUC 机器人控制系统最多允许使用 20 个宏程序。宏程序的结构、编程方法等均与普通程序并无区别，但是，它将被控制系统视作一条指令（宏指令）进行处理，因此，宏程序通常不能单步执行，也不能在中间位置启动。

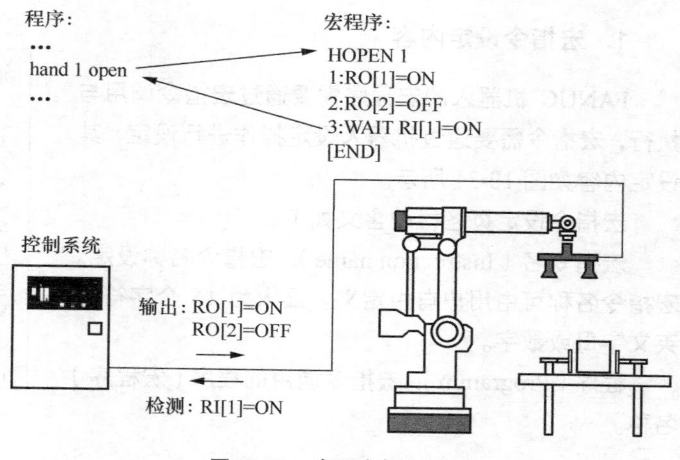

图 10-29 宏程序控制示例

宏指令不但可以像其他指令一样在程序中编程，而且，还可利用示教器菜单【MENU】中的"MANUAL FCTNS（手动操作功能）"选项手动执行，或者，通过示教器的用户自定义键（UK[i]）、控制柜操作按钮（SP[i]）、系统输入信号 DI[i]/RI[i]/UI[i]等直接执行。

2．宏程序创建与设定

FANUC 机器人的宏程序创建与设定操作步骤如下。

① 通过常规的程序创建（参见第 8 章第 8.3 节）、程序输入与编辑（参见第 9 章）操作，创建程序（如 HOPEN1）并完成图 10-30（a）所示的程序指令输入与编辑。

② 在程序一览表显示页面上，用光标选定创建的程序（如 HOPEN1），按扩展软功能键〖细节（DETAIL）〗，打开图 10-30（b）所示的程序标题编辑页面。

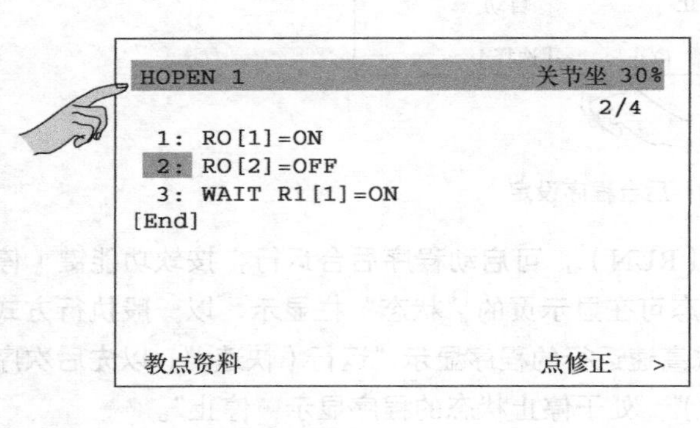

（a）程序创建

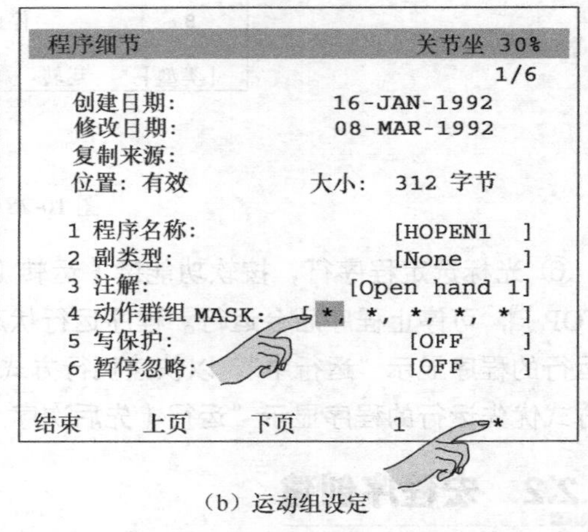

（b）运动组设定

图 10-30　程序创建与运动组设定

③ 将光标定位到 "动作群组 MASK（Group Mask）"输入区，并利用图 10-30（b）所示的软功能键〖 * 〗，将程序（如 HOPEN1）的运动组定义为[*，*，*，*，*]（不指定运动组）。

当程序通过后述的宏指令设定操作定义为宏程序后，程序标题编辑页面的"副类型（Sub Type）"显示将成为 "Macro"。

10.2.3 宏指令设定

1．宏指令设定内容

FANUC 机器人的宏程序需要通过宏指令调用与执行，宏指令需要通过机器人设定操作进行设定，其设定内容如图 10-31 所示。

宏指令设定页各栏的含义如下。

宏指令名（Instruction name）：宏指令名称设定。宏指令名称可由用户自由定义，最大为 16 个字符的英文字母或数字。

程序（Programm）：宏指令调用的程序（宏程序）名称。

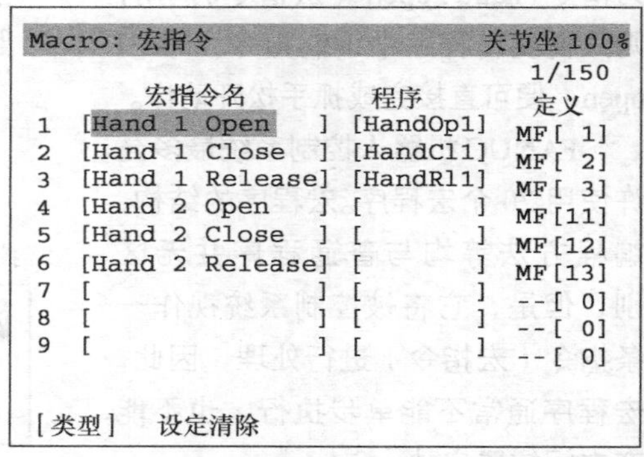

图 10-31　宏指令设定页面

定义（Assign）：宏指令手动操作信号（即宏程序调用信号）设定，用户可根据需要，选择以下操作信号之一。

MF[i]：通过示教器操作菜单【MENU】中的操作选项“手动操作功能（MANUAL FCTNS）”中的操作选项 MF[1]～MF[99]，手动执行宏指令、调用宏程序。

UK[i]：通过示教器操作面板的用户自定义键 UK[1]～UK[7]，手动执行宏指令、调用宏程序。

SU[i]：通过示教器操作面板的用户自定义键 UK[1]～UK[7]和【SHIFT】键的同时操作，手动执行宏指令、调用宏程序。

SP[i]：通过控制系统操作面板的用户自定义按钮输入信号 SI[4]、SI[5]（见第 7 章），手动执行宏指令、调用宏程序。

DI[i]、RI[i]：通过控制系统的通用输入信号 DI[1]～DI[99]、机器人专用输入信号 RI[1]～RI[24]，手动执行宏指令、调用宏程序。DI、RI 执行的宏指令总数不能超过 5 条。

UI[i]：通过系统专用输入信号 UI[i]，手动执行宏指令、调用宏程序。控制系统出厂默认的宏指令执行信号为 UI[7]（HOME），需要其他 UI 信号执行宏指令时，需要进行系统参数$MACRUOPENBL 的设定。

2. 宏指令设定操作

FANUC 机器人的宏指令设定操作步骤如下。

① 接通控制柜的电源总开关，启动控制系统。操作模式选择示教（T1 或 T2），示教器的 TP 有效开关置 “ON”位置。

② 按操作菜单键【MENU】，光标选择“设定（SETUP）”，按【ENTER】键确认，示教器可显示机器人设定页面。

③ 按软功能键〖类型（TYPE）〗，并选择图 10-32（a）所示的设定项“Macro（宏指令）”，按【ENTER】键确认，示教器便可显示图 10-32（b）所示的宏指令设定页面。

④ 光标选定图 10-32（b）所示的“宏指令名”输入框，按【ENTER】键，示教器可显示宏指令名称输入页面。在该页面上，可像程序名称输入一样（参见第 8 章第 8.3 节），选择单语（Words）、大写字/小写字（Upper Case/Lower Case）、其他（Options）等输入方法，然后，利用软功能键输入名称，完成后，用【ENTER】键确认。宏指令名称可由用户自由定义，最大为 16 个字符的英文字母或数字，但是，在同一控制系统中，宏指令名称不能重复定义。

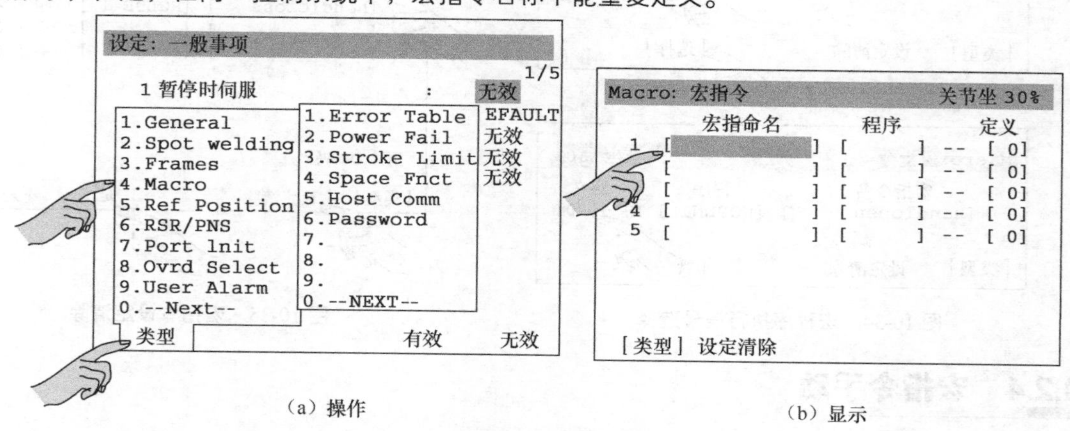

（a）操作　　（b）显示

图 10-32　宏指令设定操作

⑤ 光标选定“程序”输入框，按软功能键〖选择〗，示教器可显示图 10-33 所示的系统现有程

序一览表。光标选定宏程序（如 HOPEN 1），按【ENTER】键，所选程序将被设定为宏指令所调用、执行的宏程序，程序名称被输入“程序”输入框。

⑥ 光标选定“定义”输入框，按软功能键〖选择〗，示教器可显示图 10-34 所示的宏指令手动操作信号选择页面。光标选定手动操作信号选项（如 MF），按【ENTER】键，所选宏指令手动操作信号将被输入至“定义”的操作信号名称输入框。

宏指令手动操作信号输入后，光标自动移动（或手动选定）到信号地址输入框，然后，利用示教器数字键输入地址，按【ENTER】键输入。

⑦ 如果需要清除已设定的宏指令，可用光标选定需要清除的“宏指令名”，然后，按软功能键〖设定清除〗，此时，示教器将显示图 10-35 所示的操作提示信息及软功能键〖是（YES）〗、〖不是（NO）〗。按软功能键〖是（YES）〗，所选的宏指令设定数据将被清除。

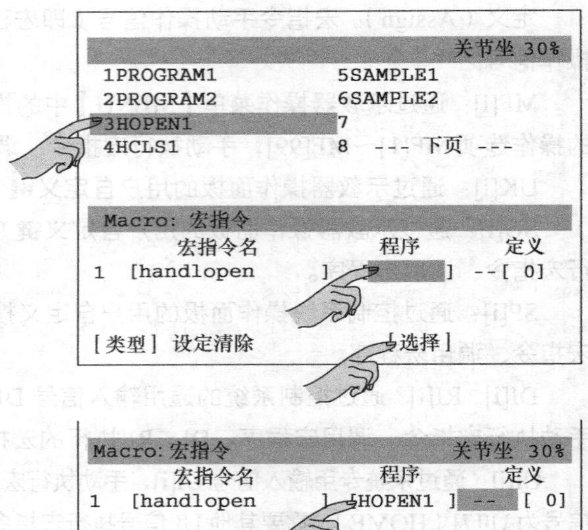

图 10-33 宏程序选择

控制系统出厂允许的宏指令设定数量为 120 条，宏指令设定数量变更需要通过系统的控制启动（Controlled start），利用存储器配置操作实现，有关内容可参见 10.6 节。

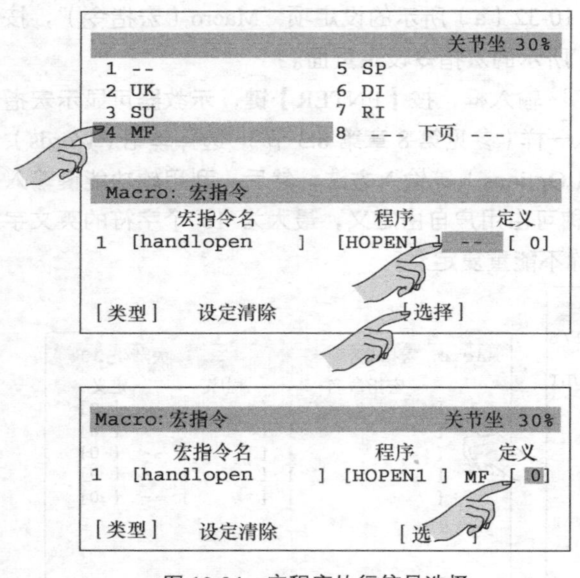

图 10-34 宏程序执行信号选择

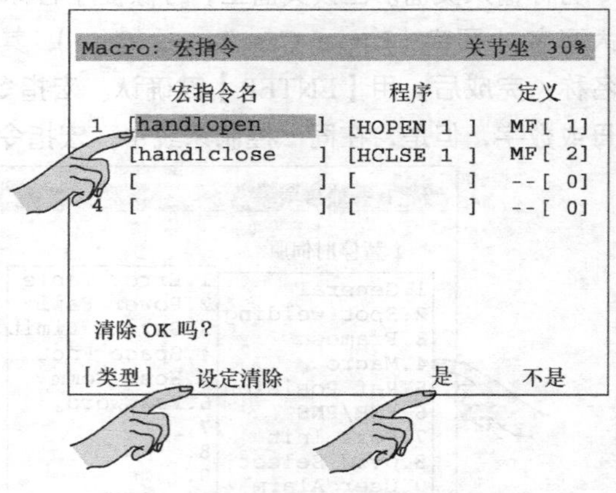

图 10-35 宏指令设定清除

10.2.4 宏指令手动

1. 手动执行条件

FANUC 机器人的宏指令可直接利用手动操作信号执行，手动操作信号可通过前述宏指令“定义

（Assign）”栏设定。不同手动操作信号对示教器 TP 开关、宏程序运动组定义的要求（手动执行条件）如表 10-1 所示。

表 10-1 宏指令的手动操作条件

操作信号	手动操作部件	示教器 TP 开关	宏程序运动组	
			不定义	定义
MF[i]	示教器操作菜单	ON	可执行	可执行
		OFF	可执行	不能执行
SU[i]	示教器用户自定义按键+【SHIFT】	ON	可执行	可执行
		OFF	可执行	不能执行
UK[i]	示教器用户自定义按键	ON	可执行	不能执行
SP[i]	控制柜操作面板按钮	OFF	可执行	可执行
DI[i]	控制系统通用开关量输入信号	OFF	可执行	可执行
RI[i]	机器人专用开关量输入信号	OFF	可执行	可执行
UI[i]	系统专用开关量输入信号	OFF	可执行	可执行

上表中，如果示教器的 TP 开关处于 OFF 状态，利用示教器操作菜单 MF[i]或示教器用户自定义按键+【SHIFT】键，手动执行宏指令时，宏程序的运动组应定义为[*，*，*，*，*]（不指定运动组）。同时，还需要将系统参数（变量）$MACRTPDSBEXE 设定为“有效（TRUE）”状态。

利用不同的操作信号手动执行宏指令的操作方法如下。

2. 示教器菜单操作

利用示教器操作菜单手动执行宏指令的操作步骤如下。

① 确认宏指令的手动操作信号设定为 MF[1]～MF[99]，示教器的 TP 开关处于 ON（示教器有效）状态。

若示教器 TP 开关处于 OFF 状态，则需要确认宏程序运动组为[*，*，*，*，*]（不指定运动组）。同时，系统参数（变量）$MACRTPDSBEXE 设定为“有效（TRUE）”。

② 按示教器操作菜单键【MENU】，光标选定图 10-36（a）所示的“手动操作功能（MANUAL FCTNS）”，示教器可显示图 10-36（b）所示的手动操作页面。

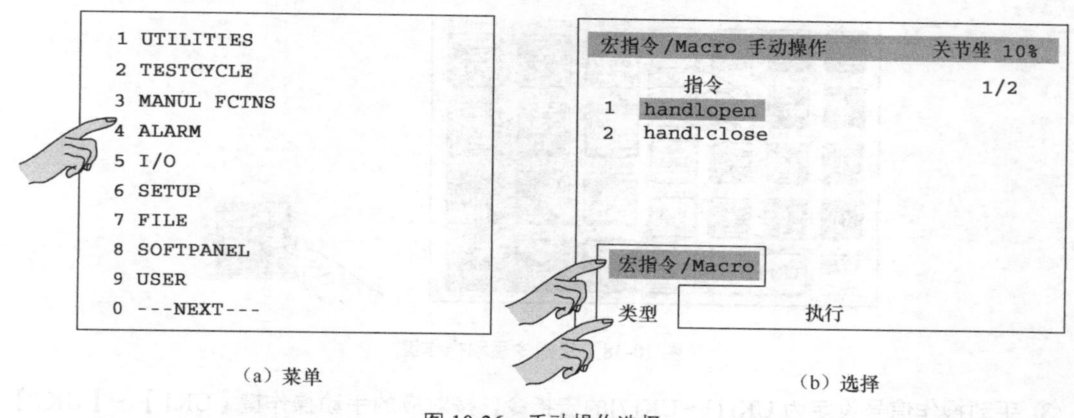

图 10-36 手动操作选择

③ 按手动操作页面软功能键【类型】，光标选定图 10-36（b）所示的“宏指令/Macro”，按【ENTER】

键确认，示教器可显示图 10-37 所示的宏指令手动执行页面，并显示操作提示信息“同时按[SHIFT]和[F3/执行]键后，会执行程序”。

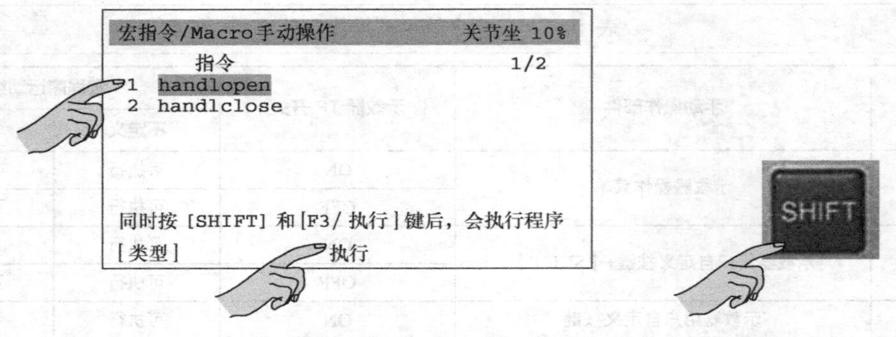

图 10-37　宏指令手动执行显示

④ 光标选定需要执行的宏指令后，按住【SHIFT】键，同时按软功能键〖执行〗，宏指令所设定的宏程序即被启动执行。

如果宏程序未定义运动组，程序一经启动，即使松开【SHIFT】键，也将继续执行，直至结束。如果宏程序定义了运动组，程序启动后必须始终按住【SHIFT】键，程序才能持续执行，一旦松开【SHIFT】键，宏程序将被强制结束（程序终止）。宏程序执行过程如果被中断，再次执行宏指令时，宏程序将从起始行开始从头执行全部程序指令。

3. 示教器按键操作

利用示教器用户自定义键手动执行宏指令的操作步骤如下。

① 确认宏指令的手动操作信号设定为 UK[1]～UK[7]或 SU[1]～SU[7]、示教器的 TP 开关处于 ON（示教器有效）状态。

如示教器 TP 开关处于 OFF 状态，则需要确认宏程序的运动组为[*，*，*，*，*]（不指定运动组）、手动操作信号为 SU[1]～SU[7]，同时，系统参数（变量）$MACRTPDSBEXE 设定为“有效（TRUE）”。

② 根据宏指令的手动操作信号设定，确定图 10-38 所示的宏指令手动操作键（用户自定义【UK1】～【UK7】）。

图 10-38　宏指令手动操作键

③ 手动操作信号设定为 UK[1]～UK[7]的宏指令，按对应的手动操作键【UK1】～【UK7】，宏指令所设定的宏程序即被启动执行。

手动操作信号设定为 SU[1]～SU[7]的宏指令，需要按住【SHIFT】键，同时按用户自定义键【UK1】～【UK7】，宏指令所设定的宏程序即被启动执行。如果宏程序未定义运动组，程序一经启动，即使松开【SHIFT】键，也将继续执行，直至结束。如果宏程序定义了运动组，程序启动后必须始终按住【SHIFT】键，程序才能持续执行，一旦松开【SHIFT】键，宏程序将被强制结束（程序终止）。宏程序执行过程如果被中断，再次执行宏指令时，宏程序将从起始行开始从头执行全部程序指令。

4．其他手动信号操作

利用控制柜操作面板自定义按钮输入 SP[i]，以及控制系统开关量输入 DI[i]、RI[i]、UI[i]，手动执行宏指令的操作步骤如下。

① 确认宏指令的手动操作信号设定为 SP[i]（或 DI[i]、RI[i]、UI[i]）、示教器的 TP 开关处于 OFF（示教器无效）状态。

手动操作信号设定为 UI[i]时，还需要确认控制系统的远程操作条件，例如，远程操作使能信号 ENBL（UI[8]）为 ON 状态、系统设定（SYSTEM）的“UOP：外部控制信号”设定项为“有效”、系统参数（变量）$RMT_MASTER 设定为“0”等。

② 按控制柜操作面板自定义按钮，或者，使控制系统的输入开关量信号 DI[i]、RI[i]、UI[i]为 ON 状态，宏指令所设定的宏程序即被启动执行。

10.3 远程 RSR/PNS 运行设定

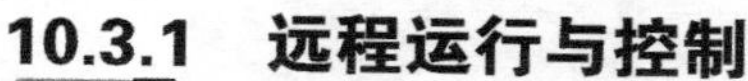

10.3.1 远程运行与控制

1．远程运行及条件

在 FANUC 机器人上，当控制系统操作模式选择“自动（AUTO）”、控制方式选择“远程（Remote）”时，可进行程序的预约启动（RSR）或程序选择（PNS）自动运行。机器人进行 RSR/PNS 程序自动运行时，示教器的 TP 开关应置于 OFF 位置，机器人无须（也不能）利用示教器进行操作。

RSR/PNS 程序远程自动运行如图 10-39 所示，它可通过系统控制柜操作面板上的循环启动（CYCLE START）按钮与来自上级控制器的远程输入/输出信号（UI/UO），选择程序、启动程序的自动运行。

FANUC 机器人的 RSR/PNS 程序自动运行，需要通过示教器操作菜单【系统（SYSTEM）】、软功能键〖类型〗，事先进行如下控制系统设定。

① 选择系统设定项“Variables（系统变量）”，将系统的上级控制器设定参数$RMT_ MASTER 设定为“0（远程 UI/UO 信号控制）”。

② 选择系统设定项“Config（主要的设定）”，将自动运行方式设定项“设定 控制方式（Remote/Local setup）”设定为“Remote（远程运行）”。

③ 选择系统设定项“Config（主要的设定）”，将“UOP：远程控制信号（ENABLE UI SIGNAL）”项设定为“TURE（有效）”。

RSR/PNS 程序自动运行时，控制系统需要满足如下条件。

① 控制系统全部急停按钮均已复位，控制系统无报警、伺服驱动器已启动。

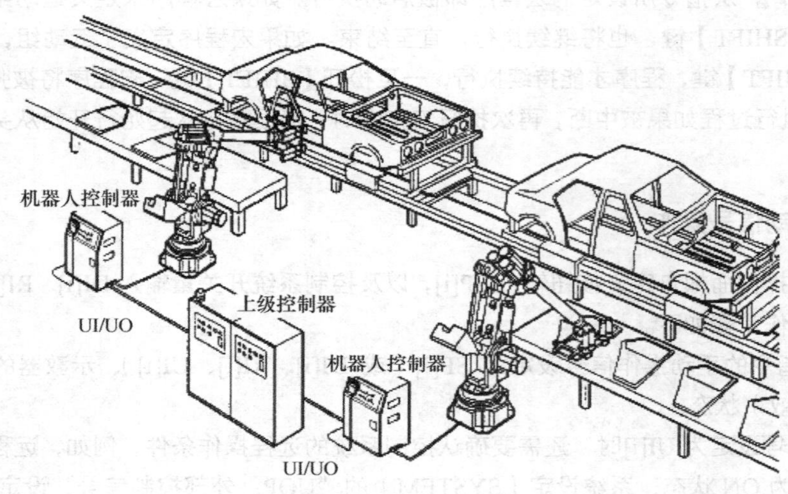

图 10-39 机器人远程运行

② 控制柜操作面板上的操作模式选择开关置“AUTO（自动）”位置。

③ 示教器上的 TP 有效开关置“OFF”位置。

④ 按操作键【STEP】，使示教器上的 LED 指示灯“STEP”灭（单色），或显示器状态指示区无“STEP”显示（彩色），程序为连续执行方式。

⑤ 机器人远程运行允许（Enable），常闭型远程输入信号 UI[1]（*IMSTP，急停）、UI[2]（*Hold，进给保持）、UI[3]（*SFSPD、安全门关闭），以及常开型远程输入信号 UI[8]（ENBL，运动使能）均为 ON 状态。

当以上条件满足时，控制系统的“命令使能（CMDENBL）”输出信号 UO[1] 将为 ON 状态，机器人便可通过后述的 RSR/PNS 程序设定，利用远程输入信号 UI，以预约启动运行（RSR 运行）、程序选择运行（PNS 运行）2 种运行方式，启动程序的自动运行。

FANUC 机器人 RSR/PNS 程序运行时，机器人的移动速度可利用控制系统的通用输入信号 DI，进行速度倍率的实时调整，这一功能称为外部速度倍率调节。

机器人 RSR 运行、PNS 运行的控制要求分别如下。

2. RSR 运行控制

FANUC 机器人的 RSR 运行是利用远程输入信号 RSR1～RSR8（UI[9]～UI[16]）选择程序、启动或预约程序自动运行的操作。信号 RSR1～RSR8 同时具有程序选择、启动或预约启动功能，每一 RSR1～RSR8 信号可指定一个程序，因此，RSR 运行的程序数量最大为 8 个。

RSR1～RSR8 信号输入时，若控制系统没有其他程序处于执行或暂停状态，利用机器人设定操作所定义的 RSR 程序即被启动运行，若控制系统正在执行其他程序（包括程序暂停），RSR 程序将被预约，等待当前程序执行完成后，便可自动启动运行。如果多个 RSR 程序被预约，控制系统可根据 RSR 信号的输入次序，使 RSR 程序进入列队等候状态，并依次启动、执行。控制系统的 RSR 程序执行或预约，可通过控制系统的循环停止（CSTOPI）输入信号 UI[4]，强制终止或清除。

RSR 运行控制信号的地址、名称及说明如表 10-2 所示。

表 10-2　RSR 运行控制信号说明

代号	类别	地址	名称	说明
*IMSTP	远程输入	UI[1]	急停	常闭型输入，输入 OFF、系统急停
*HOLD	远程输入	UI[2]	进给保持	常闭型输入，输入 OFF、程序运行暂停
*SFSPD	远程输入	UI[3]	安全门关闭	常闭型输入，输入 OFF、程序停止
CSTOPI	远程输入	UI[4]	循环停止	程序强制结束、清除预约启动
START	远程输入	UI[6]	循环启动	启动程序远程运行，下降沿有效
ENBL	远程输入	UI[8]	运动使能	移动指令使能信号
RSR1～RSR8	远程输入	UI[9]～[16]	预约启动	预约启动信号
CMDENBL	远程输出	UO[1]	命令使能	远程运行条件满足、运行允许
SYSRDY	远程输出	UO[2]	系统准备好	机器人控制系统准备好
PROGRUN	远程输出	UO[3]	远程运行	程序远程运行中
FAULT	远程输出	UO[6]	系统报警	控制系统报警
TPENBL	远程输出	UO[8]	示教器使能	示教器 TP 开关处于 ON 状态
ACK1～ACK8	远程输出	UO[11]～[18]	RSR 应答	RSR1～8 运行应答信号，脉冲宽度可设定

机器人 RSR 运行的控制要求如图 10-40 所示，程序执行过程如下。

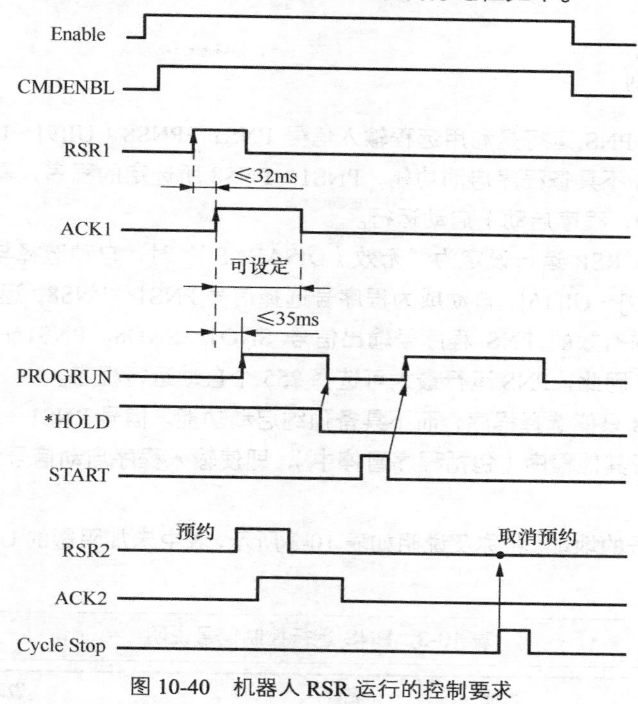

图 10-40　机器人 RSR 运行的控制要求

① 上级控制器确认机器人远程运行条件，例如，系统准备好（SYSRDY）信号 ON、系统报警（FAULT）及示教器使能（TPENBL）信号 OFF 等，并将急停（*IMSTP）、安全门关闭（*SFSPD）、进给保持（*HOLD）信号置 ON，机器人控制系统进入 RSR 程序自动运行准备状态。

② 上级控制器向机器人控制系统发送远程运动使能信号 ENBL（信号 ON，下同），机器人控制系统确认 RSR 设定正确、远程运行允许（Enable）后，输出命令使能信号 CMDENBL（信号 ON，下同）。

③ 上级控制器确认 CMDENBL 信号 ON 后，向机器人控制系统发送 RSR 运行信号 RSR1～RSR8。

④ 机器人控制系统接收信号 RSR1～RSR8 后，在 32ms 内输出应答信号 ACK1～ACK8（脉冲，宽度可通过机器人操作设定）；上级控制器接收到 ACK1～ACK8 后，撤销 RSR1～RSR8 信号，完成 RSR 程序启动或预约过程。

⑤ 若机器人控制系统没有其他程序处于执行或暂停状态，将在 ACK1～ACK8 信号输出后 35ms 内启动 RSR 程序运行，并输出 RSR 运行信号 PROGRUN。

⑥ 机器人 RSR 运行过程中，如果上级控制器将进给保持信号*HOLD 置 OFF，机器人及进入 RSR 运行暂停状态。暂停中的程序，可通过循环启动信号 START 的 ON 脉冲，重新启动运行。

⑦ 机器人 RSR 运行时，上级控制器可继续发送其他 RSR 信号进行启动预约。机器人控制系统在接收 RSR 信号后，仍可在 32ms 内输出 ACK1～ACK8 应答脉冲，上级控制器在接收到 ACK1～ACK8 信号后，可撤销 RSR 信号完成 RSR 程序预约。不同的 RSR 程序预约启动允许进行多次，预约程序将在机器人控制系统执行完当前程序后，依次自动启动。

⑧ 机器人 RSR 运行过程中，如果上级控制器输出循环停止信号（CSTOPI），控制系统将强制结束 RSR 运行，退出程序，并清除 RSR 程序预约。如果上级控制器将急停（*IMSTP）、安全门关闭（*SFSPD）信号置 OFF，机器人控制系统将立即进入急停状态，强制结束 RSR 运行，清除程序预约。

3．PNS 运行控制

FANUC 机器人的 PNS 运行是利用远程输入信号 PNS1～PNS8（UI[9]～UI[16]）选择程序的操作。信号 PNS1～PNS8 不具备程序启动功能，PNS1～PNS8 所选定的程序，需要利用远程输入信号 PROD_START（UI[18]，程序启动）启动运行。

PNS 运行在机器人 RSR 运行设定为“无效（DISABLE）”时，自动选择与生效，此时，控制系统的远程输入信号 UI[9]～UI[16]，自动成为程序号选择信号 PNS1～PNS8，远程输出信号 UO[11]～UO[18]，自动成为当前有效的 PNS 程序号输出信号 SNO1～SNO8。PNS1～PNS8、SNO1～SNO8 均为二进制编码信号，因此，PNS 运行最大可选择 255 个自动运行程序。

信号 PNS1～PNS8 只能选择程序，而不具备预约启动功能。信号 PNS1～PNS8 输入时，如果机器人控制系统正在执行其他程序（包括程序暂停中），即使输入程序启动信号（PROD_START），其程序启动也不能预约。

PNS 运行控制信号的地址、名称及说明如表 10-3 所示，表中未加阴影的 UI/UO 信号作用与 RSR 运行控制相同。

表 10-3　PNS 运行控制信号说明

代号	类别	地址	名称	说明
*IMSTP	远程输入	UI[1]	急停	常闭型输入，输入 OFF、系统急停
*HOLD	远程输入	UI[2]	进给保持	常闭型输入，输入 OFF、程序运行暂停
*SFSPD	远程输入	UI[3]	安全门关闭	常闭型输入，输入 OFF、程序停止
CSTOPI	远程输入	UI[4]	循环停止	程序强制结束、清除预约启动
START	远程输入	UI[6]	循环启动	启动程序远程运行，下降沿有效
ENBL	远程输入	UI[8]	运动使能	移动指令使能信号

续表

代号	类别	地址	名称	说明
PNS1～PNS8	远程输入	UI[9]～[16]	程序号选择	PNS 程序号选择信号
PNSTROBE	远程输入	UI[17]	PNS 选通	PNS1-PNS8 选通信号
PROD_START	远程输入	UI[18]	程序启动	启动 PNS 程序运行，下降沿有效
CMDENBL	远程输出	UO[1]	命令使能	远程运行条件满足、运行允许
SYSRDY	远程输出	UO[2]	系统准备好	机器人控制系统准备好
PROGRUN	远程输出	UO[3]	远程运行	程序远程运行中
FAULT	远程输出	UO[6]	系统报警	控制系统报警
TPENBL	远程输出	UO[8]	示教器使能	示教器 TP 开关处于 ON 状态
SNO1～SNO8	远程输出	UO[11]～[18]	PNS 输出	当前生效的 PNS 程序号输出
SNACK	远程输出	UO[19]	PNS 应答	PNS 接收应答信号，脉冲宽度可设定

机器人 PNS 运行的控制要求如图 10-41 所示，程序执行过程如下。

① 上级控制器确认机器人远程运行条件，例如，系统准备好（SYSRDY）信号 ON、系统报警（FAULT）及示教器使能（TPENBL）信号 OFF 等，并将急停（*IMSTP）、安全门关闭（*SFSPD）、进给保持（*HOLD）信号置 ON，机器人控制系统进入 PNS 程序自动运行准备状态。

② 上级控制器向机器人控制系统发送远程运动使能信号 ENBL（信号 ON，下同），机器人控制系统确认 PNS 设定正确、远程运行允许（Enable）后，输出命令使能信号 CMDENBL（信号 ON，下同）。

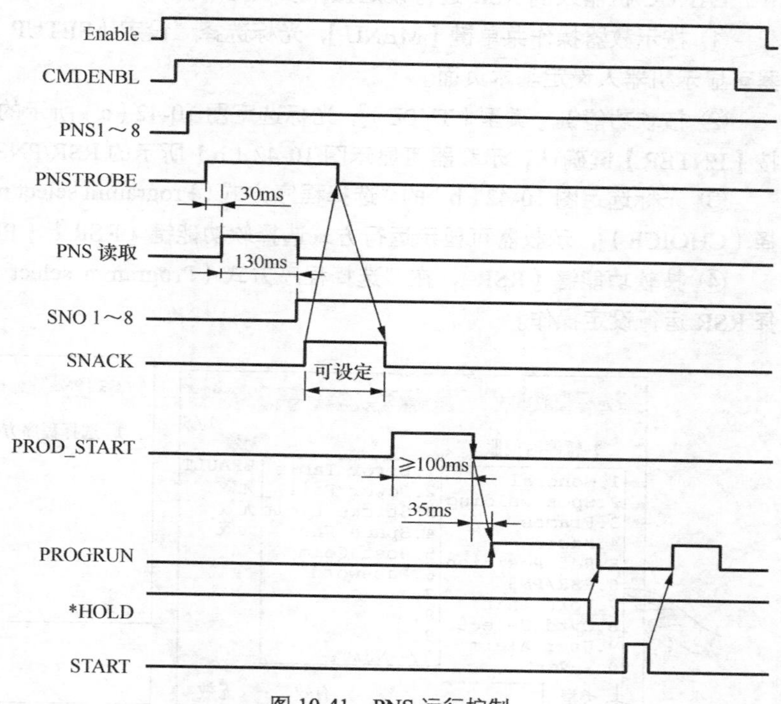

图 10-41　PNS 运行控制

③ 上级控制器确认 CMDENBL 信号 ON 后，向机器人控制系统发送程序选择信号 PNS1～PNS8 及 PNS 选通信号（PNSTROBE）。

④ 机器人控制系统在接收选通信号 PNSTROBE 后，在 30ms 内启动 PNS1～PNS8 信号读入操作，信号读入时间大约需要 130ms。机器人控制系统完成 PNS1～PNS8 信号读入操作后，通过 SNO1～SNO8，向上级控制器返回当前有效的 PNS 程序号以及 PNS 接收完成应答信号 SNACK。

⑤ 上级控制器接收 SNACK 信号后，通常需要进行 PNS1～PNS8 信号与 SNO1～SNO8 信号的比较，确定两者一致后，可输出 PNS 运行启动信号 PROD_START（脉冲）。

⑥ 机器人控制系统在接收到 PROD_START 脉冲下降沿后，若没有其他程序处于执行或暂停状

态，可在35ms内启动PNS运行，并输出PNS运行信号PROGRUN。若控制系统正在执行其他程序（包括程序暂停），PNS运行启动信号PROD_START将被忽略。

⑦ 机器人PNS运行时，若上级控制器将进给保持信号*HOLD置OFF，机器人及进入PNS运行暂停状态。暂停后的PNS程序，可通过循环启动信号START的ON脉冲，重新启动运行。

⑧ 机器人PNS运行时，若上级控制器继续发送其他PNS、PNSTROBE信号，这些信号将自动被忽略。若上级控制器输出循环停止信号（CSTOPI），机器人控制系统将强制结束PNS运行，退出程序。若上级控制器将*IMSTP（急停）、*SFSPD（安全门关闭）置OFF，机器人控制系统将进入急停状态，强制结束PNS运行。

10.3.2 RSR/PNS设定操作

1. RSR运行设定

FANUC机器人的RSR运行设定操作步骤如下。

① 按示教器操作菜单键【MENU】，光标选择"设定（SETUP）"，按【ENTER】键确认，示教器可显示机器人设定基本页面。

② 按软功能键〖类型（TYPE）〗，光标选定图10-42（a）所示的"RSR/PNS（选择程序）"选项，按【ENTER】键确认，示教器可显示图10-42（b）所示的RSR/PNS运行设定选择页面。

③ 光标选定图10-42（b）的"选择程序方式（Programm select mode）"输入框，按软功能键〖选择（CHOICE）〗，示教器可显示运行方式选择软功能键〖RSR〗、〖PNS〗。

④ 按软功能键〖RSR〗，在"选择程序方式（Programm select mode）"输入框中输入RSR，选择RSR运行设定操作。

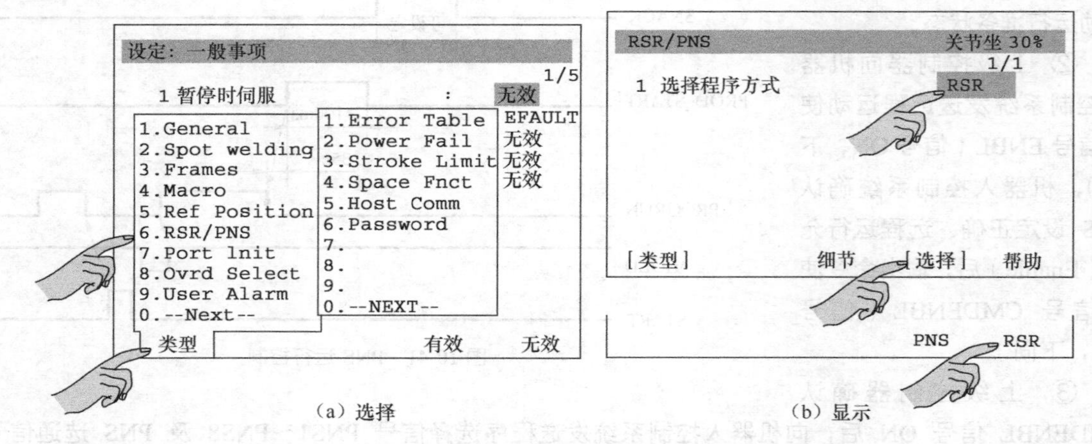

图10-42 RSR/PNS运行设定选择

⑤ 按软功能键〖细节（DETAIL）〗，示教器可显示图10-43所示的RSR运行设定页面，在该页面上，可通过光标选定设定项，用数字键、软功能键、【ENTER】键输入设定值。全部设定完成后，应重启系统，生效RSR设定。

RSR运行设定页面的显示内容及设定要求如下。

RSR1～RSR8程序号码（RSR1～RSR8 Programm number）：预约启动信号RSR1～RSR8的"有效（ENABLE）/无效（DISABLE）"以及"RSR程序号码"设定。

开始文字列（Job prefix）：RSR 程序名称的起始字符设定，起始字符规定为“RSR”，用户原则上不应改变此设定。

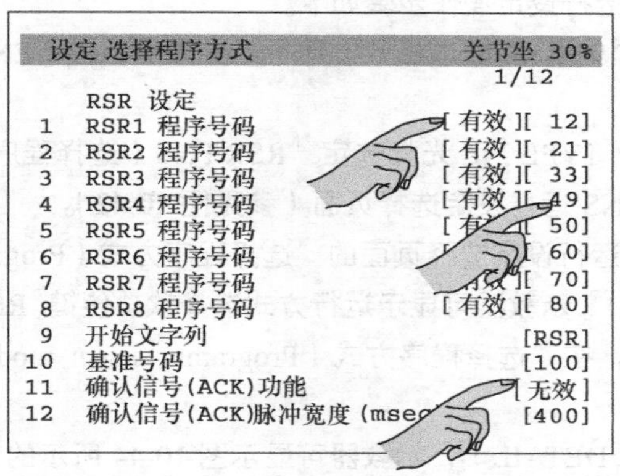

图 10-43 RSR 运行设定

基准号码（Base number）：RSR 程序名称的基准号码设定。

确认信号（ACK）功能（Acknowledge function）：RSR 确认信号 ACK1～ACK8 的生效/撤销设定。

确认信号（ACK）脉冲宽度（msec）（Acknowledge pulse width）：RSR 确认信号 ACK1～ACK8 的输出脉冲宽度（单位 ms）设定。

在以上设定项中，设定行“RSR1～RSR8 程序号码”的第 1 输入框，可通过软功能键选择“有效（ENABLE）”、“无效（DISABLE）”。设定“有效”时，对应的预约启动信号输入将生效，否则，该预约启动信号输入无效。

设定行“RSR1～RSR8 程序号码”的第 2 输入框，以及设定行“开始文字列（Job prefix）”、“基准号码（Base number）”，用于 RSR 运行的程序名称设定。

FANUC 机器人的 RSR 程序名称由“起始字符+数字”组成，起始字符 RSR 可在“开始文字列（Job prefix）”行显示，用户原则上不应改变系统出厂设定。RSR 程序名称中的“数字”由“基准号码+RSR 程序号码”组成，数字应为 4 位十进制数值，不足 4 位时，需要添加前 0。基准号码可通过“基准号码（Base number）”设定行设定，RSR 程序号码可通过 “RSR1～RSR8 程序号码”设定行的输入框设定。

例如，对于图 10-43 所示的机器人设定， RSR 程序的“基准号码”设定为 100、信号 RSR1 的程序号码设定为“12”，因此，预约启动信号 RSR1（UI[9]）所选择的程序名称为“RSR 0112”（添加前 0）等。

RSR 程序的“基准号码”保存在系统参数$SHELL_CFG. $JOB_BASE 中，因此，它也可通过系统参数设定操作，进行设定、修改。

设定行“确认信号（ACK）功能（Acknowledge function）”“确认信号（ACK）脉冲宽度（msec）（Acknowledge pulse width）”用于 RSR 运行确认信号 ACK1～8 设定。“确认信号（ACK）功能”设定为“有效（TURE）”时，控制系统可在远程输出信号 UO[11] ～UO[18]上，输出 RSR 运行确认信号 ACK1～ACK8。ACK1～ACK8 的输出脉冲宽度可在“确认信号（ACK）脉冲宽度（msec）”行设定。“确认信号（ACK）功能”设定为“无效（FALSE）”时，控制系统将不输出 RSR 运行确认信号 ACK1～ACK8。

2. PNS 运行设定

FANUC 机器人的 PNS 运行设定操作步骤如下。

① 按操作菜单键【MENU】，光标选择"设定（SETUP）"，按【ENTER】键确认，示教器可显示机器人设定基本页面。

② 按软功能键〖类型（TYPE）〗，光标选定"RSR/PNS（选择程序）"选项，按【ENTER】键确认，示教器可显示 RSR/PNS 运行设定选择页面（参见图 10-42）。

③ 光标选定 RSR/PNS 运行设定选择页面的"选择程序方式（Programm select mode）"输入框，按软功能键〖选择（CHOICE）〗，示教器可显示运行方式选择软功能键〖RSR〗、〖PNS〗（参见图 10-42）。

④ 按软功能键〖PNS〗，在"选择程序方式（Programm select mode）"输入框中输入 PNS，选择 PNS 运行设定操作。

⑤ 按软功能键〖细节（DETAIL）〗，示教器可显示图 10-44 所示的 PNS 运行设定页面，在该页面上，可通过光标选定设定项，用数字键、软功能键、【ENTER】键输入设定值。全部设定完成后，应重启系统，生效 PNS 设定。

PNS 运行设定页面的显示内容及设定要求如下。

开始文字列（Job prefix）：PNS 程序名称起始字符设定，PNS 运行程序的名称起始字符规定为"PNS"，用户原则上不能改变出厂设定。

基准号码（Base number）：PNS 程序名的基准号码设定。

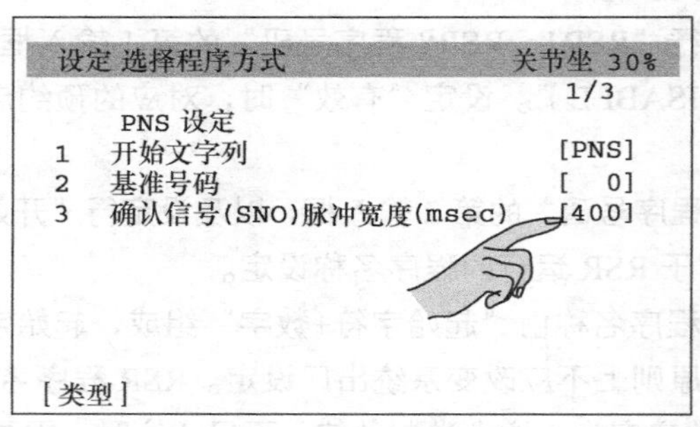

图 10-44 PNS 运行设定

确认信号（SNO）脉冲宽度（msec）（Acknowledge pulse width）： PNS 确认信号 SNACK 的输出脉冲宽度（单位 ms）设定。

PNS 运行在机器人 RSR 运行设定全部为"无效（DISABLE）"时，自动选择与生效。PNS 运行生效时，控制系统的远程输入信号 UI[9] ～UI[16]，将自动成为 PNS 程序号选择信号 PNS1～PNS8，远程输出信号 UO[11] ～UO[18]，自动成为当前有效的 PNS 程序号输出信号 SNO1～SNO8。

FANUC 机器人的 PNS 程序名称由"起始字符+数字"组成。起始字符 PNS 可在"开始文字列（Job prefix）"行显示，用户原则上不应改变系统出厂设定。PNS 程序名中的"数字"由"基准号码+PNS 编码"组成，数字应为 4 位十进制数值，不足 4 位时，需要添加前 0。基准号码可通过"基准号码（Base number）"设定行设定。PNS 编码是控制系统远程输入信号 PNS1～PNS8 的二进制状态所对应的十进制数值，PNS1～PNS8 信号状态只有在 PNS 选通信号 PNSTROBE（UI[17]）输入 ON 时，才能读入机器人控制系统。

例如，对于图 10-44 所示的机器人设定，PNS 程序的"基准号码"设定为 0。如果 PNS 编码输入 PNS6（UI[14]）、PNS3（UI[11]）、PNS2（UI[10]）的状态为 1（输入 ON），其他 PNS 信号的状态为 0（输入 OFF），PNS 信号的二进制状态将为“0010 0110”，对应的十进制数值为 38。因此，当 PNS 选通信号 PNSTROBE（UI[17]）输入 ON 时，程序 PNS0038 将被选定。

PNS 运行的程序基准号码（Base number），同样保存在系统参数$SHELL_CFG. $JOB_BASE 中，因此，它也可通过系统参数设定操作，进行设定、修改。

信号 PNS1～PNS8、PNSTROBE 所选定的程序，需要通过控制系统的远程输入信号 PROD_START（程序启动，UI[18]）的下降沿启动、运行。若控制系统正在执行其他程序（包括程序暂停中），程序启动信号 PROD_START 将被忽略。

3．速度调节设定

在 FANUC 机器人上，RSR、PNS 程序运行时的机器人移动速度，可利用控制系统的通用输入信号 DI，进行倍率实时调整，这一功能称为外部速度倍率调节。

外部速度倍率调节可定义 2 点 DI 输入、4 种速度倍率。外部速度倍率调节功能一旦生效，机器人 RSR、PNS 运行时，示教器上的速度倍率调节功能以及程序中的速度倍率调节指令都将成为无效。

外部速度倍率调节的机器人设定操作步骤如下。

① 按操作菜单键【MENU】，光标选择“设定（SETUP）”，按【ENTER】键确认，示教器可显示机器人设定基本页面。

② 按软功能键〖类型（TYPE）〗，光标选定图 10-45（a）所示的“选择速度功能（Ovrd Select）”选项，按【ENTER】键确认，示教器可显示图 10-45（b）所示的外部速度倍率调节设定页面。

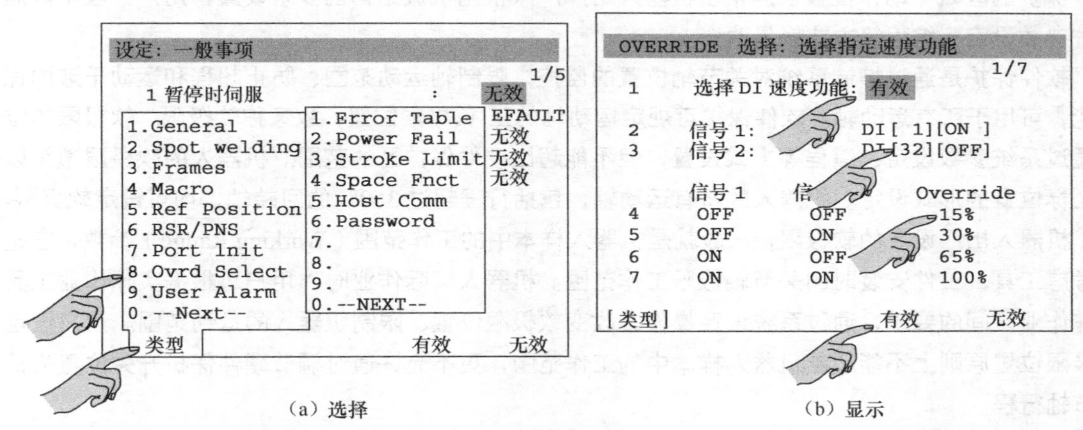

（a）选择 （b）显示

图 10-45 外部速度调节设定

外部速度倍率调节设定页面的显示、设定内容如下。

选择 DI 速度功能：可通过软功能键〖有效（ENABLED）〗、〖无效（DISABLED）〗，生效或撤销控制系统的外部速度倍率调节功能。

信号 1、信号 2：可在显示、设定外部速度倍率调节输入信号 1、信号 2 的 DI 地址及信号状态。如果信号 1、信号 2 的 DI 地址设定为同一值，外部速度倍率调节只能选择 2 级不同的倍率，其倍率值可通过显示行 4（信号 1、2 均 OFF）、显示行 7（信号 1、2 均 ON）进行设定。

显示行 4～7：可在 Override 栏显示、设定倍率调节输入信号 1/2 的 4 种二进制输入状态所对应的外部速度倍率值。

③ 光标定位到对应的设定项，用软功能键、数字键、【ENTER】键完成外部速度倍率调节设定

操作。

设定 DI 信号地址、倍率值时，应先将“选择 DI 速度功能”设定为“无效”。待设定完成后，再将其恢复为“有效”。

10.4 机器人运动保护设定

10.4.1 J1/E1 轴运动范围设定

1. 机器人运动保护功能

工业机器人的关节轴行程极限保护通常有机械限位挡块、超程开关（硬件保护）、软件限位（软极限）保护 3 类。

机械限位挡块是利用机械措施强制禁止关节轴运动的最后一道保护措施，用于非 360° 回转的摆动轴或直线运动轴。机械限位保护需要通过改变机械限位挡块的安装位置，来调整保护位置，有关内容将在第 11 章介绍。

硬件保护是利用超程检测开关、电气控制线路，通过急停、关闭伺服或直接分断驱动器主回路等措施，来防止运动轴超程的一种方法，可用于非 360° 回转的摆动轴或直线运动轴。硬件保护需要在运动轴的正、负行程极限位置安装检测开关（行程开关），故不能用于行程超过 360° 的回转轴。硬件保护的区域（动作位置）通常由机器人生产厂家根据机械结构的要求设置，用户一般不能通过系统参数设定、编程等方式轻易改变。

软件保护是通过控制系统对关节轴位置的监控，限制轴运动范围、防止超程和运动干涉的保护功能，可用于所有运动轴。软件保护可规定运动轴的正/负极限位置，故又称软极限。软极限的位置可通过系统参数设定、编程等方式设置，但不能超出硬件保护区的范围。机器人的软极限通常以关节坐标位置的形式设定。机器人的所有运动轴，包括行程超过 360° 的回转轴，均可设定软极限。

机器人出厂设定的软极限，一般就是机器人样本中的工作范围（Working Range）参数，它是在不考虑工具、工件安装时的关节轴极限工作范围。机器人实际作业时，用户可根据实际作业工具、允许作业区间的要求，通过系统设定操作，改变软极限位置、限制机器人的运动范围。用户设定的软极限位置原则上不能超越机器人样本中的工作范围，更不允许通过调节硬件保护开关位置来扩大关节轴行程。

FANUC 机器人的软极限设定，一般需要利用控制系统设定操作菜单“系统（SYSTEM）”，在“设定：轴范围（AXIS Limite）”设定选项中设定，其设定方法可参见第 11 章。在选配“程序工具箱”软件的机器人上，还通过实用程序编辑操作菜单“共用功能（UTILITIES）”，利用“软体限制设定”设定选项，自动读取程序中的所有程序点数据、计算机器人各关节轴的运动范围，并自动设定机器人的软极限参数，有关内容可参见第 9 章。

机器人软极限、硬件保护开关所建立的运动保护区，可用来限制关节轴行程，但是，它不能用于行程范围内的运动干涉保护。机器人一旦安装了作业工具、工装、工件，机器人作业空间内的某些区域，可能会导致机器人、工具、工装、工件等部件的碰撞，成为机器人不能进入的干涉区，为此，需要通过关节轴 J1 及外部轴 E1 的工作范围限制、机器人干涉保护区（简称干涉区）设定等功能，来进一步保护机器人运动、避免产生碰撞。

2. J1/E1 轴工作范围设定

在配置选择功能的 FANUC 机器人上，机器人的关节轴 J1 与外部轴 E1，可通过工作范围（FANUC 手册称为可变轴范围）设定功能限制行程。J1、E1 轴允许设定 3 组不同的工作范围，它们可通过机器人的程序指令 "$MRR_GRP[i].$SLMT_J1_NUM = n"、"$PARAM_ GROUP[i]. $SLMT_J1_NUM = n" 生效。

FANUC 机器人的 J1、E1 轴工作范围设定，需要利用机器人设定页面设定，其操作步骤如下。

① 接通控制柜的电源总开关，启动控制系统。操作模式选择示教（T1 或 T2）。

② 按操作菜单键【MENU】，光标选择 "设定（SETUP）"，按【ENTER】键确认，示教器可显示机器人设定显示页面。

③ 在机器人设定显示页面上，按软功能键〖类型（TYPE）〗，光标选择 "0 —NEXT—"，按【ENTER】键确认，示教器可显示图 10-46 所示的第 2 页机器人设定选项。

④ 光标选定第 2 页的设定项 "行程极限（Stroke Limit）"，按【ENTER】键确认，示教器便可显示图 10-47 所示的 J1 轴工作范围设定页面。

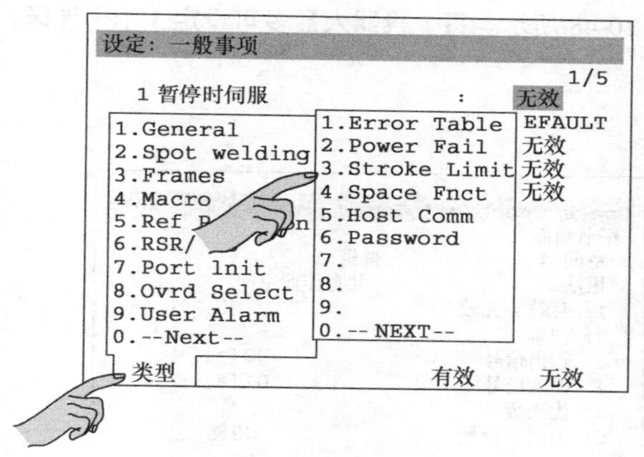

图 10-46 J1 轴工作范围设定选择

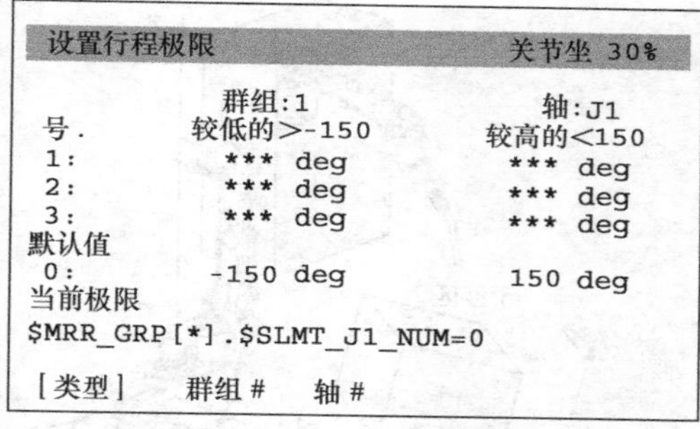

图 10-47 J1 轴工作范围设定页面

J1、E1 轴最大允许设定 3 组不同的工作范围，不同组工作范围以编号 1～3 区分。工作范围的设定值，不能超出机器人的关节软极限范围。例如，当 J1 轴的软极限设定为−150° ～150° 时，J1 的负向工作范围设定值必须大于−150° ，正向工作范围设定值必须小于 150° 等。

显示页的软功能键〖群组#〗用于运动组选择，按此键，可切换机器人运动组。软功能键〖轴#〗用于轴切换，按此键，可切换至 E1 轴工作范围设定页面。

⑤ 光标选定对应的工作范围编号所在行，并用数字键、【ENTER】键，分别在负向（图中 "较低的 > −150"）、正向（图中 "较高的 < 150"）栏，输入 J1 轴正、负向极限位置。

⑥ 若需要，按软功能键〖群组#〗、〖轴#〗，以同样的方式，完成其他运动轴及外部轴 E1 的正、负向工作范围设定。

⑦ 全部参数设定完成后，断开控制系统电源，重新启动系统，生效工作范围设定参数。

3. 程序指令

J1、E1 轴工作范围设定后，在机器人程序中，可通过程序指令 "$MRR_GRP[i].$SLMT_ J1_NUM = n" "$PARAM_ GROUP[i]. $SLMT_J1_NUM = n" 等指令，来生效工作范围限制功能。指令中的

GRP[i]用来指定运动组（通常为 GRP[1]），NUM = n 用来指定工作范围限定参数组，*n* 可为 1～3。例如，生效 J1 轴第 1、2 工作范围限定参数的程序如下。

```
……
$MRR_GRP[1]. $SLMT_J1_NUM =1                 // 生效工作范围 1
$PARAM_GROUP[1]. $SLMT_J1_NUM=1              // 选择工作范围参数 1
……                                           //J1 限定工作范围 1
$MRR_GRP[1]. $SLMT_J1_NUM =2                 // 生效工作范围 2
$PARAM_GROUP[1]. $SLMT_J1_NUM=2              // 选择工作范围参数 2
……                                           //J1 轴限定工作范围 2
```

10.4.2 机器人干涉保护区设定

1. 功能说明

机器人的干涉保护区（简称干涉区）设定功能，用来进一步限制机器人在软极限允许范围内的运动，避免机器人安装了工具、工装、工件后的运动干涉与碰撞。

FANUC 机器人的干涉区形状、设定参数如图 10-48 所示。每一机器人最多可设定 3 个干涉区。设定参数的含义如下。

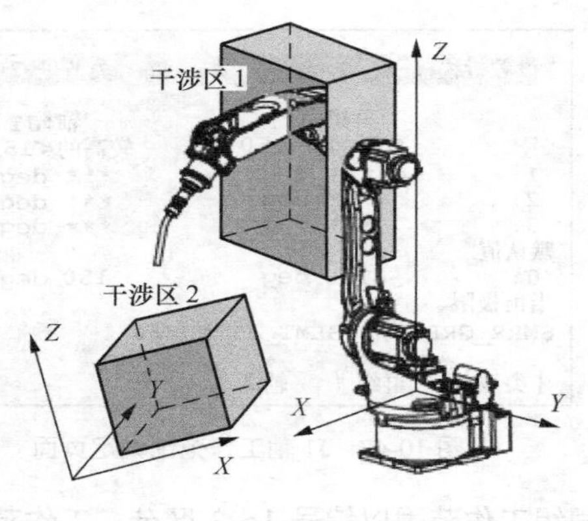

（a）形状

```
Space Check: 防止干涉功能            关节坐 30%
 细节画面
  空间:1                   群组:1
  用法                      共有作业空间
  1: 有效 / 无效                    有效
  2: 注解                  [                ]
  3: 输出信号                        DO[*]
  4: 输入信号                        DI[*]
  5: 优先级                           高
  6: 内侧 / 外侧                      内侧

 [类型]      空间                有效      无效
```

（b）参数设定

图 10-48　干涉区形状与参数设定

空间（SPACE）：干涉区编号显示。干涉区编号可通过操作软功能键〖空间（SPACE）〗切换（见下述）。

群组（GROUP）：运动组显示。

用法（USAGE）：显示为“共有作业空间（Common Space）”时，代表该干涉区对多机器人作业的所有机器人均有效。

有效/无效（Enable/Disable）：干涉区状态（生效、撤销）显示、设定。

注解（Comment）：干涉区名称（注释）显示、设定。

输出信号（Output Signal）：进入干涉区信号输出设定（DO 地址）。FANUC 机器人的进入干涉区信号规定为“常闭”型输出，即：机器人 TCP 处于干涉区以外的安全区域时，信号接通（输出 ON）；机器人 TCP 进入干涉区时，信号断开（输出 OFF）。

输入信号（Intput Signal）：退出干涉区控制信号设定（DI 地址）。退出干涉区控制信号 OFF 时，只要机器人进入干涉区，控制系统将自动停止机器人运动及程序自动运行。需要手动操作机器人、退出干涉区时，可将退出干涉区控制信号置“ON”状态，机器人便可解除禁止、恢复运动。

优先级（Prionty）：用于双机器人作业系统的干涉区作业优先级设定。当 2 台机器人的共同作业区间存在只能有 1 台机器人作业的区域时，可通过机器人的作业优先级设定（高或低），优先保证“高”优先级的机器人先完成干涉区作业，然后，再进行“低”优先级机器人的干涉区作业。如果 2 台机器人的优先级均设定为“高”或“低”，任意一台机器人进入干涉区，都将直接停止运动。

双机器人作业系统发生干涉区报警时，需要利用机器人“急停”操作，直接断开驱动器主电源后，再通过机器人设定操作取消干涉区保护功能。然后，通过手动操作，使机器人退出干涉区，再生效干涉区保护功能。

内侧/外侧（inside/outside）：定义干涉区边界内侧或外侧为运动干涉（禁止）区。

干涉区边界可在软功能键〖空间（SPACE）〗的显示页面设定。按软功能键〖空间（SPACE）〗示教器可显示干涉区编号选择及干涉区边界定义参数，干涉区边界可采用“顶点+边长”或“对角线端点”的方法定义（见下述）。

2．干涉区设定

FANUC 机器人干涉区保护功能设定的操作步骤如下。

① 接通控制柜的电源总开关，启动控制系统。操作模式选择示教（T1 或 T2）。

② 按操作菜单键【MENU】，光标选择“设定（SETUP）”，按【ENTER】键确认。

③ 按软功能键〖类型（TYPE）〗，光标选择“0 —NEXT—”，按【ENTER】键确认，示教器可显示第 2 页扩展设定选项（参见图 10-46）。

④ 光标选定第 2 页的设定项“防干涉功能（Space Fnct）”，按【ENTER】键确认，示教器便可显示图 10-49 所示的干涉区一览表页面。

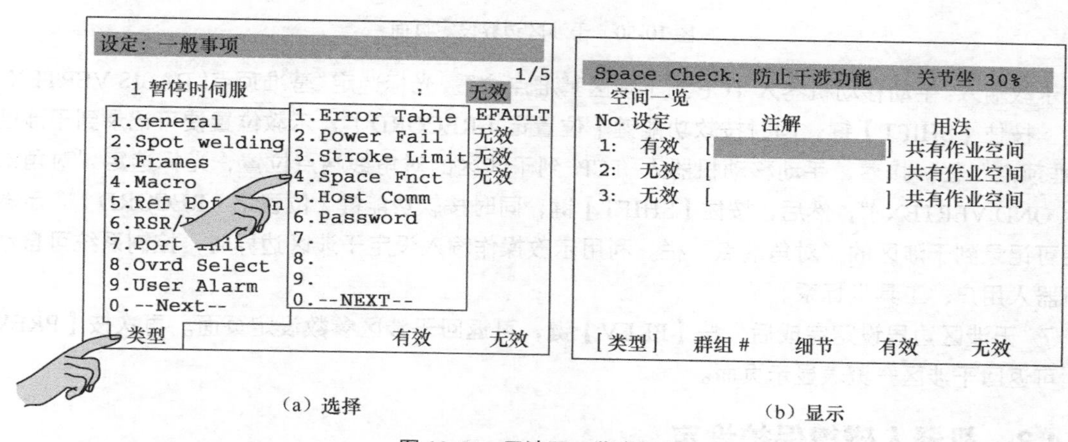

（a）选择　（b）显示

图 10-49　干涉区一览表显示

在干涉区一览表显示页面上，可显示干涉区的状态（设定栏）、名称（注解栏）及用法等基本信息。

⑤ 光标选定需要设定的干涉区编号行，按软功能键〖细节（DETAIL）〗，示教器可显示图 10-48（b）所示的干涉区参数设定页面，在该页面上，可利用软功能键、数字键、【ENTER】键，进行如下设定。

有效/无效：输入框选定后，可按软功能键〖有效（ENABLE）〗、〖无效（DISABLE）〗，生效或撤销指定编号的干涉区保护功能。

注解：干涉区名称（注释）设定。干涉区名称（注释）的输入方法与程序名称输入相同，有关内容可参见第 8 章第 8.3 节。

输出信号、输入信号：光标选定输出信号、输入信号行的输入框，用数字键、【ENTER】键，输入进入干涉区信号 DO、退出干涉区信号 DI 的地址。

优先级：输入框选定后，按软功能键设定优先级（高或低）。

内侧/外侧：输入框选定后，按软功能键设定干涉保护区（边界内侧或外侧）。

⑥ 按软功能键〖空间（SPACE）〗，示教器可显示图 10-50 所示的干涉区边界设定页面。干涉区边界可利用如下方法进行手动数据输入或示教操作设定。

手动数据输入：光标定位到需要输入的坐标值上，用数字键、【ENTER】键，直接输入“基准顶点（BASIS VERTEX）”栏的干涉区基准点的 X、Y、Z 坐标值，以及坐标系边长（SIDE LENGTH）栏的干涉区在 X、Y、Z 轴方向的长度值。利用手动数据直接输入设定干涉区边界时，机器人的用户、工具坐标系应正确设定。

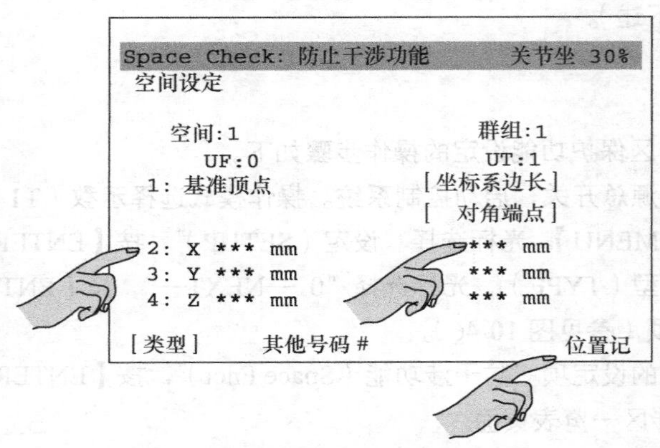

图 10-50　干涉区边界设定页面

示教输入：手动移动机器人 TCP 到干涉区基准点位置，光标选定“基准顶点（BASIS VERTEX）”，然后，按住【SHIFT】键，同时按软功能键〖位置记（RECORD）〗，示教位置便可记录到干涉区的“基准顶点”栏。接着，手动移动机器人 TCP 到干涉区的对角线端点位置，光标选定“对角端点（SECOND VERTEX）”，然后，按住【SHIFT】键，同时按软功能键〖位置记（RECORD）〗，示教位置便可记录到干涉区的“对角端点”栏。利用示教操作输入设定干涉区边界时，控制系统可自动选定机器人用户、工具坐标系。

⑦ 干涉区边界设定完成后，按【PREV】键，可返回干涉区参数设定页面。再次按【PREV】键，可返回干涉区一览表显示页面。

10.4.3　机器人碰撞保护设定

1. 功能说明

碰撞保护功能属于控制系统选择功能，只有在选配高灵敏度碰撞保护选择功能的机器人上才能使用。

工业机器人是一种可在指定空间自由运动的设备，且运动存在一定程度上的不可预测性，因此，通常都需要具备碰撞保护功能。机器人的碰撞保护实际上是一种驱动电机的过载保护功能，为了能够使得保护动作更加准确灵敏，设定机器人碰撞保护功能前，必须利用控制系统设定操作菜单“系统（SYSTEM）”，在“Motion（负载设定）”设定项中，对机器人本体及附加轴、工具的负载参数进行准确的设定，有关内容可参见第 11 章。

FANUC 机器人具有高灵敏度的碰撞保护功能，它可在机器人与外部设备发生碰撞时，发出系统报警、输出 DO 信号，并立即停止机器人运动，以减轻碰撞造成的伤害。需要注意的是：机器人碰撞保护功能并不具备“预防”功能，它只能在发生碰撞时，及时停止机器人运动，以减轻碰撞造成的伤害。

FANUC 机器人的本体与附加轴的碰撞保护功能设定、使用的方法有所不同。机器人本体的碰撞保护功能不仅可以通过机器人设定操作设定，且还可以通过程序指令 COL DETECT ON、COL DETECT OFF 及 COL GUARD ADJUST，生效/撤销碰撞保护功能、设定碰撞保护灵敏度（见第 7 章）。外部附加轴的碰撞保护功能，则需要通过 $HSCDMNGRP[group]. $PARAM119[n]、$HSCDMNGRP[group].$PARAM120[n]等系统参数（变量）设定。

控制系统设定在碰撞保护功能的设定方法如下。

2．本体碰撞保护设定

在选配高灵敏度的碰撞保护功能的 FANUC 机器人上，可通过以下操作设定机器人本体碰撞保护功能。

① 接通控制柜的电源总开关，启动控制系统。操作模式选择示教（T1 或 T2）。

② 确认机器人本体及附加轴、工具的负载参数，已通过控制系统设定操作菜单“系统（SYSTEM）”，在“Motion（负载设定）”设定项中准确设定。

③ 按操作菜单键【MENU】，光标选择“设定（SETUP）”，按【ENTER】键确认，选择机器人设定操作。

④ 按软功能键〖类型（TYPE）〗，光标选择“碰撞保护（COL DETECT）”，按【ENTER】键确认，示教器可显示图 10-51 所示的碰撞保护功能设定页面。

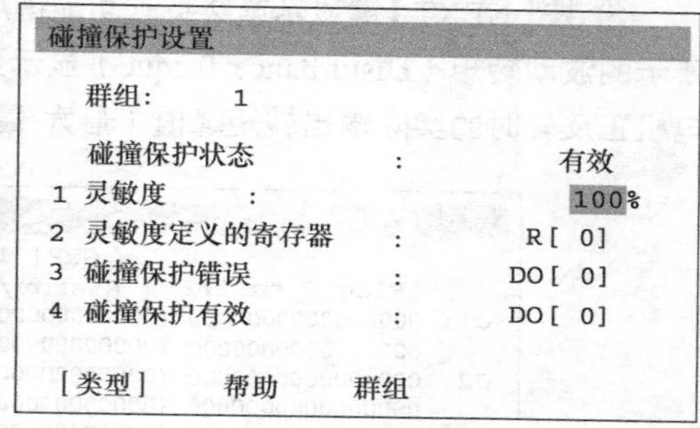

图 10-51　碰撞保护设定页面

碰撞保护功能设定页面的显示、设定内容如下。

群组：显示、设定需要使用碰撞保护功能的运动组。按软功能键〖群组（GROUP）〗，可选择、设定运动组。

碰撞保护状态：碰撞保护功能的状态显示（有效/无效）。机器人本体的碰撞保护功能，在控制系统开机或程序结束、程序中断时自动生效。在作业程序中，可通过指令“COL DETECT ON”“COL DETECT OFF”控制（见第 7 章）。

灵敏度：显示、设定系统碰撞保护灵敏度（Guard）的初始值，设定范围 1%～200%。在 FANUC 机器人上，碰撞检测的灵敏度设定值越大，灵敏度越高。

灵敏度定义寄存器：通过程序中的灵敏度调节指令 COL GUARD ADJUST 设定的撞保护检测灵敏度的暂存器号（见第 7 章）。

碰撞保护错误：显示、设定碰撞保护动作时的输出信号 DO 地址。机器人发生碰撞时，DO 输出 ON。

碰撞保护有效：显示、设定碰撞保护功能生效时的状态输出信号 DO 地址。碰撞保护功能有效时，输出 ON。

⑤ 根据实际需要，利用数字键、软功能键、【ENTER】键，完成碰撞全部保护参数的输入与设定。

3. 附加轴碰撞保护设定

FANUC 机器人的附加轴碰撞保护功能需要在系统参数上设定。使用附加轴碰撞保护功能时，控制系统需要选配附加轴碰撞保护或高灵敏度碰撞保护功能选件，并保证负载惯量比（负载惯量/电机转子惯量）不超过 5。

附加轴碰撞保护动作时的电机输出转矩值，可在系统参数$SBR[axis].$PARAM[119]（正转）、$SBR[axis]. $PARAM[120]（反转）中设定，参数中的 axis 为附加轴序号，对于 6 轴机器人，*axis* =7～9。系统参数修改后，需要重启系统生效。

FANUC 机器人的附加轴碰撞保护动作转矩（灵敏度），一般需要通过控制系统的驱动电机实际输出转矩监控进行设定。驱动电机实际输出转矩监控需要在以下条件下进行。

① 正确设定附加轴的传动比、时间常数等相关参数。

② 设定如下系统参数，并通过断开控制系统电源，重启系统，生效系统参数。

$SBR [axis].$PARAM[47] /$SBR [axis].$PARAM[112]=2097152；

$SBR[axis].$PARAM[119]=7282；

$SBR[axis].$PARAM[120]=−7282。

③ 编制或选择一个含有附加轴高速正反转运动并带有 CNT100 连续移动的程序，予以连续执行，例如以 PNS 方式进行自动运行等。

在以上条件满足后，便可通过以下状态监控操作，检查附加轴驱动电机正常工作时的最大输出转矩。

① 按操作菜单键【MENU】，光标选择“状态（STATUS）”，按【ENTER】键确认。

② 按软功能键〖类型（TYPE）〗，光标选择“轴”，按【ENTER】键确认，示教器可显示图 10-52（a）所示的机器人关节轴状态监控页面。

③ 按【NEXT】键显示第 2 页软功能键后，按软功能键〖扰乱值〗，示教器即可显示图 10-45（b）所示的波动转矩（Disturbance Torque）显示页面、监控机器人本体及附加轴（例如 J1～J7 轴）驱动电机正反转时的实际输出转矩峰值（最大/最小值）。

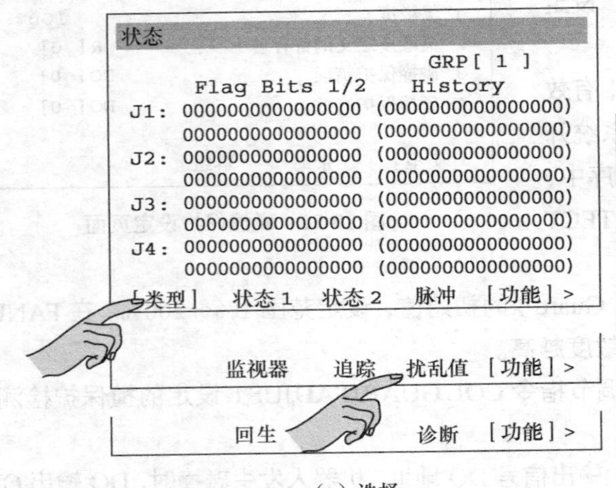

（a）选择

```
PNS001                1行           终束
状态                   G1        关节坐  100%
         Disturbance Torque(A)
    Curr./Max.(Allowed)/Min.(Allowed)
J1: 0.0    20.0( 40.0)   -19.0(-40.0)
J2: 0.0    19.0( 40.0)   -20.0(-40.0)
J3: 0.0    22.0( 40.0)   -10.0(-40.0)
J4: 0.0    12.0( 20.0)    -5.0(-20.0)
J5: 0.0    10.0( 20.0)   -11.0(-20.0)
J6: 0.0     8.0( 20.0)    -4.0(-20.0)
J7: 0.0    24.0( 56.0)   -30.0(-56.0)
[类型]  监视器  追踪   扰乱值  [功能] >
```

（b）显示

图 10-52　关节轴状态监控显示

显示页上的“Max.(Allowed)”栏，为驱动电机正转峰值转矩的实际（允许）值，Min.(Allowed) 栏为电机反转峰值转矩实际（允许）值。

控制系统发出碰撞报警的动作阈值，可通过允许（Allowed）栏的转矩设定改变。报警动作阈值和允许最大转矩设定值的关系如下：

正转动作阈值 =Max.Allowed 设定（正值）+ 电机最大输出转矩×30%

反转动作阈值 =Min.Allowed 设定（负值）− 电机最大输出转矩×30%

④ 调节光标到最大（允许）“Max.（Allowed）”、最小（允许）“Min.（Allowed）”栏，将附加轴的最大、最小允许值（Allowed）设定成与电机实际峰值转矩相同。例如，对于图 10-45 所示的显示，应将附加轴 J7 的 Max.（Allowed）值由原来的 56.0 更改为 24.0，将 Min.（Allowed）值由−56.0 更改为−30.0 等。

⑤ 再次执行程序，确认机器人自动运行时不发生碰撞检测报警。

⑥ 记录系统参数$SBR[axis]. $PARAM[119]、$SBR[axis].$PARAM[120]的显示值，并分别将其设定到系统参数$HSCDMNGRP[group].$PARAM119[axis]、$HSCDMNGRP[group]. $PARAM120 [axis]中（参数中的[group]为运动组号、axis 为轴序号）。

⑦ 重启系统，生效附加轴碰撞保护的设定。

10.5 机器人控制参数设定

10.5.1 软浮动控制设定

1. 功能说明

“软浮动”是按指令 Soft float 的英文直译，该功能在不同机器人技术资料中有“软伺服（Soft Servo）”“外力追踪”等不同名称。所谓“软浮动”“软伺服”实际上是伺服驱动系统的转矩控制功能，功能一旦生效，伺服电机的输出转矩将保持不变，驱动系统的闭环位置、速度控制功能将无效。因此，如果负载转矩超过了电机输出转矩，驱动电机不仅可能停止运动，而且也可能在外力作用下出现反转。

软浮动功能通常用于机器人碰撞、干涉保护，例如，在机器人与工件存在刚性接触的作业场合，使用软浮动功能，可以有效防止因运动干涉、碰撞所引起的机械部件损坏。

FANUC 机器人的软浮动有“关节坐标软浮动”“直角坐标软浮动”2 种控制方式。采用关节坐标软浮动控制时，驱动关节回转的伺服电机输出转矩将保持不变；采用直角坐标软浮动控制时，机器人 TCP 进给力将保持不变。软浮动控制功能生效时，驱动电机输出转矩、机器人 TCP 进给力可通过“柔性比率”参数设定，柔性比率设定值越大，电机输出转矩、机器人 TCP 进给力就越小，机器人的运动刚度也就越低。柔性比率设定为 0%时，驱动电机可输出额定转矩，机器人 TCP 可输出额定进给力，机器人的运动刚度为最大。

在 FANUC 机器人上，软浮动控制方式（关节坐标或直角坐标）、柔性比率等参数，可通过机器人设定中的“软浮动控制条件”设定。使用控制系统出厂默认参数时，每一机器人最多可设定 10 种不同的软浮动控制条件。

在机器人程序中，伺服驱动系统的软浮动控制功能，可通过程序指令 SOFTFLOAT[n]启用（*n* 为软浮动控制条件编号）、指令 SOFTFLOAT END 停用。当指令指定的软浮动控制条件为“关节坐标软浮动”时，指令 SOFTFLOAT[n]不但可作为独立的指令行编程，而且还能以移动指令附加命令的形式编程。若指令指定的软浮动控制条件为“直角坐标软浮动”，指令 SOFTFLOAT[n]需要以独立的指令行编程。

FANUC 机器人的软浮动控制设定页面如图 10-53 所示，关节轴软浮动控制页面的设定内容如下。

群组：软浮动控制运动组显示、设定。

条件号码：软浮动控制条件号[n]及名称（注释）显示、设定。

追踪开始比率：当指令 SOFTFLOAT[n]以移动指令附加命令的形式编程时，可设定启用软浮动控制的位置。“追踪开始比率”是移动指令中“不使用软浮动控制的移动距离”与“指令总移动距离”之比，若追踪开始比率设定为 0（%），软浮动控制对指令的移动全过程均有效，若追踪开始比率设定为 100（%），软浮动控制在机器人到达移动指令终点时启用。有关 SOFTFLOAT[n]指令的编程说明，可参见第 7 章。

```
外力追踪功能(关节)                    关节坐  10%
 群组 1
  1 条件    号码[   1]:[****************]
  2 追踪开始比率         : 0 %
  3 轴  1   柔性比率     : 0 %          无效
  4 轴  2   柔性比率     : 0 %          无效
  5 轴  3   柔性比率     : 0 %          无效
  6 轴  4   柔性比率     : 0 %          无效
  7 轴  5   柔性比率     : 0 %          无效
  8 轴  6   柔性比率     : 0 %          无效
  9 轴  7   柔性比率     : 0 %          无效
 10 轴  8   柔性比率     : 0 %          无效
 11 轴  9   柔性比率     : 0 %          无效
[类型]   号码    一览    关节    直角   >
```

（a）关节坐标

```
外力追踪功能(直角)                    关节坐  10%
 群组 1
  1 条件    号码[   1]:[****************]
  2 有效/无效         :[无效    ]
  3 坐标系            :[全局]

                  柔性比率         柔性限界
  4 X 方向        [  0]%           [  0]%
  5 Y 方向        [  0]%           [  0]%
  6 Z 方向        [  0]%           [  0]%
  7 X 回转        [  0]%           [  0]%
  8 Y 回转        [  0]%           [  0]%
  9 Z 回转        [  0]%           [  0]%

[类型]   号码    一览    关节    直角   >
```

（b）直角坐标

图 10-53 软浮动控制设定

轴 1～轴 9 行：可显示、设定软浮动控制时，机器人各关节轴的输出转矩（柔性比率）及生效/撤销关节轴的软浮动控制功能。“柔性比率”设定为 0%时，关节轴驱动电机的输出转矩将为电机额定转矩（相当于软浮动控制无效），“柔性比率”设定为 100%时，关节轴驱动电机的输出转矩将为机器人空载输出转矩。

直角坐标软浮动控制设定页面的群组、条件号码行，同样可用于软浮动控制条件号[n]及名称（注释）的显示、设定，其他设定项的含义如下。

有效/无效：用于直角坐标软浮动控制功能的生效/撤销设定。

坐标系：软浮动控制坐标系显示、设定，可选择“全局”“用户”或“工具”坐标系。

X/Y/Z 方向：可显示、设定软浮动控制时，机器人 TCP 沿指定坐标系、指定轴运动时的进给力、最小进给力限制值。进给力可通过“柔性比率”设定，“柔性比率”设定为 0%时，机器人 TCP 进给力为额定值（相当于软浮动控制无效），“柔性比率”设定为 100%时，进给力为最小值。最小进给力限制值可通过“柔性限界”设定，当“柔性比率”的设定值大于“柔性限界项”设定时，控制系统将自动以“柔性限界”的设定值，作为柔性比率值。

X/Y/Z 回转：可显示、设定软浮动控制时，机器人 TCP 绕指定坐标系、指定轴回转时的输出转矩、最低转矩限制值。输出转矩可通过“柔性比率”设定，“柔性比率”设定为 0%时，机器人 TCP

输出转矩为额定值（相当于软浮动控制无效），“柔性比率”设定为 100%时，输出转矩为最小值。最低转矩限制值可通过“柔性限界”设定，当“柔性比率”的设定值大于“柔性限界项”设定时，控制系统将自动以“柔性限界”的设定值，作为柔性比率值。

软浮动控制功能生效时，机器人的关节轴驱动电机将成为转矩控制模式，因此，移动终点附近的负载转矩越大机器人的定位误差也就越大。若负载转矩超过软浮动控制转矩，机器人将停止运动，甚至可能在外力作用下出现反转。为了避免软浮动控制时机器人的定位误差过大，FANUC 机器人的直角坐标软浮动控制还可通过如下系统参数（变量）的设定，使得控制系统在机器人定位超差时，及时发出报警并停止程序执行。

$param_group[i].$cb_mass：设定“1”，软浮动控制时，运动组 *i* 的最大定位误差限制功能有效。

$param_group[i].$cb_ix：软浮动控制时，运动组 *i* 的 *X* 轴最大允许误差（mm）。

$param_group[i].$cb_iy：软浮动控制时，运动组 *i* 的 *Y* 轴最大允许误差（mm）。

$param_group[i].$cb_iz：软浮动控制时，运动组 *i* 的 *Z* 轴最大允许误差（mm）。

软浮动最大定位误差限制功能设定为有效时，若机器人在停止状态下超过最大定位误差，控制系统将发出“SEVO-023 停止时误差过大（G：i；轴：j）”报警。当机器人在移动过程中超过最大定位误差时，控制系统将发出“SEVO-024 移动时误差过大（G：i；轴：j）”报警。

2．功能设定

FANUC 机器人软浮动控制功能设定的操作步骤如下。

① 接通控制柜的电源总开关，启动控制系统。操作模式选择示教（T1 或 T2）。

② 按操作菜单键【MENU】，光标选择“设定（SETUP）”，按【ENTER】键确认，选择机器人设定操作。

③ 按软功能键〖类型（TYPE）〗，光标选择“外力追踪功能（Soft Float）”，按【ENTER】键确认，示教器可显示图 10-54 所示的软浮动控制条件一览表页面。

软浮动控制条件一览表显示页面的主要内容如下。

群组：软浮动控制运动组。运动组可通过软功能键〖设定群组〗设定与选择。

No：软浮动控制条件编号。控制系统出厂默认的条件号为 1～10。

形式：软浮动控制方式。“关节”为关节坐标软浮动控制，“直角”为机器人 TCP 笛卡尔直角坐标软浮动控制。

设定 Soft Float：外力追踪功能　　关节坐 10%

群组 1

No	形式	开始(%)	注解
1	关节	0	[　]
2	直角	***	[　]
3	直角	***	[　]
4	直角	***	[　]
5	直角	***	[　]
6	直角	***	[　]
7	直角	***	[　]
8	直角	***	[　]
9	直角	***	[　]
10	直角	***	[　]

[类型]　设定群组　设定细节

图 10-54　软浮动控制条件一览表

开始：追踪开始比率。仅用于关节坐标软浮动控制方式，直角坐标软浮动控制条件行的显示为“***”（不能设定）。关节坐标软浮动控制时，如果软浮动控制指令 SOFTFLOAT[n]作为移动指令附加命令编程，可利用“追踪开始比率”设定软浮动控制启用的位置。

注解：注释，软浮动控制条件名称。

④ 光标选定软浮动条件编号，按软功能键〖设定细节〗，示教器可显示图 10-55 所示的软浮动设定页面及对应的软功能键。

⑤ 按软功能键〖关节〗或〖直角〗，选定软浮动控制方式，直角坐标软浮动设定页面的显示可参见图 10-53（b）。

⑥ 光标选定设定区，利用数字键、软功能键、【ENTER】键，输入设定值。

软功能键〖号码〗，可用于软浮动控制条件号设定、更改。条件号的名称（注释）的输入方法与程序名称输入相同，有关内容可参见第 8 章第 8.3 节。控制条件的生效、撤销，可在光标选定设定区后，利用显示的软功能键〖有效（ENABLED）〗、〖无效（DISABLED）〗设定、改变。

⑦ 全部设定完成后，按扩展软功能键〖一览〗，可返回软浮动控制条件一览表显示页面。按软功能键〖退出〗，可退出软浮动设定操作。

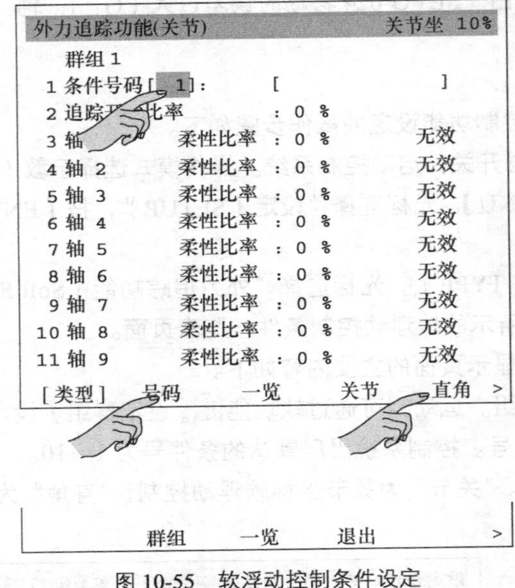

图 10-55 软浮动控制条件设定

10.5.2 连续回转控制设定

1. 功能说明

连续回转命令用于机器人回转轴的旋转控制，连续回转轴必须是机械结构允许无限回转的运动轴。FANUC 机器人每一运动组允许定义一个连续回转轴，连续回转轴的减速比（电机转速/关节轴转速）应小于 4000。

连续回转轴一般为机器人的末端轴或外部轴，例如 6 轴垂直串联机器人的手回转轴 J6、搬运机器人的工件输送带等。当机器人的末端轴（如 J6 轴）作为连续回转轴时，机器人 TCP 的 *X*、*Y* 坐标值应为 0，否则，可能导致工具姿态和插补轨迹的不正确。连续回转轴也可利用 JOG 操作实现连续回转。

连续回转轴的转速以关节最大回转速度的百分率 *n*（%）表示，百分率 *n* 以附加命令 CTVn 的形式附加在移动指令后，例如，“L P[2] 80mm/sec CNT50 CTV 80”等。命令 CTVn 的百分率 *n* 编程范围为-100～100，负值表示反转，CTV0 为暂停旋转。在多运动组控制系统上，连续回转轴的转速对所有运动组均有效。

附加命令 CTVn 同时具有启动连续回转功能，连续回转启动后，执行后续的非移动指令时，轴将继续保持旋转状态。连续回转暂停（命令 CTV0）时，机器人 TCP 可执行 CNT 指定的连续移动动作。附加连续回转的移动指令被暂停时，连续回转轴也将停止旋转，程序重新启动时，若机器人的其他轴已到达目标位置，连续回转轴将不再启动旋转，若其他轴尚未到达目标位置，连续回转轴重新启动旋转。取消连续回转轴功能时，机器人的其他轴也将减速停止。

关节轴执行连续回转时，电机编码器的回转圈数（turn number）计数值将始终保持为“0”；关节轴恢复位置控制时，轴将以-180°～180°相对角度捷径定位。

2. 功能设定

FANUC 机器人连续回转控制功能设定的操作步骤如下。

① 接通控制柜的电源总开关，启动控制系统。操作模式选择示教（T1 或 T2）。

② 按操作菜单键【MENU】，光标选择“设定（SETUP）”，按【ENTER】键确认，选择机器人设定操作。

③ 按软功能键〖类型（TYPE）〗，光标选择“连续回转”，按【ENTER】键确认，示教器可显示图 10-56 所示的连续回转设定页面。

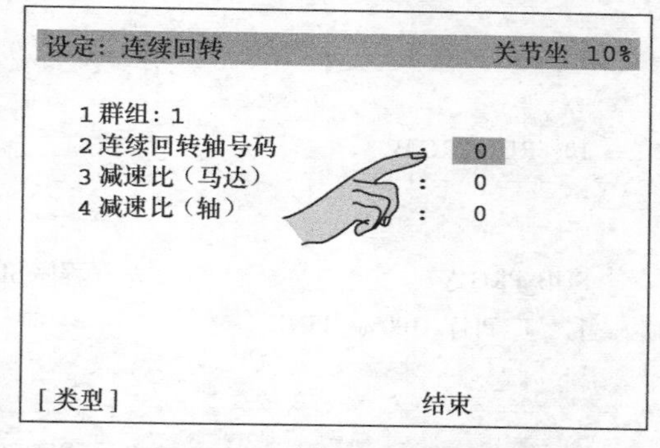

图 10-56　连续回转设定页面

连续回转设定页面各设定项的含义如下。

群组：连续回转轴运动组设定。

连续回转轴号码：连续回转轴序号。设定“0”时，连续回转对当前运动组无效。

减速比（电机）：电动机最高转速，允许设定范围 0～32767。

减速比（轴）：关节轴最高转速，允许设定范围 0～32767。

减速比（电机）/减速比（轴）的值应小于等于 4000。

④ 光标选定设定区，利用数字键、软功能键、【ENTER】键，输入设定值。

⑤ 全部数据设定完成后，按软功能键〖结束〗，示教器可显示操作提示信息“改变后，请关闭电源（冷开机）”。

⑥ 对于多运动组的复杂控制系统，利用系统设定（SYSTEM）操作，将系统参数（变量）$PARAM_GROUP[i].$SV_OFF_ENBL[j]（j 为连续回转轴序号）设定为“FALSE（无效）”。

⑦ 关闭控制系统电源，以冷启动方式重新启动系统。

10.5.3　运动组信号输出设定

1. 功能说明

运动组信号输出为 FANUC 多运动组控制系统的选择功能。选配该功能软件时，可将控制系统当前执行 JOG 操作及自动运行程序（执行或暂停中）所选择的运动组，通过通用开关量输出信号 DO 或机器人输出信号RO，向外部输出，以便外部控制装置能识别机器人当前运动组，并进行相关控制。

使用运动组DO输出功能时，机器人系统的每一运动组都需要分配2点DO或RO信号，其中一点DO（或RO）为运动组JOG操作输出信号，另一点DO（或RO）为运动组程序自动运行输出信号。DO（或RO）输出信号的作用与功能如下。

JOG操作输出信号：运动组JOG操作有效。当示教器TP开关置“ON”位置示教器操作有效时，当前JOG操作所选定的运动组，其JOG操作输出信号为ON状态，其他未选定的运动组JOG操作输出信号为OFF状态。当示教器TP开关置于“OFF”位置示教器操作无效时，所有运动组的JOG操作输出信号均为OFF状态。

程序运行输出信号：运动组程序运行中。当机器人程序自动运行时，当前运行程序（执行或暂停中）所指定的运动组，其程序运行输出信号为ON状态。程序未指定的其他运动组的程序运行输出信号为OFF状态。如果控制系统仅选择程序，但未启动程序自动运行，所有运动组的程序运行输出信号均为OFF状态。

此外，如果程序未定义运动组（运动组定义为［*，*，*，*，*］），程序自动运行时，所有运动组的程序运行输出信号同样为OFF状态。但是，如果程序调用了定义运动组的子程序，在执行子程序期间，子程序所定义的运动组程序运行信号输出将成为ON状态。

例如，对于以下程序：

```
MAIN_PRO                          // 主程序MAIN，运动组定义[*, *, *, *,]
1: …
…
5: RUN PRG A
…
10: RUN PRG B
…

SUB_PRG A                         // 子程序SUB_PRG A，运动组定义[1, *, *, *,]
1: J  P[1]  100%  FINE
…

SUB_PRG B                         // 子程序SUB_PRG A，运动组定义[*, 1, *, *,]
1: L  P[10]  500mm/sec  CNT100
…
```

由于主程序MAIN_PRG未定义运动组、子程序SUB_PRG A定义了运动组1、子程序SUB_PRG B定义了运动组2，因此，在执行主程序MAIN_PRG指令行1～4时，所有运动组的程序运行输出信号均为OFF状态。执行指令行5运行子程序SUB_PRG A时，运动组1的程序运行输出信号成为ON。执行指令行10运行子程序SUB_PRG B时，运动组2的程序运行输出信号成为ON等。

2. 功能设定

FANUC机器人的运动组DO输出功能设定操作步骤如下。

① 接通控制柜的电源总开关，启动控制系统。操作模式选择示教（T1或T2）。

② 按操作菜单键【MENU】，光标选择“SETUP（设定）”，按【ENTER】键确认。

③ 按软功能键〖类型（TYPE）〗，光标选定设定项“动作输出（DO）”，按【ENTER】键确认，如图10-57（a）所示，示教器便可显示图10-57（b）所示的运动组DO输出设定页面。

运动组 DO 输出设定页面的显示、设定内容如下。

组号码：运动组序号。

程序：运动组程序运行输出信号地址。

JOG：运动组 JOG 操作输出信号地址。

④ 光标选定需要设定的运动组序号行，按软功能键〖DO〗或〖RO〗，选定输出信号的类别。

⑤ 用数字键、【ENTER】键，输入运动组输出信号的 DO、RO 地址。DO、RO 地址设定为 0 时，该运动组的信号输出无效。

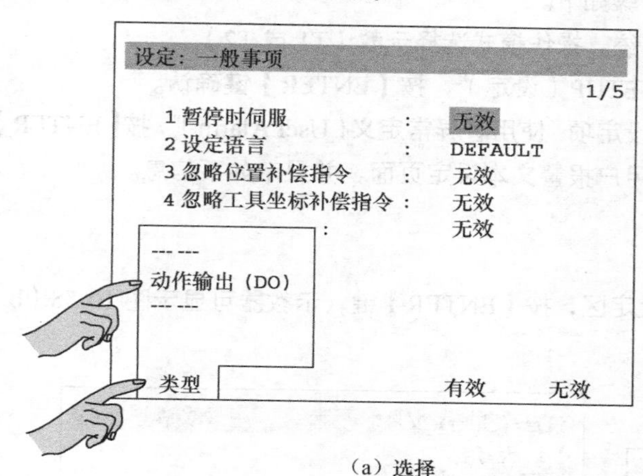

（a）选择

动作群组 输出(DO) 关节坐 10%

组号码	程序	JOG
1	RO[1]	RO[2]
2	DO[3]	DO[3]
3	RO[0]	RO[0]

[类型] RO DO

（b）显示

图 10-57 运动轴 DO 输出设定

同一运动组的程序运行输出信号和 JOG 操作信号的输出地址允许相同，在这种情况下，只要运动组处于程序运行或 JOG 操作状态，其输出信号均为 ON 状态。但是，不同运动组不能设定相同的输出信号地址。此外，在机器人程序自动运行时，也不能进行输出信号的类别、地址设定。

10.6 机器人操作参数设定

10.6.1 用户报警文本设定

1．功能说明

用户报警是机器人使用者（用户）根据实际作业需要所设置的、可在示教器上显示报警文本信息的特定机器人报警。用户报警文本可通过机器人设定操作进行设定，报警文本保存在系统参数（变量）$UALM_MSG[i]中。

FANUC 机器人的用户报警，可通过程序指令 UALM[i] 生效（*i* 为用户报警号）。执行指令 UALM[i]，机器人将暂停程序运行，同时，示教器可显示用户报警文本信息。

例如，在需要检查工件安装的机器人程序上，假设控制系统通用输入信号 DI[1] 为工件安装完成检测信号，DI[1]输入 ON 时，可正常执行程序，DI[1]输入 OFF 时，系统发出用户报警 UALM[1]，并在示教器上显示报警信息"no work on workstation"。为此，可利用机器人设定操作，将系统参数（变量）$UALM_MSG[1] 设定为"no work on workstation"，并在程序中编制以下指令：

……

```
IF DI[1] =ON , JMP LBL[1]        // 工件安装检测，DI[1]输入 ON，跳转至 LBL[1]继续
UALM[1]                          // DI[1]输入 OFF，程序暂停、示教器显示用户报警
LBL[1]                           // DI[1]输入 ON 时执行
J  P[1]  100%  FINE
……
```

2．功能设定

FANUC 机器人的用户报警文本设定操作步骤如下。

① 接通控制柜的电源总开关，启动控制系统。操作模式选择示教（T1 或 T2）。

② 按操作菜单键【MENU】，光标选择“SETUP（设定）”，按【ENTER】键确认。

③ 按软功能键〖类型（TYPE）〗，光标选定设定项“使用者异常定义（User Alarm）”，按【ENTER】键确认，示教器便可显示图 10-58（a）所示的用户报警文本设定页面，并显示如下信息。

异常号码：用户报警号 i 显示。

用户讯息：用户报警文本显示、设定。

④ 光标定位到需要设定的用户报警文本设定区，按【ENTER】键，示教器可显示图 10-58（b）所示的用户报警文本输入页面。

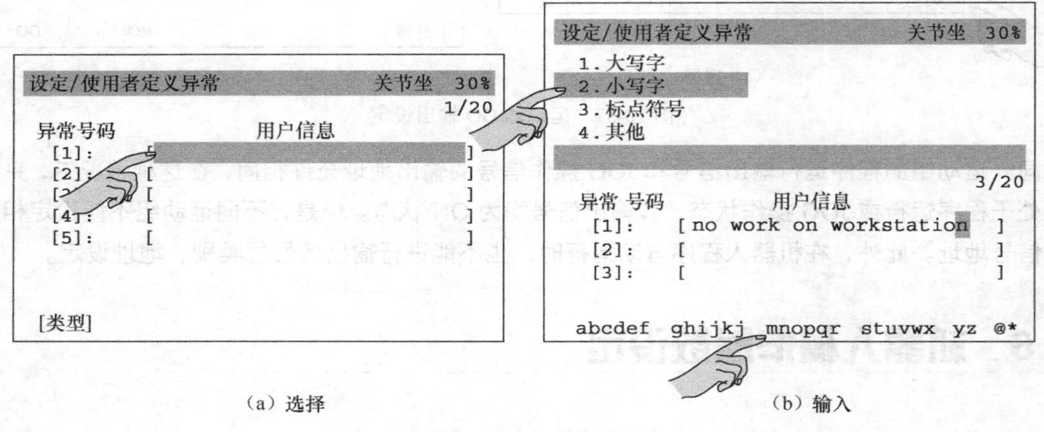

（a）选择　（b）输入

图 10-58　用户报警文本设定

⑤ 利用第 8 章第 8.3 节所述的程序名称输入同样的方法，利用软功能键、数字键输入报警文本。输入完成后，用【ENTER】键确认。

控制系统出厂允许设定的用户报警数量为 10 个，用户报警数量变更需要通过系统的控制启动（Controlled start）、利用存储器配置操作实现，有关内容参见下述。

10.6.2　报警等级变更及存储器配置

1．功能说明

控制系统报警等级设定功能用于系统报警的等级提升（变更）。操作者可根据实际需要，通过变更报警等级，改变控制系统生产厂家设定的报警处理方法，提升报警重要度。如果需要，也可通过控制系统的错误代码输出功能，将错误代码输出到上级控制器（如 PLC 等）。

报警等级变更，只能在系统出厂标准设定的基础上提升报警等级，不能降低。FANUC 机器人控

制系统出厂时允许变更的报警等级最大为 20 个。如果需要，操作者可通过后述的“报警等级变更数量设定”操作，将变更的报警等级数量最大扩展至 999 个。

FANUC 机器人系统报警等级设定显示如图 10-59 所示，设定栏的含义如下。

#：报警等级设定序号显示。

ID、种别：系统报警的 ID 号、报警类别的显示、选择。

ID 号、报警类别由控制系统生产厂家定义，操作者只能选择不能另行定义。FANUC 机器人常用的 ID 号、报警类别如表 10-4 所示，部分 ID 号、报警类别为系统预留。

```
设定/异常 Level：异常等级                关节坐 30%
#   ID   种别    号码    等级      显示
1   11   SRVO    6      暂停      默认值
2   11   SRVO    4      暂停      默认值
3   10   FLPY    2      默认值    发生中
4   10   FLPY    3      默认值    没有显示
5   3    PROG    5      所有暂停  默认值
6   3    PROG    6      所有暂停  默认值
7   2    FILE    1      默认值    默认值
8   2    FILE    2      默认值    默认值
9   33   DICT    8      默认值    默认值
  [类型]   校验   删除   选择   帮助
```

图 10-59　系统报警等级设定

表 10-4　FANUC 机器人常用的 ID 号、报警类别

ID 号	0	1	2	3	4	5	6	7	8
类别	OS	SRIO	FILE	PROG	COND	FLOG	MCTL	MEMO	GUID
ID 号	9	10	11	12	13	14	15	16	17
类别	TPIF	FLPY	SRVO	INTP	PRIO	TPAX	MOTN	VARS	ROUT
ID 号	18	19	20	21	23	24	25	26	27
类别	WNDW	JOG	APPL	LANG	SPOT	SYST	SCIO	PALT	UAPL
ID 号	33	34	35	36	37	38	42	43	44
类别	DICT	KCLI	TRAN	TKSP	COPT	APSH	CMND	RPM	LNTK
ID 号	45	46	47	48	49	50	51	52	53
类别	WEAV	TCPP	TAST	MUPS	MIGE	LSR	SEAL	PANE	ARC
ID 号	54	55	56	57	58	59	60		
类别	TRAK	CALB	SP	MACR	SENS	COMP	THSR		

号码：系统报警号码设定。

等级：报警等级设定。FANUC 机器人的报警等级可选择表 10-5 所示的设定值，报警等级可以通过设定，在系统出厂设定的基础上提高，但不能降低。

表 10-5 FANUC 机器人报警等级设定

设定值	等级	说明
默认值	系统出厂标准值	警示（WARNING）以上错误的代码自动输出
暂停	局部（LOCAL）暂停	发生报警的运动组程序暂停、机器人减速停止，报警灯 FAULT 亮
所有暂停	全局（GLOBAL）暂停	全部运动组的程序暂停、机器人减速停止
结束	局部（LOCAL）终止	发生报警的运动组程序强制结束，机器人减速停止
所有结束	全局（GLOBAL）终止	全部运动组程序强制结束，机器人减速停止
PLC 警告	错误代码输出	输出错误代码，错误代码需要占用 33 点 DO、1 点 DI

显示：报警显示设定。FANUC 机器人的报警显示可选择表 10-6 所示的设定值。

表 10-6 FANUC 机器人报警显示设定表

设定值	说明
默认值	系统出厂标准值
发生中	示教器自动显示报警，报警信息记录到报警履历
没有显示	示教器不显示报警，报警信息不记录到报警履历
没有履历	报警信息不记录到报警履历
NOERLIN	示教器信息显示行不显示报警。

2. 功能设定

FANUC 机器人报警等级设定操作步骤如下。

① 接通控制柜的电源总开关，启动控制系统。操作模式选择示教（T1 或 T2）。

② 按操作菜单键【MENU】，光标选择"设定（SETUP）"，按【ENTER】键确认。

③ 按软功能键〖类型（TYPE）〗，光标选择"0 —NEXT—"，按【ENTER】键确认，示教器可显示第 2 页扩展设定选项（参见图 10-60）。

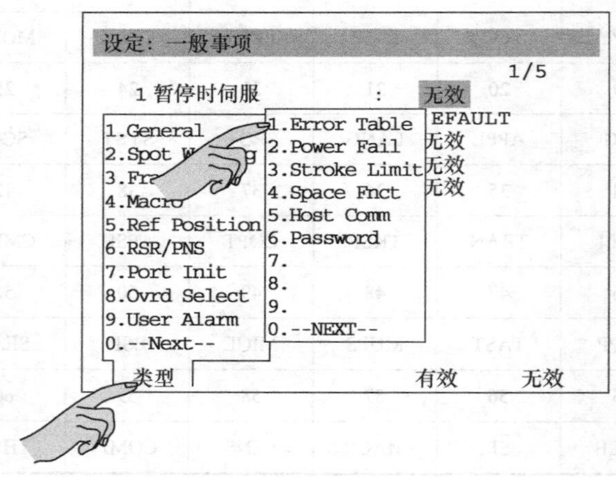

图 10-60 系统报警等级设定操作

④ 光标选定第 2 页的设定项"设定异常等级（Error Table）"，按【ENTER】键确认，示教器便可显示图 10-59 所示的报警等级设定页面。

⑤ 光标选定设定行的"ID"输入区，用数字键、【ENTER】键，输入表 10-4 所示的 ID 号。若

ID 号输入不正确，示教器将显示提示信息“无效的异常 ID”。

⑥ 移动光标到设定行的“号码”输入区，用数字键、【ENTER】键输入报警号。若报警号输入不正确，示教器将显示提示信息“输入的数值不正确，范围：0～999”。

⑦ 移动光标到设定行的“等级”输入区，按软功能键〖选择（CHOICE）〗，示教器可显示图 10-61 所示的报警等级设定值选择项。光标选定所需的设定项，按【ENTER】键输入。报警等级需要设定为“PLC 警告”时，必须事先通过系统设定（SYSTEM）操作，将系统参数（变量）$ER_OUTPUT.$PLCWARN 的值设定为“TRUE”。

⑧ 移动光标到设定行的“显示”输入区，按软功能键〖选择（CHOICE）〗，示教器可显示图 10-62 所示的报警显示设定值选择项。光标选定所需的设定项，按【ENTER】键输入。

⑨ 设定完成后，按软功能键〖校验〗，可检查报警 ID、报警号设定是否正确。按软功能键〖帮助〗，可显示帮助信息显示页面，帮助信息显示时，可按示教器返回键【PREV】，返回报警等级设定页面。

⑩ 需要删除报警等级设定时，可用光标选定设定行，按软功能键〖删除〗，示教器将显示提示信息“删除这个输入吗？”及软功能键〖是（YES）〗、〖不是（NO）〗。按软功能键〖是（YES）〗，指定的报警等级设定行将被删除。

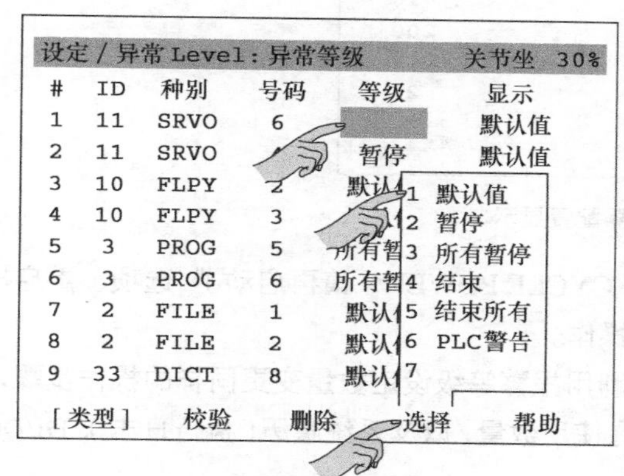

图 10-61 系统报警等级设定选择

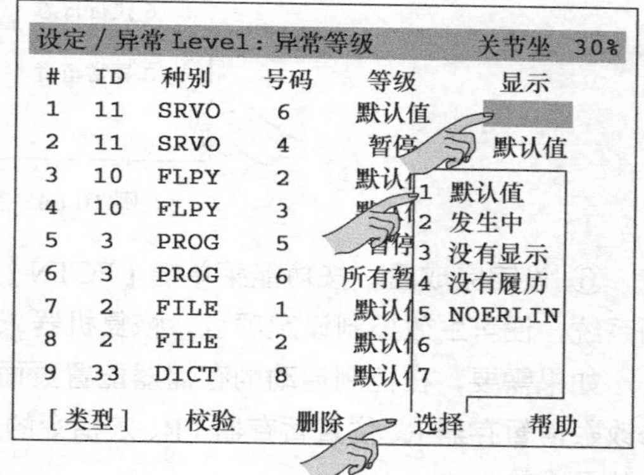

图 10-62 系统报警显示设定选择

3．存储器配置

FANUC 机器人的报警等级设定数量变更需要通过系统的控制启动（Controlled start）、利用存储器配置操作实现，其操作步骤如下。

① 同时按住示教器上的选页键【PREV】、【NEXT】，接通控制柜系统总电源开关。系统电源接通后，示教器可显示图 10-63（a）所示的系统启动选择页面。

② 按数字键【3】、输入键【ENTER】，选择控制启动（Controlled start）选项，示教器将显示图 10-63（b）所示的控制启动初始化设定页面。

③ 按菜单键【MENU】，示教器可显示控制启动操作选项。光标选定“0 —NEXT—”，按【ENTER】键确认，示教器可显示控制启动的扩展操作菜单。

④ 光标选定扩展操作菜单的设定项“设定最大数”，按【ENTER】键确认，示教器可显示图 10-64 所示的系统存储器配置页面。

⑤ 移动光标到设定行的“异常重度”输入区，用数字键、【ENTER】键，输入报警等级变更数量。

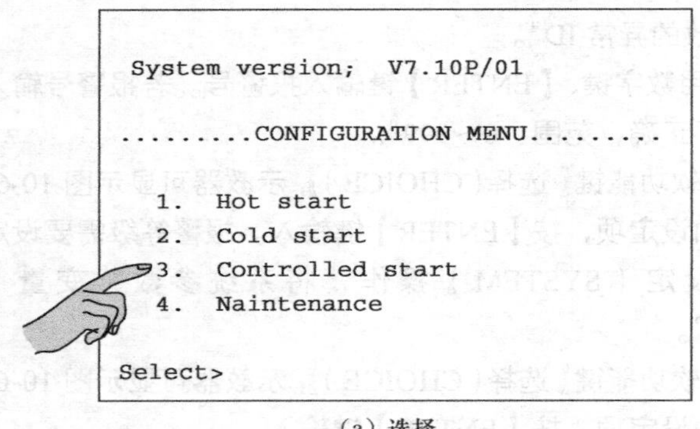

(a) 选择

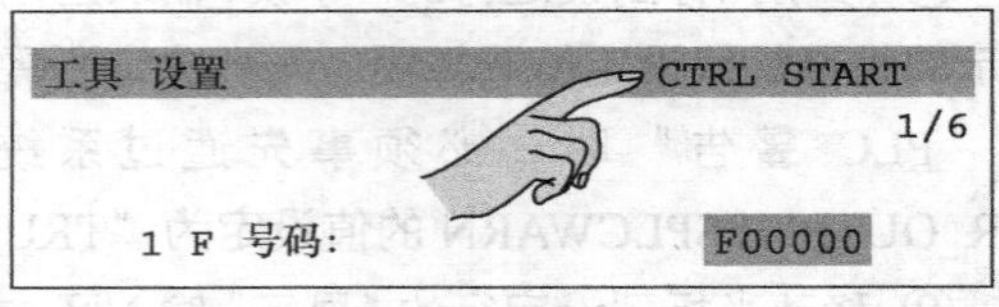

(b) 显示

图 10-63 系统控制启动

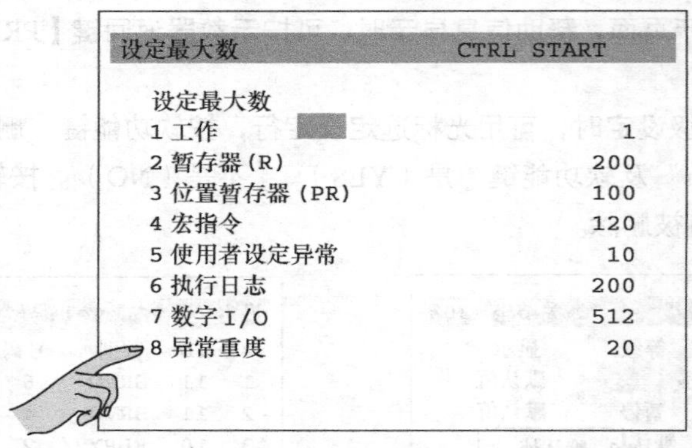

图 10-64 系统存储器配置显示

⑥ 设定完成后，按功能菜单键【FCTN】、选择“CYCLE POWER（请再启动）”选项、重启控制系统，便可生效控制设定项目，恢复机器人的正常操作。

如果需要，在控制启动的存储器配置页面上，可利用报警等级设定数量变更同样的操作步骤，修改数值暂存器 R、位置暂存器 PR、宏指令的最大允许使用数量，以及系统履历（执行日志）、DI/DO 点的最大输入。

10.6.3 用户密码设定

1. 功能说明

用户密码用来规定操作者的权限，保护控制系统数据，防止系统设定、机器人设定、作业程序等重要数据被其他人员修改。FANUC 机器人的密码保护属于辅助操作功能，它需要通过“安装用户”的设定，才能生效。密码保护功能生效后，机器人操作就需要进行用户登录，只有在输入用户名、密码后，才能以规定的操作权限操作机器人。

在设定密码的机器人上，可登录、操作机器人的用户只能为 1 人。登录的用户在完成机器人操作后，可通过“登出”操作注销密码。或者，利用控制系统的密码自动注销功能，通过机器人操作等待时间（使用者超过时间）的设定，自动注销密码。密码注销后，控制系统将设置最低操作权限（0 级）。

FANUC 机器人控制系统的密码允许 3～12 个字，密码保护等级可分 9 级（0～8），0 级权限最低，只能进行最基本的操作，1～7 级的操作权限依次提高，8 级具有最高权限，可进行系统的全部操作，但只能设定唯一的使用者（用户）。具有 8 级操作权限的使用者称为“安装用户”，其他各级使用者的用户名、保护等级（操作权限）等，都需要由安装用户进行分配。如果系统未设定安装用户，机器人的密码保护功能无效。

FANUC 机器人出厂设置的保护等级及名称如表 10-7 所示，等级 3～7 的名称、权限可由安装用户定义，控制系统电源接通时，将自动设置等级 0（操作者）。

表 10-7　系统出厂默认的保护等级

等级	保护等级	操作权限
0	操作者	基本的系统操作
1	程序师	可进行程序编辑等中级操作
2	设定者	可进行系统设定等高级操作
3~7	等级 3~7	由安装用户定义
8	安装	可进行全部操作，能设定与清除用户、密码、保护等级等参数。

各级用户可利用示教器操作菜单（MENU）进行的操作权限如表 10-8 所示。

表 10-8　用户操作权限

操作菜单	操作选项	保护等级			
		安装	设定者	程序师	操作者
UTILITIES（共用程序/功能）	实时位置修改、程序偏移、程序镜像、工具及用户坐标系变换	★	★	○	○
	运动组切换、作业工具设定	★	○	○	○
	提示	○	○	○	○
TEST CYCLE（测试运转）	设置	★	○	○	○
MANUL FCTNS （手动操作功能）	机器人、工具手动	★	★	★	★
ALARM（异常履历）	系统履历、密码、通信日志	★	○	○	○
	系统还原	○	○	○	○
I/O（设定输出 / 输入信号）	接口与网络连接设置、I/O 设定与配置、PMC 连接	★	★	○	○
	PLC-I/O	○	★	○	○
	PMC 显示	○	○	○	○
STEUP（设定）	密码设定	★	★	★	★
	机器人作业设定	★	★	★	○
	Cell、程序选择、作业参数（焊接装置）、SPOT 基本、一般设定、坐标系、宏指令、参考点、通信接口、速度功能、用户报警、报警等级、后台运算、主站通信	★	★	○	○
	伺服焊钳（GUN）、碰撞检测、示教器彩色显示设置、再启动位置、协调控制、行程极限、动作 DO 输出	★	○	○	○
FILE（文件）	文件、文件存储	★	★	★	○
	自动备份	★	○	○	○
SOFT PANEL（软面板）	软面板显示、设定	★	★	○	○
USER（使用者设定）	用户显示、设定	★	★	★	○
SELECT（程序一览）	程序一览表	★	★	★	○
EDIT（编辑）	程序编辑	★	★	★	○
DATA（资料）	变量运算、位置寄存器、KAREL 参数	★	★	★	○
	作业参数	★	○	○	○

续表

操作菜单	操作选项	保护等级			
		安装	设定者	程序师	操作者
STATUS（状态）	机器人准备	★	★	★	★
	无效报警	★	★	○	○
	轴、执行履历、程序定时器、运行定时器、远程诊断、条件	★	○	○	○
	作业、伺服焊钳（GUN）、软件版本、安全信号、存储器状态、应用状态	○	○	○	○
POSITION（现在位置）	当前位置显示	○	○	○	○
SYSTEM（系统）	系统变量（参数）	★	★	★	○
	手动超程解除	★	★	○	★
	时间、机器人零点调整、轴行程、负载设定、主站设定	★	★	○	○
	工具（焊枪）零点校准	★	○	○	○
USER2（使用者设定 2）	用户 2 设定页面	★	★	★	○
BROWSER（浏览器）	浏览器	○	○	○	○

注：“★”代表可显示、设定和修改；“○”代表可显示，不能修改。

2. 安装用户设定

FANUC 机器人的密码保护属于辅助操作功能，它需要通过“安装用户”的设定，才能生效。安装用户设定的操作步骤如下。

① 接通控制柜的电源总开关，启动控制系统。操作模式选择示教（T1 或 T2），示教器 TP 开关置 ON。

② 按操作菜单键【MENU】，光标选择“设定（SETUP）”，按【ENTER】键确认。

③ 按软功能键〖类型（TYPE）〗，光标选择“0 —NEXT—”，按【ENTER】键确认，示教器可显示图 10-65（a）所示的第 2 页扩展设定选项。光标选定设定项“密码（Password）”，按【ENTER】键确认，示教器便可显示图 10-65（b）所示的安装用户设定页面，并显示如下内容。

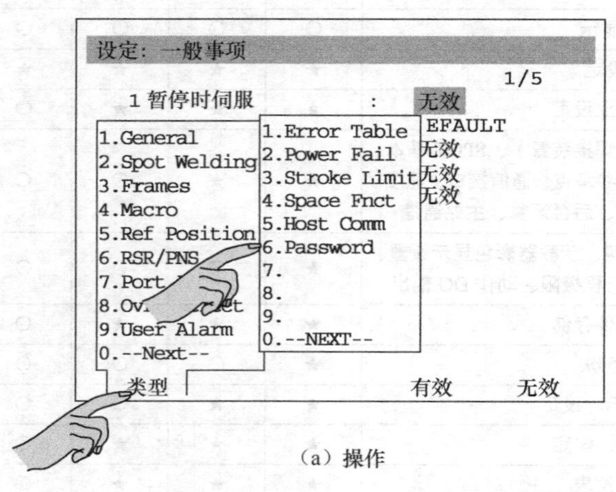

（a）操作

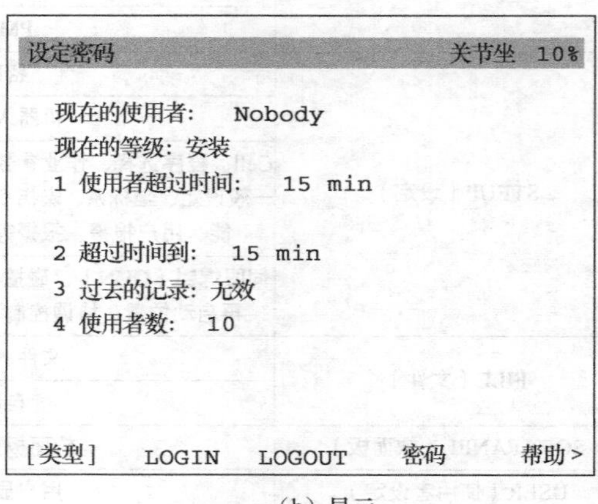

（b）显示

图 10-65 安装用户设定选择与显示

现在的使用者：控制系统出厂设定的初始用户名，如“Nobody”等。

现在的等级：当前保护等级，初始设定为“安装”。

使用者超过时间：操作等待时间，单位 min（分）、设定范围 0～10080min（7 天），初始值一般为 15min。时间设定后，如果登录用户在设定时间内未进行任何操作，系统将自动注销密码、恢复最低操作权限（0 级）。时间设定为 0 时，密码自动注销功能无效。

超过时间到：操作等待倒计时，当前时刻离系统自动注销密码的时间。

过去的记录：可生效/撤销密码日志记录及显示功能。

使用者数：允许使用机器人的用户数量，允许范围为 10～100。

④ 按软功能键〖LOGIN（登入）〗，示教器可显示图 10-66 所示的安装用户输入页面，保护等级自动选择“安装”。

⑤ 光标选定“使用者”输入区，用数字键、软功能键（字符）、【ENTER】键，输入安装用户名（例如 BOB 等）。完成后，用【ENTER】键确认，示教器可显示图 10-67 所示的安装用户密码设定页面。

⑥ 用数字键、【ENTER】键，输入 3～12 个字的安装用户密码，并再次输入同样的密码确认。密码输入完成后，示教器将显示提示信息“要登入吗？”及软功能键〖YES（是）〗、〖NO（不是）〗。

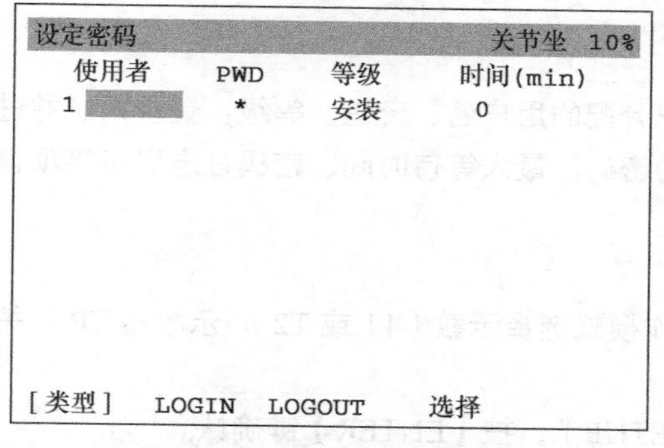

图 10-66　安装用户输入页面

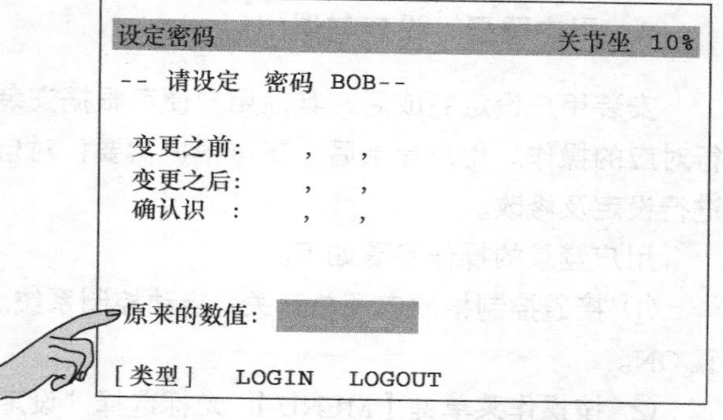

图 10-67　安装用户密码设定页面

⑦ 按〖YES（是）〗，所设定的安装用户便可登录系统，示教器将显示用户设定、操作权限分配页面（参见图 10-68），并在安装用户名（如 BOB 等）前，显示登录标记“@”；若不需要进行其他用户设定，可按软功能键〖NO（不是）〗，放弃安装用户登录操作。

安装用户登录后，可继续进行以下用户分配操作。

⑧ 在光标选定图 10-68 所示的“使用者”的用户名、密码、最大等待时间输入区，用数字键、软功能键、【ENTER】键进行各项设定。设定“等级”时，可按软功能键〖选择〗，在示教器显示的表 10-7 所示的出厂设定等级上选择、输入。

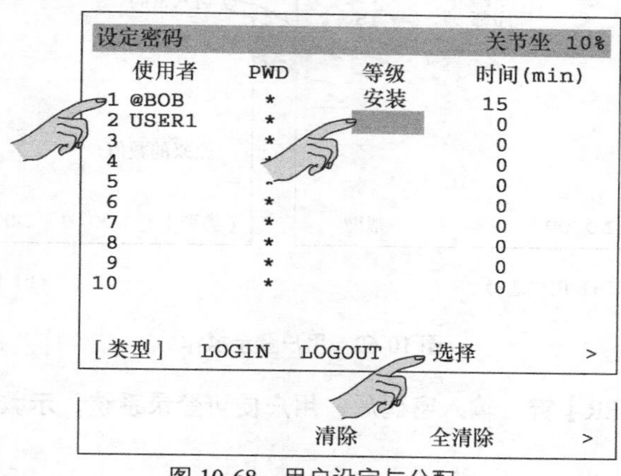

图 10-68　用户设定与分配

需要删除已设定的用户时，可按示教器的【NEXT】键显示扩展软功能键，然后，利用软功能键〖清除〗，删除光标选定的用户。或者，利用软功能键〖全清除〗，删除除安装用户外的全部用户。

⑨ 安装用户设定完成后，按软功能键〖LOGOUT（退出）〗可注销安装用户密码，退出安装用户设定操作，返回“操作者”等级。此后，其他操作者便可用指定的用户名、密码，登录系统，并使用相应的操作权限。

7DA4 以上版本的机器人控制系统，可使用安装用户 U 盘自动登录功能。使用这一功能时，应将系统参数（变量）$PASSWORD.$ENB_PCMPWD 设定为“TRUE”，此时，示教器可显示软功能键〖U 盘〗。安装用户登录后，只要插入 U 盘、按软功能键〖U 盘〗，示教器便可显示软功能键〖OK〗、〖取消〗。选择〖OK〗键，控制系统可格式化 U 盘、保存密码、创建安装用户登录 U 盘。安装用户登录 U 盘创建后，下次安装用户登录时，只需要将 U 盘插入控制系统，便可实现安装用户的自动登录。

3．用户登录、设定与退出

安装用户设定完成后，其他用户便可根据安装用户分配的用户名、密码、等级，登录系统并进行对应的操作。用户登录后，还可根据需要，对自己的密码、最大等待时间、密码日志显示等项目进行设定及修改。

用户登录的操作步骤如下。

① 接通控制柜的电源总开关，启动控制系统。操作模式选择示教（T1 或 T2），示教器 TP 开关置 ON。

② 按操作菜单键【MENU】，光标选择“设定（SETUP）”，按【ENTER】键确认。

③ 按软功能键〖类型（TYPE）〗，光标选择“0 —NEXT—”，按【ENTER】键确认后，在示教器显示的扩展设定选项上，选定设定项“密码（Password）”，按【ENTER】键确认，示教器便可显示图 10-69（a）所示的用户一览表页面。

④ 用光标在“使用者”栏选定自己的用户名，按软功能键〖登入（LOGIN）〗，示教器可显示图 10-69（b）所示的密码输入页面。

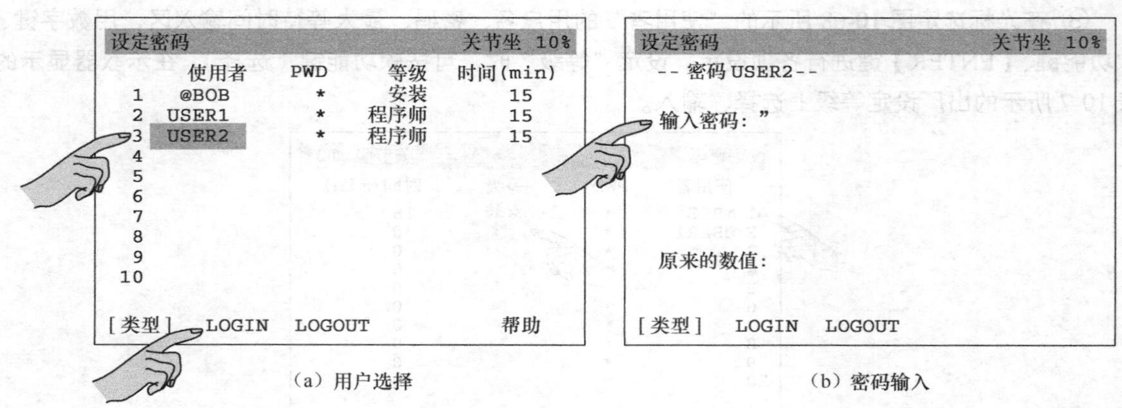

(a) 用户选择　　(b) 密码输入

图 10-69　用户登录操作

⑤ 用数字键、【ENTER】键，输入密码后，用户便可登录系统，示教器将显示图 10-70 所示的登录用户设定页面。

在用户登录页面上，可用光标键、数字键、软功能键、【ENTER】键，选择“使用者超过时间”设定项，更改操作等待时间，不使用系统自动注销时，可将该项设定为“0”。或者，选择“过去的记录”设定项，利用软功能键，生效/撤销密码日志记录与显示功能。

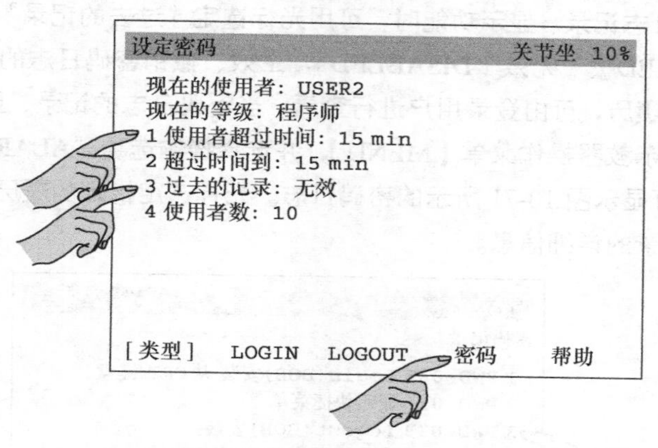

图 10-70 登录用户设定页面

需要更改密码时，可按软功能键〖密码（PWD）〗，示教器可显示用户密码设定页面（参见图 10-67）。在该页面上，可用光标键、数字键、【ENTER】键，依次选定在“变更之前”、“变更之后”、“确认”输入区，并输入原密码、新密码（确认）。

FANUC 机器人控制系统只允许有一个登录用户，若登录的用户尚未退出，进行新用户登录操作时，示教器将显示提示信息“***是登入中，LOGOUT? [不要]”，并显示软功能键〖YES（是）〗、〖NO（不是）〗。按〖YES（是）〗，可退出原登录用户，进行新用户登录；按〖NO（不是）〗，可放弃新用户登录操作。

⑥ 用户完成机器人操作后，可通过步骤②～③的操作，显示用户一览表页面，按软功能键〖LOGOUT（登出）〗，退出用户登录。用户登录退出后，系统将自动返回至操作者等级。

4．用户数更改与功能撤销

更改用户数量、撤销密码功能需要由具备最高操作权限的机器人安装用户完成，其操作步骤如下。

① 通过用户登录操作，以“安装用户”的身份、密码登录系统后，示教器可显示安装用户登录页面，“现在的等级”项显示“安装”（参见图 10-65）。

在安装用户登录页面上，可根据需要进行如下操作。

② 需要改变用户数量时，可用光标选定安装用户登录页面的“使用者数”输入区，然后，用数字键、【ENTER】键，输入新的用户数。

用户数量增加时，示教器将显示提示信息“执行 COLD-START 后，改变值有效”，新增用户将在执行控制系统冷启动操作后生效。

用户数量减少时，示教器将显示提示信息“再确认/要删除使用者吗? [不要]”，以及软功能键〖YES（是）〗、〖NO（不是）〗。按软功能键〖YES（是）〗，可减少用户数量、删除多余用户，用户数量修改后，需要重启控制系统才能生效；按软功能键〖NO（不是）〗，可放弃用户数量修改操作。

③ 需要撤销密码保护功能时，可在安装用户登录页面上，按示教器【NEXT】键显示扩展软功能键〖有效（ENABLED）〗、〖无效（DISABLED）〗。

按软功能键〖无效（DISABLED）〗，示教器可显示提示信息"使密码无效吗？[不是]"及软功能键〖YES（是）〗、〖NO（不是）〗。按〖YES（是）〗，将撤销密码功能、清除安装用户；按〖NO（不是）〗，可放弃密码功能撤销操作。

④ 需要修改密码日志记录、显示功能时，可用光标选定"过去的记录"输入区，然后，利用软功能键〖有效（ENABLED〗、〖无效（DISABLED〗，生效、撤销密码日志的记录、显示功能。

密码日志属于系统履历，可由登录用户进行查看。当密码日志的记录、显示功能（过去的记录）设定为"有效"时，按示教器操作菜单【MENU】，并选择操作选项"ALARM（异常履历）"、类型选项"密码记录"，便可显示图 10-71 所示的密码日志。光标选定指定的履历，按软功能键〖细节〗，可进一步显示该履历记录的详细信息。

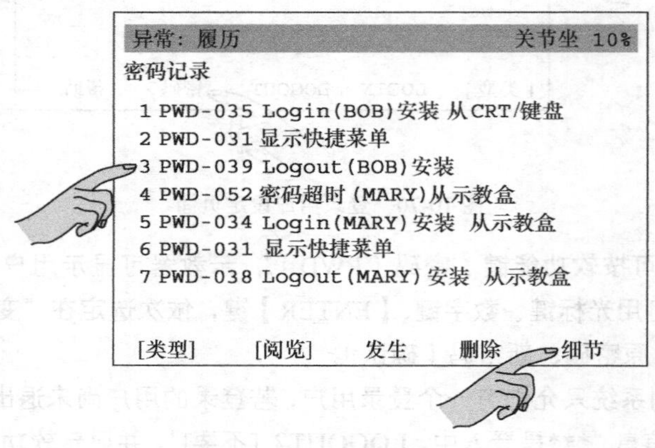

图 10-71 密码日志显示

10.6.4 机器人通信设定

1. 通信接口与设备

FANUC 机器人控制系统可以通过主板（MAIN BOARD）的通信接口，连接上级计算机、操作/显示单元、编程器、传感器等外设，并进行串行数据通信。

FANUC 机器人控制系统的串行通信接口、连接器的代号及安装位置如图 10-72 所示。

FANUC 机器人常用的通信接口为 RS-232C，接口可以连接的串行通信设备及标准设定参数如表 10-9 所示。

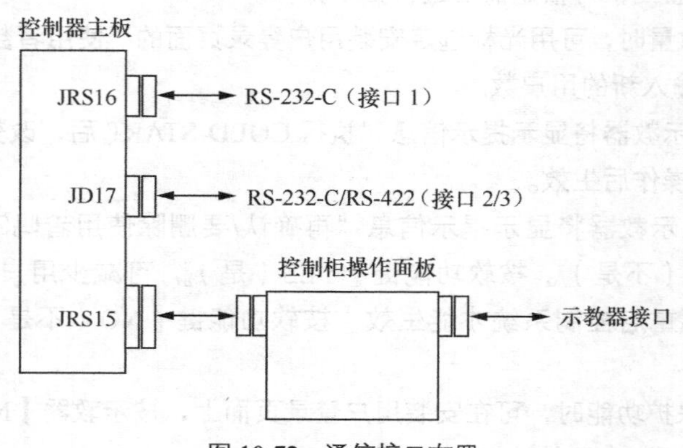

图 10-72 通信接口布置

表 10-9 机器人常用连接设备及通信参数

设备名称	连接设备	传输速率（bit/s）	奇偶校验	停止位
No Use	无（接口不使用）	—	—	—
Sensor	FANUC Eye V120 视觉传感器	4800	奇	1
Host Comm	主计算机	4800	奇	1
Factory Terminal	FANUC 终端	9600	无	1
KCL/CRT	FANUC 操作/显示单元	9600	无	1
TP Demo Device	示教计算机	9600	无	1
PMC programmer	PMC 编程计算机	9600	无	1
Maintenance Cons	FANUC 维修测试仪	9600	无	2

2. 通信设定

FANUC 机器人通信设定的操作步骤如下。

① 接通控制柜的电源总开关，启动控制系统。操作模式选择示教（T1 或 T2），示教器 TP 开关置 ON。

② 按操作菜单键【MENU】，光标选择“设定（SETUP）”，按【ENTER】键确认。

③ 按软功能键〖类型（TYPE）〗，光标选择“Port Init（设定通信端口）”，按【ENTER】键确认，示教器可显示图 10-73 所示的通信接口一览表页面，并显示连接器号（接头）、接口规范（端口）及通信设备名称（注解）。

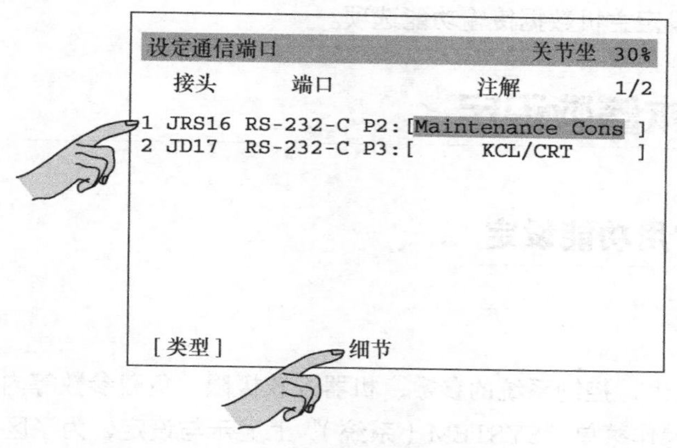

图 10-73 通信接口一览表显示

④ 光标选定需要设定的接口行，按软功能键〖细节（DETAIL）〗，示教器可显示图 10-74（a）所示的当前接口参数设定页面。参数设定页面各设定项的含义如下。

通信机器：通信设备名称。通信设备名称可在输入区选定后，利用软功能键〖选择（CHOICE）〗显示、选择。

转送速度：数据传输速率，单位 bit/s。

奇偶位元：奇偶校验方式。奇偶校验方式可在输入区选定后，利用软功能键〖选择（CHOICE）〗显示、选择“Odd（奇校）”“Even（偶校）”或“None（不校验）”。

停止位元：数据附加停止位的数量，可选择“1bit（1 位）”“2bit（2 位）”等。

限制时间：通信等待时间，单位 s。如果控制系统在通信等待时间内，未接收到外设的数据传送请求，将自动取消通信链接。

⑤ 光标选定通信设备名称（通信机器）输入区，按软功能键〖选择（CHOICE）〗，示教器可显示图 10-74（b）所示的通信设备选项。光标选择所需要的通信设备，按【ENTER】键输入，示教器便可返回图 10-74（a）所示的接口参数设定页面。接口不使用时，应选择“No Use”选项。此外，不同的通信接口也不能选择同一通信设备。

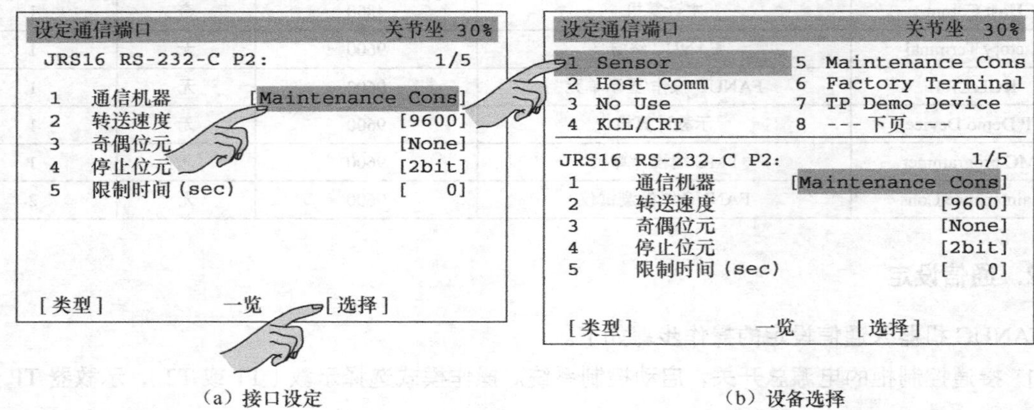

（a）接口设定　　（b）设备选择

图 10-74　接口参数设定及设备选择

⑥ 光标选定其他参数设定项输入区，用数字键、软功能键、【ENTER】键完成通信参数设定。全部通信参数设定完成后，按软功能键〖一览〗可返回图 10-73 所示的通信接口一览表页面。

当通信设备选择“Host Comm（主机通信）”时，还可在机器人设定类型选项“Host Comm（主机通信）”上，进一步设定主机数据传输功能选项。

10.7 系统基本参数设定

10.7.1 时间及常用功能设定

1. 系统设定内容

在 FANUC 机器人上，控制系统的参数、机器人软极限、负载参数等内容，需要利用操作菜单键【MENU】，在扩展操作菜单“SYSTEM（系统）”上显示与设定，为了区分机器人设定操作菜单“SETUP（设定）”，本书将其称为“系统设定”。

FANUC 机器人的系统设定的内容（类型），可通过示教器的操作菜单键【MENU】的扩展操作菜单“系统（SYSTEM）”上，显示页的软功能键〖类型（TYPE）〗进一步选择，其基本操作步骤如下。

① 接通控制柜的电源总开关，启动控制系统。

② 将控制面板的操作模式选择开关置示教模式 1（T1 或 T2），并将示教器的 TP 有效开关置“ON”位置（通常情况，下同）。

③ 按操作菜单键【MENU】，光标选择“0 —NEXT—”，按【ENTER】键确认，示教器可显示扩展操作菜单。光标选定操作菜单“系统（SYSTEM）”，按【ENTER】键确认，示教器可显示系统设定基本页面。

④ 按软功能键〖类型（TYPE）〗，示教器可显示图 10-75 所示的设定内容选择项。系统设定内

容选项的作用如下（括号内为示教器的中文显示，部分翻译不一定确切）。

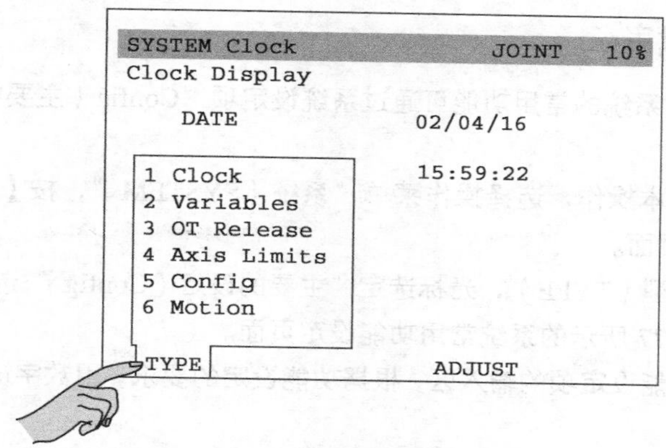

图 10-75　系统设定类型选择

1 Clock（设定时间）：系统日期、时间设定。

2 Variables（系统参数）：控制系统参数设定。

3 OT Release（手动过行程释放）：手动超程解除设定。

4 AXIS Limit（设定：轴范围）：机器人软极限设定。

5 Config（主要的设定）：控制系统常用功能设定。

6 Motion（负载设定）：机器人负载设定（详见第 11 章第 11.4 节）。

如果系统参数（变量）$MASTER_ENB 设定为“1”或“2”，系统设定还将增加机器人校准设定项“Master/Cal（零度点调整）”的显示（详见第 11 章第 11.2 节）。

⑤ 光标选定所需要的选择项，按【ENTER】键确认，示教器即可显示所需要的系统设定页面。

⑥ 在系统设定显示页面上，可用光标选定设定项后，利用数字键、【ENTER】键、软功能键，按要求输入或选择参数，完成系统设定后，关闭系统电源，冷启动系统生效设定。

在系统设定项目中，系统时间、系统参数、机器人软极限及手动超程解除的设定操作较为简单，一并介绍如下。控制系统的零点校准、功能配置、机器人负载设定的操作方法详见后述。

2. 系统日期、时间设定

正确设定控制系统的时间，可使控制系统创建的报警履历、操作履历等记录中的时间，能与系统发生报警、实施操作的实际时间统一，以准确监控系统及机器人的运行情况。设定系统时间的操作步骤如下。

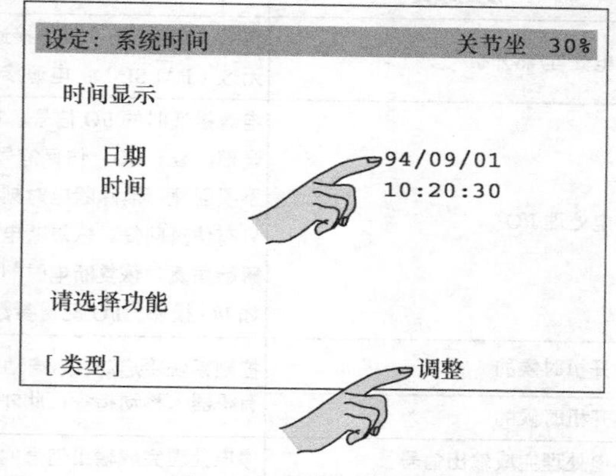

图 10-76　系统时间设定

① 利用系统设定基本操作，选择操作菜单“系统（SYSTEM）”，按【ENTER】键确认，示教器可显示系统设定基本页面。

② 按软功能键〖类型（TYPE）〗，光标选定“设定时间（Clock）”选项，按【ENTER】键确认，示教器可显示图 10-76 所示的控制系统日期、时间设定页面。

③ 光标选定日期、时间设定区，按软功能键

〖调整（ADJUST）〗后，用数字键、【ENTER】键，输入日期、时间。

3. 系统常用功能设定

FANUC 机器人控制系统的常用功能可通过系统设定项“Config（主要的设定）”设定，其操作步骤如下。

① 利用系统设定基本操作，选择操作菜单“系统（SYSTEM）”，按【ENTER】键确认，示教器可显示系统设定基本页面。

② 按软功能键〖类型（TYPE）〗，光标选定“主要的设定（Config）”选项，按【ENTER】键确认，示教器可显示图 10-77 所示的系统常用功能设定页面。

③ 光标选定常用功能设定项的输入区，根据功能设定的要求，用数字键、软功能键、【ENTER】键，输入设定值。

FANUC 机器人控制系统的常用功能参数设定要求如表 10-10 所示，表中的“设定项目”为示教器的中文显示，部分文字的翻译可能不甚确切，实际使用时建议参照表中的设定值说明。

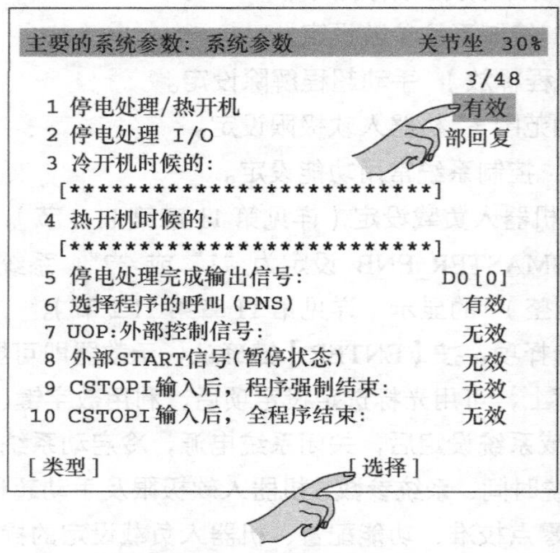

图 10-77 系统常用功能设定

表 10-10 FANUC 机器人常用功能设定

设定项目	设定值及说明
停电处理/热开机	有效（TRUE）：电源接通时控制系统为热启动方式 无效（FALSE）：电源接通时控制系统为冷启动方式
停电处理 I/O	电源接通时的 I/O 信号、仿真信号状态恢复设定 全部回复：I/O、仿真信号全部恢复为断电时刻的状态 不要回复：清除断电时刻的所有 I/O、仿真状态 只有仿真回复：恢复断电时刻的仿真状态、清除 I/O 状态 解除仿真：恢复断电时刻的 I/O 状态、清除仿真状态 如 I/O 模块、I/O 配置参数被改变，状态恢复功能将成为无效
冷开机时候的 热开机时候的	控制系统冷启动、热启动时自动启动的程序名称；自动启动程序将在伺服启动前执行，程序不能有机器人移动指令；此外，如果自动启动程序不能在 15s 内执行完成，系统将强制结束程序
停电处理完成输出信号	停电处理完成输出信号的 DO 地址，设定“0”，功能无效

续表

设定项目	设定值及说明
选择程序的呼叫（PNS）	有效（TRUE）：电源接通时自动选择断电时刻的 PNS 自动运行程序 无效（FALSE）：电源接通时成为自动运行程序未选择状态
UOP:外部控制信号	有效（TRUE）：远程输入信号 UI[1]～UI[18]有效 无效（FALSE）：远程输入信号 UI[1]～UI[18]无效
外部 START 信号（暂停状态）	有效（TRUE）：远程输入信号 START（UI[6]）只能启动当前处于暂停状态的程序 无效（FALSE）：信号 START 可从示教器光标选定行启动程序自动运行
CSTOPI 输入后程序强制结束	有效（TRUE）：远程输入信号 CSTOPI（UI[4]）输入时，立即强制结束程序的自动运行 无效（FALSE）：信号 CSTOPI 输入时，自动运行在当前程序执行完成后停止
CSTOPI 输入后全程序结束	有效（TRUE）：远程输入信号 CSTOPI（UI[4]），可强制结束多任务控制系统的全部程序运行 无效（FALSE）：信号 CSTOPI，只能结束当前任务的程序自动运行
确认信号后执行 PROD_START	有效（TRUE）：远程输入 PROD_START（UI[18]）仅用于 PNS 程序启动，信号只有在 PNS 选通信号 PNSTROBE（UI[18]）输入 ON 时才有效 无效（FALSE）：信号 PROD_START 始终有效，可启动示教器选定程序的自动运行（本地运行启动）
复位信号检测	下降沿（FALL）：远程输入信号 FAUL_RESET（UI[5]）下降沿有效 上升沿（RISE）：远程输入信号 FAUL_RESET（UI[5]）上升沿有效 改变设定值需要重启控制系统
空气压异常（*PPABN）检测	有效（TRUE）：使用空气压力检测信号*PPABN（各运动组可独立设定） 无效（FALSE）：空气压力检测信号*PPABN 无效 改变设定值需要重启控制系统
等待指令时间限制	程序等待指令 WAIT 的超时（TIMEOUT）时间，单位 s；默认值 30s
收到指令时间限制	传感器信号接收指令 RCV 的接收等待时间（选配功能）
回到程序的前头来了	有效（TRUE）：程序自动运行结束时，光标返回到程序起始行 无效（FALSE）：程序自动运行结束时，光标停在程序结束行
原始的程序名称	程序创建时的默认程序名
标准指令设定	按【ENTER】可进入标准功能键设定页，并进行如下设定 显示名称：使用标准指令功能键可显示 7 字符以内的名称 行数：使用标准指令功能键可显示 4 条以内的逻辑指令
加减速指令（ACC）上限值	ACC 指令允许编程的最大加减速倍率，默认值 150
加减速指令（ACC）下限值	ACC 指令允许编程的最小加减速倍率，默认值 0
姿态改变时，标准姿态无效	追加：所有直线、圆弧插补指令均自动添加手腕关节控制附加命令 Wjnt 删除：直线、圆弧插补指令不自动添加手腕关节控制附加命令 Wjnt
异常画面自动显示	有效（TRUE）：系统报警时示教器不能自动切换到报警显示页面 无效（FALSE）：系统报警时示教器可自动切换为报警显示页面
消息自动显示画面	有效（ENABLE）：执行信息显示指令 MESSAGE，示教器可自动切换到用户报警显示页 无效（DISABLE）：执行指令 MESSAGE，示教器不能自动切换到用户报警显示页
Chain 异常复位的执行	有效（TRUE）：示教器【RESET】键可用于冗余控制急停回路复位 无效（FALSE）：【RESET】键对冗余控制急停回路复位无效
AUTO 模式时的信号设定	有效（TRUE）：操作模式选择自动时，允许示教器设定 I/O 信号 无效（FALSE）：操作模式选择自动时，不能通过示教器设定 I/O 信号
AUTO 模式时的速度改变	有效（TRUE）：操作模式选择自动时，允许示教器调节速度倍率 无效（FALSE）：操作模式选择自动时，不能通过示教器调节速度倍率
AUTO 模式信号	自动（AUTO）操作模式的状态输出信号 DO 地址，设定“0”时功能无效。改变设定值需要重启控制系统

续表

设定项目	设定值及说明
T1 模式信号	T1（示教 1）操作模式的状态输出信号 DO 地址，设定“0”时功能无效。改变设定值需要重启控制系统
T2 模式信号	T2（示教 2）操作模式的状态输出信号 DO 地址，设定“0”时功能无效。改变设定值需要重启控制系统
紧急停止信号	系统急停时的状态输出信号 DO 地址，设定“0”时功能无效 改变设定值需要重启控制系统
仿真状态信号	输入仿真生效时的状态输出信号 DO 地址，设定“0”时功能无效 改变设定值需要重启控制系统
仿真输出状态信号	输出仿真生效时的状态输出信号 DO 地址，设定“0”时功能无效 改变设定值需要重启控制系统
仿真输入待延迟时间	跳步信号 SKIP 仿真时的跳步等待时间
在仿真有效的情况下	跳步信号 SKIP 仿真生效时的状态输出信号 DO 地址，设定“0”时功能无效。改变设定值需要重启控制系统
消息窗显示时候的安置	信息已显示的状态输出信号 DO 地址，设定“0”时功能无效
DI 待机监视范围	待机监视启动输入信号的 DI 地址，设定“0”时功能无效
待机超时时间	待机超时的监视时间设定
待机超时信号	待机超时输出信号的 DO 地址，设定“0”时功能无效
在 OVERRIDE=100 信号	速度倍率为 100%的状态输出信号 DO 地址，设定“0”时功能无效 改变设定值需要重启控制系统
夹爪断裂	有效（TRUE）：夹爪断裂 RI 信号*HBK 有效（各机器人可独立设定） 无效（FALSE）：夹爪断裂检测信号*HBK 无效 改变设定值需要重启控制系统
设定控制方式	控制柜操作面板输入信号 SI[2]状态设定（见第 7 章） 外部控制：远程运行方式，直接设定 SI[2]信号为 ON 状态；机器人可通过 UI/UO 信号控制程序自动运行 单独运转：本地运行方式，直接设定 SI[2]信号为 OFF 状态；机器人可通过示教器选择程序、用控制柜面板循环启动按钮（SI[6]）启动运行 外部信号：SI[2]连接外部开关、由开关控制 SI[2]状态，但控制柜操作面板不安装此开关，开关地址可通过下一设定项设定
外部信号（ON：遥控）	用于 SI[2]控制的信号地址（DI 或 DO、RI、RO、UI、UO）
UOP（控制信号）自动定义	远程控制信号 UI/UO 功能定义 无效：清除全部 UI/UO 信号的功能 全部：18/20 点 UI/UO 全部用于 I/O-LINK 主站控制 简略：8/4 点 UI/UO 用于 I/O-LINK 主站控制 改变设定值需要重启控制系统
选择复数的程序	有效（TRUE）：多任务控制有效 无效（FALSE）：单任务控制

10.7.2 系统其他参数设定

1. 系统参数格式

工业机器人的控制器是一种通用控制装置，不同机器人的控制系统通常只有伺服驱动器、电机规格的区别，其他软硬件都通用。因此，当控制器用于不同机器人控制时，就需要通过系统参数的设定，来选择控制系统功能，定义机器人的作业范围、动作控制要求等。

FANUC 机器人控制系统参数的基本格式如下：

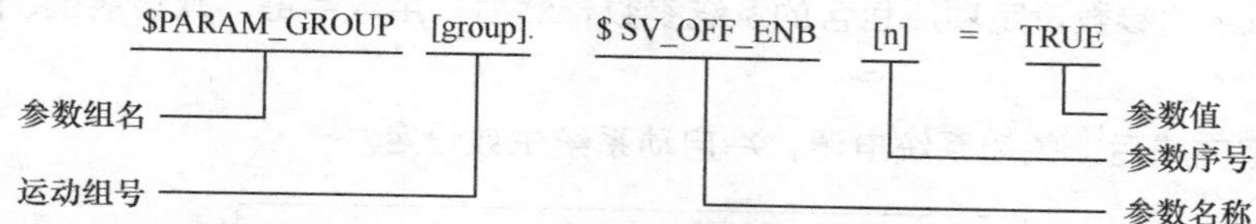

系统参数的格式与参数功能有关，基本参数只有参数名称、参数值，例如$SEMIOOWERFL = FALSE、$MASTER_ENB = 1 等。用于运动组控制的参数，需要在参数名称前添加参数组名称与运动组编号，例如 $PARAM_GROUP[1].$SV_OFF_ALL=TRUE 、 $PARAM_GROUP[2].$SV_OFF_ALL=FALSE 等。用于关节轴控制、多项目控制的同名参数，需要在参数名称后添加轴序号、项目编号，例如$PARAM_GROUP[1].$SV_OFF_TIME [1] = 100 为 J1 轴的伺服 OFF 时间，$PARAM_GROUP[1].$SV_OFF_TIME [2] = 80 为 J2 轴的伺服 OFF 时间，$ER_NO_ALM.$ER_CODE[10] = 46（需要撤销报警代码输出的第 10 个报警类别为 46）等。

不同用途、不同类别的参数，对设定方式、数值格式有规定的要求。FANUC 机器人的参数设定方式以“RW”（允许读写）、“RO”（只读）、“PU”（系统重启生效）表示。数值格式及输入范围如下。

BOOLEAN：逻辑状态型参数，“TRUE（真）”代表功能有效，“FALSE（假）”代表功能无效。

ULONG：二进制位型参数，“1”代表功能有效，“0”代表功能无效。

BTTE：字节型参数，以十进制正整数表示的 8 位二进制代码（00～FF），输入范围 0～255。

LONG：长字节型参数，以十进制正整数表示的 9 位二进制代码（000～1FF），输入范围 0～511。

SHORT：1 字长整数型参数，以 16 位二进制格式存储的带符号十进制整数，输入范围−32768～32767。

INTEGER：整数型参数，以 32 位二进制格式存储的带符号整数，允许输入范围−999999～999999。

REAL：实数型参数：以 32 位二进制格式存储的带符号指数，允许输入范围−999999999～999999999。

STRING：字符型参数，以 ASCII 编码表示的字符。

POSITION：位置型参数，以（x, y, z, w, p, r）形式表示的机器人 TCP 位置。

FANUC 机器人控制系统的常用参数可参见附录 B。

2．参数设定操作

控制系统参数与系统功能、机器人用途、规格等有关，改变系统参数可能导致系统功能异常、机器人动作不正确，因此，一般的操作人员原则上不应进行系统参数设定操作。

系统参数设定的操作步骤如下。

① 利用系统设定基本操作，选择操作菜单“系统（SYSTEM）”，按【ENTER】键确认，示教器可显示系统设定基本页面。

② 按软功能键〖类型（TYPE）〗，光标选定“系统参数（Variables）”选项，按【ENTER】键确认，示教器可显示图 10-78 所示的参数（变量）设定页面。

③ 光标选定参数设定区，根据各参数的不同设定要求，用数字键、软功能键、【ENTER】键，

输入参数值。如果所选定的参数设定项为包含有多个参数的运动组参数、关节轴控制参数、多项目控制参数等，可用光标选定图 10-79（a）所示的输入区后，按【ENTER】键，示教器可进一步显示图 10-79（b）所示的参数设定项所包含的系统参数，然后，用数字键、软功能键、【ENTER】键输入参数值。

④ 参数设定完成后，关闭系统电源，冷启动系统生效设定。

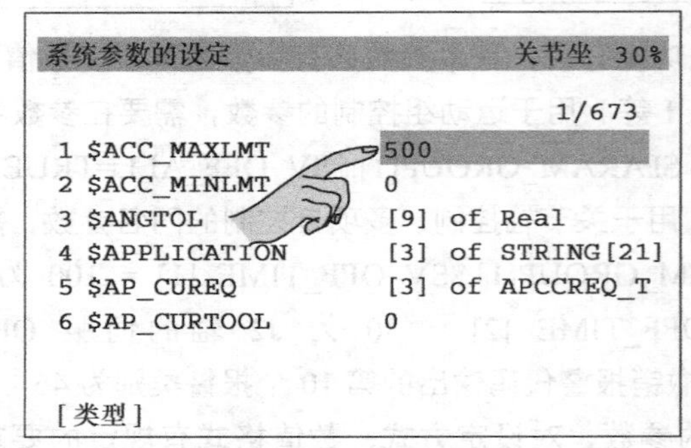

图 10-78 系统参数设定

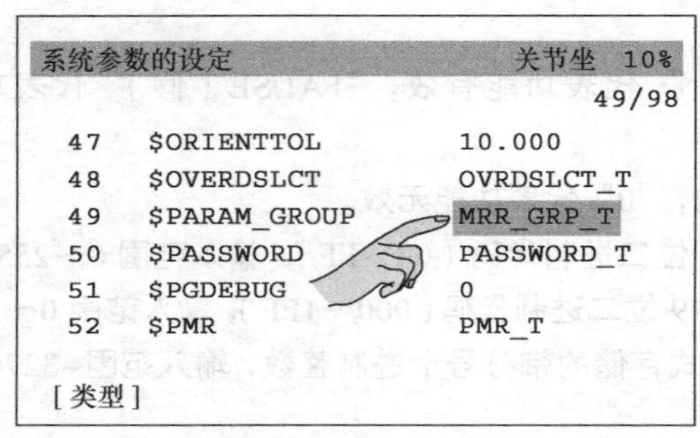

（a）选择

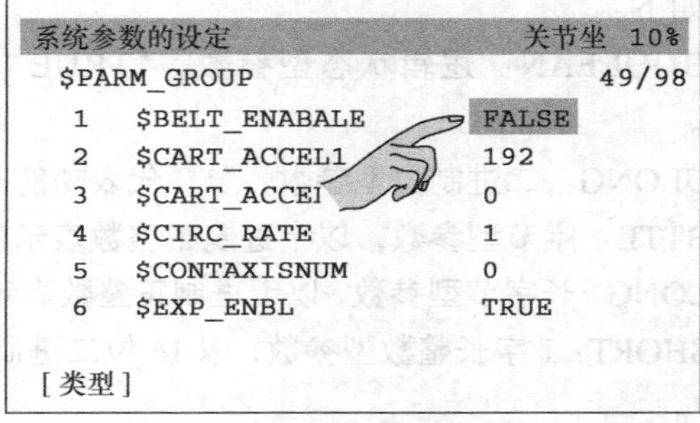

（b）显示

图 10-79 多参数的选择与设定

10.7.3 软极限设定与超程急停解除

1. 软极限设定

软极限是通过控制系统对机器人关节位置的监控，限制轴运动范围、防止关节轴超程的运动保护功能。软极限所限定的运动区间，通常就是机器人样本中的工作范围（Working Range）参数。

软极限是不考虑作业工具、工件安装的机器人本体运动保护措施，机器人的所有运动轴、包括行程超过 360° 的回转轴，均可通过软极限限定运动范围。但是，在机器人安装工具、工件后，机器人的 TCP（工具控制点）可能、也可以超出软极限范围，同时，也可能由于工具、工件的安装，使得软极限范围内的某些区域产生运动干涉、成为实际不能运动的干涉区。因此，在实际机器人上，应通过机器人设定操作，通过设定干涉区，进一步限定关节轴的运动范围、防止干涉与碰撞，有关内容可参见第 9 章和第 11 章。

FANUC 机器人的软极限一般通过系统设定操作，以关节坐标位置的形式设定。在选配“程序工具箱”软件的机器人上，还通过实用程序编辑操作菜单“共用功能（UTILITIES）”中的操作选项“软件限制设定”，自动读取作业程序的所有程序点数据、计算机器人各关节轴的运动范围，并自动设定机器人的软极限参数，有关内容可参见第 9 章。在选配可调式机械限位功能的机器人上，改变 J1、J2、J3 轴软极限的同时，需要同时调整机械限位挡块的位置，有关内容详见第 11 章第 11.3 节。

利用系统设定操作设定机器人软极限的操作步骤如下。

① 利用系统设定基本操作，选择操作菜单“系统（SYSTEM）”，按【ENTER】键确认，示教器可显示系统设定基本页面。

② 按软功能键〖类型（TYPE）〗，光标选定“设定：轴范围（Axis Limits）”选项，示教器可显示图 10-80 所示的机器人软极限设定页面。

软极限设定页面的“轴”栏为关节轴序号显示，群组栏为运动组显示，下限、上限栏可设定关节轴的正/负软极限位置。

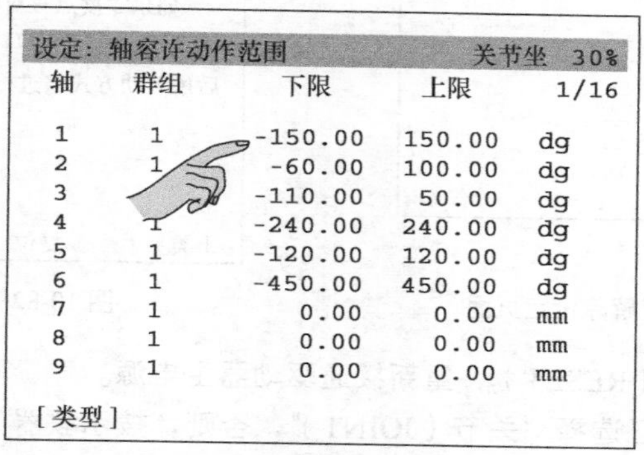

设定：轴容许动作范围　　关节坐　30%

轴	群组	下限	上限	1/16
1	1	-150.00	150.00	dg
2	1	-60.00	100.00	dg
3		-110.00	50.00	dg
4	1	-240.00	240.00	dg
5	1	-120.00	120.00	dg
6	1	-450.00	450.00	dg
7	1	0.00	0.00	mm
8	1	0.00	0.00	mm
9	1	0.00	0.00	mm

[类型]

图 10-80　机器人软极限设定

③ 光标选定轴序号行的下限、上限输入区，用数字键、【ENTER】键直接输入各关节轴的正/负软极限位置。不使用软极限的轴，可将下限、上限位置均设定为 0。

④ 所有关节轴软极限设定完成后，断开控制系统电源，冷启动系统生效软极限参数。

2．超程急停与解除

在使用硬件超程开关的机器人上，当关节轴到达硬件极限开关动作的位置，控制系统将发生超程急停报警（OT 报警），机器人将立即停止运动，并关闭驱动器主电源（详见第 13 章第 13.4 节）。同时，示教器显示“SRVO-005 SVAL1 Robot overtravel（机器人过行程）”报警，控制柜面板及示教器的报警灯“FAULT”亮。

机器人的硬件超程报警可通过控制系统的手动超程解除设定（手动过行程释放）暂时取消。报警解除后，机器人可通过手动操作退出超程位置，恢复正常操作。

利用手动超程解除设定操作，取消机器人超程急停报警的操作步骤如下。

① 利用系统设定基本操作，选择操作菜单“系统（SYSTEM）”，按【ENTER】键确认，示教器可显示系统设定基本页面。

② 按软功能键〖类型（TYPE）〗，光标选定“手动过行程释放（OT Release）”选项，示教器可显示图 10-81 所示的机器人手动超程解除设定页面。

手动超程解除设定页面的“轴（AXIS）”栏为关节轴序号显示。过行程_负号（OT_MINUS）、过行程_正号（OT_PLUS）栏分别为负向、正向超程显示。未超程的轴方向显示为“—（或 FALSE）”，发生超程的轴方向显示为“OT”。

③ 移动光标到显示为“OT”的位置，按软功能键〖放开（RELEASE）〗，显示将恢复为“—（或

FALSE）”。此时，如果机器人已进行“零点校准（MASTERING）”操作（见后述），示教器将显示出错信息“无法解除超程（Can't Release OT）”。如果利用报警履历显示页的软功能键〖细节（DETAIL）〗检查，可显示类似图 10-82 所示的操作提示信息。手动超程解除设定完成后，可在持续按住示教器的【SHIFT】键的前提下，通过以下操作，使机器人超程轴退回正常工作范围。如果在执行下述操作的过程中，【SHIFT】键被意外松开，则需要重新进行以下全部操作。

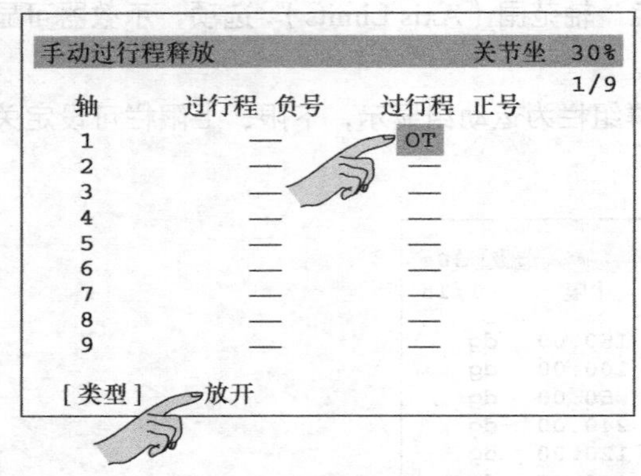

图 10-81 手动超程解除设定页面

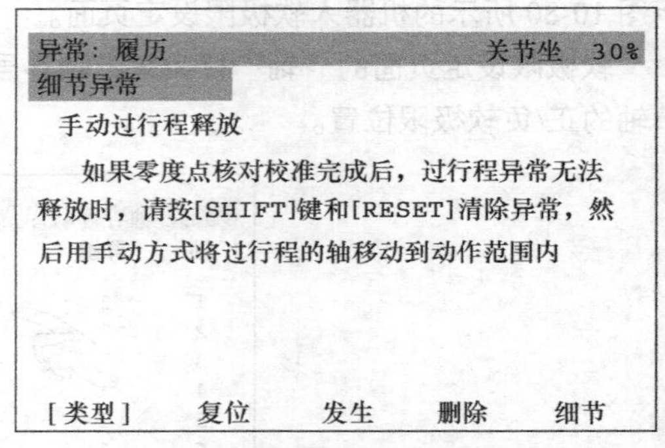

图 10-82 超程解除提示信息页面

④ 按软功能键〖复位（RESET）〗，重新接通驱动器主电源。

⑤ 确认机器人坐标系已选择“关节（JOINT）”，否则，按示教器【COORD】键，选择关节坐标系（JOINT）。

⑥ 握住示教器手握开关（Deadman）启动伺服，并确认 TP 开关为“ON”。

⑦ 利用机器人手动操作，将超程的关节轴退回到正常工作范围。

⑧ 松开【SHIFT】键，完成超程解除操作。

第11章 机器人安装与调整

11.1 机器人安装与连接

11.1.1 产品安全使用标识

为了保证机器人的使用安全，生产厂家一般会在机器人的相关部位粘贴安全使用标识，机器人运输、安装、使用时，必须根据这些标识进行，确保使用安全。FANUC 机器人常用的产品安全使用标识主要有产品标识、搬运标识及警示标记、使用警示标记几种。

1．产品标识

FANUC 机器人的产品标识主要有图 11-1 所示的铭牌和作业范围 2 种。

铭牌是产品的识别标记，FANUC 垂直串联机器人铭牌的一般安装位置如图 11-1（a）所示。铭牌上的产品数据主要有机器人规格型号（如 FANUC Robot R-1000iA/80F 等）、FANUC 订货号 TYPE（如 A05B-1130-B201 等）、出厂编号 NO.、生产日期 DATA、本体质量 WEIGHT（不含控制系统）及生产厂家等。

机器人作业范围是 CE 认证的要求，FANUC 垂直串联机器人的作业范围标识如图 11-1（b）所示。作业范围标识上标明了机器人 WCP（手腕中心点）的前后、上下运动范围及机器人承载能力数据。

2．搬运标识

搬运标识是机器人的安装运输要求，标识通常包括搬运要求标识、警示标记 2 类。FANUC 垂直串联机器人常用的搬运标识、警示标记如图 11-2 所示。

搬运要求标识上标明了机器人对运输工具承载能力、机器人固定以及起吊设备、钢丝绳、吊环的承载能力的要求，机器人的运输、起吊设备必须保证符合标识规定的要求。搬运警示标记上标明了不能侧拉、撞击、受力的部位，机器人搬运时必须避免警示标记所禁止的操作。

3．使用标识

使用标识是机器人使用、维护要求，使用标识通常分警示标记、维护标识 2 类。

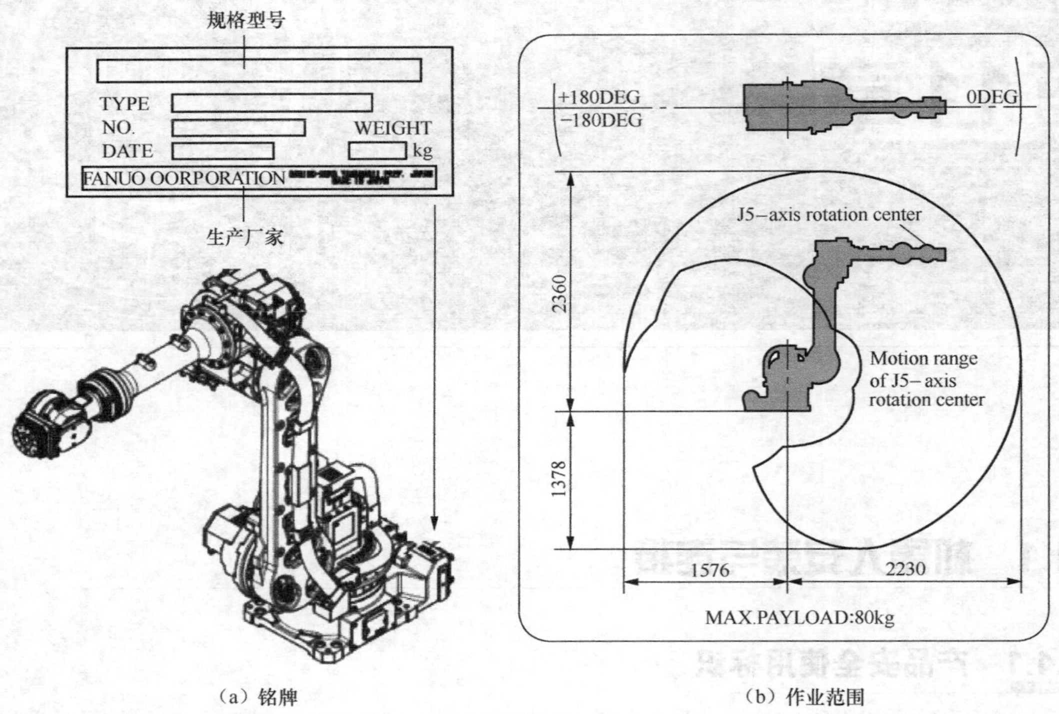

（a）铭牌　　（b）作业范围

图 11-1　产品标识

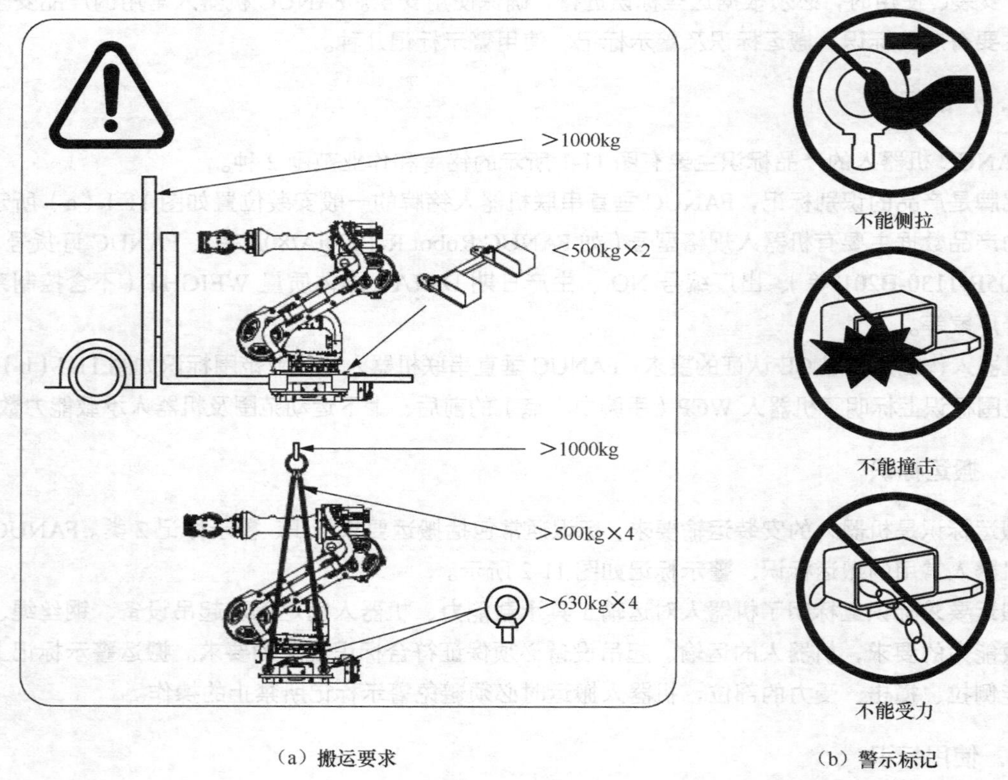

（a）搬运要求　　（b）警示标记

图 11-2　搬运标识

机器人是一种机电一体化产品，部分构件的结构刚性不强、承载能力有限。机器人内部还可能安装有伺服电机、阻焊变压器等大功率器件，运行时表面可能产生高温。对于这些部位，产品一般安装有图 11-3 所示的禁止踩踏、防止高温等警示标记。

安装有禁止踩踏标记的部位，部件的结构刚性较差，或存在作业人员踩空、跌落的危险，使用和维修时不能踩踏。安装有注意高温标记的部位，机器人运行时可能产生高温，必须触摸时需要带耐热手套等防护用具。

（a）禁止踩踏

（b）注意高温

图 11-3　使用警示标记

机器人机械传动部件（如减速器等）需要有润滑措施。一般而言，为了保证作业环境的清洁，工业机器人大多使用润滑脂润滑。润滑脂需要定期更换，其更换方法通常以维护标识的形式，在机器人的相应部位标记。FANUC 机器人的润滑标识有图 11-4 所示的操作标记、文字说明 2 种。

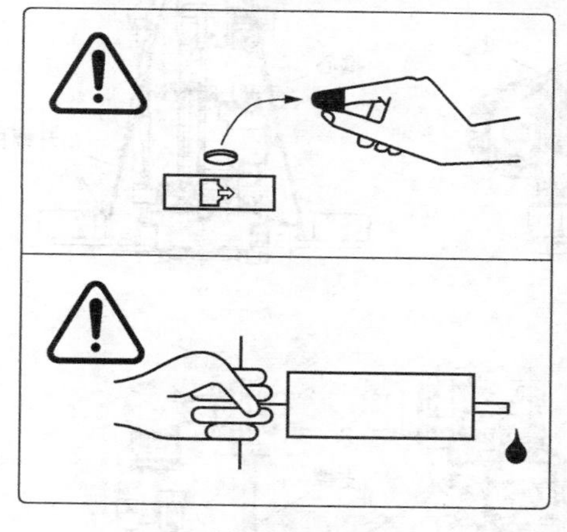

（a）操作标识

1）必ず排脂口を開けて給脂して下さい。
Open the grease outlet at greasing.

2）手動式ポンプを使用して給脂を行って下さい。
Use a hand pump at greasing.

3）必ず指定グリスを使用して下さい。
Use designated grease at greasing.

（b）文字说明

图 11-4　润滑标识

操作标记以图形的形式标明了润滑脂充填要求，文字说明是对操作标记的文字说明，例如：

① Open the grease outlet at greasing：润滑时必须打开排脂口。

② Use a hand pump at greasing：使用手动泵冲脂。

③ Use designated grease at greasing：必须使用规定的润滑脂。

11.1.2　机器人搬运与安装

1．机器人搬运

机器人在用户处的安装运输可利用起重机、行车吊运或叉车搬运等方法进行，不同结构形式、不同生产厂家生产的机器人搬运要求有所不同，具体应参见产品生产厂家提供的产品使用说明书。常用的 FANUC 垂直串联机器人的搬运要求如下。

FANUC 垂直串联机器人的起重机、叉车吊运要求如图 11-5 所示。机器人吊运时，需要在图 11-5（b）的机器人基座上安装 4 只吊环螺栓，并使用承载能力符合搬运标识或产品使用说明书规定的钢丝绳、起吊设备吊运机器人。机器人吊运时，应避免吊索损坏电机、连接器、电缆等部件，吊索应尽量避免与机器人接触，无法避免时，应在接触部位加木板、毛毯等衬垫，以免划伤机器人表面。

机器人吊运时原则上应拆除作业工具，在不可避免的情况下，应安装图 11-5（c）所示的底托和支撑，将作业工具固定稳固。作业工具的安装将使得机器人重心发生变化，因此，机器人吊运时一般不能再利用基座吊环安装吊索，而是应将吊索安装在底托上。

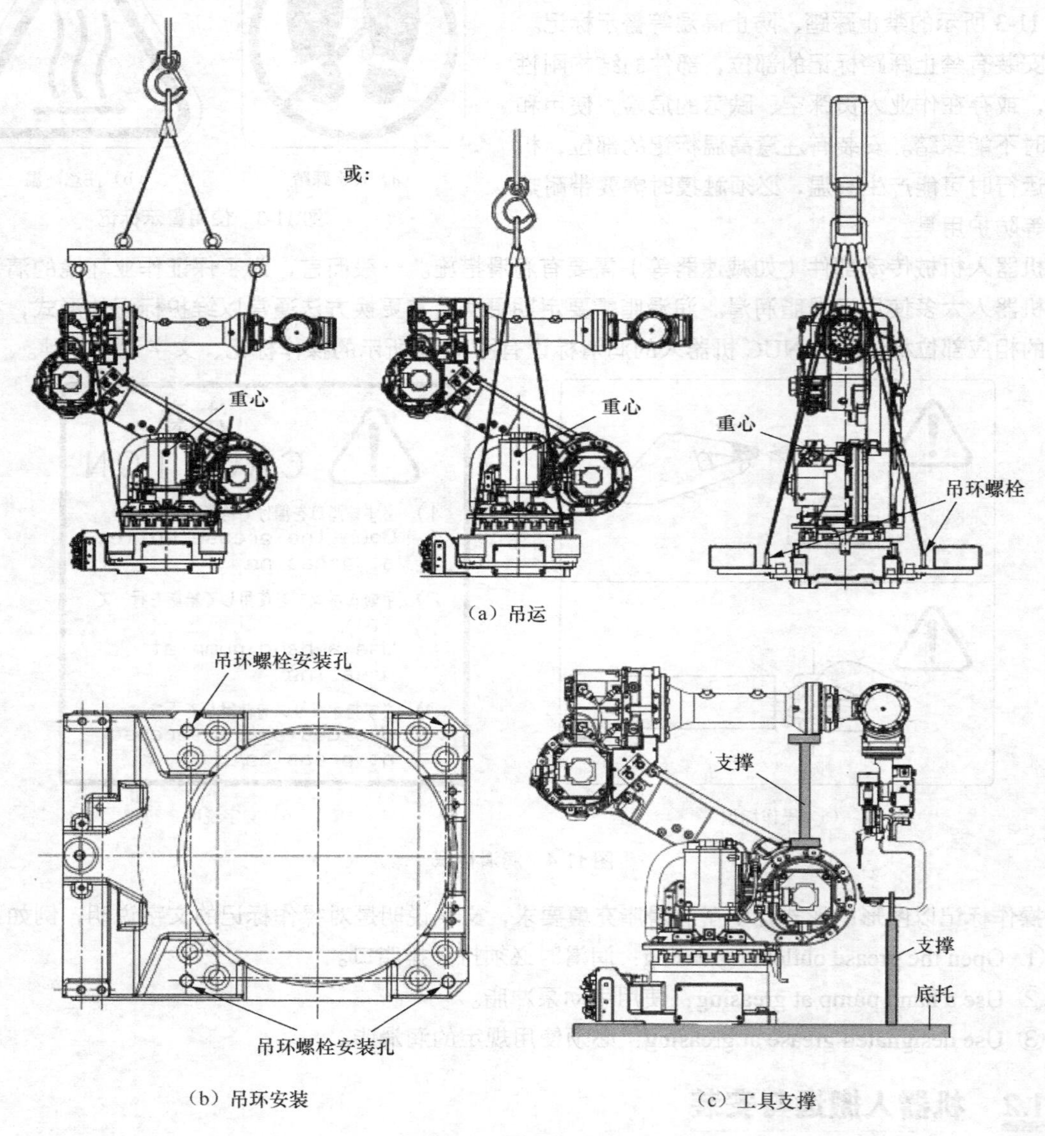

（b）吊环安装

（c）工具支撑

图 11-5　机器人吊运

垂直串联机器人的叉车搬运要求如图 11-6 所示。垂直串联机器人的基座宽度较小，利用叉车搬运时，必须安装图 11-6 所示的叉车搬运支架或底托。机器人安装有作业工具时，应同样安装图 11-5（c）所示的底托和支撑。

2．机器人安装

机器人的安装方式有地面、框架上置、壁挂侧置、悬挂倒置等，框架上置、壁挂侧置、悬挂倒置对机器人的结构有特殊要求，产品订货时必须予以说明。

垂直串联机器人的地面安装时，必须按产品使用说明书要求，安装图 11-7（a）所示的底板，地板应通过符合规定的地脚螺栓与混凝土地基连为一体。如果机器人安装高度不需调整，基座可以直接通过安装螺栓固定在底板上，否则，应在底板上安装图 11-7（a）所示的连接板，连接板必须与底板焊接成一体。壁挂侧置、悬挂倒置的垂直串联机器人，不仅需要按照规定固定机器人，而且还必须安装图 11-7（b）所示的保护支架，保护支架的强度应足以有效预防机器人及作业工具的跌落。

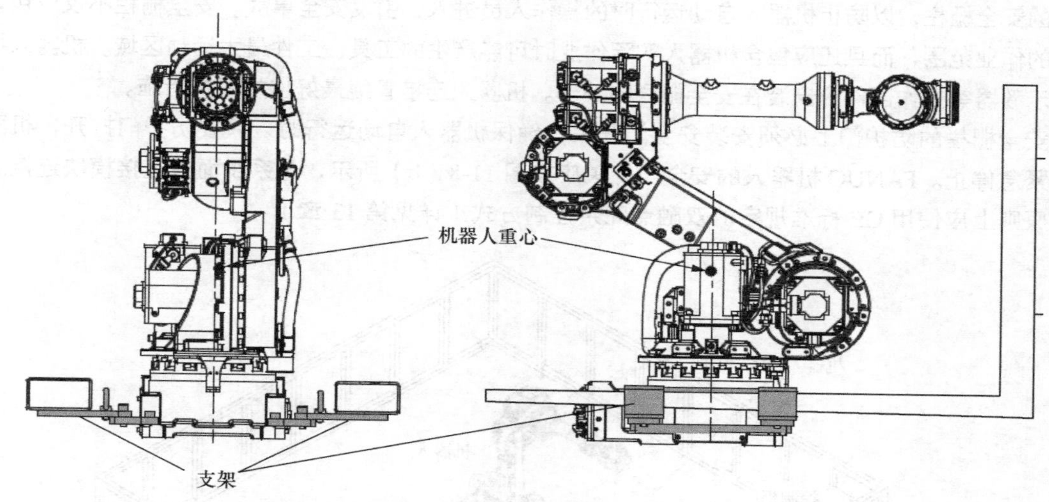

图 11-6 叉车搬运

垂直串联工业机器人各关节轴的负载中心往往远离驱动电机，负载惯性较大，因此，机器人紧急停止时，将产生很大的冲击力和冲击转矩，此外，关节轴位置也将因控制系统动作延迟、运动部件惯性而发生偏移，有关内容详见第 13 章，机器人安装、固定时必须予以注意。

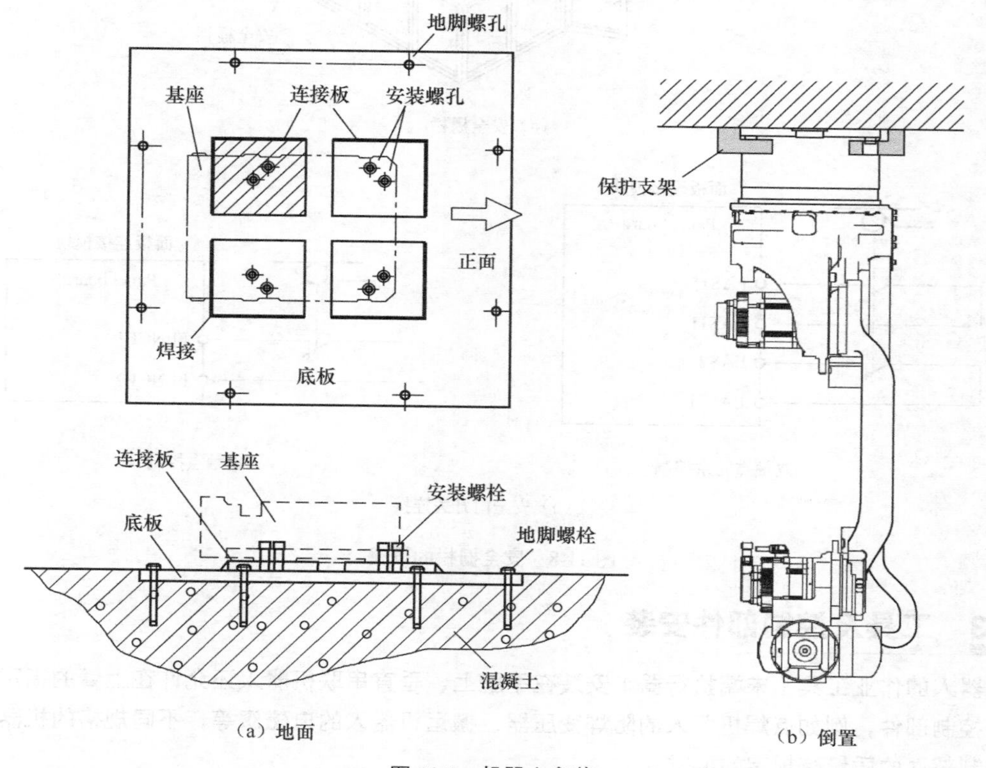

图 11-7 机器人安装

3. 安全栅栏

第一代示教机器人不具备人机协同作业的智能性和安全性，因此，作业区必须增设图 11-8（a）所示的安全栅栏，以防止机器人自动运行时的操作人员进入，引发安全事故。安全栅栏不仅应包含机器人的作业范围，而且还应包含机器人实际作业时可能产生的工具、工件最大运动区域。机器人控制柜、示教器等操作部件应安装在安全栅栏的外部。机器人连接管线最好增加保护措施。

安全栅栏的防护门上必须安装安全门开关，确保机器人自动运行时，只要防护门打开，机器人便可紧急停止。FANUC 机器人的安全门开关应按图 11-8（b）所示，与系统面板连接模块连接。门开关原则上应使用 CE 标准规定的双触点冗余控制方式（详见第 13 章）。

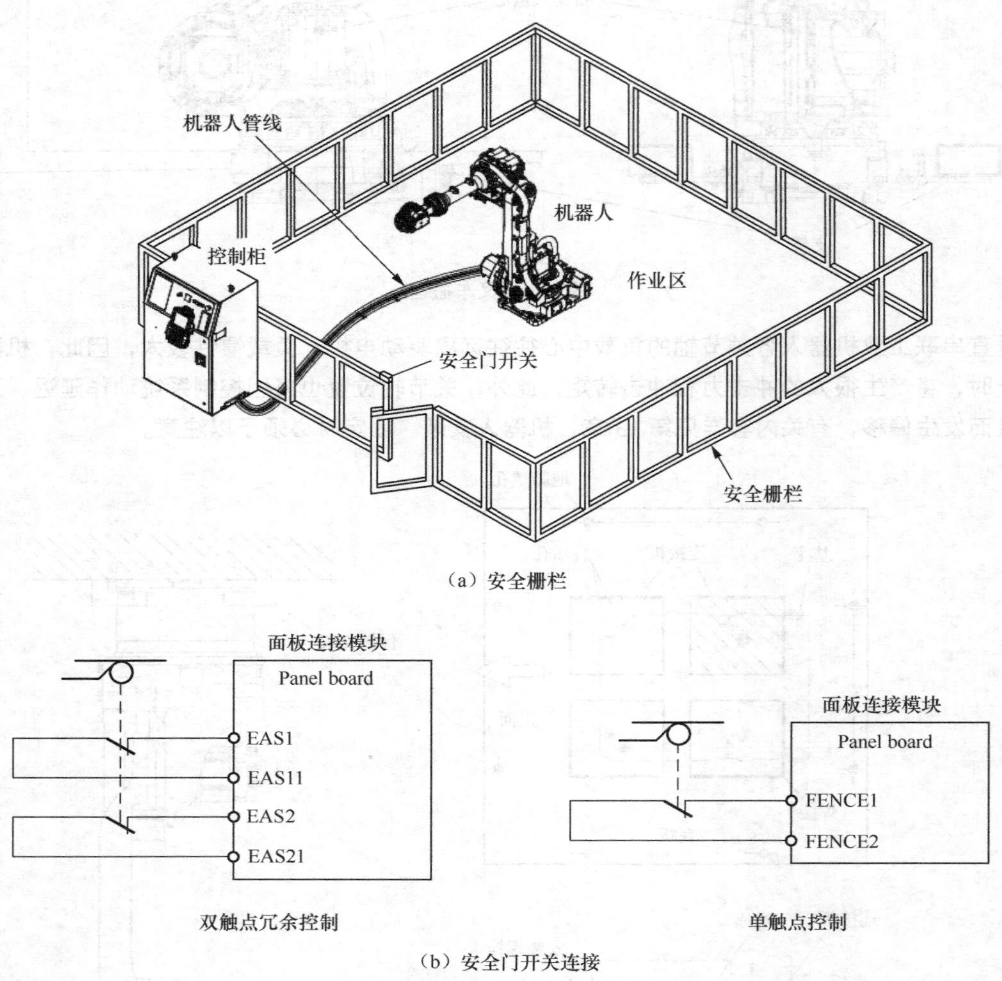

（a）安全栅栏

（b）安全门开关连接

图 11-8 安全栅栏的设置

11.1.3 工具及控制部件安装

机器人的作业工具（末端执行器）安装在手腕上，垂直串联机器人还允许在上臂的指定部位安装部分控制部件，例如点焊机器人的阻焊变压器、搬运机器人的电磁阀等，不同规格的机器人对工具及控制部件的质量有规定的要求。

1. 作业工具安装

垂直串联机器人的作业工具（末端执行器）安装在机器人手腕的前端，工具安装基准一般按照ISO 标准设计，作业工具的安装法兰同样应按 ISO 标准设计。

例如，Φ125mm 的 ISO 标准安装法兰尺寸如图 11-9 所示，作业工具可以通过安装法兰的 Φ125h8 外圆或 Φ63H7 内圆、2-Φ8H7 定位销孔进行定位，然后，利用 10-M8 螺栓进行固定。

机器人实际可安装的工具质量与机器人承载能力、工具重心位置有关。例如，对于 FANUC 承载能力 80kg 的 R-1000i/80F 机器人，其作业工具安装位置如图 11-10（a）中的 A 所示，工具重心位置与实际允许的质量如图 11-10（b）所示。

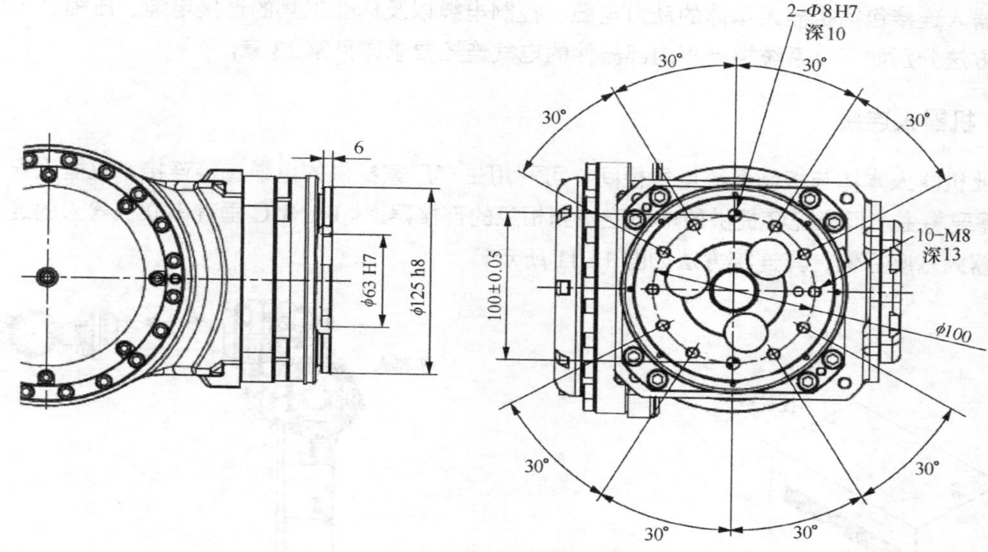

图 11-9　工具安装法兰

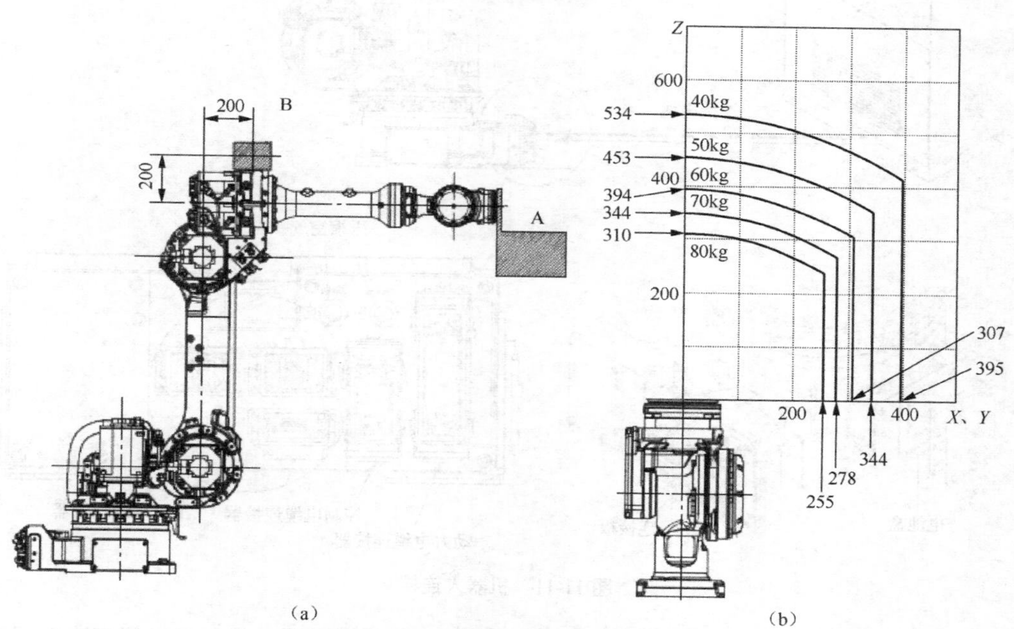

图 11-10　工具安装位置及允许质量

2．控制部件安装

垂直串联机器人的腰体（随J1轴回转）、上臂（随J3轴摆动）一般允许安装少量控制部件，如点焊机器人的阻焊变压器、搬运机器人的电磁阀等，但是，控制部件的最大质量、重心位置有规定的要求。

例如，对于FANUC承载能力80kg的R-1000i/80F机器人，其上臂允许安装15kg以下的控制部件，控制部件的重心位置如图11-10（a）中的B所示，同样，如果部件的重心高度超过200mm，或者，离J3轴回转中心的偏移超过200mm，控制部件的质量应随之下降。

11.1.4 机器人及工具连接

机器人连接包括机器人本体的动力电缆、控制电缆以及作业工具的连接电缆、压缩空气管等，其连接方法分别如下，系统控制柜内部器件的电气连接要求详见第13章。

1．机器人连接

工业机器人本体与控制系统电气柜间，可利用生产厂家提供的电缆直接连接，机器人安装完成后，只需要将生产厂家配套提供的电缆连接到相应的连接器上。FANUC垂直串联机器人的连接板安装在机器人基座后侧，其连接方法如图11-11所示。

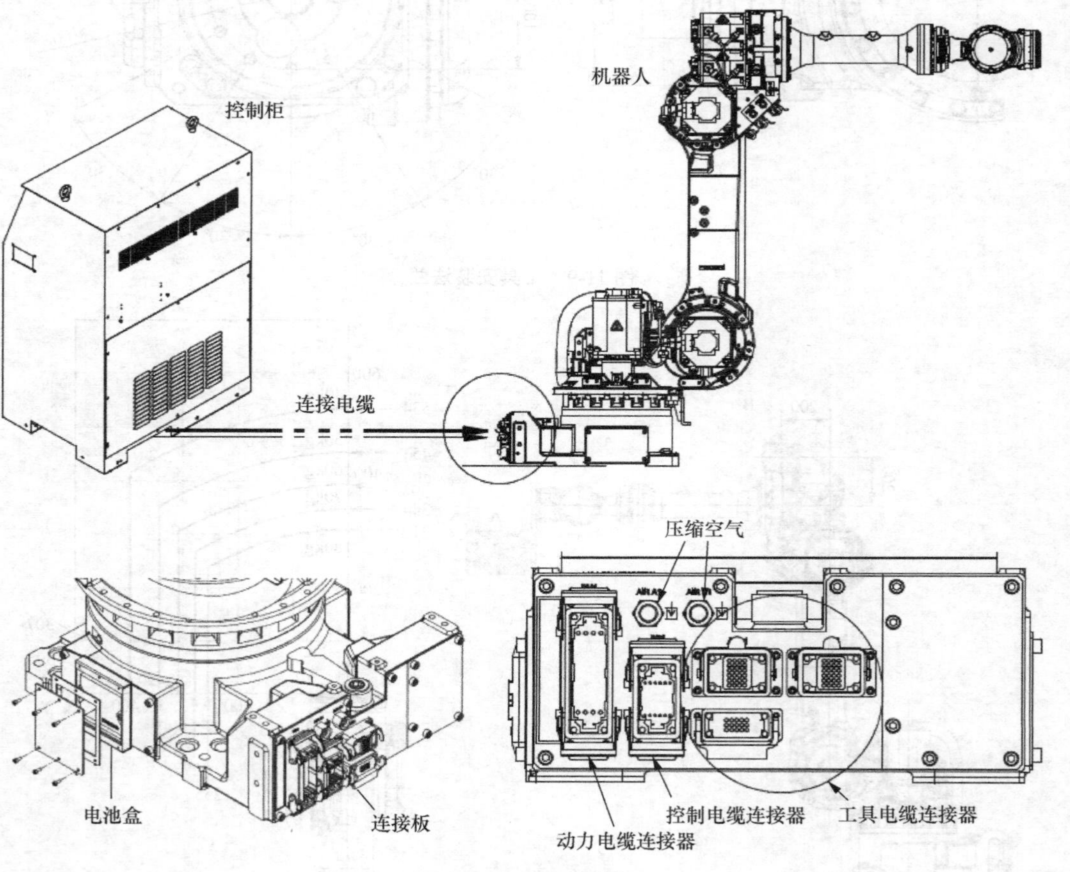

图11-11 机器人连接

机器人本体动力电缆用来连接机器人伺服驱动电机电枢及制动器，控制电缆用来连接伺服电机内置编码器及标配的传感器。作业工具连接器的数量、结构形式与工具的选配有关，例如，使用伺服焊钳的点焊机器人为焊钳驱动电机的动力电缆和控制电缆连接器，使用气动抓手的搬运机器人为气动阀线圈动力电缆和检测开关控制信号电缆连接器等。

工业机器人伺服驱动电机内置编码器的位置检测数据通常需要利用电池保存（亦称绝对编码器），为了防止机器人和控制柜分离、连接电缆断开时的数据丢失，编码器的电池盒一般需要直接安装在机器人基座上。FANUC 垂直串联机器人的电池盒位于机器人基座的右侧（见图 11-11）。电池盒连接线、伺服电机编码器连接电缆一旦断开，存储器所保存的位置数据将全部丢失，因此，机器人搬运、日常维护时，切不可断开电池盒连接线和伺服电机编码器连接电缆。

2. 作业工具连接

作业工具连接电缆的数量、连接形式与选配的工具有关，工具连接电缆、压缩空气管从机器人基座连接板引入后，从内部穿越腰、下臂，在图 11-12 所示的上臂内侧引出，然后，再沿上臂、手腕外侧连接到作业工具上。

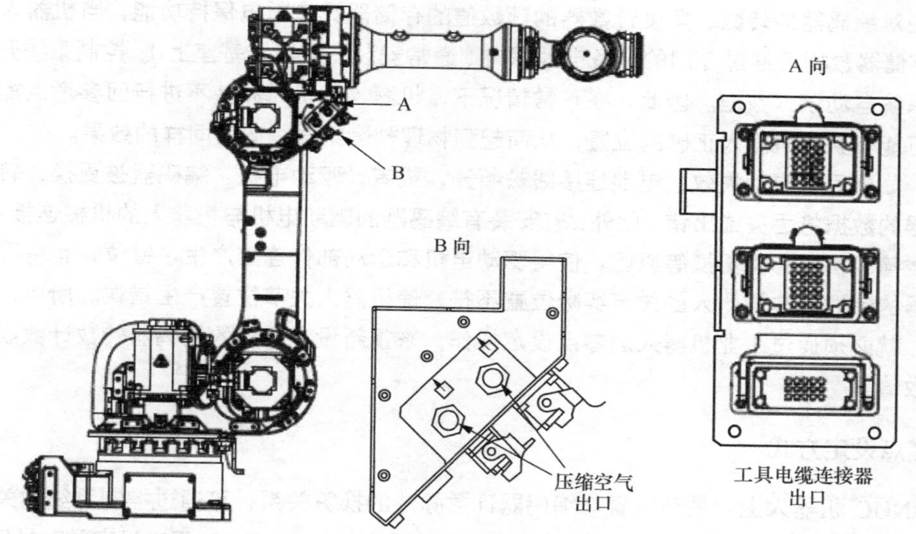

图 11-12　作业工具连接

作业工具连接电缆的数量、连接形式与工具选配有关。使用伺服焊钳的点焊机器人为焊钳驱动电机的动力电缆、控制电缆；使用气动抓手的搬运机器人为气动阀动力电缆、检测开关连接控制电缆；使用 DeviceNet、摄像头等检测器件的机器人为动力电缆和网络、传感器连接电缆等。在用户自行选配工具的机器人上，可选配用于作业工具检测开关/执行元件（RI/RO 信号）连接的通用动力电缆和控制电缆。

11.2 机器人零点设定及校准

11.2.1 机器人零点与设定

1. 关节位置检测原理

工业机器人关节轴位置通常以伺服电机内置的绝对编码器（Absolute Rotary Encoder）作为位置

检测器件，绝对编码器又称 Absolute Pulse Coder，简称 APC。

从本质上说，目前机器人所使用的绝对编码器，实际上只是一种通过后备电池保存位置数据的增量编码器，而不是真正意义上利用物理刻度区分位置的绝对位置编码器。这种编码器的机械结构与普通的增量编码器完全相同，但接口电路安装有存储“零脉冲”计数值和角度计数值的存储器（计数器）。“零脉冲”计数器又称为“转数计数器（Revolution Counters）”。由于编码器的“零脉冲”为电机每转 1 个，因此，“零脉冲”计数值代表了电机所转过的转数。

角度计数器用来记录、保存编码器零点到当前位置的增量脉冲数。例如，对于 2^{20} P/r（每转输出 2^{20} 脉冲）的编码器，如果当前位置离零点 360°，其计数值就是 1048576（2^{20}）；如果当前位置离零点 90°，其计数值就是 262144 等。

因此，以编码器脉冲数表示的电机绝对位置，可通过下式计算：

电机绝对位置 = 角度计数值 +（转数计数值）×（编码器每转脉冲数）

这一电机绝对位置乘以减速比后，便是关节回转的脉冲计数值，由此即可计算出机器人关节的绝对位置（关节坐标值）。

保存绝对编码器的转数、角度计数器的计数值的存储器具有断电保持功能，当机器人控制系统关机时，存储器数据可通过专门的后备电池保持（通常安装在机器人基座上）。控制系统开机时，则可由控制系统自动读入数据。因此，在正常情况下，机器人开机时即使不进行回参考点操作，控制系统同样可能够获得机器人正确的位置，从而起到物理刻度绝对编码器同样的效果。

但是，如果后备电池失效、电池连接线被断开，或者，驱动电机、编码器被更换，转数、角度计数存储器的数据将丢失或出错。此外，若安装有编码器的驱动电机与机器人的机械连接件被脱开，或者，因碰撞、机械部件更换等原因，使得驱动电机和运动部件连接产生了错位，也将导致转数、角度计数器的计数值与机器人的关节实际位置不符，使机器人关节位置产生错误。所以，一旦出现以上情况，就必须通过工业机器人的零点设定操作，来重新设定准确的编码器转数计数器、角度计数器的计数值。

2. 零点设定方式

在 FANUC 机器人上，关节位置与编码器计数脉冲的换算关系，可通过控制系统的关节位置计算参数（变量）定义。系统参数（变量）$PARAM_GROUP.$ENCSCALE 用来设定关节轴回转 1° 所对应的编码器脉冲数 P_s，系统参数（变量）$DMR_GRP.$MASTER_COUN 用来设定关节轴位于 0° 时的编码器脉冲计数值 P_0，关节任意角度 θ 的理论计数值 P 为：

$$P = P_0 + \theta \times P_s$$

在正常情况下，机器人的关节位置计算参数在机器人出厂时准确设定，使用者只有在后备电池失效、连接线断开、更换电机、机器人碰撞、机械部件更换等情况下，才需要重新设定系统参数，或者，通过机器人校准操作，由控制系统自动计算、设定参数。

FANUC 机器人的零点设定方法有表 11-1 所示的专用工具校准、零点校准、快速校准及系统参数设定、单轴设定等。

表 11-1 FANUC 机器人的零点设定方法

校准方法	示教器显示（中文）	校准操作及特点
专用工具校准	FIXTURE POSITION MASTER （专用夹具核对方式）	专业调试操作，参数设定准确；需要专门的测试工具检测机器人位置，通常由机器人生产厂家实施

续表

校准方法	示教器显示（中文）	校准操作及特点
零点校准	ZERO POSITION MASTER （零度点核对方式）	普通维修操作，通过手动操作机器人，使全部关节轴定位到 0° 基准线上，利用观察定位、参数设定误差较大，通常用于机器人碰撞、机械部件更换后的维修
快速校准	QUICK MASTER （快速核对方式）	普通维修操作，利用原有的系统参数，重新设定机器人关节位置，仅限于参数设定准确情况下的关节位置恢复
参数设定	系统参数	直接改变控制系统参数、重新设定关节轴零点
单轴设定	SINGLE AXIS MASTER （单轴核对方式）	普通维修操作，可对指定的关节轴进行零点、当前位置的设定，通常用于电机、机械部件更换后的关节轴零点设定

3. 机器人零点位置

FANUC 垂直串联机器人出厂时所设定的零点位置及刻度标记通常如图 11-13 所示，零点位置一般设定如下。

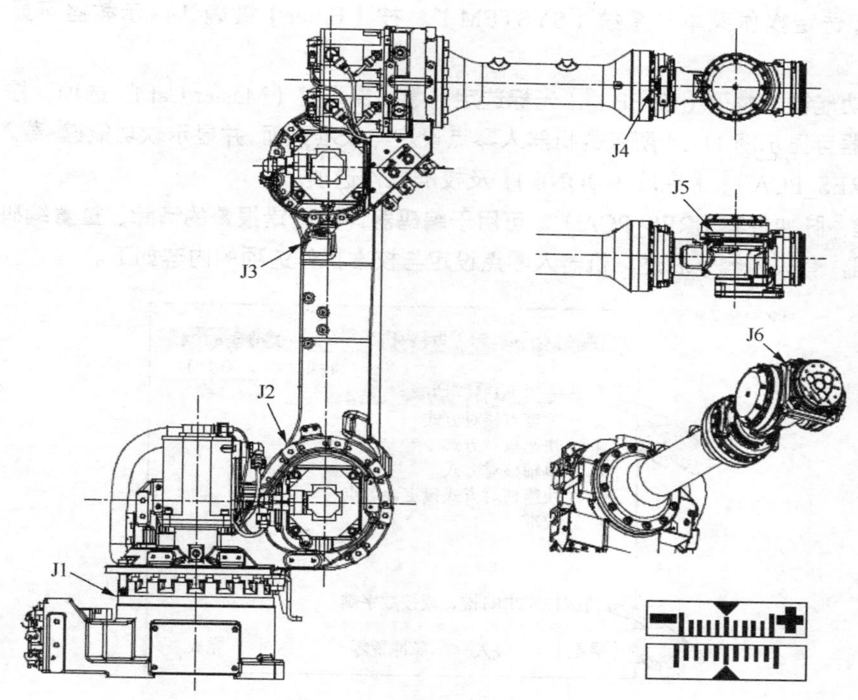

图 11-13 机器人零点位置

J1 轴：基座坐标系+X 轴为 J1=0° 位置。

J2 轴：下臂中心线与基座坐标系+Z 轴平行的位置为 J2=0°。

J3 轴：J1、J2-0° 时，上臂中心线与基座坐标系 XY 平面平行的位置为 J3=0°。

J4 轴：J1～J3-0° 时，手回转中心线与基座坐标系 XZ 平面平行的位置为 J4=0°。

J5 轴：J1～J4-0° 时，手回转中心线与基座坐标系 XZ 平面平行的位置为 J4=0°。

J6 轴：J1～J5-0° 时，ISO 工具安装法兰定位销孔（参见图 11-8）处于垂直位置时为 J6=0°。

11.2.2 机器人零点校准

1. 校准方式选择

执行机器人设定与校准操作，控制系统将重新设定关节位置计算参数，错误的操作可能导致机器人运动发生危险，因此，FANUC 机器人的设定与校准操作只有在系统参数（变量）$MASTER_ENB 设定为“1”或“2”时，才能显示系统设定项“零度点调整（Master/Cal）”以实施校准操作。零点设定与校准完成后，系统将自动设定参数$MASTER_ENB = 0 以隐藏系统设定项。

FANUC 机器人安装与连接完成并按照规定的步骤正常启动后，机器人便可执行零点设定与校准操作。零点设定与校准的方式选择操作如下。

① 利用系统参数设定操作（参见第 10 章第 10.7 节），将系统参数（变量）$MASTER_ENB 设定为“1”或“2”，使机器人校准设定项“零度点调整（Master/Cal）”能在操作菜单“系统（SYSTEM）”、〖类型（TYPE）〗显示项目上显示。

② 按操作菜单键【MENU】，光标选择“0 —NEXT—”，按【Enter】键确认，显示扩展操作菜单。光标选定操作菜单“系统（SYSTEM）”，按【Enter】键确认，示教器可显示系统设定基本页面。

③ 按软功能键〖类型（TYPE）〗，光标选定“零度点调整（Master/Cal）”选项，按【ENTER】键确认，示教器可显示图 11-14 所示的机器人零点设定与校准页面，并显示软功能键〖载入（LOAD）〗、〖脉冲置零（RES_PCA）〗、〖完成（DONE）〗及校准操作选项。

软功能键〖脉冲置零（RES_PCA）〗，可用于编码器计数出错报警的清除、重置编码器的脉冲计数存储器数据，有关内容见后述。机器人零点设定与校准操作选项的内容如下。

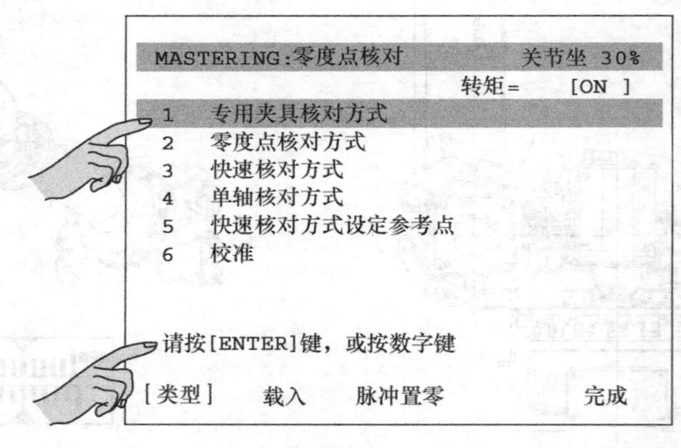

图 11-14 零点设定与校准显示页

1 专用夹具核对方式（FIXTURE POSITION MASTER）：专用工具校准操作选项（部分说明书译作“专用夹具零点标定”），利用专用工具检查、重置零点位置，可准确恢复机器人零点位置。

2 零度点核对方式（ZERO POSITION MASTER）：机器人零点校准操作选项（部分说明书译作“全局零点位置标定”），利用机器人的零点刻度重新设定零点位置，可大致恢复机器人零点位置。

3 快速核对方式（QUICK MASTER）：机器人快速校准操作选项（部分说明书译作“简易零点标定”），利用用户设定的零点校准基准点重新设定零点位置，可大致恢复机器人零点位置。

4 单轴核对方式（SINGLE AXIS MASTER）：单轴位置设定操作选项（部分说明书译作“单轴零点标定”），可重新设定指定轴的零点位置和当前位置。

5 快速核对方式设定参考点（SET QUICK MASTER REF）：机器人快速校准基准点设定操作选项（部分说明书译作“设定简易零点位置参考点”），用于用户零点校准基准点设定。

6 校准（CALIBRATE）：执行机器人校准操作选项（部分说明书译作“更新零点标定结果”），重新设定机器人零点数据。

④ 光标选定机器人设定与校准页面的操作选项，按【ENTER】键确认，或者，直接按数字键 1～6，便可选择机器人零点设定方式、重新设定机器人零点数据。

用户需要重新设定机器人基准点时，需要选择快速校准及快速校准基准点设定、单轴位置设定操作，有关内容见后述。机器人出厂设定的零点校准一般可通过专用工具校准、机器人零点校准操作进行，其操作步骤如下。

2. 专用工具校准

专用工具校准是利用专用工具测试机器人位置的精确校准，通常在机器人生产厂家由专业调试人员完成。专用工具校准的操作步骤如下。

① 利用系统参数设定操作（参见第 10 章第 10.7 节），将系统参数（变量）$PARAM_GROUP.$SV_OFF_ALL 及$PARAM_ GROUP.$SV_OFF_ENB[*]设定为“FALSE”，解除伺服关闭时的制动器控制功能，并重启系统，生效参数设定。

② 手动操作机器人到规定位置，并通过专用工具的测试，保证机器人的各关节轴已在测试位置准确定位。

③ 光标选定图 11-14 所示机器人校准页面的操作选项“1 专用夹具核对方式（FIXTURE POSITION MASTER）”，按【ENTER】键确认后，示教器将显示操作提示信息“选择零度点记号核对方式吗？[不是]（Master at zero position? [NO]）”及软功能键〖是（YES）〗、〖不是（NO）〗。

按软功能键〖是（YES）〗，示教器可显示图 11-15 所示的机器人测试位置的 J1～J6 轴编码器脉冲计数值。

④ 光标选定图 11-14 所示机器人校准页面的操作选项“6 校准（CALIBRATE）”，按【ENTER】键确认，示教器将显示操作提示信息“选择校准吗？[不是]（Calibrate? [NO]）”及软功能键〖是（YES）〗、〖不是（NO）〗。

按软功能键〖是（YES）〗，控制系统执行机器人校准操作，完成后示教器可显示图 11-16 所示的机器人测试位置的 J1～J6 轴关节坐标值。

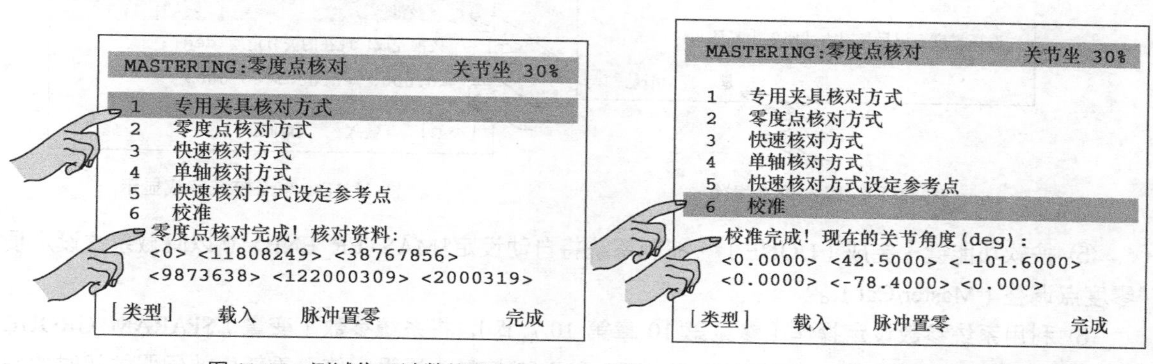

图 11-15 测试位置计数值显示

图 11-16 测试位置关节坐标值显示

⑤ 按软功能键〖完成（DONE）〗，控制系统将自动设定$MASTER_ENB = 0 以隐藏系统设定项“零度点调整（Master/Cal）”。

⑥ 利用系统参数设定操作（参见第 10 章第 10.7 节），将系统参数（变量）$PARAM_GROUP.$SV_OFF_ALL 及$PARAM_ GROUP.$SV_OFF_ENB[*]恢复为原设定值，重新生效伺服关闭时的制动器控制功能并重启系统，生效参数设定。

3. 零点校准

零点校准是利用机器人生产厂家预先设定的、安装在机器人关节上的零点刻度线（参见图 11-13），确定机器人零点位置的操作。由于机器人关节轴的定位位置只能依靠操作者目测确定，其校准精度一般较低。FANUC 机器人零点校准的操作步骤如下。

① 利用系统参数设定操作（参见第 10 章第 10.7 节），将系统参数（变量）$PARAM_GROUP.$SV_OFF_ALL 及$PARAM_ GROUP.$SV_OFF_ENB[*]设定为“FALSE”，解除伺服关闭时的制动器控制功能并重启系统，生效参数设定。

② 手动操作机器人，将各关节轴定位到机器人生产厂家安装的零点刻度线上。

③ 光标选定图 11-14 机器人零点设定与校准页面的操作选项“零度点核对方式（ZERO POSITION MASTER）”，按【ENTER】键确认，示教器将显示图 11-17 所示的零点校准页面，并显示操作提示信息“选择零度点记号核对方式吗？[不是]（Master at zero position? [NO]）”及软功能键〖是（YES）〗、〖不是（NO）〗。

按软功能键〖是（YES）〗，示教器可显示机器人零点的 J1～J6 轴编码器脉冲计数值（参见图 11-15）。

④ 光标选定操作选项“6 校准（CALIBRATE）”，按【ENTER】键确认，示教器将显示操作提示信息“选择校准吗？[不是]（Calibrate? [NO]）”及软功能键〖是（YES）〗、〖不是（NO）〗。

按软功能键〖是（YES）〗，控制系统执行机器人零点校准操作，完成后示教器可显示图 11-18 所示的、机器人零点的 J1～J6 轴关节坐标值（J1～J6 = 0°）。

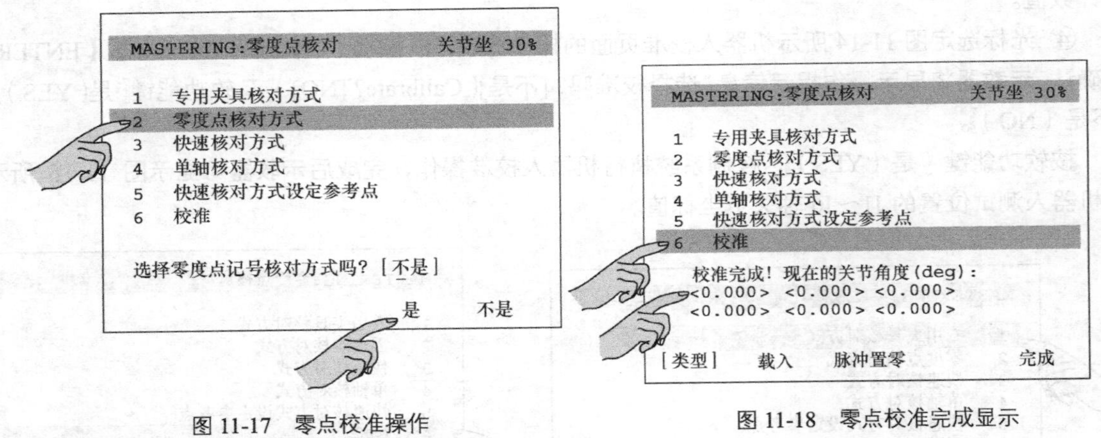

图 11-17 零点校准操作

图 11-18 零点校准完成显示

⑤ 按软功能键〖完成（DONE）〗，控制系统将自动设定$MASTER_ENB = 0 以隐藏系统设定项“零度点调整（Master/Cal）”。

⑥ 利用系统参数设定操作（参见第 10 章第 10.7 节），将系统参数（变量）$PARAM_GROUP.$SV_OFF_ALL 及$PARAM_ GROUP.$SV_OFF_ENB[*]恢复为原设定值，重新生效伺服关闭时的制动器控制功能并重启系统，生效参数设定。

11.2.3 机器人零点设定操作

当机器人某一关节轴的伺服驱动电机被更换、电机安装位置发生变化，或者，电机编码器的连接电缆被断开、后备电池出现报警时，关节轴的绝对位置数据将丢失，此时，需要对关节轴的零点进行重新设定。

FANUC 机器人的关节轴零点可通过系统参数设定、单轴设定操作重新设定，其操作步骤分别如下。

1. 系统参数设定

利用系统参数设定操作可以直接变更控制系统的关节轴零点数据、重新设定零点。机器人零点的数据保存在系统参数$ DMR_GRP. $MASTER_COUN 中，改变参数$MASTER_ COUN 的设定值，便可直接改变关节轴 0° 时的编码器脉冲计数值 P_0，重新设定零点。

利用系统参数重新设定关节轴零点的操作步骤如下。

① 利用系统设定基本操作（见第 10 章第 10.7 节），选择操作菜单"系统（SYSTEM）"，按【ENTER】键确认，示教器可显示系统设定基本页面。

② 按软功能键〖类型（TYPE）〗，光标选定"系统参数（Variables）"选项，按【ENTER】键确认，示教器可显示系统参数（变量）设定页面。

③ 光标选定系统参数$ DMR_GRP，按【ENTER】键选定，示教器可显示图 11-19（a）所示的关节轴位置设定显示页面。

④ 光标选定关节轴位置参数$MASTER_COUN，按【ENTER】键选定，示教器可显示图 11-19（b）所示的关节轴 0° 时的编码器脉冲计数值 P_0 显示页面。

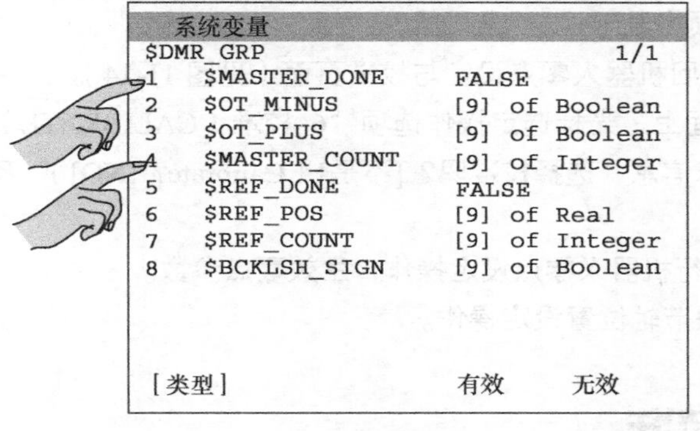

（a）位置设定

```
系统变量
                          1/9
1    [1]           95678329
2    [2]           10223045
3    [3]            3020442
4    [4]          304055030
5    [5]           20497709
6    [6]            2039490

[类型]
```

（b）零点计数

图 11-19 机器人零点设定操作

⑤ 用数字键、软功能键、【ENTER】键输入参数值，设定完成后，按示教器【PREV】键返回图 11-19（a）所示的关节轴位置设定显示页面。

⑥ 光标选定关节轴位置参数$MASTER_DONE，按软功能键〖有效〗，将$MASTER_ DONE 参数设定为"TRUE（有效）"。

⑦ 在示教器显示的机器人零点设定与校准页面（见图 11-14）上，光标选定操作选项"6 校准（CALIBRATE）"，按【ENTER】键确认，示教器将显示操作提示信息"选择校准吗？[不是]（Calibrate? [NO]）"及软功能键〖是（YES）〗、〖不是（NO）〗。

按软功能键〖是（YES）〗，控制系统将执行机器人零点设定操作，生效零点参数。

⑧ 按软功能键〖完成（DONE）〗，完成零点设定操作。

2. 单轴设定

单轴设定操作可对指定关节轴的零点、当前位置进行重新设定，单轴设定可以在用户指定的关节轴任意基准位置进行，位置设定的操作步骤如下。

① 光标选定图11-14机器人零点设定与校准页面的操作选项“单轴核对方式（SINGLE AXIS MASTER）”，按【ENTER】键确认，示教器将显示图11-20所示的关节轴位置设定页面，并显示以下内容。

现在位置（ACTUAL POS）：机器人关节轴当前实际位置。

零度点位置（MSTR POS）：机器人关节轴零点位置。

选择（SEL）：关节轴位置设定选择，设定“1”时，对应关节轴允许进行位置设定。

单轴 零度点核对（MASTERING）			关节坐 30%
			1/9
现在位置	（零度点位置）	选择	状态
J1 25.255	（ 0.000 ）	(0)	[2]
J2 25.550	（ 0.000 ）	(0)	[2]
J3 -50.000	（ 0.000 ）	(0)	[2]
J4 12.500	（ 0.000 ）	(0)	[2]
J5 31.250	（ 0.000 ）	(0)	[0]
J6 43.382	（ 0.000 ）	(0)	[0]
E1 0.000	（ 0.000 ）	(0)	[2]
E2 0.000	（ 0.000 ）	(0)	[2]
E3 0.000	（ 0.000 ）	(0)	[2]
		群组	执行

图11-20 单轴设定显示

状态（ST）：位置设定状态显示，显示“1”或“2”代表位置设定完成。

② 光标选定需要设定零点的关节轴，并将“选择（SEL）”设定为“1”。

③ 手动操作机器人，将关节轴定位到具有确切位置值的基准位置上。

④ 用数字键、【ENTER】键将基准位置的关节坐标值输入实际位置数据。

⑤ 按软功能键〖执行（EXEC）〗，系统将自动设定零点数据，同时，关节轴位置设定选择项“选择（SEL）”恢复为“0”，“状态（ST）”显示项将显示“2”或“1”。

⑥ 设定完成后，按示教器【PREV】键返回机器人零点设定与校准页面（见图11-14）。

⑦ 在示教器显示的机器人设定与校准页面上，光标选定操作选项“6 校准（CALIBRATE）”，按【ENTER】键确认，示教器将显示操作提示信息“选择校准吗？[不是]（Calibrate? [NO]）”及软功能键〖是（YES）〗、〖不是（NO）〗。

按软功能键〖是（YES）〗，控制系统将执行机器人零点设定操作，生效零点参数。

⑧ 按软功能键〖完成（DONE）〗，完成关节轴位置设定操作。

11.3 机械限位调整与快速校准

11.3.1 轴运动范围与保护

1. 轴运动保护

工业机器人的关节轴运动范围可通过机械限位、超程开关（硬件保护）、软件限位（软极限）3种方式限定。

硬件保护是利用超程检测开关、电气控制线路，通过急停、关闭伺服或直接分断驱动器主回路等措施，来禁止关节轴运动的保护方法，可用于非360° 回转的摆动轴或直线运动轴。软件保护可通过控制系统对关节轴位置的监控，限制轴运动范围，可用于所有运动轴。有关内容可参见第

10 章。

机械限位是利用机械挡块强制禁止关节轴运动的最后保护措施，可用于非 360° 回转的摆动轴或直线运动轴。机械限位保护可在电气控制系统出现重大故障、软件限位和超程开关保护失效或被跨越的情况下，通过机械挡块来强制禁止轴运动，避免机械传动部件损坏。在 FANUC 垂直串联机器人上，关节轴 J1、J2、J3 可通过选配可调式机械限位挡块，改变机械限位位置，但摆动轴 J5 的机械限位挡块原则上不允许用户调整。

需要注意的是：机器人样本、说明书中的工作范围（Working Range）参数，通常是在不考虑工具、工件安装时的关节轴最大运动范围，因此，机器人实际使用时，可以根据实际作业工具、作业区间的要求，改变关节轴运动范围，但是，运动范围的改变不能超出样本、说明书所规定的工作范围。

由于关节轴运动范围根据机器人的不同而有所不同，为了便于说明，本节将以 FANUC 常用的 R-1000iA/80F 垂直串联通用机器人为例，对关节轴运动范围及机械限位挡块的调整方法进行具体说明。

2．轴运动范围与限制

FANUC R-1000iA/80F 垂直串联机器人出厂定义的关节轴运动范围与限位位置如下。

① J1 轴。FANUC R-1000iA/80F 腰回转轴 J1 的正向运动范围如图 11-21 所示，负方向运动距离、行程保护设定位置与正向对称。J1 轴设置有软件限位（软极限）、超程开关（硬件保护）、机械限位挡块 3 道保护措施。软件限位位置为 ± 180° ，超程开关保护位置为 ± 180.5° ，机械限位挡块的保护位置为 ± 205° 。

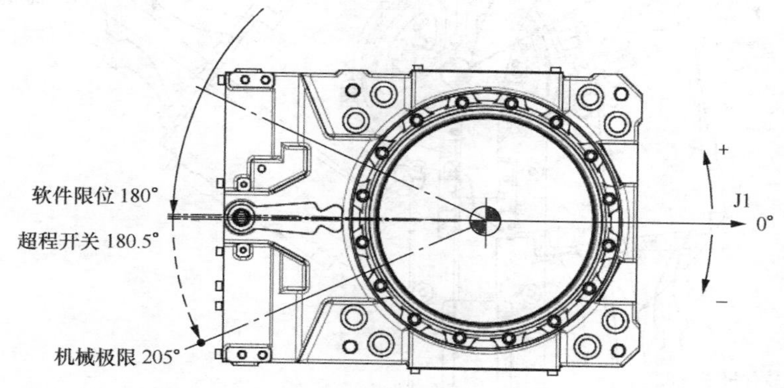

图 11-21　J1 轴运动范围

② J2 轴。FANUC R-1000iA/80F 下臂摆动轴 J2 的运动范围如图 11-22 所示，其正向运动范围为 0° ～155° ，负向运动范围为 0° ～−90° 。J2 轴设置有软件限位（软极限）、机械限位挡块 2 道保护措施，正向软件限位位置为 160° ，机械限位挡块的保护位置为 165° ，负向软件限位位置为−90° ，机械限位挡块的保护位置为−95° 。

③ J3 轴。FANUC R-1000iA/80F 上臂摆动轴 J3 的运动范围如图 11-23 所示，其正向运动范围为 0° ～140° ，负向运动范围为 0° ～−82° 。J3 轴设置有软件限位（软极限）、机械限位挡块 2 道保护措施，正向软件限位位置为 140° ，机械限位挡块的保护位置为 145° ，负向软件限位位置为−82° ，机械限位挡块的保护位置为−87° 。

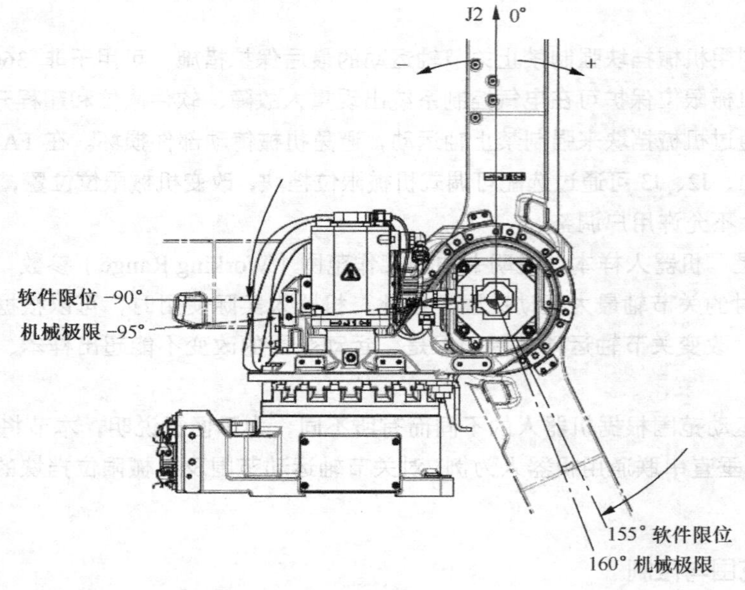

图 11-22 J2 轴运动范围

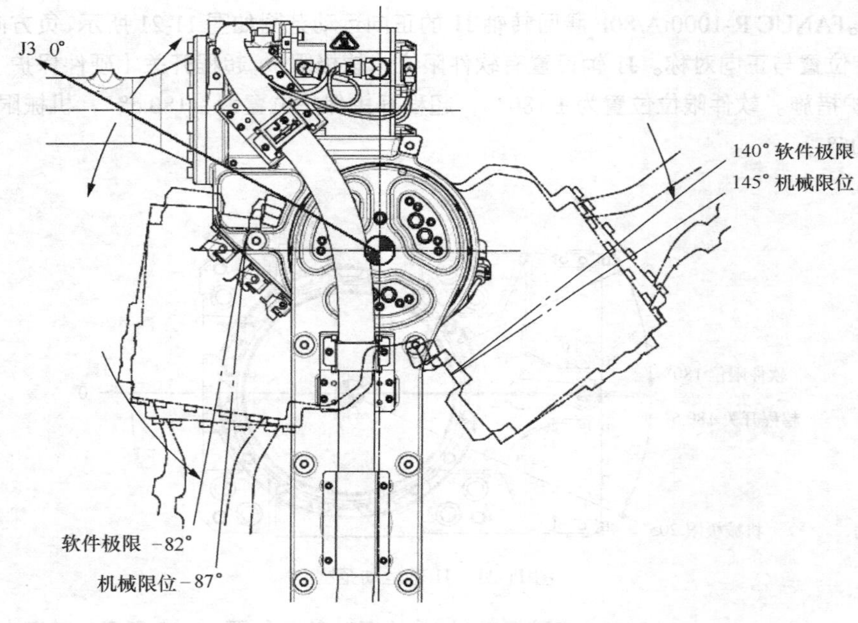

图 11-23 J3 轴运动范围

④ J4 轴。垂直串联机器人的手腕回转轴 J4 通常为 360° 回转轴，因此，无法安装超程开关（硬件保护）、机械限位挡块，关节轴的运动范围只能通过软件限位进行限制。FANUC R-1000iA/80F 手腕回转轴 J4 的运动范围如图 11-24（a）所示，其正向软件限位位置为 360°，负向软件限位位置为-360°。

⑤ J5 轴。FANUC R-1000iA/80F 腕摆动轴 J5 的运动范围如图 11-24（b）所示，其正向运动范围为 0°～125°，负向运动范围为 0°～-125°。J5 轴设置有软件限位（软极限）、机械限位挡块 2 道保护措施，正向软件限位位置为 125°，机械限位挡块的保护位置为 127°，负向软件限位位置为-125°，机械限位挡块的保护位置为-127°。

⑥ J6 轴。垂直串联机器人的手回转轴 J6 通常为 360° 回转轴，因此，无法安装超程开关（硬件保护）、机械限位挡块，关节轴的运动范围只能通过软件限位进行限制。FANUC R-1000iA/80F 手回转轴 J6 的运动范围如图 11-24（c）所示，其正向软件限位位置为 360°，负向软件限位位置为−360°。

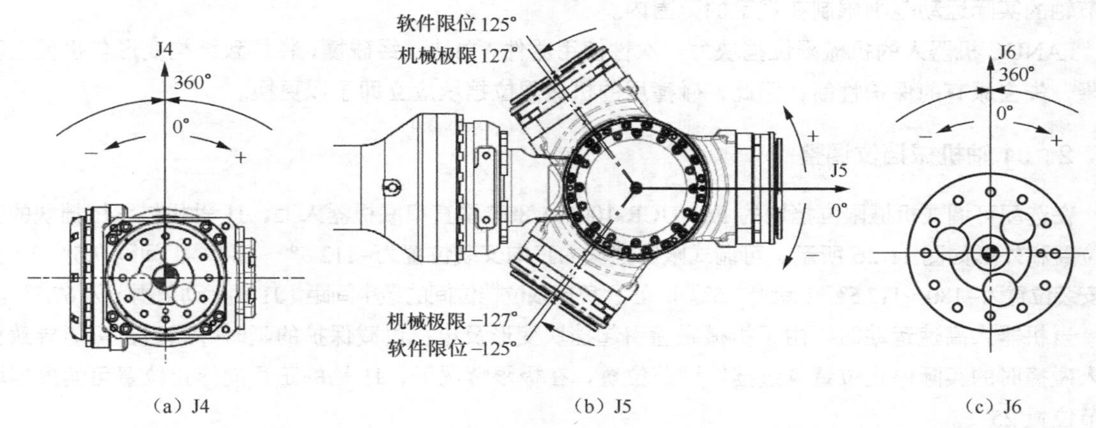

（a）J4　（b）J5　（c）J6

图 11-24　J4、J5、J6 轴运动范围

11.3.2　机械限位挡块安装与调整

1．机械限位挡块及安装

机械限位挡块是用来强制限定关节轴运动范围、防止机器人及工具干涉的机器人运动保护措施。关节轴一旦碰撞到机械限位挡块，伺服驱动电机将立即过载并停止运动，以避免进一步损坏减速器等机械传动部件。

机械限位挡块通常是非 360° 回转摆动轴或直线运动轴行程的最后一道保护措施，它可在电气控制系统出现重大故障、软件限位和超程开关保护失效或被跨越的情况下，通过机械挡块来强制禁止轴运动，为运动轴提供最后的保护。

垂直串联机器人的机械限位挡块一般用于图 11-25 所示的非 360° 回转摆动轴 J1、J2、J3、J5 运动保护。机器人实际使用时，可能由于作业区域限制、作业工具干涉、连接管线长度不足等原因，需要改变机器人出厂设定的关节轴运动范围。在这种情况下，可通过改变机器人软极限设定、调整机械限位挡块位置来改变关节轴运动范围，但是，运动范围的改变不能超出样本、说明书规定的工作范围。

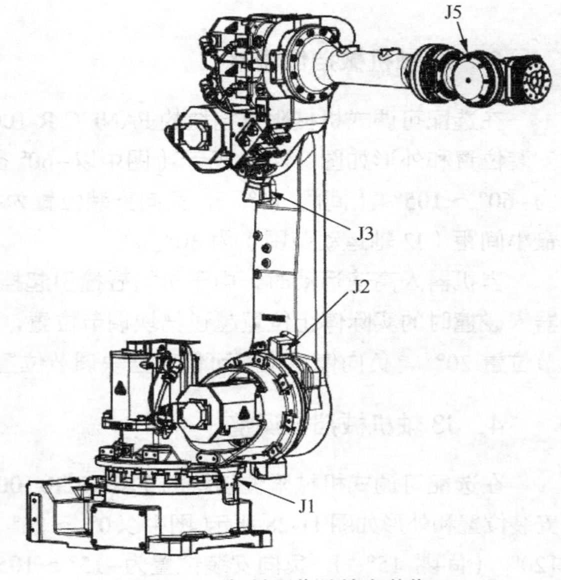

图 11-25　机械限位挡块安装位置

机器人的软件限位、机械限位需要配合使用，即：当改变关节轴软极限位置的同时，需要将机械限位挡块调整到相应的保护位置，反之亦然。如果机器人出厂时设定的关节轴零点位于调整后的软件限位、机械限位挡块保护允许的运动范围之外，用户还需要通过快速校准基准点设定操作，

在关节轴运动范围内重新设定机器人快速校准的基准点。

FANUC R-1000iA/80F 垂直串联机器人的机械限位挡块安装位置如图 11-25 所示，其中，腕摆动轴 J5 的机械限位挡块一般不允许用户调整，其余 J1、J2、J3 轴可通过选配可调式机械限位挡块，将关节轴的实际运动范围限制在规定的范围内。

FANUC 机器人的机械限位挡块为一次性使用器件，挡块一经碰撞，将导致结构变形与机械强度下降，失去原有的保护性能，因此，碰撞后的机械限位挡块应立即予以更换。

2．J1 轴机械挡位调整

在选配可调式机械限位挡块的 FANUCR-1000iA/80F 垂直串联机器人上，J1 轴机械限位挡块的安装位置和外形如图 11-26 所示。可调式限位挡块的正向安装位置为−112.5° ～180° （间隔 7.5° ），负向安装位置为−180～112.5° （间隔 7.5° ）；正、负向限位挡位间的最小间距（J1 轴运动范围）为 67.5° 。

当机器人高速运动时，由于机械碰撞引起挡块变形及电机过载保护的延时等原因，可能导致机器人碰撞时的实际停止位置越过挡块调节位置，在极限情况下，J1 轴的正负向停止位置可偏离挡块调节位置 25° 。

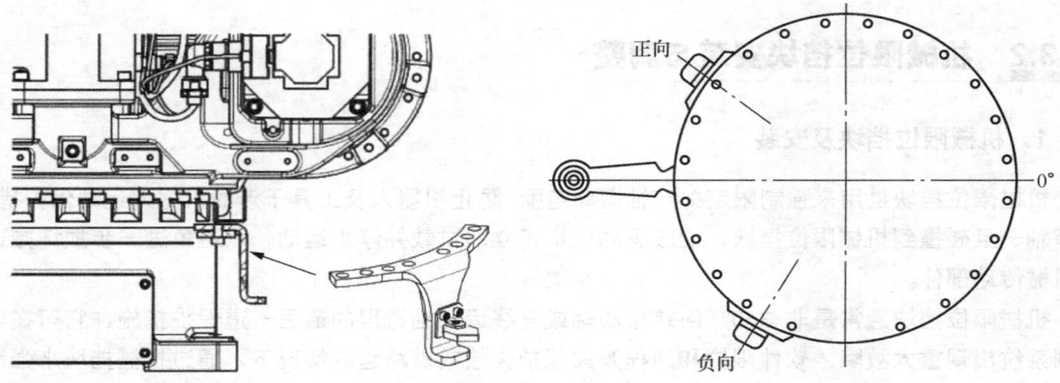

图 11-26　J1 轴挡块安装与调整

3．J2 轴机械挡位调整

在选配可调式机械限位挡块的 FANUC R-1000iA/80F 垂直串联机器人上，J2 轴机械限位挡块的安装位置和外形如图 11-27 所示（图中以−60° ～75° 限位为例）。可调式限位挡块的正向安装位置为−60° ～105° （间隔 15° ），负向安装位置为−75° ～90° （间隔 15° ），正、负向限位挡位间的最小间距（J2 轴运动范围）为 30° 。

当机器人高速运动时，由于机械碰撞引起挡块变形及电机过载保护的延时等原因，可能导致机器人碰撞时的实际停止位置越过挡块调节位置，在极限情况下，J2 轴的正向停止位置可偏离挡块调节位置 20° ，负向停止位置可偏离挡块调节位置−22° 。

4．J3 轴机械挡位调整

在选配可调式机械限位挡块的 FANUCR-1000iA/80F 垂直串联机器人上，J3 轴机械限位挡块的安装位置和外形如图 11-28 所示（图中以 0° ～75° 限位为例）。可调式限位挡块的正向安装位置为 0° ～120° （间隔 15° ），负向安装位置为−15° ～105° （间隔 15° ），正、负向限位档位间的最小间距

（J3 轴运动范围）为 30° 。

当机器人高速运动时，由于机械碰撞引起挡块变形及电机过载保护的延时等原因，可能导致机器人碰撞时的实际停止位置越过挡块调节位置，在极限情况下，J3 轴的正向停止位置可偏离挡块调节位置 10° ，负向停止位置可偏离挡块调节位置−17° 。

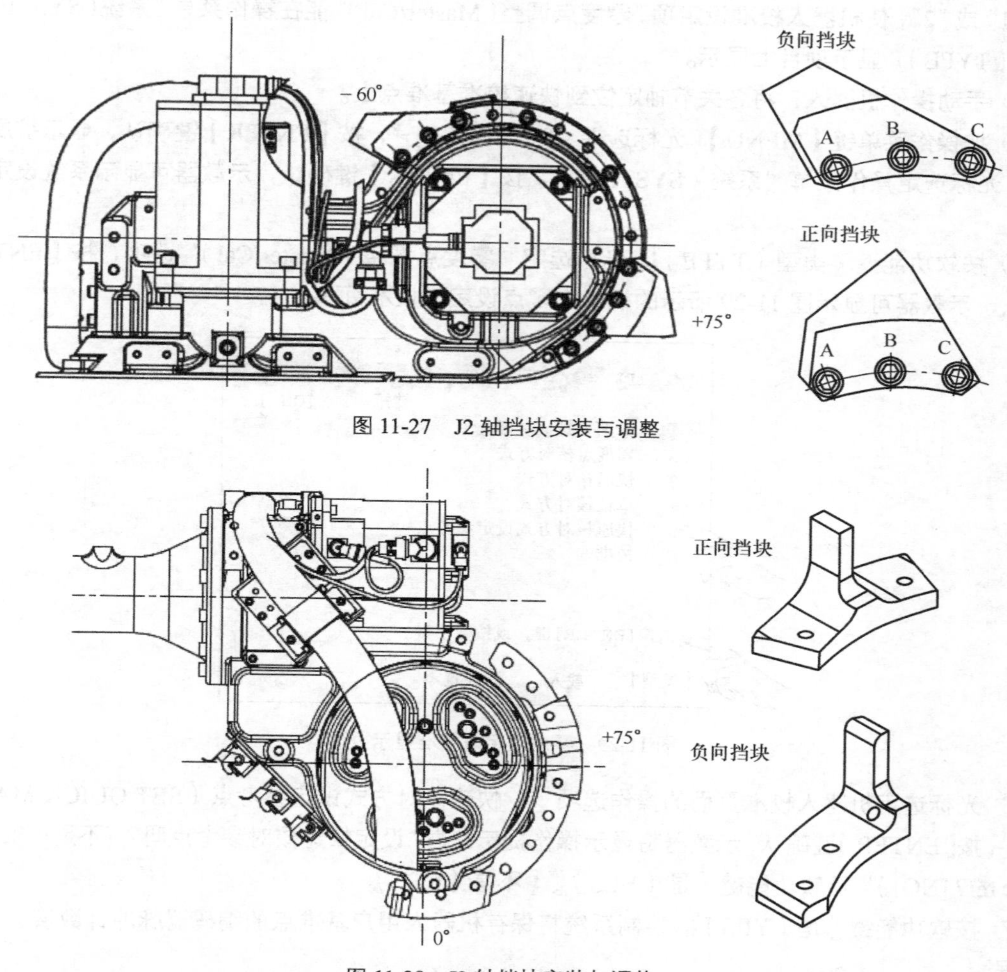

图 11-27　J2 轴挡块安装与调整

图 11-28　J3 轴挡块安装与调整

11.3.3　机器人快速校准操作

快速校准是通过用户设定的基准点，重新确定机器人位置的操作，快速校准可用于机器人零点定位比较困难或零点位于运动范围以外的情况。机器人出厂设定的快速校准基准点通常就是机器人零点，因此，如果没有改变机器人出厂设定的作业范围，也可直接利用机器人零点进行快速校准。

1．快速校准基准点设定

快速校准的原理与零点校准相同，但基准点可由用户设定。快速校准时的关节轴位置依靠操作者的目测确定，校准精度较低。

在机器人快速校准前，必须先设定用户基准点，这一操作需要在机器人位置完全正确、正常运行情况下进行。用户基准点设置完成后，如果进行了其他方式的机器人校准操作，需要重新设定用户基准点，才能确保机器人通过快速校准设定准确的位置。

快速校准及基准点设定操作步骤如下。

① 在机器人上选择合适的位置，作为快速校准的基准点，并做好基准点标记。

② 利用系统参数设定操作（参见第 10 章第 10.7 节），将系统参数（变量）$MASTER_ENB 设定为“1”或“2”，使机器人校准设定项“零度点调整（Master/Cal）”能在操作菜单“系统（SYSTEM）”、〖类型（TYPE）〗显示项目上显示。

③ 手动操作机器人，将各关节轴定位到快速校准基准点上。

④ 按操作菜单键【MENU】，光标选择“0 —NEXT—”，按【ENTER】键确认，显示扩展操作菜单，光标选定操作菜单“系统（SYSTEM）”，按【ENTER】键确认，示教器可显示系统设定基本页面。

⑤ 按软功能键〖类型（TYPE）〗，光标选定“零度点调整（Master/Cal）”选项，按【ENTER】键确认，示教器可显示图 11-29 所示的机器人零点设定与校准页面。

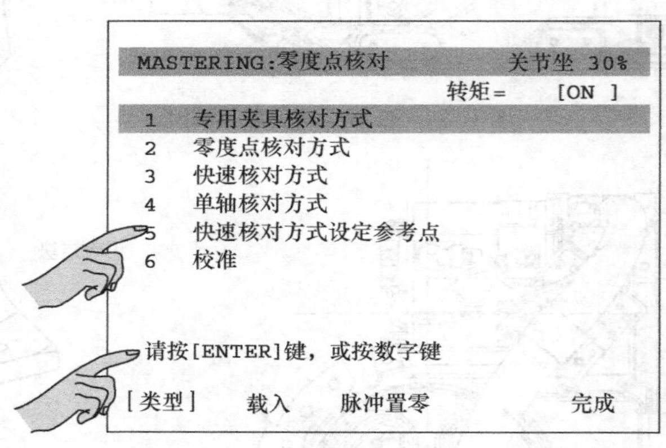

图 11-29 零点设定与校准显示页面

⑥ 光标选定机器人校准页面的操作选项“5 快速核对方式设定参考点（SET QUICK MASTER REF）”，按【ENTER】键确认，示教器将显示操作提示信息“设定快速核对参考点吗？[不是]（Set quick master ref? [NO]）”及软功能键〖是（YES）〗、〖不是（NO）〗。

⑦ 按软功能键〖是（YES）〗，控制系统将保存机器人用户基准点的编码器脉冲计数值、关节位置数据。

2. 快速校准

快速校准必须在快速校准基准点设定完成，系统所保存的基准点脉冲计数值、关节位置数据准确的前提下进行。FANUC 机器人快速校准的操作步骤如下。

① 利用系统参数设定操作（参见第 10 章第 10.7 节），将系统参数（变量）$PARAM_GROUP.$SV_OFF_ALL 及$PARAM_ GROUP.$SV_OFF_ENB[*]设定为“FALSE”，解除伺服关闭时的制动器控制功能并重启系统，生效参数设定。

② 手动操作机器人，将各关节轴定位到用户自行设定的基准点位置上。

③ 光标选定机器人校准页面的操作选项“3 快速核对方式（QUICK MASTER）”，按【ENTER】键确认，示教器将显示图 11-30 所示的快速校准页面，并显示操作提示信息“选择快速校准方式吗？[不是]（Quick master? [NO]）”及软功能键〖是（YES）〗、〖不是（NO）〗。

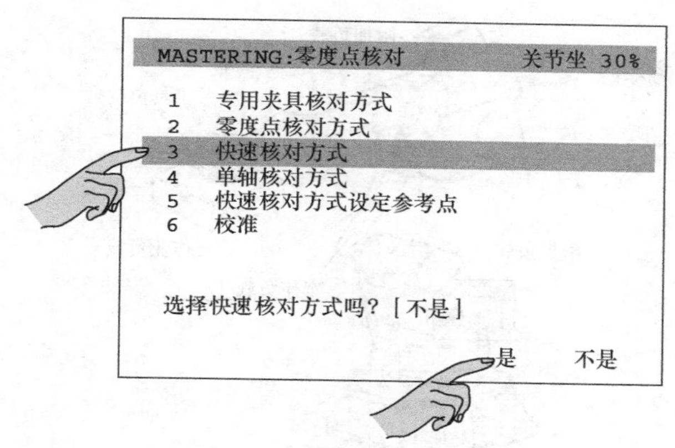

图 11-30 快速校准显示

按软功能键〖是（YES）〗，示教器可显示机器人零点的 J1～J6 轴编码器脉冲计数值。

④ 光标选定操作选项“6 校准（CALIBRATE）”，按【ENTER】键确认，示教器将显示操作提示信息“选择校准吗？[不是]（Calibrate? [NO]）”及软功能键〖是（YES）〗、〖不是（NO）〗。

按软功能键〖是（YES）〗，控制系统执行机器人快速校准操作，完成后示教器可显示机器人基准点的 J1～J6 轴关节坐标值。

⑤ 按软功能键〖完成（DONE）〗，控制系统将自动设定$MASTER_ENB = 0 以隐藏系统设定项“零度点调整（Master/Cal）”。

⑥ 利用系统参数设定操作（参见第 10 章第 10.7 节），将系统参数（变量）$PARAM_GROUP.$SV_OFF_ALL 及$PARAM_ GROUP.$SV_OFF_ENB[*]恢复为原设定值，重新生效伺服关闭时的制动器控制功能并重启系统，生效参数设定。

11.4 机器人负载设定与校准

11.4.1 机器人负载及显示

1．机器人负载分类

垂直串联结构机器人各关节的负载重心通常远离回转摆动中心，负载转矩和惯量大、受力条件差，因此，不仅需要考虑作业负载的影响，而且还需要考虑机器人本体构件及安装在机身上的附加部件重力对驱动系统的影响。

机器人控制系统的负载设定功能用来设定负载质量、重心、惯量等参数，以调整伺服驱动系统的控制参数、平衡重力，提高机器人运行稳定性和安全性，改善伺服驱动系统动静态特性，使得机器人碰撞保护、重力补偿等功能的动作更为准确、可靠。

工业机器人的基本负载包括图 11-31 所示的机器人本体负载、附加负载、工具负载 3 类。搬运、装配类机器人作业时，还包含作业负载（物品）。

① 本体负载。本体负载是由机器人本体构件所产生的负载。本体负载在机器人出厂时已由机器人生产厂家设定，机器人正常使用时无须进行设定。但是，如果机器人更换了驱动电机、减速器或传动轴、轴承等传动部件，维修完成后，需要重新进行本体负载的校准。

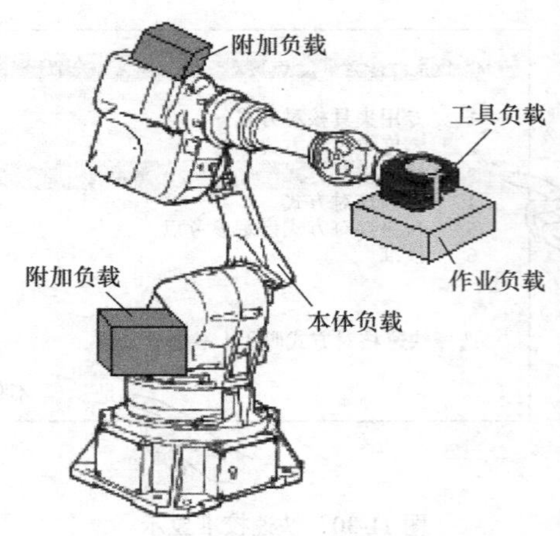

图 11-31　机器人负载

机器人的手腕（J5、J6 轴）结构复杂、驱动电机的规格小，负载变化对机器人运动特性的影响大，且又是最容易发生碰撞、干涉的部位。为了便于使用与维修，FANUC 机器人可通过手腕负载校准操作，重新调整 J5、J6 轴的本体负载。

② 工具负载。工具负载是由安装在手腕上的作业工具所产生的负载，对于工具固定、机器人移动工件的作业场合，工具负载就是工件负载。

工具负载参数需要通过控制系统的负载设定操作设定，更换作业工具时，需要选择不同的工具负载参数。FANUC 机器人的工具负载可通过手动数据输入或工具负载自动测定操作设定。

③ 附加负载。附加负载是由安装在机身上的辅助控制部件所产生的负载。例如，搬运机器人的抓手松/夹控制电磁阀、点焊机器人的阻焊变压器等。

附加负载根据机器人所使用工具的不同而不同，在 FANUC 机器人上，附加负载可以通过手动数据输入操作进行设定。

④ 作业负载。作业负载是搬运、装配搬运类机器人作业时，由被搬运物品、部件产生的负载。对于固定对象的搬运、装配作业，作业负载也可连同工具，在工具负载上设定；对于无固定作业对象的通用机器人，作业负载一般直接使用机器人生产厂家出厂设定的承载能力参数（最大负载，包含工具负载）。

工业机器人的负载参数可通过控制系统的负载设定操作设定，数据可保存在控制系统中，机器人手动操作或程序自动运行时，可通过示教器操作或程序指令选定。FANUC 机器人最多允许设定 10 种不同负载，负载编号可通过示教器的操作选择，或者，利用程序中的负载条件指令 PAYLOAD[i] 选择。

2. 负载显示

FANUC 机器人的负载可通过如下操作，在示教器上显示。

① 接通控制柜的电源总开关，启动控制系统。操作模式选择示教（T1 或 T2），示教器的 TP 有效开关置“ON”位置。

② 按操作菜单键【MENU】，光标选定菜单扩展选项“—NEXT—”，按【ENTER】键确认，示教器可显示扩展操作菜单。光标选定扩展选项“系统（SYSTEM）”，按【ENTER】键确认，示教器可显示控制系统设定页面。

③ 按系统设定页面的软功能键〖类型（TYPE）〗，光标选择设定项“Motion（负载设定）”，按

【ENTER】键确认，示教器便可显示图 11-32 所示的负载一览表。如果示教器的显示内容为其他的负载设定、显示页面，可按返回键【PREV】（可能需要数次）逐级返回，直至负载一览表显示。

FANUC 机器人的负载一览表显示页可显示的基本内容如下。

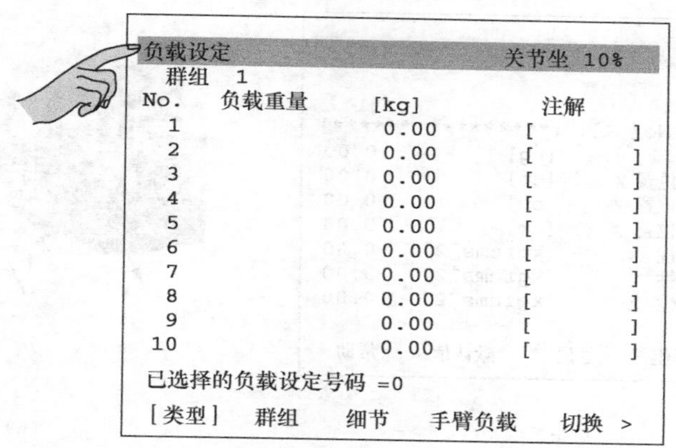

图 11-32 负载一览表显示

No.：负载编号（条件号），可通过手动操作或负载设定指令 PAYLOAD [i]中的编号“*i*”选定。

负载重量（PAYLOAD）：负载质量（kg）。

注解（Comment）：负载名称。

在负载一览表显示页上，可通过如下软功能键选择所需要的操作。

〖类型（TYPE）〗：控制系统设定项切换键，按此键可退出负载设定操作，选择控制系统其他设定内容。

〖群组（GROUP）〗：运动组切换键，按此键可切换机器人运动组。

〖细节（DETAIL）〗：按此键可显示、设定指定编号负载的详细参数。

〖手臂负载（ARMLOAD）〗：按此键，可显示、设定指定编号负载的机身（手臂）负载参数。

〖切换（SETIND）〗：负载编号设定及负载参数生效，部分机器人的软功能键中文显示为“设定号码”。按此键，可输入负载编号、生效指定编号的负载参数，并将其作为机器人的当前负载，应用于机器人手动操作或程序自动。

11.4.2 手动数据输入设定

1．工具负载设定

FANUC 机器人的工具负载手动数据输入设定，可用于负载参数已知的工具负载设定，其操作步骤如下。

① 通过机器人负载显示操作，使示教器显示图 11-32 所示的机器人负载一览表页面。

② 光标选定需要设定的负载编号，按软功能键〖细节（DETAIL）〗，示教器可显示图 11-33（a）所示的工具负载设定页面，并显示如下内容。

群组（Group）：运动组显示。

条件 No [i]（Schedule No [i]）：条件号（负载编号）、注解（负载名称）显示与设定。

负载重量（PAYLOAD）：工具负载质量显示与设定，单位 kg。

负载重心位置 X/Y/Z（PAYLOAD CENTER X/Y/Z）：图 11-33（b）所示的负载重心（cog）在机

器人手腕基准坐标系上的 *X*/*Y*/*Z* 坐标值，单位 cm。

负载的惯性 X/Y/Z（PAYLOAD INERTIA X/Y/Z）：负载绕机器人手腕基准坐标系 *X*/*Y*/*Z* 轴回转的转动惯量，单位为 kgf · cm · s^2。

```
负载设定                                      关节坐 10%

        群组  1
  1  条件        No[ 1]:  [*****************]
  2  负载重量              [kg]              0.00
  3  负载重心位置 X        [cm]              0.00
  4  负载重心位置 Y        [cm]              0.00
  5  负载重心位置 Z        [cm]              0.00
  6  负载的惯性  X         [kgfcms^2]        0.00
  7  负载的惯性  Y         [kgfcms^2]        0.00
  8  负载的惯性  Z         [kgfcms^2]        0.00

 [类型]    群组     号码     默认值     帮助
```

（a）显示

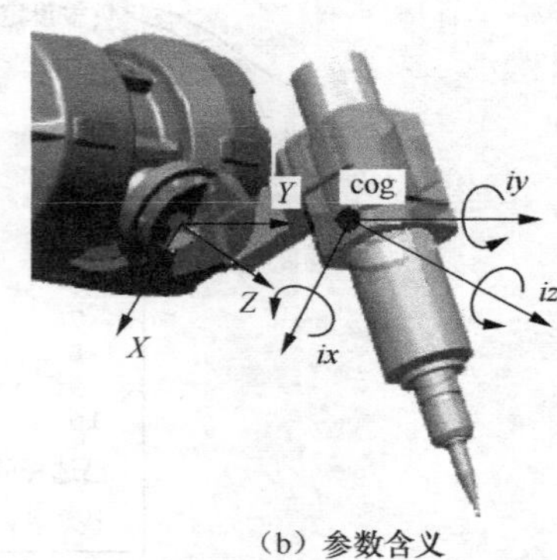

（b）参数含义

图 11-33　工具负载设定显示与参数含义

转动惯量的单位可根据牛顿定律 $F = ma$，进行如下换算：

1 kgf = 9.8 N = 9.8 kg · m/s^2

kgf · cm · s^2 =（9.8 kg · m/s^2）· cm · s^2 = 980 kg · cm^2 = 0.098 kg · m^2

工具负载设定页面的软功能键作用如下。

〖群组（GROUP）〗：运动组切换、选择。

〖号码（NUMBER）〗：负载编号切换、选择。

〖默认值（DEFAULT）〗：恢复机器人出厂设定的默认值。

〖帮助（HELP）〗：显示系统负载设定帮助文件。

③ 光标选定设定项输入区，用数字键、软功能键、【ENTER】键输入负载参数，完成后，示教器将显示操作提示信息“路径/循环时间可能变化，要设定吗？”及软功能键〖是（YES）〗、〖不是（NO）〗。选择软功能键〖是（YES）〗，便可完成工具负载设定操作。

④ 工具负载设定完成后，按【PREV】键，可返回负载一览表显示页。然后，按软功能键〖切换（SETIND）〗，输入负载编号后，便可生效工具负载参数。

2. 附加负载设定

FANUC 机器人的附加负载手动数据输入设定，可用于负载参数已知的机身附加负载设定。附加负载通常安装在腰回转轴、上臂摆动轴上，它们将直接影响机器人本体的运动特性，故需要重新启动控制系统生效。

机身附加负载的手动数据输入设定操作步骤如下。

① 通过机器人负载显示操作，使示教器显示机器人负载一览表页面。

② 光标定位到任意一个负载编号（条件号）上，按软功能键〖手臂负载（ARMLOAD）〗，示教器可显示图 11-34 所示的机身（手臂）附加负载设定页面，并显示如下设定项。

J1 轴负载重量（ARM LOAD AXIS#1）：安装在机器人腰上、随 J1 轴回转的附加负载质量，单位为 kg。

J3 轴负载重量（ARM LOAD AXIS#3）：安装在机器人上臂、随 J3 轴摆动的附加负载质量，单位为 kg。

附加负载显示页的软功能键作用与工具负载设定页面相同。

③ 光标选定设定项输入区，用数字键、【ENTER】键输入负载质量后，示教器将显示操作提示信息“路径/循环时间可能变化，要设定吗？”及软功能键〖是（YES）〗、〖不是（NO）〗。选择〖是（YES）〗，便可完成附加负载设定操作。

④ 关闭系统电源，冷启动系统生效负载设定。

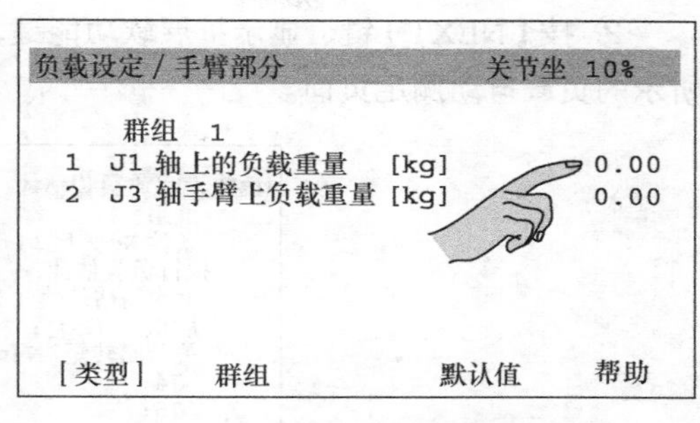

图 11-34 附加负载设定页面

11.4.3 工具负载自动测定

1. 功能说明

利用手动数据输入操作设定机器人工具负载时，需要计算负载重心、惯量等参数，这一计算通常比较繁琐，为此，实际使用时，一般都通过控制系统的负载自动测定功能，由控制系统自动测试、计算、设定负载参数。FANUC 机器人工具负载自动测定属于系统选择功能，只有在选配功能软件的机器人上才能使用。

工业机器人的负载自动测定是控制系统根据关节驱动电机输出转矩，通过应用软件分析、计算负载重心、惯量等参数的功能。为了提高测定精度，使用工具负载自动测定功能时，工具质量以手动数据输入设定为宜。此外，负载重心离手腕工具基准点（TRP）越远、负载质量越大，其测定结果也越准确。

机器人的工具安装在手腕上，负载质量、重心、惯量将直接影响手腕摆动轴 J5、手回转轴 J6 的输出转矩。为了获得 J5、J6 轴驱动电机在不同位置、不同速度运动时的输出转矩变化数据，控制系统执行工具负载自动测定时，机器人 J5、J6 轴需要按照规定的步骤，进行图 11-35 所示的自动运动，因此，工具负载自动测定时，需要保证 J5、J6 轴能够自由运动。

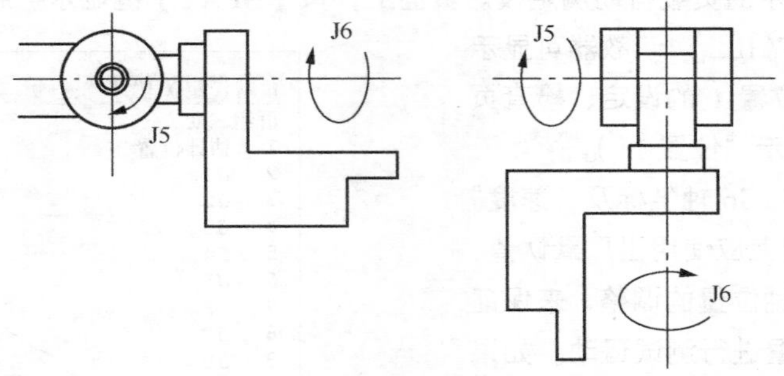

图 11-35 工具负载自动测定运动

2. 工具质量输入

工具负载自动测定通常用于计算烦琐的重心、惯量、转矩等参数的自动测试，工具质量一般以手动数据输入方式直接设定。FANUC 工业机器人的工具质量设定步骤如下。

① 通过机器人负载显示操作，使示教器显示图 11-32 所示的机器人负载一览表页面。

② 按【NEXT】键、显示扩展软功能键，并按软功能键〖估计〗(〖F2〗)，示教器可显示图 11-36 所示的负载自动测定页面。

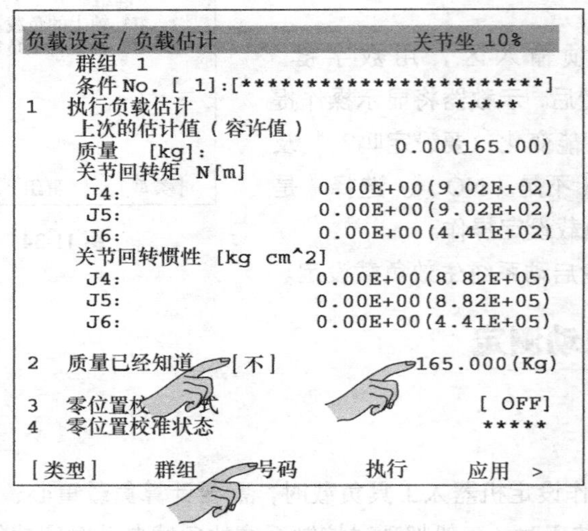

图 11-36 负载自动测定页面

③ 手动操作机器人，将 J5、J6 轴移动至可自由运动的位置，并使 J6 轴回转中心线尽可能接近水平状态。

④ 按软功能键〖号码〗，用数字键输入负载编号 (条件号)，按【ENTER】键确认。

⑤ 若工具质量为已知，移动光标到“2 质量已经知道”设定行，按【ENTER】键，然后，选择软功能键〖是 (YES)〗。接着，在质量输入区，用数字键、【ENTER】键输入工具质量。

3. 测试位置设定与检查

FANUC 工业机器人执行工具负载自动测定功能时，需要在 2 个测试位置 (位置 1、2) 间进行定位运动，测试位置的设定、检查操作如下。

① 在图 11-36 所示的负载自动测定设定页面上，按【NEXT】键显示扩展软功能键后，按扩展软功能键〖细节 (DETAIL)〗，示教器可显示图 11-37 所示的测试位置 1 的设定、检查页面 (“估计位置”行显示“位置 1”)。

② 测试位置的 J5、J6 轴坐标及“速度”“加速度”设定项，原则上应使用出厂默认值，应尽可能通过 J1～J4 轴位置的调整，来保证 J5、J6 轴能以默认位置进行测试运动。如果机器人在默认测试位置上，J5、J6 轴的定位运动确实存在困难时，可通过如下方法之一，重新设定测试位置。

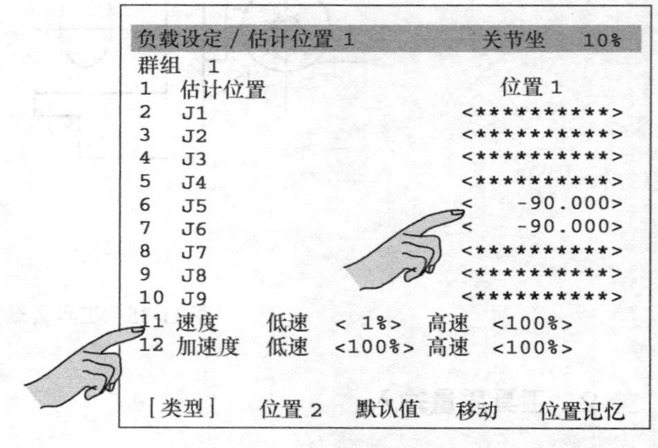

图 11-37 测试位置设定显示页面

手动数据输入设定：调节光标到 J5、J6 轴显示行，用数字键、【ENTER】键手动输入测试位置 1 的 J5、J6 轴的关节坐标值。

示教设定：手动移动机器人 J5、J6 轴到合适的位置，按住示教器的【SHIFT】键，同时按软功能键

〖位置记忆（RECORD）〗，将 J5、J6 轴当前的示教位置，记录到测试位置 1 的 J5、J6 轴设定行上。

恢复出厂设定：按软功能键〖默认值（DEFAULT）〗，可恢复机器人出厂默认的测试位置 1 设定值。

③ 光标定位到“1 估计位置”行，按住示教器操作面板上的【SHIFT】键，同时按软功能键〖移动（MOVE _TO）〗，机器人可自动定位到测试位置 1，检查、确认测试位置 1 选择合理。

④ 按软功能键〖位置 2（POSITION 2）〗，显示测试位置 2 的设定、检查页面（“估计位置”行显示“位置 2”）。利用测试位置 1（步骤②、③）同样的操作，设定测试位置 2，并检查、确认位置选择合理。

4．负载自动测定操作

测试位置设定、检查完成后，可通过以下操作，进行工具负载的自动测定。

① 完成测试位置 1、2 的设定、检查后，按示教器返回键【PREV】，使示教器返回图 11-36 所示的负载自动测定设定页面。

② 将示教器的 TP 开关置“OFF”位置。

③ 按软功能键〖执行〗，示教器将显示操作提示信息“ROBOT 开始动作和估计，准备好吗？”，同时，显示软功能键〖是（YES）〗、〖不是（NO）〗。

④ 按软功能键〖是（YES）〗，机器人便可按照规定的程序，自动进行 J5、J6 轴的工具负载测定运动；按软功能键〖不是（NO）〗，可停止负载自动测定操作。机器人执行工具负载自动测定时，J5、J6 轴需要进行低速、高速运动，操作者应远离危险区域。

⑤ 负载自动测定完成后，按软功能键〖应用〗，示教器将显示操作提示信息“路径/循环时间可能变化，要设定吗？”，同时，显示软功能键〖是（YES）〗、〖不是（NO）〗。选择〖是（YES）〗，便可完成负载自动设定操作。

⑥ 如果自动测定获得的负载数据超过了机器人的承载能力，示教器将显示操作提示信息“超过负载！要设定吗？”，同时，显示软功能键〖是（YES）〗、〖不是（NO）〗。选择〖是（YES）〗，便可完成负载自动设定操作。

⑦ 关闭系统电源，冷启动系统生效负载设定。

11.4.4 重力补偿设定

1．功能说明

重力补偿设定功能又称机器人安装设定，功能可用于倾斜、倒置等特殊形式安装的机器人负载设定，以补偿因重力产生的驱动电机偏移转矩，改善机器人运动特性、提高机器人定位精度。

FANUC 机器人的重力补偿属于控制系统附加功能，只有在选配了重力补偿附加功能软件的控制系统上才能使用。使用重力补偿功能时，需要事先利用控制系统参数设定操作，设定以下系统参数，参数需要通过系统重启才能生效。

$PARAM_GROUP[group].$SV_DMY_LNK[8]（重力补偿功能的有效/无效）：重力补偿功能设定，通过软功能键选择“TRUE（有效）”，生效重力补偿功能。

$PARAM_GROUP[group].$MOUNT_ANGLE（机器人的设置角度）：机器人安装角度设定，根据机器人实际安装，输入安装角度值。

机器人安装角度 α 的定义方法如图 11-38（a）所示，它是机器人坐标系（全局）的 Y 轴与水平面平行时、X 轴与水平面的夹角。若机器人采用 X 轴与水平面平行、Y 轴倾斜的特殊安装方式，安装参数需要由机器人生产厂家的技术部门设定。

安装角度α的范围通常为$-180°\sim180°$。$\alpha=0°\sim180°$时，机器人为图11-38（a）～图11-38（c）所示的“上仰”式壁挂或倒置悬挂安装；机器人为图11-38（d）所示的“下俯”式壁挂安装时，$\alpha=0°\sim-180°$。

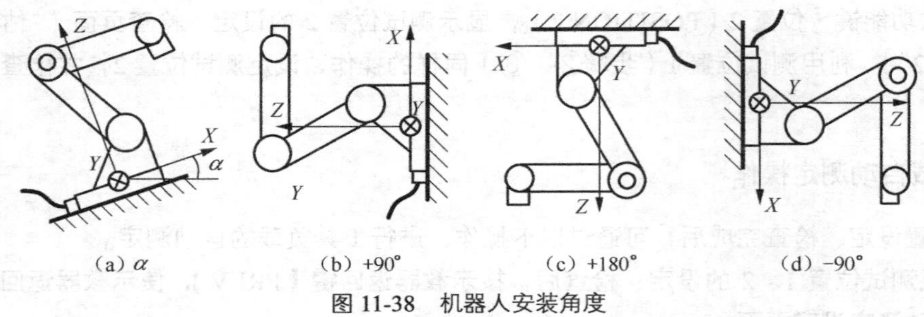

图 11-38　机器人安装角度

2. 重力补偿设定操作

FANUC 机器人的重力补偿设定，需要手动数据输入设定，其操作步骤如下。

① 利用系统参数（变量）设定操作，将系统参数$PARAM_GROUP[group]. $SV_DMY_LNK[8]设定为“TRUE（有效）”，并在系统参数$PARAM_GROUP[group]. $MOUNT_ANGLE上，设定机器人的安装角度。

② 断开控制系统总电源，重启系统，生效系统参数。

③ 通过机器人负载显示操作，使示教器显示图11-32所示的机器人负载一览表页面。

④ 光标定位到任意一个负载编号（条件号）上，按软功能键〖细节（DETAIL）〗，使示教器显示图11-33（a）所示的工具负载设定页面。

⑤ 光标选定设定项，用数字键、【ENTER】键手动输入工具负载质量、重心、惯量参数，数据输入后，示教器将显示提示信息“路径/循环时间可能变化，要设定吗？”及软功能键〖是（YES）〗、〖不是（NO）〗。选择〖是（YES）〗，便可生效工具负载设定参数。

⑥ 按【PREV】键返回负载一览表显示页面（参见图11-32），按软功能键〖手臂负载（ARMLOAD）〗，示教器显示图11-34所示的机身（手臂）附加负载设定页面。

⑦ 光标选定设定项，用数字键、【ENTER】键手动输入J1、J3轴附加负载质量参数，数据输入后，示教器同样显示提示信息“路径/循环时间可能变化，要设定吗？”及软功能键〖是（YES）〗、〖不是（NO）〗。选择〖是（YES）〗，便可生效附加负载设定参数。

⑧ 关闭系统电源，冷启动系统生效负载设定。

11.4.5 手腕负载校准

1. 功能说明

机器人本体的关节轴负载由构件产生，它与机器人结构及减速器、传动轴、轴承等机械传动部件有关，因此，本体负载参数通常需要机器人生产厂家设定。

垂直串联机器人的手腕结构复杂、驱动电机规格较小，负载变化对机器人运动性能的影响较大，且又是最容易发生碰撞、干涉的部位。为了便于用户维修，在FANUC机器人上，对于J5、J6轴驱动电机、减速器、传动轴、轴承等传动部件的更换，可直接通过手腕负载校准操作，重新设定机器人本体的 J5、J6 轴负载参数。

机器人本体的手腕 J5、J6 轴负载参数在机器人出厂时已设定，参数分别保存在系统参数（变量）$PLCL_GRP [group].$TRQ_MGN [5]、$PLCL_GRP [group].$TRQ_MGN [6]中。因为更换驱动电机、减速器、传动轴、轴承等传动部件，通常只会引起负载参数的少量变化，为了避免因操作不当而引起的错误设定，在进行机器人手腕负载校准前，应记录并保存以上参数的出厂设定值，以便比较、恢复。

手腕负载校准操作是对机器人手腕本体结构负载的调整，因此，这一操作必须在不安装任何作业工具，并且，将机器人重力补偿参数$PARAM_GROUP [group]. $SV_ DMY_ LNK[8]设定为"FALSE（无效）"的情况下进行。

手腕负载校准操作同样需要进行 J5、J6 轴的测试运动，测试位置、速度、加速度等参数可以直接在工具负载设定页面设定，其设定方法、操作步骤与工具负载测定相同，但是，测试位置的 J5、J6 轴坐标必须选择出厂默认值、工具质量必须设定为"0"。手腕负载校准对所有工具均有效，故无须指定负载编号。

2. 测试位置设定与检查

FANUC 工业机器人手腕负载校准的测试位置设定、检查操作步骤如下。

① 通过机器人负载显示操作，使示教器显示图 11-32 所示的机器人负载一览表页面。

② 光标定位到任意一个负载编号（条件号）上，按【NEXT】键显示扩展软功能键后，按扩展软功能键〖估计〗(〖F2〗)，示教器可显示图 11-36 所示的负载自动测定页面。

③ 手动操作机器人，将其移动至 J5、J6 轴可自由运动的位置，并使 J6 轴回转中心线尽可能接近水平状态。

④ 移动光标到"2 质量已经知道"设定行，按【ENTER】键，然后，选择软功能键〖是（YES）〗。接着，在质量输入区，用数字键、【ENTER】键将负载质量设定为"0"。

⑤ 按【NEXT】键显示扩展软功能键后，按扩展软功能键〖细节（DETAIL）〗，示教器可显示图 11-37 所示的测试位置 1 的设定、检查页面（"估计位置"行显示"位置 1"）。

⑥ 按软功能键〖默认值（DEFAULT）〗，输入机器人出厂设定的测试位置 1。

⑦ 移动光标到"1 估计位置"行，按住示教器操作面板上的【SHIFT】键，同时按软功能键〖移动（MOVE _TO）〗，使机器人自动定位到测试位置 1，检查测试位置 1 是否合适。如果测试位置 1 确实不适合进行 J5、J6 轴测试运动，应通过改变 J1～J4 轴位置，来保证 J5、J6 轴使用出厂默认参数。

⑧ 按软功能键〖位置 2（POSITION 2）〗，示教器可显示测试位置 2 的设定、检查页面。

⑨ 利用测试位置 1 同样的方法，检查或重新设定测试位置 2。

3. 手腕负载校准

测试位置设定、检查完成后，可通过以下操作，进行手腕负载的自动测定、校准。

① 完成测试位置 1、2 的设定、检查后，按示教器返回键【PREV】，使示教器返回负载自动测定页面。

② 光标选定"3 零位置校准模式"行的输入区，按【ENTER】键后，选择软功能键〖ON〗、按【ENTER】键确认。

③ 将示教器 TP 开关置于"OFF"位置后，按软功能键〖执行〗，示教器将显示操作提示信息

"ROBOT 开始动作和估计，准备好吗？"，同时，显示软功能键〖是（YES）〗、〖不是（NO）〗。

④ 按软功能键〖是（YES）〗，机器人便可按照规定的测试程序，自动进行 J5、J6 轴的手腕负载测定运动；按软功能键〖不是（NO）〗，可停止负载自动测定操作。机器人执行手腕负载自动测定时，J5、J6 轴需要进行低速、高速运动，操作者应远离危险区域。

⑤ 手腕负载自动测定完成后，"3 零位置校准模式" 行的显示自动成为 "OFF" 状态，控制系统自动完成机器人本体手腕负载校准参数（系统变量$PLCL_GRP[group]. $TRQ_MGN [axis]）的设定。

⑥ 关闭系统电源，冷启动系统生效负载设定。

11.5 控制系统 I/O 配置

11.5.1 I/O 连接与设定

1. I/O 信号分类

机器人控制系统的 I/O 信号通常是指用于机器人作业工具、外部设备控制的输入/输出信号。从信号形式上分，机器人控制系统的 I/O 信号可分为开关量输入/输出（Digital Input/output，DI/DO）、模拟量（Analog Input/output，AI/AO）2 类。DI/DO 信号只有 "ON" "OFF" 2 种状态，AI/AO 信号可以是连续变化的直流电压或电流。从功能与用途，机器人控制系统的 I/O 信号可分为通用 I/O、专用 I/O 2 类。通用 I/O 信号的功能与用途可供用户（通常为机器人生产厂家）自由使用，专用 I/O 信号的用途与功能已由控制系统生产厂家规定，用户可以使用或不使用，但不能改变信号的连接地址、功能与用途。

① 通用 I/O。FANUC 机器人的通用 I/O 包括 DI/DO、GI/GO、AI/AO3 类。

FANUC 机器人的通用型开关量输入/输出信号，直接以 DI/DO 表示，信号可通过 I/O 模块（Process I/O）、分布式 I/O 单元（如 I/O MODEL A/B 等）连接，信号数量与控制系统硬件配置有关。标准配置的 I/O 模块（Process I/O）可连接 40/40 点输入/输出，其中，18/20 点定义为系统专用的远程控制信号 UI/UO，剩余的 22/20 点为通用 DI/DO 信号使用。

GI/GO 是利用字节、字等多位逻辑逻辑运算指令，进行成组处理的 DI/DO 信号，它由 2～16 个地址连续的 DI/DO 信号组合而成，其数量、起始地址可通过 I/O 设定操作设定。

AI/AO 是通用模拟量输入/输出信号，信号同样可通过控制系统的 I/O 模块（Process I/O）、分布式 I/O 单元连接。FANUC 机器人标准 I/O 模块可连接 6/2 通道 AI/AO。

② 专用 I/O。FANUC 机器人的专用 I/O 信号主要有 RI/RO、UI/UO、SI/SO3 类。

RI/RO 是用于机器人本体及通用型工具控制的开关量输入/输出信号，例如，关节轴超程开关（*ROT）、气压检测（*PPABN）及夹爪断裂检测（*HBK）、工具夹紧/松开（Hand Clamp/Unclamp）等。RI/RO 信号通常为 8/8 点，信号一般通过驱动器的伺服控制板（Servo amplifier）连接。

UI/UO 是用于机器人自动操作模式、RSR/PNS 程序自动运行控制的开关量输入/输出信号。UI/UO 信号通过 I/O 模块（Process I/O）连接，数量为 18/20 点，有关内容可参见第 7 章和第 10 章。

SI/SO 是控制柜操作面板的开关量输入/输出信号，例如，机器人操作模式选择、程序自动运行启动（CYCLE START）、故障清除（FAULT_RESET）等。SI/SO 信号通过系统内部专门的操作面板接口模块（Panel board）连接。

2. I/O 信号连接

FANUC 机器人控制系统的 I/O 连接如图 11-39 所示。

机器人控制系统的外部 I/O 信号的连接方式与 PLC（可编程序控制器）、CNC（数控系统）等其他工业控制器相同，外部按钮、开关及指示灯、电磁线圈等，都需要通过 I/O 模块、分布式 I/O 单元等连接部件，与中央控制器（CPU 模块）连接。

对于标准配置的机器人控制系统，除了控制面板、伺服驱动器接口外，通常只有 1 个 I/O 模块（Process I/O），其 DI/DO 点为 40/40（Process I/O CA、CB）或 96/96（Process I/O DA）。对于 I/O 信号众多的复杂多机器人系统，可选配 FANUC 分布式 I/O 单元（I/O Unit MODEL A、I/O Unit MODEL B），将 I/O 扩展至 1024 点以上。

FANUC 机器人控制器的 CPU 模块与 I/O 模块、分布式 I/O 单元采用 I/O-LINK 网络总线连接，伺服驱动器、控制柜面板利用内部总线连接。在配置有分布式 I/O 单元的复杂控制系统上，不同 I/O 模块、分布式 I/O 单元需要通过 I/O 配置操作，设定、分配 I/O 信号的机架号 RACK、插槽号 SLOT 等网络连接地址。

一般而言，机器人控制系统的 I/O 模块、分布式 I/O 单元的规格、数量及网络连接地址，需要由机器人生产厂家根据要求选配、定义，机器人使用厂家只有在控制系统出现中央控制器（CPU 模块）、存储器、网络总线出现重大故障，或者，需要进行机器人维修、改造设计时，才需要进行 I/O 配置操作。

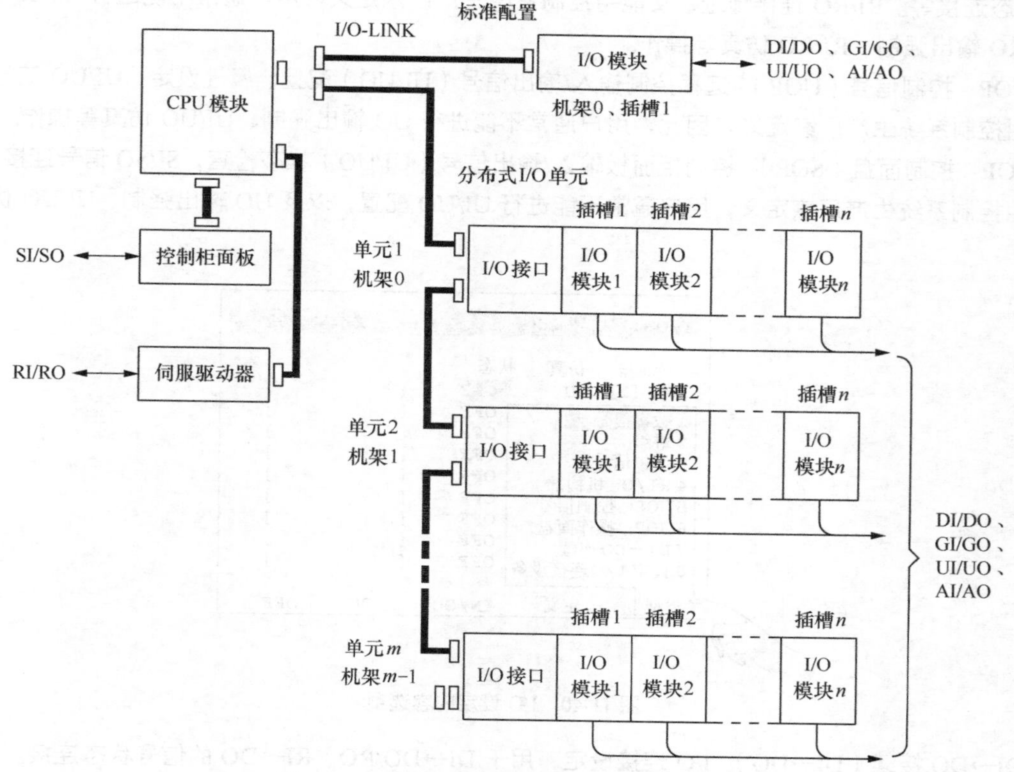

图 11-39　FANUC 机器人控制系统的 I/O 连接

3. I/O 设定基本操作

FANUC 机器人控制系统的 I/O 设定包括 I/O 模块、分布式 I/O 单元的网络地址设定（配置），以及 DI/DO、GI/GO、AI/AO、RI/RO、UI/UO、SI/SO 信号名称、数量、地址等属性定义，以及 DI 与 DO、RO 信号的状态连接，通用输出信号 DO、GO、AO 的输出强制，通用 I/O 信号的仿真等。I/O 设定的基本操作步骤如下。

① 接通控制柜的电源总开关，启动控制系统。操作模式选择示教（T1 或 T2），示教器的 TP 有效开关置 “ON” 位置（通常）。

② 按操作菜单键【MENU】，光标选定操作菜单选项 “设定输出・入（I/O）”，按【ENTER】键确认，示教器可显示 I/O 设定基本页面。

③ 按 I/O 设定页面的软功能键〖类型（TYPE）〗，示教器可显示图 11-40 所示的设定内容选项。系统设定内容选项的作用如下（括号内为英文显示）。

数字信号（Digital）：通用开关量输入/输出信号（DI/DO）模块配置、属性设定，以及 DI→DO/RO 或 RI→DO 状态连接、DO 输出强制、DI/DO 仿真等。

群组（Group）：通用开关量输入/输出组信号（GI/GO）配置、属性设定，以及 GO 输出强制、GI/GO 仿真。

模拟信号（Analog）：模拟量输入/输出信号（AI/AO）配置、属性设定，以及 AO 输出强制、AI/AO 仿真。

RI/O：机构部（RI/O）：机器人专用输入/输出信号（RI/RO）属性设定，以及 RI→DO 或 DI→RO 状态连接等。RI/RO 连接地址、功能由控制系统生产厂家定义，用户通常不能进行 RI/RO 配置，以及 RO 输出强制、RI/RO 仿真等操作。

UOP：控制信号（UOP）：远程控制输入/输出信号（UI/UO）配置、属性设定，UI/UO 信号的功能已由控制系统生产厂家定义，因此，用户通常不能进行 UO 输出强制、UI/UO 仿真等操作。

SOP：控制面盘（SOP）：控制柜面板输入/输出信号（UI/UO）状态检查，SI/SO 信号连接地址、功能由控制系统生产厂家定义，用户通常不能进行 UI/UO 配置，以及 UO 输出强制、UI/UO 仿真等操作。

```
I/O 数字信号输出                       关节坐 30%

           #    仿真   状态
     DO  [1]     U     OFF    [          ]
  1 数字信号           OFF    [          ]
  2 群组               OFF    [          ]
  3 模拟信号           OFF    [          ]
  4 RI/O: 机构部       OFF    [          ]
  5 UOP: 控制信号      OFF    [          ]
  6 SOP: 操作面盘      OFF    [          ]
  7 DI→DO连续          OFF    [          ]
  8 设定I/O连接设备    OFF    [          ]
  类型      定义     IN/OUT    ON     OFF
```

图 11-40　I/O 设定内容选项

DI→DO 接续（DI→DO）：I/O 连接设定，用于 DI→DO/RO、RI→DO 的信号状态连接。

设定 I/O 连接设备（I/O-LINK）：I/O-LINK 网络配置，I/O 模块、分布式 I/O 单元规格、名称、网络地址等设定。

标签（F）：内部继电器 F[i]状态显示与设定。

标志（M）：标志 M[i]状态显示与设定。

执行条件（TC_ONLINE）：程序执行条件显示与设定。

TCP Speed：机器人 TCP 移动速度的模拟量输出设定，只有在选配机器人 TCP 速度输出功能的控制系统上，才能显示与设定。

PMC：机器人 PLC 程序显示与编辑，只有在选配系统内置 PMC（PLC）功能的系统上才能显示与设定。PMC 程序编辑属于机器人生产厂家设计人员使用的高级功能，限于篇幅，本书将不再对此进行介绍。

④ 光标选定所需要的选择项，按【ENTER】键确认，示教器即可显示所需要的 I/O 设定显示页面。

⑤ 在 I/O 设定显示页面上，可用光标选定设定项后，利用数字键、软功能键、【ENTER】键按要求输入或选择参数，完成 I/O 设定。

⑥ 关闭系统电源，冷启动系统生效负载设定。

11.5.2 I/O-LINK 网络配置

I/O-LINK 网络配置通常由机器人生产厂家完成，机器人正常工作时，操作者可通过 I/O-LINK 网络配置页面，检查控制系统 I/O-LINK 网络的硬件连接情况。如果控制系统出现 CPU 模块、存储器、网络等部件故障，或者，机器人需要维修改造时，有时需要重新配置 I/O-LINK 网络。

1. 连接检查

FANUC 机器人 I/O-LINK 网络连接部件，可通过以下操作检查。

① 利用 I/O 设定基本操作，显示 I/O 设定基本页面。

② 按 I/O 设定页面的软功能键〖类型（TYPE）〗，并选择设定项“设定 I/O 连接设备（I/O-LINK）”，按【ENTER】键，示教器可显示图 11-41 所示的 I/O 连接设备一览表显示页面，并显示以下内容。

设备名称：显示 I/O 连接设备（I/O-LINK 网络从站）的简称，其中，“Pro I/O”为 FANUC 标准 I/O 模块（FANUC-Process I/O），“CA”“DA”为模块规格，“Model”为 FANUC 分布式 I/O 单元（FANUC-I/O Unit），“A”“B”为模块规格。在主-从控制的复杂系统中，还可能配置有“R-J2 Mate”等辅助控制器。

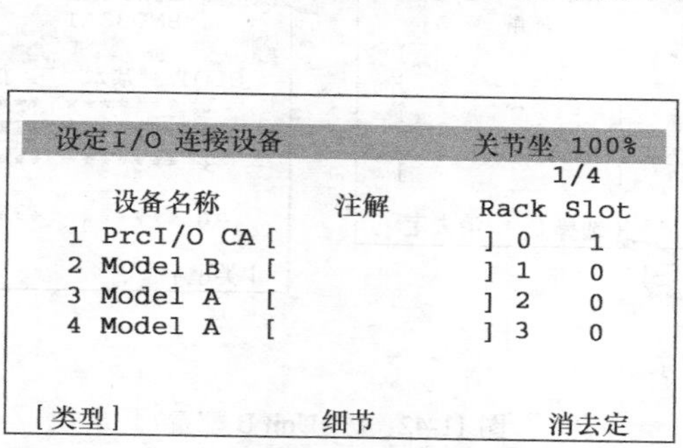

```
设定I/O 连接设备                    关节坐 100%
                                         1/4
      设备名称          注解        Rack  Slot
    1 PrcI/O CA [                ]  0     1
    2 Model B   [                ]  1     0
    3 Model A   [                ]  2     0
    4 Model A   [                ]  3     0

 [类型]              细节              消去定
```

图 11-41　I/O 连接设备一览表

注解：I/O 连接设备名称（注释）。

Rack：I/O 连接设备的网络连接地址（机架号）。机架号是 I/O 模块（或单元）在 I/O-LINK 网络总线上的安装位置序号（参见图 11-39），最靠近 CPU 模块的 I/O 模块（或单元）的机架号为“0”，后续 I/O 模块（或单元）的机架号依次递增。

Slot：插槽号。仅分布式 I/O 单元需要设定，I/O 模块（Process I/O）的插槽号规定为“1”。分布式 I/O 单元采用模块式 PLC（可编程序控制器）同样的结构，一个单元可安装多个模块，插槽号是模块在单元机架上的安装位置序号（见图 11-39）。总线接口模块总是安装在机架起始位置，其插槽号为“0”，其他模块依次安装在接口模块之后，最靠近接口的模块插槽号为“1”，后续安装的模块插槽号依次递增。

例如，对于图 11-41 所示的控制系统，其 I/O 配置为 1 个 I/O 模块、3 个分布式 I/O 单元，其中，I/O 模块 FANUC-Process I/O CA 安装在最靠近控制系统 CPU 模块的位置（Rack＝0），随后，依次连接有 1 个分布式 I/O 单元 FANUC-I/O Unit B 及 2 个 FANUC-I/O Unit A。

③ 如果需要，光标选定“注解”输入区，便可通过第 8 章第 8.3 节程序名称输入同样的操作，利用软功能键、【ENTER】键对各 I/O 设备添加自定义名称（注释）。

在配置有 FANUC 分布式 I/O 单元 Unit B 及 R-J2 Mate 辅助控制器、90-30 PLC 等可扩展 I/O 设备的机器人上，由于控制系统无法自动识别 I/O 设备的模块配置，需要进行以下模块配置或 I/O 点设定操作。设定完成后，关闭系统电源，冷启动系统生效 I/O 设定。

2. 分布式 I/O 单元配置

在使用分布式 I/O 单元 I/O Unit B 的 FANUC 机器人控制系统上，需要进行 I/O 单元的模块配置，其操作步骤如下。

① 光标选定 I/O 连接设备一览表显示页面的 Model B，按软功能键〖细节（DETAIL）〗，示教器可显示图 11-42（a）所示的 I/O Unit B 的配置页面。

显示页的“SLOT”列为插槽号；“基本”“扩展”列分别为 I/O Unit B 基本模块、扩展模块型号，显示为“****”的代表模块尚未设定，“注解”列可设定模块名称（注释）。

② 光标分别选定插槽号对应的“基本”“扩展”模块设定区，按软功能键〖选择〗，示教器可显示图 11-42（b）所示的 I/O Unit B 模块型号选择页面，光标选定模块型号，按【ENTER】键输入。

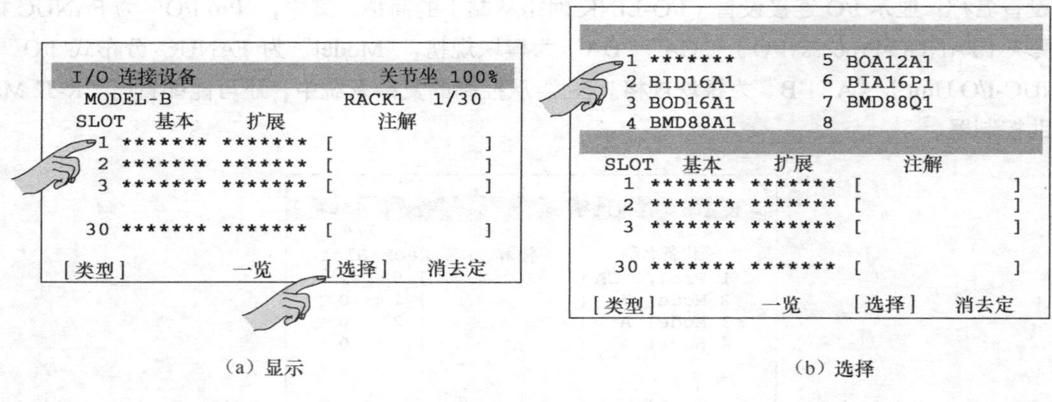

（a）显示　　（b）选择

图 11-42　I/O Unit B 配置

③ 如果需要，光标选定“注解”输入区，便可通过第 8 章第 8.3 节程序名称输入同样的操作，利用软功能键、【ENTER】键对各 I/O 设备添加自定义名称（注释）。

④ 模块配置错误时，可按软功能键〖消去定〗，示教器可显示提示信息“所有输入/输出定义要删除吗？”及软功能键〖是（YES）〗、〖不是（NO）〗。按软功能键〖是（YES）〗，可删除模块配置，

恢复出厂默认标准设定。

⑤ 全部模块设定完成后，按示教器的功能菜单键【FCTN】，光标选定“0—NEXT—”，按【ENTER】键，显示第 2 页功能菜单后，选择“备份”，按【ENTER】键，当前 I/O 配置参数便可保存到系统的“DIOCFGSV. IO”文件中。

⑥ 关闭系统电源，冷启动系统生效 I/O 设定。

3．I/O 点设定

在使用 90-30 PLC、R-J2 Mate 等 I/O 设备的 FANUC 机器人控制系统上，需要进行 I/O 点设定，其操作步骤如下。

① 光标选定 I/O 连接设备一览表显示页面的 90-30 PLC、R-J2 Mate 等需要设定 I/O 点的设备，按软功能键〖细节（DETAIL）〗，示教器可显示图 11-43 所示的 I/O 点设定页面。

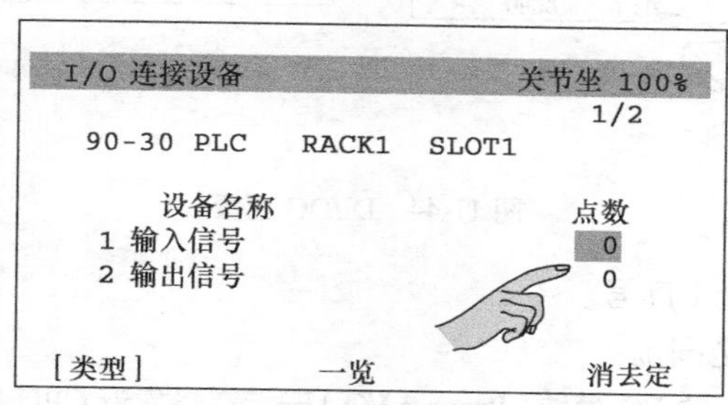

图 11-43 I/O 点设定

② 光标分别选定“输入信号”“输出信号”的“点数”设定区，用数字键、【ENTER】键设定 I/O 点数。

③ I/O 点设定错误时，可按软功能键〖消去定〗，示教器可显示提示信息“所有输入/输出定义要删除吗？”及软功能键〖是（YES）〗、〖不是（NO）〗，按软功能键〖是（YES）〗，可删除模块配置，恢复出厂默认标准设定。

④ 全部设定完成后，按示教器的功能菜单键【FCTN】，光标选定“0—NEXT—”，按【ENTER】键，显示第 2 页功能菜单后，选择“备份”，按【ENTER】键，当前 I/O 配置参数便可保存到系统的“DIOCFGSV. IO”文件中。

⑤ 关闭系统电源，冷启动系统生效 I/O 设定。

11.5.3 通用 I/O 设定

1．DI/DO 配置

FANUC 机器人控制系统的 DI/DO 配置操作用来定义系统的 DI/DO 模块（单元）的安装、连接位置，确定模块（单元）的网络地址，其操作步骤如下。

① 利用 I/O 设定基本操作，显示 I/O 设定基本页面。

② 按 I/O 设定页面的软功能键〖类型（TYPE）〗，并选择设定项“数字信号（Digital）”，按【ENTER】键，示教器可显示图 11-44（a）所示的 DI/DO 设定页面。按软功能键〖IN/OUT〗，选定输入信号 DI 或输出信号 DO。

③ 按软功能键〖定义（CONFIG）〗，示教器可显示图 11-44（b）所示的 DI/DO 配置页面，并显

示如下内容。

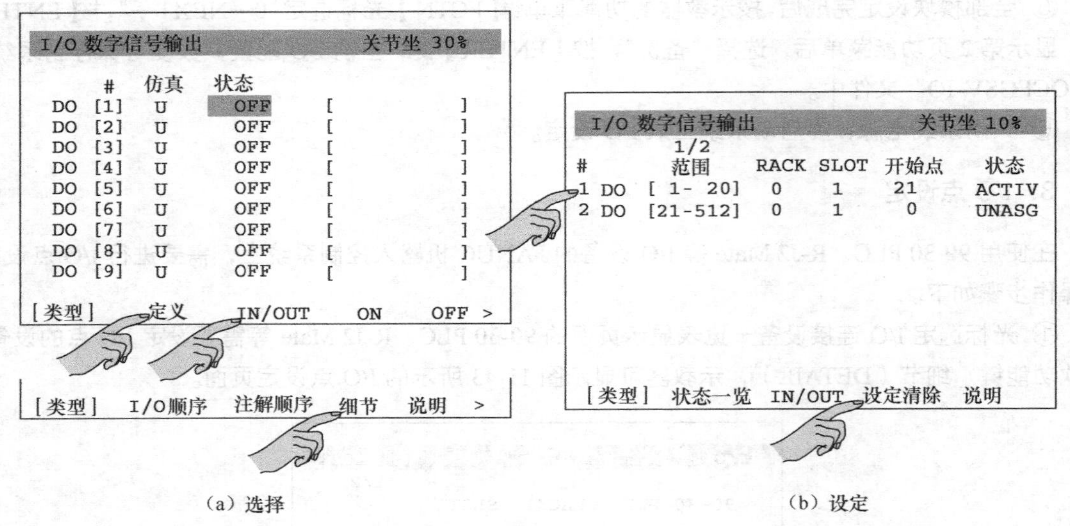

（a）选择　（b）设定

图 11-44　DI/DO 配置

#：DI/DO 模块（或单元）序号。

范围：DI、DO 点数（范围）。

RACK：机架号。标准配置的 I/O 模块（Process I/O）安装在最靠近 CPU 模块的位置，其机架号为“0”。

SLOT：插槽号，标准配置的 I/O 模块（Process I/O）只有一个模块，插槽号为“1”。使用分布式 I/O 单元（I/O Unit A、I/O Unit B）时，最靠近接口的 I/O 模块插槽号为“1”，后续 I/O 模块插槽号依次递增。

开始点（START）：DI 或 DO 的起始地址。标准配置 I/O 模块（Process I/O）的 DI[1～18]、DO[1～20]通常作为远程控制 UI/UO 信号使用，其配置需要在远程控制信号设定选项“UOP:控制信号（UOP）”上设定。因此，标准配置 I/O 模块（Process I/O）的通用 DI 起始地址一般为“19”，通用 DO 起始地址一般为“21”。

状态（STAT.）：DI、DO 状态显示。“ACTIV”代表 DI、DO 已正常工作；“PEND”为 DI、DO 配置正确，系统重启后即可正常工作，成为“ACTIV”状态；“INVAL”为 DI、DO 配置错误，需要重新设定；“UNASG”为 DI、DO 不使用。

④ 光标分别选定图 11-44（b）中的设定项“范围”“RACK”“SLOT”“开始点”设定区，利用数字键、【ENTER】键输入 DI、DO 范围及所在模块的机架号、插槽号（仅分布式 I/O 单元）、起始地址，设定完成后，状态显示成为“PEND”。

当 DI、DO 的范围设定为[1-1024]、机架号 RACK 设定为“34”、插槽号 SLOT 设定为“1”、开始点设定为“1”时，1024 点 DI/DO 将被定义为内部继电器 F，其设定方法见后述。

⑤ DI、DO 配置错误时，状态显示成为“INVAL”。此时，可按软功能键〖设定清除（DELETE）〗删除光标所在行，然后，重新输入 DI、DO 配置参数。

⑥ 继续后面的 DI、DO 属性设定操作，全部完成后，关闭系统电源，冷启动系统生效 I/O 设定。

2. DI/DO 属性设定

DI/DO 属性设定用于 DI/DO 信号名称、极性设定，其操作步骤如下。

① 利用 DI/DO 配置同样的操作，使示教器显示图 11-44（a）所示的 DI/DO 设定页面，按软功能键〖IN/OUT〗选定输入信号 DI 或输出信号 DO，或者，直接在图 11-44（b）所示的 DI、DO 配置页面上，按软功能键〖状态一览（MONITOR）〗，使示教器返回图 11-44（a）所示的 DI、DO 设定页面。

② 光标选定 DI、DO 点的显示行，按【NEXT】键，显示扩展软功能键〖细节（DETAIL）〗。

③ 按软功能键〖细节（DETAIL）〗，示教器可显示图 11-45 所示的所选 DI、DO 属性设定页面。

④ 光标选定"1 注解（Comment）"的输入区，按【ENTER】键，便可利用软功能键输入 DI、DO 点名称（注释），DI、DO 点名称的输入方法与程序名称输入相同，有关内容可参见第 8 章 。

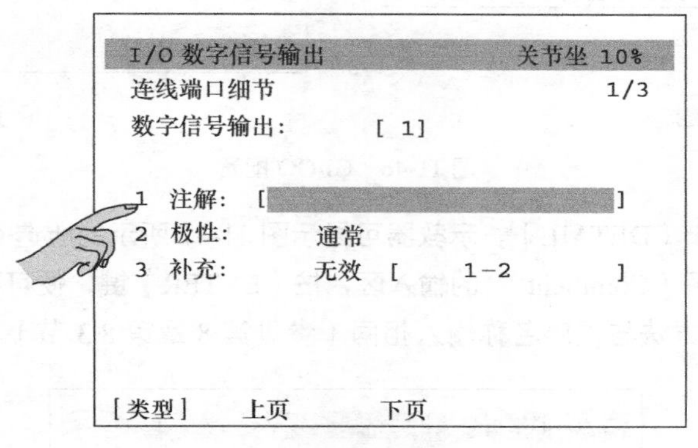

图 11-45 DI/DO 属性设定页面

⑤ 若需要改变 DI、DO 信号极性，可选定"2 极性（Polarity）"输入区，按【ENTER】键后，用软功能键选择对应的极性。

⑥ 当前 DI、DO 点属性设定完成后，按软功能键〖下页（NXT-PT）〗、〖上页（PRV-PT）〗，可直接显示下一 DI、DO 点的属性设定页面，并进行同样的设定。全部设定完成后，按示教器【PREV】键，可返回图 11-44（a）所示的 DI、DO 设定页面。

⑦ 关闭系统电源，冷启动系统生效 I/O 设定。

3．GI/GO 设定

FANUC 机器人控制系统的 GI/GO 用于 DI/DO 信号成组处理，信号组配置及属性设定的操作步骤如下。

① 利用 I/O 设定基本操作，显示 I/O 设定基本页面。

② 按 I/O 设定页面的软功能键〖类型（TYPE）〗，并选择设定项"群组（Group）"，按【ENTER】键，示教器可显示图 11-46（a）所示的 GI/GO 设定页面，按软功能键〖IN/OUT〗，选定输入组信号 GI 或输出组信号 GO。

③ 按软功能键〖定义（CONFIG）〗，示教器可显示图 11-46（b）所示的 GI/GO 配置页面。显示页的 RACK、SLOT 为 GI/GO 所在的 I/O 模块（单元）安装位置设定，设定方法与 DI/DO 配置相同。设置项目包括开始点、点数为 GI、GO 组信号的 DI/DO 起始地址、I/O 点数。

④ 光标分别选定图 11-46（b）中的设定项"RACK""SLOT""开始点""点数"设定区，利用数字键、【ENTER】键输入 GI/GO 所在模块的机架号、插槽号（仅分布式 I/O 单元）、起始地址、点数。

GI、GO 信号配置完成后，可通过显示页的软功能键〖监控器（MONITOR）〗，使示教器返回图 11-46（a）所示的 GI/GO 设定页面。如果需要进行 GI/GO 属性（名称）的设定，可继续以下操作。

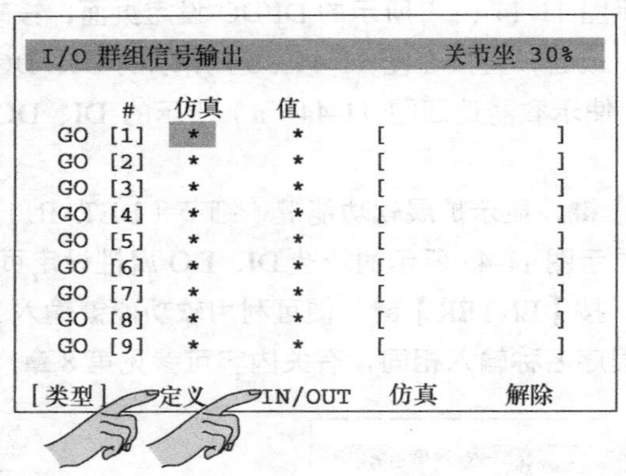

(a) 选择

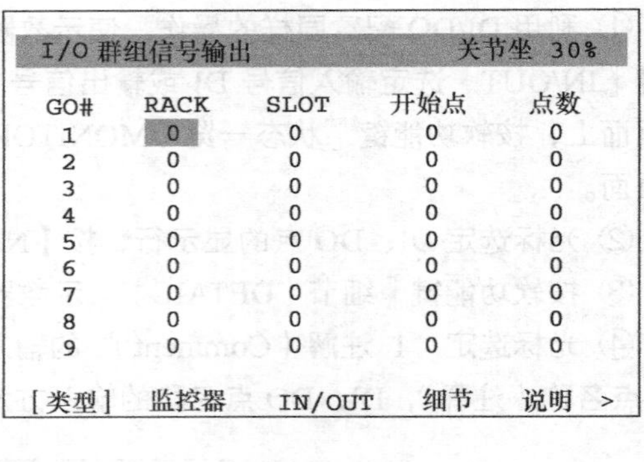

(b) 设定

图 11-46 GI/GO 配置

⑤ 按软功能键〖细节（DETAIL）〗，示教器可显示图 11-47 所示的所选 GI、GO 点属性设定页面。

⑥ 光标选定“1 注解（Comment）”的输入区，按【ENTER】键，便可利用软功能键输入 GI/GO 信号组名称（注释），其方法与程序名称输入相同（参见第 8 章第 8.3 节）。

I/O 群组信号输出 关节坐 10%

1/1

连线端口细节

组 输出: [1]

1 注解: [ ]

[类型] 上页 下页

图 11-47 GI/GO 属性设定页面

⑦ 当前 GI/GO 信号组名称设定完成后，按软功能键〖下页（NXT-PT）〗、〖上页（PRV-PT）〗，可直接显示下一 GI/GO 信号组的属性（名称）设定页，并进行同样的设定。全部 GI/GO 信号组属性设定完成后，按示教器【PREV】键，返回图 11-47（a）所示的 GI/GO 设定页面。

⑧ 关闭系统电源，冷启动系统生效设定。

4. AI/AO 设定

AI/AO 用于连续变化的直流电压控制，信号配置及属性设定的操作步骤如下。

① 利用 I/O 设定基本操作，显示 I/O 设定基本页面。

② 按 I/O 设定页面的软功能键〖类型（TYPE）〗，并选择设定项“模拟信号（Analog）”，按【ENTER】键，示教器可显示图 11-48（a）所示的 AI/AO 设定页面。按软功能键〖IN/OUT〗，选定模拟量输入信号 AI 或输出信号 AO。

③ 按软功能键〖定义（CONFIG）〗，示教器可显示图 11-48（b）所示的 AI/AO 配置页面。显示页的 RACK、SLOT 为 AI/AO 所在的 I/O 模块（单元）安装位置设定，设定方法与 DI/DO 配置相同。通道栏可设定 AI/AO 信号的地址。

④ 光标分别选定图 11-48（b）中的“RACK”“SLOT”“通道”设定区，利用数字键、【ENTER】键输入 AI/AO 所在模块的机架号、插槽号（仅分布式 I/O 单元）、地址。

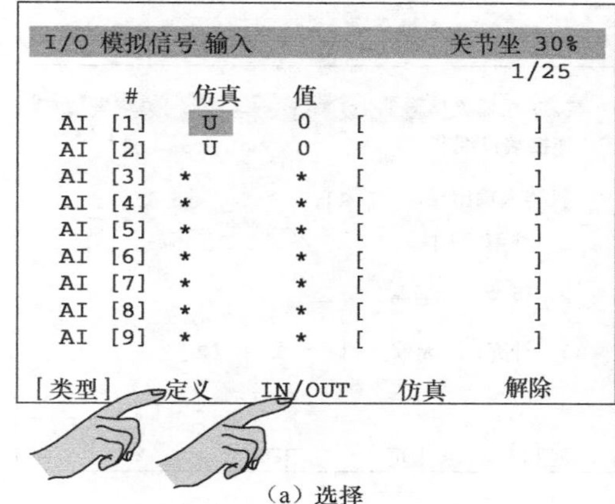

（a）选择

I/O 模拟信号输入　　关节坐 30%

1/25

AI#	RACK	SLOT	通道
1	0	1	1
2	0	1	2
3	0	0	0
4	0	0	0
5	0	0	0
6	0	0	0
7	0	0	0
8	0	0	0
9	0	0	0

[类型]　状态一览　IN/OUT　细节　说明　>

（b）设定

图 11-48　AI/AO 配置

⑤ AI/AO 信号配置完成后，可通过显示页的软功能键〖状态一览（MONITOR）〗，使示教器返回图 11-48（a）所示的 AI/AO 设定页面。

⑥ 如果需要进行 AI/AO 属性（名称）的设定，可按软功能键〖细节（DETAIL）〗，示教器可显示类似 GI/GO 的属性设定页面。AI/AO 信号不存在极性设定问题，因此，只需要在“1 注解（Comment）”的输入区，输入 AI/AO 信号名称。

当前 AI/AO 信号名称设定完成后，按软功能键〖下页（NXT-PT）〗、〖上页（PRV-PT）〗，可直接显示下一 AI/AO 信号的属性（名称）设定页，并进行同样的设定。全部 AI/AO 信号属性设定完成后，按示教器【PREV】键，返回图 11-48（a）所示的 AI/AO 设定页面。

⑦ 关闭系统电源，冷启动系统生效设定。

11.5.4 专用 I/O 设定

1. RI/RO 设定

FANUC 机器人控制系统的 RI/RO 为 8/8 点机器人专用控制信号，信号功能在不同机器人上可能有所不同。RI/RO 安装、连接配置由系统生产厂家定义，用户不能改变，但信号名称、极性等属性参数允许用户修改、补充。RI/RO 信号属性设定的操作步骤如下。

① 利用 I/O 设定基本操作，显示 I/O 设定基本页面。

② 按 I/O 设定页面的软功能键〖类型（TYPE）〗，并选择设定项“RI/O:机构部（RI/O）”，按【ENTER】键，示教器可显示图 11-49（a）所示的 RI/RO 设定页面。按软功能键〖IN/OUT〗，选定机器人输入信号 RI 或输出信号 RO。

③ 按【NEXT】键显示扩展软功能键，按扩展软功能键〖细节（DETAIL）〗，示教器可显示图 11-49（b）所示的 RI/RO 属性设定页面。

④ 光标分别选定“1 注解（Comment）”“2 极性（Polarity）”输入区，按【ENTER】键，便可利用软功能键、【ENTER】键进行 RI、RO 点名称（注释）、信号极性的设定。

⑤ 当前 DI、DO 点属性设定完成后，按软功能键〖下页（NXT-PT）〗、〖上页（PRV-PT）〗，可

直接显示下一 DI、DO 点的属性设定页面，并进行同样的设定。

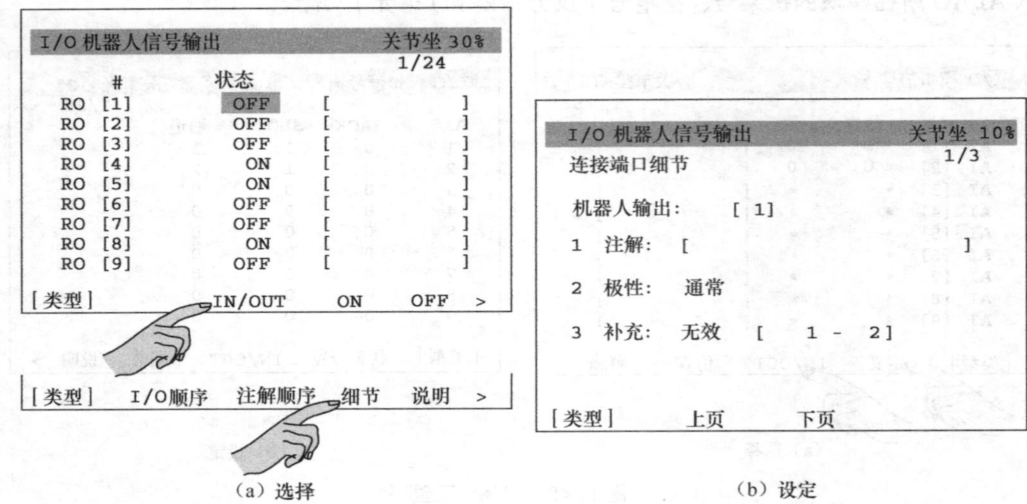

图 11-49 RI/RO 属性设定

⑥ 全部 RI、RO 点属性设定完成后，按示教器【PREV】键，返回图 11-49（a）所示的 RI、RO 设定页面。

⑦ 关闭系统电源，冷启动系统生效 I/O 设定。

2. UI/UO 设定

FANUC 机器人的 UI/UO 信号用于 RSR、PNS 程序自动运行控制，数量为 18/20 点，UI/UO 信号功能、极性及由系统生产厂家定义（见第 7 章、第 10 章），用户一般不能改变。

在使用 I/O 模块（Process I/O）的标准配置控制系统上，I/O 模块的 DI[1～18]、DO[1～20]被定义为系统远程控制 UI/UO 信号，因此，UI/UO 的机架号 RACK 默认为 0、插槽号 SOLT 默认为 1。

在配置 FANUC 分布式 I/O 单元的系统上，UI/UO 信号配置需要由机器人生产厂家或专业维修人员，根据系统实际连接需要进行配置与设定。

FANUC 机器人的 UI/UO 信号配置操作步骤如下。

① 利用 I/O 设定基本操作，显示 I/O 设定基本页面。

② 按 I/O 设定页面的软功能键〖类型（TYPE）〗，并选择设定项“UOP:控制信号（UI/O）”，按【ENTER】键，示教器可显示图 11-50（a）所示的 UI/UO 设定页面。按软功能键〖IN/OUT〗，选定机器人输入信号 UI 或输出信号 UO。

③ 按软功能键〖定义（CONFIG）〗，示教器可显示图 11-50（b）所示的 UI/UO 信号配置页面。

UI/UO 配置页面的显示内容与设定方法与 DI/DO 配置相同，可参见前述的说明。标准配置的系统默认 I/O 模块（Process I/O）的 DI[1～18]、DO[1～20]为 UI/UO 信号，机架号 RACK 为 0、插槽号 SOLT 为 1、状态为“ACTIV”。在选配 FANUC 分布式 I/O 单元的系统上，可继续后续操作，定义 UI/UO 信号连接地址。

④ 光标分别选定图 11-50（b）中的设定项“范围”“RACK”“SLOT”“开始点”设定区，利用数字键、【ENTER】键输入 I/O 模块的 UI/UO 点范围、机架号、插槽号、起始地址，设定完成后，状态显示成为“PEND”。

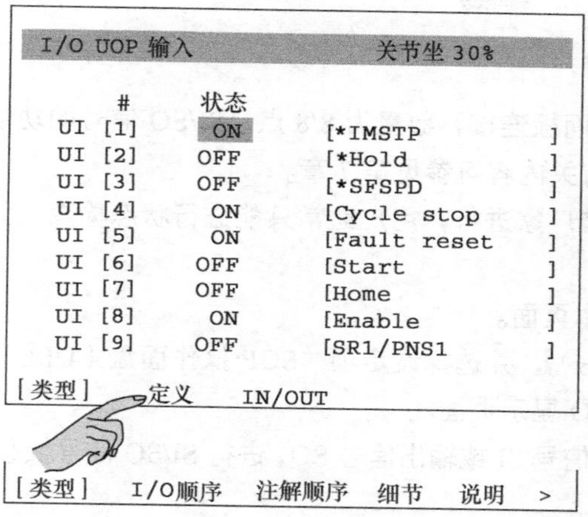

```
I/O UOP 输入                    关节坐 30%

        #      状态
UI [1]        ON       [*IMSTP          ]
UI [2]        OFF      [*Hold           ]
UI [3]        OFF      [*SFSPD          ]
UI [4]        ON       [Cycle stop      ]
UI [5]        ON       [Fault reset     ]
UI [6]        OFF      [Start           ]
UI [7]        OFF      [Home            ]
UI [8]        ON       [Enable          ]
UI [9]        OFF      [SR1/PNS1        ]
[类型]    定义    IN/OUT

[类型]  I/O顺序  注解顺序  细节  说明  >
```

（a）选择

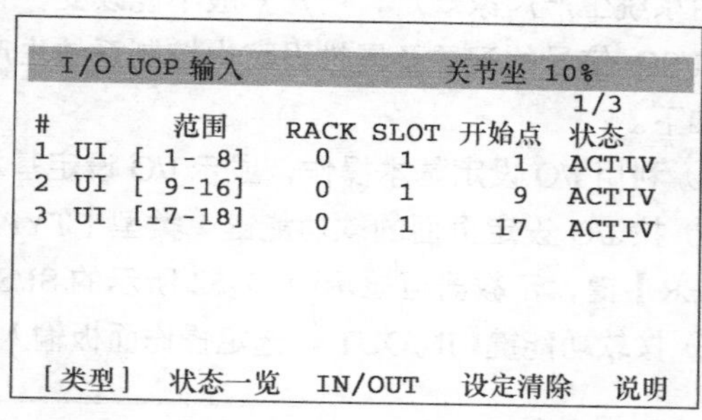

（b）设定

图 11-50　UI/UO 配置

⑤ UI/UO 设定错误时，状态显示成为“INVAL”，此时，可按软功能键〖设定清除（DELETE）〗删除光标所在行，然后，重新输入 UI/UO 配置参数。

⑥ 继续后面的 UI/UO 设定操作，完成后，关闭系统电源，冷启动系统生效 I/O 设定。

UI/UO 信号的功能、极性已由系统生产厂家规定，用户一般不能改变。UI/UO 信号名称已由系统生产厂家定义默认值，如果需要，可通过以下操作改变。

① 利用 UI/UO 配置同样的操作，使示教器显示图 11-50（a）所示的 UI/UO 设定页面，按软功能键〖IN/OUT〗选定输入信号 UI 或输出信号 UO，或者，直接在图 11-50（b）所示的 UI、UO 配置页面上，按软功能键〖状态一览（MONITOR）〗，使示教器返回图 11-50（a）所示的 UI、UO 设定页面。

② 光标选定 UI、UO 点的显示行，按【NEXT】键，显示扩展软功能键〖细节（DETAIL）〗。

③ 按软功能键〖细节（DETAIL）〗，示教器可显示图 11-51 所示的所选 UI、UO 属性设定页面。

④ 光标选定“1 注解（Comment）”的输入区，按【ENTER】键，便可利用软功能键输入 UI、UO 名称（注释），其方法与程序名称输入相同（参见第 8 章第 8.3 节）。

⑤ 当前 UI、UO 点属性设定完成后，按软功能键〖下页（NXT-PT）〗、〖上页（PRV-PT）〗，可直接显示下一 UI、UO 点的属性设定页面，并进行同样的设定。

⑥ 全部 UI、UO 点属性设定完成后，按示教器【PREV】键，返回图 11-50（a）所示的 UI、UO 设定页面。

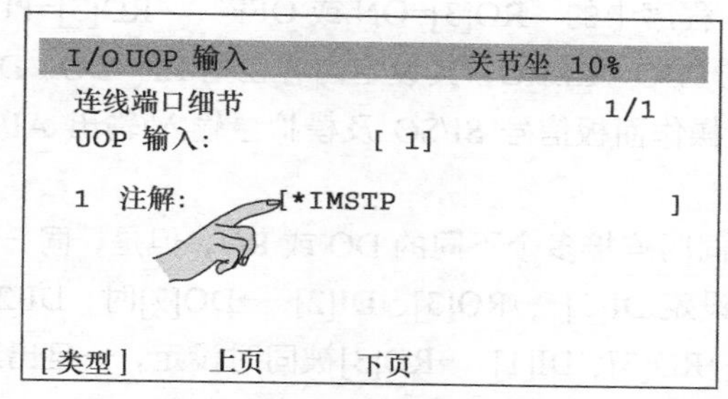

图 11-51　UI/UO 属性设定页面

⑦ 关闭系统电源，冷启动系统生效 I/O 设定。

3. SI/SO 设定

FANUC 机器人的 SI/SO 信号用于控制柜操作面板连接，数量为 8/8 点。SI/SO 信号的功能、极性已由系统生产厂家规定，用户一般不能改变，有关内容可参见第 7 章。

SI/SO 信号的配置及属性设定由控制系统生产厂家进行，用户通常只能进行状态检查，其操作步骤如下。

① 利用 I/O 设定基本操作，显示 I/O 设定基本页面。

② 按 I/O 设定页面的软功能键〖类型（TYPE）〗，并选择设定项“SOP:操作面盘（UI/O）”，按【ENTER】键，示教器可显示图 11-52 所示的 SI/SO 显示页面。

③ 按软功能键〖IN/OUT〗，选定操作面板输入信号 SI 或输出信号 SO，进行 SI/SO 信号状态检查。

```
I/O sop输出                          关节坐 30%

        #       状态
    SO[0]       ON       [Remote LED       ]
    SO[1]       OFF      [Cycle start      ]
    SO[2]       OFF      [Hold             ]
    SO[3]       ON       [Fault LED        ]
    SO[4]       ON       [Batt alarm       ]
    SO[5]       OFF      [                 ]
    SO[6]       OFF      [                 ]
    SO[7]       ON       [TP enabled       ]

[类型]            IN/OUT      ON       OFF
```

图 11-52 SI/SO 信号显示

④ 按示教器【PREV】键，可返回 I/O 设定基本页面。

11.5.5 I/O 连接及速度输出设定

1. I/O 状态连接设定

在 FANUC 机器人上，控制系统的 DI、RI 信号状态可直接在指定的 DO、RO 上输出，这一功能称为 I/O 状态连接设定。I/O 连接设定的优先级高于示教器操作、程序指令，DO、RO 信号一旦与 DI、RI 信号建立连接，其输出状态将直接由 DI、RI 输入信号控制，而不再受示教器操作、程序指令的影响。

例如，设定并生效 DI[2] →RO[3]连接后，控制系统的机器人专用输出信号 RO，将直接由通用开关量输入信号 DI[2]控制，程序中的“RO[3]=ON 或 OFF”、“RO[3]=PULSE”等指令均将无效。

I/O 状态连接只能用于 DI/DO、RI/RO，其设定内容包括 RI→DO、DI→RO 及 DI→DO3 类。远程控制信号 UI/UO、控制柜操作面板信号 SI/SO 及模拟量输入/输出 AI/AO、DI/DO 组信号 GI/GO 不能用于 I/O 连接设定。

同一 DI 或 RI 信号，可同时连接多个不同的 DO 或 RO，但是，同一 DO 或 RO 信号，只能连接一个 DI 或 RI 信号。例如，设定 DI[2] →RO[3]、DI[2] →DO[2]时，DI[2]可同时控制 RO[3]、DO[2]的状态，但是，如果 DI[2] →RO[3]、DI[1] →RO[3]被同时设定，一旦出现 DI[2] = ON、DI[1] = OFF 的状态，RO[3]将出现 ON、OFF 交替输出的不确定状态。

FANUC 机器人的 I/O 连接设定操作步骤如下。

① 利用 I/O 设定基本操作，显示 I/O 设定基本页面。

② 按 I/O 设定页面的软功能键〖类型（TYPE）〗，并选择设定项“DI→DO 接续（DI→DO）”，按【ENTER】键，示教器便可显示图 11-53（a）所示的 I/O 连接设定页面，并显示如下内容。

No.：连接设定序号。

有效/无效：生效或撤销 I/O 连接设定。

输入/输出：I/O 连接信号的输入/输出地址设定。

③ 按软功能键〖选择（CHOICE）〗，示教器可显示图 11-53（b）所示的 I/O 连接选项 RI→DO、DI→RO 及 DI→DO。光标选定所需要的连接选项，按【ENTER】键，即可选定 I/O 连接方式。

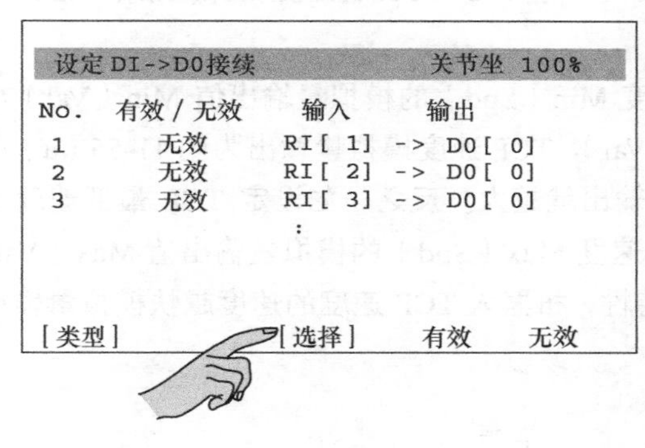

（a）显示

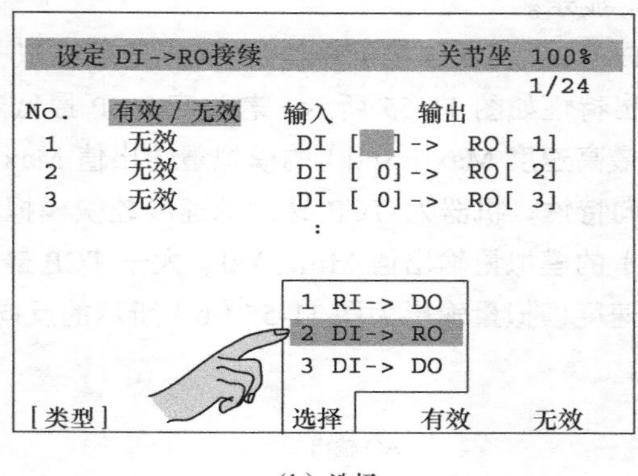

（b）选择

图 11-53 I/O 连接设定

④ 光标选定输入、输出地址设定区，便可利用数字键、【ENTER】键输入 I/O 连接地址。若选择“有效/无效”设定区，即可通过软功能键〖有效（ENABLE）〗、〖无效（DISABLE）〗，生效或撤销对应的 I/O 连接。

⑤ 全部连接设定完成后，关闭系统电源，冷启动系统生效 I/O 连接设定。

2. TCP 速度输出设定

FANUC 机器人的 TCP 速度输出为控制系统选择功能。选配速度模拟量输出功能选件时，可将机器人 TCP 的移动速度转换为模拟电压信号，并在指定的模拟量输出通道 AO 上输出。TCP 移动速度的模拟量输出值可保存在系统变量 TCP_SPD[n]上，变量值可利用暂存器指令 R[i]=（TCP_ SPD[n]）读取，或作为程序中复合运算指令的运算数使用。

TCP 速度模拟量可同时设定多个（最大 10 个）输出条件，在程序中，不同条件的速度模拟量可通过变量 TCP_ SPD[n]中的条件号 n 区分。TCP 速度输出只对运动组 1 有效，且只能在机器人实际运动时输出。

当控制系统选配 TCP 速度输出功能选件时，按 I/O 设定页面的软功能键〖类型（TYPE）〗，示教器将增加“TCP Speed”选项，并可显示 TCP 速度模拟量输出设定页面。

TCP 速度输出设定的操作步骤如下。

① 利用 I/O 设定基本操作，显示 I/O 设定基本页面。

② 按软功能键〖类型（TYPE）〗，光标选定设定项“TCP Speed”，按【ENTER】键，示教器可显示图 11-54 所示的 TCP 速度模拟量输出条件一览表显示页面，并显示如下内容。

Enable：TCP 速度模拟量 AO 输出状态（使能）显示。“ON”为输出有效，“OFF”为输出无效

（关闭）。

Target：TCP 速度模拟量输出的 AO 地址显示。

Min（Val/Spd）：机器人 TCP 最低速度（Spd，单位 mm/s）及所对应的模拟量输出值（Val）显示。

Max（Val/Spd）：机器人 TCP 最高速度（Spd，单位 mm/s）及所对应的模拟量输出值（Val）显示。

```
TCP speed output
List                                        1/10
 Enable Target  Min(Val/Spd)  Max(Val/Spd)
 1 OFF  AO[    0]      0/ 0          0/ 0
 2 OFF  AO[    0]      0/ 0          0/ 0
 3 OFF  AO[    0]      0/ 0          0/ 0
 4 OFF  AO[    0]      0/ 0          0/ 0

[TYPE]    SETUP   DETAIL      ON     OFF
```

图 11-54　TCP 速度模拟量输出条件一览表

FANUC 机器人控制系统的 TCP 速度模拟量输出特性如图 11-55 所示。若设定 TCP 最低速度 Min（Spd）的模拟量输出值 Min（Val）小于 TCP 最高速度 Max（Spd）的模拟量输出值 Max（Val），TCP 速度模拟量输出为图 11-55（a）所示的正向特性，机器人 TCP 速度的速度越快模拟量输出就越大。反之，如设定 TCP 最低速度 Min（Spd）的模拟量输出值 Min（Val）大于 TCP 最高速度 Max（Spd）的模拟量输出值 Max（Val），TCP 速度模拟量输出为图 11-55（b）所示的反向特性，机器人 TCP 速度的速度越快模拟量输出就越小。

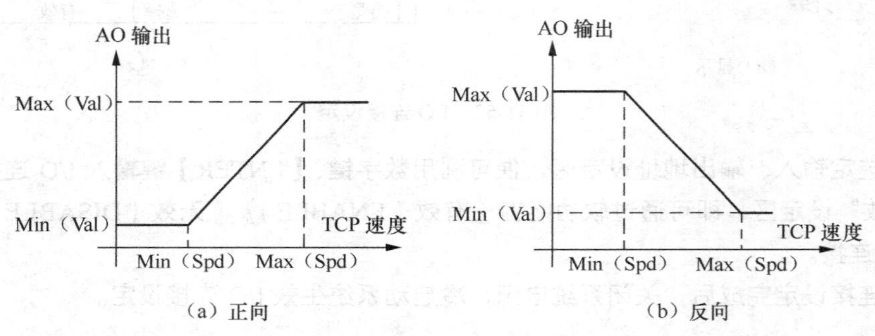

图 11-55　TCP 速度模拟量输出特性

③ 光标选定需要设定的模拟量输出条件号，按软功能键〖SETUP（设定）〗，示教器可显示图 11-56 所示的 TCP 速度模拟量输出超前时间设定页。光标选定超前时间显示值，用数字键、【ENTER】键输入 TCP 速度模拟量输出的超前时间。

④ 按软功能键〖LIST（列表）〗，返回 TCP 速度模拟量输出条件一览表显示页。

⑤ 光标选定需要设定的模拟量输出条件行，按软功能键〖DETAIL（细节）〗，示教器可显示图 11-57 所示的 TCP 速度模拟量输出变量 TCP_SPD[n]的条件设定页。光标选定设定值，利用示教器数字键、【ENTER】键依次输入、设定 TCP 速度模拟量输出的 AO 地址 Target、TCP 最低速度 Min.speed 及所对应的模拟量输出值 Min.value、TCP 最高速度 Max.speed 及所对应的模拟量输出值 Max.value，完成 TCP 模拟量输出变量 TCP_SPD[n]的条件设定。

⑥ 条件设定完成后，将光标定位到模拟量输出使能 Enable 设定栏，利用软功能键〖ON〗、〖OFF〗使能、关闭 TCP 速度模拟量 AO 输出功能。TCP 速度模拟量也可通过程序指令 AO[i]=（TCP_SPD[n]）、AO[i]= 0 控制，有关内容可参见输入/输出指令编程说明。

⑦ 全部 TCP 速度模拟量输出条件设定完成后，关闭系统电源，冷启动系统生效 TCP 速度模拟量输出设定。

```
TCP speed output
Setup                                    1/1
  1 Prediction time(msec):               0



[TYPE]      LIST
```

图 11-56　TCP 速度输出超前时间设定

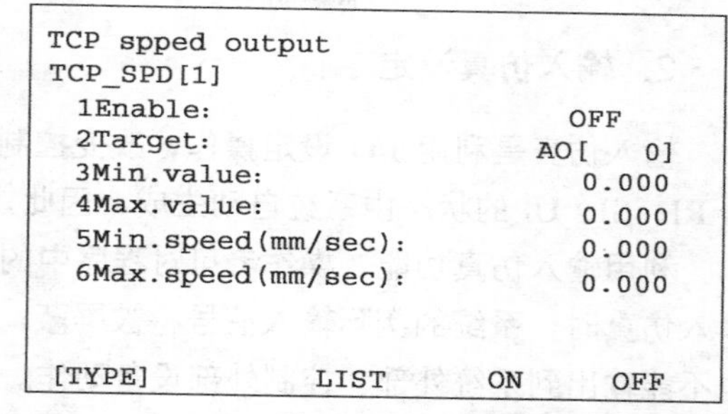

图 11-57　TCP 速度输出特性设定

11.5.6　内部继电器设定及 I/O 仿真

1. 内部继电器设定

机器人控制系统的内部继电器同样是用来存储 I/O 信号状态、逻辑运算结果等二进制位数据的暂存器，其作用与 PLC 的内部继电器相同。内部继电器状态在系统冷启动、控制启动或 I/O-LINK 网络重新配置时可自动清除。

当 DI、DO 的范围设定为[1-1024]、机架号 RACK 设定为“34”、插槽号 SLOT 设定为“1”。开始点设定为“1”时，1024 点 DI/DO 将被定义为内部继电器 F。并进行如下设定。

① 利用 I/O 设定基本操作，显示 I/O 设定基本页面。

② 按 I/O 设定页面的软功能键〖类型（TYPE）〗，并选择设定项“标签（F）”，按【ENTER】键，示教器可显示图 11-58（a）所示的内部继电器设定页面。

③ 按软功能键〖细节（DETAIL）〗，示教器可显示图 11-58（b）所示的内部继电器属性设定页面。

④ 光标选定“注解（Comment）”的输入区，按【ENTER】键，便可利用软功能键输入内部继电器名称（注释），其方法与程序名称输入相同（参见第 8 章第 8.3 节）。

⑤ 当前内部继电器属性设定完成后，按软功能键〖下页（NXT-PT）〗、〖上页（PRV-PT）〗，可直接显示下一内部继电器的属性设定页面，并进行同样的设定。

⑥ 全部内部继电器属性设定完成后，按示教器【PREV】键，返回图 11-58（a）所示的内部继电器设定页面。

⑦ 关闭系统电源，冷启动系统生效设定。

```
标签                              关节坐 30%
      #      状态                   1/1024
  F[   1]    ON    [                    ]
  F[   2]    OFF   [                    ]
  F[   3]    OFF   [                    ]
  F[   4]    ON    [                    ]
  F[   5]    ON    [                    ]
  F[   6]    ON    [                    ]
  F[   7]    ON    [                    ]
  F[   8]    ON    [                    ]

[类型]    细节              ON      OFF
```

（a）显示

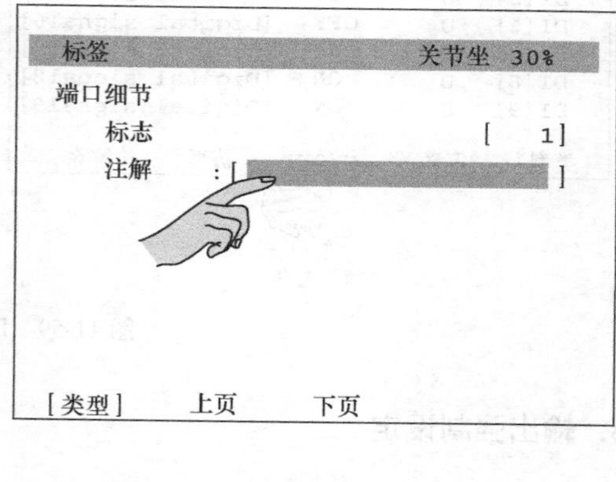

（b）设定

图 11-58　内部继电器设定

2. 输入仿真设定

输入仿真是利用 I/O 设定操作，改变控制系统输入信号内部状态的操作。由于系统专用输入信号 RI、SI、UI 的状态由系统自动生成，因此，不能利用仿真操作改变其内部状态。

利用输入仿真功能，操作者可对程序中的 I/O 控制指令进行模拟，以检验程序的准确性。进行输入仿真时，系统的实际输入信号将被屏蔽，状态直接以仿真值代替。由输入仿真生成的输出信号也不能输出到系统外部、控制外部设备动作。

FANUC 机器人输入仿真的基本操作步骤如下。

① 利用 I/O 设定基本操作，显示 I/O 设定基本页面。

② 按软功能键〖类型（TYPE）〗，显示 I/O 设定选项。

③ 光标选定 I/O 信号类别选项（Digital 或 Group、Analog），按【ENTER】键确认，示教器显示指定类别 I/O 信号的显示、设定页面。例如，DI 信号的输入仿真显示如图 11-59（a）所示。

④ 光标选定 I/O 信号的显示、设定页的"仿真（SIM）"栏，按软功能键〖仿真（SIMULATE）〗，可将仿真栏设定为"S（仿真）"以生效信号仿真功能。如果按软功能键〖解除（UNSIM）〗，可将仿真栏设定为"U（解除）"以撤销仿真功能。

⑤ 对于开关量输入信号 DI，光标定位到图 11-59（b）所示的仿真有效信号的"状态（STATUS）"栏，然后，利用软功能键〖ON〗或〖OFF〗，进行信号仿真状态的设定。

对于输入组信号 GI 或模拟量输入信号 AI，可将光标定位到仿真有效信号的"值（VALUE）"栏，然后，按软功能键〖形式〗，选择数据输入格式（十进制或十六进制），接着，用数字键、【ENTER】键输入 GI/GO、AI/AO 信号的仿真值。

⑥ 输入仿真完成后，可按功能菜单键【FCTN】后，用光标选定"—NEXT—"，按【ENTER】键显示扩展菜单，然后，选择操作选项"所有 I/O 仿真解除（UNSIM ALL I/O）"，按【ENTER】键，便可撤销所有的仿真设定。

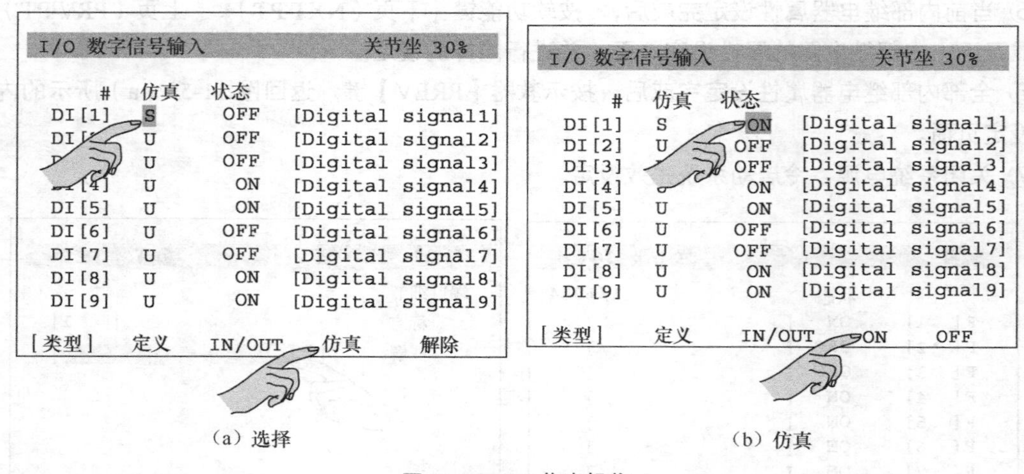

（a）选择　　（b）仿真

图 11-59　I/O 仿真操作

3. 输出强制设定

输出强制是通过 I/O 设定，直接设置系统输出信号状态的操作，它多用于用户自定义的通用输出信号 DO、GO、AO 的连接检查与动作测试。系统专用输出 RO、SO、UO 的状态由控制系统自动生成，因此，一般不进行输出强制操作。

FANUC 机器人的输出强制操作步骤如下。

① 检查机器人、变位器（外部轴）、工具等运动部件均处于安全、可自由运动的位置。

② 利用 I/O 设定基本操作，显示 I/O 设定基本页面。

③ 按软功能键〖类型（TYPE）〗，显示 I/O 设定选项。

④ 光标选定 I/O 信号类别选项（Digital 或 Group、Analog），按【ENTER】键确认，示教器显示指定类别 I/O 信号的显示、设定页面。

⑤ 按软功能键〖IN/OUT〗，将示教器显示切换至输出信号 DO 或输出组信号 GO、模拟量输出 AO 的设定页面。例如，DO 信号的输出显示、设定页面如图 11-60（a）所示。

⑥ 对于输出信号 DO，可将光标定位到“状态（STATUS）”栏，按软功能键〖ON〗或〖OFF〗，可直接设定输出信号的强制状态。

对于输出组信号 GO 或模拟量输出 AO，可将光标定位到图 11-60（b）所示的需要强制输出的信号“值（VALUE）”栏，然后，按软功能键〖形式〗，选择数据输入格式（十进制或十六进制），接着，用数字键、【ENTER】键输入 GO、AO 信号的输出强制值。

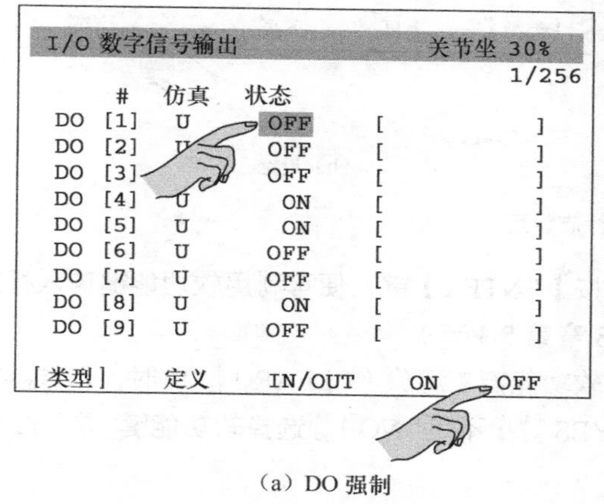

（a）DO 强制

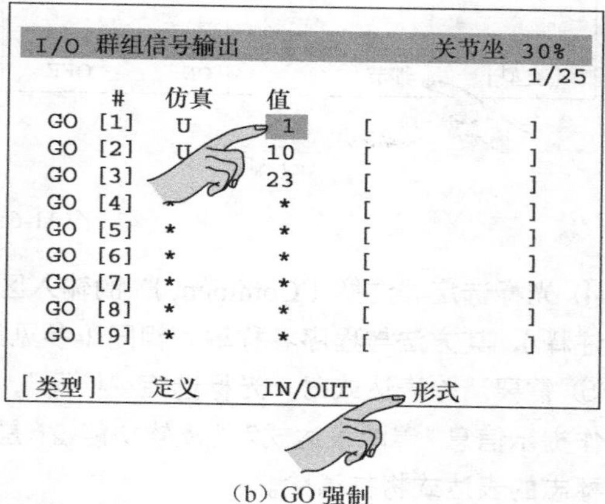

（b）GO 强制

图 11-60 输出强制设定

11.5.7 标志及程序执行条件设定

1. 标志设定

FANUC 机器人的标志（Markers）是用来反映若干开关量信号逻辑处理结果的特殊暂存器，在机器人程序中用符号 M[i]表示。

标志 M[i]只有在系统变量$MIX_LOGIC.$USE_MKR 设定为“TRUE”时才能使用，其数量可通过系统变量$MIX_LOGIC.$NUM_MARKERS 设定（允许范围 0～100）。每一标志需要占用 300 字节的系统断电保持存储器。控制系统出厂设定的标志数量为 8 个（M[1]～M[8]），若需要，最大可增加到 100 个。

标志 M[i]只能在机器人前台程序（作业程序）上利用复合运算式定义，标志定义指令始终循环执行，不受外部急停、程序暂停及系统报警等状态的影响。标志的设定可通过系统 I/O 设定操作进行，其操作步骤如下。

① 利用I/O设定基本操作，显示I/O设定基本页面。

② 按I/O设定页面的软功能键〖类型（TYPE）〗，并选择设定项"标志（M）"，按【ENTER】键，示教器可显示图11-61（a）所示的标志设定页面。

③ 按软功能键〖细节（DETAIL）〗，示教器可显示图11-61（b）所示的标志属性设定页面，并显示程序中定义的表达式与表达式所使用的全部I/O信号的当前状态。

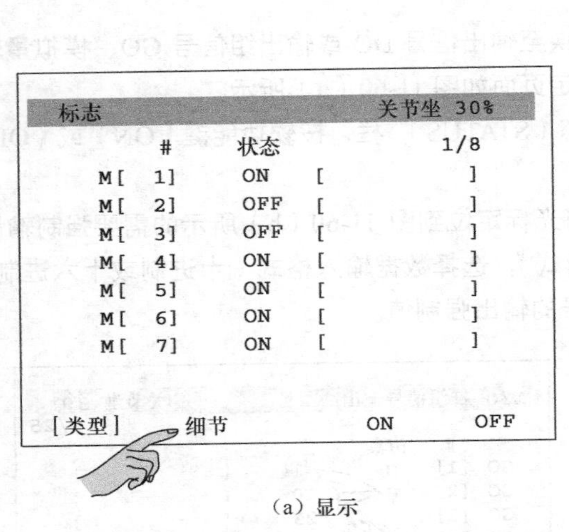

（a）显示

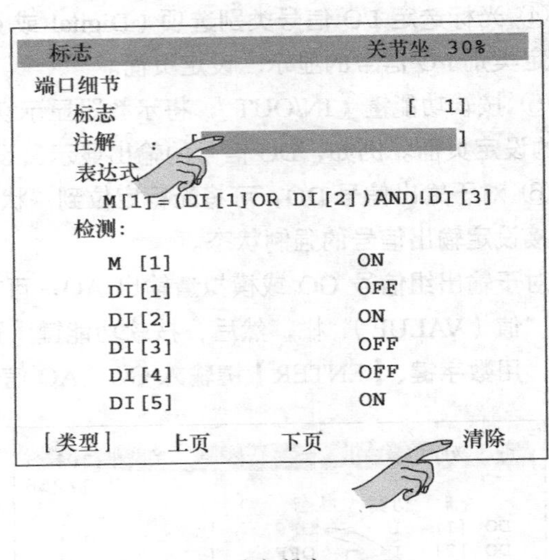

（b）设定

图11-61　标志设定

④ 光标选定"注解（Comment）"的输入区，按【ENTER】键，便可利用软功能键输入标志名称（注释），其方法与程序名称输入相同（参见第8章第8.3节）。

⑤ 需要清除表达式时，光标选定"检测"，按软功能键〖清除（CLEAR）〗，此时，示教器将显示操作提示信息"清除表达式？"及软功能键〖是（YES）〗、〖不是（NO）〗。选择软功能键〖是（YES）〗，当前标志的表达式将被清除。

⑥ 当前标志属性设定完成后，按软功能键〖下页（NXT-PT）〗、〖上页（PRV-PT）〗，可直接显示下一标志的属性设定页面，并进行同样的设定。

⑦ 全部内部继电器属性设定完成后，按示教器【PREV】键，返回图11-61（a）所示的标志设定页面。

⑧ 关闭系统电源，冷启动系统生效设定。

2．程序执行条件设定

FANUC机器人的程序执行条件TC_Online是用于程序执行控制的特殊暂存器。如TC_Online状态为OFF，所有定义运动组的TP程序、KAREL程序都将停止运行，但未定义运动组且在程序标题中的"暂停忽略（Ignore pause）"设定为"有效"的程序（参见第8章），仍可正常运行。

程序执行条件TC_Online只有在系统变量$MIX_LOGIC.$USE_TCOL设定为"TRUE"时才能使用。此外，如果系统变量$MIX_LOGIC.$USE_TCOLSIM设定为"FALSE"，执行条件还可通过程序指令TC_ONLINE DISABLE删除，或者，通过指令TC_ONLINE ENABLE恢复（重新使能）。

执行条件TC_Online与标志M[i]一样只能在机器人作业程序中，通过复合运算式定义。执行条件定义指令始终循环执行，不受外部急停、程序暂停及系统报警等状态的影响。

执行条件 TC_Online 的设定可通过系统 I/O 设定操作进行，其操作步骤如下。

① 利用 I/O 设定基本操作，显示 I/O 设定基本页面。

② 按 I/O 设定页面的软功能键〖类型(TYPE)〗，并选择设定项“执行条件（TC_ONLINE）”，按【ENTER】键，示教器可显示图 11-62 所示的执行条件设定页面，并显示以下内容：

状态：执行条件 TC_Online 暂存器的状态设定与显示。

有效：系统变量$MIX_LOGIC. $USE_ TCOL 的设定状态。

表达式：程序中定义的执行条件。

监测：执行条件所使用的全部 I/O 信号的当前状态。

```
执行条件                          关节坐 30%
TC_ONLINE                           1/6
  状态:                              开
  有效  :                            有效
  表达式:
   ((DI[1]OR DI[2])AND!DI[3]AND
   !(DI[4]AND DI[5]))
  监测:
   DI[1]                   ON
   DI[2]                   OFF
   DI[3]                   ON
   DI[4]                   OFF
   DI[5]                   OFF
[类型]     上页       下页          清除
```

图 11-62　执行条件设定

③ 光标选定“状态”显示行，便可通过示教器显示的软功能键〖ON〗、〖OFF〗，来设定 TC_ONLINE 暂存器的状态。

④ 需要清除表达式时，光标选定“检测”，按软功能键〖清除(CLEAR)〗，此时，示教器将显示操作提示信息“清除表达式？”及软功能键〖是(YES)〗、〖不是(NO)〗。选择软功能键〖是(YES)〗，当前执行条件的表达式将被清除。

11.6 系统附加轴配置

11.6.1 附加轴及网络配置

1. 附加轴功能

机器人控制系统的附加轴是由机器人控制系统控制的、用于机器人本体关节以外其他运动控制的伺服驱动轴，如机器人变位器、工件变位器的直线移动或回转轴，点焊机器人的伺服电机驱动焊钳（伺服焊钳）等。

变位器是用于机器人本体或工件移动的附加部件，其功能如图 11-63 所示。通过选配变位器，一方面可通过机器人本体的整体移动，扩大机器人作业区域（机器人变位器），另一方面可通过工件的回转、摆动，改变工件作业面、增加机器人系统的自由度。此外，还可通过机器人移动或工件 180° 回转，实现多工件作业时的工件自动交换，提高作业效率和系统自动化程度。

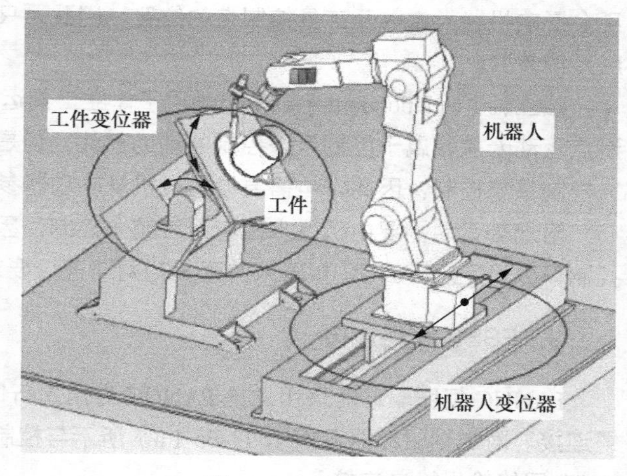

图 11-63　变位器功能

变位器的控制轴数通常为 1～3 轴，运动形式有直线、回转（摆动）2 类。为了保证变位器的运动具有机器人本体关节轴同样的控制性能和运动精度，变位器同样需要采用伺服电机驱动，并由控制系统直接控制。

图 11-64 所示的伺服焊钳是点焊机器人的常用附件。点焊作业时首先需要通过焊钳的电极移动，对需要焊接的工件进行加压、夹紧，然后，再在电极中加入焊接电流、加热熔化。因此，焊钳不仅需要有开合、夹紧等动作，而且，还需要根据工件的厚度，改变开合、松夹行程。

点焊焊钳为直线运动轴，为了便于控制，并保证其控制性能和运动精度，机器人焊钳一般都采用伺服电机驱动，并由机器人控制系统直接控制。

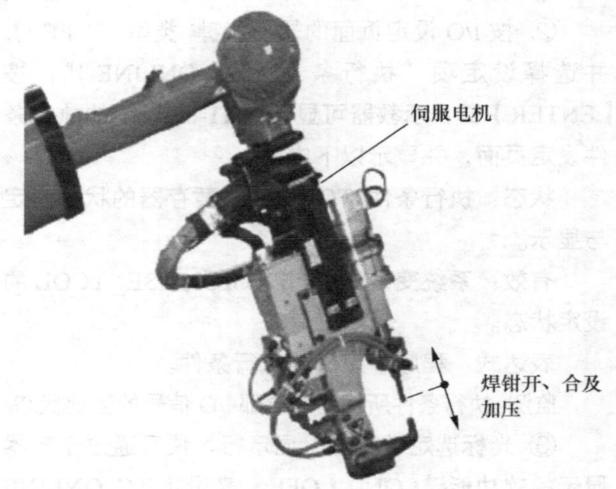

图 11-64　伺服焊钳

2. 附加轴分类

用于机器人变位器、工件变位器、作业工具控制的伺服运动轴都需要由机器人控制系统统一控制速度、位置，属于控制系统的附加部件，统称附加轴。但是，机器人变位器、工件变位器、作业工具的控制要求有所不同，为此，FANUC 机器人的附加轴分为基座变位器（Basic Positioner）、扩展轴（Extended Axis）、独立轴（Independent Axis）3 类。

机器人变位器在 FANUC 系统中称为基座变位器（Basic Positioner），这是用来改变机器人位置的附加部件，如果不改变机器人系统的整体结构，其安装位置、运动控制要求不会改变。基座变位器的运动不但可改变机器人工具控制点和工件的相对位置及运动轨迹，而且还可以直接改变工具控制点的空间位置，因此，基座变位器不仅需要进行电机及驱动器参数、轴控制参数、伺服系统参数的设定，且还需要像机器人本体关节轴一样，建立运动控制模型，使之成为机器人本体运动控制的一部分。

扩展轴（Extended Axis）通常用于工件变位器等附加部件的控制，扩展轴的安装位置、运动控制要求可根据工件改变。扩展轴的运动可改变机器人工具控制点和工件的相对位置及运动轨迹，但不会影响机器人本体及工具控制点的位置，因此，只需要设定电机及驱动器参数、轴控制参数、伺服系统参数。

独立轴（Independent Axis）一般用于作业工具运动控制（如伺服焊钳）。独立轴的运动与工具控制点运动无关，属于控制系统控制的辅助部件，但是，由于伺服驱动电机的位置、速度需要由机器人控制系统控制，因此，也需要设定电机及驱动器参数、轴控制参数、伺服系统参数。

附加轴运动需要由机器人控制系统统一控制，因此，需要进行伺服驱动器的 FSSB 网络连接、控制参数设定。FANUC 机器人的附加轴网络连接要求及设定方法如下，控制参数设定见后述。

3. FSSB 网络连接

FANUC 伺服驱动器采用的是 FANUC 专用串行伺服总线（FANUC Serial Servo Bus，FSSB）光缆连接。附加轴驱动器可按图 11-65（a）所示与控制系统主板的轴卡、附加轴卡或机器人驱动器的 FSSB 网络输出接口连接。

FANUC 机器人控制系统的基本轴卡设计有 2 个 FSSB 网络总线光缆输出接口 COP10A-1、COP10A-2，可以用于 2 路径控制。路径 1 不仅可连接机器人，且还可以连接附加轴，路径 2 一般用来连接附加轴。

附加轴卡用来扩展系统的控制轴数，选配附加轴卡时，系统可增加 1 个 FSSB 网络总线光缆输出接口、增加第 3 路径控制功能。路径 3 具有第 1 路径同样的功能，可连接机器人和附加轴。

例如，对于单路径、单机器人、附加 1 轴变位器的简单系统，机器人本体驱动器、附加轴驱动器的 FSSB 网络可直接按图 11-65（b）连接。机器人本体 6 轴驱动器的光缆总线输入接口 COP10B，连接到系统主板轴卡的第 1 路径总线输出接口 FSSB1（COP10A-1）上，附加轴驱动器的 FSSB 光缆总线输入接口 COP10B，连接到机器人本体 6 轴驱动器的 FSSB 总线输出接口 COP10A 上，构成串行 FSSB 网络连接系统。在控制系统上，机器人本体驱动轴定义为运动组 1、轴序号为 1～6，附加轴定义为运动组 2、轴序号为 7。

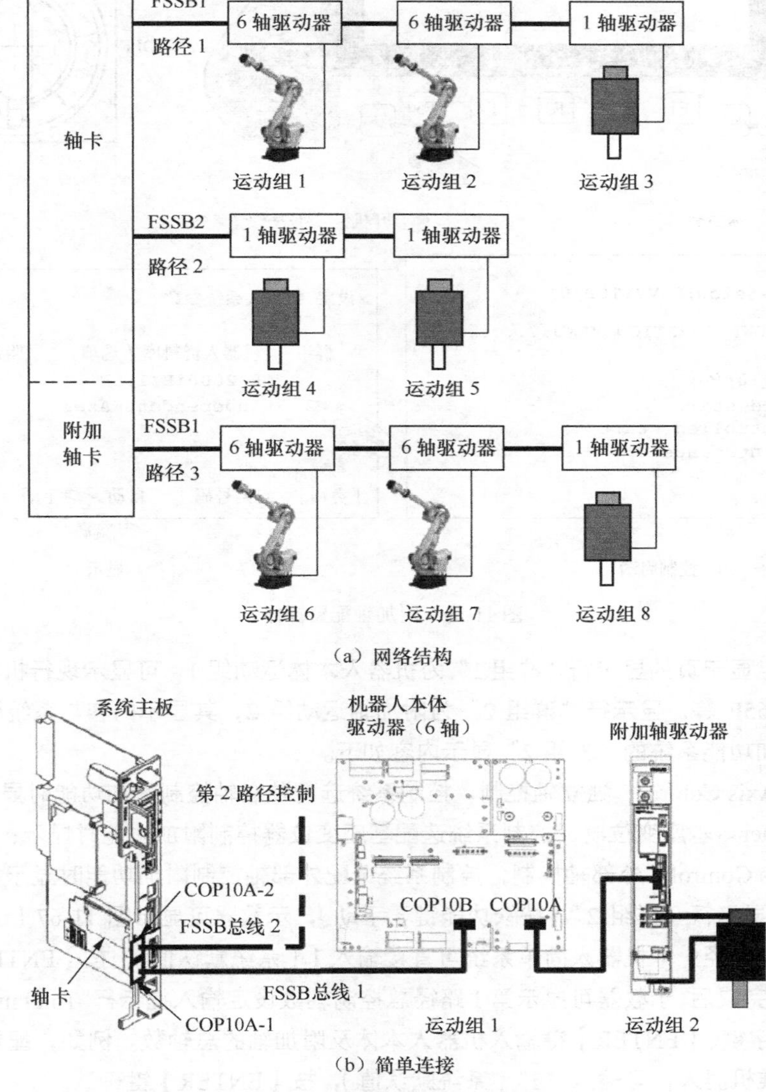

图 11-65　附加轴驱动器网络连接

4. FSSB 网络配置

附加轴的网络控制功能需要通过“控制启动（Controll Start）”操作设定，附加轴 FSSB 网络配置的操作步骤如下。

① 如图 11-66（a）所示，同时按住示教器上的选页键【PREV】、【NEXT】，接通控制柜系统总电源开关，直至示教器显示图 11-66（b）所示的系统配置菜单（CONFIGURATION MENU）。

② 按示教器上的数字键【3】、输入键【ENTER】，选择控制启动（Controlled start）选项，系统进入控制启动模式。

③ 按示教器的操作菜单键【MENU】，示教器可显示控制启动的操作菜单。用光标选定操作选项“9 维护”，按【ENTER】键，示教器可显示图 11-66（c）所示的系统参数设定显示页面。

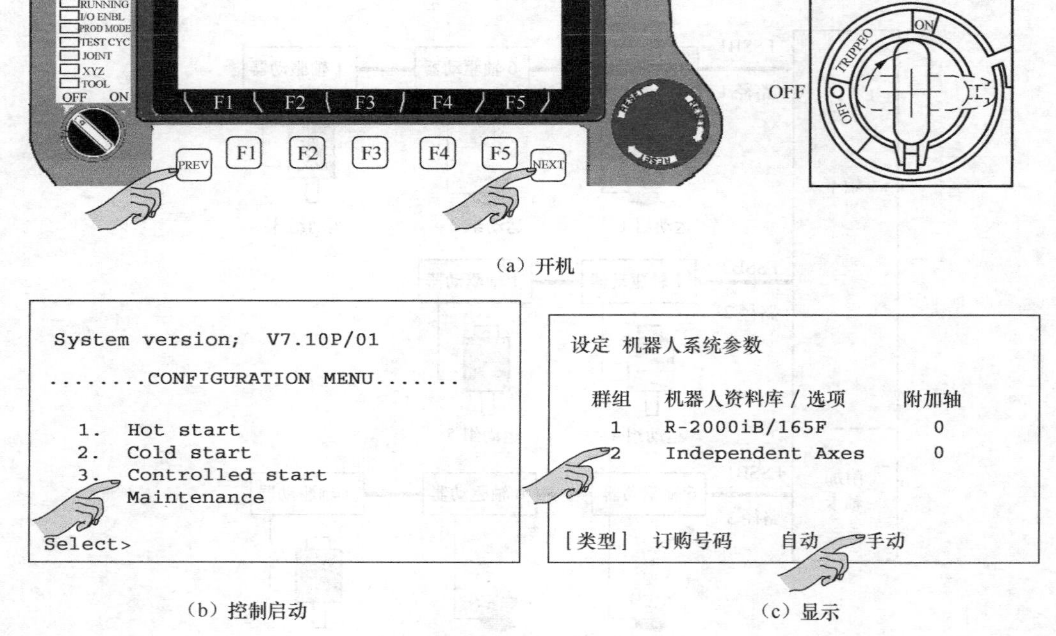

图 11-66　附加轴配置操作

系统参数设定显示页的显示行“群组 1”为机器人本体运动组 1，可显示现行机器人的型号、规格，如 R-2000i/165F 等，显示行“群组 2”为附加轴运动组 2，其显示内容与系统附加功能选择有关，选配不同附加功能系统的“群组 2”显示内容如下。

Independent Axis Control：独立轴控制，控制系统选配独立轴控制附加功能时显示；

Basic Positioner：基座变位器，控制系统选配基座变位器控制附加功能时显示；

Extended Axis Control：外部轴控制，控制系统选配外部轴控制附加功能时显示等。

④ 光标选定显示行“群组 2”，按软功能键〖手动〗，示教器可显示图 11-67（a）所示的 FSSB 路径设定页面，单路径、单机器人简单系统可直接输入 1（系统默认值），按【ENTER】键确认。

⑤ 路径设定完成后，示教器可显示第 1 路径总控制轴数设定输入提示行“Total number of axes on FSSB1 >”，用数字键、【ENTER】键输入机器人本体及附加轴的总轴数。例如，配置单轴变位器的垂直串联 6 轴标准机器人，可输入“7”（系统默认值），按【ENTER】键确认。

⑥ 总轴数设定完成后，示教器可显示图 11-67（b）所示的附加轴起始轴号，用数字键、【ENTER】

键输入附加轴的起始轴号。例如，配置单轴变位器的垂直串联 6 轴标准机器人，可输入“7”（系统默认值），按【ENTER】键确认。

FSSB 网络设定完成后，可继续进行附加轴控制参数的设定。由于附加轴控制参数较多，且与系统附加功能选择有关，分类介绍如下。

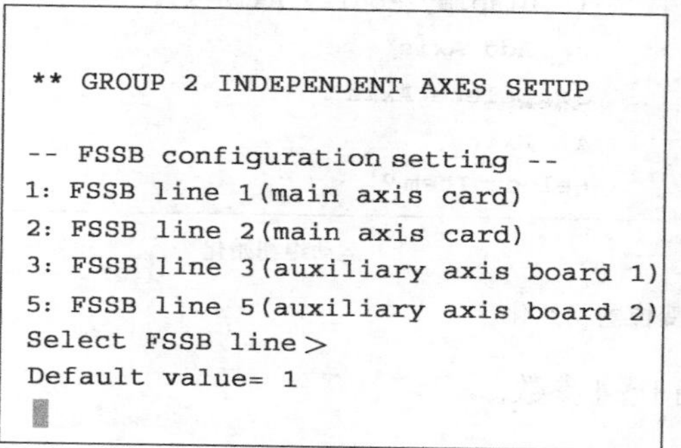
```
** GROUP 2 INDEPENDENT AXES SETUP

-- FSSB configuration setting --
1: FSSB line 1(main axis card)
2: FSSB line 2(main axis card)
3: FSSB line 3(auxiliary axis board 1)
5: FSSB line 5(auxiliary axis board 2)
Select FSSB line>
Default value= 1
```

（a）路径

```
** GROUP 2 INDEPENDENT AXES SETUP

--Hardware start axis setting--
Enter hardware start axis
(Valid range:1-16)
```

（b）起始轴号

图 11-67　FSSB 网络设定

11.6.2　机器人变位器配置

控制系统选配机器人（基座）变位器时，附加轴控制参数的设定包括初始化、电机及驱动器参数、轴控制参数、伺服系统参数等，基座变位器控制参数的设定方法如下。

1. 初始化设定

在选配基座变位器控制功能的系统上，在系统的控制启动页面，按操作菜单键【MENU】，光标选定操作选项“9 维护”时，示教器可显示图 11-68 所示的系统参数设定页面。然后，通过以下操作、设定系统初始化参数。

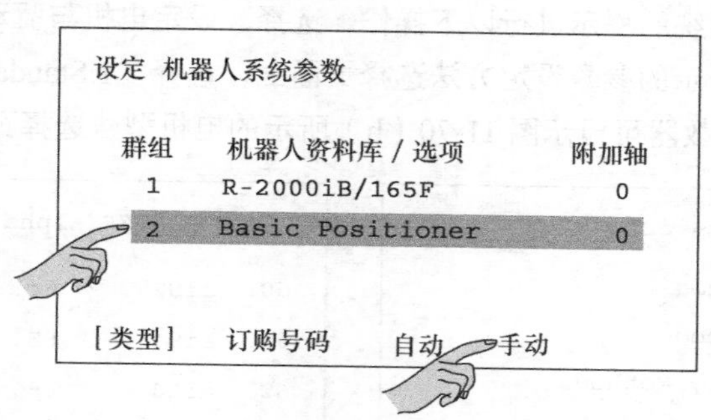

图 11-68　变位器参数设定

① 光标选定“群组 2”显示行“Basic Positioner（基座变位器）”，按软功能键〖手动〗，完成前述的 FSSB 路径、系统总轴数、附加轴起始轴号设定后，示教器可显示图 11-69（a）所示的运动控制模型选择页面。

运动控制模型选项“1：Known Kinematics（运动控制模型已知）”，需要在后述的“轴控制参数”中设定结构参数、建立变位器的运动控制模型，使机器人、变位器成为统一的整体。对于一般情况，可选定“2：Unknown Kinematics（运动控制模型未知）”，按【ENTER】键确认后，示教器可显示图

11-69（b）所示的运动组初始化（Group Initialization）显示页面，并显示以下内容设定选项。

```
-- Kinematics Type Setting --
1: Known Kinematics
2: Unknown Kinematics
Select Kinematics Type ?
```

（a）模型选择

```
**** Group ? Initialization****
******* Basic Positioner *******
Total Axes Installed=#
  1: Display/Modify Axis 1-4
  2: Add Axis
  3: Delete Axis
  4: Exit
  Select Item ?
```

（b）运动组初始化

图 11-69　基座变位器初始化

"1:Display/Modify Axis 1-4"：显示/修改附加轴 1～4 参数；

"2:Add Axis"：增加附加轴；

"3:Delete Axis"：删除附加轴；

"4:Exit"：退出。

② 配置基座变位器或增加控制轴时，光标选定"2:Add Axis"，按【ENTER】键确认，示教器可显示变位器电机及驱动器参数设定页面、继续后述参数设定操作。在已配置变位器的系统上，可选择"1:Display/Modify Axis 1-4""3:Delete Axis"，显示、修改、删除变位器附加轴，选择"4:Exit"，可退出变位器参数设定操作。

2. 电机及驱动器参数设定

在运动组初始化页面选择设定选项"2:Add Axis"后，示教器将显示图 11-70（a）所示的变位器驱动电机及驱动器参数设定方法选择页面。电机、驱动器参数的设定方法有标准操作（Standard Method）、补充增加（Enhanced Method）、直接输入（Directiy Entry Method）3 种，对于一般调试可选择"标准操作"，并按系统的提示进行以下操作，选择、设定电机与驱动器参数。

① 在图 11-70（a）所示的参数设定方法选择页面上，选择"1:Standard Method（标准操作）"，按【ENTER】键确认，示教器可显示图 11-70（b）所示的电机型号选择页面。

```
-- MOTOR SELECTION --
 1: Standard Method
 2: Enhanced Method
 3: Directly Entry Method

Select ==>
```

（a）方法

```
--MOTOR SIZE(alpha iS)--
60. aiS2      64. aiS22
61. aiS4      65. aiS30
62. aiS8      66. aiS40
63. aiS12
 0. Next page
Select ==>
```

（b）型号

图 11-70　电机型号设定

FANUC 伺服电机的型号、规格等参数需要通过 FANUC 规定的代码进行定义。例如，静止转矩（Stall Torque）4N・m、最大转矩 8.8N・m、额定转速 4000r/min、最高转速 5000r/min 的

FANUC-α4/5000is 电机的型号代码为“61”、规格代码为“12”等。

② 光标选定或用数字键输入电机代码，按【ENTER】键确认，示教器可显示图 11-71（a）所示的电机规格（最高转速）选择页面。光标选定或用数字键输入电机规格代码，按【ENTER】键确认，示教器可显示图 11-71（b）所示的驱动器规格（最大输出电流）选择页面。

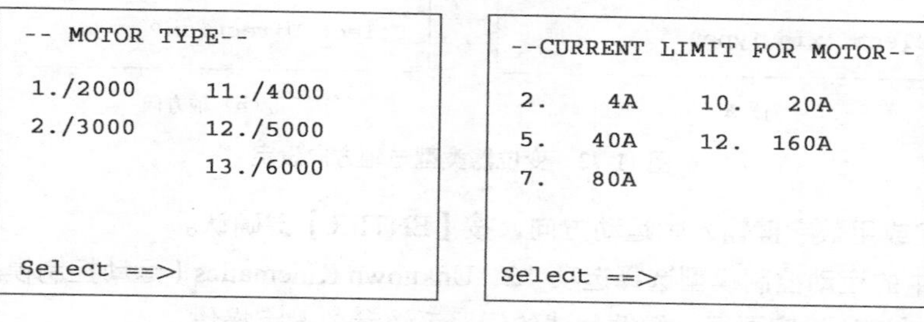

（a）电机　　（b）驱动器

图 11-71　电机与驱动器规格设定

FANUC 伺服驱动器的规格、类型等参数同样需要通过 FANUC 规定的代码进行定义。例如，额定输出电流 6.5A、最大输出电流 20A 的 FANUC αi 单轴驱动器 SVM1-20i 的规格代码为“10”、类型代码为“2”等。

③ 光标选定或用数字键输入伺服驱动器规格代码，按【ENTER】键确认，示教器可显示图 11-72（a）所示的驱动器序号设定页面。用数字键输入驱动器序号，按【ENTER】键确认，示教器可显示图 11-72（b）所示的驱动器类型选择页面。

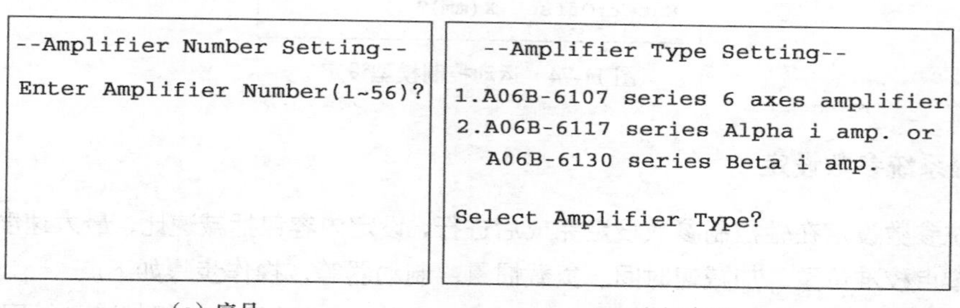

（a）序号　　（b）类型

图 11-72　驱动器序号与类型设定

④ 光标选定或用数字键输入驱动器类型代码，按【ENTER】键确认。

电机与驱动器参数设定完成后，示教器可显示变位器类型设定页面，继续后述的轴控制参数设定。

3. 轴控制参数设定

轴控制参数在电机与驱动器参数设定完成后进行，设定内容包括变位器类型、轴运动方向及运动控制模型等，操作步骤如下。

① 变位器类型设定页面如图 11-73（a）所示，直线变位器应选择“1: Linear Axis”，回转变位器应选择“2: Rotary Axis”。光标选定或用数字键输入变位器类型，按【ENTER】键确认，示教器可显示轴运动方向选择页面。

变位器类型设定页面如图 11-73（b）所示，直线变位器运动方向可选择基座（全局）坐标系的 $+X/-X$、$+Y/-Y$、$+Z/-Z$ 方向。回转变位器设定时，$+X/-X$、$+Y/-Y$、$+Z/-Z$ 代表绕基座（全局）坐标系的 $+X/-X$、$+Y/-Y$、$+Z/-Z$ 轴回转、右手定则决定的方向。

```
-- Axis Type Setting --
1: Linear Axis
2: Rotary Axis

Select Axis Type?
```

（a）类型

```
-- Direction Setting--
1: +X    3: +Y    5:+Z
2: -X    4: -Y    6: -Z

Select Direction?
```

（b）轴方向

图 11-73　变位器类型与轴方向设定

② 光标选定或用数字键输入轴运动方向，按【ENTER】键确认。

当图 11-69 中的运动控制模型选择选项“2：Unknown Kinematics（运动控制模型未知）”时，示教器可直接显示减速比设定页面，继续后述的伺服系统参数设定操作。

若运动控制模型选择了选项“1：Known Kinematics（运动控制模型已知）”，示教器将显示图 11-74 所示的轴结构参数设定页面。操作者需要根据系统提示，利用数字键、【ENTER】键依次输入 X 轴零点偏移量（Enter Offset X）、Y 轴零点偏移量（Enter Offset Y）、Z 轴零点偏移量（Enter Offset Z）等结构参数。输入完成后，示教器可显示减速比设定页面，继续后述的伺服系统参数设定操作。

```
-- Offset Setting--

Enter Offset X(mm)?
```

图 11-74　运动控制模型设定

4．伺服系统参数设定

伺服系统参数设定在轴控制参数设定完成后进行，设定内容包括减速比、最大速度、电机转向、运动范围、零点校准位置、加减速时间、负载惯量、制动器等，操作步骤如下。

① 回转变位器的减速比设定页面如图 11-75（a）所示，减速比为电机转速与轴回转转速之比。直线变位器的减速比设定页面如图 11-75（b）所示，减速比为电机每转的移动距离（mm）。用数字键、【ENTER】键输入减速比后，示教器可显示轴最大速度设定页面。

```
--Gear Ratio Setting--

Enter Gear Ratio(mot-rev/axs-rev)?
```

（a）回转轴

```
--Gear Ratio Setting--

Enter Gear Ratio(mot/mot-rev)?
```

（b）直线轴

图 11-75　减速比设定

② 变位器最大速度设定页面如图 11-76（a）所示。最大速度使用系统默认值时，可输入“2”，按【ENTER】键确认，示教器可显示电机转向设定页面。最大速度需要修改时，可输入“1”，按【ENTER】键确认，示教器可显示图 11-76（b）所示的最大速度设定页面，用数字键、【ENTER】键输入最大速度后，示教器可显示电机转向设定页面。

```
--Maximum Speed Setting--
Suggested Speed =150.000(mm/sec)
(Calculated with Max Motor Speed)

Enter (1: Change,2: No Change)?
```

（a）显示

```
--Maximum Speed Setting--

Enter Max Speed  (mm/s)?
```

（b）修改

图 11-76　最大速度设定

③ 变位器的电机转向设定页面如图 11-77 所示。电机转向与变位器转向一致时，可输入“1”，按【ENTER】键确认。电机转向与变位器转向相反时，可输入“2”，按【ENTER】键确认。设定完成后，示教器可显示运动范围设定页面。

```
--Motion Sign Setting --

Current Value = TRUE

Enter (1: TRUE, 2: FALSE)?
```

图 11-77　转向设定

④ 变位器的运动范围设定页面如图 11-78 所示。在图 11-78（a）所示的页面上，输入正向极限后，示教器可继续显示图 11-78（b）所示的负向极限设定页面，输入负向运动极限。设定完成后，示教器可显示变位器零点（校准位置）设定页面。

```
--Upper Limit Setting--

Enter Upper Limit(deg)?
```

（a）正向极限

```
--Lower Limit Setting--

Enter Lower Limit(deg)?
```

（b）负向极限

图 11-78　运动范围设定

⑤ 变位器的零点设定页面如图 11-79 所示。用数字键、【ENTER】键输入零点位置后，示教器可显示加减速设定页面。

```
--Master Position Setting --

Enter Master Position(deg)?
```

图 11-79　零点设定

⑥ 变位器的第 1 加减速时间常数设定页面如图 11-80（a）所示。使用系统默认值时，可输入“2”，按【ENTER】键确认。需要修改时，可输入“1”，按【ENTER】键确认后，用数字键、【ENTER】键输入第 1 加减速时间常数。

第 1 加减速时间常数设定完成后，示教器可显示图 11-80（b）所示第 2 加减速时间常数的设定页面，并通过第 1 加减速时间常数设定同样的操作，设定第 2 加减速时间常数。

```
-- Accel Time 1 Setting --
Current value = 256 msec

Enter(1: Change,2: No Change)?
```

（a）第 1

```
-- Accel Time 2 Setting --
Current value = 128 msec

Enter(1: Change,2: No Change)?
```

（b）第 2

图 11-80　加减速时间设定

第 1、第 2 加减速时间常数设定完成后，示教器可显示图 11-81（a）所示的指数加减速选择设定页面。不使用指数加减速时，可输入“2”，按【ENTER】键确认。使用指数加减速时，可输入“1”，按【ENTER】键确认后，在示教器显示的图 11-81（b）所示的指数加减速时间常数设定页面上，用数字键、【ENTER】键选择默认值或重新输入指数加减速时间常数。设定完成后，示教器可显示负载惯量设定页面。

```
-- Exponential Filter Setting --
Exp Filter Valid = FALSE

Enter (1: TRUE, 2: FALSE)?
```

（a）第 1

```
-- Minimum Accel Time Setting --
Current value = 384msec

Enter(1: Change, 2: No Change)?
```

（b）第 2

图 11-81　指数加减速时间设定

⑦ 变位器的负载惯量设定页面如图 11-82 所示。负载惯量的设定值为负载折算到电机输出轴的惯量与电机转子惯量的比值，设定范围为 1～5。用数字键、【ENTER】键输入惯量比后，示教器可显示电机制动器序号设定页面。

⑧ 变位器的电机制动器序号设定页面如图 11-83 所示。用数字键、【ENTER】键输入制动器序号后，示教器可显示驱动器延时关闭设定页面。

```
-- Load Ratio Setting --
           LoadInertia+MotorInertia
LoadRatio= ------------------------
                MotorInertia

Enter Load Ratio(0: None,1~5: Valid)?
```

图 11-82　负载惯量设定

```
--Brake Number Setting --

Enter Brake Number(0~16)?
```

图 11-83　制动器序号设定

⑨ 驱动器延时关闭设定页面如图 11-84（a）所示。不使用驱动器延时关闭功能时，可输入“2”，按【ENTER】键确认。使用驱动器延时关闭功能时，可输入“1”，按【ENTER】键确认后，在示教器显示的图 11-84（b）所示的驱动器关闭延时设定页面上，用数字键、【ENTER】键输入驱动器关闭延时。

⑩ 驱动器延时关闭设定完成后，示教器可返回图 11-69（b）所示的运动组初始化（Group Initialization）显示页面，并进行以下操作。

```
-- Servo Off Setting --

Servo Off Valid = Enable

Enter (1: Enable 2: Disable)?
```

（a）选择

```
-- Servo Off  Time Setting --

Enter Servo Off Time(0~30 sec)?
```

（b）设定

图 11-84　伺服关闭延时设定

需要显示/修改附加轴参数时，可选择“1:Display/Modify Axis 1-4”后，重新设定或修改电机及驱动器参数、轴控制参数、伺服系统参数。

需要增加变位器控制轴时，可选择“2:Add Axis”，然后，通过同样的方法，设定电机及驱动器参数、轴控制参数、伺服系统参数。

选择“3:Delete Axis”，可删除附加轴的全部参数。

全部参数设定完成后，按“4:Exit”退出。

11.6.3　扩展轴配置

在选配工件变位器等扩展轴控制功能的系统上，控制启动完成后，按操作菜单键【MENU】，光标选定操作选项“9 维护”时，示教器可显示图 11-85（a）所示的系统参数设定页面，然后，进行以下操作设定扩展轴控制参数。

1．扩展轴初始化

① 光标选定显示行“EXTENDED AXIS CONTROL（扩展轴控制）”，按软功能键〖手动〗，完成前述的 FSSB 路径、系统总轴数、附加轴起始轴号设定后，示教器可显示图 11-85（b）所示的扩展轴运动组设定页面。

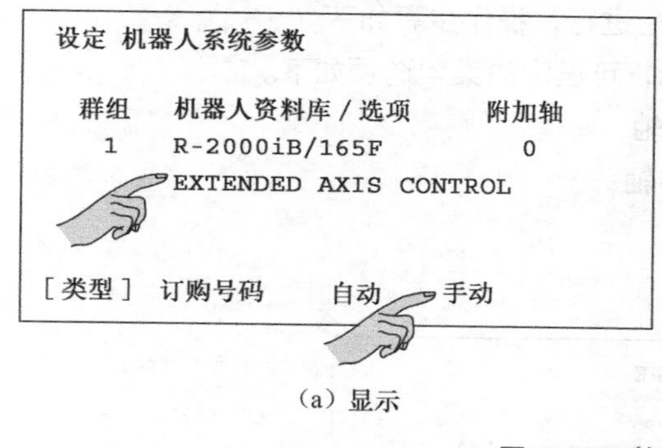

（a）显示

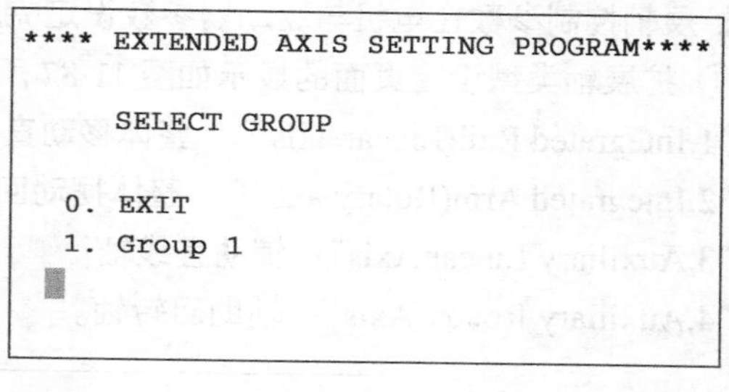

（b）设定

图 11-85　扩展轴运动组设定

② 用数字键输入扩展轴的运动组编号、按【ENTER】键确认，示教器可进入扩展轴控制参数设定操作、显示图 11-86 所示的运动组初始化页面，显示如下操作选择项。

“1:Display/Modify Ext Axis 1~3”：显示/修改控制轴 1~3 参数；

“2:Add Ext Axis”：增加扩展轴；

“3:Delete Ext Axis”：删除扩展轴；

“4:Exit”：退出。

配置或增加扩展轴时，光标选定“2:Add Axis”，按【ENTER】键确认，示教器可显示提示信息

"Enter axis to add (1~3) ?"，输入扩展轴编号，按【ENTER】键确认后，系统可进入电机及驱动器参数设定页面继续后述参数设定操作。

```
**** EXTENDED AXIS SETTING PROGRAM ****
**** Ext Axis G: 1 Initialization ******
                                E1 E2 E3
*** Group 1 Total Ext Axis = * * *
  1.Display/Modify Ext axis 1~3
  2.Add Ext axes
  3.Delete Ext axes
  4.EXIT
Select?
```

图 11-86 扩展轴初始化

在已配置扩展的系统上，可选择"1:Display/Modify Ext Axis 1～3""3:Delete Ext Axis"，显示、修改、删除扩展轴，选择"4:Exit"，可退出扩展轴设定操作。

2. 电机及驱动器参数设定

在扩展轴运动组初始化页面选择设定选项"2:Add Axis"后，示教器可显示基座变位器配置同样的扩展轴驱动电机及驱动器参数设定方法选择页面（见图 11-70），随后，可通过同样的操作，选定电机及驱动器参数的设定方法（一般选择标准操作，并进行电机型号、电机规格、驱动器规格参数的设定）。

扩展轴的驱动器序号、驱动器类型设定一般在伺服系统参数中设定，驱动器规格设定完成后，示教器即可显示扩展轴类型设定页面，继续后述的轴控制参数设定。

3. 轴控制参数设定

扩展轴控制参数在电机与驱动器参数设定完成后进行，操作步骤如下。

① 扩展轴类型设定页面的显示如图 11-87 所示，可设定的类型选项如下。

"1.Integrated Rail(Linear axis)"：整体移动直线轴；

"2.Integrated Arm(Rotary axis)"：整体摆动回转轴；

"3.Auxiliary Linear Axis"：辅助直线轴；

"4.Auxiliary Rotary Axis"：辅助回转轴。

```
      EXTENDED AXIS TYPE

  1. Integrated Rail (Linear axis)
  2. Integrated Arm (Rotary axis)
  3. Auxiliary Linear Axis
  4. Auxiliary Rotary Axis

Select?
```

图 11-87 扩展轴类型设定页面

一般而言，整体移动的直线轴、回转轴通常用于工件变位，扩展轴的运动不会改变工具控制点在机器人基座坐标系（全局）的位置，但是，可改变工具控制点在用户坐标系的位置。辅助直线、回转轴通常用于工件交换，扩展轴的运动既不会改变机器人的全局（基座）坐标系，也不会改变工具控制点在用户坐标系的位置。

用数字键、【ENTER】键输入扩展轴类型后，示教器可显示扩展轴的运动方向、零点设定页面。

② 扩展轴的运动方向、零点设定与控扩展轴类型有关。当扩展轴类型选择“1.Integrated Rail(Linear axis)”定义为整体移动直线轴，示教器可直接显示运动方向设定页面，进行步骤③操作。如果扩展轴类型选择“2.Integrated Arm(Rotary axis”定义为整体摆动回转轴时，需要根据系统提示信息，进行以下扩展轴零点（回转中心）设定。

“Enter Off Set Length(mm)?”：输入附加轴回转中心在基座（全局）坐标系 Z 轴上的位置（偏移）。

“Enter Arm Length(mm)?”：当附加轴绕 X 轴回转时，输入附加轴回转中心在基座坐标系 Y 轴上位置（臂长）；当附加轴绕 Y 或 Z 轴回转时，输入附加轴回转中心在基座坐标系 X 轴上位置（臂长）。

扩展轴零点设定完成后，示教器可显示运动方向设定信息，进行下一步操作。

③ 扩展轴的运动方向设定显示如下：

Direction　1:X　2:Y　3:Z

Enter Direction(1~3)?

对于直线轴，输入 1 或 2、3 分别代表扩展轴方向与机器人基座坐标系的 X 轴或 Y、Z 轴一致；对于回转轴，输入 1 或 2、3 分别代表扩展轴绕机器人基座坐标系的 X 轴或 Y、Z 轴回转。

扩展轴的运动方向、原点设定轴运动输入完成后，示教器可显示减速比设定页面继续后述的伺服系统参数设定操作。

4．伺服系统参数设定

扩展轴控制参数设定完成后，系统可依次显示减速比、最大速度、电机转向、运动范围、零点校准位置、加减速时间、负载惯量设定页面。负载惯量设定完成后，系统可显示驱动器序号、驱动器类型设定页面，接着，继续显示制动器序号、驱动器延时关闭设定页面。

扩展轴伺服系统参数设定的显示内容、参数设定方法均与基座变位器相同，操作步骤可参见前述。伺服系统参数设定完成后，示教器可返回图 11-86 所示的扩展轴初始化显示页面，并进行以下操作。

需要显示/修改附加轴参数时，可选择“1:Display/Modify Ext Axis 1～3”后，重新设定或修改电机及驱动器参数、轴控制参数、伺服系统参数。

需要增加扩展轴时，可选择“2:Add Ext Axis”，然后，通过同样的方法，设定电机及驱动器参数、轴控制参数、伺服系统参数。

选择“3:Delete Ext Axis”，可删除扩展轴的全部参数。

全部参数设定完成后，按“4:Exit”退出。

11.6.4 独立轴配置

在选配伺服焊钳等独立轴控制功能的系统上，控制启动完成后，按操作菜单键【MENU】，光标选定操作选项“9 维护”时，示教器可显示图 11-88（a）所示的系统参数设定页面，然后，进行以下操作设定独立轴控制参数。

1．独立轴初始化

① 光标选定显示行“EXTENDED AXIS CONTROL（扩展轴控制）”，按软功能键〖手动〗，完成前述的 FSSB 路径、系统总轴数、附加轴起始轴号设定后，示教器可显示图 11-88（b）的独立轴

运动组初始化页面，并显示以下内容设定选项。

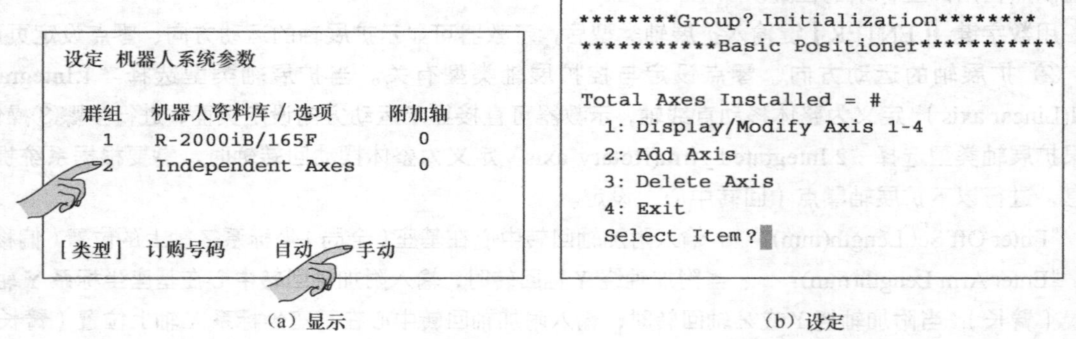

(a) 显示　　(b) 设定

图 11-88　独立轴初始化设定

“1:Display/Modify Axis 1-4”：显示/修改独立轴 1～4 参数；

“2:Add Axis”：增加独立轴；

“3:Delete Axis”：删除独立轴；

“4:Exit”：退出。

② 配置或增加独立轴时，光标选定“2:Add Axis”，按【ENTER】键确认，示教器可显示变位器电机及驱动器参数设定页面继续后述参数设定操作。在已配置独立轴的系统上，可选择“1:Display/Modify Axis 1-4”“3:Delete Axis”，显示、修改、删除独立轴，选择“4:Exit”，可退出独立轴参数设定操作。

2. 电机及驱动器参数设定

在独立轴运动组初始化页面选择设定选项“2:Add Axis”后，示教器可显示基座变位器配置同样的扩展轴驱动电机及驱动器参数设定方法选择页面（见图 11-70），随后，可通过同样的操作，选定电机及驱动器参数的设定方法（一般选择标准操作，并进行电机型号、电机规格、驱动器规格参数的设定）。

独立轴的驱动器序号、驱动器类型设定同样在伺服系统参数中设定，驱动器规格设定完成后，示教器即可显示独立轴类型设定页面继续后述的轴控制参数设定。

3. 轴控制参数设定

独立轴控制参数在电机与驱动器参数设定完成后进行，操作步骤如下。

① 独立轴类型设定页面的显示如图 11-89 所示，可设定的类型选项如下。

```
INDEPENDENT AXES TYPE

1. Linear Axis
2. Rotary Axis

Select?
```

图 11-89　独立轴类型设定

“1.Linear axis”：直线移动轴；

“2.Rotary axis”：回转摆动轴；

② 用数字键、【ENTER】键输入独立轴类型。

独立轴的运动与机器人工具控制点无关，无须进行运动方向、零点设定，因此，轴类型设定完成后，系统将直接显示独立轴的减速比设定页面，进行伺服系统参数设定操作。

4．伺服系统参数设定

独立轴类型设定完成后，系统可依次显示减速比、最大速度、电机转向、运动范围、零点校准位置、加减速时间、负载惯量的设定页面。负载惯量设定完成后，系统可显示驱动器序号、驱动器类型设定页面，接着，继续显示制动器序号、驱动器延时关闭设定页面。

独立轴伺服系统参数设定的显示内容、参数设定方法均与基座变位器相同，操作步骤可参见前述。伺服系统参数设定完成后，示教器可返回图 11-88（b）所示的运动组初始化显示页面并进行以下操作。

需要显示/修改独立轴参数时，可选择“1:Display/Modify Axis 1-4”后，重新设定或修改电机及驱动器参数、轴控制参数、伺服系统参数。

需要增加独立轴时，可选择“2:Add Axis”，然后，通过同样的方法，设定电机及驱动器参数、轴控制参数、伺服系统参数。

选择“3:Delete Axis”，可删除独立轴的全部参数。

全部参数设定完成后，按“4:Exit”退出。

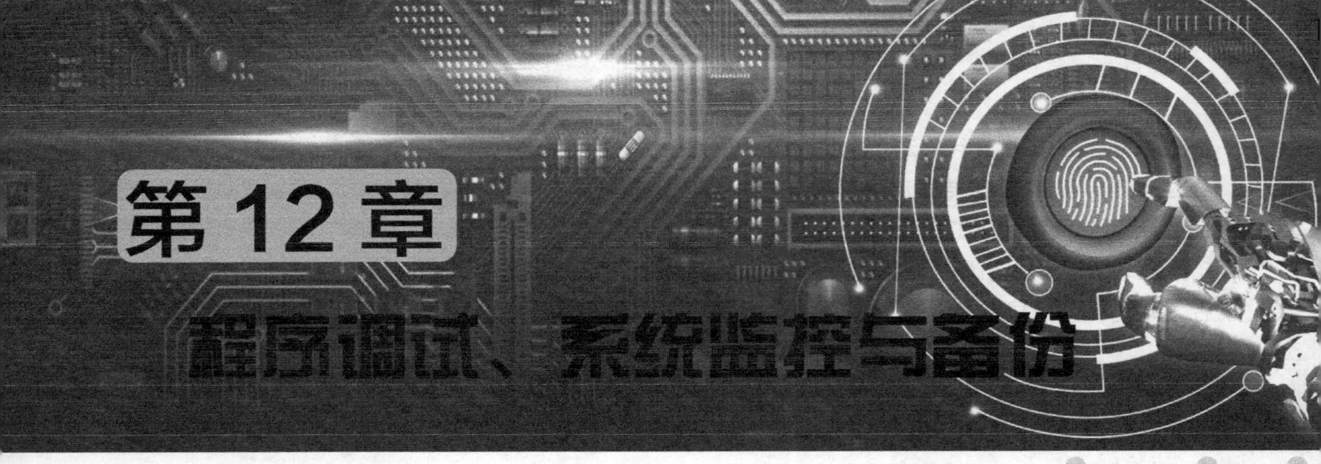

12.1 程序测试与自动运行

12.1.1 程序试运行设定

1. 程序运行方式

FANUC 机器人的程序自动运行方式，可通过控制柜操作面板上的操作模式选择开关（见第 8 章），选择以下 3 种。

AUTO：自动运行。选择自动模式时，示教器的 TP 开关必须置于 OFF 位置，程序只能以“连续”、“前进”的方式执行。程序执行时，可通过进给保持信号（*HOLD）暂停、循环启动信号（START）重启。

AUTO 模式的程序自动运行，可通过系统设定的“设定控制方式”选项，选择本地运行、远程运行 2 种自动运行方式之一（见第 11 章）。本地运行时，程序可通过示教器选择，自动运行利用控制面板的循环启动按钮启动；远程运行时，程序选择、自动运行启动都由系统远程控制信号 UI/UO（RSR、PNS 等）控制。

T1：示教模式 1。选择 T1 模式时，示教器的 TP 开关必须置 ON 位置。T1 模式的程序选择、自动运行控制都需要示教器操作，程序可用“单步”“连续”2 种方式执行，执行方向可为“前进”、“后退”。机器人 TCP 的运动速度被限制在 250mm/sec 以内。

T2：示教模式。选择 T2 模式时，示教器的 TP 开关同样必须置 ON 位置。程序选择、自动运行控制同样需要示教器操作。程序执行也可采用“单步”“连续”2 种方式，执行方向可为“前进”“后退”。但是，机器人可完全按照编程速度运动。

在大多数机器人上，利用机器人示教模式（T1、T2）所进行的程序自动运行，称为程序再现（Play）或程序测试（Test Cycle）运行，简称试运行。但在 FANUC 机器人上，有时也将自动模式的“本地运行”归入程序试运行操作。

FANUC 机器人的程序试运行，一般可按以下步骤依次进行。

① 利用机器人手动、I/O 信号模拟与仿真操作，确认机器人、工具动作安全可靠。

② 操作模式选择示教 1（T1），利用示教器控制，单步、低速执行程序，确认机器人运动、I/O

指令动作准确。

③ 操作模式选择示教 2（T2），利用示教器控制，对程序进行单步高速、连续高速试运行，机器人 TCP 以 100%速度运动，确认动作安全可靠。

④ 操作模式选择自动（AUTO），利用 UI/UO 信号控制，进行 RSR、PNS 自动运行。

2. 程序试运行设定

FANUC 机器人的程序试运行方法选择、试运行设定的操作步骤如下。

① 按操作菜单键【MENU】，光标选择图 12-1（a）所示的“测试运转（TEST CYCLE）”菜单，按【ENTER】键确认后，示教器通常可直接显示图 12-1（b）所示的程序试运行设定页面。如果显示其他页面，可按软功能键〖类型（TYPE）〗，光标选定“设置”，按【ENTER】键选定。

程序试运行设定页的各设定项作用与含义如下。

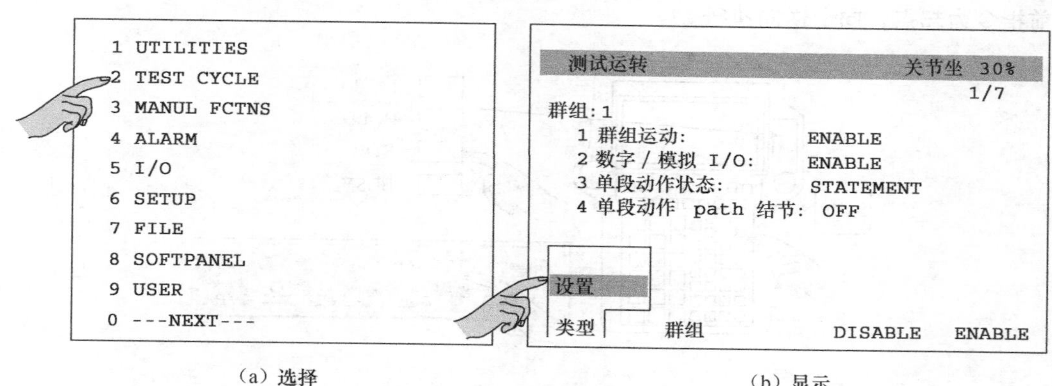

（a）选择　（b）显示

图 12-1　程序试运行设定页面

群组：可显示、选择多运动组系统的运动组号。运动组号可通过按软功能键〖群组（GROUP）〗选择、改变。

群组运动：机器人锁住（轴运动指令有效/无效）设定。群组运动有效（ENABLE）时，系统可执行程序的移动指令，运动轴（机器人）正常运动；群组运动无效（DISABLE）时，该运动组的轴运动禁止，机器人锁住，系统仅执行程序中的非移动指令。

数字/模拟 I/O：I/O 信号有效/无效设定。I/O 信号有效（ENABLE）时，系统正常执行 I/O 指令，可读取、输出 I/O 信号；I/O 信号无效（DISABLE）时，禁止 I/O 信号的读取、输出，I/O 信号状态可通过输入仿真和输出强制操作设定（见第 11 章）。

单段动作状态：程序单步执行方式选择，可通过软功能键选择如下执行方式。

〖STATEMENT〗：单步。单步执行程序指令时，每一指令执行完成后，均进入暂停状态。通过单步运行启动操作，可继续执行下一指令。

〖MOTION〗：移动单步。单步执行仅对移动指令有效，非移动指令连续执行。

〖ROUTINE〗：主程序单步。主程序指令单步执行，但所调用的子程序为连续执行。

〖TP&MOTION〗：KAREL（高级语言）程序单步，单步执行仅对移动指令有效，KAREL 指令连续执行。

单段动作 path 结节：KAREL 轨迹单步，KAREL 指令 MOVE ALONG 的每一个节点都以单步运动的方式执行。

② 光标选定设定项，按【ENTER】键选定后，系统可自动显示该设定项的软功能键，用软功能键、【ENTER】键完成程序试运行设定。

3．程序执行方式

FANUC 机器人选择示教操作模式（T1 或 T2）、利用示教器控制程序试运行时，程序执行可选择“单步”“连续”2 种方式。单步执行程序时，程序执行方向可为“前进”或“后退”；连续执行程序时，执行方向只能选择“前进”。

“单步”“连续”可通过图 12-2（a）所示的示教器操作键【STEP】切换。单步试运行有效时，示教器的指示灯 STEP（单色）或状态指示区的 STEP（彩色）指示“亮”。

“前进”“后退”执行可通过同时按图 12-2（b）所示的示教器“【SHIFT】+【FWD】”“【SHIFT】+【BWD】”组合键选择与启动。前进时，系统将按指令次序，由上至下依次执行；后退时，系统以当前指令为起点，向上逆向执行。

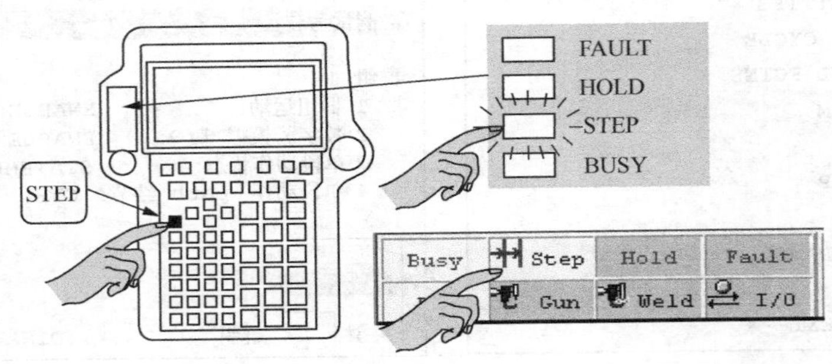

（a）单步选择

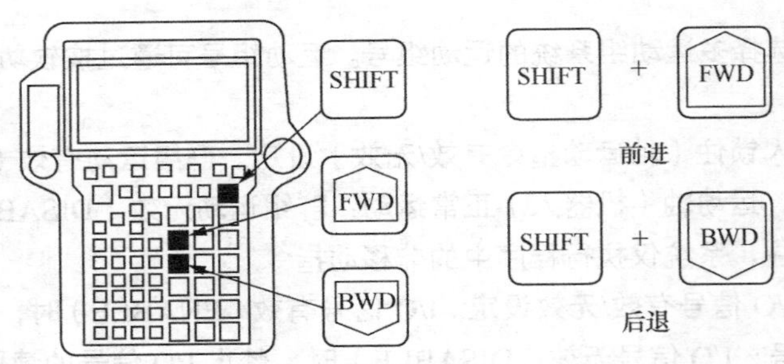

（b）前进 / 后退

图 12-2　单步试运行操作

程序以单步后退方式执行时，需要注意以下问题。

① 单步后退操作只对机器人基本移动指令有效，增量移动指令 INC、移动指令附加命令及非机器人移动指令均被忽略。

② 单步后退执行程序时，执行到程序暂停（PAUSE）、程序终止（ABORT）、程序结束（END）、跳转（JMP）、用户报警（UALM）、程序运行（RUN）等指令时，系统将自动禁止后退。在这种情况下，可调节光标到禁止后退指令的上一行，然后，重新启动、继续执行单步后退操作。

③ 如果系统参数（变量）$BWD_ABORT 设定为 TRUE（有效），程序后退至开始行，系统将进入程序结束状态、删除全部执行状态信息。

④ 程序单步后退执行时不能调用子程序，但是，如光标直接选定子程序指令，系统可进行子程序后退操作，且能自动返回到主程序，并在子程序调用指令 CALL 行暂停，然后，继续以单步后退方式执行主程序。

例如，对于图 12-3 所示的带有子程序调用指令的程序，若光标选定子程序的指令行“4：L P[3] 1000mm/sec FINE”，利用“【SHIFT】+【BWD】”组合键，执行程序单步后退操作的指令执行过程如下。

按“【SHIFT】+【BWD】”组合键，系统执行子程序指令行 3，机器人从 P[3]点移动到 P[2]点后暂停；

再次按“【SHIFT】+【BWD】”组合键，子程序中的非机器人移动指令行 1、2 被忽略，程序后退至主程序的指令行 5 暂停；

接着按“【SHIFT】+【BWD】”组合键，主程序中的非机器人移动指令行 4 被忽略，程序后退至主程序指令行 3，机器人从 P[2]点移动到 P[1]点后暂停。

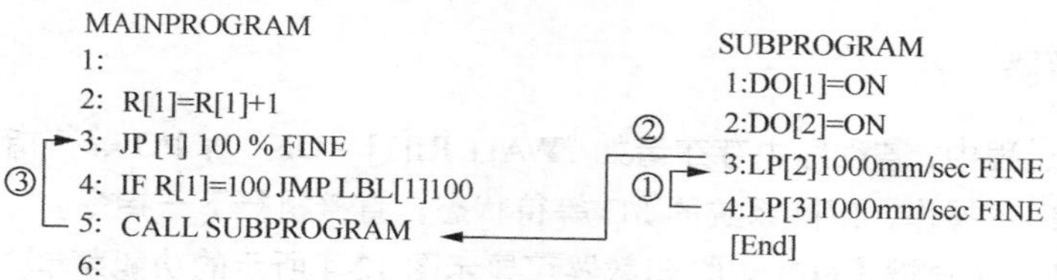

图 12-3 子程序调用程序的后退

12.1.2 程序试运行

程序试运行一般应先从示教模式 T1 的单步、低速运行开始，接着，进行示教模式 T1 的连续、低速运行，然后，再切换到示教模式 T2，进行单步高速、连续高速试运行。

示教模式 T1 和 T2 的程序试运行，只是机器人 TCP 运动速度的区别，其控制要求、操作方法一致，因此，以下试运行操作步骤中，只需要将示教模式 T1 改为示教模式 T2，便可进行程序单步高速、连续高速试运行。

1．单步试运行

FANUC 机器人的程序单步试运行需要用示教器控制，程序执行方向可以为“前进”或“后退”。单步试运行的操作步骤如下。

① 接通控制柜的电源总开关，启动控制系统。检查机器人、变位器（外部轴）等运动部件均处于安全、可自由运动的位置。

② 复位控制面板、示教器及其他操作部件（如操作）上的全部急停按钮。将控制柜操作面板的操作模式选择开关置示教模式 T1（高速试运行时，选择示教模式 T2，下同）。

③ 按示教器的程序选择键【SELECT】，显示程序一览表页面。

④ 光标选定需要进行试运行的程序，按【ENTER】键确认，示教器显示指定程序的显示、编辑页面。

⑤ 按下示教器的【STEP】键，直至示教器上的 STEP 指示灯（单色）或状态指示区 STEP 指示（彩色）亮。

⑥ 调节光标到程序执行起始行，握住示教器手握开关（Deadman 开关）、启动伺服，并将示教器的 TP 有效开关置“ON”位置。

⑦ 按住示教器的【SHIFT】键，按一下【FWD】键，光标所在的指令行将被执行。在指令执行完成前，应始终按住【SHIFT】键。当前指令行执行完成后，程序自动暂停。再次按住示教器

的【SHIFT】键，按一下【FWD】键，可继续单步执行下一指令行。

如按住示教器的【SHIFT】键，按一下【BWD】键，控制系统将以后退的方式，单步执行光标所在的指令行。在指令执行完成前，应始终按住【SHIFT】键。当前指令行执行完成后，程序自动暂停。再次按住示教器的【SHIFT】键，按一下【BWD】键，可继续后退执行上一机器人移动指令行。程序后退只能执行机器人基本移动指令，移动指令中的非移动指令均被忽略。

⑧ 程序单步试运行时，如果松开【SHIFT】键、松开手握开关（Deadman 开关）、按下【HOLD】键，均可暂停机器人移动。按示教器【STEP】键使 STEP 指示（单色）或状态指示区 STEP 指示（彩色）为不亮，可退出单步试运行操作。

⑨ 单步试运行结束后，将示教器的 TP 有效开关置“OFF”位置，松开示教器手握开关（Deadman 开关）、关闭伺服。

2. I/O 等待解除

在程序试运行过程中，若程序中存在诸如“WAIT RI[1] = ON”等 I/O 等待指令且等待时间较长，试运行时，可通过以下操作，解除系统的 I/O 等待状态，直接执行下一指令。

① 按示教器功能菜单键【FCTN】，示教器可显示图 12-4 所示的功能菜单。

② 光标选定功能选项“7 RELEASE WAIT（解除等待）”，按【ENTER】键确认，系统便可结束 I/O 等待指令，光标移动到下一指令行。

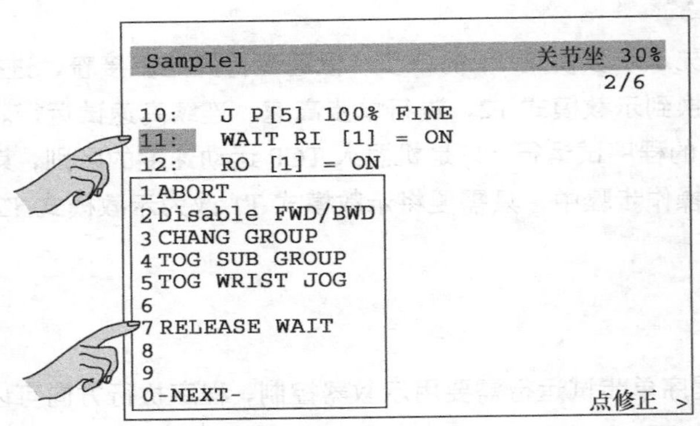

图 12-4 解除 I/O 等待操作

3. 连续试运行

FANUC 机器人程序的连续试运行一般选择示教操作模式、通过示教器控制。连续试运行，只能以“前进”方式执行程序。在 FANUC 机器人上，有时也将自动模式的本地运行归入连续试运行范畴，有关内容可见后述。

示教操作模式的程序连续试运行操作步骤如下。

①~④ 同单步试运行。

⑤ 检查示教器上的 STEP 指示（单色）或状态指示区 STEP 指示（彩色）不亮，否则，按下示教器的【STEP】键，直至 STEP 指示灯灭。

⑥ 调节光标到程序起始行，握住示教器手握开关（Deadman 开关）、启动伺服后，将示教器的 TP 有效开关置“ON”位置。

⑦ 按住示教器的【SHIFT】键，按一下【FWD】键，程序将被启动并连续执行直至结束。在程

序自动执行期间，应始终按住【SHIFT】键，否则，程序将进入暂停状态。但是，如果在按住【SHIFT】键时，将示教器 TP 有效开关置“OFF”，即使松开【SHIFT】键，程序仍可继续运行。

⑧ 程序连续试运行时，若松开手握开关（Deadman 开关）、按下【HOLD】键，可暂停程序运行。

⑨ 程序试运行结束后，将示教器的 TP 有效开关置“OFF”位置，松开示教器手握开关（Deadman 开关）、关闭伺服。

12.1.3 程序自动运行

1. 运行方式及条件

本书所述的程序自动运行是指机器人操作模式选择“自动（AUTO）”时的程序运行，包括利用示教器、控制柜操作面板进行操作的本地（Local）运行以及通过远程控制信号 UI/UO 控制的 RSR、PNS 远程（Remote）运行。在 FANUC 说明书上，前者称为程序试运行。自动（AUTO）模式的程序自动运行不能使用“单步”执行方式。

自动（AUTO）操作模式的本地运行、远程运行可通过系统设定（SYSTEM）、类型选项“主要的设定（Config）”中的设定项“设定 控制方式（Remote/Local setup）”选择（见第 11 章）。控制方式设定为“单独运转”时，程序为本地（Local）自动运行；设定为“外部控制”时，程序为远程（Remote）自动运行；设定为 “外部信号”时，可通过指定的 DI（或 DO、RI、RO、UI、UO）信号状态，选择本地运行或远程运行。

FANUC 机器人的程序本地自动运行，需要利用示教器选定自动运行程序，然后，通过控制柜操作面板上的循环按钮（Cycle Start）启动程序自动运行。机器人的程序远程自动运行，可通过 UI 信号 RSR1～8 选择并自动启动程序自动运行，或者，通过 UI 信号 PNS1～8 选择程序后，再利用 PROD_START 启动程序自动运行。程序远程运行时，可通过 UI 信号*HOLD、START 暂停、重启程序运行，或者，通过 UI 信号 CSTOPI，强制结束程序、删除执行状态、退出自动运行。

机器人程序自动运行的基本条件如下。

① 程序已进行示教操作模式 T1、T2 的试运行，确认机器人动作正确、安全、可靠。

② 程序运行模式（本地运行或远程运行）已通过系统设定的“设定控制方式”选项（见 11 章）选定。

③ 机器人操作模式选择 AUTO（自动）时，示教器 TP 开关必须置 OFF（无效）。

④ 机器人安全栅栏门已关闭，控制系统的安全栅栏门远程控制输入信号*SFSPD（UI[3]）为 ON。

⑤ 如果程序含有移动指令，控制系统的远程控制输入信号 ENBL（UI[8]，运动使能）必须为 ON 状态。

2. 本地运行操作

FANUC 机器人本地运行的程序需要通过示教器选择，程序自动运行的启动信号来自控制柜操作面板的循环启动按钮。本地运行的操作步骤如下。

① 接通控制柜的电源总开关，启动控制系统。检查机器人、变位器（外部轴）等运动部件均处于安全、可自由运动的位置。

② 复位控制面板、示教器及其他操作部件（如操作）上的全部急停按钮。

③ 按示教器的程序选择键【SELECT】，显示程序一览表页面。

④ 光标选定需要进行试运行的程序，按【ENTER】键确认，示教器显示指定程序的显示、编

辑页面。

⑤ 检查示教器上的 STEP 指示灯（单色）或状态指示区 STEP 指示（彩色）不亮，否则，按下示教器的【STEP】键，直至 STEP 指示灯灭。

⑥ 通过控制系统设定操作（见第 11 章），将系统设定（SYSTEM）、类型选项“主要的设定（Config）”中的设定项“设定控制方式（Remote/Local setup）”，设定为图 12-5（a）所示的“单独运转（LOCAL）”。

⑦ 将控制柜操作面板的操作模式选择开关置自动模式 AUTO、示教器 TP 开关置“OFF”。

⑧ 按图 12-5（b）所示的控制柜操作面板上的【循环启动（CYCLE START）】按钮，程序将被启动并连续执行指令直至结束。

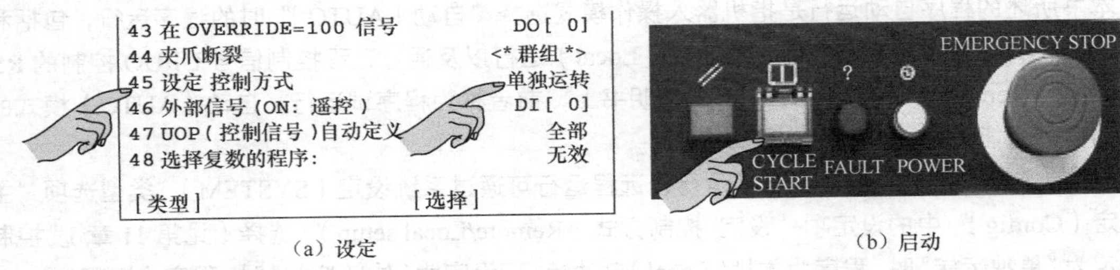

（a）设定　（b）启动

图 12-5　本地运行操作

3．远程运行条件

FANUC 机器人的程序远程运行是由控制系统远程输入/输出信号 UI/UO 控制的程序自动运行，自动运行无须（也不能）进行示教器操作。有关控制系统 UI/UO 信号的详细说明，可参见第 7 章。

机器人远程运行除了满足前述的自动运行基本条件外，还需要利用控制系统设定操作（参见第 11 章），对操作菜单系统设定（SYSTEM）中的类型选项“系统参数（Variables）”“主要的设定（Config）”中的系统参数（变量）及常用功能进行如下设定。

“系统参数（Variables）”的参数项“$RMT_MASTER”：设定为“0”，远程控制方式选择 UI/UO 信号控制。

“主要的设定（Config）”的设定项“设定控制方式（Remote/Local setup）”：设定为“外部控制（Remote）”。

“主要的设定（Config）”的设定项“UOP：外部控制信号（ENABLE UI SIGNAL）”：设定为“TURE（有效）”。

此外，控制系统的远程输入信号*IMSTP（UI[1]，急停）、*HOLD（UI[2]，进给保持）、*SFSPD（UI[3]、安全门关闭）、ENBL（UI[8]，运动使能），以及远程输出信号 CMDENBL（UO[1]，命令使能）均应为 ON 状态。

当以上系统设定及运行条件满足后，机器人便可通过远程输入信号 UI，进行 RSR 预约启动运行或 PNS 程序选择运行。

4．RSR 运行操作

FANUC 机器人的 RSR 运行可利用远程输入信号 RSR1～RSR8（UI[9] ～UI[16]）选择程序并启动程序自动运行，系统可启动或预约启动的程序数最多为 8 个。

信号 RSR1～RSR8 同时具有程序选择与启动功能。信号输入 ON 时，若系统没有执行中的程序，

RSR1～RSR8 指定的程序即被启动运行，若系统正在执行其他程序（包括程序暂停中），RSR1～RSR8 指定的程序将被预约，一旦当前程序执行完成，系统便可自动启动预约程序，如果多个程序被预约，系统将根据信号的输入时序，列队等候、依次启动运行。处于等待执行状态的预约程序，可通过远程输入信号 CSTOPI（UI[4]，循环停止）强制结束与清除。

FANUC 机器人的 RSR 运行的操作步骤如下。

① 利用机器人设定操作（参见第 10 章），将机器人设定（SETUP）类型选项“选择程序（RSR/PNS）”选项中的“选择程序方式（Programm select mode）”设定为图 12-6（a）所示的“RSR”。同时，在图 12-6（b）所示的 RSR 运行设定页面，将 RSR1～8 信号功能设定为“有效”，并完成程序号、应答信号的设定。RSR 设定需要重启系统生效。

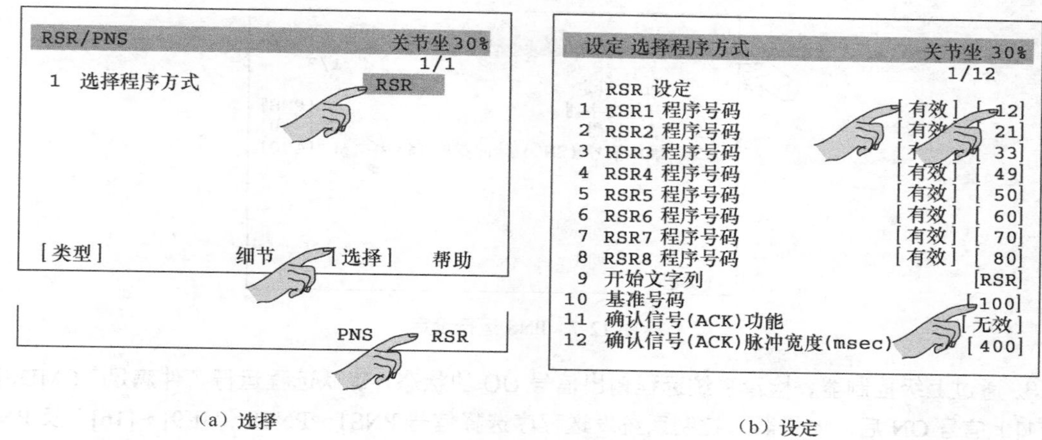

（a）选择　　（b）设定

图 12-6　RSR 运行设定

② 上级控制器检查系统远程输出信号 UO 的状态，确认远程运行条件满足、CMDENBL（UO[1]）信号 ON 后，向机器人控制系统发送 RSR 运行信号 RSR1～RSR8（UI[9] ～[16]）。

③ 机器人控制系统接收 RSR1～RSR8 信号后，在 32ms 内输出应答脉冲 ACK1～ACK8（UO[11]～[18]）。上级控制器接收到 ACK1～ACK8 后，撤销 RSR1～RSR8 信号、完成 RSR 程序启动或预约过程。

④ 如果机器人控制系统没有处于执行或暂停的其他程序，可在 ACK1～ACK8 信号输出后 35ms 内启动 RSR 程序运行，并输出 RSR 运行信号 PROGRUN。

⑤ RSR 运行过程中，上级控制器可通过 UI 信号*HOLD（UI[2]，进给保持）、START（UI[6]，循环启动），暂停、重启 RSR 程序运行。或者，通过 UI 信号 CSTOPI（UI[4]，循环停止）强制结束 RSR 运行、退出程序，并清除 RSR 程序预约。若上级控制器将 UI 信号*IMSTP（UI[1]，急停）、*SFSPD（UI[3]，安全门关闭）置 OFF 状态，机器人控制系统将急停，并强制结束 RSR 运行、清除程序预约。

有关 RSR 运行的 UI、UO 信号时序要求详见第 10 章。

5. PNS 运行操作

FANUC 机器人的 PNS 运行是利用远程输入信号 PNS1～PNS8（UI[9]～UI[16]，程序号选择）、PNSTROBE（UI[17]，程序选通）选择程序，PROD_START（UI[18]，程序启动）信号启动程序自动运行的操作，系统可选择的程序数最多为 255 个。

PNS 运行在 RSR1～RSR8 信号全部设定为"无效(DISABLE)"时自动生效，此时，信号 UI[9]～UI[16]自动成为程序号选择信号 PNS1～PNS8。PNS 运行不具备预约启动功能，若 PROD_START 输入时，系统有其他程序正在执行或暂停中，PROD_START 信号将被忽略。

FANUC 机器人的 PNS 运行的操作步骤如下。

① 利用机器人设定操作(参见第 10 章)，将图 12-6 所示的机器人设定(SETUP)类型选项"选择程序(RSR/PNS)"选项中的"选择程序方式(Program select mode)"设定为"PNS"、RSR 运行设定页面的 RSR1～8 信号功能设定为"无效(DISABLE)"。

② 在图 12-7 所示的 PNS 运行设定页面，完成基准程序号、应答信号的设定，完成后，重启系统生效 PNS 设定。

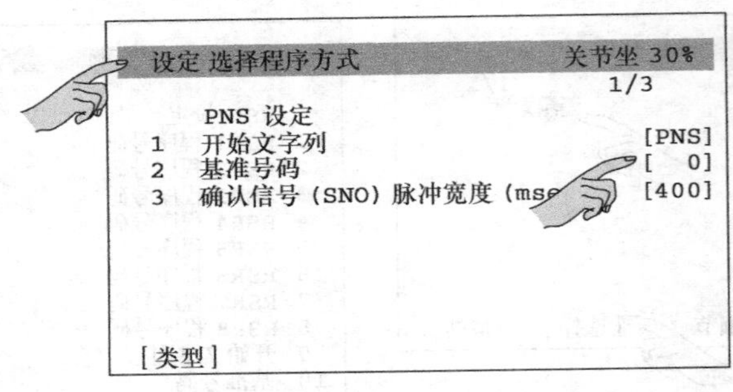

图 12-7 PNS 运行设定

③ 通过上级控制器，检查系统远程输出信号 UO 的状态，确认远程运行条件满足、CMDENBL(UO[1])信号 ON 后，向机器人控制系统发送程序选择信号 PNS1～PNS8(UI[9]～[16])及 PNS 选通信号 PNSTROBE(UI[17])。

④ 机器人控制系统在接收选通信号 PNSTROBE 后，在 30ms 内启动 PNS1～PNS8 信号读入操作。信号读入时间大约需要 130ms。

⑤ 机器人控制系统完成 PNS1～PNS8 信号读入操作后，输出 PNS 接收完成应答信号 SNACK(UO[19])，并通过 SNO1～SNO8(UO[11]～[18])信号，向上级控制器返回当前生效的 PNS 程序号。

⑥ 上级控制器接收 SNACK 信号后，通常需要进行 PNS1～PNS8 信号与 SNO1～SNO8 信号的比较，确定两者一致后，向机器人控制系统发送 PNS 程序自动运行启动信号 PROD_ START(UI[18])。

⑦ 机器人控制系统在接收到 PROD_START 信号后，若没有其他程序处于执行或暂停状态，可在 35ms 内启动 PNS 程序自动运行，并输出 PNS 运行信号 PROGRUN(UO[3])，若控制系统有其他程序在执行或暂停中，PROD_START 将被忽略。

⑧ PNS 运行过程中，若上级控制器继续发送其他 PNS、PNSTROBE 信号，这些信号将自动被忽略。但是，上级控制器可通过 UI 信号*HOLD(UI[2]，进给保持)、START(UI[6]，循环启动)，暂停、重启机器人的 PNS 程序运行，或者，通过 UI 信号 CSTOPI(UI[4]，循环停止)强制结束 PNS 运行、退出程序。

若上级控制器将 UI 信号*IMSTP(UI[1]，急停)、*SFSPD(UI[3]，安全门关闭)置 OFF 状态，控制系统将紧急分断、机器人急停，PNS 运行强制结束。

有关 PNS 运行的 UI、UO 信号时序要求详见第 10 章。

12.2 程序运行停止与重启

12.2.1 程序暂停、结束与急停

机器人程序自动运行的停止方式有程序暂停、程序结束、急停及系统报警停止等。系统报警停止时，控制系统将根据报警的严重程度，自动选择程序继续执行、暂停、强制结束或急停，有关内容详见后述。程序暂停、程序结束、急停，属于机器人的常规操作，其操作及系统处理过程如下。

1．程序暂停及设定

程序暂停是程序自动运行过程的暂时中断，机器人将暂时停止运动。程序暂停时，控制系统可保留主、子程序的全部执行状态信息，所有运动轴利用正常的加减速停止运动。程序暂停可直接通过重启操作继续运行。

FANUC 机器人程序暂停的操作方法有以下几种。

① 按图 12-8（a）所示的示教器上的进给保持键【HOLD】。

② 将控制系统远程输入信号*HOLD（UI[2]，进给保持）置 OFF 状态。

③ 程序单步试运行动作执行完成，系统自动进入暂停状态。或者，程序执行时（单步或连续）时，松开示教器【SHIFT】键或手握开关（Deadman 开关），使系统进入自动运行暂停状态。

程序自动运行暂停时，示教器右上角可显示图 12-8（b）所示的“暂停（PAUSED）”指示，示教器的 LED 指示灯 HOLD 亮。

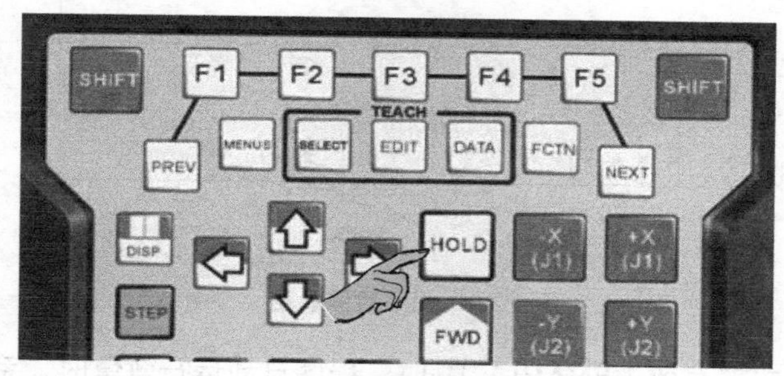

（a）操作

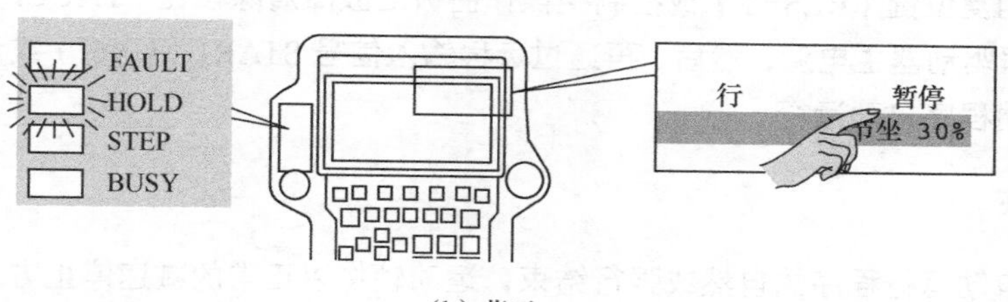

（b）指示

图 12-8　程序暂停操作与指示

程序自动运行暂停后，如果未进行其他的操作，可根据机器人的不同操作模式，直接通过以下方法重启，继续程序自动运行。

自动操作模式（AUTO）：程序本地或远程自动运行暂停时，可在远程输入信号*HOLD（UI[2]，进给保持）恢复 ON 后，通过远程输入信号 START（UI[6]，循环启动）的 ON/OFF，利用 START 信号的下降沿重新启动、继续程序自动运行。

示教操作模式（T1 或 T2）：程序试运行暂停时，可握住手握开关（Deadman 开关），同时按“【SHIFT】+【FWD】”组合键（程序单步前进或连续）或“【SHIFT】+【BWD】”组合键（程序单步后退），继续程序试运行。

在通常情况下，程序自动运行暂停时，伺服驱动器的主电源保持接通，运动轴处于伺服锁定状态，机器人可通过伺服驱动系统的闭环位置调节功能，保持停止位置的不变。但是，如果需要，操作者也可通过机器人设定操作（见第 10 章），将图 12-9 所示的机器人设定（SETUP）类型选项“General（一般事项）”中的“暂停时伺服”设定项，设定为“有效（ENABLE）”，使系统在自动运行暂停时，切断伺服驱动器主电源。

需要注意的是：伺服驱动器主电源一旦断开，驱动电机将失去动力，运动轴无法通过闭环位置调节功能，保持停止位置不变。在这种情况下，无电机内置或外置机械制动器的运动轴，可能会因外力（如重力）的作用产生自落，因此，进行“暂停时伺服”设定时，需要确认运动轴的制动器安装，在确保机器人安全时，才能将其设定为“有效（ENABLE）”。

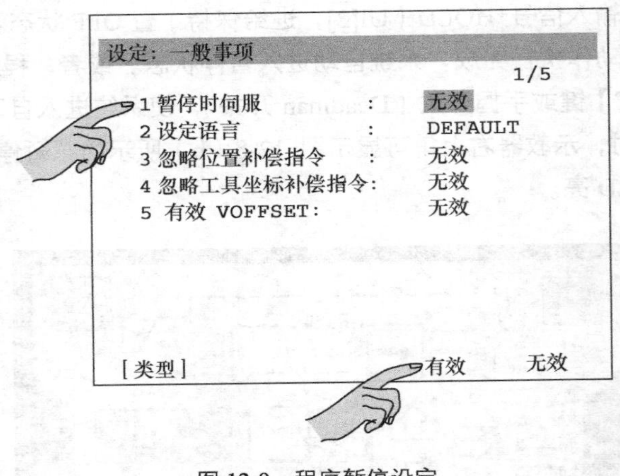

图 12-9 程序暂停设定

“暂停时伺服”设定为“有效（ENABLE）”时，程序自动运行暂停时，系统将产生伺服驱动器主电源断开报警，示教器及控制柜操作面板上的报警指示灯“FAULT”亮。程序重新启动时，首先需要利用示教器的复位键【RESET】或控制柜操作面板上故障清除按钮“FAULT RESET”，清除报警、重新接通伺服驱动器主电源，然后，再通过远程输入信号 START（UI[6]）或示教器的试运行启动操作，重新启动程序自动运行。

2. 程序结束

程序结束是自动运行程序的自然或强行结束，运动轴将以正常的减速停止方式停止运动。程序结束时，控制系统将清除主程序及子程序的全部执行状态信息及 RSR 预约程序，退出运行程序。程序重启时，必须重新选择程序、重启程序自动运行。

FANUC 机器人的程序自然结束，可通过执行 END 指令实现。程序强行结束的操作方法有以下几种。

① 按图 12-10（a）所示的示教器上的示教器功能菜单【FCTN】，选择操作选项“ABORT（程序结束）”，按【ENTER】键确认。

② 在控制系统远程输入信号 CSTOPI（UI[4]，循环停止）上，输入循环停止信号。

程序结束时，控制系统将清除主程序及子程序的全部执行状态信息、退出当前程序，并清除远程运行的 RSR1～8 预约启动程序、PNS1～PNS8 选择程序，示教器右上角可显示图 12-10（b）所示的“结束（ABORTED）”指示。

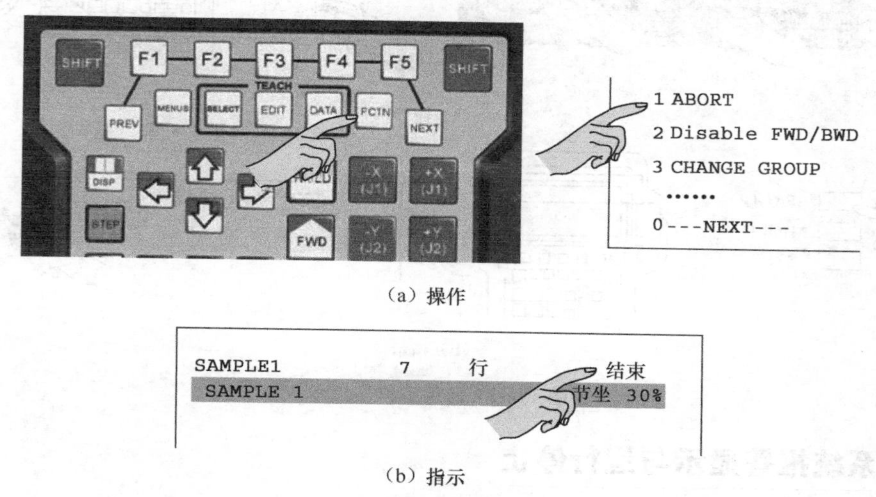

（a）操作

（b）指示

图 12-10　程序结束操作与指示

程序结束后，可根据机器人的不同操作模式，通过以下方法重启程序自动运行。

示教操作模式（T1 或 T2）：程序试运行结束时，需要重新选择程序或从原程序的起始行（默认），利用“【SHIFT】+【FWD】”组合键重启程序试运行。

自动操作模式：本地运行结束时，需要重新选择程序或从原程序的起始行（默认），利用控制柜操作面板的循环启动按钮，重启程序自动运行。远程运行结束时，RSR1～8 指定的预约启动程序、PNS1～PNS8 选择的程序均将被清除，程序自动运行需要通过重新进行 RSR/PNS 运行的程序选择、启动操作。

3. 急停

急停是程序自动运行出现异常情况时的紧急停止。控制系统急停时，程序自动运行将进入暂停状态，所有运动轴将以驱动器最大输出电流制动、迅速停止运动，驱动器主电源被强制断开。系统急停需要通过复位急停按钮、重新接通伺服主电源、清除伺服报警后，重新启动程序自动运行。

FANUC 机器人的急停可通过操作图 12-11（a）所示的示教器、控制柜操作面板或其他任何操作部位的急停按钮实现，此外，也可通过断开系统远程输入信号*IMSTP（UI[1]，急停）或*SFSPD（UI[3]，安全门关闭）实现。急停按钮具有自保持功能，需要旋转按钮才能复位。

系统急停时，图 12-11（b）所示的示教器与控制柜操作面板上的报警指示灯“FAULT”亮，同时，在示教器上显示“SRVO-002 教示盒紧急停止键（Teach pendant E-stop）”或“SRVO-001 操作面板紧急停止键（Operator panel E-stop）”伺服报警信息，显示页的右上角显示“暂停（PAUSED）”标记。

机器人急停时，程序自动运行将被暂停，系统同样可保留主程序、子程序的全部执行状态信息。

但是，自动运行的重启，需要先复位急停按钮、重新接通驱动器主电源，并通过示教器的复位键【RESET】或控制柜操作面板上故障清除按钮“FAULT RESET”清除报警、使报警指示灯“FAULT”灭后，才能通过前述的程序暂停重启操作，重启程序自动运行。

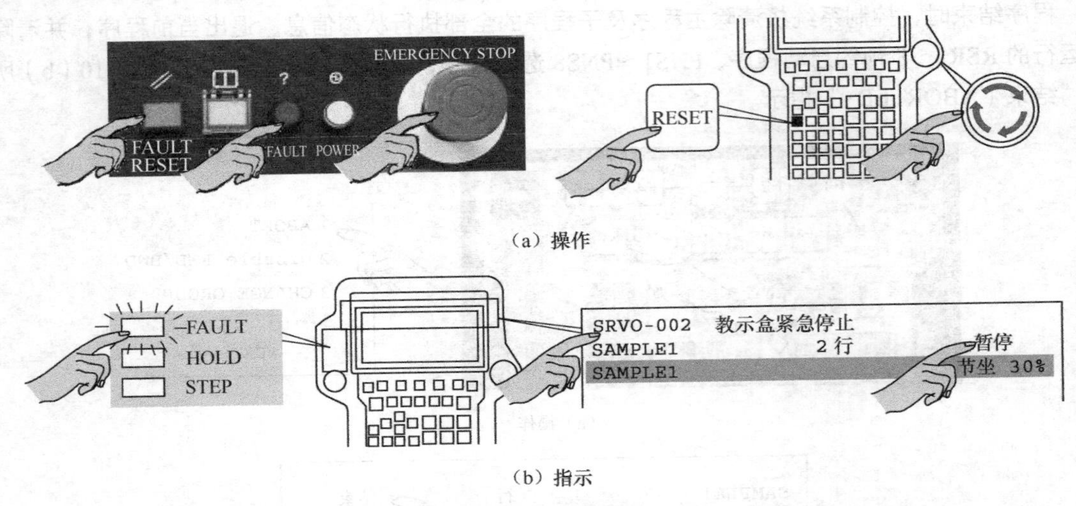

图 12-11 急停操作与指示

12.2.2 系统报警显示与运行停止

1. 报警显示

当控制系统软硬件故障或程序、操作错误，或者，因系统远程输入信号*IMSTP（急停，UI[1]）、*SFSPD（安全门关闭，UI[2]）断开等原因，导致驱动器主电源被断开时，控制系统将发生报警，图 12-12 所示的示教器、控制柜操作面板上的报警指示灯“FAULT”亮，示教器的第 1、2 行将显示报警名称、报警代码与故障原因。

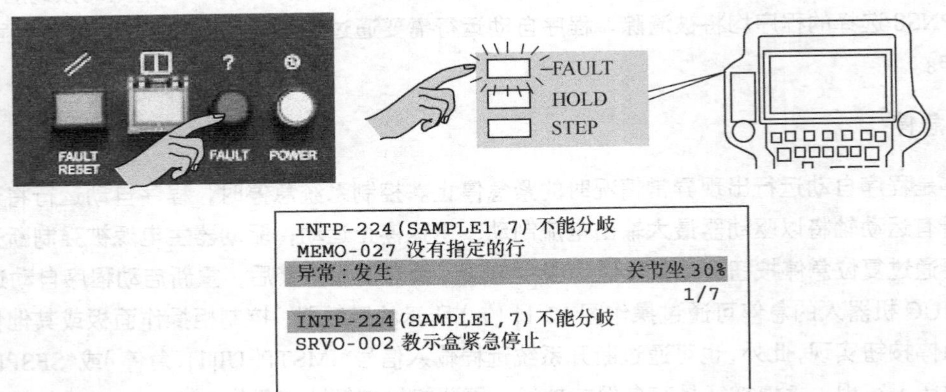

图 12-12 报警指示灯

控制系统报警时，程序自动运行将立即中断，同时，系统根据报警重要度，使程序自动运行进入程序暂停、急停或强制结束状态，并对驱动器主电源进行必要的通断处理。

FANUC 机器人的报警重要度，可通过“报警履历”的细节显示页面查看，其操作步骤如下。

① 按示教器操作菜单键【MENU】，光标选择“异常履历（ALARM）”，按【ENTER】确认，

示教器可显示图 12-13（a）所示的报警履历选择页面。

② 按软功能键〖履历（HIST）〗，示教器可显示图 12-13（b）所示的报警履历显示页面。

③ 光标选定对应的报警序号，按软功能键〖细节（DETAIL）〗，示教器可显示图 12-14 所示的指定报警的详细显示页面，并在“细节异常”栏依次显示如下内容。

报警名称：如程序跳转出错时的“INTP-224（SAMPLE1,7）不能分歧”等。

报警代码与原因：如程序跳转出错时的“MEMO-027 没有指定的行”等。

报警时间：例如“12-6-1　12:26”等。

报警重要度：例如“STOP.L　00000110”等。

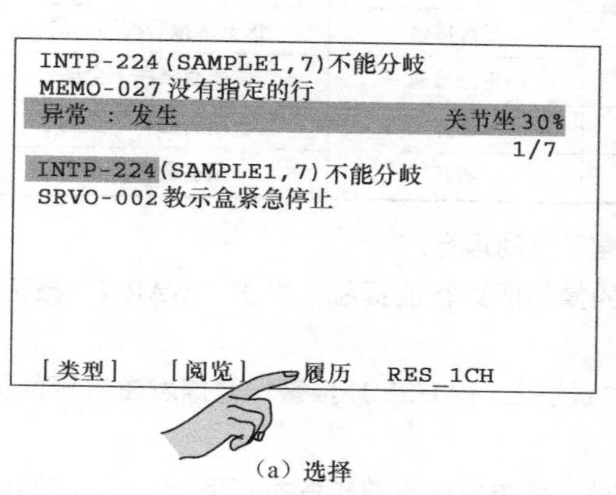

（a）选择

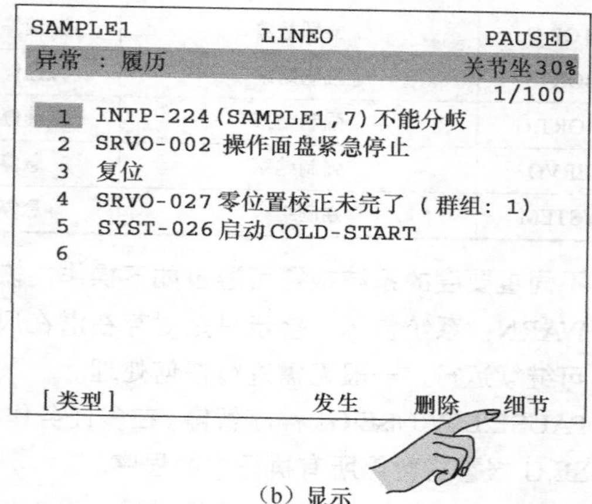

（b）显示

图 12-13　报警履历显示

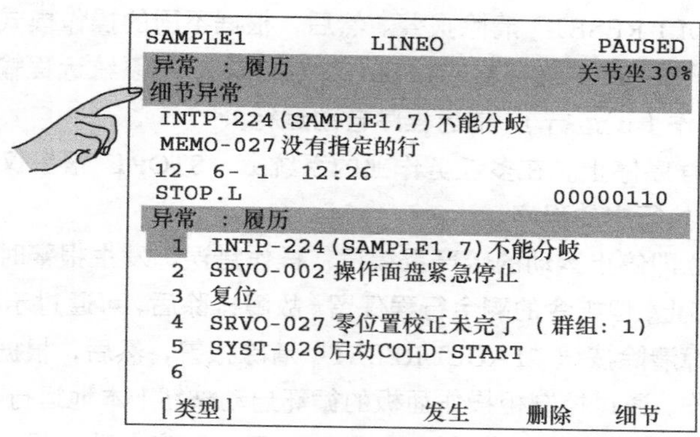

图 12-14　报警细节显示

显示页的软功能键〖删除（CLEAR）〗，用于报警履历删除操作，按住示教器的【SHIFT】键，同时按软功能键〖删除（CLEAR）〗，可删除报警履历。按软功能键〖发生〗，可返回报警履历显示页面。

2. 报警重要度及处理

FANUC 机器人的报警重要度包括系统警示 WARN、暂停 PAUSE.L（LOCAL，局部）/PAUSE.G（GLOBAL，全局）、停止 STOP.L（LOCAL，局部）/STOP.G（GLOBAL，全局）、中断 ABORT.L（LOCAL，局部）/ABORT.G（GLOBAL，全局）、伺服主电源断开 SERVO/ SERVO2、系统出错 SYSTEM 几类。

报警发生时，控制系统将根据重要度，对程序自动运行进行表 12-1 所示的处理。

表 12-1 系统报警的程序自动运行处理

重要度	报警处理			
	程序运行	轴运动	驱动器主电源	处理对象
WARN	正常执行	正常运动	正常接通	
PAUSE.L	当前指令执行完成后暂停	到位停止	正常接通	仅发生报警程序（局部）
PAUSE.G	当前指令执行完成后暂停	到位停止	正常接通	所有程序（全局）
STOP.L	立即暂停	减速停止	正常接通	仅发生报警程序（局部）
STOP.G	立即暂停	减速停止	正常接通	所有程序（全局）
ABORT.L	强制结束	减速停止	正常接通	仅发生报警程序（局部）
ABORT.G	强制结束	减速停止	正常接通	所有程序（全局）
SERVO	强制结束	急停	断开	所有程序（全局）
SYSTEM	强制结束	急停	断开	所有程序（全局）

不同重要度的系统报警可通过如下操作，恢复程序自动运行。

WARN：系统警示。警示只是对存在潜在风险的操作所进行的提醒，发生“WARN”报警时，程序可继续运行，一般无需进行任何处理。

PAUSE.L/PAUSE.G：程序暂停。在多任务作业的系统上，PAUSE.L 报警仅暂停发生报警的程序，PAUSE.G 报警将暂停所有执行中的程序。

程序暂停属于普通编程、操作错误，发生报警时，系统将在当前指令执行完成、运动轴到位停止后，使程序运行进入暂停状态。故障排除后，可通过示教器的复位键【RESET】或控制柜操作面板上故障清除按钮“FAULT RESET”清除报警。然后，根据不同的操作模式，利用前述程序暂停同样的操作，通过控制柜操作面板的循环启动按钮（本地运行），或系统远程输入信号 START（UI[6]，远程运行），或示教器操作（试运行），重启程序自动运行。

STOP.L/ STOP.G：程序停止。在多任务作业的系统上，STOP.L 报警仅停止发生报警的程序，STOP.G 报警将停止所有执行中的程序。

程序停止属于需要立即停止运动的较严重编程、操作错误，发生报警时，系统将立即进入程序暂停状态、运动轴减速停止，但指令的剩余行程保留。故障排除后，可通过示教器的复位键【RESET】或控制柜操作面板上故障清除按钮“FAULT RESET”清除报警，然后，根据不同的操作模式，利用前述程序暂停同样的操作，通过控制柜操作面板的循环启动按钮（本地运行），或系统远程输入信号 START（UI[6]，远程运行），或示教器操作（试运行），重启程序自动运行、继续执行原指令及后续的其他指令。

ABORT.L/ABORT.G：程序结束。在多任务作业的系统上，ABORT.L 报警仅结束发生报警的程序，STOP.G 报警将结束所有执行中的程序。

程序结束属于严重故障，发生报警时，控制系统将进入程序强制结束状态，机器人运动减速停止。故障排除后，可通过示教器的复位键【RESET】或控制柜操作面板上故障清除按钮“FAULT RESET”清除报警，然后，根据不同的操作模式，利用前述程序结束同样的操作，重新选择程序、重新启动程序自动运行。

SERVO：伺服报警。伺服报警属于需要紧急停止机器人运动，并断开驱动器主电源、切断机器人动力的重大故障或急停操作，报警原因有急停、驱动器过电流、电机过载、机器人运动干涉或伺服驱动系统其他软硬件故障等。发生伺服报警时，程序自动运行将强制结束，运动轴紧急停止、驱动器主电源断开。故障排除后，需要通过示教器的复位键【RESET】或控制柜操作面板上故障清除按钮“FAULT RESET”清除报警，然后，根据不同的操作模式，利用前述程序结束同样的操作，重新选择程序、重新启动程序自动运行。

SYSTEM：系统报警。系统报警属于控制系统软硬件重大故障，发生报警时，程序自动运行将强制结束，运动轴紧急停止、驱动器主电源断开。故障排除后，需要重启控制系统清除报警，然后，根据不同的操作模式，利用前述程序结束同样的操作，重新选择程序、重新启动程序自动运行。

12.2.3 程序暂停的检查与重启

1．程序执行记录

程序自动运行暂停后，如果未进行影响系统程序执行信息的操作，可通过程序执行历史记录的检查，确定程序的重启位置、继续执行原程序。但是，如果程序暂停期间，进行了如下操作，系统的程序执行信息将被清除，程序自动运行需要从主程序的起始行开始，重新启动运行。

① 执行了功能菜单【FCTN】中的“ABORT（程序结束）”操作，或者，输入了远程控制信号CSTOPI（UI[4]，循环停止），强制结束了程序自动运行。

② 示教操作模式程序试运行暂停期间，将示教器的 TP 开关切换到了“OFF”位置，或者，进行了程序创建、示教、编辑等操作。

③ 在自动操作模式程序暂停期间，进行了系统设定操作（见第 11 章），系统参数$RMT_MASTER，或者，系统常用设定项“设定控制方式（Remote/Local setup）”“UOP：外部控制信号（ENABLE UI SIGNAL）”等的设定值被更改。

进行程序自动运行暂停重启时，可通过如下系统监控操作，检查程序执行记录、确定程序重启的位置。

① 按示教器操作菜单键【MENU】，光标选择“NEXT（下个）”，按【ENTER】键，显示扩展操作菜单。

② 光标选择“状态（STATUS）”，按【ENTER】确认，示教器可显示控制系统状态显示页面。

③ 按软功能键〖类型（TYPE）〗，并选择“执行历史记录（Exec-hist）”选项，示教器可显示图 12-15 所示的程序执行记录，并显示如下内容。

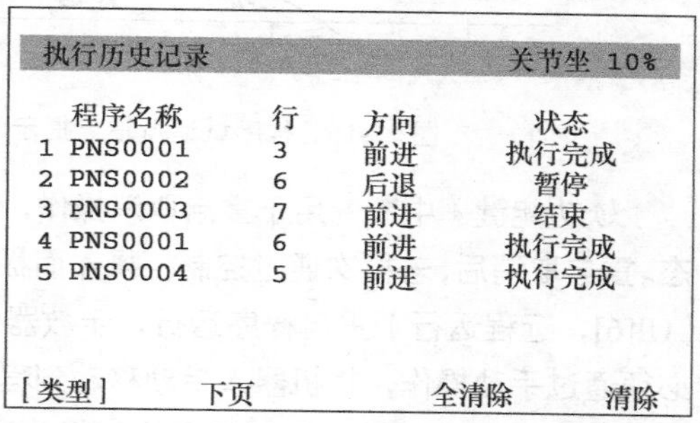

执行历史记录　　关节坐 10%

	程序名称	行	方向	状态
1	PNS0001	3	前进	执行完成
2	PNS0002	6	后退	暂停
3	PNS0003	7	前进	结束
4	PNS0001	6	前进	执行完成
5	PNS0004	5	前进	执行完成

[类型]　下页　全清除　清除

图 12-15　程序执行信息显示

程序名称（Program name）：控制系统已执行的程序名称。

行（Line）：程序暂停、结束或已执行的指令行号。

方向（Dirc）：程序执行方向，前进（FWD）为程序前进，后退（BWD）为程序后退。

状态（Stat）：程序执行状态，“暂停（Paused）”为程序暂停，“结束（Aborted）”为程序结束，“执行完成（Done）”为程序执行完成。

显示页的软功能键〖清除（CLEAR）〗，用于执行历史记录清除，按住示教器【SHIFT】键的同时，按软功能键〖清除（CLEAR）〗，可清除执行历史记录。

软功能键〖下页（NEXT）〗、〖全清除（ALLCLEAR）〗仅在控制系统执行多任务时显示，按〖下页（NEXT）〗，可显示其他任务的执行历史记录。当所有任务执行状态都为“结束（Aborted）”时，若按住示教器的【SHIFT】键的同时，按软功能键〖全清除（ALLCLEAR）〗，可清除全部执行历史记录。

2. 程序暂停重启

程序执行历史记录状态显示为“暂停（Paused）”的程序，可通过如下操作，重新启动、继续自动运行。

① 利用程序执行历史记录显示，确定自动运行状态及停止位置。

② 通过示教器的程序选择键【SELECT】，显示程序一览表页面。然后，光标选定需要继续执行的程序，按【ENTER】键确认，使示教器显示重启程序的编辑页面。

③ 调节光标到需要程序暂停的上一指令行，选定程序重启位置。

④ 根据不同的操作模式，通过控制柜操作面板的循环启动按钮（本地运行），或系统远程输入信号 START（UI[6]，远程运行），或示教器操作（试运行），重启程序自动运行。若光标选定的程序重启指令行与实际程序暂停的位置不一致，控制系统将进行如下处理。

在示教模式程序试运行时，示教器将显示图 12-16 所示的操作提示信息。

按软功能键〖是(YES)〗，系统将从光标选定行开始继续程序自动运行；按软功能键〖不是(NO)〗，光标将回到实际程序暂停的指令行，继续程序自动运行。

在自动模式进行本地或远程自动运行时，若机器人的重启位置与暂停位置的误差，超过了控制系统设定的允许误差（见下述），示教器将显示图 12-17 所示的警示信息、阻止程序重启操作。

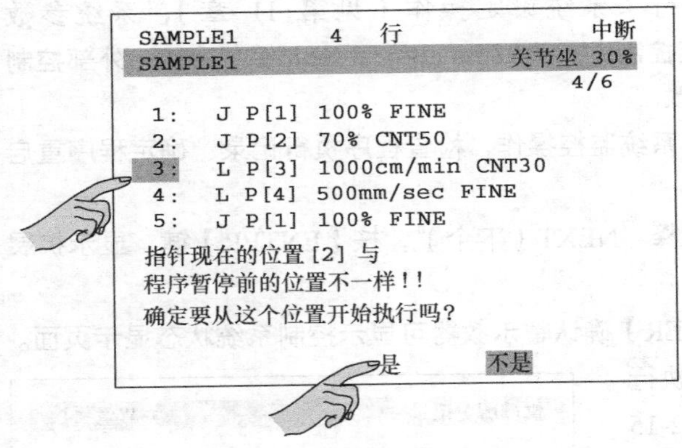

图 12-16 程序试运行重启提示

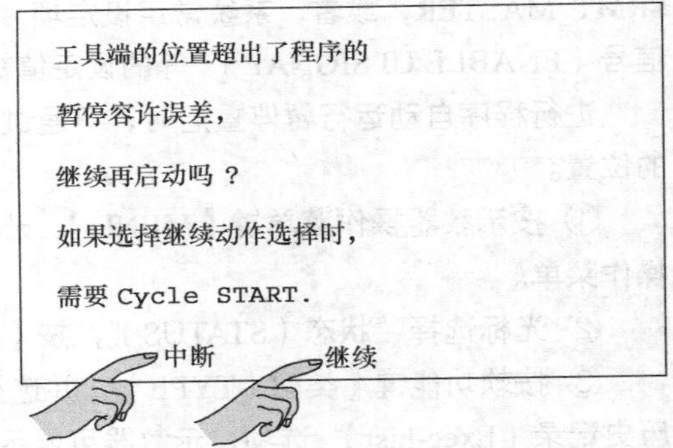

图 12-17 程序自动运行重启警示

软功能键〖中断〗用于重启取消操作，按此键可取消程序重启警示、控制系统将保持程序暂停状态。重启取消后，若再次通过控制柜操作面板的循环启动按钮(本地运行)，或系统远程输入信号 START（UI[6]，远程运行）重启程序运行，示教器仍将显示警示信息、阻止程序重启操作。在这种情况下，必须通过手动操作，将机器人手动移动到程序暂停位置允差范围，才能重启程序的自动运行。

软功能键〖继续〗用于重启执行操作，按此键可取消程序重启警示，但控制系统将保持程序暂停状态。然而，如果再次通过控制柜操作面板的循环启动按钮（本地运行），或系统远程输入信号 START（UI[6]，远程运行）重启程序运行，系统将重新启动程序自动运行。

3. 自动运行重启允差设定

在配置有相关软件的 FANUC 机器人上，自动模式下的程序暂停重启，可通过机器人设定

（SETUP）中的类型选项“再继续动作位置”，通过如下操作，设定程序暂停重启的位置允差。

① 按操作菜单键【MENU】，光标选择“设定（SETUP）”，按【ENTER】键确认，示教器可显示机器人设定基本页面。

② 按软功能键〖类型（TYPE）〗，示教器可显示机器人设定内容选择项。光标选择“—NEXT—”，按【ENTER】键显示扩展选项。

③ 光标选定扩展选项“再继续动作位置”，按【ENTER】键选定，示教器可显示图 12-18 所示的程序自动运行暂停重启允差的显示、设定页面，并进行如下设定。

```
设定 再继续动作位置

  1. 群组                    : 1
  2. 容许值检查有效          : 有效
  3. 距离容许值(mm)          [ 250.0]
  4. 姿势容许值(deg)         [ 20.0]

  关节容许值
  5. 回转轴(deg)             [ 20.0]
  6. 直进轴(mm)              [ 250.0]

[类型]
```

图 12-18　程序重启允差设定

群组：运动组选择。在多运动组机器人上，只要有一个运动组的重启允差超过，程序重启时，控制系统便将显示图 12-17 所示的警示信息、阻止程序重启操作。

容许值检查有效：光标选定后，若选择软功能键设定“无效”，将取消自动运行重启允差检查功能。

距离容许值（mm）：机器人 TCP 允许误差设定，单位 mm。

姿势容许值（deg）：机器人、工具姿态允许误差设定，单位 deg。

关节容许值/回转轴（deg）：回转轴的关节位置允许误差设定，单位 deg。

关节容许值/直进轴（mm）：直线运动轴的位置允许误差设定，单位 mm。

以上设定中的任一允差超过，程序暂停重启时，均将显示图 12-17 所示的警示信息、阻止程序重启操作。

④ 光标选定设定项，用数字键、软功能键、【ENTER】键完成重启允差的设定。

FANUC 机器人的重启允差，可通过下述的停止点返回（原始途径再继续）、轨迹恒定重启功能消除。

12.2.4　停止点返回与原轨迹重启

当程序自动执行机器人移动指令时，如果出现急停、安全门打开、伺服报警等故障，使得程序自动运行暂停时，机器人运动将紧急停止并切断驱动器主电源，使驱动电机失去动力，此时，机器人有可能因重力作用、机械制动器动作等原因，偏离原指令轨迹。此外，如果在程序自动运行暂停期间，操作者对机器人进行手动操作（JOG 运动），同样可能导致程序重启时，机器人 TCP 位置、工具姿态与程序暂停时不一致，从而使得控制系统产生重启允差超过报警，阻止程序重启操作。为此，FANUC 机器人控制系统可选择停止点返回（原始途径再继续）、原轨迹重启（轨迹恒定再继续）功能，自动恢复程序暂停点、指令轨迹，重启程序自动运行。

1. 停止点返回重启

停止点返回重启是控制机器人自动返回程序暂停时的机器人运动停止点、重启程序运行的功能，在 FANUC 机器人说明书上又称“原始途径再继续”。

例如，假设自动运行程序段的指令如下：

```
……
J  P[1]  50%  FINE
```

```
L  P[2]  200mm/sec  CNT100
L  P[3]  300cm/min  CNT100
L  P[4]  5sec  CNT100
……
```

如果程序在执行指令“L P[3] 300cm/min CNT100”、机器人 TCP 由图 12-19 所示的连续直线插补轨迹运动到 P 点（停止点）时被暂停，并且在程序暂停期间，插入了机器人手动操作（JOG 运动），或者，因急停、安全门打开、伺服报警等原因，使得程序暂停重启时，机器人 TCP 处于 P’点（重启点）。此时，可通过以下 2 种方式重启程序运行。

① 返回停止点重启（原始途径再继续）功能无效。从指令“L P[3] 300cm/min CNT100”开始重启程序时，机器人 TCP 将以重启点 P’为起点、以移动指令的目标位置 P[3]为终点，执行 P’→P[3]→P[4]的连续直线插补轨迹运动，其运动轨迹如图 12-19（a）所示。

② 返回停止点重启（原始途径再继续）功能有效。从指令“L P[3] 300cm/min CNT100”开始重启程序时，机器人 TCP 将首先进行重启点 P′ 到停止点 P 的返回运动。然后，以停止点 P 为起点、以移动指令的目标位置 P[3]为终点，进行 P→P[3] →P[4]的连续直线插补轨迹运动，其运动轨迹如图 12-19（b）所示。

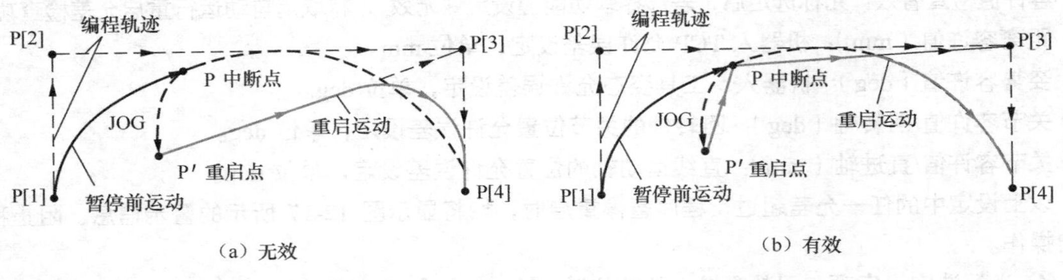

图 12-19　返回停止点重启

FANUC 机器人的返回停止点重启（原始途径再继续）功能需要设定如下系统参数。

$SCR_$ORG_PTH_RSM：返回停止点重启功能选择，设定“TRUE（有效）”，系统执行停止点返回运动，设定“FALSE（无效）”，返回停止点功能无效。

$MCR_GROUP[group].$RSM_ MOTYPE：返回停止点插补方式选择，设定“1”为关节插补，设定“2”为直线插补，设定“3”时，插补方式、移动速度由重启指令决定。

$MCR_GROUP[group].$RSM_ SPEED：返回停止点速度设定，单位 mm/sec（直线插补返回）或%（关节插补返回）。

$MCR_GROUP[group].$RSM_ ORIENT：返回停止点工具姿态调整，设定“1”恢复工具姿态，设定“3”仅恢复机器人 TCP 位置。

2. 原轨迹重启

利用返回停止点重启（原始途径再继续）功能，重启程序自动运行时，机器人可自动返回停止点 P，并以停止点作为起点、以移动指令的目标位置为终点，重启机器人移动。但是，由于程序重启位置（停止点 P）与移动指令的起点不在同一点，因此，对于连续移动指令，重启运动轨迹与原移动指令轨迹仍存在一定偏移，指令的 CNT 值越大、停止点 P 距终点越近，轨迹偏移也就越大。为此，在 FANUC 机器人上，还可以通过轨迹恒定重启功能，进一步减小重启轨迹误差。

原轨迹重启在 FANUC 机器人上称为“轨迹恒定再继续”，功能生效时，机器人可以通过重启点偏移（再继续偏移）的设定，使机器人 TCP 首先移动到图 12-20 所示的位于中断点 P 以前原指令轨迹的偏移点 P 上，重启机器人移动，从而使得重启运动轨迹与原移动指令轨迹保持一致。

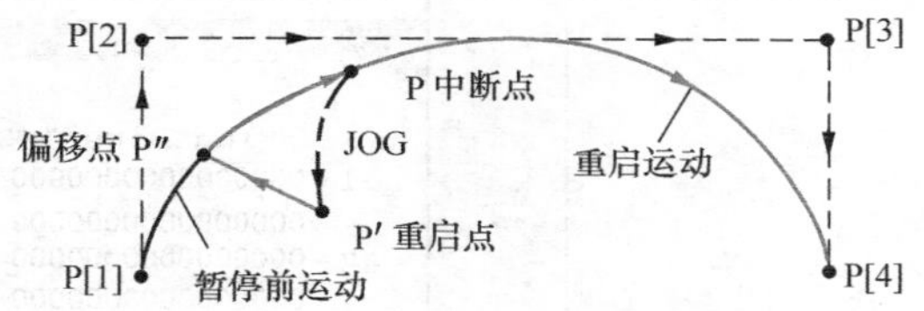

图 12-20　轨迹恒定重启

FANUC 机器人的轨迹恒定重启（轨迹恒定再继续）功能需要设定如下系统参数。

$CPCFG. $RESUME_OFST. $RO_ENABLE：轨迹恒定重启功能选择，设定“TRUE（有效）”，系统执行轨迹恒定重启运动，设定“FALSE（无效）”，轨迹恒定重启功能无效。

$MCR_GROUP[group].$RSM_ OFFSET：轨迹恒定重启偏移距离（长度），重启偏移点离中断点的距离值，单位 mm。当停止点距指令起点的距离小于重启偏移距离时，设定值无效，直接从指令起点重启机器人运动。

$MOR_GROUP[group].$OGDST_ RATIO：轨迹恒定重启偏移距离（比例），以指令轨迹长度百分比设定的重启偏移点离中断点距离，单位%。设定 100%时，直接从指令起点重启机器人运动。

12.3　控制系统监控

12.3.1　系统配置及存储器检查

1．系统监控操作

FANUC 机器人控制系统的状态监控功能可用于系统软件版本、存储器状态、程序定时器、安全信号、运行时间、程序执行情况以及伺服运行状态等的显示与检查。状态监控的基本操作步骤如下。

① 接通控制柜的电源总开关，启动控制系统。将控制面板的操作模式选择开关置示教模式 1（T1 或 T2），并将示教器的 TP 有效开关置 “ON” 位置（通常情况）。

② 按操作菜单键【MENU】，光标选择“0 —NEXT—”，按【ENTER】键确认，示教器可显示图 12-21（a）所示的扩展操作菜单。光标选定操作菜单“状态（STATUS）”，按【ENTER】键确认，示教器可显示图 12-21（b）所示的系统监控基本页面。

③ 按软功能键〖类型（TYPE）〗，示教器可显示如下系统监控类型选项。

轴：可进行驱动器报警信号、编码器报警信号、系统跟随误差、电机输出转矩（电流）、转矩波动等状态的显示与监控，以及进行伺服故障诊断等操作。

软件版本：可显示系统软件版本、附加功能配置、伺服电机型号及主要参数、电机与驱动器连接等系统基本软硬件配置参数。

程序计时器：可进行系统程序计时器（Timer）的显示与设定。

运转计时器：可进行系统通电时间、伺服驱动器接通时间、系统工作时间、系统待机时间的显示、设定。

安全信号状态：可显示急停、安全门、手握开关、示教器 TP 开关、关节轴超程开关、气压检测开关等安全信号的状态。

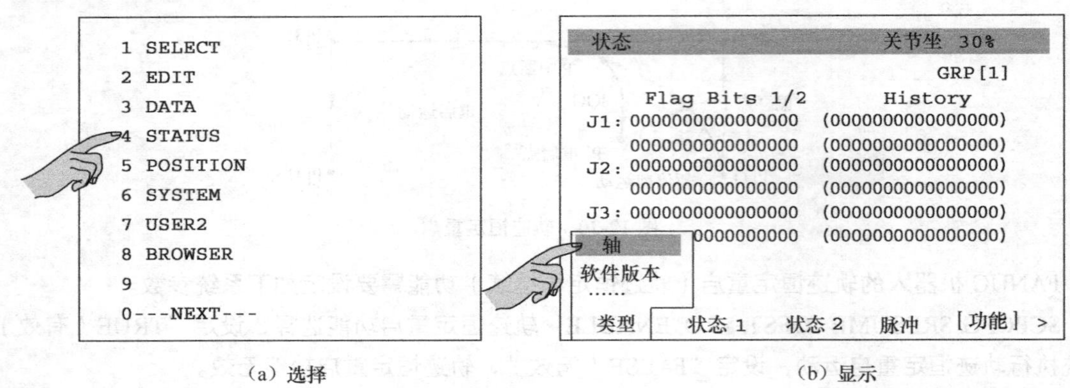

（a）选择　　（b）显示

图 12-21　系统监控显示

执行历史记录：可显示系统自动运行的程序名称、执行方式及当期执行状态等信息。

记忆体：可显示系统存储器种类、容量及已使用容量、剩余容量等基本信息。

④ 光标选定需要监控的类型选项，按【ENTER】键确认，示教器即可显示指定的系统状态监控页面，并进行相关操作。

2．系统配置检查

FANUC 机器人控制系统的软硬件配置可通过按示教器的操作菜单键【MENU】键，选择扩展操作菜单“状态（STATUS）”后，在示教器显示的图 12-22（a）所示的系统监控页面上，选定类型选项“软件版本”，按【ENTER】键显示。系统配置基本显示页如图 12-22（b）所示。

系统配置基本显示页通常就是系统的软件版本显示页，该显示页也可在其他系统配置显示页面上，按软功能键〖软件版本〗显示。

利用系统配置基本显示页的软功能键，示教器可显示如下内容。

〖软件版本〗：可显示图 12-22（b）所示的控制系统目前安装的软件名称、序列号、版本号以及控制器、驱动器的 ID 号，机器人型号等基本信息。

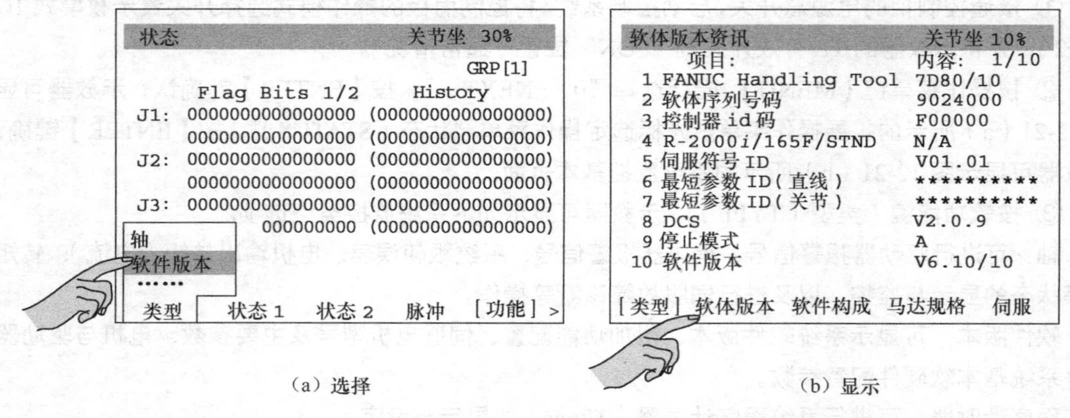

（a）选择　　（b）显示

图 12-22　系统配置检查

〖软件构成〗：可显示图 12-23 所示的控制系统附加功能软件名称、订货号。

```
软体版本资讯                          关节坐  10%
      功能:                          号码: 1/128
 1 English Dictionary                H521
 2 Multi Language (KANA)             H530
 3 FANUC Handling Tool               H542
 4 Kernel Software                   CORE
 5 Basic Software                    H510
 6 KAREL Run-Time Env                J539
 7 Robot Servo Code                  H930
 8 R-2000i/165F                      H740
 9 NOBOT                             H895
10 Analog I/O                        H550
[类型]   软体版本   软件构成   马达规格   伺服
```

图 12-23　系统附加功能软件

〖电动机规格〗。可显示图 12-24（a）所示的各关节轴伺服驱动电机的型号/额定转速（如 ACA22/2000、ACAM30/3000 等）、额定电压（无标记为 AC200V 标准电压，HV 为 AC400V 高电压）、额定电流（如 80A、40A）等配置参数，以及驱动模块安装位置序号（如 H1、H2 分别为驱动器的第 1、2 个模块等）、电机连接位置（如 DSP1-L 为第 1 个双轴驱动模块的第 1 轴、DSP1-M 为第 1 个双轴驱动模块的第 2 轴）等安装、连接参数。

〖伺服〗：按系统配置基本显示页的软功能键〖伺服〗，示教器可显示图 12-24（b）所示的各关节轴伺服驱动器的软件版本。

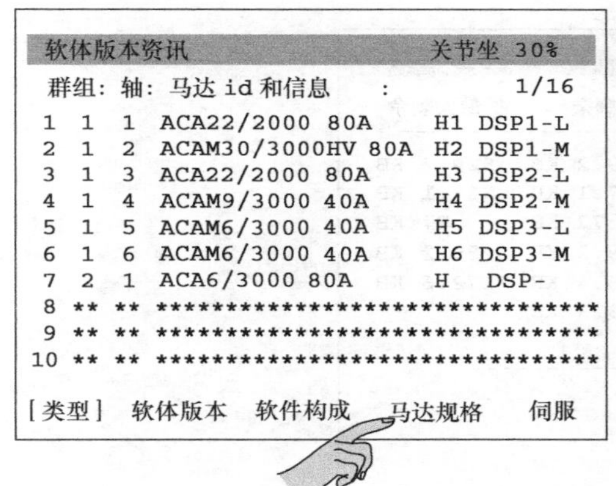

（a）电机配置

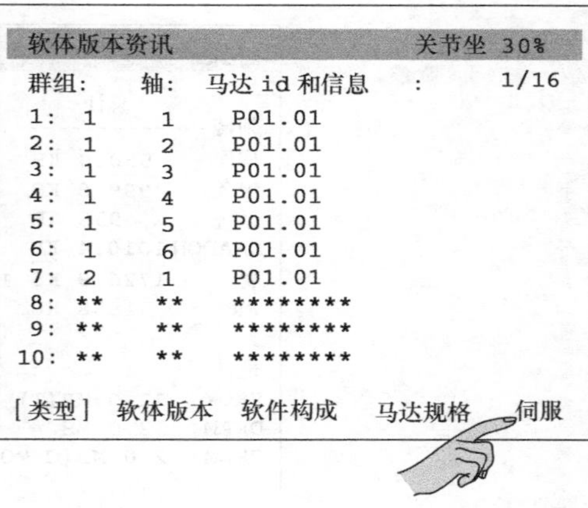

（b）软件

图 12-24　控制系统驱动器配置

3．存储器检查

FANUC 机器人控制系统的存储器可通过按示教器的操作菜单键【MENU】键，选择扩展操作菜单“状态（STATUS）”后，在示教器显示的图 12-25（a）所示的系统监控页面上，选定类型选项“记忆体状态”，按【ENTER】键显示。

系统存储器检查的基本显示页面如图 12-25（b）所示，系统存储器状态只能检查，用户不能进行存储区分配、容量更改等操作。

① 基本显示。存储器基本显示页的“领域”栏可显示存储器的数据类别，“程序”为机器人作业程序存储区、“恒久”为机器人设定及系统设定数据存储区、“暂时”为系统内存。“总计”栏可显示各存储区的总容量，“可用空间”可显示各存储区的剩余容量。

存储器基本显示页的“描述”栏可显示各存储区的数据文件扩展名。

按存储器基本显示页的软功能键〖帮助〗，可显示存储器监控的帮助信息，包括各存储区的简要说明等。显示帮助页面后，可通过示教器的【PREV】键返回存储器基本显示页。

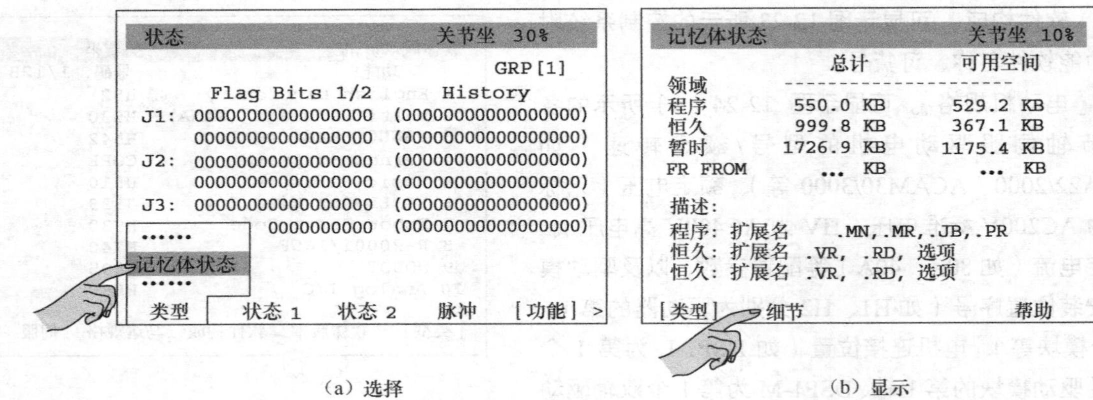

(a) 选择　　　　(b) 显示

图 12-25　系统存储器基本显示

② 细节显示。在存储器基本显示页上，按软功能键〖细节（CHOICE）〗，可进一步显示图 12-26 所示的详细显示页面，并在“硬件”栏显示系统内部存储的类别与容量。

```
记忆体状态                      关节坐 10%
            总计        剩余        最大剩余
领域-------------------------------------------
程序       550.0 KB    529.2 KB    529.2 KB
恒久       999.8 KB    367.1 KB    367.1 KB
系统        4935 KB       77 KB       77 KB
SHADOW    1010.4 KB     59.2 KB     59.2 KB
暂时      1726.9 KB   1175.4 KB   1172.6 KB
FR         31858 KB    13323 KB

硬件 --------------------------------
FROM    32.0 MB(T)
DRAM    32.0 MB
SRAM    2.0 MB(C-MOS)

[类型]   基本                              帮助
```

图 12-26　存储器细节显示

FANUC 机器人控制系统的内部存储设备包括 DRAM（Dynamic RAM，动态随机存储器）、SRAM（Static RAM，静态随机 C-MOS 存储器）、FROM（Flash ROM，闪烁存储器）3 类。DRAM 相当于计算机内存，用于运行数据的临时存储，数据在断电后将丢失；SRAM 为系统的一般存储器，系统断电时数据可通过后备电池保持较长时间；FROM 是具有断电保持功能的永久性数据存储器，可用来永久保存各类文件。

按详细显示页的软功能键〖基本〗，示教器可返回基本显示页。

12.3.2 定时器与程序执行记录

1. 程序定时器设定

FANUC 机器人控制系统的程序定时器 TIMER[i]，可用于程序的延时控制、指令执行时间监控、程序块运行时间监控等，程序定时器最大允许设定 10 个，最大计时值为 2^{31}ms（约 600h）。程序定时器的计时超过时，系统的定时器溢出暂存器 TIMER_OVERFLOW[i]的状态将为“1”。

程序定时器的启动、停止、复位，可分别利用指令 TIMER[i]=START、TIMER[i]=STOP、

TIMER[i]=RESET 编程（*i* 为定时器信号）。定时器的当前时间值可通过暂存器 R[i]读取。

FANUC 机器人控制系统的程序定时器可通过按示教器的操作菜单键【MENU】键，选择扩展操作菜单“状态（STATUS）”后，在示教器显示的图 12-27 所示的系统监控页面上，选定类型选项“程序计时器”，按示教器的【ENTER】键显示。

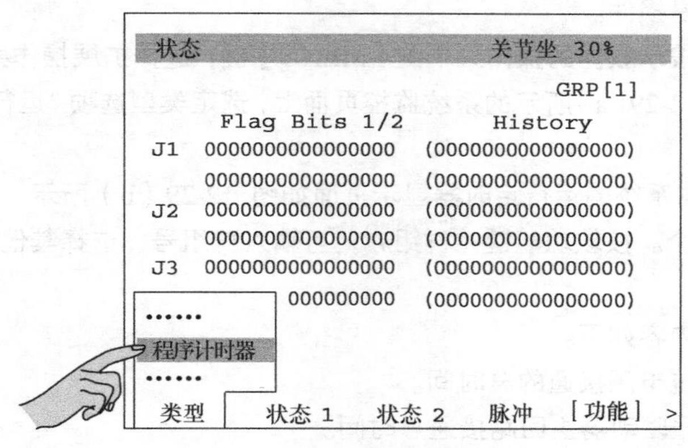

图 12-27 定时器检查与设定

程序定时器的基本显示页面为图 12-28（a）所示的程序定时器一览表。在一览表显示页上，可显示定时器序号、定时设定值及定时器名称（注释）。

用光标选定定时器所在行后，按软功能键〖细节（CHOICE）〗，可进一步显示图 12-28（b）所示的所选定的定时器设定与显示页面。

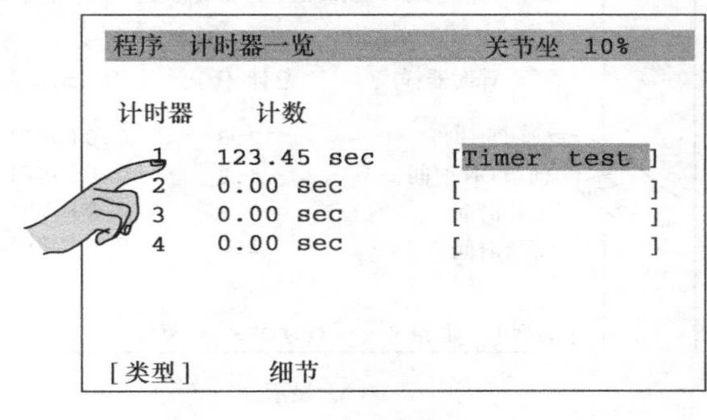

（a）一览表

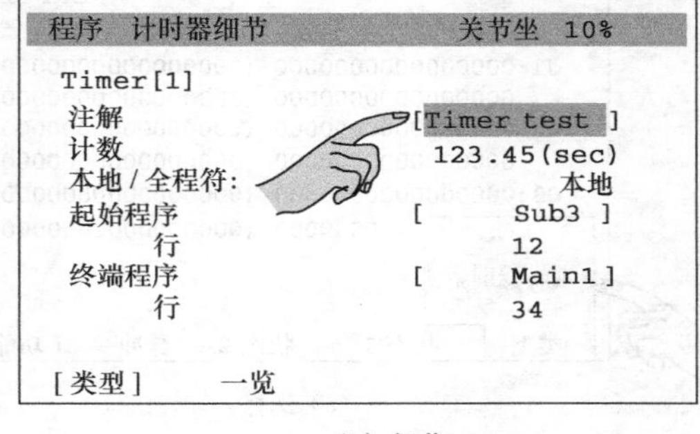

（b）细节

图 12-28 程序定时器显示

光标选定定时器设定与显示页面的设定项后，便可利用数字键、软功能键、【ENTER】键设定如下定时器参数。

注解：定时器名称（注释）显示与设定。定时器名称的输入方法与程序名称输入相同，其输入方法可参见第 8 章第 8.3 节。

计数：定时值设定，单位 s。

本地/全程符：定时器使用范围显示与设定。“本地”为指定程序使用定时器，“全局”为所有程序共用定时器。

起始程序/行：定时器启动指令 TIMER[i] =START 所在的程序名称、指令行。

终端程序/行：定时器停止指令 TIMER[i] =STOP 所在的程序名称、指令行。

定时器设定完成后，按显示页的软功能键〖一览〗，可返回图 12-28（a）所示的程序定时器一览表显示页。

2. 运行定时器设定

FANUC 机器人控制系统的运行定时器用于系统运行时间的显示与设定，以支持系统的定期维护功能、提示操作者更换易损件。

运行定时器可通过按示教器的操作菜单键【MENU】键，选择扩展操作菜单“状态（STATUS）”后，在示教器显示的图 12-29（a）所示的系统监控页面上，选定类型选项“运行计时器”，按【ENTER】键显示。

FANUC 机器人控制系统的运行定时器显示页面如图 12-29（b）所示。运行定时器按照运动组分配，每一运动组为 4 个。按软功能键〖群组#〗，可输入群组号、选择其他运动组的运行定时器显示页面。

运行定时器的显示内容如下。

通电时间：控制系统电源接通的总时间。

伺服 ON 时间：伺服驱动器主回路接通总时间。

工作时间：控制系统的程序自动运行时间（不含程序暂停时间）。

等待时间：程序暂停、等待时间。

如果需要，用光标选定指定的运行定时器后，可通过软功能键〖ON/OFF〗，启动/关闭运行计时，或者，通过软功能键〖复位〗，清除运行计时。

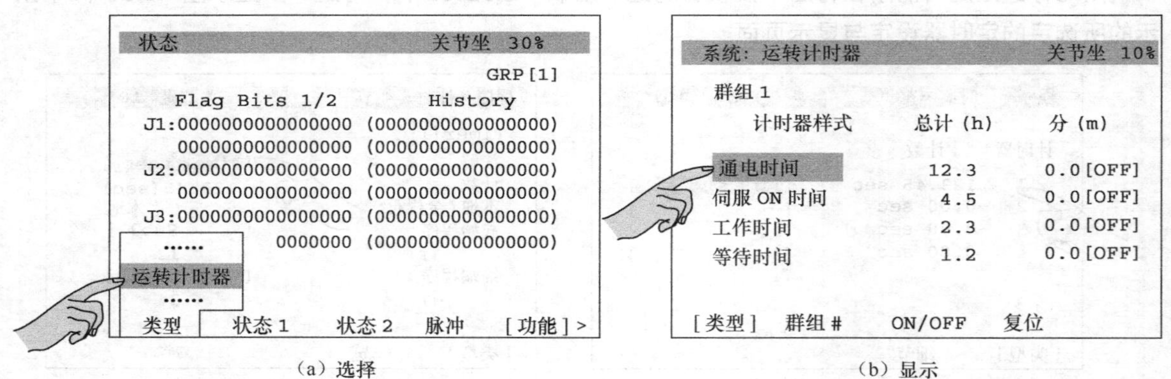

（a）选择　　（b）显示

图 12-29　运行定时器显示

3. 程序执行记录

程序执行记录可显示控制系统当期执行的程序名称、指令行、执行方向及执行状态等机程序基本执行情况。

FANUC 机器人控制系统的程序执行记录，可通过按示教器的操作菜单键【MENU】键，选择扩展操作菜单“状态（STATUS）”后，在示教器显示的图 12-30（a）所示的系统监控页面上，选定类型选项“执行历史记录”，按【ENTER】键显示。

程序执行记录的显示页面如图 12-30（b）所示。对于多任务需要，可按软功能键〖下页〗，进一步显示其他任务程序的执行记录。

当程序执行记录的状态栏显示“结束”时，按住示教器的【SHIFT】键，同时按软功能键〖清除〗，可删除该程序的全部执行记录。

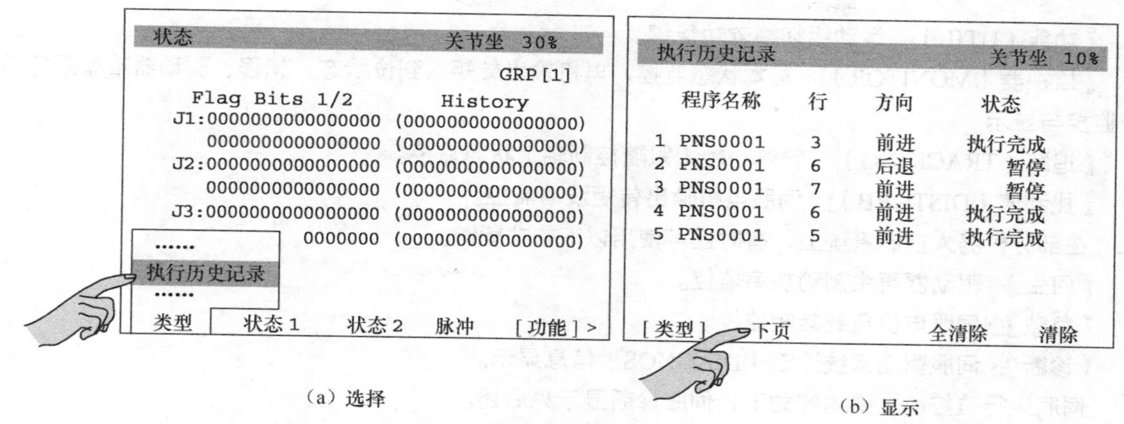

（a）选择　　（b）显示

图 12-30　程序执行记录显示

如果多任务系统的全部程序执行记录的状态栏均显示为“结束”，按住示教器的【SHIFT】键，同时按软功能键〖全清除〗，可删除所有程序的执行记录。

12.3.3 伺服运行状态监控

1．伺服运行监控内容

FANUC 机器人的伺服运行监控，可在系统监控显示页面上，选定图 12-31（a）所示的类型选项“轴”，按【ENTER】键显示。

伺服运行监控的基本显示页如图 12-31（b）所示。利用显示页面的软功能键，可进一步显示以下内容。

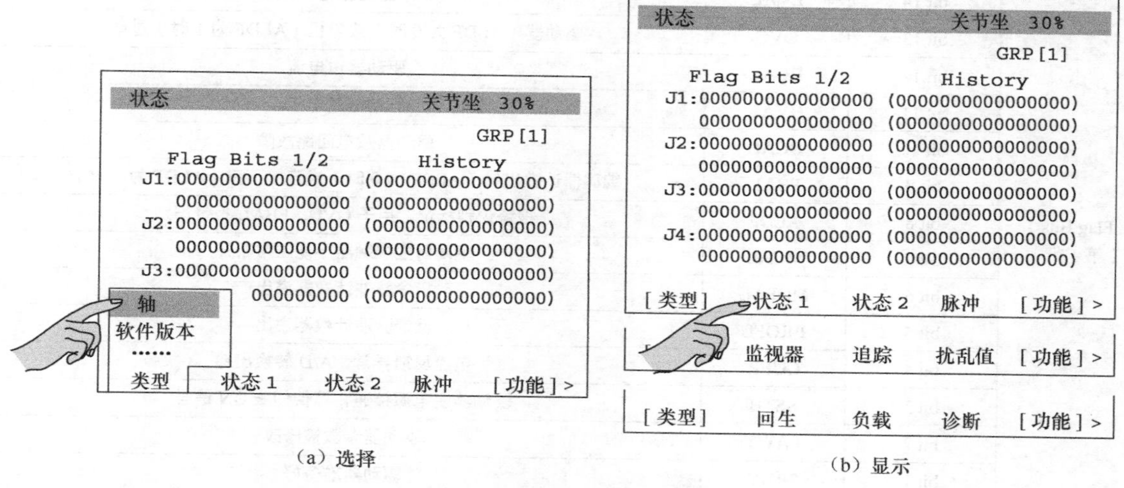

（a）选择　　（b）显示

图 12-31　伺服运行监控显示

〖状态 1（STATUS 1）〗：伺服驱动器报警监控信号（Flag Bits）显示，显示页面如图 12-31（b）所示。

〖状态 2（STATUS 2）〗：编码器报警监控信号（Alarm Status）显示。

〖脉冲（PULSE）〗：位置脉冲监控。

〖功能（UTIL）〗：运动组切换软功能键。

〖监视器（MONITOR）〗：基本状态监控，电机输出转矩、到位状态、超程、驱动器准备好等信号监控与显示。

〖追踪（TRACKING）〗：软浮动轴（跟随控制轴）状态监控。

〖扰乱值（DISTURB）〗：伺服电机输出转矩波动监控。

在部分机器人控制系统上，有时还可使用以下软功能键。

〖回生〗：驱动器再生制动功率监控。

〖负载〗：伺服电机负载转矩监控。

〖诊断〗：伺服驱动系统诊断（DIAGNOS）信息显示。

伺服运行监控的主要内容如下，伺服诊断显示见后述。

2. 伺服报警状态 1

伺服报警状态 1 为伺服驱动器报警，显示页可通过图 12-31（a）所示的系统监控显示页面类型选项“轴”、软功能键〖状态 1（STATUS 1）〗选择，伺服报警状态 1 显示内容如图 12-31（b）所示。

伺服驱动器报警信号按关节轴分配，不同关节轴的相同信号位（bit）含义一致。驱动器发生指定报警时，对应轴、对应位的状态显示将成为“1”。

伺服驱动器报警信号为每一关节轴 32 位（bit）二进制信号，信号的状态分 2 行（Flag Bits 1/2）显示，信号地址、代号及含义如表 12-2 所示。

表 12-2 伺服报警状态 1 的信号地址、代号及含义

显示行	信号地址	信号代号	含义
Flag Bits 1（第 1 行）	bit 15	OHAL	伺服驱动器过热
	bit 14	LVAL	驱动器电源电压过低
	bit 13	OVC	驱动器（ALDF 为 0 时）或电机（ALDF 为 1 时）过载
	bit 12	HCAL	驱动器过电流
	bit 11	HVAL	驱动器过电压
	bit 10	DCAL	驱动器放电回路故障
	bit 9	FBAL	编码器计数出错（ALDF 为 0 时）或连接不良（ALDF 为 1 时）
	bit 8	ALDF	报警识别标记，用于 OVC、FBAL 报警识别
	bit 7	MCAL	驱动器主接触器不能正常断开
	bit 6	MOFAL	指令脉冲计数器溢出
	bit 5	EROFL	反馈脉冲计数器溢出
	bit 4	CUER	电流反馈异常，A/D 转换出错
	bit 3	SSTB	驱动器主电源接通，等待伺服 ON 信号
	bit 2	PAWT	驱动器参数被修改
	bit 1	SRDY	驱动器准备好
	bit 0	SCRDY	通信准备好，数据发送完成
Flag Bits 2（第 2 行）	bit 15	SRCMF	轴校正数据出错
	bit 14	CLALM	轴发生碰撞
	bit 13	FSAL	风机不良
	bit 12	DCLVAL	直流母线电压过低

续表

显示行	信号地址	信号代号	含义
Flag Bits 2 （第 2 行）	bit 11	BRAKE	制动器出错
	bit 10	IPMAL	逆变功率管（IPM）故障
	bit 9	SFVEL	转矩控制模式（伺服软浮动）生效
	bit 8	GUNSET	伺服焊钳更换完成
	bit 7	FSSBDC	伺服总线（FSSB）连接不良
	bit 6	SVUCAL	伺服总线（FSSB）数据接收出错
	bit 5	AMUCAL	伺服总线（FSSB）数据发送出错
	bit 4	CHGAL	驱动器直流母线充电回路故障
	bit 3	NOAMF	驱动器连接出错
	bit 2～bit 0	——	系统预留，状态始终为 0

3. 伺服报警状态 2

伺服报警状态 2 为编码器报警，显示页可通过图 12-32（a）所示的系统监控显示页面类型选项“轴”、软功能键〖状态 2（STATUS 1）〗选择，伺服报警状态 1 显示内容如图 12-32（b）所示，每一关节轴为 16 位（bit）二进制信号，信号地址、代号及含义如表 12-3 所示。

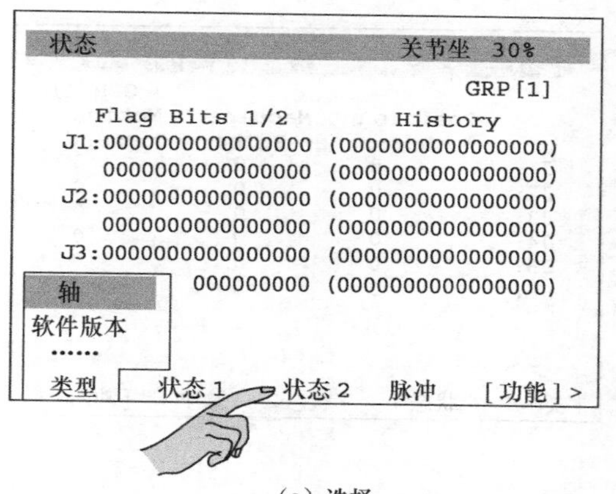

（a）选择

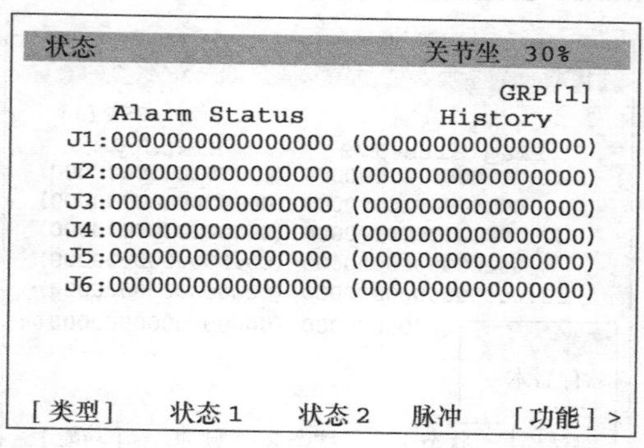

（b）显示

图 12-32 伺服报警状态 2 显示

表 12-3 伺服报警状态 2 的信号地址、代号及含义

显示行	信号地址	信号代号	含义
Alarm Status	bit 15～12	—	系统预留，状态始终为 0
	bit 11	SPHAL	编码器计数信号不良，编码器或反馈连接不良
	bit 10	STBERR	编码器通信不良，停止位出错
	bit 9	CRCERR	编码器通信不良，数据奇偶校验出错
	bit 8	DTERR	编码器通信不良，无应答信号
	bit 7	OHAL	编码器过热
	bit 6	CSAL	编码器通信不良，数据“和校验”出错
	bit 5	BLAL	编码器电池电压过低

续表

显示行	信号地址	信号代号	含义
Alarm Status	bit 4	PHAL	编码器计数信号不正确，编码器或反馈连接不良
	bit 3	RCAL	编码器速度反馈信号不良，零脉冲信号故障
	bit 2	BZAL	编码器电池电压为 0
	bit 1	CKAL	编码器时钟信号出错
	bit 0	——	系统预留，状态始终为 0

4. 位置脉冲监控

FANUC 机器人伺服驱动系统各轴的位置脉冲可通过示教器显示与监控，显示页可通过图 12-33（a）所示的系统监控显示页面类型选项“轴”、软功能键〖脉冲（PULSE）〗选择，位置脉冲显示内容如图 12-33（b）所示。

位置脉冲按关节轴分配，不同关节轴的含义一致。位置脉冲监控页面可显示的内容如下。

Position Error：位置跟随误差。以脉冲形式显示的伺服轴位置跟随误差，即伺服驱动器指令脉冲（指令位置）与电机反馈脉冲（机械位置）之间的差值。

Machine Pulse：机械位置。来自伺服电机编码器的位置反馈脉冲（绝对位置计数值）。

Motion Command：指令位置。以脉冲形式显示的来自机器人控制器的指令位置。

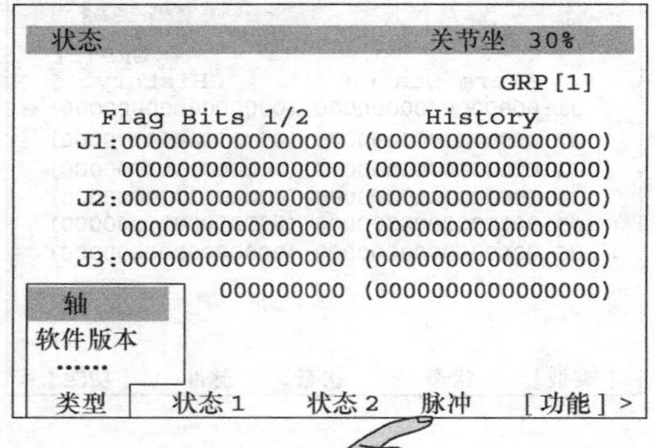

（a）选择

```
状态                                   关节坐  30%
                                          GPR[1]
        Position      Machine    Motion
           Error        Pulse    Command
J1:          0            0          0
J2:          0            0          0
J3:          0            0          0
J4:          0            0          0
J5:          0            0          0
J6:          0            0          0

[类型]    状态 1    状态 2    脉冲    [功能] >
```

（b）显示

图 12-33　位置脉冲监控

5. 基本状态监控

FANUC 机器人的伺服轴基本状态可通过系统监控显示页面类型选项“轴”、扩展软功能键〖监视器（MONITOR）〗显示与监控，其显示如图 12-34 所示。

基本状态按关节轴分配，不同关节轴的含义一致。基本状态的监控显示如下。

Torque Monitor Ave. / Max. ：电机输出转矩平均/最大值。

Inpos：驱动器到位信号状态显示。显示“1”表示轴到位（跟随误差小于到位允差值），“0”代表轴运动中或定位超差（跟随误差大于到位允差值）。

OT：轴超程信号状态显示。“1”表示运动轴超程。

VRD：驱动器准备好。“ON”表示驱动器准备好，“OFF”代表驱动器存在报警或伺服 ON 信号未输入。

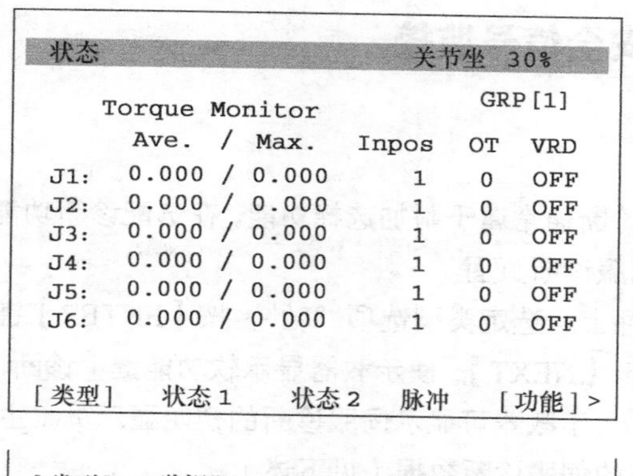

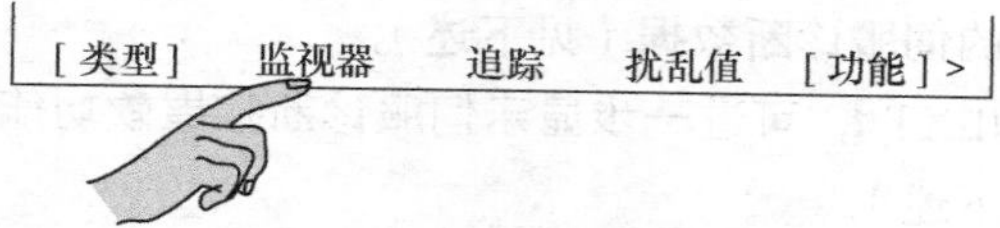

图 12-34　基本状态监控

6．跟随轴监控

FANUC 机器人的跟随轴监控可通过系统监控显示页面的类型选项“轴”、扩展软功能键〖追踪〗显示与监控，监控显示如图 12-35 所示。

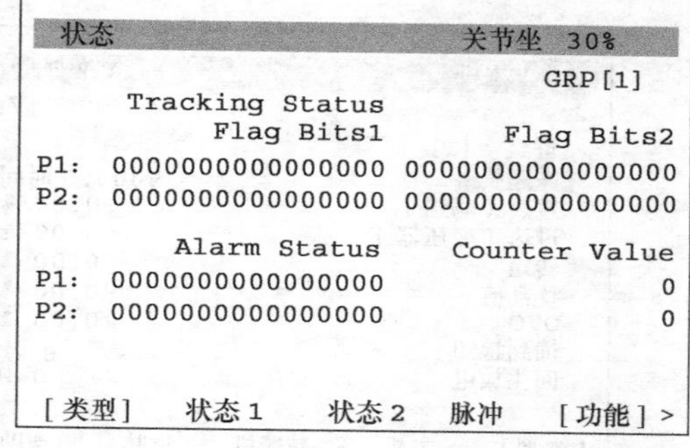

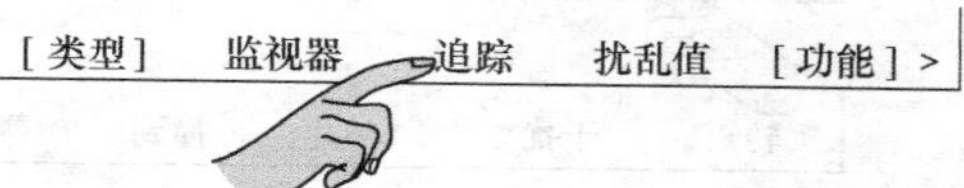

图 12-35　跟随轴监控

跟随轴监控同样按关节轴分配，不同关节轴的含义一致，监控显示如下。

Flag Bits 1、Flag Bits 2：伺服驱动器报警（伺服报警状态 1），报警信号地址、代号及含义与常规控制轴同，详见表 12-2。

Alarm Status：编码器报警（伺服报警状态 2），报警信号地址、代号及含义与常规控制轴同，详见表 12-3。

Counter Value：跟随轴位置计数值。

7．转矩波动监控

FANUC 机器人的转矩（电流）波动监控可通过扩展软功能键〖扰乱值〗显示与监控，其显示如图 12-36 所示。

转矩（电流）波动监控同样按关节轴分配，不同关节轴的含义一致，监控显示如下。

Curr.：电机当前输出转矩（实际输出电流）。

Max(Allowed)：电机允许的最大输出转矩（正向最大电流）。

Min.(Allowed)：电机允许的最小输出转矩（反

状态　关节坐 30%
GRP[1]
Disturbance Torque (A)
Curr. /Max(Allowed)/Min.(Allowed)
J1: 0.0 / 0.0(90.9) / 0.0(-90.9)
J2: 0.0 / 0.0(84.3) / 0.0(-84.3)
J3: 0.0 / 0.0(97.4) / 0.0(-97.4)
J4: 0.0 / 0.0(30.2) / 0.0(-30.2)
J5: 0.0 / 0.0(34.3) / 0.0(-34.3)
J6: 0.0 / 0.0(21.7) / 0.0(-21.7)
[类型]　状态 1　状态 2　脉冲　[功能] >

图 12-36　转矩波动监控

向最大电流）。

12.3.4 伺服诊断与安全信号监控

1. 伺服诊断

FANUC 机器人的伺服诊断通常属于附加选择功能，在选配诊断功能的机器人控制系统上，可通过以下操作，进一步显示伺服诊断页面。

① 在系统监控显示页面上，选定类型选项“轴”，按【ENTER】键，显示伺服运行监控页面。

② 按住示教器的扩展键【NEXT】，使示教器显示软功能键〖诊断〗。

③ 按软功能键〖诊断〗，示教器可显示伺服诊断的初始显示页（主机诊断页）及软功能键。按不同软功能键，可显示对应的伺服诊断数据（见下述）。

④ 按示教器操作键【NEXT】，可进一步显示伺服诊断扩展软功能键。按不同软功能键，可显示对应的伺服诊断数据（见下述）。

⑤ 按示教器操作键【PREV】，可返回伺服运行监控显示页面。

伺服诊断的第 1 页显示如图 12-37 所示，软功能键的作用如下。

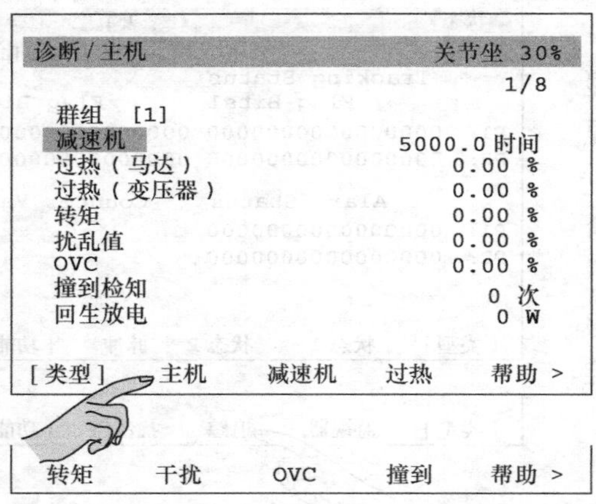

（a）主机

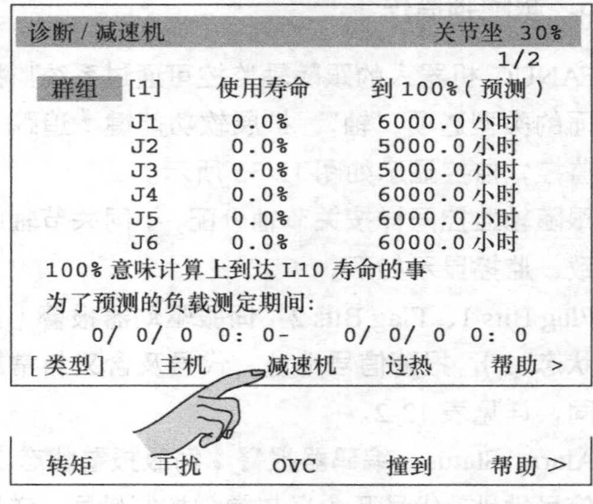

（b）减速器

诊断 / 过热		关节坐 30%
		1/2
过热		
变压 0.00%		
马达 群组 [1]		
	J1	0.00 %
	J2	0.00 %
	J3	0.00 %
	J4	0.00 %
	J5	0.00 %
	J6	0.00 %

[类型] 主机 减速机 过热 帮助 >

转矩 干扰 OVC 撞到 帮助 >

（c）过热

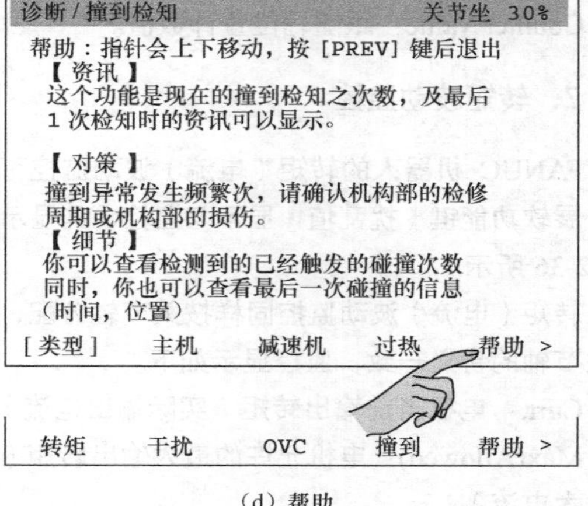

（d）帮助

图 12-37 伺服诊断显示（一）

〖主机〗:“主机”通常就是伺服诊断的初始显示页，其显示内容如图 12-37（a）所示。在“主机”诊断页面上，示教器可集中显示后述所有伺服诊断项目中，运行情况最差、器件老化最严重的全部诊断数据。

例如，“减速机”项可显示所有减速器中，寿命最短的减速器剩余使用时间。“过热（马达）/（变压器）”项可显示所有伺服电机中，发热最严重的电机、变压器的热损耗电流（额定电流的百分率）等。

〖减速机〗: 可显示图 12-37（b）所示的减速器使用寿命管理页面。“使用寿命”栏可显示各轴减速器已使用的时间（百分率），“到 100%（预测）”栏，显示减速器的实际使用寿命计算值（小时，详见第 4、5 章）。

〖过热〗: 可显示图 12-37（c）所示的伺服变压器、各轴伺服电机的热损耗电流（额定电流的百分率）。

〖帮助〗: 显示图 12-37（d）所示的当前诊断项目的说明文本。

伺服诊断第 2 页显示如图 12-38 所示，软功能键的作用如下。

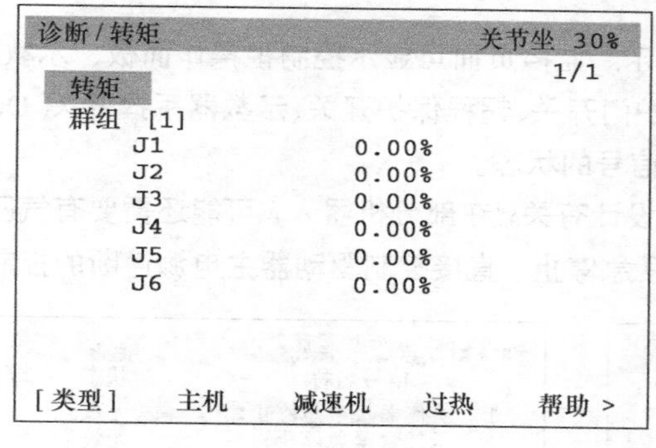

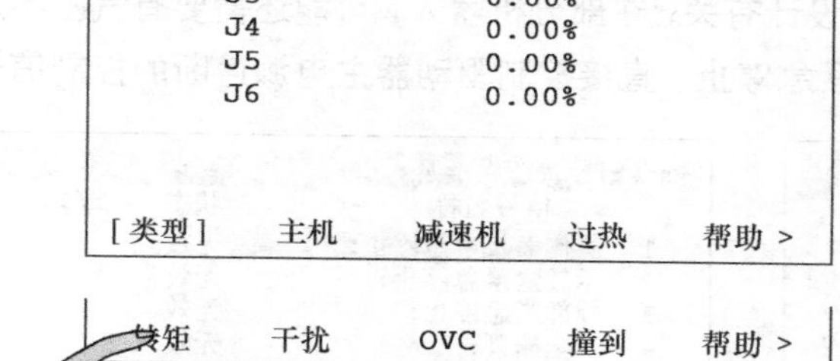

（a）转矩

诊断 / 扰乱值 关节坐 30%

1/1

扰乱值相差

群组 [1]	现在	最大（%）		最小（%）
J1	0.00%	0.00	/	0.00
J2	0.00%	0.00	/	0.00
J3	0.00%	0.00	/	0.00
J4	0.00%	0.00	/	0.00
J5	0.00%	0.00	/	0.00
J6	0.00%	0.00	/	0.00

[类型] 主机 减速机 过热 帮助 >

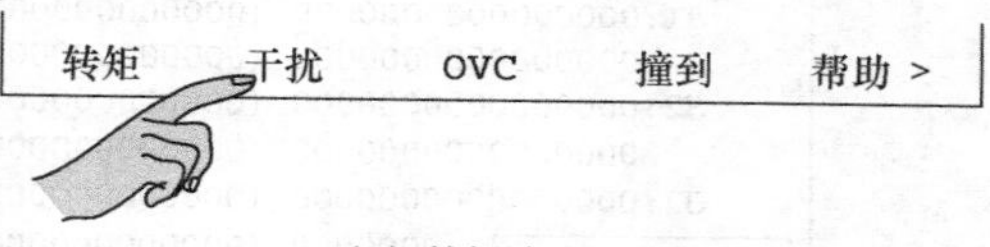

（b）转矩波动

诊断 /OVC 关节坐 30%

1/1

OVC

群组 [1]

J1	0.00%
J2	0.00%
J3	0.00%
J4	0.00%
J5	0.00%
J6	0.00%

[类型] 主机 减速机 过热 帮助 >

转矩 干扰 OVC 撞到 帮助 >

（c）过载

诊断 / 撞到检知 关节坐 30%

1/2

最近的检测

0/ 0/ 0, 0: 0: 0

群组 [1]

	累计次数	检知位置
J1	***** 次	0.00 deg
J2	***** 次	0.00 deg
J3	***** 次	0.00 deg
J4	***** 次	0.00 deg
J5	***** 次	0.00 deg
J6	***** 次	0.00 deg

[类型] 主机 减速机 过热 帮助 >

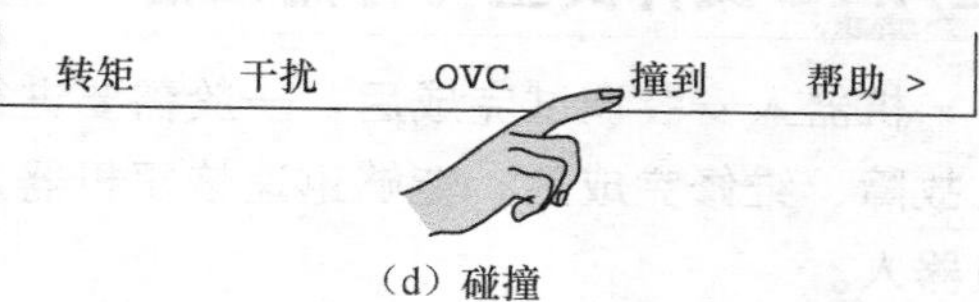

（d）碰撞

图 12-38 伺服诊断显示（二）

〖转矩〗：可显示图 12-38（a）所示的各关节轴伺服电机的当前输出转矩（额定转矩的百分率）。

〖干扰〗：可显示图 12-38（b）所示的以额定转矩百分率形式显示的各轴伺服电机的当前输出转矩（现在）、正向最大输出转矩（最大）、反向最大输出转矩（最小）。

〖OVC〗：可显示图 12-38（c）所示的各轴伺服电机的当前温度（过热报警温度的百分率）。

〖撞到〗：可显示图 12-38（d）所示的最近一次碰撞的输出转矩波动与发生时间，以及各轴伺服电机的累计碰撞次数、最近一次碰撞的位置等信息。

2. 安全信号监控

FANUC 机器人控制系统的安全信号主要包括急停按钮、关节轴超程开关、安全栅栏防护门开关等用于机器人急停、控制系统紧急分断（直接断开驱动器主电源）的控制信号，以及示教器的手握开关（Deadman 开关）和 TP 开关（示教器有效开关）等操作控制信号。

FANUC 机器人控制系统的安全信号可通过按示教器的操作菜单键【MENU】键，选择扩展操作菜单“状态（STATUS）”后，在示教器显示的系统监控页面上，选择图 12-39（a）所示的类型选项“安全信号状态”，按【ENTER】键显示。

安全信号的监控显示页面如图 12-29（b）所示。监控页面可显示控制柜操作面板、示教器及利用 DI/DO 连接的急停开关状态，以及安全栅栏防护门开关、超程保护开关、示教器手握开关(Deadman 开关）、TP 开关（示教器有效开关）等基本安全信号的状态。

安全信号的实际使用情况与机器人控制系统设计有关，在部分机器人，可能还需要有气压不足、抓手（工具）断裂、皮带断裂等其他用于机器人紧急停止、直接控制驱动器主电源通断的控制信号。

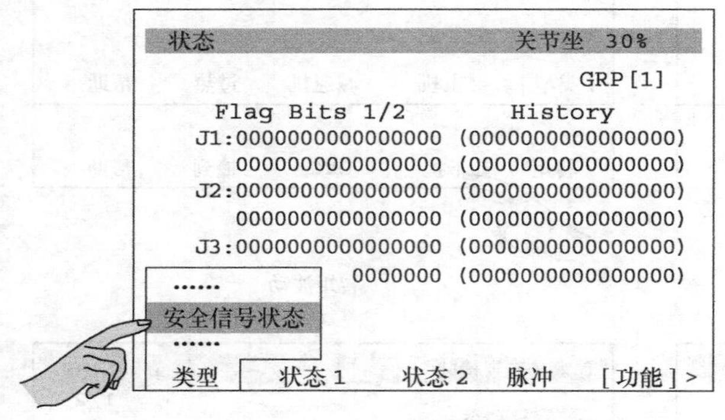

（a）选择

安全信号状态显示

	信号名称	状态 1/13
1	操作面板紧急停止:	无效
2	示教盒紧急停止:	无效
3	外部紧急停止:	无效
4	安全栅开:	无效
5	Deadman 开关:	有效
6	示教盒有效:	有效
7	夹爪断裂:	无效
8	机器人超过行程:	无效
9	空压异常:	无效
10	皮带断裂:	无效

[类型]

（b）显示

图 12-39 安全信号的监控显示页面

12.4 系统文件保存与安装

12.4.1 文件类型与存储设备

机器人安装调试完成后，一般需要进行系统数据的保存、备份等操作，以便在控制系统发生故障、维修完成后，能够迅速恢复机器人设定、控制系统参数、作业程序等数据，重新运行机器人。

FANUC 机器人控制系统的数据以文件的形式，分类保存在系统存储器中。系统数据文件也可以保存到外部存储设备上，通过重新安装恢复。FANUC 机器人控制系统的文件类型及常用的存储设备如下。

1. 文件类型

文件（file）是保存在控制系统存储器上的同类数据集合，不同类别的文件以扩展名区分。FANUC 机器人的常用文件主要有程序文件（.tp）、标准指令文件（.df）、系统文件（.sv）、数据文件（.vr）、I/O 配置文件（.io）等。在选配 ASICII 程序文件安装附加功能的机器人上，还可使用 ASICII 程序文件（.ls）。

FANUC 机器人的常用文件的使用方法如下。

① 程序文件。程序文件用来保存机器人的作业程序。机器人的程序文件一般由程序标题（又称程序声明）和程序指令组成，程序标题用来定义程序的名称、类型、运动组、写保护等基本属性参数，指令用来控制机器人、外部设备动作。

FANUC 机器人控制系统的程序文件的扩展名为“.tp”。程序文件可通过程序编辑操作创建、编辑，文件内容可通过示教器的程序选择键【SELECT】或操作菜单键【MENU】的“SELECT”选项，在程序一览表页面显示，程序文件可进行编辑、重命名、复制、删除等操作。有关内容可参见第 8 章。

② 标准指令文件。标准指令文件用来保存机器人程序指令的标准格式。利用标准指令文件，操作者可通过对标准指令的选择、修改，生成所需的程序指令，提高编程效率和程序准确性。标准指令文件由控制系统生成厂家编制，操作者只能使用不能对原文件进行编辑、重命名、复制、删除等操作。

FANUC 机器人控制系统的标准指令文件的扩展名为“.df”，文件内容及打开、使用的方法如下（详见第 9 章）。

DF_MOTN0.df：移动指令默认格式文件（Default Motion），该文件可在程序编译页面，利用软功能键〖标准指令（ED_DEF）〗（F1）打开，并在示教器上显示。

DF_LOGI1.df：程序指令编辑文件 1，该文件用来保存程序编辑时，编辑页面软功能键 F2 的显示、编辑内容。

DF_LOGI2.df：程序指令编辑文件 2，该文件用来保存程序编辑时，编辑页面软功能键 F3 的显示、编辑内容。

DF_LOGI3.df：程序指令编辑文件 3，该文件用来保存程序编辑时，编辑页面软功能键 F4 的显示、编辑内容。

③ 系统文件。系统文件用来保存机器人设定（SETUP）、控制系统设定（SYSTEM）数据。FANUC 机器人控制系统的系统文件的扩展名为“.sv”，常用文件的名称、内容如下，文件的打开、使用方法可参见第 10、11 章。

SYSVARS.sv：机器人基本参数文件。用来保存利用机器人设定（SETUP）、控制系统设定（SYSTEM）操作所设定的机器人基准点、软极限等机器人基本参数。

SYSFRAME.sv：坐标系设定参数文件。用来保存利用机器人设定操作（SETUP）所设定的机器人用户、工件、工具等坐标系参数。

SYSSERVO.sv：伺服设定参数文件。机器人设定（SETUP）、控制系统设定（SYSTEM）操作所设定的伺服控制参数。

SYSMAST.sv：机器人零点校准参数设定文件。用来保存利用控制系统设定（SYSTEM）操作所设定的机器人零点校准参数。

SYSMACRO.sv：宏指令文件。用来保存利用机器人设定（SETUP）操作所设定的机器系统宏指令参数。

④ 应用程序文件（.sv）：应用程序文件用来保存不同用途机器人的系统特殊指令、参数、设定数据，例如，点焊机器人为 SYSSPT.SV 等。

⑤ 数据文件（.vr）：用来保存程序数据设定（DATA）、机器人设定（SETUP）操作设定的暂存器数据、坐标系原点及注释等数据，数据文件的扩展名为“.vr”，常用文件的名称、内容如下，文件的打开、使用方法可参见第 9、10 章。

NUMREG.vr：数值暂存器数据文件。

POSREG.vr：位置暂存器数据文件。

PALREG.vr：码垛暂存器数据文件。

FRAMEVAR.vr：用来保存利用机器人设定操作（SETUP）所设定的机器人用户、工件、工具等坐标系的原点、注释等数据。

⑥ 机器人设定文件（.dt）：用来保存机器人设定（SETUP）、控制系统设定（SYSTEM）操作所设定的其他数据。

⑦ I/O 配置文件（.io）：I/O 配置文件用来保存 I/O 设定操作（I/O）所设定的 I/O 配置数据。FANUC 机器人控制系统的 I/O 配置文件扩展名为“.io”、文件名称为 DIOCFGSV.io，文件的打开、使用方法可参见第 11 章。

2．存储设备

工业机器人的文件存储设备主要有系统内部存储设备与外部存储设备 2 大类。

FANUC 机器人控制系统的内部存储设备包括 DRAM、SRAM、FROM3 类。DRAM 用于运行数据的临时存储，数据在断电后将丢失；SRAM 为系统一般存储器，数据可通过后备电池保持较长时间；FROM 是具有断电保持功能的永久性数据存储器。存储器容量可通过系统状态监控操作检查，有关内容见本章前述。

FANUC 机器人控制系统的外部存储设备包括通信设备和移动存储器 2 类。通信设备需要通过控制系统的串行通信接口连接，常用设备有个人计算机、打印机等。

FANUC 机器人的移动存储器可直接插入控制系统的通信接口，常用的存储器有图 12-40 所示的存储卡（Memory Card，MC）、USB 存储器（USB Flash Disk，U 盘）等，设备的使用要求如下。

① 存储卡（Memory Card）。FANUC 机器人控制系统可使用的有 ATA（AT Attachment）卡、闪存卡（Flash Memory Card）、PC 卡。

存储卡需要安装到图 12-40（a）所示的系统主板插槽上，容量超过 4G 的存储卡对系统的软件版本有对应的要求。FANUC 公司推荐的存储卡如下。

ATA 卡：SanDisk 公司 PCMCIA Flash ATA Card。

闪存卡：SanDisk 公司 Compact Flash Memory Card。

PC 卡：I· O DATA DEVICE 公司 PCCF-ADP 卡、SanDisk 公司 Compact Flash PC CARD ADAPTER（前期产品，目前已停产）。

② U 盘（USB Flash Disk）。U 盘一般安装在图 12-40（b）系统控制柜操作面板的 USB 接口上，彩色显示的示教器也可使用示教器上的 USB 接口安装 U 盘，但 USB 接口一般不支持 U 盘外的其他设备连接。

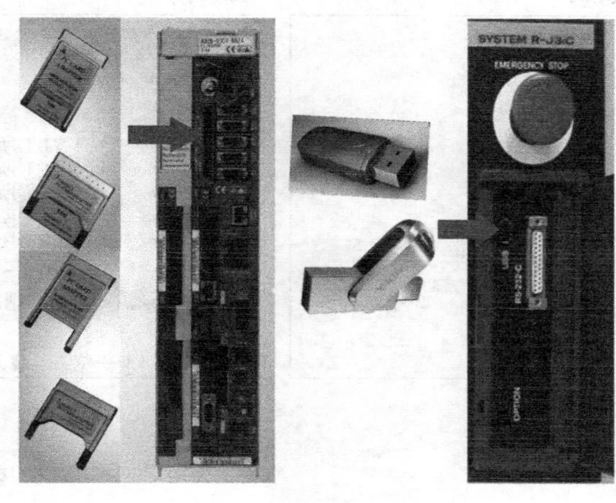

（a）存储卡　　（b）U 盘

图 12-40　移动存储器安装

FANUC 公司推荐的 U 盘如下，存储容量超过 4G 的大容量 U 盘对系统的软件版本有对应的要求。

BUFFALO 公司 Clip Drive RUF-CL/U2，容量为 128MB、256MB、512MB、1GB 的 U 盘，或 Flash Drive RUF2 -4G、16GB，Flash Drive RUF -8GB 等大容量 U 盘。

I· O DATA DEVICE 公司 ToteBag TB-BH，容量为 512MB 或 1GB 的 U 盘，或 Tote Bag TB-ST 8GB、Tote Bag TB-BH2 16GB 等大容量 U 盘。

SanDisk 公司 CRUZER Mini、Micro，容量为 128MB 或 256MB 的 U 盘，或 CRUZER Contour 16GB、ruzer Colors+ 8GB 等大容量 U 盘。

控制系统能正确识别的 U 盘插入后，示教器可显示“FILE-066 UDI 被安装 BUFFALO ClipDrive”或“FILE-066 UDI 被安装 SanDisk Corporation Cruzer Micro”等提示信息。同时，在操作履历上记录“FILE-071 U 盘 vend:a00e prod:2868”或“FILE-071 U 盘 vend:8107 prod:5151”等操作信息。U 盘拔出后，示教器可显示提示信息“FILE-067 UDI 被抽取”。

③ 通信设备。通信设备可通过系统主板的通信接口 RS232-C、RS422 连接，文件输入/输出可利用串行数据通信实现，通信设置可通过机器人设定操作（SETUP）设定，有关内容可参见第 10 章。

12.4.2　存储器与文件管理

1. 存储器选择

FANUC 机器人控制系统的文件输入/输出可用于文件保存、打印、安装及系统备份等，其基本操作步骤如下。

① 接通控制柜的电源总开关，启动控制系统。将控制面板的操作模式选择开关置示教模式 1（T1 或 T2），并将示教器的 TP 有效开关置 “ON”位置（通常情况）。

② 将符合要求的存储卡或 U 盘，插入系统主板插槽或控制柜面板的 USB 接口后，按操作菜单键【MENU】，光标选择图 12-41（a）所示的操作菜单“文件（FILE）”，按【ENTER】键确认，示教器可显示图 12-41（b）所示的文件操作基本显示页面。

③ 按软功能键〖功能（UTIL）〗，示教器可显示图 12-42（a）所示的以下操作选项。

设定装置（Set Drivee）：存储器选择与设置。

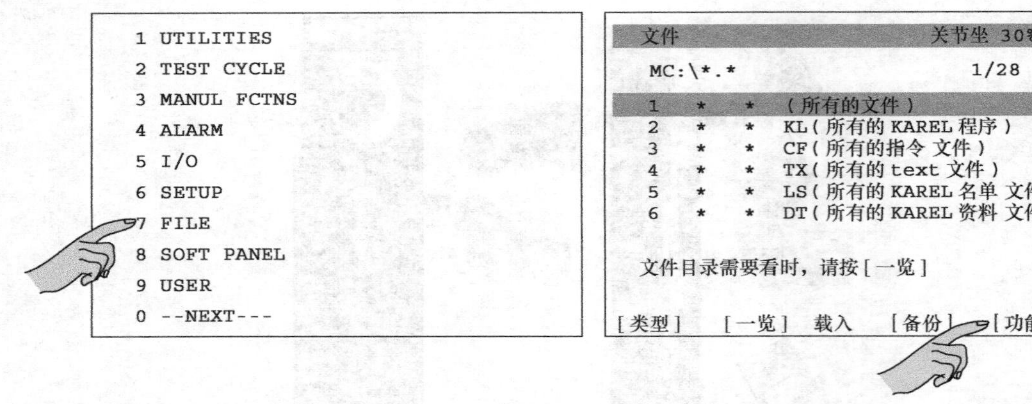

（a）选择　（b）显示

图 12-41　文件操作基本显示页面

格式化（Format）：存储器格式化。

格式化 FAT32（Format FAT32）：存储器 FAT32 格式化。

制作目录（Make DIR）：创建文件夹。

④ 光标选定“设定装置（Set Drivee）”，按【ENTER】键确认，示教器可显示图 12-42（b）所示的存储器类型选项。FANUC 机器人常用的存储器类型有以下几类。

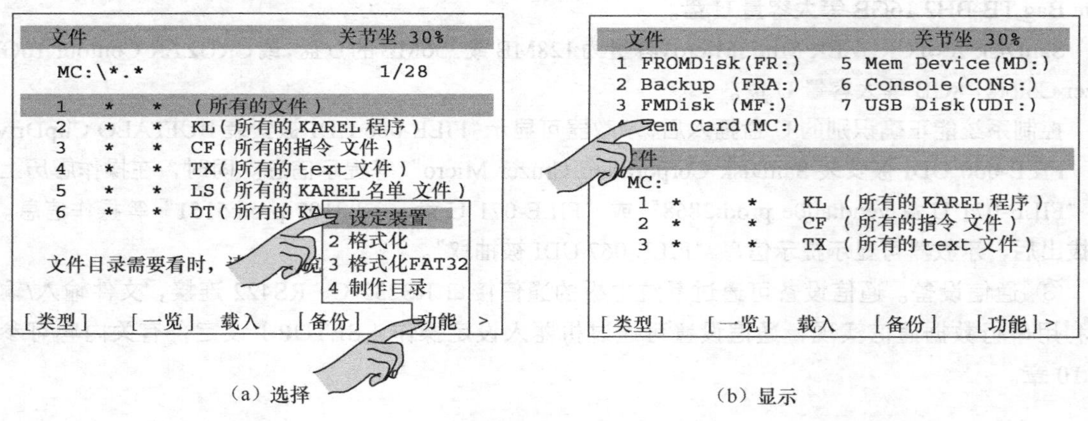

（a）选择　（b）显示

图 12-42　存储器选择

FROM Disk（FR）：系统 FROM 存储器，可永久保存各类文件。

Backup（FRA）：系统 FROM 存储器的自动备份数据保存区域，用于系统自动备份文件的永久保存。

FMDisk（MF）：系统 FROM、RAM 合成存储器，可用于系统备份和 RAM 文件安装。

Mem. Card （MC）：存储卡（Memory Card）。安装在系统主板插槽上的 ATA（AT Attachment）卡、闪存卡（Flash Memory Card）、PC 卡。

Console（CONS）：控制系统维修专用存储设备。

USB Disk（UDI）：安装在控制柜操作面板 USB 接口上的 U 盘。使用彩色显示示教器时，可进一步显示“USB Disk（UTI）”，选择安装在示教器 USB 接口上的 U 盘。

⑤ 光标选定存储器类型选项，按【ENTER】键，系统可选定该存储设备，并进行格式化、文件夹创建及文件安装、保存等操作。

2．存储器格式化

存储卡、U 盘等移动存储器用于机器人文件保存时，首先需要进行格式化处理。但是，这种格式化处理并不能用于系统自动备份，系统自动备份格式化操作，需要通过专门的自动备份初始化设定页面进行，有关内容详见后述。

系统存储器格式化操作的步骤如下。

① 将符合要求的存储卡或 U 盘，插入系统主板插槽或系统控制柜面板的 USB 接口。

② 通过前述的存储器选择操作，选定存储卡 “Mem. Card （MC: ）” 或 U 盘 “USB Disk（UDI: ）”。

③ 按软功能键〖功能（UTIL）〗，在示教器显示的图 12-42（a）所示的操作选项上，用光标选定 “格式化（Format）”，按【ENTER】键确认，示教器将显示图 12-43（a）所示的存储器格式化提示信息及软功能键〖YES（是）〗、〖NO（不是）〗。

④ 按软功能键〖YES（是）〗，示教器可显示图 12-43（b）所示的 “卷标（Volume label）” 输入页面。

⑤ 如果需要输入卷标，可用光标选定卷标（Enter volume label: ）的输入区，按【ENTER】键选定后，示教器可显示卷标输入方法选项，然后，利用程序名称输入同样的操作，输入卷标名。如果不需要输入卷标，直接按【ENTER】键结束格式化操作。

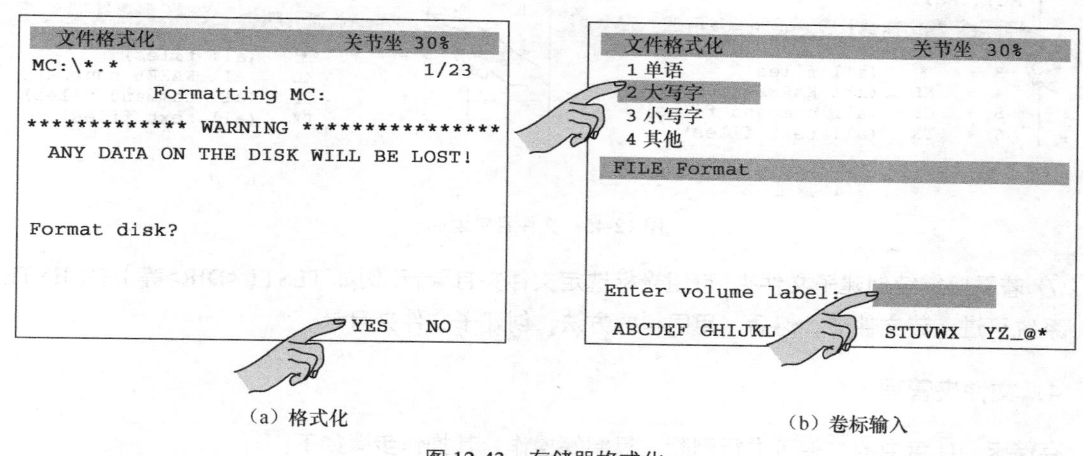

（a）格式化　　（b）卷标输入

图 12-43　存储器格式化

3．文件夹创建

存储卡、U 盘格式化完成后，可进行文件夹（目录）创建操作，其操作步骤如下。

① 将格式化完成的存储卡或 U 盘，插入系统主板插槽或系统控制柜面板的 USB 接口。

② 通过前述的存储器选择操作，选定存储卡 “Mem. Card （MC: ）” 或 U 盘 “USB Disk（UDI: ）”。

③ 按软功能键〖功能（UTIL）〗，在示教器显示的图 12-42（a）所示的操作选项上，选定 “制作目录（Make DIR）”，按【ENTER】键确认，示教器将显示文件夹创建显示页。

④ 光标选定图 12-44（a）所示的目录名称（Directory name: ）的输入区，按【ENTER】键选定后，示教器可显示名称输入选项，然后，利用程序名称输入同样的操作，输入目录名（如 TEST1 等）。

⑤ 目录名称输入完成后，此目录的文件夹将自动成为图 12-44（b）所示的当前路径（例如 MC:\TEST1*.*等）。

⑥ 若需要创建其他同级文件夹，可用光标选定图 12-45（a）所示的上级目录 “<DIR>（Up one

level）”行，按【ENTER】键，系统将返回图 12-45（b）所示的上级目录（例如 MC:\ *.*等）。然后，用同样的方法，创建其他同级文件夹的目录。

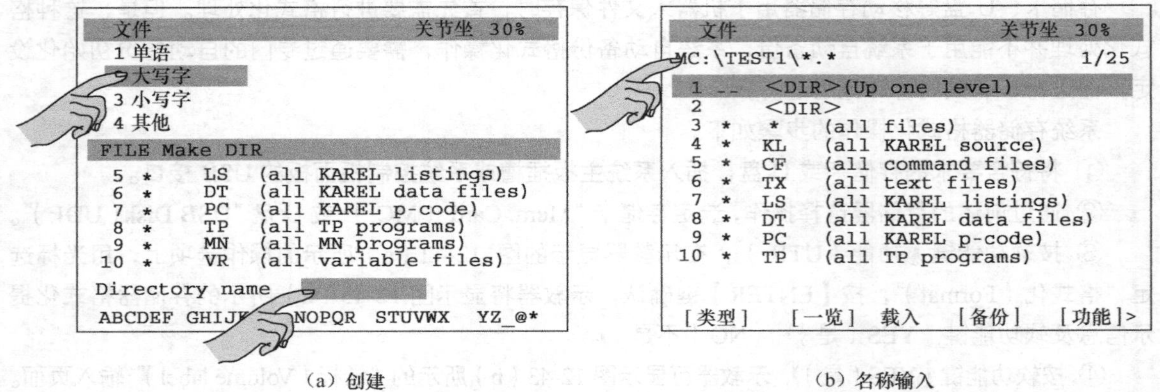

（a）创建　（b）名称输入

图 12-44　文件目录创建

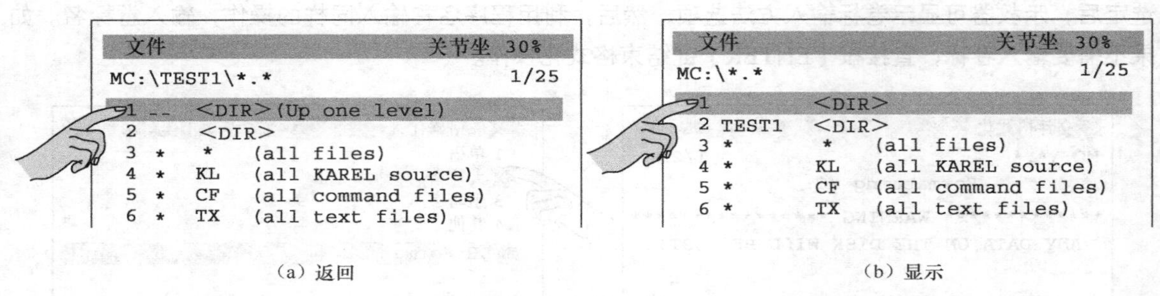

（a）返回　（b）显示

图 12-45　文件目录返回

⑦ 若需要继续创建子文件夹，可用光标选定文件夹目录行（例如 TEST1 <DIR>等），按【ENTER】键，系统可进入该文件夹。然后，用同样的方法，创建子文件夹目录。

4．文件夹管理

存储卡、U 盘中的文件可进行删除、复制等操作，其操作步骤如下。

① 将保存有文件的存储卡或 U 盘，插入系统主板插槽或控制柜面板的 USB 接口。

② 通过前述的存储器选择操作，选定存储卡“Mem. Card（MC:）”或 U 盘“USB Disk（UDI:）”，显示图 12-46（a）所示的存储器内容。

③ 光标选定需要进行文件删除、复制等操作的文件夹目录，按软功能键〖一览（DIR）〗，示教器可进一步显示指定文件夹的文件、子目录。

④ 光标选定需要进行删除、复制操作的文件或目录，按【NEXT】键，示教器可显示图 12-46（b）所示的扩展软功能键，并进行如下操作。

〖删除（DELETE）〗：文件、目录删除。按软功能键，示教器将显示提示信息“可不可以删除？”及软功能键〖执行（YES）〗、〖取消（NO）〗，按〖执行（YES）〗键，便可删除指定的文件、目录。删除目录时，如果该文件夹目录中还含有文件，则需要首先删除文件，然后，再删除目录。

〖复制（COPY）〗：文件、文件夹复制。按软功能键，示教器显示程序复制页面。利用程序名称输入同样的操作，输入新的文件、文件夹名称后，按【ENTER】键，示教器可显示提示信息“要复制吗？”及软功能键〖执行（YES）〗、〖取消（NO）〗，按软功能键〖执行（YES）〗，所选择的文件、文件夹将被复制到新的文件、文件夹名称下。

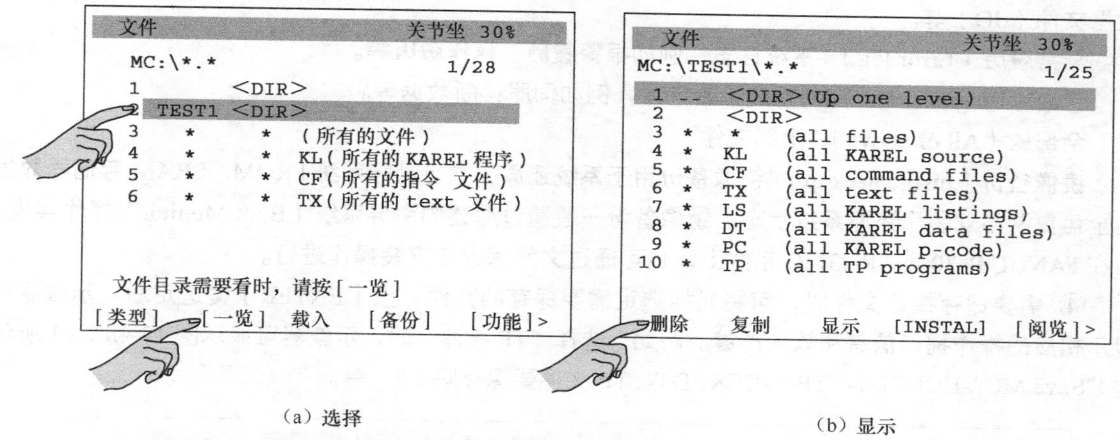

（a）选择　　（b）显示

图 12-46　文件夹选择

12.4.3　文件保存与安装

文件保存是将控制系统当前的数据文件，保存到存储卡、U 盘或系统 FROM 等永久存储器的操作。文件安装是将保存在存储卡、U 盘或系统 FROM 等永久存储器中的数据文件，安装到控制系统的操作。

FANUC 机器人控制系统的文件保存与安装可通过文件保存与安装操作、系统自动备份、系统控制启动、引导系统操作等多种方式实现。文件保存与安装操作的基本方法如下，系统自动备份、系统控制启动、引导系统操作的方法见后述。

1．文件保存

FANUC 机器人的文件保存亦称文件备份，它可以将当前控制系统 DRAM、SRAM 中保存的指定数据文件或全部文件，保存到存储卡、U 盘、系统 FROM 等永久存储器上。

文件保存的操作步骤如下。

① 将格式化完成的存储卡或 U 盘，插入系统主板插槽或系统控制柜面板的 USB 接口。

② 通过前述的存储器选择操作，选定存储卡 “Mem. Card（MC:）” 或 U 盘 “USB Disk（UDI:）”、系统 FROM（FR）。

③ 在文件操作基本显示页面上，按软功能键〖备份（BACKUP）〗，示教器可显示图 12-47 所示的文件选项，文件选项的含义如下。

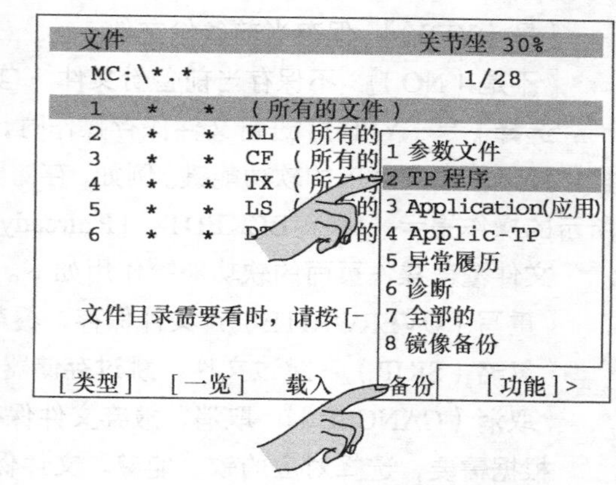

图 12-47　文件保存选择

参数文件（System files）：系统文件（.SV），例如系统参数、宏程序设定数据、伺服设定数据等。

TP 程序（TP Programs）：程序文件（.TP），机器人作业程序文件。程序文件也可通过程序编辑操作，利用程序编辑页面的软功能键〖另存为（SAVE）〗直接保存，有关内容可参见第 8 章。

Application 应用（Application）：不同用途机器人的系统特殊指令、参数、设定数据文件，例如点焊机器人的 SYSSPT.SV 文件等。

Applic.- TP：TP 应用文件，例如标准指令文件（.DF）、暂存器设定数据文件（.VR）、I/O 配置数据文件（.IO）等。

异常履历（Error log）：系统日志，例如报警履历、操作履历等。

诊断（Diagnostic）：控制系统诊断信息，例如伺服诊断数据等。

全部的（All of above）：全部文件。

镜像备份（Image backup）：镜像备份用于系统还原，它可进行系统 FROM、SRAM 存储器数据的全盘复制与安装，还原系统状态。镜像备份一般通过后述的引导系统（Boot Monitor）操作实现，但在 FANUC R-30iA、R-J3i-iC 系统上，也可通过文件保存与安装操作进行。

④ 需要保存指定文件时，可将光标选定需要保存的文件，按【ENTER】键选定后，示教器可显示相应的操作提示信息和软功能键。例如，选择“TP 程序”时，示教器可显示图 12-48（a）所示的“Save MC:\-BCKEDT- . TP（-BCKEDT- . TP 文件要保存吗）?”等。

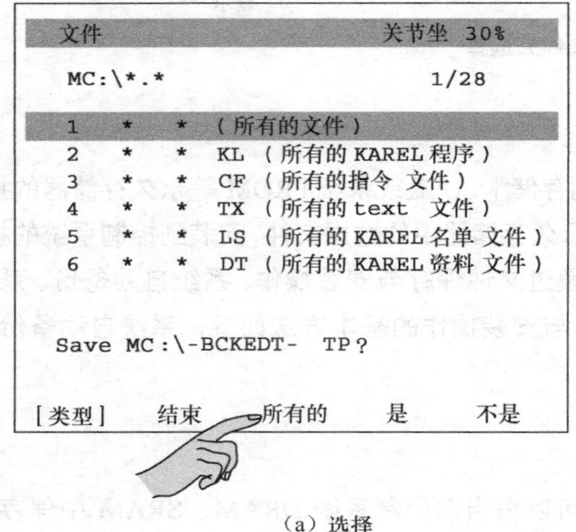

（a）选择　　（b）显示

图 12-48　文件保存操作

文件保存操作页面的软功能键作用如下。

〖结束（EXIT）〗：退出备份操作。

〖所有的（ALL）〗：保存所选类型的所有文件。

〖是（YES）〗：保存当前备份文件。

〖不是（NO）〗：不保存当前备份文件、自动选择下一文件备份。

选择〖是（YES）〗进行文件保存操作时，若存储器存在同名文件，示教器将继续显示文件覆盖操作提示信息及对应的软功能键。例如，存储器存在同名 TP 程序文件时，示教器可显示图 12-48（b）所示的操作提示“MC:\-BCKEDT- . TP already exists（-BCKEDT- . TP 文件已经存在）”等。

文件覆盖操作页面的软功能键作用如下。

〖重写（OVERWRITE）〗：文件保存，覆盖存储器中的同名文件。

〖忽略（SKIP）〗：跳过文件，跳过存储器同名文件，继续保存下一文件。

〖取消（CANCEL）〗：取消，放弃文件保存操作。

根据需要，选择对应的软功能键。文件保存后，示教器返回存储器文件显示页面。

⑤ 需要保存系统所有文件时，光标选定图 12-49（a）所示的文件选择项“全部的（All of above）”，按【ENTER】键选定。此时，示教器将显示图 12-49（b）所示的操作提示信息“删除 MC:\然后备

份吗（Delete MC:\before backup files）?”及软功能键〖执行（YES）〗、〖取消（NO）〗。

按软功能键〖执行（YES）〗，示教器将继续显示确认信息“删除 MC:\与备份所有文件吗（Delete MC:\and backup all files）?”，再次按软功能键〖执行（YES）〗，系统将删除存储卡中的全部数据并保存所有文件。

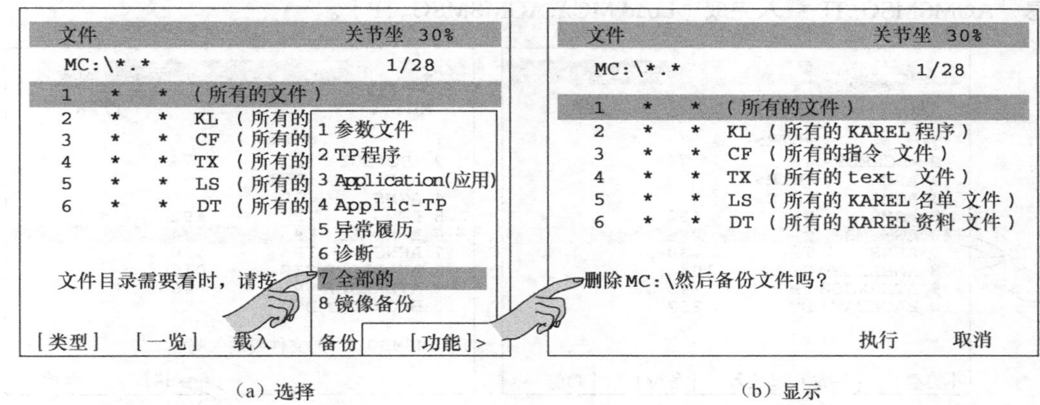

（a）选择　　（b）显示

图 12-49　全部文件保存

2．文件安装

利用文件安装操作，可将保存在存储卡或 U 盘、系统 FROM 等永久存储器上的指定文件或全部文件，装载到控制系统 DRAM、SRAM 中。文件安装操作的步骤如下。

① 将保存有文件的存储卡或 U 盘，插入系统主板插槽或系统控制柜面板的 USB 接口。

② 通过前述的存储器选择操作，选定存储卡“Mem. Card（MC:)”或 U 盘“USB Disk（UDI:)”、系统 FROM（FR:)。

③ 在文件操作基本显示页面上，按软功能键〖一览（DIR）〗，示教器可显示图 12-50（b）所示的存储器中保存的备份文件目录。

④ 光标选定需要安装的文件类别（扩展名），按【ENTER】键，可显示指定类别的文件。若选择“*.*”，可显示图 12-51（a）所示的存储器中保存的全部文件。

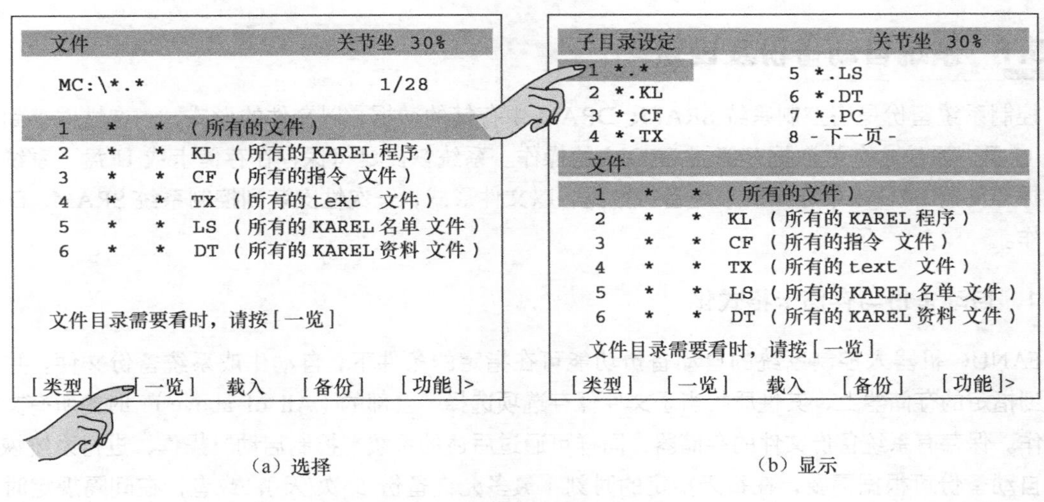

（a）选择　　（b）显示

图 12-50　存储器文件目录显示

⑤ 光标选定需要安装的文件（例如程序文件 AGMSMSG .TP），按软功能键〖载入（LOAD）〗，示教器可显示图 12-51（b）所示的提示信息“AGMSMSG .TP 的文件要载入吗（Load MC:\\AGMSMSG .TP）?”及软功能键〖执行（YES）〗、〖取消（NO）〗。

⑥ 按软功能键〖执行（YES）〗，指定的文件将被安装到系统中，安装完成后，示教器将显示提示信息“AGMSMSG .TP 载入完成（Load MC:\\ AGMSMSG .TP）”。

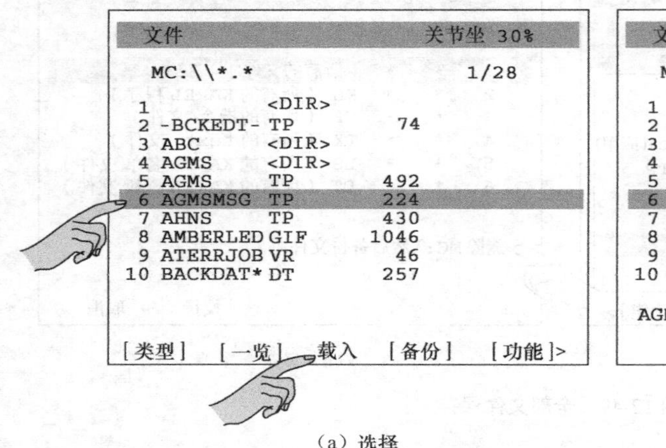

(a) 选择

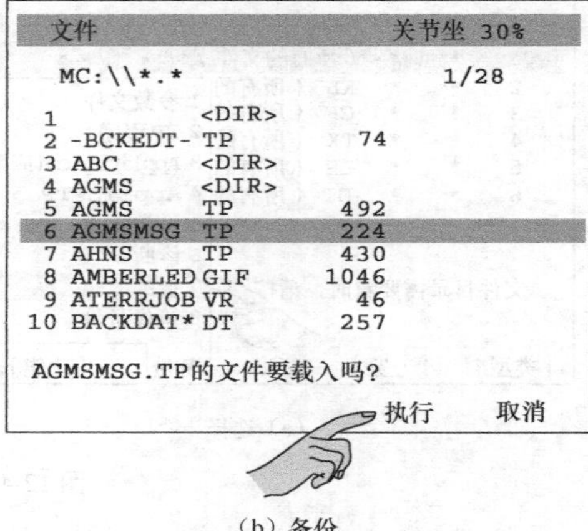

(b) 备份

图 12-51 文件安装

⑦ 若系统已经存在同名文件，示教器将显示操作提示“AGMSMSG .TP 已经存在（MC:\\AGMSMSG .TP already exists）”及如下软功能键。

〖重写（OVERWRITE）〗：文件安装，系统中的同名文件被覆盖。

〖忽略（SKIP）〗：跳过文件，跳过系统中的同名文件，继续安装下一文件。

〖取消（CANCEL）〗：取消，放弃文件安装操作。

根据需要，选择对应的软功能键。文件安装完成后，示教器可返回系统文件操作基本页面显示。

12.5 系统备份与恢复

12.5.1 系统自动备份及设定

控制系统备份是将控制系统 SRAM、DRAM 中存储的数据，以文件的形式，一次性保存到存储卡或 U 盘、系统永久性数据存储器 FROM 的操作。系统恢复是将保存在存储卡或 U 盘、系统永久性数据存储器 FROM 中存储的系统备份数据，以文件形式，一次性安装到控制系统 SRAM、DRAM 的操作。

1．自动备份与存储卡格式化

FANUC 机器人控制系统的自动备份功能可在指定的条件下，自动生成系统备份文件，并将其保存到指定的存储器上，其性质相当于文件保存选项选择“全部的（All of above）”时的所有文件保存操作。保存有系统备份文件的存储器，同样可通过后述的系统“控制启动”操作，进行系统恢复。

自动备份可根据需要，在每天指定的时刻（最多允许备份 5 次/天），或者，在间隔规定时间后的电源接通时刻，或者，在指定 DI 信号输入 ON 时自动进行。自动备份文件一般保存在系统 FROM 存储器的自动备份数据保存区域 Backup（FRA:）或存储卡（MC:）上。备份文件的存储容量大致为“作业程序容量+0.2MB”。在通常情况下，系统 FROM 存储器的自动备份数据保存区或 1 张存储卡，均可保存系统多次自动备份。

保存系统自动备份数据的存储卡必须事先进行自动备份初始化设定，未经自动备份初始化的存储卡不能用于自动备份，因此，当系统插入其他存储卡时，不会因系统自动备份，而导致存储卡原数据的丢失。系统 FROM 存储器的自动备份数据保存区域 Backup（FRA:）已在出厂时进行自动备份初始化，无须进行初始化设定。

存储卡自动备份格式化将删除存储卡的全部数据，重新创建系统自动备份文件及目录。存储卡的自动备份格式化操作，需要通过专门的自动备份初始化设定页面进行，普通的存储器格式化操作不能用于自动备份。

存储卡自动备份格式化的操作步骤如下。

① 将格式化完成的存储卡插入系统主板插槽，并通过前述的存储器选择操作，选定存储卡“Mem. Card （MC:)”。

② 在文件操作基本页面，按软功能键〖类型（TYPE）〗，光标选定图 12-52（a）所示的类型选项“自动备份”，按【ENTER】键，示教器可显示图 12-52（b）所示的自动备份存储卡初始化设定页面。

③ 光标选定设定项，按【ENTER】键选定后，用软功能键、数字键、【ENTER】键完成自动备份存储卡初始化设定（设定项及设定要求见下述）。

④ 按软功能键〖设定初值〗，选择存储卡自动备份格式化操作，此时，示教器可显示格式化操作提示信息“为自动备份用，记忆装置要设定初值吗？”及软功能键〖是（YES）〗、〖不是（NO）〗。

⑤ 按软功能键〖是（YES）〗，示教器将显示“请输入需要保存的备份版本数：”输入框，用数字键输入存储卡需要保存的备份次数（1～99）后，按【ENETR】键，即可进行存储卡自动备份格式化操作。

⑥ 存储卡自动备份格式化完成后，图 12-52（b）所示的自动备份初始化设定页面第 4 行的显示为“状态 - 自动备份准备完成”。如果存储卡不正确或格式化未完成，则显示为“状态 – 装置尚未准备好!!”

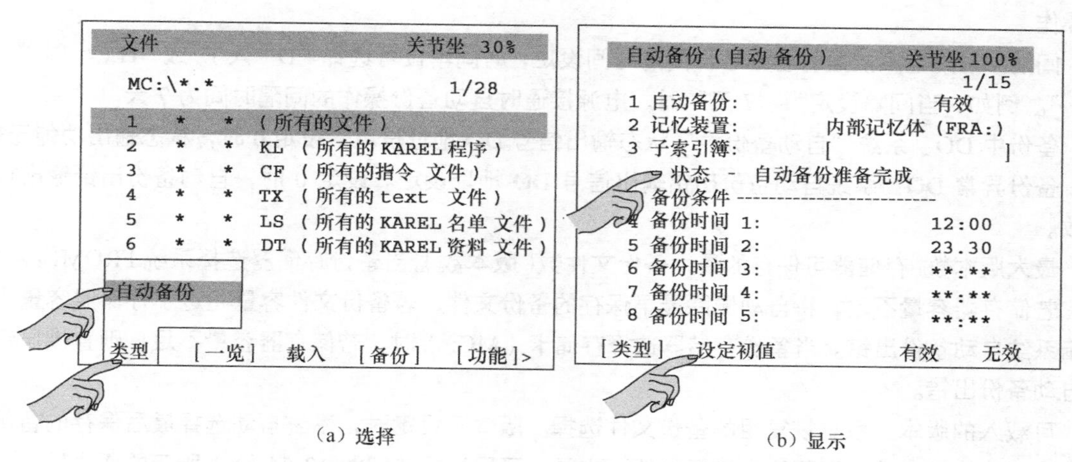

（a）选择　（b）显示

图 12-52　存储卡自动备份格式化

2. 自动备份初始化设定

自动备份存储卡初始化设定的内容如图 12-53 所示，显示内容及设定要求如下。

```
自动备份(自动 备份)              关节坐 100%
                                    1/15
 1 自动备份:                  有效
 2 记忆装置:           内部记忆体(FRA:)
 3 子索引簿:          [                  ]
     状态 - 自动备份准备完成
 自动备份条件 --------------------------------
 4 备份时间 1:                  12:00
 5 备份时间 2:                  23.30
 6 备份时间 3:                  **:**
 7 备份时间 4:                  **:**
 8 备份时间 5:                  **:**

 [类型]   设定初值            有效    无效
```

```
自动备份(自动 备份)              关节坐 100%
                                    9/15
 9 DI 信号 ON 后，备份:   DI    [    0]
 10 开机后备份:           有效
 11   间隔:                7 天(D)
 状态输出 ------------------------------
 12 备份中           DO[    0]
 13 备份异常              DO[    0]
 备份之版本管理 --------------------------
 14 最大的版本数:        5
 15 可载入的版本:   09/07/28 12:00

 [类型]   设定初值            有效    无效
```

图 12-53 自动备份初始化设定

自动备份：自动备份功能显示与设定。设定“有效”时，系统执行自动备份操作，设定“无效”时，自动备份功能无效。

记忆装置：自动备份数据保存位置。选择“内部记忆体（FRA:）”时，自动备份数据保存在系统 FROM 的自动备份数据保存区域；选择“存储卡（MC:）” 时，自动备份数据保存在存储卡上。

子索引簿：自动备份数据文件子目录设定（通常不设定）。

状态：存储器状态显示。完成自动备份格式化的存储器显示“自动备份准备完成”，不正确或未进行格式化的存储卡显示为“装置尚未准备好!!”。

备份时间 1～5：为控制系统每天执行自动备份的时间设定，最多为 5 次/天。不需要的时间可通过软功能键〖删除（DELETE）〗清除。

DI 信号 ON 后备份：系统备份输入启动信号的 DI 地址设定。设定 0 时，系统备份不能通过 DI 信号控制。

开机后备份：系统电源接通时自动备份功能设定。设定“有效”时，系统电源接通时，系统可按规定的间隔（见下项）执行自动备份操作，设定“无效”时，系统电源接通时不执行自动备份功能操作。

间隔：系统电源接通时自动备份间隔时间设定，时间单位可选择“D（天）”或“H（小时）”“M（分）”。例如，当间隔设定为“7 天”时，电源接通时自动备份操作的间隔时间为 7 天。

备份中 DO：系统“自动备份中”状态输出信号 DO 地址设定。设定 0 时，状态输出功能无效。

备份异常 DO：系统自动备份出错输出信号 DO 地址设定。设定 0 时，自动备份出错输出功能无效。

最大版本数：存储器可保存的最大备份文件数（版本数）。当备份存储器选择系统 FROM（FAR:\）时，若储存器容量不足，将自动删除最早保存的备份文件，若备份文件容量超过了存储器容量，则显示系统自动备份出错。当备份存储器选择存储卡（MC:\）时，若储存器容量不足，则直接显示系统自动备份出错。

可载入的版本：系统恢复用的备份文件选择。版本不设定时，系统自动选择最后保存的备份文件作为系统恢复文件。需要改变恢复文件版本时，可用光标选定图 12-54（a）所示的版本输入区，按软功能键〖选择（CHOICE）〗，示教器可显示图 12-54（b）所示的存储器所保存的全部备份数据版本。光标选定所需的版本后，按【ENTER】键确认。

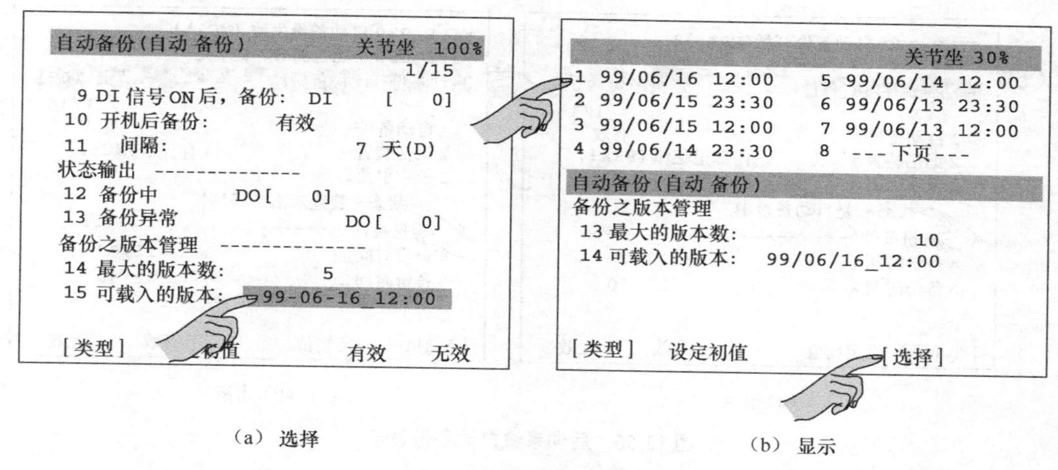

（a）选择　　（b）显示

图 12-54　系统恢复版本选择

3．自动备份显示

FANUC 机器人的系统自动备份的显示在不同版本的系统上有所不同。早期 FANUC 机器人的自动备份显示如图 12-55 所示。

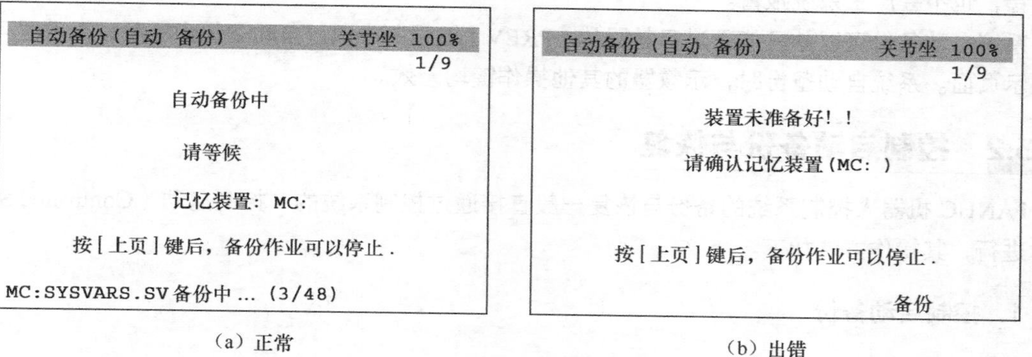

（a）正常　　（b）出错

图 12-55　早期系统自动备份显示

备份正常时，示教器的信息提示行可显示图 12-55（a）所示的备份文件名称，自动备份完成后，示教器可恢复原显示页面。

备份出错时，示教器将显示图 12-55（b）所示的出错信息，故障处理（如更换存储卡）后，可按软功能键〖备份（BACKUP）〗，重新启动备份，或者，按示教器的【PREV】键退出自动备份操作。

后期 FANUC 机器人的自动备份显示如图 12-56 所示。

备份正常时，示教器的状态显示行可显示图 12-56（a）所示的“FILE-077 自动备份开始（FAR:\）”信息，并在自动备份初始化设定页面的第 4 行显示“状态 – 是自动备份中”。备份完成后，示教器的状态显示行可显示“FILE-078 自动备份完成”信息，自动备份初始化设定页面的第 4 行将返回“状态–自动备份准备完成”显示。

备份出错时，示教器的状态显示行可显示图 12-56（b）所示的“FILE-079 自动备份失败（MC:\）、FILE-055 不能检测 MC 卡种类”出错信息，并在自动备份初始化设定页面的第 4 行显示“状态 – 装置未准备好!!”。出错信息将被记录到系统的故障履历中。

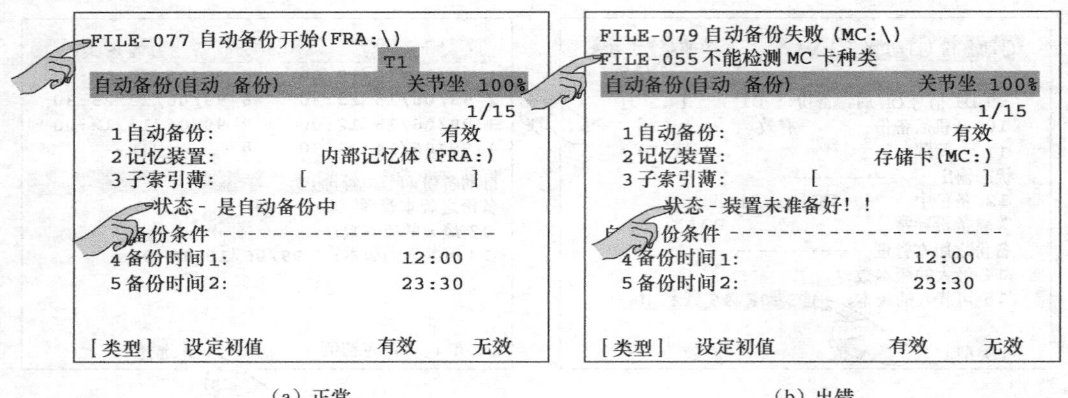

（a）正常　　（b）出错

图 12-56　后期系统自动备份显示

若初始化设定项“备份中 DO”的 DO 地址设定不为“0”，系统执行自动备份操作时，还可在指定的 DO 信号上输出 ON 状态。如果初始化设定项“备份异常 DO”的 DO 地址设定不为“0”，自动备份出错时，可在指定的 DO 信号输出 ON 状态。

FANUC 机器人控制系统的自动备份以后台方式执行，因此，无论自动备份是否正常，都不影响程序的自动运行。系统执行自动备份操作时，RSR/PNS 远程运行 UI 信号同样有效。此外，即使备份出错，也不会产生系统报警。

系统自动备份可以并只能通过示教器的【PREV】键强制中断。自动备份中断后，示教器可返回原显示页面。系统自动备份时，示教器的其他操作键均无效。

12.5.2　控制启动备份与恢复

FANUC 机器人控制系统的备份与恢复一般直接通过控制系统的“控制启动（Controlled Start）”操作进行，其操作方法如下。

1. 控制启动备份

利用控制启动进行系统备份的操作步骤如下。

① 将存储卡插入系统主板插槽。

② 同时按住示教器的【PREV】、【NEXT】键，接通控制柜系统电源，直至示教器显示图 12-57（a）所示的系统配置菜单（Configuration menu）。

③ 按示教器的数字键【3】选择“Controlled start（控制启动）”后，按【ENTER】键确认，示教器显示图 12-57（b）所示的控制启动菜单（CTRL START MENU）。

④ 按示教器操作菜单键【MENU】，光标选定“文件（File）”操作项，按【ENTER】键，示教器可显示图 12-58 所示的控制启动模式的文件操作页面。

控制启动文件操作页面的显示内容、软功能键以及存储设备选择、文件保存与安装操作等，均与正常的文件操作相同。

⑤ 如果软功能键 F4 显示为〖全恢复（RESTORE）〗，可按示教器功能键【FCTN】，光标选定“全部载入/备份（RESTORE/BACKUP）”选项，按【ENTER】键，便可使软功能键 F4 在图 12-58 所示的〖全恢复（RESTORE）〗与〖备份（BACKUP）〗间相互切换。

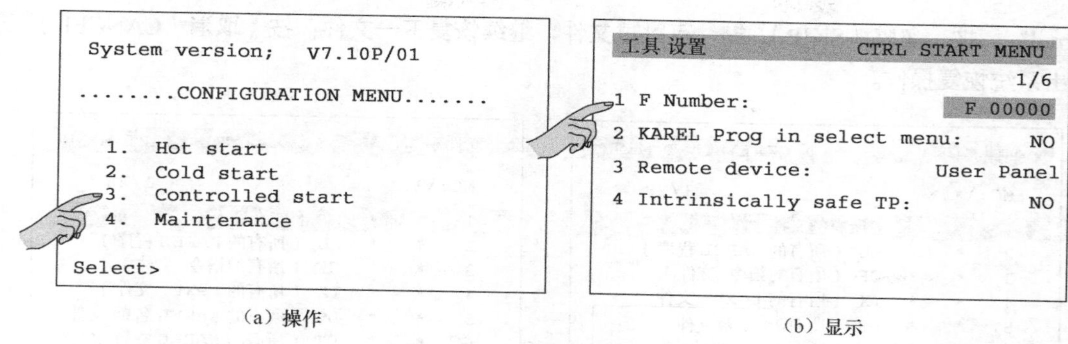

（a）操作　（b）显示

图 12-57　控制启动

⑥ 按软功能键〖备份（BACKUP）〗选定备份文件后，便可通过前述文件操作备份同样的步骤，进行控制系统备份。

2. 控制启动恢复

利用控制启动进行系统备份的操作步骤如下。

① 将保存有系统备份的存储卡插入系统主板插槽。

② 通过控制启动系统备份操作步骤②～④同样的操作，使示教器显示图 12-58（a）所示的控制启动文件操作页面、软功能键 F4 显示〖全恢复（RESTORE）〗。

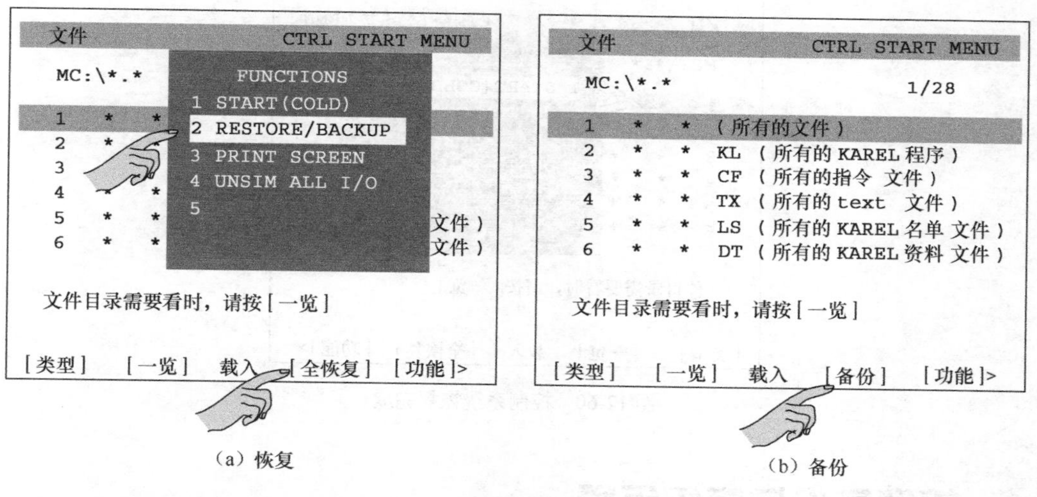

（a）恢复　（b）备份

图 12-58　软功能键切换

③ 按软功能键〖全恢复（RESTORE）〗，示教器可显示图 12-59（a）所示的系统恢复选项。

④ 光标选定需要恢复的系统文件，按【ENTER】键，示教器可显示图 12-59（b）所示的操作提示信息“所有的文件从存储卡载入吗（Restore from Memory card (OVRWRT)）?”及软功能键〖执行（YES）〗、〖取消（NO）〗。

⑤ 按软功能键〖执行（YES）〗，执行系统恢复操作。

控制启动模式的系统恢复将覆盖系统现有文件，如果现有文件处于写保护或编辑状态，示教器将显示操作提示信息“Could not load file MC:\ ***”或“MEMO-006 Protection error occurred”及软功能键〖忽略（SKIP）〗、〖取消（CANCEL）〗，并在状态行显示出错信息“MEMO-006 Protection error occurred”。按〖忽略（SKIP）〗键，可跳过文件，继续恢复下一文件；按〖取消（CANCEL）〗键，可退出系统恢复操作。

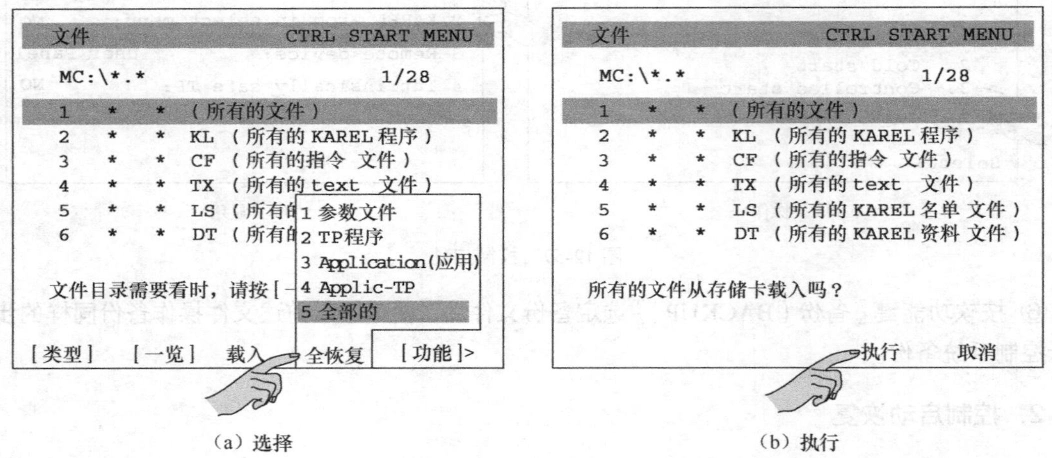

（a）选择 （b）执行

图 12-59 控制系统恢复

⑥ 系统恢复完成后，按示教器功能键【FCTN】，光标选定图 12-60 所示的“START（CLOD）”选项，按【ENTER】键，系统可进入正常操作模式。

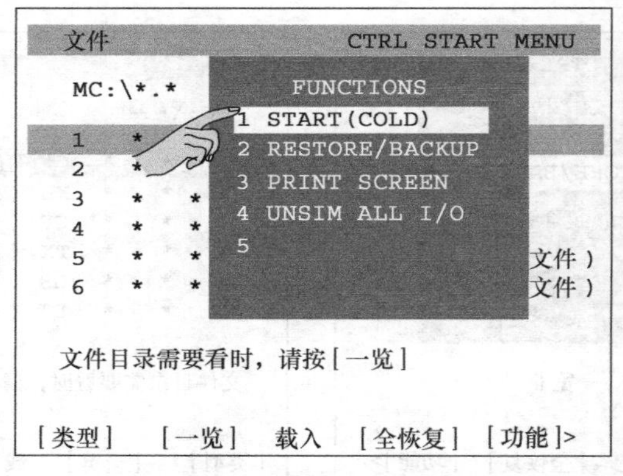

图 12-60 控制系统恢复完成

12.6 镜像备份与系统还原

12.6.1 文件操作镜像备份与还原

镜像备份（Image Backup）在 FANUC 机器人说明书上有时被译作图像备份，这是一次性保存控制系统 FROM 及 SRAM 存储器全部数据的操作。镜像备份文件重新安装到系统后，系统即被还原为备份时刻的状态。

FANUC 机器人控制系统的镜像备份文件需要保存到系统的存储卡（MC:）或安装有机器人调试软件的计算机（TFTP:）上。在通常情况下，系统的镜像备份一般通过后述的引导系统操作（Boot Monitor）进行，但在 FANUC R-30iA、R-J3i-iC 机器人控制系统上，也可直接通过文件操作进行镜像备份与系统还原。

利用文件操作进行镜像备份与系统还原的操作方法分别如下，在系统镜像备份执行期间，切不可进行系统断电、存储卡插拔等操作。

1. 镜像备份

在使用 R-30iA、R-J3i-iC 控制系统的 FANUC 机器人上，利用文件操作进行镜像备份的操作步骤如下。

① 接通控制柜的电源总开关，启动控制系统。利用文件操作进行镜像备份与系统还原操作时，控制系统启动必须选择冷启动或热启动方式，而不能以初始化启动、控制启动等特殊方式启动操作，并且，在系统执行备份与还原操作期间，不允许断开系统电源。

② 将控制面板的操作模式选择开关置示教模式 1（T1 或 T2），并将示教器的 TP 开关置 “ON” 位置（镜像备份与系统还原操作必需）。

③ 将格式化完成的存储卡插入系统主板插槽。镜像备份与系统还原需要准备一张独立的存储卡，每张存储卡只能保存一台机器人的镜像备份文件，并且，在系统执行备份与还原操作期间，不允许拔出存储卡。

④ 通过前述的存储器选择操作，选定存储卡 “Mem. Card （MC:)”。

⑤ 在文件操作基本显示页面上，按软功能键〖备份（BACKUP）〗显示文件保存选项后，光标选定图 12-61（a）所示的 “镜像备份（Image Backup）”，按【ENTER】键选定。

此时，如果存储卡中已保存有镜像备份文件，示教器将显示提示操作提示信息 “可以删掉 IMG 文件吗？” 及软功能键〖是（YES）〗、〖不是（NO）〗。

按〖是（YES）〗，系统将继续显示操作提示信息 “再度启动？” 及软功能键〖OK〗、〖取消（CANCEL）〗。按〖OK〗键，控制系统将自动重启，并执行镜像备份操作将系统 FROM、SRAM 存储器中的数据依次写入到存储卡中，示教器显示图 12-61（b）所示的镜像备份文件写入进程。在系统镜像备份执行期间，切不可进行系统断电、存储卡插拔等操作。

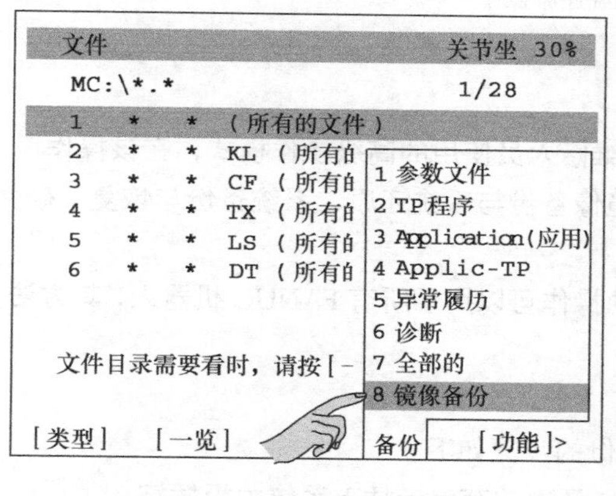

（a）选择

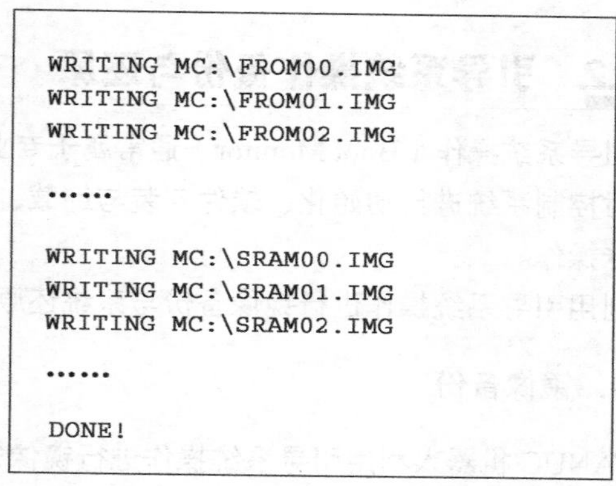

（b）显示

图 12-61 镜像备份操作

⑥ 镜像备份正常完成时，示教器将显示操作提示信息 “Image 备份正常地结束了” 及软功能键〖OK〗。镜像备份出错时，示教器将显示操作提示信息 “Image 备份失败” 及软功能键〖OK〗，同时，在故障履历上记录信息 “SYST-223 Image backup 失败（**）”，并在括号内显示出错原因。

⑦ 按〖OK〗键，示教器返回文件操作基本显示页面。

2. 系统还原

在使用 R-30iA、R-J3i-iC 控制系统的 FANUC 机器人上，利用文件操作进行的镜像备份可用于系统还原，系统还原的操作步骤如下。

① 将保存有镜像备份文件的存储卡插入系统主板插槽。

② 同时按住示教器的软功能键【F1】和【F2】，接通控制系统电源，直到示教器显示图 12-62（a）所示的系统还原存储器选择页面。

③ 按示教器的数字键【1】选定存储卡后，按【ENTER】键，示教器可显示 12-62（b）所示的系统还原确认页面。

④ 按示教器的数字键【1】启动系统还原操作。

执行系统还原操作时，示教器可显示系统还原进程。在系统还原期间，不可进行系统断电、存储卡插拔等操作。

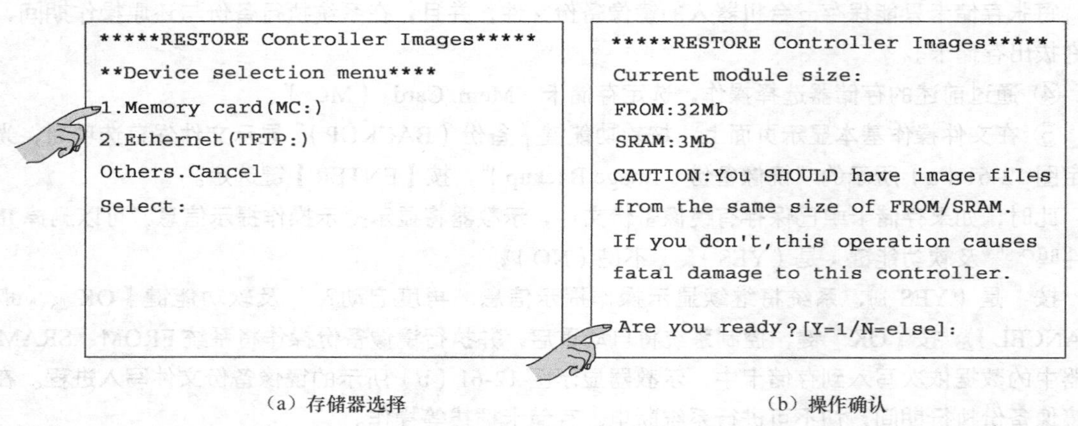

（a）存储器选择　　（b）操作确认

图 12-62　系统还原操作

12.6.2　引导系统操作备份与还原

引导系统操作（Boot Monitor）通常属于专业维修人员使用的高级操作模式，在该操作模式下，可以对控制系统进行初始化、软件安装与卸载、镜像备份与系统还原、系统备份与恢复、硬件诊断等特殊操作。

利用引导系统操作进行镜像备份与系统还原的操作可以用于所有 FANUC 机器人，其方法如下。

1. 镜像备份

FANUC 机器人利用引导系统操作进行镜像备份的步骤如下。

① 将格式化完成的、专门用于镜像备份与系统还原的存储卡插入系统主板插槽。

② 同时按住示教器的软功能键【F1】和【F5】，接通控制系统电源，直到示教器显示图 12-63（a）所示的引导系统操作主菜单（BMON MENU）。

③ 按示教器的数字键【4】选定“Controller backup/restore（控制系统备份与恢复）”操作菜单，按【ENTER】确认，示教器可显示图 12-63（b）所示的“BACKUP/RESTORE MENU（系统备份与恢复）”操作子菜单。

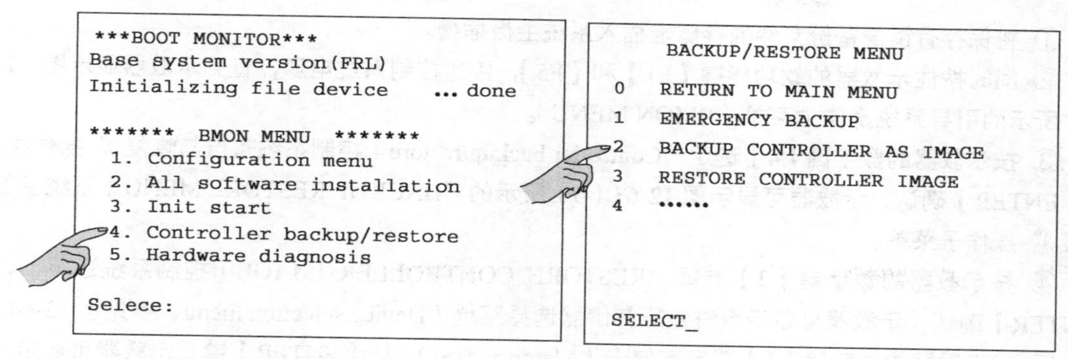

（a）主菜单　　（b）子菜单

图 12-63　引导系统操作菜单

④ 按示教器的数字键【2】选择“BACKUP CONTROLLER AS IMAGE（控制系统镜像备份）”，按【ENTER】确认，示教器可显示图 12-64（a）所示的镜像备份存储器选择菜单（Device selection menu）。

⑤ 按示教器的数字键【1】选定存储卡（Memory card），按【ENTER】键，示教器可显示 12-64（b）所示的系统镜像备份确认页面。

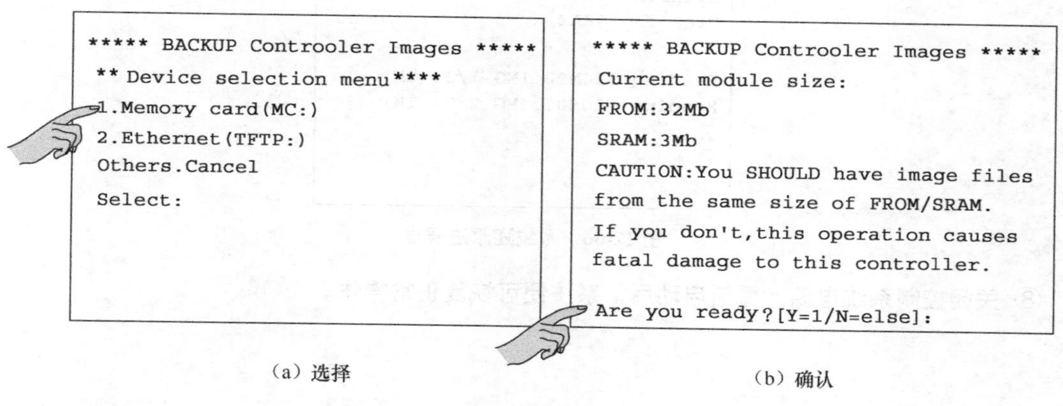

（a）选择　　（b）确认

图 12-64　镜像备份操作

⑥ 按示教器的数字键【1】，系统将启动镜像备份操作将系统 FROM、SRAM 存储器中的数据依次写入到存储卡中，示教器显示图 12-65 所示的镜像备份文件写入进程。在系统镜像备份执行期间，不可进行系统断电、存储卡插拔等操作。

```
WRITING MC:\FROM00.IMG
WRITING MC:\FROM01.IMG
WRITING MC:\FROM02.IMG

WRITING MC:\SRAM00.IMG
WRITING MC:\SRAM01.IMG
WRITING MC:\SRAM02.IMG
……
DONE!
```

图 12-65　镜像备份进程显示

⑦ 镜像备份完成后，示教器将显示操作提示信息“Press ENTER to Return”。按【ENTER】键，示教器将返回引导系统操作主菜单（BMON MENU）。

⑧ 关闭控制系统电源、重新启动后，系统便可恢复正常操作。

2．系统还原

FANUC 机器人利用引导系统操作进行系统还原的步骤如下。

① 将保存有镜像备份文件的存储卡插入系统主板插槽。

② 同时按住示教器的软功能键【F1】和【F5】，接通控制系统电源，直到示教器显示图 12-63（a）所示的引导系统操作主菜单（BMON MENU）。

③ 按示教器的数字键【4】选定“Controller backup/restore（控制系统备份与恢复）”操作菜单，按【ENTER】确认，示教器可显示图 12-63（b）所示的“BACKUP/RESTORE MENU（系统备份与恢复）”操作子菜单。

④ 按示教器的数字键【3】选择“RESTORE CONTROLLER IMAGE（控制系统还原）”，按【ENTER】确认，示教器可显示系统还原存储器选择菜单（Device selection menu，参见图 12-64）。

⑤ 按示教器的数字键【1】选定存储卡（Memory card），按【ENTER】键，示教器可显示系统还原确认页面（参见图 12-64）。

⑥ 按示教器的数字键【1】，启动系统还原操作后，示教器可显示图 12-66 所示的系统还原进程。在系统还原期间，不可进行系统断电、存储卡插拔等操作。

⑦ 系统还原完成后，示教器将显示操作提示信息“Press ENTER to Return”。按【ENTER】键，示教器将返回引导系统操作主菜单（BMON MENU）。

```
Checking FROM00.IMG          Done
Clearing FROM                Done
Clearing SRAM                Done

Reading FROM00.IMG 1/34(1M)
Reading FROM01.IMG 2/34(1M)
......
```

图 12-66　系统还原进程显示

⑧ 关闭控制系统电源、重新启动后，系统便可恢复正常操作。

13.1 机器人故障分析与处理

13.1.1 故障分析与报警显示

机器人故障可能是多方面造成的，错误的处理不但不能使得机器人恢复正常，而且还可能导致更大的问题。因此，维修时应认真检查、仔细分析故障原因，准确判断故障部位并排除故障。

机器人的部分故障可能与工作条件、安装连接、操作等因素有关，维修时应根据故障现象，认真对照机器人与控制系统使用说明书进行相关检查，以确认故障的真正原因、进行相应的维修处理。

机器人维修需要进行的常规检查及故障分析的基本方法如下。

1. 常规检查

机器人的常规检查一般包括机器人基本状态检查、连接检查、操作检查等，常规检查的内容通常如下。

① 基本状态检查。机器人基本状态检查的一般内容如下。

——机器人的工作环境是否符合要求？电源、气压等条件是否满足要求？

——机器人是否已经正确安装与调整？

——控制柜、示教器及机器人机械零部件是否完好？是否有变形与损坏现象？

——控制柜内的控制器、驱动器安装是否牢固、可靠？器件表面是否有灰尘、金属粉末等污染？冷却风扇工作是否正常？

——作业工具、辅助控制部件安装是否符合规定、牢固可靠？

——润滑脂是否已按规定充填、更换？等等。

② 连接检查。机器人连接检查的一般内容如下。

——输入电源是否有缺相现象？电压范围是否符合要求？电源线、系统接地线连接是否可靠？接地线规格是否符合要求？

——电缆是否有扭曲、缠绕、破裂、损伤现象？动力线与信号线布置是否合理？

——伺服电机、作业工具的电缆连接器插头是否完全插入、拧紧？等等。

③ 操作检查。机器人操作检查的一般内容如下。

——机器人是否处于正常作业状态？作业工具、辅助控制装置是否已正常？

——作业工具安装是否符合要求？机器人运动是否存在干涉？

——控制柜面板上的按钮、开关位置是否正确？急停按钮是否处于急停状态？

——机器人零点是否准确？软件限位设定、机械限位挡块调整位置是否正确？

——机器人的工具坐标系、工具质量、负载质量设定是否正确？等等。

机器人维修时需要进行检查的项目较多，而且系统越复杂需要检查的内容就越多，为了方便检查、防止遗留，专业维修人员一般需要事先设计、制作一份专门的机器人维修检查表，以便逐项进行检查。

2. 故障分析

故障分析是进行数控机床维修的重要步骤，通过故障分析，一方面可以基本确定故障的部位与产生原因，为排除故障提供正确的方向、少走弯路，同时还可以检验维修人员素质、促进维修人员提高分析问题、解决问题能力的作用。

通常而言，工业机器人的故障分析、诊断主要有以下几种方法。

① 常规分析法。常规分析法是通过对机器人的机、电部件常规检查，来判断故障发生原因与部位的一种简单方法，常规分析一般只能判定作业条件、器件外观损坏等简单故障，其作用与基本检查类似，常规分析法通常包括以下内容。

——检查电源（电压、频率、相序、容量等）是否符合要求；

——检查气动压力是否符合要求，润滑脂是否已按规定充填、更换；

——检查电器元件、机械部件是否安装牢固、外观是否有明显的损坏等。

② 动作分析法。 动作分析法是通过观察、监视机器人实际动作，判定不良部位，并由此来追溯故障根源的一种方法。一般来说，机器人的作业工具、辅助控制部件，例如抓手、焊钳等均可以通过动作诊断来判定故障原因。

动作分析法可以在控制系统电源关闭情况下，通过对气动阀等部件的手动操作，使得机械部件运动，检查动作正确性、可靠性。此外，也利用外部发信体、万用表、指示灯等工具，检查接近开关、行程开关的发信状态。

③ 状态分析法。状态分析法是通过系统监控功能监测执行部件的工作状态、判定故障原因的一种方法，它可以在不使用外部仪器、设备的情况下，通过控制系统的状态监控，迅速找到故障的原因，因此，在工业机器人维修时使用最广。

在现代采用计算机控制的系统中，伺服驱动系统、控制系统的构成模块等关键部件的主要参数都可以通过各种方法进行动态、静态检测。

例如，利用前述的示教器系统监控操作，检查系统的存储器状态、程序定时器、安全信号、运行时间、程序执行情况。或者，通过伺服运行状态监控、伺服诊断等操作，对各轴的伺服驱动器报警监控信号（Flag Bits）、编码器报警监控信号（Alarm Status）、位置脉冲，以及伺服电机输出转矩、到位状态、超程、驱动器准备好等信号进行监控与检查。此外，还可通过控制系统的输入仿真、输出强制操作，对机器人控制系统的I/O信号进行仿真与强制，以判别输入/输出装置的连接、工作情况。

④ 系统自诊断法。控制系统的自诊断功能主要有开机自诊断、故障显示、在线测试等，其作用于功能如下。

开机自诊断是指系统通电时由内部操作系统自动执行的诊断程序，其作用类似于计算机的开机诊断。开机自诊断可以对控制系统的关键部件，如 CPU、存储器、I/O 单元、示教器单元、模块、网络连接等进行自动硬件安装与软件测试检查，确定其功能、安装、连接状态，只有当全部项目确认无误后，才能进入正常运行状态。

故障显示是控制系统以报警显示的形式，通过示教器显示错误信息，提示维修人员故障内容、原因及处理方法的自诊断功能。故障显示的内容具体、含义明确、提示清晰，是机器人故障时最重要、最常用的维修指南，报警显示的操作方法可参见第 12 章。

在线测试需要使用专门的测试设备及安装有专用测试软件的计算机，它可以为控制系统故障分析、维修提供更为详细的数据，准确确定故障部位和原因。在线测试通常需要由控制系统生产厂家的专业维修人员、利用专门测试设备进行。

13.1.2 机器人常见故障与急停冲击

1. 机器人故障处理

工业机器人本体的常见故障、可能的原因及一般处理方法如表 13-1 所示。

表 13-1 机器人本体常见故障与处理

现象	部位或状态	可能原因	故障处理
运行时振动、发出异常声音	底板、连接板、机器人基座	1. 底板、地脚螺栓松动； 2. 连接板和底板焊接不良、焊缝脱落； 3. 基座和连接板（或底板）连接螺栓松动； 4. 底板或连接板、基座的安装面不平整、存在异物； 5. 底板、连接板厚度、刚性不足	1. 紧固连接螺栓； 2. 检查焊缝、必要时重新焊接； 3. 检查安装面是否存在异物，必要时对安装面进行重新加工； 4. 按说明书要求，保证底板、连接板厚度和刚性
	腰回转时	1. J1 轴与基座连接螺栓松动； 2. 基座与腰的安装面不平整、存在异物； 3. J1 轴支承轴承间隙过大	1. 紧固连接螺栓； 2. 检查安装面是否存在异物，必要时对安装面进行重新处理； 3. 重新调整轴承间隙
	特定姿态或加减速时	1. 负载过大； 2. 速度、加速度过大	1. 减轻负载； 2. 降低速度、加速度
	碰撞后或长期使用	1. 机械传动部件损坏、磨损； 2. 机械传动部件存在异物； 3. 润滑污染或不足	1. 确定不良部位，更换零件； 2. 清理机械传动部件、更换润滑脂
	驱动电机	1. 驱动系统安装、连接不良； 2. 驱动系统参数设定、调整不当； 3. 电枢、编码器电缆断线、连接不良或连接错误； 4. 电机、编码器或驱动器不良	1. 检查安装、连接； 2. 重新调整驱动系统参数； 3. 检查驱动器、电机、编码器连接； 4. 更换驱动器、电机或编码器
	低速运行时	1. 更换的润滑脂规格不正确； 2. 用于机器人长期不使用，更换润滑脂后的开始阶段。	1. 使用规定的润滑脂； 2. 机器人运行 1～2 天后，可能自动消失
本体晃动	工作时	机械部件安装、连接不良	检查机器人安装、固定部件连接
	急停时	急停导致的冲击（见后述）	冲击过大时（见后述），应检查机器人安装与固定部件连接
电机过热	长时间工作后	1. 环境温度过高； 2. 电机散热不良； 3. 负载过重或加减速过于频繁； 4. 驱动器参数调整不当； 5. 机械传动系统不良	1. 改善工作环境、电机散热条件； 2. 减轻负载，减少加减速次数； 3. 重新调整驱动器参数； 4. 检查机械传动系统

续表

现象	部位或状态	可能原因	故障处理
电机过热	开机时	1. 制动器故障或连接不良； 2. 电源输入缺相或电压过低； 3. 电枢、编码器电缆断线、连接不良或连接错误； 4. 电机、编码器或驱动器不良	1. 检查制动器安装、连接； 2. 检查输入电源； 3. 检查驱动器、电机安装、连接； 4. 更换驱动器、电机或编码器
手臂自落	断电时	1. 制动器松开继电器触点熔焊、无法完全断开； 2. 制动器有润滑脂、油渗入； 3. 制动器磨损、老化	1. 检查、更换制动器松开继电器； 2. 更换制动器
定位不准	运行时	1. 机械传动系统间隙过大，机械传动部件连接不良或损坏； 2. 减速器磨损或损坏； 3. 机器人零点位置不正确； 4. 编码器、电机连接不良； 5. 编码器不良	1. 检查、调整机械传动系统，更换不良部件； 2. 更换减速器； 3. 校准机器人零点； 4. 检查编码器、电机连接； 5. 更换编码器
	急停时	控制系统延迟、运动部件惯性引起的制动偏移	偏移过大时（见后述），应检查机器人安装与固定部件连接
润滑溢出	运行时	1. 密封件老化； 2. 机械部件破损； 3. 密封螺栓松动； 4. 冲脂口破损或密封不良	1. 更换密封件； 2. 更换破损机械部件； 3. 紧固密封螺栓； 4. 检查冲脂口及密封

2. 机器人急停冲击

机器人运动时出现急停、断电等异常情况时，伺服驱动系统的主电源将被直接分断、伺服电机将以最大电流紧急制动，关节轴运动迅速停止。

垂直串联工业机器人各关节轴的负载中心往往远离驱动电机，负载惯性较大，因此，机器人紧急停止时，机器人可能产生冲击和晃动，同时，关节轴位置将因控制系统动作延迟、运动部件惯性而发生偏移。机器人的冲击和偏移是控制系统急停时必然发生的正常现象，如果机器人安装可靠、不发生碰撞，并且，所产生的冲击和偏移都在说明书规定的范围之内，就无须进行处理。

机器人急停时的冲击力、冲击转矩以及由于控制系统延迟、运动惯性引起的关节轴位置偏移，与机器人结构、规格及急停时的负载质量、关节轴运动速度、机器人和工具姿态等诸多因素有关。

例如，对于FANUC R-1000iA/80F机器人，在手腕安装最大负载、关节轴以最大速度在负载惯性最大的极限情况下急停时，将在图13-1所示的方向，产生如下冲击力和冲击转矩。

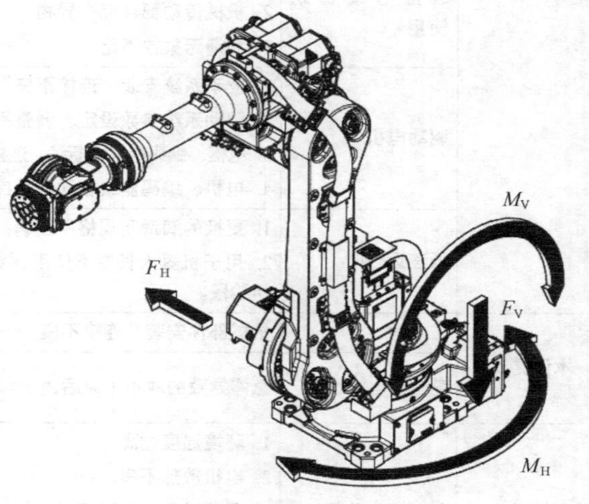

图13-1　机器人急停冲击

水平冲击力 F_H：21.56×10^3 N；

垂直冲击力 F_V：21.56×10^3 N；

水平冲击转矩 M_H：14.7×10^3 N·m；

垂直冲击转矩 M_V：38.22×10^3 N·m。

因控制系统延迟所产生的J1、J2、J3轴最大位置偏移如下。

J1 轴：控制系统延时 0.362s、最大偏移角度 29.4°；

J2 轴：控制系统延时 0.231s、最大偏移角度 15°；

J3 轴：控制系统延时 0.164s、最大偏移角度 14.4°。

因运动部件惯性所产生的 J1、J2、J3 轴最大位置偏移如下。

J1 轴：制动时间 0.698s、最大偏移角度 62.3°；

J2 轴：制动时间 0.756s、最大偏移角度 50.9°；

J3 轴：制动时间 0.652s、最大偏移角度 59°。

13.1.3 编码器计数出错与处理

编码器计数出错报警是工业机器人使用过程中的常见故障。机器人使用时，如果出现后备电池失效、电池连接线断开，或更换驱动电机、编码器，或驱动电机和运动部件的连接脱开等情况，编码器脉冲计数存储器的数据将丢失或出错，从而导致关节轴的编码器脉冲计数值与实际位置不符、控制系统产生编码器出错报警。

FANUC 机器人发生编码器出错报警时，通常需要通过机器人校准操作，才能恢复正常运行。机器人常见的编码器出错报警及处理方法如下。

1．SRVO-038 报警

SRVO-038 SVAL2 Pulse mismatch（Group：i Axis：j）为运动组 *i* 的 *j* 轴编码器脉冲计数值出错报警，中文版系统的显示为“脉波计数不符合（群组：i 轴：j）”。

产生 SRVO-038 报警的原因是：系统电源接通时，从编码器读入的当前脉冲计数值，与系统保存的、上次断电时刻的脉冲计数值不一致。报警多因控制系统断电后，由于外力的作用，使编码器位置发生了变化导致。例如，更换了机械传动部件、松开了驱动电机制动器等。控制系统发生 SRVO-038 报警时，机器人将不能进行任何移动。维修时一般可通过“零点校准”操作重新设置控制系统的脉冲计数值解决。

SRVO-038 报警处理的一般方法如下。

① 利用系统参数设定操作（参见第 10 章第 10.7 节），将系统参数（变量）$MASTER_ENB 设定为“1”或“2”，使机器人校准设定项“零度点调整（Master/Cal）”能在操作菜单“系统（SYSTEM）”、〖类型（TYPE）〗显示项目上显示。

② 按操作菜单键【MENU】，光标选择“0 —NEXT—”，按【ENTER】键确认，显示扩展操作菜单。光标选定操作菜单“系统（SYSTEM）”，按【ENTER】键确认，示教器可显示系统设定基本页面。

③ 按软功能键〖类型（TYPE）〗，光标选定“零度点调整（Master/Cal）”选项，按【ENTER】键确认，示教器可显示图 13-2（a）所示的机器人零点设定与校准页面，并显示软功能键〖载入（LOAD）〗、〖脉冲置零（RES_PCA）〗、〖完成（DONE）〗及校准操作选项。

④ 按软功能键〖脉冲置零（RES_PCA）〗，示教器将显示图 13-2（b）所示的编码器报警清除提示信息“重置脉冲编码器报警？ [不是]（Reset pulse coder alarm? [NO]）”及软功能键〖是（YES）〗、〖不是（NO）〗，按软功能键〖是（YES）〗，清除 SRVO-038 报警。

⑤ 通过系统参数设定操作，选择图 13-3（a）所示的系统参数（变量）组$DMR_GRP（运动组参数）输入区，按【ENTER】键显示 13-3（b）所示的系统参数$DMR_GRP[1]. $MASTER _DONE。

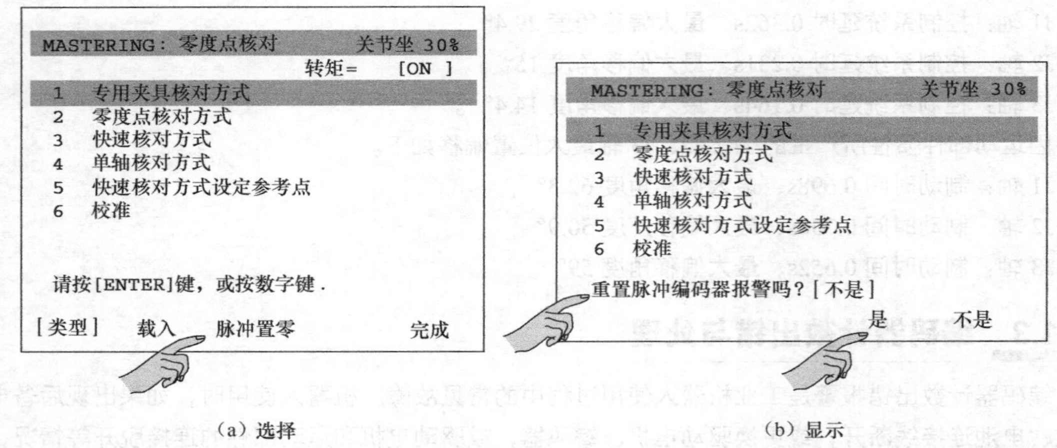

（a）选择 （b）显示

图 13-2 编码器报警清除

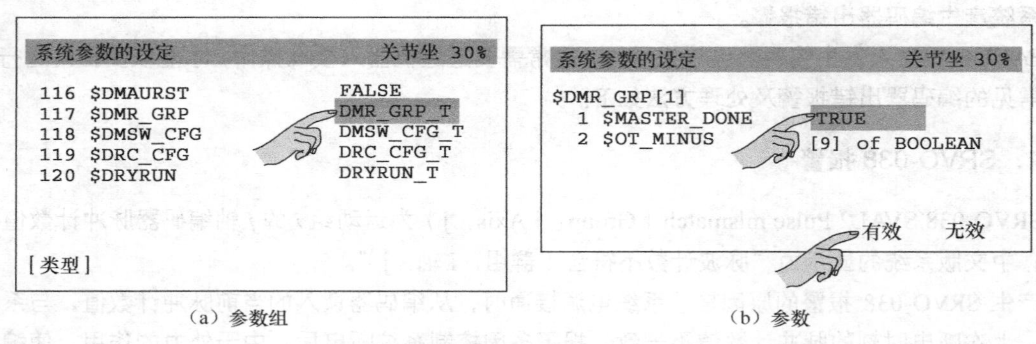

（a）参数组 （b）参数

图 13-3 系统参数设定

⑥ 光标选定参数$DMR_GRP[1].$MASTER_DONE 输入区，按【ENTER】键选定后，按软功能键〖有效（TRUE）〗，将$DMR_GRP[1].$MASTER_DONE 设定为“TRUE”。

⑦ 再次通过机器人校准操作，显示机器人校准页面。

⑧ 光标选定操作选项“6 校准（CALIBRATE）”，按【ENTER】键确认，示教器将显示操作提示信息“选择校准吗？[不是]（Calibrate? [NO]）”及软功能键〖是（YES）〗、〖不是（NO）〗。

⑨ 按软功能键〖是（YES）〗，控制系统可执行校准操作、重新设置脉冲计数值。

2. SRVO-062、075 报警

SRVO-062 SVAL2 BZAL alarm（Group：i Axis：j）为运动组 i 的 j 轴编码器后备电池失效报警，中文版系统的显示为“BZAL 异常（群组：i 轴：j）”。SRVO-062 报警多因编码器后备电池失效或电源连接线断，使得编码器的脉冲计数存储器数据丢失所造成。控制系统发生 SRVO-062 报警时，机器人将不能进行任何移动。维修时一般应通过“零点校准”操作，重新设置编码器的脉冲计数存储器数据，报警处理的一般方法如下。

① 利用系统参数设定操作（参见第 10 章第 10.7 节），将系统参数（变量）$MASTER_ENB 设定为“1”或“2”，使机器人校准设定项“零度点调整（Master/Cal）”能在操作菜单“系统（SYSTEM）”、〖类型（TYPE）〗显示项目上显示。

② 按操作菜单键【MENU】，光标选择“0—NEXT—”，按【ENTER】键确认，显示扩展操作菜单。光标选定操作菜单“系统（SYSTEM）”，按【ENTER】键确认，示教器可显示系统设定基本

页面。

③ 按软功能键〖类型（TYPE）〗，光标选定“零度点调整（Master/Cal）”选项，按【ENTER】键确认，示教器可显示图 13-2（a）所示的机器人零点设定与校准页面，并显示软功能键〖载入（LOAD）〗、〖脉冲置零（RES_PCA）〗、〖完成（DONE）〗及校准操作选项。

④ 按软功能键〖脉冲置零（RES_PCA）〗，示教器将显示图 13-2（b）所示的编码器报警清除提示信息“重置脉冲编码器报警？[不是]（Reset pulse coder alarm? [NO]）”及软功能键〖是（YES）〗、〖不是（NO）〗。按软功能键〖是（YES）〗，清除 SRVO-062 报警、重新设置编码器的脉冲计数存储器数据。

⑤ 关闭控制系统电源，重启控制系统。

如果 SRVO-062 报警后，系统发生 SRVO-075 WARN Pulse not established（Group：i Axis：j）报警（系统出错警示，中文显示为“脉冲编码器位置未确定”），表明运动组 *i* 的 *j* 轴编码器的角度计数存储器数据不正确。

发生 SRVO-075 报警时，机器人只能进行关节坐标系手动。解决 SRVO-075 报警只需要通过机器人关节坐标手动操作，使报警轴的驱动电机（编码器）回转 360° 以上，利用编码器的零脉冲重置角度计数器数据，便可通过示教器的【RESET】键，清除 SRVO-075 报警、恢复机器人正常运行。

13.2 作业故障自动处理与恢复

13.2.1 功能使用与基本设定

1．功能说明

FANUC 机器人控制系统的故障自动处理与重启功能，亦称故障恢复（异常恢复）功能，需要选配特殊附加功能软件。功能选配后，如果程序自动运行时发生由外部原因引起的系统报警（作业故障）或用户报警导致程序暂停时，控制系统可自动调用“再启动型”或“维修型”故障处理程序自动处理故障，故障处理程序执行完成后，可自动返回源程序的中断点，重启程序恢复正常运行。有关“再启动型”或“维修型”故障处理指令的说明及程序的编制方法，可参见第 7 章。

“再启动型”或“维修型”故障自动处理功能的作用与区别如下。

① 再启动型故障处理。FANUC 机器人的再启动型故障处理功能，可通过程序指令 RESUME_PROG[i]/CLEAR_ RESUME_PROG 启用/停用，指令中的 *i* 为故障处理程序号，在选配全部选择功能时，允许范围为 1～5。

再启动型故障处理功能启用后，只要出现指定的作业故障（登录故障，见后述），系统可自动调用故障处理程序，通过机器人、工具运动或辅助部件的动作，自动处理故障。故障处理程序执行完成后，机器人可自动返回停止点、重启原程序运行。但是，如果故障处理程序中编制了重启轨迹删除指令 RETURN_PATH_ DSBL，系统在故障处理程序执行完成后，将取消原程序重启运动、成为程序暂停状态。

再启动型故障处理程序不仅可由启用故障自动处理功能的程序调用，而且，还可改变执行条件、利用系统的中断监控（状态监控）功能调用（见第 7 章）。此外，还可在示教器 TP 开关 ON 时，通过操作菜单“手动操作功能（MANUAL FCTNS）”、类型选项“异常恢复”中的“操作模式”设定，以手动试运行的方式执行（见后述）。

② 维修型故障处理。FANUC 机器人的维修型故障处理功能，可通过程序维修指令 MAINT_PROG[i]/程序结束指令[END] 启用/停用，指令中的 *i* 为故障处理程序号，在选配全部选择功能时，允许范围为 1～5。

维修型故障处理功能启用后，只要机器人出现指定的作业故障（登录故障，见后述），控制系统可自动执行快速故障恢复（Fast Fault Recovery，FFR）顺序运动，自动处理故障、重启原程序运行。FFR 顺序运动过程为：首先，关闭机器人作业命令、继续完成原程序的全部其他指令，接着，自动调用故障处理程序处理故障。故障处理程序执行完成后，取消作业命令、从原程序的起始位置开始重启，使机器人沿原程序轨迹运动到停止点。到达停止点后，再重启作业命令、继续原程序自动运行。

维修型故障处理程序只能由启用故障自动处理功能的自动运行程序，在执行 FFR 顺序运动时，自动调用、执行。维修型故障处理程序的执行条件不能改变，因此，不能通过中断监控（状态监控）功能调用，也不能利用操作菜单“手动操作功能（MANUAL FCTNS）”，以手动试运行的方式执行。

2. 基本条件及使用要点

FANUC 机器人使用故障自动处理与重启功能的基本条件与要点如下。

① 控制系统已选配故障自动处理特殊选择功能软件。

② 故障自动处理功能不能与弧焊机器人的电弧检测、TIG 焊电弧长度控制（AVC）、多层堆积焊接、焊接轨迹跟踪，以及软浮动控制（外力追踪）、连续回转控制（CTV）、工具固定作业控制等附加功能同时选配。

③ 故障处理程序已创建、编辑完成，并在系统中登录。自动运行的程序（原程序）已启用故障自动处理功能，且为连续自动运行（非单步）。如果在故障处理功能启用后，进行了原程序后退、手动改变光标位置等手动操作，功能将被自动撤销。

需要特别注意的是：故障处理程序必须安全、可靠，故障处理程序的错误可能会导致机器人意外运动而产生危险。此外，为了确保安全，在进行程序重启操作时，应通过系统的“故障处理程序已选择”DO 信号（见后述），确认重启程序，才能进行重启操作。

④ 在原程序报警暂停、故障处理程序执行前，不能对原程序进行光标移动、后退、示教、单步等手动操作。但是，如果在执行故障处理程序时，进行了程序暂停，此时，如果改变原程序的光标位置，程序重启时，示教器可显示操作提示信息，操作者可通过软功能键〖是（YES）〗选择从原程序的光标行重启原程序。或者，通过软功能键〖不是（NO）〗选择从故障处理程序的暂停位置重启故障处理程序。

需要特别注意的是：故障处理程序被强制结束时，若通过故障处理程序强制结束状态清除 DI 信号（见后述），清除强制结束状态、重启程序运行，机器人将直接从强制结束的停止点返回源程序停止点，从而出现意外运动。因此，在强制结束重启时，必须通过手动操作，将机器人移动到安全位置，确保程序重启时不产生干涉、碰撞。

⑤“再启动型”故障处理程序可以在系统没有发生故障自动处理报警、重启程序选择信号输入 OFF 时，利用操作菜单“手动操作功能（MANUAL FCTNS）”、类型选项“异常恢复”，以试运行的方式（见后述）执行。此外，还可改变程序执行条件，利用系统的程序中断（状态监视）功能调用。但是，“维修型”故障处理程序，只能通过 FFR 顺序运动执行，既不能进行手动试运行操作，也不能通过系统的程序中断（状态监视）功能，改变执行条件。

⑥ 如果原程序以单步后退的方式执行，系统不能自动调用、执行故障处理程序，也不能对当前执行中的程序，添加故障自动处理指令。故障处理程序的执行状态一般不能通过示教器的程序编辑页面检查。

⑦ 系统执行故障处理程序时，PNS 远程运行程序选择功能无效，此时，若输入 PNS 程序号选通信号 PNSSTROBE，系统将报警停止。

3．基本设定操作

故障自动处理是 FANUC 机器人控制系统的特殊选择功能，选配功能后，机器人设定操作菜单（SETUP）的类型选项上，可显示扩展设定项“异常恢复”，并且，可通过如下基本操作，进行故障自动处理功能的设定。

① 启动控制系统，将控制面板的操作模式选择开关置示教模式 1（T1 或 T2），并将示教器的 TP 有效开关置 “ON”位置（通常）。

② 按操作菜单键【MENU】，光标选择“设定（SETUP）”，按【ENTER】键确认，示教器显示机器人设定基本页面。

③ 在机器人设定显示页面上，按软功能键〖类型（TYPE）〗，光标选择“0—NEXT—”，按【ENTER】键确认，使示教器显示扩展设定项“异常恢复”。

④ 光标选定“异常恢复”设定项，按【ENTER】键确认，示教器可显示图 13-4 所示的故障自动处理与重启（故障恢复）功能设定页面。

```
设定异常恢复                      关节坐 30%
                                      1/14
 1 指令数字:                             1
 异常恢复功用共通安置
 2 异常恢复功用:                        无效
 3 修复转换 DI 数字:                      0
 4 途中终端 DO 数字:                      0
 5 途中终端重新放置 DI 数字:              0
 6 自动起动（全程符）:                  无效

[类型]     异常    DI_异常
```

```
设定异常恢复                      关节坐 30%
                                      1/14
 再开始程序型
 7 再开始注解 [*********************]
 8 状态 DO 数字:                          0
 9 自动起动的最大次数:                    2
 10 自动起动的次数 R[] 数字:              0

 维修程序型
 11 维修注解[*********************]
 12 高速躲避 / 返回功用:                无效
 13 空运转在 躲避 / 返回:               无效
 14 维修 DO 数字:                         0
[类型]     异常    DI_异常
```

图 13-4　故障自动处理功能设定

⑤ 光标选定设定项，用数字键、软功能键、【ENTER】键完成设定项输入。设定项的含义及设定方法详见后述。

⑥ 按软功能键〖异常〗，显示自动处理与重启的系统报警设定（登录）页面，用光标键、数字键、软功能键、【ENTER】键完成自动处理与重启的系统报警设定。系统报警登录的方法详见后述。

⑦ 按软功能键〖DI_异常〗，显示自动处理与重启的用户报警（User Alarm）设定（登录）页面，用光标键、数字键、软功能键、【ENTER】键完成自动处理与重启的用户报警（User Alarm）设定。用户报警的登录方法详见后述。

⑧ 关闭控制系统电源、重启系统，生效设定参数。

13.2.2 故障恢复功能设定

图 13-4 所示的故障自动处理功能设定页面，包括了故障处理程序号设定（指令数字），以及故障自动恢复公共设定（异常恢复功用共通安置）、“再启动型”故障自动处理设定（再开始程序型）、“维修型”故障自动处理设定（维修程序型）4 个栏目。由于翻译原因，示教器的中文显示，可能不一定确切。

设定页的故障处理程序号设定栏（指令数字），用于“再启动型”或“维修型”故障处理程序号设定，允许范围为 1～5。设定为 2～5 时，需要追加多机器人控制选择功能软件。不同程序号的故障处理程序，可通过故障自动处理功能启用指令 RESUME_PROG[i]（再启动型）、MAINT_PROG[i]（维修型）中的 i 指定与调用。

设定页的其他设定栏，用于故障自动处理功能设定，其内容及设定方法分别如下。

1. 故障自动恢复公共设定

故障自动恢复公共设定栏（异常恢复功用共通安置）为“再启动型”“维修型”故障处理功能的公共设定，其设定方法如下。

异常恢复功用：故障自动处理功能设定。设定“有效”时，即使后述的故障自动处理报警号、重启程序选择信号均未设定（登录），只要在故障自动处理功能启用的程序区域，发生程序暂停报警，控制系统便能自动调用、执行再启动型故障处理程序或维修型 FFR 顺序运动。设定“无效”时，如故障自动处理报警号、重启程序选择信号未设定，控制系统不能自动调用、执行再启动型故障处理程序或维修型 FFR 顺序运动。

为了保证 RESUME_PROG[i]（再启动型）、MAINT_PROG[i]（维修型）指令的正常执行，本设定项通常应设定为“有效”。

修复转换 DI 数字：重启程序选择信号设定，可生效重启程序的外部选择功能，并定义输入信号的 DI 地址。设定为 0 时，重启程序选择功能无效，系统可自动执行故障处理程序。设定不为 0 时，系统只有在所设定的 DI 信号输入 ON 时，才能执行故障处理程序或进行 FFR 顺序运动。

当再启动型故障处理程序执行完成后，若 DI 信号保持 ON，当程序重启信号输入时，系统将再次执行故障处理程序，若 DI 信号 OFF，机器人返回停止点、重启原程序运行。

途中终端 DO 数字：故障处理程序强制结束信号设定，可生效故障处理程序强制结束信号输出功能，并定义 DO 信号地址。设定为 0 时，系统不能输出故障处理程序强制结束信号。设定不为 0 时，若故障处理程序执行过程中，发生程序强制结束的系统报警，所设定的 DO 信号将输出 ON 状态，此时，系统不能再通过重启信号重启程序自动运行。

故障处理程序强制结束信号，可通过下一设定项（途中终端重新放置 DI 数字）所设定的 DI 信号清除，但是，故障处理程序被强制结束时，若直接清除强制结束状态、重启程序运行，机器人将直接从强制结束的停止点返回源程序停止点，从而出现意外运动。因此，在强制结束重启时，必须通过手动操作，将机器人移动到安全位置，确保程序重启时不产生干涉、碰撞。

途中终端重新放置 DI 数字：故障处理程序强制结束状态清除信号设定，可清除故障处理程序强制结束状态、恢复程序重启功能，并定义 DI 信号地址。设定为 0 时，强制结束清除功能无效。设定不为 0 时，所设定的 DI 输入 ON，系统将清除故障处理程序强制结束状态、复位 DO 信号、重启程序运行。

自动启动（全程符）：全局（Global）故障处理程序自动启动功能设定。设定为“有效”时，系统将不再显示利用故障处理程序自动处理的系统、用户登录报警（见后述），直接调用、执行故障处理程序或 FFR 顺序运动、重启程序运行。设定为“无效”时，系统可显示故障处理程序自动处理的系统、用户登录报警，原程序运行进入暂停状态。故障处理程序或 FFR 顺序运动需要通过程序重启信号启动、执行。对于再启动型故障处理，在故障处理程序执行完成后，还需要再次输入程序重启信号，机器人才能返回停止点、重启原程序运行。

2. 再启动型故障恢复设定

再启动型故障自动处理设定（再开始程序型）栏，用于“再启动型”故障自动处理功能设定，其设定方法如下。

再开始注解：再启动型故障自动处理功能注释，注释可在功能启用指令 RESUME_PROG[i]的程序号 *i* 后显示。例如，再启动型故障处理程序 1 启用指令添加注释“ABCDEFG”后，程序编辑时，指令的显示将成为 RESUME_PROG[i：ABCDEFG]等。

状态 DO 数字：“故障处理程序已选择”状态输出功能设定，可生效再启动型“故障处理程序已选择”状态输出功能，并定义 DO 信号地址。该 DO 信号可用于系统的重启程序检查及程序重启控制，信号的作用如下。

如果系统的故障自动处理报警号、重启程序选择信号均已设定（登录），当 DO 信号输出 ON 时，只要输入程序重启信号，控制系统便可自动执行故障处理程序。若 DO 信号输出 OFF，输入程序重启信号后，系统将重启源程序运行。但是，以单步后退方式执行原程序时，即使所定义的 DO 信号输出 ON，系统也不能自动调用、执行故障处理程序。

如果故障自动处理报警号、重启程序选择信号均未设定（登录），重启程序可通过前述的故障自动恢复公共设定栏的故障自动处理功能设定（异常恢复功用）项选择，在这种情况下，若 DO 信号输出 ON，表明故障自动处理功能已设定为“有效”，系统可自动执行故障处理程序，否则，表明故障自动处理功能设定为“无效”，系统不能自动执行故障处理程序。

“故障处理程序已选择”DO 信号在满足以下条件时，输出 ON 状态，故障处理程序执行完成后，信号自动成为 OFF 状态。

① 故障处理程序已创建、编辑完成，并在系统中登录。

② 控制系统的再启动型故障自动处理功能已生效，系统参数（变量）$AUTORCV_ENB 设定为“有效（TURE）”。

③ 控制系统已满足前述的故障自动处理基本条件。

④ 直接选择了再启动型故障处理程序的手动试运行操作（详见后述），或者，启用故障自动处理功能的自动运行程序含有机器人运动指令且已报警暂停，但故障处理程序尚未执行完成。

启用故障自动处理功能的程序进行远程自动运行时，手动试运行功能设定的设定项“操作模式”，应设定为“自动”（见后述），系统参数（变量）$RMT_MASTER 应设定为“0”（UI/UO 信号控制），并满足远程的其他控制条件。

在以下情况下，故障处理程序可被自动运行的程序自动选定。

第一，故障自动处理的报警已设定（登录），且发生了已登录的报警，或故障自动处理的报警未设定（登录），系统发生了程序暂停故障。

第二，重启程序选择信号（修复转换 DI 数字）无效（设定 0）、故障处理程序已被自动选定，或者，重启程序选择信号有效，且所定义的 DI 信号输入 ON 状态、选定了故障处理程序。

自动启动的最大次数：故障处理程序允许连续重启的最大次数设定，连续重启次数超过时，控制系统将发出“INTP-134 自动启动次数超过设定的次数” 报警，并停止故障处理程序的自动调用，同时，将“故障处理程序已选择”状态输出信号置 OFF。

利用故障处理程序自动处理作业报警（例如弧焊机器人断弧）时，有时存在这样的情况：当故障处理程序执行完成、重启原程序时，又发生同样的报警（再次断弧），此时，系统将再次执行故障处理程序、执行完成后、再次重启原程序。而重启原程序时，还是发生同样的报警，如此无限重复。"自动启动的最大次数"的设定，就是用来避免机器人发生此类现象。

自动启动的次数 R[ ]数字：故障处理程序执行次数计数暂存器 R[n]的编号 *n* 设定。暂存器 R[n]的计数值可利用程序指令读取，也可以用 R[n]控制不同子程序的调用。R[n]值在原程序执行结束，或执行故障自动处理功能停用指令 CLEAR_RESUME _PROG 后，或利用操作菜单"手动操作功能（MANUAL FCTNS）"进行故障处理程序手动试运行时，可自动清除。

3. 维修型故障恢复设定

维修型故障自动处理设定（维修程序型）栏，用于"维修型"故障自动处理功能设定，其设定方法如下。

维修注解：维修型故障自动处理功能注释，注释可在功能启用指令 MAINT_PROG[i]的程序号 *i* 后显示。例如，维修型故障处理程序 1 启用指令添加注释"ABCDEFG"后，程序编辑时的指令显示将成为 MAINT_PROG[i：ABCDEFG]等。

高速躲避/返回功用：维修型故障自动处理的快速故障恢复（Fast Fault Recovery，FFR）功能设定。当本设定项和故障自动恢复公共设定栏（异常恢复功用共通安置）的"故障自动处理功能（异常恢复功用）"设定项，同时设定为"有效"，即使故障自动处理报警号、重启程序选择信号均未设定（登录），在维修型故障自动处理功能启用的程序区域，只要发生程序暂停报警，控制系统也能自动执行 FFR 顺序运动。两者中有一项设定为"无效"，如故障自动处理报警号、重启程序选择信号未设定（登录），系统就不能自动执行 FFR 顺序运动。

空转在躲避/返回：设定"有效"时，FFR 顺序运动"空运行"速度高速执行；设定"无效"时，FFR 顺序运动以正常的编程速度执行。本设定项仅对故障处理程序 MAINT_PROG[1]有效，对 MAINT_PROG[2]～[5]无效。

维修 DO 数字："FFR 顺序运动已选择"状态输出功能设定，可生效维修型故障处理的"FFR 顺序运动已选择"状态输出功能，并定义 DO 信号地址。该 DO 信号可用于系统的重启程序检查及程序重启控制，信号的作用如下。

如果系统的故障自动处理报警号、重启程序选择信号均已设定（登录），当 DO 信号输出 ON 时，只要输入程序重启信号，控制系统便可自动执行 FFR 顺序运动。若 DO 信号输出 OFF，输入程序重启信号后，控制系统将重启源程序运行。但是，进行原程序单步后退操作时，即使所定义的 DO 信号输出 ON，系统也不能执行 FFR 顺序运动。

如果故障自动处理报警号、重启程序选择信号均未设定（登录），FFR 顺序运动可通过故障自动恢复公共设定栏的故障自动处理功能设定（异常恢复功用）项，以及前述的快速故障恢复功能（高速躲避/返回功用）设定项设定，在这种情况下，若 DO 信号输出 ON，表明故障自动处理功能已设定为"有效"，系统可自动执行 FFR 顺序运动，否则，表明故障自动处理功能设定为"无效"，系统不能自动执行 FFR 顺序运动。

"FFR 顺序运动已选择"信号在满足以下条件时，可输出 ON 状态。FFR 顺序运动一旦执行完成，信号将自动成为 OFF 状态。

① 故障处理程序已创建、编辑完成，并在系统中登录。

② 控制系统已满足前述的故障自动处理基本条件。

③ 控制系统正在 FFR 顺序运动，但尚未执行完成。

④ 自动运行的程序含有机器人运动指令且已报警暂停，系统的故障自动处理功能已生效。自动运行程序的故障自动处理功能生效条件包括：第一，故障自动处理的报警已设定（登录），且发生了已登录的报警，或故障自动处理的报警未设定（登录），系统发生了程序暂停故障；第二，重启程序选择信号（修复转换 DI 数字）无效（设定 0）、FFR 顺序运动已被自动选定，或者，重启程序选择信号有效，且所定义的 DI 信号输入 ON 状态、选定了 FFR 顺序运动。

“维修型”故障自动处理程序不能通过操作菜单“手动操作功能（MANUAL FCTNS）”进行手动测试运行，FFR 顺序运动也不能以单步方式执行。

13.2.3 自动处理报警登录

1．报警与处理

机器人的报警通常分“系统报警”和“用户报警”2 类，2 类报警的内容、处理方法有所不同。

① 系统报警是由控制系统生产厂家设定的报警。系统报警不仅数量众多，而且还可以根据故障严重度，分系统警示 WARN、暂停 PAUSE.L（LOCAL，局部）/PAUSE.G（GLOBAL，全局）、停止 STOP.L（LOCAL，局部）/STOP.G（GLOBAL，全局）、中断 ABORT.L（LOCAL，局部）/ABORT.G（GLOBAL，全局）、伺服主电源断开 SERVO/ SERVO2、系统出错 SYSTEM 等不同类别（见本章前述），其处理方法如下。

警示 WARN 只是对存在潜在风险的操作所进行的提醒，发生报警时，程序可继续运行，因此，不需要使用故障自动处理功能。

ABORT.L/ABORT.G、SERVO、SYSTEM 属于严重故障，发生报警时，程序自动运行将被强制结束，程序执行信息、指令剩余行程、运动轨迹等数据都将被清除，SERVO、SYSTEM 报警还将切断驱动器主电源。因此，故障必须由操作、维修人员处理，程序运行需要从头开始、重新启动，有时甚至需要重启控制系统解决。3 类报警均不能通过故障自动处理功能处理、重启程序运行。

PAUSE.L/PAUSE.G、STOP.L/ STOP.G 属于编程、操作错误，发生报警时，程序自动运行将暂停，程序执行信息、指令剩余行程、运动轨迹等数据都将保留。因此，部分故障可通过故障自动处理功能自动处理、重启程序运行。

② 用户报警是机器人使用者（用户）根据实际作业需要所设置的、可在示教器上显示报警文本信息的特定机器人报警。

用户报警可通过对 I/O 信号的状态判别，利用程序指令生效。报警时程序自动运行通常进入暂停状态，同时，可在示教器上显示报警文本。有关 FANUC 机器人的用户报警、报警文本，可通过机器人设定（SETUP）操作设定，有关内容详见第 10 章。

用户报警时，程序自动运行将暂停，程序执行信息、指令剩余行程、运动轨迹等数据都将保留。因此，可通过故障自动处理功能自动处理、重启程序运行。

在 FANUC 机器人上，通过故障自动处理功能处理的程序暂停系统报警或用户报警，需要通过机器人设定操作（SETUP）事先登录。报警登录后，只要在故障自动处理功能启用的程序区间发生登录报警，系统便可自动调用、执行故障处理程序或 FFR 顺序运动、重启程序运行；对于未登录的其他报警，则进行常规处理。但是，在以下情况下，即使发生登录报警，也不能调用、执行故障处理程序或 FFR 顺序运动、重启程序运行。

① 故障自动处理程序未编制，或故障自动处理功能已停用。

② 重启程序选择信号已经设定，但 DI 信号输入状态为 OFF。

③ 系统正在执行故障自动处理程序或 FFR 顺序运动。

④ 执行了"再启动型"故障自动处理程序中的重启轨迹删除指令 RETURN_PATH_ DSBL 之后。

用于故障自动处理的登录报警数有一定的限制。FANUC 机器人控制系统出厂设定的登录系统报警数量为 10 个，用户报警数量为 3 个。若需要，可通过系统设定（SYSTEM）操作，改变以下系统参数（变量）的设定，增加自动处理的报警数量，并通过重启控制系统生效。

$RSMPRG_SVi. $NUM_ ALARM：自动处理的系统报警限制值，出厂标准设定 10，最大允许 20，参数中的 *i* 为故障处理程序号 2～5，程序号 1 省略。

$RSMPRG_SV. $NUM_ DI_ALM：自动处理的用户报警限制值，出厂标准设定 3，最大允许 5。

利用故障自动处理功能处理的系统报警、用户报警的登录方法如下。

2. 系统报警登录

总数不超过限制值的程序暂停型系统报警（重要度 PAUSE.L/ PAUSE.G 或 STOP.L/ STOP.G），可通过如下操作步骤登录。

① 通过故障自动处理与重启功能设定基本操作，显示图 13-4 所示的故障自动处理与重启（故障恢复）功能设定页面。

② 按软功能键〖异常〗，示教器可显示图 13-5（a）所示的自动处理与重启的系统报警设定（登录）页面。控制系统出厂设定的登录系统报警数量为 10 个，若需要，可通过系统参数（变量）$RSMPRG_SVi. $NUM_ALARM，增加至最大 20 个。

③ 光标选定报警代码（监视异常编码）的输入区，用数字键、【ENTER】键输入报警代码。设定完成后，按软功能键〖完成〗，登录系统报警。

报警代码应以"ID 号+报警号"的形式输入。例如，对于弧焊机器人的断弧程序暂停报警"ARC-013 电弧没有发生"，其报警类别"ARC"对应的 ID 号为 53、报警号为 013，因此，报警代码应设定为"53013"等。

FANUC 机器人常用报警类别的 ID 号，可按软功能键〖帮助〗，利用图 13-5（b）所示的帮助页面查询，报警类别的详细内容可参见第 10 章表 10-4。帮助页面可按示教器返回键【PREV】退出、返回图 13-5（a）所示的系统报警设定页面。

④ 关闭控制系统并重启，生效系统登录报警的故障自动处理功能。

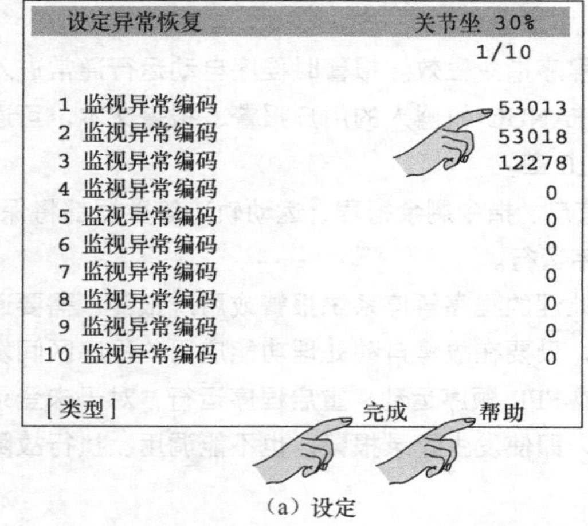

（a）设定

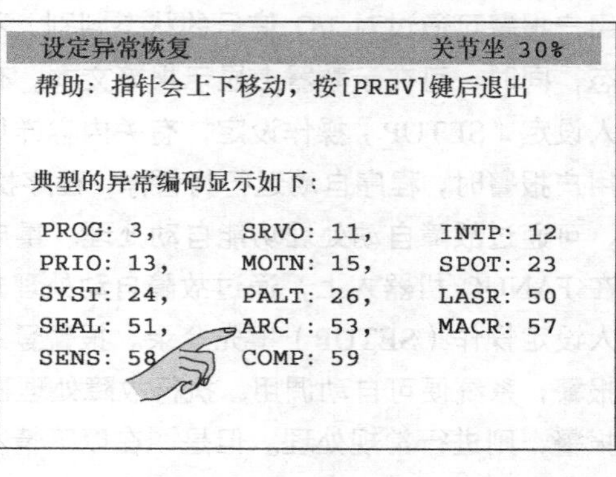

（b）帮助

图 13-5　系统报警设定与帮助显示

3．用户报警登录

所有用户报警都可作为故障自动处理报警登录，但总数不能超过限制值。用户报警与故障处理程序号无关，登录报警对所有故障处理程序都有效。

登录故障自动处理用户报警的操作步骤如下。

① 通过故障自动处理与重启功能设定基本操作，显示图 13-4 所示的故障自动处理与重启（故障恢复）功能设定页面。

② 按软功能键〖DI_异常〗，示教器可显示图 13-6 所示的自动处理与重启的用户报警设定（登录）页面，并进行如下设定。

图 13-6　用户报警设定显示

UALM：用户报警号，所设定的用户报警可通过故障自动处理功能处理。

严重度：用户报警等级设定。设定“LOCAL（局部）”为局部暂停，报警时仅暂停报警程序的执行；设定“GLOBAL（全局）”为全局暂停，报警时可暂停所有程序的执行。

类型：用户报警信号输入地址设定，用户报警可通过控制系统的开关量输入信号 DI、RI、UI 输入。

数值：用户报警信号输入极性设定，设定“ON”为上升沿报警、设定“OFF”为下降沿报警。

控制系统出厂设定的登录用户报警数量为 3 个，若需要，可通过系统参数（变量）$RSMPRG_SV.$NUM_ DI_ALM，增加至最大 5 个。

③ 光标选择输入区，用数字键、软功能键、【ENTER】键输入、选择设定值。设定完成后，按软功能键〖完成〗，登录系统报警。

④ 关闭控制系统并重启，生效用户登录报警的故障自动处理功能。

13.2.4　故障处理程序手动执行

1．功能与设定

故障处理程序的手动执行操作，只能用于再启动型故障处理程序。“维修型”故障处理程序只能在示教器 TP 开关 OFF 时，通过程序指令 MAINT_ PROG[i]指定，由故障自动处理功能（FFR 顺序运动）自动调用，不能进行手动试运行操作，也不能通过系统的状态监视（中断）功能，改变执行条件。

再启动型故障处理程序不仅可在示教器 TP 开关 OFF 时，通过故障自动处理功能或中断监控（状态监视）功能，自动调用执行（见第 7 章）。而且，还可在示教器 TP 开关 ON 时，通过操作菜单“手动操作功能（MANUAL FCTNS）”的类型选项“异常恢复”，直接以试运行方式手动执行。

再启动型故障处理程序的手动试运行直接通过示教器操作，它与是否发生登录的系统报警、用户报警，以及重启程序选择信号的输入状态无关。

在选配故障自动处理功能软件的机器人上，可在操作菜单【MENU】的“手动操作功能（MANUAL FCTNS）”中，显示类型选项“异常恢复”，并通过如下操作，进行再启动型故障处理程序手动试运行功能的设定。

① 确认再启动型故障处理程序已经编制、登录。

② 按示教器操作菜单键【MENU】，光标选定图 13-7（a）所示的“手动操作功能（MANUAL FCTNS）”操作选项，按【ENTER】键，示教器可显示手动操作基本页面。

③ 按软功能键【类型】，光标选定“异常恢复”选项，按【ENTER】键，示教器可显示图 13-7（b）所示的再启动型故障处理程序手动试运行设定页面，并显示如下内容。

指令数字：再启动故障处理程序号，正常显示为“1”，追加多机器人控制选择功能软件的系统可显示 2～5。

异常恢复 DO 状态：故障处理程序状态显示，故障处理程序选定时显示“ON”，原程序选定时显示“OFF”。如果需要，该状态可通过再启动型故障处理程序设定页面的设定项“状态 DO 数字”，在所设定的 DO 信号上输出（参见前述）。

原程序名称：启用再启动故障处理功能的程序名称。

现行再启动程序名称：当前已启用的再启动故障处理程序名称。

再开始注解：再启动故障处理程序注释，注释可通过再启动型故障处理程序设定页面的设定项“再开始注解”设定，并在功能启用指令 RESUME_PROG[i]的程序号 i 后显示，如 RESUME _PROG[i: Restart program for wirecut]等。

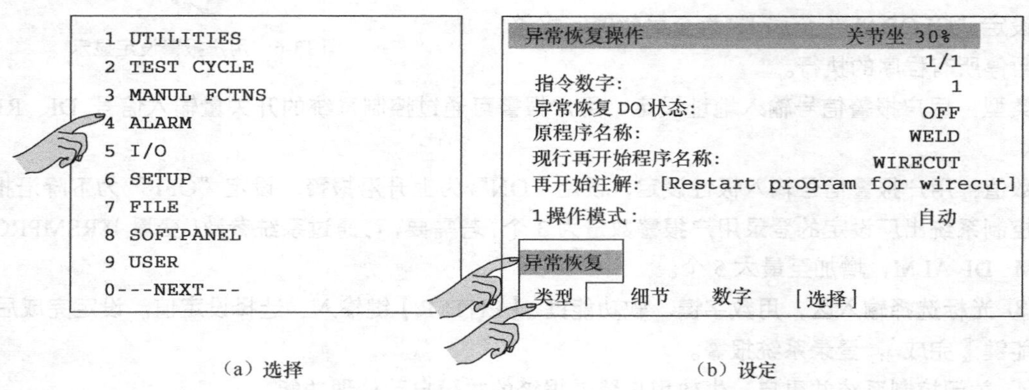

(a) 选择 (b) 设定

图 13-7 手动试运行设定

操作模式：再启动型故障处理程序的执行方式选择。可根据需要，通过软功能键〖选择〗，进行如下设定。

① 自动。故障处理程序自动执行。执行方式选择“自动”时，只要示教器的 TP 开关 OFF，系统便可通过登录报警、重启程序选择信号，自动调用、执行故障处理程序。但是，如果示教器的 TP 开关 ON，则系统不能自动调用、执行故障处理程序。

“自动”为系统默认的标准执行方式，退出手动试运行设定页面时，系统可自行恢复“自动”执行方式。

② 无执行。禁止执行故障处理程序。执行方式选择“无执行”时，系统无法执行故障处理程序，其状态显示（异常恢复 DO 状态）始终为“OFF”。

③ 手动测试。故障处理程序手动试运行。执行方式选择“手动测试”时，无论是否发生登录的系统报警、用户报警，也不管重启程序选择信号的输入状态如何，操作者只要将示教器的 TP 开关 ON，便可通过示教器操作，以程序试运行的方式，手动执行再启动型故障处理程序。

2．状态检查

通常而言，原程序在故障自动处理功能启用的程序区间，发生程序暂停报警时，故障处理程序将被自动选定，图 13-7（b）中的“异常恢复 DO 状态”显示为“ON”，否则，系统将无法通过故障处理程序自动处理故障。

故障处理程序状态（异常恢复 DO 状态）显示“OFF”的原因，可通过按图 13-7（b）所示的手动试运行功能设定页面的软功能键〖细节〗，利用图 13-8 所示的故障处理程序状态显示页面检查、确定。当显示页的全部项目均显示“是”或“未使用”时，故障处理程序状态（异常恢复 DO 状态）的显示为“ON”。

故障处理程序状态显示页面各显示项的含义如下。

指令数字：再启动故障处理程序号，正常显示为“1”，追加多机器人控制选择功能软件的系统可显示 2～5。

```
异常恢复操作                          关节坐 30%
                                          1/11
 指令数字:                                  1
 1 自动异常恢复功能 有效:                    是
 2 暂停之后再启动程序未完成:                 是
 3 程序含动作群组:          是
 4 目前不是单段（step）模式:                 是
 5 再启动程序已经定义:                       是
 6 模式是（自动）:                           是
 7 恢复切换 DI 是 ON:                        是
 8 定义异常发生:                           未使用
 9 $RMT_MASTER=0 后外部启动许可:             是
10 没有无效的选项:          是
11 使用者条件参数 有效:                      是

[类型]                                     完成
```

图 13-8 故障处理程序状态显示

自动异常恢复功能有效：显示“是”，代表故障自动恢复公共设定（异常恢复功用共通安置）中的故障自动处理功能（异常恢复功用）设定项（见图 13-4）的设定为“有效”。

暂停之后再启动程序未完成：显示“是”，代表启用故障自动处理功能的原程序已处于暂停状态，但故障自动处理程序尚未执行完成。

程序含动作群组：显示“是”，代表原程序定义了运动组。

目前不是单段（Step）模式：显示“是”，代表原程序为连续执行方式。

再启动程序已经定义：显示“是”，代表原程序中已启用故障自动处理功能。

模式是（****）：显示“是”，表示括号内的再启动型故障处理程序执行方式有效。例如，当示教器 TP 开关 OFF、故障处理程序自动执行时，括号内显示“自动”。当示教器 TP 开关 ON、故障处理程序手动试运行有效时，括号内显示“手动测试”。

恢复切换 DI 是 ON：显示“是”，代表故障自动恢复公共设定中的重启程序选择信号（修复转换 DI 数字）设定项（见图 13-4）所定义的 DI 信号的输入状态为“ON”。如果 DI 地址未设定，本项显示为“未使用”。

定义异常发生：显示“是”，代表系统发生了故障自动处理的登录报警。如果故障自动处理的报警未登录，本项显示为“未使用”。

$RMT_MASTER=0 后外部启动许可：显示“是”，代表故障处理程序的远程自动运行允许。故障处理程序的远程自动运行检查功能，只有在系统参数（变量）$RMT_MASTER 设定为“0”（UI/UO 信号控制）、$RSMPRG_ SV. $CHK_REMOTE 设定为“TRUE”（远程自动运行检查功能有效）时，才能生效。

没有无效的选项：显示“是”，代表控制系统未选配不能与故障自动处理功能同时使用的其他附加功能，如弧焊机器人的电弧检测、TIG 焊电弧长度控制（AVC）、多层堆积焊接、焊接轨迹跟踪，以及软浮动控制（外力追踪）、连续回转控制（CTV）、工具固定作业控制等选择功能。

使用者条件参数有效：显示“是”，代表故障处理程序的执行条件已变更为“中断监控（状态监视）”。利用程序中断（状态监视）功能自动调用、执行故障处理程序时，系统将不再通过登录报警，自动调用故障处理程序，有关内容详见第 7 章。

13.3 控制系统连接与部件检查

13.3.1 系统部件安装与连接

1. 控制部件及安装

机器人控制系统的结构较简单，系统控制部件一般由控制系统生产厂家以控制柜、控制箱的形式整体提供，部件之间直接以电缆、光缆等形式连接。

FANUC 机器人控制系统主要由急停单元、IR 控制器、伺服驱动器、控制面板及连接模块、I/O 模块、示教器等主要部件以及电源总开关、变压器等辅助部件组成，系统控制部件的安装位置如图 13-9（a）所示。控制面板、电源总开关操作手柄、示教器安装在图 13-9（b）所示的控制柜门上。伺服驱动器的制动电阻及电源变压器安装在图 13-9（c）所示的控制柜背面。

（a）控制部件安装

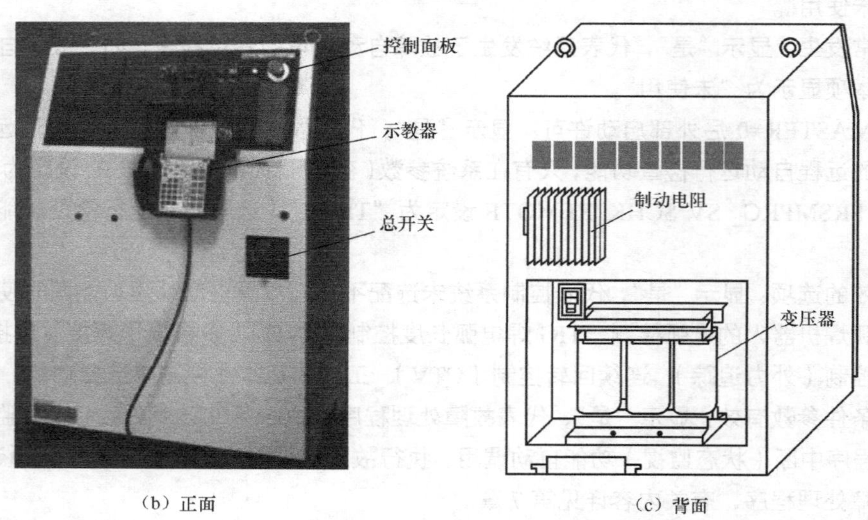

（b）正面　　（c）背面

图 13-9　系统控制部件安装

2．系统连接

FANUC 机器人控制系统的连接总图如图 13-10 所示，控制部件的作用如下。

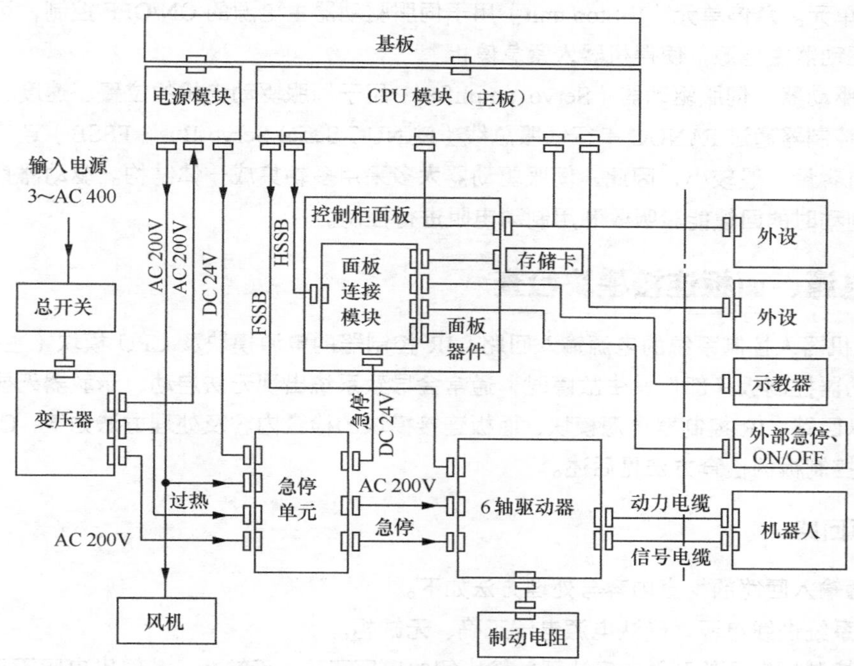

图 13-10　FANUC 机器人控制系统的连接总图

① 电源总开关。通断控制系统的 3 相交流电源进线，开关固定在电柜安装板上，操作柄安装在控制柜正面门上。

② 变压器。电源电压变换。日本生产的电气控制装置一般采用 AC200V 等级电源，机器人控制系统的伺服驱动器主电源、机器人控制器（IR 控制器）的电源模块、急停单元的接触器线圈都使用 AC200V 电源，因此，需要通过变压器将用户的电网电压转换为 AC200V。

③ IR 控制器。用于机器人运动控制，FANUC 机器人控制系统的 IR 控制器一般由图 13-11 所示的电源模块、CPU 模块（主板）及安装基板组成。

电源模块（Power supply unit，PSU）用来产生控制系统所需的 DC24V、DC5V 等控制电源。CPU 模块（主板，Main board）是控制系统的核心部件，机器人的位置、运动轨迹、伺服进给、数据输入输出、程序存储与运行、网络通信等都需要由 CPU 模块（主板）进行控制。安装基板（Back plane）用来固定 IR 控制器和连接控制器的电源模块、CPU 模块及系统扩展模块。

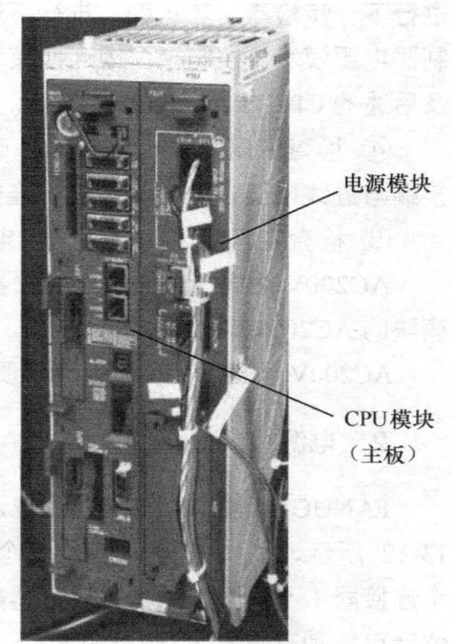

图 13-11　IR 控制器

④ 操作面板及连接模块。操作面板（Operator's panel）安装在控制柜的正面，面板安装有控制系统急停、故障复位、程序启动按钮，操作模式选择开关，电源接通与系统报警指示灯，以及存储卡、RS232C 通信设备接口等操作部件（详见第 8 章）。

面板连接模块（Panel board）用来连接面板操作器件、示教器以及来自外部操作部件（如安全栅栏）的急停、伺服 ON/OFF 等控制信号。面板连接模块与 IR 控制器间通过 FANUC 高速串行总线（High Speed Serial Bus，HSSB）连接。

⑤ 急停单元。急停单元（E-Stop unit）用于伺服驱动器主电源的 ON/OFF 控制，可在紧急情况下直接分断驱动器主电源，使得机器人紧急停止。

⑥ 伺服驱动器。伺服驱动器（Servo amplifier）用于伺服驱动电机的位置、速度、转矩控制，驱动器和 IR 控制器通过 FANUC 串行伺服总线（FANUC Serial Servo Bus，FSSB）连接。工业机器人的伺服电机容量一般较小，因此，伺服驱动器大多采用多轴集成一体结构。驱动器直流母线电压调节及电机制动时的回馈能量吸收利用制动电阻进行控制。

13.3.2 电源、面板连接模块检查

FANUC 机器人控制系统的电源输入回路、IR 控制器的电源模块及 CPU 模块（主板）、面板连接模块、驱动器控制板等部件发生故障时，通常会导致系统出现无法启动、示教器无显示等故障。系统电源输入回路、IR 控制器电源模块、面板连接模块的检查内容及处理方法如下，CPU 模块（主板）、驱动器控制板的检查方法见后述。

1. 电源回路

系统电源输入回路的检查内容与处理方法如下。

① 检查系统进线电源，确认电源电压正确、无缺相。

② 合上控制柜电源总开关，确认开关输出侧的电压正确、无缺相。若输出电压不正确，应检查总开关连接线，开关进线连接无误时，更换电源总开关。

③ 检查急停单元的 AC200V 输入、IR 控制器电源模块的 AC200V 输入，若电压不正确，进行下一步检查，若正确，进行下述的 IR 控制器电源模块、控制柜面板连接模块检查，以及后述的 CPU 模块（主板）检查。

④ 检查变压器输入侧连接，确认输入连接端与进线电源电压一致、输入连接正确。

⑤ 检查变压器 AC200V 输出电压。

AC200V 正确：急停单元、IR 控制器电源模块的 AC200V 输入连接不良。

AC200V 不正确：变压器不良，更换变压器。

2. 电源模块

FANUC 机器人 IR 控制器的电源模块如图 13-12 所示，模块正面安装有 2 个指示灯、6 个连接器（不同版本系统的连接器数量、安装位置可能稍有不同），作用如下。

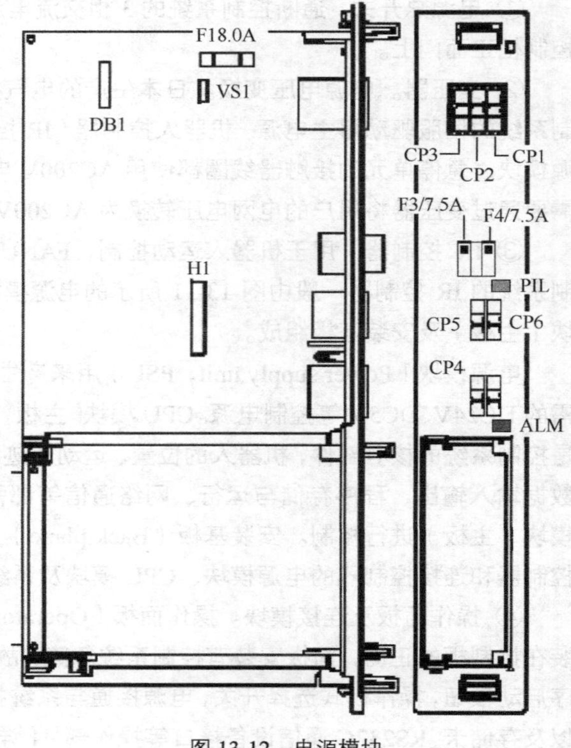

图 13-12 电源模块

PIL（绿色）指示灯：亮：电源模块工作正常；不亮：无输入电源或模块故障。

ALM（红色）指示灯：亮：DC24V 或 DC5V、DC15V 直流输出故障或模块故障。

CP1：模块 AC200V 电源（输入）。

CP2、CP3：急停单元、风机 AC200V 电源（输出）。

CP4：控制电缆连接器。

CP5、CP6：急停单元 DC24V 电源（输出）。

当输入电源正确、总开关正常接通时，若出现示教器无任何显示、系统无法启动等故障，应对电源模块进行如下检查与处理。

① 检查电源模块的电源指示灯 PIL 是否亮。

指示灯亮：电源模块工作正常，进行后述的面板连接模块、CPU 模块检查。

PIL 指示灯不亮：电源模块工作不正常，进行下一步检查。

② 检查电源模块输入连接器 CP1 的 AC200V 输入。

CP1 无 AC200V 输入：检查变压器的 AC200V 输出、变压器与 CP1 的连接线。

CP1 的 AC200V 输入正确：断开电源、取下电源模块，检查模块的输入熔断器 F1（8A）是否熔断，熔断器熔断时进行下一步检查，熔断器未熔断时，如模块印制板的 CP1 连接无不良，应更换电源模块。

③ 电源模块 F1 熔断，表明电源模块输入回路存在短路，此时，应首先检查模块的急停单元、风机 AC200V 输出连接器 CP2、CP3。

CP2、CP3 的 AC200V 输出无短路：继续下一步检查。

CP2、CP3 的 AC200V 输出短路：检查急停单元、风机及 AC200V 电源连接线，更换不良器件。故障排除后，更换熔断器 F1（8A），重启系统。

④ 检查模块的过电压保护器件（浪涌电压吸收器）VS1、二极管 DB1 是否短路。

VS1、DB1 短路：更换 VS1、DB1。故障排除后，更换熔断器 F1（8A），重启系统。

VS1、DB1 无短路：电源输出模块 H1 或其他器件不良，更换电源模块。

如果电源模块的 ALM（红色）指示灯亮，表明模块的 DC24V 或 DC5V、DC15V 直流输出存在故障，应检查熔断器 F4 是否熔断，并进行如下处理。

F4 熔断：DC24V 输出短路，检查连接器 CP5、CP6 及急停单元的 DC24V 电源连接，确认无故障后，更换熔断器。

F4 未熔断：模块内部短路，模块不良，更换电源模块。

3．面板连接模块

FANUC 机器人控制系统的面板连接模块如图 13-13 所示，模块安装有 2 个指示灯和 3 排外部接线端及 HSSB 总线、控制面板等连接器，作用如下。

PON（绿色）指示灯：模块 DC24V 电源指示灯。

RDY（绿色）指示灯：HSSB 总线通信指示灯。

CRM63：模块 DC24V 电源输入，连接急停单元 DC24V。

JRS11：HSSB 总线连接器，连接 CPU 模块（主板）HSSB 总线。

CRT8：控制面板连接器，连接控制面板按钮、指示灯。

TBOP3：外部控制信号连接器，连接外部系统启动（EXON）/停止（EXOFF）、伺服断开（SD）等控制信号。

TBOP4：安全信号输入连接端，连接来自安全栅栏防护门等保护设施的安全门关闭（EAS）、外部急停（EES）、伺服 OFF（EGS）等控制信号。

TBOP6：伺服 ON/OFF 信号、安全栅栏门开关、外部急停输入回路的外部 DC24V 电源（EXT24V/EXT0V）输入连接端，不使用外部 DC24V 电源时，EXT24V/EXT0V 与内部 DC24V 连接端（INT24V/INT0V）短接。

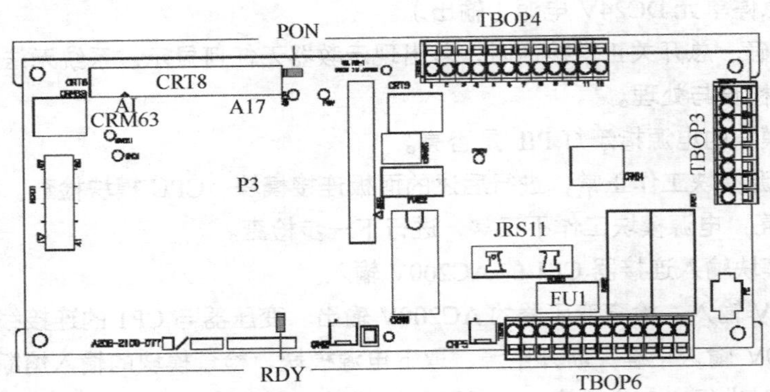

图 13-13　面板连接模块

当输入电源正确、总开关正常接通时，如果出现系统无法启动故障，应对面板连接模块进行如下检查与处理。

① 检查模块电源指示灯 PON。PON 不亮，进行下一步检查；PON 亮，进行步骤③检查。

② 检查连接器 CRM63 的 DC24V 输入。

DC24V 不正常：CRM63 输入连接不良，检查 DC24V 输入连接电缆及急停单元连接。

DC24V 正常：CRM63 连接不良或模块不良，检查、更换 CRM63 连接器、面板连接模块。

③ 检查图 13-14 所示模块连接端 TBOP3 上的外部系统启动（EXON）/停止（EXOFF）信号连接。

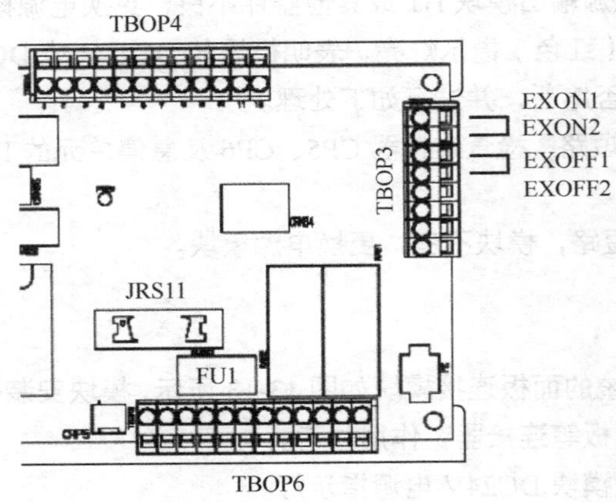

图 13-14　外部系统启动/停止信号

使用启动/停止信号：检查外部控制按钮及连接电缆，保证信号输入正确。

不使用启动/停止信号：按图 13-14 所示，将 TBOP3 的连接端 1（EXON1）和 2（EXON2）、3（EXOFF1）和 4（EXOFF2）短接，直接取消外部启动/停止信号。

④ 检查 HSSB 总线通信指示灯 RDY。

RDY 不亮：HSSB 总线通信出错，检查模块连接器 JRS11 与 CPU 模块（主板）连接器 JRS11（参见图 13-15）的 HSSB 总线连接，以及 CPU 模块的工作状态（见后述）。

RDY 亮：模块与 CPU 的 HSSB 总线通信正常，进行其他部件（CPU 模块、伺服驱动器、示教器等）检查。

13.3.3 CPU 模块状态指示与报警

1. 模块结构

CPU 模块（主板）是 IR 控制器的核心，模块结构如图 13-15 所示。

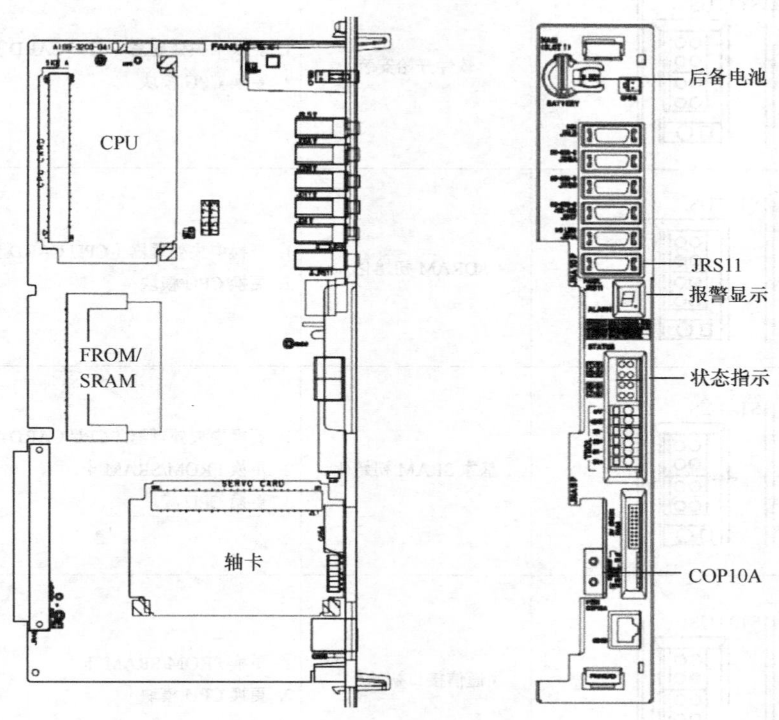

图 13-15 CPU 模块（主板）

CPU 模块的印制板上安装有中央处理器（CPU CARD）、存储器（FROM/SRAM CARD）、轴卡（SERVO CARD）等部件。后备电池用来保存系统参数、机器人设定、作业程序等系统 SRAM 数据。CPU 模块正面的连接器 JRS11 用来连接面板连接模块的 HSSB 通信总线，光缆接口 COP10A 用来连接伺服驱动器的 FSSB 总线。

CPU 模块的正面安装有 8 个状态指示灯（STATUS）和 1 只 8 段数码管（ALARM）。状态指示灯用来指示 CPU 的工作状态，数码管用来显示系统报警。当控制系统无法正常启动、示教器不能正常显示系统报警时，可通过 CPU 模块的指示灯、数码管报警来显示 CPU 的工作状态、故障原因。

2. 状态指示

CPU 模块的 8 个状态指示灯（STATUS）主要用来指示控制系统开机时的 CPU 工作状态。系统正常启动时，指示灯的状态将按照表 13-2 的顺序依次变化，如指示灯停留于某一状态，代表该操作无法完成，需要按表中“故障处理”栏的要求，进行更换硬件等处理。

表 13-2　CPU 模块工作状态指示

顺序	指示灯状态	CPU 工作状态	故障处理
1	STATUS	系统开始启动	1. 更换中央处理器（CPU CARD） 2. 更换 CPU 模块
2	STATUS	软件开始安装	1. 更换中央处理器（CPU CARD） 2. 更换 CPU 模块
3	STATUS	DRAM 初始化	1. 更换中央处理器（CPU CARD） 2. 更换 CPU 模块
4	STATUS	基本 SRAM 初始化	1. 更换中央处理器（CPU CARD） 2. 更换 FROM/SRAM 卡 3. 更换 CPU 模块
5	STATUS	通信接口初始化	1. 更换 FROM/SRAM 卡 2. 更换 CPU 模块
6	STATUS	基本软件安装	1. 更换 FROM/SRAM 卡 2. 更换 CPU 模块
7	STATUS	基本软件启动	1. 更换 FROM/SRAM 卡 2. 更换 CPU 模块

续表

顺序	指示灯状态	CPU 工作状态	故障处理
8	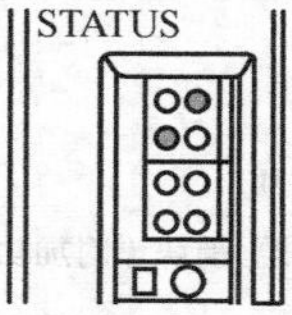 STATUS	示教器通信开始	1. 更换 FROM/SRAM 卡 2. 更换 CPU 模块
9	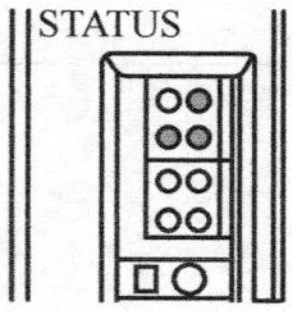 STATUS	附加功能软件安装	1. 更换 CPU 模块 2. 更换 I/O 处理器模块（附加功能模块）
10	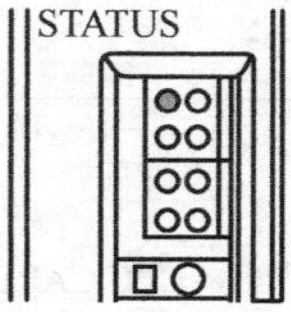 STATUS	DI/DO 初始化	1. 更换 FROM/SRAM 卡 2. 更换 CPU 模块
11	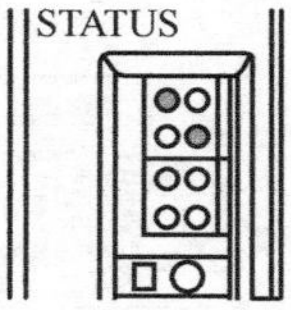 STATUS	轴卡 SRAM 初始化	1. 更换轴卡 2. 更换驱动器控制板 3. 更换 CPU 模块
12	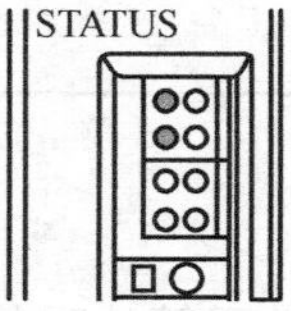 STATUS	轴卡初始化	1. 更换轴卡 2. 更换驱动器控制板 3. 更换 CPU 模块
13	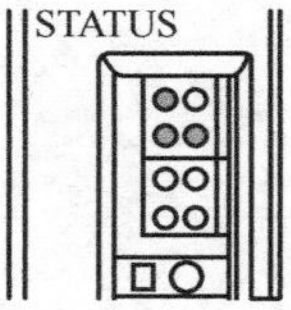 STATUS	零点设定	1. 更换轴卡 2. 更换驱动器控制板 3. 更换 CPU 模块
14	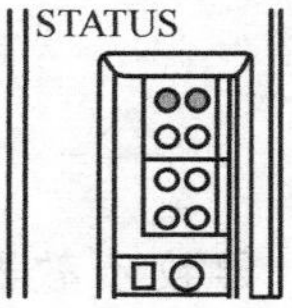 STATUS	驱动器启动	更换 CPU 模块

续表

顺序	指示灯状态	CPU 工作状态	故障处理
15	STATUS	作业程序启动	1. 更换 CPU 模块 2. 更换 I/O 处理器模块（附加功能模块）
16	STATUS	输入/输出操作启动	更换 CPU 模块
17	STATUS	系统初始化完成	1. 更换中央处理器（CPU CARD） 2. 更换 CPU 模块
18	STATUS	正常工作	——

3．报警显示

CPU 模块正面的 8 段数码管（ALARM）用于故障辅助显示，数码管外观如图 13-16 所示。

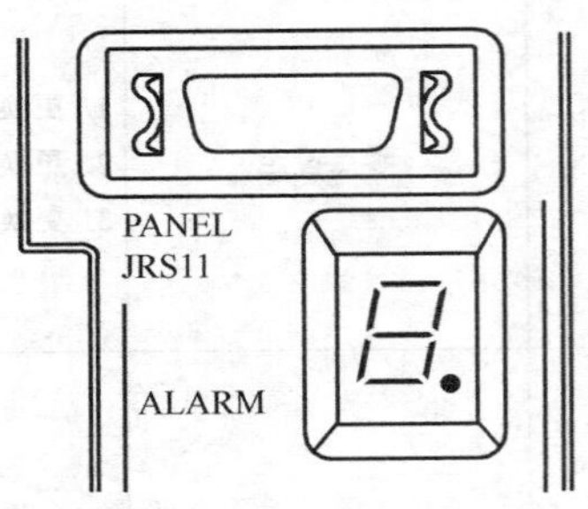

图 13-16　报警显示数码

数码管报警显示主要用于控制系统出现重大软硬件故障，导致示教器无法正常显示系统报警时的故障显示、分析与诊断。数码管的显示内容及故障的一般处理方法如表 13-3 所示。

表 13-3 CPU 模块报警显示

数码管显示	故障原因	一般处理方法
0	中央处理器（CPU CARD）RAM 奇偶校验出错	1. 通过系统恢复操作，尝试恢复系统数据 2. 更换中央处理器（CPU CARD） 3. 更换 CPU 模块
1	FROM/SRAM 卡奇偶校验出错	1. 通过系统恢复操作，尝试恢复系统数据 2. 更换 FROM/SRAM 卡 3. 更换 CPU 模块
2	总线通信出错	1. 检查伺服驱动器、面板连接模块电源及总线连接 2. 更换 CPU 模块
3	总线通信 DRAM 奇偶校验出错	1. 通过系统恢复操作，尝试恢复系统数据 2. 更换 CPU 模块
4	HSSB 总线通信出错	1. 检查面板连接模块电源及总线连接 2. 更换面板连接模块 3. 更换 CPU 模块
5	伺服驱动器出错	1. 检查驱动器控制板电源及 FSSB 总线连接 2. 更换驱动器控制板 3. 更换 CPU 模块
6	伺服驱动器急停	1. 检查驱动器控制板电源及 FSSB 总线连接 2. 更换驱动器控制板 3. 更换中央处理器（CPU CARD） 4. 更换 CPU 模块
7	系统出错	1. 通过系统恢复操作，尝试恢复系统数据 2. 更换驱动器控制板 3. 更换中央处理器（CPU CARD） 4. 更换 CPU 模块

13.4 系统连接与伺服报警及处理

13.4.1 驱动器结构原理与状态检查

工业机器人的机械结构较简单，控制系统本身的可靠性较高，系统报警大多因操作不当、编程错误或连接不良、伺服驱动系统故障引起。机器人出现操作、编程报警时，操作者可根据系统报警显示，在清除报警后，通过正确的操作、程序的修改直接解决。FANUC 机器人控制系统中，系统连接与伺服驱动系统报警统一归入伺服报警（Servo Alarm）的范围，并以“SRVO - 报警号”的形式显示，它是工业机器人使用过程中最为常见的故障，其故障原因、处理方法说明如下。

1. 驱动器原理

工业机器人伺服驱动系统所使用的伺服电机、驱动器功率均较小，为了减小体积、节约成本，控制系统通常都采用多轴（6～8 轴）驱动器集成一体的紧凑型结构，所有轴的电源、PWM 逆变控制电路均统一安装在驱动器控制板上。

FANUC 机器人的伺服驱动器原理如图 13-17 所示。

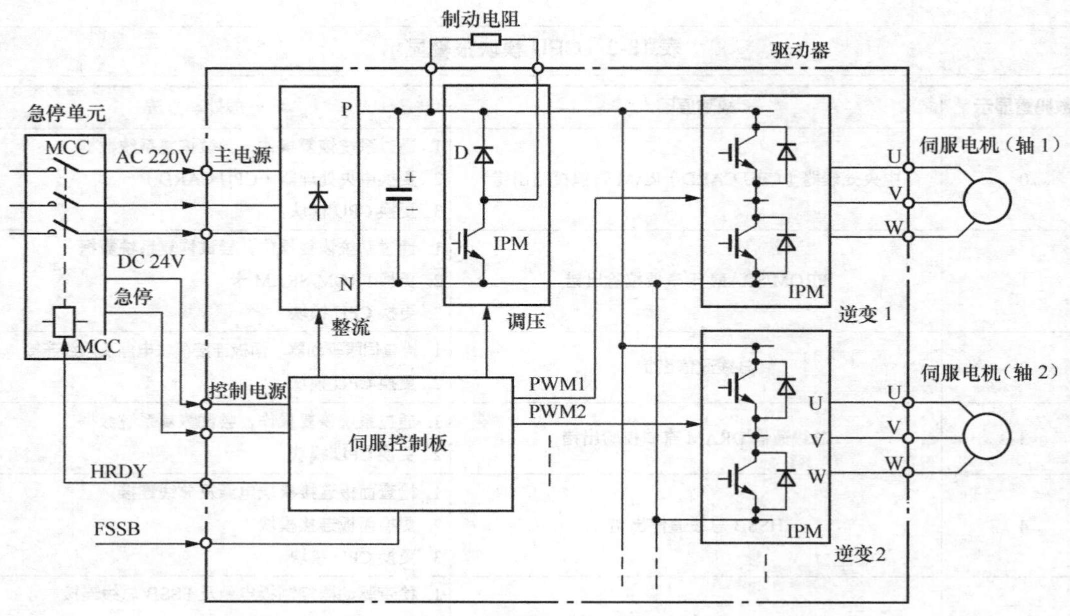

图 13-17　驱动器原理

从原理上说，凡是“交-直-交”PWM 逆变的交流伺服驱动器都可分为整流、调压、逆变 3 部分。对于多轴集成驱动器，其整流、调压部分为多轴共用，但逆变部分独立。

① 整流。“交-直-交”逆变的交流伺服驱动器，首先需要将 3 相交流输入（主电源）转换为 PWM 逆变主回路所需的直流母线电压。如果驱动器的容量较小，整流电路一般不考虑电机制动能量的回馈，因此，通常使用二极管不可逆整流电路。电机制动能量利用制动电阻消耗（能耗制动）。

② 调压。为了保证 PWM 逆变主回路能够得到稳定的直流母线电压，防止电网波动、电机制动时逆变回路能量回馈等引起的直流母线电压变化，整流得到的直流电压必须通过调压回路，将直流电压保持在 PWM 逆变规定的范围。由于二极管整流不能实现电网回馈控制，因此，通常都采用大功率开关器件（一般为 IPM）控制制动电阻通断的电阻能耗调压方式。

如果伺服电机的额定电压相同，PWM 逆变主回路就可以使用相同的直流母线电压，在这种情况下，多个伺服轴的逆变回路也可以使用共同的整流、调压回路，以减小体积、降低制造成本。

③ 逆变。逆变回路是利用 PWM 技术，通过对大功率开关器件（一般为 IPM）的控制，将直流母线电压转换为幅值、频率、相位可变的 SPWM 波的电路，每一伺服电机必须有独立的逆变回路。

2. 驱动器启动与停止

伺服驱动器正常工作时，主电源需要始终保持接通状态，只有在系统出现紧急情况时才能断开主电源。因此，主电源通断一般由急停单元（或安全单元，如安川机器人）的主接触器（MCC）控制。

伺服驱动器的启动、停止及急停过程通常如下。

① 加入驱动器控制电源（通常为 DC24V），启动驱动器控制电路、建立驱动器与 IR 控制器的 FSSB 总线通信。

② 如果驱动器控制电路及基本软硬件正常，只要撤销急停信号（复位急停按钮、关闭安全栅栏防护门，取消外部急停、伺服关闭、伺服断开等外部控制信号），驱动器便可输出主接触器接通信号（HRDY）、接通驱动器主电源，否则，驱动器将输出报警信号、使得系统成为急停报警状态。

③ 外部控制电路（急停单元或安全单元等）利用 HRDY 信号，接通驱动器主电源。

④ 驱动器主电源接通后，整流、调压电路启动工作，直流母线开始充电、输出直流母线电压。

⑤ 直流母线电压到达正常值后，只要输入伺服启动信号（如输入故障复位信号等），驱动器的逆变功率管将开通、伺服电机电枢绕组通电，电机即可输出静止转矩，使得机器人关节轴保持定位状态。与此同时，伺服电机的制动器将通电松开，关节轴进入闭环位置控制的正常工作状态。伺服准备好信号（SRDY）成为 ON 状态。

⑥ 伺服启动后，只要 IR 控制器向驱动器输入关节轴运动的位置指令脉冲，对应的伺服电机便可以按指令脉冲的要求运动。伺服电机运行时，如果输入了进给保持、程序暂停、程序自动运行结束等信号，在一般情况下，运动中的伺服电机将减速停止、并保持闭环位置调节的定位状态。

⑦ 伺服启动后，如果出现紧急情况，例如，急停按钮被按下、自动运行时安全栅栏防护门被打开，或者，外部输入了急停、伺服关闭（SV OFF）、伺服断开（Servo Disconnect）等信号，或者，机器人出现超程、安全夹爪断裂等严重故障时，外部控制电路（急停单元或安全单元等）将向驱动器输入急停信号，伺服电机立即以驱动器最大输出电流紧急制动，同时，输出制动器断电制动信号，使伺服电机快速制动。接着，驱动器将撤销主接触器接通信号（HRDY）输出、断开驱动器主电源。

3．驱动器结构

FANUC 机器人控制系统伺服驱动器的控制板及整流、调压、逆变电路安装在图 13-18（a）所示的控制柜上部，直流母线调压的制动电阻安装在控制柜配电板背面（参见图 13-9）。

伺服驱动器的控制板、电源板安装在驱动器正面，检查时需要打开驱动器盖板。伺服驱动器的控制板、电源板外观如图 13-18（b）所示。

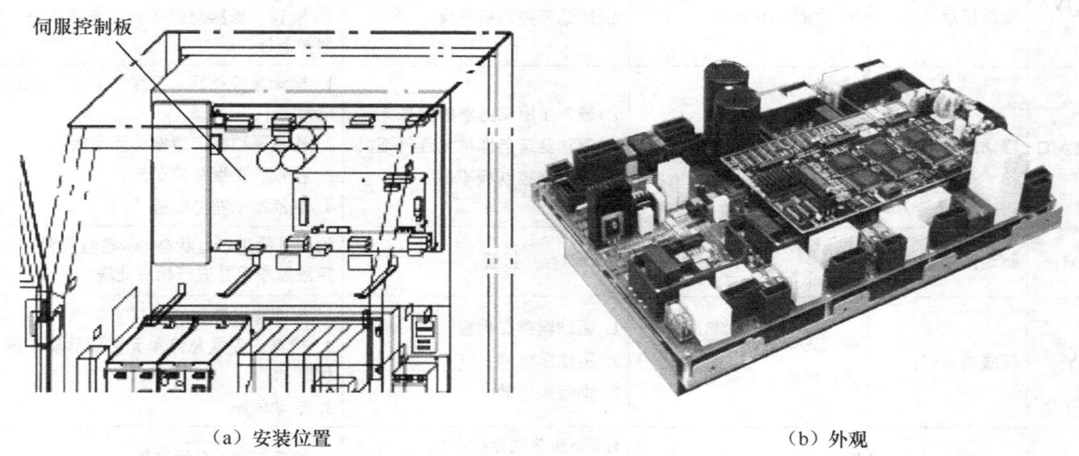

（a）安装位置　　（b）外观

图 13-18　伺服驱动器结构

4．驱动器状态指示灯

驱动器控制板上安装有图 13-19 所示的 7 个状态指示灯，用于伺服驱动器工作状态显示，当系统发生伺服驱动器报警时，可通过状态指示灯，进一步分析驱动器故障原因，并进行相应的维修处理。

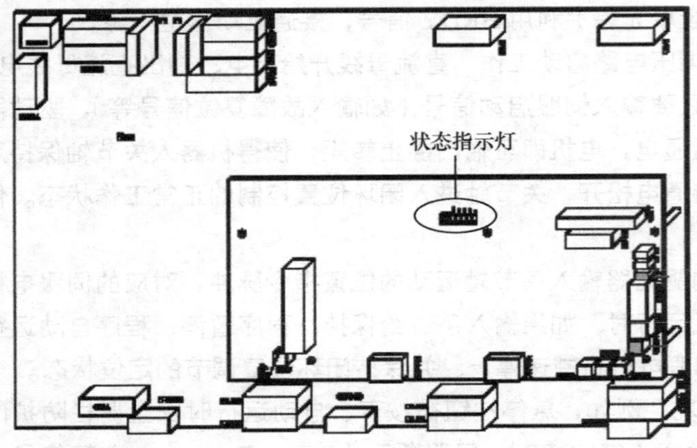

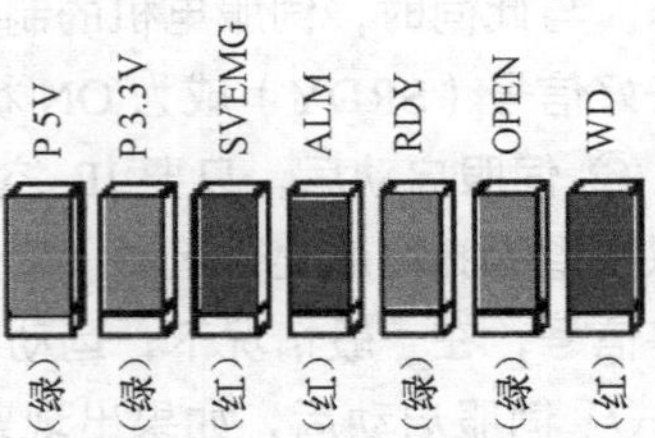

图 13-19　驱动器状态指示灯

状态指示灯作用、故障可能的原因及一般处理方法如表 13-4 所示。

表 13-4　伺服驱动器工作状态指示

代号	名称	状态	故障原因	一般处理
P 5V	DC 5V 电源指示	亮：DC5V 正常 灭：DC5V 故障	1. 驱动器控制电源不良； 2. 机器人信号电缆连接不良； 3. 驱动器控制板不良	1. 检查伺服驱动器、急停单元、IR 控制器电源模块连接； 2. 检查机器人信号电缆连接； 3. 检查、更换急停单元、电源模块、驱动器控制板
P 3.3V	DC 3.3V 电源指示	亮：DC3.3V 正常 灭：DC3.3V 故障	1. 驱动器控制电源不良； 2. 驱动器控制板不良	1. 检查伺服驱动器、急停单元、IR 控制器电源模块连接； 2. 检查、更换急停单元、电源模块、驱动器控制板
SVEMG	驱动器急停	亮：驱动器急停； 灭：正常	1. 输入了驱动器急停信号； 2. 驱动器与急停单元连接不良 3. 驱动器控制板不良	1. 检查急停按钮、安全门状态，取消急停信号； 2. 检查驱动器与急停单元连接； 3. 检查、更换急停单元； 4. 更换驱动器控制板
ALM	驱动器报警	亮：驱动器报警； 灭：正常	驱动器存在报警	检查其他指示灯状态、示教器报警显示，确定故障原因并进行相应处理
RDY	伺服准备好	亮：正常工作； 灭：伺服未准备好	1. 驱动器存在报警； 2. 驱动器急停； 3. 伺服未启动	1. 排除驱动器故障； 2. 检查、更换急停单元，解除驱动器急停状态； 3. 启动伺服
OPEN	FSSB 通信	亮：FSSB 通信正常； 灭：FSSB 通信不良	1. FSSB 总线连接不良； 2. CPU 模块轴卡不良； 3. 驱动器控制板不良； 4. CPU 模块中央处理器（CPU CARD）不良； 5. CPU 模块不良	1. 检查 FSSB 总线连接； 2. 更换 CPU 模块轴卡； 3. 更换驱动器控制板； 4. 更换 CPU 模块中央处理器(CPU CARD) 5. 更换 CPU 模块
WD	驱动器监控	亮：驱动器不良； 灭：正常	1. 驱动器内部连接不良； 2. 急停单元不良； 3. 驱动器不良	1. 检查驱动器内部连接； 2. 检查急停单元连接； 3. 检查、更换急停单元； 4. 更换驱动器

13.4.2 系统急停报警及处理

1. 报警显示

机器人控制系统急停时，伺服驱动器的主电源将被断开、整流电路无直流电压输出、PWM 逆变功率管关闭、伺服电机制动器断电制动，机器人不能运动。

控制系统的急停按钮以及外部急停、安全门、伺服关闭（SV OFF）、伺服断开（Servo Disconnect）等信号，通过面板连接模块、驱动器控制板与 IR 控制器连接。当面板连接模块、驱动器控制板不良时，系统一般会发生多起急停报警。如果系统只发生某一急停报警，故障通常与特定操作器件、信号连接等因素有关。

FANUC 机器人控制系统的驱动器主电源由急停单元的安全电路控制，用来控制主电源紧急分断的急停信号通常都使用 CE 标准规定的双常闭冗余输入。如果急停单元故障、急停信号输入不正确、急停动作出错，系统将发出急停异常报警。

FANUC 机器人常见的急停报警如表 13-5 所示，急停异常报警及处理方法见后述。

表 13-5 FANUC 机器人常见系统急停报警

报警号	报警显示（英文）	报警内容
SRVO-001	Operator panel E-stop	操作面板急停
SRVO-002	Teach Pendant E-stop	示教器急停
SRVO-003	Deadman switch released	示教器手握开关急停
SRVO-004	Fence open	安全门打开
SRVO-005	Robot over travel	机器人超程
SRVO-006	Hand broken	安全夹爪断裂（*HBK 报警，仅使用时）
SRVO-007	External E-stop	外部急停
SRVO-009	Pneumatic pressure alarm	气压异常（*PPABN 报警，仅使用时）
SRVO-101	Robot over travel	机器人超程
SRVO-102	Hand broken	安全夹爪断裂（*HBK 报警，仅使用时）
SRVO-103	Pneumatic pressure alarm	气压异常（*PPABN 报警。仅使用时）
SRVO-160	Panel/External E-stop	操纵台/外部急停
SRVO-161	Fence open or Deadman switch	安全门或手握开关急停
SRVO-162	Fence /Deadman/Panel/External E-stop	安全门/手握开关/操纵台/外部急停
SRVO-169	External E-stop /SV OFF/Servo disconnect	外部急停/SVOFF/伺服断开
SRVO-280	SV OFF Input	SV OFF 输入

2. 模块故障的报警及处理

FANUC 机器人控制系统的急停信号来自控制柜面板连接模块和驱动器控制板，当面板连接模块、驱动器控制板发生模块不良、通信故障、信号输入回路故障时，将导致多个急停报警同时产生。面板连接模块、驱动器控制板的故障诊断与处理的一般方法如下。

① 面板连接模块不良或HSSB通信故障。面板连接模块主要连接器件的安装位置如图13-20所示。

面板连接模块不良或HSSB通信故障时，控制系统的绝大多数外部控制信号都将被断开，因此，系统将检测到多种报警，使得示教器同时显示SRVO-001（操作面板急停）、SRVO-004（安全栅栏防护门打开）、SRVO-007（外部急停）、SRVO-199（控制停止）、SRVO-204（外部急停出错）、SRVO-213（面板连接模块熔断器熔断）、SRVO-277（控制柜操作面板急停）、SRVO-280（SV OFF信号输入）等多个报警，且面板连接模块的HSSB总线通信指示灯RDY不亮。或者，示教器同时显示SRVO-001（操作面板急停）、SYST-067（面板HSSB通信中断）等报警。

模块不良或HSSB通信故障时，应检查面板连接模块JRS11与CPU模块（主板）JRS11的HSSB总线连接、CPU模块工作状态。故障原因及处理方法可参见前述的面板连接模块、CPU模块状态检查与说明。

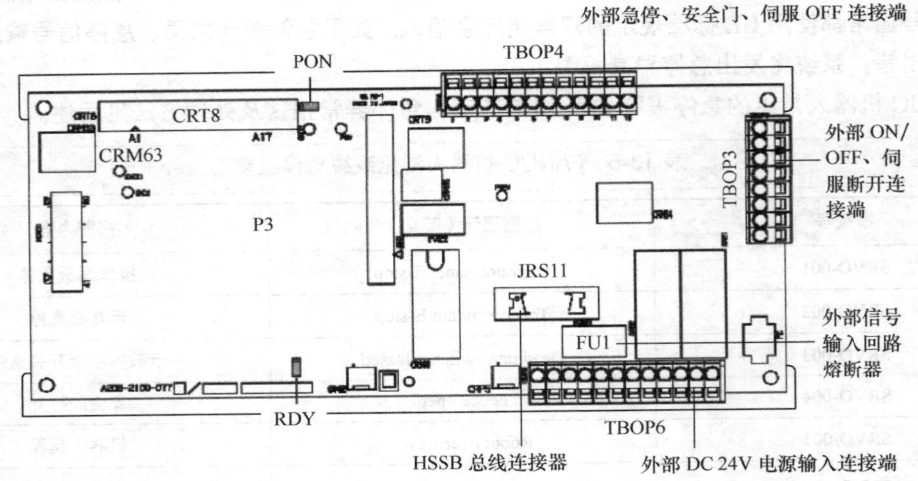

图13-20　面板连接模块连接器件

② 面板连接模块熔断器FU1熔断。面板连接模块熔断器FU1为接线端TBOP3、TBOP4外部控制信号（伺服断开、SV OFF、安全门开关、外部急停）输入回路的DC24V短路保护熔断器。FU1一旦熔断，所有外部控制信号都将被断开，示教器将同时显示SRVO-004（安全门打开）、SRVO-007（外部急停）、SRVO-213（面板连接模块熔断器断）、SRVO-280（SVOFF信号输入）等报警。

熔断器FU1熔断时，应检查伺服断开、SV OFF、安全门开关、外部急停等外部输入信号的连接，查明短路原因后，更换FU1。

③ 面板连接模块外部DC24V输入电源故障。当面板连接模块TBOP3、TBOP4的外部控制信号输入回路利用外部DC24V电源供电时，如果TBOP6的外部DC24V连接端EXT24V/EXT0V无DC24V输入，所有外部控制信号也都将被断开，示教器将同时显示SRVO-004（安全门打开）、SRVO-007（外部急停）、SRVO-213（面板连接模块熔断器断）、SRVO-280（SVOFF信号输入）等多个报警。

外部DC24V电源输入故障时，应查明故障原因、确保DC24V电源正常。如果TBOP3、TBOP4外部控制信号不使用外部DC24V供电，则应将TBOP6的EXT24V和INT24V、EXT0V和INT0V短接，直接使用内部DC24V供电。

④ 驱动器控制板或机器人信号电缆连接不良。机器人输入/输出（RI/RO）信号通过驱动器控制

板与 IR 控制器连接。机器人 RI/RO 信号电缆连接器通过图 13-21 所示的连接器 CRF7、CRM68 连接到驱动器控制板上。熔断器 FS2 用于 RI 信号输入回路的 DC24V 短路保护。

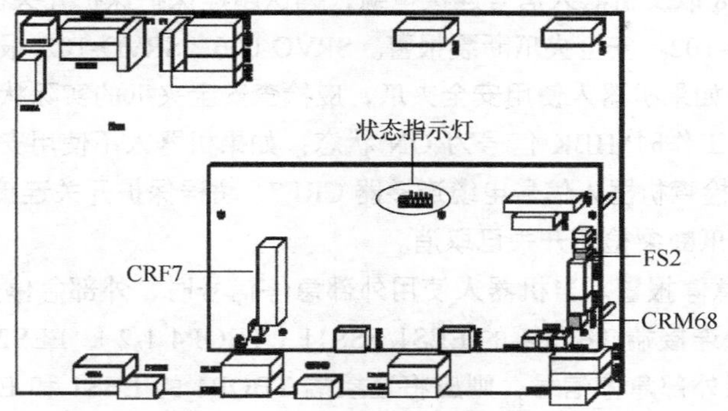

图 13-21　机器人 RI/RO 信号电缆连接器

在机器人输入信号 RI 中，关节轴超程开关（*ROT）、安全夹爪断裂（*HBK）、气压检测（*PPABN）属于机器人紧急停止的安全信号，这些信号一旦断开，系统将进入急停状态。因此，当驱动器控制板故障、FS2 熔断或机器人信号电缆连接不良时，所有机器人输入信号都将被断开，示教器将同时显示 SRVO-005（机器人超程）、SRVO-006（安全夹爪断裂）、SRVO-009（气压异常）、SRVO-214（驱动器控制板熔断器熔断）等报警。

驱动器控制板不良时，应检查驱动器工作状态指示灯（见前述），分析故障原因、进行相应的处理。机器人信号电缆连接不良时，应检查机器人信号电缆及 CRF7、CRM68 的连接。熔断器 FS2 熔断时，应检查机器人输入信号连接电路，查明短路原因后，更换 FS2。

3．器件故障的报警与处理

当控制系统的某一急停器件操作不当或信号连接不良时，示教器可显示相应的急停报警，此时，一般只需要对指定急停器件的操作、连接进行相关检查，故障诊断与报警处理的一般方法如下。

SRVO-001：操作面板急停报警，故障原因通常为控制柜操作面板急停按钮被按下或急停信号连接不良。如果操作面板急停按钮处于按下、自保持位置，可在复位急停按钮后，按操作面板的故障复位（FAULT RESET）按钮清除报警；如果急停按钮未按下，则属于急停触点（常闭）连接故障，应检查急停按钮及面板连接模块连接器 CRT8 的急停信号连接。

SRVO-002/SRVO-003：示教器急停按钮/手握开关急停报警，故障原因通常为示教器的急停按钮或手握开关处于按下、自保持位置，或者，急停按钮、手握开关不良。对于前者，可在复位急停按钮、手握开关后，按操作面板的故障复位（FAULT　RESET）按钮清除报警；对于后者，应检查示教器急停按钮、手握开关的触点与急停信号连接。

SRVO-004：安全门打开报警。当机器人采用安全栅栏保护措施时，安全门关闭时接通的 2 对触点，应分别连接到面板连接模块连接端 TBOP4 的 EAS1/ESA11（TBOP4-5/6）、EAS2/EAS21（TBOP4-7/8）上；如果机器人不使用安全栅栏，则应将连接端 TBOP4 的 EAS1 和 EAS11、EAS2 和 EAS21 同时短接。

SRVO-005、SRVO-101：机器人超程报警。SRVO-005、SRVO-101 在机器人超程检测信号*ROT 断开时发生。如果机器人安装了超程保护开关，出现报警时应首先检查机器人关节轴位置，如果有关节轴发生超程，可通过手动超程解除设定（手动过行程释放）操作，暂时取消超程报警，然后，通过手动操作退出超程位置、恢复正常操作，有关内容可参见第 10 章第 10.7 节。如果机器人未安装超程保护开关，应将超程信号*ROT 在机器人侧短接，并检查机器人信号电缆连接器 CRF7、超程保护开关连接器 CRM68 以及机器人信号连接电缆，确认超程保护保护开关已取消。

SRVO-006、SRVO-102：安全夹爪断裂报警。SRVO-006、SRVO-102 报警在机器人夹爪检测信号*HBK 断开时发生。如果机器人使用安全夹爪，应检查安全夹爪的实际状态及夹爪断裂检测开关的信号连接，保证正常工作时*HBK 信号为 ON 状态；如果机器人不使用安全夹爪，应将*HBK 信号在机器人侧短接，并检查机器人信号电缆连接器 CRF7、超程保护开关连接器 CRM68 以及机器人信号连接电缆，确认夹爪断裂检测开关已取消。

SRVO-007：外部急停报警。当机器人使用外部急停信号时，外部急停开关的 2 对触点，应分别连接到面板连接模块连接端 TBOP4 的 EES1/ESS11（TBOP4-1/2）、EES2/ESE21（TBOP4-3/4）上；如果机器人不使用外部急停信号，则应将连接端 TBOP4 的 EES1 和 EES11、EES2 和 EES21 同时短接。

SRVO-009、SRVO-103：气压异常报警。SRVO-009、SRVO-103 报警在机器人气压检测信号*PPABN 断开时发生。如果机器人使用气动工具，应检查气压及气压检测开关的信号连接，保证正常工作时*PPABN 信号为 ON 状态；如果机器人不使用气压，应将*PPABN 信号在机器人侧短接，并检查机器人信号电缆连接器 CRF7、超程保护开关连接器 CRM68 以及机器人信号连接电缆，确认气压检测开关已取消。

SRVO-160：操纵台/外部急停。报警在控制柜操作面板的急停按钮输入断开或面板连接模块外部急停信号 EES1/EES11（TBOP4-1/2）、EES2/EES21（TBOP4-3/4）输入断开时发生，故障原因及处理方法可参见 SRVO-001、SRVO-007。

SRVO-161：安全门或手握开关急停。报警在面板连接模块安全门输入 EAS1/ESA11（TBOP4-5/6）、EAS2/EAS21（TBOP4-7/8）输入断开或示教器手握开关处于急停位置时发生，故障原因及处理方法可参见 SRVO-003、SRVO-004。

SRVO-162：安全门/手握开关/操纵台/外部急停。故障原因及处理方法可参见 SRVO-001、SRVO-003、SRVO-004、SRVO-007。

SRVO-169：外部急停/SVOFF/伺服断开，故障在急停单元的主接触器（MCC）被来自面板连接模块的外部急停、SVOFF、伺服断开（Disconnect Servo）信号断开时发生。如果系统使用了这些外部控制信号，应检查以下面板连接模块连接端的信号输入与连接电路（参见图 13-20），保证系统正常工作时所有连接端的输入信号均为接通状态；如果系统外部控制信号未使用，则应将面板连接模块的信号输入端短接。

TBOP4-1/2：外部急停输入通道 1（EES1/ESS11），正常工作时应接通或短接。

TBOP4-3/4：外部急停输入通道 2（EES2/ESE21），正常工作时应接通或短接。

TBOP4-9/10：SV OFF 输入通道 1（EGS1/EGS11），正常工作时应接通或短接。

TBOP4-11/12：SV OFF 输入通道 2（EGS2/EGS21），正常工作时应接通或短接。

TBOP3-5/6：伺服断开输入通道 1（SD4/SD41），正常工作时应接通或短接。

TBOP3-7/8：伺服断开输入通道 2（SD5/SD51），正常工作时应接通或短接。

SRVO-280：SVOFF 输入。当机器人使用 SV OFF 控制功能时，正常工作时接通的 2 对触点，应分别连接到面板连接模块连接端 TBOP4 的 EGS1/EGS11（TBOP4-9/10）、EGS2/EGS21（TBOP4-11/12）上；如果机器人不使用 SV OFF 控制功能，则应将连接端 TBOP4 的 EGS1 和 EGS11、EGS2 和 EGS21 同时短接。

13.4.3 SV ON/OFF 及急停异常报警及处理

1. 报警显示

机器人控制系统的伺服接通/关闭（SV ON/OFF）通过急停单元的主接触器（MCC）控制驱动器主电源通断实现。

控制系统正常工作时，只要撤销急停信号（复位急停按钮、关闭安全栅栏防护门，取消外部急停、伺服关闭、伺服断开等外部控制信号），驱动器便可输出主接触器接通信号（HRDY）、接通主接触器 MCC、开放逆变功率管，使驱动器成为闭环位置控制的 SV ON 状态、输出伺服准备好信号 SRDY。如果输入急停信号，或者，轴运动出现故障、伺服准备好信号 SRDY 将成为 OFF 状态，伺服电机将立即制动，并关闭逆变功率管、撤销主接触器接通信号（HRDY）、断开主电源，使得驱动器成为 SV OFF 状态。如果驱动器的通断动作或信号时序与以上要求不符，系统将发生 SV ON/OFF 异常报警。

FANUC 机器人控制系统的急停一般使用 CE 标准规定的双常闭冗余输入安全电路进行控制，如急停器件不良、连接错误，或面板连接模块、驱动器控制板、急停单元故障，控制系统就可能发生信号输入不正确、主接触器实际状态与控制信号不符等急停异常报警。

如果需要，伺服驱动器主电源的通断还可通过面板连接模块的外部通/断信号 EXON/ EXOFF 控制，外部 ON 信号的连接端为 TBOP3-1/2（EXON1/EXON2）、外部 OFF 信号的连接端为 TBOP3-3/4（EXOFF1/ EXOFF2）。如果不使用外部通/断控制功能，应将连接端 TBOP3-1/2、TBOP3-3/4 短接。

FANUC 机器人常见的 SV ON/OFF 及急停异常报警如表 13-6 所示。

表 13-6 常见的 SV ON/OFF 及急停异常报警

报警号	报警显示（英文）	报警内容
SRVO-019	SV ON Input	EX ON 信号输入出错
SRVO-020	SRDY OFF（TP）	示教器未准备好
SRVO-021	SRDY OFF（Group: i Axis:j）	运动组 i、轴 j 伺服未准备好
SRVO-022	SRDY ON（Group: i Axis:j）	运动组 i、轴 j 伺服准备好信号出错
SRVO-201	panel E-stop or SVEMG abnormal	控制面板或伺服急停出错
SRVO-202	TP E-stop or SVEMG abnormal	示教器或控制面板急停出错
SRVO-204	Extremal（SVEMG abnormal）E-stop	外部急停出错
SRVO-205	Fence open（SVEMG abnormal）	安全门急停出错
SRVO-206	Deadman switch（SVEMG abnormal）	手握开关急停出错
SRVO-207	TP switch abnormal or door open	示教器不良或安全门打开
SRVO-230	Chain1（+24V）abnormal	急停输入通道 1（+24V）异常
SRVO-231	Chain2（0V）abnormal	急停输入通道 2（0V）异常
SRVO-238	Chain1 abnormal（SV ON）	SV OFF 输入通道 1（+24V）异常
SRVO-239	Chain1 abnorma2（SV ON）	SV OFF 输入通道 2（0V）异常
SRVO-240	Chain1（FENCE）abnormal	安全门输入通道 1 异常
SRVO-241	Chain2（FENCE）abnormal	安全门输入通道 2 异常
SRVO-242	Chain1（EXEMG）abnormal	外部急停输入通道 1 异常
SRVO-243	Chain2（EXEMG）abnormal	外部急停输入通道 2 异常
SRVO-248	Deadman switch abnormal	手握开关输入异常

续表

报警号	报警显示（英文）	报警内容
SRVO-250	SVEMG/MAINON1 abnormal	主接触器接通异常
SRVO-254	E-STOP circuit abnormal（KA5）	急停单元继电器不良
SRVO-255	E-STOP circuit abnormal（KM2）	急停单元接触器不良
SRVO-256	MCC control circuit abnormal（AMP）	主接触器控制信号不良
SRVO-260	Chain1（NTED）abnormal	安全门通道 1 异常
SRVO-261	Chain2（NTED）abnormal	安全门通道 2 异常
SRVO-262	Chain1（SVDCT）abnormal	伺服断开通道 1 异常
SRVO-263	Chain2（SVDCT）abnormal	伺服断开通道 2 异常
SRVO-264	E-STOP circuit abnormal 1	急停电路故障 1
SRVO-265	E-STOP circuit abnormal 2	急停电路故障 2
SRVO-277	Operator panel E-stop/SVEMG abnormal	操作面板急停不良
SRVO-278	Teach Pendant E-stop/SVEMG abnormal	示教器急停不良
SRVO-279	E-STOP circuit abnormal 3	急停电路故障 3
SRVO-282	Chain1（SVOFF）abnormal	伺服断开通道 1 异常
SRVO-283	Chain2（SVOFF）abnormal	伺服断开通道 2 异常
SRVO-286	E-STOP circuit abnormal 1	急停电路故障 1
SRVO-287	E-STOP circuit abnormal 2	急停电路故障 2

2. SV ON/OFF 异常报警与处理

FANUC 机器人的伺服启动（SV ON）过程应按照撤销急停、驱动器控制板输出 HRDY 信号、急停单元主接触器接通、驱动器 SRDY 信号输出的时序进行，伺服启动过程出现异常时，系统将发出 SV ON/OFF 异常报警。

FANUC 机器人控制系统常见的 SV ON/OFF 异常报警及处理方法如下。

SRVO-019：EX ON 信号输入错误。检查 EX ON 信号与面板连接模块连接端 TBOP3-1/2（EXON1/EXON2）的连接，如果机器人不使用 EX ON 信号，应将连接端 TBOP3 的 1（EXON1）和 2（EXON2）短接。

SRVO-020：示教器未准备好。示教器的急停按钮、手握开关信号不正确，驱动器无法启动。故障时应检查示教器的急停按钮、手握开关状态及示教器连接电缆，保证示教器连接、信号输入正确。

SRVO-021：运动组 *i*、轴 *j* 未准备好，驱动器无法启动。故障时应检查系统配置、检查指定伺服轴的工作状态，保证系统驱动器配置、驱动器型号及规格等配置参数设定正确，保证轴已处于正常工作状态。

SRVO-022：运动组 *i*、轴 *j* 准备好信号出错，驱动器主接触器接通信号尚未输出，但运动组 *i*、轴 *j* 的准备好信号已处于 ON 状态。故障原因通常为驱动器控制板不良，检查、更换驱动器控制板或驱动器。

SRVO-201～206、SRVO-277/278：SV OFF 故障。SV OFF 故障在输入急停信号后，驱动器主接触器接通信号（HRDY）未能正常撤销（断开）时发生，例如，按下控制面板急停按钮（SRVO-201、SRVO-277）、按下示教器急停按钮（SRVO-202、SRVO-278），断开外部急停信号（SRVO-204）、安全门关闭信号（SRVO-205），操作示教器手握开关（SRVO-206）时，驱动器控制板未断开主接触器接通信号等。SV OFF 故障的原因可能是急停器件不良、连接错误，或者，面部连接模块、驱动器控制板不良，应检查对应的急停器件与连接电路，更换面板连接模块或驱动器控制板。

SRVO-207：示教器开关不良或安全门打开（SV ON 故障）。故障在未操作示教器急停按钮、未打开安全门时，出现驱动器主接触器接通信号（HRDY）断开时发生。SV ON 的故障原因可能是示教器不良、电缆连接不正确，或者，面部连接模块、驱动器控制板不良，应检查、更换示教器及连接电缆，更换面板连接模块或驱动器控制板。

SRVO-250：主接触器接通异常。故障在驱动器控制板已输出主接触器接通信号（HRDY），但主接触器未能正常接通时发生，故障原因一般为急停单元与驱动器控制板连接不良、主接触器不良或急停单元故障，应检查、更换主接触器或急停单元。

SRVO-254/255：急停单元继电器/接触器故障。故障在急停信号已输入，但急停单元的继电器/接触器未能正常断开时发生，故障原因一般为继电器、接触器存在触点熔焊等不能正常断开的故障，应检查、更换继电器、接触器。

SRVO-256：主接触器控制信号不良。故障在驱动器控制板急停信号已输入，但主接触器接通信号（HRDY）未能正常撤销（断开）时发生，故障原因一般为驱动器控制板不良，应检查、更换驱动器控制板。

SRVO-260/261：安全门异常。故障在安全门关闭输入通道 1、2（TBOP4-5/6、7/8）的信号已断开，但驱动器主接触器却未正常断开时发生，故障原因可能是安全门信号连接错误，或者，面部连接模块、驱动器控制板、急停单元不良，应检查安全门信号与连接、更换面板连接模块或驱动器控制板。

SRVO-262/263：伺服断开异常。故障在伺服断开输入通道 1、2（TBOP3-5/6、7/8）的信号已断开，但驱动器主接触器却未正常断开时发生，故障原因可能是伺服断开信号连接错误，或者，面部连接模块、驱动器控制板、急停单元不良，应检查伺服断开信号与连接、更换面板连接模块或驱动器控制板。

SRVO-264/265、286/287：急停单元电路故障。故障原因为急停单元电路故障，可通过系统重启尝试解除。系统重启无法解除时，应检查、更换急停单元。

SRVO-282/283：SV OFF 异常。故障在 SV OFF 输入通道 1、2（TBOP4-9/10、11/12）的信号已断开，但驱动器主接触器却未正常断开时发生，故障原因可能是 SV OFF 信号连接错误，或者，面部连接模块、驱动器控制板、急停单元不良，应检查 SV OFF 信号与连接、更换面板连接模块或驱动器控制板。

3. 急停信号异常报警与处理

机器人控制系统的急停由急停单元的安全电路进行控制，急停信号应使用图 13-22 所示双常闭冗余输入连接方式，并保证 2 个输入通道（chain）的 2 对触点在系统正常工作时同时接通，否则，系统将发生急停信号输入异常报警。

FANUC 机器人控制系统常见的急停信号输入异常报警及处理方法如下。

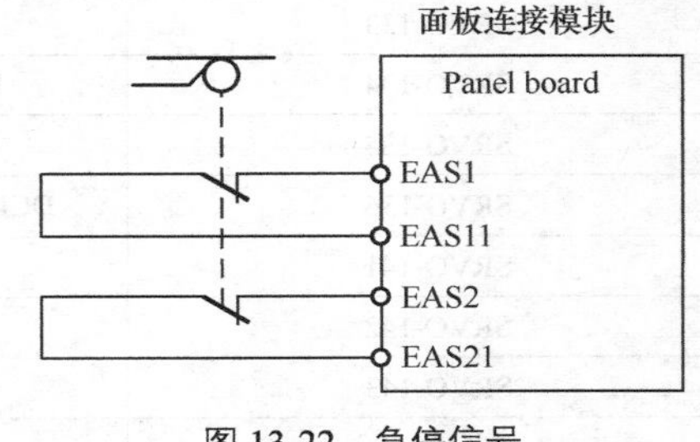

图 13-22 急停信号

SRVO-230/231：急停输入通道 1/2 异常。SRVO-230/231 为系统急停信号输入回路综合故障，故障原因包括控制柜操作面板的急停按钮、示教器急停按钮、示教器手握开关、安全栅栏门开关、外部急停、驱动器控制板急停等，故障原因可通过系统的报警履历进一步检查（见第 12 章）。如果系统的急停操作器件无故障、信号连接正确，故障可通过执行正确的操作或重启系统恢复。

SRVO-238/239：SV OFF 输入通道 1/2 异常。检查 SV OFF 信号，保证 2 对触点与面板连接模块连接端 BOP4 的 EGS1/EGS11（TBOP4-9/10）、EGS2/EGS21（TBOP4-11/12）连接正确。如果机器人不使用 SV OFF 信号，应将连接端 TBOP4 的 EGS1 和 EGS11、EGS2 和 EGS21 同时短接。

SRVO-240/241：安全栅栏门开关输入通道 1/2 异常。检查安全栅栏防护门关闭开关，保证 2 对触点与面板连接模块连接端 TBOP4 的 EAS1/EAS11（TBOP4-5/6）、EAS2/EAS21（TBOP4-7/8）连接正确。如果机器人不使用安全栅栏，应将连接端 TBOP4 的 EAS1 和 EAS11、EAS2 和 EAS21 同时短接。

SRVO-248：手握开关输入通道 1/2 异常。检查手握开关，保证 2 对触点同时动作。

13.4.4 驱动器及风机报警与处理

1. 报警显示

机器人工作时可能因负载过重、加减速过于频繁、碰撞，或者，由于电网波动、环境温度过高、风机通风不畅等外部因素影响，或者，驱动器本身出现器件损坏、连接不良等故障，造成伺服电机过载、驱动器输出电流过大（过流）、直流母线电压过高或过低、控制柜过热等故障，导致控制系统发生驱动器、风机等报警。

FANUC 机器人常见的驱动器及风机报警如表 13-7 所示，电机过载、驱动器过流报警的处理方法见后述。

表 13-7 FANUC 机器人常见的驱动器及风机报警

报警号	报警显示（英文）	报警内容
SRVO-014	Controller FAN abnormal，CPU Stop	IR 控制器风机故障、CPU 停止
SRVO-015	System over heat（Group: i Axis: j）	系统过热
SRVO-043	DCAL alarm（Group: i Axis: j）	直流母线电压异常
SRVO-044	HVAL alarm（Group: i Axis: j）	直流母线电压过高
SRVO-047	LVAL alarm（Group: i Axis: j）	驱动器控制电压过低
SRVO-049	OHAL1 alarm（Group: i Axis: j）	变压器过热
SRVO-130	OHAL1（PSM）	驱动器电源模块过热
SRVO-131	LVAL（PSM）	驱动器控制电压过低
SRVO-133	FSAL（PSM）abnormal	驱动器电源模块风机不良
SRVO-134	DCLVAL（PSM）abnormal	电源模块直流输出电压过低
SRVO-135	FSAL abnormal	驱动器风机不良
SRVO-136	DCLVAL alarm（Group: i Axis: j）	直流母线电压过低
SRVO-141	OHAL1（CNV）abnormal	伺服电机过热
SRVO-142	OHAL1（INV）abnormal	逆变模块过热
SRVO-143	PSFLAL（CNV）abnormal	整流模块电压过低
SRVO-144	LVAL（INV）abnormal	逆变模块电压过低
SRVO-145	LVAL（CNV-DC）abnormal	整流直流电压过低
SRVO-146	LVAL（INV-DC）abnormal	逆变直流电压过低

续表

报警号	报警显示（英文）	报警内容
SRVO-147	LVAL（DCLK）abnormal	直流母线电压过低
SRVO-150	FSAL（CNV）abnormal	整流模块风机不良
SRVO-151	FSAL（INV）abnormal	逆变模块风机不良
SRVO-152	IPMAL（INV）abnormal	IPM 模块不良
SRVO-153	CHGAL（CNV）alarm（Group: i Axis: j）	直流母线充电故障
SRVO-154	HVAL（CNV-DC）abnormal	整流模块直流输出电压过高
SRVO-155	DCAL（CNV）abnormal	直流母线电压异常
SRVO-156	IPMAL alarm（Group: i Axis: j）	逆变 IPM 模块不良
SRVO-157	CHGAL alarm（Group: i Axis: j）	直流母线充电不良
SRVO-200	Cabinet FAN alarm	控制柜风机不良
SRVO-212	Transformer over heat	变压器过热
SRVO-253	Amplifier over heat	驱动器过热
SRVO-291	IPM over heat（Group: i Axis: j）	IPM 模块过热
SRVO-292	EXT FAN alarm（Group: i Axis: j）	外置风机故障
SRVO-294	EXT FAN（PSM）alarm（Group: i Axis: j）	电源模块外置风机故障
SRVO-295	PSM COM alarm（Group: i Axis: j）	电源与伺服模块通信出错
SRVO-296	PSM DISCHG alarm（Group: i Axis: j）	制动电阻故障
SRVO-297	PSM Low Volt alarm（Group: i Axis: j）	电源模块电压过低

2．系统过热及风机报警与处理

系统过热及风机报警在控制系统温度检测信号值超过允许温度时产生，故障的外部原因是工作环境与条件不合适、系统连接不良、风机污染等，内部原因是器件故障，报警及处理方法如下。

SRVO-014：IR 控制器风机故障、CPU 停止。IR 控制器风机故障时，CPU 将停止运行，故障时应检查风机连接、更换风机。

SRVO-015：系统过热。系统过热故障的外部原因通常是环境温度太高（超过 45° C）、风机污染或连接不良，系统过热时应改善工作环境，清理、检查风机。若风机、温度传感器、温度检测电路故障，应更换风机、温度传感器、驱动器控制板等控制部件。

SRVO-049、SRVO-141、SRVO-212：变压器、伺服电机过热。报警在变压器、伺服电机温度检测信号值超过允许温度时产生。

变压器过热的原因通常是环境温度太高、控制柜风机不良，温度检测信号电缆连接不良，应改善工作环境，清理、检查控制柜风机。温度传感器、变压器、温度检测电路不良时，应更换温度传感器、变压器、急停单元等部件。

电机过热的外部原因有环境温度太高、机器人负载过重、加减速过于频繁等，应改善工作环境和工作条件。如果故障在开机时即发生，且电机确实过热，通常是电机电枢线相序不正确、绕组短路；如果电机未过热，则可能是温度传感器电缆连接不良、驱动器控制板熔断器 F1/F2 熔断，或者，温度检测电路存在故障。应检查机器人连接、驱动器控制板熔断器 F1/F2，器件故障时，应更换驱动器控制板、伺服电机。

SRVO-130、SRVO-142、SRVO-253、SRVO-291：驱动器电源模块、逆变模块、驱动器、IPM 过热。报警在驱动器电源模块、逆变模块、驱动器、IPM 器件温度检测信号值超过允许温度时产生，故障的外部原因通常是环境温度太高、风机不良、机器人负载过重、加减速过于频繁等，应改善工作环境和条件，清理、检查控制柜及驱动器风机。此外，主回路局部短路、整流模块或调压 IPM 不良、温度传感器及检测电路故障，也可能导致系统报警，应检查、更换驱动器电源板。逆变 IPM 过热的原因则可能是电机电枢线相序不正确、绕组短路、IPM 模块不良、温度传感器及检测电路故障，应检查电机电枢线连接，电机、驱动器故障时，需要更换电机、驱动器。

SRVO-133、SRVO-135、SRVO-150、SRVO-151、SRVO-200、SRVO-292、SRVO-294：风机故障。除了模块本身的散热风机外，控制柜、IR 控制器及驱动器外置风机的安装如图 13-23 所示。风机不良时，应检查风机连接电缆，清理或更换风机。

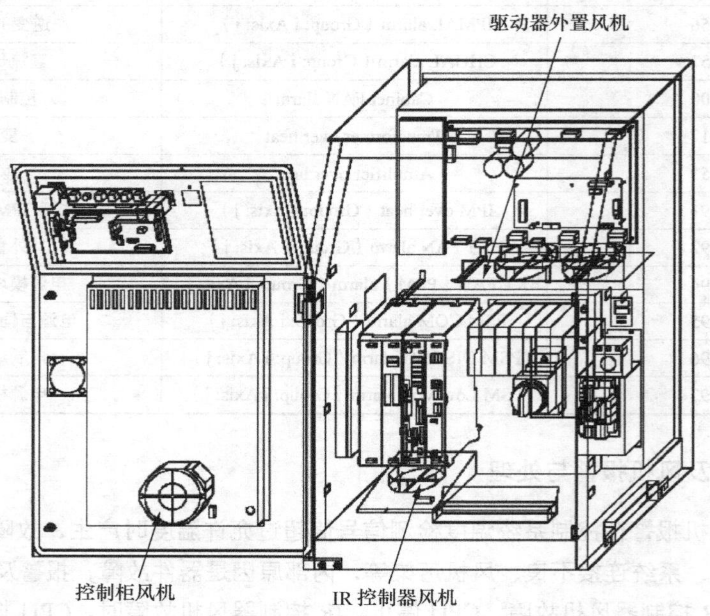

图 13-23　控制柜风机安装位置

3. 电源及直流母线报警与处理

直流母线报警在驱动器直流母线电压超过允许范围时发生。直流母线电压利用电源模块对电源输入的整流产生，电压值通过制动电阻的放电调节，因此，输入电源不正确、整流模块不良、制动电阻调压回路故障，是导致直流母线报警的常见原因。

FANUC 机器人常见的直流母线报警及处理方法如下。

SRVO-043、SRVO-155：直流母线电压异常。报警在驱动器直流母线电压超过允许范围时产生，故障原因可能的原因及处理方法如下。

① 电机启制动过于频繁或制动回馈的能量过大，制动能量无法通过制动电阻消耗。应降低启制动频率、延长加减速时间、改善机器人工作条件。

② 直流母线对地短路。检查驱动器熔断器 FS3，若熔断，应检查逆变模块、电机电枢电缆，排除短路故障后，更换熔断器 FS3。

③ 制动电阻连接不良或电阻不良。检查驱动器连接器 CRB63A/CRB63B/CRB63C、CRB45A/CRB45B/CRB45C 的连接、确认制动电阻的阻值为 9～16Ω。

④ 直流母线电压调节回路不良。检查、更换驱动器电源板、控制板。

SRVO-044、SRVO-154：直流母线电压过高。报警在驱动器直流母线电压超出最大允许值时产生，故障原因通常是驱动器输入电压过高，或启制动过于频繁、制动回馈的能量过大。一般应检查、确认驱动器输入电压不高于 253V（230V+10%），或降低启制动频率、延长加减速时间、改善机器人工作条件。

SRVO-047、SRVO-131：驱动器控制电压过低。报警在驱动器控制电压低于允许值时产生，故障原因通常是驱动器的 DC24V 控制电源输入或 DC5V 电源回路故障，应检查伺服驱动器与急停单元连接、机器人信号电缆，检查、更换急停单元或驱动器控制板。

SRVO-134、SRVO-136、SRVO-143~147、SRVO-297：直流母线电压过低。报警在驱动器直流母线电压低于最小允许值时产生，故障原因通常是驱动器输入电压过低、缺相、瞬间断电，主接触器触点、主电源连接不良，变压器不良，驱动器整流模块、直流母线充电回路故障等。一般应检查、确认驱动器的主电源输入电压不低于 170V（200V-15%），无缺相、瞬间断电、连接不良现象，急停单元的主接触器、变压器以及驱动器整流模块、直流母线充电回路无故障。

4．器件不良报警与处理

驱动器控制器件故障时，原则上应更换驱动器，如果条件允许，在保证外部无故障的前提下，通过更换同规格的驱动器控制板、电源板等组件，进一步确定故障位置后，仅更换故障组件。

FANUC 机器人常见的器件不良报警及处理方法如下。

SRVO-153、SRVO-157、SRVO-296：直流母线充电、制动电阻故障。直流母线的平波电容、限流电阻、制动电阻或控制电路发生故障时，直流母线电压将无法正常调节，故障一般应通过更换平波电容、限流电阻、制动电阻或驱动器、驱动器控制板、电源板等组件。

SRVO-152、SRVO-156、SRVO-295：IPM 模块不良、电源与伺服模块通信出错。在排除驱动器内部连接因素后，通常需要更换驱动器或更换驱动器控制板、电源板等组件。

除了以上报警外，控制系统还可能发生驱动器与 IR 控制器的 FSSB 总线通信出错报警，同样，在排除 FSSB 光缆连接、驱动器控制电源输入、IR 控制器轴卡安装等外部因素外，故障通常需要更换驱动器控制板、IR 控制器 CPU 模块、轴卡等组件。FSSB 总线通信出错报警较多，有关内容可参见 FANUC 机器人控制系统维修说明书。

13.4.5 电机过载及过流报警与处理

1．电机过载及过流保护措施

伺服驱动器的电机过载、过流保护主要有电机过载（Over load，OVL）、驱动器过流（Over current，OVC）、驱动器高电流（High current，HC）3 种，其作用与保护方法如下。

① OVL 保护。伺服电机过载保护，用来限制电机超过额定电流运行的时间、预防电枢绕组温升过高引起的绝缘老化和损坏。伺服电机的 OVL 保护一般通过驱动器内部的电子热继电器实现，每一伺服电机的逆变输出回路均有独立的过载保护电子热继电器。

电子热继电器的动作特性为反时限曲线（见图 13-24），在通电时间超过一定值时，可有效防止电机绕组发热。但是，如果过载时间较短，电子热继电器的动作将滞后于绕组发热，因此，它不能对电机的短时间过载进行可靠保护，也不能防止器件工作电流超过极限值时的直接损坏。

② OVC 保护。驱动器过流保护，通过驱动器软件运算，限制电机超过额定电流工作的时间、预防电枢绕组温升过高引起的绝缘老化和损坏。电机绕组通电后所产生的热量为 I^2Rt，电流越大、

通电时间越长，绕组温升就越高。由于电枢绕组的电阻 R 为固定值，因此，驱动器可通过软件的运算，限制 I^2t 值，对电机短时间过载进行较为准确的保护。但是，OVC 保护同样与通电时间有关，因此，它同样不能防止器件工作电流超过极限值时的直接损坏。

③ HC 保护。大电流（High current）保护，用来限制器件的最大电流（极限电流）。驱动器所使用的整流二极管、调压及逆变 IPM 等大功率电力电子器件受到最大电流（极限电流）的限制，器件工作电流一旦超过极限值，功率器件将立即烧毁。此外，如果伺服电机的电枢电流超过最大电流，也将立即直接导致永久磁铁的消磁。因此，驱动器必须限制器件的最大工作电流，防止器件直接损坏。

2．OVL、OVC 及 HC 报警

伺服驱动器的电机过载（OVL）、过流（OVC）、高电流（HC）保护特性如图 13-24 所示。HC 保护在器件电流超过极限值时立即动作（与通电时间无关）；OVC 保护在通电时间小于 $t1$ 的区域有效，当驱动器输出电流超过 I^2t 限制值时，系统将发出过电流（OVC）报警；OVL 保护在运行时间大于 $t1$ 的区域有效，当驱动器输出电流超过电子热继电器过载保护电流时，系统将发出过电流（OVL）报警。

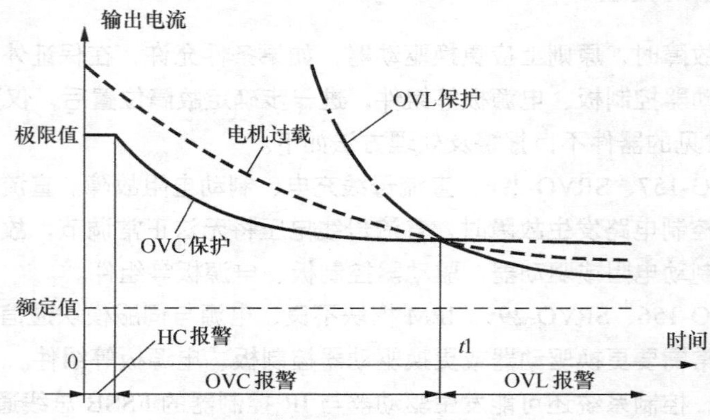

图 13-24　驱动器 OVL/OVC 保护特性

FANUC 机器人常见的 OVL、OVC 及 HC 报警如表 13-8 所示，故障的常见处理方法如下。

表 13-8　FANUC 机器人常见的过载、过流报警

报警号	报警显示（英文）	报警内容
SRVO-045	HCAL alarm（Group: i Axis: j）	主回路电流超过极限值
SRVO-046	OVC alarm（Group: i Axis: j）	伺服电机过流
SRVO-132	HCAL（PSM）abnormal	电源模块电流超过极限值
SRVO-148	HCAL（CNV）abnormal	整流模块电流超过极限值
SRVO-149	HCAL（INV）abnormal	逆变模块电流超过极限值
SRVO-216	OVC（Sum）abnormal	机器人总电流超过允许值
SRVO-290	DC LK HCAL（Group: i Axis: j）	直流母线电流超过极限值
SRVO-293	DC Link（PSM）HCAL（Group: i Axis: j）	直流母线电流超过极限值

3．OVC 报警与处理

SRVO-046：伺服电机过流报警。报警在伺服电机的 I^2t 值超过允许范围时发生，故障可能的原因如下。

① 电源电压过低。检查电源电压及驱动器主回路连接，保证驱动器输入电源电压为 AC170～253V（200V-15%～230V+10%）。

② 机器人负载过重或受到外力作用。检查机器人工具、作业负载，保证机器人负载在允许范围之内，若存在外力作用，应撤除外力、保证机器人能够自由运动。

③ 加减速过于频繁或加速度过大，改善机器人工作条件、降低加速度。

④ 制动器故障。制动器未完全松开，检查制动器电源电压、连接电缆，确认制动器已完全松开，制动器损坏时应予以更换。

⑤ 电机连接或电机不良。电枢线连接不良、相序错误、缺相或绕组存在局部短路，检查电枢连接、测量绕组绝缘，电机不良时应更换伺服电机。

⑥ 机械传动系统故障，如减速器、轴承、传动齿轮、传动轴等部件变形、损坏、调整不当等，检查机械传动系统，更换、调整传动部件。

⑦ 驱动器故障。逆变输出连接不良、局部短路，检查驱动器连接，逆变模块不良时，更换逆变模块或驱动器。

SRVO-216：机器人总电流超过允许值。报警在驱动器总输出电流超过允许范围时发生，故障大多因机器人运动速度过快、加减速过于频繁、负载过重引起，应降低机器人运动速度、改善机器人工作条件、减轻负载。

4．HC 报警与处理

HC 报警大多因主回路、直流母线及电机发生相间短路、对地短路、相序错误，或者，整流模块、逆变模块、制动电阻不良引起，故障可能的原因与处理方法如下。

SRVO-045、SRVO-132、SRVO-148：主回路、电源模块、整流模块电流超过极限。故障原因通常为主回路短路、整流模块不良，应检查主回路连接，必要时更换驱动器或整流模块。

SRVO-149：逆变模块电流超过极限。故障原因通常为逆变输出短路、电机绕组相间短路或对地短路、相序错误、逆变模块不良，应检查逆变输出、电机连接，必要时更换驱动器、逆变模块、伺服电机。

SRVO-290、SRVO-293：直流母线电流超过极限。故障原因通常为直流母线短路、制动电阻短路、调压 IPM 不良，应检查直流母线、制动电阻连接，必要时更换驱动器、制动电阻。

13.4.6 位置/速度/转矩报警与处理

1．伺服调节原理

工业机器人伺服驱动系统的结构框图如图 13-25 所示。伺服系统采用的是内外环的 3 闭环结构，由外向内依次为位置、速度、电流（转矩）环。

在位置环中，关节轴的位置指令脉冲 P_c 由 IR 控制器通过插补运算生成，位置反馈脉冲 P_f 来自伺服电机内置编码器的输出，位置指令脉冲 P_c 与反馈脉冲 P_f 经过比较器运算可产生位置跟随误差 e_{ss}，位置跟随误差 e_{ss} 经位置调节器放大后的输出为速度指令。

在速度环中，电机速度反馈可通过编码器计数脉冲的频率/速度变换（f/v 变换）得到，速度指令与速度反馈经过比较器运算可产生速度误差，速度误差经速度调节器放大后的输出为电流（转矩）指令。

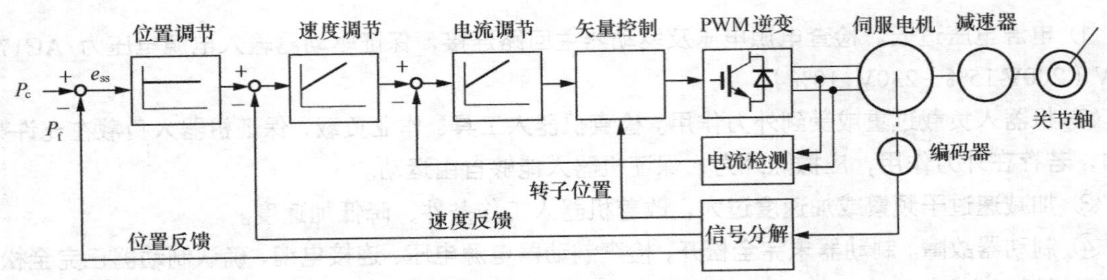

图 13-25　伺服系统结构原理

在电流环中，电流反馈信号通过驱动器的输出电流检测电路得到，电流指令与电流反馈经过比较器运算可产生电流（转矩）误差。电流（转矩）误差经电流调节器放大、矢量控制变换后，便可驱动器的 PWM 逆变控制信号、控制伺服电机运行。

通常而言，伺服驱动系统的位置调节大多采用比例调节器（P 调节器），速度、电流（转矩）调节采用比例-积分-微分调节器（PID 调节器），因此，系统稳态运行（关节轴正常移动）时，速度、电流（转矩）指令为无静差输出，但实际位置总是滞后于指令位置，两者存在位置跟随误差 e_{ss}。但是，由于从速度到位置的变换属于积分环节，因此，当轴停止时，系统可通过积分作用，使得最终的位置跟随误差趋近于零。

位置跟随误差 e_{ss} 是闭环位置控制系统的重要指标，它代表了系统的位置响应性能。对于同样的速度指令，位置跟随误差 e_{ss} 决定于位置调节器的增益，如果增益固定，位置跟随误差 e_{ss} 越大，速度指令也就越大、关节轴运动就越快，或者说，关节轴运动速度越快，对应的位置跟随误差也就越大。

2. 报警显示

为了保证机器人安全、可靠地工作，伺服驱动系统运行时，系统需要对电机转矩、转速与位置进行实时监控，在转矩、转速及位置误差超过允许值时，系统将产生报警并停止运动，或者，显示警示信息，提醒操作者注意。

FANUC 机器人常见的位置、速度、转矩监控报警如表 13-9 所示，报警原因及处理方法如下。

表 13-9　FANUC 机器人常见的位置、速度、转矩监控报警

报警号	报警内容	性质	报警原因
SRVO-023	轴停止时位置误差过大	报警	机器人停止时位置跟随误差超过设定值
SRVO-024	轴移动时位置误差过大	报警	机器人运动时位置跟随误差超过设定值
SRVO-025	位置指令溢出	报警	驱动器的位置指令过大报警
SRVO-026	电机转速超过	警示	电机转速超过设定值警示
SRVO-035	关节速度超过	报警	机器人运动速度超过允许值
SRVO-036	定位时间超过	报警	系统未能在规定时间内完成定位
SRVO-171	关节速度超过 DVC	警示	关节轴速度超过允许值
SRVO-172	关节速度超过 DVC0	警示	关节轴速度超过允许值 0
SRVO-173	关节速度超过 DVC1	警示	关节轴速度超过允许值 1
SRVO-179	电机转矩超过限制值	报警	电机输出转矩超过允许值

3．位置监控报警及处理

伺服系统是一种利用误差控制的闭环控制系统，为了保证机器人运动停止时的定位位置及机器人移动时的轨迹准确，控制系统需要对轴停止及运动时的跟随误差进行监控，跟随误差一旦超过允许值，系统将发生跟随超差报警。

FANUC 机器人常见的位置监控报警及含义如下。

SRVO-023、SRVO-036：轴停止时位置误差过大。当机器人运动停止、IR 控制器的指令脉冲输入为 0 时，关节轴（伺服电机）应在规定的时间内到达理论位置并停止，随后，通过闭环位置调节功能保持定位位置。如果关节轴（伺服电机）在系统参数$PARAM_GROUP. $IMPOS_TIME 设定的时间内，不能到达系统参数$PARAM_GROUP. $STOPERLIM 设定的误差（定位允差）范围，系统将发生 SRVO-023、SRVO-036 报警。此外，如果轴正常停止时，由于某种原因，使得关节轴（伺服电机）的实际位置偏离了定位允差范围，系统将发生 SRVO-023 报警。

SRVO-024：轴运动时位置误差过大。机器人运动时，IR 控制器将通过插补运算，向伺服系统连续发送位置指令脉冲，关节轴（伺服电机）应及时跟随指令脉冲运动，以保证运动轨迹的准确。如果关节轴（伺服电机）不能及时跟随指令脉冲运动、使位置跟随误差超出了系统参数$PARAM_GROUP. $MOVER_OFFST 设定的允许误差（跟随允差），系统将发生 SRVO -024 报警。

SRVO-025：位置指令溢出。在正常情况下，机器人运动启动、IR 控制器输出位置指令脉冲后，关节轴（伺服电机）将跟随指令脉冲运动、并通过位置反馈脉冲，使得位置比较器的误差值保持在跟随允差范围内。如果由于某种原因，导致了运动启动时关节轴（伺服电机）不能跟随指令脉冲运动，位置比较器的跟随误差将不断增加，直至超出位置误差计数器的计数范围，此时，系统将发生 SRVO-025 报警。

位置监控报警是机器人最为常见的伺服报警，它可能在系统启动、手动操作、自动运行、实际作业时发生，故障可能因机器人碰撞、负载过重、运动速度过快、加减速能力不足等外部原因引起，也可能是系统连接错误、制动器不良、驱动器故障等其他原因引起，维修时应仔细分析故障原因，加以解决。

FANUC 机器人位置监控报警的常见原因及处理方法如表 13-10 所示。

表 13-10　FANUC 机器人位置监控报警的常见原因及处理方法

序号	报警原因	报警处理
1	系统参数设定不当	检查并设定正确的定位允差、跟随允差、定位时间等系统位置监控参数
2	加减速能力不足或负载惯量太大，伺服电机无法提供足够的加减速转矩	1. 调整加减速时间、改变加减速方式； 2. 提高位置调节器增益； 3. 降低关节轴运动速度； 4. 减轻负载。
3	机器人碰撞或干涉	检查机器人运动，排除碰撞、干涉因素
4	负载过重	1. 检查机器人负载，改善工作条件； 2. 检查机械传动系统。
5	输入电压过低	检查主电源连接及输入电压
6	系统连接不良	检查电机动力线、反馈线连接，确保电线、电缆连接良好
7	制动器不良	检查制动器连接，排除制动器故障
8	驱动器、电机不良	排除驱动器、电机故障

4．速度、转矩监控报警及处理

① 速度监控报警。机器人的关节轴运动速度受到伺服电机转速、负载惯量及机器人结构、作业工具、作业条件等诸多因素限制，因此，伺服系统通常需要对位置调节器所输出的速度指令最大值进行限制（限幅）。如果速度指令超过了系统参数设定的最大允许值，控制系统将发出超速警示，同时，自动将速度指令限制为最大值输出。

电机超速警示SRVO-026、SRVO-171～173在伺服电机转速超过系统参数$PARAM_ GROUP.$JNTVELLIM设定值时发生，此时，系统将自动将电机转速限制为$PARAM_ GROUP.$JNTVELLIM设定的值，并显示SRVO-026、SRVO-171～173警示，提醒操作者注意。

关节超速报警通常在自动运行时发生，程序中的机器人TCP运动速度*V*为各关节轴运动的合成速度，如果程序中的TCP运动速度*V*折算到关节轴的速度超过了系统参数$PARAM_GROUP.$JNTVELLIM设定的值，系统将产生SRVO-035报警。应改变程序，降低程序中的机器人TCP运动速度*V*。

② 电流监控报警。伺服电机的最大输出转矩不仅受电机绕组温升的限制，在部分场合，还需要在温升允许的范围内，对电机输出转矩进行附加限制，以免因碰撞等原因损坏机器人部件。转矩限制通常属于软件保护功能，转矩限制值可通过系统参数进行设定，当电流（转矩）调节器的输出到达限制值时，系统将自动成为参数设定的转矩限制值，同时，显示可转矩超过限制值报警SRVO_179。

由于FANUC机器人控制系统的报警众多，难以在有限的篇幅内一一阐述，控制系统其他报警的含义及处理方法，可参见FANUC公司的机器人控制系统说明书。

13.5 机器人检修与维护

13.5.1 日常检修与定期维护

机器人日常检修和定期检修是保证机器人长时间稳定运行的重要工作。利用日常检修，可保证机器人具有良好的使用条件，及时发现、解决可能影响机器人正常运行的各种因素，预防故障发生。通过定期检修，可以使机器人长期保持良好的工作状态，保证产品性能、延长零部件的使用寿命。机器人日常检修与定期检修的基本要求如下。

1．日常检修

日常检修包括开机前检修与开机检修两个方面，基本内容如下。

① 开机前检查。接通控制系统电源前需要对机器人的基本工作条件进行如下检查，对发现的问题予以及时解决。

——供电电源正常，周边的其他电气设备能够正常运行；

——连接系统电源的断路器、控制柜内部的保护断路器均处于正常工作位置；

——机器人处于可正常运行位置；

——作业工具安装正确、可靠等。

在使用辅助控制设备的搬运、弧焊等机器人，需要检查辅助设备的工作状态，保证设备正常工作，例如：

——弧焊机器人应保证保护气体压力、焊丝安装正确，焊接电源、送丝设备处于工作正常状态；

——使用气动抓手的搬运机器人，应检查压缩空气压力正确、管路无泄漏，气动部件的过滤器水位、油雾润滑油位及油量正确等。

② 开机检查。控制系统电源接通后，需要对机器人的基本工作状态进行如下检查，对发现的问题予以及时解决。

——机器人是否有振动、异常声音，驱动电机是否有异常发热；

——伺服启动、制动器松开后，手臂是否出现不正常的偏离；

——机器人的停止位置是否与上次停机时的位置一致；

——作业工具、辅助控制部件是否有异常动作等。

2．首次月检与季度检查

对于第 1 次使用机器人的用户，机器人使用 1 个月（大约 320 小时）后，应对机器人及辅助设备的工作情况进行一次例行检查，对发现的问题予以及时解决。在今后的使用过程中，月检内容可每季度进行一次。机器人首次月检及后续季度检查的内容如下。

——机器人安装稳固、基座连接部件无松动；

——控制系统器件安装稳固，表面无灰尘及异物；

——控制柜、驱动器等部件的冷却风机的过滤网无堵塞、积尘；

——辅助控制设备工作正常，管路无泄漏；

——机器人运行顺畅，无润滑脂泄漏等。

3．首季度检查与年检

对于第 1 次使用机器人的用户，机器人使用 3 个月（大约 960 小时）后，应对机器人及辅助设备的工作情况进行一次例行检查，对发现的问题予以及时解决。在之后的使用过程中，首季度检查内容可每年进行一次。机器人首季度检查及后续年度检查的内容如下。

——机器人本体及作业工具的连接电缆、气管无破损、扭曲；

——示教器、控制柜的连接电缆无破损、扭曲；

——驱动电机安装、连接可靠，连接螺栓、电缆连接器无松动；

——机器人部件、作业工具连接可靠，固定螺栓无松动；

——机械限位档位正常可靠，挡块无变形、安装牢固；

——减速器是否有润滑脂渗漏等。

同时，需要对控制系统器件的表面灰尘、冷却风机滤网，以及机器人本体的灰尘、飞溅物进行清理。

4．机器人定期维护

工业机器人的绝对编码器数据保持电池、减速器的润滑脂有规定的使用期限，使用期到达时应及时予以更换，以免发生故障、影响产品性能和零部件使用寿命。机器人定期维护的基本要求如表 13-11 所示。

表 13-11 机器人定期维护的基本要求

序号	时间	内容	说明
1	6000 小时（连续使用 1.5 年）左右	更换编码器电池	维护期内如出现电池报警，应立即更换；电池更换必须在控制系统通电时进行，更换方法见后述
2	12000 小时（连续使用 3 年）左右	更换润滑脂	环境温度高于 40℃或工作转速较高、环境污染严重时，应缩短更换周期；更换方法见后述
3	20000 小时（连续使用 5 年）左右	更换内部电缆	根据情况而定，发现破损、出现断线时，应立即更换

13.5.2 后备电池与润滑脂更换

1. 后备电池更换

工业机器人关节轴位置通常以伺服电机内置的绝对编码器（Absolute Rotary encoder，APC）作为位置检测器件。从本质上说，这种编码器实际上只是一种通过后备电池保存位置数据的增量编码器，而不是利用物理刻度区分位置、真正意义上的绝对位置编码器。编码器的转数、角度计数值需要通过后备电池保持，后备电池一旦失效，转数、角度计数存储器的数据将丢失或出错，因此，需要定期更换电池、预防机器人位置出错。

必须注意的是：编码器电池的更换必须在控制系统电源接通时进行，系统断电时对后备电池的任何操作，都可能导致存储器数据的出错，人为造成系统报警和机器人故障。

FANUC 垂直串联机器人的编码器后备电池通常安装在机器人基座上，电池盒内安装有 4 节 1.5V 电池（1 号碱性电池），电池的更换方法如图 13-26 所示，操作步骤如下。

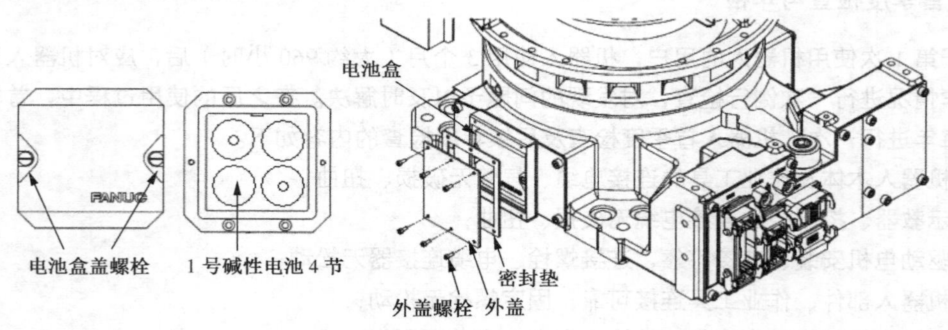

图 13-26 后备电池更换

① 接通系统电源，并按下系统急停按钮、使机器人处于急停状态。

② 取下外盖螺栓、外盖及密封垫。

③ 松开电池盒盖螺栓、打开电池盒。

④ 取出、更换电池。

2. 润滑脂更换要求

不同机器人减速器的润滑脂型号、充填量、注油枪压力以及充脂时的机器人姿态，都有规定的要求，更换润滑时需要按机器人使用说明书进行。

润滑脂充填要求、位置与机器人及减速器结构有关。一般而言，前驱结构的 FANUC 小型机器人（如 R- 0iB 等）机身（J1/J2/J3 轴）通常使用密封减速器，润滑脂可正常使用 32000 小时（连续使用 8 年）以上，故只需要在大修时更换。手腕（J4/J5/J6 轴）减速器的润滑脂需要 12000 小时（3 年）更换一次，充填位置如图 13-27 所示，各轴独立供脂。

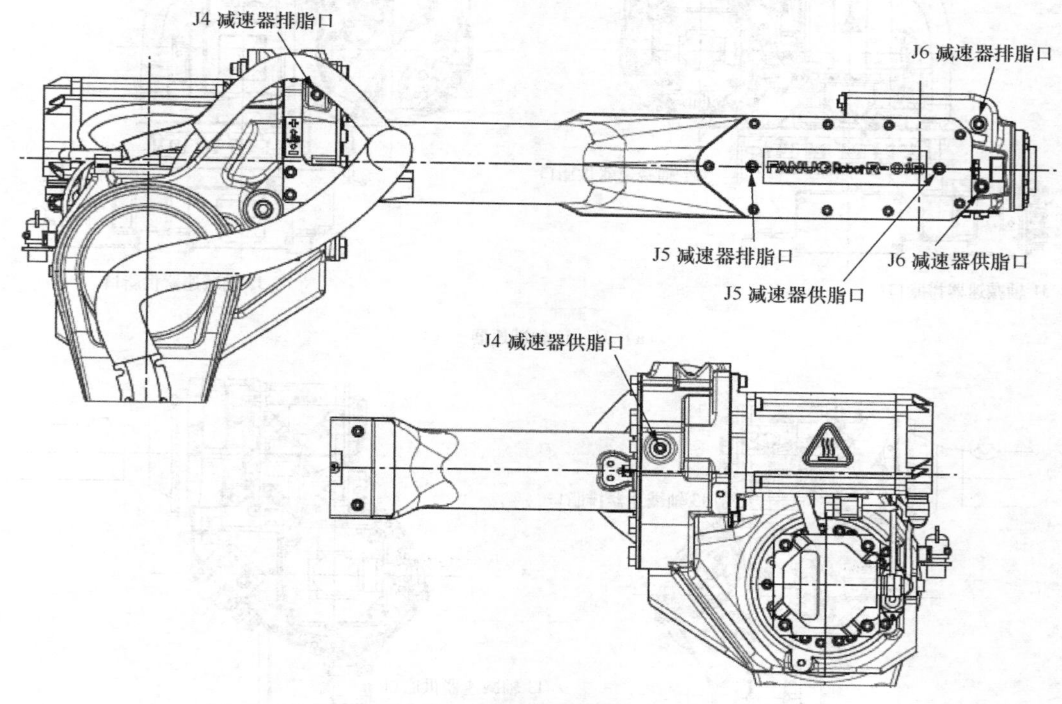

图 13-27 前驱手腕润滑脂充填位置

后驱手腕的 FANUC 大中型机器人，使用 12000 小时（连续使用 3 年）后需要对所有轴充填润滑脂。例如，FANUC R-1000i/80F 垂直串联机器人的润滑脂型号、充填量、注油压力及充脂时的机器人姿态要求如表 13-12 所示。

表 13-12 FANUC R-1000i/80F 润滑脂充填要求

序号	充填部位	充填量（g/ml）	机器人姿态	润滑脂型号	注油压力
1	J1 轴减速器	3500/3900	任意	VIGOGREASE RE0	≤0.15MPa
2	J2 轴减速器	1600/1800	J2=0°，其他轴任意		
3	J3 轴减速器	1100/1300	J2、J3=0°，其他轴任意		
4	J4/J5/J6 轴齿轮箱	2000/2300	J3=0°，其他轴任意		
5	J4/J5 轴减速器	1300/1500	J3~J6=0°，J1/J2 轴任意		
6	J6 轴减速器与齿轮	350/400			

机器人机身（J1、J2、J3 轴）减速器的润滑脂独立供脂，充填位置如图 13-28 所示。

后驱手腕的 J4/J5/J6 轴驱动电机均安装在上臂后端外侧，电机需要通过齿轮箱与上臂内部的传动轴连接前端手腕单元，因此，手腕润滑包括上臂后端齿轮箱和手腕单元 2 部分。手腕单元的 J4 轴减速器、J5/J6 轴传动系统通常采用整体密封结构，J4/J5/J6 轴一般采用图 13-29 所示的手腕单元供脂口集中供脂，然后，通过 J4/J5 轴减速器排脂口、J6 轴减速器排脂口分离排脂。

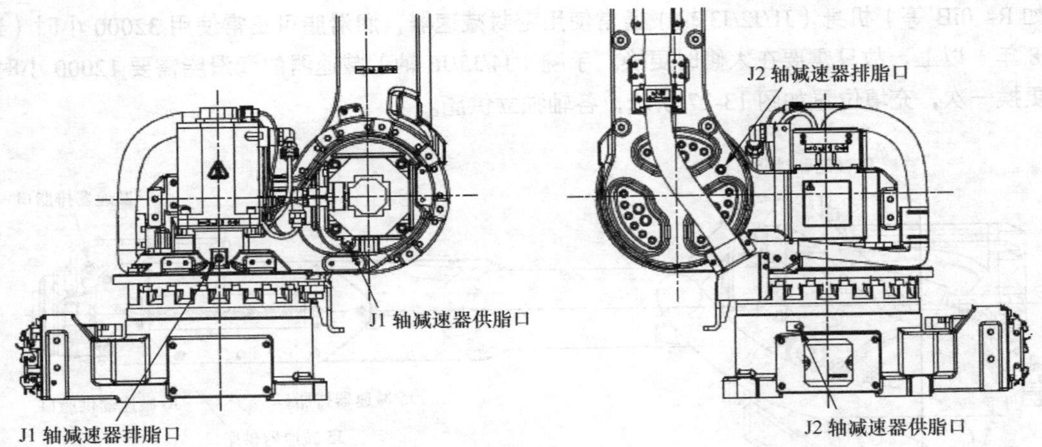

（a） J1、J2 轴减速器

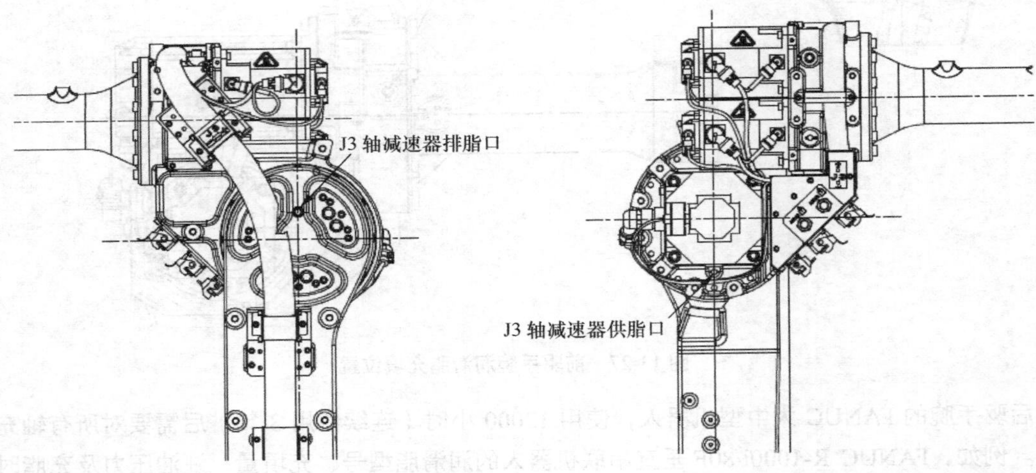

（b）J3 轴减速器

图 13-28　J1/J2/J3 轴润滑脂充填位置

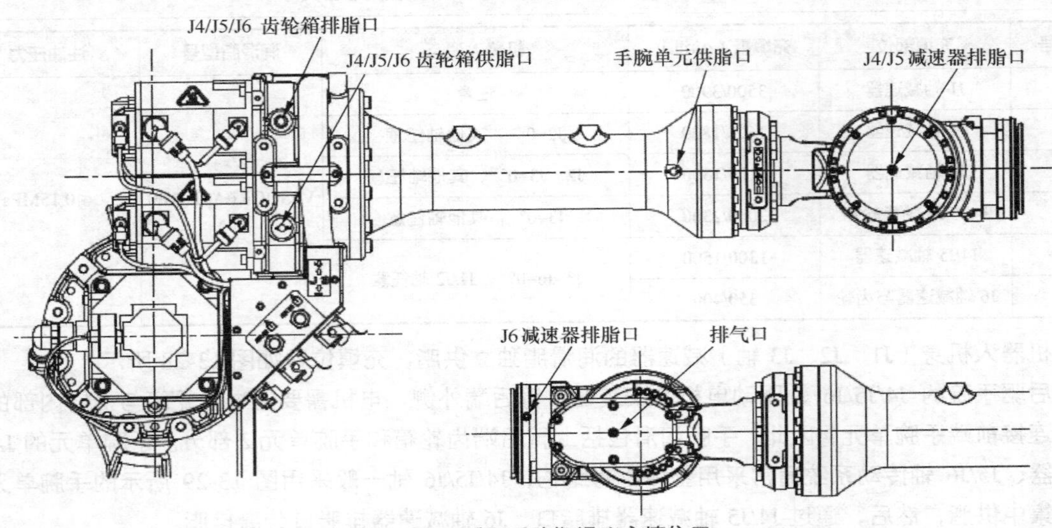

图 13-29　后驱手腕润滑脂充填位置

3. 润滑脂充填步骤

独立供脂的机身、手腕、齿轮箱的润滑脂充填步骤如下。

① 手动移动机器人到冲脂要求的位置后，断开控制系统电源。

② 取下排脂口、供脂口密封螺栓。

③ 通过手动泵，从供脂口注入润滑脂，直至新脂从排脂口排出。

④ 接通机器人电源，按后述的释放残压操作要求，释放残压。

⑤ 安装排脂口、供脂口密封螺栓。

集中供脂的后驱机器人手腕的润滑脂充填步骤如下。

① 手动移动机器人到冲脂要求的位置后，断开控制系统电源。

② 取下 J4/J5 轴减速器排脂口、供脂口密封螺栓。

③ 通过手动泵，从供脂口注入润滑脂，直至新脂从 J4/J5 轴减速器排脂口排出。

④ 安装 J4/J5 轴减速器排脂口密封螺栓，取下 J6 轴减速器排脂口密封螺栓。

⑤ 继续通过手动泵，从供脂口注入润滑脂，直至新脂从 J6 轴减速器排脂口排出。

⑥ 接通机器人电源，按后述的释放残压操作要求，释放残压。

⑦ 安装排脂口、供脂口密封螺栓。

机器人冲脂完成后，需要按机器人使用说明书规定进行释放残压操作，以避免机器人运行时由于润滑脂压力的上升损坏密封部件、导致漏脂。例如，采用后驱手腕的 FANUC R-1000i/80F 垂直串联机器人的润滑脂残压释放操作步骤如下。

① 手动移动机器人到冲脂要求的位置，断开控制系统电源、完成冲脂操作。

② 在供脂口、排脂口安装润滑脂回收袋，避免润滑脂飞溅。

③ 接通机器人电源，进行表 13-13 所示的释放残压操作。如果关节轴运动距离不能达到规定的要求，则应按比例延长运行时间。

④ 安装排脂口、供脂口密封螺栓。

表 13-13 FANUC R-1000i/80F 释放残压要求

<table>
<tr><th>序号</th><th>充填部位</th><th>关节运动距离</th><th>关节运动速度</th><th>运行时间</th><th>开启部位</th></tr>
<tr><td>1</td><td>J1 轴减速器</td><td>≥80°</td><td rowspan="3">50%最大速度</td><td rowspan="3">20min</td><td rowspan="3">供脂口、排脂口</td></tr>
<tr><td>2</td><td>J2 轴减速器</td><td>≥90°</td></tr>
<tr><td>3</td><td>J3 轴减速器</td><td>≥70°</td></tr>
<tr><td>4</td><td>J4/J5/J6 轴齿轮箱</td><td>J4、J6≥60°，J5≥120°</td><td>最大速度</td><td>20min</td><td>排脂口</td></tr>
<tr><td>5</td><td>手腕单元</td><td>J4、J6≥60°，J5≥120°</td><td>最大速度</td><td>10min</td><td>供脂口、排脂口、排气孔</td></tr>
</table>

机器人的检修、维护要求在不同产品上有所不同，生产厂家提供的使用说明书上通常都有具体说明，实际使用时应参照说明书进行。

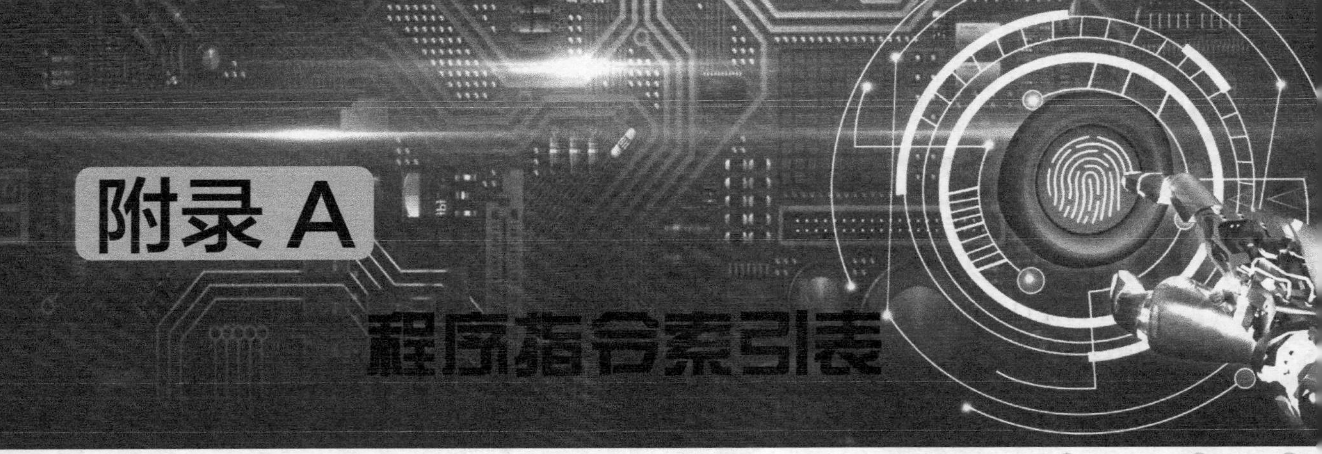

类别		指令代码	指令名称
机器人移动	基本指令	J	关节插补
		L	直线插补
		C	圆弧插补
	附加命令	Wjnt	手腕关节控制
		ACC	加减速倍率控制
		Skip, LBL[i] 或： Skip, LBL[i], PR[i]=LPOS（或 JPOS）	跳转控制
		Offset 或：Offset, PR[i]	位置偏移
		Tool_Offset 或：Tool_Offset, PR[i]	工具偏移
		INC	增量移动
		EVi%	附加轴同步速度控制
		IndEVi%	附加轴非同步速度控制
		PTH	路径控制
		CTVi	连续旋转
		TBn（TIME BEFORE n）	非移动指令提前（时间）
		TAn（TIME AFTER n）	非移动指令延迟（时间）
		DBd（DISTANCE BEFORE d）	非移动指令提前（距离）
		RTCP	远程 TCP（固定工具）控制
		RT_LD d（Retract_LD）	起始段直线移动距离
		AT_LD d（Approach_LD）	结束段直线移动距离
		CRy	到位区间（拐角半径）定义
		PSPDn	轨迹恒定移动速度指定
	码垛（叠栈）指令	PALLETIZING— type_ i	码垛开始
		PALLETIZING—END_ i	码垛完成
输入/输出	状态输出	DO	DO 输出
		RO	机器人输出
		AO	模拟量输出
		GO	通用 DO 组输出

FANUC 机器人指令索引

续表

类别		指令代码	指令名称
输入/输出	脉冲输出	DO[i]=PULSE , n sec	DO 脉冲输出
		RO[i]=PULSE , n sec	RO 脉冲输出
	控制点输出	PS	控制点输出
程序控制	执行控制	END	程序结束
		PAUSE	程序暂停
		ABORT	程序中断
		WAIT	程序等待
		！或—	程序注释
		LOCK PREG	位置变量锁定
		UNLOCK PREG	位置变量解锁
	程序转移	JMP	程序跳转
		LBL	跳转目标
		CALL	子程序调用
		IF	条件判断
		SELECT	分支控制
	远程运行	RSR[i]=ENABLE	远程运行使能
		RSR[i]= DISABLE	远程运行禁止
	运动组控制	RUN	运动组程序同步运行
		Independent GP	运动组非同步运动
		Sumultaneous GP	运动组同步运动
	宏程序调用	宏程序名称	宏程序调用
运行条件设定	条件设定	OFFSET CONDITION	位置补偿条件设定
		TOOL_OFFSET CONDITION	工具补偿条件设定
		SKIP CONDITION	跳过条件设定
	坐标设定	UFRAME	用户坐标系设定
		UFRAME_NUM	用户坐标系选择
		UTOOL	工具坐标系设定
		UTOOL_NUM	工具坐标系选择
	速度设定	OVERRIDE	速度倍率设定
		JOINT_MAX_SPEED	关节最大速度设定
		LINEAR_MAX_SPEED	TCP 最大线速度设定
	负载与碰撞保护设定	PAYLOAD[i]	负载设定
		COL DETECT ON	碰撞保护生效
		COL DETECT OFF	碰撞保护撤销
		COL GUARD ADJUST	碰撞保护灵敏度设定
	参数设定	$	系统参数（变量）设定
系统控制指令	定时器控制	TIMER[i]=START	定时器启动
		TIMER[i]= STOP	定时器停止
		TIMER[i]=RESET	定时器复位
	显示控制	UALM	用户报警显示

续表

类别		指令代码	指令名称
系统控制指令	显示控制	MESSAGE	用户信息显示
	转矩控制	TORQ_LIMIT n%	固定转矩限制
		CALL TPTRQLIM（group, axis, n）	独立转矩限制
	软浮动控制	SOFTFLOAT[n]	启用软浮动
		FOLLOW UP	位置跟随
		SOFTFLOAT END	停用软浮动
中断与故障处理	状态监视（中断）	MONITOR ****	程序监控启动
		MONITOR END ****	程序监控结束
	故障处理	RESUME_PROG = ****	故障恢复功能生效
		CLEAR_RESUME_PROG	故障恢复功能撤销
		RETURN_PATH_DSBL	返回轨迹删除

R-30i 系统常用参数

参数代号	参数名称	类型	属性	设定范围	默认值	简要说明
$SEMIPOWERFL	开机启动	BOOLEAN	RW	TRUE/FALSE	FALSE	TRUE：电源接通执行热启动
$RMT_MASTER	远程控制方式	INTEGER	RW	0～3	0	0：UI/UO；1：键盘/显示器；2：电脑；3：无
$PARAM_GROUP[group].$SV_OFF_ENB[1]～[9]	伺服 OFF 控制	BOOLEAN	RW、PU	TRUE/FALSE	*	TRUE：伺服延时自动 OFF 功能有效
$PARAM_GROUP[group].$SV_OFF_TIME[1]～[9]	伺服 OFF 延时	INTEGER	RW、PU	0～10^8 ms	*	伺服自动 OFF 延时设定
$PARAM_GROUP[group].$SV_OFF_ALL	伺服同步 OFF	BOOLEAN	RW、PU	TRUE/FALSE	TRUE	TRUE：运动停止后所有轴伺服自动 OFF
$MASTER_ENB	伺服校正显示	ULONG	RW	0/1	0	1：在系统设定菜单上显示伺服校正页面
$DMR_GRP[group].$MASTER_DONE	伺服校正完成	BOOLEAN	RW	TRUE/FALSE	TRUE	TRUE：在伺服校正页面显示完成情况
$DMR_GRP[group].$MASTER_COUN[1]～[9]	伺服校正计数值	INTEGER	RW	0～10^8 pulse	*	伺服校正位置的计数值（离零点的脉冲数）
$PARAM_GROUP[group].$MASTER_POS[1]～[9]	基准点位置	REAL	RW、PU	-10^5～10^5 deg	*	专用夹具校正设定的参考点位置（关节角度）
$DMR_GRP[group].$REF_DONE	基准点设定完成	BOOLEAN	RW	TRUE/FALSE	FALSE	基准点设定完成
$DMR_GRP[group].$REF_COUN[1]～[9]	基准点计数值	INTEGER	RW	0～10^8 pulse	*	基准点计数值（脉冲数）
$DMR_GRP[group].$REF_POS[1]～[9]	基准点校正位置	REAL	RW、PU	-10^5～10^5 deg	0	用快速校正设定的基准点位置（关节角度）
$MOR_GRP[group].$CAL_DONE	基准点校正完成	BOOLEAN	RW	TRUE/FALSE	TRUE	基准点校正完成
$MNUFRAMENUM[group]	用户坐标系号	BYTE	RW	0～9	0	当前的用户坐标系号，0 为全局坐标系
$MNUFRAME [group，1]～[group，9]	用户坐标系设定	POSITION	RW	XYZWPR	*	用户坐标系 1～9 原点、方位设定
$MNUTOOLNUM[group]	工具坐标系号	BYTE	RW	0～9	0	当前的工具坐标系号，0 为手腕基准坐标系
$MNUTOOL [group，1]～[group，9]	工具坐标系设定	POSITION	RW	XYZWPR	*	工具坐标系 1～9 原点、方位设定
$JOG_GROUP[group].$JOG_FRAME	JOG 坐标系设定	POSITION	RW	XYZWPR	*	JOG 坐标系原点、方位设定

续表

参数代号	参数名称	类型	属性	设定范围	默认值	简要说明
$SCR_GRP [group].$AXISORDER[1]～[9]	关节轴序号	BYTE	RW	0～16	*	驱动器1～9的关节轴号，0：驱动器不使用
$SCR_GRP [group].$ROTARY_AXS[1]～[9]	回转轴设定	BOOLEAN	RO	TRUE/FALSE	*	关节轴1～9的类别（回转/直线）设定
$SCR_GROUP [group].$MOSIGN[1]～[9]	轴方向设定	BOOLEAN	RW、PU	TRUE/FALSE	*	轴运动方向设定
$SCR_GROUP [group].$ENCSCALES[1]～[9]	脉冲当量设定	REAL	RW、PU	-10^5～10^5 puls	*	1deg（回转）/1mm（直线）所对应的脉冲数
$PARAM_GROUP[group].$MOT_SPD_LIM[1]～[9]	电机最高转速	INTEGER	RW、PU	0～10000r/min	*	关节轴1～9的电机最高转速
$SHFTOV_ENB	倍率调整设定	ULONG	RW	0/1	0	1：【SHIFT】键5级速度倍率调整功能有效
$MCR.$GENOVERRIDE	倍率调整增量	INTEGER	RW	0～100（%）	10	示教器速度倍率调整键的级间增量设定
$MCR.GRP[group].$PRGOVERRIDE	再现倍率设定	INTEGER	RW	0～100（%）	100	再现运行的速度倍率设定
$SCR.$JOGLIM	JOG移动倍率	INTEGER	RO	0～100（%）	12	JOG操作、TCP直线移动的最大倍率设定
$SCR.$JOGLIMROT	JOG回转倍率	INTEGER	RO	0～100（%）	12	JOG操作、手腕回转（定向）的最大倍率设定
$SCR.GRP[group].$JOGLIM_JNT[1]～[9]	JOG关节倍率	INTEGER	RO	0～100（%）	*	JOG操作、1～9轴关节移动的最大倍率设定
$SCR.$COLDOVRD	冷启动初始倍率	INTEGER	RO	0～100（%）	10	系统冷启动时的初始速度倍率
$SCR.$COORDOVRD	坐标变换倍率	INTEGER	RO	0～100（%）	10	JOG操作、坐标系切换时的最大倍率设定
$SCR.$TPENBLEOVRD	示教器初始倍率	INTEGER	RO	0～100（%）	10	示教器生效时的初始速度倍率
$SCR.$JOGOVLIM	JOG最大倍率	INTEGER	RO	0～100（%）	100	JOG操作允许的最大倍率
$SCR.$RUNOVLIM	程序最大倍率	INTEGER	RW	0～100（%）	100	程序运行允许的最大倍率
$SCR.$FENCEOVRD	栅栏开最大倍率	INTEGER	RO	0～100（%）	10	安全栅栏打开时允许的最大倍率
$SCR.$SFJOGOVLIM	栅栏开JOG倍率	INTEGER	RO	0～100（%）	50	安全栅栏打开时允许的最大JOG操作倍率
$SCR.$SFRUNOVLIM	栅栏开程序倍率	INTEGER	RO	0～100（%）	30	安全栅栏打开时允许的最大程序运行倍率
$SCR.$RECOV_OVRD	栅栏关倍率恢复	BOOLEAN	RW	TRUE/FALSE	FALSE	TRUE：安全栅栏关闭后，速度倍率自动恢复
$PARAM_GROUP[group].$JNTVELLIM[1]～[9]	指令J最大速度	REAL	RW、PU	0～10000	*	轴1～9关节插补最大速度（deg/s或mm/s）
$PARAM_GROUP[group].$SPEEDLIM	指令L/C最大速度	REAL	RW、PU	0～3000mm/s	2000	直线、圆弧插补TCP最大速度
$PARAM_GROUP[group].$ROTSPEEDLIM	指令L最大回转速度	REAL	RW、PU	0～1440deg/s	500	直线插补的最大工具定向回转速度
$PARAM_GROUP[group].$LOWERLIMS[1]～[9]	轴负向极限	REAL	RW、PU	-10^5～10^5	500	轴1～9负向极限位置（deg或mm）
$PARAM_GROUP[group].$SUPPERLIMS[1]～[9]	轴正向极限	REAL	RW、PU	-10^5～10^5	500	轴1～9正向极限位置（deg或mm）
$GROUP[group].$PAYLOAD	承载能力	REAL	RW	0～10000kgf	*	机器人承载能力
$PARAM_GROUP[group].$PAYLOAD	实际负载质量	REAL	RW、PU	0～10000kgf	*	机器人实际负载质量

续表

参数代号	参数名称	类型	属性	设定范围	默认值	简要说明
$PARAM_GROUP[group].$PAYLOAD_X	重心位置（*X*轴）	REAL	RW、PU	-10^5～10^5cm	*	手腕基准坐标系 *X* 轴负载重心位置
$PARAM_GROUP[group].$PAYLOAD_Y	重心位置（*Y*轴）	REAL	RW、PU	-10^5～10^5cm	*	手腕基准坐标系 *Y* 轴负载重心位置
$PARAM_GROUP[group].$PAYLOAD_Z	重心位置（*Z*轴）	REAL	RW、PU	-10^5～10^5cm	*	手腕基准坐标系 *Z* 轴负载重心位置
$PARAM_GROUP[group].$PAYLOAD_IX	负载惯量（*X*轴）	REAL	RW、PU	0～10000kgcm^2	*	手腕基准坐标系 *X* 轴负载惯量
$PARAM_GROUP[group].$PAYLOAD_IY	负载惯量（*Y*轴）	REAL	RW、PU	0～10000kgcm^2	*	手腕基准坐标系 *Y* 轴负载惯量
$PARAM_GROUP[group].$PAYLOAD_IZ	负载惯量（*Z*轴）	REAL	RW、PU	0～10000kgcm^2	*	手腕基准坐标系 *Z* 轴负载惯量
$PARAM_GROUP[group].$AXISINERTIA[1]～[9]	关节轴负载惯量设定	SHORT	RW、PU	0～32767	*	关节轴 1～9 负载惯量设定值（kgf.cm.s^2）
$PARAM_GROUP[group].$AXISMOMENT[1]～[9]	关节轴负载转矩设定	SHORT	RW、PU	0～32767	*	关节轴 1～9 负载转矩设定值（kgf.cm）
$PARAM_GROUP[group].$AXIS_IM_SCL	惯量/转矩计算系数	SHORT	RW、PU	1～32767	1	关节轴实际惯量、转矩为设定值除以本系数
$PARAM_GROUP[group].$ARMLOAD[1]～[2]	J3/J2 轴外部负载重力	REAL	RW、PU	1～10000kgf	*	关节轴 J3/J2 上安装的外部负载重力
$PARAM_GROUP[group].$ARMLOAD[3]	备用	REAL	RW、PU	1～10000kgf	——	标准产品不使用
$DEFPULSE	DO 脉冲宽度默认值	SHORT	RW	0.1～25.5s	4	DO 脉冲输出默认宽度
$ER_NOHIS	履历记录设定	BYTE	RW	0～3	0	0：全部记录；1：不记录警示、操作；2：不记录复位；3：不记录警示、操作、复位
$ER_NO_ALM.$NOALMENBLE	报警输出撤销功能	BYTE	RW	0、1	0	0：功能无效；1：指定的报警输出可撤销
$ER_NO_ALM.$NOALM_NUM	需撤销输出的报警数	BYTE	RW	0～10	5	需要撤销输出的报警数量
$ER_NO_ALM.$ER_CODE[1]～[10]	需撤销输出的报警号	BYTE	RW	0～100000	*	需要撤销输出的第 1～10 个报警的类别与代号
$ER_OUT_PUT.$OUT_NUM	错误代码输出 DO 信号	LONG	RW	0～512	0	错误代码输出的 DO 起始地址，0：输出无效
$ER_OUT_PUT.$IN_NUM	错误输出请求 DI 信号	LONG	RW	0～512	0	错误代码输出请求 DI 信号地址
$UALRM_SEV[]	用户报警重要度	BYTE	RW	0～255	6	0：WARN；6：STOP.L；38：STOP.G；11：ABORT.L；43：ABORT.G
$JOG_GROUP.$FINE_DIST	低速手动增量距离	REAL	RW	0～1mm	0.5	手动低速增量距离，微速为设定值的 1/10
$SCR.$FINE_PCNT	关节/姿态手动增量	INTEGER	RO	1～100（100%）	10	手动关节、工具定向增量（手动低速增量%）
$OPWORK_DISABLE	外部DI信号取消	BYTE	RW	0/1	0	0：取消外部 DI 信号；1：信号有效
$SCR.$RESETINVERT	复位信号极性	BOOLEAN	RW	TRUE/FALSE	FALSE	TURE：上升沿；FALSE：下降沿
$PARAM_GROUP.$PPABN_ENBLE	气压检测信号选择	BOOLEAN	RW	TRUE/FALSE	FALSE	TURE：*PPABN 信号有效；FALSE：无效
$PARAM_GROUP.$BELT_ENBLE	皮带检测信号选择	BOOLEAN	RW	TRUE/FALSE	FALSE	TURE：皮带检测信号有效；FALSE：无效

续表

参数代号	参数名称	类型	属性	设定范围	默认值	简要说明
$ODRDSP_ENB	软件配置文件显示	ULONG	RW	0/1	0	0：不显示软件配置文件；1：显示
$SFLT_ERRTYP	跟随超时报警设定	INTEGER	RW	0～10	0	0：报警 SEVO-111；1：报警 SEVO-112
$SFLT_DISFUP	跟随控制生效设定	BOOLEAN	RW	TRUE/FALSE	FALSE	TURE：开机有效；FALSE：移动时有效
$RGSPD_PREXE	速度变量预处理	BOOLEAN	RW	TRUE/FALSE	FALSE	TURE：有效；FALSE：无效
$BLAL_OUT.$DO_INDEX	后备电池报警输出	INTEGER	RW	0～256	0	设定电池报警 BLAL/BZAL 信号输出 DO 地址
$ BLAL_OUT.$BATALM_OR	电池报警功能	BOOLEAN	RW	TRUE/FALSE	FALSE	TURE：BATALM 信号包含 BLAL/BZAL 报警

参数类型的含义如下。

BOOLEAN：逻辑状态型，“TRUE”代表“真”、功能有效；“FALSE”代表“假”、功能无效。

ULONG：二进制位型，“1”代表功能有效；“0”代表功能无效。

BYTE：字节型，以十进制正整数表示的 1 字节二进制数，输入范围 0～255。

LONG：长字节型，以十进制正整数表示的 9 位二进制数，输入范围 0～512。

SHORT：1 字长整数型，1 字长带符号整数，输入范围−32768～32767。

INTEGER：整数型，2 字长带符号整数，允许输入范围−999999～999999。

REAL：实数型，以指数形式存储的实数，允许输入范围−999999999～999999999。

STRING：字符型，以 ASCII 编码存储的字符。

POSITION：位置型，以（x, y, z, w, p, r）形式存储的机器人 TCP 位置。

参数属性的含义如下。

RW：允许读写。

RO：只读。

PU：重启系统生效。